TRAITÉ

DE

ZOOLOGIE

FASCICULE IV

TRAITÉ

DE

ZOOLOGIE

PAR

EDMOND PERRIER

MEMBRE DE L'INSTITUT
PROFESSEUR AU MUSÉUM D'HISTOIRE NATURELLE

FASCICULE IV

VERS *(Suite)* — **MOLLUSQUES** — **TUNICIERS**

AVEC 566 FIGURES

PARIS

MASSON ET Cᶦᵉ, ÉDITEURS

LIBRAIRES DE L'ACADÉMIE DE MÉDECINE

120, BOULEVARD SAINT-GERMAIN

1897

TRAITÉ

DE

ZOOLOGIE

II

SÉRIE DES CHITINOPHORES (Suite).

II. — EMBRANCHEMENT

NÉMATHELMINTHES

Artiozoaires chitinophores, à métaméridation incomplète ou le plus souvent complètement effacée; sans membres articulés; à corps allongé, vermiforme.

Caractères généraux des Némathelminthes; leur position systématique. — Les animaux composant cet embranchement sont habituellement rangés parmi les Vers; leur corps est, en effet, allongé, fusiforme ou cylindrique et dépourvu de membres articulés, comme celui de Vers annelés; mais là s'arrête la ressemblance. Chez les Némathelminthes, la cuticule chitineuse, très épaisse, rappelle absolument, au contraire, celle des Arthropodes, et son épaisseur entraîne aussi, sauf sur quelques points très limités, l'absence de cils vibratiles. Ces cils font complètement défaut dans les classes les plus importantes, celles des Acanthocéphales, des Gordiacés, des Nématoïdes et aussi probablement dans les petites classes des Desmoscolécidés et Chétosomidés; ils sont limités aux organes d'excrétion chez les Échinodéridés, et à un collier céphalique chez les Chétognathes. La présence des cils vibratiles chez les animaux de ces deux dernières classes peut être interprétée de deux façons : ou bien elle implique que les Échinodéridés et les Chétognathes appartiennent à la série des Néphridiés, ou bien, si on se rappelle que la glande maxillaire de certains Copépodes (*Viguierella*) contient elle aussi un organe vibrant, elle conduit à n'attacher qu'une importance relative à l'absence de cils vibratiles chez les Arthropodes. Dans cette dernière hypothèse, la série des Chitinophores pourrait ne pas être une véritable série généalogique, mais bien un ensemble de rameaux détachés de la série des Néphridiés, ayant pour caractère commun le développement d'une épaisse couche de chitine sur la plus grande partie des téguments et la paroi interne du tube digestif, d'où la disparition des cils vibratiles dans les mêmes régions. Cette interprétation acquerrait une force nouvelle s'il était vrai que les glandes coxales des Crustacés, des Arachnides et des Myriapodes, ainsi que les tubes segmentaires des Onychophores, quoique dépourvus de cils vibratiles, sont les équivalents des néphridies des Vers annelés, mais on n'a jusqu'à présent apporté à l'appui de cette thèse que l'argument insuffisant de la commune disposition métamérique de ces organes.

Quel que soit le point de vue auquel on se place, que la série des Chitinophores soit une *série généalogique* ou une *série de convergence*, il y a tout avantage à y placer les Némathelminthes qui rompraient complétement l'homogénéité évidente de la série des Néphridiés, tandis qu'ils se laissent facilement déduire des Arthropodes par la seule application des règles habituelles de la morphologie. Effectivement la plupart des Némathelminthes sont parasites; on a déjà vu le parasitisme entraîner chez les Copépodes, les Isopodes, les Acariens et surtout les Linguatulides l'effacement plus ou moins complet de la métamérisation, la réduction ou la disparition des organes de relation. C'est ce qu'on observe à divers degrés chez les Némathelminthes où la dégradation des organes de relation atteint même la constitution intime de l'élément musculaire. Ces phénomènes de dégradation sont d'ailleurs graduels. Il existe encore une métamérisation extérieure chez les ÉCHINODÉRIDÉS, les DESMOSCOLÉCIDÉS et les larves des GORDIACÉS. On retrouve des traces de métamérisation dans l'organisation des téguments ou dans la disposition des organes internes chez les GORDIACÉS et les ACANTHOCÉPHALES adultes; seuls les NÉMATOÏDES, à quelques rares exceptions près, et les CHÉTOGNATHES ne laissent plus reconnaître de métamérides. Les liens des Nématoïdes avec les Gordiacés sont cependant tels que, sans les métamorphoses de ces derniers, on n'aurait eu aucune raison plausible de les ériger en classe distincte; or la disparition des métamorphoses rentre dans les règles connues de l'accélération embryogénique. La disposition du système nerveux des GORDIACÉS, leur musculature s'éloigne encore assez peu de ce qu'on observe chez les Arthropodes métamérisés; la réduction des centres nerveux à un simple anneau périœsophagien, tel qu'on l'observe chez les NÉMATOÏDES, s'explique par un simple raccourcissement de la chaîne ventrale, raccourcissement déjà indiqué à divers degrés chez un grand nombre d'Arthropodes et notamment chez les Acariens; la simplification de l'appareil musculaire est elle-même tellement graduelle chez les Nématoïdes qu'elle a été invoquée pour la classification de ces animaux.

En présence de ces gradations qui s'expliquent si facilement quand on prend pour point de départ les Arthropodes et quand on observe ce qui a lieu chez ceux d'entre eux qui sont parasites, il n'y a évidemment aucune raison d'ériger les Némathelminthes en série distincte; c'est pourquoi, sous les réserves précédemment exposées, nous nous bornons à en faire un simple embranchement de la série des Chitinophores et à les considérer comme des Arthropodes parvenus au terme extrême de dégradation que comporte le parasitisme.

Division en classes. — Sur les sept classes dont se compose l'embranchement des Némathelminthes, trois, celles des ACANTHOCÉPHALES, des GORDIACÉS et des NÉMATOÏDES ne comprennent presque que des formes parasites; les classes des ÉCHINODÉRIDÉS, DESMOSCOLÉCIDÉS et CHÉTOSOMIDÉS ne comprennent chacune qu'un petit nombre de genres de Vers marins; il en est de même de la classe des CNÉTOGNATHES, dont toutes les espèces sont pélagiques.

Les ÉCHINODÉRIDÉS ou KINORHYNCHA sont de très petite taille; leur corps est métaméridé, et terminé en avant par une trompe rétractile, aussi large ou plus large que le corps à sa base, rétrécie vers son extrémité libre qui porte plusieurs couronnes de crochets.

Les ACANTHOCÉPHALES sont des parasites d'assez grande taille, à corps cylindrique, avec de légères indications extérieures de métaméridation, terminé en avant par une trompe étroite, garnie d'un grand nombre de crochets.

Les GORDIACÉS, à l'état larvaire, ressemblent extérieurement aux Échinodéridés et sont alors parasites. A l'état adulte, ils sont libres, et leur corps cylindrique, grêle, très allongé, brunâtre, ne présente plus d'indication extérieure de métaméridation; il est dépourvu de bouche ou ne possède qu'un orifice buccal rudimentaire; il est terminé chez les mâles par deux appendices latéraux qui le font paraître fourchu.

Les NÉMATOÏDES n'ont pas de métamorphoses importantes; leur corps allongé, cylindrique ou fusiforme, sans appendices, ni crochets, ne présente, en général, aucune trace ni externe, ni interne de métaméridation; les orifices du tube digestif sont d'ordinaire bien développés. La plupart des Nématoïdes sont parasites; mais un assez grand nombre vivent dans des conditions qui s'éloignent de plus en plus du parasitisme, et finalement se multiplient dans les conditions normales des animaux libres soit dans la terre humide, soit dans les eaux douces, soit dans la mer.

Les DESMOSCOLÉCIDÉS ont un corps fusiforme, très nettement métaméridé, présentant une série de bourrelets annulaires saillants, portant chacun une paire de soies dorsales et une paire de soies ventrales.

Les CHÉTOSOMIDÉS ne diffèrent guère des Nématoïdes que par leur extrémité antérieure légèrement renflée; leurs téguments couverts de soies très fines et présentant en arrière deux séries symétriques de tiges capitées, figurant une sorte de nageoire caudale; ils rampent sur les algues marines.

Les CHÉTOGNATHES ont enfin un corps aplati, renflé en avant et portant de chaque côté de la bouche un faisceau de crochets grêles et légèrement recourbés, fonctionnant comme des mâchoires; ils sont munis de nageoires latérales membraneuses qui s'unissent en arrière du corps en une nageoire caudale horizontale.

I. CLASSE

ÉCHINODÉRIDÉS (KINORHYNCHA) [1]

Némathelminthes marins, rampants, libres, à corps métaméridé, présentant en avant une trompe rétractile, armée de crochets chitineux, d'abord cylindrique et étroite, puis légèrement renflée; à tube digestif complet.

[1] W. REINHARD, *Kinorhyncha (Echinoderes), ihre anatomische Bau und ihre Stellung im System.* Zeitschr. f. wiss. Zoologie, t. XLV, 1887, p. 401.

Forme générale et structure des parois du corps. — Les Échinodérides (fig. 980), dont on connaît actuellement une vingtaine d'espèces, ont un corps allongé, à téguments chitineux, divisé en onze segments, non compris la trompe armée de crochets, toujours rétractée à l'état de repos et qui peut être, pour cette raison, considérée comme représentant la partie antérieure de l'œsophage. La locomotion est produite par les mouvements d'invagination et de dévagination alternatifs de la trompe. Le segment anal peut être dépourvu d'appendices (ACERCA), n'en porter qu'un seul (MONOCERCA), ou en présenter deux (DICERCA), ce qui permet de répartir toutes les espèces en trois groupes. Quelquefois, en raison de la minceur des téguments qui les recouvrent, les deux (E. Metschnikoffii, E. Kowalevskyi) ou trois (E. acercus, E. parvulus) derniers segments du corps ne sont distincts que par les soies ou autres ornements qu'ils supportent.

Le revêtement chitineux des deux derniers segments est généralement divisé en trois plaques, une dorsale couvrant toute la région supérieure du segment, deux ventrales, symétriques, unies par une suture le long de la ligne médiane. Quelquefois (E. dentatus, E. ponticus) une plaque médiane s'intercale entre les deux plaques ventrales du premier segment du corps; mais le plus souvent, au contraire, la suture médiane disparaît sur ce segment dont la face ventrale est de la sorte indivise. Des soies et des aiguillons diversement répartis, suivant les espèces, se trouvent sur la plupart des segments.

La cuticule chitineuse est sécrétée par une matrice où l'on aperçoit de nombreux noyaux sur les préparations colorées, mais qui ne se laisse pas diviser en cellules distinctes; cette matrice envoie des prolongements à l'intérieur de petites soies qui forment sur chaque segment une rangée transversale. Au niveau de chaque plaque ventrale de la région postérieure du corps, elle contient de une à trois masses pigmentaires, d'un jaune orangé, qui forment deux rangées longitudinales régulières. Les mouvements sont produits par une couche de fibres musculaires longitudinales qui s'étendent, sans discontinuer, de l'extrémité antérieure

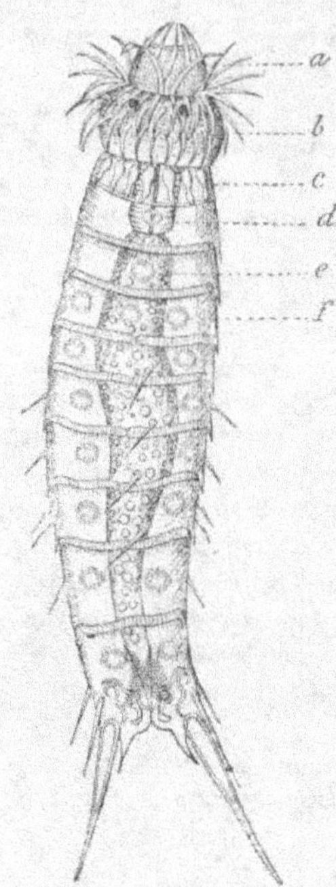

Fig. 980. — *Échinoderes Dujardini*, vu par la face dorsale. — *a*, trompe; *b*, région antérieure rétractile; *c*, 1er segment non rétractile; *d*, œsophage; *e*, estomac; *f*, amas de pigment (d'après Greeff).

à l'extrémité postérieure du corps. Il s'y ajoute dans chaque segment une paire de muscles dorso-ventraux. Tous les muscles sont lisses.

Trompe et tube digestif. — Lorsque la trompe est à l'état d'extension, sa partie étroite, cylindrique, présente à son extrémité une ouverture qu'on peut appeler la bouche, et qui conduit dans une cavité pharyngienne, revêtue d'une cuticule assez épaisse. Près de la bouche, à l'intérieur de cette cavité, se trouve un cercle de petits piquants dirigés en avant; extérieurement, s'insèrent autour de la bouche des piquants ordinairement au nombre de neuf (E. pellucidus, E. ponticus), pointus et dirigés en avant. La partie renflée de la trompe porte, en général, quatre verticilles irrégu-

liers de piquants, dirigés en arrière et dont les dimensions vont en diminuant du
verticille supérieur au verticille inférieur. Lorsque la trompe se rétracte, cette
partie renflée se replie en se dirigeant en arrière, et forme ainsi une gaine dans
laquelle la partie étroite et cylindrique s'enferme, en conservant sa direction première. Tous les piquants de la trompe rétractée sont ainsi dirigés en avant (fig. 981). Un ensemble de muscles, dont les figures 981, n⁰ˢ 1 et 2, donnent une idée suffisante, assurent la rétraction des diverses parties de la trompe ou en dilatent la gaine, lors de son expansion.

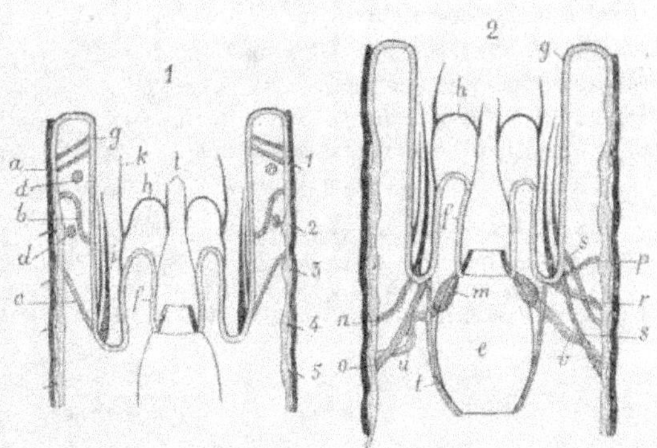

Fig. 981. — Coupes longitudinales schématiques parallèle à la surface dorsale (n° 1) et perpendiculaire à cette surface (n° 2) de l'extrémité antérieure du corps d'un *Echinoderes*. — 1, 2, 3, 4, 5, segments ; *a*, muscles dilatateurs de la gaine de la trompe ; *b*, muscles extenseurs antérieurs de la trompe ; *c*, m. extenseurs postérieurs ; *d*, m. dorso-ventraux ; *e*, œsophage ; *f*, 2⁰ pli d'invagination ; *g*, gaine de la trompe ou 1ʳᵉ invagination ; *h*, voûte cuticulaire ; *i*, grands aiguillons externes de la gaine de la trompe ; *k*, aiguillons internes ; *l*, petits aiguillons de la 2⁰ invagination ; *m*, glandes ; *n*, muscles rétracteurs antérieurs dorsaux de la trompe ; *o*, rétracteurs dorsaux postérieurs ; *p*, rétracteurs ventraux antérieurs ; *r*, rétracteurs ventraux postérieurs ; *s*, longs rétracteurs ; *t*, extenseurs de l'œsophage ; *u*, rétracteurs dorsaux ; *v*, rétracteurs ventraux de l'œsophage (d'après W. Reinhard).

L'œsophage s'ouvre au fond de la cavité pharyngienne, en y formant une saillie annulaire, fortement chitineuse ; il constitue lui-même une masse ovoïde, présentant une puissante couche externe de fibres musculaires transverses, un épithélium à cellules mal délimitées et une cuticule interne très épaisse. L'estomac s'unit à l'œsophage en faisant avec lui un angle à sommet dirigé du côté dorsal ; il se rétrécit graduellement à mesure qu'il avance vers l'extrémité postérieure du corps, et s'ouvre à l'extrémité du dernier segment qu'on peut, en conséquence, appeler le *segment anal*. Il présente souvent latéralement, au moins à l'état de plénitude, des expansions correspondant aux segments du corps. Les parois sont formées de cellules polygonales, contenant des granulations brunes.

Quatre glandes sacciformes, deux dorsales et deux ventrales, s'ouvrent à la jonction de l'œsophage et de la cavité pharyngienne.

Il n'existe aucune trace d'appareil respiratoire ou d'appareil circulatoire.

Organes excréteurs. — Les organes excréteurs sont représentés par deux glandes piriformes, occupant le 8ᵉ et le 9ᵉ segment, et s'ouvrant latéralement sur la face dorsale de ce dernier. Ces organes sont ciliés intérieurement dans toute leur étendue, et leurs cils battent vers l'extérieur.

Système nerveux. — Le système nerveux est représenté par une couronne de quatre ganglions situés au commencement de l'œsophage, du côté dorsal, et d'où l'on n'a vu jusqu'ici partir aucun nerf.

Reproduction. — Les sexes sont séparés et assez souvent reconnaissables à des caractères extérieurs. Les testicules et les ovaires sont deux sacs allongés, cylindriques, arrondis ou atténués à leur extrémité antérieure, situés dans un segment variable du corps ; ils s'étendent en arrière jusqu'au dernier segment, et sont séparés du tube digestif par les muscles dorso-ventraux.

Les testicules sont remplis, jusqu'aux trois quarts de la glande, d'un protoplasme granuleux, contenant un grand nombre de petites cellules ; le dernier quart contient seul des spermatozoïdes mûrs. Pour former les spermatozoïdes, les spermatoblastes deviennent d'abord piriformes, puis leur partie amincie s'allonge en une queue tandis que la partie renflée se différencie en une tête granuleuse.

Les œufs sont pondus dans la vase. Le développement est inconnu.

Fam. **ECHINODERIDÆ**. — Caractères de la classe.

Echinoderes, Dujardin. Genre unique. 1. *Bicerca*. Deux soies caudales. *E. Dujardinii*, Saint-Vaast. 2. *Monocerca*. Une seule soie caudale. *E. monocercus*, Saint-Vaast. 3. *Acerca*. Point de soie caudale. *E. Metschnikoffii*, Odessa.

II. CLASSE

ACANTHOCÉPHALES [1]

Némathelminthes parasites, migrateurs, à corps fusiforme ou cylindroïde, souvent aplati chez les grandes espèces, présentant en avant une trompe armée de nombreux crochets. Point d'orifices digestifs.

Forme générale du corps. — Les Acanthocéphales qui ne comprennent que les genres *Neorhynchus*, *Echinorhynchus* et *Gigantorhynchus*, se laissent immédiatement caractériser par leur trompe armée de crochets recourbés en arrière, trompe par laquelle ils se fixent dans la muqueuse intestinale de leur hôte. Cette trompe, plus étroite que le reste du corps, peut s'implanter directement sur lui (*E. gigas*), ou en être séparée par une région plus ou moins allongée, parfois assez complexe, comprenant, par exemple (*E. proteus*), une région renflée, sphéroïdale (*bulla*) et une sorte de cou qui s'enfoncent avec la trompe dans les parois du tube digestif de l'hôte (*Esox lucius*), où il se forme autour d'elles une capsule calcaire. La trompe est rétractile. Les crochets dont la trompe est armée sont au moins de deux sortes ; ils sont toujours régulièrement disposés et en nombre constant pour chaque espèce.

Le corps est tantôt court et conique, tantôt allongé, et peut dépasser 150 millimètres de long (*E. gigas*). Il est marqué de stries transversales chez les petites espèces, nettement segmenté chez les grandes où cette segmentation correspond à une disposition particulière des lacunes de la paroi du corps. Le corps, dont la section est habituellement à peu près circulaire, s'aplatit souvent chez les grandes espèces qui rappellent alors l'aspect de petits Ténias.

Les Acanthocéphales adultes sont toujours parasites du tube digestif de leur hôte qui est le plus habituellement un Poisson, un Batracien (*E. hæruca*, de la Grenouille),

[1] Otto Hamann, *Monographie der Acanthocephalen* (Echinorhynchen). *Ihre Entwickelungsgeschichte, Histogenie und Anatomie, nebst Beiträge zur Systematik und Biologie.* Jenaische Zeitschrift f. Naturwischenschaft, 25 Bd (Neue Folge, XVIII, Bd), 1891. — Id., *Das System der Acanthocephalen.* Zoologische Anzeiger, 1892.

quelquefois un Oiseau (*E. polymorphus*, du Canard), rarement un Mammifère, comme c'est le cas pour l'*E. gigas*, parasite du Cochon. Les larves vivent dans la cavité générale du corps des Invertébrés et notamment des petits Crustacés, ou dans celle des petits Poissons.

Absence des appareils de nutrition. — Les Échinorhynques sont dépourvus de toute trace d'appareil digestif, d'appareil respiratoire, d'appareil circulatoire et d'appareil excréteur localisés. Les lacunes du tégument représentent sans doute un appareil d'absorption; l'organisme de l'animal est tout entier réduit à son tégument, à son système nerveux, d'ailleurs très simple, et à son appareil génital.

Paroi du corps: système lacunaire; lemnisques. — Couche péritonéale. — Dans la paroi du corps, il est nécessaire de distinguer deux tissus : 1° le *tissu tégumentaire* proprement dit; 2° le *tissu péritonéal* qui limite la cavité générale du corps.

Réduit chez le *Neorhynchus clavæceps*, à un simple syncytium contenant quelques noyaux géants, le tissu tégumentaire proprement dit se décompose chez l'*Echinorhynchus proteus* presque adulte, en six couches : 1° la cuticule; 2° une assise unique de fibres annulaires, disposées transversalement; 3° une couche épaisse de fibres longitudinales; 4° une seconde assise de fibres annulaires; 5° une couche de fibres longitudinales plus épaisse que la première; 6° une forte couche de fibres rayonnantes dans laquelle on distingue un réseau complexe de lacunes, et une assise régulière de noyaux elliptiques dont le grand axe est perpendiculaire à la longueur du corps. Ces couches dont les fibres ne sont nullement contractiles peuvent varier dans leur épaisseur et leur constitution, mais il existe toujours deux ou même plusieurs (*E. hæruca*) assises distantes de fibres annulaires concentriques, et des fibres rayonnantes qui vont de la membrane péritonéale jusqu'à la cuticule; ces fibres plongent dans une substance fondamentale qui devient fibrillaire sous la cuticule.

Dans les parois du tégument cheminent latéralement, l'une à droite, l'autre à gauche, deux lacunes longitudinales; elles ne sont pas nécessairement dans un plan diamétral, mais peuvent être très voisines de la ligne médiane ventrale, comme chez l'*E. clavula* où elles arrivent même à se confondre à l'extrémité postérieure du corps. De ces deux lacunes principales naissent à angle droit des lacunes annulaires (*N. clavæceps*, *E. angustatus*) qui les mettent directement en communication l'une avec l'autre ou se ramifient de manière à former un réseau (*E. hæruca*).

Aux téguments se rattachent les singuliers organes nommés *lemnisques*. Ce sont deux masses allongées, d'apparence glandulaire, suspendues à la base de la trompe et flottant librement dans la cavité générale. Leur section peut être circulaire (*N. clavæceps*), en croissant (*E. clavula*), ovoïde (*E. hæruca*) ou aplatie (*E. proteus*). Les lemnisques ne contiennent chez le *N. clavæceps* qu'une seule lacune axiale, se terminant postérieurement en cæcum, et, malgré leur longueur qui atteint chez cette espèce les trois quarts de celle du corps, ils ne présentent que deux noyaux; on n'y trouve chez l'*E. clavula* que quelques lacunes irrégulières à leur extrémité antérieure; mais ils sont revêtus d'une couche de muscles longitudinaux qui dépassent leur extrémité, et viennent se fixer à la paroi du corps. La lacune axiale présente une série régulière de poches latérales chez l'*E. proteus*; elle est ramifiée chez l'*E. hæruca*. L'organe dans ces deux espèces est muni d'une couche musculaire, et contient de nombreux noyaux.

Les lacunes de la trompe et du cou forment un réseau irrégulier; comme celles des lemnisques, elles se jettent dans une lacune circulaire, complètement séparée par un anneau cuticulaire de celles du corps, de sorte que les deux systèmes de lacunes sont tout à fait indépendants. Il résulte de cette disposition que les lemnisques doivent être considérés comme des réservoirs dans lesquels pénètre le liquide contenu dans les parois de la trompe lorsque celle-ci se rétracte, et qui lui restituent ce liquide lorsqu'elle est en extension.

Sur les téguments proprement dits repose la couche péritonéale. Celle-ci est constituée par de grosses cellules saillantes dans la cavité du corps et dont le protoplasme présente deux ordres de différenciation bien différents. Contre la paroi tégumentaire il s'est transformé en fibrilles musculaires annulaires; dans le reste de la cellule, toujours très volumineuse, il s'est creusé de nombreuses vacuoles, si bien que le protoplasme ne forme plus qu'une sorte de réseau s'étendant du noyau à la paroi de la cellule; finalement les mailles du réseau se rompent, et il ne reste plus autour du noyau devenu latéral qu'une petite masse de protoplasma (*E. proteus*). C'est toujours de la sorte que se présentent les fibres musculaires chez les Échinorhynques, sauf que les cellules musculaires constituant les muscles de la trompe présentent une différenciation de fibrilles musculaires sur toute leur périphérie. Les fibrilles constituent ainsi un cylindre dont la région axiale est occupée par le protoplasma. C'est également ainsi que sont constitués les muscles qui forment aux lemnisques un manteau contractile.

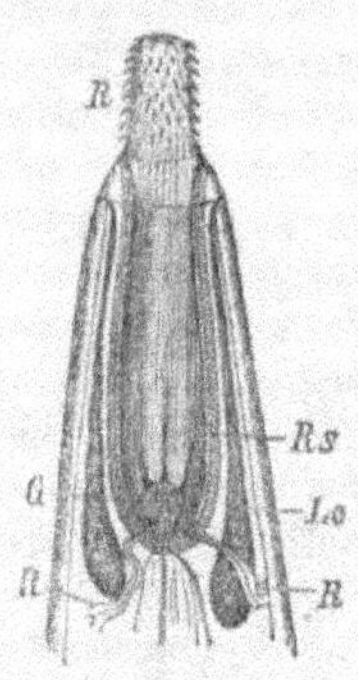

Fig. 982. — Partie antérieure d'un *Echinorhynchus*. — *R*, trompe; *Rs*, gaine de la trompe; *G*, ganglion; *Le*, lemnisque; *R*, rétinacle.

Trompe. — La trompe (fig. 982 et 983, *R*), de forme cylindrique et couverte de crochets, est formée de deux couches superposées de tissus : l'externe a une constitution identique à celle de l'exoderme; l'interne anhiste ou fibreuse, facilement colorable par les réactifs histologiques, supporte des papilles sur lesquelles s'insèrent des crochets chitineux. Presque toujours, dans l'aire circulaire circonscrite par le premier cycle de crochets, se trouvent, au-dessous de ces couches, deux ou plusieurs cellules probablement de nature glandulaire; elles semblent avoir été prises par certains auteurs pour un rudiment du tube digestif. Lorsque la trompe se rétracte, elle ne pénètre pas dans la cavité générale proprement dite, mais dans un espace spécial, circonscrit par la *gaine de la trompe* (fig. 982, *Rs*). La gaine de la trompe est un double sac musculaire qui s'insère tout autour de la base de cet organe, et se trouve ainsi suspendu dans la cavité générale, avec laquelle il ne présente aucune communication. Dans chaque sac les cellules musculaires font saillie du côté interne et les fibres contractiles sont situées vers l'extérieur. Les fibres sont disposées tantôt obliquement, tantôt en cercles perpendiculaires à l'axe du sac (*E. proteus*).

La *bulle* qui chez l'*E. proteus* fait suite à la trompe, présente au-dessous de la couche tégumentaire, creusée de lacunes, une double couche de fibres musculaires, les unes annulaires, les autres longitudinales. Ces dernières sont de fortes cellules musculaires, dans lesquelles la substance contractile est différenciée de manière à constituer un cylindre de fibrilles.

Le nombre des séries transversales ou des cercles de crochets que porte la trompe est à peu près constant pour chaque espèce et, partant, caractéristique. Très ordinairement les crochets de l'extrémité libre de la trompe et ceux de sa base sont de forme différente, et assez souvent entre ces deux sortes de crochets, il en existe d'une troisième sorte. C'est ainsi que chez l'*E. proteus*, où il existe de vingt-deux à vingt-quatre rangées de crochets, les crochets des onze ou douze premiers cercles sont très forts, recourbés, et leur base est fendue en arrière; ceux des neuf ou dix cercles suivants sont à peu près semblables, mais plus faibles; ceux des deux derniers cercles sont presque droits, et leur base présente un prolongement antérieur.

Système nerveux. — Le système nerveux (fig. 982 et 983, *G*) est représenté par un ganglion unique, situé au fond de la gaine de la trompe, et d'où partent cinq nerfs : 1° un *nerf médian*, dirigé en avant; 2° deux *nerfs latéraux antérieurs*; 3° deux *nerfs latéraux postérieurs*.

Le ganglion est de forme ovoïde, à pointe dirigée en arrière, mais presque aussi large que long. Les cellules nerveuses sont disposées à la périphérie du ganglion, dont la région centrale est occupée par leurs prolongements qui s'entre-croisent pour se diriger vers les nerfs. Les cellules ganglionnaires sont de très grandes dimensions (30 à 50 µ); elles contiennent un noyau sphéroïdal ou allongé, toujours pourvu d'un réseau nucléaire bien apparent et d'un nucléole. Dans les dissociations elles semblent le plus souvent unipolaires; mais il est vraisemblable qu'un certain nombre d'entre elles tout au moins, sont, en réalité, bipolaires; les fibres qui en naissent ont un diamètre de 4 à 8 µ, et sont, par conséquent, énormes comme les cellules elles-mêmes. Les trois nerfs antérieurs se rendent à la gaine de la trompe, sur laquelle leurs fibres se ramifient; le nerf médian contient environ seize fibres à son origine; les nerfs latéraux antérieurs en contiennent moins; on compte de douze à quatorze fibres dans les nerfs latéraux postérieurs. Ces fibres sont formées d'une substance hyaline, homogène, enveloppée étroitement d'une membrane.

Outre le ganglion antérieur, il existe chez les mâles un deuxième ganglion situé sur le revêtement musculaire de la bourse, entourant le canal déférent. Ce ganglion est formé de deux amas latéraux de cellules, unis entre eux par une commissure. Il en naît six troncs nerveux : deux latéraux antérieurs, deux latéraux postérieurs et deux postérieurs, rapprochés de la ligne médiane et paraissant innerver le revêtement musculaire de la bourse. La paire de nerfs antérieurs innerve les organes génitaux, et s'anastomose à l'extrémité postérieure du corps avec les nerfs que fournissent aux parois du corps les troncs postérieurs, issus du ganglion de la gaine de la trompe.

Appareil génital mâle. — Les sexes sont séparés chez les Échinorhynques.

Dans les deux sexes les glandes génitales et leurs annexes sont fixés à un *ligament* (fig. 983, *Li*) qui va de la base de la trompe à l'extrémité postérieure du corps.

L'appareil génital mâle (fig. 983) comprend : 1° deux *testicules* pourvus chacun d'un canal abducteur; 2° un *canal déférent* unique résultant de la réunion des deux canaux abducteurs; 3° un *canal éjaculateur* qui pénètre dans la *bourse* et y forme le *pénis*; 4° six *glandes accessoires* qui déversent leur sécrétion dans le canal éjaculateur. Les testicules sont, en général, placés l'un au-dessous de l'autre.

Chaque *testicule* (T) est un corps ovoïde enveloppé dans une membrane qui, à l'extrémité supérieure de la glande, tournée vers la trompe, se prolonge en un canal abducteur (*Vd*). La paroi de ce canal, cellulaire dans le jeune âge, est anhiste chez l'adulte comme la membrane qu'elle continue. Les canaux abducteurs se dirigent vers le bas, et après un trajet plus ou moins long, ils se réunissent pour former un *canal déférent* unique, dans lequel s'ouvrent, au moment de son entrée dans la bourse, deux autres canaux correspondant chacun à un groupe de trois glandes accessoires (*Pr*). Ces dernières sont piriformes et à peu près symétriquement placées. Chacune d'elles possède en propre un canal excréteur; les trois canaux d'un même côté se réunissent pour former l'un des deux canaux, également symétriques, qui s'ouvrent dans le canal déférent. Les cellules constituant ces glandes sont bien distinctes et circonscrivent un espace irrégulier, rempli d'une substance granuleuse et réfringente qu'on retrouve aussi dans les canaux excréteurs.

Une membrane musculaire entoure l'ensemble formé par l'extrémité inférieure des spermiductes, du canal déférent résultant de leur union et des canaux excréteurs des glandes accessoires; cette membrane sépare cet ensemble de la cavité générale. Dans l'espace circonscrit se trouve, en outre, un singulier organe qui semble se continuer avec la gaine musculaire de la bourse. C'est un corps piriforme qui se fixe inférieurement par un pédoncule sur la paroi de la gaine musculaire, au voisinage du ganglion génital. Ce corps est, en réalité, formé de deux cellules accolées, et dont la partie périphérique s'est différenciée en fibres contractiles annulaires, tandis que le reste de leur substance se creusait de vacuoles, et formait ainsi un réticulum entourant les deux noyaux demeurés nettement distincts au centre du corps. Des fibrilles longitudinales peuvent s'ajouter aux fibrilles annulaires. Le corps et la gaine musculaire agissent comme antagonistes l'un de l'autre. Le corps est-il contracté et la gaine relâchée, le sperme et la sécrétion des glandes accessoires arrivent librement dans la région inférieure de l'appareil excréteur; le corps se relâche-t-il pendant que la gaine se contracte, le sperme et le produit des glandes accessoires sont chassés dans le canal éjaculateur et expulsés au dehors.

Le *canal éjaculateur* (*De*) est le canal unique qui fait suite au confluent du canal déférent et du canal excréteur des glandes accessoires. Sa partie terminale forme le *pénis* (*P*), lui-même contenu dans une *bourse* rétractile (*B*) qui n'est qu'une dépendance des téguments. Le canal éjaculateur comme le pénis ont dans leur paroi une couche de fibres contractiles annulaires. Les parois de la bourse péniale se réfléchissent de son sommet vers son orifice, de manière à former autour du pénis (*E. clavula*) une cloche à parois renforcées de fibres musculaires annulaires, cloche dont le bord externe se prolonge souvent en un certain nombre de digitations.

Appareil génital femelle. — Comme les testicules, les ovaires sont primitivement pairs; mais ils sont rapidement remplacés par des masses cellulaires, flottantes

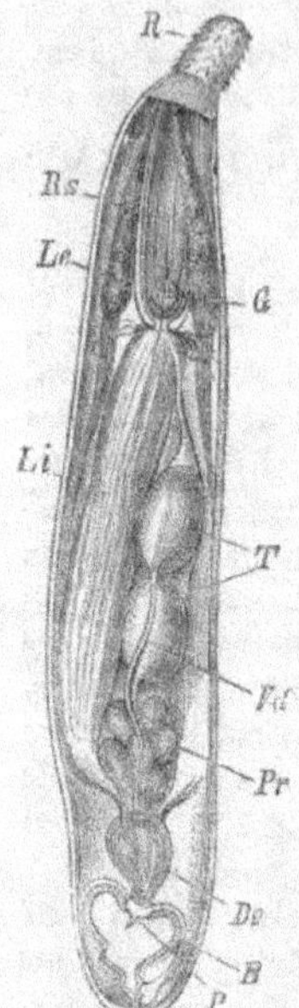

Fig. 983. — *Echinorhynchus angustatus* mâle (d'après R. Leuckart). — *R*, trompe; *Rs*, gaine de la trompe; *Li*, ligament; *G*, ganglion; *Le*, lemnisque; *T*, testicules; *Vd*, canal abducteur; *Pr*, glandes accessoires; *De*, canal éjaculateur; *P*, pénis; *B*, bourse.

à l'intérieur du ligament. Toutes les cellules de ces masses sont d'abord semblables entre elles, mais ne tardent pas à se différencier, les cellules centrales continuant à se diviser, tandis que les cellules périphériques grandissent, se remplissent de granulations et deviennent ainsi de véritables œufs (*E. proteus*). Ces masses cellulaires qui ont été quelquefois considérées comme un syncytium (Kaiser chez le *G. gigas*) se laissent toujours nettement décomposer en cellules par l'action de réactifs appropriés. Les œufs finissent par s'isoler complètement les uns des autres et sont finalement portés au dehors par un ensemble complexe d'organes, savoir : la *cloche*, l'*oviducte*, la *matrice* et le *vagin* (fig. 984). Dans les cas les plus simples (*N. clavæceps*), la cavité du ligament se continue avec celle de la cloche et le ligament lui-même, ou bien se continue avec la cloche (*N. clavæceps*) ou bien pénètre à son intérieur sous forme de deux appendices (*E. hæruca*). Du côté ventral la paroi de la cloche offre toujours deux noyaux indiquant que cet organe résulte réellement de la fusion de deux cellules circonscrivant une sorte de cylindre ; ces cellules produisent sur leur surface externe un petit nombre de fibres contractiles transversales. A sa base, la cloche se renfle latéralement en deux poches (*B*) formées chacune d'une cellule musculaire hémisphérique, puis elle se continue directement avec l'utérus (*U*). Les poches latérales de la cloche communiquent avec les oviductes formés chacun d'un petit nombre de cellules courbées en demi-cylindre et formant ainsi de chaque côté de la cloche un canal qui s'ouvre dans l'utérus impair. Celui-ci est également un canal formé par deux cellules creusées en gouttière pour le constituer ; les noyaux sont près de son extrémité inférieure ; vers la surface externe des deux cellules, leur protoplasme a produit un grand nombre de fibres contractiles annulaires, comme c'est le cas pour la cloche.

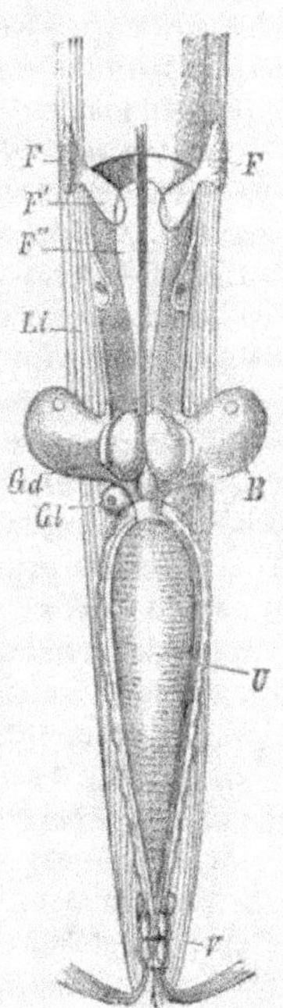

Fig. 984. — Canal vecteur de l'appareil femelle du *Giganturhynchus gigas*. — *Li*, ligament ; *F*, flocons discoïdes pédicules ; *F'*, *F"*, appendices des flocons ; *U*, utérus ; *V*, vagin ; *B*, poches latérales de la cloche utérine ; *Gd*, cellules dorsales sur le fond de la cloche ; *Gl*, cellules latérales (d'après A. Andres).

Le vagin qui fait suite à l'utérus est formé de huit cellules jaunâtres, finement striées longitudinalement, circonscrivant un fin canal, et formant par leur union un organe en forme de sablier. A la partie rétrécie du sablier correspond un double sphincter formé par quatre cellules musculaires, unies de manière à former deux cylindres emboîtés l'un dans l'autre. Chacune de ces cellules est garnie sur sa face externe de fibrilles contractiles transversales. Parfois (*N. clavæceps*), un ligament s'étend de la base de la cloche jusqu'au vagin.

Formation des œufs et des spermatozoïdes. — Le développement des éléments génitaux est fort simple ; nous avons vu comment se constituent les cellules mères des spermatozoïdes ; par leur division, elles produisent les cellules spermatiques qui, d'abord sphéroïdales, deviennent ovoïdes en se développant suivant un de leurs axes ; la région correspondant au pôle pointu de l'ovoïde s'allonge peu à peu de manière à constituer une queue ; le spermatozoïde acquiert ainsi cette forme de têtard si répandue dans le règne animal.

Les œufs se caractérisent peu à peu dans des masses cellulaires flottantes qui remplissent la cavité générale des femelles adultes. Ils se détachent de ces masses soit avant, soit seulement après la fécondation, et sont portés hors de l'animal à travers l'appareil excréteur que nous venons de décrire; ils tombent dans les tubes digestifs de l'hôte d'où ils sortent avec les excréments.

La cavité générale contient d'ordinaire des œufs groupés en masses et des œufs isolés à tous les états de développement. Les masses d'œufs ont de un à deux dixièmes de millimètre de diamètre; leur région centrale est formée d'ovules polygonaux, tandis qu'à la périphérie se trouvent des ovules allongés, beaucoup plus grands, maintenus appliqués contre la masse centrale par une membrane d'enveloppe commune. A mesure que les ovules mûrissent, leur cytosarque se charge de gouttelettes graisseuses, leur noyau grandit et se transforme en une volumineuse vésicule germinative, contenant une tache germinative et un délicat réseau nucléaire que met en évidence l'acide acétique osmiqué. Les globules polaires sont expulsés avant que chaque œuf s'isole de la masse ovulaire dont il faisait partie. A ce moment, la vésicule germinative se transporte à l'un des pôles, tandis que les gouttelettes graisseuses se rassemblent au pôle opposé; bientôt elle est remplacée par la figure fusiforme habituelle, contenant ici huit filaments; les deux globules polaires se forment ensuite successivement, suivant les procédés ordinaires, et demeurent fixés au pôle de l'œuf où ils se sont constitués, au-dessous de la membrane d'enveloppe. La vésicule germinative se reconstitue alors et revient au centre de l'œuf; elle contient toujours un réseau nucléaire, mais plus de tache germinative. La fécondation se produit dans la cavité générale des femelles où l'on trouve souvent des spermatozoïdes flottants; mais on n'a pu encore en suivre les détails. Elle peut avoir lieu alors que les œufs sont encore accolés en masses (*E. hæruca* de la Grenouille).

Développement. — La segmentation de l'œuf est facilement observable chez l'*E. acus*.

Le premier fuseau de segmentation est, en général, plus voisin du pôle où l'on aperçoit les globules polaires que de l'autre; ses extrémités sont occupées par des centrosomes, autour desquels rayonnent les filaments des deux *asters*, et sa région équatoriale par les anses chromatiques. Bientôt, à sa place, se montrent deux noyaux à contenu réticulé, et l'œuf ne tarde pas à se diviser en deux blastomères inégaux

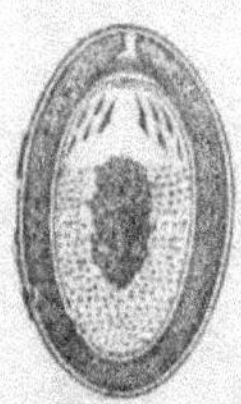

Fig. 985. — Embryon d'*Echinorhynchus gigas* entouré des membranes de l'œuf (d'après R. Leuckart).

dont le plus petit supporte encore les globules polaires. Le plus grand des deux blastomères se divise transversalement en deux autres inégaux, dont le plus grand occupe le milieu de l'œuf. Ce blastomère médian se divise à son tour longitudinalement; ce qui porte à quatre le nombre des blastomères. A ce moment, le petit blastomère du stade deux commence seulement à se diviser. Les bipartitions se poursuivant, il se constitue une masse cellulaire pleine, formée de cellules de même dimension, ne différant entre elles que parce que les cellules périphériques sont moins riches en chromatine que les cellules profondes. Peu à peu les enveloppes de l'œuf se différencient, et l'on peut distinguer alors une mince enveloppe appliquée contre la masse embryonnaire, une coque réfringente de 2 μ d'épaisseur et une troisième enveloppe mince, séparée de la coque par une substance filamenteuse (fig. 985). Bientôt les cellules qui constituent la masse compacte de l'embryon se différencient en une couche externe que l'on

peut considérer comme un exoderme, et une masse centrale qui représente
l'entoderme. Les cellules de la couche exodermique se fusionnent en un syncytium
dans lequel les noyaux eux-mêmes (*E. acus*) se confondent en volumineuses masses
nucléaires, diversement placées suivant les espèces (fig. 986, n° 1, *n*). Les cellules
de la masse entodermique demeurent distinctes, mais se groupent en plusieurs
masses représentant les rudiments d'autant d'organes. Deux d'entre elles occupant
le pôle antérieur de la masse deviennent rapidement plus grosses que les autres,
et sont la première indication de la trompe (fig. 986, n° 2). Au-dessous d'elles se
trouvent les cellules qui prendront part à la formation de la gaine de la trompe;
puis une grosse masse sphéroïdale de cellules qui deviendra le centre nerveux;
enfin, plus bas, deux autres masses qui se transformeront en glandes génitales.
Tous ces rudiments demeurent unis entre eux par des cellules non différenciées, de
manière à former un gros cordon axial que des espaces vides séparent bientôt de la
couche périphérique des cellules entodermiques; ainsi se constituent la cavité
générale et l'épithélium régulier, formé d'une seule couche de cellules qui tapisse
la face interne de l'exoderme et limite la cavité générale. Cet épithélium étant d'origine entodermique, la cavité générale peut être considérée comme un entérocèle.

L'embryon ayant atteint ce degré de développement, il devient indispensable de
suivre séparément l'évolution de ses diverses parties. Nous prendrons pour type
l'*E. proteus* qui émigre des *Gammarus* aux Poissons.

Les grosses masses nucléaires du syncytium exodermique grandissent irrégulièrement et prennent un contour festonné, rappelant celui des amibes en
marche. Les corpuscules nucléolaires qu'ils contiennent se répartissent irrégulièrement dans la masse, chaque lobe pouvant en contenir un ou plusieurs; puis
les lobes se détachent; sans qu'à aucun moment ait apparu de figure karyokinétique. Les noyaux se multiplient ainsi par bourgeonnement ou division directe;
ils sont d'abord irrégulièrement répartis dans la masse, mais ils se placent bientôt
à peu près au même niveau, de manière à former la couche continue précédemment décrite. En même temps, le syncytium se différencie dans son épaisseur pour
former les six couches fibreuses que l'on observe chez l'animal adulte; les lacunes
apparaissent comme des espaces vides, sphéroïdaux, d'abord isolés les uns des
autres, mais qui ne tardent pas à s'anastomoser; c'est de ces anastomoses que
résultent tout d'abord les deux lacunes longitudinales.

Les lemnisques ne sont que des dépendances de l'exoderme. Au moment où les
noyaux géants de l'exoderme embryonnaire viennent de se diviser, ils apparaissent
à la base de la trompe, sous la forme de deux papilles exodermiques qui s'allongent
rapidement, et, avant la fin de l'état larvaire, présentent déjà la forme de deux longs
cordons pleins, entourés d'une membrane limitante et flottant dans la cavité générale. A l'époque de leur formation, des noyaux ont pénétré dans ces papilles; ils
s'y multiplient, pendant leur croissance, par division directe. La consistance de ces
cordons est gélatineuse; simultanément il s'y creuse des lacunes et il y apparaît des
fibres.

Nous avons vu comment le revêtement épithélial de la cavité générale se séparait
de l'entoderme. Les cellules de cet épithélium, d'abord aplaties, deviennent lenticulaires, et, au voisinage de la face par laquelle elles s'appliquent sur le tégument,
sécrètent de la substance contractile qui se dispose peu à peu en fibrilles transver-

sales, formant autant d'anneaux autour du corps. Le nombre de fibrilles que contient chaque cellule s'accroît avec le temps, et la cellule, qui d'abord pouvait être regardée comme une cellule épithélio-musculaire, devient de plus en plus un véritable faisceau musculaire. Ce sont aussi des cellules détachées de l'épithélium péritonéal qui fournissent les fibres musculaires longitudinales.

La larve, au moment d'émigrer, est un corps ovoïde, présentant à son extrémité antérieure un stylet perforant (*E. proteus*); celles du *Gigantorhynchus gigas* sont pourvues, en avant, de cinq crochets et en outre tout leur corps est hérissé d'innombrables spinules.

Peu après l'arrivée de la larve dans son hôte temporaire, au-dessous des deux cellules entodermiques que nous avons précédemment indiquées comme le premier rudiment de la

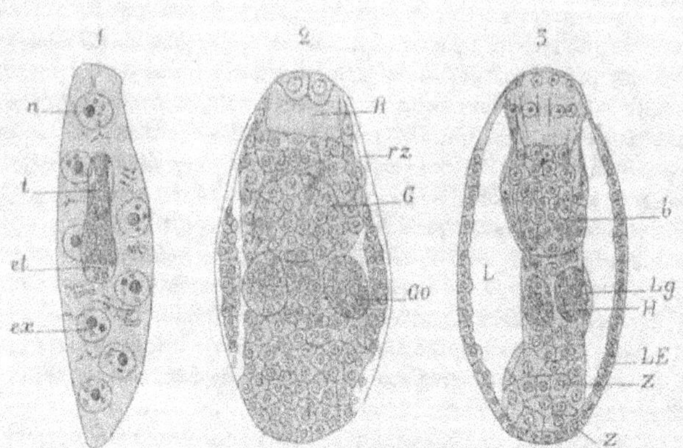

Fig. 986. — Développement de l'*Echinorhynchus proteus*. — N° 1, jeune larve de la cavité générale du *Gammarus pulex* ; *n*, gros noyaux exodermiques; *ex*, exoderme; *et*, entoderme; *t*, rudiment de la trompe. — N° 2, noyau entodermique d'une larve plus âgée où les rudiments des divers organes se sont différenciés dans l'entoderme; *R*, masse protoplasmique rudiment de la trompe; *G*, ganglion nerveux; *Go*, glandes génitales; *rz*, épithélium de la cavité générale. — N° 3, noyau entodermique encore plus avancé; *L*, cavité générale; *LE*, épithélium qui la limite; *b*, ganglion nerveux; *H*, glandes génitales; *Z*, *Z'*, cellules qui entreront dans la formation des canaux excréteurs; *Lg*, ligament.

trompe, il apparaît une masse protoplasmique granuleuse (fig. 986, n° 2, *R*) vraisemblablement produite par la fusion partielle du protoplasme de ces cellules et de celui des cellules voisines. Plus tard les cellules se disposent autour de cette masse, de manière que huit d'entre elles, situées en ligne droite, marquent l'extrémité antérieure de la trompe, les autres étant irrégulièrement placées; au-dessous, une masse de cellules (*C*) se laisse décomposer en une couche superficielle qui formera la gaine de la trompe et une masse centrale, rudiment du ganglion nerveux. Peu à peu, sans changer de structure, la masse protoplasmique qui représentait la trompe s'allonge en un long cylindre, tandis que la gaine qui a suivi son allongement s'amincit et se sépare nettement de la masse ganglionnaire. Cette gaine est alors constituée d'une double couche de cellules irrégulières, dans la région externe desquelles se différencient des fibres musculaires. A l'extrémité inférieure du rudiment de la trompe adhère un groupe de cellules piriformes, présentant un long prolongement antérieur et qui se transformeront plus tard, en partie, en muscles rétracteurs de la trompe. Peu après ce stade, dans le rudiment de la trompe se laissent bientôt reconnaître une couche externe hyaline, présentant intérieurement des séries de papilles ovoïdes, et une masse centrale granuleuse qui se confond supérieurement avec l'exoderme. Celui-ci s'accroissant rapidement dans la région où s'accomplit

cette fusion et dans la région qui suit, tandis que le rudiment de la trompe ne
s'accroit pas, la couche hyaline est bientôt obligée de s'étaler contre la paroi interne
de l'exoderme et de se retourner, les papilles en dehors, pour suivre son accroissement, tandis que la masse granuleuse axiale passe dans l'exoderme. Le rudiment

de la trompe se
trouve ainsi re-
tourné et accolé
à la face interne
de l'exoderme.
Alors, sur les
papilles se for-
ment les cro-
chets chitineux
qui traversent
l'exoderme et
apparaissent au
dehors pour
constituer les
crochets de la
trompe défini-
tive, tandis que
des lacunes se
creusent dans
le tégument
proboscidien.

Pendant que
la trompe se
développe, les
cellules qui
constituent le
rudiment des
ganglions ner-
veux se carac-
térisent de plus
en plus (fig. 987,
n° 2, G). Quel-
ques-unes de-

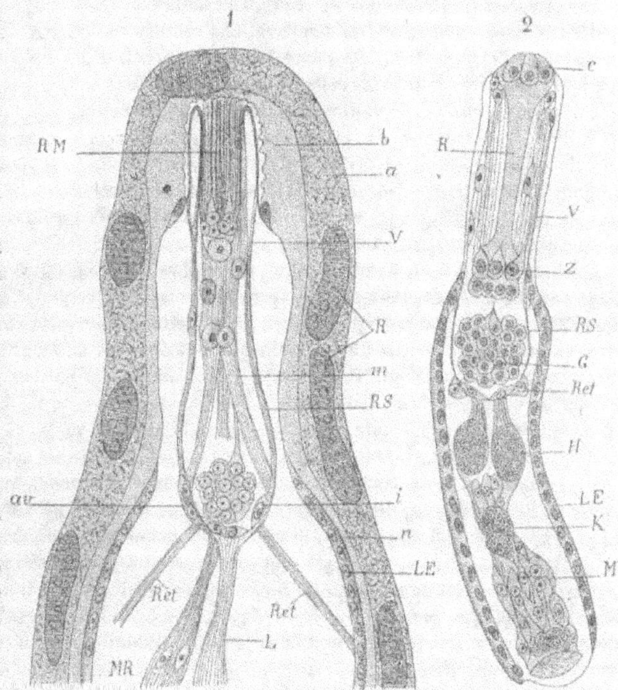

Fig. 987. — Coupe longitudinale de larves d'*Echinorhynchus proteus*. — N° 1, extrémité antérieure très grossie ; *a*, *b*, couches de l'exoderme avec noyaux géants, *A* ;
RM, musculature de la trompe ; *Rs*, gaine de la trompe ; *V*, parois de la gaine de la
trompe ; *Ret*, rétinacles ; *av*, cellules de la couche externe de la gaine ; *i*, cellules de
la couche interne ; *L*, ligament ; *L F*, épithélium musculaire. — N° 2, masse entodermique d'une larve ; mêmes lettres et en plus : *C*, calotte de cellules au sommet de
la trompe ; *R*, trompe ; *G*, ganglion ; *H*, testicule ; *K*, les six cellules rudiments des
glandes accessoires ; *M*, cellules formatrices de l'appareil excréteur mâle (d'après
Hamann).

viennent piriformes et commencent à envoyer un prolongement dans la direction de
la trompe. Au moment où il se caractérise, le nerf médian (fig. 987, n° 1) ne contient
que seize fibres et les nerfs latéraux antérieurs au plus cinq. Peu à peu toutes les
cellules deviennent piriformes et émettent chacune un prolongement qui se dirige
à travers le ganglion jusque vers l'un des cinq nerfs qui en partent.

La colonne cellulaire qui s'étend du fond de la gaine jusqu'à l'extrémité postérieure du corps fournit le ligament suspenseur, les glandes génitales et leur appareil excréteur. De très bonne heure les glandes génitales mâles ou femelles (*H*) se
différencient dans cette colonne ; elles sont alors paires et symétriques ; les cellules

qui les enveloppent et les réunissent au fond de la gaine formeront plus tard le ligament. Le ligament s'allonge; dans ses parois, apparaissent des fibres longitudinales et des fibres transversales qui se multiplient peu à peu, et finissent par former la couche fibreuse qui enveloppe les cellules formatrices.

Les premiers rudiments des testicules, au nombre de deux, sont formés de cellules polyédriques d'environ 4 μ de diamètre. Ces cellules se divisent rapidement, et, au moment de l'arrivée de la larve dans son hôte définitif, atteignent 10 μ de diamètre; de leur division résultent les cellules spermatiques. Des cordons cellulaires d'abord pleins en rapport avec les rudiments des testicules représentent les canaux déférents primitifs. Chacune des six glandes accessoires est représentée d'abord par une cellule unique (K) qui se divise, les cellules résultant de cette division demeurant toujours très distinctes les unes des autres. La masse cellulaire (M) qui fait suite à ces six cellules fournira les canaux excréteurs de l'appareil génital mâle et la gaine musculaire qui enveloppe leur ensemble.

Les ovaires sont également, au début, au nombre de deux, situés dans la cavité du ligament et formés de deux masses symétriques de cellules parfaitement distinctes. Dans cette région le ligament s'amincit et se creuse d'une vaste cavité où les deux ovaires primitifs, devenus libres, grandissent et donnent naissance, en se divisant, aux masses cellulaires que l'on observe chez l'adulte. La portion du ligament qui est demeurée compacte se divise en trois régions dont l'une forme la cloche, les oviductes et l'utérus; la suivante, les cellules glandulaires du vagin, et la dernière, qui arrive à emboîter les précédentes, les quatre cellules du double sphincter.

Migrations. — Tous les Acanthocéphales connus effectuent des migrations au cours de leur développement. Adultes, ils habitent la cavité digestive de Vertébrés divers, généralement aquatiques, et leurs œufs mêlés aux excréments de leur hôte sont expulsés avec eux. Ces œufs sont avalés par un Invertébré, généralement un Arthropode qui sert de proie au Vertébré. Ils éclosent dans le tube digestif de cet hôte intermédiaire, percent les parois de ce tube à l'aide des crochets temporaires dont la larve est armée et passent dans la cavité générale. A ce moment ils ne sont guère constitués que par une masse de cellules entodermiques, entourées par le syncytium exodermique, précédemment décrit; mais ils évoluent graduellement dans cette cavité, et y acquièrent, sans grandir beaucoup, une organisation très voisine de celle de l'adulte. Lorsque l'Invertébré qui leur sert d'hôte temporaire est avalé par un Vertébré, les Échinorhynques qu'il contient sont mis en liberté, passent dans l'intestin de leur hôte définitif, et se fixent dans la muqueuse intestinale à laquelle ils demeurent suspendus le reste de leur vie, en y enfonçant toute leur trompe, ainsi que la bulle et le cou lorsque ces parties existent. Ces faits ont été établis par les recherches de Leuckart (1862), reprises depuis par Kaiser pour le *G. gigas* (1887) et par Otto Hamann pour un certain nombre d'autres espèces (1891).

La larve du *Gigantorhynchus gigas* s'enkyste dans la couche musculaire de l'intestin de la larve de la Cétoine dorée; mais les hôtes successifs ne sont pas toujours rigoureusement déterminés. Ainsi la larve de l'*E. proteus* habite la cavité générale du *Gammarus pulex* et de diverses espèces de petits poissons d'eau douce telles que le Vairon (*Phoxinus lœvis*), le Goujon (*Gobio fluviatilis*), la Loche (*Cobitis barbatula*), l'Épinoche (*Gasterosteus aculeatus*) et l'Épinochette (*Gasterosteus pungitia*). A l'état adulte, on trouve cette espèce dans le tube digestif de la plupart de nos poissons d'eau douce,

y compris le Flet et l'Esturgeon; il n'a cependant été signalé jusqu'ici ni chez les
Salmonides, ni chez le Brochet, ni chez la Perche, bien qu'il existe chez la Grémille.
L'*E. clavula* paraît se trouver chez des espèces de poissons d'eau douce (*Cyprinus
brama, C. carpio, Anguilla vulgaris, Trutta fario*) et chez des poissons de mer (*Gobius
niger, Lepadogaster Gouanii*). L'*E. hæruca* vit dans le tube digestif de la Grenouille
verte; l'*E. polymorphus* dans celui du Canard; le *Gigantorhynchus gigas* dans celui
du Porc.

FAM. **ECHINORHYNCHIDÆ**. — Corps allongé, lisse; gaine de la trompe à double paroi,
susceptible de contenir la trompe; système nerveux central dans l'axe de la trompe
voisin de l'extrémité cæcale postérieure de la trompe; un revêtement chitineux
seulement à l'extrémité libre de la trompe; crochet avec un prolongement postérieur.

Echinorhynchus, O. F. Müller. Genre unique. — *E. proteus*, larve dans le *Gammarus pulex*
et divers petits Poissons d'eau douce; adulte dans la plupart des Poissons d'eau douce;
E. hæruca, larve dans le *Gammarus pulex*; adulte dans la Grenouille verte; *E. polymorphus*, larve dans le *Gammarus pulex*; adulte dans le Canard.

FAM. **GIGANTHORHYNCHIDÆ**. — Corps de grande taille, aplati, annelé; gaine de la
trompe musculeuse, pleine; système nerveux central excentriquement placé dans
la trompe; crochets à deux prolongements, entièrement enveloppés par la cuticule
transparente; lemnisques longs, à section arrondie avec un canal central.

Giganthorhynchus, Hamann. Genre unique. *E. gigas*, larve dans celle de la *Cetonia
aurata*; adulte dans le Porc.

FAM. **NEORHYNCHIDÆ**. — Gaine de la trompe à simple paroi; noyaux géants peu
nombreux dans la trompe et dans les lemnisques; muscles annulaires peu développés; cellules musculaires longitudinales développées seulement par places;
formes s'éloignant peu de l'état larvaire.

Neorhynchus, Ham. Genre unique. — *N. clavæceps*, adulte dans la Carpe, le Barbeau, etc.

III. CLASSE

GORDIACÉS

*Némathelminthes migrateurs, parasites dans le jeune âge, libres et aqua-
tiques à l'état adulte, présentant alors un corps plus allongé, grêle, dépourvu
d'orifices digestifs, tout au moins d'anus et d'appendices; extrémité postérieure
du mâle bifurquée chez les Gordius.*

Forme générale du corps. — Adultes, les GORDIACÉS dont il n'existe que deux
genres, les genres *Gordius*, Dujardin, et *Nectonema*, Verrill, se trouvent dans les ruisseaux à cours peu rapides de toutes les parties du monde (*Gordius*) ou nagent
avec agilité dans la mer (*Nectonema* [1]). Dans l'Europe centrale, les *Gordius* peuvent
être rencontrés, à partir du mois d'avril, dans les moindres flaques d'eau; ils ont
alors la forme de longs filaments brunâtres, de un demi-millimètre de diamètre
environ et de plus d'un décimètre de long. Ils n'exécutent que de lents mouvements
de flexion et, tandis que les organes digestifs sont devenus rudimentaires, leur corps
est presque entièrement rempli par les éléments génitaux. A l'œil nu ou même à
la loupe, on ne distingue à la surface du corps aucun organe caractéristique; mais

---

[1] HENRY-B. WARD, *On Nectonema agile*, Verrill. Bulletin of the Museum of comparative
Zoology, vol. XXIII, n° 3, 1892.

on reconnaît facilement qu'il existe deux sortes d'individus : les mâles et les femelles. Les premiers sont caractérisés par la forme de l'extrémité postérieure de leur corps qui est bifurquée. En général, l'extrémité postérieure du corps des femelles est arrondie; elle peut cependant se terminer autrement; elle est, par exemple, trifurquée chez la femelle du *G. gratianopolensis*. Il n'existe ni bouche, ni anus, et l'extrémité antérieure du corps présente même un remarquable épaississement de la cuticule. Le seul orifice que l'on observe sur le corps est l'orifice génital, situé, chez les mâles, à la face ventrale du corps, un peu avant la bifurcation caudale, chez les femelles près de l'extrémité postérieure du corps, immédiatement en avant du prolongement caudal, entre les trois branches terminales chez les *G. gratianopolensis*. Chez le mâle, il existe au voisinage de l'orifice génital de nombreuses épines, soies ou poils tactiles, et le tégument présente parfois des replis spéciaux entre cet orifice et la fourche caudale (*G. setiger, G. impressus*).

La forme générale des *Nectonema* rappelle celle des *Gordius*; mais le tiers antérieur du corps est tordu graduellement de manière que les lignes médianes deviennent peu à peu latérales depuis le premier tiers jusqu'à l'extrémité postérieure du corps. Le long de chacune de ces lignes sont implantées, en double rangée, des soies creuses, très voisines les unes des autres qui, après avoir figuré deux crêtes médianes, sont ainsi amenées à représenter deux nageoires latérales. Des écailles cuticulaires se montrent sur les parties latérales du corps des mâles. La bouche est petite, mais elle existe toujours; il n'y a pas d'anus.

Les *Gordius* présentent trois formes successives : 1° une forme *larvaire*, la forme *échinodéroïde*, très différente de la forme adulte, et durant laquelle ils sont enkystés chez de petits animaux aquatiques; 2° une forme *nématoïde parasite*; 3° une forme *nématoïde libre*. Les *Nectonema* présentent aussi, tout au moins, une forme nématoïde parasite, durant laquelle ils paraissent habiter la cavité générale des *Palæmonetes*.

A l'état nématoïde parasite, les *Gordius* se trouvent habituellement, mais non exclusivement dans la cavité générale des Insectes terrestres; sous cette forme, le jeune *Gordius* ne diffère de ce qu'il sera en liberté que par sa coloration plus claire, sa taille plus petite et par ce que ses organes internes présentent une structure moins anormale. Il convient, en conséquence, de faire d'abord connaître son organisation pendant sa vie parasitaire [1]; il suffira ensuite d'indiquer quelles modifications elle subira en passant à l'état adulte.

Structure des parois du corps. — Les parois du corps comprennent : 1° une *couche cuticulaire*; 2° une *couche épithéliale*; 3° une *couche musculaire*.

La couche cuticulaire (*cutis, derma, epidermis* et *corium, épiderme* et *derme* des auteurs), à peu près homogène chez les *Nectonema* où elle est soluble dans la potasse bouillante, se divise chez les *Gordius* en couches secondaires dont le nombre a été porté à quatre (Camerano), mais que l'on peut en général réduire à deux : une couche superficielle, homogène, et une couche profonde, fibreuse. La couche superficielle (*épiderme*, Meissner, Villot) ne présente chez la forme nématoïde parasite aucun trait particulier; au contraire chez la forme libre elle est lisse (*G. lævis*) ou marquée de dessins en relief, papilles (*G. setiger, G. Deshayesi*), lignes saillantes

---

[1] Von Linstow, *Ueber die Entwickelungsgeschichte und die Anatomie von Gordius tolosanus*, Duj., Archiv für mikroskopische Anatomie, T. XXXIV, 1889.

(*G. aquaticus*, *G. setiger*, *G. incertus*, *G. œneus*), aréoles (*G. tolosanus*, *G. abbreviatus*), plaques rectangulaires (*G. gratianopolensis*), etc., qui sont très caractéristiques des espèces [1]. La couche fibreuse profonde (*corium*, Meissner, *derme*, Villot) est formée de longues fibres inattaquables par les acides, gonflées à froid par la potasse qui les dissout à chaud et se rapprochant, par conséquent, des fibres élastiques. Ces fibres s'entrecroisent obliquement, et forment plusieurs plans, ce qui explique que cette couche ait pu être décomposée en deux autres par quelques observateurs.

La couche épithéliale (*hypodermis*, Villot, von Linstow; *perimysium*, Meissner; *subcutanische Schicht*, Grenacher) est formée, chez les jeunes *Gordius*, de cellules polygonales et nucléées ayant de 6 à 7 μ d'épaisseur. Cette couche s'épaissit beaucoup dans la région dorsale céphalique. Chez les mâles (*G. tolosanus*) elle s'élève le long de la ligne médiane ventrale, de manière à diviser la couche musculaire (fig. 988, n° 1); elle devient plus épaisse dans la région où la queue se bifurque et dans la région ventrale des fourches caudales; par suite de la disparition de la cuticule, elle paraît à nu dans la région postérieure à l'orifice génital. Chez les femelles elle est quelquefois dans la région de l'utérus, cinq fois plus épaisse du côté ventral que du côté dorsal. Sa structure cellulaire a été affirmée chez l'adulte par Schneider, Vejdovsky, von Linstow, Camerano, Michel; Villot et Jammes la considèrent, au contraire, comme formée d'une substance granuleuse, contenant de nombreuses cellules étoilées à prolongements anastomosés; le système nerveux serait en continuité avec cette couche [2]. Les limites des cellules ne sont pas perceptibles dans la couche épidermique, multinucléée, du *Nectonema* qui s'épaissit le long des lignes médianes; l'épaississement ventral contient le cordon nerveux.

La couche musculaire est directement appliquée à la face interne de la couche épithéliale; son épaisseur équivaut à 1/6 du diamètre total du corps chez le mâle, à 1/12 seulement chez la femelle. Elle est formée, chez les *Gordius*, de fibres longitudinales, consistant en cellules allongées dont le protoplasma se différencie en fibrilles sur tout le pourtour de la cellule (*cellule holomyaire*); ces cellules sont pourvues d'un noyau très allongé et dont la section transversale, épaisse du côté interne de la fibre, devient subitement linéaire en s'approchant de sa face externe. Ces fibres sont remplacées chez les *Nectonema* par de longues cellules dans lesquelles il ne se différencie de fibrilles musculaires que sur la portion du pourtour de la cellule tournée vers l'extérieur; la section des fibrilles dans chaque cellule a ainsi la forme d'un fer à cheval (*cellule cœlomyaire*). Tout le long de la ligne médiane ventrale, la couche musculaire est interrompue pour livrer passage au cordon nerveux; elle se divise également du côté dorsal, en approchant de la fourche caudale chez les mâles, et tapisse le quart supérieur et les deux tiers externes de la circonférence de chaque branche de la fourche. En outre, dans la région caudale, au point où l'intestin se courbe vers le haut, se trouvent chez les mâles deux tractus musculaires dorso-ventraux, symétriques qui se réunissent en une seule masse en arrière du cloaque. Chez les femelles, dans la région de l'utérus, la musculature s'amincit

---

[1] Villot, *Monographie des Dragonneaux*. Archives de Zoologie expérimentale, 1ʳᵉ Série, T. III, 1874, et autres Mémoires dans les *Annales des Sciences naturelles* de 1886 et 1887, ou les Comptes Rendus de l'Académie des Sciences, 1889.

[2] Villot, *Anatomie des Gordius*. Annales des Sciences naturelles, 1887, art. 4, p. 193, et Comptes Rendus de l'Académie des Sciences, 1889. Vol. CVIII, p. 304.

beaucoup du côté ventral, et finalement disparait au niveau du cloaque. Les fibres musculaires sont trapézoïdales; elles n'ont pas plus de cinq à sept dixièmes de millimètre de long.

Parenchyme interne et cavités qu'il contient. — Dans la cavité générale du corps, tout l'espace que laissent libre les viscères est vide chez les *Nectonema*; il est, chez les *Gordius*, occupé par un parenchyme cellulaire qui n'est pas seulement un tissu de remplissage ou de soutien, mais un véritable tissu formateur des éléments génitaux, encore absents chez la forme nématoïde parasite. Les cellules du parenchyme sont sensiblement rectangulaires, et comme elles sont toutes de même longueur, elles affectent une disposition nettement métamérique. Dans les deux sexes, les coupes transversales du corps présentent dans le parenchyme trois espaces vides, deux symétriques un peu plus rapprochés de la région dorsale, un impair plus rapproché de la face ventrale. Ce dernier contient le tube digestif; il a chez les mâles (fig. 988, n° 1) la forme d'un triangle, à sommets arrondis, et à base concave, correspondant à la face ventrale du corps; chez les femelles (n° 2), le sommet supérieur est pointu, au lieu d'être arrondi, de sorte que la section de la lacune a l'apparence d'un cœur de carte à jouer.

Tube digestif. — Dans la forme nématoïde parasite, on trouve à l'extrémité antérieure du corps une perforation de la cuticule qui représente évidemment la bouche. Cette perforation disparait dans la forme libre, et la cuticule s'épaissit même tellement en ce point qu'elle semble y former une sorte de cristallin qui a été attribué à un œil terminal (Villot). Même dans la forme nématoïde parasite la bouche est d'ailleurs inutile, puisque l'œsophage, qui lui fait suite, n'est pas perforé. L'œsophage, à son origine, est une masse pleine, en forme de verre à pied, élargie au voisinage de la bouche, nettement divisée en deux moitiés symétriques, par une sorte de cloison médiane, formée de plus gros éléments cellulaires; plus loin la substance qui le constitue se divise en rayons, laissant entre eux des secteurs vides. L'intestin qui fait suite à l'œsophage, présente une lumière nettement définie; ses parois sont formées d'une seul assise de cellules à noyau elliptique. Dans sa région postérieure, celle qui correspond à un rectum, la lumière de l'intestin s'élargit en même temps que ses parois s'épaississent, et le rectum s'ouvre à l'extérieur. Dans cette région l'intestin contracte des rapports importants avec les conduits excréteurs de l'appareil génital. Chez le mâle, au voisinage de l'extrémité caudale, l'intestin se courbe vers le haut, puis redescend en s'élargissant beaucoup vers la ligne ventrale; c'est dans cette région élargie, qui constitue un véritable cloaque, que s'ouvrent les canaux déférents; chez la femelle, l'intestin dans la région de l'utérus chemine au voisinage de la ligne médiane dorsale sur laquelle il s'ouvre au dehors.

Le tube digestif des *Nectonema* est construit sur un type un peu différent. L'œsophage est un tube percé au travers d'une cellule plurinucléée et dont la paroi est revêtue d'une cuticule continue avec celle du corps. L'intestin est d'abord limité par quatre longues cellules plurinucléées qui embrassent plus ou moins la cellule œsophagienne, mais commencent à des niveaux différents; bientôt une de ces quatre cellules disparait; elle est remplacée par une autre qui est rejetée sur le côté, de sorte que la lumière intestinale n'est plus circonscrite que par trois cellules, une dorsale et deux ventrales; puis la cellule dorsale est évincée à son tour et l'intestin

n'est plus formé que par deux cellules latérales; ces cellules finissent enfin par se
confondre et disparaître.

Système nerveux. — Le système nerveux construit dans les deux genres sur
le type de celui des animaux segmentés les plus caractérisés, comprend un *collier
œsophagien* et un *cordon ventral*. Le collier œsophagien est situé immédiatement en
arrière de la bouche oblitérée ou non; il comprend deux masses supraœsophagiennes,
unies par deux connectifs annulaires, embrassant étroitement l'œsophage, au cordon
ventral. Celui-ci, d'abord contigu à l'œsophage, ne tarde pas à s'en éloigner. Une
gaine de tissu conjonctif nucléé entoure le cordon nerveux, tant qu'il demeure
indivis. D'abord plus haut que large, ce cordon devient peu à peu plus large que
haut, et se décompose en trois cordons secondaires juxtaposés, reposant sur un
coussinet nucléé (fig. 988, n° 1, *e*.) Sur toute sa longueur, une bandelette fibreuse
cordon nerveux ventral à la couche cellulaire épidermique des téguments. Chez le
unit le mâle, immédiatement avant la bifurcation caudale, le cordon nerveux s'éloigne
de la musculature en remontant vers l'intestin; son cordon secondaire médian disparaît au niveau du cloaque, et ses deux cordons latéraux pénètrent chacun dans la
fourche caudale correspondante, en y formant deux renflements ganglionnaires. Le
G. tolosanus possède deux ocelles immédiatement en arrière de la nuque.

Organes génitaux mâles. — Les deux lacunes vides que présentent, chez la
forme nématoïde parasite des *Gordius*, presque toutes les coupes transversales se
rétrécissent vers la région postérieure, et ne sont autre chose, dans cette région,
que les *canaux déférents* qui vont finalement s'ouvrir dans le cloaque (fig. 988, n° 1, *i*).

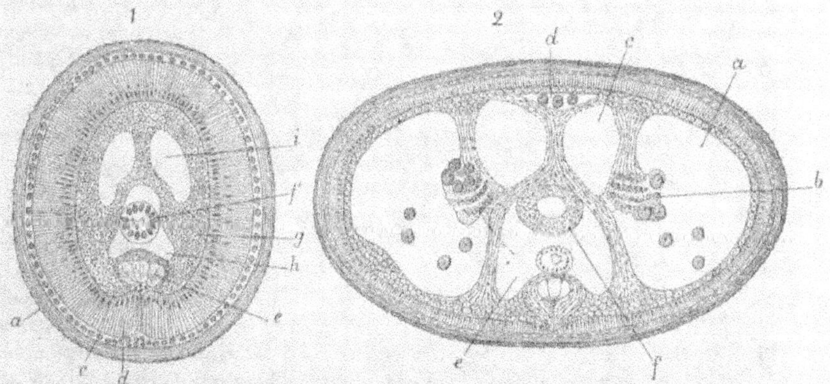

Fig. 988. — N° 1, coupe transversale d'une larve mâle de *Gordius tolosanus*. — *a*, cuticule; *c*, épiderme;
d, couche musculaire; *e*, cordon nerveux; *f*, intestin; *g*, parenchyme cellulaire; *h*, cavité générale; *i*,
espace pour les futurs testicules. — N° 2, coupe d'une femelle arrivée à peu près au terme de sa ponte;
a, cavité des ovaires; *b*, cellules glandulaires de l'ovaire; *c*, sac ovigère; *d*, canal dorsal, contenant des
œufs; *e*, cavité du corps; *f*, réceptacle séminal (d'après von Linstow).

Dans leur partie large ces lacunes, qui ne sont que les coupes de deux cavités
cylindriques, parcourant presque toute la longueur du corps, sont tapissées d'un
épithélium qui manque à la lacune médiane, dans laquelle est situé le tube
digestif (*f*). Les cellules de cet épithélium sont aplaties sur une partie de la surface
de la lacune, mais par places elles font saillie dans son intérieur.

Chez les jeunes mâles vivant dans l'eau, ces cellules deviennent très nombreuses ;
elles sont fusiformes et implantées par une de leurs pointes dans les parois de
l'organe, tandis que l'autre pointe est libre ; les autres cellules de l'épithélium se
transforment en cellules conjonctives. Les cellules fusiformes saillantes sont les
spermatogonies ; elles poursuivent successivement leur évolution de l'arrière à
l'avant du testicule, de sorte qu'à un certain moment la partie postérieure de
l'organe est pleine de spermatozoïdes, sa région moyenne très riche en spermatogonies et la région antérieure encore inerte. Bientôt chaque spermatogonie se transforme en une cellule sphéroïdale, hyaline, pédonculée ; cette cellule devient plus
grosse, granuleuse, puis se divise en spermatoblastes à l'intérieur desquels se forment les spermatozoïdes. Ceux-ci sont des corpuscules courts, présentant une partie
étroite qui contient le noyau et une partie à peine plus longue, mais plus large et
tout à fait hyaline, qui correspond à la queue des spermatozoïdes ordinaires ; par
leur forme raccourcie, leur large queue et leur immobilité, ces spermatozoïdes
rappellent ceux de certains Crustacés et ceux que nous trouverons plus tard chez
les Nématodes. Les organes de copulation décrits par Vejdovsky n'ont pu être
retrouvés par von Linstow.

Chez les *Nectonema* le testicule est un long tube simplement suspendu le long
de la ligne médiane dorsale et qui s'ouvre au dehors au sommet d'une papille
terminant le corps en arrière. Les spermatozoïdes sont sphéroïdaux et dépourvus
de queue.

Organes génitaux femelles. — Les organes génitaux des jeunes femelles ressemblent beaucoup à ceux des mâles ; ils comprennent deux cavités ayant la même
position et la même structure que les cavités testiculaires et destinées à devenir
plus tard les *sacs ovigères* (fig. 988, n° 2, *c*) ; ces deux cavités communiquent à l'extrémité postérieure du corps avec une cavité impaire qui sera l'*utérus*. Cet état
persiste durant toute la phase nématoïde parasite ; mais durant la phase libre,
l'appareil génital femelle se complique et ne présente pas moins de cinq canaux
parallèles, s'étendant de l'extrémité antérieure à l'extrémité postérieure du corps ;
ce sont : 1° les *ovaires* (*oviductes* de Vejdovsky, *boyau ovarien* de Meissner, *branches
latérales de l'ovaire* de Villot) représentés par deux grandes cavités placées latéralement et du côté ventral (*a*) ; 2° les *sacs ovigères* (*oviductes* de Grenacher, *ovaires* de
Meissner, *ovisac* de Vejdovsky, *branches dorsales de l'ovaire*, de Villot), compris entre
les deux grandes cavités ovariennes, placés au-dessus d'elles du côté dorsal et
séparés d'elles par une simple cloison (*c*) ; 3° le *canal dorsal*, placé le long de la
ligne médiane dorsale, entre les sacs ovigères (*d*). A l'extrémité postérieure du
corps, les sacs ovigères se confondent en un court oviducte qui s'ouvre dans l'*utérus*
(*atrium* de Vejdovsky, *diverticule cloacal* de Camerano) ; à leur extrémité antérieure
ils communiquent librement avec le canal dorsal. Ce dernier à son extrémité
postérieure communique à son tour avec les ovaires ; de sorte que tout au moins
à la fin de la ponte, les œufs produits par les ovaires n'arrivent à l'utérus qu'après
avoir traversé dans toute leur longueur, en cheminant en sens inverse, le canal
dorsal et les sacs ovigères. Nous verrons qu'au cours de la plus grande activité
génésique, ils peuvent se frayer des voies accidentelles plus rapides.

L'utérus présente, dans sa longueur, deux régions : une région antérieure à surface garnie de nombreuses villosités et dont la paroi ventrale est divisée en deux

gouttières latérales par un repli saillant; une région postérieure dont la lumière est en partie oblitérée par des colonnes irrégulières de cellules glandulaires, anastomosées en réseau. Dans la première de ces régions s'ouvrent les sacs ovigères: mais l'utérus est également en communication avec un autre organe impair, contenu dans la même cavité que le tube digestif, c'est la *poche copulatrice* ou *réservoir spermatique* (*f*).

En examinant de vieilles femelles, au moment où la ponte est près de cesser, on reconnaît que les cellules mères des œufs se forment sur la cloison qui sépare les cavités ovariennes des sacs ovigères (fig. 288, n° 2, *b*). Ces cellules forment, tout le long de l'ovaire, un cordon irrégulièrement bosselé. Elles se détachent une à une, tombent dans la cavité ovarienne, et s'y divisent en produisant des cellules ovulaires. Au moment où ce travail est le plus actif, ces cellules arrivent à remplir entièrement la cavité ovarienne, deviennent polyédriques par compression réciproque, et finissent par distendre la paroi de l'ovaire à ce point que celle-ci cède par places, permettant ainsi aux œufs de passer directement de la cavité ovarienne dans les sacs ovigères. Mais lorsque le travail de formation des œufs se ralentit, ces perforations accidentelles se ferment, et c'est seulement, comme nous l'avons dit plus haut, par le canal dorsal que les œufs arrivent dans les sacs ovigères et de là dans l'utérus.

Les œufs des *Nectonema* n'ont encore été vus que libres dans la cavité générale; le corps de la femelle se termine par un orifice percé dans une sorte de bulbe, mais on ignore comment se fait l'évacuation des œufs.

Fécondation. Développement [1]. — La fécondation est le résultat d'un véritable accouplement. D'après Meissner, le mâle s'enroule autour de la femelle, recourbe son extrémité postérieure, saisit celle de la femelle entre les deux lobes de sa queue, et amène ainsi en contact les deux orifices génitaux. Il n'y a aucune intromission de parties du mâle dans l'orifice génital des femelles; on conçoit cependant que chez les femelles à extrémité postérieure trifurquée, l'adhérence des deux individus puisse être singulièrement favorisée par cette conformation.

L'œuf qui vient d'être pondu se compose : 1° d'une *enveloppe externe* très épaisse qui lui a été, sans doute, fournie par les cellules glandulaires de la région postérieure de l'utérus; 2° d'un *chorion* formé de deux couches distinctes; 3° de la *membrane vitelline* exactement appliquée contre le chorion; 4° du *vitellus*. Après une période de contraction du vitellus, suivie de l'expulsion des globules polaires, commence la segmentation qui est complète, régulière et aboutit à la formation d'une *morula* formée d'un exoderme et d'une masse entodermique. La morula s'allonge, s'étrangle légèrement dans sa région moyenne de manière à prendre un peu l'aspect d'un biscuit, puis à l'une de ses extrémités plus élargie que l'autre, l'exoderme s'invagine; la portion invaginée est destinée à devenir la tête de la jeune larve. Bientôt après, le corps de l'embryon se divise nettement en deux régions : l'une antérieure plus large, pâle où l'on n'aperçoit plus de contours cellulaires; l'autre postérieure granuleuse, qui, par suite de l'accroissement du jeune animal, est bientôt obligée de se recourber en V et ne tarde pas à s'éclaircir à son tour. On aperçoit alors à l'intérieur de la jeune larve ses principaux organes, mais la signification histolo-

---

[1] Camerano, *I primi momenti della evoluzione dei Gordii*, Torino, 1889.

gique des phénomènes que nous venons de résumer et le mode de formation des organes internes n'ont pas encore été suffisamment déterminés.

Au moment de son éclosion, la larve du *Gordius* présente une ressemblance extérieure frappante avec un *Echinoderes* (fig. 989 et 990); de là le nom de *larve échinodéroïde* sous lequel nous la désignons. C'est un ver microscopique de 0 mm. 1 de long et de 0 mm. 014 de large. Il présente une région antérieure, entièrement rétractile que l'on peut appeler la *tête*, et une région postérieure, le *corps*, qui est très nettement segmenté. La tête se décompose elle-même en deux parties, la *trompe* (t) et la *calotte céphalique* (A). La *trompe* est un organe légèrement conique, renflé en bouton à son extrémité libre qui porte l'*orifice buccal*, un peu évasé à sa base. Cette trompe est armée de trois stylets longitudinaux. Chaque stylet se compose d'une tige cylindrique, terminée en avant par une pointe mobile et, en arrière, par un renflement triangulaire, à contours arrondis. La *calotte céphalique*, presque hémisphérique, et beaucoup plus large que la trompe qu'elle porte à son pôle antérieur, est également armée de piquants, mais ceux-ci sont disposés sur trois rangs et dirigés en arrière, lorsque toute la tête est dévaginée. Les piquants du premier rang sont simples, légèrement recourbés et au nombre de six; les piquants du second rang sont également au nombre de six, mais ils sont en forme d'Y et disposés de façon que les crochets du premier rang viennent respectivement se placer entre les branches de chaque Y (fig. 990). Les piquants du troisième rang, situés à la base de la calotte céphalique, ressemblent à ceux du premier rang, mais ils sont plus grands, plus forts, et correspondent aux intervalles des piquants des deux

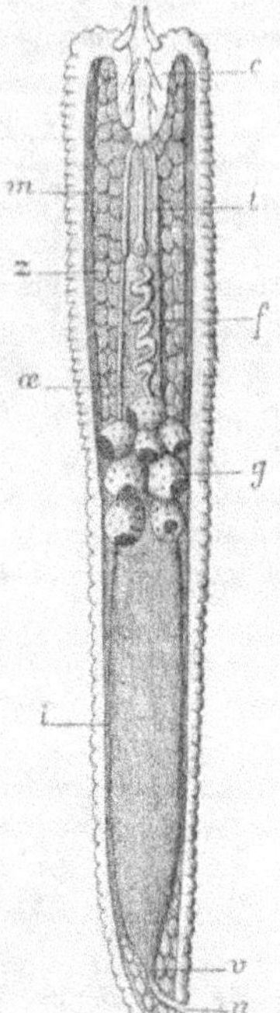

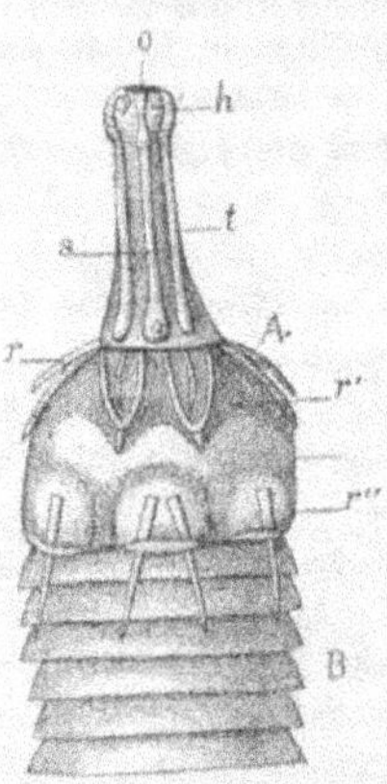

Fig. 989. — Embryon de *Gordius aquaticus*. — c, région antérieure du corps rétractée; t, trompe et ses stylets; œ, œsophage; i, intestin; v, rectum; n, anus; g, cellules de l'appareil excréteur; f, canal excréteur; z, cellules embryonnaires; m, muscles (d'après Villot).

Fig. 990. — Extrémité antérieure d'une larve de *Gordius aquaticus*. — A, région antérieure du corps armée de crochets ou calotte céphalique; B, région postérieure; h, bouton terminal de la trompe; t, trompe; o, bouche; s, stylets buccaux; r, r', r'' les trois rangs de crochets (d'après Villot).

premiers rangs, de manière à alterner avec eux; l'un de ces intervalles contient deux piquants divergents au lieu d'un; le nombre des piquants du troisième rang est ainsi porté à sept. Cette particularité permet d'orienter l'animal; on peut, en effet, considérer le piquant double comme caractérisant la face ventrale. Le corps métaméridé de la larve échinodéroïde peut être, d'après le diamètre de ses segments, d'ailleurs peu différents, divisé en deux régions, la *région thoracique* et la *région abdominale*; chacune de ces régions comprend environ vingt segments. Le 36ᵉ segment présente deux petits appendices divergents; le 37ᵉ porte l'anus, suivi lui-même de deux appendices semblables à ceux du 36e segment, mais beaucoup plus volumineux; ces appendices paraissent dépendre de l'avant-dernier segment abdominal.

L'appareil digestif est bien développé. La bouche conduit dans un œsophage assez étroit qui s'étend jusqu'à la région abdominale; là commence l'estomac, beaucoup plus large, occupant presque toute la cavité abdominale et suivi d'un très court intestin, constitué par un tube grêle, courbé du côté ventral et se terminant à l'anus. La région abdominale contient encore, à sa naissance, une grappe de cellules glandulaires (fig. 989, *g*), de grande dimension, généralement au nombre de huit, qui sont suspendues à un canal excréteur commun. Ce canal remonte le long de la ligne médiane ventrale et aboutit à un petit orifice situé à la base de la trompe. Toute la cavité générale de l'embryon est oblitérée par de grandes cellules transparentes. Les transformations ultérieures de ces organes qui conduisent de la *larve échinodéroïde* à la *larve nématoïde parasite* sont encore à étudier, de même que leur histologie.

Migrations. — Après son éclosion, la larve échinodéroïde exécute des mouvements incessants de protraction et de rétraction de sa région céphalique, mais finit par se fixer à l'aide de l'enduit muqueux dont elle est revêtue aux cailloux ou aux plantes aquatiques, et plus probablement à la paroi du corps de son premier hôte qui est généralement une larve aquatique de Diptère.

D'après les observations de Villot, la larve échinodéroïde n'est pas transportée passivement dans la larve de Diptère qui doit être son premier hôte; elle en perfore les téguments à l'aide des crochets dont sa trompe est armée; elle entre, en se poussant à l'aide de ses crochets céphaliques, dans la cavité générale de sa victime, et y est bientôt entourée par les humeurs coagulées qui lui forment un kyste; ce kyste demeure ouvert à son extrémité antérieure, vers laquelle se porte la jeune larve qui peut ainsi cheminer à l'intérieur du corps de son hôte, en allongeant incessamment son kyste. Les larves de *Tanypus*, *Corethra*, *Chironomus*, sont celles qui abritent le plus souvent les larves échinodéroïdes de *Gordius*; mais ces dernières s'accommodent aussi d'autres hôtes; on les a trouvées enkystées dans des larves d'Éphémères, dans des Coléoptères aquatiques (*Hydrophilus piceus*), dans des Vers (*Enchytræus vermicularis*), dans des Mollusques (*Planorbis*, *Limnæus*), dans la paroi intestinale de divers Poissons (*Petromyzon Planeri*, *Phoxinus lævis*, *Cobitis barbatula*), et d'un Batracien (*Rana temporaria*). Cela témoigne manifestement d'une grande plasticité de la part de ces larves; il est probable d'ailleurs que les Poissons et les Grenouilles chez qui on les a observées les tenaient de petits Insectes dans lesquels elles avaient d'abord pénétré. La liste des hôtes des larves échinodéroïdes s'accroîtra très vraisemblablement encore, et c'est seulement d'une manière toute relative qu'on peut considérer les larves aquatiques de Diptères comme ayant leur préférence. La présence dans les Poissons et les Grenouilles de larves échinodéroïdes enkystées, si l'on admet que ces larves y ont été portées par les Insectes dont ces animaux font leur proie, soulève d'ailleurs une difficulté. C'est qu'en passant dans un hôte nouveau la larve échinodéroïde se transforme en larve nématoïde parasite; or parmi les hôtes où de telles larves ont été rencontrées, il faut citer justement les Grenouilles et les trois genres de Poissons, *Petromyzon*, *Phoxinus*, *Cobitis*, où se trouvent les larves échinodéroïdes. Comment se fait-il que cette larve ait évolué dans certains cas, et se soit simplement réenkystée dans d'autres?

La liste des hôtes où les larves nématoïdes ont été trouvées est également considérable ; elle s'allonge, elle aussi, tous les jours : ce sont de très nombreux Insectes appartenant à tous les ordres, des Arachnides, des Crustacés, d'autres Poissons que ceux précédemment cités (*Thymallus, Aspro, Coregonus, Salmo*), un Oiseau, l'Outarde, enfin l'Homme. Nous retrouvons, par conséquent, ici la même plasticité que pour la larve échinodéroïde ; il est d'ailleurs évident que bien qu'elles aient été rencontrées vivantes, beaucoup de ces larves, en raison même de l'hôte où elles se trouvent, sont des larves égarées et qui n'arriveront jamais à maturité. L'introduction normale de ces larves chez des animaux insectivores, leur introduction accidentelle chez des animaux qui ont pu ingérer avec leur boisson des animaux déjà infestés, s'expliquent tout naturellement ; il est plus difficile d'expliquer comment elles ont été trouvées chez des Insectes herbivores tels que les Criquets (*Stenobothrus*), et surtout chez des Insectes suceurs tels que les Hyménoptères, les Lépidoptères, les Hémiptères et les Diptères. Quoi qu'il en soit, leurs hôtes les plus habituels sont, au moins pour certaines espèces (*G. tolosanus*), les Coléoptères carnassiers terrestres (*Procrustes, Carabus, Calathus, Feronia* du sous-genre *Pterostichus, Amara, Zabrus, Silpha*, etc.). Au mois d'avril, dans nos pays, ces Coléoptères tombent en grand nombre dans les ruisseaux et les flaques d'eau ; c'est alors que les larves nématoïdes de Gordius qu'ils contiennent les abandonnent, pour recouvrer leur liberté, achever leur évolution dans les eaux, s'y accoupler et y pondre.

FAM. **NECTOMENIDÆ**. — Bouche permanente. Cavité générale libre. Marins.

Nectonema, Verrill. — Une double rangée de soie tout le long des deux lignes médianes. — *N. agile*, Newport.

FAM. **GORDIIDÆ**. — Bouche oblitérée dans l'adulte. Cavité générale remplie par un tissu conjonctif. Dans les eaux douces.

Gordius, Dujardin. Genre unique, cosmopolite. *G. aquaticus, G. tolosanus, G. gratianopolensis, G. subareolatus* se trouvent en France.

IV. CLASSE

NÉMATOÏDES [1]

Némathelminthes parasites ou libres, dépourvus à tout âge de trompe armée de crochets, ne présentant d'ordinaire à aucun âge de traces de métaméridation ni externe ni interne ; à tube digestif généralement complet ; à système musculaire interrompu le long des lignes médianes dorsale et ventrale et des deux lignes latérales ; quelquefois migrateurs, mais ne présentant pas cependant d'importantes transformations.

Forme générale du corps. Divers modes d'existence. — La classe des Nématoïdes est, au point de vue du nombre et de la variété des formes qu'elle contient,

[1] SCHNEIDER, *Monographie der Nematoden*, 1866. — DE MAN, *Anatomische Untersuchungen über freilebende Nordsee Nematoden*, in-4 Leipsig, 1886, et nombreuses publications du même auteur, notamment dans les Mémoires de la Société zoologique de France, 1888, 1889 et 1893. — L. JAMMES, *Recherches sur l'organisation et le développement des Nématodes*, Paris, 1894.

la plus importante du sous-embranchement des Némathelminthes, dont le nom même implique qu'elle est, dans cette grande division, la classe typique. Effectivement les Acanthocéphales et les Gordiacés ont été, jusque dans les dernières années, classés avec les Nématoïdes. Le mot même de Nématoïde (νῆμα, fil; εἶδος, forme) fait allusion à la forme habituelle du corps qui est allongé, présente presque toujours une section circulaire, s'amincit d'ordinaire aux deux bouts, mais peut aussi être tronqué en avant, pointu en arrière (*Heterakis*, beaucoup d'OXYURIDÆ), demeurer cylindrique et s'élargir en bourse à son extrémité postérieure (beaucoup de STRONGYLIDÆ, fig. 992, *B*), s'effiler énormément à son extrémité antérieure (*Trichocephalus*, fig. 994), ou s'allonger totalement en un filament grêle (*Mermis*, *Filaria*, etc.). Les dimensions du corps sont extrêmement variables. Beaucoup de formes libres (*Rhabditis*, *Anguillula*, etc.) ou parasites (*Trichina*) sont presque microscopiques, tandis que l'*Eustrongylus gigas*, parasite du rein des Chiens et autres Mammifères, atteint près de 7 décimètres de long, et que la Filaire de Médine (*Dracunculus medinensis*, fig. 1021, p. 1414), dont la femelle vit sous la peau de l'Homme, peut arriver à 4 mètres de long.

Le corps est généralement dépourvu de tout appendice; il se développe parfois seulement des lobes membraneux autour de la tête (*Ascaris mystax*) ou de chaque côté de la queue, et celle-ci peut s'épanouir en une vaste membrane en

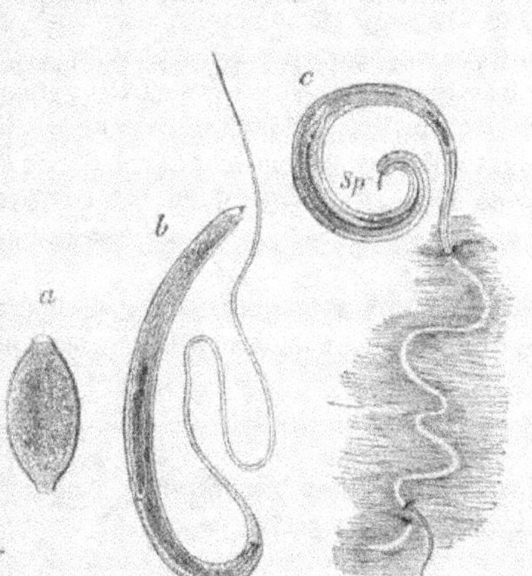
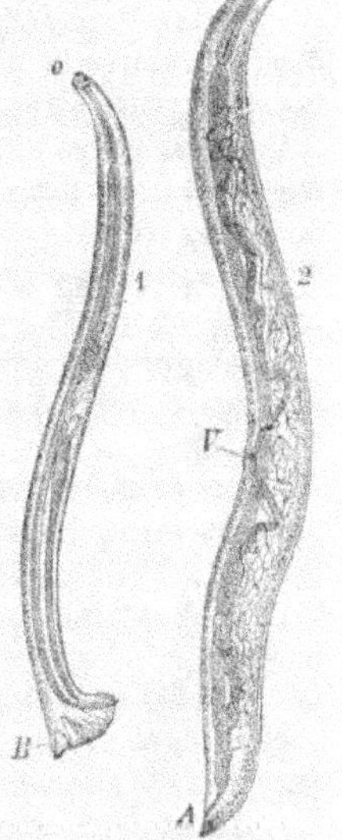

Fig. 991. — *Trichocephalus dispar*, — *a*, œuf; — *b*, femelle; — *c*, mâle, dont la moitié antérieure est enfoncée dans la muqueuse; *Sp*, spicule (d'après R. Leuckart).

Fig. 992. — *Ankylostoma duodenale*. — 1, mâle; *o*, bouche; *B*, bourse; — 2, femelle; *o*, bouche; *V*, valve; *A*, anus (d'après Leuckart).

forme de bourse, soutenue par des espèces de nervures (STRONGYLIDÆ), ou porter un appareil spécial de fixation et se terminer en crochet (femelles des *Hedruris*, p. 1389). Fréquemment des papilles se développent soit autour de la bouche, soit au voisinage de l'extrémité caudale. Quelques espèces de FILARIDÆ et de CHEIRACANTHIDÆ sont épineuses.

La bouche est toujours située à l'extrémité antérieure du corps; l'anus s'ouvre un peu avant l'extrémité postérieure, de sorte que le corps se prolonge en arrière en une sorte de queue de forme variable. L'orifice génital mâle est toujours au voisinage de l'anus. La position de l'orifice génital femelle est variable; cet orifice se trouve souvent dans la région moyenne du corps, quelquefois à l'extrémité postérieure, en arrière même de l'anus (*Heterodera*), tandis que près de l'extrémité antérieure se trouve un pore très petit, orifice de l'appareil excréteur. Tous ces orifices sont situés sur la ligne médiane ventrale.

Les Nématoïdes vivent dans les conditions les plus variées. La plupart sont parasites du tube digestif soit des Vertébrés, soit des Invertébrés; quelques-uns habitent au moins temporairement d'autres organes : la trachée artère des Oiseaux (*Syngamus trachealis*), des Reptiles ou des Batraciens (*Hedruris*), le rein (*Eustrongylus gigas*), les muscles (*Trichina spiralis*) ou le sang (*Filaria sanguinis*) des Mammifères, la cavité générale de certains Vers (*Dionyx Lacazii* des *Pontodrilus*, etc.), les bulbes des Oignons et de quelques autres plantes (*Tylenchus putrefaciens*), les racines de la Betterave (*Heterodera Schachtii*), les épis du Blé (*Tylenchus tritici*); d'autres encore vivent en liberté soit temporairement (*Mermis*, *Rhabditis*), soit toute leur vie (VAGANTIA). Parmi ces derniers, les uns habitent la terre humide, d'autres les eaux douces, d'autres la mer. On en trouve enfin qui se développent constamment dans la colle de pâte, ou même dans le vinaigre de vin.

Un assez grand nombre d'espèces effectuent des migrations (p. 1410); quelques-unes sont libres dans le jeune âge, parasites à l'état adulte (*Dracunculus*, beaucoup de STRONGYLIDÆ); pour d'autres (*Mermis*), c'est le contraire; enfin le genre de vie de deux générations successives peut être différent et, dans ce cas, les formes des deux générations qui se suivent diffèrent comme leur genre de vie (*Hétérogonie*, p. 48).

Structure des parois du corps. — La paroi du corps comprend trois couches essentielles : 1° la *couche cuticulaire*; 2° la *couche sous-cuticulaire*; 3° la *couche musculaire*.

La *couche cuticulaire* est de nature chitineuse; elle se décompose le plus souvent en deux autres que nous appellerons simplement *lame externe* et *lame interne de la cuticule*.

La lame externe de la cuticule est biréfringente, sauf tout le long des deux bandes latérales; elle est lisse chez beaucoup de Nématoïdes libres et, dans la plupart des grandes espèces, marquée de stries transversales, parallèles qui, au premier abord, simulent une segmentation du corps; cependant ces stries sont interrompues, pour la plupart, sur les côtés du corps, celles de l'une des faces finissant dans les intervalles de celles de l'autre face; quelquefois elles se bifurquent. Aux stries correspondent des fentes qui s'enfoncent jusque vers le milieu de l'épaisseur de la lame externe de la cuticule. Tantôt ces fentes s'effacent peu à peu à mesure qu'elles s'enfoncent dans la cuticule et disparaissent (*Sclerostoma*), tantôt elles cessent brusquement, et, par la coction ou la macération dans une solution alcaline faible, les arceaux cuticulaires qu'elles limitent peuvent se séparer de la couche sous-jacente; celle-ci est souvent finement striée; quelquefois (*Ascaris osculata* et formes auriculées analogues) elle est percée de canalicules qui viennent s'ouvrir au fond des fentes, ou présente des fibrilles longitudinales (*Filaria papillosa*).

La lame interne de la cuticule se décompose, à son tour, en lamelles qui se laissent facilement fendre ou sont même naturellement fendues (*Mermis*), suivant des lignes parallèles, inclinées d'environ 67° sur l'axe du corps. L'inclinaison de ces lignes est orientée en sens inverse d'une lamelle à l'autre, et le nombre des lamelles peut être de deux (*Sclerostoma armatum*) ou trois (*Ascaris megalocephala*). Elle est marquée chez certains Nématoïdes libres (*Enoplus*) d'une ponctuation régulière, et contient, chez les *Euchromadora*, des bâtonnets en hexagones allongés, régulièrement disposés en quinconce qui la font paraître comme guillochée. Chez les *Mermis*, le long de certaines lignes longitudinales dites *sutures*, les fibres voisines se réunissent en anses. Le long de la ligne médiane ventrale chez les *Trichocephalus*, le long de cette ligne et de la ligne dorsale correspondante chez les *Trichosoma*, la lame externe de la cuticule est traversée par de nombreux bâtonnets solides qui arrivent jusqu'à sa surface, tandis que la lame interne, fibrillaire, atteint le long de cette même bande une grande épaisseur.

La lame interne de la cuticule présente le long de la ligne latérale une bandelette saillante vers l'intérieur chez les *Mermis* et quelques *Filaria* (*F. gracilis*, *F. papillosa*); on trouve également une bandelette hyaline et sans structure entre la lame interne et la lame externe de la cuticule chez les *Ascaris megalocephala* et *lumbricoïdes*; plus remarquables sont les duplicatures latérales, saillantes sous forme d'ailettes ou de membranes latérales que présentent, chez beaucoup d'espèces, soit la région antérieure du corps (*Ascaris mystax*), soit toute la longueur du corps, soit surtout la région caudale. Les membranes des deux côtés du corps sont quelquefois dissemblables (*Spiroptera tulostoma*). Enfin la surface externe de la cuticule est assez souvent pourvue de crêtes saillantes longitudinales, simples ou dentelées, ou d'épines disposées tantôt en verticille (*Filaria denticulata*, fig. 998, n° 1; *Liorhynchus denticulatus* et autres CHEIRACANTHIDÆ), tantôt en nombre limité, quatre par exemple sur chaque anneau cuticulaire (*Dispharagus uncinatus*). Les saillies cuticulaires ont quelquefois une fonction bien déterminée; elles peuvent être notamment en rapport avec l'accouplement, ainsi qu'on le verra dans le paragraphe relatif aux différences sexuelles (p. 1395). La cuticule se décompose en anneaux successifs sous l'action de l'acide chromique chez les *Rhabdotoderma*.

Au-dessous de la cuticule, se trouve une couche épidermique qui correspond à la couche épithéliale souvent désignée chez les Artbropodes sous les noms d'*hypoderme* ou de *matrice cuticulaire*. Cette *couche sous-cuticulaire* est cellulaire et continue chez les jeunes Nématoïdes et chez les Nématoïdes libres marins, mais chez les adultes on n'y aperçoit de structure cellulaire que par places. L'intervalle des plages cellulaires est occupé par une substance granuleuse, contenant des fibrilles et des cellules étoilées, à prolongements souvent anastomosés en réseau (*Oxyuris*, *Sclerostoma*, *Ascaris*). Fréquemment la couche sous-cuticulaire devient hyaline en approchant de la cuticule, et cette couche hyaline peut se dissocier en fibrilles (*Filaria papillosa*) ou offrir d'autres dispositions spéciales.

La *couche musculaire* présente chez les Nématoïdes un double intérêt en raison de la structure toute particulière des éléments qui la composent et des caractères que leur mode de disposition a fournis à la classification. Ces éléments musculaires sont de grandes cellules allongées dans le sens de la longueur du corps, triangulaires, découpées en losange ou fusiformes. La portion de la substance de ces cellules qui est tournée vers l'extérieur est différenciée en fibres musculaires contractiles; la portion restante qui demeure toujours très volumineuse est granuleuse, contient le noyau et présente

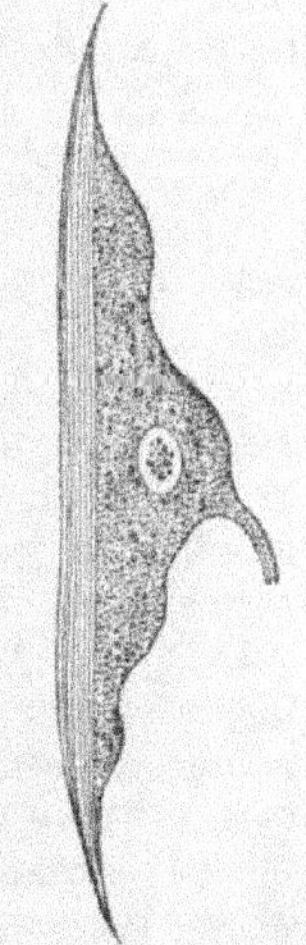

Fig. 993. — Cellule musculaire d'un Nématoïde.

souvent (*Ascaris*) de longs prolongements qui traversent toute la cavité générale, quelquefois en se ramifiant, et vont se fixer soit sur la ligne médiane ventrale, soit sur la paroi intestinale. Lors du développement des organes génitaux, toujours énormes, ces prolongements rayonnés sont refoulés les uns contre les autres, de sorte que la cavité générale est presque entièrement oblitérée. Les fibrilles contractiles présentent dans les cellules où elles se forment deux modes d'arrangement qui le plus souvent ne se rencontrent pas simultanément. Ou bien les fibrilles sont disposées sur un seul plan et le Nématoïde est alors *platymyaire*; ou bien elles se disposent en gouttière ouverte vers le corps de la cellule, et le Nématoïde est *cœlomyaire*. Les fibrilles de certains Nématoïdes libres paraissent striées transversalement quand on les traite par l'acide chromique (*Heterocephalus*, *Thoracostoma*).

Les éléments musculaires des Nématoïdes ne forment presque jamais tout autour de leur corps un étui continu. Sauf peut-être chez les Nématoïdes libres du genre *Anticoma*, l'étui est toujours interrompu le long des *lignes médianes* dorsale et ventrale (fig. 994, *md*, *mv*). Mais il est rare que l'interruption ne se borne qu'à ces deux lignes médianes (*Trichocephalus*). Déjà dans le genre *Trichosoma* voisin des *Trichocephalus*, l'étui musculaire s'interrompt de nouveau sur les côtés, à égale distance des lignes médianes; ainsi se constituent les *champs latéraux* (*ll*), et cette division de l'étui musculaire en quatre bandes longitudinales devient maintenant la règle générale; il se produit même chez les *Mermis* et les *Eustrongylus* une nouvelle subdivision d'où résultent les *lignes médianes secondaires*.

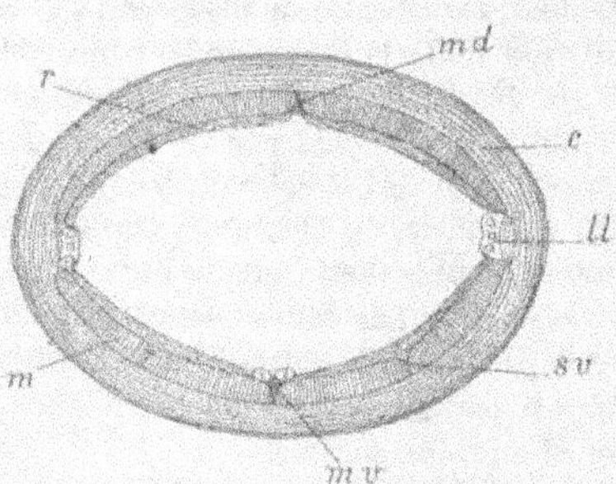

Fig. 994. — Coupe transversale du corps du *Pseudalius inflexus*. — *md*; *mv*, lignes médianes dorsale et ventrale; *ll*, lignes latérales; *sv*, lignes submédianes ventrales; *m*, couche musculaire; *r*, couche conjonctive (d'après Schneider).

Le long de chaque ligne médiane principale, la substance protoplasmique forme une corde, plus marquée du côté ventral, et de laquelle partent des processus transversaux qui passent dans la substance musculaire. A l'origine de chaque processus se trouve une grande cellule; de petites cellules se trouvent également sur les côtés de la ligne médiane dorsale principale et des lignes secondaires. La ligne médiane ventrale est encore indiquée chez les *Anticoma* par une ligne de cellules rectangulaires, nettement délimitées.

Les bandes dans lesquelles se subdivise l'étui musculaire, présentent elles-mêmes trois modes de disposition des éléments qui les composent. Ces trois modes de disposition ont été respectivement désignés par Anton Schneider sous les noms de *musculature méromyaire*, *polymyaire* et *holomyaire*, et ce naturaliste a même tenté de diviser la classe des Nématoïdes en trois ordres correspondant à ces dispositions. On dit que la musculature est *méromyaire* lorsque chacune des quatre bandes musculaires comprises entre les lignes médianes et les champs latéraux n'est formée que de deux rangées de cellules régulièrement disposées les unes derrière les autres (fig. 995). La musculature est *polymyaire* lorsque le nombre de rangées longitudinales de cellules contenues dans une même bande est supérieur à deux; dans la musculature *holomyaire*, les bandes musculaires formées de fibres nombreuses ne présentent pas de divisions transversales régulières.

Dans la disposition méromyaire les cellules qui composent chaque rangée longitudinale ne présentent pas dans tous les genres le même arrangement. Dans le cas le plus simple, ce sont de simples parallélogrammes ou des losanges égaux (fig. 995) dans toutes les rangées et très régulièrement disposés sur une même ligne longitudinale, de manière que leurs côtés parallèles s'appliquent exactement les uns contre les autres ; chaque rangée longitudinale de cellules commence par une cellule triangulaire, la *cellule de tête* (I), qui représente un demi-losange. On trouve chez le *Spiroxis contorta* une première modification de cette disposition idéale, consistant en ce que dans les deux rangées qui avoisinent la ligne médiane ventrale, les losanges sont divisés par une médiane en deux parallélogrammes

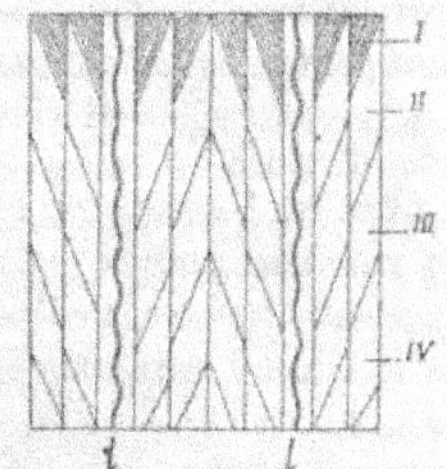

Fig. 995. — Schéma de la surface interne du corps d'un méromyaire fendu le long de l'une des lignes médianes et étalé ; *l*, ligne latérale ; I à IV, cellules musculaires (d'après Schneider).

égaux. Chez les *Oxysoma* (fig. 996), dans les rangées avoisinant les champs latéraux, les cellules qui suivent la 3e sont divisées par une diagonale en deux cellules triangulaires ; dans les rangées avoisinant les lignes médianes, la 4e cellule est divisée en deux cellules parallélogrammiques par une médiane ; la 5e cellule et les suivantes sont divisées en deux autres par une demi-médiane et une demi-diagonale qui s'arrêtent à leur point de rencontre, de manière que la cellule fille, en forme de trapèze, est enchâssée dans la cellule mère et forme avec elle un losange. Chez l'*Oxysoma ornatum*, les losanges des rangées contiguës aux champs latéraux demeurent indivis ; dans les rangées contiguës aux lignes médianes, la 3e cellule est divisée en deux par une médiane, les suivantes sont divisées en trois par des lignes qui prolongent les lignes de division ou les côtés des cellules précédentes. Il est évident que ces divisions en se compliquant davantage, doivent tendre à faire disparaître l'arrangement primitif, pour lui substituer l'arrangement polymyaire, et il ne serait pas étonnant que ces deux modes de disposition puissent se rencontrer dans le même genre. Les deux divisions des Nématoïdes que Schneider a voulu établir sur ce caractère ne sauraient donc être conservées. Il est à remarquer cependant que les méromyaires sont presque tous en même temps platymyaires et les polymyaires, cœlomyaires ; mais la superposition des deux modes de division n'est pas rigoureuse : il y

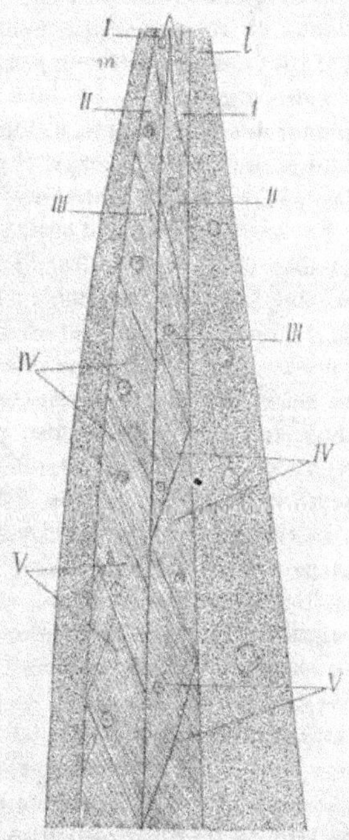

Fig. 996. — Schéma des modifications présentées chez l'*Oxysoma acuminatum*, montrant le mode de division des cellules IV et V (d'après Schneider).

a des formes qui sont, par exemple, cœlomyaires dans la région antérieure du corps, platymyaires dans la région postérieure (*Sclerostoma armatum*). D'autre part les cellules musculaires, losangiques ou triangulaires chez les Méromyaires, sont généralement fusiformes chez les Polymyaires et munies de ces prolongements déjà mentionnés qui se dirigent soit vers la ligne médiane ventrale, soit vers le tube digestif.

Chez les Nématoïdes libres marins, à l'intérieur de la couche musculaire, Marion signale une couche cellulaire qui peut présenter la régularité d'un épithélium (*Leptosomatum montredonense*) ou se composer d'éléments suspendus à la surface de la couche musculaire par de petits pédoncules. Il existerait des corps analogues chez le *Trichocephalus dispar*. D'autre part, le *Leptosomatum Zolæ* montre, de chaque côté du corps, au-dessous des muscles tégumentaires, deux séries de cellules rectangulaires placées sur plusieurs rangs, à membrane d'enveloppe distincte et à contenu jaunâtre; entre ces cellules se trouvent de distance en distance, d'autres vésicules hyalines, piriformes, qui ne sont autre chose que des glandes unicellulaires, s'ouvrant à la surface du tégument. Il existe de même chez les *Symplocostoma*, du côté ventral, de chaque côté du tube digestif une série de cellules fusiformes, disposées longitudinalement, reliées dans la même série par leurs prolongements longitudinaux et très symétriquement disposés d'une série à l'autre. Toutes ces formations, n'ayant été observées que par transparence, réclament de nouvelles investigations.

Tube digestif. — Le tube digestif, presque toujours complet et apte à fonctionner des Nématoïdes, s'étend en ligne droite, de l'extrémité antérieure à l'extrémité postérieure du corps. Il présente à considérer : la *bouche* et ses dépendances, l'*œsophage* et enfin l'*intestin*.

La *bouche* s'ouvre d'ordinaire directement dans l'œsophage; dans un certain nombre de genres de Nématoïdes parasites (*Filaria*, *Ancyracanthus*, STRONGYLIDÆ) et chez tous les Nématoïdes libres, à l'exception des ENCHELIDIIDÆ, elle conduit dans une cavité qui précède l'œsophage proprement dit et qu'on appelle la *cavité buccale* ou mieux la *cavité pharyngienne*. Cette cavité peut se décomposer elle-même en deux régions : le *vestibule* et la *cavité pharyngienne* proprement dite. La bouche peut être un simple orifice, par lequel la cuticule s'invagine de manière à aller rejoindre la cuticule œsophagienne, ou bien elle est accompagnée de *lèvres*, de *papilles*, de pièces cornées, d'un emploi fréquent dans les caractéristiques.

L'orifice buccal, tantôt circulaire, tantôt elliptique, est entouré d'un rebord ordinairement de couleur foncée; quand l'orifice buccal est elliptique, sa direction est toujours dorso-ventrale, et le rebord est souvent saillant et denticulé (*Filaria papillosa*, *F. horrida*, *Dispharagus quadrilobus*, etc.). Outre le bourrelet buccal, on observe souvent, au voisinage de la bouche, soit des papilles, soit des dessins en saillie, soit une sorte de coiffe séparée du reste du corps par un bourrelet saillant (*Heterodera*), soit des expansions cutanées qui affectent presque toujours une disposition régulière, et se groupent de façon à s'opposer symétriquement les unes aux autres, ou à occuper le sommet d'un triangle, d'un carré ou d'un hexagone; de telle sorte qu'on peut dire, suivant les cas, que la bouche est construite sur le type *deux*, le type *trois*, le type *quatre* ou le type *six*. Les *lèvres*, expansions cuticulaires contenant un bourgeon protoplasmique, qui se développent fréquemment autour de la bouche, affectent toujours elles-mêmes l'une de ces quatre dispositions, et ces dispositions sembleraient pouvoir servir à caractériser autant de familles.

Effectivement le type *deux* est particulièrement fréquent chez les Filaridæ (*Filaria*, *Spiroptera*, *Physaloptera*, etc.), le type *trois* chez les Ascaridæ (*Ascaris*, *Heterakis*, etc.), le type *quatre* se rencontre chez divers Filaridæ et chez les *Hedruris*; enfin le type *six* est fréquent chez les Oxyuridæ. Malheureusement pour la clarté des caractéristiques, les quatre types ne sont pas aussi fondamentalement distincts qu'ils le paraissent au premier abord. Lorsqu'il existe deux lèvres comme

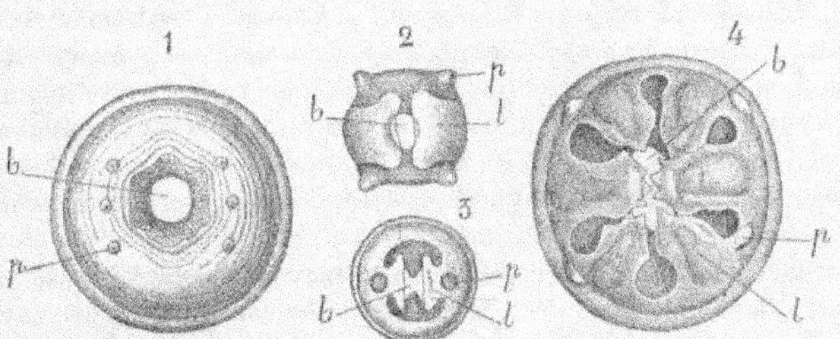

Fig. 997. — 1, bouche de *Spiroptera sanguinolenta*; 2, bouche de *Spiroptera capitellata*; 3, bouche de *Spiroptera microstoma*; 4, bouche de *Spiroptera obtusa*; b, bouche; p, papilles; l, lèvres.

chez les Filaridæ, par exemple (fig. 997, nᵒˢ 2 et 3), ces deux lèvres sont tantôt latérales (*F. radula*, *S. capitellata*, *S. microstoma*); tantôt l'une dorsale, l'autre ventrale (*F. leptoptera*). Supposons le premier cas; si dans l'intervalle de ces deux lèvres il se produit une saillie dorsale et une saillie ventrale le type *quatre* de la *Spiroptera megastoma* et des *Hedruris* sera réalisé, sans que cependant la bouche ait cessé d'appartenir au type *deux*; effectivement, presque toujours dans ce cas, les deux lèvres latérales se ressemblent, mais diffèrent des lèvres dorsale et ventrale qui sont, en revanche, semblables entre elles (*Hedruris*). Dans ces conditions, il suffira qu'une échancrure divise en deux les lèvres de l'une des deux paires pour que la disposition des lèvres arrive au type *six* (*Spiroptera obtusa*, nᵒ 4). De même, le type *trois* des Ascaridæ peut dériver soit du type *quatre* par la soudure sur la ligne médiane de deux lèvres latérales

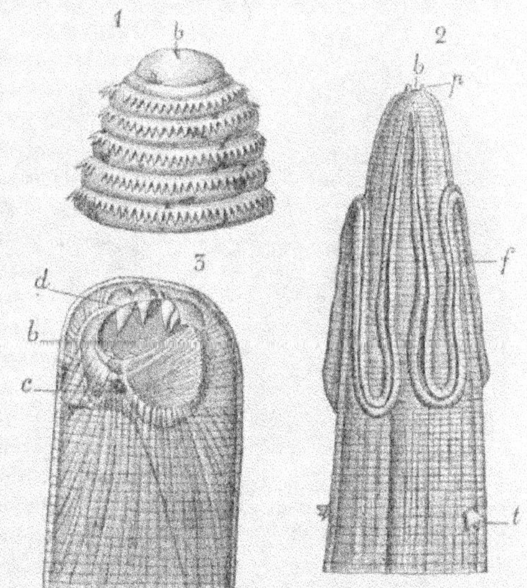

Fig. 998. — 1, extrémité antérieure du corps de la *Filaria denticulata*, montrant la bouche b et les verticilles d'épines; — 2, extrémité antérieure du corps du *Dispharagus laticeps*, montrant la bouche b, les papilles buccales p, la fraise f et les papilles tactiles latérales, t; — 3, extrémité antérieure du corps d'un *Ankylostoma duodenale*; b, bouche; d, dents; b, capsule buccale.

dorsales, ce qui expliquerait pourquoi leur lèvre

dorsale est beaucoup plus grande que les ventrales; soit du type *six*, par la soudure *deux* à *deux* de deux lèvres consécutives. Il peut enfin arriver que les lèvres et les papilles, qui accompagnent la bouche, se groupent suivant deux types différents, les lèvres, par exemple, suivant le type deux ou le type six, les papilles suivant le type quatre (*Spiroptera capitellata*, fig. 997, n° 2; *S. obtusa*, n° 4); de même une ouverture buccale hexagonale peut coïncider avec l'existence de quatre papilles (*Leiuris leptocephalus*). Les espèces du genre *Dispharagus* présentent à l'extrémité antérieure du corps, immédiatement en arrière de la bouche, d'autres formations intéressantes qui ont été désignées sous le nom de *fraises* (fig. 998, n° 2, *f*). Les fraises, quand elles existent, sont au nombre de deux et symétriques. Ce sont deux gouttières superficielles, l'une dorsale, l'autre ventrale, ayant la forme d'un fer à cheval dont le sommet serait voisin de la bouche et dont les branches se dirigeraient en arrière. Ces deux branches se réfléchissent généralement en avant de chaque côté; elles peuvent demeurer indépendantes des branches correspondantes de la fraise symétrique (*D. anthuris*), ou s'unir avec elles, les deux fraises constituant alors une gouttière continue, formée de deux arcs descendants, unis entre eux par deux arcs latéraux ascendants; c'est le cas le plus général (*D. alatus*, *D. quadrilobus*, *D. laticeps*, *D. nasutus*, *D. elongatus*, *D. uncinatus*, *D. spiniferus*). La gouttière est parfois enfoncée dans les téguments au lieu d'avoir ses bords saillants (*D. depressus*, *D. anthuris*).

Dans la famille des STRONGYLIDÆ et chez un certain nombre de FILARIDÆ ou d'OXYURIDÆ, la bouche conduit dans une capsule sphéroïdale ou aplatie de nature cuticulaire (fig. 999, *c*), mais dont la surface viscérale est couverte par un prolongement de la couche sous-cuticulaire. La substance de cette capsule est toujours homogène, et l'on n'y observe jamais de couches successives. La surface interne peut être lisse, présenter des saillies régulières en forme de lobes, ou des dents diversement placées. On compte, par exemple, six lobes chez les *Strongylus dimidiatus*, *Oxyuris curvula*, *O. obesa*. Les dents peuvent se développer encore près de son bord antérieur (*Filaria leptocephala*), ou bien se disposer symétriquement, soit de chaque côté de la ligne médiane ventrale (*Ankylostoma duodenale*), soit latéralement, soit sur la face dorsale et la face ventrale (*Filaria leptocephala*).

L'armature buccale présente un intérêt particulier chez les Nématoïdes libres toute leur vie ou transitoirement. Habituellement chez les larves ou les nymphes qui, après une phase de liberté,

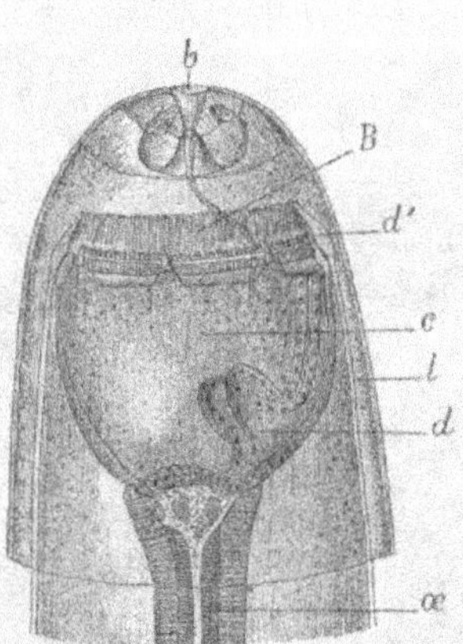

Fig. 999. — Extrémité antérieure encore enveloppée de la dernière mue d'un jeune *Sclerostoma armatum* pris dans un anévrysme du cheval; *b*, orifice buccal de la mue; *c*, capsule buccale; *d*, grosses dents au fond de la capsule; *d'*, dents marginales; *œ*, œsophage (d'après Leuckart).

doivent pénétrer dans un hôte temporaire et cheminer à travers ses téguments, ou à travers ses parois intestinales, la bouche est surmontée d'un aiguillon chitineux de forme variable. De chaque côté de la bouche, les *Dionyx Lacazii* enkystés chez les *Pontodrilus*, présentent deux crochets chitineux recourbés. Chez les Nématoïdes libres, on peut rencontrer des formes de bouche très diverses.

Chez les Enchelydiidæ, la bouche est simple et l'œsophage arrive jusqu'à elle sans se modifier et en s'élargissant en entonnoir; chez les Rhabditidæ, Lasiomitidæ, Dorylaimidæ, Oncholaimidæ, Eurystomidæ, il existe derrière l'ouverture bucale, une cavité, la *cavité buccale* ou *pharynx,* bien distincte de l'œsophage (fig. 1000 et 1001). La disposition et les armatures chitineuses diverses que présente la cavité buccale ont même fourni la caractéristique de ces familles et d'un assez grand nombre de leurs genres (p. 1423 et suivantes). La capsule buccale est protractile, et peut être portée en avant par l'œsophage chez les *Dorylaimus* et surtout les *Calyptronema* où le pharynx ne peut même rentrer dans la cavité générale, et se prolonge en un repli tégumentaire qui se rabat en manchette autour de l'extrémité antérieure du corps.

La tendance marquée que présentent les parties buccales de beaucoup de Nématoïdes à se disposer hexagonalement ou triangulairement n'est peut-être pas sans liaison

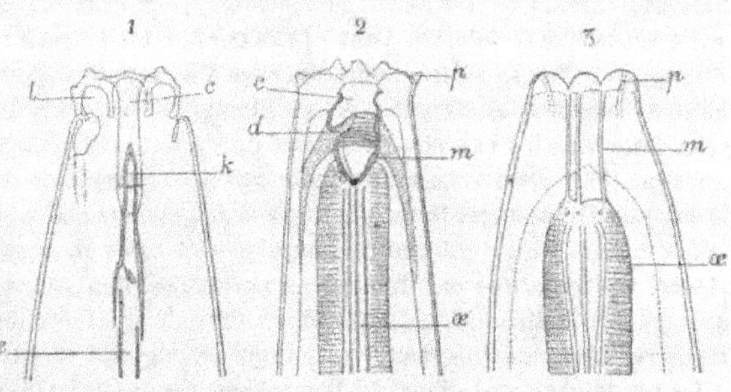

Fig. 1000. — Armature buccale des Nématoïdes libres. — 1, cavité buccale avec aiguillon de *Dorylaimus stagnalis*; æ, *l,* lèvres; *c,* cavité buccale; *k,* aiguillon; œ, œsophage; 2, cavité buccale avec dent de *Mononchus brachyuris*; *c,* cavité buccale; *p,* papilles; *d,* dent dorsale; *m,* paroi chitineuse; œ, œsophage; 3, tête de *Rhabditis aspera*; mêmes lettres (d'après Bütschli).

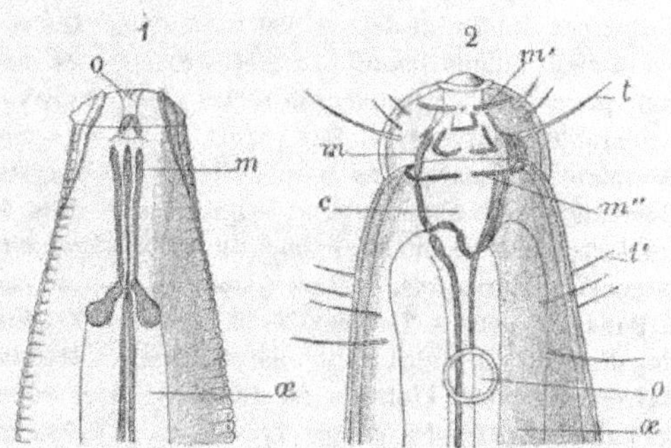

Fig. 1001. — 1, tête de *Tylopharynx striata*; *o,* bouche; *m,* bandes chitineuses de la cavité buccale; œ, œsophage; — 2, tête de *Sphærolaimus gracilis*; *m, m', m'',* parties chitineuses; *t, t',* soies tactiles; *o,* organe latéral; œ, œsophage (d'après de Man).

avec la forme la plus habituellement répandue de l'œsophage chez ces animaux. L'œsophage est presque toujours en effet un conduit renflé en arrière, dont le contour extérieur est arrondi ou vaguement triangulaire, tandis que la lumière du conduit a généralement une section hexagonale; mais des six sommets de l'hexagone trois sont d'habitude peu saillants et alternent avec trois autres qui font, au contraire, une forte saillie de manière à passer à la forme triangulaire. L'un des sommets du triangle est toujours tourné du côté ventral; quelquefois ces sommets s'élargissent en chapeau de champignon, de manière que trois bandelettes à section triangulaire font saillie dans l'œsophage (*Ascaris ferox*). Une cuticule plus ou moins épaisse revêt la lumière de l'œsophage, qui est limité extérieurement par une membrane anhiste; entre les deux se place le tissu œsophagien principalement composé de fibres musculaires. La cuticule interne présente souvent des épaississements longitudinaux soit sur sa face externe, soit sur sa face interne. Les fibres musculaires de l'œsophage sont les unes rayonnantes, les autres longitudinales. Ces dernières, bien développées chez les *Ascaris*, surtout au voisinage de la paroi interne, sont épaisses chez les *Oxyuris;* elles manquent chez les *Strongylus*. Chez la *Filaria papillosa*, elles s'enroulent autour de l'œsophage en deux hélices inverses, au-dessous de sa membrane externe. Les fibrilles musculaires sont dans tous les cas plongées dans une substance protoplasmique, parsemée de noyaux. Cette substance ne présente pas nécessairement la même constitution tout le long de l'œsophage. Dans le genre *Filaria*, elle est claire et riche en fibres musculaires dans la région antérieure, granuleuse et riche en noyaux dans la région postérieure. On remarque des différences analogues d'un genre à l'autre. Il est évident que grâce à la disposition de ses fibres musculaires, l'œsophage peut se dilater ou se resserrer alternativement et fonctionner comme une véritable pompe aspirante.

Le renflement postérieur de l'œsophage est réalisé tantôt graduellement, tantôt brusquement; il constitue le *bulbe œsophagien* (*Oxyuris*, fig. 1002, *bd*; *Rhabditis, Heterodera Schachtii*, etc.). Ce bulbe présente souvent à son intérieur des formations chitineuses saillantes qui fonctionnent comme un appareil masticateur. De ces pièces, bien développées, notamment chez les *Oxyuris* (fig. 1002, n° 3, *v, y*), les unes sont fixes, les autres situées au-dessus d'elles, mobiles; toutes sont striées; le mouvement de va-et-vient qu'impriment aux pièces mobiles les muscles dont elles sont pourvues, leur permettent de frotter contre les pièces fixes, et les aliments pris entre elles sont rapidement broyés. Les parois du bulbe œsophagien présentent souvent un accroissement marqué de la quantité de leur substance granuleuse; les noyaux y deviennent plus abondants, et le bulbe peut alors être considéré non plus comme un *bulbe dentaire*, mais comme un *bulbe glandulaire* (*Ascaris mystax, Cucullanus elegans*); d'autres fois, c'est un simple appareil de succion (*Heterodera Schachtii*).

Dans les genres *Trichina, Trichocephalus, Trichosoma, Mermis*, l'œsophage offre des dispositions toutes particulières. Chez les *Trichina*, il se fait remarquer par son extrême brièveté; l'intestin est de même court comparativement au rectum qui est très allongé. Dans les genres *Trichosoma* et *Trichocephalus*, l'œsophage se divise en deux régions : la région antérieure est cylindrique, sa lumière est triangulaire, la structure de ses parois se conforme au type général; la région postérieure est extrêmement allongée, sa lumière est circulaire et excentrique, sa surface externe marquée d'étranglements régulièrement espacés et sa paroi formée d'une substance homogène dans laquelle sont parsemés des noyaux. Enfin, chez les *Mermis*, l'œsophage renflé en bouteille à son extrémité postérieure, ne s'ouvre pas dans l'intestin. La substance qui constitue ses parois est analogue à celle qui forme la région postérieure de l'œsophage des *Trichosoma*. La division de l'œsophage en deux régions s'observe encore chez un certain nombre de Némaoïdes parasites (*Dispharagus, Atractis*). Assez souvent, il existe deux renflements œsophagiens (*Oxyuris blatticola, Rhabditis*, etc.).

L'œsophage s'ouvre, en général, dans l'intestin après s'être plus ou moins brusquement étranglé. Chez l'*Ascaris acus*, du Brochet, il se prolonge en arrière en un cæcum qui marche parallèlement à l'intestin; un cæcum œsophagien semblable est accompagné d'un cæcum intestinal dirigé en avant chez les *A. spiculigera, pedum, obtusocaudata, adunca, clavata*; le cæcum intestinal existe seul chez les *A. gypina, depressa, spiralis, ensicaudata, crenata, heteroura*, etc. L'*Oxyuris blattæ* présente à son tour un diverticule intestinal, en forme de bouteille et dirigé en arrière (fig. 1002, nᵒˢ 1 et 2, *j*).

Assez souvent (VAGANTIA), au point de jonction de l'estomac et de l'intestin.

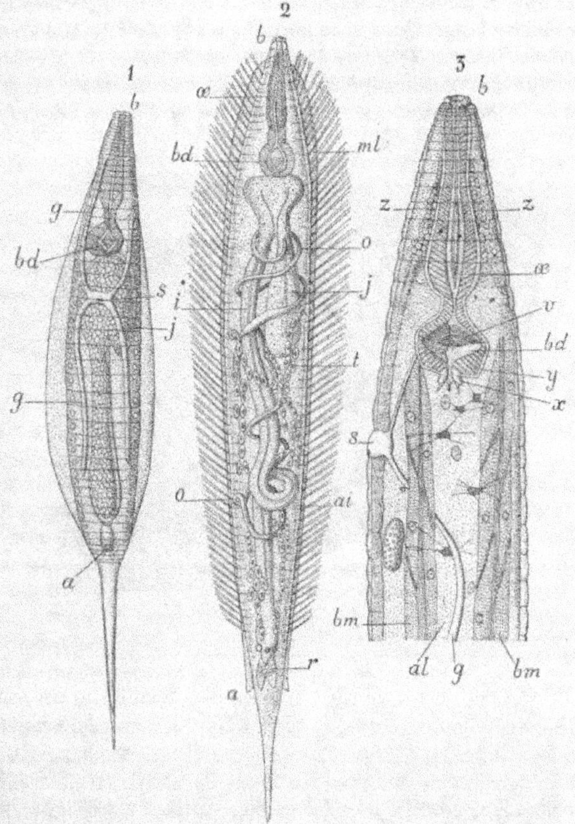

Fig. 1002. — 1, organisation de l'*Oxyuris blattæ*, encore jeune, vu par la face ventrale; — 2, le même adulte, vu latéralement; — 3, *Oxyuris blatticola*; extrémité antérieure vue de profil. — *b*, bouche; *œ*, œsophage; *bd*, bulbe dentaire; *x*, l'une des trois plaques mobiles de ce bulbe; *y*, plaque fixe; *z*, valvule; *z*, amas cellulaire; *œ*, œsophage; *bm*, bande musculaire; *al*, champs latéraux; *s*, *g*, pores et tubes excréteurs (d'après O. Galeb).

s'insèrent des muscles qui vont, d'autre part, s'attacher aux parois du corps (*muscles intestinaux antérieurs*), et forment un dissépiment presque complet.

L'intestin, dans lequel s'ouvre l'œsophage, s'ouvre lui-même en général dans un rectum qui aboutit à l'anus. Toutefois il est clos aussi bien en arrière qu'en avant, chez les *Mermis*; il se termine postérieurement en cæcum chez l'*Ichthyonema globiceps* et la *Sphærularia bombi*; ce dernier Nématoïde est également dépourvu de bouche. L'intestin se renfle en une vaste poche ovoïde chez la femelle de l'*Heterodera Schachtii*. La paroi de l'intestin (fig. 1003, *i*) n'est jamais composée que d'une seule épaisseur de cellules, mais ces cellules peuvent ne former qu'une file unique, être disposées sur deux rangs, ou devenir très nombreuses. La lumière de l'intestin de la *Trichina spiralis* est ainsi percée à travers une colonne de cellules en forme de tore; on observe la même disposition chez les larves de *Tylenchus tritici*. Deux rangées de cellules hexagonales constituent à elles seules l'intestin chez les *Rhabditis*, le *Pseudalius inflexus*, les jeunes *Strongylus tetracanthus*, etc.; mais, en général, un grand nombre de cellules polyédriques, irrégulièrement disposées, concourent à la formation de la paroi intestinale; quelquefois les limites des cellules deviennent

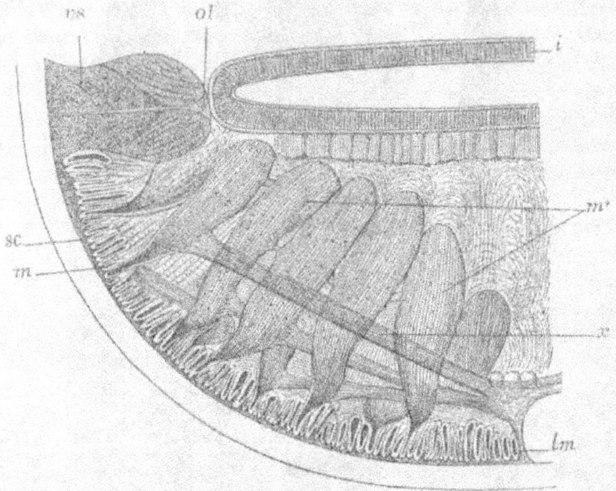

Fig. 1003. — Coupe transversale du corps de l'*Ascaris lumbricoïdes*, en arrière des organes génitaux; — *i*, intestin; *lm*, ligne médiane principale; *sc*, couche sous-cutanée; *vs*, champs latéraux; *m'*, corps protoplasmiques des cellules musculaires; *ol*, canal excréteur; *x*, prolongement des cellules musculaires (d'après Schneider).

indistinctes dans la région postérieure de l'intestin (*Filaria papillosa*). Les cellules de l'intestin sont d'ordinaire riches en granulations non solubles dans l'éther, et contiennent quelquefois des corpuscules bruns ou noirs (*Rhabditis strongyloïdes*), susceptibles de s'unir en réseau (*Sclerostoma armatum*). Les cellules granuleuses sont chez les *Filaria papillosa* et *Trichina spiralis* entremêlées de cellules claires. Dans quelques espèces (*Ascaris Kükenthalii*), des formations glandulaires font saillie à la surface interne de l'intestin. Cette surface est revêtue d'une cuticule plus ou moins adhérente, homogène chez les petites espèces, mais qui chez toutes les espèces à intestin pluricellulaire se dédouble en une couche homogène, adhérente aux cellules, et une couche superficielle, étroitement soudée à la couche homogène et formée de bâtonnets; cette couche rappelle celle qui recouvre les villosités de l'intestin grêle des Vertébrés. Il existe aussi une couche cuticulaire tout à fait homogène à la surface externe de l'intestin. Chez un grand nombre de Nématoïdes, l'extrémité postérieure de l'intestin est extérieurement couverte de fibres musculaires longitudinales, ramifiées en pinceau à leurs extrémités et anastomosées entre elles, qui lui permettent d'exécuter des contractions plus ou moins énergiques (*Heterakis, Oxyuris, Sclerostoma*, etc.).

L'anus ne manque que dans les genres *Ichthyosoma, Mermis* et *Dracunculus*, au moins à l'état adulte. Assez souvent, à la jonction de l'intestin et du rectum, se trouvent deux, quatre (*Oxyuris*) ou six (*Dochmius*) grosses glandes unicellulaires dont la fonction est inconnue.

Champs latéraux et appareil excréteur. — Il existe un lien étroit entre les champs latéraux et l'appareil excréteur. L'espace laissé libre par les bandes musculaires, le long des lignes latérales, est, en effet, occupé par un bourrelet de la couche sous-cuticulaire (fig. 1003, *vs, ol*), et dans ce bourrelet est logé le conduit longitudinal qui, de chaque côté du corps, représente l'appareil excréteur. Les deux bourrelets latéraux sont généralement semblables, toutefois chez un certain nombre de FILARIDÆ (*Spiroptera obtusa, S. sanguinolenta*) l'un des bourrelets est plus épais que l'autre. Ces bourrelets sont constitués par une substance granuleuse, contenant de nombreux noyaux disposés tantôt en deux rangées longitudinales (*Mermis, Ascaris* des Poissons), tantôt irrégulièrement. Chaque bourrelet est, en général, plus ou moins dédoublé en deux autres. C'est entre ces deux moitiés que se trouve chez tous les Méromyaires et Polymyaires le canal excréteur.

Les parois des canaux excréteurs sont partout constituées par une tunique réfringente, entourée par une autre tunique d'une substance granuleuse, contenant des noyaux. L'un de ces noyaux, au voisinage de la branche anastomotique transversale, se distingue fréquemment par ses grandes dimensions.

Dans un certain nombre de genres (*Tylenchus tritici, Heterodera, Lecanocephalus*) il n'existe qu'un seul canal excréteur; c'est celui du côté gauche chez les *Heterodera*, celui du côté droit chez les *Lecanocephalus* où il présente deux orifices, l'un, en avant, qui laisse écouler au dehors le contenu du canal, l'autre dans la cavité générale. Le canal excréteur paraît remplacé chez les *Mermis* par une rangée longitudinale de noyaux; il manque chez un grand nombre d'Holomyaires. Partout où

il existe deux canaux, ces canaux dont la terminaison postérieure est mal connue, sont réunis antérieurement par une anastomose transversale; du milieu de cette anastomose part un court canal longitudinal qui se dirige en avant, en s'engageant dans la ligne médiane ventrale et s'ouvre finale-

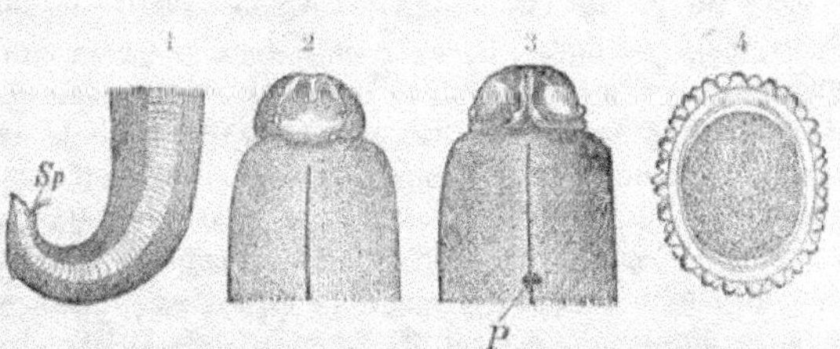

Fig. 1004. — *Ascaris lumbricoïdes*. — 1, extrémité postérieure du mâle avec ses deux spicules *sp* ; 2, 3, extrémité antérieure vue du côté dorsal et du côté ventral, *P*, pore excréteur ; 4, œuf (d'après Leuckart).

ment au dehors (fig. 1004, *c, P*). Ce canal est d'ordinaire assez étroit, mais il se transforme en un véritable sac chez les *Oxyuris* (fig. 1002, 1 et 3, *S*), *Oxysoma, Nematoxys*. L'anastomose qui réunit les deux vaisseaux est contenue dans un tissu semblable à celui des champs latéraux, et qui renferme aussi d'assez nombreux noyaux. Comme les champs latéraux (*Ascaris lumbricoïdes, A. megalocephala*), le pont transversal qui

contient la branche anastomotique peut porter des corps cellulaires dont la signification est encore douteuse. Assez souvent les canaux latéraux se prolongent en
avant de cette anastomose (*Pelodera papillosa*); d'autres fois il existe, dans la région
antérieure à l'anastomose, des canaux latéraux distincts, qui se jettent directement
dans le pont anastomique (*Rhabditis*, Oxyures des Insectes, *Nematoxys*) ou sont
unis par une anastomose spéciale qui communique à son tour avec le canal
abducteur de l'appareil (*Heterakis foveolata*).

Chez les *Sclerostoma armatum* et *tetracanthum* les canaux latéraux sont doubles.
Sur le canal principal, celui qui s'ouvre au dehors, repose un autre canal sinueux
qui naît sans doute au voisinage de son extrémité postérieure et se prolonge jusque
dans la région céphalique. Le canal excréteur de l'*Ascaris spiculigera* est contenu
dans une masse granuleuse, riche en noyaux, distincte de la substance des champs
latéraux, et il émet à angle droit de fines branches ramifiées; en avant il devient
sinueux et s'ouvre en arrière des lèvres.

Appareil glandulaire. — Peut-être faut-il rattacher à l'appareil excréteur les
organes latéraux qu'on observe dans la région céphalique chez la plupart des
Nématoïdes libres, à l'exception des *Chromadora* et des *Euchromadora*. Ils apparaissent chez les *Tripyloïdes* et les *Arœolaimus* comme deux corps spiroïdes, probablement constitués par une gouttière spirale enfoncée dans la cuticule. Chez les *Enoplus*, *Oncholaimus*, *Anticoma*, etc., ils consistent en une cavité sous-cuticulaire
(fig. 1001, n° 2, *o*) s'ouvrant, en avant, à l'extérieur et communiquant en arrière
avec un tube. Cet appareil rappelle les glandes segmentaires qu'on observe dans
cette région du corps, chez les Crustacés (glandes antennaires, glandes maxil-
laires, etc.). Chez les *Enchelidium*, *Dorylaimus*, *Oncholaimus* de Man a vu une
substance rejetée par les organes.

Les *Enoplus*, *Oncholaimus*, *Euchromadora*, *Anticoma* et genres voisins présentent,
près de l'extrémité postérieure de l'œsophage, du côté ventral, une glande uni-cellu-
laire ovoïde, piriforme, quelquefois lobée (*Enoplus communis*) qui ne contient qu'un
seul noyau et s'ouvre à l'extérieur sur la ligne médiane.

Chez un grand nombre de Nématodes aussi bien parasites (*Hedruris*, *Nematoxys*, etc.) que libres, il existe enfin dans la queue une ou plusieurs glandes qui
s'ouvrent également à l'extérieur, à l'extrémité même de la queue. En admettant
que tous ces organes soient morphologiquement de même nature, comme cela
semble évident pour les glandes coxales des Arthropodes qui éprouvent de si
grandes modifications suivant le point où elles sont placées, on aurait là une des
rares indications de métaméridation interne que présente le corps des Nématoïdes.
Peut-être faut-il rattacher encore à ce système, le singulier *organe tubulaire* des
femelles d'*Oncholaimus* dont il sera question, p. 1403.

A côté de ces glandes à orifice externe, il en est d'autres qui s'ouvrent dans le
tube digestif. Parmi les Nématoïdes parasites, l'*Hedruris armata*, les *Nematoxys*,
Dochmius, *Sclerostomum* présentent de chaque côté de l'œsophage une grosse glande
piriforme, pluri-cellulaire dont le canal excréteur s'ouvre dans la région buccale.
Une glande dorsale analogue existe chez l'*Ascaris megalocephala*, dans les genres
Eustrongylus, *Lecanocephalus*, etc., mais elle est située dans l'épaisseur même de la
paroi de l'œsophage, où elle se ramifie quelquefois d'avant en arrière (*Eustrongylus*),
et se termine en cul-de-sac. Ces glandes sont très apparentes sans préparation chez

la plupart des Nématoïdes libres. L'œsophage ayant, en général, une section triangulaire, il existe une *glande œsophagienne* pour chaque sommet du triangle. Chaque
glande est constituée par un canal qui va se dichotomosant ou se ramifiant en
arrière, où chaque rameau se termine en cul-de-sac, tandis que le canal excréteur
commun s'ouvre en avant dans la cavité buccale; les orifices sont portés par les
trois dents immobiles des *Oncholaimus*.

Système nerveux. — Le système nerveux central, toujours en rapport étroit
avec la couche sous-cuticulaire, est essentiellement constitué par un collier qui
embrasse l'œsophage. Il est formé de cellules et d'un petit nombre de grosses fibres,
le tout contenu dans une gaine plus ou moins épaisse qui se retrouve d'ailleurs
également autour des parties périphériques. Dans la région antérieure du corps,
des prolongements de chaque bande musculaire s'unissent en un faisceau qui vient
s'attacher à la gaine de l'anneau nerveux en des points correspondant à la position
qu'occuperaient des lignes submédianes; cette gaine est encore unie aux parois du
corps au niveau des lignes latérales et des lignes médianes.
Chez les Méromyaires, même chez les grosses espèces,
les fibres du collier ne se laissent pas dissocier, on les
isole au contraire facilement chez l'*Ascaris megalocephala*
par la coction dans l'acide azotique dilué. Aux colliers
nerveux sont, en quelque sorte, suspendus des bouquets
de cellules nerveuses, desquels partent les cordons périphériques. Chez les *Ascaris*, le collier nerveux donne naissance en arrière à quatre cordons (Butschli) : le cordon
dorsal et le cordon *ventral* qui occupent les deux lignes
médianes, puis les deux *cordons communiquants*. A l'origine
des deux cordons médians se trouvent, outre un certain
nombre de cellules ganglionnaires, extérieures au collier,
une grande cellule tripolaire et plus bas, du côté dorsal,
dans le nerf lui-même, chez les *Ascaris megalocephala* et
lumbricoïdes, deux autres cellules bipolaires. Les *cordons
communiquants* naissent du collier du côté ventral, ils se
dirigent vers la ligne médiane ventrale, s'y rejoignent à
angle aigu, et à leur point de jonction, se trouve un amas
de forme variée de cellules unipolaires ou bipolaires
(*Ascaris, Oxyuris*), constituant le *ganglion céphalique*.

Du bord antérieur du collier naissent six nerfs (fig. 1005) :
quatre *nerfs submédians*, placés de chaque côté des lignes
médianes, et deux *nerfs latéraux* qui courent au milieu des
champs latéraux; à ces derniers correspondent de volumineux *ganglions latéraux*, tandis que quelques cellules
ganglionnaires éparses marquent seules l'origine des
nerfs submédians. Les six nerfs antérieurs se distribuent
aux papilles péribuccales. Des nerfs qui naissent du bord

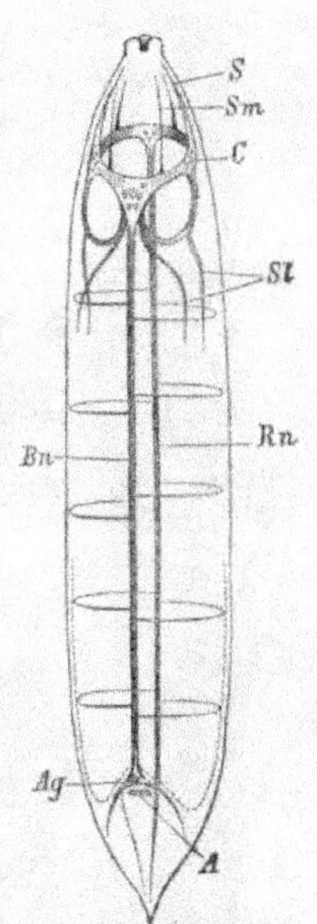

Fig. 1005. — Schéma du système nerveux des Néma-
toïdes. — *C*, ganglion latéral
de l'anneau nerveux; *S*, nerfs
latéraux antérieurs; *Sm*, nerfs
submédians; *Sl*, nerfs subla-
téraux; *Bn*, nerf ventral;
Rn, nerf dorsal; *Ag*, ganglion anal; *A*, anus (d'après
O. Bütschli).

postérieur du collier, le nerf dorsal se prolonge sans grandes modifications jusqu'à
l'extrémité caudale; le nerf ventral se divise chez les femelles, un peu avant l'anus,
en deux branches qui se dirigent obliquement vers les champs latéraux et pénètrent

dans les papilles caudales (*Sclerostoma, Ascaris*). Il existe également chez les mâles des troncs nerveux latéraux qui se montrent dans toute la région des papilles caudales, et envoient une ramification à chacune d'elles. Dans toute cette région les prolongements des cellules musculaires qui avoisinent la ligne ventrale vont s'insérer dans les champs latéraux, produisant ainsi deux espèces de cloisons musculaires obliques dites *musculi bursales*; des prolongements des cellules musculaires se rendent ainsi partout où il existe des formations nerveuses importantes : aux champs latéraux, aux lignes médianes, au collier nerveux; il semble que ces prolongements soient destinés à mettre en relation physiologique l'appareil musculaire et l'appareil nerveux qui doit le commander.

La disposition générale du système nerveux que nous venons de décrire présente vraisemblablement dans les divers types des modifications importantes. Deux corps en forme de gourde sont suspendus au collier œsophagien chez l'*Oxyuris curvula*; deux gros ganglions en forme de bouteille sont également portés l'un à droite, l'autre à gauche par ce même collier chez le *Nematoxys ornatus*. Chacun de ces ganglions se prolonge postérieurement en un gros cordon nerveux, et il n'existe également que deux cordons nerveux antérieurs.

Organes des sens. — Malgré leur genre de vie, les Nématoïdes parasites ne sont pas tous dépourvus d'organes de sensibilité. Les papilles buccales et génitales que l'on constate si fréquemment appartiennent, sans doute, à ce genre de formations. Mais il en est aussi de plus nettement caractérisées. L'*Hedruris armata* présente, en avant du collier nerveux, de chaque côté du corps, une épine rigide dans laquelle pénètre un filet nerveux. Il existe au même endroit, chez le *Dispharagus laticeps* (fig. 998, n° 2, *t*), une saillie cuticulaire en forme de trèfle. Mais c'est surtout chez les Nématoïdes libres que les organes sensitifs sont développés. Ils consistent généralement en soies tactiles,

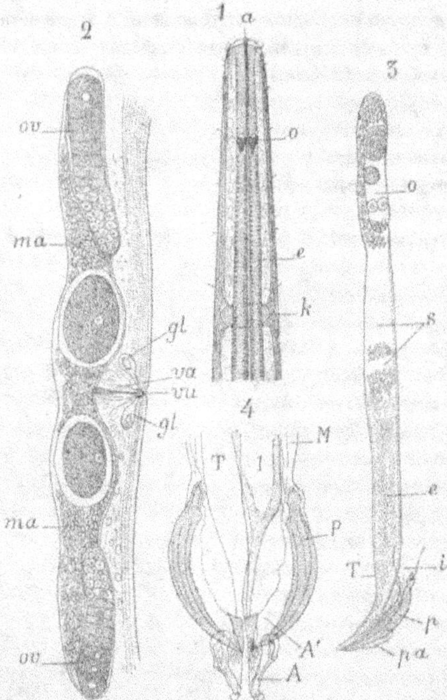

Fig. 1006. — 1, extrémité antérieure de l'*Anticoma typica*; *a*, bouche; *o*, yeux; *œ*, œsophage; *k*, annexe nerveux; — 2, appareil génital femelle de l'*Enoplus macrophthalmus*; *vu*, valve; *va*, vagin; *gl*, glandes annexes; *ma*, matrice; *ov*, ovaire réfléchi sur la matrice; — 3, appareil génital mâle du même; *T*, tube mâle; *i*, intestin; *o*, testicule; *s*, réservoir séminal; *e*, tube éjaculateur; *p*, spicules; *pa*, spicules accessoires; — 4, armature génitale du même; *T*, tube mâle; *I*, intestin; *M*, muscles des spicules; *P*, spicule principal; *A*, *A'*, spicules accessoires (d'après Marion).

occupant à la surface du corps des places déterminées, surtout le pourtour de la tête (*Anticoma leptura, Phanoderma laticollis, Enoplus, Sphærolaimus gracilis*, fig. 1004, n° 2, *t, t'*; etc.), ou irrégulièrement distribuées et alors très nombreuses. Ces soies sont d'ordinaire pointues, mais elles s'évasent quelquefois en entonnoir (*Acanthopharynx striatipunctata*).

Il existe habituellement chez les Nématoïdes libres deux *yeux* (fig. 1006, n° 1, *o*) appliqués à la surface dorsale de l'œsophage. Ce sont deux cupules pigmentaires, colorées en rouge brun ou en brun jaunâtre, dans chacune desquelles est enchâssé un cristallin sphéroïdal. Chaque cupule est reliée par un nerf à l'anneau nerveux. Les yeux manquent rarement chez les Nématoïdes marins à cuticule lisse (*Anticoma leptura*); ils sont plus fréquemment absents quand le cuticule est strié; le même genre peut réunir des espèces aveugles et des espèces voyantes (*Acanthopharynx*).

On a également signalé des *otocystes* ou organes d'audition chez quelques espèces de *Symplocostoma*; ces organes sont deux vésicules brillantes situées en arrière de la cavité buccale.

Reproduction; différences sexuelles. — Il paraît certain que la parthénogénèse est possible chez quelques Nématoïdes [1]. Plusieurs sont hermaphrodites (*Rhabditis dentata, R. fœcunda, R. dolichura, Pelodytes hermaphroditus, Enoplus liratus*); d'autres plus rares présentent de remarquables phénomènes d'hétérogonie (*Rhabdonema nigrovenosum*, fig. 1007 et p. 48; peut-être *Atractis dactylura*), les autres formes de cette classe ont les sexes séparés. Les femelles, à de rares exceptions près, sont plus communes que les mâles et vivent plus longtemps, sauf dans le genre *Trichocephalus*. Les mâles et les femelles se distinguent immédiatement à leurs caractères extérieurs, et notamment aux modifications spéciales que subit dans les deux sexes l'extrémité de la région postérieure du corps. Cette région est suffisamment modifiée chez les mâles pour avoir reçu un nom particulier, celui de *bourse* (*bursa*). Ce nom n'est, du reste, réellement mérité avec son acception courante, que dans la famille des STRONGYLIDÆ où la région caudale est entourée par une membrane figurant une ombrelle plus ou moins parfaite, dont les parois sont soutenues par des rayons les uns simples, les autres deux ou trois fois ramifiés et qui ne sont d'ailleurs que des papilles transformées (fig. 992, n° 1, *B*, p. 1379). Chez les *Labiduris*, les papilles simples, bien qu'elles n'aient pas de membrane à soutenir, s'allongent en deux prolongements coniques, en

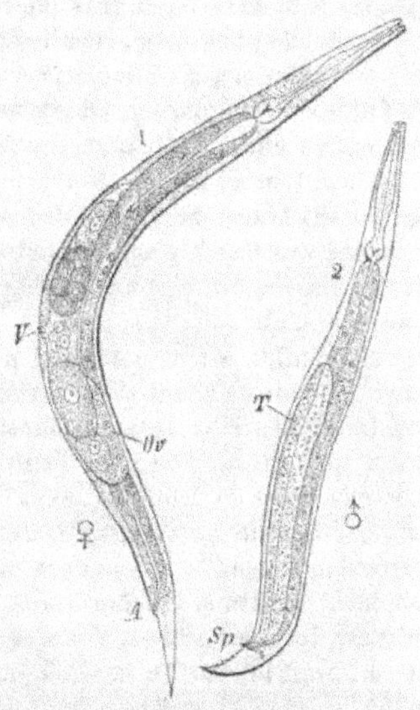

Fig. 1007. — Forme sexuée (*Rhabditis*) du *Rhabdonema nigrovenosum*. — 1, *Rhabditis femelle*; *Ov*, ovaire; *V*, vulve; *A*, anus; — 2, *Rhabditis* mâle; *T*, testicule; *Sp*, spicule.

arrière desquels commence la queue, large à sa naissance, mais longue et pointue; à sa base, la queue est entourée d'une membrane carrée qui porte une papille à

---

[1] Recherches inédites de M. Maupas.

chacun de ses quatre angles. La queue des *Trichina* et des *Pseudalius* mâles porte aussi deux prolongements latéraux qui rappellent ceux des *Gordius*. Très généralement la queue est pointue; mais, dans une certaine étendue et principalement sur les bords, sa cuticule s'épaissit, et cette région épaissie constitue, à proprement parler, la bourse. C'est la première indication de l'ombrelle caudale des mâles des STRONGYLIDÆ. L'épaississement cuticulaire peut déborder la queue latéralement et postérieurement (*Pelodera*, *Physaloptera*), et former ainsi des ailes latérales, toujours symétriques, sauf chez quelques espèces de *Filaria*. Il ne faut cependant pas confondre ces expansions caractéristiques du sexe mâle avec les membranes latérales qu'on observe, dans les deux sexes, chez beaucoup d'espèces. La bourse, dans ces espèces, se développe, en effet, indépendamment de ces membranes, et coexiste avec elles chez les mâles. La surface de la bourse est presque toujours couverte de nombreuses papilles constituées, comme d'habitude, par un canal qui traverse la cuticule et dans lequel pénètre un rameau nerveux, accompagné d'un prolongement de la couche sous-cuticulaire. Le canal peut être plus ou moins allongé et prendre l'apparence d'une sorte de nervure, mais la papille fait rarement saillie à la surface des téguments. Le nombre et la disposition des papilles sont caractéristiques pour chaque espèce.

La cuticule peut aussi, chez les mâles, être modifiée sur une grande étendue de la face ventrale. Chez l'*Hedruris armata*, elle est couverte de rangées longitudinales de saillies rectangulaires, allongées dans le même sens que le corps, qui les transforment en une sorte de râpe, permettant au mâle d'adhérer fortement au corps de la femelle autour de laquelle il demeure enroulé en hélice, pendant une grande partie de son existence. Les mâles des *Nematoxys ornatus* et *N. longicauda* [1] portent sur leur face ventrale des appareils chitineux plus complexes; ces appareils, au nombre de dix à seize, forment une double rangée en avant du cloaque; chacun d'eux est composé d'un anneau circulaire, autour duquel se disposent une vingtaine de rayons renflés à leur extrémité périphérique et qu'entoure un système semblable concentrique; en avant et en arrière de ces formations s'étendent deux épaississements en forme de langue, marqués d'impressions transversales et qui se rejoignent en formant l'un avec l'autre, sur la face ventrale, un angle saillant dont l'ouverture est d'environ 45°. En avant du cloaque des *Eurystoma*, nématoïdes libres marins, il existe deux appareils analogues. Ces appareils ne sont, sans doute, qu'un perfectionnement de la ventouse unique que portent sur leur face ventrale d'autres nématoïdes marins, les *Enoplus* et le *Phanoderma laticollis*. Cette ventouse est un tube à parois chitineuses, s'ouvrant extérieurement par une petite cupule fixatrice, et se terminant par un cul-de-sac vésiculeux de nature glandulaire. Les *Heterakis* mâles possèdent aussi une ventouse en forme de coupe, située assez loin en avant de l'anus, à la base d'une membrane cordiforme, allongée, garnie de papilles. Les mâles sont encore reconnaissables à la présence d'un ou deux organes chitineux d'accouplement, les *spicules*, dont la description est donnée p. 1399. A ces différences sexuelles, il faut ajouter que la taille des mâles est habituellement plus faible que celles des femelles. Le *Syngamus trachealis* mâle qui vit fixé sur sa femelle a à

---

[1] Von LINSTOW, *Zur Anatomie und Entwickelungsgeschichte von Nematoxys ornatus*, Jenaische Zeitschrift, T. XXII, 1889.

peine le tiers des dimensions de celle-ci; la disproportion est bien plus grande encore chez les *Dracunculus medinensis* où le mâle vit dans la matrice de la femelle.

Les femelles, même en l'absence de tout autre caractère, se distinguent à ce que, outre l'orifice anal toujours confondu avec l'orifice génital chez les mâles, elles présentent un second orifice, la *vulve*, toujours située en avant de l'anus, quelquefois tout près de lui (*Strongylus, Pseudalius inflexus*), mais plus souvent dans la région moyenne du corps ou même à une faible distance de la bouche (*Filaria quadrispina*). Il n'y a généralement pas de papilles dans le voisinage de la vulve, mais autour d'elle la cuticule peut s'épaissir soit en avant (*Cucullanus elegans*), soit surtout son pourtour (*Strongylus*), constituant parfois deux lèvres saillantes (*Pelodera, Leptodera*), ou même formant de chaque côté un prolongement digitiforme (*Strongylus contortus*). La queue des femelles est presque toujours identique à celle des larves; elle ne présente, en général, que deux papilles ordinairement situées à mi-distance de l'anus et de l'extrémité caudale, rarement près de son extrémité (*Cucullanus elegans*); il s'y ajoute parfois de petites épines (*Ascaris rigida, Leptodera angiostoma*) ou des aiguillons (*Filaria terebra*). Très rarement l'extrémité caudale présente chez les femelles des adaptations spéciales. Cependant on y observe, chez le *Strongylus invaginatus*, une bourse en forme d'entonnoir, qui embrasse tout à la fois l'extrémité de la queue, la vulve et l'anus; chez les *Hedruris*, la queue renflée en poche pyriforme, latéralement protégée chez l'*H. armata* de la Tortue par deux boucliers chitineux, présente une extrémité rétractile terminée par une sorte de griffe à l'aide de laquelle l'animal s'implante dans la muqueuse trachéenne de son hôte. Des glandes spéciales sont contenues dans ce singulier appareil.

La différence entre les mâles et les femelles est portée bien plus loin chez l'*Heterodera Schachtii* où le mâle a la forme d'un Nématoïde ordinaire, tandis que la femelle est une sorte de petit ballon ovoïde rempli d'œufs. Le *Sphærularia bombi* femelle est encore plus étrange (p. 1414).

Appareil génital mâle. — L'appareil génital mâle (fig. 1006, n° 3) consiste presque toujours en un tube unique dont les diverses parties se différencient de manière à constituer le *testicule*, le *canal déférent* et le *canal éjaculateur*. Ce tube n'est divisé en deux branches que

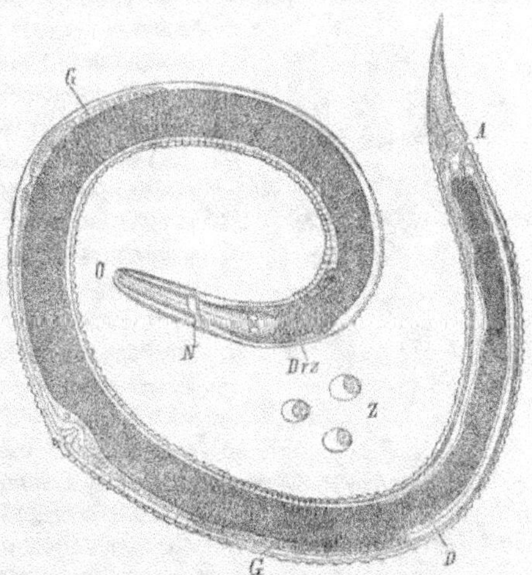

Fig. 1008. — Forme protandre du *Rhabdonema nigrovenosum* au moment où les organes mâles sont à maturité. — O, bouche; N, collier nerveux; Drz, cellules glandulaires; D, tube digestif; G, glandes génitales; Z, spermatozoïdes isolés.

chez un certain nombre de Nématoïdes libres, et, en général, à son extrémité antérieure seulement (*Enoplus, Anticoma*, qq. *Oncholaimus, Trilobus, Spilophora robusta, Cylicolaimus, Thalassironus, Camacolaimus, Monoposthia, Cyatholaimus, Linhomœus,*

Trefusia, Thoracostoma). A l'une de ses extrémités, le tube testiculaire ou ses ramifications se terminent en cul-de-sac; à l'autre il s'ouvre dans le rectum. Il est constitué par une seule assise de cellules et revêtu extérieurement d'une mince couche cuticulaire. Dans le testicule, les cellules sont plus ou moins fusionnées en syncytium; dans le canal déférent, elles forment un véritable épithélium; dans le canal éjaculateur, elles sont revêtues d'une couche musculaire.

Le fond du testicule est toujours plein sur une certaine étendue, et présente à son sommet un noyau; peu à peu la masse cellulaire se creuse d'une cavité centrale, et peut s'amincir au point de devenir à peine distincte (*Strongylus, Oxysoma, Leptodera, Pelodera*); quelquefois la masse protoplasmique se dispose en traînées fusiformes, parallèles entre elles (*Ascaris, Filaria*). Les cellules formatrices des spermatozoïdes se disposent habituellement en un cylindre indépendant du revêtement des parois (MÉROMYAIRES, POLYMYAIRES, *Mermis, Anguillula*); chez quelques Holomyaires (*Trichocephalus, Trichosoma, Trichina*), elles naissent isolément du revêtement du testicule. A mesure que l'on s'éloigne de la région testiculaire, l'épithélium se modifie et finit par revêtir, dans le canal déférent et le canal éjaculateur, l'aspect d'un épithélium cylindrique dans lequel toutefois les éléments ne sont reliés entre eux qu'à leur base. Dans quelques espèces, avant de revêtir cette forme, il présente de curieuses modifications : il peut être d'abord constitué par des cellules basses, parmi lesquelles quelques grosses cellules font dans le canal des saillies hémisphériques (*Filaria papillosa*), ou bien par des cellules irrégulières, sur lesquelles s'élèvent des prolongements digitiformes qui font paraître le canal villeux (*Ascaris megalocephala, A. lumbricoïdes*); ce sont probablement là des cellules glandulaires. Dans toute la partie du canal occupée par ces cellules digitées, il existe des fibrilles transversales au-dessous de la membrane limitante externe. Assez souvent, au point où se régularise l'épithélium, le canal mâle se rétrécit brusquement, de sorte que le canal déférent se distingue nettement du testicule proprement dit (*Ascaris, Heterakis*), mais la transition peut être graduelle (*Strongylus, Rhabditis*). Dans les deux genres *Heterakis* et *Pelodera*, le canal déférent est accompagné de deux longs canaux qui s'ouvrent à son intérieur tout près de son extrémité postérieure.

Une couche de fibres musculaires distingue le *canal éjaculateur* du canal déférent. Ces fibres sont pour la plupart transversales; quelques-unes d'entre elles sont cependant longitudinales. Toutes ces fibres, quelle que soit leur direction, s'unissent entre elles par de fréquentes anastomoses; elles forment un réseau qui, à l'état de repos, demeure distant de la membrane externe du canal éjaculateur, et ne s'applique contre elle que durant la période de contraction (*Ascaris*). Ce réseau a été constaté sur tous les Nématoïdes étudiés jusqu'ici.

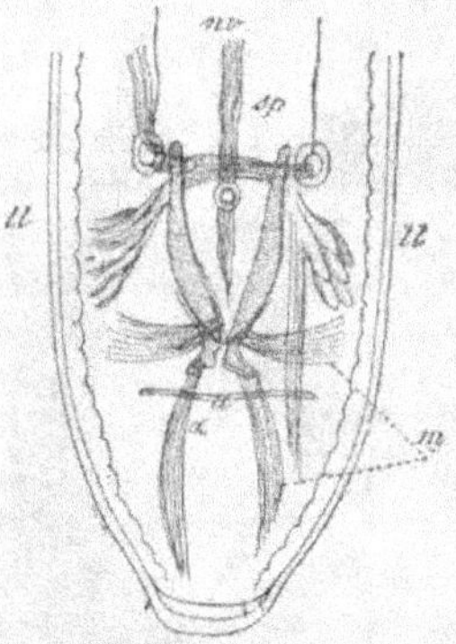

Fig. 1009. — Extrémité postérieure du *Thoracostoma Schneideri* mâle. — *a*, anus; *nc*, cordon nerveux; *ll*, ligne latérale; *m*, muscles; *sp*, spicules.

Le cloaque formé par la région du tube digestif dans laquelle s'ouvre le canal éjaculateur est entouré par l'*appareil copulateur*. Cet appareil, absent seulement dans les genres *Trichina* et *Dermatoxys*, comprend un ou deux *spicules* et leur *gaine*.

Lorsqu'il existe deux spicules, ces spicules peuvent être inégaux ou égaux; les particularités de nombre et de forme qu'offrent les spicules ont été considérées par tous les helminthologistes comme fournissant des caractères de classification de très grande valeur, dans un groupe où le nombre des caractères extérieurs auxquels les nomenclateurs peuvent s'adresser est extrêmement restreint. Il n'existe qu'un seul spicule en partie invaginé dans une gaine et saillant à l'extrémité postérieure même du corps chez les TRICHOTRACHELIDÆ (fig. 1010, S), nu et parfois accompagné d'une pièce accessoire chez les OXYURIDÆ; les FILARIDÆ, et les genres *Heterakis*, *Atractis*, *Anisakis*, ont deux spicules inégaux; enfin les principales familles où l'on trouve deux spicules égaux sont les MERMITIDÆ, ASCARIDÆ, CUCULLANIDÆ, et l'ordre presque tout entier des Nématoïdes libres (VAGANTIA).

Les spicules sont des pièces chitineuses qui, dans leur état le plus simple, sont de structure homogène (*Anguillula*, *Pseudalius*, *Leptodera*, *Pelodera*, *Strongylus auricularis* et quelques autres *Strongylus*); mais ils peuvent aussi être creusés d'un canal embrassant une matière molle, granuleuse; chez l'*Ascaris megalocephala*, chaque spicule est formé de deux plaques solides comprenant entre elles une masse granuleuse. La forme de ces spicules est extrêmement variable. Lorsqu'il n'en existe qu'un, il est constitué par une lame chitineuse, triangulaire dont les bords repliés sont soudés l'un à l'autre à partir de la pointe jusqu'au voisinage de la base, mais demeurent ensuite libres et seulement un peu enroulés vis-à-vis l'un de l'autre. Les spicules sont accompagnés de *spicules accessoires* dans les genres *Oxysoma*, *Nematoxys*, *Heterakis*, un certain nombre d'*Oxyuris*, beaucoup de STRONGYLIDÆ, les Nématoïdes libres à l'exception des *Alaimus*, *Monoposthonia*, *Tripyla*, *Prismatolaimus*, *Cylindrolaimus*, *Rhabditis*, *Rhabdolaimus*, *Tylencholaimus*, *Lasiomitus*, *Teratocephalus*, *Diphterophora*. Ce sont de petites pièces chitineuses, une impaire ou deux paires, dont la forme rappelle celles des spicules eux-mêmes (fig. 1006, A et A', et 1009). Parmi les Nématoïdes libres, le seul genre *Euchromadora* a des spicules inégaux, et le genre *Monoposthonia* n'en a qu'un.

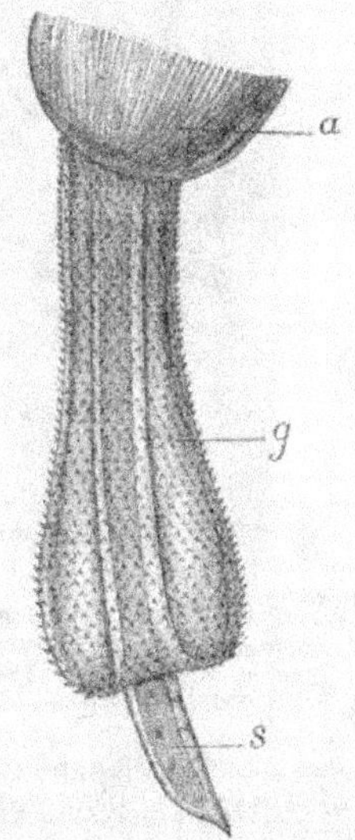

Fig. 1010. — Spicule *s* et gaine péniale épineuse; *g*, du *Trichocephalus dispar*; *a*, extrémité postérieure du corps.

Les spicules sont contenus à l'intérieur d'un diverticule du tégument qui embrasse la paroi dorsale du rectum et qui constitue leur *gaine*; chaque spicule possède la sienne. Chez les TRICHOTRACHELIDÆ où le spicule émerge de l'extrémité postérieure même du corps (ACROPHALLI), la gaine est exsertile et le recouvre à sa base comme d'un manchon parfois très allongé. Dans les genres *Thominx*, *Eucoleus* et *Trichocephalus* (fig. 1010, *g*) la portion de la gaine, qui devient extérieure quand elle est dévaginée, est hérissée d'épines et de crochets dirigés vers l'extérieur, mais partout ailleurs, elle est lisse. La cuticule de cette paroi, de même que la couche sous-cuticulaire qui la revêt du côté de la cavité générale, se continue avec celle du rectum, d'une part, avec celle du tégument, d'autre part, et se replie sur les spicules à l'extrémité antérieure de la gaine. En ce point, on trouve toujours quelques grosses cellules qui paraissent être les cellules formatrices du spicule. Sur la gaine du spicule s'insèrent deux muscles, le *rétracteur* et l'*extenseur* du spicule (fig. 1009, *m*). Le rétracteur naît de la paroi interne du tégument dorsal au voisinage des champs latéraux; il est probablement constitué par de simples prolongements des cellules musculaires des téguments. L'extenseur est un mince revêtement de fibrilles longitudinales appliquées sur la face viscérale de la gaine. Le jeu antagoniste de ces muscles résulte d'une manière manifeste de leur mode de disposition.

Appareil génital femelle [1]. — L'appareil génital femelle présente une complication graduelle, depuis les espèces de petite taille jusqu'aux formes telles que les OXYURIDÆ des Insectes, les *Nematoxys* et les *Hedruris*. A son état le plus simple, il est représenté par un tube unique qui s'ouvre à l'extérieur par la vulve (*Trichina, Trichocephalus, Trichosomum, Atractis, Tripyla, Alaimus, Macroposthonia, Prismatolaimus, Siphonolaimus, Rhabdolaimus, Tylencholaimus, Deontolaimus, Thalassolaimus, Monohystera, Rhabditis, Diplogaster, Tylenchus, Aphelenchus*); mais l'orifice vulvaire, au lieu de correspondre à l'une des extrémités du tube, peut remonter de manière à laisser derrière lui un court cæcum (*Anguillula aceti, Pelodera rigida*), ou un cæcum s'étendant jusqu'à la queue mais stérile (*Cucullanus elegans*), ou diviser enfin le tube en deux parties semblables, également fertiles (la plupart des VAGANTIA, (fig. 1006, n° 2, p. 1394; *Strongylus, Ascaridia*, etc.). Cette division une fois réalisée, si l'on suppose que la vulve se déplace en arrière, la branche postérieure de l'utérus sera forcément d'abord repliée sur elle-même, puis ramenée à être paral-

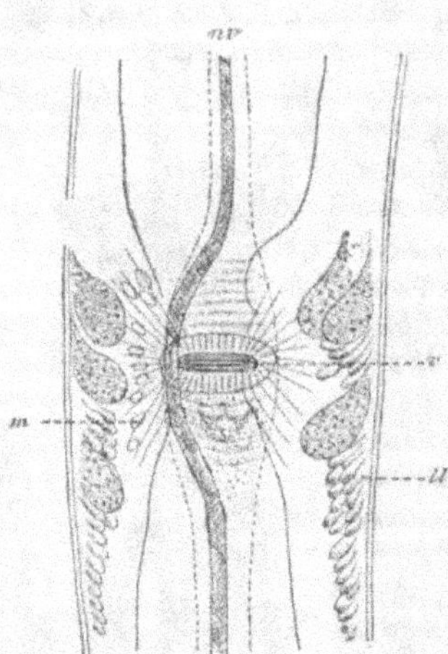

Fig. 1011. — Orifice génital d'un *Thoracostoma Schneideri*, femelle; — *v*, vulve; *m*, muscle; *ll*, ligne latérale; *nv*, cordon nerveux (d'après Bütschli).

lèle à la branche antérieure avec laquelle elle deviendra coalescente dans la région avoisinant l'insertion du vagin. Ainsi le tube unique primitif sera remplacé par deux tubes génitaux, courant côte à côte et se confondant en un seul à leur extrémité postérieure, pour se continuer avec le vagin et la vulve. C'est la disposition qu'on observe le plus fréquemment (*Hedruris, Oxyuris, Nematoxys, Heterodera*, etc.). Le même phénomène se produit encore lorsque la vulve est transportée en avant (TRICHOTRACHELIDÆ, FILARIDÆ, *Ascaris*). Cette bifurcation complète du tube génital ne peut exister chez les mâles puisque l'orifice génital est ici toujours placé à l'extrémité postérieure du corps et, par conséquent, dès le début, à l'une des extrémités du tube; toutefois le tube génital des mâles est, dans un très petit nombre de cas, plus ou moins profondément divisé.

En général, lorsque la vulve s'ouvre vers le milieu du tube génital femelle, les deux moitiés dans lesquelles le tube est ainsi divisé et qui sont à peu près symé-

---

[1] EDOUARD VAN BENEDEN, *L'Appareil sexuel femelle de l'Ascaride mégalocéphale*. Archives de Biologie, t. IV, 1883.

triques tant au point de vue de la forme qu'au point de vue de l'organisation sont assez courtes; elles demeurent droites ou ne se réfléchissent qu'une fois sur elles-mêmes (la plupart des Nématoïdes libres). Lorsque l'appareil se divise en deux branches courant dans le même sens, la longueur de ces branches peut devenir extrêmement considérable, atteindre plusieurs fois la longueur du corps, et elles sont alors obligées de se replier ou de s'enrouler un grand nombre de fois pour tenir dans la cavité générale (*Ascari*). Dans le premier cas, le calibre des deux tubes qui marchent dans une direction opposée reste souvent à peu près le même dans toute leur longueur, ou ne diminue que très graduellement jusqu'au sommet qui est obtus (NÉMATOÏDES libres); d'autres fois (*Leptodera Strongylus*), entre la région où les œufs se développent jusqu'au moment où ils sont aptes à être fécondés et la région où ils séjournent attendant la fécondation, le tube génital se rétrécit; on peut désormais distinguer sur sa longueur quatre régions : l'*ovaire* où les œufs se développent; l'*oviducte*, région rétrécie où ils ne font que passer; l'*utérus* ou *matrice* où ils sont fécondés et accomplissent souvent tout ou partie de leur développement; le *vagin*, région où sont déposés les spermatozoïdes lors de l'accouplement. Cette division se trouve déjà nettement indiquée chez des formes où il n'existe qu'un tube génital femelle (*Atractis dactylura*, fig. 1013); elle est la règle pour chacun des deux tubes lorsque ceux-ci cheminent dans la même direction pour se rejoindre à angle aigu (*Ascaris*); mais elle peut être poussée plus loin. C'est en général au fond de l'utérus, à la naissance de l'oviducte, que se rassemblent les spermatozoïdes attendant les œufs pour les féconder au passage à mesure qu'ils pénètrent dans l'utérus. La région où se rassemblent les spermatozoïdes peut encore s'isoler par un canal rétréci du reste de l'utérus, et constitue ainsi une *poche copulatrice* nettement différenciée (*Hedruris*, fig. 1012 [1]; OXYURIDÆ des

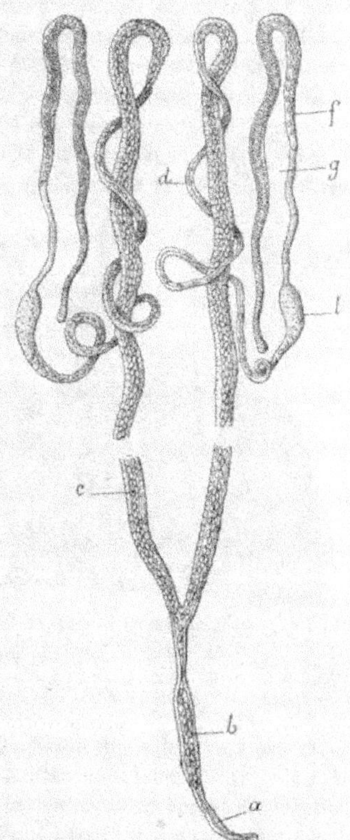

Fig. 1012. — Appareil génital femelle de l'*Hedruris armata*; — *g*, ovaire; *f*, oviducte; *l*, poche copulatrice; *d*, canal conduisant à la matrice; *e*, *b*, matrice; *a*, vagin (E. Perrier).

Insectes [2], *Nematoxys, Heterodera*). C'est le plus haut degré de complication qu'atteigne l'appareil génital femelle chez les Nématodes.

Chacune des parties dans lesquelles se divise l'appareil femelle a une structure

---

[1] E. PERRIER, *Recherches sur l'organisation d'un Nématoïde nouveau du genre Hedruris*, Nouvelles Archives du Museum d'histoire naturelle, 1872.

[2] O. GALEB, *Recherches sur les Entozoaires des Insectes*, Archives de Zoologie expérimentale, 1re série, t. VII, 1878.

spéciale qui peut être bien étudiée dans l'*Ascaris megalocephala*. Le vagin, l'utérus
et la partie inférieure de l'oviducte présentent ici, à leur surface externe, une
tunique propre, anhiste, revêtue à sa face interne d'un épithélium continu dont
la face externe est séparée de la cuticule par une couche musculaire, absente
dans la moitié supérieure de l'oviducte et dans l'ovaire. Ces deux dernières
régions ne sont donc formées que de la membrane basilaire anhiste et de l'épithélium. La membrane basilaire s'amincit progressivement dans la partie terminale de
l'ovaire; à sa surface interne, font saillie des bandelettes longitudinales ou légèrement obliques (*bourrelets longitudinaux* de Nelson, *fibres* de Leuckart), terminées en
pointe à leurs deux extrémités, se laissant facilement décomposer en fibrilles et
contenant plusieurs noyaux sur leur longueur; une substance claire, finement granuleuse, qui ne se colore pas par le picro-carmin, sépare ces fibres de la membrane
basilaire. Les fibres augmentent graduellement de largeur et d'épaisseur depuis le

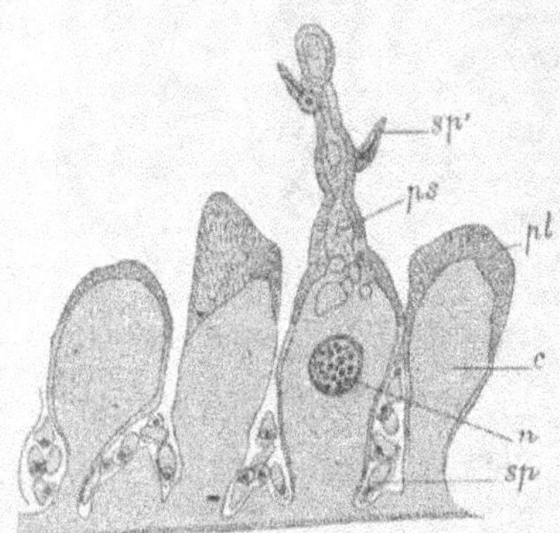

Fig. 1013. — Épithélium de la matrice de l'*Ascaris
megalocephala*. — *c*, cellules épithéliales; *ps*, prolongement amiboïde de l'une de ces cellules; *pl*,
plateau irrégulier qui les termine; *n*, noyau; *sp*, *sp'*,
spermatozoïdes (d'après Ed. Van Beneden).

fond de l'ovaire jusqu'à l'oviducte. A
mesure que l'on s'éloigne de l'extrémité
libre de l'ovaire, la membrane basilaire
se plisse transversalement, les plis demeurent occupés par une substance protoplasmique nucléée; les fibres passent
au-devant de ces plis sans s'infléchir et
se bornent à envoyer à leur intérieur
une expansion aliforme; nulle part on
n'aperçoit de limites cellulaires distinctes.

L'oviducte peut être théoriquement
divisé en deux régions passant graduellement de l'une à l'autre; une *région
supérieure* dont la structure rappelle
celle de l'ovaire, une *région inférieure*
dont la structure rappelle celle de l'utérus. Dans la région supérieure, les can-
nelures longitudinales et transversales
de la paroi ovarique ont disparu; les limites des cellules sont assez nettement perceptibles après coloration artificielle par le carmin boracique; elles ont toutes à
peu près la même hauteur, de sorte que la surface interne de cette région de l'oviducte est relativement lisse. Toute autre devient la structure de l'oviducte dans sa
région inférieure : ici l'épithélium est constitué par de grandes cellules qui font
saillie dans la cavité de l'oviducte sous forme d'une longue papille obtuse, irrégulière et qui se confondent par leur base, toute limite disparaissant entre elles; ces
cellules peuvent contenir un ou plusieurs noyaux. La région où elles se confondent contient des fibrilles; ces fibrilles sont en continuité avec un reticulum que
contient la papille, et n'en sont, en réalité, qu'une modification. Le passage de
l'une des formes d'épithélium à l'autre se fait d'ailleurs brusquement. La tunique
musculaire sous-jacente à l'épithélium et formée de fibres annulaires, s'étend sur
toute la région à épithélium papillaire, mais la dépasse, et on retrouve encore un
certain nombre d'anneaux musculaires dans la région épithéliale lisse.

L'épithélium utérin est aussi formé de cellules papillifères (fig. 1013) qui atteignent leur maximum de développement dans la région moyenne de l'organe, et s'amincissent à la fois vers l'oviducte et vers le vagin; entre les papilles, à la base des cellules, on observe de nombreux spermatozoïdes disposés en un réseau qui dessine le contour basilaire de chaque cellule. Les spermatozoïdes logés au fond de ces sillons sont à l'abri du mouvement de descente des œufs vers l'extérieur; ils peuvent, en conséquence, séjourner dans l'utérus, et remonter grâce aux mouvements amiboïdes dont ils sont doués jusqu'à la naissance de l'oviducte. Les papilles qui surmontent les cellules sont allongées dans le même sens que l'utérus et aplaties perpendiculairement à leur longueur de manière à figurer une sorte de crête. Tout le long de cette crête la substance protoplasmique de la cellule se concrète de manière à constituer une substance corticale nettement différenciée du reste de la substance cellulaire. La papille se ramifie assez souvent dans la région supérieure de la matrice. Entre la membrane basilaire et la base élargie des cellules papillaires se trouve, comme à l'extrémité inférieure de l'oviducte, une couche de muscles transverses. Cette structure liée aux conditions dans lesquelles doit s'accomplir la fécondation dans les formes à long utérus se simplifie beaucoup dans les formes où le tube génital ne comprend qu'une portion réfléchie qui correspond à l'ovaire et à l'oviducte, sans ligne de démarcation, et une portion qui aboutit au vagin et qui est l'utérus, comme on le voit chez les Nématoïdes libres.

En rapport avec l'appareil génital femelle, on trouve chez l'*Oncholaïmus fuscus* un singulier organe, constitué par un tube libre dans la cavité générale, du côté dorsal, qui se met en rapport antérieurement avec les deux branches de l'utérus et, en arrière, s'ouvre au dehors par deux petits tubes symétriques dont les orifices sont situés un peu en avant de l'anus. Cet *organe tubulaire* est toujours rempli d'un produit de sécrétion dont l'usage est inconnu.

Développement des organes génitaux. — La première indication des organes génitaux des deux sexes est une cellule unique qui est déjà reconnaissable chez les embryons. Cette cellule grandit; son noyau se divise, et elle prend la forme d'un cylindre de plus en plus allongé sur la longueur duquel les noyaux sont répartis. Chez les *Trichina*, *Trichocephalus* et *Trichosoma*, vers l'extrémité aveugle du tube génital et sur toute sa longueur, d'un seul côté, ce tube est couvert d'une masse protoplasmique contenant de nombreux noyaux autour de chacun desquels se différencient les cellules génitales qui se détachent successivement. Partout ailleurs la masse

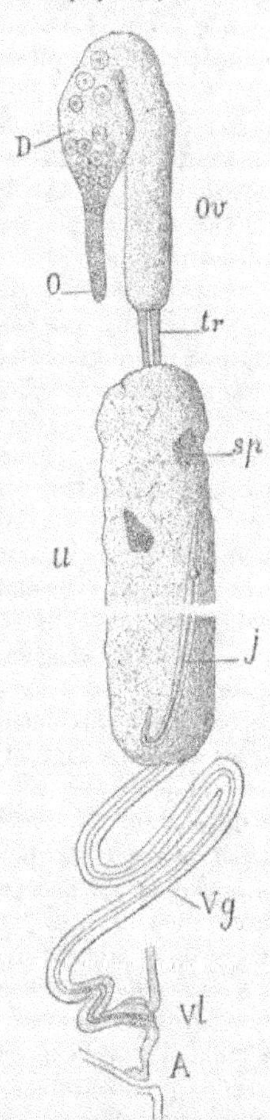

Fig. 1014. — Appareil génital femelle de l'*Atractis dactylura*. — *O*, ovaire proprement dit; *D*, région où se rassemblent les œufs mûrs; *Oe*, oviductes; *tr*, partie utérine de l'oviducte; *U*, utérus; *sp*, groupes de spermatozoïdes; *j*, jeune éclos dans la matrice; *Vg*, vagin; *Vl*, valve; *A*, anus (d'après Hallez).

plurinucléée qui résulte du développement de la cellule se divise en deux
couches, un « stroma » périphérique et une masse axiale qu'on peut appeler le
cordon génital. En général le cordon axial est très développé et le stroma assez
mince ; c'est le contraire chez la *Leptodera appendiculata* dont le stroma très épais
contient d'énormes noyaux, tandis que le cordon génital grêle et bourré de nombreux petits noyaux demeure confondu avec le stroma sur près d'un quart de la
longueur de la masse génitale. Au moment où le cordon génital vient de se
différencier, la masse dont il fait partie est d'ordinaire amincie aux deux extrémités
où l'on aperçoit une masse nucléée, la *cellule terminale*, légèrement renflée dans sa
région moyenne.

Jusqu'ici il est impossible de distinguer les deux sexes l'un de l'autre ; mais
bientôt, tandis que chez les femelles les deux extrémités de la masse génitale
gardent une organisation similaire, chez les mâles une des extrémités se différencie
pour constituer le canal déférent et le canal éjaculateur. Le vagin se forme bientôt,
au niveau de la région moyenne de la masse génitale qui ne tarde pas à se différencier à son tour, pour donner les utérus et les oviductes. A partir de ce moment,
les éléments sexuels commencent à se caractériser, et leur mode de formation doit
être étudié séparément. On constate cependant encore une similitude dans leur
mode de développement, consistant en ce que seule la couche superficielle du
cordon génital est employée à former soit des cellules ovulaires, soit des spermatogonies. Les cellules ovulaires et les spermatogonies demeurent donc attachées
à un axe de substance non différenciée qui a reçu le nom de *rachis* ; elles se remplissent dans les deux cas de granulations dans la région de leur pôle d'accroissement. Le rachis demeure toujours indistinct aux extrémités du cordon génital
où les éléments sont à l'état embryonnaire.

Développement des spermatozoïdes ; leur forme. — Les spermatogonies ne
se distinguent des ovules, dans leur période d'accroissement, que parce que leur
noyau demeure plus petit ; mais bientôt, les granules foncés se concentrent autour
du noyau, en un point voisin de la périphérie, et prennent une disposition rayonnante ; puis ils se répartissent en autant de groupes que la spermatogonie doit
former de cellules-filles. La spermatogonie ne tarde pas alors à se séparer du rachis,
et à se résoudre en spermatozoïdes. Ces derniers sont, à ce moment, des corpuscules arrondis, nucléés, granuleux. Ils se modifient successivement dans le canal
déférent et dans la matrice, mais sans s'éloigner beaucoup de cette forme sphéroïdale ; ils prennent dans la matrice l'aspect d'une cloche surmontée d'une poignée,
d'une coupe, d'un dé à coudre, d'une poire, d'un coin, mais ils n'acquièrent jamais
la queue vibrante qui permet aux spermatozoïdes des autres animaux, les Arthropodes exceptés, d'exécuter de si rapides mouvements ; ils ne se déplacent dans la
matrice que grâce aux mouvements amiboïdes, à la vérité assez rapides, dont ils
sont susceptibles.

Les spermatozoïdes des Nématoïdes contiennent, outre le noyau que colorent
vivement en rouge les réactifs carminés, un gros corps réfringent que le picro-
carmin colore en vert. Ce corps est placé au-dessus du noyau, du côté du pôle aigu
du spermatozoïde. Le corps réfringent peut avoir la forme d'un bâtonnet, d'un
cône, d'un cylindre, d'un œuf, d'un champignon, et toutes ces formes peuvent être
rencontrées sur le spermatozoïde mûr d'une même espèce (*Ascaris megalocephala*) ;

il est enveloppé d'une mince couche protoplasmique, recouverte elle-même d'une membrane qui se termine par un bord libre, à peu près au niveau du noyau, et laisse à découvert le protoplasma qui recouvre ce dernier. Le protoplasme de la *région céphalique* du spermatozoïde se distingue de celui de la *région caudale* qui contient le corps réfringent par la disposition des granules qu'il contient en un treillis régulier rappelant la striation des fibres musculaires. Le protoplasme treillissé est séparé du noyau par une couche hyaline, finement ponctuée, parfois peu distincte.

Développement et forme des œufs. — Le rachis auquel les œufs sont attachés a une forme très variable suivant la profondeur à laquelle sont descendus les sillons qui séparent les œufs les uns des autres. Il demeure épais chez les gros *Ascaris*, mais il est déjà plus grêle chez les *Strongylus*, et devient une mince tigelle chez le *Cucullanus elegans*. Les œufs y sont toujours attachés par un pédoncule dont le diamètre est également variable, pour la même raison; habituellement chaque œuf a son pédoncule distinct, mais dans quelques espèces (*Filaria papillosa*) une tigelle part du rachis, et se divise en plusieurs branches dont chacune porte un œuf à son extrémité. La forme des œufs dépend aussi de la direction des sillons qui les ont individualisés, de la rapidité d'accroissement du rachis et de la façon dont ils grandissent eux-mêmes; tant qu'ils demeurent attachés au rachis, ils peuvent être sphéroïdaux (*Pelodera, Leptodera, Strongylus*), piriformes (*Cucullanus elegans, Filaria papillosa*), aplatis ou cunéiformes (grosses espèces d'*Ascaris*); mais bientôt ils se détachent, la région où se fixait leur pédoncule demeurant ouverte pour constituer le micropyle; tous prennent alors une forme sphéroïdale et ne subissent plus de modifications importantes jusqu'à ce qu'ils arrivent à la naissance de l'utérus où ils sont fécondés (p. 150). Le micropyle se ferme alors, et bientôt les enveloppes de l'œuf se complètent. Les œufs à enveloppe transparente ont déjà leur coque bien développée quand la fécondation s'opère (*Filaria papillosa, Strongylus, Cucullanus elegans, Pelodera, Leptodera, Anguillula, Enoplus*); les ornements de la coquille des œufs à coque épaisse se développent seulement après la fécondation (*Ascaris, Physaloptera, Ancyracanthus, Trichosoma, Trichocephalus*, la plupart des *Filaria*). Ces ornements ont une importance particulière parce qu'ils sont caractéristiques des espèces, et que les œufs étant entraînés au dehors avec les excréments, l'examen micrographique de ceux-ci permet souvent de reconnaître de quels parasites un animal est atteint. Les œufs de l'*Ascaris lumbricoides*, de l'Homme, sont, par exemple, reconnaissables aux épines coniques dont ils sont recouverts; ceux des *Ascaris sulcata* et *dentata*, à leurs fossettes punctiformes; ceux de l'*A. mystax*, à leurs fossettes polyédriques. Souvent l'un des pôles ou tous les deux présentent un opercule que le jeune animal soulève pour éclore (*Hedruris armata, Oxyuris curvula, Trichosoma*). Le développement commence toujours dans la matrice, et l'éclosion peut s'y produire de sorte que l'animal est alors vivipare (*Trichina, Filaria medinensis, F. papillosa, F. attenuata, Cucullanus elegans, Pseudalius inflexus, Ichthyonema globiceps*); quelquefois le développement s'accomplit d'une manière complète sans que pourtant l'éclosion ait lieu dans cet organe (*Filaria guttata, Hedruris armata*); il peut même arriver que, suivant les cas, l'éclosion ait lieu dans la même espèce hors de l'utérus ou dans l'utérus (beaucoup de Nématoïdes libres), tandis que chez les *Ascaris lumbricoides* et *megalocephala* l'expulsion de l'œuf a lieu dès les premières phases de la segmentation. Chez l'*Heterodera Schachtii* la matrice se détruit, les œufs tombent dans la cavité générale ; le tissu musculaire de la mère se désagrège, et il ne reste plus que les téguments à l'abri desquels l'évolution se poursuit [1].

Accouplement, fécondation. — Les sexes étant séparés et le mâle toujours pourvu d'un organe d'accouplement, il est évident que chez tous les Nématoïdes la fécondation est le résultat d'un rapprochement sexuel. Ce rapprochement a été directement observé chez les Nématoïdes libres (*Leptodera appendiculata, Enoplus,* etc.). Chez les *Enoplus,* le mâle explore à l'aide des soies qui entourent son orifice génital le corps de la femelle jusqu'à ce qu'il ait rencontré la vulve où pénètrent bientôt ses deux spicules. Chez les *Leptodera,* le mâle enroule sa queue autour de la région antérieure de la femelle, puis il se coule pour ainsi dire le long du corps de celle-ci jusqu'à ce qu'il arrive à la vulve et puisse y introduire ses spicules. De telles observations ne peuvent être faites sur les Nématoïdes parasites ; il y a cependant deux cas où l'accouplement peut être facilement constaté, ce sont celui du *Syngamus trachealis* et celui des *Hedruris.* Ces animaux vivent les uns et les autres dans la trachée artère de Vertébrés terrestres ; mais les *Syngamus* attaquent des Gallinacés qu'ils étouffent souvent ; l'*Hedruris androphora* vit dans la trachée artère des Grenouilles, l'*H. armata,* beaucoup plus grande, dans celle de certaines Tortues (*Emys picta*) ; une autre espèce infeste l'Axolotl. Seule la femelle de toutes ces espèces s'attache à la muqueuse de son hôte. Le mâle du *Syngamus trachealis,* beaucoup plus petit que la femelle, se fixe à l'aide de sa bourse caudale autour de la vulve de celle-ci. Les mâles des *Hedruris armata* et *androphora* se trouvent très fréquemment enroulés en hélice autour du corps de la femelle.

Développement. — Le développement embryogénique n'a encore été étudié que sur un nombre restreint de types : *Ascaris megalocephala* [2], *A. lumbricoïdes* [2], *A. succisa* [2], *A. holoptera* [2], *Oxyuris* [2] *curvula* [2], *O. conica* [2], *O. inflata* [2], *O. longicollis* [2], *Atractis dactylura* [2], *Oxysoma brevicaudatum* [2], *Dochmius trigonocephalus* [2], *Cucullanus elegans* [3], *Rhabdonema nigrovenosum* [4], *Anguillula aceti* [5]. Des recherches plus anciennes ont porté sur les Oxyures des Insectes [6], la *Trichina spiralis,* etc. Mais les résultats obtenus pour ces différents types ne sont pas rigoureusement concordants. La segmentation est toujours complète ; elle peut être égale ou quelque peu inégale. Chez l'*Ascaris megalocephala,* après l'expulsion des globules polaires, le premier sillon de segmentation se produit au voisinage du deuxième globule et détache une *cellule exodermique initiale* (n° 1) à laquelle ce globule demeure attaché, et une cellule méso-endodermique que nous appellerons cellule E. Ces cellules d'abord très-distinctes se rapprochent ensuite beaucoup, de manière à simuler une sorte de *fusionnement apparent* que nous retrouvons aux stades subséquents. La

---

[1] Strubell, *Untersuchungen über den Bau und die Entwickelung des Rüben-Nematoden (Heterodera Schachtii),* Bibliotheca Zoologica, t. II. 1888, et Journal of the microscopical Society, 1888.

[2] Hallez, *Recherches sur l'embryogénie et sur les conditions du développement de quelques Nématodes,* Mémoires de la Société des Sciences de Lille, 4° série, t. XV, 1886.

[3] Bütschli, *Zur Entwickelungsgeschichte der Cucullanus elegans,* Zeitschr. f. wiss. Zoologie, t. XXVI, 1876.

[4] Götte, *Entwickelungsgeschichte der Rhabditis nigrovenosa,* 1882.

[5] A. Brandt, *Ueber Eifurchung.*

[6] O. Galeb, *Recherches sur les Entozoaires des Insectes,* Archives de zool. expérimentale, 1re série, t. VII, 1878.

tation se poursuit simultanément dans les trois feuillets, tout en demeurant plus
rapide dans le feuillet exodermique. Il en résulte que l'embryon se courbe vers sa
face ventrale, pendant que le blastopore diminue rapidement et finalement se ferme
vers le tiers postérieur de l'embryon. Au moment de cette fermeture, les cellules
entodermiques antérieures forment déjà un tube qui est la première ébauche de l'intestin antérieur; les cellules entodermiques moyennes et postérieures constituent, au
contraire, une masse pleine formée de trois rangées de cellules (fig. 1016, n° 2, *Ea*, *Ep*).
Bientôt l'extrémité antérieure de l'embryon se replie vers le ventre, et forme un large
lobe céphalique, au centre duquel apparaît l'invagination préstomiale; son extrémité
postérieure se replie en dessous pour former la queue; la région moyenne se distingue de ces régions antérieure et postérieure par la grandeur de ses cellules qui
sont disposées en ceintures successives, de sorte que le corps du Ver paraît ici nettement métaméridé. Peu à peu la lumière qui s'est montré dans l'intestin antérieur
gagne l'intestin moyen et l'intestin postérieur, tandis qu'une invagination exodermique postérieure constitue le *proctodæum* (fig. 1016, n° 3). La formation du *stomodæum*,
en refoulant un certain nombre de cellules exodermiques issues de la cellule 1, a
pour conséquence la différenciation de ces cellules en cellules nerveuses qui se
disposent en collier (C), au point précis où se trouve la limite entre l'œsophage proprement dit, d'origine exodermique, et l'intestin antérieur né de la première cellule
entodermique. Le jeune *Ascaris* est désormais parvenu à tout le développement
qu'il doit acquérir dans l'œuf; son éclosion est prochaine. Les choses se passent
presque exactement de même chez les *Ascaris lumbricoides* de l'Homme, *A. succisa*
du Cycloptère Lump, *A. holoptera* de la Tortue grecque, *Oxysoma brevicaudatum*
de la Grenouille et du Crapaud; toutefois, chez cette dernière espèce, il semble que
les cellules exodermiques passent plutôt par simple épibolie au-dessus des cellules
entodermiques, très légèrement enfoncées. Cet enfoncement n'a même plus lieu
chez l'Anguillule de la pâte (*Anguillula aceti*), où le recouvrement des cellules
entodermiques est une véritable épibolie; rien
n'est du reste changé dans le développement
ultérieur. Les *Oxyuris longicollis* et *curvula*,
l'*Atractis dactylura* de la Tortue grecque, le
Dochmius trigonocephalus se développent comme
l'Anguillule; seulement les métamérides externes, destinés d'ailleurs à disparaître rapidement
partout, sont peu distincts chez l'*Atractis*. Chez
le *Cucullanus elegans* (fig. 1017), la segmentation aboutit à la formation d'un embryon plat,
d'abord formé de deux couches contiguës de
cellules; il est probable que dans cette espèce
les choses se passent comme chez l'*Anguillula*;
dans les deux cas les cellules nerveuses se
différencient d'abord du côté ventral et sont sur
le prolongement des bandes mésodermiques.

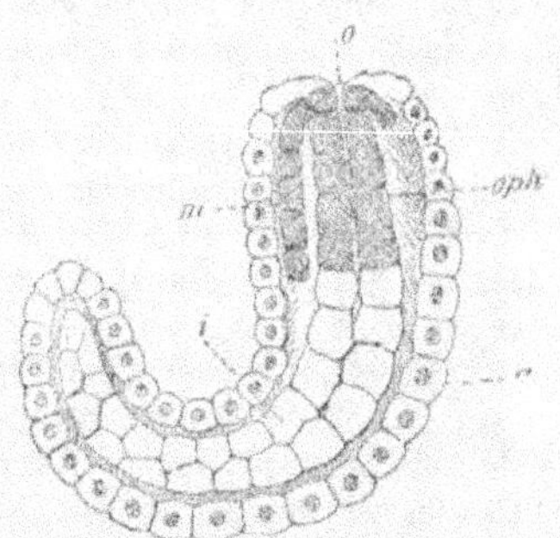

Fig. 1017. — Embryon de *Cucullanus elegans*.
— o, bouche; a, exoderme; *oph*, portion œsophagienne, et *i*, portion intestinale de l'entoderme; *m*, mésoderme (d'après Bütschli).

Les résultats des recherches récentes de L. Jammes (*loc. cit.*) diffèrent sensiblement
de ceux que nous venons d'exposer. La prédestination précoce des blastomères, l'existence d'initiales spéciales pour le mésoderme ne sont pas admises et la segmentation

conduirait à la constitution d'un embryon formé de cinq ou six couches concentriques (*Ascaris lumbricoïdes*, *Oxyuris longicollis*); c'est alors seulement que les feuillets se différencieraient : l'exoderme par la régularisation de ses cellules qui deviennent cubiques; l'entoderme par l'apparition dans la masse restante de cavités irrégulières qui, en se rejoignant, détachent de la masse des cellules internes un cordon axial, formé d'une seule assise de cellules confondues aux deux extrémités du cordon, avec les éléments non différenciés. Ce cordon produirait l'entoderme, et les éléments qui sont demeurés accolés à l'exoderme constitueraient le mésoderme. Peu à peu ces éléments, se multipliant et diminuant de taille, arrivent à se disposer en une assise unique accolée à l'exoderme. La couche mésodermique ne se réduit à deux rangées de cellules que dans la région où se forment les glandes génitales. L'extrémité antérieure du cordon entodermique forme le bulbe œsophagien; l'œsophage naît de la région indifférenciée où l'exoderme et les autres feuillets sont confondus; la même région fournit vraisemblablement les centres nerveux. La bouche, la lumière du tube digestif, l'anus résulteraient d'un simple écartement des cellules de la région où ces orifices apparaissent. Peu à peu les cellules exodermiques, d'abord très distinctes, émettent des prolongements fibrillaires, qui s'anastomosent et s'entrelacent; leurs limites s'effacent, et elles constitueraient ainsi une couche épithélio-nerveuse, en continuité directe avec les centres nerveux, structure comparable avec celle admise par Villot pour la couche sous-cuticulaire des Gordiacés.

Parasitisme et migrations. — Comme les Arthropodes, dont les rapprochent des caractères précédemment rappelés, les Nématoïdes éprouvent tous des mues. Ces mues sont au nombre de deux et divisent, par conséquent, la vie de l'animal en trois périodes : la période *larvaire*, la période *nymphale* et la période *sexuée*. A ces trois périodes l'animal peut présenter des caractères spéciaux; il éprouve par conséquent des métamorphoses, à la vérité, peu compliquées; assez souvent, son genre de vie ou son hôte changent à chaque nouvelle période, de sorte qu'à ce point de vue les Nématoïdes peuvent être répartis entre les catégories suivantes :

1° Nématoïdes parasites dans le même viscère d'un même individu durant toute leur vie, les œufs seuls arrivant au dehors;

2° Nématoïdes passant leurs deux premiers états dans un viscère et émigrant dans un autre viscère du même individu pour devenir sexués;

3° Nématoïdes vivant à l'état de larve ou de nymphe dans un individu et passant dans un individu différent, de même espèce ou d'espèce différente, pour devenir sexués;

4° Nématoïdes parasites dans leurs premiers états, libres à l'état adulte;

5° Nématoïdes libres dans leurs premiers états, parasites à l'état adulte;

6° Nématoïdes hétérogones, les générations qui se succèdent étant alternativement libres ou parasites;

7° Nématoïdes pouvant vivre, suivant les circonstances, libres ou parasites;

8° Nématoïdes libres toute leur vie.

1° Les *Ascaris lumbricoïdes* de l'Homme et *megalocephala* du Cheval, l'*Oxyuris vermicularis* (fig. 1018) de l'Homme, l'*Heterakis maculosa* du Pigeon, les *Trichocephalus* arrivent à leur hôte par la voie la plus simple. Leurs œufs pondus se mêlent aux boissons et aux aliments, éclosent dans l'estomac de l'animal qui les a avalés et passent dans son intestin.

2° La *Trichina spiralis* [1] (fig. 1019), fréquente chez le Surmulot, chez le Cochon et qui s'attaque aussi à l'Homme, n'acquiert ses organes génitaux que dans l'estomac de son hôte; elle s'y accouple et ses larves, écloses déjà dans la mère qui est vivipare, traversent la paroi stomacale pour venir s'enkyster dans les muscles (fig. 1020) où elles passent leur période nymphale, attendant que leur hôte soit mangé par quelque animal carnassier, dans l'estomac duquel

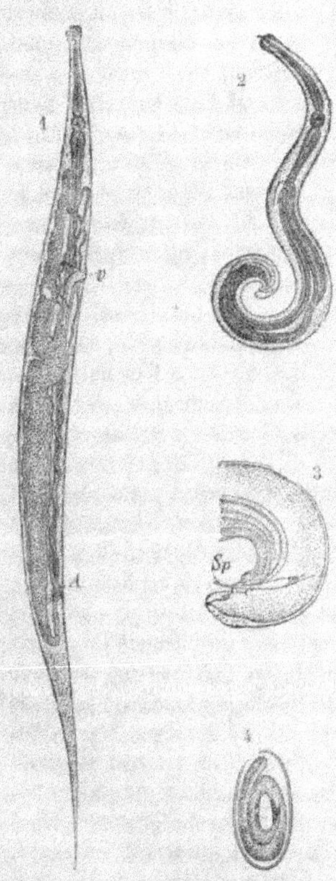

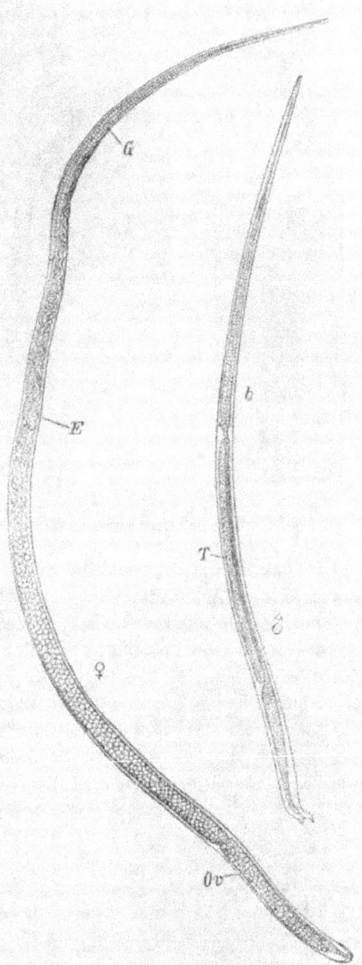

Fig. 1018. — *Oxyuris vermicularis*. — 1, femelle; o, bouche; v, vulve; A, anus; — 2, mâle; — 3, extrémité postérieure du corps du mâle; sp, spicule; — 4, œuf renfermant un embryon (d'après Leuckart).

Fig. 1019. — *Trichina spiralis*. — 1, femelle adulte; G, orifice génital; E, embryon; Ov, ovaire; — 2, mâle; T, testicule.

elles arrivent à maturité; il n'y a place ici pour aucune phase libre. L'*Olullanus tricuspis* effectue accidentellement dans le Chat des migrations analogues. Les

[1] J. CHATIN, *La Trichine et la Trichinose*, 1883.

larves se développent dans la mère; elles sont très grosses et, en général, au nombre de trois. Elles passent de l'estomac soit dans les séreuses (plèvre ou péritoine), dans lesquelles elles s'enkystent, et sont alors généralement perdues, soit dans le mucus des bronches et dans les excréments par lesquels elles sont portées au dehors. Dans ce dernier cas, elles arrivent aux Souris et s'enkystent dans leur chair pour retourner ensuite au Chat. L'*Ollulanus* établit par conséquent un passage entre le second et le troisième cas, dont nous allons maintenant parler.

3° Le *Cucullanus elegans* est, comme on sait, vivipare. Les larves, à leur naissance, sont dépourvues des deux

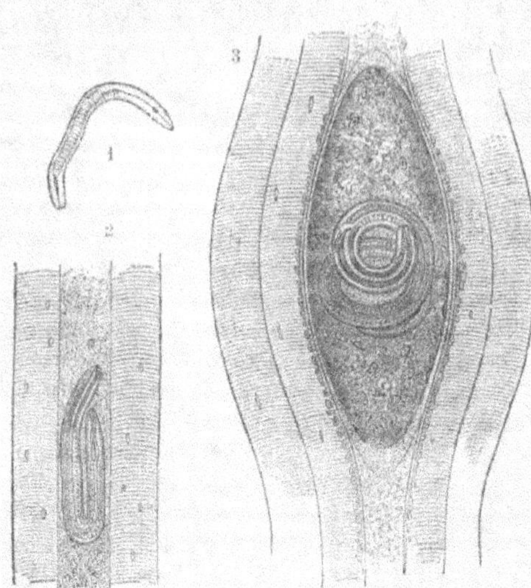

Fig. 1020. — *Trichina spiralis.* — 1, embryon libre; — 2, le même qui a pénétré dans une fibre musculaire; — 3, le même enkysté.

valves buccales si caractéristiques de l'adulte; mais la bouche est armée, du côté dorsal, d'une pointe saillante et l'extrémité postérieure du corps s'effile en une queue pointue, dont la longueur égale le tiers de celle de l'animal; au repos, celui-ci se tient courbé en arc ou enroulé en spirale. Ces larves peuvent vivre un certain temps dans l'eau à l'état de liberté; mais dès qu'elles rencontrent un *Cyclops*, elles pénètrent par la bouche, dans son tube digestif, et passent de là dans sa cavité générale. La larve subit alors une mue, et la nymphe apparaît avec une tête plus obtuse et une queue plus courte; c'est pendant la vie nymphale que se forment les valves buccales. La nymphe passe à l'état adulte dans l'estomac des Poissons qui vivent de petits Cyclopès. Les *Hedruris androphora* passent de même par la cavité générale de l'*Asellus aquaticus* avant de se fixer sur la muqueuse de l'arrière-bouche des Grenouilles. Les nymphes de *Cucullanus* ne s'enkystent pas. Il en est autrement de celles de la *Spiroptera obtusa* qui est ovipare. Les œufs se trouvent en grand nombre dans les excréments des Souris; ils sont avalés par les larves de Ténébrions qui mangent souvent ces excréments; la jeune larve qui en sort est armée, en avant, d'un aiguillon chitineux à base tricuspide, et son extrémité postérieure, obtuse, présente trois papilles dont la médiane plus saillante que les autres; elles passent de l'intestin dans la cavité générale de leur hôte, et s'y enkystent au bout de cinq semaines aux dépens du corps adipeux. Lorsque les larves de Ténébrion sont mangées par des Souris, les kystes sont digérés, et le Spiroptère devient adulte dans l'intestin du Rongeur. L'*Ascaris acus* de l'intestin du Brochet s'enkyste de même dans le mésentère et le foie de l'Ablette (*Alburnus lucidus*) pour arriver à son hôte définitif, mais se modifie à peine dans ce passage. Bien que la plupart des larves d'*Ascaris* soient munies d'une pointe frontale, il en est dont les métamorphoses sont encore plus faibles : c'est le cas de l'*Ascaris incisa* enfermé dans les muscles pédonculés du péritoine de la Taupe et qui devient probablement l'*Ascaris depressa* des Oiseaux de proie. Il est probable qu'un grand nombre d'espèces d'*Ascarides*, à nymphes pourvues d'un aiguillon buccal et qu'on trouve enkystées en grande quantité dans la chair des Poissons de mer et notamment du Colin (*Merluccius vulgaris*), achèvent leur développement sous forme d'*Ascaris* dans le tube digestif des Dauphins, des Phoques, des Palmipèdes piscivores et des Poissons carnassiers. L'*Eustrongylus gigas*, qui habite la substance même du rein du Chien, parait vivre à l'état jeune dans la chair de divers poissons (*Symbranchus laticaudus*); il a été désigné, à cet état, sous le nom de *Filaria cystica*. La *Filaria sanguinolenta* du Chien a pour hôte intermédiaire la *Periplaneta orientalis* (Grassi); la *Filaria recondita* du Chien, diverses espèces de Puces et le *Rhipicephalus sanguineus*.

4° Les *Mermis* sont le type des Nématoïdes parasites pendant les périodes larvaire et nymphale, libres à l'état adulte. Les jeunes *Mermis albicans* éclosent au printemps; ils vivent d'abord dans la terre humide, mais ne tardent pas à pénétrer dans la cavité générale de larves d'Insectes, où ils passent sans s'enkyster leur période nymphale. Finalement les nymphes percent de nouveau la peau de leur hôte pour revenir dans la terre humide où ont lieu le passage à l'état adulte, l'accouplement et la ponte. Les nymphes se trouvent surtout dans les Chenilles, même dans les Chenilles frugivores (*Carpocapsa pomonana*); mais on les trouve aussi chez des Orthoptères (*Locusta viridissima*), des Diptères (*Tipula*), divers Coléoptères et même des Mollusques (*Succinea amphibia*). La larve est pourvue d'un long aiguillon buccal qui manque à la nymphe et à l'adulte. La *Pelodera Janeti* vit à l'état nymphal dans les glandes pharyngiennes des Fourmis; arrivée à une certaine taille, la nymphe quitte son hôte, et devient sexuée dans la terre humide [1].

5° La plupart des espèces de STRONGYLIDÆ (*S. filaria*, *S. commutatus*, *S. rufescens*, *S. hypostomus*, *Dochmius trigonocephalus* du Chien) passent leur période nymphale en liberté dans l'eau, la vase ou même la terre humide, et sont alors caractérisées par un double renflement œsophagien et une armature pharyngienne tridentée; sous cette forme ils ressemblent à des *Rhabditis*; ils pénètrent ensuite dans le tube digestif de leur hôte définitif, ou quelquefois s'enkystent dans les tissus (*Sclerostomum tetracanthum* du Cheval, fig. 1021), et subissent plusieurs transformations avant d'arriver à l'état adulte. C'est seulement à la fin de la période nymphale que les jeunes nématoïdes dont la queue est longue et grêle, acquièrent leur capsule buccale et la bourse si caractéristique des mâles. Les jeunes de l'*Heterakis acuminata* de la Grenouille sont aussi des *Rhabditis* très agiles et qui

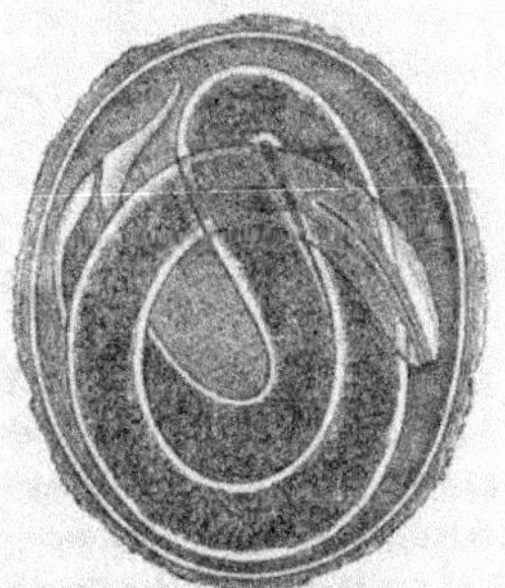

Fig. 1021. — *Sclerostomum tetracanthum* enkysté dans la paroi de l'intestin du Cheval (d'après Leuckart).

demeurent longtemps en liberté, mais on ignore s'ils reviennent directement à la Grenouille ou passent auparavant dans un hôte intermédiaire.

[1] C. JANET, *Études sur les Fourmis* (4e note), Mémoires de la Société Zoologique de France, 1894, p. 45.

On peut considérer comme de simples complications des cas que nous venons d'étudier celui du Ver de Médine (*Dracunculus medinensis*, fig. 1022), et celui de la Filaire du sang (*Filaria sanguinis hominis*). Le Ver de Médine femelle vit sous la peau de l'Homme, et y détermine une vive inflammation, accompagnée de suppuration. L'animal est vivipare; les jeunes sont entraînés par le pus, et un certain nombre d'entre eux, soit durant un bain du malade, soit par le lavage de son linge, arrivent dans l'eau. Ces jeunes animaux continuent à vivre dans le nouveau milieu; ils peuvent dès lors ou bien pénétrer directement dans l'organisme humain, ou bien passer d'abord dans celui d'un petit Copépode (*Cyclops*). Si le Copépode vient à être avalé avec la boisson, les jeunes dragonneaux, mis en liberté par la digestion, se développent, s'accouplent et pondent. Les mâles pénètrent à l'intérieur des femelles; celles-ci émigrent à travers les viscères jusque sous la peau où elles deviennent énormes.

Les jeunes de la *Filaria sanguinis hominis* vivent aussi dans l'eau; avalés par l'Homme, ils traversent la paroi du tube digestif et passent dans les vaisseaux où ils deviennent sexués; les femelles pondent des larves vivant dans le sang même. Si un Moustique vient à piquer un homme infesté de ce parasite, il avale avec le sang un certain nombre de larves de Filaires; celles-ci se développent dans le tube digestif et sont rejetées dans l'eau avec les excréments du Moustique. Les filaires du sang n'apparaissent que la nuit dans la circulation périphérique; elles produisent les maladies connues sous les noms de *hématochylurie*, *éléphantiasis* des Arabes, etc. Elles déterminent des émissions d'urine sanguinolente ou de sang par lesquelles un grand nombre d'entre elles sont entraînées et qui facilitent leur dispersion.

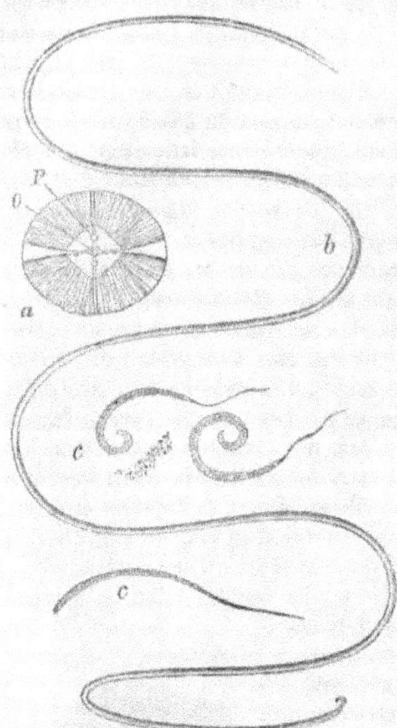

Fig. 1022. — *Dracunculus medinensis*. — *a*, extrémité antérieure vue de face; *O*, bouche; *P*, papilles: *b*, femelle remplie d'embryons, réduite à la moitié de sa taille; *c*, embryon très grossi (d'après Bastian et Leuckart).

La *Sphærularia bombi* à l'état jeune est un véritable *Tylenchus* qui habite la terre humide, où a lieu l'accouplement; les mâles disparaissent alors; les femelles pénètrent dans la cavité abdominale d'une reine de Bourdons; là elles se fixent sur l'intestin ou demeurent libres; mais leur vagin et leur utérus font bientôt hernie au dehors, tandis que ce qui reste du Ver s'atrophie; la matrice extroversée a été prise pour la femelle, le reste du corps pour le mâle par les anciens observateurs[1].

---

[1] Leuckart, *Ueber die Entwickelung der Sphærularia Bombi*, Zoolog. Anzeiger, t. VIII, 1885.

6° Si les *Rhabditis* de la forme précédente deviennent sexués dans la terre humide, comme ils gardent en même temps une forme particulière, deux générations successives peuvent vivre désormais l'une à l'état de parasitisme, l'autre à l'état de liberté. Quelquefois même plusieurs générations libres se succèdent avant qu'une génération parasite apparaisse (*Leptodera appendiculata*), et l'on comprend que l'on puisse ainsi passer aux formes définitivement libres. D'autre part chez l'*Angiostoma nigrovenosum*, des poumons de la Grenouille rousse, la forme parasite hermaphroditisme est protandre ou peut être toujours femelle et parthénogénitique, la forme libre est, au contraire, sexuée et ces deux formes succèdent régulièrement l'une à l'autre. Il y a *hétérogonie* (p. 48). L'ovaire aussi bien chez la forme protandre que chez la forme sexuée est formée de deux moitiés symétriques placées l'une en avant, l'autre en arrière de la vulve qui est médiane. Le testicule est un tube simple chez la forme sexuée. Le *Strongyloides intestinalis* présente les mêmes phénomènes que l'*A. nigrovenosum*; hermaphrodite il vit dans l'intestin de l'Homme, et il est une des complications de la diarrhée de Cochinchine; sexué il vit libre dans l'eau sous forme de *Rhabditis*.

Les migrations du *Sclerostoma equinum* des anévrysmes du Cheval se rapprochent beaucoup de celles des *Angiostoma*; des œufs de la forme parasite naît une génération formée de petites femelles et d'hermaphrodites semblables à des *Rhabditis*. La génération suivante comprend des mâles et des femelles semblables à la forme parasite; le passage dans le sang n'est pas une phase nécessaire de l'évolution.

Les *Diplogaster* présentent des phénomènes analogues, mais qui n'ont pas encore été complètement élucidés. Sous la forme *Diplogaster*, ils vivent dans la terre humide; mais ils n'y parviennent qu'après avoir vécu plus ou moins longtemps entre les ailes et les élytres de divers Coléoptères coprophages (*Geotrupes*, *Aphodius*) ou xylophages (*Hylobius*, *Bostrichus*, *Dendroctonus*). Ces parasites externes peuvent être considérés comme des nymphes; les sexes sont nettement différenciés; mais dans certains cas (*Bradynema rigidum* de l'*Aphodius fimetarius*) les organes copulateurs du mâle ou les glandes génitales des femelles ne se développent pas, de sorte qu'on peut se demander si les mâles apparents ne sont pas en réalité des hermaphrodites protandres. Ces formes nymphales proviennent de femelles sans intestin, réniformes ou courbées en arc (*Allantonema*, Leuckart) qui vivent dans la cavité générale de l'insecte et sont vivipares; les jeunes qui en naissent perforent, pour y pénétrer, l'intestin de leur hôte et émigrent de là vers l'extérieur (*Allantonema sylvaticum* des *Geotrupes* [1]).

7° Le parasitisme est facultatif chez les nymphes de plusieurs espèces de *Pelodera*. Les nymphes vivent enkystées sur les cloisons ou dans les néphridies du *Lumbricus agricola*. Ces kystes sont-ils séparés du ver, pour une raison quelconque, et tombent-ils dans l'eau ou sur la terre humide, la nymphe sort de son enveloppe, devient sexuée, et plusieurs générations peuvent se succéder sans que le parasitisme reparaisse. Il en est probablement de même pour le *Dionyx Lacazii* qui vit enkysté dans le *Pontodrilus Marionis*, Lombricien du littoral méditerranéen, de la même façon que la *Pelodera* dans son Lombric. La *Leptodera appendiculata* présente plus nettement encore des faits analogues. Les nymphes dépourvues de bouche et d'anus, ornées à l'extrémité postérieure du corps de deux bandelettes flottantes,

---

[1] V. Linstow, *Ueber Allantonema sylvaticum*, Centralblatt für Bakteriologie und Parasienkunde, 1893.

se trouvent dans les muscles du pied et dans les vaisseaux du *Limax ater*. Le mollusque vient-il, par accident, à tomber dans l'eau, les nymphes abandonnent son pied, deviennent sexuées, se multiplient, et plusieurs générations peuvent se succéder sans qu'il y ait retour à la vie parasitaire. Ce retour ne se produit que lorsque l'occasion se présente. Les nymphes libres diffèrent toujours des nymphes parasites par une taille plus petite, la présence d'une bouche et d'un anus, la réduction à de simples papilles des bandelettes postérieures; enfin par une autre disposition des éléments dans la masse germinative. Il semble qu'il y ait là un reste des phénomènes d'hétérogonie que nous a offerts l'*Angiostoma nigrovenosum*.

8° Le groupe des Nématoïdes libres est devenu, grâce aux recherches de Bastian, Marion, Bütschli, de Man, etc., un groupe extrêmement étendu et qui mérite d'être étudié à part. Il se relie aux catégories précédentes par les formes parasites des végétaux telles que le *Tylenchus tritici* qui détermine la nielle des blés, le *Tylenchus vastatrix* qui s'attaque à l'avoine, à l'oignon, aux jacinthes, au blé-noir, au trèfle, aux fèves, aux pommes de terre, etc., l'*Aphelenchus* qui s'en prend aux fraises, et l'*Heterodera Schachtii* qui détruit les Betteraves. L'Anguillule du blé niellé se trouve à l'état de nymphe dans des galles que la mère habitait auparavant, les nymphes sont desséchées et à l'état de vie latente. Quand la galle tombe sur un sol humide, les larves redeviennent actives, abandonnent la galle et se répandent sur le sol autour d'elle. Rencontrent-elles une jeune tige de froment, elles rampent entre les gaines des feuilles, arrivent jusqu'à l'épi et pénètrent dans le bourgeon de la fleur; les étamines se modifient alors, se soudent et constituent une sorte de galle où l'Anguillule atteint sa maturité sexuelle, pond et où les jeunes éclosent [1].

L'*Heterodera Schachtii* [2] s'attaque aux racines des Betteraves, mais sans y produire de galles, comme c'est le cas pour l'*H. radicicola*; la femelle est assez souvent vivipare; mais sous diverses influences, notamment à la fin de la belle saison, ses couches musculaire et épithéliale s'atrophient; un exsudat qui agglutine les corps étrangers filtre au travers la cuticule, et l'animal se transforme en un kyste brun, rempli d'œufs, qui passe l'hiver. Les jeunes vivent d'abord librement, mais gagnent bientôt les racines de la betterave ou celles des plantes cultivées avec elles, qui peuvent quand on les cultive avant la betterave servir à épurer le terrain. La larve qui sort de l'œuf est agile, délicate, et ne supporte pas la dessiccation, après qu'à l'aide de son aiguillon, elle a pénétré dans le parenchyme des racines, la larve mue, abandonnant, avec la cuticule, sa coiffe et son aiguillon qui se reconstituent sous une forme amoindrie; dans cette 2° larve, les rudiments du testicule et de l'ovaire permettent bientôt, grâce à leur aspect caractéristique, de distinguer les sexes dont les différences s'accusent rapidement; la femelle prend directement sa forme définitive, et est mise en liberté par la rupture des tissus qui l'abritaient. Cependant, par une modification de son épiderme dont les cellules deviennent indistinctes et produisent une couche qui va s'ajouter à la cuticule, le mâle se

---

[1] Ed. Prillieux, *Les maladies vermiculaires des plantes cultivées et les Nématodes qui les produisent*, Annales de la science agronomique, t. II, 1885. — Ritzema Bos, *L'Anguillule de la tige (Tylenchus vastatrix) et les maladies dues à ce Nématode*, Archives du Musée Teyler, vol. III, 1892.

[2] Johannes Chatin, *Recherches sur l'Anguillule de la betterave (Heterodera Schachtii)*. Bulletin du ministère de l'Agriculture, 1891. — Id., *Recherches sur l'Anguillule de l'Oignon (Tylenchus putrefaciens)*, 1884.

transforme en une sorte de pupe, analogue à celle des Mouches et sous le tégument de laquelle il achève son évolution; il ne quitte la racine qu'après son éclosion et va alors dans la terre à la recherche des femelles.

L'*Anguillula aceti*, l'Anguillule bien connue de la colle et du vinaigre n'est plus un parasite, à proprement parler, bien qu'elle ne vive que dans des substances d'origine organique. C'est seulement dans la colle de pâte qu'elle atteint sa maturité sexuelle; les individus que l'on trouve parfois si abondamment *dans le vinaigre de vin*, se nourrissent du *Mycoderma aceti* mais demeurent souvent à l'état de nymphe. Enfin toute une longue série de genres (VAGANTIA) vivent exclusivement soit dans la terre humide, soit dans les eaux douces, soit dans les eaux marines; ce sont là les véritables Nématoïdes libres puisqu'ils vivent dans les conditions normales des autres animaux. Le même genre peut d'ailleurs compter des espèces terrestres, des espèces lacustres et des espèces marines (*Monohystera*, *Oncholaimus*). Lorsque ces animaux sont placés dans des conditions d'alimentation convenable, ils vivent et se multiplient sur place; si les conditions deviennent défavorables, les larves émigrent, et lorsqu'elles sont à terre, les téguments se détachent, fermant la bouche et l'anus, et la nymphe, ainsi abritée sous le tégument larvaire comme dans un kyste, peut supporter, à l'état de vie latente, une assez longue dessiccation. Elle revient à la vie active lorsqu'une circonstance quelconque ramène l'eau auprès d'elle. C'est ce qu'on a appelé le phénomène de la *réviviscence* des Anguillules.

I. ORDRE

PARASITA [1]

Nématoïdes vivant en parasites dans les cavités ouvertes ou dans les tissus des animaux, mais pouvant être libres soit pendant la première, soit pendant la dernière période de leur existence.

FAM. **CHEIRACANTHIDÆ**. — Tête nettement séparée du reste du corps, épineuse; corps assez souvent lui-même épineux et parfois annelé.

Hystrichis, Duj. Corps mou, filiforme, revêtu d'un tégument lâche, hérissé de piquants en avant; tête obtuse un peu renflée, finement épineuse, bouche ronde, au sommet d'un cône protactile; queue obtuse ou rétuse; anus terminal; mâle à bourse campaniforme, à spicule très long, filiforme. *H. tricolor*, tissu du proventricule des Canards. — *Echinocephalus*, Molin. Tête spheroïdale, plus large que le corps, couverte de nombreux crochets, rappelant ceux des Echinorhynques et qui peuvent s'étendre sur la partie antérieure du corps; bouche grande, ronde, terminale, non protractile; queue du mâle enroulée, celle de la femelle obtuse. *E. cygni*, enkysté dans le Cygne. *E. uncinatus*. — *Lecanocephalus*, Dies. Tête discoïdale, séparée du reste du corps par un étranglement qui contient un anneau chitineux; bouche terminale, rétractile, entourée de trois lèvres; corps subcylindrique couvert d'épines couchées en arrière, disposées en verticilles et qui le font paraître annelé; corps du mâle terminé par une pointe conique; deux longs spicules; vulve antérieure. — *Liorhynchus*, Rud. Tête énorme, et sans papilles; corps annelé, chaque anneau portant un cercle d'épines le long de son bord postérieur; épines de moins en moins serrées à mesure que s'éloigne le rang de l'anneau; spicules inégaux; vulve voisine de l'anus; utérus bifurqué. *L. denticulatus*, estomac de la *Muræna anguilla*. — *Gnathostoma*, Owen. Différent des *Echinocephalus* par leurs épines palmées dans la région antérieure du corps, simples dans la région moyenne, disparaissant peu à peu dans la région postérieure; leur bouche bila-

---

[1] DIESING, *Revision der Nematoden*, Sitzungsberichte der K. Akademie der Wissenchaften zu Wien. t. XLII (21ᵉ à 29ᵉ partie), 1861. — In. Systema Helminthum, 1850-1851.

biée, leur vulve située dans la région postérieure du corps. *G. spinigerum*, libre ou enkysté
dans l'estomac du Chat sauvage, du Cougouar, du Tigre. — *Conocephalus*, Dies. Tête
rétractile, conique, à limbe crénelé postérieurement; queue du mâle courbée, avec deux
papilles subterminales; vulve dans la moitié postérieure du corps. *C. typicus*, estomac
des Dauphins. — *Cosmocephalus*, Mol. Tête bien limitée, portant quatre écussons confluents
et deux épines latérales à sa base; gaine du pénis très courte, naviculaire, monopétale;
vulve médiane. *C. papillosus*, estomac de la Mouette rieuse. — *Elaphocephalus*, Mol. Tête
armée de quatre épines dont les deux médianes à extrémité dilatée, dentée, les latérales
terminées par deux pointes. *E. octocornutus*, base des doigts du *Psitaccus macao*, au
Brésil. — *Ancyracanthus*, Dies. Corps cylindrique, élastique; bouche terminale, armée extérieurement de quatre épines pinnatifides, disposées en croix; mâle à queue infléchie, femelle
à queue amincie, droite. *A. pinnatifidus*, estomac d'un Saurien du Brésil (*Podocnemis*). —
Ancyracanthopsis, Dies. Diffèrent des *Ancyracanthus* par la présence de deux papilles buccales; la queue deux fois tordue en spirale chez les mâles, une fois chez les femelles; la
gaine du vagin dipétale. *A. bilabiatus*, parois stomacales d'un *Eurypyga helias*, du Brésil.

 Fam. **FILARIDÆ**. — Bouche arrondie ou triangulaire, assez souvent entourée de deux
  ou quatre lèvres, ou accompagnée d'une *fraise* (p. 1385), ou conduisant dans une
  capsule; assez souvent deux papilles latérales et quatre submédianes; quelquefois des épines céphaliques. Spicules des mâles généralement très inégaux; vulve
  habituellement antérieure. Le plus souvent des migrations.

 Dracunculus, Kæmpfer. Holomyaires; corps allongé, à peine aminci à ses extrémités
avec deux tubercules médians, saillants tout auprès de la bouche, et, en dehors, six
papilles latérales, symétriquement placées; utérus simple, droit, terminé par un ovaire
pelotonné; vivipares; ni anus, ni vulve chez la femelle; mâle très petit, caché dans la
femelle. *D. medinensis*, larves libres; adultes sous la peau de l'Homme. — *Ichthyonema*,
Dies. Holomyaires; champs latéraux et lignes médianes très larges; tête sphérique, renflée;
queue arrondie, point d'anus; vivipares. *I. globiceps*, larves dans le *Gobius vulgaris*, adulte
dans l'ovaire de l'Uranoscope. — *Proleptus*, Duj. Corps très aminci en avant; tête petite;
bouche ronde; queue ordinairement munie d'ailes membraneuses ou vésiculeuses. *P.
acutus*, gros intestin de la *Raia clavata*. — *Filaria*, Müller. Polymyaires; corps très allongé;
spicules du mâle très inégaux, allongés et tordus; leur queue enroulée en hélice, souvent
bordée par une membrane latérale ne passant pas sur la face ventrale et souvent dissymétrique; vulve antérieure. S.-g. *Filaria*, Müller. Point de lèvres buccales; gaine du
pénis monopétale. 1) Bouche inerme, sans vestibule. *F. attenuata*, sacs pneumatiques
des Faucons. 2) Bouche armée de deux ou quatre épines. *F. quadrispina*, sous la peau
de la Marte. *F. papillosa*, péritoine de l'âne et du cheval. S.-g. *Gongylonema*, Molin.
Corps très long, filiforme, ayant en avant des papilles disposées en séries longitudinales;
point de lèvres; gaine du pénis dipétale. *G. minimum*, paroi stomacale et foie du Surmulot. S.-g. *Dipetalonema*, Dies. Point de lèvres; bouche circulaire; gaine du pénis
dipétale. *D. caudispina*, abdomen et thorax des Singes. S.-g. *Solenonema*, Dies. Point
de lèvres; gaine du pénis tubuleuse ou subglobuleuse, *S. æquale*, sous la peau du grand
Fourmilier. S.-g. *Filaroïdes*, Van Bened. Point de lèvres; corps annelé; pénis sans
gaine, subterminal, falciforme. *F. mustelarum*. S.-g. *Monopetalonema*, Dies. Tête bilabiée; corps très long, filiforme; extrémité caudale du mâle infléchie, bordée de chaque
côté d'une membrane avec côtes; gaine du pénis monopétale; queue de la femelle droite,
obtuse. *M. physalurum*, abdomen de l'*Alcedo torquata*. S.-g. *Dicheilonema*, Dies. Deux
lèvres, gaine du pénis tubuleuse. *D. labiatum*, cavité thoracique de la Cigogne noire.
D. horridum, du Nandou. S.-g. *Tricheilonema*, Dies. Trois lèvres. *T. megalochilum*, œsophage du *Zacholus austriacus*. S.-g. *Tetracheilonema*, Dies. Quatre lèvres. *T. quadrilabiatum*,
cavité abdominale du Tinamou. — *Onchocerca*, Dies. Corps filiforme, enroulé en hélice
lâche chez le mâle, serrée chez la femelle; bouche terminale, circulaire; extrémité caudale
du mâle pourvue de deux lobes verticaux, épineux à leur base et portant une papille à
chacun de leur bord supérieur; lobes comprenant entre eux un pénis filiforme. *O. reticulata*. — *Spirura*, Dies. Corps allongé; tête indistincte, entourée d'une lèvre circulaire
papilleuse; queue du mâle spirale; gaine du pénis dipétale, à pétales courbes, marqués de
côtes; vulve postérieure; utérus bifurqué. *S. gracilis*, Axolotl. — *Leiuris*, Leuck. *L. leptocephalus*, cæcum des Paresseux. — *Ceratospira*, Schneider. Tête arrondie; une capsule
pharyngienne; corps nettement annelé; bords de la bourse des mâles épais, vésiculeux;

vulve antérieure ; papilles postérieures asymétriquement disposées. *C. vesiculosa*, chambre postérieure de l'œil du *Psittacus sinensis*. — *Dispharagus*, Duj. Diffèrent des *Filaria* par la présence fréquente d'une fraise céphalique sinueuse, ou leur œsophage divisé en deux parties, la première longue, étroite, tubuleuse, séparée par un anneau musculeux de la seconde plus longue, plus épaisse et plus musculeuse ; leurs spicules droits, leur corps quelquefois épineux. *D. nasutus*, estomac de moineau. *D. spinifera*, à corps épineux de la Bécasse. *D. alatus*, de la Cigogne. — *Histiocephalus*, Dies (*Ancyracanthus*, Schm.). Diffèrent des *Dispharagus* par la présence, à la tête, de deux expansions membraneuses latérales ou d'un capuchon. *H. laticaudatus*, de la petite Outarde. *H. cystidicola*, vessie natatoire de la Truite. — *Spiropterina*, V. Ben. Corps allongé ; tête revêtue d'une membrane formant couronne ou capuchon ; queue du mâle ailée, spirale ; gaine du pénis monopétale ; vulve postérieure. *S. dacnodes*, œsophage de la Raie bouclée. — *Cheilospirura*, Dies. Diffèrent des *Spirina* par leur tête à deux lèvres ; gaine du pénis monopétale. *C. posthelica*, parois stomacales du Tinamou. *C. hamulosa*, parois stomacales du Coq, au Brésil. — *Physocephalus*, Dies. Diffèrent des *Cheilospirura* par leur épiderme céphalique renflé en bulle. *P. sexalatus*, estomac du Sanglier. — *Spiroptera*, Rudol. Diffèrent des *Filaria* par leurs spicules non tordus, leur œsophage plus long, mais simple, à côté duquel l'intestin envoie en avant un cæcum. 1) Bouche inerme, *S. strongylina*, estomac du Sanglier ; *S. sanguinolenta*, du Chien. 2) Des papilles au voisinage de la bouche. *S. strumosa*, estomac de la Taupe. 3) Deux lèvres latérales, *S. microstoma*, estomac du Cheval. 4) Quatre lèvres. *S. megastoma*, estomac de Cheval. 5) Six lèvres. *S. obtusa*, estomac du Surmulot. — *Physaloptera*, Rud. Deux lèvres buccales latérales ; membranes latérales qui forment la bourse des mâles se réunissant sur la face ventrale de manière à circonscrire un espace cordiforme ; une papille préanale et 10 autres papilles périanales, un nombre variable de papilles caudales. *P. clausa*, estomac du Hérisson ; *P. abbreviata*, estomac du Lézard vert. — *Odontobius*, Roussel de Vauzème. Corps aminci en arrière ; bouche ronde, entourée de trois à six pointes ou aiguillons cornés ; queue aiguë, enroulée en spirale. *O. ceti*, dans l'enduit muqueux des fanons de la Baleine. — *Simondsia*, Cobbold. Caractérisés par la présence vers l'extrémité postérieure de la femelle, d'une rosette d'appendices tentaculiformes. *S. paradoxa*, kystes de l'estomac d'un Cochon de race allemande.

Fam. **TRICHOTRACHELIDÆ**. — Allongés, grêles ; moitié postérieure du corps souvent élargie par le développement des organes génitaux. Orifice buccal punctiforme, dépourvu de papilles. Extrémité postérieure des mâles présentant souvent des ventouses saillantes, situées parfois sur des expansions latérales des téguments. Spicule quelquefois absent, toujours unique, terminal et entouré à sa base d'une gaine protractile, lisse ou épineuse. Vulve généralement située au niveau de l'extrémité postérieure de l'œsophage. Œufs revêtus d'une coque résistante qui se prolonge aux deux extrémités en une sorte de goulot court, par lequel fait saillie extérieurement la substance albuminoïde. Holomyaires.

Trichina, Owen. Corps à peine renflé postérieurement ; extrémité postérieure du mâle présentant deux appendices latéraux ; point de spicules ; vulve vers le milieu de la longueur du corps ; cloaque exsertile chez le mâle ; vivipares. *T. spiralis*, à l'état adulte dans l'estomac des Mammifères, à l'état de nymphe enkystée dans leurs muscles. — *Trichosoma*, Rudolphi. Corps filiforme, divisé en deux régions qui passent graduellement de l'une à l'autre ; un spicule entouré d'une gaine lisse, non renflée, dont la longueur ne dépasse pas le double du diamètre du corps ; spicule très long, saillant. *T. exiguum*, du Hérisson. — *Eucoleus*, Duj. Diffèrent des *Trichosoma* par leur spicule peu visible, peut-être absent, entouré d'une gaine finement épineuse dont la longueur est au moins décuple de la largeur du corps. *E. acrophilus*, trachée du Renard. — *Thominx*, Duj. Diffèrent des *Eucoleus* par la visibilité de leur spicule épais et triquètre ; extrémité postérieure du mâle dilatée et lobée. *T. manica*, intestin du Pinson. — *Calodium*, Duj. Diffèrent des *Trichosoma* par leur gaine lisse, plissée transversalement, dont la longueur est décuple de la largeur du corps ; des Mammifères et des Oiseaux. *C. plica*, vessie du Renard. *C. tenue*, intestin du Pigeon. — *Liniscus*, Duj. Diffèrent des *Calodium* par la partie postérieure de leur corps qui se renfle peu à peu jusqu'au milieu, puis s'amincit en arrière. *L. exilis*, enveloppes testiculaires du *Sorex tetragonurus*. — *Trichocephalus*, Gœze. Moitié antérieure du corps longue et filiforme ; moitié postérieure brusquement renflée ; spicule allongé, entouré par une gaine longue, à extrémité infundibuliforme et épineuse. *T. dispar*, cæcum et appendice vermiculaire de l'Homme; la région amincie du corps est engagée dans la muqueuse. — *Sclerotrichum*, Rud. Diffèrent des *Trichocephalus* par leur extrémité antérieure terminée en disque bordé de crochets, et leur région renflée roulée en spirale et noduleuse. *S. echinatum*, estomac du *Pseudopus serpentinus*. — *Oncophora* Dies. Diffèrent des *Trichocephalus* par la présence à la partie antérieure de leur région renflée d'une gibbosité sur laquelle est situé l'orifice génital, et qui présente une pointe subulée très mince; mâle inconnu; vivipares. *O. gibbosa*, vésicule du fiel du Thon. — *Tropisurus*, Dies. (*Tropidocerca*). Mâle filiforme, à queue carénée en dessous; femelle à corps très épais, ovoïde, marqué de quatre sillons opposés longitudinaux, terminé à ses deux extrémités par une pointe conique; vulve à la base de la pointe antérieure. *T. paradoxus*, enkysté dans les parois stomacales du *Cathartes urubu*.

Fam. **MERMITIDÆ**. — Vers allongés, rappelant l'aspect des *Gordius*. Bouche bordée d'un cercle corné, et entourée de six papilles; point d'anus. Deux spicules égaux; bourse élargie; trois ou quatre rangées de papilles à la région postérieure du corps. Holomyaires; des lignes médianes, des lignes dorsales secondaires et des lignes latérales. Vivent à l'état de nymphe dans la cavité générale des Insectes et à l'état adulte dans la terre humide, au printemps.

Mermis, Dujardin. Genre unique. *M. nigrescens*, Fr.

Fam. **ASCARIDÆ**. — Tête présentant trois lèvres bien distinctes, trois tubercules ou au moins trois papilles. Spicules généralement égaux ou, s'ils sont inégaux, placés latéralement. Point de bourse caudale fermée chez les mâles.

Nematoxys, Schn. (*Cosmocerca*, Dies.) Méromyaires; bouche triangulaire, entourée de trois petites lèvres; tégument couvert de nombreuses papilles, irrégulièrement distribuées; un bulbe œsophagien puissant, muni d'un appareil dentaire; mâle avec des ventouses préanales; spicules petits, accompagnés d'une grande pièce accessoire. *C. ornatus*, rectum de nos Batraciens. — *Oxysoma*, Schn. Méromyaires; une lèvre dorsale très grande et deux lèvres latérales plus petites, semblables entre elles, ou trois lèvres semblables, divisées en nombreuses petites lèvres secondaires (*O. lepturum*), 6-10 papilles péribuccales; bulbe œsophagien muni d'un appareil dentaire; spicules longs, courbés au sommet. *O. brevicaudatum*, intestin de la Grenouille rousse. — *Dermatoxys*, Schn. Méromyaires; bouche formée par trois fentes convergeant à partir du milieu de la tête; bourse très développée; point de spicule; vulve antérieure; anus s'ouvrant dans un champ cordiforme. *D. veligera*, cæcum du *Lepus brasiliensis*. — *Ascaris*, Linné. Polymyaires d'assez grande taille; trois lèvres fortement développées, serrées les unes contre les autres, contiguës sur presque toute leur longueur, de manière à ne paraître former qu'un tubercule saillant; un grand nombre de papilles sur la région postérieure du corps; queue conique; spicules habituellement égaux, gros et assez courts; vulve à l'extrémité du 1er tiers du corps; ovipares. S.-g. *Ascaris*, utérus à deux branches parallèles, dirigées en arrière. 1) Œsophage sans appendice dirigé en arrière: *A. lumbricoïdes*, intestin de l'Homme. *A. megalocephala*, du Cheval et tous les ascarides de Mammifères. 2) Un bulbe œsophagien et un diverticule de l'intestin dirigé en avant. *A. depressa*, des Faucons. 3) Un diverticule œsophagien dirigé en arrière, un diverticule intestinal dirigé en avant. *A. spiculigera* du Cormoran et divers *Ascaris* des Poissons. 4) Point de bulbe œsophagien, mais un diverticule postérieur de l'œsophage. *A. acus*, du Brochet. S.-g. *Ascaridia*. Utérus divisé en deux branches dirigées l'une en avant, l'autre en arrière. *A. inflexa*, Coq et Canard. S.-g. *Polydelphis*. Intestin divisé en plus de deux branches. *A. anoura*, du *Python bivittatus*. S.-g. *Anisakis*, spicules du mâle inégaux. *A. distans*, intestin du Callitriche. — *Isakis*, Lespès. Corps capillaire ou fusiforme, sans tête distincte, à extrémité caudale subulée; pénis avec une gaine dipétale, accompagnée d'une gaine accessoire; vulve médiane; utérus bifurqué; ovipares; parasites des Arthropodes et Mollusques terrestres ou libres; reviviscents. *I. cuspidata*, rectum des larves d'*Oryctes*. — *Labiduris*, Schneid. Méromyaires; trois lèvres légèrement bifides au sommet, séparées jusqu'à la base du côté ventral où les deux latérales empiètent l'une sur l'autre; unies à partir du 1/3 de leur longueur, latéralement; papilles caudales du mâle très allongées et courbes de manière à figurer les branches d'une pince. *L. gulosa*, cæcum et côlon de la *Testudo tabulata*. — *Aspidocephalus*, Dies. Bouche terminale, ronde; tête bien limitée, présentant trois écussons parcourus par une côte longitudinale, échancrés postérieurement; spicules linéaires; vulve postérieure. *A. scoleciformis*, intestin de la Sarigue et des Tatous. — *Heterocheilus*, Dies. Trois lèvres inégales, la dorsale plus grande que les latérales qui sont concaves et tronquées au sommet; extrémité caudale du mâle presque droite, pointue; spicules ensiformes; vulve presque au milieu du corps. *H. tunicatus*, estomac et intestin du Lamantin, au Brésil. — *Peritrachelius*, Dies. Corps subcylindrique; extrémité postérieure du mâle enroulée en spirale; bouche protractile, trois lèvres semi-circulaires égales; cou presque nul; un collier; vulve postérieure. *P. insignis*, estomac du *Delphinus amazonius*. — *Heterakis*, Duj. Polymyaires; trois lèvres présentant en dedans un angle saillant longitudinal, de chaque côté duquel des bandelettes chitineuses, arquées, forment une sorte d'armature dentaire, et portant en dehors six papilles, deux submédianes et quatre latérales; mâle avec une ventouse préanale et une bourse représentée par deux expansions latérales, munies de papilles; spicules inégaux, le plus grand à droite. *H. inflexa*, intestin du Coq; *H. spumosa*, cæcum du Surmulot.

    Fam. **OXYURIDÆ**. — Bouche simple ou entourée soit de lèvres, soit de papilles disposées suivant les sommets d'un hexagone régulier, ou suivant ceux d'un triangle équilatéral; un seul spicule, ou s'il y en a deux l'un est antérieur, l'autre, plus petit, postérieur et peut-être considéré comme une pièce accessoire; point de bourse caudale fermée. En général, méromyaires.

   Oxyuris, Rud. Bouche terminale, à dépendances disposées suivant le type 3 ou le type 6; bulbe œsophagien garni d'une armature chitineuse; spicule court, falciforme avec pièces accessoires; vulve antérieure. *O. vermicularis*, rectum de l'Homme; *O. curvula*, cæcum et côlon des Solipèdes; *O. ornata* des Grenouilles. — *Ozolaimus*, Duj. Bouche verticale; spicule simple, très long, droit; vulve dans le quart postérieur du corps. *O. megatyphlon*, intestin de l'*Iguane tuberculata*. — *Heligmus*, Duj. Tête présentant trois lobes arrondis, peu distincts; spicule très long, flexible, enroulable en hélice lâche; vulve dans la 1re moitié du corps. *H. longicirrus*, intestin de la Plie. — *Ptychocephalus*, Dies. (*Helicothrix*, Galeb). Six lèvres buccales; six baguettes pharyngiennes; une série de bourrelets annulaires transparents, à la suite de la tête; vulve au milieu du corps; utérus divisé en deux branches opposées. *P. spirotheca*, intestin de l'*Hydrophilus piceus*. — *Atractis*, Duj. Œsophage divisé en trois régions, la 1re armée de six lames chitineuses, terminées inférieurement par une dent, la seconde à parois lisses, la 3e renflée, constituant le bulbe et présentant une armature dentaire semblable à celle des *Oxyuris*; deux spicules, l'un *antérieur* très long; le second court, trapu, en faucille, comprenant entre eux l'extrémité érectile du tube éjaculateur; vulve voisine de l'anus; utérus simple dirigé en avant, terminé par un ovaire unique, replié en arrière. *A. dactylura*, intestin de la *Testudo græca*. — *Pharyngodon*, Dies. Corps annelé; subcylindrique; celui du mâle droit, ailé; celui de la femelle sigmoïde; quatre papilles buccales; bulbe œsophagien avec trois dents; extrémité caudale épineuse; pénis filiforme sans gaine; vulve antérieure. *P. acanthurus*, intestin du Lézard gris (*Podarcis muralis*). — *Mastigodes*, Zeder. — *Passalurus*, Duj. Tête obtuse; queue subulée; bouche armée intérieurement de trois pièces oblongues, réunies par une membrane résistante, plissée; œsophage en massue, suivi d'un bulbe plus large; vulve au niveau du bulbe œsophagien. *P. ambiguus*, gros intestin du Lièvre et du Lapin. — *Subulura*, Molin. Corps filiforme; tête arrondie; bouche terminale, circulaire, papilleuse; extrémité caudale allongée, très pointue, infléchie et ornée de papilles chez le mâle, avec une ventouse préanale; gaine du pénis dipétale, à pétales tordus en spirale. *S. acutissima*, intestin de la *Strix atricapilla* du Brésil. — *Streptostoma*, Leidy. Corps capillaire distinctement et largement annelé, à queue rigide, très longue, ensiforme; bouche grande, circulaire; partie antérieure et postérieure de l'œsophage piriforme; pénis filiforme, rétractile, sans gaine. *S.* (*Oxyuris*, Galeb) *blattæ*, intestin de la *Periplaneta orientalis*. — *Thelastoma*, Leidy. Différent des *Streptostoma* par leur bouche petite, circulaire, entourée de papilles ou de lobes; leur partie antérieure de l'œsophage longue, cylindrique; leur queue pointue, de médiocre longueur; parasites des Insectes. *T. appendiculata*, intestin de la Blatte orientale. — *Hystrignathus*, Leidy. Différent des *Thelastoma* par leur corps annelé et épineux en avant. *H. rigidus*, estomac du *Passalus cornutus*. — *Allodapa*, Dies. Corps subcylindrique, celui du mâle recourbé en hameçon; femelle droite; bouche terminale, à limbe circulaire, épais; extrémité caudale du mâle atténuée, courte, à pointe terminale bordée d'ailes papilleuses; celle de la femelle conique; gaine du pénis dipétale, vulve dans la moitié antérieure du corps. *A. typica*, cæcum du *Dicholophus Margravii*, du Brésil. — *Crossophorus*, Hemp. et Ehrb. Tête à trois valves sillonnées à l'intérieur et munies de papilles ou frangées; intestin présentant deux cœcums dirigés en avant; utérus bifurqué. *C. collaris*, cæcum du Daman.

FAM. **CUCULLANIDÆ**. — Bouche à deux ou quatre lèvres, ou bien pourvue d'une capsule pharyngienne, parfois chitineuse et bivalve. Extrémité postérieure du corps des mâles pouvant présenter des expansions latérales, mais celles-ci étroites, non repliées en cloche, en ombrelle ou en cornet. Deux spicules égaux; position de la vulve variable. Généralement larves libres ou passant par un hôte intermédiaire avant d'arriver à leur hôte définitif.

Angiostoma, Duj. (*Rhabdonema*, Leuck, *pars*). Tête tronquée en avant, soutenue par une capsule cornée; mâle à queue nue ou bordée de membranes latérales; spicules courts; vulve vers le milieu du corps. *A. entomelas*, poumons de l'Orvet. *A. nigrovenosum*, poumons de la Grenouille rousse. — *Strongyloïdes*, Grassi. Hétérogame; forme parasite à bouche et œsophage simples; forme libre à capsule pharyngienne et à deux bulbes œsophagiens; spicules courts. *S. intestinalis*, produit la diarrhée de Cochinchine. — *Stenodes*, Duj. Diffèrent des *Angiostoma* par la présence d'un bulbe œsophagien nettement limité, la grande longueur des spicules des mâles dont la queue est enroulée. *S. acus*, habitat inconnu. — *Cucullanus*, Müller. Souvent rouge; capsule buccale divisée en deux valves chitineuses mobiles, latérales; spicules grêles, égaux, accompagnés d'une pièce accessoire; extrémité postérieure des mâles bordée latéralement par une membrane saillante de chaque côté; queue des femelles trifide; vivipares. *C. elegans*, mâles dans l'intestin, femelles fécondes dans les appendices pyloriques de la Perche; *C. microcephalus*, dans les Emydes. — *Dacnitis*, Duj. Bouche verticale comme celle des *Cucullanus*, mais dépourvue de valves chitineuses, tout au plus soutenue par un arc cartilagineux; spicules larges, en lame de sabre; ovipares. *D. globosa*, Truites; *D. hians*, du Congre. — *Rictularia*, Frœlich. Bouche dorsale, transverse, béante et dentée; vulve antérieure; utérus court, bifurqué, dirigé en arrière; deux rangées ventrales de piquants aplatis; femelle plus grande que le mâle; larve dans les Insectes. *R. cristata*, intestin du Mulot. — *Ophiostoma*, Rud. Bouche transverse, à deux lèvres déprimées, égales, inermes. *O. mucronatum*, intestin de l'Oreillard. — *Stelmius*, Duj. Tête en partie rétractile; bouche ronde, accompagnée de deux papilles saillantes; vulve située en avant de l'anus; mâle inconnu. *S. præcinctus*, intestin du Congre. — *Spiroxys*, Schn. Méromyaires; bouche comprise entre deux lèvres en forme de trèfle; deux très forts spicules; vulve avoisinant le milieu du corps; branches de l'utérus dirigées l'une en avant, l'autre en arrière. *S. contorta*, estomac de l'*Emys europæa*. — *Hedruris*, Creplin. Bouche comprise entre quatre lèvres dont les deux latérales en forme de trèfle, les médianes en triangle équilatéral, tronqué au sommet; femelle fixée dans la muqueuse de l'hôte par un crochet qui surmonte un renflement caudal; mâle à queue terminée en pointe, s'enroulant d'habitude en hélice autour de la femelle. *H. androphora*, estomac du *Triton cristatus*; *H. armata*, trachée artère de l'*Emys picta*. — *Symplecta*, Leidy. Diffèrent des *Hedruris* par leur bouche simplement bilabiée. *S. pendula*, estomac et intestin de l'*Emys guttata* de Philadelphie. — *Prionoderma*, Rud. Tête rétractile; bouche présentant un crochet court de chaque côté; tégument plissé de manière à paraître denté en scie de chaque côté. *P. ascaroïdes*, estomac du *Silurus glanis*. — *Pleurorhynchus*, Naudyn.

FAM. **STRONGYLIDÆ**. — Corps arrondi, rarement filiforme en avant; bouche de forme variable, généralement grande, béante et conduisant dans une cavité pharyngienne souvent entourée d'une capsule chitineuse; des papilles péribuccales. Extrémité postérieure du corps du mâle présentant des expansions membraneuses (bourse), se disposant le plus souvent en une sorte d'ombrelle entourant l'ouverture cloacale; un seul spicule ou deux spicules égaux, souvent accompagnés d'une pièce accessoire impaire; vulve le plus souvent située dans la moitié postérieure du corps. Polymyaires ou méromyaires. Les larves libres, semblables à des *Rhabditis*, passent, en général, la phase nymphale dans un hôte intermédiaire, avant d'arriver à l'état adulte dans un hôte définitif. Corps souvent rouge.

Eustrongylus, Dies. Grands, cylindriques; tête arrondie, portant six papilles péribuccales; bourse en forme de cloche avec de nombreuses papilles marginales; un seul spicule assez allongé; vulve antérieure; anus presque terminal; ovipares; polymyaires. *E. gigas*, dans le rein de divers Mammifères; accidentellement chez l'Homme. — *Prosthecosacter*, Dies. Subcylindriques, filiformes; bouche terminale, orbiculaire; tête sans papilles; bourse du mâle aplatie en forme de guitare, terminée du côté dorsal par un appendice ou un lobule; deux spicules longs et grêles; vulve voisine de la queue; holomyaires; vivipares. *P. convolutus*, bronches et vaisseaux du Marsouin. — *Stenurus*, Duj. Corps rétréci et tronqué en arrière; bouche ronde; six papilles en arrière de la bouche et, un peu plus loin, quatre papilles submédianes dorsales; bourse du mâle ouverte, presque plane, soutenue par trois côtes; anus de la femelle terminal; spicules très courts, soudés en une lame triangulaire contournée en cornet; holomyaires. *S. minor*, Marsouins, sinus veineux. — *Pseudalius*, Duj. Diffèrent des *Stenurus* par la queue courte et pointue de la femelle; la queue bifide des mâles dont les spicules sont contournés, mais non soudés. *P. filum*, Marsouin. — *Strongylus*, Müller. Corps souvent filiforme; bouche terminale, petite, sans limbe corné, nue ou entourée de six papilles; bourse du mâle entière, échancrée, bi- ou multi-lobée, soit tout à fait terminale, soit obliquement tronquée et soutenue par le prolongement de la pointe caudale et des nervures rayonnantes; deux spicules égaux souvent très longs, accompagnés d'une pièce accessoire; vulve située dans la moitié postérieure du corps. 1) Utérus simple; *S. longevaginatus*, bronches de l'Homme. 2) Utérus double à branches dirigées l'une en avant, l'autre en arrière. *S. retortaeformis*, intestin du Lièvre; *S. radiatus*, cærum du Chevreuil. 3) Utérus bifurqué à branches dirigées dans le même sens. *S. dispar*, intestin de l'Orvet. — *Œsophagostoma*, Molin. Bouche petite, entourée d'un anneau chitineux et suivie d'un renflement ovoïde des téguments. *Œ. dentatum*, des Porcins. — *Globocephalus*, Molin. Capsule buccale à deux anneaux cornés; tête globulaire. *G. mucronatus*, intestin du Porc. — *Stephanurus*, Dies. Bouche terminale, grande, orbiculaire, soutenue par un anneau corné, denté; bourse du mâle divisée en cinq lobes unis par une membrane; vulve postérieure. *S. dentatus*, dans le mésentère d'un cochon de race chinoise, au Brésil. — *Syngamus*, Siebold. Bouche grande, soutenue par une cupule chitineuse au fond de laquelle se trouvent cinq ou six épines; tandis que son bord tourné en dessus est découpé en six festons; tégument péribuccal épanoui en un disque quadrilobé; mâle fixé par sa bourse caudale sur la vulve de la femelle; deux spicules égaux; vulve antérieure. *S. trachealis*, mâle et femelle simultanément fixés par leur bouche sur la trachée des Gallinacés. — *Deletrocephalus*, Dies. Tête hémisphérique, tronquée verticalement en avant, présentant six fulcres équidistants, convergents en avant, unis par une membrane diaphane; bouche terminale, entourée de papilles; bourse échancrée; vulve postérieure. *D. dimidiatus*, intestin du Nandou. — *Diaphanocephalus*, Dies. Diffèrent des *Deletrocephalus* par le nombre des lèvres qui est réduit à quatre dont deux bifides. *D. costatus*, intestin des Serpents du Brésil. — *Uncinaria*, Frölich (*Ankylostoma*, Dies). Tête courbée vers le dos, tronquée obliquement et soutenue par une capsule chitineuse, au fond de laquelle sont, du côté ventral, deux dents symétriques et, du côté dorsal, une pointe conique qui s'avance obliquement jusqu'au voisinage de la bouche; bouche très large; bord ventral de la capsule armé de quatre dents; autour de la bouche six papilles costiformes; bourse du mâle souvent ouverte du côté ventral, soutenue par des nervures; deux spicules égaux; vulve un peu en arrière du milieu du corps; les embryons passent directement dans l'intestin de l'hôte définitif. *V. duodenalis*, duodenum et jéjunum de l'Homme, détermine la *chlorose d'Égypte*. — *Dochmius*, Duj. Diffèrent des *Uncinaria* par leur bouche latérale, inerme ou dentée. *D. hypostomus*, intestin des Ruminants; *D. trigonocephalus*, estomac et intestin des Canidés. — *Sclerostoma*, Duj. Diffèrent des *Dochmius* par leur bouche ventrale, presque terminale, à capsule présentant sur les bords un petit nombre de dents et, au fond, deux dents obtuses, saillantes. *S. equinum*, intestin et artères du Cheval, chez qui ils déterminent des anévrysmes. — *Ollulanus*, Leuck. Capsule buccale en forme d'urne. *O. tricuspis*, muqueuse stomacale du Chat.

II. ORDRE

VAGANTIA [1]

Nématoïdes libres à toutes les périodes de leur existence, habitant sur les

[1] Bütschli, *Beiträge zur Kenntniss der freilebenden Nematoden*, Nova acta der Knl. Léop. Carol. deutschen Akademie der Naturforscher. Dresden, 1873. — De Man, *loc. cit.*, p. 1378. — Id., *Zur Kenntniss der freilebenden Nematoden, und besonders des Kieler Hafens*, 1874. — Marion, *Recherches zoologiques et anatomiques sur des Nématodes libres, marins*, Annales des sciences naturelles, 5ᵉ série, t. XIII. — Cobb a décrit des *Nématodes de la baie de Naples*, des *Nématodes de la canne à sucre* dans des Journaux scientifiques de la Nouvelle-Zélande.

plantes, dans la terre humide, dans la vase ou parmi les algues des eaux douces et des eaux marines; ordinairement pourvus de soies tactiles et assez souvent d'yeux.

Fam. **ENCHELIDIIDÆ.** — Point de cavité spéciale entre la bouche et le canal œsophagien.

Alaimus, de Man. Cuticule lisse; point de membrane latérale, point de glande caudale; spicules doubles; point de spicules accessoires; tube génital femelle simple; ni lèvres, ni papilles, ni soies péribuccales. *A. papillata*, Walcheren. — *Macroposthonia*, de Man. Diffèrent des *Alaimus* par leur cuticule striée, la présence d'une membrane latérale, les grandes dimensions de leurs spicules; femelle inconnue, *M. annulata*, terre des prairies. — *Enchelidium*, Ehrb. Diffèrent des précédents par la présence d'un spicule accessoire; tête hérissée de soies; une seule tache oculaire à 2 ou 3 cristallins; cuticule lisse; femelle inconnue. *E. marinum*, marin. — *Deontolaimus*, de Man. Cuticule finement striée; des soies céphaliques; deux spicules courbes avec une pièce accessoire en bâtonnet; une rangée médiane ventrale de papilles circulaires à la région antérieure du corps du mâle; une glande caudale; organes génitaux femelles non décrits. *D. papillatus*, terre humide. — *Thalassoalaimus*, de Man. Diffèrent des *Deontolaimus* par leur cuticule lisse, l'absence chez le mâle de papilles antérieures et la présence de papilles préanales; organes génitaux femelles simples, dirigés en arrière. *T. tardus*, marin, Falmouth. — *Siphonolaimus*, de Man. Cuticule sétifère, finement annelée; six petites papilles péribuccales; bouche conduisant dans un petit vestibule où débouche un organe infundibuliforme élargi en arrière; deux spicules grêles, un peu arqués avec pièce accessoire; organes femelles simples, dirigés en avant; une glande caudale. *S. niger*, plages sablonneuses marines. — *Bastiania*, de Man. Des soies céphaliques, cuticule striée; point de spicule accessoire; organes femelles doubles; une glande caudale; organes latéraux spiraux. *B. gracilis*, terre des prairies. — *Aphanolaimus*, de Man. Diffèrent des *Bastiania* par la présence d'un spicule accessoire; leurs organes latéraux circulaires, envahissant presque toute la tête. *A. attentus*, terre des prairies. — *Halalaimus*, de Man. Diffèrent des *Aphanolaimus* par leur cuticule lisse; leurs organes latéraux en forme de sillons allongés, très étroits. *H. gracilis*, côtes de Walcheren. — *Oxystoma*, Bütschli. Diffèrent des *Halalaimus* par la présence d'une glande ventrale et par leurs organes latéraux. — *Trefusia* de Man. Tête trilobée, munie de papilles et de soies; organes latéraux ovalaires; testicules bipartis; le reste comme *Halalaimus*. *T. longicauda*, Falmouth. — *Onyx*, Cobb. *O. perfectus*, Naples. — *Leptosomatum*, Bast. De très petites lèvres un peu mobiles; deux couronnes de papilles céphaliques; tête avec une sorte de charpente chitineuse soutenant l'œsophage; organes latéraux petits; le reste comme *Trefusia*. *L. elongatum*, Manche. — *Tripyla*, Bastian. Trois lèvres et souvent des papilles et des soies péribuccales; spicules épais avec une petite pièce accessoire ou seuls; orifice de la glande caudale portée par un mamelon; organes femelles simples ou doubles. *T. setifera*, terre humide; *T. monohystera* à tube femelle simple, terre humide. — *Necticonema*, Marion. Une cavité buccale à peine distincte; cuticule striée; des papilles céphaliques et une couronne de soies; deux spicules larges et plusieurs pièces accessoires; organes femelles doubles; glande caudale. *N. Prinzi*, Marseille. — *Pontonema*, Leidy. Marin, Amérique du Nord.

Fam. **RHABDITIDÆ.** — Tête dépourvue de lèvres; entre la bouche et l'œsophage, une cavité pharyngienne plus ou moins développée, revêtue d'une cuticule lisse ou diversement ornementée. mais sans bandes chitineuses longitudinales sauf le long de ses arêtes, et ne présentant tout au plus que des dents très petites, au fond de la coupe.

Prismatolaimus, de Man. Cavité pharyngienne courte, prismatique; deux spicules sans pièce accessoire; organes femelles simples; point de glande caudale. *P. intermedius*, terre des prairies. — *Cylindrolaimus*, de Man. Cavité pharyngienne en cylindre allongé; point de spicules accessoires; organes femelles doubles; une glande caudale. *C. communis*, terre des prairies et dunes. — *Monohystera*, Bast. Cavité pharyngienne très petite, aplatie; deux spicules avec une petite pièce accessoire; organes femelles simples; une glande caudale. *M. stagnalis*, eaux douces. *M. normandica*, Saint-Vaast. — *Terschellingia*, de Man. Cavité buccale très petite; œsophage extraordinairement court et se terminant par un grand bulbe à cavité interne dilatée; deux spicules courts, en faucille et une pièce accessoire à deux prolongements postérieurs; organes femelles bipartis; une glande caudale. *T. com-*

munis, terre sablonneuse des dunes. — *Rhabditis*, Duj. Cavité buccale à section triangulaire ; œsophage présentant un renflement antérieur et un bulbe terminal ; deux spicules en forme de gouttière, accompagnés d'un spicule accessoire arqué et grêle ; point de glande caudale, organes femelles simples ou doubles. S.-g. *Pelodera*, Schn. Une bourse enveloppant l'extrémité caudale. *P. pellio*, terre humide ; les larves s'enkystent dans les Lombrics. S.-g. *Leptodera*, Schn. Bourse absente ou tout au moins laissant libre l'extrémité de la queue. *L. appendiculita*, tour à tour libre et vivant dans les Limaces. — *Phacelura*, Hempr. et Ehrb. 4-8 appendices caudaux styliformes. Mollusques d'eau douce. — *Anguillula*, Ehrb. Cavité buccale allongée ; œsophage avec un bulbe postérieur et un appareil valvulaire ; point de bourse. *A. aceti* dans la colle de pâte et le vinaigre de vin. — *Nema*, Leidy, eaux douces, Am. du Nord. — *Potamonema*, Leidy ; eaux douces de l'Amérique du Nord. — *Trilobus*, Bast. Cavité pharyngienne longue et large ; œsophage présentant trois lobes postérieurs ; deux spicules avec spicule accessoire ; organes femelles doubles ; une glande caudale. *T. gracilis*, eaux douces. — *Leptolaimus*, de Man. Cuticule striée ; tête inerme ; cavité buccale allongée, tubuleuse, à parois minces ; deux spicules et un spicule accessoire ; une rangée médiane ventrale de papilles s'étendant de l'extrémité postérieure de l'œsophage à l'anus ; organes femelles doubles ; une glande caudale. *L. papilliger*, terre humide. — *Araeolaimus*, de Man. Diffèrent des *Leptolaimus* par leur cuticule lisse, la présence d'une couronne de soies céphaliques et l'absence de papilles à la partie postérieure du corps. *A. elegans*, mer du Nord ; *A. bioculatus*, golfe de Naples. — *Anoplostoma*, Bütschli. Cuticule lisse ; cavité buccale vaste, cyathiforme, à six ou à trois côtés, à parois plus ou moins encroûtées, mais absolument inermes ; organes génitaux et glande caudale comme *Leptolaimus*. *A. spinosum*, mer du Nord. — *Choanolaimus*, de Man. Cuticule striée et granuleuse ; cavité buccale en entonnoir, formée d'une partie antérieure élargie et d'une partie postérieure rétrécie ; organes latéraux spiraux ; spicules accompagnés de deux pièces accessoires ; organes femelles pairs, symétriques ; point de glande caudale. *C. psammophilus*, sable. — *Halichoanolaimus*, de Man. Cuticule striée ; organisation des *Choanolaimus*, mais une glande caudale et, chez le mâle, des papilles préanales. *H. robustus*, Manche. — *Desmolaimus*, de Man. Cuticule lisse ; des soies céphaliques ; cavité buccale petite, en forme de coupe, à parois très minces, avec trois épaississements chitineux, circulaires ; un seul bulbe œsophagien ; spicules petits avec une grande pièce accessoire à prolongements postérieurs ; ovaire double ; une glande caudale. *D. zeelandicus*, terre humide. — *Linomhoeus*, Bast. Corps à peine rétréci aux extrémités ; cuticule très finement annelée ; portant quelques petites soies ; tête avec papilles et petites soies ; cavité buccale cyathiforme, médiane, présentant quelquefois, au fond, plusieurs petites dents ; spicules accompagnés d'une petite pièce accessoire, munie de prolongements postérieurs ; testicule biparti ; ovaire double, très rarement simple ; une glande ventrale et une glande caudale. *L. elongatus*, Saint-Vaast. — *Sphaerolaimus*, Bast. Cuticule lisse ; tête distincte avec deux rangs de fortes soies ; parois de la cavité buccale présentant de nombreux épaississements chitineux locaux ; spicules avec une pièce accessoire cordi- ou scutiforme ; ovaire simple, prolongé en avant ; queue épaissie à son extrémité. *S. gracilis*, terre saumâtre.

FAM. CALYPTRONEMIDÆ. — Bulbe buccal protractile et portant en arrière une sorte de manchon membraneux qui se rabat sur la région antérieure du corps.

Calyptronema, Mar. Tête munie de soies et de papilles ; spicules sans pièces accessoires ; ovaire double ; une glande caudale. *C. paradoxum*, Marseille.

FAM. ENOPLIDÆ. — Tête présentant trois ou six lèvres, simples ou papillifères ; en général, trois dents chitineuses appliquées contre les lèvres ou plus ou moins profondément situées dans la cavité buccale ; deux spicules accompagnés d'au moins une pièce accessoire ; ovaire double ; généralement une glande caudale.

Cylicolaimus, de Man. Cuticule lisse ; tête munie de trois lèvres armées de papilles, et d'une couronne de dix soies ; cavité buccale assez grande, en forme de calice ; organes latéraux sous forme d'ouvertures ovales ; deux spicules avec une seule pièce accessoire ; testicule biparti ; des glandes unicellulaires dans les champs latéraux ; une glande caudale. *C. magnus*, Manche. — *Axonolaimus*, de Man. Cuticule lisse, sétifère ; quatre lèvres péribuccales, suivies de quatre soies submédianes ; cavité buccale fusiforme ; organes latéraux ovalaires, grands ; spicules avec pièce accessoire munie de deux robustes prolongements ; ovaires doubles non repliés ; une glande caudale. *A. filiformis*, côtes de Cornouailles. — *Aulolaimus*, de Man. Cuticule lisse; tête sans lèvres, papilles ni soies; cavité buccale tubuleuse, très étroite, plus longue que l'œsophage; spicules grêles arqués, avec pièce accessoire courbée en arrière; un petit nombre de papilles médianes préanales chez le mâle; ovaires doubles; point de glande caudale. *A. oxycephalus*, sable des dunes. — *Anticoma*, Bast. (*Stenolaimus*, Mar.). Tête portant une couronne de dix soies et au-dessus trois lèvres munies chacune de deux petites papilles; une ventouse préanale chez le mâle: la branche ovarienne postérieure la plus longue. *A. Eberthi*, Saint-Vaast. — *Plectus*, Bast. Cuticule finement annelée; trois ou six petites lèvres péribuccales inermes; cavité buccale ayant l'aspect d'un long canal prismatique, présentant souvent, en avant, un élargissement sphéroïdal; bulbe œsophagien présentant un appareil valvulaire à trois valves; spicules très gros, courbés en croissant; une pièce accessoire émettant un long prolongement postérieur; ovaire double; une glande caudale tricellulaire. *P. parietinus*, dans la mousse; *P. communis*, dans la mousse ou dans la vase. — *Cephalobus*, Bast. Cuticule annelée; deux lèvres péribuccales, portant des papilles; cavité buccale des *Plectus*, mais présentant un épaississement chitineux à l'extrémité postérieure de chacun de ses angles; deux spicules avec pièce accessoire assez longue; ovaire simple avec une courte branche postérieure; une glande caudale. *C. oxyuris*, dans la terre, au pied des champignons. — *Teratocephalus*, de Man. Tête divisée en six lobes; cavité buccale de *Cephalobus*; bulbe œsophagien contenant un appareil masticateur très simple; ovaires doubles; point de spicule accessoire. *T. terrestris*, terre humide; *T. palustris*, des eaux douces. — *Triodontolaimus*, de Man. Cuticule lisse et glabre; tête arrondie, bien distincte, portant une couronne de soies courtes, en avant de laquelle sont trois lèvres papillifères; en dedans de celles-ci se trouvent trois pièces chitineuses qui leur correspondent et constituent trois dents de forme symétrique, à bord postérieur arqué et élargi, à pointe simple, aiguë, légèrement courbée en dedans; point de cavité buccale; testicule biparti; mâle sans ventouse préanale; une glande ventrale. *T. acutus*, Roscoff. — *Enoplolaimus*, de Man. Cuticule finement annelée; tête hérissée de deux couronnes de soies et se terminant par trois lèvres armées chacune intérieurement d'une dent attachée par d'autres pièces chitineuses; une petite ventouse préanale. *E. vulgaris*, Falmouth. — *Ironus*, Bast. Cuticule lisse; tête distincte présentant des gouttières latérales, trois lèvres mobiles, des papilles et des soies; cavité buccale profonde, armée près de son orifice de trois dents exsertiles, en arrière desquelles se trouvent trois autres dents chez les jeunes; une pièce accessoire soudée aux spicules; ovaire double, une glande caudale; queue pointue, filiforme. *I. ignavus*, terre humide. — *Thalassironus*, de Man. Diffèrent des *Ironus* par l'extrémité de leur queue qui est arrondie et sétifère. *T. britannicus*, côte de Cornouailles. — *Enoplus*, Duj. Tête portant d'arrière en avant une couronne de fortes soies recourbées, un cercle de papilles, trois lèvres, auxquelles correspondent trois mâchoires chitineuses, intrabuccales, mobiles latéralement et garnies de soies sur leur bord interne; spicules accompagnés de nombreuses pièces accessoires; une ventouse préanale chez le mâle; ovaire double. *E. tridentatus*, Méditer.; *E. communis*, toutes nos côtes; *E. rivalis*, eaux douces. — *Dolicholaimus*, de Man. Cuticule lisse et glabre; tête glabre, mais avec six lèvres papillifères; cavité buccale précédée d'un vestibule infundibuliforme à ouverture large postérieure; elle-même prismatique, hexaèdre, extrêmement allongée et portant à sa jonction avec le vestibule trois petites dents, probablement mobiles; pas de bulbe œsophagien; deux spicules lamellaires avec une pièce accessoire symétrique; point de glande ventrale. *D. Marioni*, mer du Nord. — *Syringolaimus*, de Man. Diffèrent des *Dolicholaimus* par la présence d'un bulbe œsophagien. *S. striatocaudatus*, mer du Nord.

Fam. **PHANODERMIDÆ**. — Bouche armée de deux pièces chitineuses latérales; de forme variable.

Phanoderma, Bast. (*Heterocephalus*, Mar.). Tête distincte, tronquée en avant, entourée d'une couronne de soies robustes, recourbées; cavité buccale assez vaste, armée de deux pièces buccales en chevron; deux spicules dentés à leur extrémité inférieure; une ventouse préanale chez le mâle; ovaire double; une glande caudale. *P. Coksi*, Roscoff. — *Discophora*, Villot. Tête arrondie, garnie de soies; bouche garnie de deux disques chitineux; une glande caudale. *D. cirrata*, Roscoff. — *Tachyodites*.

Fam. **LASIOMITIDÆ**. — Cavité buccale contenant de un à trois bâtonnets ou arcs chitineux longitudinaux, pouvant être accompagnés de formations chitineuses secondaires.

Camacolaimus, de Man. Cuticule striée; tête munie de courtes soies; cavité buccale petite, à parois minces, sauf du côté dorsal où la paroi s'épaissit fortement sur la ligne médiane pour former une tige chitineuse qui se rétrécit graduellement en arrière et se confond avec le tube central de l'œsophage; spicules accompagnés d'une petite pièce accessoire; ovaire double; une glande ventrale et une glande caudale. *C. tardus*, mer du Nord. — *Lasiomitus*, Marion. Cuticule lisse, très velue; cavité buccale munie de deux pièces chitineuses latérales, assez longues et grêles, à extrémités étalées; point de pièce spiculaire accessoire; ovaire double; une glande caudale. *L. exilis*, Marseille. — *Rhabdotoderma*, Marion. Cuticule striée; cavité buccale longue mais étroite, présentant à son ouverture des pièces chitineuses en chevron et plus profondément quatre pièces denticulées, disposées longitudinalement en deux séries symétriques; spicules accompagnés de deux pièces accessoires latérales et d'une médiane; ovaire double; une glande caudale. *R. Mortstatti*, Marseille. — *Rhabdolaimus*, de Man. Cuticule striée; tête obtuse, inerme; cavité buccale très allongée, très étroite, limitée par trois grêles bâtonnets chitineux qui convergent légèrement en arrière et sont en rapport, chacun à son extrémité antérieure avec un corpuscule en forme de crochet; point de spicules accessoires; ovaire simple, même lorsqu'il s'étend des deux côtés de la vulve; une glande caudale. *R. terrestris*, terre humide. *R. aquaticus*. — *Diphterophora*, de Man. Cuticule lisse; cavité buccale en ovale allongée, contenant trois bâtonnets droits, rapprochés l'un de l'autre, terminés postérieurement chacun par un tubercule et dont les deux dorsaux s'étendent moins loin en arrière que le ventral; ces bâtonnets s'unissent en avant à une calotte chitineuse et en arrière aux trois faces de la paroi œsophagienne; spicules sans pièce accessoire; ovaires doubles; point de glande caudale. *D. communis*, terre humide. — *Tylopharynx*, de Man. Tête distincte, mais inerme; cavité buccale formée de trois arcs chitineux, convergeant en arrière où ils portent chacun un tubercule; spicules avec une pièce accessoire; ovaire double; point de glande caudale. *T. striata*, terre humide des prairies.

Fam. DORYLAIMIDÆ. — Cavité buccale contenant un aiguillon plein ou creux.

Tylenchus, Bast. Cuticule finement striée; extrémité buccale tuberculiforme; un aiguillon buccal plein ou ne contenant qu'un fin canal terminé postérieurement par trois tubercules; deux bulbes œsophagiens; le premier plus faible; deux spicules avec pièce accessoire; ovaire simple, mais se prolongeant d'ordinaire en arrière de la vulve qui est près de l'extrémité postérieure du corps; point de glande caudale. *T. tritici*, détermine la nielle des blés; *T. dipsaci*, attaque le Cardère à toulon; *T. fungorum*, des champignons; *T. vastatrix*, ravage un grand nombre de plantes. *T. pratensis*, terre des prairies. — *Aphelenchus*, Bast. Diffèrent des *Tylenchus* par leur œsophage plus caractérisé et la présence d'une glande caudale. *A. plantaginis*, dans les racines du Plantain. *A. fragariæ*, sur les fraises. — *Sphærularia*, L. Dufour. Libres à l'état jeune et alors semblables à des *Tylenchus*; à l'état adulte, les femelles habitent la cavité générale des Bourdons, et leur matrice extravasée, beaucoup plus grosse que le corps, est couverte de sphérules. *S. bombi*, Fr. dans les Bourdons. — *Tylencholaimus*, de Man. Cuticule lisse; des papilles céphaliques; un aiguillon buccal creux, avec des renflements à son extrémité postérieure: point de pièce spiculaire accessoire, ni de glande caudale; ovaire simple. *T. mirabilis*, terre sablonneuse. — *Heterodera*, Schm. Mâle avec un capuchon céphalique; femelle ovoïde, avec un simple renflement chitineux péribuccal. *H. Schachtii*, ravage les champs de Betterave. — *Tylolaimorphus*, de Man. Cuticule annelée; tête arrondie portant deux couronnes de papilles; un aiguillon buccal semblable à celui des *Tylencholaimus*, à pointe antérieure entourée d'une calotte formée de trois arcs chitineux, unis entre eux antérieurement; ovaire double; point de glande caudale. *T. typicus*, terre de bruyère. — *Dorylaimus*, Duj. Tête quelquefois inerme, ordinairement portant six lèvres péribuccales; cavité buccale infundubiliforme ou tubulaire, contenant un aiguillon creux, tronqué obliquement en avant en bec de plume d'oie, se confondant en arrière avec la cuticule œsophagienne; paroi de la cavité buccale chitineuse, épaissie au fond de cette cavité en un anneau d'où part une mince membrane qui se prolonge sur l'aiguillon; spicules avec ou sans pièce accessoire; ovaire double. *D. stagnalis*, eaux douces. *D. Bastiani*, terre humide et prairies. — *Acanthopharyx*, Marion. Cuticule striée; tête arrondie; cavité buccale contenant une pièce chitineuse allongée, creuse, élargie et garnie d'épines à son extrémité supérieure; spicules accompagnés de deux pièces accessoires; ovaire double (?); une glande caudale. *A. perarmata*, Marseille.

Fam. ONCHOLAIMIDÆ. — Cavité buccale contenant toujours une dent dorsale qui peut être accompagnée de bandelettes chitineuses longitudinales ou d'autres pièces solides; spicules accompagnées d'une ou deux pièces accessoires; ovaire double; généralement une glande caudale.

Odontolaimus, de Man. Cuticule striée; des soies céphaliques; un court vesticule conduisant dans une cavité buccale très allongée, très étroite, à parois antérieures chitineuses du côté dorsal; dent buccale antérieure et triangulaire; point de glande caudale. *O. chlorurus*, terre humide. — *Mononchus*, Bast. Tête tronquée, avec deux cercles de six papilles chacun; cavité buccale allongée, très profonde, avec une forte dent accompagnée de deux bandelettes chitineuses transversales submédianes, ventrales; deux petites dents au fond de la cavité buccale; deux pièces spiculaires accessoires. *M. brachyurus*, terre humide. — *Oncholaimus*, Duj. Diffèrent des *Mononchus* par la présence d'une seule pièce spiculaire accessoire. *O. thalassophyas*, terres saumâtres. *O. brachycereus*, Saint-Vaast. *O. (Viscosia) viscosus*, Manche. — *Oncholaimellus*, de Man. Diffèrent des *Oncholaimus* par l'inégalité des spicules. *O. calvadosicus*, Saint-Vaast. — *Microlaimus*, de Man. Cuticule annelée; tête tuberculiforme, inerme; cavité buccale petite; spicules avec deux pièces accessoires. *M. globiceps*, terre saumâtre. — *Cyatholaimus*, Bast. Diffèrent des *Microlaimus* par la présence de lèvres buccales; cuticule striée et ponctuée. *C. ruricola*, prairies humides. *C. ocellatus*, Manche. — *Spira*, Bast. Cuticule finement annelée, une couronne de soies céphaliques; cavité buccale fort petite avec une très petite dent dorsale; spicules avec une pièce accessoire; point de glande ventrale. *S. parasitifera*, Saint-Vaast. — *Comesoma*, Bast. Cuticule finement annelée, sétifère, ornée de séries transversales de points très petits; cavité buccale petite, à parois chitineuses minces, se continuant avec celles de l'œsophage; dans ce dernier, près de son extrémité antérieure une petite dent dorsale et un peu plus en arrière deux pièces ventrales symétriques; testicule biparti; spicules étroits, allongés avec une pièce accessoire unique; ovaire double à extrémités non repliées; une glande ventrale. *C. vulgare*, Saint-Vaast. — *Chromadora*, Bast. Cuticule annelée, ponctuée, de structure compliquée; cavité buccale armée d'une seule dent dorsale, souvent accompagnée de trois dents ventrales; spicules égaux avec deux pièces accessoires; des organes de fixation en avant de l'anus chez le mâle. *C. bioculata*, terre humide; *C. filiformis*, Saint-Vaast. — *Spilophora*, Bast. Diffèrent des *Chromadora* par l'absence d'appareils de fixation préanaux chez le mâle. *S. geophila*, terres saumâtres; *S. tentabunda*, Saint-Aubin. — *Euchromadora*, Bast. Diffèrent des *Chromadora* par l'inégalité de leurs spicules. *E. vulgaris*, Manche. — *Desmodora*, de Man. Diffèrent des *Spilophora* par l'absence de ponctuation de la cuticule; des papilles et une ou deux couronnes de soies péribuccales, *D. serpentulus*, Saint-Vaast. — *Ethmolaimus*, de Man. Cuticule annelée; tête tronquée, sétigère; cavité buccale formée de deux régions: l'antérieure cupuliforme avec des épaississements longitudinaux sur ses parois et une dent dorsale; la postérieure prismatique. *E. pratensis*, terre humide. — *Diplogaster*, Max Schulze. Cuticule striée, un repli cutané plus ou moins sinueux autour de la bouche, accompagnée d'un ou deux cercles de six soies; parois chitineuses de la cavité buccale avec une dent dorsale, quelquefois une ou plusieurs dents ventrales et parfois deux ou trois épaississements chitineux circulaires; deux spicules avec pièce accessoire; ovaire double ou simple; deux bulbes œsophagiens; point de glande caudale. *D. rivalis*, eaux douces. — *Monoposthonia*, de Man. Cavité buccale composée d'une région antérieure cyathiforme et d'une partie postérieure allongée, trilatérale et subuliforme; région antérieure contenant une couronne de six pièces chitineuses en forme de M, puis deux ou deux ou trois bandes circulaires chitineuses et une dent dorsale médiane; testicule *double*; *un seul spicule*; ovaire *simple*; vulve postérieure. *M. costata*, Saint-Vaast.

Fam. EURYSTOMIDÆ. — Une dent ventrale médiane ou latérale et située à droite dans la cavité buccale.

Hypodontolaimus, de Man. Tête munie de papilles et de soies; bouche conduisant dans un vestibule cyathiforme, polygonal, à parois minces et chitineuses, en communication directe avec l'œsophage; région antérieure de l'œsophage (cavité buccale?) renflée, contenant une pièce chitineuse dorsale et une ventrale; cette dernière terminée en avant par une grande dent obtuse, recourbée en crochet et suivie de trois apophyses chitineuses, deux latérales et une médiane plus courte, dirigée obliquement vers le côté dorsal; spicules accompagnés de deux pièces accessoires; ovaires doubles; une glande caudale. *H. inæqualis*, m. du Nord. — *Thoracostoma*, Marion. Cuticule lisse, épaissie dans la région céphalique en une sorte de capsule présentant en arrière deux échancrures latérales et quatre submédianes; cavité buccale très étroite, présentant une dent ventrale; deux spicules avec pièce accessoire symétrique; ovaire double; une glande caudale. *T. denticaudatum*, mer du Nord; *T. montredonense*, Marseille. — *Symplocostoma*. Bast. (*Amphistenus*, Marion). Tête arrondie, portant six soies; cavité buccale cylindrique, à parois chitineuses et encroûtées, saillantes à l'intérieur en trois endroits qui sont marqués de bandes chitineuses transversales et présentant, en outre, un organe dentiforme au fond de la cavité buccale, entre la ligne médiane ventrale et la ligne latérale droite; deux spicules avec une grêle pièce accessoire; ovaire double; une glande caudale. *S. longicolle*, Manche. — *Eurystoma*, Marion. Cuticule lisse; tête distincte; bouche très grande, entourée de petites papilles et d'une couronne de soies; cavité buccale très grande avec une dent asymétriquement placée, semblable à celle des *Symplocostoma* et peut-être deux autres dents plus petites; deux spicules arqués munis d'une pièce accessoire massive, grande et dirigée en arrière; deux ventouses médianes, préanales chez les mâles; ovaire double. *E. filiforme*, Manche. *E. ornatum*, Marseille.

V. CLASSE

DESMOSCOLECIDÉS [1]

Une tête piriforme distincte; corps fusiforme, marqué de bourrelets transversaux portant chacun une paire de soies; marins et libres.

Deux genres, les genres *Desmoscolex* et *Trichoderma*, forment la classe des Desmoscolécidés; ils ne comprennent chacun qu'un très petit nombre d'espèces marines dont l'organisation n'a pas été étudiée en détail. Le corps du *Desmocolex minutus* est fusiforme; il se termine en avant par une tête piriforme dont l'extrémité amincie porte la bouche et sur laquelle sont implantées quatre soies chitineuses. Le corps est marqué de dix-sept bourrelets saillants, annulaires, qui portent chacun, sauf le onzième et le quinzième, une paire de soies. De ces paires de soies, les unes sont implantées sur la face dorsale, les autres sur la face ventrale. Les soies dorsales présentent un appendice lancéolé terminal, qui peut être retiré dans la hampe de la soie; les soies céphaliques et les soies ventrales ont également un appendice, mais il est en forme d'aiguille. L'animal rampe sur sa face dorsale. Le tube digestif est droit, il comprend un œsophage musculeux, élargi en arrière et un intestin qui s'ouvre au dehors au niveau du seizième bourrelet. Il existe deux yeux entre le quatrième et le cinquième anneaux.

Les sexes sont séparés; les femelles se distinguent des mâles par la grande longueur des soies ventrales de leur onzième segment. Les organes génitaux sont représentés dans les deux sexes par un tube impair.

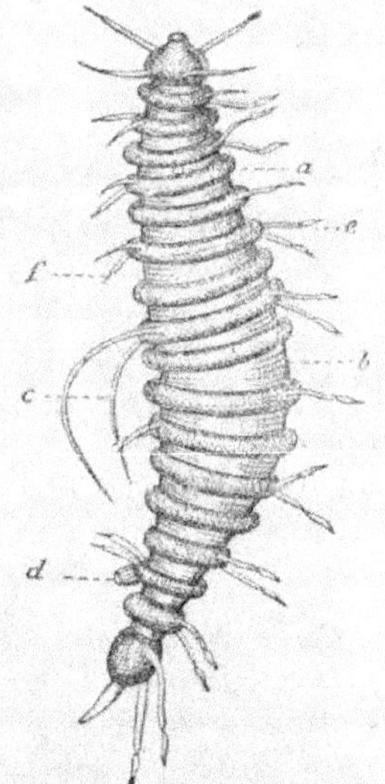

Fig. 1023. — *Desmoscolex minutus*, grossi environ 200 fois. — *a*, œil; *b*, face ventrale; *c*, longues soies dorsales qui n'existent que chez les femelles; *d*, anus; *e*, soies ventrales; *h*, soies dorsales (d'après R. Greff).

[1] Greff, *Untersuchungen über einige merkwürdige Thiergruppen der Arthropoden-und Wurmtypus*. 1869. — V. Linstow, *Zoologischer Anzeiger*, t. IV.

Le tube mâle se termine à l'anus, qui est accompagné de deux longs spicules chitineux. Le tube femelle s'ouvre sur la face ventrale entre le onzième et le douzième segments; après la ponte, les œufs restent assez longtemps attachés à cet orifice.

Les *Trichoderma* n'ont pas de soies céphaliques ni de soies ventrales; tout leur corps est couvert de poils.

FAM. **DESMOSCOLECIDÆ**. — Caractères de la classe.

Desmoscolex. Claparède. Corps nu; des soies céphaliques et des soies ventrales. *D. minutus*, Saint-Vaast. — *Trichoderma*, Greef. Corps velu; ni soies céphaliques, ni soies ventrales. *Th. oxycaudatum*, mer du Nord.

VI. CLASSE

CHÉTOSOMIDÉS

Extrémité antérieure du corps plus ou moins renflée en tête, portant une demi-couronne de crochets mobiles; bouche à trois lèvres. Aucune indication extérieure de métaméridation. Corps revêtu de poils très fins; en avant de l'anus, sur la face ventrale, deux rangées de tigelles cylindriques, capitées, simulant ensemble deux nageoires. Sexes séparés; mâle pourvu de deux spicules. Marins, libres.

L'organisation de ces animaux est encore peu connue et paraît se rapprocher beaucoup de celle des Nématodes, auxquels il faudra sans doute les réunir. Ils ressemblent au premier abord aux Chétognathes, mais cette ressemblance pourrait bien n'être que tout extérieure.

FAM. **CHÆTOSOMIDÆ**. — Caractères de la classe.

Chætosoma, Claparède. Tête bien caractérisée; œsophage simple ou étranglé vers le milieu de sa longueur; tiges ventrales droites. *C. ophicephalum*, Saint-Vaast, rampe parmi les algues. — *Rhabdogaster*, Metschnikoff. Tête peu distincte; un bulbe œsophagien; tiges ventrales en crochet, rapprochées de la région antérieure. *R. cygnoides*, Méditerranée.

VII. CLASSE

CHÉTOGNATHES (CHÆTOGNATHA)[1]

Corps allongé, plus ou moins aplati dans le sens dorso-ventral, semi-transparent, légèrement élargi en avant, de manière à constituer une région céphalique, un peu atténué en arrière; bordé, au moins dans sa région postérieure, d'une membrane continue ou échancrée latéralement et tronquée en arrière, formant ainsi une ou deux paires de nageoires latérales et une nageoire caudale horizontale. Bouche ventrale; tête portant latéralement deux houppes symétriques de longs crochets recourbés et pointus, jouant le rôle de mâchoires.

Forme générale du corps. — La classe des Chétognathes ne comprend jusqu'ici que les deux genres : *Sagitta* et *Spadella*. Ce sont des animaux marins pélagi-

1. BATTISTA GRASSI, *I Chetognathi; Anatomie e sistematica con aggiunti embriologiche*, Fauna und Flora des Golfes von Neapel, 1883.

ques, presque transparents (fig. 1023 *bis*), dont la taille varie depuis quelques millimètres jusqu'à près d'un décimètre dans les mers chaudes; leur forme générale
rappelle celle d'un petit poisson; leur corps est, en effet,
allongé, élargi en avant de manière à présenter une sorte
de *tête* graduellement reliée au corps par un cou légèrement rétréci; une ou deux paires d'expansions membraneuses latérales et une membrane caudale, horizontale,
trapézoïdale, tronquée en arrière simulent des nageoires.

La *tête* porte deux yeux, des papilles tactiles et une
paire de houppes latérales de crochets longs, courbés et
pointus entre lesquelles, sur la face ventrale, se trouve
la bouche. Elle est couverte d'un repli tégumentaire, le
capuchon ou *prépuce*. La région suivante du corps, le
tronc, contient la plupart des viscères, et se termine à
l'anus qui est suivi de la *queue*. Les affinités des Chétognathes avec les Nématodes signalées par de nombreux
auteurs, paraissent extrêmement douteuses et c'est faute
de mieux qu'ils seront ici décrits. L'absence de cuticule
épaisse sur leur tégument qui est un véritable épithélium,
l'importance prise chez eux par les cils vibratiles qui forment une couronne dorsale superficielle dans la région du
cou (*R*), revêtent tout l'intestin et se trouvent même dans la
cavité générale, la situation des muscles, le mode de cloisonnement de la cavité générale, l'hermaphrodisme, la forme
filamenteuse et l'agilité des spermatozoïdes, enfin l'embryogénie particulière de ces animaux les éloignent tellement
des Nématodes et par des caractères si importants que
leur place ne demeurera certainement pas au voisinage de
ces animaux; ils ont sans doute beaucoup plus d'affinités
avec les Vers, sans qu'il soit possible de découvrir encore
de quelle classe on pourrait les rapprocher.

Structure des parois du corps. — Le corps est recouvert d'un épithélium pavimenteux dont les cellules sont
disposées en une ou plusieurs assises, suivant les espèces
et la région du corps que l'on considère; elles forment
habituellement plusieurs couches sur les parties latérales
et antérieures du tronc. Les cellules de l'épithélium ont
une taille proportionnée à celle de l'espèce à qui elles
appartiennent; leur contour est nettement défini; il est
crénelé, et ses crénelures sont surtout profondes dans les
régions où l'épithélium est simple. Les cellules contiennent
assez souvent soit des granules pigmentaires qui laissent
toujours incolore le centre de la cellule; soit une matière colorante dissoute, souvent en rapport avec le régime de l'animal, mais sans être directement empruntée
aux aliments dont il se nourrit; ainsi les espèces de surface, qui se nourrissent
surtout de petits crustacés bleu de mer, sont de la même couleur, tandis que la

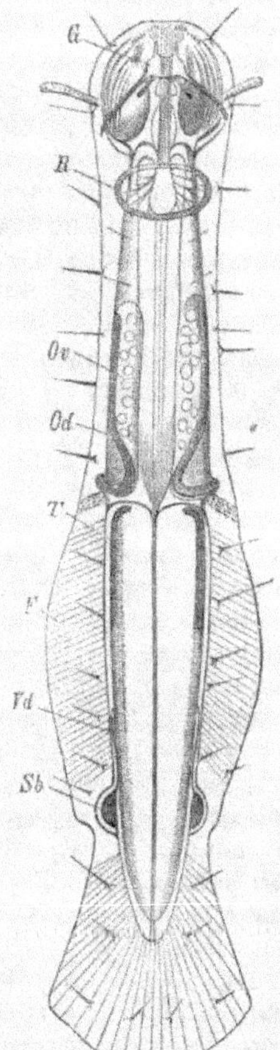

Fig. 1023 *bis*. — *Sagitta (Spadella) cephaloptera*, grossie
30 fois, vue par la face ventrale.
— *F*, nageoire postérieure; *G*,
ganglion; *Te*, tentacules; *R*,
organe olfactif; *Ov*, ovaire; *Od*,
oviducte; *T*, testicule; *Vd*,
canal déférent; *Sb*, vésicule
séminale (d'après O. Hertwig).

Sagitta Claparedii qui vit parmi les algues est colorée en vert; mais la *Spadella bipunctata* a des parties bleues, alors même qu'elle est absolument à jeun.

On doit considérer les nageoires comme de simples dépendances de l'épiderme; leur nombre peut être de trois (*Spadella draco, Sp. subtilis, Sp. hamata, Sagitta Claparedii, S. cephaloptera*) ou de cinq (*Sp. hexaptera, Sp. magna, Sp. lyra, Sp. inflata, Sp. bipunctata, Sp. serrato-dentata, Sp. minima, Sagitta Darwini*); il existe toujours une nageoire impaire qui embrasse l'extrémité de la queue. Quand il y a deux paires de nageoires latérales, la paire postérieure est toujours la plus développée; c'est elle qui subsiste quand le nombre des nageoires est réduit à trois. Une nageoire est toujours composée : 1° d'une substance fondamentale amorphe; 2° de rayons chitineux; 3° de cellules interradiales; 4° de nerfs nombreux, courant d'abord sous l'épiderme, puis aboutissant aux papilles sensitives; 5° d'une couche épithéliale continue. Les rayons chitineux sont parallèles, ils peuvent manquer sur certains points, par exemple, à l'extrémité antérieure de la nageoire antérieure de la *Sp. lyra*. L'absence d'éléments contractiles indique que les nageoires des Chétognathes ne sont nullement des organes de mouvement, mais de simples organes d'équilibre; toutefois par les mouvements généraux du corps, la nageoire caudale peut être amenée à battre l'eau et à aider ainsi à la progression.

La face ventrale des *Sp. Claparedii* et *cephaloptera* est couverte de papilles formées chacune, suivant les régions du corps, d'une cellule allongée (partie postérieure de la queue, nageoires, partie antérieure du tronc) ou de plusieurs, terminées par une sorte de bouton adhésif, qui leur permet de se fixer contre les corps solides et même contre le verre. En outre la *Sp. Claparedii* présente sur les nageoires, du côté dorsal, le long du corps, une série de glandules pluricellulaires.

Au-dessous de l'épiderme se trouvent les muscles qui se groupent en une *musculature générale* et une *musculature céphalique*. Dans la musculature générale il faut d'ailleurs distinguer la *musculature primaire* et la *musculature secondaire*. La première s'étend de la tête jusqu'à l'extrémité de la queue et se divise en quatre bandes séparées par des espaces correspondant aux lignes médianes et aux lignes latérales des Nématoïdes. Sur les petits individus, les bandes musculaires sont formées de lames longitudinales, parallèles à l'axe du corps qui se décomposent chacune en deux lamelles, formées à leur tour de rubans aplatis, inclinés l'un sur l'autre d'une lamelle à l'autre, de sorte que sur une section transversale de la lame, les coupes des rubans affectent la disposition des barbes d'une plume. Nous retrouverons fréquemment cette disposition *pennée* des muscles chez les Vers annelés. Par la macération, chaque bande se décompose, chez les petites espèces, en plaques rectangulaires, allongées, dont la longueur est parallèle à celle du corps de l'animal; ces lamelles qui demeurent souvent accolées comme les pages d'un livre, sont striées transversalement et apparaissent ainsi comme formées d'une série longitudinale de pièces alternativement claires et obscures. Les plaques ont, chez les grandes espèces, une forme plus variable, rhomboïdale ou trapézoïdale, et celui de leurs grands côtés qui est tourné vers la cavité générale présente toujours une bordure sans structure, tandis que le reste de la lame est strié transversalement. La striation offre les mêmes caractères que chez les petites espèces; mais la plaque se laisse diviser en tablettes longitudinales, superposées comme les pages d'un livre et dans lesquelles les stries sont alternativement inclinées dans un sens et dans le sens opposé. Ces tablettes sont elles-mêmes composées de fines fibrilles longitudinales, pressées les unes contre les autres. Il est possible que ces fibrilles atteignent la longueur du corps et que la division transversale des plaques musculaires qui donne lieu à la production des lamelles soit le résultat d'une rupture artificielle des fibrilles. Des noyaux se trouvent toujours dans la bordure anhiste, formée sans doute de protoplasma non différencié en substance contractile; mais on en trouve aussi dans l'épaisseur des plaques musculaires où ils sont disposés sans ordre.

La musculature secondaire se trouve près des lignes médianes et des champs latéraux. Les lignes médianes sont très diversement développées; elles sont à peine indiquées chez la *Sp. draco*; la ligne ventrale s'accuse nettement chez les *Sp. magna* et *hexaptera* et les autres espèces, et présente presque toujours vers

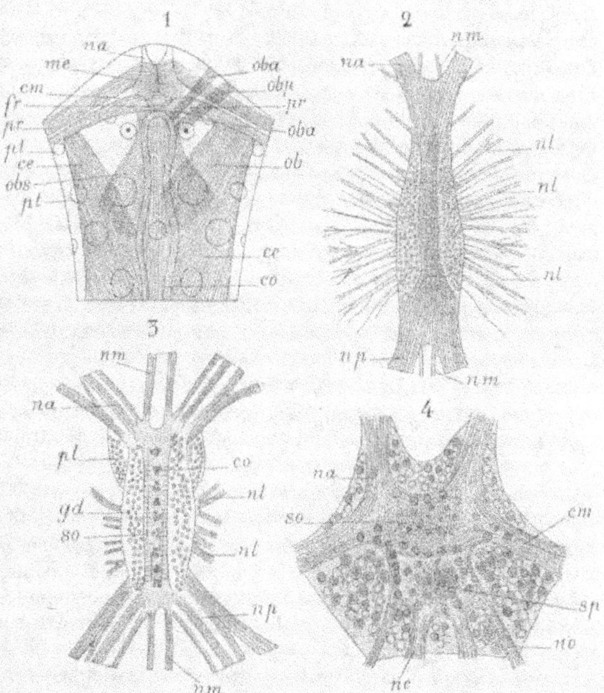

Fig. 1024. — Musculature céphalique et système nerveux des *Sagitta*. — 1, Musculature céphalique de la *Sagitta bipunctata*; *na*, tronc antérieur du cerveau; muscle extenseur subcérébral; *cm*, commissure périœsophagienne; *fr*, fossette rétro-cérébrale; *pr*, muscles prépuliaux; *pt*, proéminence tactile; *ce*, extrémité externe des muscles dorsaux; *obs*, m. superficiel oblique de la tête et du cou; *oba*, m. oblique antérieur; *obp*, m. oblique postérieur; *ob*, m. oblique profond. — 2, Ganglion abdominal de la *S. hexaptera*, de face; *na*, *np*, connectifs; *nm*, nerfs médians; *nl*, nerfs latéraux. — 3, Ganglion abdominal de la *S. magna* vu par la face ventrale; mêmes lettres, en outre, *co*, colonne médiane du ganglion abdominal; *gd*, substance cellulaire du ganglion; *so*, substance fibro-ponctuée. — 4, Cerveau de la *S. lyra*, vu de face; mêmes lettres, en outre, *sp*, substance ponctuée de Leydig (d'après B. Grassi).

l'anus un élargissement rhomboïdal. Les champs latéraux sont beaucoup plus constants. Sur les limites des lignes médianes et des aires latérales, les faisceaux de la musculature secondaire se caractérisent par leur mode spécial de striation. Les fibrilles de la musculature primaire présentent des disques alternativement clairs et obscurs, le disque clair pouvant être traversé ou non d'une ligne obscure; les fibres simplement juxtaposées de la musculature secondaire présentent des espaces non striés qui alternent avec des espaces portant deux ou plusieurs stries rapprochées les unes des autres.

En arrivant dans la région du cou, les bandes musculaires dorsales se divisent chacune en un faisceau externe qui se dirige obliquement vers les régions latérales de la tête, et un faisceau interne qui s'incline vers la ligne médiane; les deux faisceaux internes demeurent séparés l'un de l'autre par une lamelle anhiste. L'espace laissé libre de chaque côté de la tête (fig. 1024, n° 1) par l'écartement des deux faisceaux d'une même bande est occupé par deux muscles larges et plats, l'un superficiel, l'autre profond. Le muscle superficiel va en se rétrécissant de la base du cou vers la ligne médiane et s'arrête en arrière du cerveau (*obs*); le muscle profond se dirige d'abord vers le bord postérieur de la tête, puis change de direction et se dirige en avant et en dedans. De la région où se terminent les deux muscles superficiels, partent deux bandelettes musculaires (*oba*, *obp*) qui se dirigent obliquement d'arrière en avant et de dedans en dehors vers le bord antérieur de la tête (*m. obliques antérieurs et postérieurs de la tête*), tandis que de la lamelle de soutien médiane et ventrale, de grêles faisceaux (*longs transverses*) se dirigent vers l'extrémité antérieure des aires latérales; d'autres faisceaux vont de la même région vers les régions latérales antérieures et postérieures de la tête; enfin deux masses musculaires paires (*grands complexes latéraux*) et une impaire (*grand complexe médian*), formant une masse antéro-inférieure, complètent la musculature céphalique. Le grand complexe médian est concave antérieurement; dans sa concavité repose un corpuscule ovale, formé d'un amas de cellules nucléées. Cet organe qui ne manque qu'à la S. *Claparedii* demeure énigmatique.

Le *capuchon* ou *prépuce* qui se rabat d'arrière en avant sur la tête, à laquelle il est relié dans la région dorsale, sur une partie de sa longueur, par une sorte de frein, possède lui aussi une musculature propre, composée d'un anneau de fibrilles musculaires, interrompu seulement du côté dorsal, au niveau des yeux et de la partie antérieure du cerveau.

Appareil digestif. — Le tube digestif est droit et l'anus qui le termine indique les limites respectives du tronc et de la queue. Dans la région céphalique il se divise en *vestibule* et *œsophage;* dans le tronc il constitue l'*estomac*.

Le *vestibule* suit l'ouverture buccale et précède l'œsophage; à l'état de repos, c'est une simple dépression de la face ventrale; mais lorsque l'animal veut saisir une proie, le vestibule prend la forme d'une pyramide triangulaire dont la base correspond à la bouche et le sommet à l'œsophage; deux des faces de la pyramide sont antéro-latérales, l'autre postérieure. Ce sont les muscles complexes latéraux qui déterminent ces changements de forme. Le vestibule est tapissé d'une cuticule recouvrant une assise unique de cellules cylindriques ou cubiques, à contours faiblement dentés, à extrémité profonde bi- ou trifide; sur ses parties latérales, non loin de l'orifice œsophagien s'insèrent les *crochets*, en forme d'alènes allongées, auxquels la classe doit son nom; leur nombre varie d'un individu à l'autre; il oscille de cinq à douze; leur forme varie légèrement suivant les espèces; on peut distinguer, à leur couleur dans chacun d'eux, un corps et une pointe, tous deux formés d'un étui chitineux rempli d'une substance granuleuse. Grâce à la riche musculature de la région du vestibule sur laquelle ils sont implantés, les crochets sont susceptibles de nombreux mouvements. Outre les crochets, sur les parois antérieure et latérales du vestibule, on observe toujours des *denticules*, disposés en une ou deux séries transversales; dans ce dernier cas, la pointe des denticules antérieurs regarde en arrière ; celle des postérieurs en avant. Ces denticules ont pour fonction de retenir les aliments attaqués par les crochets.

La lumière de l'*œsophage* présente également un aspect très variable ; à l'état de repos, c'est une simple fente présentant une paroi droite et une paroi gauche. Chaque paroi comprend une couche épithéliale, une couche de fibres musculaires longitudinales, une couche de fibres musculaires transversales ; ces couches sont interrompues le long des arêtes supérieure et inférieure de l'œsophage ; une membrane basilaire anhiste sépare l'épithélium des couches musculaires. Les cellules épithéliales sont hautes, à noyau basilaire dans la région antérieure de l'œsophage, à noyau médian dans les régions moyenne et postérieure ; l'aspect du contenu de ces cellules est plus ou moins granuleux et les caractérise comme des cellules glandulaires. A leur base, des cellules ovales, émettant un prolongement vers la membrane basilaire, paraissent être des cellules nerveuses.

Un étranglement extérieur sépare l'œsophage de l'*intestin*. Ce dernier, lorsqu'il est vide, est aplati dans le sens vertical ; sa paroi présente une assise unique d'épithélium cilié, reposant sur une lame membraneuse fibrillaire, à fibrilles transversales, présentant d'assez nombreux noyaux. Les cellules épithéliales sont de deux sortes : les *cellules glandulaires* et les *cellules absorbantes*. Les premières sont cinq à six fois moins nombreuses que les secondes ; elles traversent des phases inverses de développement, de sorte que lorsque les cellules glandulaires sont à leur état maximum d'activité, les cellules absorbantes sont à peine visibles. La constitution de l'intestin demeure constante jusqu'à l'anus.

Deux *mésentères* verticaux, l'un dorsal, l'autre ventral, relient le tube digestif aux parois du corps. Le mésentère ventral est formé d'un repli de la membrane fibreuse de l'intestin, soutenu par une sorte de charpente chitineuse. Cette charpente manque au mésentère dorsal dont les deux lames ne se fusionnent qu'au moment de se fixer à la paroi dorsale du corps. Des ostioles pratiquées dans les deux mésentères permettent une communication entre les deux moitiés de la cavité générale qu'ils séparent ; ces ostioles sont quelquefois si nombreuses et si larges que les mésentères se réduisent à une simple série de trabécules (S. *bipunctata* et autres petites espèces).

Organes des sens. — Il peut exister chez les Chétognathes cinq sortes d'organes des sens : 1° les *papilles tactiles* ; 2° la *couronne ciliée* ; 3° les *follicules vestibulaires* ; 4° la *fossette vestibulaire* ; 5° la *fossette rétro-cérébrale* ; 6° les *yeux*.

Les *papilles tactiles* sont disséminées presque symétriquement sur toute la surface du corps ; elles semblent former tout à la fois des cercles successifs et des séries longitudinales ; cependant les lignes et les cercles ne sont jamais parfaitement réguliers, et s'effacent presque chez les grands individus, où le nombre des papilles est très considérable. La forme de la base des papilles est variable, mais sur cette base, la papille elle-même s'élève en cône surbaissé et aplati ; chaque papille porte une série rectiligne de soies disposées en éventail ; les deux faces du cône sont limitées par une couche de bâtonnets portés par les *cellules périphériques* de la papille, qui sont de forme cubique et mal délimitées. Sous ces cellules, se trouvent les *cellules centrales*, disposées en deux séries régulières, parallèles à la ligne des soies ; elles sont hautes et entourées par les *cellules intermédiaires* dont la hauteur diminue graduellement à mesure qu'on s'éloigne des cellules centrales pour se rapprocher des bords de la papille. A chaque papille aboutit un rameau nerveux.

La *couronne ciliée* est une courbe fermée, généralement elliptique, que dessinent des cils vibratiles, à la surface dorsale de l'animal, sur la tête (*S. inflata*, *S. magna*), sur le cou (*S. bipunctata*), ou sur la région antérieure du tronc (*S. Claparedii*). Un nerf spécial innerve cette couronne dont les fonctions sont encore douteuses.

Il existe deux groupes de *follicules vestibulaires*, l'un droit, l'autre gauche, situés chacun sur un repli du vestibule en arrière des dents; chacun de ces groupes comprend une vingtaine de follicules. Chaque follicule est constitué par un groupe sphéroïdal de cellules, contenu dans une enveloppe fibreuse et surmonté par un canal cuticulaire qui porte plusieurs soies raides probablement en continuité avec un prolongement des cellules dirigé vers le canal; on a considéré ces follicules comme des organes du goût. Derrière chacun des plis qui portent les follicules vestibulaires, se trouve le plus souvent une fossette visible à l'œil nu chez le *S. hexaptera* et dont le bord fait saillie sur l'épiderme ambiant; la fossette est tapissée d'une seule assise de hautes cellules granuleuses à noyau basilaire; il n'est pas encore certain que ces fossettes reçoivent des nerfs spéciaux et soient réellement sensorielles.

La *fossette rétro-cérébrale* s'ouvre extérieurement en arrière du ganglion cérébroïde; elle repose sur l'angle postérieur de ce ganglion, et présente deux appendices latéraux qui s'appliquent sur les trois quarts des côtés postérieurs du ganglion. Elle est tapissée d'une assise de cellules cubiques, à gros noyau qui se continue tout autour de son orifice; les cellules de l'épithélium des appendices latéraux sont plus basses; leur cavité est remplie de granules brillants qui semblent assigner à l'organe une fonction plutôt glandulaire que sensitive, bien qu'une expansion du névrilemme péricérébral s'étende sur lui.

Les *yeux* sont au nombre de deux, petits, en forme de sphères aplaties dans le sens dorso-ventral. On peut y distinguer un *nucleus* central pigmenté et une région corticale. Le nucleus est traversé par deux cloisons perpendiculaires dont l'une divise l'œil longitudinalement dans toute son étendue, tandis que l'autre s'étend seulement de l'un des diamètres de la première jusqu'à la paroi interne de l'organe. Chacune de ces cloisons semble formée de deux lames comprenant entre elles une matière amorphe et granuleuse. Le nucleus de l'œil est ainsi décomposé en trois segments, un grand segment externe et deux segments internes, égaux, l'un antérieur, l'autre postérieur. Le nucleus est entouré d'une zone de corps réfringents, les *bâtonnets* et de deux zones de cellules; ces trois zones sont concentriques, et l'œil tout entier est enveloppé d'une capsule anhiste, striée longitudinalement et transversalement. Le nerf optique se divise en ramuscules dans la couche périphérique; ses dernières fibrilles se continuent avec l'extrémité périphérique des bâtonnets.

Chez la *Sp. draco*, au niveau du ganglion abdominal, il existe de chaque côté du corps une touffe de soies, divergeant d'une fossette à épithélium conique dans laquelle leur base est insérée. Chaque soie est, en réalité, un faisceau de grêles filaments, unis par une substance amorphe et présentant quelques renflements près de leur pointe. Contrairement à ce qu'on pourrait penser, aucun nerf ne se rend à ce singulier organe qui ne paraît pas être sensitif.

Système nerveux. — Le système nerveux central est composé d'un ganglion supraœsophagien ou *ganglion cérébroïde* (fig. 1024, nᵒˢ 4), d'un *ganglion abdominal* (fig. 1024, nᵒˢ 2 et 3) et d'un *collier périœsophagien* qui les unit l'un à l'autre. Le ganglion cérébroïde est, en général, pentagonal; son sommet est tourné en arrière; il fournit cinq paires de nerfs : la première se rend à un ganglion spécial dit *ganglion vestibulaire*; la deuxième au capuchon céphalique; la troisième forme le collier périœsophagien; la quatrième va aux yeux, la cinquième à la couronne; ces deux dernières paires sont contiguës à leur origine. Les cellules nerveuses sont surtout rassemblées à la face supérieure et sur le pourtour du ganglion cérébroïde; elles se pressent parfois de manière à former une sorte de ganglion secondaire à la base des nerfs de la première paire; le reste du ganglion est formé de substance fibro-ponctuée dans la région antérieure, de substance simplement ponctuée dans la postérieure. Les fibres présentent, à l'intérieur du ganglion, une disposition très régulière; elles forment deux rectangles situés l'un derrière l'autre et possédant un côté transversal commun; des angles antérieurs du rectangle antérieur partent les fibres des nerfs de la première paire; des extrémités du côté commun aux deux rectangles les fibres des commissures périœsophagiennes; des angles postérieurs du rectangle postérieur les fibres des nerfs optiques; enfin, de la base de ce même rectangle, les fibres des nerfs de la couronne. Tous les nerfs issus du ganglion cérébroïde sont ainsi mis en rapport immédiat à l'intérieur de ce ganglion (fig. 1024, nᵒ 4).

Le ganglion abdominal (fig. 1024, nᵒˢ 2 et 3) est situé à la face ventrale du corps, vers le milieu de la longueur du tronc dont il occupe toute la largeur chez les petites espèces; il est de forme sensiblement rectangulaire ou elliptique, et donne naissance à un grand nombre de paires nerveuses dont deux sont beaucoup plus volumineuses que les autres, à savoir la paire antérieure (*na*) qui fait partie du collier œsophagien et la paire postérieure (*np*). De ces deux paires, aussi bien en avant qu'en arrière, se détachent les *paires nerveuses médianes (nm)*; l'antérieure se rend à la tête, la postérieure se termine au voisinage de l'anus. Toutes les autres paires nerveuses naissent des côtés du ganglion; on en compte jusqu'à vingt paires chez les *Sp. hexaptera* (nᵒ 2); mais leur nombre est, en général, beaucoup moindre et varie d'une espèce à l'autre ou même d'un côté à l'autre du corps (*Sp. magna*, nᵒ 3), par suite, sans doute, de la soudure d'un certain nombre de nerfs. Le ganglion est divisé histologiquement en trois régions à peu près d'égale largeur et qui intéressent toute son épaisseur. La région médiane (*colonne médiane*) est composée de substance fibro-ponctuée, les régions latérales de cellules. Quelques cellules sont également éparses sur la face ventrale du ganglion; elles sont surtout nombreuses sur la ligne médiane, où elles forment soit des rosettes isolées, soit une traînée discontinue. Ainsi que dans le ganglion cérébroïde il existe entre ces cellules, dont les plus grandes occupent les bords du ganglion, un réseau de névroglie. A l'intérieur des quatre gros troncs terminaux du ganglion abdominal, deux fibres nerveuses se font remarquer par leur grand diamètre; c'est la première fois que nous rencontrons dans la structure du système nerveux ces *fibres géantes* qui prendront une grande importance chez les Vers annelés. Les fibres en question pénètrent dans la substance ponctuée du ganglion où chacune s'anastomose avec sa symétrique; la plus antérieure et la plus postérieure des quatre anses ainsi formées sont unies entre elles par deux fibres géantes longitudinales qui courent non loin l'une de l'autre dans la région médiane du ganglion. Le premier et le dernier nerfs latéraux de chaque côté contiennent aussi une fibre géante ; ces fibres s'anastomosent deux à deux, comme les précédentes dans la substance ponctuée. Souvent aux deux fibres ganglionnaires principales s'en ajoutent deux ou même quatre autres plus petites (*S. serratodentata*).

Nous avons vu que la première paire nerveuse cérébroïde se rendait aux *ganglions vestibulaires*. Ces ganglions se trouvent dans les parois du vestibule et sont unis entre eux par une longue commissure arquée, convexe antérieurement : ils fournissent extérieurement chacun trois nerfs, dont le premier est le nerf vestibulaire, tandis que le dernier se renfle bientôt en un ganglion accessoire, fournissant à son tour deux nerfs ; intérieurement naissent de chaque ganglion deux nerfs ; le dernier aboutit aux ganglions œsophagiens d'où naissent les *nerfs œsophagiens supérieurs* et ceux du follicule vestibulaire. Du sommet de l'arc nerveux, naît enfin un nerf récurrent qui finit par se ramifier dans les parois de l'œsophage. Aussitôt détachés du ganglion abdominal les nerfs postérieurs divergent, se divisent un grand nombre de fois et finissent par constituer chacun un réseau nerveux des plus complexes ; les nerfs latéraux forment des réseaux analogues qui, au niveau des lignes latérales, finissent eux-mêmes par se confondre, formant ainsi tous ensemble un réseau nerveux sous-épidermique continu.

Appareil reproducteur. — Les Chétognathes sont hermaphrodites. Les organes génitaux sont pairs, symétriques ; les organes mâles sont situés dans la queue, les organes femelles dans le tronc.

Appareil mâle. — La cavité caudale est séparée de la cavité du tronc par un dissépiment transversal ; elle est ensuite divisée en deux moitiés, l'une droite, l'autre gauche, par une cloison verticale tapissée d'un épithélium vibratile à cellules cubiques, qu'on retrouve sur les aires latérales dans la région postérieure de la queue. Chacune des deux moitiés de la cavité caudale contient, dans sa région antérieure, un appareil génital comprenant lui-même : 1° un *testicule* solide, cylindrique ; 2° un *réservoir spermatique* ou s'accomplit la maturation des spermatozoïdes ; 3° un *canal déférent* ; 4° une *vésicule séminale* qui fait saillie latéralement et sépare, pour ainsi dire, la nageoire médiane de la nageoire caudale. Les testicules sont appliqués le long du bord ventral des aires latérales, de l'extrémité antérieure de la cavité caudale jusqu'au niveau de l'extrémité postérieure de la nageoire caudale. De l'extrémité antérieure du testicule se détachent des spermatogonies qui tombent dans la cavité générale pour y achever leur développement. Dans les petites espèces (*S. Claparedii*), toute la cavité générale se remplit ainsi de spermatogonies ; mais chez les grandes (*S. hexaptera*), une cloison verticale sépare l'extrémité postérieure de la cavité caudale de sa région antérieure, en laissant cependant entre elles un orifice de communication. C'est dans la partie postérieure ainsi délimitée de la cavité générale, fonctionnant comme un véritable *réservoir spermatique*, que les spermatozoïdes mûrissent. Le *canal déférent* prend les spermatozoïdes dans la cavité générale pour les conduire dans la *vésicule séminale*. Ce canal est un tube droit qui commence à l'extrémité postérieure du testicule et arrive à la vésicule séminale en traversant l'aire latérale ; il est tapissé intérieurement d'un épithélium semblable à celui des aires latérales. La *vésicule séminale* est de forme variable ; son extrémité postérieure est souvent colorée en blanc ou en bleu ; toute sa cavité est tapissée d'un épithélium cylindrique, à noyaux basilaires, à sécrétion muqueuse ; cet épithélium semble intercalé entre la couche musculaire et la couche épithéliale de la paroi du corps; un écartement des cellules qui le composent suffit pour constituer l'orifice externe de la vésicule.

Le testicule commence par être constitué par une seule cellule à nombreux petits noyaux; cette cellule est bientôt remplacée par une masse pluricellulaire, formée de cellules à gros noyaux dont le pourtour est granuleux. Plus tard, à l'extrémité antérieure du testicule qui s'est allongée et élargie, on observe des amas sphéroïdaux de cellules que l'on peut nommer *cumuli spermatiques*; ces *cumuli* se détachent l'un après l'autre et tombent dans la cavité générale; peu à peu les noyaux des cellules qui les composent se remplissent de bâtonnets qui fixent fortement les matières colorantes; puis les noyaux se rapetissent, le protoplasme devient relativement abondant et chaque cellule s'allonge à sa périphérie en un filament saillant à la surface du cumulus; c'est la queue d'un spermatozoïde. Ces filaments s'accolent de manière à former des espèces de cônes qui peuvent réunir tous les filaments d'un même cumulus ou une partie seulement d'entre eux, tandis que les noyaux se disposent en une plaque. Finalement les spermatozoïdes se dissocient. Ce sont des filaments sans renflement céphalique apparent qui se meuvent en serpentant.

Appareil femelle. — Les ovaires n'occupent qu'une minime portion de la région postérieure du tronc; dans chacun d'eux est creusé un oviducte tapissé d'un épithélium pavimenteux, communiquant avec l'extérieur par un orifice propre; au voisinage de cet orifice l'épithélium tend à devenir cylindrique, et peut être accompagné de bâtonnets sensitifs. Parfois (*S. Claparedii*) un diverticule de ce canal fonctionne comme *poche copulatrice*. Les spermatozoïdes sont déposés dans l'oviducte, et dans beaucoup d'espèces ils y arrivent bien avant la maturation des œufs. L'épithélium ovarique n'est pas identique sur tout le pourtour de l'organe; disposées en une seule assise sur les faces externes, dorsale et ventrale, cubiques sur la première, allongées sur les deux autres, les cellules se pressent en plusieurs couches sur la face interne; c'est sur cette dernière que se développent les œufs. Les œufs mêmes sont enveloppés d'une capsule cellulaire, à la surface de laquelle font saillie des noyaux; ils sont en outre munis d'un pédoncule constitué par une cellule piriforme dont l'extrémité amincie s'allonge en filament; l'origine de ces dernières parties est encore douteuse.

Développement [1]. — Le fait que l'on trouve souvent dans l'oviducte de nombreux spermatozoïdes indique que la fécondation peut être interne; cependant les spermatozoïdes sont aussi expulsés au hasard par l'animal dans l'eau ambiante, ce qui suppose une fécondation externe. La segmentation est régulière, elle aboutit à la formation d'une *blastula* qui, par invagination, se transforme en une *gastrula*, dont l'entoderme s'accole à l'exoderme, supprimant ainsi la cavité de segmentation. Pendant ce temps deux cellules entodermiques, situées exactement au pôle opposé à l'orifice d'invagination qui marque l'extrémité postérieure de l'embryon, grandissent plus que leurs voisines; ces cellules donneront naissance, en se segmentant, aux glandes génitales; on peut donc les désigner sous le nom d'*initiales*

---

[1] GRASSI, *loc. cit.*, p. 84. — O. BÜTSCHLI, *Zur Entwickelungsgeschichte der Sagitta*, Zeitschrift für wiss. Zoologie, t. XXIII, 1873. — O. HERTWIG, *Die Chætognathen, eine Monographie*. Jenaïsche Zeitschrift für Naturgeschichte, t. XIV, 1880.

sexuelles. Bientôt, au niveau de ces initiales se forment, du côté ventral, deux replis entodermiques longitudinaux qui s'avancent à l'intérieur de la cavité d'invagination, dans la direction du blastopore, entraînant chacun à son sommet l'une des initiales sexuelles. L'entoderme forme alors, au pôle antérieur de l'œuf, trois festons, un *feston médian* fermé en avant, ouvert en arrière et en dessus, compris entre deux *festons latéraux* qui sont, au contraire, ouverts en avant et en dessous tandis qu'ils sont fermés en arrière. Le feston médian formera, en se fermant en dessus, le tube digestif. Les festons latéraux croissent autour du tube digestif jusqu'à ce que celui d'un côté s'accole à celui de l'autre; ils demeurent d'ailleurs en continuité avec la portion de l'entoderme appliquée contre l'exoderme et forment avec cette dernière les parois de la cavité générale et les mésentères; ils jouent par conséquent un rôle analogue à celui des vésicules péritonéales des Échinodermes et ont d'ailleurs une origine analogue.

Avant que ces phénomènes se soient complètement réalisés, au moment où l'intestin se clôt en dessus, le blastopore s'est lui-même fermé. La portion de l'entodermique primitif qui est demeurée accolée à l'exoderme produira les couches musculaires par simple différenciation du protoplasme de ses éléments, et la partie des festons latéraux qui s'est appliquée contre le tube digestif formera le revêtement péritonéal de ce dernier. Une invagination exodermique, au pôle de l'embryon opposée à celui qu'occupait le blastopore, constituera la bouche, le vestibule et l'œsophage. L'exoderme s'épaissit bientôt en avant, du côté dorsal et dans la moitié antérieure de la face ventrale, le long de la ligne médiane. Ces épaississements sont la première ébauche des ganglions nerveux qui plus tard se séparera complètement de l'exoderme. Longtemps l'intestin demeure clos en arrière; peu à peu cependant il s'allonge; son extrémité postérieure se soude du côté dorsal, sur la ligne médiane, avec le tégument; au point de soudure un orifice ne tarde pas à se percer : c'est l'anus.

En arrière de l'anus la cavité générale est encore simple; elle est divisée en avant en deux moitiés par les mésentères; une cloison transversale la divise de nouveau au niveau de la jonction de l'œsophage avec l'intestin en une cavité générale céphalique destinée à s'oblitérer et une cavité somatique; les mésentères continuant à croître au-delà de l'anus, la cavité simple qui correspondait à la région caudale se trouve divisée à son tour en deux cavités latérales.

Cependant les initiales sexuelles n'ont pas quitté l'extrémité postérieure des festons latéraux et par conséquent le voisinage de l'extrémité anale du tube digestif. Chacune d'elles se divise en deux autres, l'une antérieure qui fournira l'appareil génital femelle, l'autre postérieure qui fournira l'appareil génital mâle. Ainsi s'explique la position de ces deux appareils, l'un dans le tronc, l'autre dans la queue.

Fam. **SAGITTIDÆ**. — Caractères de la classe.

Sagitta, Slabber. — Une musculature transversale; des cellules adhésives sus-épidermiques et des glandules sur les nageoires; quelques proéminences tactiles ombiliquées. *S. Claparedi*, Saint-Vaast. — *Spadella*, Grassi. Manquent des caractères énumérés pour les *Sagitta*. *S. bipunctata*, toutes les mers d'Europe.

NÉPHRIDIÉS

Artiozoaires à surfaces libres interne ou externe du corps non recouvertes d'une couche épaisse de chitine, et présentant souvent des cils vibratiles. Membres inarticulés, ou soutenus par un squelette interne qui seul est divisé en segments. Au moins, dans les formes primitives, un appareil néphridien, composé d'autant de paires de néphridies qu'il y a de mérides au corps. Néphridies typiques consistant en tubes ciliés intérieurement, s'ouvrant d'une part à l'extérieur, d'autre part dans la cavité générale. Forme larvaire primitive consistant en une trochosphère.

Caractères généraux; type fondamental de la néphridie. — La longue série des Néphridiés embrasse tous les animaux qui nous restent à étudier depuis les Rotifères jusqu'aux Vertébrés inclusivement. Les raisons qui militent en faveur de la constitution de cette série zoologique et de la délimitation que nous proposons ont été exposées p. 464; il nous reste à dire ici comment se relient les embranchements et les classes que nous y comprenons. La forme extérieure et le genre de vie varient tellement chez les Néphridiés qu'à peine semble-t-il possible, au premier abord, de concevoir entre ces animaux un lien naturel; les passages se font cependant presque insensiblement d'un embranchement et d'une classe à l'autre, et la persistance dans toute la série de dispositions organiques fondamentales telles que celles que présentent les néphridies implique entre elles une réelle parenté.

Nulle part, il n'existe de couche chitineuse suffisamment épaisse pour supprimer les cils vibratiles. La chitine ne disparaît pas cependant d'une manière complète : elle forme chez la plupart des Vers annelés une mince cuticule épidermique à reflets irisés; elle constitue les soies locomotrices des Polychètes et des Oligochètes; elle revêt leur œsophage, et peut constituer à l'intérieur de cet organe une armature dentaire plus ou moins complexe; elle contribue chez un grand nombre de types à la formation d'organes déterminés. D'autre part, on a signalé la présence de cils vibratiles dans la glande du test d'un Copépode (*Viguierella*), dans les organes excréteurs des *Echinoderes*, et, malgré leur ressemblance avec les Nématodes, les Chétognathes en présentent à la fois sur une bande épidermique, dessinant une courbe fermée (*couronne*), sur la paroi interne du corps et à la surface interne de l'intestin. Quoique les affinités des Échinodères et des Chétognathes soient encore douteuses, il n'est donc pas impossible de soutenir qu'entre les Arthropodes et les Néphridiés il n'y a, en ce qui concerne la présence ou l'absence des cils vibratiles, qu'une différence de degré et que l'un de ces groupes peut avoir donné naissance à l'autre; mais entre les deux séries les dissemblances sont aujourd'hui trop profondes et trop précises pour que l'idée d'une parenté entre elles ne soit pas au moins contestable. A la vérité, des ressemblances d'un autre ordre ont été récemment signalées entre certaines formations métamériques glandulaires des Arthropodes et les néphridies proprement dites ; il semble qu'on en ait quelque peu exagéré l'importance ; l'absence de cils vibratiles à l'intérieur des premières s'oppose à ce qu'on puisse les considérer, même chez les Péripates, comme de véritables néphridies. La néphridie typique est essentiellement, en effet, *un tube cilié* communiquant d'une part avec l'extérieur et s'ouvrant d'autre part dans la cavité générale par un pavillon vibratile plus ou moins large. Le pavillon interne disparaît souvent de sorte que le tube cilié est, en définitive, la partie vraiment caractéristique de la néphridie. Cette définition exclut les Péripates de la série des Néphridiés, et les place nettement parmi les Arthropodes. Au contraire la néphridie ainsi définie existe, avec de nombreuses et importantes modifications de détail, il est vrai, chez tous les membres de la série ; ces modifications seront décrites à propos de chaque classe.

La trochosphère ; division de la série des néphridiés en deux légions : les trochozoaires et les phanérochordes. — Une forme embryonnaire spéciale, la *trochosphère*, joue dans la série des Néphridiés exactement le même rôle que le *nauplius* dans celle des Arthropodes. La trochosphère (fig. 269, p. 180) est essentiellement un organisme ovoïde, présentant au pôle antérieur une plaque sensitive, souvent couverte de longs cils, la *plaque céphalique*, et au pôle postérieur l'anus. Entre ces deux pôles, vers le milieu d'un méridien de l'animal, s'ouvre la *bouche*, caractérisant la face ventrale. Deux ceintures équatoriales de cils vibratiles, l'une la *ceinture* ou *couronne préovale*, formée de cils puissants, passant au-dessus de la bouche, l'autre la *ceinture* ou *couronne postovale*, formée de cils fins, passant au-dessous, caractérisent la trochosphère et lui ont valu son nom. Le tube digestif présente déjà chez cette forme embryonnaire trois régions distinctes : l'œsophage, l'estomac et le rectum ; la cavité générale est plus ou moins complètement tapissée par un mésoderme ; elle contient deux néphridies avec pavillon vibratile et orifice externe, les *néphridies primitives* ou *néphridies céphaliques*. Il est vraisemblable que la trochosphère n'est pas une forme absolument primitive ; elle est assez souvent remplacée par une larve entièrement ciliée d'où elle pourrait être dérivée. On la trouve avec tous ses caractères chez la plupart des Rotifères et des Polychètes errants, chez les Géphyriens armés, les Gastéropodes, les Ptéropodes et les Lamellibranches marins ; c'est pourquoi les embranchements auxquels ces groupes appartiennent ont pu être réunis en un grand groupe auquel le nom de légion des TROCHOZOAIRES a été donné [1]. Mais, comme il arrive pour le *nauplius* dans la série des Arthropodes, les caractères de la trochosphère sont masqués par des adaptations spéciales ou par des caractères transitoires, conséquences de l'accélération embryogénique, dans un grand nombre de formes dépendant des classes mêmes que nous venons d'énumérer, ou de formes qu'on n'en peut séparer : les Bryozoaires, les Brachiopodes, beaucoup de Polychètes sédentaires, les Oligochètes, les Hirudinées, les Géphyriens inermes, les Gastéropodes pulmonés, les Lamellibranches lacustres. Dès lors se pose la question de savoir s'il faut séparer les Trochozoaires des formes plus élevées où la trochosphère est complètement supprimée, et où cependant l'organisation interne présente, tout au moins à un certain moment, les plus grandes affinités avec celle des Trochozoaires les plus authentiques ; s'il convient,

---

[1] Dr Louis ROULE, l'*Embryologie comparée*, p. 337. Paris, 1894.

par exemple, de mettre les Vertébrés en dehors de la série qui comprend tous les Trochozoaires. Si l'on considère que l'*Amphioxus* traverse une phase de gastrula entièrement ciliée, peu différente des embryons de beaucoup de Polychètes, on trouve déjà là entre les Vertébrés et les Trochozoaires un terme de connexion analogue à celui que fournissent les PENEIDÆ entre les Entomostracés et les Malacostracés; si l'on veut admettre, d'autre part, une parenté entre les ENTÉROPNEUSTES (*Balanoglossus*) et les VERTÉBRÉS, les connexions entre ces derniers et les Trochozoaires s'accusent davantage encore, puisque les Entéropneustes traversent une forme larvaire très analogue à la trochosphère. Il est impossible d'ailleurs de méconnaître les affinités que les recherches de Semper, Balfour, Dohrn, Houssay, etc., ont établies entre l'organisation des embryons des Vertébrés et celle des Vers annelés adultes. Nous pensons, en conséquence, qu'il convient de réunir dans une même série les Trochozoaires et les Vertébrés comme on conserve dans une même classe les Entomostracés et les Malacostracés, malgré la disparition presque complète de la phase de *nauplius* libre chez ces derniers. Rien n'empêche d'ailleurs de diviser cette série en deux légions : celle des TROCHOZOAIRES comprenant les embranchements des LOPHOSTOMÉS, des VERS et des MOLLUSQUES, que nous définirons tout à l'heure, et celle des PHANÉROCHORDES comprenant les TUNICIERS et les VERTÉBRÉS, auxquels on a quelque tendance aujourd'hui à réunir les ENTÉROPNEUSTES. On ne saurait, en tous cas, intercaler aucun autre groupe zoologique entre les TROCHOZOAIRES et les PHANÉROCHORDES dont la disposition en série est si évidente.

Division des Néphridiés en embranchements; composition et rapports réciproques de ces embranchements. — La continuité de la série des Néphridiés étant ainsi établie, les conditions dans lesquelles il est possible d'établir dans cette série deux grandes divisions, celles des TROCHOZOAIRES et des PHANÉROCORDES étant précisées, il nous reste à indiquer la délimitation et les rapports des embranchements que comprend chacune de ces séries.

Le premier embranchement de la division des Trochozoaires est celui des LOPHOSTOMÉS. Nous réunissons sous ce nom les trois classes des ROTIFÈRES, des BRYOZOAIRES et des BRACHIOPODES. Ces animaux dérivent manifestement de la trochosphère; en outre, ils présentent en commun le caractère de pouvoir se fixer soit momentanément, soit définitivement, ce qui suppose qu'ils sont capables, pendant la fixation, d'attirer à eux les matières alimentaires; à la communauté d'origine, s'ajoute donc ici une adaptation commune qui établit entre les trois classes de l'embranchement tout au moins une frappante ressemblance de convergence. Dans les trois classes, en effet, le corps est raccourci, la métaméridation nulle ou à peine indiquée; enfin un appareil ciliaire se développe au voisinage de la bouche, de manière à déterminer dans le liquide ambiant un courant qui entraîne vers l'orifice buccal les matières alimentaires en suspension dans l'eau. Cet appareil est constitué par les *disques ciliés* des ROTIFÈRES, le *lophophore* et les *tentacules* des BRYOZOAIRES, les *bras* des BRACHIOPODES. Un appareil de même nature se retrouve parmi les Polychètes tubicoles chez les SERPULIDÆ, parmi les Géphyriens chez les PHORONIDÆ. Mais la présence de soies locomotrices distingue immédiatement les SERPULIDÆ, et celle d'un appareil circulatoire ne permet pas de rapprocher les *Phoronis* des Bryozoaires.

Les Artiozoaires composant l'embranchement des VERS ne sont pas fixés au sol;

les uns sont libres, les autres parasites. Sauf les Serpulidæ et les Phoronidæ, tous
saisissent les matières alimentaires avec leurs lèvres ou leurs mâchoires, et les
déglutissent grâce aux contractions de leur œsophage. Le corps peut n'être formé
que d'un seul segment, comme c'est le cas pour les Gastérotriches qui constituent
à eux seuls le sous-embranchement des Monomérides et se distinguent des Rotifères dont ils conservent certains traits d'organisation, par l'absence de disques
céphaliques ciliés et la substitution à ces disques d'une sole ventrale également
ciliée sur laquelle ils rampent.

Le corps est, au contraire, manifestement formé d'un plus ou moins grand nombre
de segments chez les Vers dont nous formons le sous-embranchement des Annelés.
Ces Vers peuvent être absolument libres, tubicoles ou parasites. Dans le premier
cas ils se meuvent généralement à l'aide de soies chitineuses (Polychètes,
Oligochètes, Echiuridæ); dans le second ils sont assez souvent dépourvus
d'organes de locomotion (Sipunculidæ, Phoronidæ); dans le troisième, ils sont
généralement pourvus de ventouses terminales (Hirudinées).

On a tenté dans ces derniers temps d'éloigner des Vers, les Artiozoaires pour qui
nous gardons le sous-embranchement des Platyhelminthes ou Vers plats des
anciens auteurs; c'est-à-dire les Turbellariés, les Trématodes, les Cestodes et les
Némertiens. Mais les Vers plats nous paraissent dériver par de remarquables gradations des Vers annelés dont ils ne sont, à notre sens, que des formes dégénérées
sous l'influence du parasitisme par suite de l'oblitération de la cavité générale qui
entraîne la disparition de la métaméridation. Déjà la cavité générale s'oblitère chez
les Sangsues dont les soies locomotrices ont, en même temps, disparu. La métaméridation du corps, encore bien nette chez les *Dinophilus*, s'efface avec les progrès
du parasitisme chez les Trématodes; elle n'est conservée chez les Cestodes que
dans l'arrangement des blastozoïdes; elle disparaît enfin chez les Turbellariés que
l'on peut considérer comme des Trématodes revenus à la liberté. Les Platyhelminthes seront, en conséquence, considérés dans ce qui suit comme un rameau
dégradé de la série des Vers; nous discuterons en traitant de leur histoire l'hypothèse récente qui a tenté de les rattacher aux Cœlentérés.

Les Némertiens, autrefois réunis aux Turbellariés, ne peuvent en être très
éloignés. Nous traiterons après eux des Entéropneustes qui ont avec eux une
évidente ressemblance extérieure. Les Entéropneustes doivent leur nom aux singulières fentes respiratoires qui font communiquer leur œsophage avec le dehors et rappellent les fentes respiratoires des Poissons. Ces fentes ont suggéré
l'idée que les Entéropneustes étaient apparentés aux Vertébrés, et l'on a fait les
plus grands efforts d'interprétation pour arriver à assimiler certains autres traits
de leur organisation à ceux qui caractérisent les Vertébrés. D'autre part l'embryogénie des Entéropneustes a une réelle analogie avec celle des Échinodermes, et la
Tornaria, larve de l'Entéropneuste typique, le *Balanoglossus*, a une étrange ressemblance avec la *Bipinnaria*, larve de certaines Étoiles de mer; aussi l'hypothèse
d'une parenté entre les Entéropneustes et les Échinodermes compte-t-elle des par-
tisans. Comme cette parenté est appuyée sur des raisons aussi sérieuses pour le
moins que celles qui sont invoquées à l'appui d'une parenté avec les Vertébrés, il
s'en suivrait que les Échinodermes primitifs auraient, par l'intermédiaire des *Balanoglossus*, donné naissance aux Vertébrés. Une telle conclusion est surtout de nature

à appeler la discussion sur la valeur des principes embryogéniques qui ont permis
de la produire; rien dans l'organisation interne des *Balanoglossus* n'oblige à les
éloigner des Vers; on ne peut qu'à l'aide d'interprétations discutables les rapprocher des Vertébrés; nous formerons donc pour eux dans l'embranchement des
Vers un sous-embranchement spécial, sans rien omettre dans leur histoire des
traits qu'on a invoqués en faveur de leurs divers liens de parenté. Les Vertébrés
étant d'ailleurs manifestement alliés aux Annelés, peu importe qu'on place la ligne
de démarcation en deçà ou au delà d'un groupe douteux, et mieux vaut laisser
les *Balanoglossus* dans un groupe déjà polymorphe que les introduire de force dans
un embranchement homogène dont ils ne feraient que troubler l'ordonnance.

L'embranchement des Mollusques, depuis qu'on en a distrait les anciens Mollus-
coïdes de H. Milne Edwards, a pris une homogénéité parfaite. Tous les caractères de
cet embranchement peuvent s'expliquer si l'on admet que ce sont des Vers annelés
étroitement adaptés à l'existence dans une coquille tubulaire. La présence d'une
coquille calcaire est donc le caractère fondamental de l'embranchement des Mollusques. La disparition des soies locomotrices, la disparition de la métaméridation
externe sont les conséquences du défaut d'usage des premières et de la céphalisation de l'animal; en même temps la formation d'un *pied* volumineux, aux dépens
de la région céphalique, restitue à l'animal le pouvoir de se déplacer, et détermine
la division du corps en trois régions : la *tête* proprement dite et le *pied*, extérieurs à
la coquille; le *tronc* qui s'y trouve contenu. Le pied présente une vaste cavité, suffisante pour loger les viscères; le passage des viscères dans cette cavité entraine
la réduction du tronc et la disparition de la coquille à l'état adulte chez certains
Gastéropodes; elle disparait aussi chez quelques Ptéropodes et chez les Poulpes;
mais la présence de deux ou trois colliers nerveux reliant entre eux autant de
groupes de ganglions non disposés en chaine suffit, en l'absence de coquille, à
caractériser ces formes comme appartenant à l'embranchement des Mollusques.

Les Tuniciers, jadis confondus avec les Mollusques, s'en distinguent par leur
tunique de cellulose, la réduction de leur système nerveux chez l'adulte, la conformation de leur appareil respiratoire toujours constitué aux dépens de l'œsophage,
leur larve en forme de têtard, le mode de développement de cette larve et surtout
la façon dont se constitue son système nerveux temporaire. Les rapports que, même
à l'état adulte, les Ascidies présentent avec l'*Amphioxus* autorisent, au contraire, à
considérer les Tuniciers comme des Vertébrés dégradés par la fixation au sol et
dont quelques formes ont récupéré la liberté, soit par suite de la persistance chez
elles de l'organisation larvaire (Appendiculaires), soit par suite d'adaptations nouvelles (Lucies et Thalides) qui ont superposé d'autres caractères à ceux déterminés
par la fixation du sol. Il existe dans la région postérieure du corps des têtards une
formation comparable à la corde dorsale des Vertébrés. Les Tuniciers peuvent être
considérés comme faisant suite à l'*Amphioxus* dans la légion des Phanérocordes.

Les Vertébrés demeurent alors comme un embranchement des plus homogènes
dont le caractère dominant est le grand développement du système nerveux entièrement placé d'un même côté du tube digestif et, dans l'attitude ordinaire de
l'animal, occupant sa face dorsale. Le passage du système nerveux central tout
entier d'un même côté du tube digestif est, on le verra plus tard, une conséquence
embryogénique de son grand développement; il entraine la formation d'une *corde*

dorsale. Le corps des Vertébrés présente toujours une constitution métamérique qui s'atténue, sans s'effacer jamais entièrement, à mesure que l'on passe de l'état embryonnaire à l'état adulte; ce seul fait suffit à établir que la métaméridation est un héritage d'un état inférieur et non un processus de perfectionnement comme on l'a fréquemment soutenu. Lorsqu'il existe des membres pairs, ce qui est la règle, le nombre de ces membres ne dépasse pas quatre; ces membres sont symétriques deux à deux et les membres postérieurs sont toujours construits sur le même plan fondamental que les membres antérieurs.

I. LÉGION

TROCHOZOAIRES

Néphridiés sans corde dorsale ou caudale ; à système nerveux quelquefois réduit à un seul ganglion dorsal, d'habitude présentant un ou plusieurs colliers œsophagiens, et dont les formes les moins modifiées traversent souvent une phase embryonnaire dite trochosphère.

I. EMBRANCHEMENT

LOPHOSTOMÉS

Trochozoaires capables de se fixer au moins temporairement, et attirant alors les matières alimentaires vers leur bouche au moyen d'un appareil ciliaire diversement conformé, développé au voisinage de cet orifice.

I. CLASSE

ROTIFÈRES [1]

Lophostomés presque microscopiques, généralement capables de se mouvoir ou de se fixer temporairement, à volonté. Appareil ciliaire constitué par une couronne qui se développe généralement en un disque prébuccal entier, diversement lobé ou même lacinié. Un appareil masticateur chitineux en avant de l'estomac. Pas de bourgeonnement; mais des œufs parthénogénétiques, à développement immédiat, et, à la suite de certaines conditions de température ou d'habitat, des œufs sexués, à développement retardé. Métamorphoses peu importantes.

Forme générale du corps; affinités. — Les Rotifères sont des animaux presque microscopiques, dont le plus grand nombre habitent les eaux douces, quelques-uns les eaux saumâtres ou salées et qui partagent avec les Tardigrades et un certain nombre d'Anguillules la faculté de supporter une assez longue dessiccation (jusqu'à cinq ans, Cobelli), de passer alors à l'état inerte et de revenir à l'activité (*réviviscence*), lorsqu'ils retrouvent un milieu humide. De tous les Rotifères, celui qui présente la forme la plus simple est la *Trochosphæra æquatorialis*, découverte par Semper dans l'eau des rizières de l'île Jamboanga, l'une des Philippines. La *Tro-*

[1] PLATE, *Beiträge zur Naturgeschichte der Rotatorien*, Jenaïsche Zeitschrift für Naturgeschichte, t. XIX, 1886.

chosphæra æquatorialis (fig. 1025) est presque régulièrement sphérique; une bande ciliée équatoriale la divise en deux hémisphères presque équivalents; au-dessous de la bande ciliée se trouve la bouche entourée de cils plus fins, l'anus est au pôle de l'hémisphère buccal. Cette forme est essentiellement nageuse; malgré son apparence régulière elle contient déjà des éléments de dissymétrie qui se développeront dans les autres formes; les deux hémisphères sont loin d'être équivalents; l'hémisphère supérieur est vide; l'hémisphère inférieur ou buccal contient tous les viscères. Ces deux hémisphères vont subir dans les autres formes des transformations différentes. L'hémisphère supérieur devient la *couronne* qui continue à porter des cils vibratiles; l'hémisphère inférieur forme le *tronc* et le *pied*. Ces transformations s'effectuent graduellement, à mesure que les espèces deviennent de moins en moins nageuses, et s'adaptent soit à la marche, soit à la fixation définitive. L'opposition entre les deux hémisphères commence à s'accuser chez certains *Synchæta* (*S. pectinata*, *S. oblonga*) où l'hémisphère supérieur garde sa forme, tandis que l'hémisphère inférieur devient conique, une bande saillante et ciliée séparant les deux régions. La couronne s'aplatit déjà chez le *S. baltica;* elle est discoïdale chez la *S. tremula* et garde cette forme chez les TRIARTHRIDÆ, les ANURÆADÆ, etc. Il n'y a pas encore de pied.

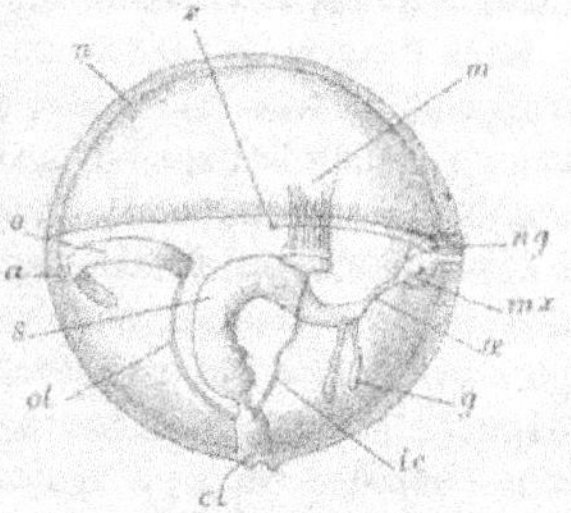

Fig. 1025. — *Trochosphæra æquatorialis.* — *e*, œil; *m*, muscle; *n*, bandelette nerveuse; *a*, organe sensitif; *s*, estomac; *o*, ovaire; *ot*, oviducte; *cl*, cloaque; *lc*, canal néphridien; *g*, glandes œsophagiennes; *œ*, œsophage; *mx*, mastax; *ng*, ganglion nerveux (d'après Semper).

L'apparition du pied a lieu chez les MICROCODONIDÆ, par suite du raccourcissement du tube digestif qui, au lieu de s'ouvrir à l'extrémité postérieure du corps, s'ouvre à une certaine distance de cette extrémité; dès lors l'hémisphère postérieur se trouve divisé en deux régions : l'une qui fait suite à la couronne et contient tous les viscères, c'est le *tronc*; l'autre qui est exactement l'homologue d'une *queue*, puisqu'elle ne contient pas de viscères, mais qui se transforme d'ordinaire soit en un organe de mouvement, soit en un

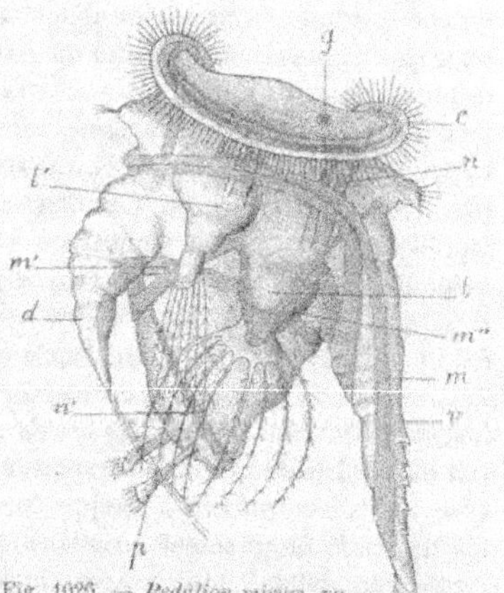

Fig. 1026. — *Pedalion mirum*, vu de profil. — *g*, yeux; *c*, bande ciliée; *m*, *m'*, *m''*, *n*, *n'*, bandes musculaires; *v*, appendice ventral; *d*, appendice dorsal; *l*, *l'*, appendices latéraux.

organe de fixation (RHIZOTA, fig. 1029 et 1031, p. 1449) et qui a reçu le nom de *pied*. Le pied est encore tout d'une venue avec le corps chez les *Hydatina* (fig. 1034, p. 1452), *Rhinops*, la plupart des NOTOMMATIDÆ qui ont un aspect vermiforme. Lorsque le tronc demeure large et que le pied se rétrécit brusquement, surtout lorsqu'il se termine par une paire d'appendices, le Rotifère prend une ressemblance frappante avec un Copépode (DINOCHARIDÆ, SALPINIDÆ,

Euchlanidæ, Brachionidæ); les espèces pourvues d'un test comprimé rappellent, au contraire, les Ostracodes (*Monura*); ces ressemblances toutes superficielles ont conduit quelques zoologistes à admettre entre les Crustacés et les Rotifères une parenté que rien dans leur organisation ne permet de soutenir.

Chez l'*Asplanchna Ebbesborni*, il se développe chez les mâles, une ou deux paires d'appendices latéraux, lisses, en forme de cône obtus, auxquels viennent s'ajouter deux appendices impairs, postérieurs, l'un dorsal, l'autre ventral. De semblables appendices caractérisent les Scirtopoda. Dans cet ordre, le *Pedalion mirum* (fig. 1026) a aussi deux appendices coniques impairs, l'un dorsal, l'autre ventral, et deux paires d'appendices latéraux; mais ces appendices sont terminés par un éventail de soies plumeuses. Les *Hexarthra* ont trois paires d'appendices cylindriques, barbelés et terminés par des faisceaux de soies; leur physionomie rappelle exactement celle d'un *nauplius*. On s'est également appuyé sur ces faits pour rattacher les Rotifères aux Crustacés; mais le rôle important que jouent les cils vibratiles chez ces animaux et le mode de constitution de leurs néphridies ne permet pas de les rapprocher d'animaux essentiellement dépourvus de cils vibratiles; il ne faut voir encore dans ces ressemblances que des phénomènes tout extérieurs de convergence.

Couronne. — En forme d'hémisphère chez les Trochosphæridæ, la couronne garde cette forme, nous l'avons vu, chez certaines *Synchæta* (*S. pectinata, S. oblonga*), mais même dans les autres espèces de ce genre, elle s'aplatit en disque et c'est là la forme qu'elle présente le plus habituellement; ce disque peut avoir des dimensions plus ou moins grandes, être orienté de diverses façons, s'excaver en coupe ou même se festonner sur ses bords qui peuvent s'allonger par places et former des bras. On peut se représenter la couronne comme une simple troncature de la région antérieure du corps chez les Notommatidæ, Triarthridæ, Hydatinidæ, Asplanchnidæ (fig. 1032), Dinocharidæ, Catypnidæ, Rattulidæ, Coluridæ; toutefois dans ces familles la surface de la troncature n'est pas nécessairement plane; elle est souvent bombée *Notommata cyrtopus, Proales petromyzon, Dinocharis pocillum*, etc.), excavée (*Hydatina, Euchlanis*) ou ornée d'éminences diverses. Le disque coronal s'élargit déjà beaucoup chez les Microcodonidæ, où il demeure circulaire; il s'échancre profondément du côté ventral de manière à paraître formé de deux disques circulaires fusionnés du côté dorsal chez les Brachionidæ; ces deux disques deviennent tout à fait indépendants et complètement circulaires chez les Philodinidæ (fig. 1027, nᵒˢ 4 et 5) et Pterodinidæ. Le disque coronal atteint ses plus grandes dimensions chez les Rhizota. Simplement circulaire chez quelques *Œcistes* (*Œ. umbella*) qui ont la forme de pavillons de trompette, il est plus ou moins réniforme ou en fer à cheval chez les autres *Œcistes*, les *Cephalosiphon, Megalotrocha, Conochilus*, et devient graduellement de plus en plus nettement bilobé chez les *Limnias* et *Lacinularia* ou même quadrilobé chez les *Melicerta* (fig. 1031, nᵒ 3, p. 1449).

Finalement la couronne se transforme chez les Floscularidæ en une sorte de coupe à bords festonnés; les festons saillants demeurent souvent larges, courts et arrondis au sommet (*F. campanulata, F. ambigua, F. longicaudata*), ou capités (*Floscularia coronetta, F. cyclops, F. cornuta, F. regalis, F. ornata, F. mira*), ou se transforment enfin en longs bras pourvus de soies qui simulent ceux des Bryozoaires (*Stephanoceros*, fig. 1031, nᵒ 1). La couronne se réduit surtout chez les formes parasites (*Seison, Balatro*).

Bandes vibratiles. — La couronne des Rotifères porte des bandes ciliées qui, suivant que l'animal est libre ou fixé, servent à sa natation ou déterminent dans l'eau ambiante un courant nourricier, dirigé vers sa bouche. Les algues microscopiques, les infusoires, les embryons et les menus débris tenus en suspension dans l'eau sont entraînés par ce courant dans l'œsophage du Rotifère qui s'en nourrit. La disposition des bandes ciliées est naturellement influencée dans une large mesure par la forme de la couronne.

En général, il existe tout d'abord une bande de grands cils qui bordent la couronne et forment la *bande principale (trochus)*; une bande de cils plus petits, la *bande accessoire (cingulum)* qui décrit rarement la même courbe que la bande principale (fig. 1027). La bouche est d'ordinaire comprise entre ces deux bandes. La bande ciliée principale est disposée suivant un cercle équatorial et interrompue du côté dorsal chez la *Trochosphæra æquatorialis*; la bande accessoire est un simple arc cilié sous-buccal. Cette disposition fondamentale est conservée chez les HYDATINIDÆ, ASPLANCHNIDÆ (fig. 1028), MICROCODONIDÆ, BRACHIONIDÆ, TRIARTHRIDÆ et SYNCHÆTIDÆ.

Dans les cinq premières familles, la bande principale demeure entière, marginale, presque circulaire, avec un sinus saillant entourant la bouche; la bande accessoire demeure incluse dans la bande principale, et présente le même contour

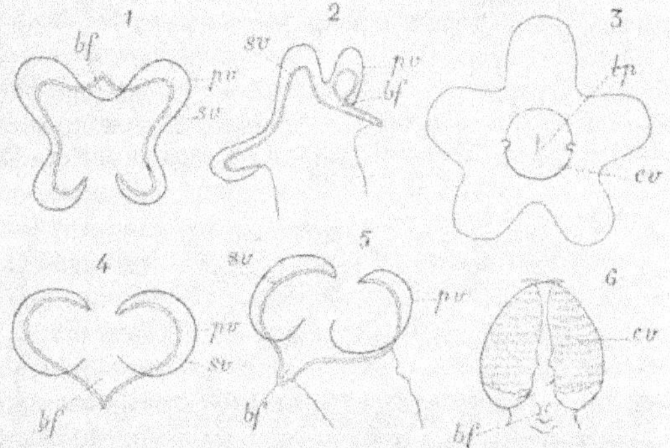

Fig. 1027. — Appareil ciliaire des Rotifères (la ligne d'insertion est seule représentée). — 1, *Melicerta* vue de face; 2, la même vue de profil; 3, *Floscularia* vue de face; 4, *Rotifer* vu de face; 5, le même vu de profil; 6, *Adineta* vue de face. — *bf*, entonnoir buccal; *po*, bande ciliée principale; *sv*, bande ciliée secondaire; *cv*, bande ciliée; *tp*, lèvres (d'après Hudson).

mais avec un plus petit diamètre chez les HYDATINIDÆ; elle se rétrécit de manière à embrasser étroitement la bouche chez les ASPLANCHNIDÆ, se réduit à deux arcs péribuccaux chez les MICROCODONIDÆ et disparaît enfin chez les BRACHIONIDÆ et les TRIARTHRIDÆ. La bande principale est elle-même atteinte chez les SYNCHÆTIDÆ où elle se divise en plusieurs arcs, tandis que la bande accessoire embrasse étroitement la bouche. Les NOTOMMATIDÆ et, en général, les LORICATA à pied non rétractile, ne présentent pas de bandes ciliées distinctes; l'extrémité antérieure de leur corps, ordinairement assez large, est tantôt convexe, tantôt tronquée obliquement de haut en bas et d'avant en arrière; la surface convexe ou celle de la troncature est alors couverte d'une toison de cils (fig. 1027, n° 6); cette toison peut même devenir complètement ventrale, tout en se limitant à la région antérieure du corps chez les ADINETIDÆ et dans les genres *Distemma* et *Diglena* dont la ressemblance avec les Gastérotriches (p. 1534) a été fréquemment signalée. La disposition la plus remarquable se trouve chez les PTERODINIDÆ, PHILODINIDÆ, PEDALIONIDÆ et MELICERTIDÆ où elle n'est variée que dans le détail (fig. 1027, n°s 4 et 5).

Dans ces quatre familles la bande ciliée principale borde la couronne; elle est interrompue du côté dorsal, et ses deux extrémités se continuent avec la bande ciliée accessoire qui se dirige à droite et à gauche vers le côté ventral; les deux moitiés de cette dernière se réunissent au-dessous de la bouche, en formant un sinus saillant qui contourne cet orifice. La courbe sinueuse que forme la bande principale est ininterrompue du côté ventral chez les MELICERTIDÆ (n°ˢ 1 et 2); elle est interrompue dans les trois autres familles aussi bien du côté dorsal que du côté ventral, de manière à se décomposer en deux arcs symétriques, presque circulaires.

Annexes de la couronne : protubérances sétigères des Hydatinidæ; trompe des Rotifères; auricules. — Entre les deux bandes ciliées il se développe chez les HYDATINIDÆ (fig. 1034) une série de sept mamelons sétigères disposés en arc convexe du côté dorsal, dont les cils divergents en éventail sont animés de mouvements actifs; des mamelons analogues, coniques, existent aussi sur la couronne des *Diplois*. Ces sept mamelons ne paraissent pas avoir une égale importance morphologique : en effet, tandis que les mamelons latéraux sont susceptibles de varier de nombre suivant les genres et de disparaître complètement, le mamelon impair présente une grande persistance, porte souvent les yeux, peut contenir le ganglion cérébroïde, se comporte, en un mot, comme une sorte de *tête*. Les mamelons latéraux se réduisent à deux éminences coniques à large base chez les ASPLANCHNIDÆ (fig. 1028, n° 3) où le mamelon impair semble avoir disparu; en outre deux petites éminences stylifères accompagnent la bouche. Les EUCHLANIDÆ

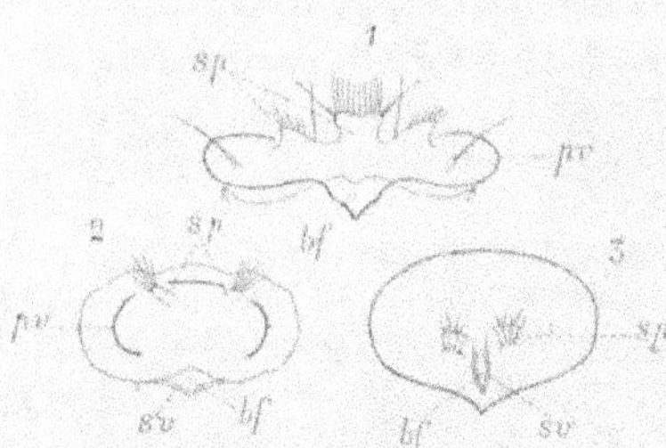

Fig. 1028. — Appendices frontaux des Rotifères. — 1, *Brachionus* vu en perspective; 2. *Euchlanis* vu de face; 3. *Asplanchna* vue de face. — Mêmes lettres que dans la fig. 1027; en outre *sp*, proéminences styligères (d'après Hudson).

(fig. 1028, n° 2, *sp*), les *Synchæta* n'ont plus sur la couronne que deux saillies latérales courtes, plus ou moins antenniformes; on retrouve le même nombre chez les BRACHIONIDÆ où les deux éminences latérales sont triangulaires, mais elles sont séparées par une éminence impaire trapézoïde, premier rudiment de la tête (n° 1). Les *Rhinops*, les PHILODINIDÆ et les PTERODINIDÆ n'ont pas d'éminences latérales, mais le mamelon médian prend ici, en revanche, un développement assez grand; il contient le cerveau chez les *Rhinops* dont il constitue la trompe et chez les PHILODINIDÆ, où son importance s'accuse d'une manière particulière pendant la marche. Là, en effet, la couronne est rétractile et ses deux lobes disparaissent entièrement lorsque l'animal se met à arpenter le terrain. Le lobe céphalique, porteur des yeux chez les *Rotifer*, joue alors concurremment avec le pied le rôle d'organe fixateur. Il est vraisemblable qu'il faut assimiler à ce lobe, l'espèce de petite trompe médiane, recourbée vers le bas des *Diglena*.

La couronne si compliquée en apparence des FLOSCULARIDÆ se rattache facilement à celle des HYDATINIDÆ, si l'on admet que celle-ci s'est développée en coupe de manière à porter sur ses bords les tubercules sétigères qui deviennent les festons de la couronne dont les longues soies sont ici immobiles. Cette transformation entraîne la disparition de la bande ciliée principale des HYDATINIDÆ; c'est leur

bande accessoire voisine de la bouche qui persiste, chez les Flosculariidæ
(fig. 1027, n° 3), sous la forme d'un fer à cheval à ouverture dirigée vers le côté
dorsal. Quand les festons, dans cette famille, se transforment
en bras, leur nombre est toujours de cinq dont un dorsal,
placé au devant du ganglion cérébroïde (fig. 1031, n° 1,
p. 1449). Le bras dorsal est généralement plus développé
que les autres; quand les festons sont larges et courts,
sa prédominance s'accuse davantage encore; le nombre
des festons restants peut se réduire à trois par soudure des
deux festons ventraux (*F. ambigua*), à deux (*F. Hoodi,
F. trilobata*) ou à un seul (*F. calva*); enfin chez les *Acyclus*
(fig. 1029) le lobe médian persiste seul (*l*); il a la forme
d'une sorte de trompe qui peut s'enrouler en spirale. Ce
lobe porte les yeux, lorsqu'ils existent, et peut être considéré comme l'équivalent d'un lobe céphalique.

De l'ensemble de ces faits il est permis de conclure que
chez la grande majorité des Rotifères, il existe une véritable tête, correspondant à ce que nous verrons désigner
sous ce nom chez les Annelés polychètes.

Dans quelques genres (Synchætidæ, *Notommata, Copeus*),
la région antérieure du corps porte encore deux expansions
membraneuses, ciliées, capables de se rétracter et de s'épa-
nouir; ce sont les *auricules*, dont les cils ajoutent leur action à celle des cils de
la couronne, lorsque l'animal est en pleine activité.

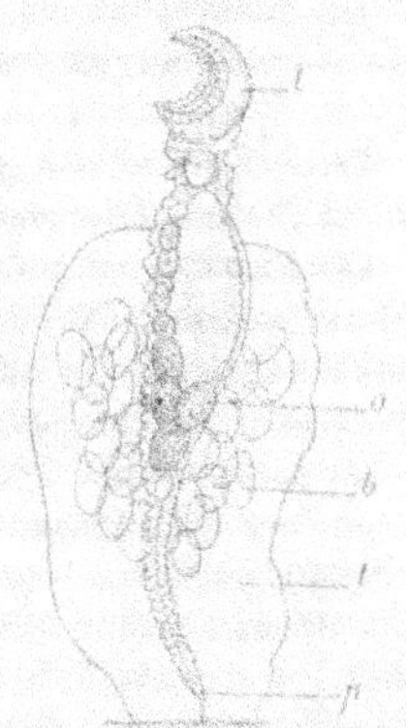

Fig. 1029. — *Acyclus inquietus*
dans son tube. — *l*, couronne
en forme de casque; *o*, œufs;
b, boulettes irrégulièrement
accumulées dans le tube;
t, partie gélatineuse du tube;
p, pédoncule (d'après Leidy).

Segmentation extérieure du corps; constitution du pied; doigts et éperons.
— La réduction de la couronne, la forme courte du pied donne aux Notommatidæ
un aspect vermiforme rappelant dans certains genres (*Distemma, Diglena*) l'aspect
que nous verrons plus tard caractériser les Gastérotriches (p. 1534); la ressemblance
avec les Vers annelés est d'autre part accentuée par les rides transversales, régulièrement espacées, que présente le corps dans d'autres genres de cette famille (*Taphrocampa, Albertia*), et qui simulent des segments. Des plis analogues quoique moins
accusés se retrouvent sur toute l'étendue du corps des Hydatinidæ, sur la région
antérieure et la région postérieure des *Philodina, Rotifer, Callidina, Copeus*, etc.;
sur le pied de très nombreuses espèces de l'ordre des Ploïma. Le pied peut d'ailleurs ou bien se décomposer en articles parfaitement distincts et allongés, semblables
à des segments d'Arthropodes (Colurida, Bdelloïda), ou bien être simplement
marqué de sillons annulaires (Brachionidæ, Rhizota). Chez les Bdelloïda et les Brachionidæ, il est rétractile à l'intérieur du corps. Dans l'ordre des Bdelloïda, les
articles de plus en plus étroits, vers l'extrémité postérieure du pied, peuvent rentrer
les uns dans les autres comme les tuyaux d'une lunette; c'est ce qu'on exprime
brièvement en disant que le pied est *télescopé*. Ces diverses conformations du pied,
ainsi que la façon dont il se termine, sont intimement liées aux genres de vie de
l'animal, et ont servi de base pour la division des Rotifères en ordres (Hudson).

Les Ploïma dont le mode normal de locomotion est la natation, peuvent n'avoir
pas de pied différencié; lorsque ce pied existe il est généralement fourchu à son
extrémité; il se termine cependant en pointe simple dans quelques genres (*Micro-*

codon). S'il est articulé, il n'est jamais télescopé; s'il est annelé, il est toujours rétractile (fig. 1025, 1032, 1023, 1034).

Les Scirtopoda nagent mais marchent également à l'aide d'appendices pairs, qui rappellent ceux des *nauplius*; leur pied est divisé en deux styles lisses, inarticulés, terminés chacun par une expansion ciliée (fig. 1026).

Les Bdelloïda qui nagent et marchent comme des Sangsues ou des Chenilles arpenteuses ont un pied télescopé, fourchu à son extrémité.

Les Rhizota ont enfin un long pied annelé, non rétractile, terminé par un disque ou une coupe ciliée, en rapport avec leur existence sédentaire (fig. 1029 et 1034). Ces animaux vivent, en effet, constamment fixés, et habitent même le plus souvent à l'intérieur de tubes qu'ils secrètent.

La segmentation fréquente du pied, les deux appendices ou *doigts* qui le terminent donnent aux espèces où ces deux caractères sont réunis une incontestable ressemblance avec les Copépodes. Il ne faudrait pas, d'ailleurs, considérer les doigts comme une simple bifurcation de l'extrémité postérieure du corps. Effectivement chez les *Dinocharis* et les Bdelloïda, le pied se prolonge en général au delà de l'insertion des deux doigts. Ce prolongement du corps est à peu près de la longueur de ces organes; il est beaucoup plus long chez les *Cœlopus* et surtout les *Mastigocerca*, nettement articulé au dernier segment apparent du corps, de sorte qu'on peut le considérer comme le dernier segment véritable; les doigts, dans cette interprétation, dépendraient non du dernier article, mais de l'avant-dernier et mériteraient réellement la qualité d'appendices; cette remarque prend, au point de vue de la constitution fondamentale du corps des Rotifères, un intérêt plus grand, si l'on ajoute que dans ce même ordre des Bdelloïda, de même que chez les *Dinocharis*, un autre article du pied qui peut être le pénultième apparent (*Rotifer*) ou l'antépénultième (*Actinurus, Dinocharis*) porte également deux appendices latéraux qu'on nomme *éperons*. Chez certaines espèces actuellement groupées dans le genre *Notommata* (*N. pilarius, N. tripus*), le corps se termine par un appendice pluriarticulé en avant duquel sont insérés de prétendus doigts; ces organes dépendant d'un segment antérieur au dernier sont, en réalité, des éperons. Dans le genre voisin *Copeus*, des appendices latéraux sont conservés sur la région élargie du tronc, dite région lombaire et sur la région céphalique où on les qualifie d'*antennes*. Les *Mastigocerca* ont de même des appendices, les *substyles*, accompagnant leur style terminal, et chez les *Rattulus* aux doigts ordinaires peuvent s'ajouter deux paires de ces organes (*R. tigris*). Ces faits, joints à la présence d'appendices pairs de grand volume chez l'*Asplanchna Ebbesborni* et les Scirtopoda, semblent parler en faveur de l'existence d'une véritable métamérisation du corps des Rotifères qui se rapprocheraient ainsi des Brachiopodes plus qu'on ne le suppose généralement, et qui seraient comme eux apparentés, non pas aux Crustacés, mais aux Vers annelés. On trouvera dans la constitution de l'appareil néphridien d'autres arguments en faveur de cette manière de voir. Les doigts qui terminent le corps ont une forme très variable : courts, foliacés et pointus chez beaucoup d'espèces (*Rotifer, Synchæta*, Hydatinidæ, *Thaphrocampa, Brachionus*), tronqués chez quelques-unes (*Rotifer vulgaris, Callidina parasitica, Adineta vaga*), d'autres fois grêles (*Copeus pachyurus, Proales tigridis*) ou recourbés en pince (*C. spicatus*), ils s'allongent énormément en baguettes droites ou divergentes chez les *Actinurus* dont le pied est lui-même très long, les *Furcularia* dont le pied est très court, la

Diglena biraphis, les *Dinocharis*, les *Scaridium*, et manquent, au contraire, totalement chez les *Monostyla*, dont le corps est ainsi terminé par un appendice unique, probablement homologue de l'appendice médian des BDELLOÏDA.

Structure des parois du corps. — La structure des parois du corps des Rotifères est fort simple. Ces parois consistent seulement en une cuticule doublée d'une couche protoplasmique où sont parsemés de nombreux noyaux, qui est plus épaisse dans la couronne que partout ailleurs, mais qui ne se laisse nulle part diviser en cellules. Dans la couronne, la couche hypodermique semble bien au premier abord composée de grosses cellules ventrues, contenant chacune un ou deux noyaux; mais ces cellules se confondent sous la cuticule en un véritable syncytium sur lequel s'insèrent les cils locomoteurs; on observe une disposition analogue de l'hypoderme dans le pied du *Conochilus volvox* et des jeunes *Lacinularia socialis* encore libres. Si simple qu'elle soit, la couche hypodermique possède dans certains cas une grande activité glandulaire. Un certain nombre de Rotifères (*Copeus*) secrètent, en effet, une mucosité dont ils s'enveloppent, et cette faculté devient générale chez les RHIZOTA dont elle a déterminé l'existence tubicole.

La mucosité forme chez les *Conochilus* une masse sphéroïdale par laquelle les adultes et les jeunes sont agglutinés, formant ainsi une colonie libre et nageuse. Les *Megalotrocha* et les *Lacinularia* ne diffèrent guère à cet égard des *Conochilus*; mais leurs colonies sont fixées aux plantes aquatiques sur lesquelles elles forment de petites boules gélatineuses. Chaque individu possède un tube distinct (fig. 1029 et 1034), et ces tubes, très volumineux, sont adhérents les uns aux autres chez les FLOSCULARIDÆ. Les *OEcistes crystallinus*, *OE. umbella*, *Melicerta tubicolaria* ont aussi un épais tube gélatineux dont la surface agglomère une multitude de corps étrangers; ce tube devient plus cohérent et comme parcheminé chez le *Limnias annulatus*, où il est transparent et annelé transversalement, tandis qu'il est couvert de substances étrangères, tout en demeurant mince et résistant chez le *Limnias ceratophylli* et les *Cephalosiphon*. Ces diverses sortes de tubes sont simplement *secrétés*; on peut dire que ceux dont il nous reste à parler sont *construits*; l'*OEcistes pilula*, la *Melicerta janus*, construisent leur tube en agglomérant irrégulièrement et lâchement leurs pelotes excrémentielles, au moyen d'une mucosité transparente, bourrée de corps étrangers; enfin les *Melicerta conifera* et *ringens* fabriquent de toutes pièces de petites pelotes de corps étrangers qu'elles ajoutent une à une à leur tube et qu'elles disposent dans un ordre parfait. Ces pelotes sont moulées dans une fossette spéciale (fig. 1031, n° 3, *cc*) située sur le dos, au-dessous d'une longue lèvre ciliée (*ch*) qui prend naissance au niveau de la bouche, entre les deux lobes de la couronne, et se projette ensuite en arrière. Cette lèvre parait homologue du lobe céphalique des BDELLOÏDA, des PTERODINIDÆ et des BRACHIONIDÆ. Les pelotes sont formées des matériaux que le mouvement ciliaire de la couronne envoie dans la cupule dorsale, où ils sont agglutinés par du mucus sécrété soit par les parois de la fossette elle-même, soit par un tubercule placé au-dessous d'elle. En une minute la pelote est parfaite; l'animal courbe alors rapidement son cou au-dessus des bords de la coupe et en expulse la pelote qui se trouve déposée, probablement par un acte volontaire du rotifère, en un point tel que le tube s'accroît par assises horizontales successives très régulières. On a pu compter sur certains tubes 6000 pelotes formant 240 rangées; un tel tube peut être construit en cinq ou six jours.

L'épaisseur de la cuticule varie fréquemment d'une région à l'autre du corps; elle se durcit souvent sur une certaine étendue, de manière à former une véritable *carapace* protectrice. Tous les degrés de développement de cette carapace peuvent être suivis dans l'ordre des PLOÏMA où les genres qui possèdent une carapace complète ont été réunis en un même sous-ordre, celui des LORICATA; mais il existe déjà une carapace incomplète dans un certain nombre d'autres genres, notamment dans ceux qui constituent la famille des TRIARTHRIDÆ. Les *Polyarthra* ont de chaque côté du corps un bouclier chitineux qui embrasse à la fois la face dorsale et la face ventrale; les *Pedetes* et les *Pteroessa* ont une carapace complète. Les TRIARTHRIDÆ sont d'ailleurs tous munis de longs styles chitineux dont ils se servent pour sauter; les *Pedetes* ont deux de ces styles fixés aux épaules; les *Triarthra* y ajoutent un style ventral; les *Polyarthra* ont deux faisceaux de styles huméraux, barbelés, qui les font ressembler à des larves métachètes d'Annélides; des styles encore plus compliqués se disposent en six rangées longitudinales sur la carapace des *Pteroessa*. Les formes diverses que peut revêtir la carapace ont été utilisées pour caractériser les divers genres de LORICATA; nous renvoyons à la caractéristique des genres (p. 1460) pour la définition de ces formes. La carapace présente souvent une ornementation assez compliquée; celle des *Dinocharis pocillum* et *tetractis* est marquée de côtés saillantes transversales, tandis que celle de la *D. Collinsii* est dentée sur ses bords latéraux, armée de 4 épines à son bord postérieur et porte 4 autres épines sur le dos; elle est sillonnée longitudinalement chez la *Cathypna sulcata* et la *Distyla flexilis*, divisée en aires polygonales chez la *Cathypna rusticula*, les *Monostyla Lordii* et *oxysternon*, les *Anuræa*; les bords antérieur et postérieur de celle des *Brachionus* sont découpés en épines; celles de la *Notholca longispinana*, de l'*Eretmia tetrathrix* ont la forme d'un cône dont le sommet se prolongerait en longue pointe et l'orifice en trois longues épines séparées ou non par des épines plus petites. Cette carapace rappelle la loge de certains Bryozoaires; enfin la carapace est quadrillée et armée de six épines dirigées en arrière chez l'*Eretmia cubcutes*. Les mâles manquent habituellement de carapace; seuls, les mâles des *Euchlanis* font exception.

Appareil musculaire. — Les muscles (fig. 1026) ne forment pas un revêtement continu à l'intérieur du corps, ce sont de simples rubans fixés à leurs deux extrémités; les muscles longitudinaux sont les plus apparents. Leur disposition est assez variable suivant les espèces, et ses variations ne présentent pas un grand intérêt morphologique. Chez les *Brachionus*, que nous pouvons prendre comme type, de la partie postérieure du cerveau jusqu'à la région moyenne du corps s'étendent deux paires de muscles dorsaux, deux paires de muscles ventraux et deux paires de muscles latéraux, beaucoup plus courts. Trois paires de muscles disposés en éventail convergent de la région moyenne du corps vers le pied, jusqu'à l'extrémité duquel s'étendent les deux paires moyennes, tandis que la paire interne s'arrête à sa base; les muscles internes sont bifurqués à leur extrémité antérieure, les muscles externes à leur extrémité postérieure. Les muscles longitudinaux se disposent ainsi, chez toutes les espèces, en bandelettes isolées. Ces bandelettes peuvent être lisses ou striées transversalement (*Pterodina, Euchlanis*); quelquefois, dans la même espèce, les mêmes muscles peuvent être lisses ou striés (*Conochilus volvox*), sans doute suivant le degré de développement. Chaque bandelette ne contient jamais qu'un seul noyau plongé dans un protoplasme granuleux, dont les granulations sont parfois disposées avec une telle régularité que le muscle paraît strié; tantôt la substance contractile est enveloppée par la substance granuleuse, tantôt au contraire elle l'enveloppe; quelquefois elle se divise en fibrilles (gros muscles des *Asplanchna* et *Brachionus*). On a signalé chez quelques espèces de *Synchæta* des plaques de Doyère, mais ce point demande encore de nouvelles études.

Appareil digestif. — L'appareil digestif consiste en un tube qu'on peut diviser en cinq régions : *l'entonnoir buccal*, le *mastax*, *l'œsophage*, *l'estomac* et *l'intestin*. Cette division fait quelquefois défaut; ainsi le *mastax* est suivi chez les *Thaphrocampa* d'un tube sur la longueur duquel on n'observe aucune trace de différenciation.

L'orifice de l'entonnoir buccal, la *bouche*, est situé au fond d'une excavation de la face ventrale du corps; il est généralement entouré par un feston de la bande ciliée de la couronne ou par des arcs ciliés; les parois de l'entonnoir buccal sont elles-mêmes ciliées, et projettent vers le *mastax* les particules solides apportées par le courant nourricier. Deux lèvres, quelquefois chitineuses (MELICERTIDÆ, FLOSCULARIDÆ), qui s'élèvent au devant du mastax peuvent s'opposer au passage de ces particules dans le bulbe masticateur; les particules sont alors rejetées hors de l'entonnoir buccal et entraînées au loin par le courant efférent. L'animal peut ainsi exercer un véritable choix dans son alimentation. Par exception, l'entonnoir buccal n'est pas vibratile chez les *Synchæta*, ni quelquefois chez les *Scaridium longicaudatum* et *Metopidia lepadella*. L'appareil buccal présente chez les FLOSCULARIDÆ une complication particulière. Il se compose d'un *vestibule* bordé en dessus par un collier contractile, et limité en dessous par un diaphragme présentant à son centre la fente buccale; c'est sur le collier que se trouve disposée la bande vibratile en fer à cheval ouverte du côté dorsal. La bouche conduit dans un jabot sphéroïdal; de son pourtour pend dans ce jabot un tube très élastique qui s'oppose au retour des aliments vers la bouche. Les parois du jabot sont musculaires; elles brassent les matières avalées en les mettant successivement en contact avec le mastax. Des glandes spéciales déversent leur suc dans le jabot (*Apsilus*).

Le *mastax* est un bulbe musculaire, généralement trilobé, quelquefois à peine caractérisé, qui enveloppe un appareil masticateur, toujours en mouvement et très caractéristique des Rotifères. Cet appareil (fig. 1030) est généralement composé de trois pièces chitineuses ou

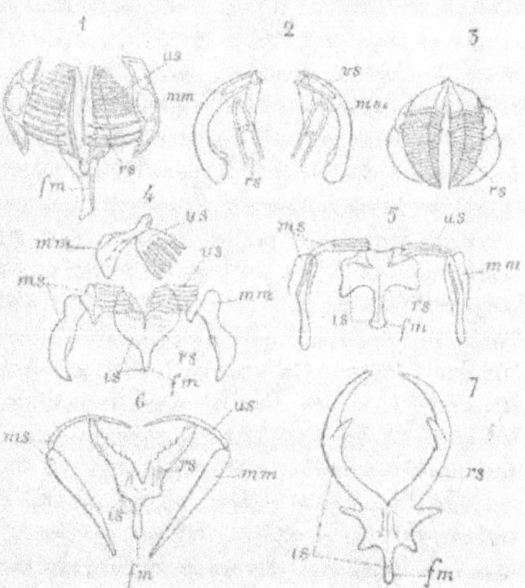

Fig. 1030. — Appareils masticateurs de Rotifères. — 1, *Melicerta*, type malléo-ramé; 2, *Floscularia*, t. unciné; 3, *Rotifer*, t. ramé; 4, *Brachion*, t. malléé; 5, *Euchlanis*, t. submalléé; 6, *Diglena*, t. forcipé; 7, *Asplanchna*, t. incudé. — *us*, uncus; *mm*, manubrium; *rs*, ramus; *fm*, fulcrum; *is*, incus; *ms*, malleus (d'après Hudson).

mâchoires (trophi) : une inférieure, formée de deux moitiés symétriques, l'*enclume (incus, is)* ; deux latérales et supérieures, symétriques et symétriquement placées, les *marteaux (mallei, ms)*. L'enclume se divise en une partie postérieure et impaire, le *support (fulcrum, fm)*, et deux branches paires, les *cornes (rami, rs)*. Chaque marteau comprend un *manche (manubrium, mm)* et une *tête (uncus, us)*. Ces diverses parties sont très inégalement développées dans les différents types ; leurs modifications principales peuvent être rangées sous sept chefs différents qu'on désigne d'un seul mot dans les caractéristiques. Les mâchoires sont dites : *malléées* quand les manches des marteaux sont à peu près de même longueur que l'enclume, leur tête se divisant en 5 à 7 dents, le support de l'enclume étant court (BRACHIONIDÆ, n° 4) ; *submalléées* quand les marteaux sont grêles, leur tête divisée en 3 à 5 dents, leur manche notablement plus long que l'enclume (HYDATINIDÆ, EUCHLANIDÆ, n° 5) ; *forcipées* quand les marteaux sont très grêles, leur tête en forme de crochet ou nulle, les cornes de l'enclume allongées en pince (SYNCHÆTIDÆ, NOTOMMATIDÆ, n° 6) ; *incudées* quand les marteaux avortent, les coins de l'enclume se développant en longue pince portée par un support robuste (ASPLANCHNIDÆ, n° 7) ; *oncinées* si les manches des marteaux disparaissent, leur tête ne présentant que deux dents et l'enclume demeurant étroite (FLOSCULARIDÆ, n° 2) ; *ramées* quand les manches des marteaux disparaissent, et que les cornes de l'enclume attachées à un support rudimentaire ont une section quadrangulaire et sont traversées par deux ou trois saillies dentaires (PHILODINIDÆ, ADINETIDÆ, n° 3) ; *malléo-ramées* quand les marteaux sont unis par leur tête aux cornes de l'enclume, les manches unis par trois brides à l'enclume, les têtes à trois dents, les cornes grandes, marquées de nombreuses stries parallèles à la dent et fixées à un support étroit (PTERODINIDÆ, MELICERTIDÆ, n° 1). Les mâchoires ne constituent pas seulement des organes de trituration ; elles fonctionnent souvent comme des organes de préhension protractiles (NOTOMMATIDÆ) ; chez les formes parasites, elles servent au Rotifère d'organes de fixation au corps de son hôte (*Drilophagus*).

Il est à remarquer que les PEDALIONIDÆ, PTERODINIDÆ et MELICERTIDÆ, qui ont la même disposition des franges ciliées, ont aussi des mâchoires de même forme et que la terminaison du pied est aussi la même dans les deux dernières familles ; que les PHILODINIDÆ qui ont les mêmes bandes ciliées ne diffèrent des trois autres familles que par l'avortement des marteaux ; on observe des affinités analogues entre les HYDATINIDÆ et les BRACHIONIDÆ auxquelles se relient les ASPLANCHNIDÆ, et de même entre les SYNCHÆTIDÆ, MICROCODONIDÆ, TRIARTHIDÆ et NOTOMMATIDÆ ; de sorte qu'il serait plus naturel peut-être d'établir les ordres sur ces caractères qui révèlent d'intimes affinités que sur la conformation du pied qui, en raison de son caractère d'organe externe, peut se prêter à de nombreuses adaptations, sans que rien d'essentiel soit changé dans l'organisation interne.

L'*œsophage* est un tube court à parois épaisses, intérieurement ciliées, qui va du *mastax* à l'estomac ; ce tube est long et étroit chez les *Albertia*. L'*estomac* consiste en un vaste sac à parois formées de grandes cellules souvent chargées de gouttelettes graisseuses ; ces cellules sont fortement ciliées. Une sorte de valvule sépare l'estomac de l'*intestin* qui est peu distinct chez les MELICERTIDÆ, et, en général, court, globuleux, à parois plus minces et plus fortement ciliées que celles de l'estomac. L'intestin se prolonge en un tube étroit, mais dilatable, qui peut être considéré comme un *rectum*, et qui s'ouvre à l'extérieur du côté dorsal. Son orifice établit la séparation entre le *tronc* et le pied ou plutôt la *queue*. On donne à cet orifice le nom de *cloaque*, car il sert à expulser tout à la fois les matières excrémentitielles, les produits de la sécrétion néphridienne et les éléments génitaux.

Le plus souvent le tube digestif va en ligne droite de la bouche à l'anus, mais il n'en est pas ainsi chez les espèces fixées (RHIZOTA); là l'intestin se recourbe en anse, avant de s'ouvrir au dehors (fig. 1031, n° 3), disposition intéressante, car elle nous achemine celle qui deviendra constante chez les Bryozoaires, tous fixés, avec lesquels les FLOS-CULARIDÆ et notamment les *Ste-phanoceros* (fig. 1031, n° 1) ont déjà une grande ressemblance extérieure. Il est à noter que chez les mêmes FLOSCULARIDÆ, le *mastax* et les mâchoires sont très réduits, comme s'ils se préparaient à la disparition qui sera générale chez les Bryozoaires. L'intestin et le *rectum* font complètement défaut dans la famille des ASPLANCHNIDÆ, où il existe cependant un estomac volumineux (fig. 1032, *st*) et compliqué même, chez les *Sacculus*, de six verticules. Sauf dans quelques genres exceptionnels (*Apodoides*), l'appareil digestif est toujours très réduit chez les mâles, où il peut se résorber entièrement.

Des glandes de deux catégories accompagnent habituellement le tube digestif; elles ne manquent guère que chez les FLOSCU-LARIDÆ, chez les *Albertia* et les *Taphrocampa*; dans ce dernier genre le tube digestif ne présente même pas de dilatation stomacale. Partout ailleurs, il existe en arrière du mastax une accumulation de glandules que l'on considère comme des *glandes salivaires*; de chaque côté de l'estomac se trouvent, en outre, les *glandes gastriques* (fig. 1025, *y*, et 1031, n° 3, *gg*) qui sont paires et symétriques et dont les dimensions relatives varient avec les genres.

Néphridies. — L'appareil sécréteur des Rotifères est représenté par deux

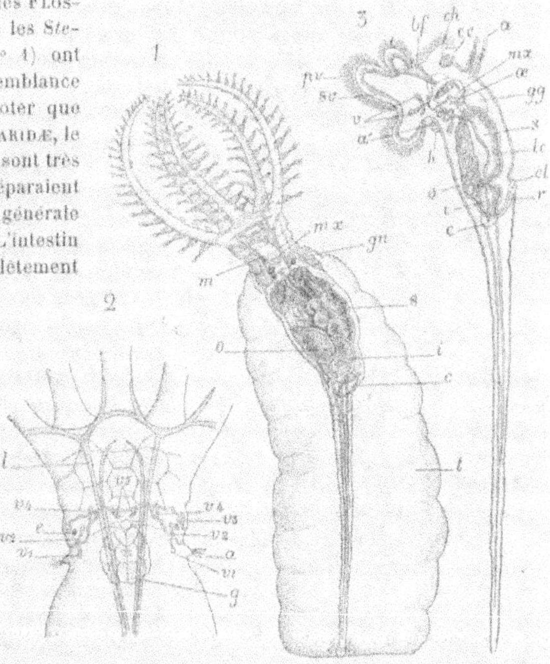

Fig. 1031. — Organisation des Rotifères. — 1, *Stephanoceros Eichhornii* vu par transparence; 2, Région antérieure du même plus grossie; 3, Diagramme de *Melicerta*. — *pv*, frange vibratile principale; *sv*, frange vibratile accessoire; *bf*, entonnoir buccal; *ch*, menton; *cc*, coupe ciliée; *a*, antennes dorsales; *a'*, antennes latérales; *v₁v₂*, pavillons néphridiens; *h*, crochet; *mx*, mastax; *œ*, œsophage; *gg*, glandes gastriques; *s*, estomac; *lc*, canal néphridien; *o*, œufs; *i*, intestin; *cl*, cloaque; *r*, rectum; *c*, vésicule contractile; *t*, tube gélatineux; *g*, ganglion nerveux; *l*, muscles (d'après Hudson).

néphridies tubulaires, occupant les régions latérales du corps et se pelotonnant, en général, dans la région antérieure et dans la région postérieure de sa cavité (fig. 1031, n° 3, et 1032, *bc*, *Wbr*). Au niveau de ces pelotons, les néphridies présentent d'ordinaire une courte ramification latérale, allongée, claviforme, fermée à son extrémité libre par une cellule hémisphérique du centre de laquelle pend, à l'intérieur de la cavité de l'organe, une flamme vibratile, sans cesse en mouvement. On peut désigner ces organes, que nous retrouverons avec une structure identique chez les Turbellariés, les Trématodes et les Cestodes, sous le nom d'*ampoules vibratiles*. Outre les deux ampoules qui correspondent aux pelotons, il existe dans

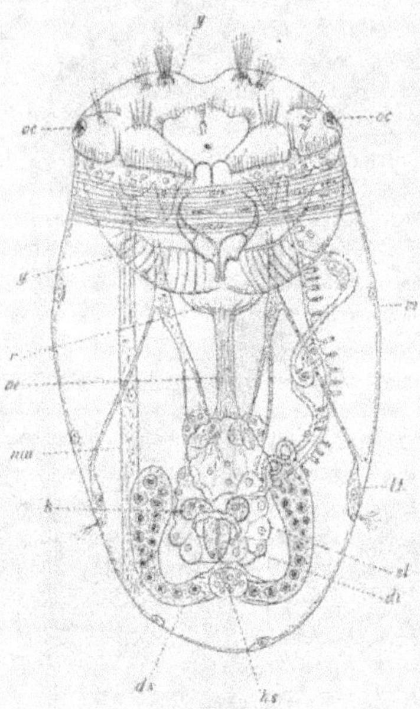

Fig. 1032. — *Asplanchna myrmeleo*; *y*, papilles tactiles, sétigères; *oc*, taches oculiformes; *g*, cerveau; *m*, épiderme; *x*, mastax; *œ*, œsophage; *mu*, muscle; *lt*, papille tactile latérale; *k*, glande pédieuse; *st*, estomac; *di*, doigts; *ks*, germigène; *ds*, vitellogène; on voit à droite l'une des néphridies avec son long canal garni de renflements vibratiles (d'après Plate).

beaucoup de genres, sur chaque néphridie, trois autres ampoules occupant des positions déterminées, ce qui porte leur nombre à cinq (Philodinidæ, Hydatinidæ, Brachionidæ, Melicertidæ, Flosculariidæ). Ce nombre cinq est si fréquent qu'on peut le considérer comme normal; sa constance relative semble indiquer que les apparences de segments externes que présentent tant de Rotifères correspondent à une répétition régulière des organes internes, et sont par conséquent de véritables métamérides. Toutefois on ne signale que quatre ampoules vibratiles pour chaque néphridie chez les Euchlanidæ et l'*Asplanchna priodonta*, trois chez le *Copeus cerberus*, la *Diurella tigris*. Ces organes manqueraient chez les Microcodonidæ; au contraire chez les *Asplanchna myrmeleo*, *Ebbesborni* et *Brightwelli*, on compte jusqu'à près de quarante ampoules greffées sur un tube rectiligne qui n'est lui-même qu'une ramification spéciale de la néphridie (fig. 1032). Nous trouverons des variations analogues chez les animaux les plus nettement métamérides.

Les ampoules vibratiles ont souvent la forme de triangles aplatis (*Euchlanis dilatata*, *Asplanchna*, etc.); lorsqu'on les examine par la tranche, la flamme vibratile apparaît nettement; la face large est, au contraire, marquée de lignes transversales, parallèles, qui ont été interprétées (Hudson) comme des lignes d'insertions de cils vibratiles. La néphridie droite et la néphridie gauche sont reliées entre elles dans la région céphalique par une anastomose transversale chez les *Lacinularia socialis*, *Floscularia*, *Apsilus lentiformis*, *Stephanoceros* (fig. 1031, n° 2), *Hydatina senta*, probablement aussi les *Conochilus* et peut-être toutes les espèces des familles des Hydatinidæ, Melicertidæ et Flosculariidæ; cette anastomose porte l'une des paires d'ampoules vibratiles (v_5), au moins chez les *Lacinularia* et *Apsilus*; elle manque dans les autres familles.

A leur extrémité postérieure, les néphridies s'ouvrent séparément et directement au dehors, au moins chez un certain nombre de mâles (*Hydatina senta*, etc.); chez la plupart des femelles, elles s'ouvrent l'une et l'autre dans le rectum, tout près du cloaque. Au voisinage du rectum, les néphridies ne présentent aucune modification particulière, et le rectum lui-même ne se modifie pas après les avoir reçues chez les *Pterodina patina*, *P. valvata*, *Pedalion mirum*, *Lacinularia*, *Tubicolaria*; il se renfle, au contraire, en une sorte de vésicule contractile chez les PHILODINIDÆ et plusieurs *Conochilus*; ce sont les extrémités des néphridies qui subissent cette modification chez la *Salpina macracantha* et le *Conochilus volvox*; enfin, et c'est là le cas le plus général, les extrémités renflées des deux néphridies se confondent en une vésicule unique qui s'ouvre dans le rectum. Cette vésicule est contractile; ses battements sont rythmiques, et, dans des circonstances données, leur rythme est caractéristique pour chaque espèce.

Glandes pédieuses. — Le pied des Rotifères contient, en général, deux glandes qui s'ouvrent à l'extrémité des doigts et sécrètent une humeur visqueuse par laquelle l'animal adhère aux corps solides, quand il se fixe. Cette humeur peut, dans certains cas, se transformer en un filament résistant. Les deux glandes pédieuses des *Monocerca* et *Diurella* s'ouvrent dans une vésicule contractile qui débouche à l'extérieur près de la base du stylet terminal du pied. Ces glandes se réduisent beaucoup, et peuvent même se confondre en une glande impaire chez les *Synchæta* et les *Rhinops*.

Système nerveux. — Un ganglion, situé tout à fait en avant, du côté dorsal, représente tout le système nerveux central; on y aperçoit nettement les limites des cellules nerveuses. La forme du ganglion cérébroïde est très variable; il est triangulaire, par exemple, chez les PHILODINIDÆ, trilobé chez les *Copeus*, réniforme à concavité postérieure chez les *Brachionus*, représenté par un groupe de grosses cellules chez les MELICERTIDÆ, en forme d'étoile à sept branches chez les FLOSCU-LARIDÆ. De ce ganglion partent des nerfs qui se rendent aux organes des sens.

Les organes des sens différenciés paraissent être exclusivement des *organes du toucher* et des *organes de vision*.

Les *organes du toucher* sont ou bien des soies isolées, occupant des positions fixes (il y en a quatre par exemple sur la couronne des *Synchæta*), ou des touffes de soies disposées sur le tégument en des points déterminés (fig. 1032, *lt*) ou portés par des appendices spéciaux, des *antennes*. Celles-ci sont des appendices plus ou moins longs en général tronqués au sommet et surmontés d'un bouquet de soie. Leur nombre fondamental paraît être de quatre : deux *dorsales* (fig. 1031, n° 2, *a*) et deux *latérales* ou même *ventrales* (*a'*). Les antennes dorsales sont largement séparées chez les *Asplanchna priodonta*, *Copeus spicatus*, *Brachionus plicatilis*, mais bien plus souvent elles sont serrées l'une contre l'autre (*Synchæta pectinata*), ou entièrement fusionnées en une seule, ce qui est le cas ordinaire. Les antennes de la paire inférieure sont quelquefois dorsales (*Notops brachionus*), d'autre fois latérales (*Stephanoceras Eichhornii*), plus souvent ventrales (*Melicerta ringens*); exceptionnellement elles se fusionnent en un seule organe : le *Copeus caudatus* a ainsi deux antennes impaires, situées sur la ligne médiane, l'une dorsale, l'autre ventrale. Les antennes inférieures semblent manquer chez les PHILODINIDÆ, mais le plus souvent leur absence n'est qu'apparente, car fréquemment ces organes se réduisent à de simples tubercules sétigères ou même à un bouquet de soies. Les antennes peuvent se placer sur la couronne (*Euchlanis*, *Asplanchna*), ou reculer plus ou moins loin sur le cou; quelquefois des organes qui leur ressemblent se trouvent aussi dans la moitié postérieure du corps (*Synchæta tremula*, *Copeus*).

Les *organes de vision* sont toujours en contact immédiat ou presque immédiat avec le cerveau; il peut y en avoir deux (PHILODINIDÆ, EUCHLANIDÆ, TRIARTHRIDÆ, *Rhinops*, PTERODINIDÆ, *Limnias*, *Cephalosiphon*, *Distemma*, *Diglena*, *Cælopus*, *Œcistes*, *Conochilus*, *Eosphora*, beaucoup de FLOSCULARIDÆ) ou un seul (MICROCODONIDÆ, ASPLANCHNIDÆ, *Megalotrocha*, *Synchæta*, *Notops*, *Copeus*, *Notommata*, *Dinocharis*, *Scaridium*, *Mastigocerca*, *Rattulus*, *Furcularia*, *Euchlanis*, BRACHIONIDÆ), sans ou avec cristallin (PHILODINIDÆ). Leur pigment est de couleur écarlate. L'œil unique paraissant résulter de la fusion de deux yeux latéraux, on peut trouver dans la même famille, chez les COLURIDÆ par exemple, des genres à deux yeux (*Colurus*, *Monura*, *Mitylia*) et des genres à œil unique (*Metopidia*); il en est de même dans la famille des NOTOMMATIDÆ (voir la classification).

Dimorphisme sexuel. — Les sexes sont séparés et le dimorphisme sexuel est poussé à un degré qu'on rencontre rarement dans les autres classes. Les mâles (fig. 1033), beaucoup plus petits que les femelles (fig. 1034), sont demeurés longtemps inconnus: on n'a pas encore décrit ceux de toutes les espèces; mais on sait déjà que les formes qu'ils revêtent présentent une gradation remarquable. Ceux des *Seison* sont peu différents des femelles; ceux de l'*Apodoides stygius* ont d'abord la même structure que les femelles, puis entrent en régression, et perdent, durant une mue, leur appareil digestif, y compris le mastax; les mâles d'*Euchlanis* ne paraissent être extérieurement qu'une réduction des femelles; ils manquent cependant d'appareil digestif et de mastax. Dans les autres types, les mâles ont une apparence tout autre que celle des femelles, mais quelles que soient les dissemblances de celles-ci, ils présentent entre eux les plus grandes ressemblances, et ressemblent aussi aux larves des femelles (*Melicerta*); les mâles des espèces à femelles cuirassées sont dépourvus de carapace, sauf dans le genre *Euchlanis*; ceux des espèces fixées sont libres. A moins de les avoir vus éclore d'œufs d'origine certaine, ou de les avoir surpris au moment de l'accouplement, il est presque impossible de rapporter les mâles aux espèces dont les femelles sont cependant bien connues. En raison de la constance de leur forme, on pourrait les considérer comme représentant l'état primitif des Rotifères, s'ils n'étaient manifeste-

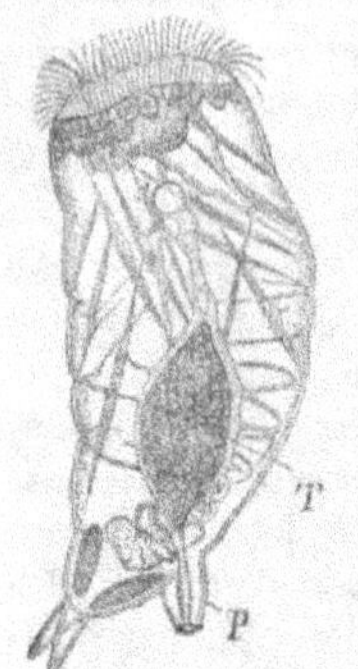

Fig. 1033. — *Hydatina senta*, mâle. — *T*, testicule; *p*, pénis (d'après Cohn).

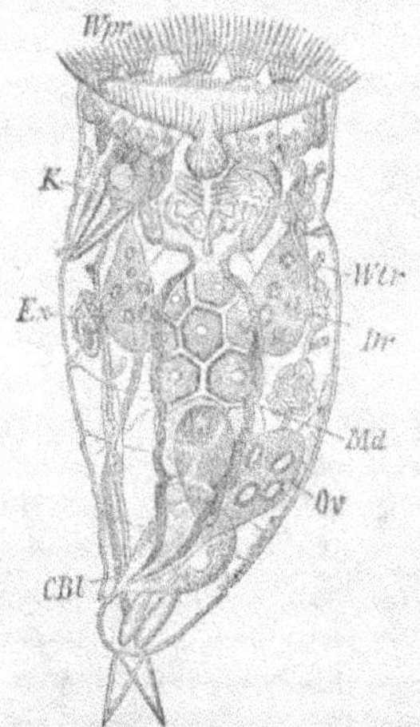

Fig. 1034. — *Hydatina senta* femelle. — *Wpr*, bande ciliée circonscrivant cinq tubercules frontaux; *k*, mastax et appareil masticateur; *Dr*, glandes salivaires; *Wtr*, pavillon cilié des néphridies; *Md*, intestin moyen; *Ov*, ovaire; *CBl*, cloaque (d'après Cohn).

ment frappés de dégradation d'une part, et d'autre part adaptés d'une manière spéciale à leur fonction sexuelle. Ce sont de petits êtres de forme conique, à corps tronqué ou convexe avant et présentant une couronne de grands cils vibratiles autour de son plus grand diamètre, tandis que de petits cils forment une toison continue à l'intérieur de cette couronne; ils n'ont pas de bouche; toutefois, la concavité au fond de laquelle la bouche est située, chez les femelles d'*Hydatina*, est encore représentée chez les mâles, ce qui tend à prouver que la forme hémisphérique de la couronne est, chez eux, un caractère acquis, consécutif de l'occlusion de la bouche. Leur tube digestif est réduit à une corde cellulaire qui passe au-dessus du testicule et va s'attacher à la région de la couronne où serait située la bouche chez les femelles; l'appareil excréteur est construit sur le même plan que celui des femelles, mais n'a pas de vésicule contractile; chaque néphridie s'ouvre isolément au dehors ou débouche dans le canal déférent. Celui-ci se continue souvent jusqu'à l'extrémité postérieure du corps qui est rétractile sur une certaine étendue et joue le rôle de pénis (*Triarthra*, *Polyarthra*, *Anuræa*, *Asplanchna*, *Hertwigia*, *Conochilus*); d'autres fois il débouche dans un véritable pénis exsertile et dorsal (*Hydatina*, fig. 1033, *p*; *Brachionus*, *Lacinularia*, *Apsilus*); chez les *Lacinularia* et *Apsilus*, un bouquet de cils termine le corps, comme cela a lieu chez un certain nombre de femelles. Le système nerveux central est identique dans les deux sexes.

Détermination du sexe mâle. Parthénogénèse; œufs immédiats. Œufs durables. — La reproduction parthénogénétique est la règle pendant la plus grande partie de l'année, au moins chez l'*Hydatina senta*; mais la température joue dans les phénomènes de reproduction un rôle régulateur des plus importants, si bien qu'elle détermine, lorsqu'elle s'élève suffisamment, l'apparition de la reproduction sexuée. Les Rotifères (*Cycloglæna lupus*, Ehr., *Notommata*, *Adineta vaga*, *Hydatina senta*) peuvent être élevés en chartre privée comme les Infusoires[1], et fournissent ainsi jusqu'à quarante-cinq ou cinquante générations parthénogénétiques; à une température de 18°, la vie de chaque génération est au maximum de neuf jours durant lesquels une cinquantaine d'œufs sont pondus. Les pontes se concentrent sur les quatre ou cinq premiers jours de la vie, et se succèdent d'autant plus rapidement que la température est plus élevée et la nourriture plus abondante. Tant que le thermomètre demeure au-dessous de 18°, tous les œufs pondus sont semblables, et ne donnent naissance qu'à des femelles se reproduisant elles-mêmes parthénogénétiquement. Ces œufs sont arrondis, à coque lisse et transparente; ils se développent immédiatement après la ponte: on peut les nommer *œufs transparents* ou bien *œufs immédiats* (prétendus *œufs d'été* des auteurs). Si la température s'élève au-dessus de 18°, certaines femelles se mettent à pondre des œufs plus petits, mais également lisses et transparents, d'où il ne sort que des mâles. Ces femelles se caractérisent dès le début de leur ponte, et elles ne pondent jamais que des œufs produisant des mâles; de même une femelle qui a pondu des œufs produisant des femelles ne pond jamais d'autres œufs. Quelque paradoxale que puisse paraître cette proposition, *non seu-*

---

[1] MAUPAS, Comptes rendus de l'Académie des Sciences, t. CIX, p. 270, 1889. — *Sur la multiplication et la fécondation de l'Hydatina senta*, Ehrb, Ibid., 11 août 1890. — *Sur la fécondation de l'Hydatina senta*, Ibid., 6 octobre 1890. — *Sur le déterminisme de la sexualité chez l'Hydatina senta*, Ibid., 14 septembre 1891.

*lement le sexe de chaque œuf est déjà déterminé au moment où il est pondu, mais la
sexualité remonte jusqu'aux femelles* et les divise en deux catégories irréductibles :
les *pondeuses d'œufs femelles* et les *pondeuses d'œufs mâles*, reconnaissables dans
quelques espèces à leur taille différente. Or, cette détermination du rôle des femelles
se produit au moment même où l'œuf qui doit leur donner naissance se différencie
dans l'organisme maternel. Une même femelle maintenue à une température
voisine de 15° ne produit que des œufs donnant naissance à des pondeuses d'œufs
femelles; si on la maintient à une température d'environ 20°, elle ne produit que
des œufs donnant naissance à des pondeuses d'œufs mâles. Passé le moment où
il s'est différencié, l'œuf demeure d'ailleurs insensible aux variations de température; sa sexualité est définitivement établie.

Les pondeuses d'œufs femelles sont invariablement vouées à la parthénogénèse;
les mâles peuvent s'accoupler avec elles, mais leurs œufs ne sont pas modifiés
pour cela; ils se comportent exactement comme les œufs parthénogénétiques
femelles dont ils ne diffèrent sous aucun rapport. Au contraire, l'accouplement
détermine une transformation complète des œufs des pondeuses d'œufs mâles.
L'œuf se rapetisse encore; sa forme est modifiée, et il semble revêtu d'une coque
opaque et diversement ornementée. Son développement est encore immédiat; mais
après avoir commencé, il s'arrête; l'embryon s'enveloppe d'une membrane spéciale
qui se chitinise, se couvre d'ornements divers et devient la coque de l'œuf après
la destruction de la membrane transparente. L'embryon ainsi abrité peut résister
à la sécheresse et au froid; il n'éclôt que lorsque les conditions ambiantes sont
redevenues favorables. Les *œufs opaques* peuvent être rencontrés en toute saison;
ils sont caractérisés par leur durée à l'état de vie ralentie, et peuvent en conséquence être nommés *œufs durables* (prétendus *œufs d'hiver* des auteurs). Non
fécondé, l'œuf durable aurait, comme chez les Abeilles, donné naissance à un mâle
(*arrhénotoquie*); fécondé, il donne naissance à une femelle parthénogénétique; c'est-
à-dire que sa sexualité semble avoir été changée par la fécondation; mais cette
interprétation serait peut-être excessive. Les pondeuses d'œufs femelles, parthénogénétiques, peuvent être considérées, en effet, comme des individus asexués, au
même titre que les polypes producteurs de bourgeons; leurs œufs peuvent être
par cela même assimilés à des bourgeons asexués, et cela est tellement soutenable
qu'elles sont incapables d'être fécondées. Les pondeuses d'œufs mâles sont les
véritables femelles sexuées; elles le sont au même titre que les reines des ruches
d'abeilles, et la sexualité de leurs œufs est déterminée de la même façon par la
fécondation; non fécondées, elles ne produisent que des mâles; fécondées, elles
donnent naissance à des individus asexués, aptes à produire une longue série de
générations parthénogénétiques asexuées. Ces faits rappellent évidemment ceux qui
ont été exposés, p. 950, relativement aux Crustacés; mais on n'a pas sur ces derniers de données suffisamment précises pour qu'une comparaison rigoureuse soit
encore possible; la comparaison avec les phénomènes de parthénogénèse chez les
Insectes (p. 1204) est encore plus difficile. Il n'est d'ailleurs pas impossible que les
faits observés chez l'*Hydatina senta* se modifient chez d'autres Rotifères; il semble
notamment que les effets de la fécondation soient à échéance chez les *Melicerta*
et que les femelles fécondées donnent naissance non pas à des œufs durables, mais
à des pondeuses d'œufs durables (Joliet).

Accouplement. — Pour que les accouplements soient suivis de fécondation, les femelles doivent être très jeunes et avoir vécu tout au plus six à huit heures depuis leur éclosion; elles peuvent être fécondées immédiatement au sortir de l'œuf; une femelle qui a déjà pondu est totalement inapte à être fécondée; un seul accouplement suffit à féconder une femelle et, malgré la brièveté de sa vie (deux ou trois jours), un seul mâle peut en féconder plusieurs. Les mâles (*Hydatina senta*) s'accouplent en se fixant par leur pénis sur un point quelconque du corps des femelles dont ils perforent la paroi extérieure pour injecter leur sperme. Quelquefois cinq ou six mâles se fixent simultanément sur une même femelle.

Appareil génital femelle. — L'ovaire des très jeunes femelles est d'abord constitué par une masse cellulaire, située à la face ventrale du corps et dont tous les éléments ne diffèrent que parce qu'ils vont en croissant légèrement de l'extrémité antérieure à l'extrémité postérieure de l'organe; leurs limites respectives sont difficiles à établir sans le secours de réactifs, et l'ovaire à l'état frais paraît, en conséquence, constitué par une masse protoplasmique claire, dans laquelle sont disséminés des noyaux équidistants. Bientôt une zone plus épaisse de protoplasme se forme autour du noyau situé le plus en arrière, et l'élément ainsi différencié s'entoure d'une membrane; c'est un œuf en voie de formation. Cet œuf est étroitement appliqué contre une grosse masse granuleuse dont la forme varie suivant les espèces. Chez les *Brachionus*, elle est transversale et divisée en deux moitiés latérales par une constriction médiane; chez les *Pterodina* et les *Asplanchna* (fig. 1032, *ds*), elle prend la forme d'un fer à cheval; elle devient double chez les PHILODINIDÆ; mais le plus habituellement c'est une masse ovoïde, impaire, enveloppée ainsi que la masse ovarique dans une fine membrane qui se prolonge en un tube s'ouvrant dans le cloaque (rectum). Cette masse granuleuse contient, en général, huit noyaux; ce nombre n'est plus considérable que chez les PTERODINIDÆ, les PHILODINIDÆ et les RHIZOTA. Chaque noyau est constitué par une vésicule claire habituellement sphéroïdale, d'aspect amiboïde chez les *Eosphora*, contenant à son centre un amas de grosses granulations nucléolaires. Ces noyaux ne paraissent pas subir de division ultérieure. La masse granuleuse tout entière doit être considérée comme une réserve alimentaire destinée à nourrir les œufs en voie de formation (*vitellogène*). Chaque œuf, une fois différencié, grossit, en effet, rapidement et finit par atteindre un volume égal à cinquante fois son volume primitif. Les œufs mûrissent successivement, et sont pondus un à un; mais au moment où un œuf est expulsé, un autre s'est déjà différencié et grossit, à son tour, d'autant plus vite que la température est plus élevée et la nourriture plus abondante.

Appareil génital mâle. — Le testicule des mâles correspond exactement à l'ovaire des femelles; il est déjà bourré de spermatozoïdes au moment de l'éclosion (*Melicerta*), mais des spermatozoïdes nouveaux continuent à se former aux dépens de volumineuses cellules mères. Les spermatozoïdes des MELICERTIDÆ et des FLOSCULARIDÆ ont la forme de rubans aplatis dans lesquels on peut distinguer nettement une tête de forme variable et une queue. L'un des bords de la queue est immobile et rigide, l'autre sans cesse ondulant. Le testicule est probablement en rapport avec le rectum primitif par un canal déférent, et c'est ce qui reste du rectum, après la résorption des autres parties de l'appareil digestif, qui constitue ce qu'on nomme le *pénis*.

Développement. — La segmentation des œufs a été décrite de diverses façons ; les données fournies par Joliet sur les *Melicerta* et celles de Tessin relatives à diverses espèces (*Eosphora digitata*, *Brachionus urceolaris*, *Euchlanis dilatata*, *Salpina mucronata*, *Rotifer vulgaris*) étant sensiblement concordantes[1], c'est elles que nous résumerons ici. Les œufs fécondés expulsent seuls des globules polaires ; à part cela, tous, quelle que doive être leur destinée ultérieure, commencent à se développer de la même façon. L'œuf se divise d'abord en deux sphères inégales ; nous appellerons la plus grosse A, la plus petite B. La sphère A se divise ensuite la première en une grosse sphère et une petite ; les dimensions de la petite sphère sont à peu près égales à la moitié de celles de la sphère B, de sorte que lorsque celle-ci se sera divisée, l'embryon sera formé d'une grosse sphère et de trois petites sensiblement égales : la grosse sphère occupe un des pôles de l'œuf ; les trois petites sont symétriquement rangées à l'autre pôle. La grosse sphère devient alors piriforme ; sa partie amincie s'avance vers le pôle occupé par les petites sphères et les refoule au-dessus d'elle ; à partir de ce moment, la symétrie bilatérale de l'embryon est déjà dessinée ; la face occupée par les trois petites sphères sera la face dorsale ; le pôle occupé par la grosse sphère sera le pôle buccal ou antérieur et le plan qui, passant par les deux pôles de l'œuf, divise en deux parties égales la grosse sphère et la petite sphère médiane, est déjà un plan de symétrie qui conservera cette qualité durant toute la durée du développement et jusqu'à l'état adulte. Toutefois, durant les premières phases du développement, cette symétrie n'est pas absolument complète, et la petite sphère de droite qui provient de la division de la grosse sphère A demeure longtemps placée ainsi que ses dérivées un peu en avant de sa correspondante de gauche, surtout dans les espèces à œufs allongés (*Euchlanis*, *Brachionus*, *Salpina*). Généralement, sans que cela soit cependant constant, la grosse cellule antérieure se divise maintenant transversalement, en fournissant ainsi une cellule ventrale ; les cellules dorsales se divisent ensuite simultanément et transversalement en deux ; leur position dorsale s'accuse de plus en plus nettement ; l'embryon comprend donc deux cellules ventrales et deux rangées transversales de cellules dorsales, composées chacune de trois cellules. La division transversale des cellules se poursuit ainsi régulièrement durant un certain temps, elle marche cependant plus vite du côté dorsal que du côté ventral, de sorte, par exemple, qu'à un certain moment l'embryon est formé de dix-huit cellules dorsales, disposées en six rangées transversales et de quatre grosses cellules ventrales disposées le long de la ligne médiane. Mais déjà, au moment où il n'existe encore que quatre rangées de cellules dorsales et trois cellules ventrales, les cellules de la première rangée dorsale commencent à devenir granuleuses et obscures ; ces cellules granuleuses sont la première indication du *mésoderme*. Elles se comportent encore un certain temps comme les autres cellules dorsales, et notamment se divisent en même temps qu'elles dans le sens *longitudinal*, de telle façon que les rangées transversales de cellules de la face dorsale ne contiennent plus trois, mais bien six cellules. Tandis que les six cellules mésodermiques demeurent au repos un certain temps, les autres cellules dorsales que nous pouvons désormais appeler *cellules exodermiques*, con-

---

[1] L. Joliet, *Monographie des Mélicertes*, Archives de zoologie expérimentale, t. IX, 1883, p. 180. — G. Tessin, *Ueber Eibildung und Entwickelung der Rotatorien*, Zeitschrift für wiss. Zoologie, t. XLIV, 1886, p. 273.

tinuent à se diviser et à se multiplier, si bien qu'elles refoulent les cellules mésodermiques sur la face ventrale, passent peu à peu au-dessus d'elles, finissent par
envelopper presque complètement en dessus la première des grosses cellules ventrales qui n'est autre que la cellule entodermique. Les trois autres cellules ventrales
se divisent, à leur tour, de manière que leurs dimensions se rapprochent de celles
des cellules dorsales; elles s'avancent également au-dessous de la grosse cellule
entodermique, de sorte que celle-ci n'apparaît plus au dehors qu'à travers un orifice de plus en plus étroit qui est le *blastopore*. L'embryon est désormais formé de
trois couches, dont la moyenne ou mésoderme n'est que la partie antérieure modifiée de l'exoderme, ou tout au moins a la même origine que lui. Une division transversale porte bientôt à douze le nombre des cellules mésodermiques. La division
des cellules se poursuivant, elles finissent par couvrir d'une sorte de capuchon la
partie antérieure de l'entoderme; en même temps, elles se rassemblent sur la face
dorsale de l'animal et peu à peu s'étendent jusqu'à l'extrémité postérieure de
l'embryon. Il est vraisemblable que les tractus conjonctifs que l'on observe dans la
cavité générale chez l'adulte, les muscles et les organes génitaux naissent du
mésoderme, mais aucune donnée indiscutable n'a encore été recueillie sur ce
point.

A mesure que se multiplient les cellules exodermiques résultant de la division
des trois cellules ventrales primitives, les petites cellules exodermiques dorsales
sont peu à peu refoulées en avant; elles ne sont employées qu'à la constitution de
la région céphalique, tandis que les parois du tronc et la queue tout entière sont
constituées par les cellules exodermiques nées des cellules ventrales. Autour du
blastopore, les cellules exodermiques s'invaginent bientôt; elles forment une masse
aux dépens de laquelle se constituera la couronne vibrante, toujours invaginée
chez l'embryon, l'entonnoir buccal et, d'une manière générale, les parties du tube
digestif qui précèdent le mastax. Peu après que cette invagination s'est constituée,
une fossette profonde et étroite apparaît en arrière du blastopore, et s'enfonce sur
presque toute la largeur de la face ventrale jusque vers le milieu de l'épaisseur du
corps de l'embryon; le bord postérieur de cette fente croit en même temps en
avant; c'est le premier rudiment du pied; ce rudiment contient un prolongement
de l'entoderme, de sorte que le prétendu pied ne saurait être considéré comme un
simple appendice, mais représente réellement la partie postérieure du corps; c'est
bien une véritable queue. Le cerveau résulte vraisemblablement d'une simple
délamination de l'exoderme au point où apparaît le pigment rouge, caractéristique
des yeux.

Au moment de son inclusion dans l'exoderme, la cellule entodermique primitivement unique se divise en trois autres, une petite postérieure, deux plus
grosses, égales, symétriquement placées en avant. Les deux cellules antérieures
se divisent transversalement chacune en deux cellules de mêmes dimensions que
la cellule postérieure. Ces cinq cellules entodermiques continuent à se diviser, et
constituent ainsi une masse sphéroïdale, sans cavité intérieure dont les éléments,
disposés en une seule couche, sont cunéiformes. Cette masse se différencie bientôt
en une région antérieure et sphéroïdale et une postérieure, moins nettement délimitée; dans la première apparaît une fente transversale, armée de deux bandes de
chitine qui caractérisent cette masse comme devant constituer le mastax et les

mâchoires; la portion de l'entoderme qui suit devient l'œsophage et l'estomac, mais on ignore si d'autres organes tels que les glandes caudales, par exemple, n'en proviennent pas aussi. Le jeune animal est dès lors constitué. En général, il sort de l'œuf avec sa forme définitive; toutefois chez les Rhizota, cette forme est encore loin d'être réalisée.

Après la formation de la queue, les jeunes Rotifères subissent un certain nombre de remarquables modifications. Au-dessus de la pointe de la queue se montre une dépression qui a pu se former avant (*Brachion*) ou après elle (*Melicerta*), et qui est bordée en dessous et sur les côtés par un bourrelet saillant. Des bourgeons symétriques nés de la partie inférieure de ce bourrelet s'unissent pour former la lèvre inférieure qui divise en deux la dépression primitive; la partie de cette dépression située au-dessous de la lèvre devient la fossette vibratile dans laquelle s'élaborent les matériaux du tube des Mélicertes; c'est dans la moitié supérieure que se creuse un peu plus tard la bouche. La dépression ventrale n'est pas toujours divisée par une lèvre inférieure; elle persiste dans son état primitif chez certains Rotateurs vermiformes, comme les *Diglena*, et forme une surface ciliée, occupant un tiers environ de la face ventrale. A l'aide des cils qui recouvrent cette surface, l'animal marche et glisse dans l'eau comme une Planaire, et peut-être la face ventrale ciliée des Gastérotriches n'est-elle qu'un développement de la surface locomotrice des *Diglena*. Les cils de la couronne intérieure des Mélicertes apparaissent peu après ceux de la lèvre inférieure. Vers la même époque se forment les lobes rotateurs des Brachions; enfin la bouche se montre à l'endroit même où s'était fermé le blastopore. C'est une invagination profonde de l'exoderme, au fond de laquelle se formera plus tard le *mastax*. Vers la même époque, une autre invagination se forme sur le dos de l'embryon et devient le *cloaque*.

Les yeux des Mélicertes apparaissent de bonne heure immédiatement au-dessus de la bouche; ils sont situés à l'intérieur du cercle de cils chez les *Lacinularia*; tout près de la marge dorsale de l'organe rotateur chez les *Melicerta*, en dehors de cet organe chez les *Brachionus* et beaucoup d'autres Rotifères, ce qui rend difficile l'assimilation des organes rotateurs au voile des Mollusques. Au moment de son éclosion, la larve des *Melicerta* possède une glande volumineuse près de la fossette vibratile, des flammes vibratiles, un ovaire, mais on ignore comment se forment ces diverses parties.

1. ORDRE [1]

PLOÏMA

Nageant à l'aide de leurs couronnes de cils, et quelquefois rampant à l'aide de leur pied.

1. SOUS-ORDRE

ALORICATA

Tégument ordinairement mou. Pied, lorsqu'il existe, presque toujours bifurqué, mais non annelé, faiblement télescopé et incomplètement rétractile.

---

[1] C.-C. Hudson and P.-H. Gosse, *The Rotifera*, 2 vol., 1886. — Dr Stevens, *A Key to the Rotifera*, American Monthly Microscopical Journal. Vol. VIII, 1887.

Fam. **TROCHOSPHÆRIDÆ**. — Corps sphérique, avec une bande équatoriale de cils passant au-dessus de la bouche, interrompue du côté dorsal, et un arc cilié au-dessous de la bouche; antennes ventrales petites. Mâchoires malléo-ramées.

Trochosphæra, Semper. Genre unique. *T. æquatorialis*, rizières de Zamboanga (Philippines).

Fam. **SYNCHÆTIDÆ**. — Couronne représentée par un segment sphéroïdal, quelquefois aplati, avec des proéminences styligères; une seule bande ciliée, interrompue, entourant la couronne. Mâchoires comprenant une enclume profondément fendue en pince et deux marteaux grêles, à tête en forme de crochet (*m. forcipées*); pied fourchu, petit ou absent.

Hertwigia, Plate. Corps ovoïde; couronne convexe, présentant du côté dorsal une saillie conique; pas de pied. *H. volvocicola*, dans les colonies de Volvox. — *Synchæta*, Ehrb. Corps très allongé, conique; front présentant deux auricules ciliées; de simples arcs ciliés au lieu d'une bande continue; pied petit, fourchu. *S. pectinata*, eaux douces. *S. baltica*, marine, Manche.

Fam. **MICROCODONIDÆ**. — Couronne obliquement transverse, aplatie, circulaire; orifice buccal central; bandes ciliées formant une courbe marginale continue, entourant la couronne et deux arcs de cils plus grands de chaque côté de la bouche; mâchoires; pied styliforme. Mâchoires des SYNCHÆTIDÆ.

Microcodon, Ehrb. Un seul œil central, juste au-dessous de la couronne. *M. clavus*, Europe.

Fam. **TRIARTHRIDÆ**. — Couronne transverse; une seule bande ciliée marginale, embrassant l'orifice buccal; mâchoires forcipées; pied absent; corps pourvu de longs styles articulés à leur base, propres au saut.

Polyarthra, Ehrb. Un seul œil occipital; mastax très grand, piriforme; styles en faisceaux sur les épaules. *P. platyptera*, commun. — *Pteroessa*, Gosse. Une coque largement ouverte en arrière, sur laquelle s'articulent six rangées longitudinales d'appendices pinnés ou de soies. *P. surda*, Dundee. — *Triarthra*, Ehrb. Deux yeux frontaux; un long style ventral et deux latéraux symétriques; mastax de grandeur moyenne; mâchoires malléo-ramées. *T. longiseta*, commun. — *Pedetes*, Gosse. Deux yeux frontaux; deux styles articulés sur la poitrine; corps ovale, prolongé en queue. *P. saltator*, Birmingham.

Fam. **NOTOMMATIDÆ**. — Couronne obliquement transverse; une bande ciliée formée de courbes interrompues et de faisceaux de cils, avec une bande marginale entourant la bouche; mâchoires forcipées.

Albertia, Dujardin. Corps vermiforme, allongé, obliquement tronqué, et cilié en avant; pied petit, à un seul doigt; point d'yeux; mâchoires petites; parasites des *Nais*. *A. naidis*. — *Taphrocampa*, Gosse. Corps fusiforme ou cylindrique, annelé, fourchu en arrière; couronne ciliée nulle ou rudimentaire. *T. annulosa*, commun. — *Notommata*, Gosse. Corps cylindrique, non annelé, se prolongeant en queue; des auricules exsertiles et protractiles sur la tête; un œil dorsal; cerveau grand, contenant des masses calcaires opaques, pied fourchu. *N. aurita*, commun. — *Pleurotrocha*, Ehrb. *Notommata*, aveugles. *P. constricta*, Europe. — *Lindia*, Duj. — *Copeus*, Gosse. Relativement grands; corps renflé en arrière, présentant deux appendices tactiles latéraux dans sa région postérieure et se prolongeant en queue; un œil dorsal, cerveau à trois plis. *C. labiatus*, Birmingham. — *Proales*, Gosse. De moyenne ou petite taille; corps généralement cylindrique ou larviforme; face ciliée, à peu près terminale; cerveau clair; ni auricules, ni queue. *P. sordida*, commun. — *Furcularia*, Ehrb. Corps généralement comprimé, larviforme, cylindrique avec une tendance à s'élargir dans sa région lombaire; œil unique, frontal, quelquefois absent; front conique, large et profond; doigts grands; enclume en pince, protractile. *F. forficula*, commun. — *Eosphora*, Ehrb. Corps oblong; tête dilatée, portant des auricules exsertiles; un œil cervical et deux frontaux; pied très distinct, télescopé, à longs doigts. *E. aurita*, ass. commun. — *Diglena*, Ehrb. Corps subcylindrique, mais à contour très mobile; souvent rétréci en avant; deux petits yeux près du bord du front; pied fourchu; mâchoires protractiles. *D. grandis*, rare. — *Distemma*, Ehrb. Diffèrent des *Diglena* par leur front prolongé en trompe charnue et leurs yeux cervicaux. *D. raptor*, marin. *D. Collinsii*, eaux douces. — *Balatro*, Clap. Ni bande ciliée, ni antennes; extrémité postérieure dilatée en croissant; mastax très petit, contenant deux petits *rameaux* courbes; estomac simple et droit; cerveau et néphridies indistincts. *B. calvus*, sur divers Oligochètes. — *Drilophaga*, Vejdowsky. *Proales* se fixant par les mâchoires à l'extrémité postérieure des *Lumbriculus variegatus*. — *Seison*, Grube. Corps divisé en quatre segments; bande ciliée représentée par un petit nombre de cils voisins de la bouche; néphridies rudimentaires; système secréteur très développé. *S. Grubei*, parasite des *Nebalia*.

Fam. **HYDATINIDÆ**. — Couronne tronquée avec des proéminences styligères ou ciliées; deux bandes ciliées courbes, l'une marginale bordant la couronne et l'orifice buccal, l'autre en dedans de la première et des proéminences styligères; mâchoires malléées.

Hydatina, Ehrb. Point d'yeux; corps conique passant insensiblement au pied qui est court. *H. senta*, commun. — *Rhinops*, Hudson. Une longue trompe dorsale sur la couronne; deux yeux à l'extrémité de la trompe; deux petits doigts très rapprochés; corps conique tout d'une venue avec le pied. *R. vitrea*, ass. commun. — *Notops*, Hudson. Un seul œil occipital; corps non conique; pied long, sur le prolongement du tronc, ou court ventral et entièrement rétractile. *N. brachionus*.

Fam. **ASPLANCHNIDÆ**. — Couronne constituée par deux cônes confluents, à sommets distincts; une seule bande ciliée marginale; mâchoires incudées, réduites à une enclume en forme de tenailles; intestin, cloaque et pied absents.

Asplanchna, Gosse. Couronne à deux pointes; point de mastax musculaire autour des mâchoires; estomac sphéroïdal; vivipares. *A. priodonta*, ass. commun. — *Sacculus*, Gosse. Couronne à une seule pointe; une masse musculaire autour des mâchoires qui sont rudimentaires; sac digestif avec huit cæcums; ovipares; portent leurs œufs après la ponte. *S. viridis*, Eur.

2. SOUS-ORDRE

LORICATA

Tégument durci de manière à former une coque qui enveloppe le corps en tout ou en partie.

A. — *Pied ni annelé, ni entièrement rétractile.*

Fam. **RATTULIDÆ**. — Coque entière, cylindrique, sans angles; mâchoires asymétriques. *Mastigocerca*, Ehrb. Corps fusiforme ou irrégulièrement épais, terminé par un style accompagné, à sa base, de stylets accessoires; coque avec une mince carène dorsale. *M. rattus*, ass. commun. — *Rattulus*, Ehrb. Corps cylindrique, courbé; coque lisse, habituellement sans carène; deux doigts arqués, symétriques. *R. tigris*, rare. — *Cœlopus*, Gosse. Corps cylindrique, arqué; pied large et court, arrondi, inclus dans la coque; doigts remplacés par deux plaques inégales superposées. *C. porcellus*, Eur.

Fam. **DINOCHARIDÆ**. — Coque entière, en frme de vaseo, quelquefois à facettes; tête distincte, avec un tégument chitineux; mâchoires symétriques.

Dinocharis, Ehrb. Coque dense, granuleuse, à facettes, avec des plaques saillantes ou des épines sur le dos; tête rétractile dans un capuchon chitineux; un seul œil paraissant attaché au mastax; pied épineux, très long ainsi que les doigts. *D. tetractis*, commun. — *Scaridium*, Ehrb. Coque comprimée ou piriforme et déprimée en avant, très mince, transparente, lisse, sans épines ou plaques saillantes; tégument céphalique épaissi en avant seulement; pied sans épines; œil et doigts comme *Dinocharis*. *S. longicaudum*. — *Stephanops*, Ehrb. Coque cylindrique ou piriforme, entière; tête portant un large bouclier circulaire; doigts surmontés d'un prolongement digitiforme du pied. *S. unisetatus*, ass. commun.

Fam. **SALPINIDÆ**. — Coque comprimée, fendue en arrière; les deux valves unies par une membrane de manière à former une gouttière dorsale; un œil cervical ou point d'œil; doigts longs et droits.

Diaschiza, Gosse. Corps comprimé ; moitié dorsale du tronc enfermé dans une carapace présentant une fente médiane ; mâchoires, linéaires, forcipées, enclume en pince, protractile ; doigts foliacés. *D. semiaperta*, ass. commun. — *Salpina*, Ehrb. Coque oblongue, largement ouverte à chaque extrémité, épineuse ; tête et pied protractiles ; mâchoires sub-mailléées. *S. brevispina*, t. c. — *Diplax*, Gosse. *Salpina* sans yeux, sans épines à l'avant de la coque ; pied long et étroit. *D. compressa*, rare.

Fam. **EUCHLANIDÆ**. — Coque déprimée, formée d'une plaque dorsale et d'une plaque ventrale dissemblables, unies de manière à former deux cavités confluentes dont la supérieure est de beaucoup la plus grande ; bande ciliée principale divisée en trois arcs ; bande accessoire formant un arc sous la bouche.

Diplois, Gosse. Coque plus ou moins déprimée, ovale, formée de deux plaques : l'une dorsale convexe, à côtes, fendue longitudinalement ; l'autre ventrale, plate. *D. Daviesia*, Dundee. — *Euchlanis*, Ehrb. Diffèrent des *Diplois* par l'absence de fente postérieure à leur plaque dorsale ; la section transversale de la carapace est une sorte de trapèze isocèle, à grande base dorsale et convexe, à petite base droite, à côtés égaux, profondément convexes. *E. dilatata*, commun.

Fam. **CATHYPNADÆ**. — Coque ouverte à chaque extrémité, formée d'une plaque dorsale plus ou moins élevée et d'une plaque ventrale presque plane, séparées par un profond sillon latéral, couvert d'une membrane ; un ou deux doigts toujours saillants.

Cathypna, Gosse. Coque subcirculaire, convexe dorsalement ; sillons latéraux larges et profonds ; deux doigts. *C. luna*, commun. — *Distyla*, Eckstein. Coque en ellipse allongée, ouverte et membraneuse en avant, fermée et déprimée en arrière ; sillons latéraux faibles ; deux doigts ; coque épaissie en lisière autour du pied. *D. gissensis*, Europe. — *Monostyla*, Ehrb. *Cathypna*, à un seul doigt. *C. cornuta*, commune.

Fam. **COLURIDÆ**. — Coque comprimée ou déprimée, ouverte à ses deux extrémités et d'ordinaire aussi en dessous. Tête surmontée d'un chaperon chitineux. Doigts toujours saillants.

Colurus, Ehrb. Corps subglobuleux, plus ou moins comprimé ; carapace formée de deux plaques latérales, distantes en avant, soudées sur le dos, bâillantes en arrière et généralement en dessous ; chaperon frontal en forme de crochet, non rétractile ; pied non rétractile, articulé, terminé par deux doigts en fourche. *C. deflexus*, commun. — *Metopidia*, Ehrb. Carapace habituellement déprimée, entière, ouverte aux deux bouts ; le reste comme *Colurus*. *M. lepadella*, partout. — *Monura*, Ehrb. *Colurus* à un seul doigt styliforme. *M. colurus*, marin. — *Mytilia*, Goss. *Colurus* à cou, tête et pied habituellement saillants hors de la carapace et sans crochet frontal. *M. tavina*, marin. — *Cochleare*, Gosse. Carapace ne dépassant pas la moitié de la longueur du corps ; pied long, annelé ; deux doigts en fourche. *C. turbo*, Dundee.

> B. — *Pied annelé transversalement, entièrement rétractile, fourchu*
> *ou finissant en coupe ciliée ; quelquefois absent.*

Fam. **ANURÆIDÆ**. — Carapace en forme de boîte largement ouverte en avant, ne présentant en arrière qu'une petite fente ; habituellement armée d'épines ou de soies élastiques. Pas de pied.

Anuræa, Gosse. Carapace oblongue, à surface dorsale habituellement tessellée ; bord occipital toujours garni d'épines ; portent leurs œufs après la ponte. *A. aculeata*, com. — *Notholca*, Gosse. Carapace ovale, tronquée, armée de six épines en avant, inerme, mais quelquefois prolongée en arrière, formée de deux plaques en forme de cuiller, unies latéralement ; surface dorsale marquée alternativement de côtes et de sillons ; œufs abandonnés après la ponte. *N. acuminata*, eaux douces ; *N. thalassina*, mer. — *Eretmia*, Gosse. Carapace ni tessellée, ni marquée de côtes, sans véritables épines, mais portant de longues soies pointues. *E. cubeules*, Birmingham. — *Apodoïdes*, Joseph. *A. stygius*, dans les eaux des grottes obscures.

Fam. **BRACHIONIDÆ**. — Carapace déprimée, entière, convexe du côté dorsal, généralement armée d'épines en avant et en arrière. Couronne transverse avec des proéminences styligères; une seule bande ciliée marginale, bordant l'orifice buccal. Mâchoires malléées. Pied fourchu ou absent.

Brachionus, Ehrb. Carapace en forme de boîte, ouverte et armée d'épines en avant et en arrière; pied long, très flexible, terminé par deux doigts; généralement des yeux. *B. Mülleri*, commun. — *Noteus*, Ehrb. Carapace à facettes, couverte de points élevés, gibbeuse sur le dos, aplatie du côté ventral; doigts modérément longs; point d'yeux. *N. quadricornis*, assez commun.

Fam. **PTERODINIDÆ**. — Carapace fortement déprimée, entière, formée de deux plaques égales, unies latéralement. Couronne formée de deux disques concaves; bande ciliée décrivant une courbe marginale qui se replie sur elle-même à ses deux extrémités, du côté dorsal, de manière à entourer deux fois la couronne et à passer une fois en avant et une fois en arrière de la bouche. Mâchoires malléo-ramées. Pied nul ou terminé en coupe ciliée.

Pterodina, Ehrb. Carapace entière, très déprimée, formée de deux plaques ovales, soudées entre elles sur leur pourtour; pied inarticulé. *P. patina*, com. — *Pompholyx*, Gosse. Carapace en forme de bouteille; pas de pied; couronne formée de deux disques soudés en avant; deux yeux frontaux: œufs attachés à la mère. *P. sulcata*, Birmingham.

II. ORDRE

SCIRTOPODA

Nagent à l'aide de leur couronne ciliée, et marchent à l'aide d'appendices qui rappellent ceux des Arthropodes; pied remplacé par deux appendices dorsaux, en forme de styles, indépendants et terminés en expansions ciliées.

Fam. **PEDALIONIDÆ**. — Tête tronquée; couronne et bande ciliée des Pterodinidæ; bande ciliée formant une courbe marginale qui se replie sur elle-même du côté dorsal de manière à entourer deux fois la couronne, et à passer une fois en avant, une fois en arrière de la bouche; les deux extrémités de la bande non contiguës, de même que les deux points de réflexion. Six appendices rappelant les pattes des Arthropodes. Mâchoires malléo-ramées.

Pedalion, Hudson. Un membre dorsal et un ventral impairs; deux paires de membres latéraux; deux appendices ciliés en arrière sur le dos. *P. mirum*, très rare. — *Hexarthra*, Schmarda. Trois paires de membres symétriques; mâchoires des *Triarthra*. *H. polyptera*, Égypte, eaux saumâtres.

III. ORDRE

BDELLOÏDA

Nagent à l'aide de leur couronne de cils vibratiles et rampent comme des sangsues. Pied fourchu, entièrement et télescopiquement rétractile à l'intérieur du corps.

Fam. **ADINETIDÆ**. — Couronne constituée par une aire ventrale aplatie, ciliée. Mâchoires ramées.

Adineta, Hudson. Point d'yeux. *A. vaga*, avec les *Philodina roseola*.

Fam. **PHILODINIDÆ**. — Couronne formée de deux lobes circulaires transverses; bande ciliée des Pterodinidæ et des Pedalionidæ. Mâchoires ramées.

Philodina, Ehrb. Deux yeux cervicaux. *P. erythrophthalma*, comm. — *Rotifer*, Schrank. Deux yeux dans la colonne frontale. *R. vulgaris*, tr. commun. — *Actinurus*, Ehrb. Deux yeux frontaux; deux dents convergentes; animal excessivement long et étroit. *A. neptunius*, assez rare. — *Callidina*, Ehrb. Point d'yeux. *C. elegans*, assez commune.

IV. ORDRE

RHIZOTA

Fixés à l'état adulte; habitant d'ordinaire un tube gélatineux, souvent incrusté de corps étrangers ou formé de pelotes vaseuses. Pied transversalement annelé, non rétractile à l'intérieur du corps, finissant en un disque adhésif ou une coupe.

Fam. **MELICERTIDÆ**. — Couronne circulaire ou réniforme, bi-quadrilobée; bandes ciliées des PTERODIXIDÆ, PHILODIXIDÆ et PEDALIOXIDÆ. Orifice buccal latéral. Mâchoires malléo-ramées.

Cephalosiphon, Ehrb. Couronne presque circulaire; intervalle dorsal de la bande ciliée apparent; point d'antennes ventrales; une antenne dorsale comprise entre deux crochets. *C. limnias*, Europe. — *Megalotrocha*, Ehrb. Couronne réniforme à sinus ventral; à petit axe dorso-ventral; hiatus dorsal des bandes ciliées très petit; point d'antennes; tronc présentant une série de quatre verrues opaques; vivent en colonies fixées et sans tubes. *M. alboflavicans*, Europe. — *Conochilus*, Ehrb. Couronne en fer à cheval, transverse; hiatus de la bande ciliée ventral; orifice buccal vers le côté dorsal de la couronne; des antennes ventrales seulement; vivent dans des tubes gélatineux, groupés en colonies flottantes. *C. volvox*, Europe. — *Lacinularia*, Schweigger. Couronne cordiforme, oblique, à grand axe dorso-ventral, avec un profond sinus ventral; hiatus dorsal de la bande ciliaire très petit; tronc sans verrues opaques; point d'antennes, vivent dans des tubes gélatineux, en colonies fixées. *L. socialis*, Europe. — *Œcistes*, Ehr. Couronne grande, ovale, indistinctement bilobée; hiatus dorsal petit; des antennes ventrales seulement; vivent dans des tubes irréguliers, couverts de corps étrangers. *Œ. crystallinus*, Europe. Commun. — *Limnias*, Schrank. Couronne distinctement bilobée; hiatus dorsal large; antennes dorsales petites; antennes ventrales bien développées; tube légèrement conique non composé de pelotes. *L. ceratophylli*, très commune. — *Melicerta*, Schrank. Couronne quadrilobée; hiatus dorsal et antennes des *Limnias*; tube gélatineux revêtu de pelotes de substances étrangères. *M. ringens*, très commune dans les eaux tranquilles.

Fam. **FLOSCULARIDÆ** — Couronne divisée en lobes sétigères; bande ciliée formant un demi-cercle au-dessus de l'orifice buccal. Orifice buccal central. Mâchoires oncinées.

Apsilus, Metschnikof. Coupe coronale entièrement membraneuse; soies et pied absents. *A. lentiformis*, Europe, États-Unis. — *Acyclus*, Leidy. Coupe coronale bordée par une délicate membrane festonnée; un lobe frontal dorsal; extrémité du pied tronquée. *A. inquietus*, États-Unis. — *Floscularia*, Oken. Couronne circulaire ou découpée en lobes courts et larges, portant de très longues soies rayonnantes ou de fines soies en forme de cils; pied terminé par un pédoncule non rétractile. *F. edentata*, Europe, rare; *F. Hoodii*, Europe, rare; *F. ornata*, Europe, t. c. — *Stephanoceros*, Ehrb. Lobes longs, étroits, droits, en forme de bras; soies disposées en séries obliques et parallèles sur les lobes. *S. Eichhornii*, Europe.

II. CLASSE

BRYOZOAIRES (BRYOZOA, POLYZOA)

Lophostomés fixés à l'état adulte. Appareil ciliaire constitué par des tentacules disposés en couronne autour de la bouche, ou sur le pourtour d'une expansion en fer à cheval ou sur des expansions en forme de bras de la région antérieure du corps. Point d'appareil masticateur chitineux; tube digestif toujours courbé en V. Se multiplient par bourgeonnement et vivent en nombreuses colonies. Ooméride d'abord libre et subissant, au moment où il se fixe, une profonde métamorphose.

Morphologie externe : bryozoïdes et bryomérides. — Les Bryozoaires ne se trouvent guère que sous forme d'organismes ramifiés ou irrégulièrement étalés en surface et qui rappellent fréquemment la forme des hydrozoïdes ou colonies d'Hydraires. Ces organismes ramifiés que, suivant la nomenclature générale exposée p. 43 à 44, nous désignerons sous le nom de *bryozoïdes*, sont constitués par l'association d'organismes fondamentaux, identiques entre eux ou présentant de remarquables phénomènes de polymorphisme ; à ces individus s'applique rigoureusement la qualification de *bryomérides*. Le bryoméride a une organisation relativement simple ; la paroi du corps, de très faible épaisseur, est toujours recouverte d'une enveloppe cuticulaire, gélatineuse (Bryozoaires d'eau douce,

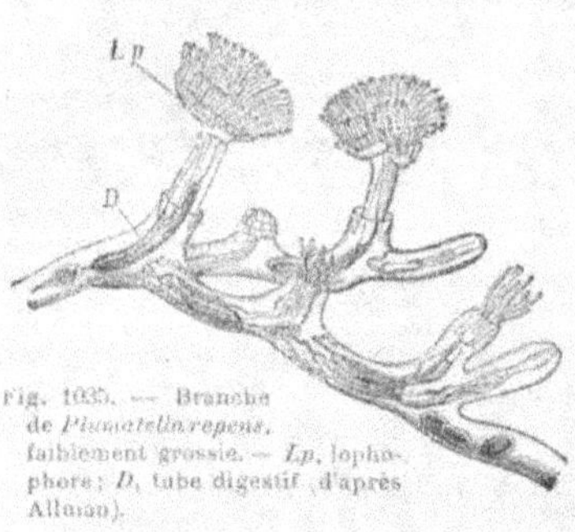

Fig. 1035. — Branche de *Plumatella repens*, faiblement grossie. — *Lp*, lophophore ; *D*, tube digestif (d'après Allman).

fig. 1035), chitineuse ou calcaire (la plupart des Bryozoaires marins) qui présente une forme déterminée pour chaque espèce et dont les modifications diverses ont fourni à la classification des caractères d'une grande précision. Cette enveloppe est la *zoœcie* [1] ; on nomme fréquemment *cystide* (Nitsche [2]), l'ensemble de la zoœcie, des tissus vivants qui la sécrètent et de ceux qui les relient aux autres viscères. Ces viscères sont alors désignés eux-mêmes sous le nom de *polypide*. Le polypide est toujours surmonté de tentacules diversement disposés, garnis de cils vibratiles puissants. La région du corps qui supporte cette couronne est le *lophophore*.

Il existe toujours une bouche et un anus, rapprochés l'un de l'autre, par le centre desquels passe le plan de symétrie de l'animal dont l'anus caractérise la face dorsale. La bouche est toujours située sur le lophophore. Dans un premier groupe peu nombreux de Bryozoaires, l'anus est également situé dans le lophophore ; on désigne, pour cette raison, ces animaux sous le nom d'Entoproctes. Le plus souvent l'anus est situé en dehors et au-dessous du lophophore ; on appelle Ectoproctes [3] les Bryozoaires qui présentent cette disposition.

Chez les Entoproctes (fig. 1036), quand l'animal est au repos, les tentacules se rabattent sur le plan ano-buccal, mais ne

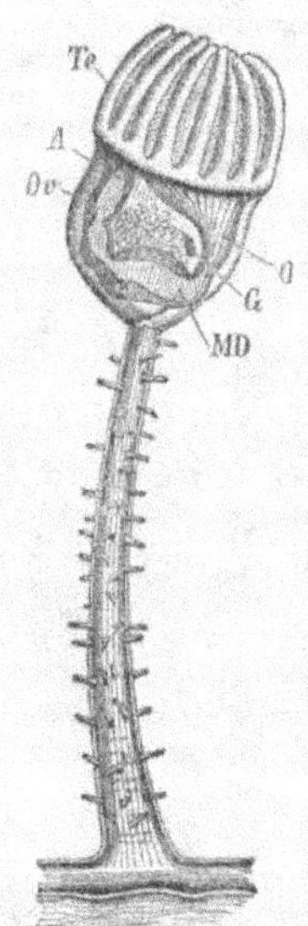

Fig. 1036. — *Pedicellina echinata*. — *Te*, couronne de tentacules ; *O*, bouche, *A*, anus ; *Md*, estomac ; *G*, ganglion ; *Ov*, ovaire.

peuvent se retirer à l'intérieur du cystide ; le bryoméride se compose d'une portion rétrécie, le *pédoncule*, et d'une portion élargie qui contient tous les viscères, la *tête* ou mieux le *corps*. Cette tête est caduque ; elle disparaît en bloc à des

---

[1] De ζῷον, animal, οἰκία, maison. Le mot *zoœcie* et le mot *cystide* sont souvent employés comme synonymes ; nous ne nous servirons ici du premier que dans le sens plus restreint que Prouho a proposé de lui donner.

[2] H. Nitsche, *Beiträge zur Kenntniss der Bryozoen*, Zeitsch. f. wiss. Zoologie, t. XX, 1869 ; t. XXI, 1871 ; t. XXII, 1872, et t. XXV, 1875 (supplément).

[3] ἐντός, en dedans ; ἐκτός, en dehors ; πρωκτή, anus.

intervalles réguliers; elle est rapidement reconstituée au sommet du pédoncule.

Chez les ECTOPROCTES (fig. 1035 et 1037), quand l'animal est au repos, les tentacules et la région antérieure du corps se rétractent à l'intérieur du cystide. Le cystide est permanent; le polypide disparait et se résorbe périodiquement; il est reconstitué, aussitôt après sa dégénérescence, par des tissus dépendant du cystide. Ce phénomène, très caractéristique des Bryozoaires ectoproctes, a conduit à considérer le polypide et le cystide comme deux individualités distinctes, et a motivé les dénominations particulières sous lesquelles Nitsche a désigné la paroi du corps d'une part, les viscères de l'autre. Ces dénominations sont commodes, et peuvent être conservées; mais la différence de durée du polypide et du cystide à laquelle elles font allusion, est simplement un phénomène de même ordre que la différence de durée des tissus divers des Insectes à métamorphose complète, et ne nécessite pas une interprétation spéciale de la constitution du corps du bryoméride. La régénération du polypide est un phénomène qui n'a rien de plus extraordinaire que la régénération du sac viscéral d'une Comatule ou des viscères d'une Holothurie [1].

Lorsque le polypide est rétracté dans le cystide, celui-ci a l'apparence d'une *loge* communiquant avec l'extérieur par un *orifice*. Les particularités que présente cet orifice jouent un grand rôle dans la classification et la caractéristique des Bryozoaires ectoproctes marins. Quand l'orifice est simple, grand, arrondi et demeure ouvert après la rétraction, le bryozoaire appartient au *sous-ordre* des CYCLOSTOMES (CYCLOSTOMATA); quand l'orifice est fermé, après la rétraction par les plis d'une membrane ou par des soies, le bryozoaire appartient au sous-ordre des CTÉNOSTOMES (CTENOSTOMATA); il dépend enfin du sous-ordre des CHEILOSTOMES (CHEILOSTOMATA) si l'orifice est fermé par une lame en forme d'opercule. En outre, l'orifice peut être encadré de saillies, de rebords, d'épines de forme variable; présenter des échancrures, des dents, etc.; combinés avec les autres particularités de forme ou de structure des zoœcies et avec leur mode d'arrangement, ces éléments fournissent les bases principales de la caractéristique des genres et des espèces (voir la classification, p. 1493).

Les bryomérides sont tous capables de bourgeonner, et les bourgeons qu'ils produisent demeurent généralement associés de manière à former des agglomérations d'étendue parfois importante qui sont les *bryozoïdes*. Le bourgeonnement s'accomplit de telle sorte que les organes de nutrition arrivent toujours à être indépendants, et qu'il n'y a même plus continuité des cavités périviscérales; les bryomérides n'étant pas susceptibles de présenter le degré de fusion qu'on observe si fréquemment chez les hydromérides, les bryozoïdes n'atteignent pas à l'individualité organique qui peut devenir si frappante chez les hydrozoïdes et les hydrodèmes. Suivant que les zoœcies se dressent sur leur support ou se couchent à sa surface en se soudant à lui, suivant qu'elles sont pédonculées ou sessiles, suivant le point de leur surface où naissent les bourgeons, les bryozoïdes se ramifient en arborescences (CRISIIDÆ, HORNERIDÆ, la plupart des CTENOSTOMATA STOLONIFERA, ÆTEIDÆ, CELLULARIDÆ, etc.), rampent en se divisant à la façon de stolons et en demeurant adhérents à la surface des corps submergés (PEDICELLINIDÆ, ARACHNIDIIDÆ, PLUMATELLIDÆ),

---

[1] E. PERRIER, *Les colonies animales*, 1881, p. 347-350, et Cours du Museum d'histoire naturelle, 27 décembre 1870.

s'anastomosent en réseau (*Hippothoa, Arachnidium, Cylindrœcium, Avenella*), se développent en membranes ou croûtes continues, plus ou moins épaisses (FLUSTRELLIDÆ, *Membranipora, Cellepora*, etc.), ou forment des lames dressées, ramifiées comme des frondes de Varechs (*Flustra*) soit dans le même plan, soit dans des plans différents, de manière à limiter entre elles des alvéoles. Ces lames peuvent être continues (*Eschara*), ou formées de trabécules constituant une véritable dentelle pierreuse (*Retepora*) ou creusées de trous arrondis (*Adeona*). A quelque type qu'il se rattache, le bryozoïde, dans tous les cas que nous venons d'énumérer, peut être considéré comme de forme indéterminée, à la façon des hydrozoïdes fixés et des végétaux ; dans quelques types d'eau douce à zoœcies gélatineuses (*Lophopus, Cristatella*), la forme est susceptible de se préciser. Ces bryozoïdes sont, en effet, mobiles. Les *Lophopus* ont une sorte de pied qui leur permet de ramper sur les tiges des plantes aquatiques. Les *Cristatella* ont la forme de plaques elliptiques, sur lesquelles les bryomérides sont disposés en séries concentriques ; elles se meuvent en rampant sur leur face inférieure qui fonctionne comme une sole pédieuse, commune à tous les bryomérides ; on doit considérer cette sole comme un organe du bryozoïde, et elle suffit pour accuser l'individualité collective de ce dernier. On peut, à la vérité, retrouver, même chez les bryozoïdes fixés, des organes qu'il est impossible d'attribuer à un bryoméride déterminé et qui sont, en conséquence, des organes du bryozoïde ; telles sont les fibres radicales des *Brettia, Bugula, Vesicularia*, etc., parfois terminées par un disque adhésif (*Scrupocellaria*) ; les stolons rampants et les tiges dressées, parfois articulées, sur lesquelles se fixent les zoœcies des Cténostomes stolonifères, ou même les articulations cornées qui chez les CRISIDÆ, les *Cellaria*, etc., séparent le bryozoïde en articles distincts.

Après la mort des bryomérides, l'ensemble des zoœcies persiste lorsque leurs parois sont chitineuses ou calcaires, et garde l'aspect du bryozoïde ; les zoœcies sont elles-mêmes souvent plongées dans une substance interstitielle, solide, qui persiste avec elles ; comme l'étude de ces parties persistantes a fait presque tous les frais de la délimitation des divisions secondaires de l'embranchement des Bryozoaires, nous les désignerons en bloc sous le nom de *bryarium* (*zoarium* des auteurs [1]).

Même dans les bryariums irréguliers, les zoœcies peuvent présenter un arrangement régulier. Ces arrangements apparaissent surtout dans les bryariums ramifiés ; les zoœcies peuvent y être disposées en une seule file dans chaque branche (*Huxleya, Brettia, Eucratea*), ou accolées deux à deux latéralement ; dans ce dernier cas, les orifices sont placés à des niveaux différents, regardant du même côté (*Cellularia, Menipea, Scrupocellaria*, etc.), ou regardant l'un à droite, l'autre à gauche (*Bicellaria*) ; ou bien encore ils sont placés au même niveau (*Gemellaria, Notamia*). A cette disposition binaire fait place la disposition en verticilles serrés chez les *Electra*, espacés chez les *Hippuraria*, où les zoœcies sont attachées par de longs et grêles pédoncules à un axe commun. Ailleurs, les zoœcies sont placées par petits groupes distants sur

---

[1] Il y aurait tout avantage à appeler aussi respectivement *spongiarium, hydrarium*, les parties solides des Éponges, des Hydroïdes, de même qu'on appelle *polypier* (en latin *polyparium*) l'ensemble des parties solides des Coralliaires. Le mot *zoarium* ne peut être qu'une dénomination collective, s'appliquant à la fois au *spongiarium*, à l'*hydrarium*, au *polyparium* et au *bryarium*, formations qui ne sont d'ailleurs nullement homologues.

une même tige (*Valkeria*), et peuvent, dans chaque groupe, prendre un arrangement régulier; par exemple, se disposer en deux séries serrées l'une contre l'autre (*Bowerbankia*). D'autres dispositions, se rattachant plus ou moins directement à ces types, sont signalées dans la partie systématique.

On verra plus loin que les tubes d'habitation des *Rhabdopleura* et des *Cephalodiscus* ne sauraient être considérés comme des zoœcies, mais la position de ces animaux dans la classe des Bryozoaires est elle-même douteuse; on les a récemment rapprochés des ENTÉROPNEUSTES (voir le chapitre relatif aux *Balanoglossus*). Les tubes des *Rhabdopleura* se dressent sur des stolons rampants, cloisonnés en arrière de chaque bryoméride; ils sont eux-mêmes régulièrement annelés en arrière de leur orifice qui est légèrement évasé en entonnoir. Le stolon et les tubes qui en naissent sont chitineux. Les tubes des *Cephalodiscus* sont aussi des formations tout à fait extérieures; ils sont ramifiés, anastomosés en réseau, flexibles, légèrement translucides; ils présentent de nombreuses et irrégulières saillies en forme d'épines, et agglutinent souvent des corps étrangers. Les *Cephalodiscus* sont libres dans ces tubes où ils peuvent se mouvoir et dont les dimensions sont très supérieures aux leurs. Le tube ramifié des *Rhabdopleura*, le réticulum des *Cephalodiscus* paraissent sécrétés par le pied des premiers, le disque céphalique des seconds que viennent peut-être assister les glandes terminales des plumes branchiales.

Structure des parois du corps (cystide et ses dépendances). — La paroi du corps, les tissus qui la relient aux viscères et les éléments qui en dérivent forment dans le bryoméride un premier ensemble physiologique, le *cystide* (fig. 1038). La paroi d'un jeune cystide est constituée par trois couches : l'*ectocyste* (*ec*), la *couche exodermique* (*e*), à laquelle on peut réserver le nom d'*endocyste*, et la *couche mésodermique*. L'*ectocyste* est réduit à une simple cuticule chez les Entoproctes; chez les Ectoproctes, il n'est autre chose que le tissu solide même de la zoœcie; il peut être gélatineux (PHYLACTOLÆMATA), chitineux (CTENOSTOMATA, etc.) ou plus ou moins encroûté de calcaire, et offre alors une ornementation des plus variées; le calcaire n'envahit jamais la totalité de la surface de la zoœcie. Chez les CTENOSTOMATA, chaque zoœcie est fermée à sa base par un diaphragme percé de trous diversement disposés qui permettent aux zoœcies de communiquer entre elles. C'est dans les parois latérales que se trouvent réservées des *plaques en rosette* ou *plaques de communication* chez les CHEILOSTOMATA; ces plaques sont de minces membranes perforées; leur nombre, leur arrangement et leur mode de perforation fournissent de bons caractères spécifiques.

Au-dessous de l'*ectocyste*, la *couche exodermique* ou *endocyste* est constituée par une couche de cellules presque carrées dont les limites sont bien visibles chez les Entoproctes, les Bryozoaires d'eau douce (PHYLACTOLÆMATA), dans les parties des bryozoïdes d'Ectoproctes en voie d'accroissement et dans les jeunes zoœcies; ces limites s'effacent chez les Ectoproctes adultes, au point que l'endocyste apparaît ici comme formé d'une mince membrane, d'apparence homogène ou finement réticulée. Le cystide est étroitement appliqué contre le polypide des PTEROBRANCHIA et n'a aucun rapport avec les parois du tube; celui-ci ne saurait, en conséquence, être comparé à une ectocyste, mais correspond plutôt aux tubes que produisent les Rotifères fixés.

La *couche mésodermique* double l'endocyste sur toute la paroi du corps, et prend, dans cette région, le nom de *couche pariétale* (*mp*); mais, en outre, elle se rabat tout autour du polypide qu'elle revêt entièrement, et se continue ensuite en un cordon spécial, le *funicule* (*f*), qui part de l'extrémité inférieure de la branche verticale du tube digestif en forme d'Y, va se rattacher à la paroi du corps chez les PHYLACTOLÆMATA, descend au fond des loges chez les GYMNOLÆMATA, s'épanouit à la surface du diaphragme qui les sépare, en traverse les orifices et se met en rapport avec les funicules des bryomérides occupant les zoœcies voisines. La couche mésodermique établit ainsi une continuité manifeste entre toutes les parties vivantes d'un même bryozoïde. Cet ensemble de formations se comporte comme un véritable *mésoderme* [1]; il produit les cellules qui flottent dans la cavité générale, les muscles et les organes génitaux. La couche pariétale, bien distincte chez les jeunes bryomérides ectoproctes et quelquefois chez les adultes (*Alcyonidium albidum*), perd souvent chez ces derniers son caractère de membrane continue et se transforme en un tissu réticulé, plus ou moins apparent. Elle constitue, au contraire, chez les PHYLACTOLÆMATA un épithélium ciliaire très délicat, doublé d'une membrane fondamentale homogène, sur laquelle sont appliquées des fibres musculaires longitudinales et transversales. Il existe aussi des fibres musculaires longitudinales dans le

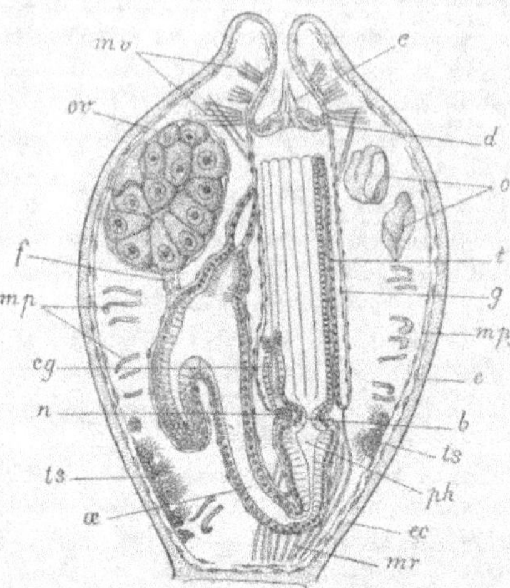

Fig. 1037. — Coupe frontale demi-schématique d'un bryoméride d'*Alcyonidium albidum*. — *c*, collerette de soies; *d*, diaphragme; *o*, œufs libres d'apparence flétrie de la cavité générale; *t*, tentacules; *y*, gaine tentaculaire; *mp*, mésoderme pariétal; *e*, exoderme pariétal; *b*, bouche; *ts*, testicule; *ph*, pharynx; *ec*, ectocyste; *mr*, muscle rétracteur; *œ*, œsophage; *n*, ganglion nerveux; *cg*, organe intertentaculaire; *mp*, muscles pariétaux; *f*, funicule; *ov*, ovaire; *mv*, muscles pariéto-vaginaux (d'après Prouho).

pédoncule des Entoproctes, mais la couche cellulaire est ici transformée en un tissu réticulé, formé d'éléments fusiformes qui remplit toute la cavité du pédoncule, et se continue dans le stolon où les fibres musculaires font presque entièrement défaut. Les mêmes éléments fusiformes, à extrémités plus ou moins ramifiées, se retrouvent dans le funicule des Ectoproctes et dans les tissus dont il représente la forme la plus différenciée; ces tissus constituent le *tissu funiculaire* ou *endosarque*.

Chez les *Rhabdopleura* [2] la cavité générale proprement dite est réduite à une faible cavité périgastrique. Un long cordon contractile, le *gymnocaule*, après avoir longé la face ventrale de l'animal pendant un certain temps, s'en détache au niveau du troisième quart de sa longueur, et se transforme peu à peu en un cordon charnu

[1] E. PROUHO, *Recherches sur la larve de la Flustrella hispida*, Archives de Zoologie expérimentale, 2ᵉ série, t. VIII, 1890. — ID., *Contributions à l'histoire des Bryozoaires*, Ibid., t. X, 1892.

[2] RAY LANKESTER, *Contribution to the knowledge of Rhabdopleura*, Quarterly journal of micr. science, 1884.

recouvert de chitine, le *pectocaule*, occupant l'axe du stolon cloisonné et mettant en rapport tous les polypides.

Le *Cephalodiscus dodecalophus* [1] présente une sorte de segmentation du corps qui ne se retrouve chez aucun autre Bryozoaire. Le corps des jeunes bourgeons est divisé par deux sillons annulaires, transversaux, en trois segments; le premier segment possède une cavité générale impaire, dans laquelle pénètre un court diverticule de l'intestin; les deux autres segments ont leur cavité générale divisée en deux moitiés symétriques par un mésentère; la cloison de séparation de ces deux segments s'atrophie chez l'adulte. Le premier segment se transforme en un grand disque pédonculé, situé entre la bouche et l'anus et de chaque côté duquel se développent les six paires de bras tentaculaires. La cavité impaire de ce segment communique avec l'extérieur par deux orifices symétriques. La cavité du 2e segment se prolonge dans une lamelle placée au-dessous de la bouche, la *lamelle post-orale* ou *opercule*, tout autour du système nerveux central et dans l'intérieur des bras. A la base de l'opercule, sont deux orifices latéraux symétriques, conduisant dans la cavité générale du deuxième segment [2]. Les parois du corps sont donc ici bien séparées du tube digestif par une cavité générale; mais ces parois sont elles-mêmes tout à fait indépendantes du tube qu'habite l'animal.

Le polypide des Ectoproctes est relié à la zoécie par un prolongement tubulaire de celle-ci qui part du pourtour de l'orifice, va s'insérer au-dessous de la couronne tentaculaire et porte le nom de *gaine tentaculaire* (fig. 1037, *g*). Les tentacules n'étant pas rétractiles, il n'y a pas de gaine tentaculaire chez les Entoproctes; il n'y en a pas davantage chez les Ptérobranches en raison de l'absence d'une véritable zoécie. Chez tous les autres Ectoproctes, lorsque le polypide se rétracte à l'intérieur de la zoécie, la gaine tentaculaire rentre en se retournant sur elle-même à l'intérieur du cystide et demeure appliquée contre les tentacules, dont elle dépasse souvent la longueur, en leur constituant un véritable étui. Dans ce mouvement de rétraction la gaine tentaculaire est simplement entraînée par le polypide qui obéit lui-même à l'action de *muscles rétracteurs*, qui seront étudiés p. 1473. L'évagination se produit sous la poussée du liquide de la cavité générale lorsque celle-ci est rétrécie par la contraction de muscles rayonnants spéciaux.

La gaine tentaculaire est constituée par une membrane presque homogène dans laquelle sont disséminés des noyaux; elle contient en outre des fibrilles longitudinales et transversales qui peuvent être considérées comme musculaires. Ces fibrilles forment une sorte de sphincter à peu de distance de la base des tentacules. Les fibres longitudinales naissent de la base des tentacules et sont d'abord régulièrement espacées tout autour de la gaine, mais en arrivant auprès de sa base, elles se groupent généralement en quatre faisceaux, deux dorsaux et deux ventraux.

Polypide. — Le polypide présente à considérer : 1° le *lophophore* et les *tentacules* qu'il porte; 2° le *tube digestif*; 3° les *muscles*; 4° le *système nerveux*; 5° les *nephridies*.

Le *lophophore* des Entoproctes et de la plupart des Ectoproctes marins est cir-

[1] Arnold, *Zum Verstandniss der Organisation von Cephalodiscus dodecalophus*, Jenaische Zeitschrift, t. XXV, 1891.

[2] Ce mode de cloisonnement de la cavité générale, les orifices qui la font communiquer avec l'extérieur sont les arguments qu'on a fait valoir en faveur d'une parenté encore bien problématique, entre le *Cephalodiscus* et le *Balanoglossus*.

culaire; les tentacules sont disposés sur tout son pourtour de telle sorte qu'on peut les considérer comme symétriques deux à deux. Leur nombre minimum paraît être de huit (*Vesicularia*, la plupart des *Amathia*, *Bowerbankia*, *Buskia*, *Valkeria*, *Mimosella*, *Victorella*); il s'élève à 10 chez la *Bowerbankia imbricata*, le *Cylindrœcium pusillum*, l'*Anguinella palmata*; il varie de 12 à 16 chez les Entoproctes, de 15 à 20 chez les *Alcyonidium*, de 18 à 20 chez le *Cylindrœcium giganteum* et un grand nombre de Chëilostomes. La forme du lophophore se complique beaucoup chez les Bryozoaires d'eau douce (fig. 1038) : il s'allonge latéralement en une expansion

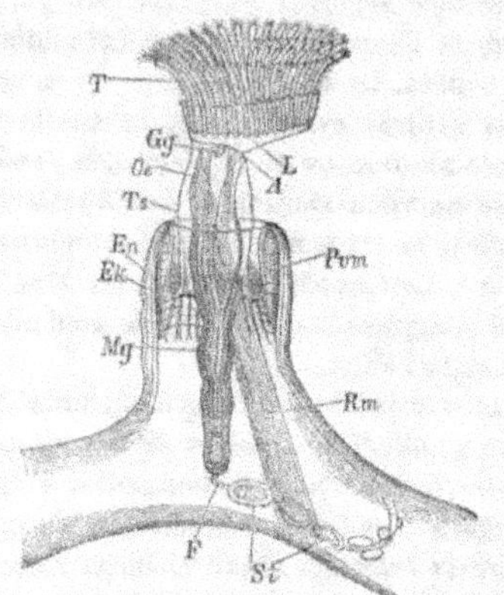

Fig. 1038. — *Plumatella repens.* — *T*, tentacules; *L*, lophophore; *Gg*, ganglion nerveux, *œ*, œsophage; *A*, anus; *Ts*, gaine tentaculaire; *En*, endocyste; *Ek*, ectocyste; *Pvm*, muscles pariéto-vaginaux; *Mg*, estomac; *F*, funicule; *St*, statoblastes; *Rm*, muscle rétracteur (d'après Allman).

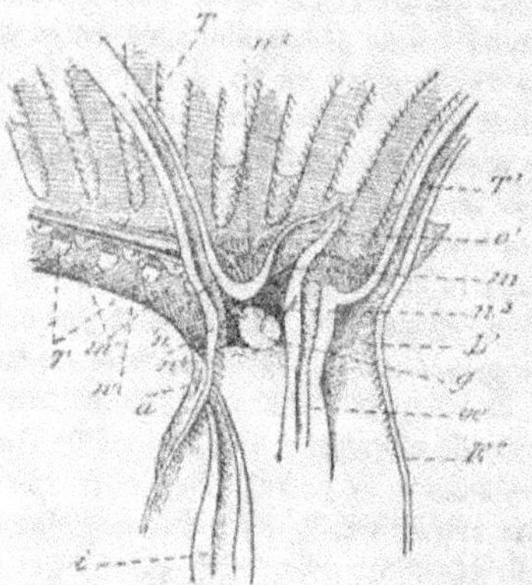

Fig. 1039. — Coupe verticale demi-schématique du lophophore de la *Plumatella repens* (d'après Allman). — *E"*, partie supérieure de la gaine tentaculaire; *œ*, œsophage; *i*, intestin; *a*, anus; *T*, racines des tentacules, la partie supérieure est enlevée pour montrer la face supérieure du lophophore; *L'*, cavité du lophophore; *T'*, deux tentacules en coupe verticale, leur cavité communique avec la cavité du lophophore; *o'*, épistome; *m*, muscle releveur de l'épistome; *g*, ganglion; *n*, *n'*, tronc nerveux situé en *n*, sur le bord externe d'un des bras du lophophore et en *n'* sur le bord interne et distribuant des filets aux tentacules; *n²*, rameau nerveux qui se rend dans les tentacules placés du côté de la bouche; *n³*, tronc nerveux pour la bouche et la base de l'épistome; *n⁴*, tronc nerveux pour le bras coupé du lophophore.

membraneuse, en forme de fer à cheval, dont l'ouverture est tournée du côté dorsal; de là le nom d'HIPPOCREPINA sous lequel Gervais désignait ces animaux. Les tentacules, dont le nombre peut s'élever à quatre-vingts, sont disposés en une rangée continue le long du bord concave aussi bien que du bord convexe du lophophore, de sorte qu'ils semblent former une double couronne ouverte en arrière. Au premier abord la disposition des tentacules paraît être la même chez les PTEROBRANCHIA; elle est cependant assez différente : les cornes du lophophore sont, en effet, extrêmement allongées, courbées du côté dorsal et seules garnies d'une double rangée de tentacules; les tentacules manquent donc absolument sur les bords latéraux et ventral de l'extrémité antérieure du corps. La disposition des tentacules est encore plus différente chez le *Cephalodiscus* dragué à 300 mètres de profondeur par le Challenger, sur les côtes de Patagonie : ici, de chaque côté d'un disque charnu, s'insèrent six bras, garnis chacun d'une double rangée de tentacules ciliés.

A l'intérieur du lophophore, une languette creuse, ciliée, dont la base est tournée du côté dorsal, la pointe libre vers le côté ventral s'étend au-dessus de la bouche, c'est l'*épistome* (fig. 1039, *o*). La présence de cette languette a fait donner aux Bryozoaires d'eau douce, pourvus d'un lophophore en fer à cheval, le nom de PHYLACTOLÆMATA ; au contraire, les Bryozoaires marins à lophophore circulaire et dépourvus d'épistome forment l'ordre des GYMNOLÆMATA. Il existe également chez le PTEROBRANCHIA, un épistome qui prend naissance entre la bouche et l'anus ; mais c'est ici une large lame charnue, supportée par une sorte de pédoncule, et dont l'animal se sert pour ramper à l'intérieur de son tube ; cette lame se porte vers l'extérieur dans une direction opposée à celle des bras du lophophore, et sa fonction d'organe locomoteur ne peut être convenablement remplie qu'en raison de l'absence de tentacules dans cette direction. A cette même place se trouve, chez le *Cephalodiscus*, la lame charnue qui contient le prolongement impair de la cavité générale et à la base de laquelle sont disposés, à raison de six de chaque côté, les douze bras tentaculaires.

Les tentacules sont pleins chez les Entoproctes. Leur face externe est formée d'une cuticule, doublée d'une couche cellulaire granuleuse, en continuité avec l'endocyste, et sur laquelle repose une couche unique de grandes cellules pâles, formant la surface interne du bras et portant de longs cils vibratiles ; ces cils sont disposés sur les bras en deux rangées longitudinales. On n'observe aucune trace d'élément musculaire (*Loxosoma phascolosomatum*).

Les tentacules des Ectoproctes sont creux, et s'ouvrent dans la cavité périgastrique chez les Bryozoaires ordinaires, dans la cavité générale moyenne paire chez les *Cephalodiscus*. Leur cavité interne est maintenue béante par une membrane homogène, en continuité avec la lamelle qui revêt extérieurement la paroi stomacale ; cette membrane est recouverte, sur la face interne des tentacules, par deux ou trois rangées de longues cellules en continuité avec l'épithélium stomacal ; les cellules latérales sont plus courtes, presque carrées, et la face externe du bras est occupée par une seule rangée de cellules (*Flustra membranacea*). Les cils vibratiles sont très longs et généralement disposés en deux rangées opposées. Entre la couche cellulaire et la membrane anhiste, se trouvent fréquemment des fibrilles musculaires (*Farrella*), formant deux faisceaux de deux ou trois fibrilles, l'un du côté interne, l'autre du côté externe. Grâce à ces fibrilles les tentacules peuvent s'infléchir en diverses directions, fouetter vivement l'eau ambiante, ou s'enrouler brusquement en spirale ; ils aident ainsi à la préhension des aliments et à la respiration, en contribuant au renouvellement de l'eau ambiante.

Appareil digestif. — L'appareil digestif se divise nettement en trois régions : l'*œsophage*, le *sac stomacal* et le *rectum* qui peuvent demeurer tout à fait simples (*Eucratea*, *Valkeria*) ou se subdiviser en régions secondaires.

La *bouche* est un orifice simple, arrondi ou anguleux, quelquefois pentagonal (*Flustrella*, *Pherusa*) ; l'un des sommets du pentagone est, dans ces genres, opposé au ganglion nerveux, et se prolonge en un sillon cilié qui va se perdre entre deux tentacules ; de chaque côté du sillon se trouve un long fouet vibratile, sans cesse en mouvement ; ces dispositions accusent la symétrie bilatérale du lophophore. L'orifice buccal est ordinairement béant, de manière que les matières alimentaires, amenées par le tourbillon ciliaire, puissent pénétrer directement dans l'*œsophage*. Ce dernier est lui-même cilié ; son extrémité supérieure est souvent différenciée en une chambre infundibuliforme, à parois musculaires, capable de fortes contractions propres à chasser les matières alimentaires dans la région suivante (*Cellepora, Beania, Bowerbankia*). On observe chez les *Cephalodiscus* une disposition qui est absolument unique chez les Bryozoaires : une bande musculaire striée transversalement occupe sa face ventrale. L'œsophage dont la longueur varie beaucoup, suivant les espèces, pénètre directement dans l'estomac dont il est séparé par une valvule conique qui s'oppose au reflux des matières alimentaires.

L'*estomac* est, en général, un simple sac terminé postérieurement en cæcum et présentant, en avant, deux orifices voisins : le *cardia* ou orifice de l'œsophage et le *pylore* ou orifice de l'intestin. Ses parois cellulaires sont colorées en brun jaunâtre par des glandes qui sécrètent un liquide brun, jouant probablement le rôle de suc gastrique; elles sont parcourues par de fines fibres musculaires transverses qui lui permettent d'effectuer des mouvements péristaltiques. Dans quelques espèces (*Vesicularia, Bowerbankia*), la partie de l'estomac voisine de l'œsophage se différencie en un organe sphéroïdal, le *gésier*, dont les parois, très épaisses, contiennent un puissant appareil musculaire; de nombreuses pointes chitineuses font saillie à la surface interne de l'organe et lui permettent d'agir comme un appareil masticateur. Les *Bugula* n'ont pas de gésier, mais chez elles une vaste *chambre cardiaque*, à parois glandulaires, s'interpose entre l'œsophage proprement dit et l'estomac; il en est de même chez les *Plumatella*; cette chambre s'étend jusqu'au pharynx, et se substitue par conséquent entièrement à l'œsophage chez les *Flustra, Cellepora*, etc. L'extrémité du cæcum stomacal des *Bicellaria, Bugula*, etc., est séparée du reste de la chambre stomacale par un épaississement annulaire interne de la paroi; elle garde cependant la même structure, participe aux mouvements péristaltiques de l'estomac, et contribue sans doute à régulariser le mouvement de balancement auquel les aliments sont soumis durant la digestion.

L'*intestin* commence près du *cardia*, et remonte parallèlement à l'œsophage jusqu'à l'anus. Près de son extrémité inférieure, se trouve une valvule, dite *valvule pylorique*, qui ne laisse passer les excréments que lorsque la digestion est accomplie; cette valvule est quelquefois placée à l'extrémité supérieure d'un prolongement tubulaire de l'estomac qui est tapissé de nombreux et actifs cils vibratiles et qu'on peut appeler le *vestibule pylorique* (*Cellepora, Bugula*). Dans ce vestibule, les déchets de la digestion sont graduellement rassemblés en une petite pelote qui est finalement chassée dans l'intestin. Le vestibule pylorique n'est du reste qu'un perfectionnement d'une disposition commune à tous les Gymnolèmes, chez qui la région de l'estomac voisine de l'intestin est toujours richement ciliée. La forme de l'intestin est elle-même variable; c'est un tube tantôt long et étroit (*Beania, Bowerbankia*), tantôt court et large (*Bugula*), parfois divisé en deux chambres, dans lequel les matières excrémentitielles séjournent encore un certain temps avant d'être définitivement rejetées en dehors.

Dans toute son étendue, le tube digestif n'est constitué que par une seule couche de cellules, intérieurement revêtue par une cuticule; mais la forme des cellules et l'épaisseur de la cuticule changent avec la région du tube que l'on considère. La région antérieure de l'œsophage est formée de cellules polygonales, ciliées, qui passent à celles des tentacules; le reste du tube est formé de cellules cylindriques, souvent mal délimitées chez les Gymnolèmes, mais très nettement distinctes chez les Phylactolèmes. Ce sont des cellules glandulaires, polygonales (GYMNOLEMATA), très hautes et cylindriques (PHYLACTOLÆMATA), qui forment la paroi stomacale, sauf dans la région pylorique; elles sont convexes du côté de l'estomac, et atteignent leur plus grande épaisseur dans le cæcum. Les cellules sont moins hautes et ciliées dans la région pylorique, où elles sont dépourvues des granulations brunes des autres régions. Dans le cæcum proprement dit, une couche de muscles transverses est superposée aux cellules glandulaires. L'épithélium rectal est formé de cellules non ciliées, polygonales (*Flustra*), ou très hautes et très grêles (*Plumatella*). Toute la surface externe du tube digestif est revêtue, comme la paroi même du cystide, par une membrane de tissu mésodermique qu'on peut appeler la *membrane péritonéale*.

Muscles. — Les *Pedicellina*, à la moindre alerte, inclinent brusquement leur corps sur leur pédoncule, et sont reconnaissables de suite à ce singulier mouvement; à des intervalles presque réguliers, même en l'absence de toute excitation apparente, les polypides des Ectoproctes se rétractent instantanément au fond du cystide, pour s'épanouir de nouveau l'instant d'après; ils répètent ce mouvement dès que la plus légère agitation de l'eau vient à les atteindre. De plus la couronne est susceptible de s'orienter dans les directions les plus diverses, et chaque tentacule est apte lui-même à se mouvoir d'une manière indépendante. Ces mouvements rapides s'effectuent sous l'action de muscles nombreux, occupant des positions déterminées (fig. 1037). Nous avons déjà décrit les muscles des tentacules, de la gaine tentaculaire et de l'appareil digestif, il nous reste surtout à parler des muscles moteurs du polypide. Ces muscles sont (*Flustra membranacea*) : 1° les *muscles pariéto-vaginaux*; 2° le *muscle grand rétracteur*; 3° les *muscles pariétaux*. Les *muscles pariéto-vaginaux* (*mv*) forment, du côté dorsal, deux faisceaux symétriques, obliques de haut en bas et d'avant en arrière, qui vont de la région invaginable du cystide, située, lorsque l'animal est rétracté, au-dessus de la gaine tentaculaire, à sa paroi latérale; ils appartiennent entièrement au cystide dont ils déterminent l'occlusion. Le *muscle grand rétracteur* (*mr*) s'insère d'une part au fond de la loge, d'autre part sur divers points du polypide à partir de la région cardiale de l'estomac, mais surtout à la région antérieure de l'œsophage et tout autour de la couronne tentaculaire, sauf du côté anal. Les *muscles pariétaux* (*mp*) forment un grand nombre de faisceaux distincts qui vont horizontalement de la face ventrale à la face dorsale du cystide en passant à droite et à gauche du polypide. Ces muscles, en se contractant, diminuent la capacité du cystide, refoulent vers l'orifice de la zoœcie le liquide péri-viscéral qui, pressant à son tour sur le pourtour de la gaine tentaculaire reployée, en détermine l'expansion, et par cela même celle du polype. Ces muscles sont donc indirectement les antagonistes du grand rétracteur. On peut considérer comme une modification des muscles pariétaux, le *muscle operculaire* qui, chez les CHEILOSTOMATA, part de la face dorsale du cystide et vient s'insérer par une sorte de tendon sur la lèvre operculaire. Chez les PHYLACTOLÆMATA, les muscles pariétaux sont remarquablement développés, et constituent au-dessous de l'endocyste une sorte de tunique musculaire réticulée.

Les *muscles operculaires, pariétaux* et *pariéto-vaginaux* des GYMNOLÆMATA sont constitués par un petit nombre de fibres, complètement distinctes les unes des autres, hyalines et présentant chacune un noyau. Les fibres du *grand rétracteur* sont, au contraire, serrées les unes contre les autres de manière à former une masse unique; ces fibres sont striées transversalement, et portent latéralement un noyau entouré d'une petite masse de protoplasme granuleux.

Il existe encore, chez divers Bryozoaires marins, deux *bandes pariéto-vaginales*, l'une antérieure, l'autre postérieure ou anale qui s'étendent de la gaine tentaculaire à la paroi du cystide; elles sont constituées de claires bandelettes d'une substance homogène; ces bandelettes sont peu nombreuses et simplement juxtaposées; leur nature musculaire n'est pas établie; bien qu'elles soient représentées chez les Phylactolèmes par un groupe spécial de muscles, les *muscles pariéto-vaginaux inférieurs*.

Système nerveux. — Le système nerveux (fig. 1038, *Gg*, et 1039, *n*) est réduit à une masse ganglionnaire placée sur la face dorsale de l'œsophage et à des nerfs qui naissent de cette masse. Le ganglion est en continuité directe avec la couche de cellules exodermiques chez les *Cephalodiscus*. Chez les Entoproctes, du ganglion naissent trois paires de nerfs latéraux et une paire postérieure. Le ganglion est bien visible, mais les nerfs très difficiles à suivre chez les Gymnolèmes. Chez les Phylactolèmes le ganglion est double; il donne naissance à un collier nerveux qui longe la base des tentacules et fournit à chacun d'eux un rameau.

Quelques soies tactiles disséminées sur les tentacules, deux papilles latérales, garnies de soies et particulières aux Ectoproctes, sont les seuls organes sensitifs qui aient été signalés chez les Bryozoaires. Il existe aussi à la base de chacun des bras des *Rhabdopleura* un tubercule cilié qui parait être un organe sensitif. Peut-être faudrait-il aussi considérer comme des rudiments d'yeux cinq corpuscules pigmentés, sphéroïdaux que porte le bord dorsal du disque céphalique de ces mêmes animaux. Des taches oculiformes existent chez les larves de *Loxosoma*; elles sont absentes chez les adultes.

Néphridies : communication de la cavité générale avec l'extérieur. — Chez un certain nombre de Bryozoaires, la cavité générale est mise en communication avec l'extérieur de diverses façons. Il existe chez les Bryozoaires entoproctes une paire de canaux ciliés, courts, s'ouvrant toujours en dehors, qui sont des néphridies mais dont les dispositions sont assez variables [1]. Chez les PEDICELLINIDÆ ces tubes se terminent par une cellule munie d'une longue flamme vibratile, leurs orifices externes, très voisins ou même confondus, sont au fond de la matrice. En ce qui concerne leur mode de terminaison chez les *Loxosoma* les avis sont partagés. Les organes segmentaires du *L. crassicauda* seraient formés par une file de cellules perforées par l'axe du canal; ils seraient fermés par une cellule à flamme vibratile (Harmer); ils s'ouvriraient, au contraire, chez le *L. annelidicola* dans un espace entouré de cellules excrétrices sur lesquelles vibreraient des cils implantés suivant un arc prolongeant le canal [2]. Enfin chez les *Urnatella*, les néphridies closes par une cellule à flamme vibratile, se réunissent l'une à l'autre pour s'ouvrir dans une cavité impaire, s'ouvrant elle-même dans une cavité atriale à laquelle aboutissent les canaux déférents et l'anus. Cette disposition rappelle tout à fait ce qu'on observe chez les Rotifères [3].

[1] JOLIET, *Organe segmentaire des Bryozoaires endoproctes*. Arch. de Zoologie expér., 1re série, t. VIII, 1879.

[2] PROCHO, *Étude sur le Loxosoma annelidicola*, Ibid., 2e série, t. IX, 1891.

[3] DAVENPORT, *On Urnatella gracilis*, Bulletin of the museum of comparative Zoology, Harvard College. Vol. XXIV, n° 1, 1893.

Il existe deux canaux semblables chez les PHYLACTOLÆMATA, et ces canaux, situés en arrière du ganglion nerveux, s'ouvrent même par un, quelquefois (*Cristatella*) par deux pavillons vibratiles dans la cavité générale; mais ils se réunissent après un court trajet en un canal unique qui débouche à l'extérieur sur le lophophore, et sur le trajet duquel peut se trouver un réservoir vésiculaire (*Cristatella*). On n'a jamais trouvé de canaux semblables chez les GYMNOLÆMATA; mais, à la place même où devrait se trouver leur orifice, on observe chez les *Farrella*, *Hypophorella* et peut-être d'autres genres (*Valkeria*, *Bowerbankia*) un orifice qui sert à la sortie des œufs; à la place de l'orifice se dresse, à son tour, vers l'extérieur, chez les *Membranipora* et *Alcyonidium* (fig. 1037, *cg*, p. 1468), un tube court, terminé par un pavillon vibratile qui sert à l'émission des œufs et des débris que pourrait contenir la cavité générale. Dans ces espèces, le *tube intertentaculaire* n'existe qu'à l'époque de la maternité sexuelle. On a vu, d'autre part, que chez les *Cephalodiscus* deux paires d'orifices faisaient communiquer la cavité du disque oral et la cavité générale moyenne avec l'extérieur. On ignore encore dans quelle mesure il est possible d'homologuer ces diverses dispositions. Chez les *Cephalodiscus*, ce sont de véritables oviductes en continuité avec l'ovaire, et non pas des néphridies, qui sont chargées d'évacuer les œufs.

Histolyse et reconstitution périodiques des polypides. — Périodiquement le corps des Entoproctes se flétrit et disparaît; il est reconstitué de toutes pièces au sommet du pédoncule. Le phénomène est limité au polypide chez les Ectoproctes. Après avoir vécu pendant un certain temps et témoigné d'une grande activité, tout polypide commence à montrer une paresse de plus en plus grande; peu à peu il cesse de s'épanouir, puis se flétrit et finit par se transformer en une masse arrondie, de couleur foncée, principalement composée des granulations brunes, contenues dans les cellules stomacales, des dents et des plaques solides du gésier et des particules alimentaires non digérées au moment où la dégénérescence commence.

On a attribué ce phénomène à l'accumulation dans les tissus du polypide des déchets organiques qui ne peuvent être éliminés par suite de l'absence de néphridies (Ostroumoff, Harmer, Prouho); cette opinion ne pourrait être admise que s'il était prouvé que les organes décrits comme tels chez les Phylactolèmes ne sont pas physiologiquement des néphridies. La dégénérescence est simultanée pour toutes les parties du corps et extrêmement rapide (*Bugula*), ou bien elle commence par les tentacules dont les contours perdent de leur netteté, puis la partie terminale de l'ectocyste, qui était invaginée, se déroule au dehors, l'intestin se colle à l'estomac qui peut encore se contracter alors que les bras ont disparu, et le tout se transforme en une seule masse brune (*Bowerbankia*, *Vesicularia*, etc.). Cette masse est ce qu'on nomme le *corps brun*. Un très grand nombre de cystides d'un même bryozoïde contiennent chacun un corps brun; dans certaines espèces tout polypide qui disparaît est représenté dans la zoœcie qu'il occupait par un corps brun, et chaque zoœcie contient ainsi deux ou trois de ces corps (*Vesicularia*); mais le plus souvent chaque polypide nouveau qui se forme est mis en rapport par son tissu mésodermique avec le corps brun, résidu du polypide qui l'a précédé, l'englobe dans sa cavité stomacale et le rejette au dehors par l'anus soit en entier, soit par fragments, de sorte que chaque zoœcie ne contient jamais plus d'un corps brun. La formation du nouveau polypide sera décrite en même temps que la formation du polypide dans les nouvelles loges (p. 1491).

Polymorphisme des bryomérides. — Les phénomènes de polymorphisme que présentent les bryomérides sont essentiellement dominés par l'indépendance du cystide relativement au polypide. Du moment que le cystide peut vivre sans contenir de polypide, on comprend sans peine que, dans certaines conditions, celui-ci ne se développe pas; le bryoméride est alors réduit au cystide, et c'est sous cette forme simple qu'il est susceptible de se plier à des fonctions diverses et de revêtir en même temps des formes multiples. Déjà chez l'*Alcyonidium albidum* qui forme à la surface des coquilles des Mollusques morts, des réseaux plus ou moins serrés, un grand nombre de cystides sans polypides sont entremêlés aux bryomérides complets, sans que ce phénomène paraisse avoir d'autre cause que l'activité du bourgeonnement; ces cystides sont remarquables par l'extrême variabilité de leur forme, variabilité qui implique la faculté de se plier aux adaptations les plus diverses. L'une des plus communes de ces adaptations consiste en ce qu'un certain nombre de cystides se groupent en une tige rampante ou dressée, sur laquelle bourgeonnent directement des bryomérides complets, à la façon des fleurs ou des feuilles sur les branches d'un végétal. Ces cystides jouent exactement le même rôle que les caulomérides des polypes hydroïdes, et pourraient être désignés sous le nom de *caulocystides*. Cette spécialisation se manifeste aussi bien chez les Entoproctes (*Pedicellina*, *Urnatella*) que chez les Ectoproctes (*Ætea*, *Eucratea*, *Beania*, *Bowerbankia*, *Vesicularia*, *Mimosella*, *Amathia*, *Valkeria*, *Cylindrœcium*, *Hippuraria*, *Triticella*). Quelquefois chaque bryoméride est supporté par un pédoncule qui n'est autre chose qu'un cystide (*Notamia*, *Bicellaria*); d'autres fois la différenciation indiquée chez l'*Alcyonidium albidum* s'accusant, les bryomérides complets d'un même bryozoïde sont unis entre eux par des cystides allongés, tubulaires, de manière à former un réseau (*Arachnidium*, *Cylindrœcium*, *Hippothoa*). A la base des tiges dressées, d'autres cystides s'allongent de manière à former un appareil fixateur qui rappelle le chevelu des racines d'un végétal; la même disposition s'est montrée chez les Hydroïdes; de même qu'il existe dans cette classe des rhizomérides, il existe chez les Bryozoaires des *rhizocystides* (Crisidæ, *Bugula* et autres bryozoïdes dressés). Le bryozoïde peut même se décomposer en une tête contenant tous les bryomérides et un support (*Ascorhiza*).

Les plus intéressantes des modifications éprouvées par le cystide sont celles qu'il présente chez un très grand nombre de Cheilostomata, où les bryomérides complets sont régulièrement accompagnés d'un ou plusieurs cystides transformés en organes de préhension ou en organes oscillants, chargés d'agiter l'eau ambiante et d'écarter les ennemis du bryozoïde : les premiers de ces organes ressemblent parfois à une tête d'oiseau de proie (*Bugula*, fig. 1040, *Av*) et ont reçu pour cette raison le nom d'*aviculaires*; les seconds portent celui de *vibraculaires*. Les *aviculaires* sont des cystides à zoœcie operculée, sans polypide, dont l'opercule s'est modifié de manière à former une sorte de mandibule mobile qui se rabat sur la zoœcie fonctionnant elle-même comme une mâchoire; les deux pièces constituent ainsi une sorte de bec. Deux muscles rayonnants s'insèrent sur la paroi du cystide d'une part, et d'autre part sur la mandibule par l'intermédiaire de deux tendons vers lesquels leurs fibres convergent; l'un des tendons se fixe en arrière de la charnière sur laquelle s'ouvre la mandibule; c'est celui du muscle abducteur qui ouvre l'aviculaire; l'autre tendon se fixe en avant de la charnière, c'est celui du muscle adducteur qui ferme l'organe. Quelquefois au fond de celui-ci on observe un corps d'apparence glandulaire qu'on a interprété comme un rudiment de polypide. Les aviculaires peuvent revêtir les formes les plus variées. En dehors de l'absence du polypide, ils ne diffèrent presque des zoœcies dont ils occupent la place que par des modifications sans importance chez les *Flustra*, *Cellaria*, *Membranipora longicornis*, *Schizoporella*, etc. Dans une autre série de formes, la zoœcie est rapetissée, conique, à orifice dirigé vers le haut, rétréci, et surmonté d'une mandibule rostrée; ces aviculaires n'ont plus qu'une ressemblance lointaine avec les bryomérides complets et pourraient être pris, en général, pour de simples organes de ces derniers; leur mandibule seule est mobile (*Scrupocellaria*, *Diachoris*, *Bicellaria*). L'aviculaire est pédonculé, muni entre ses deux mâchoires de soies tactiles chez les *Notamia*, desquels nous passons enfin aux aviculaires des *Bugula* (fig. 1040, *Av*), en forme de tête d'oiseau de proie, mobiles sur un pédoncule figurant un cou.

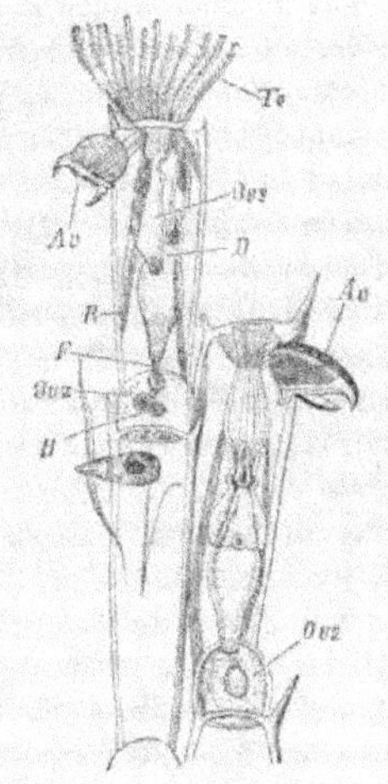

Les *vibraculaires* (fig. 1041, *Vi*) ressemblent aux aviculaires à loge immobile; ils n'en diffèrent guère que parce que la mandibule est ici remplacée par une longue lanière, le *fouet*, mue par des muscles analogues à ceux de l'aviculaire. Habituellement, à la base de la loge se trouve un orifice qui livre passage à un long appendice tubulaire, la fibre radicale (*Scrupocellaria*). Le fouet est denté sur ses bords chez les *Caberea*, où les mouvements de ces organes sont absolument synchrones dans toute l'étendue du bryozoïde. Les fouets atteignent leur maximum de développement chez les SELENARIIDÆ qui sont libres à l'état adulte, et chez qui ces organes jouent le rôle de rames déterminant par leurs battements le déplacement du bryozoïde. Chez quelques espèces, les vibraculaires contiennent un corps glandulaire comme les aviculaires. Les aviculaires et les vibraculaires peuvent se rencontrer côte à côte sur le même bryozoïde; leur absence, leur présence simultanées, leur position par rapport aux bryomérides complets, leur forme ont fourni d'excellents caractères de classification (p. 1496 et suivantes).

Fig. 1040. — *Bugula avicularia.* — *Te*, couronne de tentacules; *Av*, aviculaire; *Œz*, œsophage; *D*, intestin; *R*, muscle rétracteur; *F*, funicule; *Ovz*, ovicelles; *H*, embryon (d'après Busk).

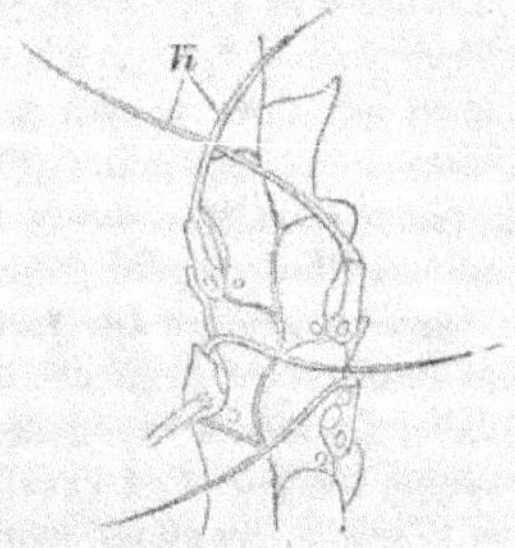

Fig. 1041. — *Scrupocellaria ferox.* — *Vi*, vibraculaires.

Reproduction. — Les bryomérides sont habituellement hermaphrodites (*Alcyonidium albidum*, *Membranipora pilosa*, *Hypophorella expansa*).

L'hermaphrodisme revêt, chez l'*Alcyonidium duplex*, un caractère particulier, intimement lié à la faculté de régénération que possède le cystide à l'égard du polypide. Chez cette espèce, au moment de la reproduction, les jeunes bryomérides contiennent simultanément deux polypides d'âge différent. A l'extrémité du cæcum stomacal du polypide le plus âgé, se développe un amas de spermatogonies qui se détachent par petites masses pour tomber dans la cavité générale, où elles n'arrivent à maturité que successivement. Pendant ce temps, le polypide qui les a produites se flétrit; il est remplacé par son compagnon plus jeune et qui, lui, ne produit que des ovules et les produit dans son funicule. Quand ces ovules sont arrivés à leur développement complet, le bryoméride contient un ovaire attaché au funicule d'un polypide en parfaite activité, et des testicules flottants; il semble un hermaphrodite ordinaire; mais son hermaphrodisme a été réalisé grâce à l'intervention de deux polypides sexués dont le plus ancien, le mâle, a disparu. Ce phénomène s'explique de lui-même par l'établissement d'un simple synchronisme entre le renouvellement des polypides et l'époque du développement des testicules et des ovaires dans des bryomérides hermaphrodites protandres.

Lorsque le bryoméride est hermaphrodite, les deux sortes d'éléments peuvent arriver à maturité en même temps (*Alcyonidium albidum*), ou bien l'une des deux sortes d'éléments arrive à maturité avant l'autre; il y a ainsi protandrie chez l'*Alcyonidium duplex*, protogynie chez d'autres espèces, et l'on arrive finalement à des formes absolument unisexuées (*Loxosoma*, *Lepralia Martyi*, *Membranipora zostericola*).

Les éléments reproducteurs se développent toujours aux dépens du tissu mésodermique, mais en des points variés de ce tissu, tantôt sur sa couche pariétale (testicule de l'*Alcyonidium albidum*, de l'*Hypophorella expansa*, ovaire et testicule des *Paludicella*), tantôt sur le funicule (ovaire de l'*Alcyonidium albidum*, testicule et ovaire de l'*A. duplex*, ovaire de la *Membranipora pilosa*, de l'*Hypophorella expansa*, des *Valkeria cuscuta*, *Bowerbankia imbricata*, *Bicellaria ciliata*, *Lepralia Martyi*, etc., testicule des *Plumatella*).

Les spermatozoïdes résultent, chez les *Plumatella*, d'une transformation directe des cellules de la couche superficielle du funicule qui se sont, au préalable, activement divisées.

Les œufs se constituent par une simple différenciation d'un groupe de cellules mésodermiques qui grossissent, se remplissent de granulations, n'arrivent généralement que l'une après l'autre à l'état d'œuf mûr et tombent alors dans la cavité générale. Les œufs mûrs peuvent être évacués à l'extérieur pour y accomplir leur développement (*Laguncula repens*, *Alcyonidium albidum*, *A. duplex*, *Hypophorella expansa*, *Membranipora pilosa*).

Appareil génital des Entoproctes et du Cephalodiscus. — L'appareil génital des Entoproctes, celui des *Rhabdopleura* et des *Cephalodiscus* diffèrent de l'appareil génital des autres Bryozoaires en ce qu'ils sont constitués par des glandes paires, munies chacune d'un canal excréteur. Les sexes sont séparés chez les *Loxosoma* et les *Urnatella*. En ce qui concerne les PEDICELLINIDÆ, Fœttinger[1] les donne comme unisexuées, les colonies mêmes étant exclusivement mâles ou femelles; Ehlers[2] déclare, au contraire, que les sexes sont réunis, et que la *Pedicellina echinata* est même hermaphrodite homochrone. Les testicules sont placés au-dessus du tube digestif; leurs canaux déférents convergent, chez les *Loxosoma*, vers une vésicule

---

[1] FŒTTINGER, *Sur l'anatomie des Pédicellines de la côte d'Ostende*, Archives de Biologie, t. VII, 1887.

[2] EHLERS, *Zur Kenntniss der Pedicellinen*, Abhandl. k. Gessellschaft der Wiss. Göttingen, t. XXXVI.

séminale impaire qui débouche au dehors entre les ganglions et l'œsophage. Les canaux déférents sont courts et le canal excréteur de la vésicule séminale long chez les PEDICELLINIDÆ; il existe un canal déférent impair chez les *Urnatella* où il est en forme d'U et cilié intérieurement. L'orifice mâle est toujours situé auprès du pore néphridien.

En ce même point débouche, chez les *Loxosoma* femelles, une *glande de la coque*, chargée de sécréter l'enveloppe pédiculée de l'œuf mûr, au moment où celui-ci passe dans la chambre incubatrice; celle-ci n'est autre chose qu'une sorte de cloaque formé aux dépens du plancher du lophophore, en arrière de la bouche, et dans lequel s'ouvrent les glandes génitales et le rectum. Il n'existe pas de poche semblable chez les *Urnatella*. La glande du *Loxosoma* est remplacée chez les *Pedicellina* par un revêtement glandulaire du long canal impair, dans lequel se jettent les deux courts oviductes. Les ovaires des *Loxosoma* sont deux sacs dont les cellules pariétales se différencient pour constituer les œufs; chaque ovaire ne contient jamais qu'un seul œuf mûr, et les œufs mûrissent alternativement à droite et à gauche.

Des *Rhabdopleura*, les mâles seuls sont connus; leurs testicules sont tubulaires et possèdent chacun un canal déférent. Chez les *Cephalodiscus* les glandes génitales sont également pourvues chacune d'un canal excréteur en continuité avec leurs parois.

Conditions de développement des œufs; formes larvaires. — Le développement des œufs chez les Bryozoaires entoproctes a lieu soit dans une cavité incubatrice spéciale, creusée entre les tentacules sur le lophophore des femelles (*Pedicellina*), soit dans la cavité même du corps (*Loxosoma*); seulement ici les œufs accumulés sous le plancher du lophophore, ont refoulé ce plancher de manière à constituer pour chacun d'eux une capsule ou ovisac qui fait hernie entre les tentacules; ces capsules unies entre elles par le tégument même finissent par former de véritables grappes d'où les larves s'échappent une à une par la rupture des parois de leur ovisac. Les larves des *Pedicellina* et des *Loxosoma* mènent une assez longue existence pélagique; elles se ressemblent beaucoup, et sont des organismes complets, comparables à des Rotifères. En raison du caractère d'infériorité de l'organisation des Entoproctes, on peut les considérer comme représentant une forme primitive de Bryozoaires, et nous les étudierons en conséquence en premier lieu.

Les œufs des Bryozoaires ectoproctes sont quelquefois pondus et se développent librement dans le milieu ambiant (*Hypophorella expansa, Alcyonidium albidum, Membranipora pilosa, Farrella, Laguncula repens*). Le Bryozoaire est alors ovipare. Mais le plus souvent les œufs gardent avec le bryoméride des rapports plus ou moins intimes qui peuvent être ramenés à quatre cas : 1° les œufs se fixent sur le pourtour du diaphragme et ne sont abrités que pendant la rétraction du polypide qui conserve toute son activité ordinaire (*Alcyonidium duplex*); 2° les œufs passent dans la gaine tentaculaire d'un polypide qui succède au polypide producteur de l'ovaire, mais n'atteint jamais son complet développement (*Walkeria cuscuta, Bowerbankia imbricata, Farrella repens*); 3° les œufs se développent dans une cavité incubatrice spéciale, l'*ovicelle* (fig. 1040, *Ovz*), indépendante du polypide et placée à la partie supérieure du cystide (nombreuses espèces de Chéilostomes, parmi lesquelles les *Flustra, Bugula*, etc.); 4° l'œuf se développe dans la cavité générale du bryoméride sans que le polypide soit modifié en aucune façon (*Cylindrœcium dilatatum*).

A ces diverses conditions dans lesquelles sont placés les œufs au cours de leur développement, correspondent des modifications graduelles de la forme embryonnaire primitive d'autant plus remarquables qu'elles sont absolument indépendantes du degré d'affinité des formes adultes auxquelles elles appartiennent. Les espèces ovipares, à quelque groupe qu'elles appartiennent, ont une forme embryonnaire constituant un organisme complet comme celle des entoproctes. Cette forme larvaire a reçu le nom de *Cyphonautes*; on la trouve chez des Cténostomes comme l'*Hypophorella expansa*, l'*Alcyonidium albidum*, aussi bien que chez des Chéilostomes comme la *Membranipora pilosa*. Chez toutes les espèces vivipares dont l'existence est assurée pendant toute la période d'incubation, l'accélération embryogénique intervient. Le tube digestif embryonnaire qui est destiné à disparaître, chez le *Cyphonautes*, après la fixation, ne se forme pas, et quant aux autres organes ils disparaissent graduellement dans leur ordre d'utilité à la larve. Les larves de FLUSTREL- LIDÆ ont encore une carapace bivalve, et presque tous les organes essentiels d'un *Cyphonautes*. La carapace bivalve disparaît la première et les derniers organes que garde l'embryon sont : la couronne ciliée, commune à tous les Trochozoaires, qui lui sert d'organe locomoteur, et un organe adhésif que présentait le *Cyphonautes* en avant de l'anus et qui sert à l'embryon à se fixer au moment de sa métamorphose; cette réduction est réalisée chez la plupart des *Alcyonidium* (*A. mytili*, *A. polyoum*) et chez les CYCLOSTOMATA. Si l'on ajoute que dans certains genres (*Bugula*, *Diachoris*, *Schizoporella*), la bande ciliée envahit presque toute la surface du corps, on aura la clef des modifications de forme et d'organisation, si singulières en apparence, que présentent les embryons libres des Bryozoaires. Ces formes sont remplacées chez les Phylactolèmes par un embryon ovoïde, uniformément cilié, véritable cystide nageur, au sein duquel peuvent se produire un ou deux polypides (*Plumatella repens*). Conformément à ce que l'on observe dans les autres séries zoologiques, le maximum d'accélération embryogénique se trouve donc chez les formes d'eau douce, dans l'embranchement des Bryozoaires.

Développement des Entoproctes. — La segmentation de l'œuf des *Pedicellina* est légèrement inégale au début; elle conduit à la formation d'une *blastula* dont le pôle exodermique et le pôle entodermique se distinguent par les dimensions moindres des cellules du premier; la moitié entodermique s'invagine dans la moitié exodermique de manière à former une *gastrula* dont les cavités gastrique et cœlomatique sont bien développées (fig. 1042, n° 1). Le blastopore prend la forme d'une fente allongée dans le sens ano-buccal; à son extrémité anale, se différencient deux cellules symétriques qui sont l'origine du mésoderme, et qui peu à peu sont recouvertes par l'exoderme, tandis que le blastopore se ferme. A la place qu'il occupait, l'exoderme s'épaissit et constitue un disque qu'un sillon peu profond sépare du reste du corps. L'intestin antérieur (œsophage embryonnaire) et l'intestin postérieur résultent d'invaginations qui se produisent aux deux extrémités d'un même diamètre de ce disque et qui se mettent en communication avec la sphère entodermique; celle-ci se différencie peu à peu en estomac et intestin. Des cils vibratiles nombreux apparaissent sur le disque et dans l'œsophage. Pendant ce temps le disque ano-buccal s'invagine et la région du corps qui lui correspond, devenue infundibuliforme, peut recevoir le nom de *vestibule*. L'embryon a pris maintenant une forme conique; à son pôle aboral qui est atténué, les cellules exodermiques s'allongent; des cils raides apparaissent à leur surface, et il se constitue ainsi un organe, l'organe *aboral*, que nous retrouverons chez presque tous les embryons de Bryozoaires. A ce moment, sur tout le pourtour du vestibule apparaissent de longs cils locomoteurs qui caractérisent une *couronne ciliée* dont tous les embryons des Bryozoaires se montreront également pourvus. Bientôt de nouveaux organes font leur apparition, ce sont : 1° l'*organe dorsal*; 2 la *protubérance ciliée* ou *épistome*; 3° les *néphridies*.

L'*organe dorsal* (*Kn*) se développe en avant, sur la face aborale de la larve, immédiatement au-dessous de la couronne ciliée. C'est une masse cellulaire, globuleuse, creuse, dont la cavité richement ciliée est en communication avec l'extérieur. Les parois de l'organe sont formées de trois couches de cellules :

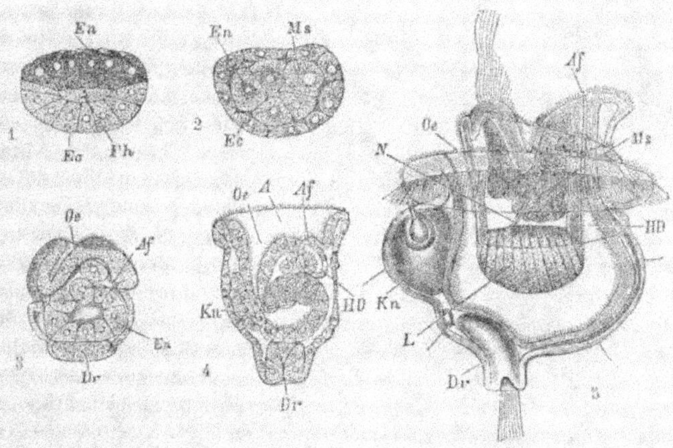

Fig. 1042. — Développement de la *Pedicellina echinata*. — 1, *Blastula* dont le côté entodermique *En* est aplati; *Ex*, exoderme; *Fh*, cavité de segmentation; — 2, coupe optique d'un stade plus avancé : *Ms*, une des deux cellules primitives du mésoderme; — 3, coupe optique d'un embryon plus âgé : *œ*, œsophage; *Af*, rudiment du rectum; *En*, entoderme; *Dr*, organe aboral; — 4, coupe optique d'une jeune larve : *A*, vestibule; *œ*, œsophage; *Af*, rudiment du rectum; *HD*, intestin; *Kn*, organe piriforme; — 5, jeune larve libre : mêmes lettres, en outre : *Ms*, cellule mésodermique; *N*, néphridie; *L*, plaque glandulaire de l'estomac (d'après Hatschek).

1° l'épithélium cilié, limitant la cavité interne; 2° une couche de cellules disposées sans ordre; 3° une lame de tissu mésodermique. L'organe dorsal paraît être un organe sensitif dont la couche moyenne serait formée de cellules ganglionnaires; il est relié par un tractus fibreux à l'organe aboral. L'organe dorsal est double et chacune de ses fossettes est armée de longs cils chez les larves de *Loxosoma*; à sa surface se trouvent deux points oculiformes d'un rouge jaunâtre qui semblent préciser sa nature nerveuse.

La *protubérance ciliée* (fig. 1042, n° 5) est une forte saillie éminemment rétractile, surmontée d'un plumet de cils vibratiles qui apparaît sur le plancher du vestibule entre la bouche et l'anus. Cette saillie, derrière laquelle s'élève le tube anal, persiste en partie chez l'adulte; elle a été comparée à l'épistome des PHYLACTOLÈMES et au pied des *Rhabdopleura*. Entre elle et le tube anal, se trouve naturellement une dépression, à droite et à gauche de laquelle on observe un amas de cellules glandulaires de grande dimension.

Les *néphridies* se constituent dans le mésoderme. Celui-ci résulte de la division des deux cellules mésodermiques que nous avons vues se différencier au cours de l'invagination de la *gastrula*. Les cellules issues de cette division se groupent de manière à former soit des lames de revêtement, soit du tissu conjonctif interstitiel, ou bien se transforment en fibres musculaires. Les néphridies qui se creusent dans des ébauches fournies par le mésoderme, s'ouvrent à l'extérieur au voisinage de la face antérieure du tube anal, de chaque côté de ce tube.

Développement des Cyphonautes. — Le développement des types dont l'embryon revêt la forme de *Cyphonautes* (fig. 1043) présente une assez grande uniformité. Les œufs, au moment où ils se détachent de l'ovaire pour tomber dans la cavité générale, prennent une forme irrégulière qui les fait paraître flétris, et exécutent de lents mouvements amiboïdes; ils sont fécondés durant cette période par les spermatozoïdes mêmes du bryoméride auquel ils appartiennent. Après la ponte, la membrane vitelline est séparée du vitellus par un liquide clair, incolore que traversent parfois des prolongements protoplasmiques du vitellus (*M. pilosa*); deux globules polaires sont bientôt expulsés, puis commence une segmentation régulière et géométrique jusqu'au stade 16. A ce moment, l'embryon est allongé et symétrique par rapport à un axe perpendiculaire au plan de segmentation primitif; mais dès le stade suivant, il s'aplatit perpendiculairement à ce plan et passe ainsi à la symétrie bilatérale. Au centre de sa face la moins convexe, on aperçoit alors quatre cellules plus granuleuses; ce sont les

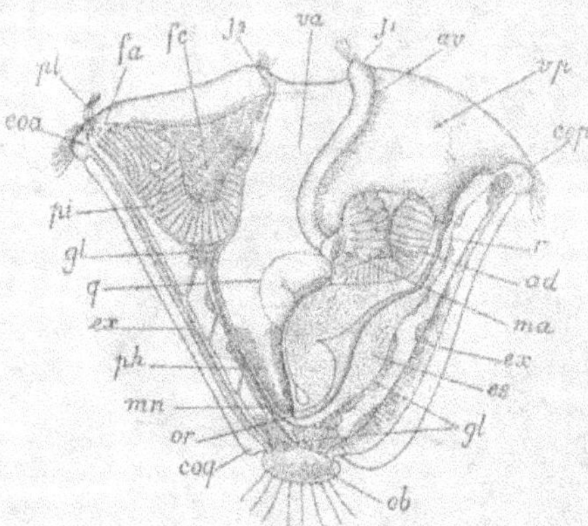

Fig. 1043. — Coupe optique d'un *Cyphonautes* (larve de *Membranipora* ou d'*Alcyonidium albidum*) complètement développé. — *va*, chambre antérieure du vestibule; *j*, point où la bande ciliée postérieure *cop* se réunit à l'arceau vestibulaire *av*; *vp*, chambre postérieure ou anale; *r*, rectum; *ad*, organe adhésif; *ma*, muscle adducteur des valves; *ex*, exoderme; *es*, estomac; *gl*, cellules mésodermiques bourrées de granules réfringents; *ob*, organe aboral; *coq*, valves chitineuses; *or*, entrée de l'œsophage; *mn*, tractus musculonerveux; *ph*, pharynx; *q*, cornes de l'organe adhésif; *pi*, organe piriforme; *coa*, bande ciliée antérieure se prolongeant jusqu'en *ji*; *fa*, fossette antérieure; *ic*, gouttière ciliée de l'organe piriforme; *pl*, plumet vibratile (d'après Prouho).

initiales de l'entoderme, qui ne tardent pas à être enveloppées par les autres blastomères dont la division continue. On peut admettre que l'embryon est alors une *gastrula* à cavité gastrique rudimentaire (*sterrogastrula*, Lang) et à cavité de segmentation très petite, tandis que ces deux cavités sont nettement distinctes chez les Entoproctes. Jusqu'ici le développement paraît suivre la même marche chez tous les Ectoproctes (ESCHARIDÆ, *Membranipora zostericola*, *Bugula*, etc.), si ce n'est que la différenciation des quatre cellules entodermiques peut être tardive et suivre seulement leur enveloppement (*Bugula*), ou que ces cellules peuvent déjà se diviser chacune en deux avant l'invagination (*Membranipora zostericola*, *Alcyonidium albidum*), division qui ne se produit d'ordinaire qu'après. Peu de temps après l'invagination, le blastopore se ferme et disparaît. A ce moment, apparaissent les deux initiales du mésoderme symétriquement placées; leur origine est sans doute la même que celle des cellules correspondantes des embryons de *Pedicellina*. L'embryon prend maintenant la forme d'un cône, dont la base est la face où s'est formé le blastopore ou *face orale*. Au sommet du cône, légèrement incliné vers une extrémité qui sera l'*extrémité antérieure*, un épaississement de l'exoderme est la première indication de l'*organe aboral* déjà décrit chez les Entoproctes. Peu à peu la face orale se déprime, comme dans ce dernier groupe, en formant une invagination conique qui arrive à toucher l'organe aboral, en refoulant la totalité de la masse entodermique vers l'extrémité postérieure de l'embryon où elle arrive finalement au contact de la paroi; en même temps, des cils se montrent sur tout le pourtour de la face orale, constituant la *couronne*, et plus tard des soies rigides apparaissent sur l'organe aboral. A cet état a lieu l'éclosion chez l'*Alcyonidium albidum* et l'*Hypophorella expansa*; mais, chez la *Membranipora pilosa*, par suite du mode spécial de croissance de l'embryon, celui-ci arrive à toucher l'enveloppe de l'œuf sur tout le pourtour de la face orale et au pôle aboral; l'enveloppe ovulaire disparaît sur la face orale et sur le pôle aboral, de manière que les cils vibratiles de l'une et les soies rigides de l'autre entrent en contact avec le milieu extérieur, là se borne le phénomène de l'éclosion. A partir de ce moment, les deux cellules mésodermiques se divisent, et quelques-unes d'entre elles se disposent en file depuis le pôle aboral jusqu'à l'extrémité antérieure de la face orale; elles se transformeront en un faisceau musculaire. Une cavité se creuse dans la masse entodermique; cette masse se transforme ainsi en un estomac (intestin moyen) qui s'ouvre bientôt au fond de l'invagination orale ou *vestibule*; cette dernière représente, en réalité, un œsophage (intestin antérieur). Le rectum (intestin postérieur) se constitue par une invagination exodermique de la partie postérieure de la face orale. Pendant ce temps, l'embryon prend la forme comprimée si caractéristique de l'adulte, tandis que des cils vibratiles apparaissent dans le vestibule et déterminent les premiers mouvements de déglutition. Peu après deux mamelons situés dans la région moyenne du vestibule, puis deux mamelons situés à son extrémité antérieure apparaissent de chaque côté de la face orale et se couvrent de cils. Les mamelons postérieurs sont le point de départ de deux bourrelets ectodermiques de la paroi du vestibule qui se rejoignent à partir du fond de celui-ci en formant un arceau par lequel sa cavité est divisée en deux chambres, l'une orale, l'autre anale; cet arceau se couvre de cils tandis que les cils de la région moyenne de la couronne s'atrophient plus ou moins complètement.

Le *Cyphonautes*, pour être complétement constitué, a encore à acquérir deux organes : 1° l'*organe adhésif* (*ad*) qui se montre en avant de l'anus, au fond de la chambre anale du vestibule; 2° l'*organe piriforme* (*fc*), sorte de cloche ciliée qui se constitue en avant du vestibule, entre sa paroi et celle du corps. L'*organe adhésif* se forme le premier, c'est une simple invagination exodermique, préanale, dont les parois grandissent peu à peu en s'épaississant de manière à constituer, chez le *Cyphonautes* adulte, un vaste sac sur lequel se développent plus tard deux cornes dirigées vers le pôle aboral et qui viennent se loger dans les parties latérales de la cavité générale, en masquant partiellement l'estomac. On ne peut s'empêcher de remarquer que cet organe adhésif occupe la même position que la protubérance ciliée des larves de *Pedicellina*.

Il semble que l'*organe piriforme* soit également le résultat d'une invagination préorale de cette nature; sa paroi antérieure est très épaissie, et présente sur sa face orale, une fossette à laquelle aboutit un groupe médian de cellules glandulaires, flanqué de deux groupes latéraux de cellules orientées vers la paroi antérieure de l'organe. L'organe piriforme est placé en dedans de la couronne, tandis que l'organe dorsal des embryons de *Pedicellina* est placé au-dessous. Ces deux organes n'en ont pas moins de remarquables connexions communes avec l'organe aboral, et c'est une question de savoir si la différence de leur position relativement à la couronne est suffisante pour empêcher de les homologuer. Effectivement, comme chez les larves de *Pedicellina*, un tractus fibreux dont nous avons vu précédemment le mode de constitution, s'étend le long du bord antérieur des *Cyphonautes* depuis l'organe aboral jusqu'à l'organe piriforme. Ce tractus est formé par l'association de fibres musculaires et de fibres nerveuses; ces dernières rejoignent, au fond de l'organe piriforme, deux cordons nerveux qui, arrivés à l'extrémité orale de l'organe, se bifurquent, et émettent chacun une branche antérieure et une branche postérieure, innervant respectivement le quart correspondant de la couronne. Les fibres musculaires, probablement accompagnées d'un petit nombre de fibrilles musculaires, passent entre la masse glandulaire et la paroi antérieure de l'organe piriforme pour aboutir à un bulbe cellulaire qui porte un plumet de cils plus grands que leurs voisins. Tandis que, de l'organe aboral au fond de l'organe piriforme, les fibres musculaires sont striées, elles sont lisses dans leur trajet le long de l'organe glandulaire. Si l'on admet les homologations que nous venons d'indiquer, la ressemblance entre les embryons d'Entoproctes et les *Cyphonautes* est frappante. Les principales différences, en dehors de celles que nous venons de signaler, résident dans l'absence de néphridies, dans la forme comprimée du *Cyphonautes*, et enfin dans ce fait, qu'au lieu d'une cuticule continue, il est enfermé entre deux valves latérales chitineuses, munies de muscles adducteurs spéciaux. Ces valves ont été sécrétées par les faces latérales de l'embryon, comme un revêtement chitineux, peu après l'achèvement du tube digestif.

Dégradation graduelle des larves. — On peut encore reconnaître toutes ces parties, sauf les valves extérieures, chez la larve si différente de forme de l'*Alcyonidium (Sarcochitum) polyoum* qui est vivipare. Cette larve, en forme de gâteau de Savoie, présente encore un tube digestif très développé, mais dont l'œsophage est très étroit et disparaît de bonne heure, tandis que le rectum avorte. Une *couronne* circulaire, très épaisse, sépare la face orale de la face aborale. En avant de la bouche on retrouve l'*organe piriforme*; en arrière, l'organe adhésif est transformé en une vaste ampoule, la *ventouse* ou *sac interne*, et l'organe aboral, très agrandi, est devenu ce que les auteurs appellent la *calotte*; un tractus fibreux unit, comme dans les types précédents, la calotte à l'organe piriforme.

La larve de la *Flustrella hispida* (fig. 1044) et celle de la *Pherusa* ressemblent davantage extérieurement à un *Cyphonautes*; elles sont moins comprimées, réniformes quand on les regarde de profil et non pas coniques, mais elles possèdent les deux valves latérales caractéristiques. Leur organisation interne est cependant plus rudimentaire encore que celle de la larve d'*Alcyonidium polyoum*; le tube digestif est, en effet, représenté par une simple poche de faibles dimensions, s'ouvrant à l'extérieur

entre l'organe piriforme et le sac interne. L'existence de cette poche est même tout
à fait transitoire; au moment où la larve sort de la cavité incubatrice elle n'est plus
représentée que par une très petite excavation de la face orale. Il se forme bien,
au cours de la segmentation, un entoderme, mais il paraît se dissocier rapidement
en cellules qui demeurent libres dans la cavité générale.

Au moins extérieurement la larve d'*Eucratea chelata* ne diffère guère de celle des
Flustrella que par l'absence de carapace bivalve. Les larves des CELLULARIIDÆ
(*Scrupocellaria*, fig. 1045, n° 1) VESICULA-
RIIDÆ (*Amathia lendigera*), VALKERIIDÆ
(*Valkeria cuscuta*), et BICELLARIIDÆ
(*Bicellaria, Bugula*), ressemblent encore
aux précédentes, mais elles sont plus
renflées, leur axe horizontal se raccourcit, leur face orale devient convexe, et elles arrivent à être presque
piriformes. L'organe aboral est beaucoup plus large et entouré d'un cercle
de soies raides; toute la surface du
corps est ciliée, comme si elle avait été
envahie par la couronne; elle est parse-

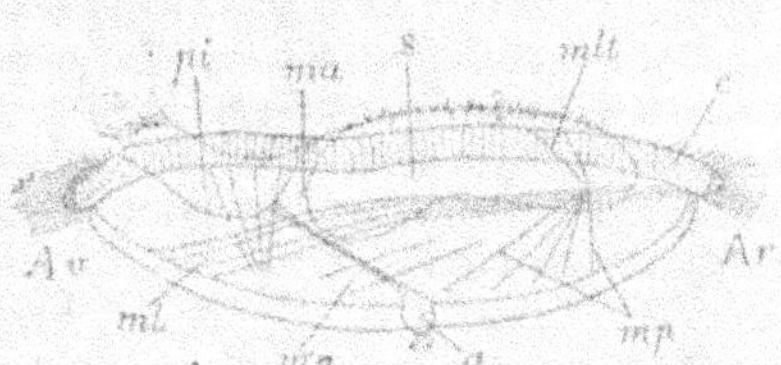

Fig. 1044. — Vue latérale d'une larve de *Flustrella hispida*. — *Av*, extrémité antérieure; *pi*, organe piriforme; *ma*, muscle adducteur; *s*, sac interne (organe adhésif); *mlt*, muscles latéro-transversaux; *c*, couronne ciliée; *Ar*, extrémité postérieure; *mp*, muscles pariétaux; *a*, organe aboral; *mn*, tractus musculo-nerveux; *ml*, muscles longitudinaux (d'après Prouho).

mée de points rouges. L'organe piriforme toujours muni de son plumet, est presque
latéral. L'organe adhésif ou sac interne s'ouvre à l'extérieur par une fente en fer à
cheval, et il n'y a plus trace de tube digestif entre ces deux organes. Dans les
familles des FLUSTRIDÆ (*Flustra*), ESCHARIDÆ (*Lepralia*, fig. 1045, n° 2, et 1046; *Porella*,
Mucronella), la face ventrale est moins convexe, l'axe ano-buccal
plus allongé, l'organe piriforme et l'or-
gane adhésif sont situés sur une face
ventrale nettement dé-
finie; la forme générale
est moins éloignée, par
conséquent, de celle
des larves d'*Eucratea*,
mais la couronne s'est
limitée; elle est formée
d'un cercle de grandes

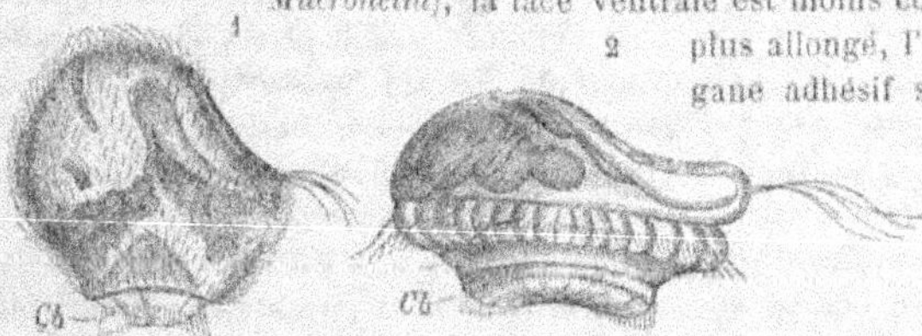

Fig. 1045. — Larves de Bryozoaires. — 1, larve de *Scrupocellaria reptans*;
2, larve de *Lepralia spinifera*; *Ch*, organe aboral (d'après Barrois).

cellules portant une seule rangée de longs cils, accompagnés de quelques soies
tactiles; de plus l'organe aboral s'est étalé en un large gâteau d'un diamètre peu
inférieur au plus grand diamètre de la larve. Enfin les larves des CYCLOSTOMATA
(*Tubulipora, Crisia, Diastopora*) sont allongées verticalement, symétriques par rapport
à un axe, légèrement rétrécies vers le milieu de leur longueur, de manière à ressembler à un sablier; toute leur surface est ciliée. Cette forme larvaire résulte, en
réalité, simplement d'une *blastula* dont l'un des pôles s'est invaginé pour constituer
un sac interne, tandis que le pôle aboral s'est épaissi pour constituer l'organe aboral
habituel; seulement ici l'organe est hémisphérique ou ovoïde, et la paroi du corps
s'est prolongée autour de lui en un double repli qui le recouvre entièrement; il n'y
a plus d'organe piriforme. C'est la forme la plus dégradée que présentent les larves

de Bryozoaires, avant d'arriver à la simple zoœcie ciliée qui est la forme larvaire des Bryozoaires d'eau douce.

Le développement de ces derniers a lieu à l'intérieur du cystide. Parfois l'œuf est rattaché à la paroi de ce dernier par un bourgeon, analogue à un bourgeon de polypide, à l'intérieur duquel il se développe. La segmentation est incomplète et inégale; il se produit une gastrula épibolique d'où paraît finalement une larve ovoïde sans tube digestif. Celle-ci est bientôt divisée par un repli transversal, ou *manteau*, en deux régions dont l'une est ciliée, tandis que l'autre, invaginable dans la première, produit deux polypides par un bourgeonnement identique à celui précédemment décrit. La région ciliée du corps de la larve devient la paroi définitive du corps, après la perte de ses cils; la région réfléchie à son intérieur se résorbe. L'embryon s'échappe par l'orifice du cystide après la mort de son polypide [1].

Fixation et métamorphose. — Après avoir nagé librement un certain temps, les larves de Bryozoaires arrivent toujours à adhérer à un corps solide. Elles se fixent par leur surface *orale*, comme c'est la règle pour tous les animaux sédentaires dont les larves atteignent à une organisation élevée avant de se fixer (Crinoïdes, Cirripèdes, Tuniciers), et la fixation est suivie de phénomènes d'histolyse et de régénération qui doivent être étudiés dans les différents groupes.

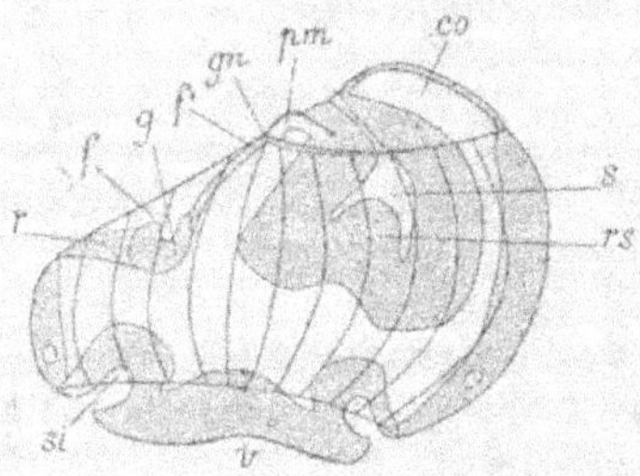

Fig. 1046. — Coupe optique d'une larve de *Lepralia unicornis*. — *r*, cellules radiaires du plumet; *f*, fente ciliée; *g*, organe piriforme; *f'*, épaississement du tégument autour de la fente ciliée; *gn*, coule de la couronne; *pm*, rudiment du feuillet externe du polypide; *rs*, organe adhésif ou sac interne; *co*, partie centrale de la face orale; *s*, cavité du sac interne; *v*, organe aboral; *si*, cavité dite palléale (d'après Barrois).

Chez les Entoproctes, aussitôt après la fixation, la région postérieure du vestibule s'enfonce peu à peu à l'intérieur de l'embryon jusqu'à ce que toute la portion qui porte les orifices du tube digestif ait changé sa position horizontale primitive en une position verticale (*Loxosoma*) ou horizontale en sens inverse (*Pedicellina*). L'orientation de l'animal se trouve de la sorte intervertie, résultat que tend également à réaliser la métamorphose chez les Crinoïdes, Tuniciers et Cirripèdes. Pendant ce mouvement, le fond du vestibule se détache peu à peu de ses bords qui entrent en dégénérescence pour former des globules qui flotteront plus tard dans la cavité du pédoncule. La couronne resserrée formera la glande du pied. Le tube digestif dont l'orientation a changé par suite du mouvement de retournement du vestibule, devient le tube digestif de l'adulte; les parois du vestibule avec leurs deux orifices et la protubérance ciliée sont également conservés; les tentacules s'étant constitués sur tout le pourtour de cette région conservée, l'ancien plancher du vestibule devient l'espace intra-tentaculaire. D'ailleurs, pendant que ces changements s'opèrent, une dépression étroite, à lèvres épaissies, apparaît sur la face antérieure et supérieure de l'exoderme; elle se porte vers le polypide, s'élargit et finit par constituer l'ouverture de la zoœcie. En somme la Pédicelline, ou le Loxosome adulte n'est autre chose que sa larve modifiée de manière à ramener vers l'espace libre, les orifices du tube digestif appliqués contre le support, à la suite de sa fixation. La larve est elle-même constituée de manière à pouvoir vivre d'une manière indépendante. L'embryogénie des Entoproctes réalise donc toutes les conditions d'une *embryogénie normale* de Bryozoaire (p. 175), et peut servir d'étalon pour mesurer les modifications que l'accélération embryogénique ou des causes adaptatrices diverses ont pu faire subir à d'autres types.

Chez toutes les larves d'Ectoproctes pourvues d'un sac interne, c'est par l'intermédiaire de ce sac préalablement évaginé que se fait la fixation. Chez toutes celles qui sont munies d'un tube digestif complet (*Cyphonautes*) ou plus ou moins rudimentaire (larves d'*Alcyonidium*, de *Flustrella*), cet organe disparaît soit peu après la fixation, soit même avant, et n'intervient en aucune façon dans la constitution du polypide. Chez la *Flustrella hispida*, pendant que le sac interne s'évagine, la face orale se rétracte, sous l'action des muscles latéraux, en entraînant la couronne qui se replie en dedans; le sac s'étale, au contraire, de manière à former une large plaque adhésive, la *paroi basale*, qui se substitue à la face orale elle-même, et se soude tout le long de la zone qui avoisine le pédoncule d'évagination avec l'exoderme aboral; la larve n'est plus alors qu'un sac clos de toutes parts, dans lequel se sont rétractés la couronne, l'organe piriforme et l'organe aboral lui-même. En quelques heures, tous les organes subissent une histolyse complète : le sac larvaire est rétracté entre les deux valves qui continuent à le protéger; il est rempli de globules flottants[1] et ne laisse plus distinguer qu'une aire ellipsoïdale, claire, à l'endroit où l'organe aboral s'est invaginé, au *pôle frontal*, et, autour de cette aire, un certain nombre de muscles, qui persisteront et deviendront les muscles pariétaux du bryoméride. A ce moment, la larve a passé à l'état de *cystide*, elle se revêt rapidement d'un ectocyste indépendant des anciennes valves et qui achève d'accuser son caractère. L'aire ellipsoïdale qui occupe le pôle frontal du cystide est constituée par deux lames épaisses, l'une exodermique, l'autre mésodermique qui se continuent d'ailleurs avec la lame exodermique et la lame mésodermique qui forment sur toute son étendue la paroi du cystide. Cette aire épaissie est le *disque méso-exodermique*, origine du polypide[2]. Bientôt, en effet, les cellules du feuillet exodermique du disque prolifèrent symétriquement de chaque côté du plan sagittal, et il en résulte une invagination sans orifice externe qui refoule devant elle le feuillet mésodermique, s'en enveloppe et plonge dans la masse des histolytes. Peu à peu le corps ainsi formé se détache de l'exoderme, et constitue une vésicule close, à doubles parois, dont la couche interne est d'origine exodermique. La région frontale de cette couche interne s'amincit, tandis qu'un peu en avant de son extrémité opposée se produisent deux constrictions latérales, symétriques qui finissent par détacher du rudiment un petit cæcum dans lequel se continue la cavité de ce dernier; c'est le *proctodæum*, origine du rectum. Les parois du rudiment elles-mêmes

---

[1] Les globules flottants contenus dans le cystide sont un mélange de globules vitellins, de cellules embryonnaires de la larve et de sphères nucléées, de grosseur variable, que l'on considère comme les produits immédiats de l'histiolyse, mais qui pourraient être aussi bien des *phagocytes* bourrés d'éléments à demi digérés.

[2] Ostroumoff, *Zur Entwickelungsgeschichte der Cyclostomen-Bryozoen*. Mittheil. aus de Zool. Station zu Neapel, vol. VII, 1886-87.

présentent une région amincie et une région qui a conservé son épaisseur; la région supérieure, amincie deviendra la *gaine tentaculaire*, la région inférieure le *pharynx*. Ces deux régions sont séparées par deux protubérances qui sont les rudiments des deux premiers tentacules. La couche mésodermique présente, à ce moment, à l'avant et à l'arrière du futur polypide, deux épaississements, indication du muscle rétracteur et des muscles occluseurs. Un peu plus tard, dans l'exoderme, au point où se termine le cæcum proctodéal, on aperçoit un amas de cellules en voie de prolifération; dans cet amas, se creuse une cavité qui est tout d'abord en continuité avec le rectum mais qui ne tarde pas à s'ouvrir dans le pharynx; cet amas cellulaire représente l'estomac ou intestin moyen. L'intestin moyen a donc ici une origine exodermique, comme le reste du tube digestif. Dans toute l'évolution du bryozoïde les choses se passeront de même; chez tous les blastomérides, l'épithélium du tube digestif aura donc une origine exclusivement exodermique; seul l'ooméride des Entoproctes, le *Cyphonautes* et les larves à intestin rudimentaire ont un épithélium intestinal moyen d'origine entodermique. Le bryoméride résultant de la transformation de la larve, en d'autres termes l'ooméride des Ectoproctes ne diffère en rien, à cet égard, des blastomérides. Nous avons déjà vu, chez les Echinodermes, l'entoderme former une portion importante du système nerveux et se substituer, sous ce rapport, à l'exoderme; c'est ici l'exoderme qui se substitue à l'entoderme; les feuillets embryonnaires n'ont donc nullement la prédestination absolue, ni le rôle morphologique prépondérant qu'on s'est depuis longtemps habitué à leur attribuer. Désormais les diverses parties formées n'auront plus qu'à grandir pour compléter le bryoméride.

Bourgeonnement. — L'ooméride, une fois constitué, commence à bourgeonner et les blastomérides bourgeonnent à leur tour; ce phénomène est commun à tous les Bryozoaires, mais il aboutit à des résultats différents. Chez les *Loxosoma* et les *Cephalodiscus* chaque bourgeon s'isole après sa formation, de sorte que les blastomérides vivent indépendants les uns des autres, quoique habituellement rassemblés en familles qui peuvent même avoir une habitation commune (*cœnœcium* des *Cephalodiscus*); dans les autres types, l'ooméride et les blastomérides demeurent unis entre eux et, par leurs associations variées, souvent très régulières, constituent le bryozoïde.

Chez le *Loxosoma annelidicola*, les bourgeons sont internes dans le jeune âge, ils sont externes chez les autres espèces. La première indication du bourgeon, chez le *L. annelidicola*, est une différenciation, dans l'exoderme du parent, d'un amas de cellules à gros noyaux, convergeant vers un même point de la cuticule où elles sont attachées. Ces cellules se disposent bientôt de manière à former trois couches concentriques; les cellules de la couche interne acquièrent un plus gros noyau et sont plus granuleuses que les autres. A l'opposé du point d'attache commun, on remarque bientôt quelques cellules du mésoderme du parent qui émigrent à l'intérieur du bourgeon; ce sont les premières cellules mésodermiques de ce dernier. Des trois couches qui constituent le bourgeon, l'externe formera une enveloppe spéciale au bourgeon interne de cette espèce, mais qui manque au bourgeon externe des autres espèces, la couche moyenne formera l'exoderme, l'interne le tissu initial de l'appareil digestif. Toutes les parties du blastoméride, sauf celles qui constituent le tissu mésodermique, seront donc issues de l'exoderme du parent et il en sera de même dans tous les autres Bryozoaires : c'est là un trait caractéristique du bourgeonnement chez ces animaux.

Le bourgeonnement des *Loxosoma* s'effectue sur le corps même du bryoméride. Chez les *Pedicellina* [1], celui-ci est supporté par un long pédoncule qui lui survit et qui est lui-même implanté sur un stolon rampant; c'est sur ce stolon seulement que se produit le bourgeonnement.

Les Ectoproctes se développent toujours en formant par bourgeonnement des bryozoïdes de forme variée, mais qui ont pour centre ou point de départ l'ooméride [2]. Quelle que soit la façon dont cet ooméride soit orienté relativement à son support, celle de ses extrémités vers laquelle sont tournés la bouche et l'anus de son polypide, s'allonge. Cette extrémité est occupée par un tissu embryonnaire qui se transforme, à mesure que le bryozoïde s'allonge, de manière à constituer l'endocyste et le tissu exodermique des parties nouvelles. Cependant, à des intervalles réguliers, une certaine quantité de ce tissu demeure à l'état embryonnaire, et donne naissance à des bourgeons latéraux qui doivent produire soit de nouveaux cystides, soit les polypides des cystides nouvellement formés. De l'ooméride initial naissent, en conséquence : 1° une série linéaire de bryomérides dont le plus jeune occupe toujours l'extrémité périphérique de la série; 2° des bryomérides latéraux, dont chacun est le point de départ d'une série linéaire, semblable à la première, et de nouvelles séries latérales. L'accroissement de ces séries latérales est terminal, de telle façon que chacune d'elles est, en somme, métaméridée comme un animal articulé; seulement la plupart des métamérides sont ici susceptibles de donner naissance à des séries latérales d'autres métamérides. La forme du bryozoïde dépend : 1° des relations des oomérides et des bryomérides qui en naissent avec leur support; 2° du nombre et du mode de distribution des bourgeons latéraux. Dans chaque série linéaire, il y a toujours, à l'extrémité de la série, un certain nombre de bryomérides en voie de développement; le dernier est à l'état de cystide; dans le suivant, on observe le polypide à des états de développement de plus en plus avancés à mesure que l'on se rapproche de la base de la série.

Les bourgeons latéraux ont pour point de départ une émergence de la couche exodermique, suivie dans son développement par la couche mésodermique; les cystides latéraux commencent toujours par se caractériser plus ou moins nettement avant que le polypide apparaisse sur leur paroi; tous les cystides peuvent demeurer en libre communication les uns avec les autres (PHYLACTOLÆMATA, *Alcyonidium*) ou être plus ou moins complétement séparés par des diaphragmes nés d'un repli annulaire de la paroi. Dans ce dernier cas, le mésoderme des cystides en voie de bourgeonnement contient d'abondants matériaux de réserve qui, dans le premier, demeurent flottants dans la cavité générale commune (*cœnocèle*).

Les polypides nouveaux ont toujours pour origine un bourgeon de la couche

---

[1] O. SEELIGER, *Bemerkungen zur Knospenentwickelung der Bryozoen*; Zeitschrift f. wiss. Zoologie. Bd L, 1890. — ID., *Die ungeschlechtliche Vermehrung der endoprokten Bryozoen*. Ibid., XLIX, p. 168.

[2] C. B. DAVENPORT, *Cristatella; the origin and development of the individual in the colony*, Bulletin of the Museum of Comparative Zoology, vol. XX, n° 4; nov. 1890. — ID., *Observations on budding in Paludicella and some other Bryozoa*. Ibid., vol. XXII, n° 1, décembre 1891.

exodermique qui peut résulter soit d'une prolifération sur place des cellules exodermiques dont la plaque nucléaire est située profondément, de manière que les cellules nouvellement formées s'accumulent sur place en épaisseur, soit d'une invagination de l'exoderme, ce qui est le procédé habituel de l'accélération embryogénique. Dans le premier cas, le bourgeon initial ne contient pas de cavité; dans le second, il en présente une (beaucoup de GYMNOLÆMATA); mais l'orifice d'invagination ne tarde pas à se former et, à sa place, se constitue le cou du polypide. Lorsqu'il n'existe pas de cavité initiale, il s'en fait une rapidement, à l'intérieur du bourgeon exodermique, par simple écartement des cellules constitutives de ses parois. L'orientation du bourgeon est constante; la région qui doit devenir la région anale du polypide est toujours tournée vers l'extrémité en voie de croissance de la série linéaire dont fait partie son cystide. La partie anale du polypide s'accroît plus rapidement que la partie orale, et le rectum est la première région du tube digestif qui se constitue, soit par un écartement des cellules de la région correspondante du bourgeon, soit par un pincement latéral qui isole graduellement le tube rectal du reste du bourgeon; la cavité restante de celui-ci constitue la cavité atrio-pharyngienne. L'œsophage est d'abord un diverticule de cette cavité, il est clos postérieurement; l'estomac résulte tantôt de l'agrandissement de la cavité rectale, tantôt de la prolifération d'une masse cellulaire, interposée entre le rectum et l'œsophage qui ne s'ouvrent que tardivement à son intérieur. Deux épaississements latéraux des parois de la cavité atrio-pharyngienne qui se transforment bientôt en deux plis dans lesquels pénètre une lame mésodermique, sont la première indication du lophophore. Le creux du pli passe de l'état de simple gouttière à celui d'un *canal circulaire* qui ne demeure ouvert qu'au-dessous du ganglion cérébroïde; les tentacules apparaissent symétriquement, comme de simples diverticules de la paroi à double feuillet de ce canal; ils forment au début une double rangée longitudinale ouverte en avant et en arrière. Les deux rangées se rapprochent d'abord en avant de manière à ne former qu'une rangée de fer à cheval qui demeure ouverte en arrière. Cet état ne se modifie que fort peu chez les Entoproctes qui demeurent ainsi à ce point de vue, à un stade inférieur : il n'y a d'abord que cinq paires de tentacules, il s'en ajoute bientôt deux autres du côté anal. Chez les Ectoproctes, le lophophore se ferme toujours au devant de l'anus; les deux rangées de tentacules se rejoignent alors et se courbent chez les Gymnolèmes de manière à circonscrire un cercle péribuccal parfait. Chez les Phylactolèmes où la région circumorale du canal annulaire demeure en libre communication avec la cavité générale, les deux bras du lophophore naissent indépendamment l'un de l'autre; mais leurs surfaces adjacentes éprouvent une fusion secondaire qui persiste jusqu'au moment où le rang interne de tentacules est sur le point de se former sur le lophophore. Les deux bras se séparent alors complètement. L'épistome apparaît comme un repli continu en dessous avec les parois de l'œsophage, en dessus avec le plancher de l'atrium.

Une dépression du plancher de l'espace intertentaculaire, du côté anal, est la première indication du ganglion nerveux. Cette dépression devient peu à peu une invagination qui s'accole à l'œsophage, perd toute communication avec l'extérieur, mais peut encore garder longtemps (PHYLACTOLÆMATA) une grande cavité interne. Deux excroissances de ce ganglion pénètrent peu à peu dans le lophophore, et forment les nerfs de cet organe. Les muscles et le funicule résultent d'une simple transformation des cellules de la couche mésodermique.

On a émis, quant au mode de régénération des polypides, des opinions nombreuses. Les recherches les plus récentes et les plus précises ont montré que, tout au moins, chez les Chéilostomes, et probablement partout, c'est aussi l'exoderme qui est le point de départ de la reconstitution du polypide, et que le polypide régénéré se développe exactement comme les polypides de nouvelle formation. Dans ce sous-ordre de Bryozoaires c'est toujours sur la paroi de l'opercule que ce polypide apparaît; il provient des tissus exodermiques et mésodermiques demeurés à l'état embryonnaire et qui n'ont pas été employés à la constitution de son prédécesseur.

Statoblastes des Phylactolèmes. — Les Phylactolèmes, outre la reproduction sexuée et la blastogénèse, possèdent encore un mode asexué de développement dont des productions spéciales, les *statoblastes*[1], sont l'instrument. Les *statoblastes* (fig. 1047) sont des corps de forme lenticulaire, revêtus d'une *coque* chitineuse et le plus souvent munis, sur tout le pourtour de la lentille, d'un anneau chitineux, creusé d'alvéoles remplies d'air et qui constitue une véritable ceinture de flottaison. Le statoblaste est entouré, chez les LOPHOPUSINÆ, d'un cercle de longues épines à extrémité branchue (*Cristatella mucedo*). Les statoblastes, parvenus à maturité à la fin de l'été ou en automne, se dispersent à la surface des eaux stagnantes, parfois en assez grande quantité pour leur donner une couleur de

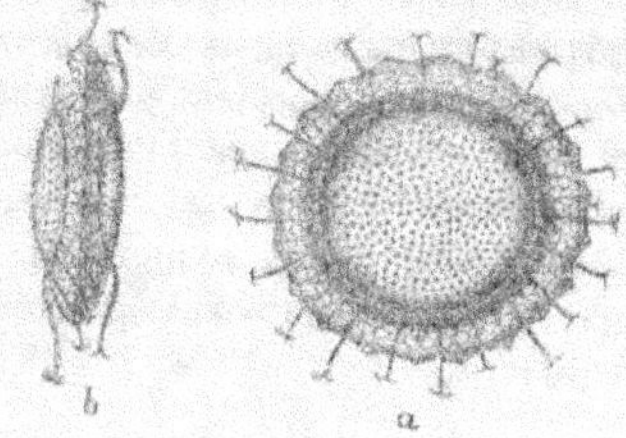

Fig. 1047. — Statoblastes de *Cristatella mucedo*. — *a*, vu de face; *b*, vu de profil (d'après Allman).

rouille (*Alcyonella fungosa*). Ils passent ainsi l'hiver, et donnent naissance au printemps à un nouveau bryoméride.

Tout statoblaste naît d'une cellule unique du funicule; cette cellule prolifère sur place, et forme ainsi un petit amas cellulaire, enveloppé d'une couche unique de cellules appartenant au funicule. Cette masse cellulaire se divise de bonne heure en deux parties; sur la face externe par rapport au funicule se différencie une double assise cellulaire qui gagne peu à peu en largeur de manière à recouvrir d'abord toute la surface externe de l'amas cellulaire, puis à se rabattre sur la face interne, ne laissant ainsi, au centre de cette face, qu'une espace nu, par lequel le tissu du statoblaste se rattache à celui du funicule. Pendant que se produisent ces phénomènes de croissance, tout le long de leur ligne de contact la couche externe et la couche interne de cellules produisent chacune une membrane chitineuse dont les deux feuillets s'accolent, tandis que la chitinisation envahit peu à peu toute la substance des cellules de la couche interne qui se transforme ainsi en une épaisse enveloppe chitineuse, la *coque* même du statoblaste. Sur la plage laissée nue par le développement des deux couches superficielles, la coque peut être formée soit aux dépens du funicule, soit aux dépens des cellules de la masse enveloppée, soit par les deux à la fois.

---

[1] D' JULLIEN, Observations sur la *Cristatella mucedo*, Mémoires de la Société zoologique de France, t. III, 1890. — J. DEMARLE, *Le Statoblaste des Phylactolemates.* La cellule, t. VIII, 1892.

La *ceinture de flottaison* est, au contraire, formée par la zone des cellules de la couche superficielle qui entoure le bord de la lentille, cellules dont les parois se chitinisent pendant que leur intérieur se remplit d'air. Les crochets des *statoblastes* de la *Cristatella mucedo* sont d'abord des bourgeons cellulaires pleins de la couche externe de cellules protectrices. Les cellules de ces bourgeons, au lieu de se chitiniser seulement sur leurs parois comme les cellules de l'anneau flotteur, se chitinisent dans toute leur épaisseur comme les cellules de la couche interne, productrice de la coque.

A l'intérieur de la coque se trouve la *masse formatrice*, formée d'une accumulation de cellules. Ces cellules sont d'abord très distinctes, ayant quelque ressemblance avec un parenchyme végétal, mais leur protoplasme se charge peu à peu de globules albuminoïdes qui arrivent à rendre obscure leur délimitation[1].

A la surface de la masse formatrice se différencie d'abord une couche épithéliale que l'on peut comparer à un exoderme. Le premier polypide se forme, aux dépens de cette couche, exactement de la même façon que le premier polypide de l'ooméride se forme aux dépens de son cystide, de sorte qu'à partir de ce moment les deux modes de développement sont ramenés l'un à l'autre. Dans un même statoblaste, il se forme d'ailleurs, avant l'éclosion, plusieurs polypides; le statoblaste de la *Cristatella mucedo* livre passage à un véritable bryozoïde composé de bryomérides dont le nombre varie de dix à vingt-cinq. Rien ne s'oppose à ce que l'on considère la cellule initiale d'où provient un statoblaste comme l'équivalent d'un œuf parthénogénétique.

I. SOUS-CLASSE[2]

HOLOBRANCHIA

Lophophore circulaire ou en fer à cheval, portant une série ininterrompue de tentacules.

I. LÉGION

ENTOPROCTA

Les deux orifices du tube digestif à l'intérieur de la couronne tentaculaire. Tentacules disposés bilatéralement, non rétractiles; point de gaine tentaculaire ni de cavité périviscérale.

ORDRE UNIQUE

PEDICELLINEA[3]

Caractères de la légion.

Fam. **LOXOSOMIDÆ.** — Bryomérides solitaires, à pédoncule contractile, pourvus dans le jeune âge d'une glande pédieuse; bourgeons naissant sur le corps du bryoméride.

Loxosoma, Keferstein. Genre unique. *L. phascolosomatum,* en bouquet à l'extrémité du corps des Phascolosomes. *L. (Cyclatella) annelidicola;* St-Vaast, sur la *Capitella rubicunda* et la face ventrale de l'*Aphrodite aculeata.*

[1] F. Braem, *Untersuchungen über die Bryozoen des süssen Wassers,* Zool. Anzeiger, XI, p. 503-509. — Id., *Ueber die Statoblasten Bildung bei Plumatella,* Ibid., XII, p. 64. — Id., *Die Entwickelung der Bryozoencolonie in keimenden Statoblasten,* Ibid., p. 675, 1889.
[2] Th. Hincks, *British Polyzoa,* Ray Society, 1880. — Busk, *Voyage of H. M. S. Challenger,* Polyzoa, 1884. — Dr J. Jullien, Mission au cap Horn : *Bryozoaires,* 1891.
[3] Ehlers, *Zur Kenntniss der Pedicellinen.* Abhandl. der Gesellsch. der Wiss. Göttingen, Bd XXXVI, 1890.

Fam. **PEDICELLINIDÆ**. — Bryomérides pédonculés, caducs, sociaux, unis entre eux par un stolon rampant. Marins.

Pedicellina, Sars. Pédoncules inarticulés, contractiles dans toute leur étendue. *P. cernua*, St-Vaast, Roscoff. — *Pedicellinopsis*, Hincks. Pédoncules contractiles à la base seulement, inarticulés; calices terminaux, fixés obliquement. *P. fruticosa*, Port Philippe. — *Ascopodaria*, Busk. Comme *Pedicellinopsis*, mais calices tout à fait terminaux. *A. gracilis*, *A. belgica*, St-Vaast, Médit. — *Barentsia*, Hincks. Pédoncules de même, mais des calices latéraux et des calices terminaux. *B. bulbosa*, mers Arctiques, — *Arthropodaria*, Ehlers. Pédoncules segmentés, mobiles dans toute leur étendue. *A. Benedeni*, Ostende. — *Gonypodaria*, Ehlers. Pédoncules segmentés, contractiles seulement à leur base. *G. nodosa*, île de Man.

Fam. **URNATELLIDÆ**. — Bryozoïde dressé, rameux, segmenté, sans stolons. Des eaux douces.

Urnatella, Leidy. Genre unique. *U. gracilis*, Philadelphie.

II. LÉGION

ECTOPROCTA

Orifice buccal seul compris dans la couronne tentaculaire.

I. ORDRE

GYMNOLÆMATA

Lophophore discoïde; tentacules disposés en cercle continu autour de la bouche. Bouche nue, sans languette protectrice ou épistome. Presque tous marins.

1. SOUS-ORDRE

CYCLOSTOMATA

Zoœcies tubulaires, à orifice circulaire, sans opercule ni soies protectrices, point de marsupium (loges d'incubation).

A. **Articulata.** — Bryozoïdes dressés, articulés, fixés par des tubes radicaux.

Fam. **CRISIIDÆ**. — Bryarium dendroïde, formé de segments calcaires, unis par des articulations cornées. Zoœcies tubulaires, disposées en une ou deux séries.

Crisia, Lamouroux. Genre unique. *a*, Zoœcies sur une seule rangée. *C. cornuta*, Manche. *b*, Zoœcies sur deux rangs, alternées. *C. denticulata*, Manche.

B. **Inarticulata.** — Bryarium calcaire, continu, sans articulations cornées ni tubes radicaux; dressé et attaché par une base contractée, ou récombant et plus ou moins adhérent.

Fam. **TUBULIPORIDÆ**. — Bryarium entièrement adhérent ou plus ou moins libre et dressé, de forme variable. Zoœcies tubulaires, disposées en une seule ligne ou en séries contiguës; marsupiums constitués par une zoœcie modifiée ou par une boursouflure de la surface du bryarium.

Alecto, Lmx (*Stomatopora*, Bronn). Zoœcies presque entièrement immergées, disposées en une seule série ou en plusieurs séries non divergentes, linéaires, se groupant en branches dichotomes; bryarium adhérent. *S. granulata*, Manche. — *Proboscina*, Smitt. *Stromatopora* à bryarium dressé au moins à ses extrémités. *P. deflexa*, Manche. — *Anguisia*, Jullien. Zoœcies tubuleuses, ponctuées, unisériées ou bisériées et alternes; bourgeons naissant de leur extrémité la plus convexe; ovicelle vésiculeuse, à orifice proéminant dans la bifurcation du bryarium. *A. varicosa*, Atl., prof. — *Tubulipora*, Lamarck. Zoœcies partiellement adhérentes, disposées en séries divergentes. *T. flabellaris*, mers d'Europe. — *Idmonea*, Lmx. Bryarium rameux, dressé ou rarement adhérent; zoœcies disposées sur un seul côté des branches en rangées transverses ou obliques de chaque côté de la ligne médiane. *I. serpens*, Manche. — *Entalophora*, Lmx. Bryarium dressé et rameux, naissant d'une base plus ou moins élargie, à branches cylindriques, formées de tubes plus ou moins décombants; zoœcies distribuées sur tout le pourtour des branches. *E. clavata*, côtes d'Angleterre; *E. proboscidea*, Médit. — *Diastopora*, Lmx. Bryarium adhérent, incrustant ou foliacé, discoïde ou flabellé, rarement irrégulier; zoœcies pressées, en grande partie immergées, disposées longitudinalement. *D. patina*, Manche. — *Polytrema*, Risso. Bryarium sessile, à rameaux comprimés, à cellules hexagonales, très nombreuses, inégales. *P. corallinum*, Nice.

Fam. **HORNERIDÆ**. — Bryarium rameux, jamais adhérent ou rampant; zoœcies ne s'ouvrant que sur une face des rameaux.

Hornera, Lmx. Genre unique. *H. lichenoïdes*, Shetland, Nice. *H. (Filisparsa) tubulosa*, Médit., Atl.

Fam. **LICHENOPORIDÆ**. — Bryarium simple ou composé, adhérent ou partiellement libre. Zoœcies tubulaires, dressées ou subdressées, disposées en séries rayonnantes plus ou moins distinctes; surface intercalaire cancellée ou poreuse.

Lichenopora, Defrance. Bryarium discoïde, simple ou composé de plusieurs disques confluents, adhérent ou partiellement libre; zoœcies disposées en séries rayonnantes simples ou multisériées. *L. radiata*, Médit., Atl. *L. (Radiopora) hispida*, Manche. — *Domopora*, d'Orbigny. Bryarium massif, subcylindrique ou mammiforme, simple ou lobé, formé de couches superposées; zoœcies en lignes rayonnantes uni- ou plurisériées à l'extrémité libre de la tige ou des lobes. *D. stellata*, Bergen, eaux profondes.

Fam. **FRONDIPORIDÆ**. — Bryarium solide, pédonculé, simple, lobé ou rameux. Zoœcies connées, agrégées en faisceaux, contenues sur toute la longueur des faisceaux, à orifice terminale, poreuses.

Frondipora, Blv. Seul genre indigène. *F. reticulata*, Atl. N., Médit.

2. SOUS-ORDRE

CTENOSTOMATA

Orifice des zoœcies fermé par un opercule de soies. Bryarium jamais calcaire; point de poches d'incubation.

A. **Halcyonellea**. — Bryarium charnu, chitineux ou membraneux; zoœcies se développant sur d'autres zoœcies et non sur des entre-nœuds.

Fam. **ALCYONIDIIDÆ**. — Zoœcies plus ou moins intimement unies, immergées dans une substance gélatineuse, étendue en surface et adhérente, ou formant un bryarium dressé, tantôt cylindrique, tantôt comprimé. Orifice fermé par une invagination de la gaine tentaculaire, non protégé par des lèvres externes.

Alcyonidium, Lmx. Genre unique. *a.* Bryarium gélatineux, dressé en une masse charnue allongée, inégale. *A. gelatinosum*, cosmopolite. *b.* Bryarium gélatineux, encroûtant ou étalé en membrane. *A. albidum*, Médit. *c.* Bryarium terreux. *A. parasiticum*, Manche.

Fam. **FLUSTRELLIDÆ**. — Bryarium à zoœcies contiguës dont l'orifice est renforcé par des épaississements chitineux diversement disposés; bryomérides à plus de vingt-cinq tentacules, présentant sur le lophophore un sillon cilié et deux fouets vibratiles. Larves couvertes par une coquille bivalve.

Flustrella, Gray. Bryarium gélatineux, encroûtant; zoœcies immergées, à orifice bilabié. *F. hispida*, Manche, St-Vaast. — *Pherusa*, Ellis et Solander. Bryarium chitineux, dressé, à ramifications lamelleuses; zoœcies prolongées par une tubulure saillante sur le bryarium, fermées, quand l'animal est rétracté, par quatre replis symétriques. *Ph. tubulosa*, Médit.

Fam. **ARACHNIDIIDÆ**. — Zoœcies membraneuses, habituellement plus ou moins distantes, adhérentes, disposées en réseau.

Arachnidium, Hincks. Genre unique. *A. hippothooïdes*, mer d'Irlande.

B. **Stolonifera**. — Bryarium corné ou membraneux; zoœcies se développant sur les entre-nœuds d'un stolon ou d'une tige.

a. ORTHONEMIDA. — Bryomérides avec tous leurs tentacules dressés et formant un cercle complet.

Fam. VESICULARIIDÆ. — Zoœcies contractées à leur base ou pédonculées, faiblement attachées à la tige, caduques.

Vesicularia, J.-V. Thompson. Bryarium arborescent, à base fibreuse; zoœcies ovoïdes, distantes, en une série unique, sur un seul côté de la tige; bryoméride avec un petit nombre de tentacules et un gésier. *V. spinosa*, Manche. — *Zoobothryon*, Ehrb. Bryarium dressé di ou trichotome ou verticillé, à articles longs, séparés; zoœcies en plusieurs séries hélicoïdales; huit tentacules; un gésier. *Z. pellucidum*, Médit. — *Amathia*, Lmx. Un stolon tubulaire rampant et des pousses filiformes, dressées, dichotomes; zoœcies subtubulaires, en groupes espacés ou serrés, composés chacun de deux rangées; un gésier. *A. lendigera*, Manche, St-Vaast. — *Bowerbankia*, Farre. Bryarium rampant ou dressé; zoœcies ovoïdes, disjointes, en groupes irréguliers ou tendant à affecter une disposition hélicoïde; huit à vingt tentacules; un gésier. *B. imbricata*, Manche. — *Farrella*, Ehrb. Bryarium rampant; zoœcies elliptiques, éparses, à orifice bilabié; point de gésier. *F. repens*, Ostende.

Fam. BUSKIIDÆ. — Zoœcies contractées à leur base, à orifice ventral, adhérentes sur une partie de leur étendue, portées sur un stolon rampant dont elles paraissent, au premier abord, indépendantes.

Buskia, Alder. Genre unique. *B. nitens*, mer d'Irlande. *B. socialis*, Adr.

Fam. CYLINDRŒCIIDÆ. — Zoœcies allongées, cylindriques, intimement unies à la tige, non caduques, dépourvues d'aire membraneuse.

Cylindrœcium, Hincks. Zoœcies serrées ou éparses, naissant d'un stolon rampant; bryoméride sans gésier. *C. dilatatum*, mer d'Irlande. — *Anguinella*, V. Ben. Bryarium incrusté de matières terreuses, consistant en une tige dressée, émettant des branches sur lesquelles naissent des zoœcies cylindriques. *A. palmata*, Ostende. — *Nolella*, Gosse. Zoœcies dressées, subcylindriques, pressées sur des tubes formant une masse encroûtante, irrégulière; dix-huit tentacules. *N. stipata*, mer d'Angleterre.

Fam. TRITICELLIDÆ. — Zoœcies cornées, pourvues d'une ouverture et d'une aire membraneuse du côté ventral; caduques, portées sur un pédoncule rigide auquel elles sont attachées par une articulation mobile.

Triticella, Dalyell. Tige rampante; zoœcies aplaties du côté ventral, plus ou moins gibbeuses du côté dorsal, comprimées latéralement, point de gésier. *T. flava*, sur les Sacculines. — *Hippuraria*, Busk. Tige rampante ou dressée, tubulaire, articulée, noueuse; zoœcies sans aire membraneuse du côté ventral, disposées en verticilles ou en groupe sur les nœuds. *H. Egertoni*, sur les Crustacés, Irlande.

b. CAMPYLONEMIDA. — Deux des tentacules toujours infléchis au dehors, de sorte que les tentacules restants ne forment pas un cercle complet.

Fam. VALKERIIDÆ. — Zoœcies contractées à la base, caduques, sans aire membraneuse.

Valkeria, Fleming. Genre unique. *V. uva*, *V. cuscuta*, Manche, St-Vaast.

Fam. MIMOSELLIDÆ. — VALKERIIDÆ à zoœcies mobiles, avec orifice ventral.

Mimosella, Hincks. Genre unique. *M. gracilis*, Guernesey.

Fam. VICTORELLIDÆ. — Zoœcies naissant sur un élargissement du stolon avec lequel elles sont en continuité, libres et cylindriques, non caduques.

Victorella, Sav.-Kent. Genre unique. *V. pavida*, eaux saumâtres, sur le *Cordylophora lacustris*, Londres.

Fam. PALUDICELLIDÆ. — Zoœcies tubuleuses, placées les unes sur les autres. Des eaux douces.

Paludicella, V. Ben. Genre unique. *P. Ehrenbergii*, France. (Les *Paludicella* et *Fredericella* ne formeraient suivant Kraeplin que deux formes du genre *Pectinatella*, p. 1509.)

Fam. HISLOPIDÆ. — Zoœcies cornées, elliptiques, adhérentes. Des eaux douces.

Hislopia, Carter. Orifice quadrangulaire avec une épine à chaque angle. *H. lacustris*, Inde. — *Norodonia*, Jull. Orifice arrondi, sur une aire membraneuse. *N. sinensis*, Chine.

C. **Commensalia.** — Bryozoïde se développant dans l'épaisseur du tube des Annélides sédentaires; un appareil perforant sur la lèvre supérieure de la gaine.

FAM. **HYPOPHORELLIDÆ.** — Caractères du groupe.

Hypophorella, Ehlers. Genre unique. *H. expansa*, dans les tubes des Chétoptères et de la *Lanice conchylega*, Manche, Méditerranée.

3. SOUS-ORDRE

CHEILOSTOMATA

Zoœcies cornées ou calcaires dont l'ouverture peut être fermée par une lèvre saillante, en forme d'opercule ou par un sphincter labial. Pourtour de l'ouverture membraneux sur une grande étendue. Souvent des vibraculaires, des aviculaires et des ovicelles.

FAM. **ÆTEIDÆ.** — Zoœcies tubulaires, avec une aire membraneuse; orifice terminal. Gaine tentaculaire se terminant en dessus en un cercle de soies qui sont réfléchies durant l'expansion du bryoméride.

Ælea, Lmx. Genre unique. *Æ. anguina*, Manche.

FAM. **EUCRATEIDÆ.** — Zoœcies unisériées ou en deux séries, placées dos à dos, s'élargissant à partir de leur base; à orifice terminal ou subterminal, habituellement oblique. Bryarium formant de petites touffes ramifiées. Ni aviculaires, ni vibraculaires.

Eucratea, Lmx. Zoœcies subcalcaires, naissant immédiatement l'une de l'autre, de manière à former une série unique; ouverture large, oblique, latérale ou subterminale; branches naissant de la partie antérieure des zoœcies, immédiatement au-dessous de l'ouverture; ovicelles terminales; bryarium composé d'une base rampante et de pousses dressées. *E. chelata*, côtes de France. — *Pasythea*, Lmx. Bryarium, dans la portion dressée, consistant en une tige centrale, formée soit de segments calcaires, claviformes, soit de paires successives de zoœcies, et en branches opposées, issues de cette tige; zoœcies connées, urcéolés, contractées vers l'orifice qui est suborbiculaire, avec une petite entaille articulaire de chaque côté. *P. eburnea*, Floride. — *Terebripora*, d'Orb. Zoœcies opposées, naissant d'axes opposés, placées dans la direction des axes; de fins canalicules anastomotiques entre les axes pourvus de zoœcies. *T. orbignyana*, Arcachon. Médit. — *Spathipora*, Fischer. Axes rectilignes, rayonnant d'un centre commun; axes secondaires naissant des axes et non des zoœcies; zoœcies alternes, formant un angle avec leur axe; axes sans réseau d'union. *S. sertum*, La Rochelle, Arcachon. — *Didymia*, Busk. — *Dimetopia*, Busk. — *Gemellaria*, Sav. Zoœcies accolées dos à dos, chaque paire naissant du sommet de l'autre et gardant la même orientation; ouverture large, à l'avant de la cellule, légèrement oblique; branches naissant des côtés des zoœcies, près de leur extrémité supérieure; point d'ovicelles; bryarium dressé, phytoïde. *G. loricata*, Manche. — *Scruparia*, Hincks. Zoœcies subcalcaires, naissant l'une de l'autre de manière à former une seule série ou placées dos à dos; ouverture petite, inerme, légèrement oblique, terminale; cellules ovicelligères petites, imparfaites, placées dos à dos avec les cellules ordinaires; ovicelle terminale; bryarium dressé, à branches naissant des cellules et orientées en sens opposé. *S. clavata*, mer d'Irlande. — *Huxleya*, Dyster. Zoœcies unisériées, à orifice petit, subterminal, inerme; bryarium corné ou subcalcaire, dichotome, à branches naissant du sommet ou du côté des cellules et orientées dans la même direction. *H. fragilis*, Angleterre. — *Brettia*, Dyster. Zoœcies unisériées, allongées, subtubulaires; ouverture terminale ou subterminale, grande, avec une valve orale à l'extrémité supérieure; bord armé d'épines; bryarium dressé, corné, ramifié, à branches naissant de l'extrémité supérieure des cellules, un peu sur le côté et orientées comme leur cellule de base. *B. tubæformis*, Manche.

FAM. **CHLIDONIIDÆ.** — Zoœcies naissant l'une de l'autre, en arrière et près de leur sommet, inermes. Bryarium composé de tiges dressées, libres, [segmentées, naissant d'un stolon réticulé.

Chlidonia, Sav. Genre unique. *C. Cordieri*, Nice.

Fam. CATENARIIDÆ. — Bryarium avec racines, segmenté; à entre-nœuds formés d'une seule zoœcie, sauf aux bifurcations.

Catenicella, Bl. Zoœcies géminées aux bifurcations, pourvues de deux processus latéraux. *C. catenulata*, détroit de Bass. — *Catenaria*, Sav. Zoœcies simples aux bifurcations, allongées, subtubulaires ou en forme de trompette. *C. Lafontii*, côtes atl. d'Espagne, Médit.

Fam. CELLULARIIDÆ. — Zoœcies en deux ou plusieurs séries, intimement unies et situées dans le même plan. Presque toujours des aviculaires et des vibraculaires sessiles, ou seulement des aviculaires. Bryarium dressé, dichotome.

Cellularia, Pallas. Bryarium articulé; zoœcies en deux ou trois séries, contiguës, nombreuses dans un même article; surface dorsale perforée; aviculaires et vibraculaires absents; parfois un aviculaire sur quelques cellules d'un article. *C. Peachii*, côtes sept. d'Angleterre. — *Emma*, Gray. Zoœcies disposées par couples ou trois par trois; orifice plus ou moins oblique, triangulaire, partiellement oblitéré par une expansion calcaire, granuleuse; un aviculaire sessile, quelquefois absent, sur le côté externe, au-dessous de l'orifice. *E. crystallina*, Nlle-Zélande. — *Canda*, Lam. Branches bisériées, dichotomes, unies par des tubes chitineux transverses, insérés à leurs deux extrémités dans un vibraculaire; point d'aviculaire latéral; aviculaire médian, quand il est présent, placé dans un tractus médian ou au sommet d'une ovicelle; un vibraculaire logé dans une masse postérieure. *C. arachnoïdes*, Torrès. — *Menipea*, Lmx. Zoœcies oblongues, élargies vers le haut, atténuées et souvent allongées vers le bas, imperforées sur le dos, ordinairement avec un aviculaire sessile, latéral et un ou deux aviculaires sur l'avant de la cellule; point de vibraculaire; bryarium articulé. *M. ternata*, côtes de Belgique. — *Scrupocellaria*, V. Ben. Bryarium articulé, à zoœcies nombreuses dans chaque article; zoœcies rhomboïdes avec ou sans opercule, présentant un aviculaire sessile, placé latéralement à leur angle supérieur et externe, souvent un autre en avant et un vibraculaire dans un sinus de leur partie inférieure. *S. scruposa*, Manche. *S. (Canda) reptans*, Saint-Vaast. — *Caberea*, Lmx. Zoœcies subquadrangulaires ou ovoïdes, à ouverture large, présentant un petit aviculaire sessile sur le côté et un grand en avant; deux rangs de très grandes cellules à vibraculaire, s'étendant en arrière des zoœcies jusqu'à la ligne médiane, entaillées en dessus et traversées sur une grande partie de leur longueur par une fossette peu profonde; soies habituellement dentées sur un côté. *C. Ellisii*, Manche.

Fam. BICELLARIIDÆ. — Zoœcies lâchement unies en deux ou plusieurs séries, ou disjointes, obconiques ou scaphoïdes, à orifice occupant une grande partie de leur région antérieure. Aviculaires capités, pédonculés et articulés, quand ils existent. Bryarium inarticulé, dressé et phytoïde, ou composé de cellules unies par des processus tubulaires.

Bicellaria, de Bl. Bryarium dressé, ramifié; zoœcies turbinées ou en forme de corne d'abondance, lâchement unies, plus ou moins libres en dessus; orifice plus ou moins tourné vers le haut, dirigé obliquement en bas et en dedans; portion inférieure des cellules subtubulaires habituellement très allongée; point de vibraculaires. *B. ciliata*, Manche. — *Bugula*, Oken. Différent des *Bicellaria* par leurs zoœcies scaphoïdes ou subquadrangulaires, allongées, unies en deux ou plusieurs séries, à orifice non tourné vers le haut; un aviculaire en tête d'oiseau sur chacune d'elles. *B. avicularia*, Manche. — *Beania*, Johnst. Bryarium subcorné ou calcaire, dressé ou décombant; zoœcies sessiles, dressées, éparses, unies entre elles par un tube étroit, naissant de la surface dorsale ou latéralement près de la base; orifice occupant toute la région antérieure, à bords garnis de processus épineux, creux, courbés sur l'orifice; ni ovicelles, ni aviculaires. *B. mirabilis*, Manche. — *Kinetoskias*, Koren et Daniels. Bryarium composé de branches bifurquées, rayonnant au sommet d'une tige et formant une sorte de vase; aviculaires marginaux brièvement pédonculés. *K. (Naresia) Smittii*, Atl. prof. — *Ichthyaria*, Busk.

Fam. NOTAMIIDÆ. — Zoœcies disposées par paires; chaque paire naissant de la précédente par un pédoncule unique qui se prolonge sur toute la longueur de celle-ci; les deux zoœcies de chaque paire se disjoignant à chaque bifurcation qui commence ainsi par une zoœcie unique; des aviculaires.

Notamia, Flem. Genre unique. *N. bursaria*, Manche; *N. (Synnotum) avicularis*, Médit.

Fam. **CELLARIIDÆ**. — Zoœcies habituellement rhomboïdales ou hexagonales, disposées en séries autour d'un axe imaginaire, de manière à former des pousses cylindriques. Bryarium dressé, calcaire, dichotome, généralement articulé.

Cellaria, Lmx. Articles du bryarium unis entre eux par des tubes cornés flexibles, zoœcies déprimées en avant et entourées par une bordure saillante, en quinconce; aviculaires immergés, irrégulièrement distribués, situés au-dessus des loges en occupant la place. *C. fistulosa (Salicornaria farciminoides)*, Saint-Vaast, Etretat. — *Nellia*, Busk.

Fam. **TUBICELLARIADÆ**. — Zoœcies piriformes, convexes, disposées autour d'un axe imaginaire, à péristome prolongé en tube, à surface ponctuée ou réticulée; ni ovicelles, ni aviculaires. Bryarium dressé, réticulé, formé d'articles cylindriques.

Tubicellaria, d'Orb. Zoœcies ovales, disposées en quatre séries quinconciales. *T. opuntioides*. Nice. — *Lagenipora*, Hincks. Zoœcies lagéniformes, en deux séries. *L. tubulifera*, Marseille.

Fam. **FARCIMINARIIDÆ**. — Zoœcies quadri- ou multisériées, formant des branches cylindriques ou prismatiques. Bryarium submembraneux, rameux, radiculé ou corné, dressé, continu.

Farciminaria, Busk. Genre unique. *F. atlantica*, prof.

Fam. **FLUSTRIDÆ**. — Zoœcies contiguës, multisériées; aviculaires habituellement d'un type très simple. Bryarium corné, flexible, foliacé, dressé, à branches étalées.

Flustra, L. Zoœcies contiguës en deux couches. *F. foliacea*, côtes de Normandie, Saint-Vaast. — *Carbasea*, Gray. Zoœcies contiguës, linguiformes en une seule couche. *C. indivisa*, Etretat. — *Diachoris*, Busk. Zoœcies disjointes. *D. magellanica*, Marseille.

Fam. **MEMBRANIPORIDÆ**. — Zoœcies à bords saillants, formant une plaque irrégulière et continue, ou se disposant en série linéaire. Bryarium encroûtant, calcaire ou membrano-calcaire.

Membranipora, Bl. Zoœcies disposées en quinconce, ou irrégulièrement, parfois en série linéaire; face antérieure déprimée, entièrement ou en partie membraneuse. *a*. Face antérieure membraneuse. *M. pilosa*, *M. membranacea*, très communs sur toutes nos côtes. *b*. Face antérieure avec une lame calcaire, ouverture en trèfle. *M. Flemingii*, Etretat. — *Megapora*, Hincks. Aire déprimée des zoœcies partiellement fermée par une lame calcaire; ouverture trifoliée, à feston inférieur rempli par une lame cornée sur laquelle joue la valve operculaire. *M. ringens*, Shetland, Bergen. — *Amphiblestrum*, Gray. — *Biflustra*, d'Orb. Bryarium dimorphe, encroûtant et unilaminaire, ou foliacé dressé et bilaminaire; zoœcies en séries alternantes, longitudinales ou transverses. *B. Savartii*, mer Rouge. — *Foveolaria*, Busk.

Fam. **MICROPORIDÆ**. — Zoœcies à bords relevés, à face antérieure entièrement calcaire. Bryarium généralement encroûtant.

Micropora, Gray. Orifice des zoœcies suborbiculaire ou semi-circulaire, inclus dans une bordure calcaire. *M. coriacea*, Guernesey. — *Steganoporella*, Smitt. Diffèrent des *Micropora*, parce que leur zoœcie présente au premier tiers de sa longueur, à partir de l'orifice, un diaphragme circulaire, percé à son centre d'un trou qui se prolonge en un tube aboutissant soit à l'orifice lui-même, soit à une seconde chambre située au-dessus de lui. *S. Smittii*, sur les tubes d'Annélides. — *Caleschara*, Mac-Gillivray. — *Setosella*, Hincks. Diffèrent des *Micropora*, parce que des cellules à vibraculaires alternent dans tout le bryarium avec les zoœcies; vibraculaires grêles, sétiformes. *S. vulnerata*, îles Shetland.

Fam. **ELECTRIDÆ**. — Zoœcies turbinées ou subturbinées, à parois ponctuées; orifice largement ouvert, à bords dentés ou épineux; une ou plusieurs épines plus grandes, articulées au-dessous du bord, quelquefois remplacées par un aviculaire. Bryarium dressé ou encroûtant, plus ou moins flexible ou subtestacé.

Electra, Lmx. Genre unique. *E. verticillata*, Nice.

Fam. **ONYCHOCELLIDÆ**. — Zoœcies polygonales, à ectocyste membraneux, divisées en deux chambres par un cryptocyste calcaire dont l'orifice ne correspond pas à l'orifice externe; aviculaires à mandibule comprimée et portant sur un côté une expansion cornée en forme de voile latine.

Onychocella, Jullien (*Steganoporella*). Caractères de la famille. *O. Marioni*, Marseille.

FAM. CRIBRILINIDÆ. — Zoœcies ayant leur paroi antérieure plus ou moins fissurée ou traversée par des sillons rayonnants ou transverses. Bryarium encroûtant ou dressé.

Cribrilina, Gray. Bryarium encroûtant; zoœcies traversées de sillons ponctués rayonnants ou transverses; orifice semi-circulaire ou suborbiculaire. *C. radiata*, Étretat. — *Membraniporella*, Smitt. Bryarium encroûtant ou formé d'expansions foliacées, dressées, ne présentant qu'une seule couche de cellules; zoœcies fermées en avant par des bandes calcaires, aplaties, plus ou moins reliées entre elles. *M. nitida*, Manche.

FAM. MICROPORELLIDÆ. — Zoœcies à orifice plus ou moins semi-circulaire, d'ordinaire avec le bord inférieur entier.

Microporella, Hincks. Bryarium encroûtant; un pore sous l'orifice des zoœcies. *a*, pore semi-lunaire. *M. ciliata*, Manche. *b*, pore circulaire. *M. impressa*, Manche, Atl., Médit. — *Chorizopora*, Hincks. Point de pore sous l'orifice. *C. Brongniarti*, côtes de France. — *Flustramorpha*, Gray. — *Diporula*, Hincks. Orifice en fer à cheval; un pore semi-lunaire dans la paroi frontale; des aviculaires. *D. verrucosa*, Manche, Médit.

FAM. PORINIDÆ. — Zoœcies avec un orifice saillant, tubulaire ou subtubulaire.

Porina, d'Orb (*Tesseradoma*, Norm.). Un pore médian sous l'orifice, sur le devant des loges. *a*, Bryarium dressé, rameux. *P. borealis*, sur les Sertulaires, Norvège. *b*, Bryarium encroûtant. *P. tubulosa*, Shetland. — *Gemellipora*, Smitt. — *Anarthropora*, Smitt. Point de pore médian; un pore aviculaire sur la portion élevée de la face antérieure des zoœcies; encroûtant. *A. monodon*, Shetland, dragages. — *Celleporella*, Gray. Zoœcies subdressées, à extrémité antérieure tubulaire et libre, avec un orifice terminal circulaire; point de pores spéciaux; bryarium encroûtant. *C. lepralioïdes*, Shetland.

FAM. MYRIOZOIDÆ. — Zoœcies calcaires, sans aire membraneuse, ni bords saillants; orifice avec un sinus sur la lèvre inférieure, représentant le pore des familles précédentes. Bryarium généralement adhérent.

Schizoporella, Hincks. Des aviculaires ou point d'appendices; orifice non prolongé en tube. *a*, mandibule des aviculaires pointue. *S. unicornis*, Manche. *b*. Mandibule arrondie ou spatulée. *S. biaperta*, Étretat. *c*, Point d'aviculaires. *S. hyalina*, Manche. — *Gephyrophora*, Busk. — *Myriozoum*, Donati. Bryarium dressé, à rameaux cylindriques ou ovoïdes; des aviculaires. *M. truncatum*, Marseille. — *Harmellia*, Busk. — *Mastigophora*, Hck. *Schizoporella* à vibraculaires. *M. Hyndmanni*, Étretat. — *Schizotheca*, Hcks. Orifice placé au sommet d'un prolongement tubulaire de la zoœcie; ovicelle terminale, avec une échancrure angulaire en avant. *S. fissa*, Étretat. — *Hippothoa*, Lmx. Zoœcies distantes, caudées, unies entre elles par un étroit prolongement de leur extrémité inférieure; branches naissant des parois des cellules. *H. divaricata*, Manche.

FAM. ESCHARIDÆ. — Zoœcies sans aire membraneuse, bords saillants; pores médians ou échancrures à l'orifice. Bryarium calcaire.

1. — *Un orifice simple.* — *Lepralia*, Johnst. Zoœcies ovoïdes, avec un orifice plus ou moins circulaire; bryarium ordinairement encroûtant. *L. pallasiana*, Manche. — *Umbonella*, Hincks. Orifice suborbiculaire ou subquadrangulaire; une saillie au-dessous de la bouche supportant un aviculaire. *U. verrucosa*, Manche. — *Chorizopora*, Hcks. Zoœcies plus ou moins distantes, unies par un réseau tubulaire; orifice semi-circulaire à bord inférieur droit. *C. Brongniartii*, Manche, Médit.

2. — *Orifice porté par une tubulure plus ou moins saillante.* — *Porella*, Gray. Base de la tubulure semi-circulaire; orifice allongé, subtriangulaire ou semi-circulaire livrant passage à un aviculaire à mandibule arrondie. *a*, Bryarium encroûtant. *P. concinna*, Manche. *b*, Bryarium dressé, branches comprimées. *P. compressa* (*Eschara cervicornis*), Manche. *c*, Bryarium dressé, branches cylindriques. *P. lævis*, Atl. N. dragages. — *Escharoïdes*, Smitt. Tubulure à base suborbiculaire, présentant un sinus sur son contour inférieur et contenant un aviculaire. *E. rosacea*, Shetland. — *Smittia*, H. M. Péristome à bords surélevés, échancré en avant ou présentant une dent intérieure à la place de l'échancrure; généralement un aviculaire sous le sinus; zoœcies sur une ou deux assises. *S. Landsbo-*

rovii, Étretat. — *Phylactella*, Hcks. Péristome très élevé; ni prolongé, ni canaliculé en avant; point d'aviculaires. *P. labrosa*, Étretat.

3. — *Péristome mucroné*. — *Mucronella*, Hincks. Bryarium encroûtant. *a.* Point d'aviculaires. *M. Peachii*, Manche. *b.* Deux aviculaires latéraux (*Discopora*). *M. coccinea*, Manche. — *Palmicellaria*, Alder. Bryarium dressé et rameux; saillie du péristome palmée ou mucronée; aviculaire à l'intérieur du péristome. *P. Skenei*, côtes de France. — *Rhynchopora*, Hcks. Saillie du péristome surmontée d'un processus interne unciné; bryarium encroûtant. *R. hispinosa*, Étretat. — *Retepora*, Imperato. Bryarium dressé, réticulé; un aviculaire à la base du rostre du péristome. *R. cellulosa*, Étretat, Marseille.

    Fam. **CELLEPORIDÆ**. — Zoœcies calcaires, dressées verticalement sur leur support et confusément disposées; orifice terminal.

Cellepora. Fabr. Genre unique. *a.* Orifice sans sinus; bryarium encroûtant. *C. pumicosa*, côtes de France. *b.* Orifice sans sinus; bryarium rameux. *C. ramulosa*, Manche. *c.* Orifice avec un sinus inférieur; bryarium encroûtant. *C. avicularis*, Étretat.

    Fam. **ADEONIDÆ**. — Bryarium dressé ou rarement encroûtant, fixé par un pédoncule plus ou moins flexible, radicant, chitinéo-calcaire ou immédiatement attaché à quelque corps flexible; bilaminé (sauf quand il est encroûtant), foliacé et fenestré, ou ramifié, ou lobé et entier. Des ovicelles et des aviculaires. Zoœcies avec un pore médian; ovicelles avec un aviculaire de chaque côté.

Adeona, Lamx. Bryarium fenestré ou entier et soutenu par un pédoncule articulé flexible. *A. foliacea*. — *Adeonella*, Busk. Bryarium fenestré, à pédoncule non articulé. *A. distoma*, Madère, Capri.

    Fam. **VINCULARIIDÆ**. — Zoœcies non aréolées, attachée autour d'un axe imaginaire, divisé dichotomiquement. Bryarium rigide, calcaire, inarticulé.

Vincularia, Defrance. Seul genre vivant. *V. ornata*, Patagonie.

    Fam. **SELENARIADÆ**. — Bryarium orbiculaire ou à contour irrégulier, convexe d'un côté, plan ou concave de l'autre, libre à l'état adulte.

Cupularia. Lmx. Chaque zoœcie avec un vibraculaire à son sommet. *C. canariensis*, Canaries. *C. stellata*. — *Lunularia*, Lmx. *L. capulus*, Port Philippe.

II. ORDRE

PHYLACTOLÆMATA [1]

Lophophore prolongé postérieurement en deux bras, de manière à figurer un fer à cheval; tentacules disposés en rangée continue sur le bord externe et sur le bord interne du fer à cheval, formant ainsi une double frange dans laquelle est située la bouche. Bouche couverte par une languette ciliée, l'épistome, fixée entre elle et l'anus. Tous d'eau douce.

    Fam. **PLUMATELLIDÆ**. — Bryarium gélatineux ou corné, rampant, à extrémités quelquefois dressées. Statoblastes sans épines marginales.

Plumatella, Lmk. Zoœcies gélatineuses dans le jeune âge; cornées à l'état adulte, implantées les unes sur les autres, non coalescentes. *P. repens*, eaux stagnantes, France. — *Hyalinella*, Julien. Zoœcies toujours gélatineuses. *H. vesicularia*, Etats-Unis. — *Fredericella*, Gerv. Lophophore ovale au lieu d'être en fer à cheval; ne seraient (Jullien) qu'un arrêt de développement des *Plumatella*. *F. sultana*, France. — *Alcyonella*, Lam. Zoœcies coalescentes; ne seraient (Jullien) qu'une variété à prolifération plus active des *Plumatella*. *A. fluviatilis*, = *P. repens*, eaux douces de France.

    Fam. **LOPHOPUSIDÆ**. — Bryarium charnu, parfois mobile, fortement tuberculé; chaque tubercule contenant un ou plusieurs bryomérides. Statoblastes épineux.

[1] Allman, *The fresh-water Polyzoa*, Ray Society, 1856. — J. Jullien, *Monographie des Bryozoaires d'eau douce*. Bulletin de la Société zoologique de France, t. X, 1885.

Lophopus, Dumortier. Bryarium transparent, épais, tuberculé ou même ramifié à l'âge adulte, dressé sur une sole plus ou moins élargie, au moyen de laquelle il peut ramper très lentement; statoblastes elliptiques, entourés d'un anneau ne présentant de pointes qu'aux extrémités de son grand axe. *L. crystallinus*; France, sur les *Lemna*. — *Pectinatella*, Leidy. Bryarium gélatineux, formé d'une colonne massive, cylindrique, supportant une tête lobée dont les lobes contiennent les zoœcies; statoblastes avec un anneau et des épines marginales. *P. magnifica*, États-Unis. — *Cristatella*, Cuv. Bryarium aplati, rubané, présentant une sole plane sur laquelle il rampe et une surface convexe sur laquelle les zoœcies sont disposées en zones concentriques, plus ou moins régulières; statoblastes lenticulaires avec un anneau et des épines marginales. *C. mucedo*, eaux douces de France.

III. ORDRE

PTEROBRANCHIA

Tentacules disposés en double rangée sur deux bras dirigés du côté dorsal, absents du côté ventral. Un large épistome, en forme de pied. Point de muscle rétracteur. Habitent des tubes chitineux, dans lesquels ils rampent à l'aide de leur épistome, et où ils se rétractent lentement à l'aide d'un cordon qui les fixe au fond du tube.

Fam. RHABDOPLEURIDÆ. — Famille unique.

Rhabdopleura, Allm. Genre unique. *R. Normanni*, Atl. prof.

IV. ORDRE

POLYBRANCHIA

Une houppe de bras portant des tentacules pennés, de chaque côté d'un grand épistome discoïde. Deux fentes œsophagiennes latérales. Habitent des tubes anastomosés où ils sont libres; produisent des bourgeons caducs et ne forment pas de bryozoïde.

Fam. CEPHALODISCIDÆ. — Famille unique.

Cephalodiscus, Mac Intosh. Genre unique. *C. dodecalophus*, détroit de Magellan.

III. CLASSE

BRACHIOPODES [1]

Lophostomés fixés ou tubicoles à l'état adulte; enfermés dans une coquille à deux valves, l'une dorsale, l'autre ventrale, doublées d'un manteau bordé de soies chitineuses. Bouche comprise entre deux bras latéraux, garnis de cirres ciliés et fréquemment enroulés en spirale. Taille relativement élevée.

Forme générale du corps. — Les Brachiopodes se distinguent immédiatement des autres Lophostomés par leurs dimensions relativement considérables; leur diamètre tombe rarement au-dessous de 5 millimètres, peut dépasser chez certaines espèces vivantes cinq ou six centimètres (*Magellania venosa*, *Terebratulina Wyvillei*),

[1] Van Bemmelen, *Untersuchungen über die anatomischen und histologischen Bau der Brachiopoda Testicardinia*, Jenaische Zeitschrift, 1883. — L. Joubin, *Recherches sur l'anatomie des Brachiopodes inarticulés*, Archives de Zool. expérimentale, 2ᵉ série, t. IV, 1886.

et atteignait jusqu'à 30 centimètres chez certaines espèces de la période primaire (*Productus giganteus*). Leur corps est toujours compris entre deux valves cornées ou calcaires, l'une dorsale, l'autre ventrale. L'aspect des espèces à coquille calcaire rappelle, au premier abord, celui d'un Mollusque lamellibranche, d'un *Cardium* par exemple ; aussi les anciens naturalistes ont-ils unanimement classé les Brachiopodes parmi les Mollusques acéphales. Cette ressemblance est toute superficielle : en effet, tandis que des deux valves d'un Lamellibranche, l'une est à droite de l'animal, l'autre à gauche, les deux valves d'un Brachiopode sont l'une dorsale, l'autre ventrale. Les deux valves d'un Lamellibranche sont maintenues ouvertes par un ligament dorsal quand l'animal est mort ; les valves d'un Brachiopode n'ont pas de ligament ; elles sont ouvertes exclusivement par des muscles et demeurent fermées après la mort de l'animal. La structure de la coquille est d'ailleurs totalement différente dans les deux classes. Les seules ressemblances réelles que présentent ces animaux sont celles que comporte leur qualité commune de Néphridiés ; encore les néphridies des Brachiopodes et celles des Lamellibranches ont-elles une organisation fort différente.

Les deux valves de la coquille peuvent n'être unies l'une à l'autre que par des muscles, ou bien être articulées par une sorte de charnière et, dans ce cas, la valve supérieure, presque toujours plus petite que l'inférieure et quelquefois plate ou même concave (*Productus*), fonctionne comme une sorte d'opercule relativement à la valve inférieure. Ces deux modes de liaison de la coquille correspondent à deux types d'organisation bien distincts, d'où la division de la classe des Brachiopodes en deux ordres : les Inarticulata et les Articulata. Les Inarticulata datent des plus anciennes périodes géologiques dont la faune soit connue. Les *Lingula* actuellement encore vivants dans nos mers, faisaient déjà partie de la faune Cambrienne, accompagnés d'un grand nombre d'autres genres de Brachiopodes dont un seul articulé, le genre *Orthis*. Les Brachiopodes ont acquis leur maximum de développement durant la période Silurienne ; depuis ils n'ont fait que décliner, et l'on ne trouve plus actuellement dans nos mers qu'un nombre de genres très petit relativement à celui des genres qui ont autrefois vécu, et comptent parmi les fossiles les plus caractéristiques de certains terrains.

Entre les deux valves de la coquille (*Lingula*), ou par un orifice pratiqué au sommet de la valve inférieure, en arrière de la charnière, on voit sortir un organe mobile, le *pédoncule*. Le pédoncule sert, en général, d'appareil de fixation ; il est extrêmement long et extrêmement contractile chez les Lingulidæ ; au contraire, il fait défaut chez un certain nombre de formes qui se fixent par leur valve inférieure (*Thecidea*, *Crania*). Dans les espèces pourvues d'un pédoncule, les deux valves sont rattachées à cet organe par des muscles et peuvent prendre par rapport à lui des positions variées.

La coquille des Brachiopodes est doublée par deux lobes membraneux, appliqués chacun sur une des valves de la coquille et qui, par analogie, avec un organe que nous retrouverons chez les Lamellibranches porte le nom de *manteau* (fig. 1082, p. 1517). Le manteau des Brachiopodes est bordé d'une frange de soies chitineuses, les *soies palléales*. Il est creusé de lacunes, et contient des dépendances des organes génitaux ; c'est donc non pas une simple membrane de recouvrement, mais une véritable région du corps. Entre les deux lobes du manteau, on aperçoit le corps très réduit, placé tout contre la charnière et qui présente à son bord antérieur un orifice, la *bouche*. A droite et à gauche de la bouche sont les *bras*, généralement enroulés en spirale ou en hélice sur une partie de leur longueur; ils représentent physiologiquement, et peut-être aussi morphologiquement, le lophophore des Bryozoaires, la bande ciliée des Rotifères.

Par suite de ce fait que les Rotifères, les Bryozoaires et les Brachiopodes sont des Néphridiés oligomérides, sinon monomérides, menant le même genre d'existence et s'alimentant de la même façon, il est impossible qu'il n'y ait pas entre eux d'étroites ressemblances, puisqu'ils ajoutent aux ressemblances héréditaires des animaux appartenant à un même stade d'une même série, d'incontestables ressemblances adaptatives; on a vu, du reste, que nombre de Rotifères sont déjà pourvus d'une carapace bivalve dont les valves simplement unies par une mince membrane périphérique sont, l'une dorsale, l'autre ventrale. Certaines larves de Bryozoaires ont aussi une carapace bivalve, mais ici les valves sont latérales au lieu d'être dorso-ventrales. Toutefois l'embryogénie semble indiquer entre les Brachiopodes et les Annélides céphalobranches que nous étudierons plus tard des ressemblances d'où il résulterait que les Brachiopodes ont pu dériver d'Annélés polychètes tubicoles, primitivement plurisegmentées dont les organes de relation et les viscères se sont graduellement rassemblés à la région antérieure du corps, en raison même de ce que cette région, toujours plus active chez les animaux bilatéraux, se trouve seule en rapport avec le monde extérieur chez les animaux tubicoles, où la *céphalisation* de l'organisme est, en conséquence, portée au maximum (p. 31). Dans cette hypothèse, le pédoncule représenterait la partie postérieure du corps abandonnée par les organes, et son origine embryogénique ne dément pas cette interprétation [1]. Si l'on admettait cette conclusion, l'embranchement, en apparence si naturel, des LOPHOSTOMÉS devrait être démembré et l'histoire des Brachiopodes devrait suivre celle des Annélides polychètes; mais il n'y aurait aucun avantage, dans l'état actuel de nos connaissances, à procéder ainsi.

Coquille. — Chez les Brachiopodes inarticulés, la coquille garde, en général, une certaine flexibilité, et peut même avoir, bien qu'elle soit toujours chargée de sels minéraux, une apparence cornée (LINGULIDÆ, DISCINIDÆ). Les deux valves sont à peu près semblables, et, ce qui n'a jamais lieu chez les Articulés, la valve dorsale peut être plus convexe et plus profonde que la valve ventrale (*Discina*, CRANIIDÆ). Libre le plus souvent, la valve ventrale est fixée dans la famille des CRANIIDÆ. Les valves ont la forme de cônes circulaires, surbaissés, chez les *Discina*; leur sommet déjà excentrique dans cette famille, devient postérieur et tout à fait marginal chez les *Crania*; il conserve cette position chez les LINGULIDÆ dont la coquille s'allonge beaucoup et est généralement tronquée en avant (*Lingula*, *Glottidia*, fig. 1065, p. 1510).

Le calcaire domine dans les coquilles des CRANIIDÆ; il forme presque toute l'épaisseur de la coquille chez les Brachiopodes articulés. Dans cet ordre, sa forme, bien que variée, garde jusque dans les détails de son ornementation l'aspect des coquilles de Lamellibranches (côtes rayonnantes à partir du crochet, stries concentriques, épines, etc.). Sa teinte verte chez les espèces à test corné de l'ordre précé-

---

[1] MORSE, *The systematic position of the Brachiopoda*. Proceedings of the Boston Society of natural history, vol. XV, 1873.

dent (*Lingula*), mais susceptible de devenir rouge quand le test se charge de calcaire (*Crania anomala*), peut être ici, où le calcaire domine toujours, rouge (*Terebratella cruenta*), brune (*Magellania Raphaelis*) ou même noire (*Rhynchonella nigricans*). La valve ventrale, toujours plus profonde que la valve supérieure, se prolonge, en arrière de celle-ci, en se rétrécissant de manière à constituer un *crochet*, généralement recourbé en dessus.

Dans la région du crochet, les deux bords libres de la valve inférieure se recourbent en dessus; s'ils ne se recourbent que faiblement, l'intervalle triangulaire qu'ils laissent entre eux est rempli par deux lames calcaires entre lesquelles subsiste, le long de la ligne médiane, un espace triangulaire par lequel sort le pédoncule; la surface plane ou légèrement concave de ces lames se nomme l'*area* (*Spirifer canaliferus*, du Devonien); lorsque les bords se rapprochent davantage, les deux lames, plus petites, se placent en avant du pédoncule et constituent le *deltidium* (fig. 1048, *dl*); le pédoncule passe alors entre une échancrure du crochet et ces deux lames, qui ont pris la forme d'un trapèze dont le petit côté postérieur serait concave (*Magellania flavescens*). Ces pièces peuvent se souder entre elles; il peut en apparaître de nouvelles en arrière du pédoncule (*Dielasma elongata*, du Permien); ou bien encore, elles peuvent être remplacées par une pièce faisant partie intégrante de la coquille, le *pseudodeltidium*, lorsque les deux bords de celle-

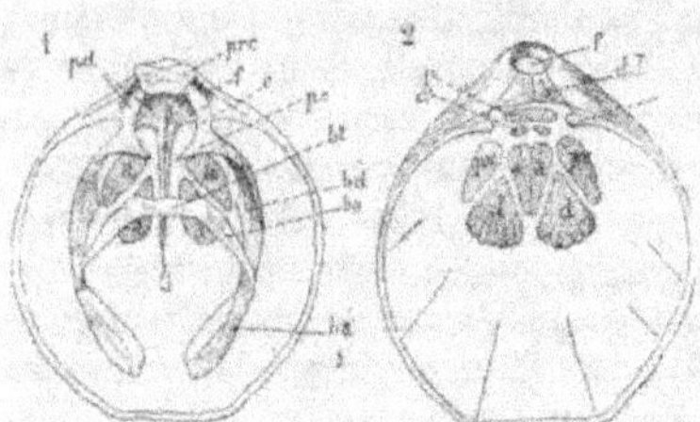

Fig. 1048. — *Magellania flavescens*. — 1, valve dorsale : *prc*. processus cardinal; *f*, fossettes dentales; *c*, crura; *dc*, pointes crurales; *bd*, branche descendante du support brachial; *ba*, branche ascendante; *bt*, bandelette transverse; *s*, septum; *a*, adducteurs; *pd*, pédonculaires dorsaux. — 2, valve ventrale; *f*, foramen; *del*, deltidium; *t*, dents; *a*, muscles adducteurs; *d*, m. diducteurs; *d'*, m. diducteurs accessoires; *pv*, m. pédonculaires ventraux; *p*, m. pédonculaire médian (d'après Davidson).

ci arrivent à se rejoindre (*Bouchardia tulipa*). Quand le pédoncule disparaît, elles bouchent complètement l'orifice qui lui était destiné (*Leptæna, Productus*). Le bord antérieur du *deltidium* ou de l'*area* s'appelle la *ligne cardinale*. Aux deux extrémités de cette ligne, le bord de la valve inférieure présente deux apophyses saillantes, les *dents cardinales*, que renforcent assez souvent deux prolongements calcaires, rejoignant le fond de la valve : les *plaques dentales* ou *cloisons rostrales*. Lorsque ces cloisons sont convergentes, elles se soudent parfois en une cloison calcaire médiane, le *septum*, qui peut se prolonger en avant et s'étendre jusqu'au bord frontal de la coquille. De chaque côté du septum, la valve ventrale présente des impressions symétriques qui correspondent aux insertions des muscles et à la place des glandes génitales. L'espace compris entre les deux cloisons rostrales est l'*auget ventral*.

La valve dorsale est limitée en arrière par une ligne cardinale qui correspond à celle de la valve inférieure. Sur cette ligne se trouvent deux fossettes, les *fossettes dentales* ou *cavités glénoïdes*, dans lesquelles s'engagent les dents de la valve ventrale; les bords de ces fossettes présentent parfois des saillies calcaires qui peuvent servir de dents accessoires. A ces bords se soudent fréquemment, du côté interne, de petites plaques qui se développent quelquefois assez pour se rejoindre et former un plateau horizontal, le *plateau cardinal*, sur lequel s'insèrent les muscles pédonculaires. Assez souvent deux petites lames verticales ou bien une lame médiane (MAGELLANINÆ), supportent le plateau cardinal. Ces lames (*lames fovéo-septales*), avant de se réunir en une lame médiane, peuvent former un *auget dorsal*, analogue à l'*auget ventral* (*Stenoschisma*). La lame médiane présente de nombreuses et caractéristiques variations. Dans certains genres fossiles (*Magas*, *Dimerella*, *Scenidium*), elle divisait la coquille en deux chambres ; à sa place on ne trouve aujourd'hui qu'un septum antérieur, pourvu de nombreuses digitations latérales (*Thecidea*) ou qu'un pilier médian (*Platidia*). Les *Megathyris* et les *Eudesella* présentent sur le bord de leur coquille plusieurs septums rayonnants, dits *septums marginaux*.

La pièce la plus importante que porte la valve dorsale est le *support brachial* qui, réduit à un simple cadre calcaire, de faibles dimensions, chez les *Liothyrina*, arrive à prendre des proportions considérables chez certains genres fossiles où il a été conservé (*Stringocephalus* du Dévonien, *Spirifer* du Carbonifère). On peut distinguer deux types de supports brachiaux : le premier est constitué par deux bandelettes calcaires, partant de la base du processus cardinal, diversement contournées, mais toujours réunies à leurs extrémités par une *bandelette transverse* (fig. 1049, A) ; le second est représenté par deux bandelettes libres à

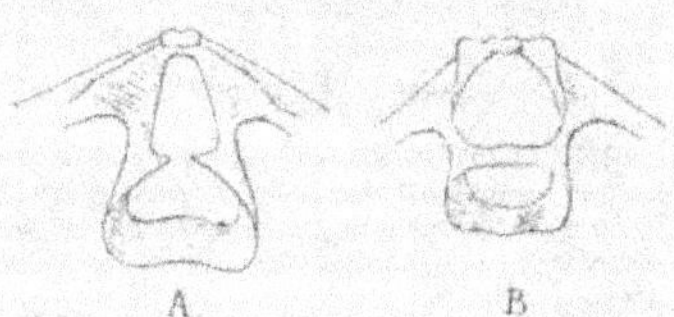

Fig. 1049. — A, support brachial de *Liothyrina* ; B, support brachial de *Terebratulina*.

leur extrémité, enroulées en spirale ou plutôt en hélice et que peut réunir à une distance variable de leur origine une bandelette transversale, la *bandelette jugale* (fig. 1056). Outre la bandelette transverse, il peut exister aussi, dans le premier type, une bandelette jugale. Le support brachial est réduit chez les *Liothyrina* (fig. 1049, A) à un court cadre calcaire dont les bandelettes longitudinales présentent chacune une pointe, vers le milieu de leur longueur ; les parties des deux bandelettes comprises entre ces pointes et la base du processus cardinal sont les *crura* ; les pointes crurales se réunissent en une bandelette transversale, la *bandelette crurale*, chez les *Terebratulina* (fig. 1049, B). Le cadre se transforme en un demi-cercle coupé par le septum médian chez les *Platidia* (fig. 1050) ; il s'élargissait énormément

 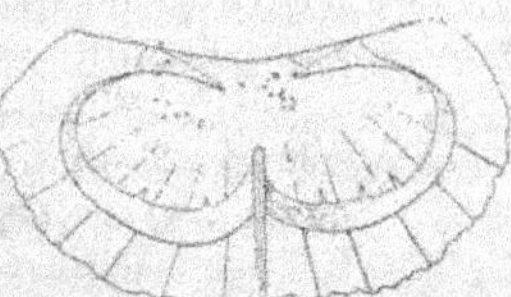 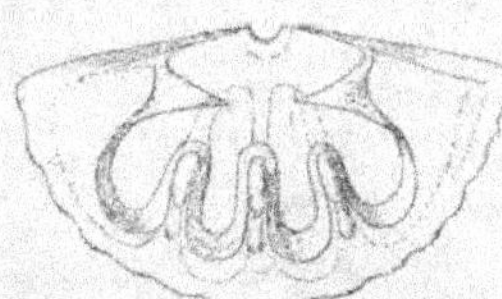

Fig. 1050. — *Platidia anomioides* (d'après Davidson).   Fig. 1051. — *Cistella decemcostata* (d'après Suess).   Fig. 1052. — *Megathyris decollata* (d'après Suess).

en formant une sorte de C, couché horizontalement et infléchi au milieu chez les *Cistella* (fig. 1051) de la craie, et se transforme chez les *Megathyris* (fig. 1052), en un arc sinueux, à cinq festons, soudé à la coquille ; les *Thecidea* présentent une disposition analogue. Toutes ces formes ne présentent que des pointes crurales. Chez les *Magellania* (fig. 1048), où il n'y a également que des pointes crurales, les bandelettes latérales s'allongent jusqu'au voisinage du bord de la coquille, puis se réfléchissent en arrière, et reviennent jusqu'au voisinage des pointes crurales, où elles sont unies par la bandelette transverse. Chaque bandelette présente ainsi une *branche descendante* et une *branche ascendante*, cette dernière correspondant à sa portion réfléchie. On observe la même disposition chez les *Terebratella* (fig. 1053), mais ici une bandelette jugale unit les branches descendantes au septum médian.

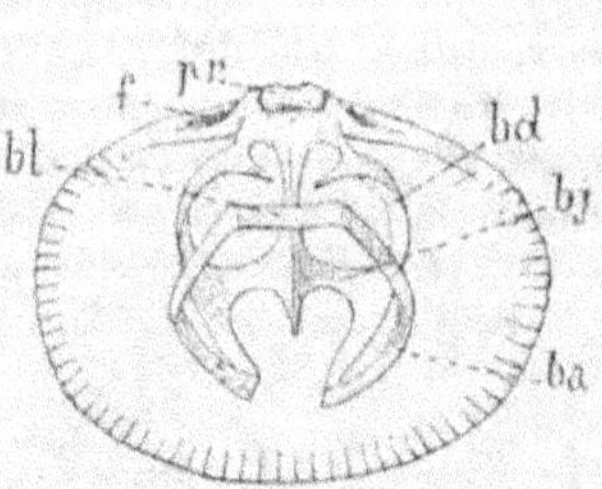

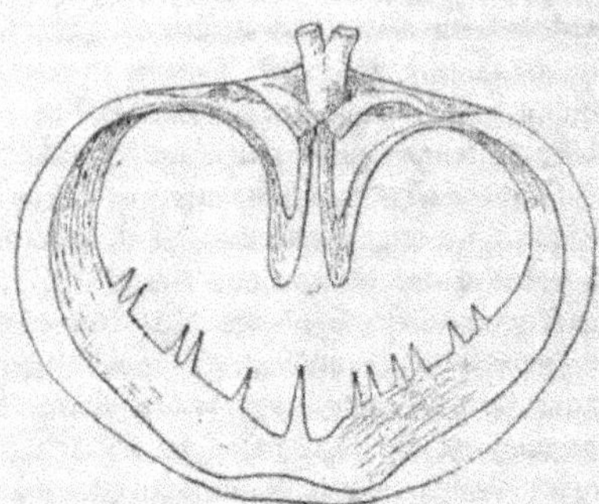

Fig. 1053. — Valve dorsale de *Terebratella dorsata*. — *pr*, processus cardinal; *f*, fossettes; *bd*, *ba*, branches descendantes et ascendantes de support brachial; *bl*, bandelette transverse; *bj*, bandelette jugale.

Fig. 1054. — Support brachial du *Stringocephalus Burtini*, du Dévonien (d'après Zittel).

Chez les *Stringocephalus* (fig. 1054), les branches descendantes étaient très rapprochées et n'arrivaient que jusqu'au milieu de la coquille; elles se réfléchissaient alors en dehors, et les branches ascendantes décrivaient un vaste circuit en forme de cœur de carte à jouer qui suivait le bord de la coquille et était muni de pointes, les *épines cirrhales*, supportant les tentacules brachiaux. A l'opposé de ces formes à support brachial complexe, viennent se placer des formes qui en dérivent par arrêt de développement de l'appareil : tels étaient les *Magas* de la Craie où les branches ascendantes n'étaient représentées que par de simples pointes; telles sont les *Kraussina* (fig. 1055), où tout le support est représenté par un Y calcaire, à branche impaire tournée vers le crochet.

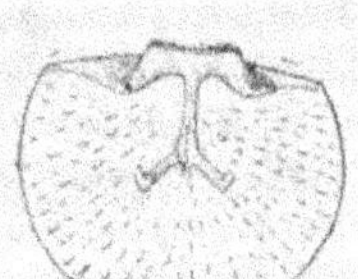

Fig. 1055. — *Kraussina Davidsoni* (d'après Vélain).

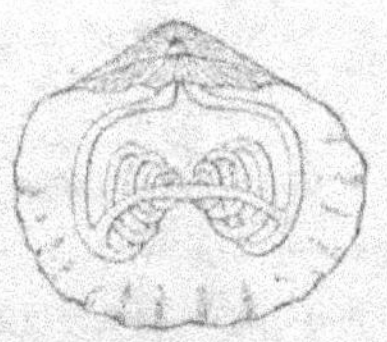

Fig. 1056. — *Zygospira modesta* (d'après Davidson).

Les formes dont le support brachial appartenait au second type et prenait un développement remarquable, formant des hélices coniques, à sommet tourné en dehors (*Spirifer*, *Nucleospira*, *Koninckina*), ou en dedans (*Glassia*, *Atrypa*, *Zygospira*, fig. 1056), ou vers le bas (*Martinia*, *Reticularia*), ne sont plus représentées dans nos mers que par les *Rhynchonella*; mais ici le support brachial est rudimentaire et réduit à deux courtes lamelles recourbées vers la valve ventrale.

La disposition du support brachial a été invoquée pour caractériser un certain nombre de genres; mais l'étude des transformations que subit cet appareil, dans les formes actuelles, a conduit à des résultats des plus importants au point de vue des rapports généalogiques de certains de ces genres [1]. Dans la famille des TEREBRATULIDÆ, le support brachial se développe

[1] P. FISCHER ET D. P. ŒHLERT, *Sur l'évolution de l'appareil brachial de quelques Brachiopodes*. Comptes rendus de l'Académie des sciences, t. CXV, p. 749, 7 nov. 1892.

quelquefois directement, sans offrir aucune métamorphose (*Terebratulina*); d'autres fois il n'arrive à sa forme définitive qu'après avoir traversé une série de formes intermédiaires; c'est le cas pour le genre *Magellania*, mais les *Magellania* des régions boréales et celles des régions australes traversent des phases de développement tout à fait différentes, comme si leur ressemblance, à l'état adulte, n'était qu'un cas de convergence. C'est ainsi que la *Magellania septigera* et la *Mac-Andrewia cranium*, des mers du Nord de l'Europe, peuvent être successivement identifiées, au point de vue de leur appareil brachial, soit avec les genres *Platidia*, *Magas*, *Megerlia*

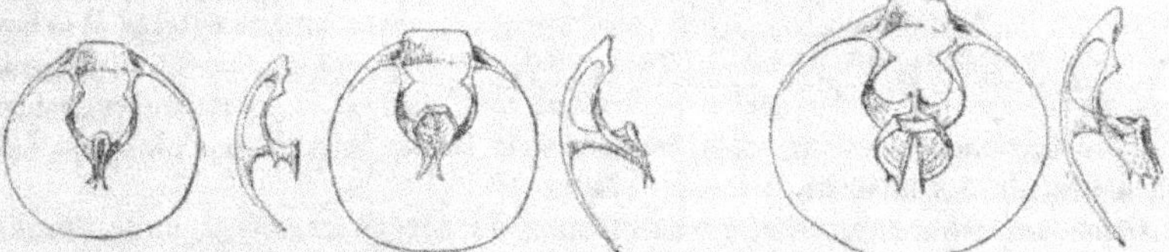

Fig. 1057. — Formes successives du support brachial de la *Mac-Andrewia cranium* (d'après Stiele).

et *Terebratella* (Riele), qui appartiennent, en conséquence, à une même série généalogique (fig. 1057 et 1058), soit avec les genres *Centronella*, *Ismenia* et *Terebratella*

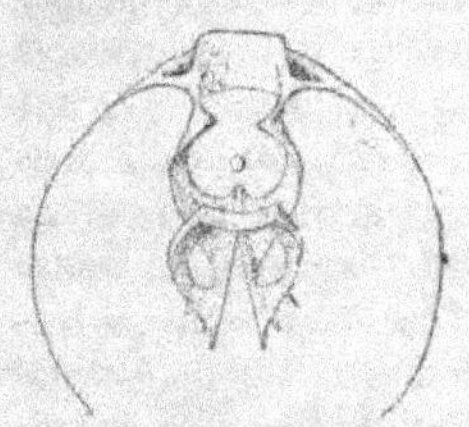

Fig. 1058. — Formes successives du support brachial de la *Mac-Andrewia cranium* (d'après Stiele).

(Fischer et Œhlert), tandis que les *Magellania venosa*, *Grayi*, *lenticularis*, des mers australes, traversent les stades *Præmagas*, *Magas*, *Magasella*, *Terebratella*. Dans le stade *Præmagas* qui ne correspond pas à un genre déterminé l'appareil ascendant est placé au sommet d'un septum large, tandis que les branches sont rudimentaires. Les *Terebratella* apparaissent ainsi comme les derniers progéniteurs des *Magellania*. Des stades d'évolution de certaines espèces ont quelquefois été pris pour des formes génériquement distinctes. La *Magasella Evansi* n'est qu'une jeune *Terebratella cruenta*; les *Magas Valenciennii* et *Magasella inconspicua* sont de jeunes *T. rubicunda*; les *Magasella lævis*, *Terebratella pulvinata* de jeunes *Magellania venosa*; la *Magasella Adamsii* une jeune *Magellania Grayi*.

Structure du test. — Le test des Brachiopodes contient toujours de la chitine et des sels calcaires; il est traversé normalement à sa surface par des canalicules de forme variable. La chitine constitue toujours le revêtement externe; elle prédomine chez les INARTICULÉS, où elle se dispose en couches alternatives avec du phosphate de chaux chez les LINGULIDÆ (fig. 1059) et les DISCINIDÆ. Dans ces deux familles, les canalicules

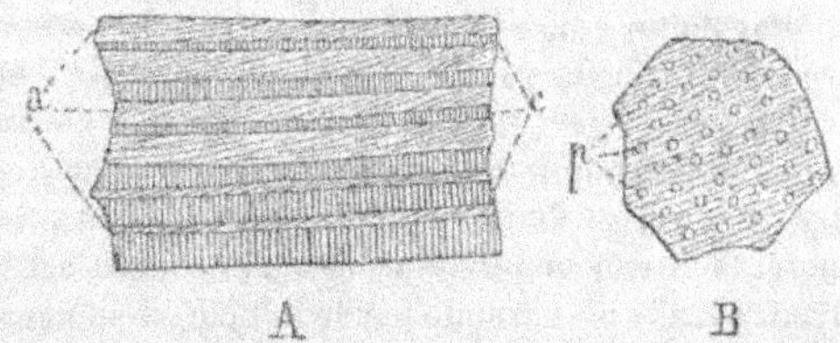

Fig. 1059. — A, coupe verticale du test de la *Lingula anatina*. — a, couches chitineuses; c, couches calcaires; — B, portion du test vue en dehors; p, perforations (d'après Gratiolet).

du test sont très nombreux, très fins et se terminent en cæcum sous la couche externe de chitine. Chez les *Crania* on ne distingue que deux couches passant insensiblement l'une à l'autre; la couche interne est blanchâtre, l'externe est brune,

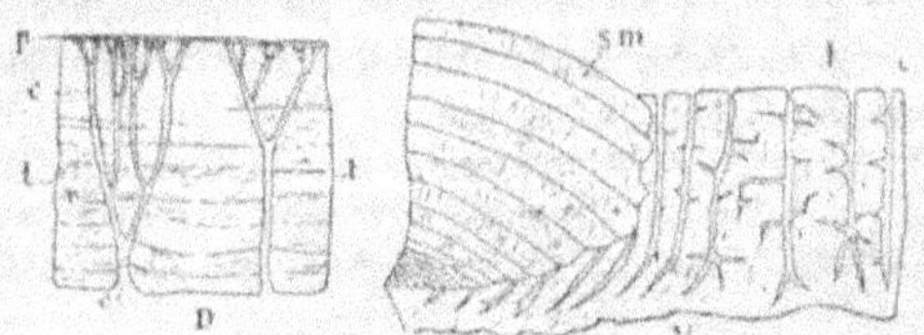

et se différencie à sa surface en une enveloppe plus foncée (*periostracum*). La valve ventrale (fig. 1060, V) est traversée par des canaux normaux à sa surface interne qui se bifurquent en arrivant au voisinage de sa surface externe et se terminent en cæcum au-dessous du *periostracum*; de semblables

Fig. 1060. — Coupe verticale du test de la *Crania rostrata*. — D, valve dorsale; V, valve ventrale; p, periostracum; t, test calcaire; c, canaux; sm, insertions musculaires (d'après Joubin).

canaux traversent aussi la valve dorsale, mais ici ces canaux sont plusieurs fois dichotomisés (fig. 1060, D).

Dans l'ordre des ARTICULÉS, les THECIDEIDÆ ont, comme les *Crania*, un test formé de deux couches amorphes dont l'externe chitineuse constitue le *periostracum*. Les canalicules qui traversent le test se dilatent au-dessous du *periostracum* et sont surmontés de trois ou quatre disques superposés. Chez la plupart des autres types le test se divise en trois couches (fig. 1061) : 1° une couche interne formée de petits prismes calcaires, obliques, appliqués contre la surface du manteau et enveloppés chacun d'une membrane chitineuse; 2° une couche moyenne, beaucoup moins épaisse et lamelleuse; 3° une couche externe, le *periostracum*, constituée par une

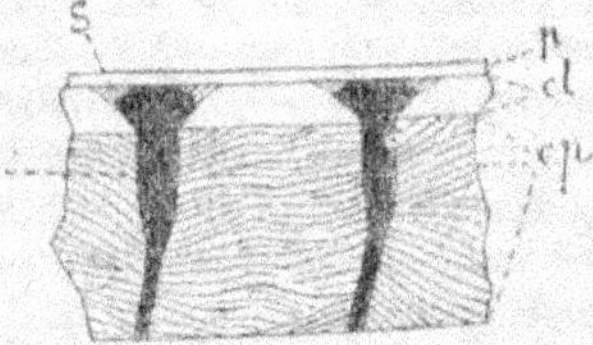

mince lame chitineuse, présentant assez souvent, à sa surface, un réticulum saillant. Le periostracum est toujours imperforé et contre lui viennent se terminer les canalicules qui traversent le reste de la coquille et qui s'ouvrent sur la face interne de chaque valve. Ces canalicules se dilatent assez souvent sous le *periostracum* (TEREBRATULIDÆ); autour d'eux rayonnent habituellement des filaments chitineux (fig. 1061) tantôt assez courts (*Mühlfeldtia*), tantôt assez longs pour aller d'une perforation à ses voisines. Ces perforations apparaissent d'emblée à la

Fig. 1061. — Coupe verticale du test de la *Magellania flavescens*. — p, periostracum; c, canaux traversant le test; s, filaments; cl, couche moyenne lamelleuse; cp, couche interne des prismes obliques (d'après King).

distance qu'elles garderont l'une par rapport à l'autre durant toute la vie de l'animal.

Parois du corps: manteau. — Le corps proprement dit n'a que des dimensions restreintes; mais on doit considérer les deux lobes du manteau comme de simples expansions, l'une dorsale, l'autre ventrale de sa paroi, expansions analogues au repli tégumentaire de la carapace des Crustacés, et dont le feuillet externe a sécrété les deux valves de la coquille. Entre les deux feuillets dont chaque lobe est composé, la cavité générale se continue; mais ces deux feuillets sont soudés l'un à l'autre sur la plus grande partie de leur étendue, et les espaces libres qui subsistent entre eux portent le nom de *sinus palléaux* (fig. 1062). Dans ces sinus, circule le liquide de la cavité générale, et sont fréquemment suspendues les glandes génitales. Les parois du corps et chacun des feuillets des lobes palléaux sont histologiquement composés de deux couches épithéliales, ciliées, comprenant entre elles une couche conjonctive dont la structure rappelle exactement celle du cartilage des Vertébrés. Dans les régions du manteau où les deux feuillets sont accolés, l'épithélium interne disparaît, et les deux couches de substance conjonctive, ainsi mises en contact, se fusionnent en une seule, de sorte que la structure de ces régions redevient identique à celle de la paroi du corps. Toutefois l'épithélium appliqué contre la paroi de la coquille est naturellement dépourvu de cils vibratiles; il n'est d'ailleurs pas formé par une simple couche de cellules, mais plutôt par deux couches, l'une tapissant la valve calcaire, l'autre le cartilage, unies entre elles par de nombreux trabécules; le tout constitue une sorte de tissu lacunaire. A des intervalles réguliers, ce tissu forme des éminences creuses, communiquant avec ses lacunes, généralement disposées en quinconce et qui s'engagent dans les tubules de la coquille, manifestement moulés sur elles; ces éminences, très caractéristiques du manteau des Brachio-

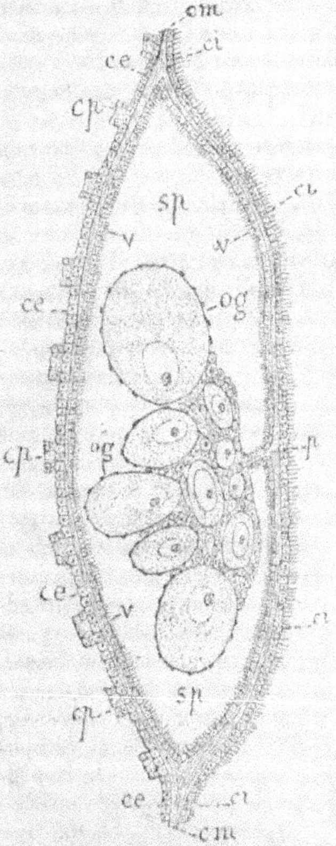

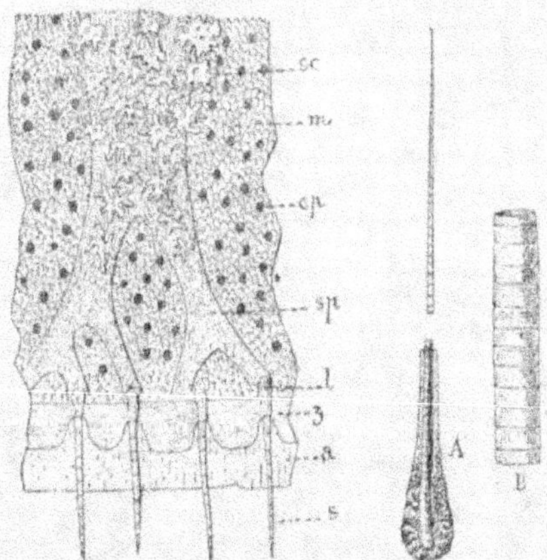

Fig. 1062. — Coupe d'une partie du manteau de *Crania rostrata*. — *ci*, couche interne; *cm*, couche médiane; *sp*, sinus palléaux; *c*, leur épithélium cilié; *og*, organes génitaux; *p*, leur pédoncule; *ce*, couche externe; *cp*, cæcums palléaux (d'après Joubin).

Fig. 1063. — Portion très grossie vue à plat du bord du manteau de la *Terebratulina caput serpentis*. — *sc*, spicule calcaire; *m*, surface aréolée du manteau montrant la base des prismes; *cp*, base des cæcums palléaux; *sp*, sinus palléaux; *f*, follicule sétigère; *z*, zone musculaire; *x*, soies; *a*, couche génératrice du périostracum (d'après Deslongchamps).

Fig. 1064. — Soie palléale de *Terebratulina caput serpentis*. — *A*, base enfermée dans la follicule sétigère; *B*, portion grossie de la soie.

podes, portent le nom de *cæcums palléaux*; elles sont unies entre elles, à travers la substance calcaire de la coquille, par des bandelettes de tissu fibrillaire, restes des tissus vivants qui ont joué un rôle dans la sécrétion de la coquille.

Sur ses bords, le manteau est légèrement épaissi, et cet épaississement est creusé

d'une gouttière marginale de laquelle émergent des soies formant a chaque lobe
palléal une frange continue (fig. 1063). Les soies sont implantées isolément ou par
paires ou par petits bouquets dans des follicules qui les sécrètent. Elles sont creuses
et formées de deux enveloppes chitineuses superposées; l'interne est fibreuse, l'externe se décompose en bandes transversales imbriquées; leur structure est donc
plus complexe que celles des soies d'Annélides, leur surface peut être cannelée
(*Terebratula vitrea*), annelée (*Terebratulina*, fig. 1064) ou épineuse (*Discina*); dans
ce dernier cas, certaines épines peuvent être barbelées ou bifurquées. Ces soies
sont mobiles, et aident à la locomotion chez les Brachiopodes tubicoles (*Glottidia*,
Lingula).

Tout le long des sinus palléaux, la couche conjonctive du manteau est dans un
certain nombre de genres (*Terebratulina*, Kraussina, THECIDEIDÆ) bourrée de spicules
ou de lamelles calcaires, perforées, dont la forme est caractéristique des genres et
des espèces; ces plaques sont plus nombreuses à l'origine des sinus; elles se
retrouvent sur les bras et sur les cirres; très serrées chez les THECIDEIDÆ,
elles se soudent quelquefois entre elles et forment une couche calcaire assez
épaisse dans la cavité de la valve dorsale. Il existe d'ailleurs des granulations
calcaires dans le manteau des formes sans spicules véritables (*Lingula*, *Rhynchonella*, *Terebratella*, *Magellania*). Ces spicules ne sont pas les seules formations solides
que produise le manteau; c'est lui, en effet, qui sécrète le test, et les diverses
couches du test sont l'œuvre de zones nettement différenciées du manteau; la zone
marginale sécrète le *periostracum*; la zone submarginale, la couche lamelleuse;
enfin la couche prismatique a été constituée par le reste de la surface du manteau,
au fur et à mesure de son accroissement. Le test grandit donc exclusivement par

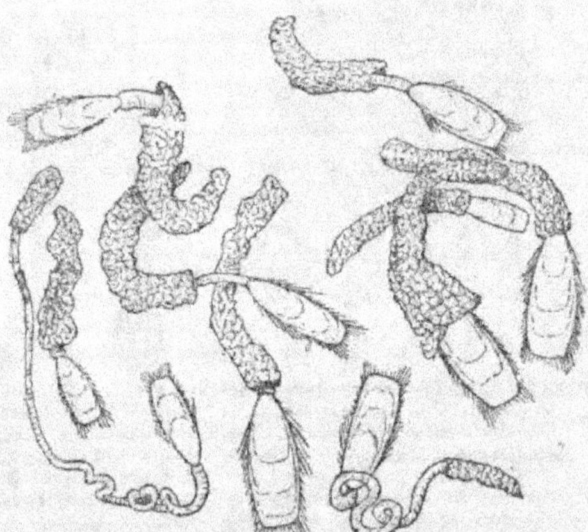

Fig. 1065. — Groupe de *Glottidia pyramidata* montrant le pédoncule couvert d'une gaine de grains de sable, vu à divers états de
contraction (d'après Morse).

ses bords et ses perforations ne
sont d'abord que de petites
échancrures marginales qui entourent peu à peu les cæcums
palléaux nouvellement formés.
La surface du manteau ne perd
jamais son pouvoir sécréteur;
elle dépose toujours de nouvelles couches à la surface interne des valves qui vont ainsi
s'épaississant à mesure que
l'animal vieillit. La valve ventrale dans certains genres fossiles (*Davidsonia*, *Productus*)
pouvait ainsi atteindre jusqu'à
25 millimètres d'épaisseur, tandis que la valve dorsale ne
dépassait pas 5 millimètres.

Pédoncule. — Le pédoncule
est généralement un tube conique dont la longueur peut atteindre 15 centimètres
chez les LINGULIDÆ, ou dépasser à peine l'orifice du crochet. Chez la *Glottidia pyramidata* (fig. 1065), où il s'entoure d'un tube de grains de sable, il est susceptible de

mouvements vermiculaires; il présente des traces d'annulations et des pores muqueux, on observe à son intérieur une active circulation, de sorte qu'il semble faire partie intégrante du corps. On le trouve d'ailleurs formé chez tous les LINGULIDÆ de quatre couches qui sont de dehors en dedans : 1° une cuticule chitineuse; 2° une couche gélatineuse, d'apparence homogène; 3° une mince couche de fibres musculaires transverses; 4° une couche de fibres musculaires longitudinales qui peut envahir presque toute la cavité du pédoncule.

Le pédoncule des Articulés a une tout autre structure; il est enfermé, à sa base, dans une sorte de bourse formée par une invagination de la membrane palléale; le pédoncule lui-même est constitué par une gaine chitineuse, à plusieurs couches, qui enveloppe une masse centrale de tissu conjonctif, à la base de laquelle s'insèrent les muscles pédonculaires.

Bras. — Les bras naissent, de chaque côté de la bouche, par une base assez large et vont ensuite en s'amincissant en pointe. Ils sont libres et enroulés en une hélice conique chez les *Lingula, Crania* (fig. 1070), *Rhynchonella*, etc. Chez les *Terebratula, Magellania* (fig. 1066), *Mühlfedtia, Kraussina*, ils présentent une branche descendante, qui se replie vers le bas sur elle-même en formant une branche ascendante dont l'extrémité s'enroule en une spirale comprise entre les parties non enroulées des bras; ils décrivent trois festons chez les *Platidia* (fig. 1067); chez les *Thecidea* et les *Megathyris* (fig. 1068), ils sont fixés au manteau et festonnés sur tout leur parcours. Les bras, lorsqu'ils sont libres, sont susceptibles de s'enrouler et de se dérouler; mais il arrive assez souvent qu'ils sont unis de telle façon que leurs cirres puissent seuls apparaître au dehors (*Terebratula, Magel-*

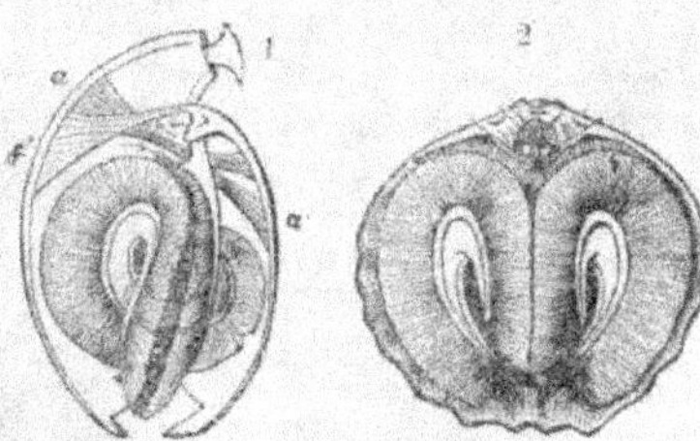

Fig. 1066. — *Magellania flavescens.* — 1, profil des bras, en supposant les valves coupées verticalement, *aa'*, muscles adducteurs; *f'*, muscles diducteurs; *p*, pédoncule; — 2, l'animal vu de face après l'ablation de la valve ventrale.

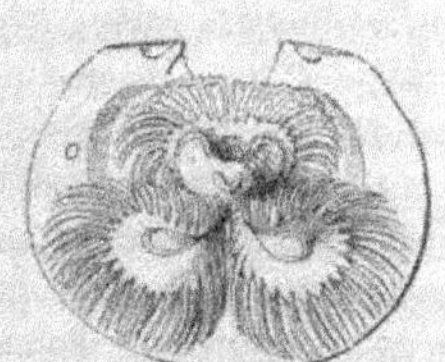

Fig. 1067. — *Platidia anomioides*; la valve ventrale est enlevée pour montrer les bras, *b*.

Fig. 1068. — *Megathyris decollata*; la valve ventrale est enlevée pour laisser voir les bras (d'après Woodward).

lania); ceux des Lingules, quoique libres, peuvent à peine saillir hors de la coquille, tandis que ceux des *Rhynchonella* (fig. 1069) peuvent s'étendre à 3 ou 4 centimètres au delà. Les mouvements des bras sont toujours d'une grande lenteur. Ces organes portent un grand nombre de cirres (jusqu'à 3000), ciliés, régulièrement espacés, qui rappellent par leur fonction et leur apparence extérieure les tentacules des Bryo-

zoaires, et notamment ceux que portent les bras des *Rhabdopleura*. Ces cirres sont
tantôt disposés sur un seul rang, tantôt sur deux rangs alternants; ils sont mobiles,
contractiles et sans cesse animés de mouvements divers.
Chaque bras porte, en outre, longeant la base des cirres
une membrane libre, la *lèvre*, qui se relie dorsalement
à la lèvre du côté opposé, en passant au-dessous de la
bouche. La ligne des cirres se continue d'autre part
au-dessous de cet orifice, et leur base est, dans la région
buccale, unie par une membrane qui forme une sorte
de lèvre inférieure. La lèvre et les cirres peuvent se
rabattre sur la bouche de manière à la masquer complètement. La structure des cirres et des bras ne diffère
pas essentiellement de celle des téguments dont ils ne
sont que des appendices. On y retrouve toujours les
deux épithéliums comprenant entre eux une lame cartilagineuse; seulement ici
l'épithélium interne est
pavimenteux. Une cloi-
son complète, partant
de la base de la lèvre,
divise la cavité du bras
en deux canaux très
inégaux, l'un à section
circulaire, le *canal de la
lèvre*, l'autre en forme
de demi-croissant, le *canal des cirres* (fig. 1072);

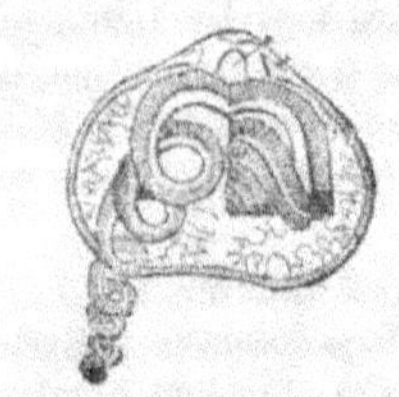

Fig. 1069. — *Rhynchonella (Hemithyris) psittacea* dans la valve
dorsale (d'après Owen).

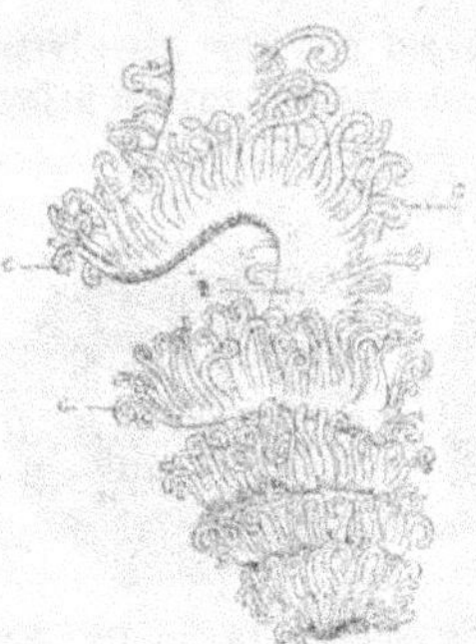

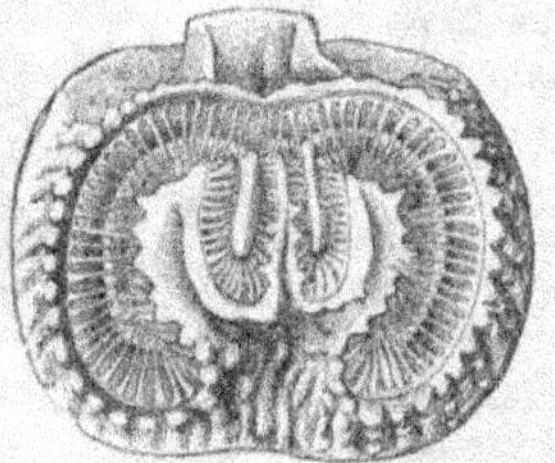

Fig. 1070. — Extrémité d'un bras   Fig. 1071. — *Lacazella mediterranea*;
de *Crania rostrata*. — *b*, bras;   valve ventrale enlevée (d'après Wood-
c, cuisse (d'après Joubin).   ward).

la cavité de ce dernier est encore rétrécie par la présence du muscle rétracteur du
bras. Ces deux canaux, indépendants sur toute leur étendue, s'ouvrent dans la
cavité viscérale, les canaux de la lèvre par deux orifices
valvulaires, situés de chaque côté, les canaux des cirres par
un orifice unique, médian, qui s'ouvre dans la région péri-
œsophagienne comme les deux premiers, de sorte que par
cette région périœsophagienne, modifiée d'une manière spéciale, les deux systèmes de canaux communiquent ensemble.
Les cirres ne contiennent qu'un canal étroit qui communique
avec le canal brachial correspondant de l'œsophage. Le
cartilage des cirres se décompose en une série de disques
empilés; il est, en outre, souvent marqué à sa surface de
lignes en relief, s'enroulant en hélice et rappelant le filament
hélicoïdal des trachées des Insectes. Au-dessous de ce cartilage se trouvent des fibres musculaires, des fibrilles nerveuses et enfin l'épithélium interne à gros noyaux; les
disques cartilagineux sont dans certains genres (*Mühlfeldtia*,

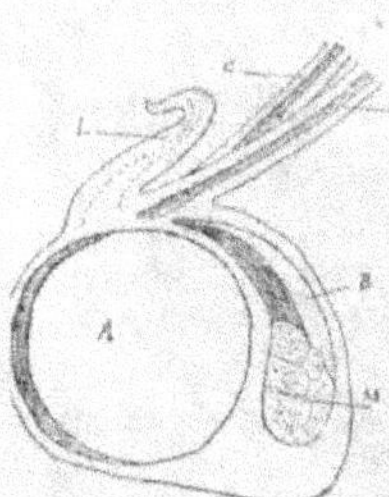

Fig. 1072. — Coupe d'un bras
de *Lingula anatina*. — *A*,
canal du bras; *B*, canal des
cirres; *M*, muscle du bras;
L, lèvre; *C*, cirres (d'après
Gratiolet).

Terebratulina) associés à des spicules calcaires, formant également des anneaux qui
permettent au cirre de s'enrouler en spirale.

Appareil musculaire. — Les Brachiopodes sont pourvus de muscles nombreux qu'on peut diviser en trois groupes : 1° les *muscles divaricateurs* ou *diducteurs* qui ouvrent la coquille; 2° les *muscles adducteurs* ou *occluseurs* qui la ferment; 3° les *muscles ajusteurs* qui déterminent la position des deux valves de la coquille, soit l'une par rapport à l'autre (Inarticulés), soit par rapport au pédoncule (Articulés).

Ces muscles sont plus nombreux chez les INARTICULÉS que chez les ARTICULÉS et autrement disposés. Leurs insertions forment, sur la coquille des *Lingula* (fig. 1073), un losange qui entoure la masse viscérale; on en compte cinq paires, plus une impaire, postérieure (*i*); cette dernière est l'impression du *muscle*

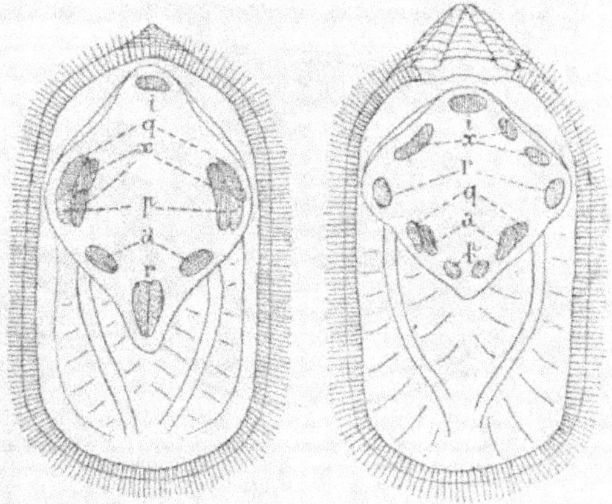

Fig. 1073. — Système musculaire de la *Lingula anatina*. — *A*, valve dorsale; *B*, valve ventrale; *i*, muscle impair, umbonal, diducteur; *a*, m. adducteurs; *x*, m. rotateurs; *p.q.* m. protracteurs de la valve dorsale; *r*, m. rétracteurs de la valve dorsale (d'après King).

diducteur qui est unique, et se borne à faire entrebâiller les valves. Trois paires d'impressions forment un groupe unique aux sommets latéraux du losange; deux appartiennent aux *muscles protracteurs* qui vont obliquement et d'avant en arrière, de la valve ventrale à la valve dorsale, et projettent la valve dorsale en avant: la troisième est celle des *muscles rotateurs* qui vont obliquement, en s'entrecroisant dans la cavité viscérale, de l'un des côtés de la valve ventrale au côté opposé de la valve dorsale. La quatrième paire d'impressions est située au milieu des côtés antérieurs du losange : c'est celle des *muscles adducteurs* qui vont perpendiculairement d'une valve à l'autre. Enfin les impressions qui occupent le sommet antérieur du losange sont celles des *muscles rétracteurs* de la valve dorsale, antago-

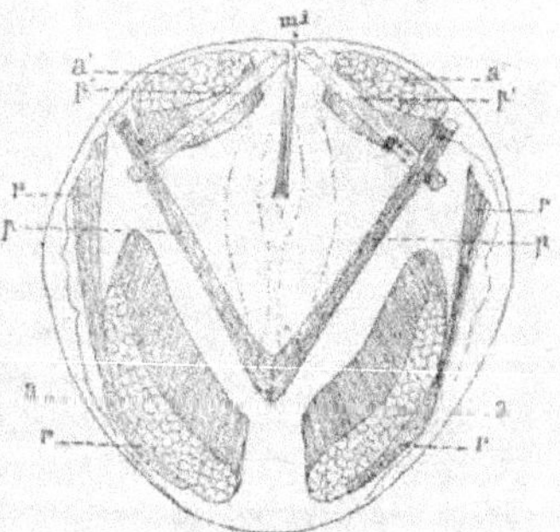

Fig. 1074. — Système musculaire de la *Discinisca lamellosa* vue du côté dorsal; la valve dorsale et le lobe palléal correspondant ayant été enlevés. — *a*, muscles adducteurs postérieurs ou cardinaux ; *a'*, m. adducteurs antérieurs ou latéraux ; *r*, m. rétracteurs ; *p, p'*, m. protracteurs ; *mi*, m. impair (d'après Joubin).

nistes des muscles protracteurs. Ces mêmes muscles existent, mais plus écartés les uns des autres chez les *Crania*, où on trouve une deuxième paire d'adducteurs, les *adducteurs postérieurs*, et deux paires de protracteurs qui, outre leur rôle habituel, remplacent physiologiquement les rotateurs disparus; de plus la valve dorsale porte une paire d'empreintes nouvelles pour les protracteurs des bras, ainsi que l'empreinte impaire d'un muscle qui se rend aux viscères, et sert soit à favoriser l'expulsion des éléments génitaux (Joubin), soit à tirer en arrière le tube digestif (Davidson). Les *Discina* (fig. 1074) présentent une disposition des muscles analogue à celle des *Crania*, mais les muscles viscéraux qui partent de la valve dorsale font défaut.

Toutes les masses musculaires des Inarticulés sont cylindriques; celles des Articulés sont coniques et moins nombreuses. On compte chez ces Brachiopodes d'arrière en avant, sur la face ventrale, les impressions des muscles suivants (fig. 1075) : 1° le *pédonculaire postérieur* qui est impair; 2° les *diducteurs accessoires* qui sont petits; 3° les *pédonculaires antérieurs* qui sont pairs; 4° les *muscles diducteurs* qui s'insèrent par une large base sur la

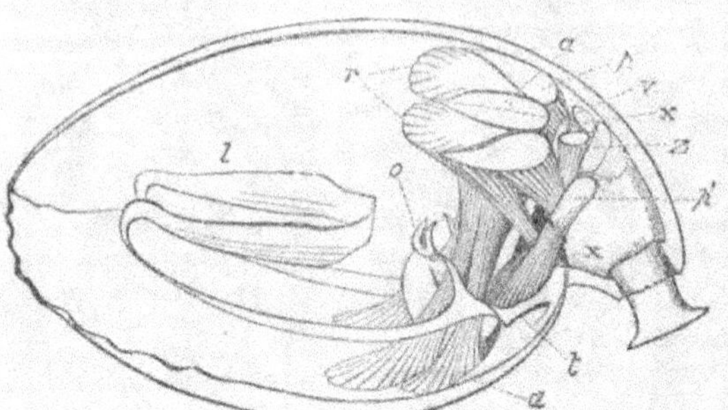

Fig. 1075. — Système musculaire de *Magellania* vu de profil — *ad*, adducteurs; *dd*, diducteurs; *p*, pédonculaires ventraux; *pd*, pédonculaires dorsaux; *z*, pédonculaire médian; *o*, bouche; *i*, intestin; *t*, plateau cardinal; *b*, support brachial (d'après Hancock).

valve ventrale et par une pointe tendineuse sur le processus cardinal auquel aboutissent les deux *diducteurs accessoires*; 5° au centre de l'espace circonscrit par les muscles, les empreintes accolées des *muscles adducteurs* qui forment sur la valve dorsale deux paires d'empreintes séparées. En raison de l'existence d'une charnière, il ne saurait y avoir ici ni muscles rétracteurs, ni muscles protracteurs, ni muscles rotateurs; ces muscles sont remplacés par les muscles pédonculaires qui déterminent la position de l'ensemble des deux valves par rapport au pédoncule, mais ne sauraient les mouvoir l'une par rapport à l'autre. Les seuls mouvements relatifs des deux valves sont ici les

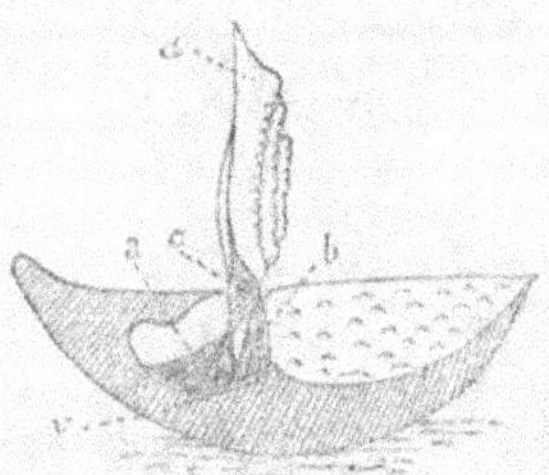

Fig. 1076. — Coupe longitudinale de *Lacazella mediterranea*. — *v*, valve ventrale; *d*, valve dorsale; *c*, dent cardinale, servant de pivot à la valve dorsale; *a*, muscle adducteur; *b*, muscle diducteur (d'après de Lacaze-Duthiers).

mouvements d'ouverture et de fermeture; le mouvement d'ouverture est même généralement assez limité; c'est seulement chez les *Lacazella* (fig. 1076) que la valve supérieure peut devenir normale à la valve inférieure.

Tube digestif. — Le tube digestif présente une bouche et un anus dans l'ordre des Inarticulés; il est dépourvu d'anus dans celui des Articulés. A cette différence fondamentale correspondent des différences secondaires qui sont cependant encore frappantes. Le tube digestif est long; il décrit quatre circonvolutions chez les *Lingula* (fig. 1077), une chez les *Discina*, trois quarts de cercle chez les *Crania* (fig. 1078); il est simplement courbé dans le plan vertical chez les Articulés, et passe au milieu du plateau cardinal, dans lequel est ménagée, à cet effet, soit une échancrure (*Rhynchonella, Terebratula*), soit une ouverture circulaire (*Centronella*). Le tube digestif est alors terminé en cæcum (*Rhynchonella*, fig. 1079, *c*) ou en pointe prolongée par un cordon filiforme (Terebratulidæ, fig. 1080, *l*).

La bouche est en forme de fente horizontale, légèrement arquée, sans autre disposition accessoire que la lèvre et la ligne de cirres entre lesquelles elle est comprise; elle conduit dans un œsophage qui occupe la ligne médiane du corps, se dirige d'avant en arrière chez les INARTICULÉS, décrit un arc assez allongé chez les *Rhynchonella* et marche obliquement de bas en haut et d'arrière en avant chez les TEREBRATULIDÆ. L'œsophage

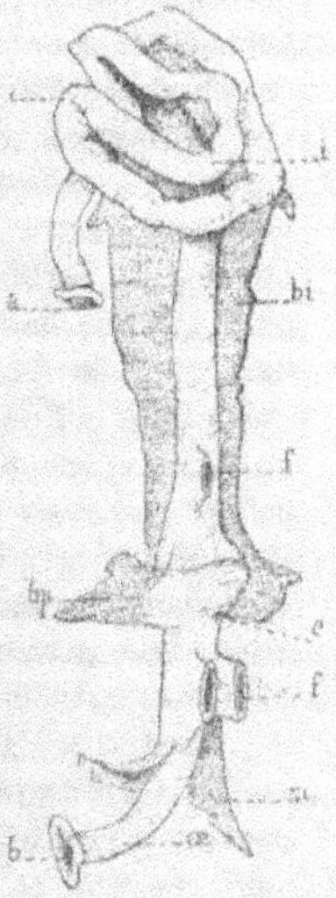

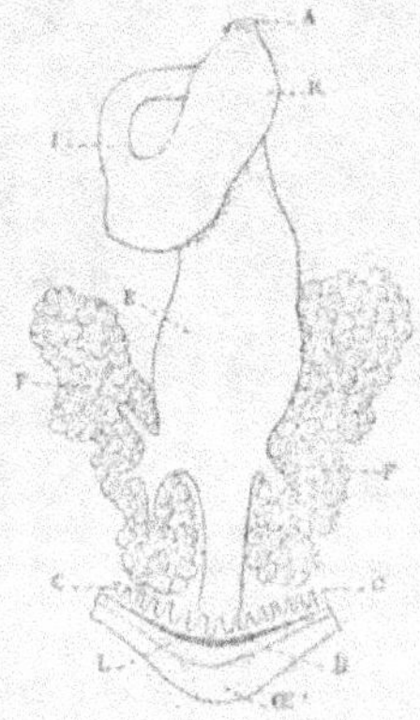

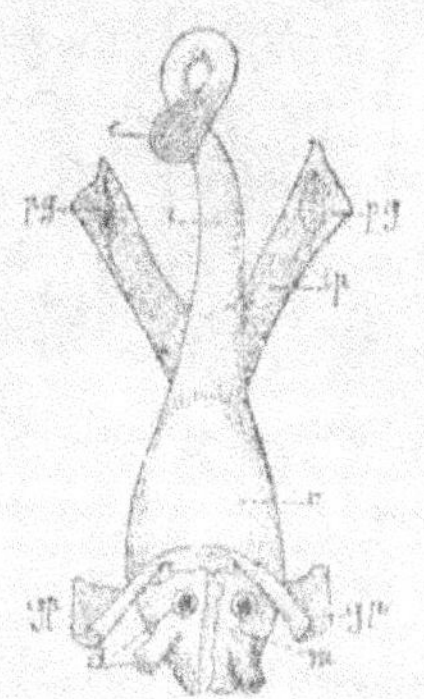

Fig. 1077. — Tube digestif de *Lingula anatina*. — *b*, bouche; *œ*, œsophage; *e*, estomac; *f*, orifices hépatiques; *i*, intestin; *a*, anus; *œt*, mésentère; *bp*, bande gastro-pariétale; *bi*, bande gastro-iléale (d'après Hancock).

Fig. 1078. — Tube digestif de *crania rostrata*. — *c*, cirres de la lèvre ventrale relevée et coupée; *B*, bouche; *L*, lèvre dorsale; *E*, estomac; *I*, intestin; *R*, rectum; *A*, anus; *F*, glandes gastriques (d'après Joubin).

Fig. 1079. — Tube digestif de *Rhynchonella* (*Hemithyris psittacea*). *d*, orifices des glandes gastriques; *m*, mésentère; *gp*, bande gastro-pariétale; *e*, estomac; *i*, intestin; *c*, cæcum intestinal; *py*, pavillon des néphridies (d'après Hancock).

conduit dans un estomac à peine plus large que lui chez les *Lingula* et *Orbicula*, un peu plus dilaté chez les *Rhynchonella* et les *Terebratula*, et qui est divisé chez les *Discina* et les *Crania* par un étranglement médian en deux parties dont la postérieure, plus courte, plus étroite, est de forme conique. L'intestin qui fait suite à l'estomac est la portion qui décrit des circonvolutions chez les INARTICULÉS. Il se termine par un rectum qui est renflé chez les *Crania*, et aboutit à un anus à la fois dorsal et latéral chez les *Discina* et *Lingula* (PLEUROPYGIA), médian chez les *Crania*. L'épithélium interne de l'intestin est analogue à celui de la surface du corps.

Tout le tube digestif est enveloppé d'une délicate membrane péritonéale d'où partent un *mésentère dorsal*, un *mésentère ventral*, des *bandes gastro-pariétales* et des *bandes iléo-pariétales*; il est ainsi suspendu dans la cavité générale.

Glandes gastriques. — Dans l'estomac débouchent les canaux excréteurs de volumineuses glandes en grappe, les *glandes gastriques* (fig. 1078, *F*; 1081, *L*), habituellement, mais improprement désignées sous le nom de *foie*. Ces orifices sont, chez les *Lingula*, au nombre de quatre, disposés par paires, deux à l'extrémité antérieure,

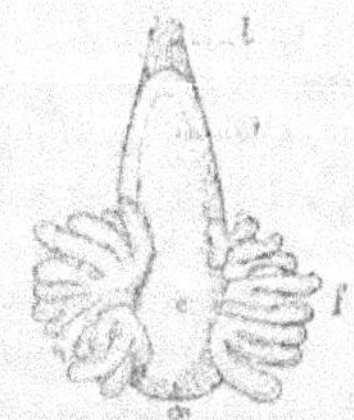

Fig. 1080. — Tube digestif de *Lacazella mediterranea*. — Mêmes lettres; *l*, ligament terminal de l'intestin (d'après Lacaze-Duthiers).

deux à l'extrémité postérieure de l'estomac (fig. 1077, *f*) ; la *Discinisca lamellosa* n'en a que trois ; l'orifice impair s'ouvrant à la région inférieure de l'estomac ; il n'y en a

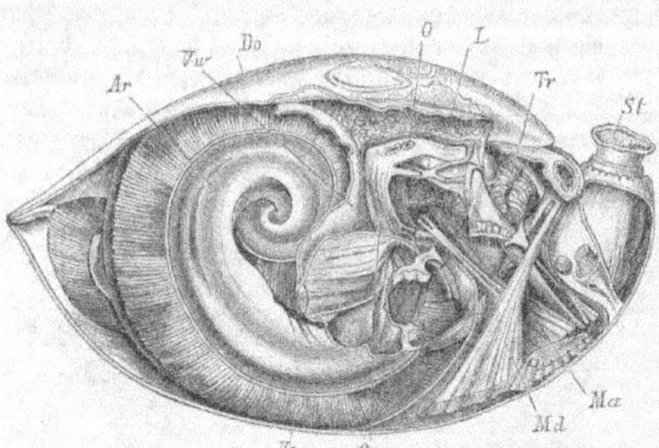

Fig. 1081. — Organisation de la *Magellania australis*. — *Do*, face dorsale; *Ve*, face ventrale; *st*, pédoncule; *Ma*, muscle adducteur; *Md*, muscle diducteur; *Ar*, bras; *Vis*, paroi antérieure de la cavité viscérale; *Oe*, œsophage; *O*, orifices des canaux hépatiques; *L*, glande gastrique; *Tr*, pavillon de la néphridie (d'après Hancock).

plus que deux, les antérieurs, chez les *Crania*. Les ARTICULÉS présentent une gradation semblable; il existe quatre ou même six orifices chez les *Magellania*, deux chez les *Rhynchonella*, et ces deux orifices peuvent même se réunir en un seul chez certains spécimens de *Lacazella*. Ces glandes, bien que l'épithélium de leurs *acini* soit formé de cellules plus courtes et plus glanduleuses que celles du tube digestif, ne doivent être considérées que comme de simples diverticules de l'estomac. C'est ainsi qu'elles se présentent chez les jeunes individus et même chez les *Lacazella* adultes (fig. 1080, *f*); les Diatomées et les êtres microscopiques dont se nourrissent les Brachiopodes peuvent y pénétrer, et en sont chassés par les mouvements péristaltiques qui se propagent jusqu'à l'extrémité des cæcums (jeunes *Rhynchonella*).

Circulation. — Hancock[1] a décrit chez les Brachiopodes un appareil circulatoire comprenant un cœur dorsal, des vaisseaux peu ramifiés, longeant la ligne médiane du tube digestif ou se rendant aux organes génitaux et présentant, à leur entrée dans chacun de ces organes, une vésicule contractile accessoire, en tout quatre : deux dorsales et deux ventrales. La vésicule impaire qui jouerait le rôle de cœur a été retrouvée par les observateurs plus récents, mais ils n'ont pu voir aucun canal en partir; les vésicules pulsatiles accessoires paraissent être des dépendances de l'appareil génital, de sorte qu'on s'accorde à refuser aujourd'hui aux Brachiopodes d'autre appareil circulatoire que les canaux des bras, la cavité générale et les sinus palléaux qui en dépendent. Ces sinus forment, à la surface du manteau, de légères saillies qui s'impriment sur la surface interne de la coquille, où l'on peut reconnaître leur disposition générale, même chez les espèces fossiles. C'est chez les *Lingula* que les sinus palléaux présentent leur maximum de complication. On peut en compter jusqu'à douze sur la valve dorsale; sur le trajet de chacun d'eux, il existe de cinq à onze diverticules à contractions rythmiques qui fonctionnent physiologiquement comme des ampoules cardiaques (Morse). Ces sinus envoient

---

[1] HANCOCK, *On the organisation of Brachiopoda*; Philosophical Transactions of the Royal Society, vol. 158, part. II, 1859.

des ramifications vers le bord des valves et, en outre, chez les *Lingula* (fig. 1082), vers le centre des valves. Cet appareil se simplifie chez les *Discina* où les sinus sont si bien endigués qu'on pourrait les prendre pour des vaisseaux. Chez les *Crania* où les dispositions sont encore plus simples, apparaît un fait nouveau qui deviendra général chez les Articulés :

la pénétration des glandes génitales dans les sinus palléaux. Chez les *Rhynchonella* (fig. 1086), les sinus sont constitués par une paire de vastes expansions qui contiennent les organes génitaux ; ces expansions se bifurquent en avant pour former ensemble deux sinus internes qui se dirigent vers le bord palléal en se ramifiant, et deux sinus externes qui se réfléchissent en arrière, en se rami-

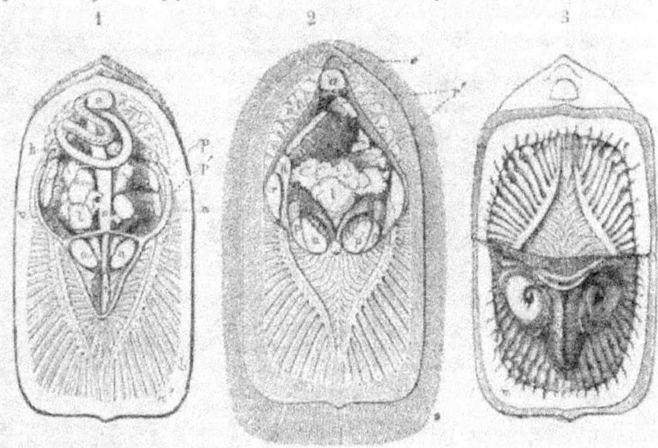

Fig. 1082. — *Lingula anatina*. — 1, vue par la face dorsale, la valve dorsale et un lobe palléal enlevés ; 2, vue par la face ventrale, la valve ventrale et son lobe palléal enlevés ; 3, vue par la face dorsale, le lobe palléal correspondant étant soulevé. — a', muscle impair umbonal ; aa, adducteurs ; t', rotateurs ; r, rétracteurs de la valve dorsale ; p', p', protracteurs de la valve dorsale ; s, soies ; b, sinus palléaux ; m, m', bord palléal ; o, œsophage ; s, estomac ; l, glandes gastriques ; i, intestin (d'après Woodward).

fiant sur tous les bords latéraux du manteau. Cette division devient plus profonde chez les *Terebratulina* où les organes génitaux sont par cela même forcés de pénétrer dans les branches externes des sinus primitifs, ainsi divisés, et remplacés, en fait, par quatre sinus, deux latéraux et deux médians. Les sinus médians eux-mêmes sont envahis par les organes génitaux dans le lobe ventral du manteau des *Mac-Andrewia* (fig. 1087). En revanche, il n'y a de glandes génitales que dans le lobe ventral et dans deux sinus seulement chez les *Thecidea*.

La respiration s'accomplit au travers des téguments sans qu'aucun organe soit nettement spécialisé dans ce but. Les plis que présente le manteau des *Lingula* et dans lesquels sont placées les ampoules contractiles du sinus, en augmentant la surface du manteau, favorisent sans aucun doute les échanges gazeux.

Néphridies. — Les néphridies sont très développées chez les Brachiopodes : à leur rôle épurateur elles ajoutent la fonction d'organes excréteurs de l'appareil génital, ainsi que nous le verrons également réalisé chez beaucoup de Vers et de Mollusques et même, dans une certaine mesure, chez les Vertébrés. Seules parmi les Brachiopodes vivants, les *Rhynchonella* possèdent deux paires de néphridies, partout ailleurs il n'en existe qu'une seule paire, mais l'existence de cette paire est constante. Chaque néphridie est composée d'un vaste pavillon vibratile qui s'ouvre dans la cavité générale, et d'une poche glandulaire qui s'ouvre au dehors par un orifice en forme de fente comprise entre deux lèvres mues par des fibres musculaires spéciales (*Lingula, Discina, Crania, Rhynchonella*) ou à l'extrémité d'un petit tubercule (*Terebratulina*). Les pavillons vibratiles sont placés de chaque côté de l'œsophage ; ils sont fortement plissés, triangulaires (*Magellania*, fig. 1083), ovales (*Discina*), ou fendus

en deux lobes allongés, pointus, inégaux : le supérieur qui est aussi le plus petit est
fixé par son extrémité à la membrane iléo-pariétale ; l'inférieur à la membrane qui
entoure le muscle adducteur postérieur (*Crania*, fig. 1084). Les parois de la poche
glandulaire sont formées de trois couches de tissus : un épithélium externe à cel-

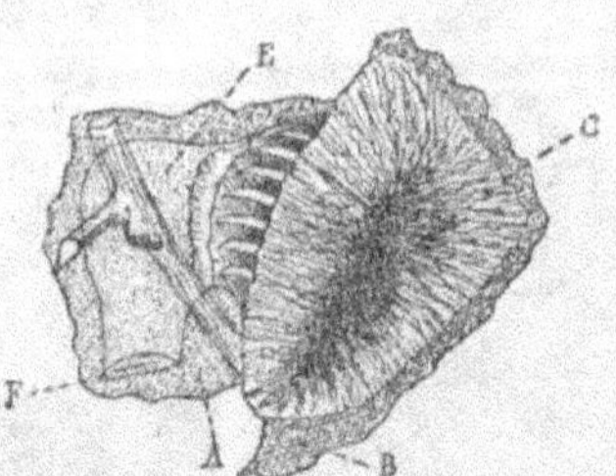

Fig. 1083. — *Néphridie de Magellania flavescens.*
—*C*, pavillon ; *E*, tube néphridien ; *F*, son orifice
externe ; *A*, paroi de la cavité viscérale ; *B*, membrane iléo-pariétale.

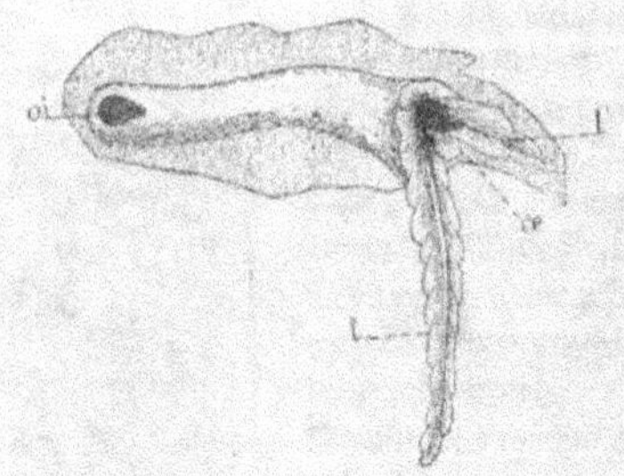

Fig. 1084. — *Néphridie de Crania rostrata.* — *l*, *l*,
lèvre du pavillon ; *œ*, orifice interne ; *of*, orifice externe
(d'après Joubin).

lules plates, une lame cartilagineuse et intérieurement une couche de longues
cellules glandulaires, remplies de granulations jaunes,
rougeâtres ou rouge vif, et dont la coloration est plus
foncée chez les mâles que chez les femelles. Ces cellules sont surmontées d'un plateau qui porte de longs
cils vibratiles. Un muscle impair médian, s'insérant,
on l'a vu, sur le milieu de la valve dorsale, au voisinage de l'anus, est en relation avec les néphridies et
provoque chez elles des mouvements qui peuvent
favoriser l'émission des produits génitaux.

Organes des sens ; système nerveux. — Les Brachiopodes adultes n'ont ni organes d'audition, ni
organes de vision, et on ne leur trouve pas d'organes
du goût, de l'odorat et du tact nettement différenciés.
Le système nerveux est lui-même très réduit ; sa
partie centrale se compose d'une sorte de cadre nerveux, entourant l'œsophage dont toutes les parties
sont sensiblement de même diamètre chez les *Lingula*
et *Crania*, tandis que chez les *Terebratula*, *Magellania*,
etc., une bandelette dorsale et une bandelette ventrale
plus larges peuvent être considérées comme représentant des ganglions nerveux sus-œsophagiens et sous-
œsophagiens (fig. 1085) ; de véritables ganglions sous-
œsophagiens, au nombre de trois, se caractérisent
chez les *Thecidea*.

La bandelette sus-œsophagienne envoie toujours
des filets nerveux à la région péri-buccale et fournit
une paire de nerfs à la lèvre inférieure et aux bras.
Chez les *Crania* les nerfs brachiaux se détachent des

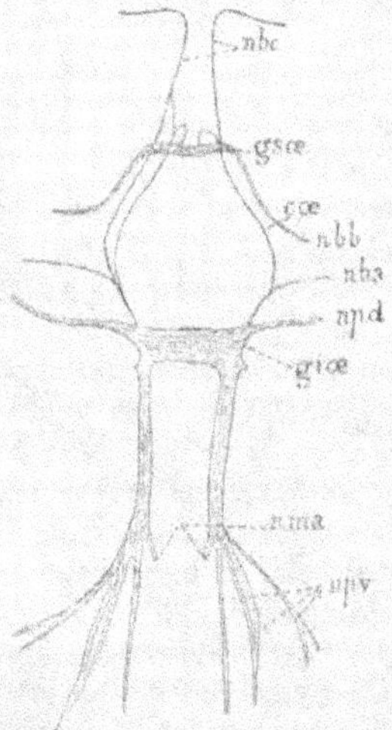

Fig. 1085. — Système nerveux de
Liothyrina vitrea. — *gicc*, ganglion
sous-œsophagien ; *gsœ*, ganglion
sus-œsophagien ; *cœ*, collier œsophagien ; *npd*, nerf palléal dorsal ;
nba, nerf brachial venant du ganglion sous-œsophagien et innervant
les cirres ; *nbc*, nerf de la paroi antérieure du bras ; *npv*, nerfs palléo-
ventraux ; *nma*, nerfs des muscles
adducteurs ; *nbb*, nerf brachial partant du ganglion sus-œsophagien ;
nba, nerf de la paroi postérieure des
bras (d'après van Bemmelen).

nerfs labiaux; mais au lieu d'être constitués, comme eux, par un filet grêle, ils naissent par plusieurs filaments qui s'anastomosent et se ramifient de manière à former, tout le long des bras, un vaste plexus composé de cellules ganglionnaires et de filaments nerveux entremêlés, plexus d'où partent des filets nerveux, également entremêlés de cellules se rendant d'une part à l'épithélium, d'autre part aux cirres. Chez les *Terebratulina*, *Liothyrina*, *Magellania*, les bras sont innervés non seulement par les ganglions sus-œsophagiens, mais encore ils reçoivent des commissures périœsophagiennes, deux nerfs qui se rendent l'un à leur paroi antérieure, l'autre dans leur paroi postérieure (fig. 1085). Tous les nerfs brachiaux sont reliés entre eux par un riche plexus ganglionnaire sous-épithélial.

Les ganglions sous-œsophagiens fournissent les nerfs palléaux : ceux du lobe dorsal et ceux du lobe ventral naissent séparément. On distingue toujours une paire de nerfs pour les muscles adducteurs; mais ces nerfs ont une origine très variable : ils naissent des nerfs brachiaux, issus eux-mêmes des ganglions cérébroïdes chez les *Discina*, du nerf palléal dorsal chez les *Crania*, du nerf palléal ventral chez les TEREBRATULIDÆ. Le fait que les bras des Brachiopodes peuvent recevoir simultanément des nerfs de deux origines différentes, celui que les muscles adducteurs peuvent être innervés par des nerfs dont l'origine varie d'un type à l'autre, montre combien il est inexact d'admettre *à priori* que les rapports des organes avec le système nerveux sont toujours un *criterium* permettant de déterminer leur nature morphologique, et confirme les observations déjà présentées à cet égard en ce qui concerne les Arthropodes (p. 868).

Glandes génitales. — Il n'y a pas de reproduction asexuée chez les Brachiopodes. Sauf quelques rares exceptions, les sexes sont séparés, mais les glandes génitales, de même que leur appareil excréteur, constitués, comme nous l'avons dit, par les néphridies présentent exactement la même constitution dans les deux sexes. C'est seulement à la couleur plus foncée des glandes, quand elles sont arrivées à maturité, que les femelles se reconnaissent. Exceptionnellement

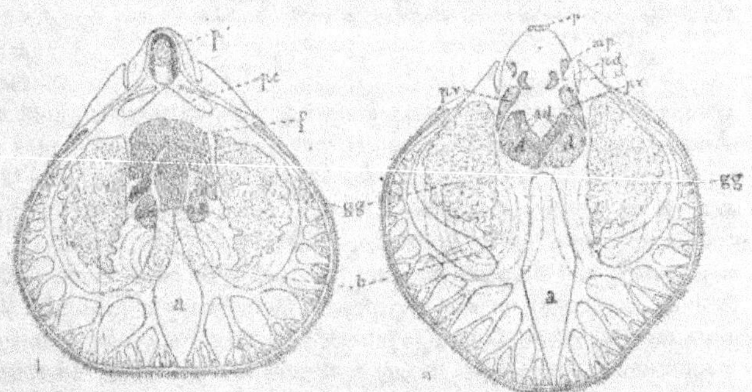

Fig. 1086. — 1, lobe palléal dorsal; 2, lobe palléal ventral de *Rhynchonella psittacea*. — a, lobe palléal; gg, glandes génitales; p, pédonculaires; f, glandes gastriques; ad, muscles adducteurs; dd', diducteurs; pa, mp, pédonculaires; pc, place des crura; pd, place des dents; b, bras, en pointillé (d'après Hancock).

on trouve dans la forme des cirres brachiaux des *Lacazella* et des *Cistella* un nouveau caractère sexuel. Chez ces animaux les œufs se développent dans une poche incubatrice spéciale, située entre les ovaires, au fond de la valve ventrale.

Situées dans la cavité générale chez les formes qui représentent les Brachiopodes les plus anciens (*Lingula*, *Discina*), dans les formes plus récentes les glandes génitales émigrent d'abord partiellement (*Crania, Rhynchonella,* fig. 1086; *Terebratulina*), ensuite, nous l'avons vu, totalement (*Terebratula, Magellania, Mac-Andrewia,* fig. 1087) dans les sinus palléaux. Les *Crania, Rhynchonella, Terebratulina* ont une paire de glandes dans la cavité générale, une autre dans chacun des lobes du manteau. Quand elles sont situées dans la cavité générale, les glandes se trouvent au voisinage de la bouche, de chaque côté de l'œsophage, et sont suspendues à la paroi dorsale de la cavité viscérale ; quand elles ont envahi les sinus palléaux, elles sont fixées à la paroi du sinus opposée à la coquille par une lame qui les suit dans toute leur longueur. On a vu, p. 1517, quels étaient les rapports de nombre des glandes génitales avec les sinus palléaux. Chaque glande est traversée dans toute sa longueur par un canal creusé dans un repli de tissu conjonctif et communiquant largement avec la cavité générale. Qu'ils soient contenus dans la cavité générale ou dans les sinus palléaux, c'est toujours aux dépens de l'épithélium péritonéal que se développent les éléments génitaux. Tout le long du bord libre de la bandelette de suspension qui se développe la première, les cellules destinées à devenir des ovules grossissent, et ne tardent pas à former une bande à parois irrégulièrement bosselées par les œufs arrivés à des degrés divers de maturité ; les ovules s'éloignent de la bandelette à mesure qu'ils grossissent, de sorte que les œufs les plus jeunes sont au voisinage de la bandelette, les œufs les plus âgés à la périphérie. Entre les œufs sont disséminées de nombreuses petites cellules qui ne se transforment pas en ovules, et qui forment une sorte de trame, dans laquelle les ovules en cours d'évolution sont placés. Les éléments les plus superficiels de cette trame se disposent à la surface de la glande en une enveloppe membraneuse continue. A mesure que les œufs mûrissent, ils font à la surface de la glande une hernie de plus en plus volumineuse ; finalement ils en émergent tout à fait, et ne sont plus rattachés à leur organe d'origine que par un grêle pédoncule qui finit lui-même par se rompre. L'œuf tombe alors dans la cavité générale ; à ce moment, les cellules constitutives de l'enveloppe folliculaire qui l'entourait ne sont plus apparentes. Entraîné par le mouvement des cils des pavillons vibratiles des néphridies, l'œuf pénètre dans ces conduits, d'où il est chassé au dehors.

Les testicules se distinguent de suite des ovaires par leur couleur blanche et l'absence de bosselures à leur surface. La masse glandulaire qui affecte la même disposition et a la même origine que la masse ovarique est, en effet, formée, au début, de cellules toutes semblables entre elles. Le stroma y est lui-même très

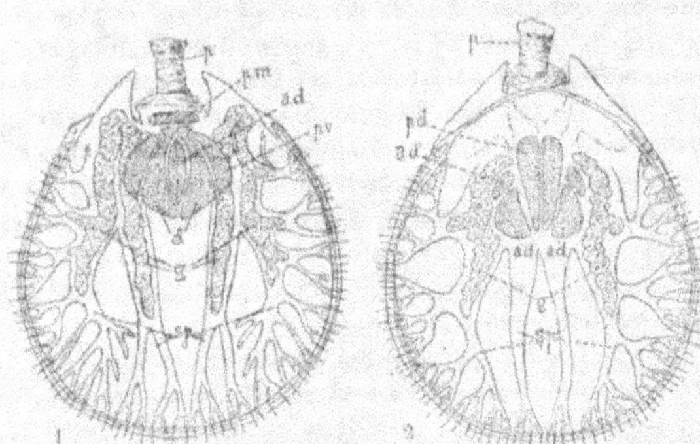

Fig. 1087. — Lobes palléaux de *Mac-Andrewia cranium,* mêmes lettres que dans la figure précédente.

réduit. Ces cellules sont des spermatogonies dont les plus voisines de la périphérie sont les premières à produire des spermatozoïdes par les procédés habituels de division de la spermatogonie et de différenciation de ses cellules filles. Les spermatozoïdes ont une tête et une queue bien distinctes. La tête est renflée et munie d'un rostre très réfringent, la queue s'y insère de diverses façons, ce qui n'a d'ailleurs aucune importance. Les spermatozoïdes sont récoltés et chassés au dehors par les néphridies. Il est probable que la fécondation est extérieure. Toutefois chez les espèces incubatrices (*Thecidea*, *Cistella*) elle a forcément lieu entre les lobes du manteau.

Développement [1]. — Le développement des œufs a lieu, en général, en liberté, et la fécondation est externe; toutefois les *Thecidea* et les *Cistella* possèdent une véritable chambre d'incubation, située entre les ovaires, au fond de la valve ventrale et formée par une expansion médiane du manteau. Les œufs et les embryons y sont fixés à l'extrémité des deux cirres les plus rapprochés de la bouche (fig. 1088 et 1089). Les œufs ont, après la ponte, leur vitellus entouré d'une couche transparente; ceux des *Terebratulina* sont ciliés et se meuvent lentement dans le liquide ambiant.

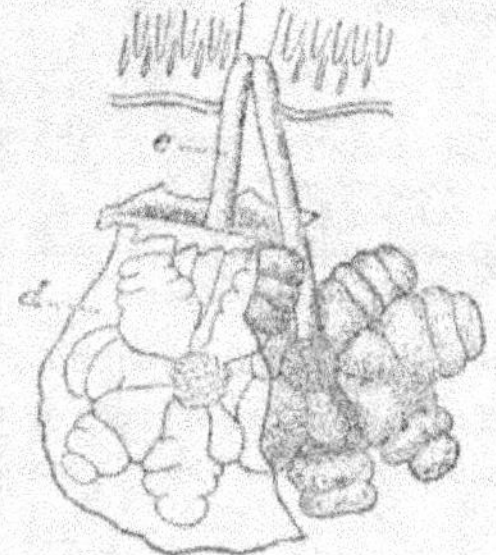

Fig. 1088. — Fragment de la poche incubatrice de la *Lacazella mediterranea*. — *a*, cirres supportant les larves; *d*, paroi de la poche (d'après Lacaze-Duthiers).

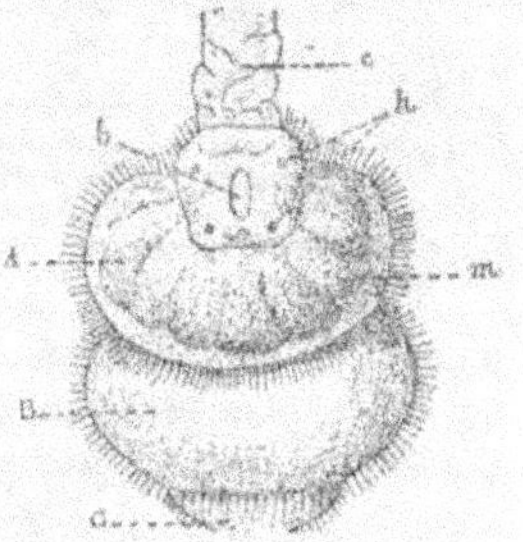

Fig. 1089. — Larve de *Lacazella mediterranea*. — *c*, cirre suspenseur; *b*, points oculiformes; *h*, bouche; *m*, lobe des glandes gastriques; *A*, *B*, *C*, les trois segments du corps (d'après Lacaze-Duthiers).

Ils ne tardent pas à se segmenter. La segmentation, régulière chez les *Cistella* (*Argiope*) et *Terebratula*, aboutit à la formation d'une *blastula* à large cavité de segmentation qui se transforme par invagination en gastrula (fig. 1090). Le blastopore ne se ferme pas, mais devient excentrique. La cavité de segmentation est, au contraire, petite chez les *Thecidea*, et la *blastula* se change en une *morula* pleine, à plusieurs couches de cellules, dans laquelle ne tardent pas à se développer trois cavités, l'une médiane est la cavité digestive primitive, les deux autres sont les ébauches du cœlome. Le cœlome se forme tout autrement chez les *Cistella*. Si les observations de Kowalevsky faites par transparence sont confirmées par la méthode des

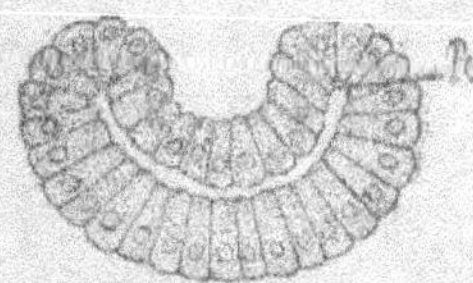

Fig. 1090. — *Gastrula de Cistella neapolitana* vue en coupe optique (d'après Kowalevsky).

coupes, l'entérocèle produirait deux diverticules latéraux (fig. 1091, *a*, *Lh*), qui se sépareraient peu à peu complétement de lui et, continuant à grandir, viendraient s'appliquer contre la paroi du corps d'une part, contre l'intestin primitif d'autre part et formeraient, en s'adossant, les deux mésentères qui relient le tube digestif à

[1] Kowalevsky, *Observations sur le développement des Brachiopodes*, Moscou, 1874. Résumé par Œhlert dans les Archives de Zoologie expérimentale, 2ᵉ série, t. I, 1883, p. 57.

observées avaient un peu dépassé le stade auquel nous sommes arrivés pour les
larves de *Terebratulina*. La larve (fig. 1096) est alors enfermée entre deux valves circulaires, tronquées en ligne droite en arrière et munies
d'une petite pointe à chaque extrémité de la troncature. La bouche ne tarde pas à être entourée de
quinze cirres, divisés en trois groupes, de cinq cirres
chacun : un dorsal impair, deux ventraux symétriques. Le groupe des cirres dorsaux se constitue le
premier; son cirre médian est le plus âgé, les autres
se forment symétriquement de telle façon que les
nouveaux cirres se montrent toujours entre le cirre
impair et les cirres apparus en dernier lieu. La bouche
est béante; elle conduit dans une poche gastrique,
fortement ciliée et divisée incomplètement en deux
chambres. L'antérieure, qui est la plus grande, a ses
cellules bourrées de corpuscules jaunes, huileux,
réfringents, et contient toujours une petite masse
sphéroïdale d'aliments. La chambre postérieure est sphéroïdale; ses cellules parié-

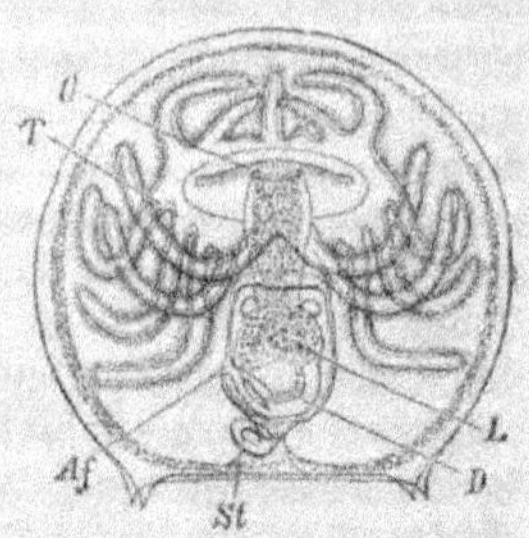

Fig. 1096. — Larves de *Glottidia
pyramidata* vue par la face ven-
trale. — *T*, tentacules; *O*, bouche;
D, tube digestif; *Af*, anus; *L*, foie;
St, rudiment du pédoncule (d'après
Brooks).

tales ne contiennent pas de gouttelettes huileuses; elle conduit dans l'intestin qui est
court, arqué latéralement et s'ouvre à l'extérieur par un anus situé du côté droit. Cette
position latérale
de l'anus est, sans
doute, un phéno-
mène d'adaptation
consécutif au dé-
veloppement de la
coquille, comme
la forme en U du
tube digestif et le
transport de l'a-
nus vers la région
antérieure du
corps chez nombre
d'animaux fixés
ou tubicoles. Le
pédoncule est en-
core rudimen-
taire. Le liquide
de la cavité géné-
rale présente une

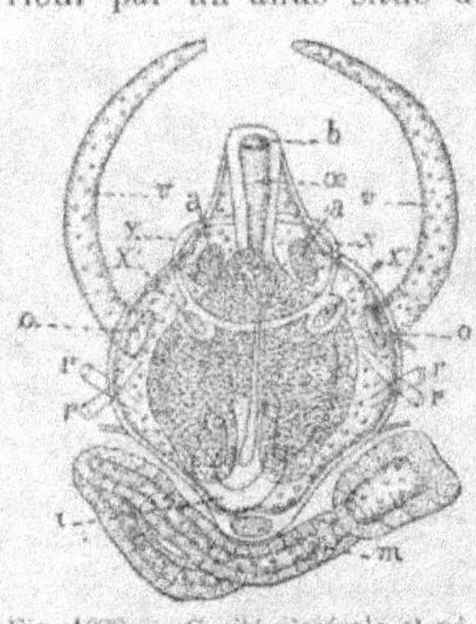

Fig. 1097. — Jeune *Glottidia pyramidata* vue
du côté ventral. — *n*, sinus palléaux; *o*, leur
orifice dans la cavité générale; *b*, bouche;
l, lèvre; *d*, disque brachial; *a*, *a*, muscles
adducteurs; *m*, m. umbonal impair; *p*, pédoncule; *i*, intestin (d'après Brooks).

Fig. 1098. — Cavité viscérale et pédoncule d'une *Glottidia pyramidata* vue du côté dorsal. — *a*, muscles
adducteurs; *r*, m. rotateurs; *x*, ganglions nerveux; *z*, otocystes; *v*,
sinus palléaux ciliés remplis de
corpuscules sanguins; *o*, leur orifice dans la cavité générale; *b*,
bouche; *œ*, œsophage; *i*, intestin;
p, pédoncule; *m*, muscle impair
umbonal (d'après Brooks).

teinte violette et contient deux sortes de corpuscules, les uns arrondis, transparents,
probablement amiboïdes, les autres légèrement teintés en violet, fusiformes et
munis à chaque extrémité d'un long flagellum. La paroi interne du corps est ciliée.
Les sinus palléaux apparaissent comme deux paires, l'une dorsale, l'autre ven-

trale, de diverticules de la cavité générale, ciliés, en forme de cornes; ils s'avancent peu à peu jusqu'au bord antérieur de chaque lobe palléal et fournissent en outre chacun un nouveau diverticule, en forme d'éperon, dirigé en arrière (fig. 1097 et 1098, *c*). Les muscles se développent dans l'ordre suivant : 1° les *adducteurs*, de chaque côté de l'œsophage, normalement aux valves; 2° le *diducteur*, impair, tout à fait à l'extrémité postérieure des valves; 3° les trois paires de *rotateurs*, allant obliquement d'une valve à l'autre et disposés de chaque côté de l'estomac; 4° les *rétracteurs* qui s'attachent d'une part à l'extrémité postérieure de la coquille, d'autre part à la région stomacale de l'animal qu'ils font rentrer à l'intérieur de la coquille. L'action de ce dernier muscle est comparable à celle du grand rétracteur des Bryozoaires avec lesquels l'animal présente d'ailleurs à ce moment une assez grande ressemblance (fig. 1099). Le pédoncule se différencie nettement, en même temps que le muscle diducteur impair; il demeure pelotonné à l'intérieur de la coquille pendant toute la durée de la vie pélagique. C'est un prolongement postérieur du corps, de forme cylindrique, légèrement renflé à son extrémité postérieure et formé de deux couches épithéliales, l'interne ciliée, comprenant entre elles une couche musculeuse. Le système nerveux est d'abord représenté par un ganglion sous-œsophagien qui émet latéralement deux cordons. Ces cordons s'allongent peu à peu, en contournant le tube digestif, de manière à arriver à sa face dorsale, y produisent deux ganglions et deux otocystes, et finalement se réunissent sur la ligne médiane dorsale; le système nerveux forme alors un collier œsophagien complet.

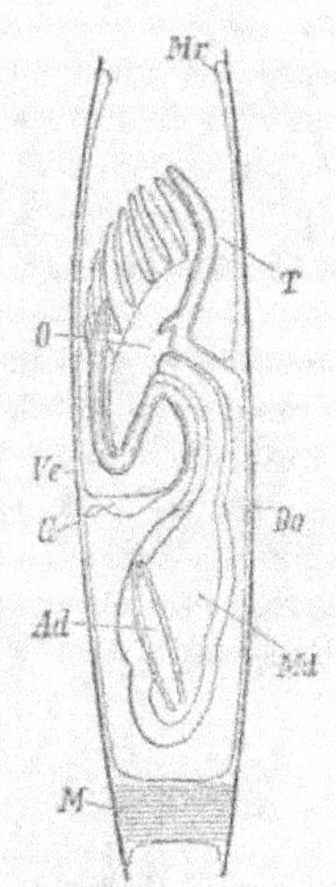

Fig. 1099. — Diagramme d'une section longitudinale de *Glottidia pyramidata*. — *Do*, valve dorsale; *Ve*, valve ventrale; *Mr*, bord épaissi du manteau; *T*, tentacules; *O*, bouche; *Md*, estomac; *Ad*, intestin; *M*, muscle postérieur; *G*, ganglion (d'après Brooks).

Les Articulés traversent, après leur fixation, des phases analogues de développement. La première coquille, dans le genre *Terebratulina*, est allongée transversalement; la charnière est droite, et la valve inférieure possède une grande *area* triangulaire et un large foramen. A cet état elle rappelle exactement une coquille de *Megathyris* ou de *Mühlfeldtia*; puis la coquille s'allonge longitudinalement, de manière à rappeler une coquille de *Lingula* (fig. 1100); en même temps, le pédoncule grandit beaucoup et se termine par un organe adhésif piriforme. Le test présente déjà les prismes calcaires et les tubules caractéristiques. Le support brachial est représenté par une bande arquée de plaques calcaires, située vers le milieu des valves. A ce moment, le manteau porte sept longues soies barbelées dont l'animal parait se servir pour la préhension des aliments. La bouche est entourée d'un cercle de six gros cirres dont elle occupe le centre; elle conduit dans un sac digestif à parois ciliées,

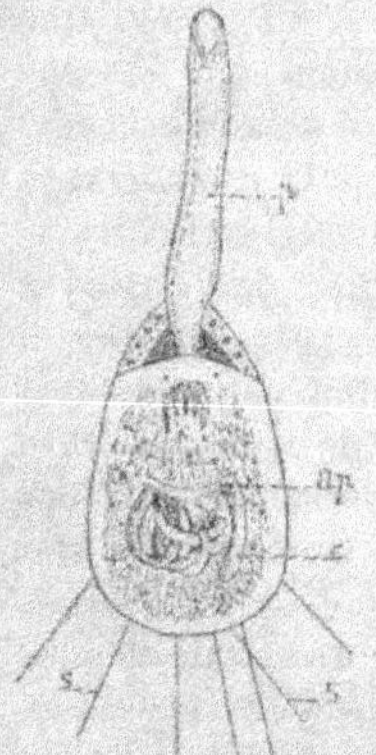

Fig. 1100. — Stade lingulaïde de la *Terebratulina septentrionalis*. — *p*, pédoncule; *ap*, première trace du support brachial; *c*, cirres au nombre de six; *s*, soies (d'après Morse).

étranglé vers son milieu par une constriction qui y délimite un estomac et un intestin rudimentaire. Bientôt des spicules calcaires apparaissent dans les cirres; le rostre de la valve ventrale se dessine; les *crura* du support brachial font leur apparition; le pédoncule, toujours faiblement adhérent, se raccourcit, et les parois de l'estomac commencent à se plisser latéralement, formant ainsi les premiers diverticules des glandes gastriques; les muscles diducteurs se constituent, et l'on aperçoit nettement le mésentère qui unit l'intestin à la valve ventrale de la coquille. Celle-ci présente à ce moment une quinzaine de plis (fig. 1101), vraisemblablement déterminés par la présence des soies qui leur correspondent en nombre et en position. Les cirres, plus nombreux, continuent à dessiner un lophophore circulaire. Cette forme circulaire du lophophore est presque exactement conservée chez les *Megathyris*, seulement le cercle se festonne et dans les festons apparaissent les septums marginaux de la coquille. Dans les autres types le lophophore ne tarde pas à

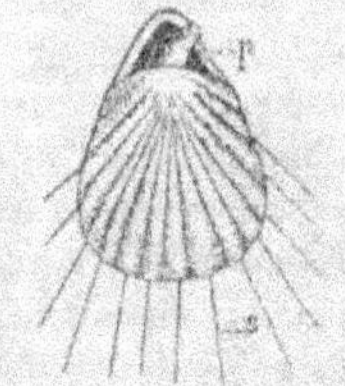

Fig. 1101. — Stade postérieur de la *Terebratulina septentrionalis*. — *p*, pédoncule; *s*, soies (d'après Morse).

changer de forme; il revêt exactement l'aspect du lophophore en fer à cheval des Bryozoaires d'eau douce (fig. 1102, *A*); l'épistome seul fait défaut; encore pourrait-on admettre qu'il est représenté par une saillie médiane arrondie que présente plus tard la lèvre dorsale, exactement dans la position que cet appendice devrait occuper; mais cette protubérance devient rapidement volumineuse; des cirres se développent sur elle et elle finit par constituer la petite spire verticale, caractéristique du mode d'enroulement des bras

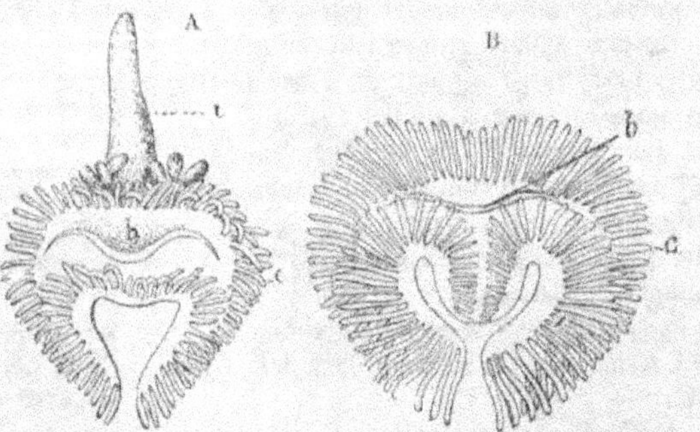

Fig. 1102. — Deux formes successives du disque brachial de la *Terebratulina septentrionalis*. — *b*, bouche; *c*, cirres; *i*, intestin (d'après Morse).

des TEREBRATULIDÆ (*B*). Le lophophore ne dépasse pas la forme en fer à cheval chez les *Thecidea*; ses bras ne font que s'allonger et s'enrouler en spirale chez les *Rynchonella*; chez les TEREBRATULIDÆ, ces bras s'allongent également beaucoup, mais ils se divisent en même temps, dans le sens longitudinal, de manière à former la branche descendante et la branche ascendante du bras, tandis que la protubérance médiane se divise verticalement pour constituer l'extrémité spirale des deux bras. Il y a là manifestement de remarquables phénomènes d'accélération embryogénique dont le détail n'est pas connu.

I. ORDRE

INARTICULATA

Coquille dépourvue de charnière.

1. SOUS-ORDRE

MESOKAULIA

Pédoncule passant entre les deux valves.

Fam. **LINGULIDÆ**. — Coquille cornée, allongée, à valves subégales.

Lingula, Bruguières. Seul genre vivant. S.-g. *Lingula*, Bruguières. Point de septum à la valve dorsale. *L. anatina*, Pacifique. S.-g. *Glottidia*, Dall. Un faible septum médian à la valve dorsale. *G. albida*, côtes d'Amérique.

Fam. **OBOLIDÆ**. — Coquille arrondie, à valves un peu inégales. Fossiles primaires.

Fam. **TRIMERELLIDÆ**. — Coquille épaisse, à crochet ventral très développé; une plaque calcaire médiane dans chaque valve. Fossiles siluriens.

2. SOUS-ORDRE

DAIKAULIA

Pédoncule passant par un trou de la valve inférieure.

Fam. **DISCINIDÆ**. — Coquille à valves coniques, cornées; impressions musculaires groupées vers le centre de la valve.

Discina, Lamarck. Seul genre vivant. S.-g. *Discina*, point de septum médian à la valve ventrale. *D. striata*, côtes d'Afrique. S.-g. *Discinisca*, un petit septum médian dans la valve ventrale. *D. atlantica*, Atl. Médit.

Fam. **SIPHONOTRETIDÆ**. — Coquille à sommet postérieur, à calcaire prédominant; pas d'impressions musculaires latérales. Fossiles siluriens.

3. SOUS-ORDRE

GASTEROPEGMATA

Valve inférieure fixée; test calcaire.

Fam. **CRANIIDÆ**. — Famille unique.

Crania, Retzius. Seul genre vivant. *C. anomala*, golfe de Gascogne, Médit.

II. ORDRE.

ARTICULATA

Les deux valves de la coquille unies entre elles par une charnière munie de dents.

1. SOUS-ORDRE

APHANEROPEGMATA

Support brachial nul ou représenté par des impressions réniformes.

Fam. **STROPHOMENIDÆ**. — Support brachial totalement absent ou représenté par de petites apophyses. Fossiles primaires.

Fam. **PRODUCTIDÆ**. — Support brachial représenté par des impressions réniformes, constituées par deux crêtes recourbées en anse. Fossiles primaires.

2. SOUS-ORDRE

HELICOPEGMATA

Support brachial représenté par deux lames enroulées chacune en hélice conique, ne se réunissant pas à leur extrémité distale.

Fam. **KONINCKINIDÆ**. — Support brachial en hélices coniques à base horizontale. Du Silurien au Lias.

Fam. **SPIRIFERIDÆ**. — Support brachial en hélices coniques à base verticale, à sommet tourné vers l'extérieur. Fossiles du Silurien au Jurassique.

Fam. **ATRYPIDÆ**. — Support brachial en hélices coniques à base verticale, à sommets tournés l'un vers l'autre. Fossiles du Silurien au Devonien.

Fam. **RHYNCHONELLIDÆ**. — Supports brachiaux courts et recourbés; bras en hélices à sommet dirigé en avant.

Rhynchonella, Fischer de Waldheim. Seul genre vivant, test imperforé. S.-g. *Hemithyris*, d'Orbigny. Coquille lisse. *H. cornea*, côtes de Portugal. S.-g. *Acanthothyris*, d'Orb. Coquille épineuse. *A. Doderleinii*, mers du Japon.

Les *Cryptopora*, Jeffreys (*Atretia*, Jeffr.), à septum dorsal très élevé dans sa partie médiane, ne sont vraisemblablement que de jeunes *Hemithyris*. *C. gnomon*, côtes d'Irlande.

3. SOUS-ORDRE

KAMPYLOPEGMATA

Support brachial formé de deux lamelles unies à leur extrémité, non enroulées en hélice.

Fam. **MEGATHYRIDÆ**. — Coquille généralement transverse, tronquée au sommet par une ouverture arrondie, munie à l'intérieur d'un ou plusieurs septums marginaux, auxquels vient se souder une lamelle brachiale suivant le contour de la valve.

Cistella, Gray. Un seul septum médian; appareil brachial formant deux arcs symétriques. *C. cistellula*, côtes de Normandie, Méditerranée. — *Megathyris*, d'Orb. (*Argiope*, Deslongchamps). Des septums marginaux; support brachial formant quatre festons. *M. decollata*, toutes nos côtes.

Fam. **THECIDEIDÆ**. — Coquille généralement fixée par la valve ventrale; valve ventrale avec une apophyse myophore cardinale; valve dorsale présentant un limbe qui donne naissance à des septums marginaux plus ou moins nombreux; une lame circumseptale, ou un dépôt de spicules entre les septa.

Thecidea, Defrance. Seul genre vivant. S.-g. *Lacazella*, Munier-Chalmas. Une lamelle suivant les sinuosités des septa. *L. mediterranea*, Médit.

Fam. **TEREBRATULIDÆ**. — Coquille à valves renflées; l'inférieure avec le crochet perforé pour le passage du pédoncule, la supérieure avec un support brachial simple ou réfléchi, libre sur la plus grande partie de son étendue.

Terebratulina, d'Orb. Coquille ovalaire, à fines côtes rayonnantes, dichotomes et granuleuses; de petites oreillettes cardinales à la valve dorsale; support brachial annulaire, court, à pointes crurales soudées en bandelette. *T. caput serpentis*, Manche, Atl. — *Terebratula*, Llhwyd. Coquille ovalaire, entièrement lisse; valve dorsale sans oreillettes; support brachial court, à pointes crurales non soudées. S.-g. *Liothyris*, Douvillé. Les deux plis de la valve ventrale absents. *L. vitrea*, Médit. Açores. — *Kraussina*, Davids. Coquille arrondie, avec des plis rayonnants peu accusés; support brachial constitué par un septum médian partant de la base du processus cardinal, s'arrêtant vers le milieu de la valve et portant à son extrémité libre deux lamelles obliques, transversales, terminées par un petit appendice; spicules à branches déliées. *K. rubra*, Cap. — *Platidia*, Costa. Coquille suborbiculaire; foramen entamant les deux valves; support brachial constitué par deux lames descendantes, en quart de cercle, soudées à leur extrémité libre à un pilier septal, situé au centre de la valve. *P. anomioides*, Médit. — *Centronella*, Billings. Coquille ovalaire, lisse ou à côtes rayonnantes; crochet saillant, entier; foramen arrondi, séparé de la ligne cardinale par deux pièces deltidiales; support brachial dépassant le milieu des valves et formé de deux lames descendantes qui se soudent à leur extrémité en formant une lame verticale qui s'allonge elle-même vers le fond de la coquille. *C. glans-fagea*, Silurien. — *Bouchardia*, Davidson. Coquille ovale, allongée, angulaire au sommet; valves épaisses; crochet saillant, percé à son extrémité par un petit foramen, précédé par un grand pseudo-deltidium concave; valve ventrale remplie par un dépôt calcaire qui ne laisse libre que le passage du pédoncule; support brachial constitué par un septum médian, naissant du centre de la valve et portant deux apophyses latérales triangulaires. *B. tulipa*. Brésil. — *Mühlfeldtia*, Bayle. Coquille transverse; crochet surbaissé, tronqué par un large foramen circulaire, accompagné de deux petites pièces deltidiales; ligne cardinale longue; support brachial réfléchi, court, dépassant à peine le milieu de la valve; branches descendantes minces, unies par une bandelette jugale à un septum peu accusé, prolongé au delà en un pilier central; branches ascendantes très courtes, unies entre elles par une étroite bandelette transverse; spicules massifs, découpés sur leurs bords. *M. truncata*, Médit. Atl. — *Terebratella*, d'Orb. Coquille ovale ou un peu transverse, généralement marquée de côtes rayonnantes; valve ventrale avec un crochet surbaissé, percé d'un grand foramen arrondi; deltidium rudimentaire; support brachial, allongé, réfléchi; à lames descendantes unies par une bandelette jugale à un septum médian très accusé. *T. spitzbergensis*, Islande. — *Magasella*, Dall. Diffèrent des *Terebratella* par leur bandelette jugale qui va en s'élargissant beaucoup de chaque branche descendante au septum médian. *M. radiata*, Alaska. — *Laqueus*, Dall. Diffèrent des *Terebratella* par la présence au support brachial de deux petites bandelettes qui relient de chaque côté la branche ascendante à la branche descendante. *L. californicus*. — *Magellania*, Bayle (*Waldheimia*, King.). Coquille ovale, plus ou moins bombée, lisse ou plissée sur les bords; côtés du crochet carénés latéralement; foramen large, accompagné de deux pièces deltidiales; plateau cardinal incomplet, supporté par un pilier médian, parfois rudimentaire; support brachial large, indépendant, atteignant presque le bord antérieur des valves; point de bandelettes jugales. S.-g. *Magellania*, surface plissée. *M. flavescens*, Australie. S.-g. *Mac-Andrewia*, King. Surface lisse, *M. cranium*, Manche. (La forme jeune est la *Gwynia capsula*.)

FAM. **STRINGOCEPHALIDÆ**. — Coquille de même forme que celle des TEREBRATULIDÆ: processus cardinal bifide, très développé; appareil cardinal très développé, réfléchi, libre sur tout son trajet, formé de deux lames descendantes rapprochées, n'atteignant que le milieu de la valve inférieure et se réfléchissant pour former de grandes lames ascendantes qui, après être remontées jusque près du bord cardinal, reviennent en avant en se dilatant et longeant le bord de la coquille sur presque tout son pourtour.

Le genre unique de cette famille (*Stringocephalus*, Defrance) est limité au Silurien et au Dévonien.

II. EMBRANCHEMENT

VERS

Néphridiés libres, tubicoles ou parasites, jamais fixés, sans carapace ni coquille, quelquefois tubicoles pouvant présenter tous les intermédiaires entre la forme allongée et cylindrique et la forme discoïdale et aplatie. Face ventrale et face dorsale distinctes, sauf dans quelques formes tubicoles à bouche terminale; se déplaçant soit à l'aide de soies locomotrices, soit au moyen de ventouses adhésives terminales, soit par des mouvements ondulatoires de certaines parties ou de la totalité de leur corps, soit par une sorte de reptation dans laquelle ils s'aident de leurs cils vibratiles.

Forme générale du corps; division en sous-embranchements et en classes; rapports réciproques de ces classes. — En raison de la grande variété des formes qu'il contient, il est fort difficile de définir d'une façon précise l'embranchement des VERS. Débarrassés des NÉMATHELMINTHES qui n'ont avec eux aucune affinité réelle et des Lophostomés qui en sont au contraire des formes déviées par une adaptation spéciale, les différents types de Vers sont cependant unis entre eux par des transitions tellement ménagées qu'ils constituent un embranchement des plus naturels, sinon des plus homogènes. La continuité de l'embranchement apparaîtra nettement si, au lieu de chercher à ranger les Vers en une série exclusivement ascendante, fût-elle arborescente, on admet qu'ils forment en réalité une série ascendante, suivie d'une série descendante, les deux séries étant reliées entre elles par les formes parasites qui ont déterminé le changement de direction de la courbe, en donnant naissance, après avoir été dégradées par un demi-parasitisme, à deux séries de formes, les unes totalement parasites, les autres libres, mais d'un aspect tout différent de celui des Vers de la série ascendante. Pareil retour à la liberté nous a déjà été offert par les Nématodes et l'on verra plus loin que l'organisation des Pyrosomes et des Salpes s'explique de même par le retour à la liberté de formes adaptées à la fixation au sol, ce qui a été également le cas pour les Méduses, les Siphonophores et les Échinodermes libres dérivés des Hydroïdes, des Cystidés et des Crinoïdes fixés.

Comme les Lophostomés, les Vers peuvent être dérivés de Trochosphères, mais de Trochosphères qui au bout d'un temps plus ou moins long, avant ou après s'être multipliées par bourgeonnement, abandonnent la vie pélagique pour s'adapter à la reptation. Dans un premier groupe, ce phénomène s'accomplit d'une façon précoce, avant tout bourgeonnement, comme cela arrive pour les Rotifères; la parthénogénèse se substitue à la blastogénèse, le corps demeure réduit à un seul méride et sa forme ressemble beaucoup à celle des Notommatidæ rampants, tels que les *Diglena*; mais la forme de l'œsophage et la disposition des cils ventraux sont différents; l'appareil masticateur est absent, et le reste du tube digestif autrement conformé. Ces premiers *Vers* à un seul méride et à adaptation précoce à la reptation constitueront le premier sous-embranchement, celui des Monomérides, ne comprenant lui-même qu'une seule classe, celle des Gastérotriches.

Le second sous-embranchement, celui des Annelés comprend des formes dont l'adaptation à la reptation est plus tardive, où la trochosphère a conservé le pouvoir de bourgeonner, mais, devenue rampante, ne conserve ce pouvoir que dans sa région postérieure (p. 37), comme cela arrive pour le *nauplius* des Arthropodes. La sélection naturelle suffit pour expliquer cette localisation chez des animaux marchant dans une direction déterminée et que la production de bourgeons dorsaux, ventraux ou latéraux gênerait nécessairement dans leur marche [1], à moins que ces bourgeons très réduits ne se transforment en organes remplissant des fonctions spéciales. Dès lors, le corps des Annelés sera, comme celui des Arthropodes, formé de segments placés bout à bout, fondamentalement semblables entre eux, mais susceptibles de se différencier de manière à constituer diverses régions du corps. De cette similitude géométrique de constitution entre les Arthropodes et les Vers annelés, comme aussi de la similitude des fonctions physiologiques essentielles, il résultera des ressemblances pour ainsi dire topographiques entre les deux groupes, telles que la forme tubulaire de l'appareil digestif, la position et la forme du système nerveux; la position dorsale du principal vaisseau longitudinal

[1] E. Perrier, *Les Colonies animales*, 1881, p. 414.

et la répétition des vaisseaux latéraux dans chaque segment. C'est ce qui avait conduit Cuvier à réunir dans un même embranchement des ARTICULÉS les Arthropodes et les Vers; mais bien que disposés de la même façon, les éléments fondamentaux du corps sont absolument différents dans les deux groupes comme l'attestent la présence de membres articulés et l'absence de cils vibratiles chez les uns, l'absence de membres articulés et la présence de cils vibratiles, jouant un rôle de première importance, chez les autres.

Dans un premier groupe d'ANNELÉS qu'on appelle quelquefois les CHÉTOPODES, la locomotion s'accomplit à l'aide de soies chitineuses, disposées latéralement, et il existe une cavité du corps libre et étendue; ce premier groupe comprend deux classes que l'on doit considérer comme présentant au plus haut degré la structure caractéristique du sous-embranchement, celle des POLYCHÈTES ou ANNÉLIDES, Vers unisexués, marins, et celle des OLIGOCHÈTES ou LOMBRICIENS, Vers hermaphrodites, habitant les eaux douces, la vase des étangs ou la terre humide, très rarement les eaux saumâtres. Aux Polychètes se rattache une troisième classe de Vers unisexués marins, celle des GÉPHYRIENS.

Les POLYCHÈTES, outre leur unisexualité et leur habitat, se reconnaissent encore à ce qu'ils ont généralement des antennes, des soies locomotrices disposées en faisceaux, nombreuses et de forme variée dans chaque faisceau, qui est porté par une saillie des téguments en forme de mamelon, le *parapode*. Il y a une ou deux séries de parapodes de chaque côté du corps. Par exception, dans la famille des POLYGORDIIDÆ, il n'y a ni soies ni parapodes.

Chez les GÉPHYRIENS il n'y a jamais de parapodes; les soies sont isolées, disposées par paires, une à droite, l'autre à gauche, en cercle, ou totalement absentes. Il n'y a pas de face ventrale nettement caractérisée; la section du corps est presque circulaire.

Les OLIGOCHÈTES n'ont jamais ni antennes paires, ni parapodes; leurs soies sont de forme simple; les soies d'un même faisceau sont au plus de deux sortes; il existe, de chaque côté du corps, une ou deux rangées de faisceaux de soies, ou bien encore les soies sont disposées en cercle tout autour de l'anneau, celles des anneaux consécutifs étant disposées sur une même ligne ou alternant d'un anneau à l'autre.

Les HIRUDINÉES constituent, en dehors des Chétopodes, une quatrième classe de Vers annelés. Ces Vers sont hermaphrodites, comme les Oligochètes auxquels ils sont apparentés de très près; mais, sauf dans le genre *Acanthobdella*, ils sont dépourvus de soies locomotrices, et se déplacent en usant de deux ventouses qui sont placées aux extrémités de leur corps. La ventouse postérieure étant fixée, ils allongent leur corps, fixent la ventouse antérieure, puis ramènent auprès d'elle la ventouse postérieure, avançant ainsi à la façon d'une chenille arpenteuse. Les Hirudinées peuvent habiter la mer (*Pontobdella, Branchellio*, etc.); mais la plupart vivent dans les eaux douces et quelques-unes même sur les arbres (*Hæmadipsa*). La plupart se nourrissent du sang de gros animaux, et peuvent être considérés comme des parasites temporaires ou définitifs (*Astacobdella, Batrachobdella, Pontobdella*).

Il existe entre les ANNELÉS et les Vers plats, constituant le troisième sous-embranchement, celui des PLATHELMINTHES, des formes intermédiaires assez nombreuses pour rendre difficile la détermination de la voie suivie pour passer de l'un de ces sous-embranchements à l'autre, mais qui mettent, par cela même, leur parenté hors de doute. Ce sont :

1º Les Myzostomidæ, polychètes véritables, parasites des Comatules, mais qui ont le corps aplati, tout à la fois des parapodes sétigères et des ventouses, et dont l'intestin est ramifié.

2º Les *Clepsine* qui sont de véritables Hirudinées à corps aplati, à cavité générale presque entièrement oblitérée par des tissus variés.

3º Les *Dinophilus*, dont la situation est tellement ambiguë qu'on pourrait, à volonté, les classer à la suite des Polychètes ou en tête des Vers plats. Ils ont, en effet, plusieurs ceintures de cils vibratiles, un tube digestif droit, possédant une bouche et un anus; plusieurs paires d'ampoules néphridiennes, ce qui ne permet pas de douter que leur corps soit métaméridé, bien que la délimitation extérieure des segments ne soit pas toujours précise. Par ces caractères, les *Dinophilus* se rapprochent des Vers annelés et, comme les sexes sont séparés, c'est près des Annélides qu'ils viennent se ranger; mais il n'y a d'autre organe locomoteur que les cils vibratiles; la cavité générale est oblitérée, en partie, par des trabécules, et l'aspect extérieur rappelle tout à fait celui des Vers plats.

Aplatissement du corps, suppression de la métaméridation extérieure, disparition des soies locomotrices, oblitération de la cavité générale, disparition de l'appareil circulatoire, hermaphrodisme, ce sont là des caractères que les Vers annelés peuvent acquérir, mais ces caractères sont justement ceux des Vers plats ou PLATHELMINTHES, et rien de pareil n'existe chez les Cténophores dont Lang a voulu les rapprocher. Malgré la découverte de deux prétendues formes intermédiaires encore mal connues, la *Cœloplana Mecznikowii* et la *Ctenoplana Kowalevskyi*[1] qui relieraient les Cténophores aux Vers plats, il est d'autant moins naturel d'admettre une parenté entre ces deux groupes qu'il existe de véritables Turbellariés inférieurs, métaméridés, tels que la *Gunda segmentata*, étudiée par Lang lui-même. D'autre part, les Vers plats possèdent un appareil néphridien dont la parenté avec celui des néphridiés typiques et notamment de la Trochosphère, des Rotifères et des Gastérotriches est indiscutable; leur appareil génital se laisse facilement dériver de celui des Hirudinées, et rien d'équivalent n'existe chez les Cténophores. Le recul de la bouche vers le milieu du corps n'est pas un argument en faveur de leur parenté avec les Cténophores; on observe un semblable recul du cytostome chez les Infusoires dont le genre de vie ressemble à celui des Turbellariés; la bouche n'arrive qu'après le troisième segment du corps chez les Crustacés et les Insectes; enfin la disparition de la métaméridation durant la vie embryonnaire est réalisée chez les Géphyriens inermes, chez les Mollusques, etc., dont la parenté avec les Néphridiés n'est pas contestable.

La position des PLATHELMINTHES étant ainsi définie, ces animaux se laissent diviser en quatre classes : les TRÉMATODES, les CESTOÏDES, les TURBELLARIÉS et les NÉMERTIENS. Les trois premières de ces classes sont unies entre elles par des liens étroits, à tel point qu'on pourrait définir les Cestoïdes comme des chaînes de Trématodes sans tube digestif et présentant un appareil néphridien commun; les Turbellariés comme des Trématodes libres, ou inversement les Trématodes comme des Turbellariés parasites. Entre les deux dernières classes il n'y a que des différences d'adaptation. L'une et l'autre présentent les caractères suivants : corps

---

[1] Korotneff, Zoologischer Anzeiger, t. III, 1880. — Id. Zeitschrift f. w. Zoologie, t. XLIII, 1886.

de forme variable (surtout chez les Trématodes), mais généralement aplati ; rarement des traces extérieures de métaméridation ; cavité générale oblitérée par les tissus ; tube digestif toujours dépourvu d'anus, le plus souvent bifurqué ou même ramifié ; des néphridies plus ou moins ramifiées dont les plus fines branches sont terminées chacune par une ampoule à flamme vibratile ; système nerveux consistant principalement en un ganglion sus-œsophagien, émettant un nombre variable de longs cordons nerveux symétriques. Appareil génital hermaphrodite et généralement complexe.

Les TURBELLARIÉS se distinguent par la présence de cils vibratiles sur toute la surface de leur corps. Les TRÉMATODES adultes n'ont pas de revêtement externe de cils vibratiles ; ils se fixent à leur hôte à l'aide de ventouses qui peuvent être accompagnées d'armatures chitineuses spéciales ; tandis que les Turbellariés sont généralement aplatis, les Trématodes ont assez souvent une section transversale arrondie, et la forme de leur corps peut varier dans une large mesure. La transition des Trématodes aux Cestoïdes s'effectue par un certain nombre de formes sans segmentation apparente comme les Trématodes, mais dépourvues de tube digestif (*Amphilina, Amphiptyches, Archigetes*), réunies sous la dénomination commune des CESTODARIA. Si l'on suppose que ces formes produisent par bourgeonnement un organisme métaméridé, en forme de ruban, cet organisme sera un CESTOÏDE typique. Le segment progéniteur reste seulement différent des autres, et constitue, pour le ruban tout entier, un organe de fixation, en général muni de ventouses et de crochets. Chaque segment contient un appareil génital hermaphrodite. construit sur le type de celui des Trématodes ; un système de canaux excréteurs dont les branches ultimes sont terminées en ampoule vibratile, parcourt tout le ruban.

Les NÉMERTIENS, autrefois réunis aux Turbellariés et ne formant avec eux qu'une seule et même classe, doivent en être séparés. S'ils ont eux aussi un tégument couvert d'une toison de cils vibratiles, ils ont, en revanche, un corps beaucoup plus allongé ; un tube digestif ouvert aux deux bouts, accompagné d'une trompe exsertile de structure toute spéciale ; un appareil vasculaire clos ; un système nerveux essentiellement constitué par deux gros rubans latéraux, unis à l'extrémité antérieure du corps à deux gros ganglions sus-œsophagiens et se réunissant de nouveau, en arrière, par-dessus le tube digestif. Les sexes sont presque toujours séparés et les métamorphoses qui s'accomplissent au cours du développement sont remarquablement compliquées. Les affinités des Némertiens sont très difficiles à déterminer ; peut-être doit-on considérer les *Dinophilus* comme une forme simple qui leur est apparentée.

L'embranchement des ENTÉROPNEUSTES n'a pas encore de place définitivement acquise. Il ne comprend qu'un petit nombre de genres peu éloignés du genre *Balanoglossus*, le plus anciennement connu de tous. Les *Balanoglossus* ont l'apparence extérieure et les allures des Némertiens, mais ils se reconnaissent immédiatement au volumineux organe en forme de gland qui termine leur corps en avant, et qu'on appelle leur *trompe*. La trompe est suivie d'une sorte de collier, enveloppe la région antérieure du corps proprement dit ; en arrière du collier, se trouve une double série de fentes qui font communiquer la cavité digestive avec l'extérieur. A n'examiner que leur forme extérieure et les traits généraux de leur organisation interne, les *Balanoglossus*, malgré de remarquables particularités, telles que les fentes latérales de leur tube digestif, ne sauraient être éloignés des Vers, mais leur embryogénie a fait naître sur leurs véritables affinités des opinions toutes différentes et d'ailleurs inconciliables entre elles. La larve des *Balanoglossus* est un organisme connu de longue date, la *Tornaria*, mais qu'on avait pris pour une larve d'Étoile de mer; aussitôt après cette découverte, on a proposé de rattacher les *Balanoglossus* aux Échinodermes. Cependant d'autres observateurs, frappés de la ressemblance des fentes œsophagiennes de ces animaux avec les fentes branchiales des Vertébrés, cherchaient à établir une parenté avec ceux-ci. Ils ont cru découvrir dans un diverticule du tube digestif qui pénètre dans la trompe l'homologue d'une corde dorsale, et il n'en a pas fallu davantage pour rapprocher ces animaux des Vertébrés. Si l'on attache une telle importance à cette particularité, comme il n'y a pas non plus de raison pour refuser d'admettre, malgré toutes les apparences, la parenté des *Balanoglossus* avec les Échinodermes, les Entéropneustes seraient des intermédiaires entre les Échinodermes et les Vertébrés, et dans la série ainsi formée viendraient encore se placer les *Cephalodiscus* et peut-être les *Rhabdopleura*. Malheureusement il existe de telles différences entre l'organisation des *Balanoglossus* adultes et celle des Vertébrés, notamment en ce qui touche le système nerveux et l'appareil néphridien, qu'il est impossible d'admettre jusqu'à plus ample informé une réelle parenté entre ces animaux. Tout en signalant leurs affinités multiples, dont il ne faut pas d'ailleurs exagérer l'importance, nous laisserons les *Balanoglossus* à côté des Vers, à la définition desquels ils répondent absolument.

I. SOUS-EMBRANCHEMENT

MONOMÉRIDES

Vers monomérides, sans appareil rotateur antérieur, présentant deux bandes ciliées ventrales, longitudinales, séparées le long de la ligne médiane; pourvus d'un tube digestif complexe, à anus dorsal, presque terminal, et de deux néphridies pelotonnées, s'ouvrant séparément vers le milieu de la face ventrale.

CLASSE UNIQUE

GASTÉROTRICHES [1]

Forme générale du corps. — La taille des Gastérotriches varie de 4 à 2 dixièmes de millimètre. Leur corps est allongé, convexe en dessus, aplati en dessous, de manière à former une sole ventrale (fig. 1103), présentant de chaque côté une bande ciliée. Sauf chez la *Chætura capricornia*, près de son extrémité antérieure, il se rétrécit tantôt graduellement (*Chætonotus*), tantôt brusquement (*Dasydytes*) en une sorte de cou, et l'on peut appeler *région céphalique* la région située en avant de ce cou. Les bords de la tête peuvent présenter une courbure continue, une échancrure médiane

---

[1] Carl Zelinka, *Die Gastrotrichen. Eine monographische Darstellung ihrer Anatomie, Biologie und Systematik*, Zeitsch. für wiss. Zoologie, t. XLIX, 1890.

(*Dasydytes goniathrix*) ou des échancrures latérales (*C. longispinus*, *Lepidoderma rhomboïdes*). Le corps est plus ou moins dilaté et convexe dans sa région moyenne, suivant le degré de développement des organes génitaux. Son extrémité postérieure peut être simple (*Dasydytes*), légèrement trilobée (*Gossea*) ou, ce qui est le cas ordinaire, nettement bifurquée. Les branches de la bifurcation sont annelées et particulièrement longues chez le *Lepidoderma rhomboïdes*.

Les parois du corps sont constituées par une cuticule inattaquable par les acides

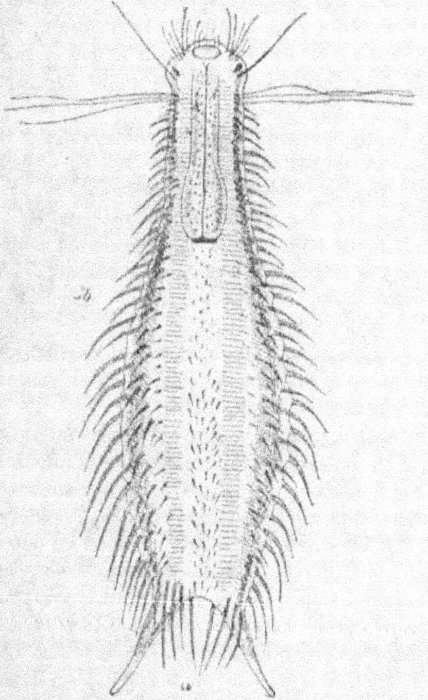

Fig. 1103. — *Chætonotus maximus* vu par la face ventrale. — *Œ*, œsophage; *Ch*, bandes ciliées ventrales, indiquées par des stries; *a*, fourche terminale (d'après Bütschli).

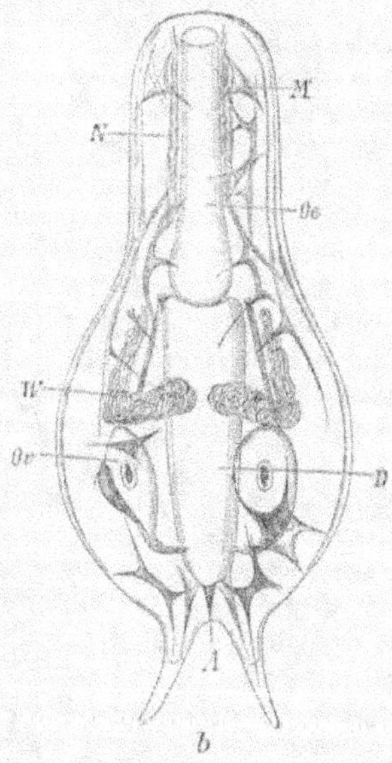

Fig. 1104. — *Chætonotus maximus*; organisation interne. — *D*, tube digestif; *A*, anus; *N*, système nerveux; *M*, cellules contractiles; *W*, néphridies; *Ov*, ovaires (d'après Bütschli).

faibles et les alcalis, soluble dans les acides forts. La matrice de cette cuticule est un syncytium à noyaux très distants les uns des autres, sauf le long des bandes ciliées. Au-dessous de la matrice cuticulaire ou épiderme il n'existe pas de muscles transverses. Une paire de fibres musculaires dorsales, appliquée contre les téguments, s'étend de la région moyenne à la région postérieure du corps. Il existe, en outre, une paire de bandes musculaires latérales et une paire de bandes musculaires ventrales. Chaque bande est divisée transversalement vers le milieu du corps, de sorte qu'elle est, en réalité, formée de deux muscles indépendants, partant de la région moyenne du corps et se dirigeant l'un en avant, l'autre en arrière.

Il est rare que la cuticule soit lisse, homogène et molle (*Ichthydium podura*, *I. sul-*

catum); le plus souvent elle est élastique, et il se produit à sa surface externe des écailles simples ou surmontées chacune d'un piquant. Le revêtement écailleux s'interrompt sur la tête, sur l'extrémité des branches caudales et le long des bandes ciliées. Sur le dos, les écailles des espèces dépourvues de piquants sont disposées en rangées sensiblement longitudinales; elles alternent d'une rangée à l'autre et s'imbriquent de façon que le bord antérieur de chacune d'elles recouvre le bord postérieur de la précédente; chez les espèces pourvues de piquants, les écailles s'écartent peu à peu les unes des autres à mesure que l'on se rapproche de l'extrémité postérieure du corps, et finissent par ne plus être contiguës. Leur forme, très variable, est caractéristique des espèces; elle n'est pas la même sur le dos et entre les bandes ciliées de la face ventrale où elles ne forment plus, en avant du corps, qu'une seule rangée.

Les aiguillons des espèces épineuses sont creux et vides; ils s'insèrent sur les écailles par trois arêtes triangulaires; ceux de la région dorsale vont en s'allongeant, parfois très brusquement (*Chætonotus macrochætus*), d'avant en arrière, et il existe, de chaque côté, une rangée de *piquants latéraux* de forme spéciale. Ils se réduisent toujours beaucoup, et disparaissent à l'extrémité postérieure du corps. Trois écailles de forme spéciale indiquent le commencement de cette région; l'une, médiane, porte un long piquant; les deux autres chacune une longue soie tactile, insérée dans une plaque triangulaire, à sommet tourné en avant.

Sur la région céphalique, les écailles disparaissent entièrement; en revanche la cuticule s'épaissit en une sorte de cape flanquée, de chaque côté, de deux plaques elliptiques, supportant chacune une houppe de soies tactiles.

Les cils vibratiles de la face inférieure du corps forment deux bandes latérales, longitudinales qui vont en s'amincissant en arrière et se terminent en pointe à la naissance des appendices caudaux; ces bandes se réunissent exceptionnellement en avant chez le *Chætonotus maximus*. Dans chaque bande, les cils sont régulièrement disposés en lignes transversales. Sur la région céphalique, il existe, en outre, des cils vibratiles, disposés en bandes irrégulières, allant de la houppe de soies tactiles buccales au bord externe de chaque bande ventrale; rarement ces bandes de cils sont remplacées par deux ceintures ciliées entourant complètement la tête (*Dasydytes saltitans*) ou par un revêtement uniforme de cils (*D. longisetosum*). Les bandes ciliées ventrales déterminent en arrière de la tête un tourbillon en forme de demi-tore dont le cercle générateur aurait son centre à peu près à la hauteur du milieu du cou; en outre, ils produisent un fort courant dirigé d'avant en arrière. Les soies et les cils céphaliques dirigent vers la bouche les particules alimentaires.

Appareil digestif. — Le tube digestif (fig. 1103, *G*) s'étend en ligne droite d'une extrémité à l'autre du corps; il ne se courbe qu'en avant vers la bouche qui est ventrale, et en arrière vers l'anus qui est dorsal. On y distingue : la *région buccale*, l'*œsophage*, l'*intestin*, le *rectum* et l'*anus*. La cuticule de la *région buccale* forme un cylindre saillant, obliquement dirigé en bas et en avant et largement ouvert; les parois de ce cylindre sont doubles; leur lame externe se continue avec la cuticule extérieure; leur lame interne avec le revêtement cuticulaire de l'œsophage. Sur tout le pourtour de la région où se fait ce dernier passage s'insèrent des soies qui font saillie en couronne à l'extérieur (*B*). L'*œsophage* est un tube à parois épaisses, légèrement rétréci dans sa région moyenne, de la longueur du cou, et dont les parois comprennent de dedans en dehors : une cuticule, une épaisse couche de fibres musculaires rayonnantes et une membrane extérieure anhiste. Les fibres musculaires sont groupées en trois secteurs, se réjoignant presque le long de l'axe de l'œsophage; entre ces fibres sont parsemés des noyaux. La cuticule interne se prolonge à l'intérieur de l'intestin en un petit entonnoir évasé en arrière, à parois plissées régulièrement. Du côté ventral, en avant et en arrière de la partie rétrécie de l'œsophage, se trouve une paire de grosses cellules qui paraissent être glandulaires (Sp_1, Sp_2). L'*intestin* est formé par quatre rangées alternes de grandes cellules polygonales, à noyau situé dans leur moitié extérieure, à protoplasma plus ou moins bourré de granules plasmatiques brillants et se colorant fortement au carmin aluné (G). Le *rectum* est séparé de l'intestin par un sphincter formé de fibres circulaires; c'est une ampoule piriforme, obliquement dirigée vers le dos et dont l'extrémité amincie aboutit à l'anus. Les parois sont formées de grandes cellules analogues à celles de l'intestin.

Appareil sécréteur. — L'appareil sécréteur comprend : 1° les *néphridies*; 2° les *glandes fixatrices* de la fourche caudale.

Les *néphridies* (fig. 1104 et 1105, Y), ou organes excréteurs, sont au nombre de deux, situées dans la région moyenne du corps. Chaque néphridie commence par un long tube rectiligne (*fl*), dont la lumière est le siège d'un actif mouvement vibratile; l'extrémité libre de ce tube est arrondie; l'autre extrémité est en continuité avec un tube pelotonné dont les circonvolutions masquent en partie le tube rectiligne; de la masse de ces circonvolutions se détache une anse qui remonte assez loin vers la région antérieure du corps, et dont le sommet est relié aux téguments par un ligament pointu, dirigé en avant (*l*). Le tube pelotonné s'ouvre au dehors par un orifice latéral, vers le milieu de la face ventrale (*Md*). Les néphridies contiennent souvent des granulations qui paraissent être des produits d'excrétion.

Les glandes fixatrices sont des glandes piriformes, situées au-dessous du rectum; elles se touchent sur la ligne médiane et divergent ensuite pour se diriger chacune vers une des branches de la fourche caudale. Chaque glande est, en réalité, double; mais ses deux lobes exactement superposés sont assez difficiles à distinguer, et leur canal excréteur

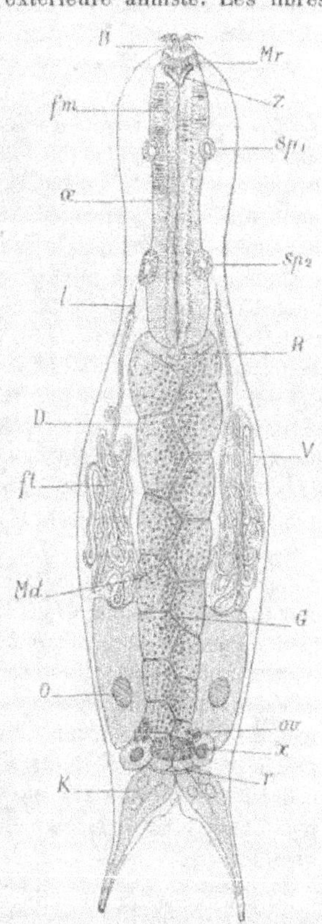

Fig. 1105. — Organisation du *Lepidoderma squammatum*. — *B*, soies buccales ; *Mr*, cavité buccale plissée ; *Z*, bandelettes articulaires dentiformes ; *fm*, membrane plissée entre les deux couches musculaires de l'œsophage ; *sp*, *sp²*, glandes œsophagiennes ; *œ*, œsophage ; *l*, ligament de l'anse néphridienne ; *R*, entonnoir cuticulaire formant valvule ; *D*, intestin ; *fl*, tube droit cilié qui commence la néphridie ; *V*, néphridie ; *Md*, orifice externe de la néphridie ; *G*, cellules intestinales ; *O*, œuf mûr ; *ov*, ovules ; *x*, prétendu testicule ; *r*, rectum ; *K*, glande fixatrice (d'après Zelinka).

commun s'ouvre à l'extrémité libre de l'appendice caudal qui le contient. Le liquide sécrété par ces glandes sert à fixer momentanément l'animal aux corps étrangers, comme le liquide qui sourd de l'extrémité du pied des Rotifères.

Appareil sensoriel. — L'appareil sensoriel se compose uniquement de soies tactiles. On en trouve sur la tête, sur le cou et à l'extrémité postérieure du corps. Le *Chætonotus maximus* n'a pas moins de quatre paires de houppes de soies tactiles : deux dorsales, situées l'une derrière l'autre et comprenant chacune trois ou quatre soies ; une latérale correspondant à l'échancrure céphalique postérieure et contenant une soie particulièrement longue ; enfin une ventrale dont les soies sont implantées sur une légère saillie conique. La disposition et le nombre des soies céphaliques varient un peu suivant les espèces. Les soies tactiles du cou et de l'extrémité postérieure du corps sont au nombre de deux pour chacune de ces régions. Tandis que ces soies isolées sont immobiles, les soies disposées en touffes sont vibratiles ; toutefois l'animal peut, à volonté, arrêter ce mouvement et mouvoir chaque soie isolément à la façon d'un organe explorateur. Dans la région où il existe des écailles, les groupes de soies tactiles ou les soies tactiles isolées sont toujours portés par des écailles spéciales. Le *Chætonotus Schultzei* présente sur la tête deux taches réfringentes dont la signification est inconnue, et le *C. brevispinosus* quatre taches pigmentées qui sont peut-être des yeux.

Système nerveux. — Le système nerveux est représenté par une masse ganglionnaire unique, étroitement appliquée contre l'œsophage et occupant, du côté dorsal, toute la région céphalique ainsi qu'une partie du cou. Dans cette masse, on peut distinguer cinq paires de ganglions, correspondant respectivement aux deux faisceaux de soies tactiles céphaliques, antérieures et latérales, aux deux houppes de soies céphaliques ventrales et au muscle rétracteur. De la masse ganglionnaire naît, de chaque côté, une fibre nerveuse que l'on peut suivre jusqu'à l'extrémité postérieure du corps, et sur le trajet de laquelle on remarque six ou sept renflements cellulaires fusiformes. Le mode de terminaison de cette fibre nerveuse et ses rapports avec les cellules sensitives placées sous les soies tactiles postérieures sont inconnus.

Appareil reproducteur. — On n'a jamais observé de Gastérotriches sans œufs. A moins d'admettre que ces animaux sont exclusivement parthénogénétiques ou que leurs mâles ont été jusqu'ici méconnus, il faut donc les regarder comme hermaphrodites. On a effectivement considéré comme un *testicule*, un organe glandulaire ellipsoïdal (fig. 1105, *x*), à contenu granuleux, situé près de l'extrémité postérieure du corps, au-dessous de l'intestin (*Chætonotus persetosus*, *Lepidium squammatum*) ; mais il n'est nullement prouvé que les granulations qu'il contient soient des spermatozoïdes, et on n'a pas observé de canal déférent. Le fait qu'il peut coexister chez les jeunes *Chætonotus* et les *Ichthydium* des spermatozoïdes et de très petits ovules semble indiquer qu'il y a chez ces animaux des cas de progénèse mâle.

Les *ovaires* sont des organes pairs, situés de chaque côté de l'étranglement qui sépare l'ampoule rectale de l'intestin. Ils sont constitués chacun par un groupe de cellules (*ov*) ; une petite cellule forme l'extrémité antérieure de l'organe, les cellules suivantes, d'ailleurs peu nombreuses, vont en grossissant à mesure qu'on se rapproche de l'extrémité postérieure du corps ; le groupe se termine par une cellule beaucoup plus grosse que les précédentes (*O*) ; mais dans les deux ovaires cette cellule terminale qui est un œuf déjà bien caractérisé est toujours inégale. A mesure qu'ils grossissent, les œufs sont refoulés du côté dorsal et remontent peu à peu vers la région antérieure du corps, formant deux séries latérales étroitement appliquées contre l'intestin qui leur fournit des aliments. Les œufs de l'une des séries sont souvent beaucoup plus avancés que ceux de l'autre et arrivent plus tôt à maturité; dans tous les cas, un seul œuf pris tantôt à droite, tantôt à gauche mûrit à la fois, et cet œuf, d'un très grand volume relatif, finit par devenir absolument dorsal. Il est alors complètement enveloppé par une couche de disques, se colorant fortement par le carmin, qui se sont formés à l'intérieur du vitellus et se sont ensuite graduellement portés à sa surface. Au-dessous de chacun de ces disques les granules du vitellus se disposent en une colonne normale à la surface de l'œuf. Jusqu'à présent, on n'a pas découvert d'oviducte chez les Gastérotriches.

Les œufs sont pondus par un orifice situé immédiatement en avant de l'anus et, en général, fixés aux corps étrangers; leur membrane externe est tantôt lisse (*Lepidoderma concinnum*), tantôt couverte d'aiguillons (*Chætonotus spinulosus*), ou de colonnettes à sommet déchiqueté (*Lepidoderma squammatum*, *C. maximus*). Metschnikoff a cru constater que les Gastérotriches avaient, comme les Rotifères, des œufs d'été et des œufs d'hiver; mais le fait est contesté. Stoker attribue au *C. spinifer* trois sortes d'œufs différant par leurs dimensions et l'ornementation de leur coque.

L'embryon est enroulé dans l'œuf de manière que ses deux extrémités se touchent; il est, à sa naissance, un peu différent de l'adulte.

I. ORDRE

EUICHTHYDINA

Extrémité postérieure du corps bifurquée.

Fam. ICHTHYDIIDÆ. — Point d'aiguillons sur la face dorsale du corps.

Ichthydium, Ehrb. Tégument dorsal entièrement lisse. *I. podura*, Paris. — *Lepidoderma*, Zelinka. Tégument dorsal contenant des écailles ou muni de crochets. *I. squammatum*. Paris.

Fam. CHÆTONOTIDÆ. — Des aiguillons dorsaux.

Chætonotus, Ehrb. Branches de l'extrémité postérieure du corps simples. *C. larus*, Paris. — *Chætura*, Metschn. Branches de l'extrémité postérieure dichotomisées. *C. capricornia*, Russie.

II. ORDRE

APODINA

Extrémité postérieure du corps non bifurquée.

Fam. DASYDYTIDÆ. — Famille unique.

Dasydytes, Gosse. Point de tentacules céphaliques; extrémité postérieure du corps arrondie. *D. goniathrix*, Angleterre. — *Gossea*, Zel. Des tentacules céphaliques; extrémité postérieure du corps légèrement lobée. *G. antenniger*, Angleterre.

II. SOUS-EMBRANCHEMENT

ANNELÉS

Corps plus ou moins nettement divisé en segments; parfois non segmenté, mais présentant une section circulaire et portant au moins une paire de soies chitineuses, ou sans soies et muni d'une bouche terminale, entourée de tentacules.

PREMIÈRE DIVISION

CHÉTOPODES

Corps nettement annelé, muni généralement, de chaque côté, de deux rangées de soies locomotrices, quelquefois de soies disposées en cercle tout autour de chaque segment.

I. CLASSE

POLYCHÈTES (ANNELIDA).

Annelés marins, dioïques, d'ordinaire pourvus au moins d'une paire d'antennes, présentant, en général, de chaque côté du corps une double rangée de saillies ou parapodes, armées de soies chitineuses, polymorphes, souvent accompagnées d'appendices tégumentaires ou cirres de formes variées.

Morphologie externe. — La constitution du corps à l'aide de *mérides, segments* ou *zoonites* équivalents entre eux est plus évidente et plus importante encore, au point de vue morphologique, chez les Polychètes que chez les Arthropodes. Si l'on fait abstraction des POLYGORDIDÆ qui ne présentent d'autres appendices que deux appendices céphaliques, les *antennes*, et quelquefois des appendices ou *cirres terminaux*, situés à l'extrémité postérieure du corps, un *méride* ou *segment* de Polychète porte, de chaque côté, lorsqu'il présente son maximum de complication : 1° deux *rames pédieuses* ou *parapodes*, dans lesquelles sont implantées les *soies locomotrices* (fig. 1106, *p*); 2° un *cirre ventral* placé immédiatement au-dessous du parapode ventral; 3° un *cirre dorsal* placé au-dessus du parapode dorsal (*C*); 4° une *branchie* située sur le dos, en dedans du cirre dorsal (*Br*). L'absence sur toute la longueur du corps de

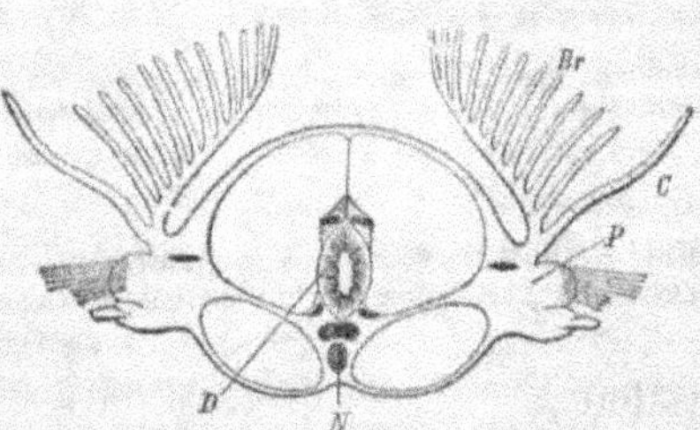

Fig. 1106. — Coupe transversale d'un segment d'*Eunice*. — *D*, tube digestif et mésentères médians; *N*, chaîne nerveuse et, au-dessus d'elle, vaisseau ventral; de chaque côté chambres néphridiennes; *p*, parapode; *C*, cirre; *Br*, branchies.

l'un des cirres ou de tous les deux, celle de la branchie s'observent fréquemment, l'un des parapodes peut même faire défaut (SYLLIDÆ, SPHÆRODORIDÆ, nombreuses EUNICIDÆ et PHYLLODOCIDÆ), et tous les deux sont parfois indistincts.

Cet ensemble d'appendices se modifie toujours à l'extrémité antérieure du corps.

Tandis que chez les Arthropodes un ou plusieurs segments passent en avant de la bouche, il n'y a, en général, chez les Polychètes qu'un seul segment prébuccal, le segment le plus âgé ou *protoméride*; on lui a donné les noms de *lobe prébuccal*, de *lobe céphalique* ou de *tête*; nous lui conserverons le nom de *protoméride*; de même, nous appellerons *deutoméride* le segment qui suit, et au bord antérieur duquel es le plus souvent située la bouche; en raison de ce fait, on appelle souvent ce segment le *segment buccal*. Presque toujours, mais non pas d'une manière constante, les parapodes et les soies manquent sur le proto- et le deutoméride, les cirres au contraire persistent le plus souvent, et se développent parfois d'une manière exceptionnelle. Sur le protoméride, ils constituent les *palpes* et les *antennes*; sur le deutoméride, ils deviennent les *cirres tentaculaires*. Assez souvent les appendices d'un certain nombre de segments suivant immédiatement le segment buccal, se modifient de la même façon que ceux de ce dernier, et constituent de même des cirres tentaculaires dont le nombre et la forme sont utilement employés dans la caractéristique des genres et des espèces (Phyllodocidæ).

Beaucoup de Polychètes vivent en liberté, fouissent le sol sans s'y créer de demeure permanente, ou transportent avec eux un tube d'habitation qu'ils abandonnent d'ailleurs facilement (*Hyalinœcia, Onuphis*); tous les segments du corps se ressemblent alors, ou se répètent suivant un rythme déterminé (Acœtinæ, Polynoinæ, Hermioninæ, Palmyridæ), sauf les premiers et le dernier dont les cirres sont d'habitude plus allongés que ceux des autres segments. Ces Polychètes sont habituellement réunis en une même sous-classe, celle des Polychètes errants (Errantia). D'autres Polychètes creusent dans le sol un tube en forme d'U (*Arenicola, Chætopterus, Terebella Edwardsi,* etc.), se construisent un tube de grains de sable (*Pectinaria, Sabellaria*), de débris de coquille (*Lanice conchilega*), ou exsudent un tube tantôt simplement muqueux (*Myxicola*), tantôt calcaire (Serpulinæ), tantôt recouvert de débris agglutinés par du mucus (*Branchiomma, Sabella*). Ce tube, produit de sécrétion de l'épiderme, est fréquemment renouvelé chez les *Myxicola* et *Branchiomma*; il est construit une fois pour toutes, agrandi, réparé, mais jamais renouvelé chez les *Sabella* et Serpulinæ. Dans les Annélides tubicoles les segments du corps cessent de se ressembler; un certain nombre d'entre eux, situés à la suite les uns des autres, présentent des modifications qui portent soit sur leurs dimensions, soit sur la conformation de leurs appendices, et le corps se divise ainsi en *régions distinctes*. C'est là le caractère de la sous-classe des Polychètes sédentaires (Sedentaria). Il existe de nombreux passages d'une de ces sous-classes à l'autre, et l'on substitue assez souvent, non sans raison, à ces deux sous-classes, une simple répartition des genres en familles.

Protoméride: appendices prébuccaux. — Le *protoméride*, aussi désigné sous le nom de *tête* ou de lobe *prébuccal*, est généralement plus petit que les segments suivants, et sa forme très variable est fréquemment modifiée en raison du développement et de la conformation des appendices qu'il porte. Lorsque ces appendices sont nuls (*Lumbriconereis*, Capitellidæ, Opheliidæ, Arenicolidæ, Cirratulidæ, la plupart des Aricidæ) ou de petites dimensions (Glyceridæ, *Orbinia*), le protoméride est généralement conique; il est même chez les Glyceridæ assez allongé et annelé, comme s'il était composé de plusieurs segments; il peut être conique (*Nerine*), ovoïde (*Theodisca*), prolongé en un appendice bifide, chez les Spionidæ (*Polydora*,

Spio), légèrement trilobé ou obtus et petit chez les Chætopteridæ. Chez les espèces tubicoles sans antennes ni palpes (Maldanidæ), on le voit passer de la forme conique (*Praxilla simplex*), à celle d'une sorte de casque réfléchi en avant, et en dessous et dont la partie réfléchie s'étend au-dessus de la bouche (*Rhodine, Nicomache*), ou s'épanouir enfin en un disque tantôt simple (*Axiothea*), tantôt denté (*Maldane*), qui sert à fermer le tube en avant, tandis qu'un épanouissement semblable du telson le ferme en arrière. Il est souvent difficile, dans cette famille, de distinguer les limites du proto- et du dentoméride.

Chez les Annélides errantes, dont le protoméride porte le plus souvent des antennes et des palpes exclusivement tactiles, la forme de ce segment est plus variable. Parfois sphéroïdal (*Autolytus hesperidium, Odontosyllis ctenostoma*), plus souvent ovoïde (*Exogone*, Phyllodocidæ, Eunicidæ, fig. 1107), il devient étroit et comme resserré entre les palpes lorsque ceux-ci sont très développés (Nereidæ); il est souvent échancré et bifide chez les Aphroditidæ, où ses diverses formes ont été utilisées pour la classification (p. 1629); dans cette famille, il existe souvent un tubercule facial. Le protoméride porte habituellement sur sa face dorsale, chez les Amphinomidæ, un repli cutané, en forme de crête plus ou moins compliquée qui se rabat en arrière et s'allonge au-dessus d'un certain nombre d'anneaux; c'est la *caroncule* qui a fourni de bons caractères taxonomiques (p. 1630).

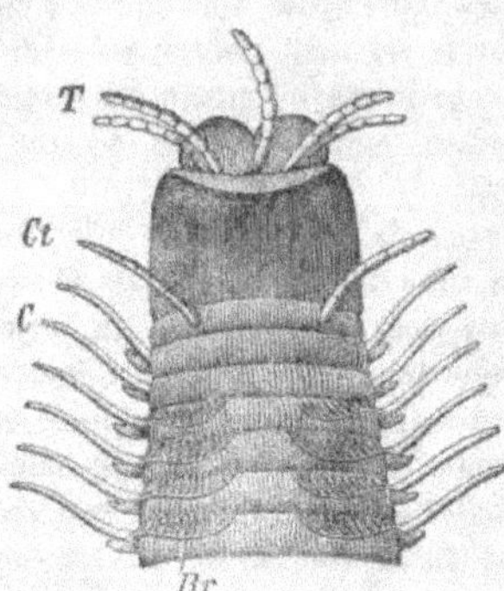

Fig. 1107. — Tête et segments antérieurs d'une *Eunice*, vue de dos. — *T*, antennes; *Ct*, cirres tentaculaires; *C*, cirres de parapodes; *Br*, branchies.

La forme du lobe céphalique se modifie naturellement beaucoup dans la série des familles d'Annélides tubicoles, où il se couvre de filaments préhensiles (Terebellidæ, Ampharetidæ, Amphictenidæ) et dans celles où il est plus ou moins masqué par l'appareil respiratoire (Sabellidæ). Court, tronqué, convexe en dessus, concave en dessous chez la plupart des Amphitritinæ, il s'allonge chez les Polycirrinæ en une lèvre très grande, entière ou tripartite (*Amæa*), et forme chez les *Artacama* une sorte de lèvre plissée.

Les appendices du protoméride peuvent être identiques à ceux des segments suivants, ce qui affirme son identité morphologique avec ces derniers. C'est ainsi que les appendices céphaliques des *Tomopteris* contiennent une soie comme s'ils étaient de véritables pieds, et d'autre part il arrive fréquemment que les rames pédieuses des segments du corps se changent en appendices tactiles. C'est cette transformation que subissent, en général, les appendices de protoméride.

On distingue parmi les appendices portés par le protoméride : les *antennes* insérées sur le bord antérieur ou sur la face dorsale du segment (fig. 1108, T), et les *palpes* insérés sur sa face inférieure, de chaque côté de la bouche (*p*). Entre ces deux modes d'insertion, la distinction est quelquefois difficile, mais il est assez rare que les palpes et les antennes aient la même conformation et la même ornementation. Nous verrons, en outre (p. 1597), qu'ils reçoivent leurs nerfs de parties différentes des centres cérébroïdes. Les nerfs antennaires étant toujours en nombre pair, il semble que, chez les Polychètes primitifs, les antennes aient dû être toujours disposées par

paires; chez un certain nombre de genres cette disposition primitive a été effectivement conservée. Il n'existe qu'une paire d'antennes chez les POLYGORDIIDÆ, chez
les *Fallacia, Telamone, Castalia* de la famille des HESIONIDÆ, chez les NEREIDÆ, les
Pontadora, Portelia, STAUROCEPHALINÆ, *Œnone, Saccocirrus,* SABELLARIIDÆ, SABEL
LIDÆ, FLABELLIGERIDÆ, deux dans les genres *Syllidea, Hesione, Peribœa, Eteone,
Nothis, Phyllodoce, Phystideus, Pelagobia, Maupasia, Hydrophanes, Polyodontes,* GLY
CERIDÆ, *Nephthys, Paractius,* quelques FLABELLIGERIDÆ, etc.

Mais très souvent les antennes médianes se soudent en une antenne impaire, de
sorte que l'on trouve des
genres à une seule antenne : *Psammolyce, Sthenelais,* HERMIONINÆ, *Nematonereis, Blainvillea* ;
d'autres à trois : SYLLIDÆ
(fig. 1113), *Podarke, Tyrrhena, Oxydromus,
Ophiodromus, Eulalia,*
POLYNOINÆ, PALMYRIDÆ,
Halla, Amphiro ; d'autres
à cinq : *Marphysa, Eunice* (fig. 1107), ou même
sept : *Hyalinœcia, Onuphis, Diopatra.* Les antennes sont habituellement
des appendices grêles,
coniques, plus ou moins
allongés, présentant
parfois une région basilaire annelée (*Onuphis,
Hyalinœcia*), ou renflée

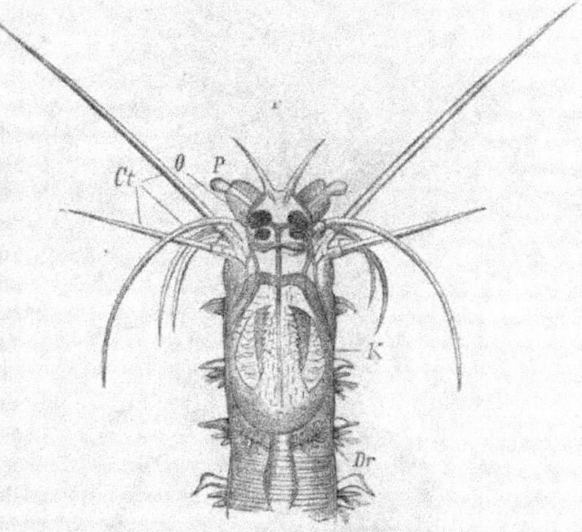

Fig. 1108. — Têtes et segments antérieurs de la *Leontis Dumerilii.* —
O, yeux; *F,* antennes; *p,* palpes; *Ct,* cirre tentaculaire; *K,* dents;
Dr, glande œsophagienne (d'après Claparède).

et papilleuse (beaucoup d'APHRODITIDÆ). Lorsqu'elles présentent quelque complication de forme, les cirres des parapodes sont souvent compliqués de la même
façon, comme si ces formations étaient de même nature; ainsi parmi les SYLLIDÆ,
les antennes et les cirres des *Myrianida* sont foliacés ; ces mêmes organes sont articulés
chez la *Syllis hamata,* tuberculeux chez l'*Odontosyllis ctenostoma*; de même dans la
famille des APHRODITIDÆ, chez l'*Hermadion fragile,* la *Polynoe extenuata,* etc., les
antennes et les cirres épais et épineux à leur base se terminent par un filament lisse.

Les palpes (fig. 1108, *p*; fig. 1113, p. 1555) sont, au contraire, tout différemment
conformés; ils semblent appartenir à une autre série d'organes, et peut-être faudrait-il voir en eux des parapodes modifiés dont les antennes seraient les cirres.
Les palpes sont d'habitude plus gros que les antennes. Ils atteignent un grand
développement dans la famille des SYLLIDÆ, et revêtent même, chez les individus sexués de plusieurs espèces de cette famille, la forme de longs appendices
bifurqués (*Myrianida* à l'état de *Polybostrichus, Procerastea, Autolytus*). Dans cette
même famille, ils peuvent présenter des degrés divers de soudure qui ont fourni à
la taxonomie autant de caractères; ils arrivent parfois à se confondre plus ou moins

avec le protoméride dont ils modifient notablement l'aspect ; le protoméride paraissant s'allonger en avant de toute la longueur des palpes soudés, la bouche située à son extrémité postérieure semble reculer d'autant. Les palpes des NEREIDÆ sont gros et courts, mais présentent une conformation très caractéristique ; ils ont l'aspect d'une sorte de barillet surmonté d'un article beaucoup plus petit (fig. 1108, *p*). Ces organes sont presque identiques aux antennes chez les PHYLLODOCIDÆ ; ils reprennent de grandes dimensions chez les APHRODITIDÆ, et sont en général moins longs que les antennes chez les EUNICIDÆ.

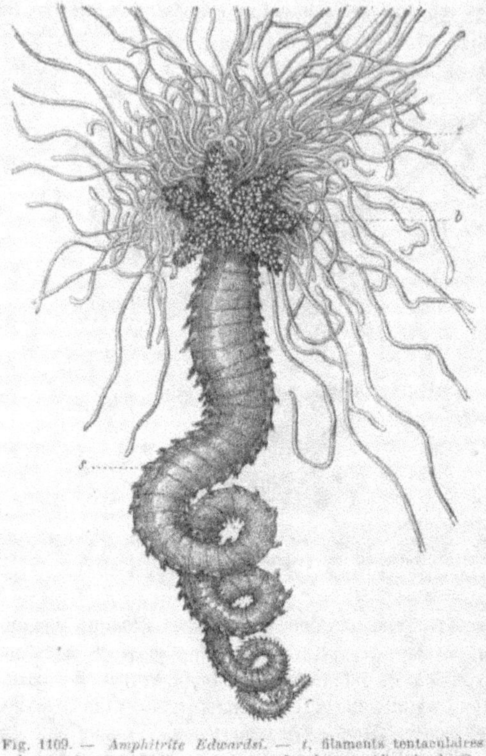

Des filaments préhensiles très nombreux et très mobiles dits *tentacules* tiennent la place des antennes sur la face ventrale du protoméride des AMPHICTENIDÆ et des AMPHARETIDÆ, sur sa face dorsale chez les TEREBELLIDÆ et FLABELLIGERIDÆ. Ces filaments sont particulièrement longs et extensibles chez les TEREBELLIDÆ (fig. 1109, *t*) qui les font mouvoir sans cesse et s'en servent pour saisir les menus objets employés à la construction de leur tube. Ils sont remplacés par des lobes ramifiés chez les AMMOCHARIDÆ et finalement se transforment en branchies dites *branchies céphaliques* (p. 1640) chez les SABELLIDÆ. On peut voir en eux les équivalents des antennes ou des palpes, car chez les SABELLIDÆ, en général, la première barbule

Fig. 1109. — *Amphitrite Edwardsi.* — *t*, filaments tentaculaires ; *b*, branches ; *s*, pharètres ou parapodes dorsaux (d'après de Quatrefages).

de chaque branchie et quelquefois plusieurs de chaque côté se transforment en assez longs appendices coniques, visibles du côté ventral, placés au-dessus de la bouche et qui simulent des antennes ou des palpes reliés entre eux par la lèvre dorsale. Des antennes analogues existent chez les AMPHICTENIDÆ et SABELLARIIDÆ.

Deutoméride ; modifications de ses appendices. — Le deutoméride se rapproche déjà par ses dimensions et sa forme des segments ordinaires du corps ; mais il présente cependant presque toujours des modifications spéciales, en raison de ce qu'il fournit, en général, le bord postérieur de la bouche, et de ce que ses appendices s'adaptent plus spécialement au tact. Chez diverses formes sexuées de

Syllidæ, le deutoméride, bien que presque confondu avec le protoméride, présente cependant la même structure que les segments suivants (forme *Tetraglene*); son parapode porte des soies et un cirre; les parapodes du deutoméride sont également pourvus de soies chez les Nephthuyidæ, beaucoup d'Aphroditidæ (*Sigalion*, *Sthenelais*, diverses *Polynoë*, *Aphrodite*), les Amphinomidæ. Le deutoméride n'en demeure pas moins très petit chez la plupart des Polynoïnæ où il porte, en outre, d'habitude deux cirres tentaculaires. Les soies et le parapode lui-même disparaissent, et il ne reste plus que la partie tactile de ce dernier, transformée en un nombre variable de cirres tentaculaires chez les formes asexuées des Syllidæ (jusqu'à huit paires chez les *Fallacia*), ainsi que chez les Hesionidæ, Nereidæ, Phyllodocidæ, Eunicidæ. Ces cirres peuvent être accompagnés de faisceaux de soies plus ou moins réduits (*Chætoparia*) qui accusent nettement leur origine pédieuse. Les Annélides sédentaires présentent, au point de vue de l'armature du deutoméride, les mêmes différences que les Annélides errantes. Ce segment est muni de soies chez les Aricidæ, les *Polydora*, les *Ophelia*; il en est dépourvu chez les Capitellidæ et les Arenicolidæ; dans cette dernière famille, il est presque confondu avec le protoméride; c'est ce que montrent aussi les Flabelligeridæ où le protoméride et le deutoméride confondus s'évasent en entonnoir; le deutoméride est également élargi ou infundibuliforme chez les Chætopteridæ (fig. 1111, p. 1555), et porte, comme chez les Spionidæ, deux longs tentacules. Il semble, au contraire, confondu avec le tritoméride chez les Clymenidæ, si l'on en juge d'après la position reculée des soies du premier segment apparent du corps.

En même temps que les filaments céphaliques se développent pour jouer des rôles variés et que l'animal arrive à construire un tube indépendant, les appendices du deutoméride et des segments qui suivent peuvent offrir des modifications particulières qui changent complètement l'aspect de la région antérieure du corps. On n'observe aucune modification importante chez les Terebellidæ, mais dans tout un groupe d'Ampharetidæ (*Ampharete*, *Lysippe*, *Amphicteis*, *Sosane*), les soies de la première paire de parapodes dorsaux, appartenant au tritoméride, sont grandes, dorées, disposées en éventail et forment ainsi, de chaque côté du corps, une *palmule* située en avant de la première paire de branchies. Les palmules sont remplacées chez les Amphictenidæ par deux peignes de grosses soies dorées, appliquées contre le protoméride du côté dorsal. Ce sont les parapodes dorsaux du deutoméride qui se modifient et se portent en avant de manière à dépasser beaucoup le protoméride ou même à le masquer complètement chez les Sabellariidæ et les Sabellidæ. Ils forment chez les Sabellariidæ (fig. 1110, n° 2) deux masses cylindriques isolées (*Centrocorone*), ou soudées du côté dorsal (*Sabellaria*, *Pallasia*), vers lequel elles sont un peu redressées (*o*). Ces masses sont légèrement dilatées en ombrelle et tronquées à leur extrémité libre; elles portent sur tout le pourtour de cette extrémité deux (*Pallasia*) ou trois (*Sabellaria*) cercles de fortes soies non rétractiles, formant ensemble un opercule qui ferme le tube habité par l'animal, lorsque celui-ci se rétracte. Un cercle de cirres se trouve au-dessous des soies; en outre, sur leur face ventrale, les deux parapodes ainsi modifiés portent chacun une rangée longitudinale de saillies aplaties dans le sens transversal et qui se résolvent brusquement chacune en une frange de longs filaments mobiles (*t*). Ces filaments appartiennent en réalité au protoméride, mais sont soudés aux parapodes du deutoméride.

Toutes ces parties se retrouvent chez les SABELLIDÆ, mais ici les franges de filaments sont séparées des parapodes; elles constituent un volumineux panache respiratoire (fig. 1110, n° 1, *b*), tandis que les parapodes eux-mêmes, toujours beaucoup plus grêles que ceux des *Sabellaria*, présentent divers degrés de développement. Presque nuls chez les *Myxicola*, représentés chez les *Spirographis* par un court repli longitudinal qui se continue avec la partie latérale du collier membraneux qui chez ces animaux entoure la base des branchies, s'élevant sous forme de deux tubercules égaux, à la base des branchies, sous la membrane thoracique chez les *Psygmobranchus*, ils ne prennent tout leur développement que chez les SERPULINÆ, et ici même les deux parapodes, quoique présentant une conformation générale identique, sont très inégaux; l'un d'eux demeure très petit et ne remplit aucune fonction; l'autre, aussi long pour le moins que les plumes branchiales, est d'abord généralement assez grêle, mais il s'épanouit en cône vers son extrémité libre et la base du cône supporte une plaque tantôt chitineuse (*Serpula*), tantôt imprégnée de calcaire (*Vermilia*), qui est l'opercule. La forme de cet opercule est très variable : il est tantôt simple, tantôt garni d'épines ou surmonté de cornes et fournit de bons caractères spécifiques. Chez les *Spirorbis* (fig. 1111, *k*), le parapode operculigère demeure assez large

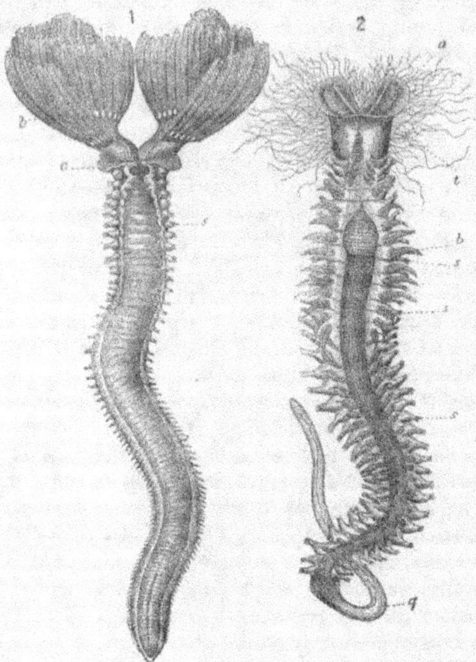

Fig. 1110. — {Polychètes sédentaires. — 1, *Distylia volutifera*; *b*, branchies; *c*, collerette; *s*, soles locomotrices. — 2, *Sabellaria alveolata*; *o*, opercule porté par les parapodes du deutoméride; *t*, filaments tentaculaires de ces parapodes; *b*, branchies; *s*, parapodes; *q*, queue (d'après de Quatrefages).

sur toute sa longueur; il est utilisé comme organe d'incubation. Les *Filograna* présentent, contrairement aux autres SERPULINÆ, deux opercules égaux, mais ces opercules sont portés par des appendices qui se distinguent à peine des plumes branchiales non operculigères; l'appendice operculigère garde de même l'aspect d'une plume branchiale dans les genres *Apomatus*, *Filogranula*, et il se pourrait qu'il représentât non plus un parapode comme chez les *Serpula*, mais un simple tentacule branchial.

Tritoméride et premiers segments suivants. — Tous les segments, à partir du second, sont pourvus de soies chez les SYLLIDÆ et NEREIDÆ; il en est de même chez les *Hyalinœcia*, *Onuphis*, *Diopatra*, mais chez la plupart des autres EUNICIDÆ le tritoméride est dépourvu de soies comme le deutoméride, et souvent, chez les EUNICINÆ, les premiers segments qui suivent sont encore dépourvus des branchies caractéristiques de cette tribu.

Chez les PHYLLODOCIDÆ, les trois premiers segments portent, au lieu des cirres foliacés qu'on observe sur le reste du corps, des cirres tentaculaires subulés; ces segments sont souvent plus ou moins fusionnés, ce qui n'exclut pas la présence de soies sur le trito- ou même le deutoméride (p. 1545). C'est ainsi que les longs cirres tentaculaires des *Tomopteris* contiennent chacun un fort acicule. Il résulte de la présence fréquente de soies à la base des cirres tentaculaires que ceux-ci ne sont en réalité que des cirres pédieux modifiés et dont le parapode a disparu. Comme chaque parapode ne porte jamais qu'un seul cirre et que, de chaque côté des segments, les parapodes sont au plus au nombre de deux, après leur disparition, il ne peut subsister que deux paires de cirres par méride; lorsqu'un segment paraît porter plus de quatre cirres, comme cela arrive fréquemment pour le deutoméride apparent de nombreux HESIONIDÆ et PHYLLODOCINÆ, il y a lieu de penser que ce segment représente, en réalité, plusieurs mérides confondus. Ces modifications ne s'étendent qu'à un petit nombre de segments chez les Polychètes errants, et ne sont pas suffisantes pour qu'on soit amené à distinguer chez eux de véritables régions du corps.

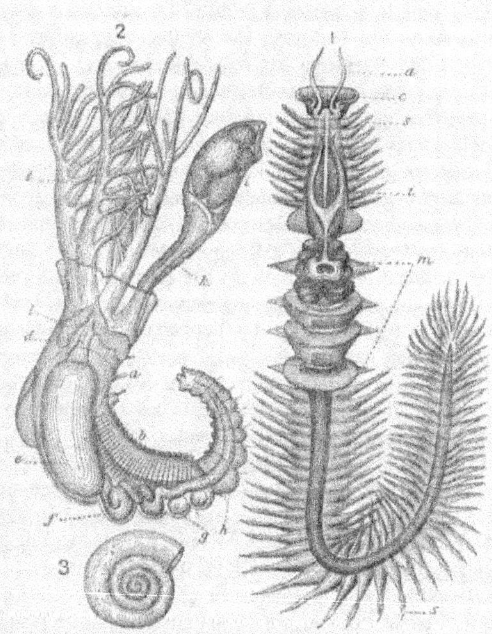

Fig. 1111. — Polychètes sédentaires. — 1, *Chætopterus Valencinii* a, tentacule; c, deutoméride élargi en forme de cornes du 1er segment thoracique; m, segments thoraciques à rames dorsales soudées en ventouse sur le 2e, en palette oscillante sur les trois derniers; s, parapode de la région abdominale (grandeur naturelle, d'après de Quatrefages). — 2, *Spirorbis lævis*: t, branchies; k, lobe operculigère; i, opercule contenant des œufs; l, néphridie; a, région antérieure sétigère; b, région moyenne sans soies; h, région postérieure sétigère; d, œsophage; e, estomac; f, intestin, g, œufs. — 3, Tube calcaire de *Spirorbis* grossi 4 fois (d'après Claparède).

Alternance dans la forme des segments; division du corps en régions. — Chez les ACŒTINÆ, POLYNOINÆ, HERMIONINÆ et PALMYRIDÆ, on constate des modifications d'une autre nature. Dans la famille des APHRODITIDÆ à laquelle appartiennent les trois premières tribus, un segment complet présente, de chaque côté du corps et de bas en haut : un cirre ventral, un parapode ventral, un parapode dorsal, un cirre dorsal, une branchie filiforme; mais sur les segments 2, 4, 5 et de deux en deux sur les segments suivants, le cirre se transforme en une large lame foliacée qui porte le nom d'*élytre*; cette alternance n'a lieu que dans la région antérieure du corps; tous les segments postérieurs portent à la fois des élytres et des branchies, et la transformation des cirres en élytres s'étend à tous les segments chez les POLYLEPINÆ. Dans la famille des PALMYRIDÆ, le cirre dorsal ne se transforme pas en élytre, mais il avorte de deux en deux segments.

La façon dont se différencient les segments est tout autre chez les Polychètes sédentaires; une même modification porte toujours sur un certain nombre de segments placés sans interruption à la suite les uns des autres, d'où résulte la division du corps en *régions* distinctes. Ces modifications peuvent se réduire à un simple changement dans la forme des soies (MALDANIDÆ) ou dans celle des parapodes (CAPITELLIDÆ); dans ce cas, la division du corps en régions est peu apparente et pourrait échapper à un premier examen. Chez les SABELLINÆ, on n'aperçoit pas d'autres modifications que celles qui concernent le proto- et le deutomérides; et de même lorsque les organes modifiés n'ont qu'un faible développement et que le protoméride garde la forme habituelle, l'aspect extérieur demeure à peu de chose près ce qu'il est chez les Annélides errantes (SPIONIDÆ, ARICIIDÆ, OPHELIIDÆ); par la disparition des branchies à l'extrémité antérieure et à l'extrémité postérieure du corps (ARENICOLIDÆ, AMPHICTENIDÆ); par leur absence à l'extrémité postérieure du corps (SABELLARIIDÆ) ou sur presque toute son étendue, sauf quelques anneaux antérieurs (AMPHARETIDÆ, la plupart des TEREBELLIDÆ), la différenciation des régions du corps s'accuse bien davantage; elle est portée au maximum chez les SABELLARIIDÆ par la constitution d'une sorte de région caudale, déjà indiquée chez les ARENICOLIDÆ, et surtout chez les STERNASPIDÆ et les CHÆTOPTERIDÆ par d'importantes modifications survenues dans les parapodes.

Chez les *Sternaspis*, le corps est court, ramassé, et les parapodes ont disparu; le protoméride a la forme d'un lobe arrondi; les trois segments suivants portent, de chaque côté, de nombreuses soies formant ensemble, pour chaque segment, une couronne interrompue sur les lignes médianes, dorsale et ventrale; viennent ensuite trois segments qui vont en se rétrécissant; ils ne portent pas de soies et sont, avec les précédents, rétractiles à l'intérieur du corps; les segments huit à quatorze sont bien marqués et portent des soies rudimentaires; le quinzième n'en a pas; enfin le corps se termine par une masse résultant de la fusion de seize segments à peine indiqués du côté dorsal par un petit nombre de sillons transversaux, et dont les parapodes ventraux se sont confondus, avec ceux du quinzième segment, en un écusson qui porte sur ses bords dix-sept paires de faisceaux de soies, symétriques deux à deux; ces faisceaux de soies sont la seule indication extérieure des segments confondus; l'extrémité de la masse ainsi constituée porte deux touffes de filaments qui sont les branchies.

Le corps des CHÆTOPTERIDÆ est, au contraire, allongé, et ses appendices ont subi des modifications plus intéressantes et plus variées. Le protoméride porte quatre (*Phyllochætopterus*) ou deux antennes (*Chætopterus*, fig. 1111, n° 1, *a*); dans ce dernier genre, le deutoméride est court, très large, dilaté en entonnoir et sans appendices (*c*). Les neuf segments qui suivent sont semblables entre eux, et constituent une région du corps nettement accusée, qu'on peut nommer la *région préthoracique*; cinq anneaux qui viennent après peuvent être considérés comme formant une *région post-thoracique*; mais ils ne sont pas rigoureusement semblables entre eux ; le reste du corps constitue la *région abdominale*. C'est surtout par les différenciations particulières subies par leurs parapodes que ces régions se distinguent, et il ne sera possible de les caractériser qu'après l'étude de ces organes (p. 1550).

On trouve dans la tribu des Serpulinæ une autre différenciation qui caractérise la région thoracique ; c'est une sorte de repli de la peau ou de manteau qui recouvre les premiers segments du corps et qui a reçu le nom de *membrane thoracique* ; cette membrane ne fait défaut que chez les genres *Hyalopomatus* et *Chitinopoma* qui font ainsi le passage aux Sabellinæ, toutes à thorax nu. Il ne faut pas confondre la membrane thoracique avec la *collerette* qui, dans ces deux tribus, entoure la base du panache branchial (fig. 1110, nº 1, c).

Parapodes. — Les *parapodes* ou *pieds* sont des évaginations de la paroi du corps, dont il existe une paire à chaque segment postérieur au deutoméride ; les parapodes forment ainsi deux rangées longitudinales régulières. Les parapodes manquent complètement dans la famille des Polygordiidæ ; ils sont surtout développés chez les Polychètes errants. Ce sont de simples tubercules accompagnés des cirres habituels chez les Syllidæ, la plupart des Phyllodocidæ (à l'exception des *Notophyllum*, *Lacydonia* et *Myriocyclum*), les Sphærodoridæ, les Hesionidæ, les Myzostomidæ et les Eunicidæ ; mais ce tubercule se bifurque à son extrémité libre, ou même jusqu'à sa base chez les Aphroditidæ

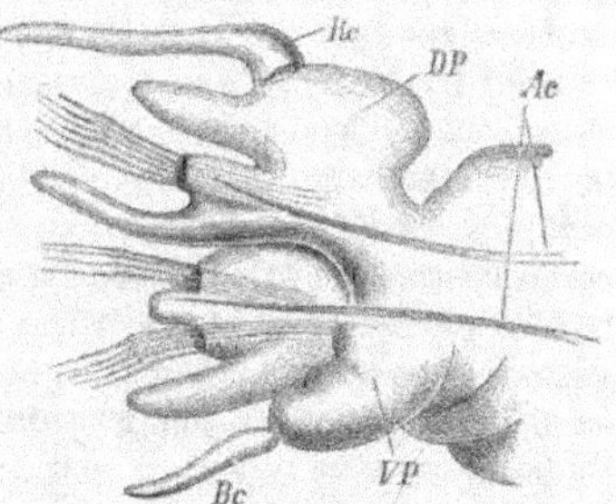

Fig. 1112. — Parapodes d'une *Nereis*. — *DP*, parapode dorsal ; *Ic*, cirre dorsal ; *VP*, parapode ventral ; *Bc*, cirre ventral ; *Ac*, acicule (d'après de Quatrefages).

et les Glyceridæ ; il se constitue ainsi deux rames, l'une *dorsale*, l'autre *ventrale*, toujours complètement séparées chez les Palmyridæ, Nereidæ et Nephthyidæ. Dans ces deux dernières familles le pied peut atteindre un haut degré de complication. Chez les Nereidæ (fig. 1112), non seulement la rame dorsale (Dp) porte, comme d'habitude, un cirre dorsal (Ic), mais elle se prolonge au-dessus et au-dessous du faisceau de soies en une languette pointue ; la rame ventrale (Vp) contient deux faisceaux de soies entre lesquels elle se prolonge ; en outre, elle porte inférieurement une troisième languette qui la sépare du cirre ventral (Bc). Dans la période de la reproduction, chez les formes épigames (p. 1623), le parapode se complique encore : les deux languettes de la rame supérieure se transforment en larges lames foliacées, ainsi que le mamelon sétigère de la rame ventrale et la base du cirre qu'elle porte. Le cirre dorsal peut acquérir des denticulations qui le font ressembler à une branchie (*Heteronereis Œrstedii*). Les mamelons sétigères des deux rames du pied des *Nephthys* portent normalement des lames aplaties plus ou moins lobées, et peuvent être euxmêmes de cette forme ; en outre, la rame supérieure porte sur sa face inférieure un appendice conique, généralement recourbé en crochet et qu'on s'accorde généralement à considérer, au point de vue physiologique, comme une branchie. Cela n'implique aucune assimilation morphologique avec les branchies dorsales des Eunicinæ, Amphinomidæ et autres Polychètes errants ; peut-être cette *branchie pédieuse* se rapprocherait-elle davantage de la branchie que porte la rame dorsale du pied de nombreuses *Glycera*, pied dont les divers modes de complication sont indiqués dans la partie systématique (p. 1631).

Dans l'ordre des Annélides sédentaires les parapodes ne présentent guère quelque complication que dans la famille des ARICIDÆ, où leurs variations caractérisent trois régions du corps. Dans l'*Aricia Latreillei*, que nous pouvons prendre comme type, la première de ces régions comprend trente segments; la deuxième, cinq; la troisième, le reste du corps. Dans la première région le parapode dorsal porte une languette contenant une anse vasculaire et en dedans de cette languette, à partir du cinquième segment, une branchie; la rame ventrale est très grande, comprimée et bordée en dessous de douze à vingt-cinq papilles coniques, remplies de follicules bacillipares; elle porte plus de deux cents soies. Dans la deuxième région, la rame dorsale garde la même composition que dans la première, seulement la branchie devient de plus en plus haute et large, et un petit cirre subulé apparaît entre les deux rames; la rame ventrale se compose de deux languettes superposées, dont l'inférieure porte sur son bord de cinq à dix papilles. Dans les rames de la région postérieure, ces papilles sont remplacées par un petit cirre ventral et les branchies continuent à grandir.

Les parapodes sont plus simples quoique beaucoup plus grands et susceptibles de curieuses adaptations chez les CHÆTOPTERIDÆ. Les rames supérieures des onzième et douzième segments chez les *Spiochætopterus*, celles de la région post-thoracique chez les *Phyllochætopterus*, toutes celles de la région postérieure du corps chez les *Telepsavus* se développent en lobes foliacés. Les choses sont plus compliquées chez les *Chætopterus* (fig. 1111); les pieds de la région préthoracique sont uniramés, longs, coniques, dirigés latéralement; tous les autres pieds sont biramés et leur rame ventrale est transformée en palette; les deux palettes sont larges, triangulaires, contiguës sur la ligne médiane ventrale et étalées horizontalement, de manière à jouer le rôle de ventouses, pour les cinq segments post-thoraciques; elles sont plus petites, verticales ou obliques et bilobées, pour les segments abdominaux. La forme des rames dorsales est beaucoup plus variée; ce sont de longues cornes dirigées vers le dos et contenant chacune un faisceau de soies pour le douzième segment (*i*); ces deux cornes sont remplacées par une ventouse cupuliforme située sur la ligne médiane dorsale pour le treizième; enfin les rames dorsales des quatorzième, quinzième et seizième segments se soudent chacune avec sa symétrique de manière à constituer trois larges et épaisses palettes (*m*) auxquelles l'animal donne incessamment un mouvement de va-et-vient, de manière à assurer la circulation de l'eau à l'intérieur de son tube. Les rames dorsales de la région abdominale (*s*) ont la forme de petites bouteilles à col très allongé, rabattues sur le dos; les rames ventrales sont divisées chacune en un lobe interne, en forme de palette rectangulaire, et un lobe externe arrondi qui porte un petit cirre; les deux lobes sont armés de crochets sur leur bord. Le lobe interne, par ses mouvements, fait reculer l'animal dans son tube; le lobe externe le fait avancer.

Dans les autres familles d'Annélides tubicoles, les rames sont beaucoup plus simples et généralement fort différentes l'une de l'autre; la rame dorsale, quand elle existe, est ordinairement tuberculiforme, la rame ventrale est encore en forme de pinnule chez les SABELLARIIDÆ, AMPHARETIDÆ; mais chez les ARENICOLIDÆ, MALDANIDÆ, TEREBELLIDÆ, SABELLIDÆ, elle est transformée en un bourrelet allongé transversalement, qui porte de nombreuses soies en forme de crochet ou des plaques chitineuses dentées et qu'on nomme pour cette raison le *tore uncinigère*. On donne quelquefois alors le nom de *pharètre* au parapode dorsal. La rame ventrale se transforme également en tore uncinigère dans la région postérieure du corps des CAPITELLIDÆ, dont les parapodes dorsaux sont tuberculiformes et rétractiles ou même peuvent affecter la forme de véritables tores, quelquefois confondus sur la ligne médiane d'un certain nombre de segments (*Notomastus latericeus*).

Cirres. — Les cirres sont des organes tactiles, et l'on peut s'attendre dès lors à les trouver mieux développés chez les Polychètes errants que chez les sédentaires. Ils sont, en effet, au complet, c'est-à-dire qu'il existe à la fois un cirre dorsal et un cirre ventral, dans les familles des NEREIDÆ, PHYLLODOCIDÆ, NEPHTHYIDÆ et dans un certain nombre de tribus des familles des SYLLIDÆ (EUSYLLINÆ, SYLLINÆ); ils manquent, au contraire, chez la très grande majorité des Polychètes sédentaires où l'on n'en rencontre que dans les familles des SPIONIDÆ, CHÆTOPTERIDÆ, OPHELIIDÆ, ARICIIDÆ; entre ces deux extrêmes tous les intermédiaires sont réalisés. Chez les EUNICINÆ le cirre dorsal est bien développé, le cirre ventral rudimentaire; il devient nul chez les AUTOLYTINÆ; au contraire chez les GLYCERIDÆ le cirre dorsal est réduit à un tubercule, tandis que le cirre ventral est conique et normal; nous avons vu la singulière alternance que présente le développement du cirre dorsal chez les PALMYRIDÆ et la plupart des APHRODITIDÆ. Assez souvent, chez les Annélides sédentaires, l'existence des cirres est limitée à une des régions du corps. Ainsi les SPIONIDÆ présentent deux énormes cirres tentaculaires sur le deutoméride (segment buccal); chaque des trois segments suivants des *Polydora* porte un cirre dorsal et un cirre ventral de chaque côté; puis vient un segment sans parapode et sans cirre, après lequel un nouveau segment normal; tous les autres segments portent à la place du cirre dorsal une branchie; le cirre ventral a disparu. Les *Aricia* (*A. Latreillii*) n'ont de cirre ventral

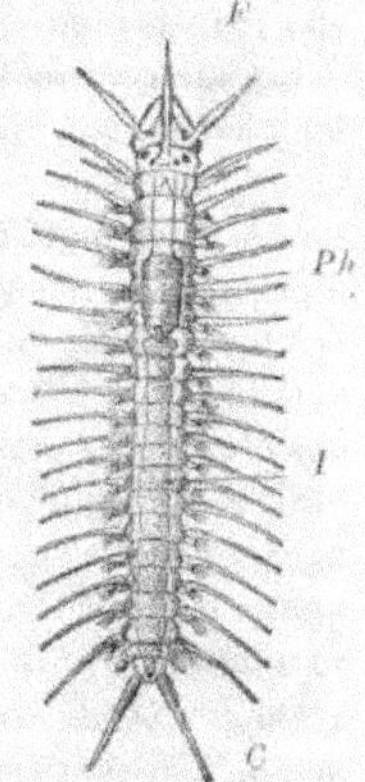

Fig. 1113. — *Grubea fusifera.* — *F*, antenne; *Ph*, gésier; *I*, intestin; *C*, cirres (d'après de Quatrefages).

que dans la région postérieure du corps. La valeur de la présence ou de l'absence des cirres, comme élément de caractéristique, varie d'une famille à l'autre. Dans la famille des SYLLIDÆ, la tribu des AUTOLYTINÆ est caractérisée par l'absence de cirre ventral; dans celle des EUNICIDÆ, les LUMBRICONEREINÆ n'ont que des cirres rudimentaires, mais dont le développement varie d'un genre à l'autre. La forme des cirres n'a pas une valeur taxonomique plus constante; ainsi, dans la seule famille des SYLLIDÆ on trouve des cirres sphéroïdaux (*Eurysyllis*), cylindriques (*Autolytus*), fusiformes ou renflés à la base (*Sphærosyllis*, *Grubea*, fig. 1113), renflés en massue (*Virchowia*, *Procerastea*), présentant un certain nombre d'étranglements (EUSYLLINÆ), ou même tout à fait moniliformes (*Syllis*, *Eusyllis*), ou enfin aplatis en lame foliacée (*Myrianida*); la forme des cirres caractérise ici tout au plus les genres. Au contraire, la tribu des LYSARETINÆ se distingue des autres EUNICINÆ par la forme foliacée du cirre dorsal; la famille tout entière des PHYLLODOCIDÆ se reconnaît à la forme foliacée des cirres dorsaux et ventraux, et cette tranformation est poussée au maximum chez les APHRODITIDÆ où les cirres prennent, suivant les règles précédemment énoncées, la forme d'élytres. De même les Sphærodoridæ sont caractérisés par leurs cirres sphériques. Quand une pareille transformation des cirres est générale, si quelques segments du corps échappent à la règle et portent des cirres autrement transformés, le nombre de ces segments exceptionnels fournit à son tour d'utiles caractères génériques; c'est ce qui arrive pour la famille des Phyllodocidæ où les cirres des premiers segments du corps sont subulés soit en totalité, soit en partie, ces segments eux-mêmes étant plus ou moins confondus, faits qui ont servi de base à la distinction des genres. Lorsque les cirres des premiers segments du corps prennent ainsi une forme spéciale, on les désigne, qu'ils appartiennent au deutoméride ou aux segments suivants, ce qui est parfois difficile à décider, sous le nom de *cirres tentaculaires*. Le nombre des cirres tentaculaires, variable chez les Hesionidæ, Phyllodocidæ, Eunicinæ, peut à son tour devenir constant; il est par exemple de quatre chez les Nereidæ.

Filaments tentaculaires. — La famille des Cirratulidæ doit son nom au développement tout spécial qu'y prennent des organes qu'on serait tenté, au premier abord, d'assimiler à des cirres. Ce sont de longs et grêles filaments, d'aspect vermiforme, très mobiles, qui peuvent se trouver sur tous les segments du corps ou n'exister que sur quelques-uns. Ces filaments naissent assez souvent au voisinage des pieds, mais ils n'en dépendent pas et peuvent même former une rangée transversale à la surface dorsale de certains segments (*Audouinia*); ce ne sont donc pas des cirres. Ces organes sont d'ailleurs de deux sortes : les uns contiennent une anse vasculaire complète, on les considère comme des *branchies*; les autres ne contiennent qu'un cæcum vasculaire qui s'étend sur toute leur longueur; ce sont des filaments préhensiles, on leur donne le nom de *filaments tentaculaires*. Les branchies se montrent sur la plupart des segments du corps ou sur un nombre restreint de segments (*Dodecaceria, Narangaseta*), et il n'y en a qu'une de chaque côté; les filaments tentaculaires sont placés entre les deux branchies; ils n'existent souvent que sur un très petit nombre de segments, d'ordinaire sur un seul qui peut être celui où commencent les branchies (*Cirratulus*) ou un segment placé plus loin (*Audouinia*). Dans ces deux genres, les filaments tentaculaires sont à peu près semblables aux branchies; ailleurs ils sont souvent beaucoup plus gros, creusés d'une gouttière ciliée et placés soit sur le deutoméride (*Dodecaceria, Chætozone*), soit sur le protoméride (*Acrocirrus*), soit sur l'un des segments suivants (*Heterocirrus*); ces gros filaments rappellent les tentacules des Spionidæ et des Chætopteridæ. On doit assimiler aux filaments des Cirratulidæ ceux que l'on trouve sur le protoméride des Terebellidæ, Amph8aretidæ et Amphictenidæ, ou sur les parapodes du deutoméride des Sabellariidæ, familles qui ont entre elles plus d'une ressemblance anatomique et qui passent d'autre part aux Serpulidæ, dont les branchies céphaliques ne paraissent elles-mêmes que des filaments tentaculaires modifiés.

Branchies et élytres. — La respiration tégumentaire joue chez les Polychètes un rôle tellement important que souvent il ne se différencie pas d'organes respiratoires proprement dits; c'est le cas chez les Sphærodoridæ, Hesionidæ, Nereidæ, Phyllodocidæ, Acætinæ, Polynoïnæ, Hermioninæ, Palmyridæ, Lumbriconereinæ, Staurocephalinæ, Lysaretinæ, Chætopteridæ, Lipobranchinæ, Maldanidæ, Polycirridæ; il n'en existe qu'exceptionnellement (*Branchiosyllis*) chez les Syllidæ, et, parmi les Amphitritinæ, plusieurs genres en sont totalement dépourvus.

D'autre part les cirres, en se modifiant plus ou moins, peuvent tenir lieu d'organes respiratoires; c'est le cas pour les cirres aplatis en lames foliacées des *Myrianida*, des PHYLLODOCIDÆ et des LYSARETINÆ. Dans beaucoup de familles de Polychètes la distinction entre les cirres et les organes qu'on peut regarder comme de véritables *branchies* est même assez délicate, et l'on est conduit à désigner sous le nom de branchie toute expansion tégumentaire suffisamment vascularisée pour jouer un rôle dans la respiration. Les branchies ainsi définies ne sont pas nécessairement homologues; elles sont généralement, mais pas toujours dorsales. Les plus simples, celles des SPIONIDÆ, sont de petites languettes dorsales, reliées chacune par une membrane à la rame pédieuse qui les porte; elles ne contiennent qu'une anse vasculaire sans ramifications; partout ailleurs la branche afférente et la branche efférente de l'anse vasculaire sont reliées entre elles par de petites branches transversales ou même par un réseau vasculaire plus ou moins complexe. L'épithélium des branchies ainsi con-struites porte des cils vibratiles, souvent disposés en une seule rangée longitudinale (SPIONIDÆ), ou en deux rangées (ARICIIDÆ). Ces branchies simples, en forme de languette, de cirre ou de filament, se trouvent chez la très grande majorité des Polychètes branchifères et sont souvent fixées sur un parapode et même protégées par ses soies (OPHELIINÆ). On ne trouve de branchies plus complexes que chez les EUNICINÆ (fig. 1114), AMPHINOMIDÆ, ARENICOLIDÆ, TEREBEL-LIDÆ et chez quelques espèces de *Glycera* (*G. unicornis*, *G. lævis*). Chez les EUNICINÆ et les TEREBELLIDÆ, il semble que le passage se fasse graduellement des branchies simples aux branchies ramifiées. Dans la tribu des EUNICINÆ, les *Hyalinæcia* ont des branchies cirriformes; les branchies sont cirriformes chez certaines espèces d'*Onuphis*, pectinées chez d'autres; chez les *Eunice* et *Marphysa*, elles sont le plus sou-vent pectinées, et, chez les *Diopatra*, elles passent suivant les espèces, de la forme simple à la forme pectinée ou à celle d'une tige tout autour de laquelle des filaments bran-chiaux sont disposés en hélice. Dans toute cette famille, les branchies sont tellement liées au cirre dorsal que ces deux appendices ne paraissent être que deux parties dif-férenciées d'un même organe. Les *Glycera* présentent dans la forme de leurs branchies une gradation analogue

Fig. 1114. — Partie anté-rieure d'*Eunice Harassii*, Polychète errant. Une par-tie des branchies de gauche a été rabattue sur le côté. — *a*, premiers segments apodes, soudés entre eux; *b*, segments sétigères abranches; *c*, segments sétigères et branchifères (d'après de Quatrefages).

à celle des *Diopatra*; mais ici les rames pédieuses peuvent porter une branchie sur leur face dorsale, une sur leur face ventrale; c'est à cette dernière caté-gorie de productions qu'on peut rattacher les branchies en forme de crochet que portent, du côté ventral, les rames dorsales des *Nephthys*. Il est possible que, dans cette famille, les languettes que portent les pieds servent dans une cer-taine mesure à la respiration, au moins en ce qui concerne le liquide cavitaire. Dans la famille des TEREBELLIDÆ, on s'élève de même des POLYCIRRINÆ sans branchies et sans vaisseaux aux *Amphitrite* à trois paires de branchies fortement ramifiées, en passant par les *Pherea* et genres voisins pourvus de vaisseaux, mais sans branchies, les Trichobranchinæ, *Thelepus, Pista*, les Artacamacinæ à branchies filiformes, mais parfois multiples sur chaque segment. Le nombre des paires de branchies peut varier de un à trois dans un même genre de ce groupe; il n'en existe jamais que sur les premiers segments du corps. Les branchies des Arenicolidæ sont en houppes arborescentes, limitées à la région moyenne du corps (fig. 1116, p. 1556). Celles des Amphinomidæ présentent le maximum de complication : sur un même segment, de chaque côté du corps, il peut exister jusqu'à huit arbres branchiaux ramifiés, disposés en série transversale, comme les filaments tentaculaires des Cirratulidæ et comme les branchies cirriformes des *Thelepus*.

De telles branchies n'ont plus rien à faire avec les cirres; elles semblent conduire au contraire, par l'intermédiaire des filaments tentaculaires des Amphictenidæ, localisés sur le deutoméride et par ceux des Sabellariidæ qui se superposent aux parapodes de ce segment, aux branchies céphaliques des Serpulidæ. Nous avons indiqué page 1553 leurs différents modes de disposition; il nous reste à préciser leur structure qui est toute particulière. Chaque branchie céphalique a la forme d'une plume dont les barbes plus ou moins espacées sont symétriquement disposées par rapport à l'axe qui les supporte. Le nombre de ces plumes varie suivant les genres; il n'y en a que quatre à barbes espacées chez les *Spirorbis*, jusqu'à 80 à barbes serrées chez la *Bispira volutacornis*. L'axe porte souvent sur sa face interne, entre les deux lignes de barbes, deux bourrelets épidermiques, symétriques, couverts de cils vibratiles. Chaque barbe est constituée par un étui épithélial, enveloppant un axe fibreux (Serpulinæ) ou formé de cellules à parois rigides, constituant une sorte de cartilage (*Sabella*); les deux rangées de cellules qui soutiennent respectivement les deux barbules symétriques se rejoignent dans l'axe de la plume, en formant ensemble une lame pliée en V. L'axe cartilagineux des barbes, le V de l'axe de la plume sont entourés d'un périchondre épais, surtout autour de la lame en V. Ce périchondre est formé de tissu conjonctif, comprenant une substance fondamentale dans laquelle sont disséminés des amas fusiformes, longitudinaux, de noyaux, et que traversent des fibrilles rayonnantes dans sa région interne, longitudinales dans sa région externe; ces deux régions sont quelquefois séparées (*Spirographis Spallanzanii*) par des grappes également rayonnantes de noyaux. Entre les deux branches du V de substance cartilagineuse se trouve la cavité qui contient les vaisseaux afférent et efférent de chaque plume. La paroi de cette cavité, tournée vers l'intérieur de l'entonnoir branchial, est tapissée par une épaisse couche de cellules qui paraissent être des cellules nerveuses.

Le nom de branchies n'est appliqué que par une sorte d'abus de langage à certaines expansions tégumentaires d'Annélides dépourvues d'appareil circulatoire, comme les Polylepinæ, Sigalioninæ et Capitellidæ. Ces expansions sont d'ailleurs de simples languettes dorsales, cirriformes, qui peuvent coexister avec des expansions ramifiées chez certains genres de Capitellidæ (*Dasybranchus, Mastobranchus*). La position de ces appendices n'est même pas fixe; ils sont placés sur le côté neural des parapodes chez les *Dasybranchus*, sur le côté hémal chez les *Mastobranchus*. On pourrait désigner ces branchies sous le nom de *branchies cœliaques*; le nom de branchies lymphatiques ne saurait, en effet, leur convenir puisque le liquide de la cavité générale n'est pas ici seulement de la lymphe, mais cumule les fonctions de la lymphe et celles du sang. Ces branchies cœliaques peuvent aussi être des cirres modifiés, c'est le cas pour les *élytres* des APHRODITIDÆ (fig. 1115).

Ces élytres présentent souvent des digitations, des expansions arborescentes dont le rôle ne peut être que de multi-plier les contacts avec le milieu extérieur et d'augmenter ainsi la puissance respi-ratoire de l'organe (*Sigalion Pourtalesii*); ce rôle respiratoire ne saurait être dénié aux élytres des *Aphrodite* où l'on voit un courant d'eau passer au-dessous de la toison feutrée formée par les soies dor-sales et sortir par une sorte d'orifice postérieur, ménagé entre cette toison et le tégument dorsal. Les élytres sont sup-portées par une sorte de gros pédoncule cylindrique, très court, l'*élytrophore*; elles ne sont elles-mêmes qu'un repli tégumentaire dont les deux lames sont unies par de nombreuses fibrilles d'une substance voisine de la chitine; un gan-glion se trouve à la base de l'élytrophore sur le trajet d'un nerf qui pénètre dans

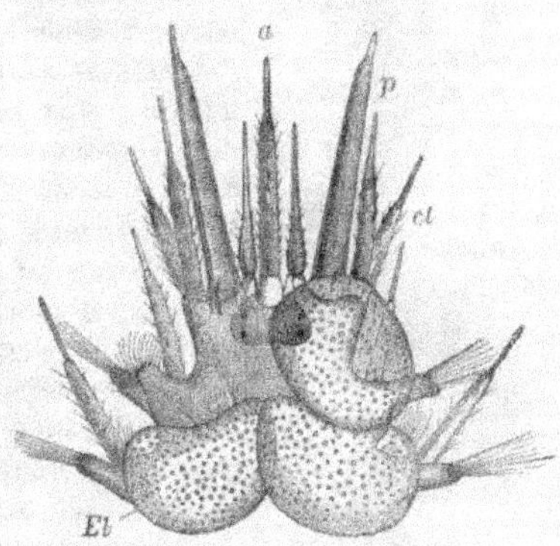

Fig. 1115. — Extrémité antérieure de *Lagisca exte-nuata* dont la 1re élytre gauche a été enlevée. On compte trois antennes (*a*); deux gros palpes (*p*); quatre cirres tentaculaires (*ct*), avec un acicule der-rière chaque couple sur le deutoméride; *El*, élytre (d'après Claparède).

l'élytre, s'y divise dichotomiquement, un grand nombre de ses ramuscules termi-naux aboutissant à des papilles sensitives saillantes, disséminées à la surface supé-rieure de l'élytre. Près de l'élytrophore un grand nombre de cellules épidermiques de la face inférieure de l'élytre sont transformées en cellules glandulaires muqueuses dont le mucus est phosphorescent (*P. torquata*).

Division du corps en régions. — Les cirres, les branchies, les parapodes et les soies ne sont pas nécessairement semblables sur tous les segments du corps. Quand ces appendices subissent un même genre de modifications sur un certain nombre de segments consécutifs, l'ensemble de ces segments constitue une *région* du corps, et le corps se divise en autant de régions qu'il y a de modifications de ce genre. Déjà chez les Polychètes errants on peut observer une tendance à la constitution de régions; le protoméride et le deutoméride peuvent souvent être considérés comme constituant un ensemble où il est parfois difficile de les recon-naître et qu'on a pu désigner sous le nom inutile de *tête*; les segments suivants se modifient plus ou moins dans la même série chez beaucoup de PHYLLODOCIDÆ et d'EUNICINÆ (fig. 1114, *a*, *b*, *c*); dans cette dernière tribu en particulier, les trois premiers segments sétigères des *Rhamphobrachium* présentent une élongation des plus curieuses de leurs parapodes et de leurs soies qui sont dirigées en avant et dépassent de beaucoup le protoméride. Mais cette division du corps en régions est surtout marquée chez les Polychètes sédentaires. Elle peut ne se traduire que par un changement dans la forme des soies ou la composition des faisceaux qu'elles forment; d'autres fois, la disparition des parapodes, la présence ou l'absence de branchies (ARENICOLIDÆ, CAPITELLIDÆ, TEREBELLIDÆ, etc.), celle d'une sorte de

manteau revêtant un ensemble de segments, comme la *membrane thoracique* des
SERPULINÆ, caractérisent encore plus nettement les diverses régions qu'on désigne
habituellement sous les noms de régions *thoracique, abdo-
minale,* et *post-abdominale* ou *caudale* (ARENICOLIDÆ, fig. 1116;
PECTINARIDÆ, SABELLARIIDÆ, fig. 1110, n° 2), et qu'il vaudrait
mieux désigner simplement par leur numéro d'ordre.

Structure des téguments. — La paroi du corps comprend
toujours, chez les Polychètes : 1° une *cuticule*; 2° un *épiderme (hypoderme, matrice cuticulaire)*; 3° une couche de
fibres musculaires circulaires; 4° des *muscles longitudinaux*;
5° un *revêtement péritonéal*.

La *cuticule* est anhiste chez les SYLLIDÆ [1] et elle est particulièrement mince chez les espèces qui s'abritent dans un
tube muqueux (*Eusyllis, Odontosyllis, Autolytus,* etc.); dans
la plupart des autres Polychètes, elle présente un double
système de stries entrecroisées auxquelles elle doit les phénomènes d'irisation dont elle est le siége. Des pores assez
régulièrement espacés sont percés à un grand nombre de
points d'entrecroisement de ces stries. Ces pores correspondent vraisemblablement aux cellules glandulaires extrêmement abondantes qui font partie de l'épiderme [2].

L'*épiderme* est en général constitué de deux sortes d'éléments : les *cellules épithéliales* proprement dites (*cellules de
soutien*) et les *cellules glandulaires*. Les cellules épithéliales
sont des cellules cylindriques, terminées du côté périphérique par un plateau cuticulaire, et s'effilochant du côté
profond, pour former des prolongements ramifiés, en nombre
quelconque, susceptibles de s'anastomoser entre eux. Leur

Fig. 1116. — *Arenicola piscatorum.* — *A*, région antérieure abranche; *B*, région
branchifère; *Q*, queue.

noyau est contenu dans leur région moyenne. Quelquefois courtes et étalées de
manière à former un mince épithélium continu (*Syllis hamata, S. hyalina*), elles
sont ordinairement allongées mais de forme très variable, et toutes ensemble constituent une sorte de réseau dans les mailles duquel sont encastrées les cellules
glandulaires; leur contenu est faiblement coloré par l'hématoxyline, et leur noyau
n'absorbe pas l'éosine, caractères qui les distinguent des cellules glandulaires.
Celles-ci, parvenues à maturité, se transforment souvent en une masse de mucus
qui finit par être expulsée et laisse alors à sa place une alvéole vide. Ces
cellules à mucus s'accumulent parfois sur certains points de manière à former de
véritables organes glandulaires, telles sont les *glandes pédieuses* des SYLLIDÆ, des
LYCORIDÆ, des EUNICIDÆ, et avec leur col allongé débouche, en général, dans le
cirre ventral (SYLLIDÆ).

Au-dessous de l'épiderme, se trouve un véritable *derme (couche sous-épider-*

[1] MALAQUIN, *Recherches sur les Syllidiens (Morphologie, Anatomie, reproduction, développement).* — Mémoires de la Société des Sciences de Lille, 1893.
[2] ALBERT SOULIER, *Études sur quelques points de l'Anatomie des Annélides tubicoles de
la région de Cette.* Travaux de l'Institut de Zoologie de Montpellier et de la station mari-
time de Cette, 1891.

mique, Soulier), constitué par un réseau de cellules conjonctives, noyées dans une substance fondamentale peu abondante, difficilement colorable; les mailles du réseau sont occupées par des cellules glandulaires semblables à celles de l'épiderme, mais souvent beaucoup plus allongées. Dans la région profonde du derme sont des cellules étoilées dont les relations sont absolument celles de cellules nerveuses; leurs prolongements sont, en effet, entrelacés avec ceux des cellules de soutien ou des cellules glandulaires, et la connexion est parfois établie par l'intermédiaire d'un filament présentant des renflements moniliformes.

La couche dermique est, en général, beaucoup moins épaisse que la couche épidermique, et séparée par une membrane basale de la couche des fibres musculaires transversales. Ces rapports semblent, au premier abord, absolument différents dans les renflements symétriques que présentent sur la face ventrale de chaque segment les Polychètes tubicoles, renflements désignés sous le nom de *boucliers ventraux*. Dans les boucliers dont le premier est en continuité de tissu avec la collerette, il semble que la couche dermique arrive à être près de dix fois plus épaisse que la couche épidermique dont l'épaisseur est cependant normale et que la membrane basale passe entre les deux; mais ce n'est là qu'une apparence, comme l'indique nettement la position de la membrane basale. La couche dermique reste dans les boucliers ce qu'elle était sur la face dorsale et éprouve même une réduction; en revanche le tissu conjonctif entremêlé déjà de quelques cellules glandulaires qui, sur la face dorsale, sépare la couche musculaire transversale de l'épiderme, se développe énormément. Ses cellules conjonctives, sans augmenter de dimensions, se disposent en fibres ramifiées, constituant finalement un réseau, dans lequel sont enchâssées des cellules glandulaires énormes, traversant chacune toute l'épaisseur de la couche. C'est à ce développement du tissu *conjonctif sous-dermique* qu'est due la saillie des boucliers. Cette couche sous-dermique n'étant qu'une modification du tissu conjonctif de la couche musculaire, il est naturel d'y rencontrer des arceaux musculaires plus ou moins nombreux, et aussi des vaisseaux qui ne traversent pas la membrane basale et n'arrivent jamais par conséquent, ni dans la couche dermique, ni dans la couche épidermique. Aux fibres musculaires transversales, s'ajoutent d'ailleurs, dans les boucliers, des fibres longitudinales qui sont propres à ces organes; des unes et des autres se détachent de fines fibrilles qui se groupent en un réseau délicat enveloppant les cellules glandulaires et facilitant par leur contraction l'expulsion du mucus qu'elles sécrètent. Il résulte de cette structure que les boucliers ventraux doivent être considérés comme les agents principaux de la sécrétion du mucus qui sert à constituer et à accroître les tubes d'habitation des SERPULIDÆ. Malgré sa position au-dessous de la membrane basale, malgré sa structure et sa continuité avec le tissu conjonctif des couches musculaires, Salensky et Meyer, en s'appuyant sur des données embryogéniques, croient pouvoir attribuer au tissu des boucliers une origine exodermique; cette interprétation ne saurait être admise sans nouvel examen. La structure propre au bouclier chez les SABELLIDÆ ordinaires, s'étend à toute la circonférence des segments chez les *Myxicola*, d'où résulte la facilité avec laquelle ces animaux reconstituent leur tube. Cette faculté est en rapport chez les *Branchiomma* avec la grande épaisseur des boucliers dont les glandules, traversant la couche des muscles transverses, arrivent jusqu'au contact de la chaîne nerveuse.

Soies locomotrices. — Des dépendances chitineuses de l'épiderme arment les parapodes et sont de deux sortes : les *acicules* et les *soies*.

Les *acicules* sont des bâtonnets chitineux simples, courts, robustes, terminés en pointe ou renflés en bouton (*acicules boutonnés*), ou légèrement coudés à leur extrémité; ils sont sécrétés par un crypte particulier, possèdent un appareil musculaire distinct et ne font pas toujours saillie au dehors. Chaque parapode ne contient qu'un petit nombre d'acicules ou même un seul.

Les *soies* sont disposées en faisceaux. Chaque faisceau est contenu dans un même crypte; mais les soies qui le composent peuvent être très différentes les unes des autres. On distingue d'abord des *soies simples* et des *soies composées*. Les *soies simples* (fig. 1117, c, d, f) sont formées d'une seule pièce; elles sont, en général, grêles et allongées; leur extrémité libre peut être effilée (*soie capillaire*), bifurquée (*soie fourchue*), creusée en gouttière (*soie canaliculée*), élargie en fer de lance (*soie lancéolée*) ou en cuiller, armée de dents figurant un râteau ou un peigne (*soie pectinée*). Les *soies composées* (fig. 1117, e, g) sont formées de deux pièces : 1° une *hampe* allongée terminée souvent par une sorte de coupe tronquée perpendiculairement à l'axe de la soie (*soie homogomphe*) ou, au contraire, très obliquement, le bord de la coupe formant une sorte de pointe saillante d'un côté (*soie hétérogomphe*); 2° un *appendice* de forme très variable, qui est supporté par l'extrémité

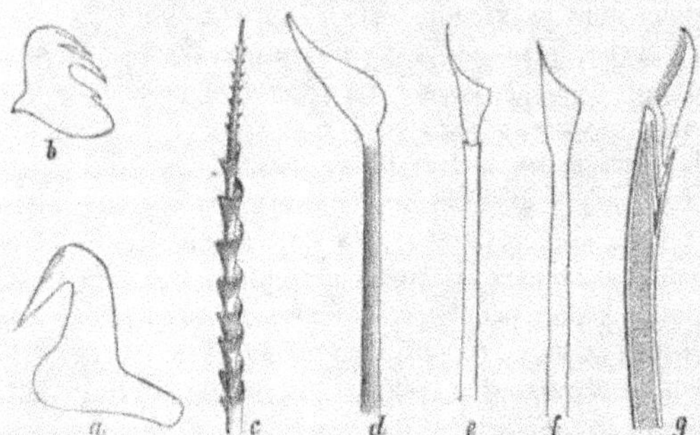

Fig. 1117. — Soies de Polychètes. — *a*, crochet de *Sabella crassicornis*; *b*, crochet de *Terebella Danielsseni*; *c*, soie avec saillie hélicoïde de *Sthenelais*; *d*, soie lancéolée de *Phyllochætopterus*; *e*, soie composée homogomphe de *Sabella crassicornis*; *f*, soie lancéolée simple de *Sabella pavonina*; *g*, soie hétérogomphe de *Nereis cultrifera* (d'après Malmgren et Claparède).

libre de la hampe. L'appendice est généralement aigu et tranchant, au moins du côté saillant de la coupe des soies hétérogomphes; il peut être en forme d'*aiguillon*, de *serpe*, de *poignard* légèrement recourbé, d'*épine* de rosier, de *spatule*, de *crochet*; il est quelquefois *denté*, *bifurqué* ou *pectiné*, ou présente à la fois des dents et des barbelures pectinées. Chez les *Hermione*, la hampe est en forme de fer de flèche barbelé; l'appendice a l'aspect d'un étui échancré à son extrémité libre, en mitre d'évêque, et enveloppant une grande partie de la hampe qui peut faire plus ou moins saillie hors de son étui, à la volonté de l'animal.

Chez les Annélides sédentaires, une différenciation tend à s'accuser entre les soies du parapode ventral et celles du parapode dorsal; elle est encore faible chez les Spionidæ, Ariciidæ, Scalibregmidæ, Opheliidæ, mais dans les autres familles d'Annélides sédentaires où les parapodes se transforment en *tores uncinigères*, celui-ci est armé d'une ou plusieurs rangées transversales de crochets raccourcis ou *uncini* (fig. 1117, a, b), dont la forme fournit des caractères de plus en plus appréciés pour les distinctions génériques ou même la distribution des genres en tribus. Avec ces *uncini* coexistent souvent d'ailleurs de grosses soies de soutien (fig. 1118, n° 7). Les tores ne portent encore que des crochets allongés en forme d'S à extrémité bifide et empâtée chez les CAPITELLIDÆ ; des crochets en S avec un denticule un peu avant leur extrémité chez les ARÉNICOLIDÆ ; chez les MALDA-NIDÆ (fig. 1118, n°s 1, 3 et 4) commence une transformation qui s'accusera désormais de plus en plus. La soie se raccourcit, et s'élargit en une palette dentelée à son extrémité libre ; puis l'une des dents externes de la palette devient plus grande que les autres dont les dimensions vont en décroissant à mesure qu'elles s'éloignent de la plus grande (*Clymene lumbricoïdes*, n° 1) ; en même temps la grande pointe s'infléchit du côté interne sur la soie, et l'extrémité de celle-ci prend dès lors la forme d'un croc ou *rostre* dont la partie réfléchie ou *vertex* serait dentelée. Une nouvelle modification consiste dans l'apparition d'une échancrure au-dessous du rostre dite *échancrure sous-rostrale* (*Maldane cincta*, n° 3) ; l'extrémité de la soie s'élargit, la pointe réfléchie s'incline davantage sur la hampe, et chaque pointe du vertex se dédouble en deux autres, ces pointes formant ainsi une série de petites rangées transversales de deux pointes (*Petaloproctus terricola*, n° 4). Si maintenant la hampe de la soie se raccourcit davantage, si le nombre de pointes augmente dans les rangées transversales du vertex rostral, de manière à les transformer en *crêtes* dentelées, on arrive à la forme des crochets des TEREBELLIDÆ. Le crochet garde

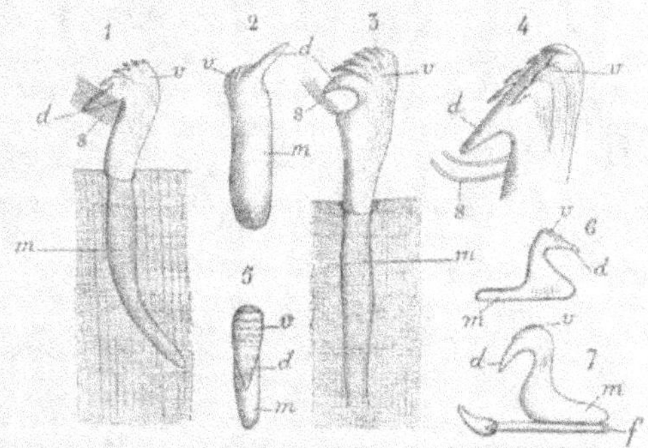

Fig. 1118. — Transformation graduelle des soies des Polychètes errants en *oncini*. — 1, soie ventrale de *Clymene lumbricoïdes* ; 2, crochet ventral du 1er segment sétigère de *Leiochone clypeata* ; 3, crochet du 1er segment sétigère de *Maldane cincta* ; 4, crochet de la rame inférieure de *Petaloproctus terricola* ; 5, crochet aviculaire de *Bispira volutacornis* vu de face ; 6, crochet aviculaire thoracique d'*Amphiglena mediterranea* ; 7, crochet aviculaire et soie en pioche (f) de *Bispira volutacornis*. — v, dents du vertex ; d, rostre ; s, soies de l'appendice ; d, manubrium (d'après de Saint-Joseph).

ici la forme d'une S raccourcie ; une saillie qui sert à fixer un ligament, la saillie ou *apophyse ligamentaire*, apparaît en avant de l'échancrure sous-rostrale ; une autre apophyse, l'*apophyse dorsale*, se développe sur le dos du crochet à l'opposé de l'*apophyse ligamentaire*, et l'extrémité du crochet opposée au rostre prend elle-même la forme d'une apophyse courte et grêle (*Amphitrite Edwardsii*, fig. 1119, n° 5), qu'on peut appeler l'*apophyse terminale*. L'espace compris entre l'apophyse dorsale et l'apophyse terminale devient alors, en quelque sorte, la *base* du crochet dont le rostre se rabat sur elle. Le crochet ainsi transformé est dit *crochet aviculaire*. Des crochets aviculaires de forme un peu différente se trouvent chez les SABELLINÆ (fig. 1118, n°s 6 et 7). Les modifications que présentent ces divers éléments servent aujourd'hui à la classification des TEREBELLIDÆ. Que la base se raccourcisse, de manière que le crochet soit réduit au rostre et à ses crêtes, parfois représentées elles-mêmes chacune par une seule dent, on aura une sorte de peigne ou d'*étrille* qui retient encore quelque chose de la forme aviculaire chez les *Amphicteis*, et se trouve déjà réalisée, parmi les TEREBELLIDÆ, chez les *Loimia*; ces étrilles forment l'armature normale des parapodes ventraux des CHÆTOPTERIDÆ (fig. 1119, n° 1) et celle des tores uncinigères des *Sabellaria* (n° 2). Enfin les SERPULINÆ ont leurs tores uncinigères armés de rangées successives de crochets soudés entre eux dans une même rangée, analogues aux crochets aviculaires des SABELLINÆ, mais très simples, à rostre non denté (n°s 1 et 2); les particularités que présentent ces *plaques unciales* [1], fournissent les plus sûrs caractères pour la classification. Les crochets aviculaires des TEREBELLIDÆ et des SABELLIDÆ peuvent avoir leur pointe dirigée en arrière ou en avant, ce qu'on exprime en disant qu'ils ont une direction *progressive* ou *régressive*. Les crochets régressifs, les plus nombreux de tous, sont ainsi nommés parce qu'ils permettent les mouvements de recul ou de retraite de l'animal. Quand les crochets ne forment qu'une seule rangée, leur direction est toujours régressive. Quand ils sont sur deux rangées et ont dans chaque rangée une direction différente, la rangée antérieure est progressive; mais les deux rangées peuvent se rapprocher de manière à devenir *engrenantes* l'une par rapport à l'autre, ou même à ne former qu'une seule rangée *alternante*. Si les crochets se placent exactement dos à dos, le crochet antérieur est régressif.

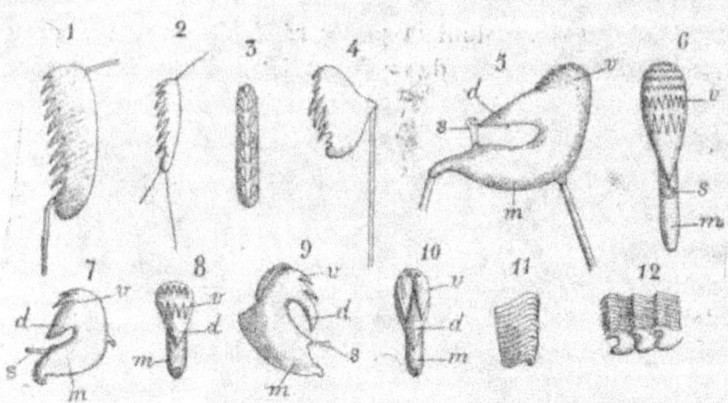

Fig. 1119. — *Uncini* et plaques onciales de Polychètes sédentaires. — 1, Étrille de la rame ventrale du dernier segment thoracique de *Chætopterus variopedatus*; 2, Étrille abdominale de *Sabellaria spinulosa*; 3, la même, vue de face; 4, *uncinus* thoracique d'*Amphicteis curvipalea*; 5, crochet thoracique d'*Amphitrite Edwardsi*, vu de profil; 6, le même, vu de face; 7, *uncinus* de *Nicolea venusta*, vu de profil; 8, le même, de face; 9, *uncinus* thoracique de *Polymnia nebulosa*, de profil; 10, le même, de face; 11, plaque onciale de *Filigrana implexa*; 12, fragment d'une rangée de plaques onciales de la même espèce. — *v*, vertex et ses dents; *d*, rostre; *s*, apophyse ligamentaire et ligament fixateur; *m*, manubrium (d'après de Saint-Joseph).

Habituellement le segment prébuccal et le segment buccal sont dépourvus de soies. Il existe en apparence des soies céphaliques chez les *Sabellaria* où elles forment une sorte d'opercule, et chez les *Pectinaria* où elles se disposent au devant de la tête en une sorte de râteau doré; mais ces soies appartiennent en réalité aux parapodes du segment buccal.

Les soies d'un même faisceau sont implantées dans une sorte de coussinet cellulaire, le *bulbe sétigère*; mais elles ne sont pas nécessairement produites par les éléments de ce coussinet. Chez les Syllidiens, il existe une *glande sétigène* spéciale, supportée par l'acicule et dont chaque cellule produit une soie. La soie est d'abord réduite à un petit cône chitineux, implanté par sa base sur la cellule qui le produit; le cône est bientôt divisé en deux par une scission transversale; la moitié distale acquiert rapidement le caractère d'une serpe, tandis que la moitié basilaire s'allonge

---

[1] Cette dénomination est quelquefois aussi appliquée aux crochets aviculaires, mais il est évidemment préférable de la restreindre, comme nous le faisons ici.

pour constituer la *hampe*, si bien que la soie finit par faire saillie hors de la glande sétigène. Elle se courbe alors à sa base de manière à se placer parallèlement aux soies des faisceaux voisins, perce l'épiderme et enfin se détache de la masse sétigène pour s'implanter dans le bulbe du faisceau. Habituellement (*Terebella flexuosa, Oligognathus, Eunice Harrassii*), chaque jeune soie est entourée par une gaîne de cellules et produite par une cellule plus grosse située au fond de la gaine et sur laquelle elle repose.

Appareil musculaire. — Les *acicules* et les *soies* ont respectivement leur appareil musculaire et peuvent, en conséquence, se mouvoir d'une manière indépendante. Cet appareil est composé de fibres lisses, isolées, ayant chacune un gros noyau saillant. Les muscles des acicules s'insèrent comme des haubans, d'une part à l'extrémité interne des acicules, d'autre part sur la couche musculaire transverse des téguments; on en peut distinguer deux groupes, l'un dorsal, l'autre ventral : les fibres musculaires dorsales passent entre les muscles longitudinaux dorsaux et les muscles transverses, au-dessous des premiers, par conséquent, pour aller s'insérer sur les seconds. Des fibres musculaires ventrales, les unes s'insèrent au-dessus des muscles longitudinaux, les autres les traversent, et subdivisent ainsi le faisceau principal en faisceaux secondaires.

Le bulbe sétigère possède des *muscles rétracteurs* et des *muscles protracteurs*. Les premiers unissent sa partie inférieure au sommet interne de l'acicule qui leur sert d'appui; les seconds s'insèrent sur le bulbe et le tégument.

Les parois des parapodes ont aussi des muscles spéciaux, ils partent de la ligne médiane ventrale, les uns au niveau de la cloison antérieure du segment, les autres au niveau de la cloison postérieure, pénètrent dans la cavité du parapode et s'y étalent de manière à en tapisser complètement les parois. Ils peuvent ainsi porter le parapode soit en avant, soit en arrière, et aussi, en rétrécissant le segment par leur contraction, faciliter son allongement momentané durant la locomotion.

La couche des *muscles transverses* sous-jacente à l'épiderme, est peu épaisse; mais elle est généralement continue sur tout le pourtour du corps de l'animal. Chez beaucoup d'Annélides (CIRRATULIDÆ, SERPULIDÆ), des fibres s'en détachent pour se perdre dans le tissu conjonctif qui entoure le système nerveux; d'autres, nous l'avons vu, pénètrent dans les boucliers ventraux et y forment un réseau complexe. Quelquefois la couche musculaire transversale se divise en faisceaux musculaires distincts, comme cela a eu lieu sous la chaîne nerveuse des TEREBELLIDÆ. Les muscles longitudinaux peuvent s'insinuer, soit par places (*Audouinia*), soit dans certaines régions du corps (rames dorsales des Chétoptères) entre les fibres transversales, et former ainsi un lacis musculaire où les deux couches cessent d'être distinctes. La couche musculaire transversale est généralement formée de fibres à section circulaire ou elliptique.

Les *muscles longitudinaux* ne prennent leur arrangement définitif que dans les segments sétigères. Ils se décomposent, en général, en quatre faisceaux principaux, deux dorsaux et deux ventraux. Les deux faisceaux dorsaux sont séparés l'un de l'autre, le long de la ligne médiane, par le mésentère du vaisseau dorsal; ils commencent à la limite du segment buccal et du segment prébuccal, et sont d'abord plus ou moins divisés par le passage entre leurs fibres des faisceaux musculaires de la gaine pharyngienne; ils se divisent de nouveau dans les régions de la trompe pharyngienne ou chitineuse, pour livrer passage aux muscles rétracteurs et protracteurs de cet organe qui vont s'attacher à la couche de fibres circulaires. Partout ailleurs, ils forment deux bandes continues, partant de la ligne médiane dorsale, s'attachant d'abord étroitement aux téguments, puis s'en éloignant dans la région des parapodes, en laissant passer entre eux et les téguments les muscles transverses dorsaux. Les muscles longitudinaux ventraux forment également deux bandes continues qui peuvent s'arrêter aux lignes d'insertion des muscles des acicules, ou dépassent ces lignes en écartant seulement leurs fibres pour le passage des muscles aciculaires.

Il arrive assez fréquemment que soit les bandes dorsales (thorax de la *Terebella flexuosa*), soit les bandes ventrales (*Telepsavus*), se réunissent en un seul faisceau. Chez l'*Audouinia filigera*, au contraire, le nombre des faisceaux longitudinaux n'est plus de quatre, mais de six sur la plus grande partie de la longueur du corps, et, au niveau de la naissance des tentacules dorsaux les muscles longitudinaux dorsaux et ventraux se divisent chacun en deux autres, de sorte que, sur ces points, le nombre des faisceaux est porté à dix. Dans la région moyenne et postérieure du corps des *Chætopterus*, l'atrophie des faisceaux dorsaux réduit, au contraire, aux deux muscles ventraux le système des muscles longitudinaux. En revanche, ces muscles ventraux forment dans la région moyenne du corps deux énormes bourrelets longitudinaux qui semblent simplement accolés à la face ventrale du corps et s'atténuent peu à peu dans la région postérieure. Enfin il peut arriver que les muscles longitudinaux forment à la paroi interne du corps un revêtement presque continu (*Stylarioides moniliferus*).

Les muscles longitudinaux sont quelquefois formés de fibres à section circulaire, elliptique ou polygonale; le plus souvent ils sont constitués par des rubans aplatis, formés chacune d'une cellule nucléée dont la longueur est variable. Ces rubans s'associent d'ordinaire en faisceaux qui peuvent courir sans interruption d'une extrémité du corps à l'autre. Ces faisceaux, aussi bien que les fibres qui les composent et que les fibres transversales, sont réunis entre eux par du tissu conjonctif analogue à celui que nous avons déjà décrit à l'occasion des boucliers ventraux. Ce tissu conjonctif paraît d'autant plus développé que la taille du Ver est plus grande. Les faisceaux longitudinaux peuvent, d'autre part, présenter des arrangements variés; tantôt ils forment de longs rubans aplatis, dont l'une des tranches s'applique contre les muscles longitudinaux, tandis que l'autre est tournée vers la cavité générale (*Stylarioides*, *Trophonia*, TEREBELLIDÆ); tantôt les faisceaux rubanés s'empilent, en quelque sorte à plat normalement à la paroi du corps, et chaque pile s'accole à une de ses voisines, les deux piles s'inclinant l'une vers l'autre, de manière qu'une section transversale à travers un de ces couples, a l'aspect d'une barbe de plume; de là le nom de *disposition pennée* donné à cet arrangement. L'axe de la section transversale de chaque couple peut être simple; il peut être aussi ramifié (*Myxicola*, *Protula*), de sorte que la coupe prend alors un aspect dendritique des plus remarquables. Ces muscles pennés sont remplacés dans la région thoracique antérieure de la *Protula infundibulum* par des faisceaux musculaires longitudinaux simples. Chez beaucoup d'Annélides errantes et quelques sédentaires (SPIONIDÆ, ARICIIDÆ), chaque muscle longitudinal a la forme d'un arc dont la concavité est tournée vers l'intérieur. Le sommet de l'arc est formé par des faisceaux longitudinaux ordinaires, tandis que les faisceaux prennent la disposition pennée sur les deux branches de l'arc. Cette disposition pennée ne se trouve jamais dans les appendices : parapodes, cirres, filaments tentaculaires, branchies, palpes ou antennes.

Outre l'appareil musculaire des parois du corps, les *Nephthys* possèdent encore un réseau régulier de *fibres striées*, les unes longitudinales qui couvrent la ligne médiane ventrale; les autres obliques qui, dans chaque segment, vont de certains points de la paroi du corps aux rames pédieuses ou unissent les rames pédieuses entre elles [1].

Cavité générale. — La cavité générale, au moins dans une partie de son étendue, est toujours divisée en chambres correspondant aux segments par des cloisons ou *dissépiments* qui s'étendent transversalement du tube digestif à la ligne de séparation des segments consécutifs. Leur surface n'est pas plane, mais en général concave en avant, surtout dans la région antérieure du corps. Chaque cloison est formée (SYLLIDÆ) d'un faisceau de fibres qui s'insèrent le long de la ligne médiane ventrale, se dirigent en divergeant en éventail vers tout le pourtour de la ligne de séparation des deux segments, traversent la couche des muscles longitudinaux et vont s'attacher à la couche des fibres circulaires. Chez les Polychètes errants ces cloisons se répètent régulièrement entre tous les segments et il en est de même chez un assez grand nombre de sédentaires (CIRRATULIDÆ); chez d'autres, elles manquent dans les régions différenciées du corps, la région moyenne par exemple chez les Chétoptères, où les cloisons sont d'ailleurs perforées de manière à laisser tous les segments communiquer entre eux. Une telle perforaration des cloisons est un phénomène assez général, au moins en des points déterminés, de sorte que le liquide de la cavité générale peut se déplacer d'un bout à l'autre du corps.

Des fibres circulaires s'insérant également sur la ligne médiane ventrale se recourbent autour de l'intestin en formant autour de lui une sorte de sphincter contenu dans la cloison; d'autres, après avoir contourné la chaine nerveuse, se croisent au-dessus d'elle et forment ensuite un second sphincter péri-intestinal, superposé au premier (*Eusyllis*).

Chez les TEREBELLIDÆ, AMPHARETIDÆ et AMPHICTENIDÆ, la région antérieure du corps, dite région thoracique, est divisée en deux chambres inégales, composées chacune de plusieurs segments et séparée par un diaphragme. La première chambre comprend en général le proto-, le deuto-méride et les segments branchifères; de sorte que le diaphragme est situé entre les segments 4 et 5 chez les TEREBELLIDÆ; entre les segments 3 et 4 chez les AMPHARETIDÆ et les AMPHICTENIDÆ. Quelquefois un second diaphragme sépare le deutoméride des segments suivants. La deuxième chambre, dépourvue de dissépiments, peut envahir le corps presque tout entier. Les dissépiments ne se constituent jamais d'une façon régulière que dans l'abdomen : ils présentent, en général, soit une ouverture médiane sous l'intestin, soit deux ouvertures latérales, très rapprochées, et laissent ainsi les segments abdominaux communiquer librement entre eux et avec la chambre thoracique postérieure. Les

---

[1] EMERY, *Intorno alla muscolatura liscia e striata della Nephthys scolopendroides.* Mittheil. aus zool. Station zu Neapel. Bd. VII, 1886-87.

glandes génitales sont situées dans la chambre thoracique postérieure, mais à l'époque de leur maturité les éléments qu'elles produisent deviennent libres dans la cavité générale et peuvent l'envahir tout entière, en arrière du diaphragme.

En général, chez les Polychètes, des bandes musculaires transverses, revêtues d'épithélium, vont obliquement du voisinage de la chaine ventrale à un point plus ou moins élevé de la paroi latérale du corps (fig. 1120, M). Ces bandes forment tout le long du corps deux planchers ordinairement à claire-voie qui divisent la cavité générale en trois chambres. La chambre médiane, dite *chambre intestinale*, contient le tube digestif ; c'est dans les chambres latérales, et en même temps inférieures, ou *chambres néphridiennes*, que sont, en général, situées les néphridies. En outre, un mésentère dorsal et un mésentère ventral, médians, unissent l'intestin aux parois du corps.

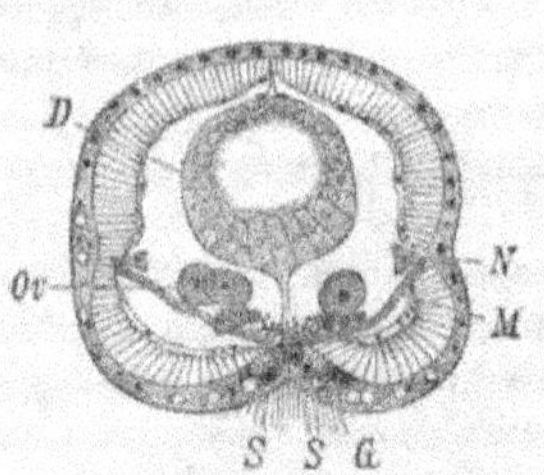

Fig. 1120. — Coupe verticale à travers le corps du *Protodrilus*. — *D*, intestin : *N*, néphridies ; *M*, planchers obliques longitudinaux ; *S*, *S*, cordons nerveux ; *G*, leur revêtement ganglionnaire ; *Ov*, œufs (d'après Hatscheck).

Le liquide de la cavité générale est incolore ; c'est de l'eau tenant en dissolution 3 0/0 d'albumine environ et une petite quantité de sels [1]. Dans ce liquide flottent, en grand nombre, des corpuscules blancs ou *amibocytes*, auxquels s'ajoutent des corpuscules colorés ou *hématies* chez les GLYCERIDÆ, les CAPITELLIDÆ, le *Polycirrus hæmatodes*, dépourvus d'appareil vasculaire, la *Lepræa lapidaria*, Mar. (*Heteroterebella sanguinea*, Clp), qui en possède un. Les hématies peuvent exister ou manquer dans deux espèces voisines du même genre (*Polycirrus*).

Les amibocytes et les hématies se forment respectivement dans des glandes spéciales. Les amibocytes sont produits, en partie, par les *glandes chloragogènes* qui se localisent en certains points du vaisseau ventral (*S. hamata*, *Trypanosyllis cœliaca*), couvrent ce vaisseau de leurs petits amas cellulaires (*Spirographis*, *Sabella*), s'étendent aux anses latérales (*Myxicola*) et même à diverses ramifications vasculaires (*Arenicola*) ; d'autres proviennent des *glandes péritonéales*, amas cellulaires, généralement situés dans les chambres rénales ou même au voisinage des néphridies (TEREBELLIDÆ, fig. 1126, *bdr*, etc.), et résultant d'une prolifération des cellules mêmes du péritoine. Chez les APHRODITIDÆ, ces glandes se développent sur les nombreux septum transversaux de la cavité générale ; mais elles n'abandonnent que peu ou point d'amibocytes et se substituent à eux dans leurs fonctions ; il en existe également sur les bandes musculaires transverses de la *Syllis hamata* et au-dessous de la chaine nerveuse chez les *Glycera*.

Les *amibocytes* sont d'habitude réunis par masses entraînées par les mouvements du liquide de la cavité générale. Tant qu'ils sont ainsi ballottés à l'intérieur du corps, ils demeurent généralement fusiformes et peuvent atteindre 40 μ de long (*Nicolea venustula*). Au repos, ils émettent de nombreux pseudopodes. A l'état de maturité, ils contiennent des granules bruns (TEREBELLIDÆ), noirâtres (*Spirographis*, *Arenicola*), jaunâtres ou incolores (GLYCERIDÆ, NEREIDÆ), quelquefois des globules

[1] CUÉNOT, *Études sur le sang et les glandes lymphatiques*, Archives de Zoologie expérimentale, 2ᵉ série, t. IX, 1891, p. 410.

de graisse, de substances albuminoïdes, en un mot, de matériaux de réserve. Ce phénomène se produit normalement au moment où les œufs deviennent libres dans la cavité générale; les amibocytes jouent alors le rôle de cellules vitellogènes.

Les *hématies* chargées d'hémoglobine, qui sont associées aux amibocytes dans les familles précédemment citées, sont des vésicules irrégulièrement ovoïdes, aplaties, fusiformes, quand on les voit de profil, remplies d'un stroma protoplasmique et contenant des granules jaunâtres, animées d'un mouvement brownien quand l'hématie est jeune, immobiles plus tard. Elles sont assez nombreuses pour colorer en rouge foncé le liquide de la cavité générale de certaines espèces (*Dasybranchus caducus*).

Tube digestif. — La bouche est généralement ventrale, et son bord postérieur est formé par le deutoméride, mais il peut aussi arriver qu'elle occupe une situation plus reculée, et prenne même l'aspect d'une fente longitudinale, s'étendant sur plusieurs segments. Chez les SERPULIDÆ, elle est terminale; c'est une fente transversale, contenue dans l'espace interbranchial et comprise entre une lèvre dorsale et une lèvre ventrale.

L'embryogénie démontre que le tube digestif des Vers annelés est formé d'une région d'origine entodermique, *l'intestin*, comprise entre deux régions d'origine exodermique. La région exodermique postérieure demeure toujours courte; elle constitue le *rectum*; la région exodermique antérieure ne prend de même qu'un faible accroissement chez les Polychètes tubicoles; elle se développe au contraire beaucoup et parfois énormément chez les Polychètes errants et constitue leur *trompe*.

Trompe. — La *trompe* arrivée à son maximum de développement ne comprend pas moins de cinq régions (fig. 1121) : 1° la *gaine pharyngienne*; 2° la *trompe pharyngienne* ou chitineuse; 3° le *proventricule* ou *gésier* qui contient, en général, une armature dentaire; 4° le *ventricule*; 5° les *cæcums ventriculaires*. Le développement de ces régions est très variable suivant les types.

La *gaine pharyngienne* se continue directement avec le tégument péribuccal et son développement varie avec celui de la trompe pharyngienne; elle est naturellement plus développée quand celle-ci peut être projetée au dehors et d'autant plus que cette projection peut être plus étendue. Quand la trompe pharyngienne est peu développée et droite, elle s'insère près de son extrémité antérieure; quand la portion exsertile de la trompe est de grande étendue, la gaine, généralement plissée transversalement, s'insère à une assez grande distance de son extrémité libre et lui forme une sorte de manchon. Les parois de la gaine rétractée comprennent de dedans en dehors : un épithélium, une couche de fibres musculaires transversales; une couche de fibres longitudinales; l'endothélium péritonéal. Entre les deux couches musculaires courent les fibres du stomato-gastrique.

La *trompe pharyngienne* des SYLLIDÆ est immédiatement reconnaissable à l'épaisse couche de chitine qui la tapisse intérieurement; elle peut être droite (EXOGONINÆ, SYLLINÆ, presque toutes les EUSYLLINÆ) ou sinueuse (*Amblyosyllis*, AUTOLYTINÆ). Le revêtement chitineux interne présente généralement une grosse dent soit près de son extrémité antérieure (*Syllis*, *Eusyllis*, *Trypanosyllis*), soit près de son extrémité postérieure (*Opisthosyllis*, *Opisthodonta*). Son bord supérieur peut être lisse (*Syllides*, *Syllis*, *Autolytides?*), denticulé dans sa moitié dorsale (*Eusyllis*), sur tout son pourtour

(*Trypanosyllis*), ou armé de grosses dents du côté ventral et échancré du côté dorsal (*Odontosyllis*). La dent impaire manque aux *Syllides*, aux *Odontosyllis*, ainsi qu'aux Syllidiens à trompe sinueuse dont l'armature chitineuse se termine par un cercle denticulé formant trépan (fig. 1121, n° 2). Deux glandes à venin viennent s'ouvrir à l'intérieur de la grosse dent impaire. Le bord antérieur de la trompe pharyngienne est lui-même garni de papilles à chacune desquelles aboutit une petite glande en tube, formée de c llules fusiformes, à col allongé, déversant isolément leur contenu à la surface de la papille ainsi transformée en organe d'adhérence

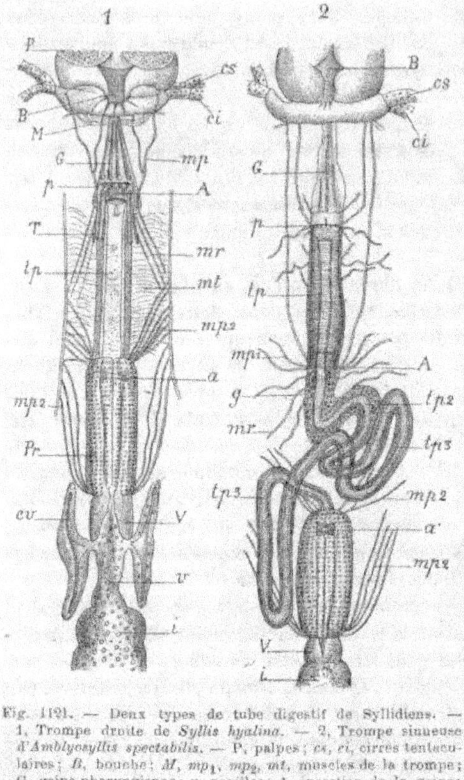

Droite ou sinueuse, la trompe pharyngienne des SYLLIDÆ est toujours essentiellement composée de la cuticule interne, de sa matrice épithéliale, d'une couche de fibres circulaires et d'une couche de fibres longitudinales revêtue de l'endothélium péritonéal; mais dans les trompes sinueuses cette structure n'existe dans toute sa simplicité que dans la région postérieure. Dans la région moyenne, le tube proboscidien est enveloppé d'une couche de fibres longitudinales et de cellules glandulaires, formant deux masses flottantes chez l'*Autolytus Edwardsi* et les *Amblyosyllis*. Ces cellules s'arrangent dans la région antérieure en autant de cordons qu'il y a de papilles et le tout est enveloppé par une membrane résultant du retroussement de la gaine pharyngienne le long de la trompe. Cette membrane comprend, en conséquence, intérieurement une couche de fibres longitudinales, extérieurement une couche de fibres annulaires.

Fig. 1121. — Deux types de tube digestif de Syllidiens. — 1, Trompe droite de *Syllis hyalina*. — 2, Trompe sinueuse d'*Amblyosyllis spectabilis*. — P, palpes; *cs*, *ci*, cirres tentaculaires; *B*, bouche; *M*, mp_1, mp_2, *mt*, muscles de la trompe; *G*, gaine pharyngienne; *p*, papilles; *A*, insertion de la gaine; *T*, glandes de la trompe; *tp*, trompe pharyngienne; *Pr*, proventricule; *a*, anneau chitineux; *cv*, cæcums ventriculaires; *i*, intestin; *V*, *v*, vaisseaux (d'après Malaquin).

Le *proventricule* a généralement la forme d'un barillet; il est essentiellement musculaire. Ses parois comprennent, de dedans en dehors : la cuticule, une couche de cellules columnaires, deux couches de muscles circulaires séparées l'une de l'autre par une couche de muscles radiaires, enfin l'épithélium péritonéal. Les muscles radiaires sont formés de colonnes disposées en rayons autour du proventricule, dans une série de parallèles successifs. Chaque assise de colonnes est séparée de ses deux voisines par un plancher conjonctif; chaque colonne est elle-même comprise entre deux lames de tissu conjonctif, perpendiculaires aux planchers, et possède ainsi une logette particulière. Les colonnes musculaires des proventricules présentent toutes les gradations de structure offertes par les *fibres musculaires striées* des embryons de Vertébrés (p. 226). L'écorce de fibrilles striées n'est développée que sur une des moitiés de la fibre chez les *Eusyllis*, *Trypanosyllis*, *Syllis*, etc.; elle se complète, mais offre encore des fissures longitudinales chez les *Amblyosyllis*; elle finit, au contraire, par envahir tout le cytosarque chez les *Odontosyllis*. En revanche, les fibrilles dans ce dernier genre ne présentent qu'une ou deux stries, tandis qu'on en compte de 4 à 6 chez les *Eusyllis* et *Autolytus*, et même davantage chez les *Trypanosyllis* et *Amblyosyllis*. Le nombre des noyaux contenus dans le cytosarque central non différencié n'est pas proportionnel au degré de développement de l'écorce striée; il n'y en a qu'un ou deux chez les *Autolytus*, *Eusyllis*, *Syllis*, un grand nombre au contraire chez les *Haplosyllis aurantiaca* et *hamata*, les *Trypanosyllis Krohnii*, etc.

Le *ventricule* est également un organe musculaire, mais il peut présenter des degrés très variables de développement. Rudimentaire chez les AUTOLYTINÆ, très petit chez la plupart des SYLLIDINÆ, les *Odontosyllis* et les *Syllides*, il est accompagné chez les *Amblyosyllis* de deux petits cæcums, et devient enfin chez les *Syllis*, *Eusyllis*, *Pionosyllis* et les EXOGONINÆ un tube conique, sur lequel se greffent deux poches en forme de T, les *cæcums ventriculaires*, improprement nommés quelquefois glandes en T. La couche musculaire comprise entre les deux épithéliums du ventricule se décompose en une couche de muscles radiaires, plongés dans un tissu conjonctif aréolaire, une couche de fibres annulaires et une mince couche de muscles longitudinaux. Les fibres radiaires s'insèrent, d'une part, sur la cuticule interne, et se terminent, d'autre part, dans la région des muscles annulaires; elles manquent dans la paroi des cæcums dont l'épithélium est cilié, au moins par places. Le proventricule est capable d'exécuter des mouvements de systole et de diastole grâce auxquels les aliments sont aspirés en même temps qu'une certaine quantité d'eau. Cette eau est retenue en grande partie dans les cæcums ventriculaires, tandis que les aliments passent dans l'intestin; elle est alors presque entièrement rejetée.

La trompe des HESIONIDÆ se distingue de celle des SYLLIDÆ par le défaut de différenciation de la région pharyngienne ou chitineuse; elle est presque entièrement constituée par une région musculaire, conique, que l'on peut considérer comme un proventricule. Tandis que le ventricule demeure pourvu de ses cæcums, elle ne présente ni dents, ni denticules, mais seulement, au moins dans certaines espèces, sur le bord antérieur du proventricule, des couronnes de papilles qui peuvent devenir plumeuses et être entremêlées de cils (*Peribœa*).

La trompe des PHYLLODOCIDÆ présente, au contraire, à peu près avec le même développement, les mêmes régions que celle des SYLLIDÆ. On peut y distinguer aussi une région pharyngienne très développée, souvent sinueuse (*Eulalia*), plissée longitudinalement et garnie de papilles intérieurement; un proventricule cylindrique, et un court ventricule. Seulement ici la gaine et la région pharyngienne se distinguent mal l'une de l'autre, et peuvent être toutes les deux extroversées, de manière à laisser apparaître l'extrémité du proventricule et ses papilles lorsque la trompe est complètement dévaginée. C'est ce qu'on observe aussi chez les

NEREIDÆ, GLYCERIDÆ et NEPTHYIDÆ. Dans ces trois familles, la gaine pharyngienne et la région pharyngienne de la trompe sont susceptibles d'extroversion; elles laissent alors apparaître au dehors, chez les NEREIDÆ, de petites épines chitineuses, les *paragnathes*, régulièrement disposées en groupes ou en verticilles, et dont les dispositions peuvent être utilisées pour la classification. Du proventricule font saillie au dehors deux fortes *dents* arquées, plus ou moins découpées sur leur bord interne, semblables à des mandibules d'Insecte et mues par des muscles puissants (fig. 1122, K). Le proventricule est suivi d'un ventricule qui porte une paire de petits cæcums lobulés, manifestement comparable morphologiquement aux diverticules en T des SYLLIDÆ. Chez les GLYCERIDÆ, la trompe atteint parfois la moitié, et au moins le tiers, de la longueur du corps. Sa portion extroversée est couverte de papilles ou de villosités; les grandes dents des NEREIDÆ sont remplacées par deux ou plus souvent quatre dents relativement petites : une dorsale, une gauche, une droite et une ventrale; entre ces dents se trouvent les orifices de quatre glandes qui rappellent celles que l'on trouve au bord antérieur de la trompe pharyngienne des SYLLIDÆ. La partie extroversée de la trompe des NEPTHYIDÆ est également dépourvue de paragnathes, mais présente au voisinage de sa jonction avec la région musculaire, près de son extrémité libre, plusieurs verticilles de papilles; des papilles entourent également l'orifice du proventricule; ce dernier contient, en outre, deux petites dents latérales, réduction de celles des NEREIDÆ, mais qui ne font jamais saillie à l'extérieur. On trouve également deux dents latérales dans la trompe non exsertile des APHRODITIDÆ et des PALMYRIDÆ, tandis que celle des AMPHINOMIDÆ est inerme.

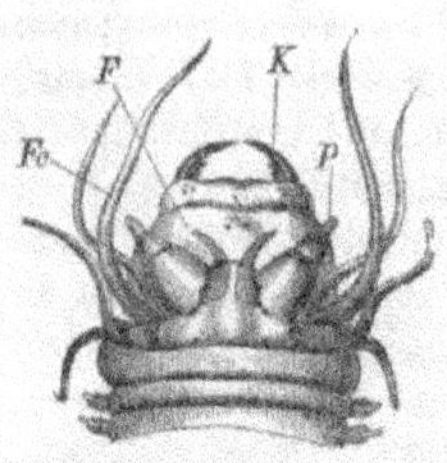

Fig. 1122. — Extrémité antérieure avec trompe dévaginée de *Nereis margaritacea*, vue en dessus. — K, dents; F, antennes ; P, palpes ; Fc cirres tentaculaires (d'après H. Milne-Edwards).

Chez les EUNICIDÆ (fig. 1123), on observe une disposition nouvelle. Le proventricule est représenté par une puissante poche musculaire, située du côté ventral de l'animal; la portion antérieure de l'intestin (ventricule?) passe au-dessus de cette poche, du côté dorsal, et vient s'ouvrir dans sa région la plus voisine de la bouche. La poche contient une armature dentaire toute particulière et dans laquelle on peut distinguer une *mâchoire supérieure*, implantée dans sa paroi dorsale, et une *mâchoire inférieure* implantée dans sa paroi ventrale. La *mâchoire supérieure* comprend d'arrière en avant: les *supports dentaires* ou *odontophores*; les *pinces* ou *dents de la première paire* et les *dents* proprement dites (fig. 1123, nᵒˢ 1 et 2). Les *supports dentaires* sont deux pièces symétriques, parfois séparées par une troisième (*Maclovia*), souvent très allongées postérieurement (*Drilonereis*, *Arabella*), fixées sur toute leur longueur à la paroi de la poche et supportant les pinces; ces deux pièces semblent se confondre en une seule chez les *Labrorostratus*. Les *pinces* sont deux grandes pièces arquées et pointues, s'opposant l'une à l'autre, rappelant les mâchoires des NEREIDÆ, reposant par leur base sur les supports, libres sur le reste de leur étendue; leur bord concave est généralement fortement denté. Elles sont à peine différenciées chez les *Staurocephalus* (fig. 1123, nᵒ 1). Les dents forment quatre (*Staurocephalus*, *Cirrobranchia*, fig. 1123, nᵒ 2, etc.), ou seulement deux (*Paractius*) séries de crochets disposés par paires. Celles d'une même série longiludinale sont presque semblables entre elles chez les *Staurocephalus*; elles grandissent seulement, et le nombre de leurs denticulations augmente graduellement d'avant en arrière; ailleurs, on peut distinguer nettement deux groupes de dents, l'un antérieur formé de dents faibles et peu colorées, l'autre postérieure dont les dents sont plus fortes et presque noires (*Paractius*). Quand le nombre des paires de dents tombe au-dessous de quatre, ces dents sont, en général, fort dissemblables; les plus voisines des pinces sont, ordinairement, beaucoup plus fortes que les autres et s'engagent au-dessous des pinces ou viennent se placer entre elles. Les dents de cette première paire sont quelquefois très différentes l'une de l'autre (*Arabella*); de même, le nombre des pièces composant l'armature dentaire n'est pas toujours identique des deux côtés (*Eunice, Marphysa*). Toutes ces dents sont mues par des muscles spéciaux; toutefois les dents rudimentaires des séries

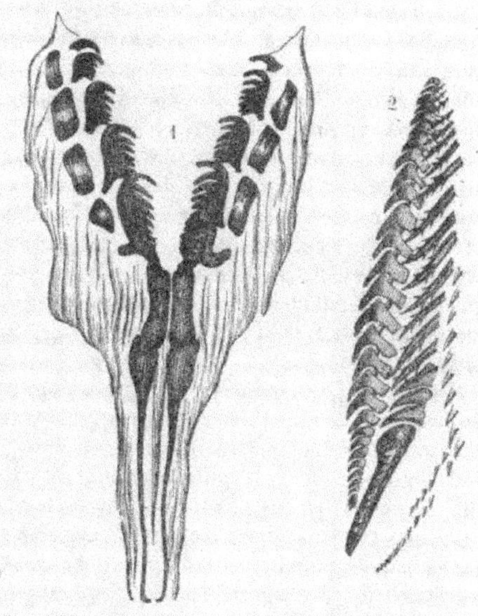

Fig. 1123. — Armature dentaire d'EUNICIDÆ. — 1, *Cirrobranchia parthenopeia*, de profil; 2, *Staurocephalus rubrovittatus*, de face (d'après Ehlers).

externes qu'on peut appeler *denticules* en sont habituellement dépourvues. Tout cet appareil est supporté chez les *Cirrobranchia* par deux plaques chitineuses translucides. Les *mâchoires inférieures* dont l'ensemble est aussi désigné sous le nom de *labre* ne sont formées que de deux pièces brunes, symétriques, rapprochées sur la ligne médiane.

On peut considérer la trompe des SYLLIDÆ, NEREIDÆ, PHYLLODOCIDÆ comme le type des trompes d'Annélides carnassières; la trompe des APHRODITIDÆ et celle des EUNICIDÆ appartiennent à deux autres types; le dernier se retrouve chez les Polychètes sédentaires, où il va en s'effaçant graduellement.

Les mouvements de protraction et de rétraction de la trompe sont obtenus à l'aide de muscles qui vont obliquement de la couche des muscles circulaires de la paroi du corps à la couche des muscles circulaires de la trompe. Les insertions de ces muscles sont généralement situées dans la région où la gaine de la trompe pharyngienne s'unit à la trompe et aux deux extrémités du proventricule; mais il peut en exister aussi tout le long de la trompe quand elle est droite; jamais dans les régions où elle est sinueuse. De la direction de ces muscles dans les diverses positions que la trompe peut occuper dépend leur rôle de *protracteurs* ou de *rétracteurs*. Les muscles protracteurs sont d'ailleurs les plus nombreux et les plus puissants. Ils sont souvent aidés, dans leur action, par le liquide de la cavité générale. Toute contraction de la paroi du corps qui fait refluer en avant le liquide de la cavité générale tend évidemment à amener l'extroversion de la trompe. Ce mécanisme est remarquablement régularisé chez les *Glycera*.

La trompe se raccourcit beaucoup et devient peu exsertile dans l'ordre des Annélides sédentaires; elle est cependant nettement caractérisée et susceptible de faire saillie au dehors, mais toujours inerme, chez les Spionidæ; les *Magelona*, où elle est rouge, plissée et non ciliée; les *Aricia*, où elle est ciliée, à minces parois et découpée, sur son bord libre, en petits lobes pouvant atteindre le nombre de huit; les Scalibregmidæ, les Opheliidæ, où elle est globuleuse et plurilobée (*Armandia*); les Capitellidæ, où elle peut devenir énorme et couverte de grosses papilles terminées par une brosse de poils tactiles, implantés dans une sorte de gobelet (*Notomastus*); les Arenicolidæ, où, sauf l'absence de pièces solides, elle affecte par rapport à l'œsophage la même disposition que chez les Eunicidæ; les Clymenidæ, où elle est globuleuse et habituellement très vasculaire (*Leiochone clypeata*). Enfin la trompe disparaît chez les Amphictenidæ, Ampharetidæ, Terebellidæ, Sabellaridæ et Serpulidæ.

Intestin. — L'*intestin* des Syllidæ se décompose en deux régions : l'*intestin glandulaire* et l'*intestin urinaire* ou *rectal*. C'est un tube droit, étranglé au niveau de chaque dissépiment, formé uniquement d'une couche de cellules revêtue de l'endothélium péritonéal. L'épithélium interne est composé de cellules plus ou moins ciliées, manifestement sécrétantes, mérocrines, mais dont la forme varie suivant les types que l'on considère. La portion urinaire se distingue de la portion sécrétante par sa couleur jaunâtre et les concrétions qu'elle contient; son épithélium n'est pas sécrétant; il est toujours fortement vibratile. Traitées successivement par l'ammoniaque et l'acide acétique glacial, les concrétions qu'elle renferme donnent des prismes orthorhombiques d'urée; ces concrétions ne sont elles-mêmes que le résidu non assimilable des gouttelettes riches en matière grasse, produites par les cellules de la région glandulaire, après que ces gouttelettes ont servi à transformer les aliments en matières assimilables. Ces dernières passent principalement dans le liquide de la cavité générale au travers des parois de l'intestin postérieur. C'est, en effet, la seule partie du tube digestif qui se colore quand on fait avaler à l'animal une matière colorante telle que la fuchsine ou le carmin ammoniacal.

L'intestin de la plupart des Polychètes errants est droit, comme celui des Syllidæ; le plus souvent il se resserre aussi au niveau de chaque dissépiment. Toutefois ces étranglements peuvent disparaître d'une manière presque complète (*Nephthys*), ou au contraire s'accuser au point de donner lieu à la formation de poches latérales, formant dans chaque segment une paire de cæcums (*Eurysyllis*). Cette disposition est portée à son maximum dans la famille des Aphroditidæ. Dans cette famille, les cæcums latéraux de l'intestin sont irréguliers chez les *Chrysopetalum*; ils rappellent ceux des *Eurysyllis*, chez les *Euphrosyne*; chez les Sigalioninæ, Polynoinæ, ils s'allongent dans chaque segment, au point de perforer la couche musculaire pour venir se replier sous les téguments; un sphincter sépare chaque cæcum de l'intestin. Les cæcums deviennent enfin pédiculés et ramifiés chez les Aphroditinæ (fig. 1125). On observe aussi des cæcums intestinaux ramifiés chez les Myzostomidæ (fig. 1137, p. 1602), mais ils sont le résultat de la division et de la subdivision de deux troncs issus de la paroi de l'intestin moyen, et sont plutôt comparables aux glandes en T des Syllidiens ou mieux aux cæcums des *Aricia*. Au point de jonction du long œsophage des *Aricia* avec leur intestin, ce dernier envoie, en effet, en avant deux longs cæcums symétriques, contenant un repli héliçoïdal; deux cæcums analogues naissent chez les ARENICOLIDÆ, SCALIBREGMIDÆ et OPHELIIDÆ de la région même de séparation de l'intestin et de l'œsophage, et semblent plutôt appartenir à ce dernier[1]. Une poche stomacale, parfois compliquée, se différencie chez les *Amphictéis*, *Terebellides*, etc.

Chez les Annélides tubicoles, l'intestin est le plus souvent dépourvu d'étranglements intersegmentaires; il n'est pas rare qu'il soit sinueux (*Fabricia*, *Filograna*, *Spirorbis*, fig. 1111, p. 1547), héliçoïdal (*Flabelligera*, *Spirographis*), ou même qu'il présente de véritables circonvolutions (*Siphonostoma*, *Sternaspis*). Dans le premier de ces genres, l'œsophage très long, déjà replié sur lui-même, conduit dans un estomac fusiforme, fortement renflé, suivi d'un intestin qui remonte en avant, forme une double anse et se porte ensuite en ligne ondulée jusqu'à l'anus. De la partie antérieure de l'estomac, de couleur foncée, naît un tube étroit qui bientôt se bifurque en deux poches aussi volumineuses que l'estomac et qui représentent peut-être les cæcums des ARICIIDÆ et des ARENICOLIDÆ. Chez les *Sternaspis*, dont le corps composé de 20 à 22 segments est extrêmement raccourci, le tube digestif débute par une masse pharyngienne, molle, de laquelle part un œsophage replié en deux tours d'hélice, allant de gauche à droite; après s'être légèrement renflé en une sorte de *jabot* ou de *gésier*, l'œsophage change de direction, et l'estomac qui le suit décrit trois tours d'hélice, enroulés en sens inverse de la spirale œsophagienne, c'est-à-dire de droite à gauche, en supposant l'observateur placé sur l'axe

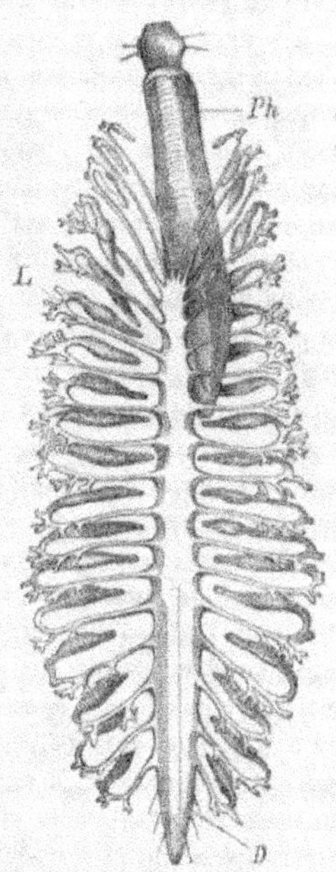

Fig. 1124. — Appareil digestif de l'*Aphrodite aculeata*. — *Ph*, trompe; *L*, cæcums latéraux segmentaires; *D*, intestin (d'après H. Milne-Edwards).

de l'hélice. Après ces trois tours d'hélice, le tube digestif, rapidement aminci, peut prendre le nom d'intestin; il revient brusquement en avant, redescend en arrière, en tournant de gauche à droite, et, après avoir décrit deux tours d'hélice, se renfle en une poche rectale qui aboutit à l'anus.

Tout le long de la ligne médiane ventrale de l'intestin des *Polygordius* et des *Capitella*, il existe une gouttière ciliée, qui se ferme et se transforme en un tube parfait, fermé en arrière, ouvert en avant chez les *Oligognathus* et autres EUNICIDÆ; un tube analogue, peut-être ouvert dans l'intestin à ses deux extrémités, existe aussi chez la plupart des CAPITELLIDÆ.

Les parois du tube comprennent, en général : une couche épithéliale interne, souvent vibratile, une couche de fibres musculaires transversales et une couche de fibres longitudinales, le tout revêtu par la membrane péritonéale. C'est entre les deux couches musculaires, dont la position est intervertie chez les SERPULIDÆ, que

---

[1] VIRÉN, *Beiträge zur Anatomie und Histologie der Limivoren Anneliden*, Kongl. Vet. Akad. Handlingar, Stockholm, 1887.

se trouve le sinus des espèces à circulation lacunaire, le réseau vasculaire absorbant des formes où la canalisation est complète (p. 1579). La membrane péritonéale se prolonge le long de la ligne médiane en un mésentère qui relie le tube digestif aux parois du corps soit du côté ventral, soit du côté dorsal, soit des deux côtés à la fois.

Les excréments rejetés au fond de leur tube par les SERPULIDÆ sont conduits à l'extérieur par un sillon ventral médian, cilié, compris entre les deux rangées de coussinets, le *sillon copragogue*. Ce sillon est incessamment parcouru par un courant de mucus qui, pendant les mouvements de rotation de l'animal, rassemble toutes les impuretés accidentellement amenées dans le tube de celui-ci, et les emporte au dehors. Ce mucus est expulsé sous forme de jet ou de peloton, en traversant l'entonnoir branchial ; il n'est jamais repris pour la confection du tube. Les cils des lèvres buccales et ceux des bourrelets basilaires des plumes branchiales entraînent le peloton de mucus hors de l'entonnoir branchial ; les cils des pinnules branchiales, ceux de la gouttière interne de chaque plume et une partie des cils des lèvres buccales déterminent, au contraire, le courant afférent.

Appareil circulatoire. — Un certain nombre de Polychètes manquent totalement d'appareil circulatoire ; ce sont les CAPITELLIDÆ, les APHRODITIDÆ, à l'exception des HERMIONINÆ et de la *Polynoë vasculosa*, les GLYCERIDÆ et, dans la famille des TEREBELLIDÆ, les POLYCIRRINÆ. Il est difficile de voir dans ces Polychètes anangiés des formes primitives ; l'absence de vaisseaux est vraisemblablement, chez eux, l'effet d'une rétrogradation. Dans les formes que leur aptitude à la schizogamie (dissociation du corps) ou à l'épigamie, qui en est le résultat immédiat, autorise à considérer comme les plus rapprochées des formes primitives, telles que les SYLLIDÆ, et dans celles d'une organisation très simple comme les SACCOCIRRIDÆ et les POLYGORDIIDÆ, il existe déjà un appareil circulatoire qui se réduit parfois à un vaisseau dorsal et un vaisseau ventral, reliés entre eux en avant par un anneau périœsophagien, et peut-être aussi, en arrière, par un anneau rectal (forme agame des *Myrianida*, des *Autolytus*, POLYGORDIIDÆ). Toutefois, dans les formes où à la partie postérieure du corps il existe une zone indifférenciée, il n'y a pas de cercle anal, et les vaisseaux se transforment en masses cellulaires, au travers desquelles filtre le sang pour se mêler, sans doute, au liquide de la cavité générale. Les deux vaisseaux longitudinaux sont d'ailleurs au début de simples écartements des deux lames mésentériques dorsale et ventrale de la membrane péritonéale. Le vaisseau dorsal n'a chez les SYLLIDÆ aucun rapport avec l'intestin, mais demeure relié aux téguments par le mésentère dorsal ; il est seul contractile ; le vaisseau ventral est situé sur la cloison mésentérique transversale qui sépare la chambre intestinale des chambres néphridiennes. A cet appareil si simple s'ajoute dans chacun des segments génitaux des formes sexuées d'AUTOLYTINÆ, une paire de cæcums nés du vaisseau ventral, renflés à leur extrémité, reliés par un mince ligament aux parois du corps et portant sur leur propre paroi externe les éléments génitaux. L'appareil circulatoire dégradé des HERMIONINÆ se présente à un état voisin de cet état primitif ; seulement le vaisseau dorsal des *Hermione* émet latéralement un grand nombre de fins cæcums transverses. Chez les EUSYLLINÆ et les SYLLINÆ, on retrouve dans les segments génitaux le cæcum vasculaire des AUTOLYTINÆ, mais en outre dans la région postérieure du corps, en arrière de chaque dissépiment, une anse vasculaire unit le vaisseau dorsal au vaisseau ventral, accolé à l'intestin et constitué par un simple écartement des deux lames du mésentère. Chez les *Syllis*, une branche médiane issue du vaisseau ventral, devenu indépendant de la trompe dans la région antérieure du corps, vient s'accoler au ventricule et au proventricule.

Parmi les formes à appareil circulatoire dégradé, la *Polynoë vasculosa* présente, comme la partie postérieure du corps des SYLLINÆ, deux vaisseaux longitudinaux, l'un dorsal, l'autre ventral, unis entre eux, dans chaque segment, par un collier vasculaire embrassant le tube digestif. Le sang des PHYLLODOCIDÆ étant incolore, leurs vaisseaux sont à peine apparents et l'on ne sait presque rien de leur distribution, si ce n'est qu'il existe au moins un vaisseau dorsal. La circulation s'accomplit très simplement chez toutes ces formes primitives ou dégradées : dans le vaisseau dorsal le sang marche d'arrière en avant, il passe par les anses latérales dans le vaisseau ventral où il chemine d'avant en arrière. Le liquide sanguin est une sorte d'exsudation de l'intestin qui se rassemble entre les lames mésentériques, en les écartant, et ne prend que d'une façon médiate part à la respiration et à la nutrition des tissus. Le liquide de la cavité générale joue évidemment le premier rôle à ce double point de vue. Mais bientôt l'appareil circulatoire se complique, et aux parties fondamentales que nous venons d'indiquer, s'ajoutent des parties nouvelles, destinées les unes à puiser dans la paroi intestinale les matériaux nourriciers; les autres à répartir ces matériaux dans les tissus, tandis que des branches spéciales vont au-devant du milieu respirable, soit en pénétrant dans la paroi du corps jusqu'au-dessous de l'épiderme, soit en s'engageant dans les branchies.

L'appareil circulatoire de la *Nephthys scolopendroïdes* réalise très simplement ces perfectionnements. Il existe ici un vaisseau dorsal et un vaisseau ventral simples [1], tous deux adhérents à l'intestin, s'étendant sur presque toute la longueur du corps. Arrivé à la base de la trompe, le vaisseau dorsal se renfle légèrement, puis il s'élève verticalement et va s'attacher à la paroi dorsale du tégument; il continue alors son chemin en avant jusqu'à l'extrémité antérieure de l'animal; là il se bifurque; chacune de ses ramifications revient en arrière, en s'attachant aux parois de la gaine de la trompe et de la trompe elle-même, s'infléchit brusquement vers le bas au point où commence la trompe rétractée, décrit une anse sinueuse, puis continue à descendre, pour aller se jeter dans le vaisseau ventral. La réflexion du vaisseau dorsal sur la trompe lui permet de suivre, sans se rompre, les mouvements de celle-ci; ses deux ramifications récurrentes représentent évidemment un collier vasculaire analogue à celui des SYLLIDÆ. Dans chacun des segments postérieurs à la trompe, le vaisseau dorsal émet une paire de branches latérales qui se bifurquent vers le tiers de leur longueur; leur branche interne se rend à l'intestin; leur branche externe aux pieds. Sur l'intestin, à partir du 20e segment, la branche intestinale se bifurque en deux vaisseaux longitudinaux qui se dirigent l'un en avant, l'autre en arrière, en fournissant de nombreux ramuscules anastomosés. Il suffirait que les deux branches maîtresses de ce réseau conservent leur calibre dans l'étendue de leur segment et rejoignent leurs homologues des segments voisins pour que deux troncs *latéraux-intestinaux* fussent constitués. Ce n'est pas encore le cas chez les *Nephthys*, mais nous verrons bientôt ce perfectionnement réalisé. Le canal ventral

---

[1] MAURICE JAQUET, *Recherches sur le système circulatoire des Annélides*. Mittheilungen aus der zool. Station zu Neapel, t. VI, 1886.

émet aussi, dans chaque segment, une paire de branches qui se rendent aux parapodes; à partir du 27ᵉ segment, une grosse branche anastomotique, située dans la paroi du corps, met cette sorte d'artère pédieuse en communication avec la *veine pédieuse* qui se rend au vaisseau dorsal; c'est sur cette branche anastomotique que se développent les éléments génitaux; on pourrait donc appeler cette branche la *branche génitale*. Du point où la branche génitale débouche dans l'artère pédieuse, naît de celle-ci un petit rameau récurrent qui se dirige vers la chaîne nerveuse et se jette dans un des deux petits *vaisseaux nerviens* entre lesquels cette chaîne est comprise. La veine et l'artère fournissent un réseau vasculaire à la base de chacun des mamelons sétigères et, dans le lobe respiratoire, un réseau serré, beaucoup plus complexe, pourvu même d'un certain nombre de cæcums accessoires. Ce sont les seuls réseaux tégumentaires que l'on observe chez les *Nephthys*.

L'appareil circulatoire des *Nereis* diffère surtout de celui des *Nephthys* par la présence de réseaux tégumentaires que justifie l'absence de tout organe spécialement dévolu à la respiration. Le vaisseau dorsal s'avance, sans diminuer de calibre, jusque dans le protoméride; il est plus éloigné de l'intestin, plus rapproché des téguments; en revanche, les vaisseaux qu'il fournit dans chaque segment aux pieds et à l'intestin, ne sont plus deux rameaux d'un même tronc, mais naissent d'une façon indépendante; dans chaque segment, à partir du 9ᵉ (*N. Harassii*), deux branches impaires vont aussi du réseau intestinal au vaisseau ventral. En avant du 9ᵉ segment, deux paires d'anses très sinueuses vont directement du vaisseau dorsal au vaisseau ventral. En avant de ces deux paires d'anses latérales, le vaisseau dorsal continue à se diriger en avant; il donne bientôt naissance à deux nouvelles branches latérales qui ne tardent pas à se résoudre, chacune de son côté, en un riche lacis vasculaire, et fournit enfin, outre les vaisseaux céphaliques, deux vaisseaux récurrents analogues à ceux des *Nephthys*, mais qui, au lieu de former simplement sur leur trajet une anse sinueuse, se résolvent chacun en un nouveau réseau admirable, qui se met en communication avec celui qui s'est déjà formé du même côté. Il est possible que ces différences soient en rapport avec celles que présente le développement de l'appareil dentaire dans les deux familles des NEPHTHYDÆ et des NEREIDÆ. Le vaisseau ventral donne naissance, dans chaque segment, à une paire de canaux qui se divisent chacun en une branche intestinale et une branche pédieuse. La branche intestinale prend part à la formation du réseau intestinal; celle des segments où sont situés les lacis vasculaires antérieurs communique avec ces lacis. La branche pédieuse fournit un réseau très serré aux parties des téguments qui entourent la base du pied, et sa branche terminale pénètre dans ceux-ci pour se continuer avec les derniers ramuscules de la veine pédieuse.

Dans la famille des EUNICIDÆ, l'appareil circulatoire des *Lumbriconereis* et des *Cirrobranchia* diffère peu de celui des formes précédentes, si ce n'est que des ampoules contractiles sont disposées le long des branches latérales ventrales; mais le détail de l'appareil a été peu étudié. L'apparition de branchies dorsales et l'élargissement considérable du corps coïncident chez les *Eunice* avec un dédoublement du vaisseau dorsal. Sur la trompe le vaisseau dorsal est unique; en avant, il se ramifie dans le protoméride, et fournit à la trompe qui est très richement vascularisée des rameaux récurrents; il reçoit ensuite plusieurs branches venant des téguments ou de la trompe; arrivé à l'extrémité postérieure de celle-ci, il se divise presque simultanément en deux grosses branches latérales, transverses, qui embrassent étroitement l'intestin, et deux branches longitudinales qui marchent côte à côte jusqu'à l'extrémité postérieure du corps. Inférieurement les branches latérales formant l'anneau péri-intestinal ne communiquent qu'avec des vaisseaux de faible calibre. Les deux vaisseaux longitudinaux reçoivent chacun, dans chaque segment, une veine branchiale dans laquelle se sont au préalable jetés des vaisseaux issus du réseau intestinal qui est très serré. Il n'existe qu'une artère ventrale unique. Elle émet dans chaque segment un tronc latéral qui se divise aussitôt en deux branches, une pour l'intestin, l'autre pour les téguments et les branchies. La branche tégumentaire se renfle, presque à son origine, en une vésicule ovalaire, suivie d'une ampoule contractile courbée en V et constituant un véritable cœur. Chaque artère latérale fournit une branche à l'intestin, une autre aux téguments qui commence à se ramifier abondamment dès qu'elle atteint la base des pieds, et pénètre enfin dans les branchies. Chaque filament branchial reçoit une artère branchiale qui se continue directement à l'extrémité du filament avec la veine ; en outre, des rameaux transversaux établissent entre les deux vaisseaux de nombreuses communications. Les branches artérielles et veineuses des téguments forment un réseau capillaire tellement serré que les muscles paraissent aussi rouges que ceux des Vertébrés. Ces capillaires sont reliés, tout le long de la ligne médiane dorsale, par un vaisseau longitudinal situé dans l'épaisseur même de la paroi du corps. Dans la région de la trompe, le tronc ventral est uni au tronc dorsal unique par quatre paires d'anses latérales ; en arrière de ces anses une branche spéciale apporte le sang dans le réseau de la trompe, d'où il est ramené dans le vaisseau dorsal par les vaisseaux récurrents nés de ce dernier ; cette disposition dérivée de celle offerte par les *Nephthys* est ici en rapport avec le haut degré de complication de l'armature dentaire.

L'appareil circulatoire se complique encore chez les AMPHINOMIDÆ, dont le corps est plus large que celui des EUNICIDÆ et dont les branchies sont aussi plus développées. Les *Euphrosyne* ne présentent pas moins de deux vaisseaux longitudinaux dorsaux et trois ventraux dont le moyen envoie des ramifications à l'intestin.

On peut conclure de ce qui précède qu'il y a chez les Polychètes errants trois types d'appareil circulatoire : 1° celui des Polychètes sans branchies, à corps cylindrique, présentant un vaisseau dorsal et un ventral communiquant par des anses plus ou moins nombreuses, plus ou moins ramifiées (SYLLIDÆ, HESIONIDÆ, NEREIDÆ, NEPHTYDÆ, PHYLLODOCIDÆ) ; 2° celui des Polychètes branchifères à corps cylindrique où des organes contractiles, latéraux, envoient le sang dans les branchies (LUMBRICONEREINÆ) ; 3° celui des Polychètes branchifères, à corps élargi, où les vaisseaux longitudinaux se dédoublent (EUNICINÆ, AMPHINOMIDÆ). Les diverses régions dont se compose le corps des Polychètes sédentaires peuvent différer extérieurement entre elles justement de la même façon que les familles que nous venons d'énumérer ; on peut donc s'attendre à voir se combiner dans ces régions, les diverses formes d'appareil circulatoire qui leur correspondent chez les Errants.

Nul, nous l'avons vu, chez les CAPITELLIDÆ, réduit chez les SACCOCIRRIDÆ à un vaisseau dorsal et un vaisseau ventral reliés entre eux par un anneau périœsophagien, l'appareil vasculaire se complique chez les *Polydora* d'une paire d'anses formant anneau en arrière de chaque dissépiment et reliant ainsi, dans chaque segment, le vaisseau dorsal au vaisseau ventral. Le vaisseau dorsal se bifurque dans les premiers segments du corps, et chacune de ses branches se rend dans l'un des grands tentacules caractéristiques des SPIONIDÆ. Les ARÉNICOLIDÆ présentent des dispositions beaucoup plus compliquées. Il existe encore ici sur toute la longueur du corps un vaisseau dorsal et un vaisseau ventral, très atténués dans la région caudale, et contribuant à former un réseau tégumentaire et un réseau intestinal, mais ici les vaisseaux latéro-intestinaux ébauchés chez les *Nephthys* se différencient complètement dans la moitié antérieure de l'intestin (estomac); il s'y ajoute même un tronc ventro-intestinal. A l'extrémité antérieure de l'intestin, immédiatement en arrière de la trompe, les deux vaisseaux latéraux se renflent en se portant vers le haut, et, dans ce trajet, tous les rameaux du réseau intestinal qu'ils rencontrent, s'ouvrent dans leur intérieur. Comme le vaisseau dorsal fournit de nombreuses et fines branches à ce réseau, on en voit même quelques-unes qui semblent aller directement de ce vaisseau aux vaisseaux intestino-latéraux dans la région où les trois canaux sont le plus rapprochés. On peut considérer comme une sorte d'oreillette cette partie renflée des vaisseaux intestino-latéraux. Extérieurement chaque oreillette communique avec un volumineux ventricule qui chasse le sang dans le vaisseau ventral, tandis que son extrémité supérieure est en contact avec le cæcum intestinal du même côté, et envoie des rameaux à ce cæcum; elle se rétrécit ensuite et constitue les deux vaisseaux latéraux qui se continuent sur l'œsophage. Le vaisseau ventral reçoit donc directement le sang chargé de matériaux intestinaux qui vient de l'intestin; il reçoit aussi toutes les veines branchiales. Les artères branchiales ont, au contraire, des origines différentes; les sept premières naissent du vaisseau ventro-intestinal, les six dernières du vaisseau dorsal; mais, en raison des larges communications que ces artères présentent avec le réseau intestinal, cette différence n'est pas aussi importante qu'elle peut le paraître au premier abord; c'est toujours, en somme, du sang en partie puisé dans les parois intestinales, chargé par conséquent de substances nutritives qui va respirer dans les branchies. Ces dernières sont contractiles et contribuent, par suite, aux mouvements du sang qu'elles chassent dans le vaisseau ventral. Les *Ammotrypane*, les *Polyophthalmus* présentent deux cœurs latéraux qui diffèrent très peu, par leur position et leur structure, de ceux des Arénicoles.

Les CIRRATULIDÆ (*Chætozone setosa*) [1] se distinguent par un énorme développement du vaisseau dorsal qui s'amincit rapidement en avant, pour aller se jeter dans un cercle vasculaire supra-cérébral; de ce cercle naît un vaisseau impair qui se dirige vers la pointe antérieure du corps, se recourbe verticalement, revient en arrière, et se jette à son tour dans un cercle vasculaire infra-cérébral; ce dernier cercle fournit symétriquement deux canaux qui suivent à peu près le trajet des connectifs péri-œsophagiens, et s'unissent finalement sur la ligne médiane du corps pour former le vaisseau ventral, placé immédiatement au-dessus de la chaîne nerveuse. Le vaisseau ventral reçoit, dans chaque segment, une veine branchiale qui vient du cirre respiratoire du même côté où elle se continue avec une artère branchiale, simple comme elle. Les artères branchiales naissent de deux vaisseaux latéraux, issus du vaisseau dorsal au point où il commence à se rétrécir. Le vaisseau dorsal se transforme dans la moitié postérieure du corps (à partir du 60ᵉ segment chez l'*Heterocirrus Marioni*,

---

[1] EDUARD MEYER, *Studien über den Körperbau der Anneliden.* Mittheilungen aus der zoologischen Station zu Neapel, t. VI, 1886-87.

du 70e chez le *Cirratulus filiformis*) en un sinus contractile qui fonctionne par rapport à lui comme une oreillette. Les vaisseaux intestinaux forment enfin, dans la région œsophagienne, deux vaisseaux libres, légèrement distants de la paroi intestinale, l'un dorsal, l'autre ventral. Ces deux vaisseaux se bifurquent en avant. Il existe deux paires de vaisseaux latéro-intestinaux chez le *Cirratulus filiformis*.

L'appareil circulatoire des AMPHARETIDÆ, TEREBELLIDÆ et des SABELLIDÆ se laisse assez facilement dériver de ce type. Il est caractérisé, dans ces trois familles, par l'atrophie complète du vaisseau dorsal dans toute la région intestinale. En raison de la localisation de l'appareil branchial à l'extrémité antérieure du corps ou dans son voisinage, ce vaisseau présente, au contraire, un très grand volume dans la région œsophagienne; chez les TEREBELLIDÆ (fig. 1125, et 1129, p. 1585), il constitue un long cœur contractile, contenant deux glandes cardiaques simples qui représentent la glande ramifiée des CIRRATULIDÆ; il se rétrécit assez brusquement en avant pour former une sorte d'aorte. Le cœur est court et d'assez faible calibre chez les SABELLIDÆ. A son extrémité postérieure, le vaisseau dorsal ou cœur se bifurque et fournit deux grosses branches latérales qui forment un collier péri-intestinal, rappelant le collier péri-intestinal des *Eunice* et le collier cardiaque

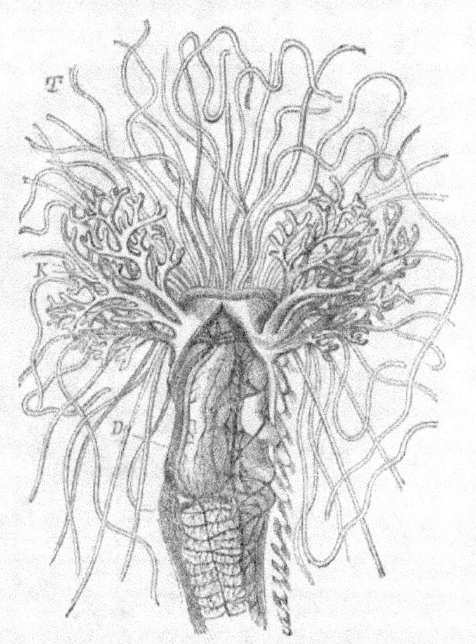

Fig. 1125. — *Polymnia nebulosa*, ouverte par la face dorsale. — *T*, filaments tentaculaires; *K*, branchies; *Vg*, cœur (d'après H. Milne-Edwards).

des ARENICOLIDÆ et des POLYOPHTALMINÆ; ces branches se jettent non dans le vaisseau ventral, mais dans un vaisseau sous-intestinal volumineux qui prolonge en arrière un vaisseau sous-œsophagien, comparable à celui des *Chætozone*. Ce vaisseau sous-intestinal remplace en quelque sorte le vaisseau dorsal absent de cette région du corps. Il reçoit, en effet, dans chaque segment du corps une paire de veines, émissaires d'un riche réseau vasculaire formé, dans chaque dissépiment et à la surface de l'intestin, par la ramification d'une paire d'artères issues soit directement du vaisseau ventral (*Melinna palmata*), soit de deux vaisseaux latéraux symétriques, comparables à ceux des *Chætozone*, mais très rapprochés du vaisseau ventral et communiquant avec lui par autant de branches qu'il existe de segments du corps (*Amphitrite rubra*, fig. 1126 et 1127, *VI*). Ces artères sont même quelquefois (*Lanice conchilega*) reliées entre elles par de belles anastomoses longitudinales, simulant ensemble une deuxième paire de vaisseaux latéraux. Les artères branchiales naissent, soit de l'aorte (*Melinna, Polymnia*), soit de deux troncs respiratoires issus de la pointe antérieure de chaque côté de l'aorte (*Amphitrite, Lanice ?*); les veines se rendent directement au vaisseau ventral auquel, chez les *Melinna*, aboutissent également, après un trajet sinueux, six paires de vaisseaux, une par segment, nées du collier péri-intestinal (fig. 1129, p. 1585). Toute la circulation intestinale est lacunaire comme celle de la région antérieure de l'intestin des CIRRATULIDÆ.

Une disposition analogue, mais compliquée d'un dédoublement du vaisseau ventral, est réalisée chez les SABELLARIIDÆ. Ici, en effet, le vaisseau dorsal, bien développé dans la région postérieure et dans la région antérieure du corps où il est accompagné d'une glande cardiaque, manque dans la région moyenne où il est remplacé par deux troncs latéraux qui ne se rejoignent que dans le troisième segment sétigère. C'est de ces troncs latéraux que partent toutes les artères branchiales ; une anse latérale les unit, en outre, dans chaque segment, au vaisseau ventral. Celui-ci est également simple dans la région postérieure du corps et

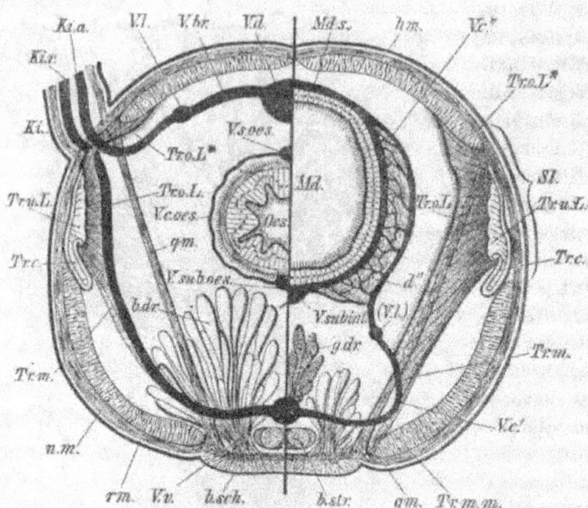

Fig. 1128. — Coupe schématique du corps d'une *Amphitrite rubra*. — A gauche, au niveau d'une néphridie antérieure ; à droite, au niveau d'une néphridie postérieure : — *b.dr.*, glandes ventrales ; *b.sch.*, bouclier ventral ; *b.str.*, chaîne nerveuse ; *d*, dissépiment ; *d'.*, cloison de la chambre néphridienne ; *d."* cloison de la chambre intestinale ; *g.dr*, glandes génitales ; *hm.*, musculature longitudinale hémale ; *Ki.*, branchies ; *Ki.a.*, artères branchiales ; *Ki.v.*, veines branchiales ; *Md.*, intestin moyen ; *Md.s.*, sinus intestinal ; *n.m.*, musculature longitudinale neurale ; *Œs*, œsophage ; *qm.*, muscles transverses ; *rm.*, muscles annulaires ; *Sl.*, ligne latérale ; *Tr.c.*, canal du pavillon vibratile ; *Tr.m.*, membrane du pavillon ; *Tr.m.m.*, fibres musculaires qui ouvrent la lèvre supérieure du pavillon ; *Tr.o.L.*, lèvre supérieure du pavillon ; *Tr.o.L'*, partie de celle-ci qui fait saillie dans la chambre intestinale ; *Tr.u.L.*, lèvre inférieure du pavillon ; *Vc, Vc', Vc".*, anses latérales ; *V.c.œs.*, sinus périœsophagien ; *V.d.*, vaisseau dorsal ; *V.l.*, vaisseau latéral ; *V.subint.*, vaisseau sous-intestinal ; *V.sœs.*, *V.sub.œs.*, vaisseaux sous-œsophagiens ; *V.v.*, vaisseau ventral ; *V.br.*, vaisseau unissant *V.d.* et *V.l.* (d'après E. Meyer).

dans la région antérieure où les deux moitiés de la chaîne nerveuse sont rapprochées ; il se dédouble dans la région moyenne, au moment où les deux moitiés de la chaîne nerveuse s'écartent l'une de l'autre, et chacune de ses branches suit fidèlement la moitié correspondante de la chaîne. Dans chaque segment, les deux branches aortiques sont unies entre elles par un vaisseau transversal qui accompagne la première des deux commissures nerveuses.

Les AMMOCHARIDÆ et les SABELLIDÆ [1] présentent une remarquable réduction de

1 CLAPARÈDE, *Structure des Annélides sédentaires*, Mémoires de la Société de physique et d'histoire naturelle de Genève, t. XXII, 1873.

l'appareil circulatoire. Ici encore un vaisseau dorsal, très court, peut être constaté dans la région antérieure du corps; il est uni, à son extrémité antérieure, au vaisseau ventral par un cercle vasculaire complet d'où naissent les vaisseaux de la membrane thoracique, des antennes et des branchies; près de son extrémité postérieure naissent deux vaisseaux latéraux qui le suppléent dès lors entièrement dans la région moyenne du corps et émettent, dans chaque segment, deux branches : l'une descendante qui se jette dans le vaisseau ventral, après avoir fourni, chez les SER-

PULINÆ, les branches mères du magnifique réseau de la membrane thoracique; l'autre ascendante qui se dirige vers l'intestin. Mais l'intestin ne présente plus de vaisseaux. En effet, à l'extrémité postérieure de l'œsophage tous les vaisseaux de la région antérieure du corps se confondent sur la paroi même de l'œsophage en un plexus capillaire très riche; de ce plexus, le vaisseau ventral se dégage rapidement et poursuit son cours jusqu'à l'extrémité postérieure du corps, mais le vaisseau dorsal ne

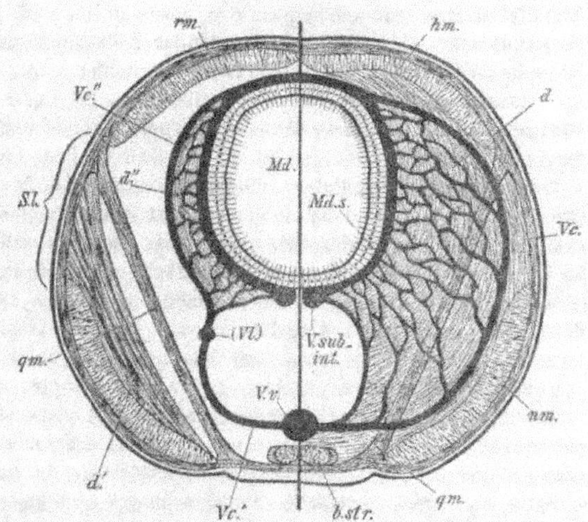

Fig. 1127. — Coupe schématique du corps d'une *Amphitrite*. — A gauche, au niveau de la partie postérieure du thorax (*A. rubra*); à droite au niveau de l'abdomen (*A. variabilis*). Mêmes lettres que dans la figure précédente (d'après E. Meyer).

réapparaît pas, et le plexus lui-même se résout, comme cela arrive déjà dans la région postérieure du corps chez les CIRRATULIDÆ, en un vaste sinus sanguin, entourant totalement l'intestin. Ce sinus chasse le sang d'arrière en avant, à travers le plexus périœsophagien, jusque dans les troncs branchiaux qui sont contractiles; ceux-ci, se contractant d'abord d'arrière en avant, lui font continuer sa route jusqu'à l'extrémité des filaments branchiaux qui ne contiennent chacun qu'un seul vaisseau; une contraction en sens inverse de ce vaisseau ramène le sang dans les troncs branchiaux qui le refoulent à leur tour dans le plexus.

On retrouve quelque chose d'analogue chez les ARICIDÆ. L'*Aricia fœtida* présente, dans toute sa région thoracique, un vaisseau ventral et un vaisseau dorsal réunis entre eux, dans le milieu de chaque segment, par une anse latérale, dilatée en un réservoir sanguin qui occupe la plus grande partie de la cavité du segment; une seconde anse vasculaire, née du vaisseau ventral, se ramifie dans la paroi du corps, les pieds, les cirres et les branchies. Dans la région abdominale les réservoirs sanguins latéraux disparaissent, et le vaisseau dorsal est remplacé, comme chez les SABELLIDÆ, par un sinus périintestinal.

Les choses vont encore plus loin chez les *Chætopterus* [1]. Ici il n'existe plus qu'un vaisseau ventral, relié par un cercle vasculaire péribuccal à un vaisseau dorsal distinct dans toute la région thoracique, mais qui disparaît ensuite purement et simplement, laissant le liquide sanguin s'épancher dans la cavité générale.

Il nous reste à parler de la disposition que présente l'appareil circulatoire dans les formes telles que les *Flabelligera*, et les *Sternaspis*, où cet appareil est naturellement modifié en raison du trajet sinueux de l'intestin. Le vaisseau dorsal des *Flabelligera* commence par être assez grêle, mais il s'élargit rapidement, décrit plusieurs sinuosités et va se souder à l'estomac au point où celui-ci reçoit l'œsophage. Du cœur naissent, presque du même point, un vaisseau antérieur et un vaisseau postérieur également contractiles. Le vaisseau antérieur émet, dans chaque segment, une paire d'anses qui, après avoir envoyé des rameaux aux téguments et aux pieds, se rendent au vaisseau ventral. Le vaisseau postérieur ne s'étend que jusqu'au point où l'intestin commence à devenir rectiligne; il n'émet que six paires de rameaux qui se rendent directement au vaisseau ventral. Mais ces deux vaisseaux contractiles ne sont pas les seuls qui naissent du cœur; avant de se souder à l'estomac, ce dernier envoie encore deux branches à l'œsophage; il est, en outre, en rapport avec des lacunes creusées dans la paroi stomacale et dans celle de l'intestin. Ces lacunes, sur la partie rectiligne de ce dernier, ne forment plus que deux tubes sans communication entre eux, mais qui se dilatent dans chaque segment en un sinus qui remonte jusque vers la ligne médiane dorsale de l'intestin. En ce point, chaque sinus se met en rapport avec un réseau formé par une branche issue du vaisseau ventral. Ce dernier est un tube rectiligne qui communique en avant avec l'extrémité antérieure du cœur par un anneau péri-œsophagien et qui émet dans chaque segment une paire de vaisseaux latéraux, abondamment ramifiés dans les téguments et en communication avec les sinus latéraux de l'intestin. C'est de ces branches que naissent les vaisseaux génitaux.

Le vaisseau dorsal des *Sternaspis* suit en grande partie le trajet du tube digestif; en arrière, il se détache par deux troncs du faisceau des vaisseaux branchiaux, et s'accole étroitement à l'intestin puis à l'estomac; à l'extrémité antérieure de celui-ci, il devient flottant, passe dans l'axe de la double spire œsophagienne, émet de nombreux vaisseaux sur le pharynx et finalement se bifurque en deux branches se dirigeant vers les ganglions cérébroïdes. Dans toute la partie de son trajet où il est accolé au tube digestif, il demeure en communication avec le réseau lacunaire de l'intestin. Le vaisseau ventral suit la chaîne nerveuse; il naît du réseau pharyngien par deux branches, envoie des ramuscules aux ganglions cérébroïdes et à la chaîne nerveuse qui est enveloppée d'un véritable réseau vasculaire, puis émet autant de paires de branches latérales que le corps présente de segments; seulement toutes ces branches, sauf les quatre premières de chaque côté, naissent du tiers postérieur du vaisseau; les deux dernières se jettent par un faisceau de rameaux dans le réseau branchial; elles portent, ainsi que les deux précédentes, des ramifications chargées d'ampoules sanguines, disposées en grappe et couvrant tout le bouclier. Arrivé à l'extrémité du corps, le tronc ventral se réfléchit sur le rectum, remonte

---

[1] Joyeux-Laffuie. *Étude monographique des Chétoptères.* Archives de zoologie expérimentale, 2ᵉ série, vol. VIII, p. 311.

le long de l'intestin, en suivant la gouttière vibratile, et en émettant des branches nombreuses qui se rendent dans un sinus satellite de cet organe, sinus vers lequel convergent tous les capillaires intestinaux.

Sang. — Le liquide contenu dans les vaisseaux et auquel on peut donner le nom de sang est incolore chez les SYLLIDÆ, PHYLLODOCIDÆ, APHRODITIDÆ, CHÆTOPTE-RIDÆ, et il ne contient dans ces familles aucun élément figuré ; il est vert et doit sa couleur verte à la *chlorocruorine*, substance albuminoïde, voisine de l'hémoglobine chez les FLABELLIGERIDÆ, les AMPHARETIDÆ, les SABELLIDÆ, quelques SERPULIDÆ et un certain nombre de Polychètes errants (*Chrysopetalum fragile*, etc.); partout ailleurs, il est rouge ou violacé et doit cette teinte à l'hémoglobine. Il est à noter d'autre part que la chlorocruorine est une substance dichroïque, car le sang des SABELLIDÆ paraît rouge quand il s'amasse sous des épaisseurs suffisantes, et prend constamment cette teinte dans l'alcool. La couleur du sang peut être différente chez deux espèces voisines : l'*Euphrosyne racemosa* a le sang incolore ; l'*E. polybranchia* le sang rouge, et de même, parmi les *Sabella* dont le sang est presque toujours vert, la *S. saxicava* a le sang rouge. Le liquide sanguin coloré contient toujours de nombreux amibocytes différant de ceux de la cavité générale soit par leur dimension, soit par la coloration des granules qu'ils renferment (*Polymnia nebulosa*). Chez les TEREBELLIDÆ, ces amibocytes prennent naissance dans le *corps cardiaque* contenu dans le vaisseau dorsal et formé d'un stroma conjonctif, bourré de cellules et de noyaux. Il existe un corps cardiaque chez un grand nombre d'autres Annélides sédentaires (CIRRATULIDÆ, OPHELIIDÆ, FLABELLIGERIDÆ, AMPHICTENIDÆ, AMPHARE-TIDÆ); ce corps se décompose fréquemment en plusieurs cordons longitudinaux, diversement anastomosés (CIRRATULIDÆ); il est remplacé chez le *Polyophthalmus pictus* par une véritable glande lymphatique, contenue dans le cœur différencié de cet animal; son rôle est rempli par les pseudo-valvules des vaisseaux latéraux des NEREIDÆ.

Néphridies. — La forme typique des *néphridies* ou *organes segmentaires* est celle d'un tube simple, cilié intérieurement, s'ouvrant à l'extérieur par un orifice situé sur les parapodes ou dans leur voisinage, et traversant, en général, le dissépiment antérieur du segment qui les contient, pour s'ouvrir par un pavillon vibratile dans le segment qui précède. C'est ainsi que se présentent les organes segmentaires des SYLLIDÆ asexués, des NEREIDÆ, des POLYGORDIIDÆ (fig. 1128), de la région antérieure du corps des *Alciopa*. Il n'y a de différences chez ces animaux que dans le degré plus ou moins grand d'épanouissement du pavillon vibratile et dans la longueur du canal, simplement arqué chez les NEREIDÆ, plus ou moins sinueux chez les SYLLIDÆ et les *Alciopa*. Chez les EUNICIDÆ et les APHRODITIDÆ, d'autres dispositions ont été signalées qui mériteraient confirmation. Claparède figure les organes segmentaires de l'*Eunice schizobranchia* comme des organes en forme de point d'interrogation, dont le pavillon ressemblant à un gobelet aurait son ouverture tournée en arrière et située par conséquent dans le segment même qui contient le tube. Il a vu une disposition analogue chez la *Nerilla antennata*. Ehlers fait des néphridies de la *Polynoë pellucida* des sacs situés dans les parapodes de l'animal, s'ouvrant chacun par un orifice unique dans le segment qui précède et présentant sur le parapode quatre orifices externes; mais ces observations sont déjà anciennes.

Il n'est pas rare que la région moyenne des néphridies présente un caractère nettement glandulaire. Une poche latérale qui se met au service des organes de la génération vient s'y annexer dans la région moyenne du corps chez les *Alciopa*, et, chez l'*Astérope candida*, le tube néphridien se renfle en une vaste poche allongée, avant de s'ouvrir au dehors. A la néphridie des Glycères (*Glycera dibranchiata*) est aussi annexé un corps aplati ovoïde, mais on ne sait s'il est constitué par une simple poche ou par le pelotonnement du tube néphridien lui-même.

A l'époque de la maturité sexuelle, les néphridies des SYLLIDÆ et des SPIONIDÆ (*Spio mecznikowianus*) changent complètement de forme; elles se dilatent en une ampoule qui s'allonge elle-même de manière à être obligée de se couder pour contenir dans le segment auquel elle correspond. Les néphridies servent alors de canaux vecteurs pour les produits génitaux; elles revêtent directement la forme agrandie chez les gemmes sexuées des *Autolytus* et des *Myrianida*. Il se produit même des spermatophores dans les néphridies des *Spio mecznikowianus* mâles, tandis que les néphridies des femelles servent de poches copulatrices.

Tous les segments du corps des Polychètes errants, à part les premiers, sont pourvus d'une paire de néphridies; encore en trouve-

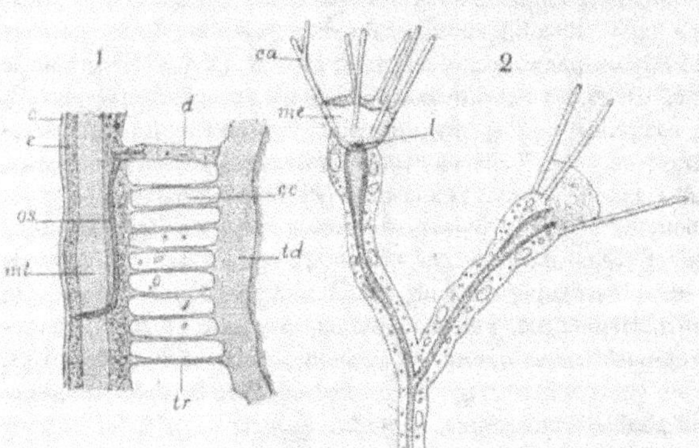

Fig. 1128. — 1. Portion d'un segment de *Polygordius* montrant la néphridie *os*. — *c*, Cuticule; *mt*, couche musculaire; *d*, dissépiment; *e, e*, cavité générale; *td*, tube digestif. — 2. Pavillons terminaux de la néphridie céphalique d'un embryon de *Polygordius neapolitanus*; *ca*, canalicules du pavillon; *me*, palmure membraneuse; *l*, lumière du canal (d'après Fraipont).

t-on dans le premier segment sétigère chez divers SYLLIDÆ (*Syllis hyalina, Eusyllis monilicornis*). Il en est autrement chez les Polychètes sédentaires, ou les organes segmentaires se localisent, en général, dans une région du corps plus ou moins étendue. Toutefois cette localisation n'est que le résultat d'une rétrogradation; les segments dépourvus de néphridies à l'état adulte, présentent, dans le jeune âge, des *néphridies provisoires* qui disparaissent à mesure que se développent les *néphridies définitives* ou se réduisent à des rudiments plus ou moins reconnaissables. Ainsi les jeunes *Clistomastus* en possèdent encore dans les derniers segments du thorax et dans tous ceux de l'abdomen, mais, à l'état adulte, les néphridies du thorax cessent de fonctionner, s'atrophient ou disparaissent, et il ne reste plus que celles de la région abdominale. Dans la famille des CAPITELLIDÆ, les néphridies ont la forme d'un tube recourbé, et renflé dans sa région médiane (*Dasybranchus, Mastobranchus, Capitella*), ou pelotonné dans cette même région (*Notomastus*). Dans tous les cas, les parois du tube sont glandulaires et toute sa région pelotonnée, lorsqu'il en existe une, serpente dans une volumineuse masse glandulaire de forme ovoïde; le pavillon est étroit, en forme de cuiller, de bec de plume à écrire ou encore prolongé en deux pointes (*Noto-mastus Benedenii, Capitella capitata* mâle). Un certain nombre de ces organes sont généralement en continuité avec les organes évacuateurs des produits génitaux ou *pavillons génitaux*, et s'ouvrent isolément à l'extérieur. Chez les *Tremomastus* on en compte de 5 à 20 à partir du 2ᵉ segment abdominal, de 30 à 40 chez les *Dasy-branchus*; mais ici les néphridies ne produisent des pavillons génitaux que successivement et d'avant en arrière, puis s'atrophient; de sorte que chez les individus d'un certain âge, dans une série de segments consécutifs, on trouve des pavillons génitaux seuls, des pavillons génitaux liés à un reste de néphridies, et des pavillons génitaux se continuant en une néphridie bien développée (*D. gajolæ*); ces organes sont indépendants chez certains *D. caducus*. Chez les *Mastobranchus* il n'y a de néphridies bien développées que dans les 30-40 derniers segments abdominaux; il peut y en avoir de rudimentaires en avant. Il existe, en outre, des entonnoirs génitaux dans les segments thoraciques 7-12 et dans les trois premiers segments abdominaux. Les *Heteromastus* n'ont de même de néphridies que dans le dernier tiers de l'abdomen et des entonnoirs génitaux dans les segments thoraciques 9-12. Au contraire, les *Capitella* ne possèdent de néphridies que dans les 13 premiers segments abdominaux; mais chaque segment en contient plusieurs paires; les premiers segments en présentent deux ou trois; graduellement leur nombre s'élève dans les autres et arrive à 5 ou 6 dans le 13ᵉ segment abdominal. Les jeunes *Capitella* n'ont, au contraire, de néphridies que dans les segments 5-11; ces néphridies provisoires s'atrophient à mesure que se développent les néphridies définitives. Les *Capitella* n'ont qu'un seul entonnoir génital situé dans le 8ᵉ segment. Enfin les *Clistomastus* adultes n'ont que des néphridies abdominales qui se répètent régulièrement du premier au dernier segment.

Les néphridies manquent aussi dans la région antérieure du corps chez les CHÆ-TOPTERIDÆ; mais on en trouve une paire dans tous les segments de la région moyenne et de la région postérieure. Le pavillon vibratile de chaque néphridie s'ouvre, comme d'habitude, dans le segment qui précède celui où le tube glandulaire de la néphridie est contenu. Les orifices externes se trouvent sur tous les segments, à partir du 13ᵉ; ceux de la première paire sont placés à la base des rames dorsales; les trois paires suivantes à la face postérieure des rames en palette; les autres sur la face postérieure des rames dorsales. Chaque organe est composé d'un large pavillon vibratile, en forme de coupe, d'un tube presque droit et d'une grande poche ovoïde, à parois plissées, qui s'ouvre directement au dehors. Le nombre des néphridies est plus réduit dans les familles des OPHELIIDÆ, ARENICOLIDÆ, CLYME-NIDÆ et AMMOCHARIDÆ[1]. Il en existe dix paires chez l'*Ophelia bicornis*, six chez l'*Arenicola piscatorum*, quatre chez la *Clymenia zostericola* et l'*Ammochares filiformis*. Les cinq premières paires, chez l'*Ophelia bicornis*, sont réduites à un pavillon vibratile, bilabié, et à un court canal; elles servent uniquement de canaux vecteurs pour les éléments génitaux; les cinq dernières semblent dépourvues de pavillon; ce sont de grosses poches glandulaires en forme de cornemuse, qui fonctionnent exclusivement comme organes excréteurs; la première paire de néphridies est située en avant des cæcums bifurqués du tube digestif, de chaque côté de la partie grêle de

[1] COSMOVICI, *Glandes génitales et organes segmentaires des Annélides polychètes.* Archives de Zoologie expérimentale, 1ʳᵉ série, t. VIII, 1879-1880.

l'œsophage. Chez les Arenicolidæ et les Clymenidæ, toutes les néphridies sont pourvues d'un pavillon vibratile; on les trouve chez l'*Arenicola piscatorum* à partir du 3e segment, non compris le protoméride. Elles ont la forme d'une volumineuse poche s'ouvrant au dehors en arrière et près de l'extrémité supérieure des tores uncinigères, et sur la face supérieure de laquelle se greffe le pavillon vibratile. On retrouve, à peu de chose près, les mêmes dispositions chez les *Clymenia*, où le premier organe segmentaire est contenu dans le 4e segment du corps. Les sept paires de glandes en tube, dites *glandes filières* des *Owenia*, sont vraisemblablement des néphridies modifiées; celle du 2e segment abdominal coexiste avec un pavillon génital (Gilson).

Chez les Terebellidæ, Ampharetidæ et Amphictenidæ, il n'y a de néphridies que dans le thorax; le deuto- et le tritoméride en sont toujours dépourvus; les autres segments thoraciques en contiennent toujours une paire. A chacune des deux chambres thoraciques de ces animaux correspond une forme particulière de néphridies. Les pavillons vibratiles des néphridies de la chambre antérieure des Terebellidæ sont, en général, petits, tandis que leur portion glandulaire présente un grand développement; ce sont avant tout des *organes excréteurs*. Les pavillons vibratiles des néphridies de la chambre postérieure sont, au contraire, énormes, et leur portion glandulaire réduite; ce sont avant tout les *canaux vecteurs* des produits génitaux. Dans les deux chambres, chaque néphridie épanouit, en général, son pavillon dans le segment qui précède celui sur lequel est situé son orifice externe. Le nombre et la conformation des néphridies sont, du reste, assez variables suivant les genres et les espèces. Il y a trois paires de néphridies antérieures chez les *Amphitrite rubra* (fig. 1129, n° 1, n^1, n^2, n^3) et *variabilis*, les *Polymnia*, *Lanice*, *Loimia* et parfois la *Pista cretacea*; la première paire avorte chez les *Thelepus* et *Trichobranchus*; ce sont les deux paires dernières qui manquent chez les *Amphitrite cirrata*, *Lepræa lapidaria*, *Nicolea venusta*, *Terebellides Stræmii*; toutes les trois sont absentes chez la *Pista cristata*. La partie sécrétrice de ces organes est assez allongée chez les *Amphitrite variabilis*, *Polycirrus*, *Terebellides Stræmii*; elle est courte et massive partout ailleurs. On compte neuf paires de néphridies postérieures chez les *Amphitrite rubra* (quelquefois onze, n^4 à n^{14}) et *Pista cretacea*, sept chez l'*Amæa trilobata*, cinq chez la *Lepræa lapidaria* et le *Polycirrus aurantiacus*, quatre chez la *Lanice conchilega*, deux chez les *Thelepus* et la *Pista cristata*, trois dans la plupart des cas. Le 6e segment manque de néphridies chez les *Terebellides* et *Trichobranchus*, qui présentent ensuite, le premier genre deux paires, et le second trois paires de néphridies postérieures au diaphragme.

On observe chez la *Lanice conchilega* (fig. 1129, n° 3) d'intéressantes modifications. Les néphridies de la chambre antérieure ont ici des tubes sécréteurs courts et qui, au lieu de s'ouvrir directement à l'extérieur, s'ouvrent de chaque côté dans un canal commun, le *canal néphridien* (N'), qui ne présente qu'un seul orifice externe. Les deux premières paires de néphridies ont, à part cela, une conformation normale; la 3e (n^3) est située dans le 4e segment, comme la 2e; son extrémité s'engage dans le dissépiment postérieur de ce segment, mais ne le traverse pas, et se termine en pavillon aplati entre ses deux lames péritonéales. Les néphridies de la chambre postérieure sont au nombre de quatre paires; chaque néphridie (n^4, n^7) possède un énorme pavillon vibratile, et s'ouvre d'autre part dans un long réservoir tubulaire (N) qui s'étend du 5e au 16e segment thoracique. Le canal néphridien s'ouvre au dehors par quatre courts canaux excréteurs; leurs orifices sont situés de chaque côté des segments 5, 6, 7, 8. Contrairement à ce qui a lieu chez les *Amphitrite*, cet

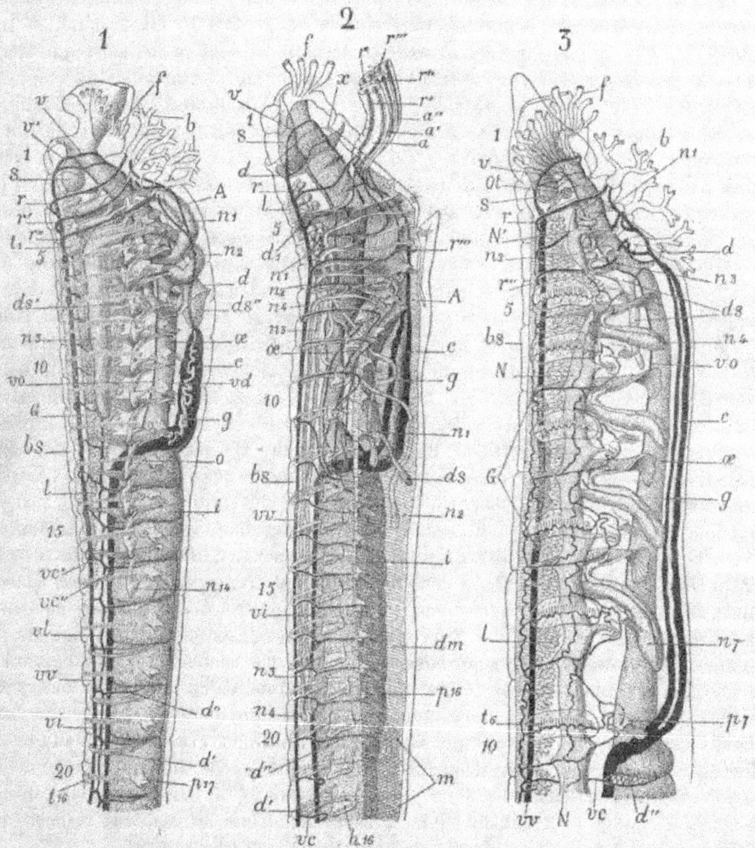

Fig. 1182. — Appareil circulatoire et appareil néphridien des Terebellidæ et Ampharetidæ; l'animal est supposé transparent et couché sur le côté droit. — 1. *Amphitrite rubra*; — 2. *Melinna palmata*; — 3. *Lanice conchylega*. — *f*, filets tentaculaires; *b*, branchies; n_1 à n_{14}, les quatorze néphridies gauches; *d*, diaphragme; *ds*, sacs diaphragmatiques; *ds'*, sac diaphragmatique neural; *ds"*, sac diaphragmatique hémal; *œ*, œsophage; *C*, vaisseau dorsal (cœur); *vd*, vaisseaux sus-œsophagiens; *g*, glande intracardiaque; *o*, néphridiopore; *i*, intestin; *d*, dissépiment; *d'*, cloison de la chambre néphridienne, *d"*, cloison de la chambre intestinale; p_1–p_{17}, phærètres; *vv'*, vaisseaux satellites du collier œsophagien, *x*, sac pharyngien; *r*, *r' r"*, veines branchiales; *A*, artère antérieure qui fournit les artères branchiales; *A*, *A'*, *A"*, artère branchiales; *G*, glandes génitales; *bs*, boucliers ventraux; *l*, glandes lymphatiques ventrales; *vc*, anse vasculaire distale; *vc'*, son arc inférieur; *vc"*, son arc supérieur; *vv*, vaisseau ventral; *vl*, vaisseau latéral; t_{11} t_{16}, tores uncinigères; *N*, canal néphridien postérieur des *Lanice*, *N'*, canal néphridien antérieur; *m*, mésentère hémal; *tr*, prolongement en gouttière de *h*, pavillon vibratile (d'après E. Meyer).

appareil rénal est richement vascularisé, et le réseau vasculaire porte de nombreuses petites branches latérales, terminées en cœcum renflé. On retrouve des dispositions analogues chez la *Loimia medusa*, et la comparaison de ces dispositions avec celles que présente le rein primitif des Vertébrés vient naturellement à l'esprit.

Chez les Ampharetidæ (*Amphicteis, Samytha, Melinna*) et les Amphictenidæ, les parties sécrétrices des néphridies sont situées en arrière du diaphragme, et les pavillons de la 1re paire traversent seuls ce dernier; ils sont petits, ainsi que ceux de la 2e (*Melinna palmata*, fig. 1129, n° 2); les autres, au contraire, très développés. La portion sécrétrice des néphridies, formée comme d'habitude d'un tube en V dont les deux branches sont accolées l'une à l'autre, s'étend fort loin en arrière (n⁴, n³). Le nombre des paires de néphridies est de quatre chez les Ampharetidæ, de cinq chez Amphictenidæ où les 2e et 3e paires peuvent cependant avorter (*Pectinaria*). A la branche externe du canal sécréteur de chaque néphridie est annexé, chez la *Pista cretacea*, une sorte de réservoir aplati qui occupe presque toute la longueur du segment.

Chez les Flabelligeridæ et les Cirratulidæ il n'existe qu'une seule paire de *néphridies antérieures*. Chez les Cirratulidæ leur canal glandulaire est très développé et peut s'étendre sur deux (*Cirratulus chrysoderma, Archidice glandularis*), cinq (*C. filiformis, Chætozone setosa*), huit (*Acrocirrus frontalis*) ou même treize segments (*C. bioculatus*). L'orifice externe de ces néphridies antérieures se trouve, du côté ventral, a la base de la première (*C. filiformis, Chætozone setosa*) ou de la seconde paire de pieds (*C. chrysoderma, Audouinia filigera*). En arrière du segment auquel correspondent ces grandes néphridies, un certain nombre de segments sont toujours dépourvus de ces organes, mais dans la région génitale qui s'étend jusqu'à l'extrémité postérieure du corps, chaque segment présente une paire de néphridies, à large pavillon et à tube très court, qui servent de canaux vecteurs aux éléments génitaux.

On retrouve chez les Sabellariidæ et les Serpulidæ une division du travail entre les néphridies analogue à celle qu'offrent les Cirratulidæ. Il existe également une seule paire de grandes néphridies thoraciques et des néphridies abdominales (fig. 1111, *l*, p. 1547); les deux sortes d'organes présentent, dans leur conformation, les mêmes différences que chez les Cirratulidæ, seulement les deux grandes néphridies se confondent, sur la ligne médiane ventrale, en un tube dirigé en avant, et n'ont par suite, pour elles deux, qu'un seul orifice situé immédiatement en arrière de la bouche, au fond du repli qui sépare, chez les Sabellinæ, la région branchifère du reste du corps; cet orifice appartient, en conséquence, au deutoméride, dans lequel s'ouvrent également les deux pavillons vibratiles. On doit remarquer cependant qu'il a passé en avant du collier cérébroïde, et que les positions respectives des pavillons et de l'orifice externe de la néphridie sont interverties.

On constate encore chez les *Sternaspis* cette prédominance des premiers organes segmentaires, mais ici elle est poussée au maximum. Toutes les autres néphridies font défaut, et les premières ont la forme de sacs lobés, enveloppés dans les premiers tours de spire de l'œsophage. On n'y a reconnu jusqu'ici ni orifice externe ni pavillons vibratiles.

Le pavillon vibratile ou néphrostome des organes segmentaires des Terebellidæ est simplement constitué par une couche d'épithélium vibratile, à cellules cubiques, extérieurement revêtue de la couche péritonéale cellulaire, habituelle. La région tubulaire est formée de hautes cellules ciliées, les unes cylindriques et granuleuses, les autres ovoïdes, et dont le protoplasme, creusé d'une énorme vacuole, présente un noyau à sa base. Dans le liquide hyalin de la vacuole flottent des corpuscules

cristalloïdes, de couleur jaunâtre; les mêmes corpuscules d'excrétion se retrouvent dans les cellules cylindriques, et il est vraisemblable que ces cellules se
transforment en cellules à vacuoles lorsque leur activité sécrétrice augmente.
Cependant la proportion des deux éléments varie d'une façon déterminée quand
on passe d'une région de la néphridie à l'autre; les régions où les cellules cylindriques sont le plus abondantes ont une teinte jaune qui les distingue.

Organes des sens. — On peut classer les organes des sens chez les Annélides
de la manière suivante : 1° *organes tactiles* (antennes, palpes, cirres tentaculaires,
cirres); 2° *organes ciliés*; 3° *otocystes*; 4° *organes de vision*.

Organes tactiles. — Les *organes tactiles* ont été l'objet d'une description antérieure
(p. 1541 et suivantes); nous ajouterons seulement ici que leur axe est toujours
formé par un nerf revêtu de couches musculaires plus ou moins développées, et
qu'ils sont souvent couverts de papilles de forme variée, parfois différentes sur les
palpes et les antennes (*Polynoë reticulata, P. lævigata*), et dans lesquelles se rencontrent de nombreuses terminaisons nerveuses. Les élytres de diverses *Polynoë*
(*P. torquata, P. grubiana*) présentent aussi des verrues et des papilles dont la structure est tout à fait celle d'organes tactiles; le nerf qui arrive dans ces papilles est
même renforcé à sa base par un amas de cellules ganglionnaires [1]. Les grandes
papilles ramifiées des bords de l'élytre des *Sigalion*, assez grandes pour jouer un
rôle dans la respiration, sont elles-mêmes richement innervées.

C'est principalement dans les organes tactiles et notamment dans les cirres que
se trouvent les follicules *bacillipares* de Claparède, formés par des cellules glandulaires pressées les unes contre les autres et sécrétant un mucus épais (Malaquin).
Ces follicules bacillipares sont très fréquents chez les SYLLIDÆ, les PHYLLODOCIDÆ, etc.

Organes ciliés. — Les liens presque immédiats des organes ciliés avec les ganglions cérébroïdes conduisent à les considérer comme des organes de sensibilité
spéciale. Ces organes ont été observés dans les familles des SYLLIDÆ, NEREIDÆ,
PHYLLODOCIDÆ, GLYCERIDÆ, TOMOPTERIDÆ, EUNICIDÆ, SACCOCIRRIDÆ, CIRRATULIDÆ,
SCALIBREGMIDÆ, CAPITELLIDÆ, POLYGORDIIDÆ; ils existent peut-être aussi chez quelques SABELLINÆ. Dans une même famille, ils peuvent présenter des degrés très
différents de développement; on observe, par exemple, quatre degrés de développement chez les SYLLIDÆ. Ce sont d'abord (EXOGONINÆ, SYLLINÆ, *Syllides, Piono-
syllus*) de simples fossettes latérales ciliées, plus ou moins développées transversalement qui arrivent presque au contact sur la ligne médiane chez les *Syllis hyalina*
et *variegata*, et dont l'orifice s'ouvre ou se rétracte, suivant que l'animal est plus
ou moins calme; l'épiderme sous-jacent à ces fossettes est formé de cellules très
allongées et nettement distinctes. Cette disposition primitive se retrouve chez les
EUNICIDÆ. Au contraire, chez les *Eusyllis* et *Odontosyllis*, les fossettes sont remplacées par un repli des téguments saillant et cilié, qui peut s'abaisser ou s'élever à la
volonté de l'animal, et dont les longues cellules plongent leur extrémité interne
dans deux prolongements de la substance médullaire cérébrale. L'organe est profondément bilobé chez les *Odontosyllis* et passe ainsi aux ailerons occipitaux, saillants,
des *Amblyosyllis* et des *Virchowia*. Des tubercules tout à fait analogues à ces ailerons
se retrouvent chez les LOPADORHYNCHINÆ et les POLYOPHTHALMINÆ; ils sont rétrac-

---

[1] E. JOURDAN, *Structure des élytres de quelques Polynoë*, Zool. Anzeiger, n° 189, 1885.

tiles chez diverses NEREIDÆ (*Nereilepas parallelogramma*, *N. caudata*), chez les CAPI-
TELLIDÆ où ils ont la forme de doigts de gant, et chez les OPHELIINÆ. Enfin l'organe
cilié atteint son maximum de développement chez les AUTOLYTINÆ où il forme deux
épaississements, les *épaulettes*, tantôt ciliées (*Myrianida, Autolytus pictus, A. Edwardsi*),
tantôt nues, s'étendant sur plusieurs segments. Il semble que l'organe de la nuque
soit destiné à percevoir les mouvements de l'eau; Spengel a remarqué d'autre part
qu'il manque souvent chez les formes pourvues d'otocystes (*Arenicola*), et a pensé
qu'il représentait la première phase du développement d'un organe acoustique; on
ne peut encore faire à ce sujet que des hypothèses. Il existe d'ailleurs sur diverses
parties du corps de nombreux Polychètes, et notamment sur les parapodes, d'autres
organes vibrants qui semblent en être les homologues et qu'il faut maintenant étudier.

Les cirres des Syllidiens sont portés par un pédicule cilié dont l'épithélium
est formé de cellules colonnaires; mais l'épithélium cilié sensitif se retrouve en
divers autres points des parapodes chez beaucoup d'AUTOLYTINÆ et d'EXOGONINÆ :
les *Eurysyllis*, par exemple, ont un champ de cils vibratiles sur la face dorsale de
leurs parapodes et deux mouchets de cils sur le cirre dorsal. Les champs vibratiles
deviennent chez les *Sthenelais* de véritables organes; ce sont des cupules ciliées,
en nombre variable suivant les espèces, accompagnées ou non de boutons saillants,
également ciliés. Les cirres de *Phyllodoce* portent souvent aussi une rangée de cils
vibratiles et dans certaines espèces chaque segment est traversé par une gouttière
annulaire ciliée [1]. Les parties rentrantes des lobes découpés de *Phyllochætopterus*
portent également des franges de cils vibratiles. Les CAPITELLIDÆ présentent des
organes ciliés sensitifs très nettement caractérisés sur chacun des segments de
leur corps, entre les deux parapodes; il est vraisemblable que le nombre des formes
pourvues de ces organes augmentera par une étude attentive.

Otocystes. — On n'a jusqu'ici constaté la présence d'otocystes que dans un très
petit nombre de genres (*Arenicola, Fabricia, Amphiglena*, etc.). Il existe, chez les
Arénicoles, un otocyste de chaque côté de la trompe; ces otocystes sont appliqués
contre la face dorsale de l'anneau œsophagien et reliés à la commissure œsophagienne par plusieurs nerfs [2], tandis que des muscles rayonnants les rattachent
aux tissus voisins; ils sont de forme sphérique. Leur paroi est constituée par une
couche de grandes cellules cylindriques dont les noyaux sont tous situés sur la
même sphère, ces cellules ont leur extrémité externe ramifiée, et leurs prolongements forment un lacis qui se met en rapport avec les fibres du nerf acoustique. Ce
lacis repose sur une couche extérieure de tissu conjonctif. L'otocyste contient un
liquide transparent, dans lequel nagent des otolithes calcaires, de dimensions
variées, tantôt libres, tantôt agglutinés entre eux. Les *Amphiglena* ont de même
plusieurs otolithes; les *Fabricia* n'en ont qu'un.

Yeux. — Chez un grand nombre de Polychètes, des organes sensitifs nettement
caractérisés se répètent sur tous les segments du corps, et, dans quelques genres,
peuvent prendre l'organisation caractéristique des *yeux*. Il existe ainsi des *yeux segmentaires* à la base de tous les cirres dorsaux sur le stolon sexué de la *Syllis* (*Haplosyllis*) *hamata*, au voisinage des pieds de l'*Eunice vittata*, sur les rames pédieuses

---

[1] Observation inédite de M. GRAVIER.
[2] JOURDAN, *Sur la structure des Otocystes de l'Arenicola Grubii*, Clap., Comptes rendus
de l'Académie des Sciences, t. XCVIII, p. 757, 1884.

des *Tomopteris*, sur les côtés du corps des *Polyophthalmus*. Des taches pigmentaires semblent représenter des yeux latéraux dégénérés chez la *Hyalinœcia rigida*, les *Eunice Claparedii* et *schizobranchea*; en revanche, il existe deux yeux latéraux de chaque côté de tous les segments du corps chez l'*Amphicorine argus* et la *Myxicola parasita*. Dans la plupart des autres Amphicorines les yeux latéraux disparaissent, mais il persiste des yeux, au nombre de quatre (*A. desiderata*) ou de deux (*A. cursoria*), sur le dernier segment du corps que l'animal dirige habituellement en avant lorsque, sorti de son tube, il se meut grâce aux vibrations des cils de son panache respiratoire, comme le font aussi les Myxicoles.

Les yeux céphaliques eux-mêmes peuvent remonter sur les appendices de la tête : la *Dasychone bombyx* présente de neuf à vingt paires d'yeux, espacées et dont la première apparaît aussitôt après la palmure branchiale; il en existe sept à huit rangées transverses sur les branchies de la *D. ventilabrum*. Un organe piriforme qui est probablement un œil pend à l'extrémité de chaque plume branchiale de la *Protula Dysteri*; les *Branchiomma* ont un gros œil analogue près de l'extrémité des deux branchies dorsales et un œil moins gros sur les branchies suivantes; cet œil s'étend en anneau tout autour de la branchie chez le *B. vigilans*. La *Vermilia infundibulum* présente, sur le côté externe de chaque branchie, au moins deux cent vingt ocelles, ce qui fait en tout plus de onze mille yeux; ceux de la *Vermilia clavigera* ont l'éclat caractéristique des yeux des *Pecten*. Les *Potamilla polyophthalma* et *uniformis* ont une rangée d'yeux branchiaux; la *Serpula chrysogyrus* en a sept ou huit sur chaque branchie, chacune contenant vingt-sept corps réfringents arrondis. Des yeux branchiaux diversement disposés ont été signalés chez beaucoup d'autres espèces de SABELLIDÆ.

Le nombre des yeux céphaliques varie d'une famille à l'autre et même d'un genre à l'autre dans la même famille; on en compte six chez les *Pygospio*, quatre chez les SYLLIDÆ, NEREIDÆ, *Sthenelais*, *Amphinome*, *Iphione*, *Lepidonotus*, *Polynoë*, *Acœtes*, *Hermione*, *Tyrrhena*, *Telamone*, *Nerine*, *Prionospio*, *Spio*; trois chez les *Spione*; deux chez les EUNICIDÆ, la plupart des PHYLLODOCIDÆ, les *Polyodonta*, *Milnesia*, *Aphrodite*, *Chloë*, *Euphrosyne*, *Cirrineris*, *Polydora ciliata*; ces yeux deviennent rudimentaires chez les NEPHTHYDÆ, OPHELIIDÆ, CHÆTOPTERIDÆ, SABELLARIIDÆ, TEREBELLIDÆ; ils s'accolent de manière à simuler un œil unique chez les *Flabelligera*; ils avortent complètement chez les LUMBRICONEREINÆ, *Hipponoë*, *Aonis*, *Polydora cœca*, *Cirratulus medusa*, *Aricia*, SERPULINÆ. Au premier abord, les CAPITELLIDÆ semblent ne présenter que deux yeux sur leur lobe céphalique; ces yeux sont en réalité deux amas de petits *yeux simples*; c'est-à-dire des *yeux composés*. Les yeux branchiaux des SABELLINÆ sont aussi des yeux composés, mais contenant un moins grand nombre d'éléments. I convient d'étudier séparément la structure des yeux simples et celle des yeux composés.

Les *yeux simples* [1] peuvent se réduire à un groupe d'éléments épidermiques, allongés normalement à la surface du corps, chargés de pigment dans leur région moyenne et inférieure, et en rapport par leur extrémité profonde, allongée en fila-

---

[1] GRABER, *Morphologische Untersuchungen über die Augen der freilebenden marinen Borstenwürmer*, Archiv f. mikroskopische Anatomie, Bd 17, 1880, p. 243. — JOURDAN, *Études histologiques sur deux espèces du genre Eunice*; Ann. des Sciences naturelles, 7ᵉ série, t. 11, 1887, p. 293. — ANDREWS, *On the Eyes of Polychæta*, Zool. Anzeiger, 1891.

ment, avec les cellules ganglionnaires; telle demeure la structure des taches oculaires situées en avant des antennes latérales de beaucoup de SYLLIDÆ et, en général, des taches oculaires sans cristallin, si fréquentes sur la tête ou sur les côtés des segments du corps de beaucoup de Polychètes. Lorsque l'œil commence à se perfectionner, les cellules épidermiques modifiées s'enfoncent graduellement de la périphérie au centre, de manière à limiter une sorte de coupe sphéroïdale; le pigment s'accumule dans leur moitié profonde; la moitié périphérique devient hyaline et réfringente, de manière à figurer à un faible grossissement un cristallin, dans lequel les cellules composantes gardent chacune leur individualité; tels sont les yeux latéraux de la *Syllis (Haplosyllis) hamata*. L'œil antérieur de la *Syllis hyalina* dépasse à peine cet état; toutefois les zones hyalines des éléments optiques tendent à se fusionner à leur périphérie en une masse unique. Dans les types plus élevés (*Eusyllis*, etc.), on voit s'accuser cette division de la zone hyaline des éléments visuels en deux parties : l'une, périphérique, se sépare de l'élément et se fusionne avec les parties de même origine pour constituer un *cristallin* indépendant, sphéroïdal ou plus souvent ovoïde, formé de couches concentriques, nettement distinctes à un fort grossissement; l'autre partie, la plus profonde, continue à faire corps avec la cellule qui l'a produite, et l'ensemble de ces parties réfringentes, demeurées distinctes comme dans le *pseudo-cristallin* des yeux latéraux d'*Haplosyllis*, constitue ce qu'on nomme le *corps vitré*. Le noyau de l'élément est situé, en général, immédiatement au-dessous de la zone pigmentée; il est même quelquefois enfoui en partie dans le pigment. Dans les cas les plus simples, la zone hyaline correspondant au corps vitré est très mince; le cristallin, qui demeure semi-liquide chez les stolons sexués de *Syllis*, mais se durcit partout ailleurs, est englobé dans le pigment et appliqué contre la cuticule (stolon sexué de *Myrianida*) ou relié à elle par une *tige cristallinienne* (*Eusyllis*). Du point où s'insère cette tige cristallinienne rayonnent des filaments très délicats qui vont se perdre dans la coupe rétinienne, et forment une sorte d'enveloppe au cristallin. Cette enveloppe du cristallin s'accuse de manière à former une *coque du cristallin*, d'une épaisseur suffisante pour montrer un double contour, dans l'œil postérieur des formes asexuées d'AUTOLYTINÆ, dans celui des *Amblyosyllis* et des *Eunice*. Ici, le cristallin a cessé d'être en rapport avec la cuticule; les cellules épidermiques, qui déjà dans les formes précédentes s'interposent entre la cuticule et le cristallin, sauf au pôle externe de ce dernier, envahissent maintenant toute la surface de l'œil et y peuvent présenter des différenciations particulières.

L'œil antérieur des *Autolytus pictus* atteint une complication plus grande encore; le cristallin fait une forte saillie hors de la poche rétinienne, et se dilate brusquement, à sa sortie de cette poche, de sorte qu'il semble divisé en deux moitiés par une constriction médiane; cette constriction sur laquelle s'appliquent les bords de la coupe rétinienne, donne à l'ouverture de celle-ci l'aspect d'une *pupille*. En même temps, les cellules épidermiques voisines de la constriction pupillaire s'allongent en fibrilles rayonnantes, simulant un *iris*. Les diverses formes d'yeux simples décrites chez les Polychètes se rattachent à l'une des formes que nous venons de décrire chez les SYLLIDÆ. L'œil des *Hesione, Nereis, Polynoë, Aphrodite, Chætopterus*, etc., est un œil sans cristallin rappelant celui de la *Syllis hamata*; chez les *Alciopa, Nephthys, Eunice*, il se constitue un cristallin enveloppé d'une capsule épithéliale dont la moitié externe peut être distinguée sous le nom d'*épiderme péricornéen* et la moitié profonde sous celui de *corps vitré*. Il se dépose souvent du pigment dans l'épiderme péricornéen qui ne laisse libre au-devant du cristallin qu'une sorte d'étroite pupille, et cet épiderme se différencie en fibrilles rayonnantes simulant un iris chez les *Eunice* et les *Alciopina* (*Torrea*, de Qfg).

La *rétine* n'est qu'un épanouissement du nerf optique. Elle se divise en deux couches continues l'une avec l'autre : la *couche des fibres optiques* et la *couche en palissade*, cette dernière est tournée vers le tégument. La couche en palissade, toujours plus mince dans la région centrale, est formée de prismes dont une extrémité s'applique sur la membrane basale du corps vitré, tandis que l'autre se met en rapport avec un élément nerveux. Chaque prisme présente un noyau à chacune de ses extrémités, et parfois un noyau dans sa région moyenne (*Alciopa, Eunice*). Dans ce cas, entre le noyau extérieur et le noyau moyen, la paroi du prisme est très épaissie, fortement réfringente, et offre, au moins en partie, une structure lamellaire. Les prismes rétiniens sont toujours plus ou moins pigmentés dans presque toute leur étendue; chez l'*Alciopa Cantraini*, le pigment se limite cependant à leur région moyenne.

Enfin, dans les formes de SYLLIDÆ, de NEREIDÆ et d'HESIONIDÆ qui subissent, au moment de la reproduction, une transformation spéciale, les yeux, devenus énormes, présentent dans leur cristallin une structure cellulaire dont l'origine et la signification seront décrites en même temps que les autres transformations de ces formes dites *épigames* (p. 1623).

Les yeux composés des *Potamilla, Sabella, Dasychone* peuvent être considérés comme des aires d'épithélium modifié de la tige principale de la branchie. Chacune de ces aires est composée de longues cellules pigmentées, parmi lesquelles se trouve un certain nombre d'autres cellules présentant, dans la région axiale de leur extrémité périphérique, un corps réfringent constitué par une masse terminale plus grande et quelques autres masses sous-jacentes, de moindres dimensions. Ces cellules qui sont les éléments visuels peuvent n'être pigmentées que sur leur périphérie (*Potamilla*); mais le pigment peut aussi gagner sensiblement vers leur axe (*Dasychone, Sabella*). Chez certaines espèces d'*Hypsicomus*, ces éléments se dispersent; il n'y a plus alors d'œil composé, mais des ocelles isolés. Dans ces ocelles le corps réfringent cesse d'être contenu dans la cellule visuelle et il est formé d'une seule lentille. On a signalé des yeux composés chez quelques Polychètes errants, notamment chez un Eunicide (Ver de Palolo), tout le long de la ligne médiane ventrale, au niveau de chaque ganglion nerveux.

Système nerveux. — Les centres nerveux des Polychètes sont : 1° les *ganglions prébuccaux, supra-œsophagiens* ou *cérébroïdes*; 2° les *connectifs péri-œsophagiens* formant un collier autour de l'œsophage; 3° la *chaîne ventrale*.

Chacun de ces centres donne naissance à des nerfs ayant un domaine spécial.

Les *ganglions prébuccaux*, ou *ganglions cérébroïdes* de forme très variable (fig. 1131) sont placés, en général, au-dessus de l'œsophage, mais ils innervent la région prébuccale de l'animal, et il est morphologiquement plus exact de les considérer comme les parties de la chaîne nerveuse placée en avant de la bouche. On peut y distinguer

<hr>

[1] ANDREWS, *Compound Eyes of Annelids*, Journal of Morphology, vol. V, n° 2.

une *substance corticale*, formée de cellules nerveuses, et une *substance médullaire*, formée de fibres nerveuses à la périphérie et de *substance ponctuée* au centre. La substance ponctuée n'est elle-même qu'un réseau de fibrilles ramifiées en tout sens et anastomosées. Dans les types inférieurs et un certain nombre de types présentant des degrés assez variés d'organisation (*Protodrilus*, SYLLIDÆ, EUNICIDÆ, *Ammochares*, etc.), il n'existe aucune démarcation entre les cellules épidermiques et les cellules de la substance corticale; dans les formes élevées les ganglions cérébroïdes se confondent encore toujours, par quelque région de leur surface, avec l'épiderme qui les recouvre. Toutefois, une membrane limite assez bien les ganglions cérébroïdes chez certaines formes inférieures (*Polygordius*, *Polyophthalmus*, etc.). Il est presque impossible de distribuer les cellules ganglionnaires en masses morphologiquement distinctes; mais le mode de distribution de la substance médullaire caractérise nettement deux centres : le *centre antérieur* ou *stomato-gastrique* et le *centre postérieur* ou *antennaire* [1].

Le centre postérieur, simple chez les *Autolytus* parmi les SYLLIDÆ, chez les *Hyalinœcia* parmi les EUNICIDÆ, se décompose en deux autres centres chez les *Syllis*, *Eusyllis*, *Odontosyllis*, *Eunice*, ainsi que chez les PHYLLODOCIDÆ (*Eulalia*) et les CAPITELLIDÆ. Ces faits suffisent à démontrer que l'on ne peut demander exclusivement au mode de constitution des centres cérébroïdes, la détermination du nombre des segments qui sont intervenus dans la constitution du *lobe prébuccal* des Annélides. La morphologie pure se prête également bien à ces deux conclusions opposées : ou bien le lobe prébuccal était originairement composé de trois segments dont les ganglions, d'abord distincts, se sont plus tard confondus en deux masses, l'une stomato-gastrique, l'autre antennaire; ou bien, dans un lobe prébuccal, composé d'un seul segment, il s'est ajouté à la paire initiale de ganglions, deux paires nouvelles de ganglions liées au plus grand développement des organes sensitifs. Des faits morphologiques nouveaux ou des documents embryogéniques permettront seuls de décider entre les deux conclusions.

On peut constater d'ailleurs que le centre stomato-gastrique se divise également chez les *Myxicola*. Les ganglions qui le composent (*ganglions externes*) se prolongent, en effet, postérieurement en deux gros lobes coniques d'où il ne part, à la vérité, aucun nerf; on retrouve ces lobes à un degré plus ou moins grand de développement et sous des formes variées chez presque tous les SABELLIDÆ. De même le lobe postérieur se subdivise le plus souvent, lorsqu'il existe sur la tête des fossettes vibratiles ou des organes nuchaux, si bien que le cerveau des CIRRATULIDÆ se laisse décomposer en cinq lobes très distincts, correspondant à autant d'organes sensitifs ou de racines nerveuses. La distribution des nerfs céphaliques permet de retrouver chez les SABELLIDÆ les équivalents de ces lobes auxquels il s'en ajoute même un sixième.

Chaque *connectif œsophagien* naît des centres cérébroïdes par deux racines : l'une *supérieure* ou *dorsale*, sort du centre antennaire; l'autre *inférieure* ou *ventrale*, sort du centre stomato-gastrique (fig. 1131, n° 6). Ces deux racines sont d'abord

[1] G. PRUVOT, *Système nerveux des Annélides Polychètes*. Archives de Zoologie expérimentale, 2° série, t. III, 1885. — G. RETZIUS, *Zur Kenntniss der centralen Nervensystem der Würmer*, Biologische Untersuchungen, Newe Folge II; 1891, et *Das sensible Nervensystem der Polychæten*, ibid., IV; 1892.

séparées par les muscles se rendant aux palpes (SYLLIDÆ), mais se confondent bientôt, en demeurant toujours en relation intime avec l'épiderme.

On peut suivre chez les Polychètes tous les stades de l'évolution de la chaîne nerveuse ventrale, à partir du moment où elle est presque confondue avec l'épiderme jusqu'à celui où, presque libre dans la cavité générale, elle n'est plus reliée à l'épiderme que par un raphé longitudinal. La chaîne se superpose immédiatement à l'épiderme, chez les AUTOLYTINÆ, EXOGONINÆ, EUSYLLINÆ, *Heteromastus, Nerine, Telepsavus* ; elle se loge dans l'épaisseur de la couche des muscles transverses chez la *Terebella Meckelii* ; elle passe à la surface interne de cette couche, entre les muscles longitudinaux, sans que les ganglions, dans leur région moyenne, cessent d'être en contact avec l'épiderme (*Hyalinœcia, Eunice, Chætopterus, Lanice conchylega*) ; enfin elle arrive au-dessus des muscles longitudinaux, et devient libre dans la cavité générale, sauf à l'extrémité postérieure du corps (*Dasybranchus, Notomastus, Mastobranchus*) ou même en totalité (*Syllis, Stylaroides moniliferus, Ammotrypane œstroïdes, Terebella zostericola*). Les *Capitella* présentent dans les régions successives de leur corps tous ces degrés de différenciation : la chaîne nerveuse enfouie dans les téguments à l'extrémité postérieure, se place entre la musculature et l'épiderme au commencement de l'abdomen et devient libre dans le thorax.

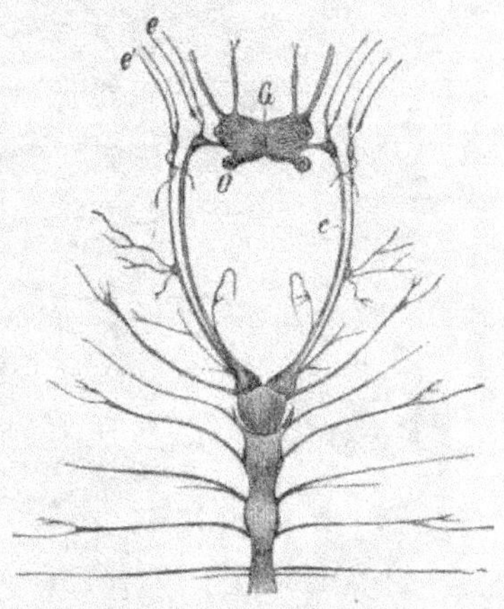

Fig. 1130. — Cerveau et partie antérieure de la chaîne nerveuse d'une *Nereis*. — *G*, cerveau ; *O*, yeux ; *c*, commissure œsophagienne ; *e, e'*, nerfs des cirres tentaculaires et de l'anneau buccal (d'après de Quatrefages).

Dans cette marche graduelle vers l'intérieur du corps, elle conserve toujours des rapports directs avec l'épiderme auquel elle demeure unie par une lame longitudinale qui apparaît sur les coupes comme une sorte de pédicule.

Deux cordons fibrillaires longitudinaux, indépendants l'un de l'autre, recouverts inférieurement d'une couche continue de cellules à peine distinctes de celles de l'épiderme, représentent le système nerveux chez les *Protodrilus* et les *Saccocirrus* ; ces deux cordons s'unissent en un seul chez les *Polygordius* ; la chaîne nerveuse s'isole davantage de l'épiderme, sans cesser cependant de demeurer en rapport avec lui, et forme une bandelette continue le long de laquelle les cellules nerveuses sont uniformément distribuées chez les POLYNOINÆ, CLYMENIDÆ, CIRRATULIDÆ, TOMOPTERIDÆ (fig. 1131, n° 7), TEREBELLIDÆ, *Owenia*, etc., où il n'y a pas de ganglions nettement définis. Les ganglions se caractérisent mais demeurent presque confondus chez les OPHELIIDÆ (*Id.*, n° 3) et ARENICOLIDÆ ; ils sont très distincts les uns des autres, et se répètent régulièrement dans chaque anneau, la chaîne demeurant toujours unique chez les SYLLIDÆ, NEREIDÆ, NEPHTHYDÆ (*Id.*, n° 6), EUNICIDÆ (*Id.*, n° 1), HERMIONINÆ, CAPITELLIDÆ ; les bandelettes qui unissent, dans les familles précédentes, chaque ganglion à ses deux voisins, se dédouble en deux connectifs nettement distincts chez les PHYLLODOCIDÆ (*Id.*, n° 2), FLABELLIGERIDÆ. Enfin le dédoublement porte, mais à des degrés divers sur les ganglions eux-mêmes; il se manifeste sur tous les ganglions de la région abdominale, ceux de la région thoracique demeurant simples, chez les *Terebella*. Les ganglions sont doubles et unis entre eux par six ou huit commissures dans la plus grande partie du corps chez les CHÆTOPTERIDÆ; ils deviennent indistincts dans la région antérieure; mais, en revanche, les deux cordons s'écartent l'un de l'autre, et forment un vaste anneau allongé dont les deux moitiés sont unies entre elles par de nombreuses commissures.

Les SABELLIDÆ présentent dans la constitution de leur système nerveux de remarquables gradations. Les *Myxicola* ont une chaîne ventrale qui paraît simple, sans ganglions limités jusqu'au troisième segment sétigère; à partir de là, le cordon simple se bifurque, ses deux branches sont encore unies par deux commissures transversales dans le deuxième segment sétigère; elles passent ensuite aux connectifs œsopha-

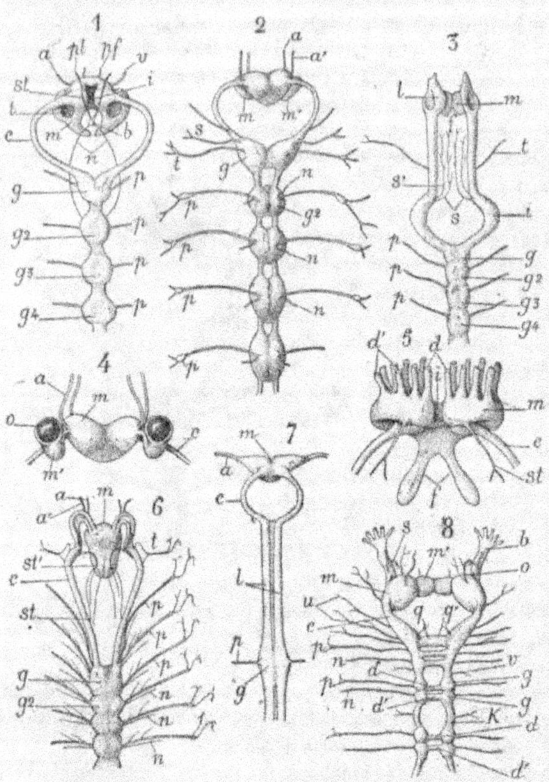

Fig. 1131. — Systèmes nerveux de Polychètes. — 1. Collier œsophagien et chaîne nerveuse de *Hyalinœcia tubicola*. — 2. Id., de *Phyllodoce laminosa*. — 3. Id., d'*Ammotrypane ostroïdes*. — 4. Cerveau de *Phyllodoce laminosa*. — 5. Cerveau de *Lumbriconereis impatiens*. — 6. Collier œsophagien et chaîne nerveuse de *Nephthys Hombergii*. — 7. Id., de *Tomopteris onisciformis*. — 8. Id., de *Sabella pavonina*. — *m*, masse cérébroïde; *a*, *a'* nerfs antennaires; *o*, œil; *c*. connectifs œsophagiens; *st*, *st'*, racines du stomato-gastrique; *g*, *g'*, *g''*, ganglions de la chaîne ventrale; *p*, *p*, nerfs pédieux; *d*, *d'* digitations qui surmontent le cerveau des *Lumbriconereis*; *f*, lobes postérieurs de leur cerveau (d'après Pruvost).

giens. En réalité, les choses sont un peu plus compliquées [1] : la chaîne nerveuse est ici dédoublée en deux cordons portant chacun deux ganglions par segment et unis par autant de commissures. Mais l'intervalle des deux cordons est comblé par la neurocorde, et c'est elle qui, en se bifurquant dans le deuxième segment séti-

[1] EDUARD MEYER, *Studien über Korperbau der Anneliden*. Mittheilungen aus der zool. Station zur Neapel, t. VII, 1887. Pl. 24, fig. 6.

gère, laisse apparaitre les deux cordons. Quant aux deux commissures qui se montrent dans la région bifurquée de la chaîne, la postérieure est double et unit entre elles les deux paires de ganglions du premier segment sétigère; l'antérieure est quadruple, et correspond aux quatre paires de ganglions fusionnées du dento et du tritoméride. Le premier segment sétigère n'occupe donc, en réalité, que le quatrième rang, le protoméride étant considéré comme occupant le premier.

Chez les *Sabellaria*, la chaîne est composée de deux cordons encore rapprochés dans les trois ou quatre premiers segments, mais qui s'écartent ensuite beaucoup. Ces deux cordons sont plus ou moins éloignés, mais demeurent à une distance constante, chez les *Aonis*, *Polydora*, *Serpula*, *Sabella* (fig. 1131, n° 8); ils sont unis entre eux par de longues commissures transversales allant d'un ganglion à son symétrique; c'est ce qu'on appelle une *chaîne nerveuse en échelle* (fig. 1132).

En général, il n'existe qu'une paire de ganglions par segment; toutefois il y en a deux paires chez les *Oligognathus*, *Sabellaria*, *Amphictene*, *Myxicola*, *Psygmobranchus*, *Sabella* (fig. 1131, n° 8, *y*), et même trois chez la *Pectinaria neapolitana*.

Dans la chaîne nerveuse, comme dans le cerveau, il faut distinguer la *substance corticale* dont les cellules demeurent toujours plus ou moins en relation avec l'épiderme, la *substance médullaire* et la *substance ponctuée*. Du mode de répartition de la substance corticale dépend la présence ou l'absence des ganglions. La substance médullaire est formée de un (*Polygordius*, OPHELIIDÆ), deux (*Protodrilus*, *Tomopteris*), trois (SYLLIDÆ, EUNICIDÆ) ou plus généralement quatre cordons, longitudinaux. De chaque côté, chaque cordon fournit une racine aux nerfs pédieux qui ont aussi une double racine (*Nephthys*). Les deux cordons des *Tomopteris* sont unis, dans chaque segment, par une courte commissure de substance ponctuée; quand il existe quatre cordons les deux cordons externes ne sont pas reliés entre eux, mais seulement aux cordons internes. La substance ponctuée, en réalité formée par un fin réseau de courtes fibrilles anastomosées, occupe l'axe des cordons médullaires; c'est de ce réseau que naissent toujours les fibres qui constituent des nerfs.

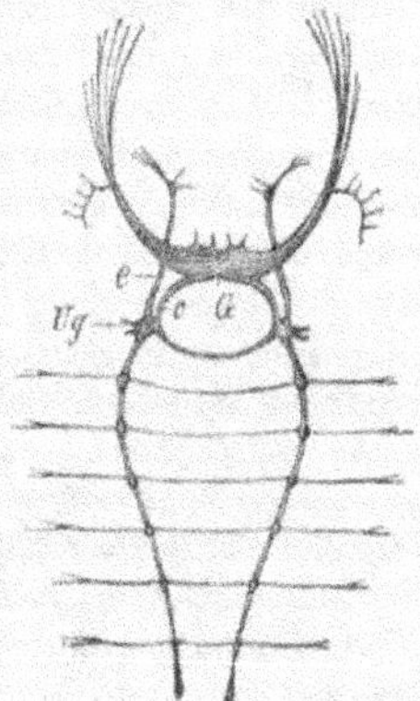

Fig. 1132. — Cerveau et partie antérieure de la chaîne abdominale d'une *Serpula*. — *G*, ganglion cérébroïde; *Ug*, ganglion sous-œsophagien; *c*, commissure œsophagienne; *e*, nerfs des cirres tentaculaires (d'après de Quatrefages).

Dans l'épaisseur de la substance médullaire se trouvent des tubes de grand diamètre qui ont été désignés sous le nom de *fibres géantes*, *tubes géants*, *fibres tubulaires colossales*, *neurocordes*, etc. Elles ont été considérées par Leydig, comme des fibres nerveuses, rattachées par Spengel aux cellules ganglionnaires géantes qu'on observe souvent dans le cerveau des Polychètes, homologuées par Kowalevsky à la corde dorsale des Vertébrés, simplement comparées à cette corde par Bulow et Vejdowsky, tandis que Claparède voyait simplement en elles des canaux. Ces éléments sont bien des éléments nerveux, mais profondément modifiés. Les neurocordes manquent, en général, chez les Polychètes où le système nerveux est peu différencié (*Protodrilus*, *Polygordius*, OPHELIIDÆ) et chez les Polychètes de petite taille (SYLLIDÆ); il n'y en a qu'une seule située soit dans le cordon médian

(*Hyalinœcia*), soit au-dessous de lui (*Eunice*), chez la plupart des EUNICIDÆ, les *Myxicola*, etc.; chez les *Myxicola*, la neurocorde se dédouble cependant dans le deuxième segment sétigère, et chacune de ses branches passe dans l'une des moitiés du collier œsophagien; on trouve deux neurocordes séparées par la cloison longitudinale qui divise la chaîne nerveuse en deux moitiés chez les *Nephthys*; une pour chacun des deux cordons nerveux chez les *Serpula*; trois placées au-dessus de la chaîne chez les *Halla*; ces tubes atteignent toujours d'ailleurs un grand développement chez les SERPULIDÆ. Ils sont accompagnés chez les *Nephthys* de tubes plus petits disséminés dans la substance médullaire. Chez les CAPITELLIDÆ, leur degré de développement est d'autant plus grand que la chaîne nerveuse est plus indépendante; ce ne sont pas d'ailleurs des tubes continus, s'étendant sans se modifier d'une extrémité à l'autre de la chaîne nerveuse; le tube, unique et médian sur certains points de la chaîne, peut se diviser sur d'autres en trois ou quatre tubes secondaires qui se réunissent ensuite pour constituer de nouveau un tube unique. Il peut exister des productions analogues dans les plus gros nerfs (nerfs des cirres de l'*Hermadion fragile*, le dernier des trois nerfs ganglionnaires des *Polynoë* (?) et des *Sthenelais*); ces tubes sont alors manifestement en rapport avec des cellules géantes, situées sur les côtés des ganglions. De même les tubes géants de la chaîne nerveuse sont en connexion, au début, avec des cellules cérébrales géantes, et doivent alors être considérés comme de véritables fibres nerveuses, constituant des faisceaux entourés par une dépendance du névrilemme. Peu à peu les fibres de ces faisceaux dégénèrent, se liquéfient, et le névrilemme qui les entourait se trouve transformé en un canal rempli d'un liquide hyalin. C'est là évidemment un appareil de soutien qui fonctionne comme une corde dorsale, mais n'a pas du tout la même origine que l'organe désigné sous ce nom chez les Vertébrés.

Au point de vue de leur origine, les nerfs peuvent être distingués en *nerfs cérébroïdes*, naissant des ganglions prébuccaux; *nerfs œsophagiens*, naissant des connectifs œsophagiens; *nerfs ventraux*, naissant de la chaîne ventrale.

On doit distinguer deux sortes de nerfs cérébroïdes : ceux qui naissent du *centre antérieur*, ceux qui naissent du *centre postérieur* de la masse ganglionnaire prébuccale. Le centre antérieur fournit chez les SYLLIDÆ, NEREIDÆ, EUNICIDÆ, les nerfs des appendices que leur forme particulière a fait distinguer des antennes sous le nom de *palpes*, distinction justifiée par leur mode d'innervation; il fournit également les nerfs branchiaux des SERPULIDÆ, dont les panaches respiratoires semblent, par conséquent, les équivalents morphologiques des palpes. Le centre antérieur est également le lieu d'origine des nerfs stomato-gastriques bien que souvent les fibres de ces nerfs s'engagent dans les connectifs péri-œsophagiens et en émergent en des points très variés, suivant les groupes que l'on considère. La racine postérieure ou ventrale de ces connectifs naît d'ailleurs, elle aussi, on l'a vu, du centre antérieur de la masse cérébroïde.

Le centre postérieur ou antennaire fournit toujours les *nerfs antennaires*, les *nerfs optiques* et ceux de l'*organe cilié* lorsqu'il existe. Le centre postérieur est donc un centre éminemment sensitif.

Le collier œsophagien est loin de représenter une région de composition toujours identique. C'est simplement, à proprement parler, la région qui unit la partie franchement prébuccale, du système nerveux à la partie franchement postbuccale. Des deux paires de centres prébuccaux, la *paire stomato-gastrique* paraît n'occuper que le second rang; chez les OPHELIIDÆ elle demeure, en effet, sur le collier périœsophagien et fournit des nerfs à la région labiale et à la première paire de pieds (fig. 1131, n° 3, *s*, *t*). La soudure avec les centres antennaires est complète dans la plupart des autres types, et aucun nerf ne sort du collier œsophagien chez les EUNICIDÆ, PHYLLODOCIDÆ, TOMOPTERIDÆ, etc.; mais ailleurs les fibres d'un certain nombre de nerfs issus des ganglions prébuccaux cheminent d'abord avec celles du connectif, et ne s'en séparent qu'après un certain trajet; c'est le cas pour les nerfs antennaires des *Nephthys* (fig. 1131, n° 6, *a*, *a'*) et une partie des racines du stomato-gastrique de beaucoup de Polychètes (voir p. 1599). Ce même phénomène de soudure avec les connectifs peut se produire en sens inverse pour les nerfs issus du premier ou des premiers ganglions de la chaîne ventrale; les nerfs des cirres tentaculaires des SYLLIDÆ, ceux de la première paire de pieds des *Nephthys* (fig. 1131, n° 6), des OPHELIIDÆ paraissent ainsi naître des connectifs, et le premier ganglion apparent de la chaîne ventrale n'innerve que le cinquième segment du corps chez la *Sthenelais ctenolepis*. Enfin chez les NEREIDÆ un ou plusieurs ganglions de la chaîne ventrale remontent jusqu'à une certaine hauteur sur les connectifs, atteignent et dépassent même le milieu de leur longueur et paraissent ainsi des ganglions nouveaux développés sur leur trajet (fig. 1130, *e*, p. 1593). *Les soudures de nerfs aux connectifs, le déplacement graduel des ganglions, que nous avons déjà rencontrés chez les Arthropodes s'opposent à ce qu'on puisse caractériser les divers appendices ou les régions du corps par l'origine apparente des nerfs qui s'y distribuent.*

Les diverses parties d'un même organe peuvent d'ailleurs recevoir leurs nerfs de régions différentes du système nerveux, comme s'ils étaient le résultat de la soudure de deux organes primitivement distincts. C'est ainsi que le nerf chargé d'animer la série ventrale de filets tentaculaires du parapode operculaire des *Sabellaria* naît du centre cérébroïde stomato-gastrique; que la ligne d'yeux de ce parapode reçoit son nerf du centre antennaire et que les autres parties du parapode, notamment la partie operculaire proprement dite, reçoivent les branches d'un nerf né du connectif péri-œsophagien. Cela permet d'homologuer les filets tentaculaires des *Sabellaria*, à ceux des TEREBELLIDÆ, bien qu'ils soient soudés à un parapode post-buccal.

Le nombre des nerfs qui dans chaque segment naissent de la chaîne ganglionnaire ventrale est variable. Les SYLLIDÆ, EUNICIDÆ (fig. 1131, n° 1), NEREIDÆ (fig. 1130), TOMOPTERIDÆ (fig. 1131, n° 7), SERPULINÆ (fig. 1132) ne présentent qu'une seule paire de nerfs par segment; les PHYLLODOCIDÆ (fig. 1131, n° 2), NEPHTHYDÆ (fig. 1131, n° 6) en ont deux; il en est de même des SABELLINÆ (fig. 1131, n° 8), mais chaque nerf naît ici d'un ganglion distinct (fig. 1131, n° 8); enfin on trouve trois paires de nerfs par segment chez diverses OPHELIIDÆ. Quand il existe plus d'une paire de nerfs, la plus grosse paire se rend, en général, aux parapodes dont les deux rames sont innervées par deux branches d'un même nerf. Assez souvent le premier renflement de la chaîne ventrale émet plus de nerfs que les autres, trois chez les *Phyllodoce* et les *Nephthys*, par exemple; ce renflement représente alors plusieurs ganglions de la chaîne ventrale confondus par l'agglomération en une seule masse des cellules nerveuses qui leur correspondent.

A mesure que la chaîne nerveuse ventrale s'isole des téguments, elle s'entoure d'une enveloppe protectrice ou *névrilemme*, dont le degré de développement est très variable. Il n'y a pas à proprement parler de névrilemme chez les SYLLIDÆ; la face supérieure de la chaine nerveuse est simplement séparée de la cavité générale par une lame péritonéale; il se développe au contraire un névrilemme complet, au moins dans les espaces interganglionnaires, chez les EUNICIDÆ, NEPHTHYIDÆ, CAPITELLIDÆ, OPHELIIDÆ, SERPULIDÆ, où le névrilemme est exactement appliqué contre la substance nerveuse; il en est séparé par un espace vide chez les *Myxicola*. Très souvent sur le névrilemme s'insèrent des muscles obliques qui ont, en général, leur second point d'attache sur les téguments au niveau des parapodes ou dans leur voisinage (*Nephthys*, *Glycera*, OPHELIIDÆ, etc.). Très souvent aussi une bandelette musculaire dorsale court le long de la chaine (SYLLIDÆ, *Nephthys*); de cette bandelette se détachent chez les *Nephthys*, au niveau de chaque ganglion, quatre bandelettes rayonnantes qui lui donnent en ces points un aspect étoilé et vont rejoindre deux bandelettes semblables, courant le long des pieds.

Stomato-gastrique. — En raison de leur mode de formation par invagination d'une partie du segment buccal, les parties du tube digestif qui dépendent morphologiquement de ce segment sont innervées par les centres nerveux qui lui sont propres, c'est-à-dire par le centre cérébroïde inférieur, nommé pour cette raison *centre stomato-gastrique*. Les nerfs qui se distribuent à la région antérieure du tube digestif sont souvent anastomosés, et portent des renflements ganglionnaires; ils constituent ainsi un *réseau stomato-gastrique* qui a été comparé au *pneumogastrique*, ou même au *système sympathique* des Vertébrés; aussi les anatomistes ont-ils attaché une grande importance à l'étude de ses diverses dispositions. Le degré de développement du stomato-gastrique dépend naturellement de celui de la région antérieure du tube digestif, c'est-à-dire de l'*œsophage* et de la *trompe*. Suivant que le centre stomato-gastrique est confondu avec le centre antennaire du cerveau ou encore éloigné de lui, suivant que les fibres nerveuses destinées au tube digestif se confondent sur un certain trajet avec celles des

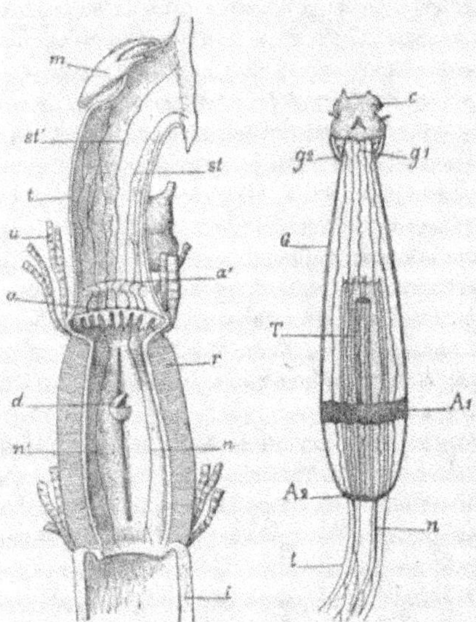

Fig. 1133. — Moitié gauche de la trompe d'une *Nephthys Hombergii* montrant le stomato-gastrique. — *m*, cerveau; *st*, *st'*, racine du stomato-gastrique; *t*, *r*, trompe; *u*, muscles produisant l'extroversion; *a*, *a'* les deux colliers nerveux; *d*, dent; *n*, *n'*, nerfs; *i*, intestin (d'après Pruvost).

Fig. 1134. — Stomato-gastrique de l'*Autloytus pictus*. — *c*, cerveau; *g1*, *g2*, origine du stomato-gastrique; *G*, gaine pharyngienne; *T*, *t*, trompe; A_1, A_2, les deux anneaux nerveux; *n*, nerfs (d'après Malaquin).

connectifs péri-œsophagiens ou émergent directement de la masse cérébroïde, le stomato-gastrique semble naitre exclusivement des connectifs péri-œsophagiens (OPHELIIDÆ, fig. 1134, n° 3, *s*, *s'*), avoir une double origine péri-œsophagienne et cérébrale (*Autolytus*, NEPHTHYDÆ, fig. 1134, n° 6; PHYLLODOCIDÆ) ou naitre exclusivement des ganglions cérébroïdes (*Syllis*, *Eusyllis*, EUNICIDÆ, fig. 1134, n° 5; SERPULIDÆ, fig. 1131, n° 8). Il pourrait également se faire que les fibres du stomato-gastrique malgré la soudure des deux centres antennaire et stomato-gastrique en une seule masse demeurassent toutes confondues pendant un certain trajet avec les connectifs; le système stomato-gastrique paraîtrait, dans ce cas, naître exclusivement des connectifs, comme chez les OPHELIIDÆ, mais le fait aurait alors une signification différente; c'est ce qui paraît avoir lieu chez les NEREIDÆ (fig. 1130). Non différencié chez les *Serpula*, représenté chez les *Myxicola* par l'une des deux racines du nerf branchial, le système stomato-gastrique naît du cerveau chez les *Sabella* par une ou plusieurs racines qui se ramifient bientôt pour former, autour du vestibule buccal, un petit plexus dont les branches s'anastomosent avec celles du nerf branchial. Dans les autres formes d'Annélides où il est bien développé, il peut présenter deux types différents : 1° chez les EUNICIDÆ, il forme une sorte de collier œsophagien suivi d'une petite chaîne ventrale; 2° chez les SYLLIDÆ à trompe droite, les NEPHTHYDÆ (fig. 1133), GLYCERIDÆ, PHYLLODOCIDÆ, SPIONIDÆ, les racines du stomato-gastrique aboutissent à un petit anneau nerveux formé d'un grand nombre de ganglions, entourant la trompe et situé, en général, soit à l'une de ses extrémités, soit à la limite des régions dans lesquelles elle se divise (PHYLLODOCIDÆ, NEPHTHYDÆ), soit vers le milieu de sa longueur (SYLLIDÆ à trompe droite, fig. 1134), à la limite de ce qui était le pharynx larvaire et de la portion secondaire de la trompe bourgeonnée par ce pharynx. Un second anneau nerveux est situé plus loin. Chez les SYLLIDÆ à trompe sinueuse, il existe encore un anneau stomato-gastrique dans les parois de la gaine pharyngienne.

Répartition des sexes; caractères sexuels. — La règle chez les Polychètes est la séparation des sexes. Exceptionnellement cependant quelques espèces d'un genre où toutes les autres sont dioïques, se montrent hermaphrodites. L'hermaphrodisme peut ne porter que sur certains individus d'une espèce (*Leontis Dumerilii*, identique à la *N. massiliensis* de Moquin-Tandon); ou sur tous les individus d'une même espèce (un assez grand nombre d'HESIONIDÆ et notamment les *Microphthalmus fragilis* et *similis*, l'*ophriotroche pueriles*, certaines *Pectinaria*, *Amphiglena*, *Spirorbis*, *Salmacina*, *Leodora*, *Mera*), ou sur toutes les espèces d'un genre et même la plupart des genres d'une famille (MYZOSTOMIDÆ). En général, dans les formes hermaphrodites où les segments sont bien accusés, un certain nombre de segments appartenant à un sexe, sont suivis de segments de sexe différent; ce sont tantôt les segments antérieurs qui sont femelles (*Amphiglena*, *Spirorbis*, *Mera*), tantôt les postérieurs (*Salmacina*). On n'a jusqu'ici constaté ni alternance de segments sexués les uns avec les autres, ni production simultanée d'œufs et de spermatozoïdes dans le même segment.

Les mâles ne se reconnaissent d'ordinaire qu'à l'état de maturité sexuelle, parce que la couleur des spermatozoïdes est généralement autre que celle des œufs; mais il n'en est pas toujours ainsi. On verra p. 1618 qu'il existe chez beaucoup de SYLLIDÆ une forme neutre qui produit par bourgeonnement, à son extrémité postérieure, des formes sexuées, chaque neutre ne produisant que des individus d'un seul sexe. La forme neutre et les formes sexuées diffèrent les unes des autres au point qu'on a créé pour elles trois genres différents; par exemple, les genres *Autolytus* pour les formes asexuées, *Polybostrichus* pour les mâles (fig. 1135, n° 2), *Sacconereis* pour les femelles (fig. 1135, n° 3). Des différences sexuelles analogues se rencontrent dans les formes dites *épigames* qui revêtent, à l'époque de la reproduction, des caractères particuliers; c'est ce que montrent un grand nombre d'espèces de la famille des

Nereidæ; ces différences seront précisées lorsque nous décrirons les phénomènes de dissociation des corps auxquels ils se rattachent. Dans les genres unisexués de la famille des Myzostomidæ, les différences sexuelles sont plus importantes encore; le mâle est tellement petit relativement à la femelle qu'il mérite le nom de mâle nain. On trouve enfin chez les Capitellidæ de véritables organes d'accouplement déjà développés avant l'époque de maturation sexuelle et qui permettent de reconnaître les mâles. Ces organes résultent de la fusion sur la ligne médiane des parapodes ventraux de certains segments, et du remplacement de leurs soies normales par de volumineuses soies en crochet; en même temps, la musculature des parapodes se développe beaucoup, de manière à permettre leur protraction et leur rétraction; enfin une glande à cément se constitue, par une invagination dermique, entre les soies du neuvième segment. Les *Saccocirrus* mâles ont

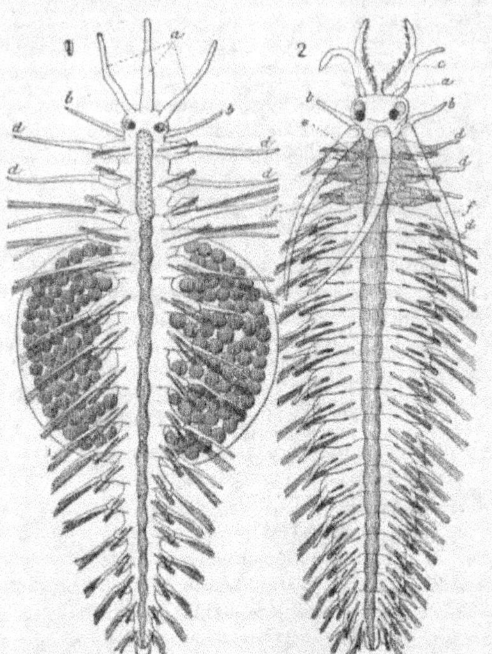

Fig. 1135. — Les deux sexes de l'*Autolytus prolifer*. — N° 1, femelle portant son sac à œufs (*Sacconereis helgolandica*, Müller); — n° 2, mâle (*Polybostrichus Mulleri*, Keferst.); — *a*, antennes; *b*, première paire de cirres dorsaux; *c*, palpes bifurqués du mâle; *d*, cirres dorsaux normaux; *e*, antenne médiane du mâle; *f*, cirres tentaculaires.

de véritables pénis, en forme de papilles, faisant saillies de chaque côté du corps, et auxquelles aboutissent autant de néphridies modifiées, faisant fonction de canaux déférents. Des organes de copulation existent aussi chez les *Microphthalmus*, mais ces animaux sont hermaphrodites, et l'organe de copulation, constitué par une simple papille, ne caractérise que la région mâle de l'animal.

Organes génitaux. — Beaucoup de Polychètes ne présentent en hiver aucune trace d'éléments sexuels; il y a cependant à cette règle des exceptions (Aphroditidæ, etc.). Au printemps, en des points variables d'une espèce à l'autre, mais constant pour chaque espèce, l'épithélium péritonéal se différencie en amas cellulaires qui évolueront de manière à donner des œufs ou des spermatozoïdes. Cette différenciation se produit sur les parois mêmes du corps (*Polygordius*, *Protodrilus*, fig. 1120, p. 1564); sur l'une des faces des dissépiments (Cirratulidæ), au voisinage de la chaîne nerveuse (*Nephthys*), dans les parapodes et au voisinage des organes segmentaires (*Tomopteris*, fig. 1136; Spionidæ), etc. Chez les Nereidæ, le *tissu sexuel*, chargé de graisse

et de vitellus, remplit, dans chaque segment, tout l'intervalle entre le tube digestif
et la paroi du corps; toutefois ce tissu sexuel peut être limité à la paroi des vaisseaux; d'autre part les glandes mâles se réduisent souvent à deux testicules contenus
dans un même segment, c'est ce qui arrive chez la *Leontis Dumerilii* où la position
du segment sexué mâle oscille entre le 19e et
le 25e rang. Cette localisation des organes
génitaux est également fréquente chez les
SYLLIDÆ; chez les EXOGONINÆ et EUSYLLINÆ
ces organes sont situés dans la région qui suit
immédiatement la trompe; ils se trouvent dans
la région proboscidienne chez l'*Autolytus longeferiens*, mais en général chez les AUTOLY-
TINÆ, ils ne se montrent qu'à partir du 14e segment sétigère (*A. pictus*, *Procerastea*) ou même
se localisent dans la région postérieure du
corps; chez les EUNICIDÆ (*Nematonereis uni-

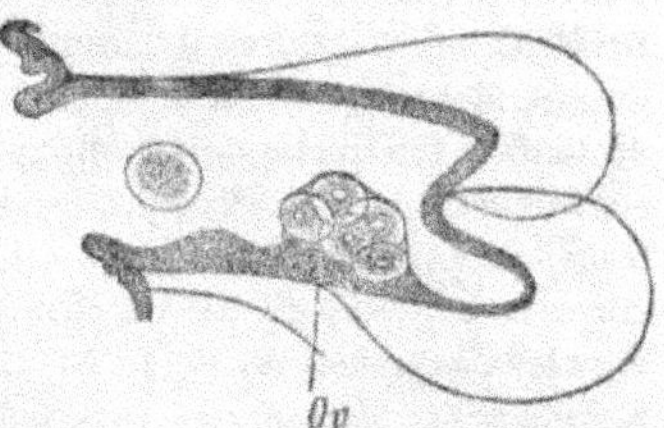

Fig. 1136. — Un parapode de *Tomopteris*,
renfermant un amas d'ovules, *Ov*, et un œuf
libre (d'après Gegenbaur).

cornis*, *Lumbriconereis nardonis*) les éléments sexuels apparaissent sur des trabécules
ou des vaisseaux transverses, flottant dans la cavité générale, et formant des anses
dont le nombre est égal à celui des segments; ils manquent aux segments antérieurs
et aux derniers. C'est aussi sur des cæcums vasculaires voisins des parois du corps
que se développent les organes génitaux de beaucoup de SYLLIDÆ, de nombreuses
Annélides errantes ou sédentaires, et ils se montrent fréquemment au voisinage de
chaque néphridie (ARENICOLIDÆ). Comme les néphridies sont, en général, au voisinage
des parapodes, ceux-ci sont habituellement gonflés d'œufs à l'époque de la maturité
sexuelle. Bien avant cette époque, les ovaires se montrent sous la forme de cordons
pelotonnés en connexion avec les parapodes chez les APHRODITIDÆ. C'est également
dans les parapodes, mais à la surface de leurs vaisseaux, accolées aux néphridies
que se développent les grappes ovariques des SPIONIDÆ (*Polydora*, *Nerine*). Le nombre
des grappes ovariques des *Stylarioides* ne dépasse pas quatre; elles sont suspendues
par un pédoncule vasculaire au vaisseau ventral, et il en est de même des testicules.
Nous arrivons ainsi aux glandes génitales des AMPHARETIDÆ qui se développent
directement sur le vaisseau ventral. On les trouve sur toute la longueur de l'abdomen
dans la partie supérieure des chambres latérales, à la face postérieure des cloisons
rudimentaires de ces chambres et sur la lèvre supérieure de la dernière paire
d'entonnoirs vibratiles (*Melinna palmata*). Chez les TEREBELLIDÆ elles sont limitées
à la chambre thoracique postérieure ou même à un certain nombre de segments de
cette chambre (segments 6-13 de l'*Amphitrite rubra*; 7-8 de la *Lanice conchilega*). Elles
sont portées par le vaisseau ventral (*Amphitrite rubra*, fig. 1126, p. 1578, *gdr*) ou par
les branches qui en dérivent (*Polymnia nebulosa*). En certains points de ce vaisseau
les cellules de la couche péritonéale grossissent, leur protoplasme devient plus granuleux, leur noyau plus volumineux et plus clair; ces cellules se multiplient, forment
une masse qui s'élève peu à peu au-dessus des parties non différenciées de la
couche péritonéale, et finalement, la surface du vaisseau ventral se trouve revêtue de
villosités renflées en massue. Chacune de ces villosités est, dans sa partie inférieure,
revêtue par la membrane péritonéale; mais dans sa région renflée cette membrane
disparaît, et les ovules prêts à se détacher forment une masse nue, mûriforme. La

partie rétrécie, en quelque sorte pédonculaire, de la villosité est formée d'une masse protoplasmique, présentant de nombreux noyaux granuleux, mais dont la division en cellules distinctes est à peine indiquée; un peu plus haut les noyaux présentent tous les signes de la division mitosique, en même temps que les limites des cellules s'accusent; enfin le protoplasme devient plus clair, et ses granules plus grossiers revêtent les caractères de granules nourriciers. Les cellules arrivées à ce degré de développement tombent dans la cavité générale; elles se transforment directement en œufs si l'individu est femelle; s'il est mâle, les cellules devenues libres subissent encore de nouvelles divisions et ce sont les produits de ces divisions qui se transforment en spermatozoïdes. Chez les CIRRATULIDÆ, les premiers segments du corps ne contiennent pas de glandes génitales; elles apparaissent sur le 15ᵉ segment chez les *Chætozone*, du 30ᵉ au 50ᵉ chez les *Cirratulus*; elles se constituent aux dépens des éléments péritonéaux sur la face postérieure des dissépiments dans la région des veines branchiales qui sont situées sur la face antérieure. Enfin les éléments sexuels se détachent de bonne heure chez les SERPULIDÆ, et c'est en liberté dans la cavité générale qu'ils accomplissent la plus grande partie de leur évolution. Les ovules sont d'ailleurs peu nombreux chez les petites espèces voisines des *Spirorbis* (fig. 1111, n° 2, *g*, p. 1547) et des *Filograna*.

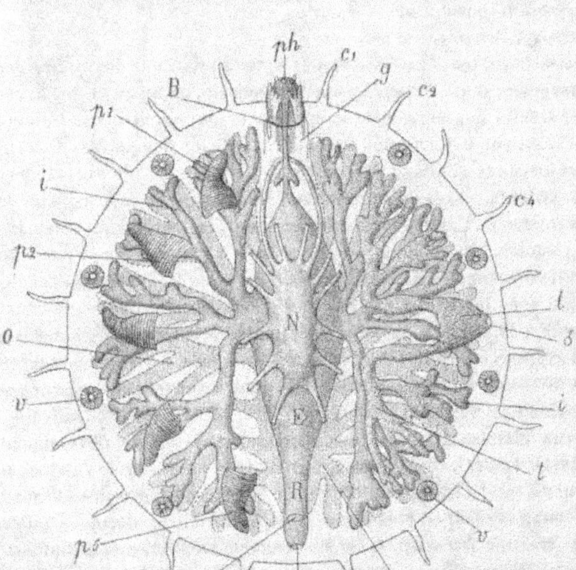

Parmi les CAPITELLIDÆ qui sont dépourvues de vaisseaux, le point de départ des éléments sexuels des deux sexes, dans les genres *Notomastus*, *Mastobranchus*, *Heteromastus*, *Capitella*, est exclusivement la paroi de la chambre périnervienne; il se

Fig. 1137. — Figure schématique représentant l' organisation d'un *Myzostomum*. — *ph*, pharynx; c_1, c_{10}, cirres marginaux; *B*, bouche; p_1-p_5, parapodes; *v*, ventouses; *i*, ramifications du tube digestif; *E*, estomac; *R*, rectum; *o*, ovaire; *u*, orifice femelle; *cl*, cloaque; *t*, testicule; *ô*, orifice mâle; *N*, chaîne nerveuse (d'après von Graff).

forme ainsi une *plaque génitale*, à laquelle se joint dans le genre *Dasybranchus* le mésentère ventral; quelques parties du mésentère et de la somatopleure peuvent aussi ébaucher des éléments sexuels chez les *Heteromastus*, mais ces éléments n'arrivent pas à maturité. Les éléments génitaux se développent habituellement dans tous les segments abdominaux, sauf les trois ou quatre premiers ; au contraire, chez les *Capitella*, ils apparaissent dès le premier segment abdominal, mais font défaut dans toute la moitié postérieure de l'abdomen. En outre le 5ᵉ et le 6ᵉ segments thoraciques chez les *Capitella*, le 12ᵉ chez les autres genres contiennent une glande génitale rudimentaire. A l'époque de la maturité sexuelle la plaque génitale se gonfle ; ses noyaux se multiplient extraordinairement, et les limites des cellules disparaissent ; bientôt quelques noyaux prennent l'avance sur les autres, et autour d'eux se groupent les matériaux des spermatogonies futures et des ovules. Les spermatogonies irrégulières, rarement sphériques (*Capitella*), se détachent de bonne heure et achèvent, suivant le mode habituel, leur évolution dans l'hæmolymphe de la cavité générale. Au contraire les ovules demeurent en place plus ou moins longtemps ; chez les femelles des *Notomastus* et des *Capitella*, la plaque génitale se fend en deux lames, dans l'intervalle desquelles se rassemblent les ovules ; ceux-ci, en grossissant, refoulent la membrane la plus externe, s'entourent ainsi chacun d'une enveloppe folliculaire, et les ovaires finissent par faire saillie dans la chambre abdominale, en embrassant entre eux le tube digestif. Lorsqu'un certain degré de développement est atteint, ces ovaires formés d'éléments semblables (*Capitella*) ou très inégalement développés (*Notomastus*) se dissocient, et leurs éléments achèvent de mûrir dans la cavité générale. Dans les autres genres la plaque génitale ne se clive pas ; il se développe dans son épaisseur une couche fibreuse qui fonctionne comme un rachis autour duquel se développent les œufs ; ceux-ci tombent dans la cavité générale à mesure qu'ils arrivent à maturité. Chez les MYZOSTOMIDÆ hermaphrodites (fig. 1137), les testicules et les ovaires sont des glandes ramifiées, paires, superposées ; les testicules (*t*) s'ouvrent au dehors latéralement au niveau de la 3ᵉ paire de parapodes ; les ovaires (*O*) sont munis d'un oviducte principal médian et de deux oviductes accessoires qui tous trois débouchent dans le rectum (*u*).

Émission des éléments reproducteurs ; conditions dans lesquelles s'accomplissent la fécondation et le développement. — C'est presque toujours par l'intermédiaire des néphridies que se produit l'évacuation des éléments génitaux. Chez la plupart des Annélides errantes, ces organes ne se modifient pas pour accomplir cette fonction ; toutefois chez les SYLLIDÆ et les SPIONIDÆ, au moment de la reproduction, les néphridies contenues dans les segments génitaux se transforment d'une manière particulière et servent d'organes d'évacuation (p. 1582).

Chez les *Alciope*, les néphridies commençant au 2ᵉ segment conservent jusqu'au 16ᵉ la forme typique d'un tube cilié, terminé par un pavillon vibratile. A partir du 16ᵉ segment, il s'y ajoute chez les mâles une grosse vésicule séminale, s'ouvrant dans le tube segmentaire à peu près au tiers supérieur de sa longueur. Ces vésicules manquent aux femelles ; mais celles-ci présentent, en revanche, immédiatement en arrière du deutoméride, dans les segments munis de pieds rudimentaires, de véritables poches copulatrices, bien que les mâles n'aient pas d'organes d'accouplement.

Dans la plupart des familles de Polychètes sédentaires (CAPITELLIDÆ, CIRRATULIDÆ, TEREBELLIDÆ, SABELLIDÆ) un organe spécial, différencié dans ce but, le *pavillon génital*, est chargé de récolter les éléments génitaux ; il a la forme d'un vaste entonnoir plus ou moins aplati qui occupe toute la largeur de la cavité génitale de chaque côté du tube digestif. Ce pavillon est toujours en continuité avec la néphridie du même côté qui se réduit souvent à mesure qu'il se développe et lui sert de canal vecteur. Enfin, les *Saccocirrus*, *Microphthalmus*, *Tomopteris* possèdent des canaux excréteurs des glandes génitales qui rappellent ceux des Oligochètes.

L'émission des spermatozoïdes paraît se faire le plus souvent sans qu'il y ait rapprochement; la fécondation est, par conséquent, extérieure et livrée au hasard. Il ne saurait cependant en être toujours ainsi : l'existence d'organes d'accouplement chez les *Capitella*, les *Microphthalmus*, celle de poches copulatrices chez un certain nombre d'espèces, suppose un rapprochement sexuel. Enfin il y a un certain nombre d'espèces vivipares (*Syllis vivipara*, *Nereis diversicolor*, *Marphysa sanguina*); d'autres chez qui les embryons atteignent un degré variable de développement soit dans l'intérieur du corps de la mère (*Spirorbis borealis*, *Salmacina Dysteri*), soit dans l'intérieur de son support operculaire (*Mera*, *Pileolaria*); chez toutes ces espèces il y a évidemment fécondation intérieure; mais en aucun cas le détail du phénomène n'a été observé.

Il est rare d'ailleurs que les œufs soient abandonnés au hasard. Le plus souvent ils sont pondus en masses agglomérées par du mucus (*Phyllodoce*, *Ophelia*) qui demeurent à l'orifice du tube ou de la galerie de la mère (TEREBELLIDÆ); les *Dasychone* les attachent en collier autour de l'orifice de leur tube; les *Psygmobranchus* les fixent sur la paroi externe du leur; les SPIONIDÆ les disposent en mosaïque sur la paroi interne de leur habitation. Les femelles (*Sacconereis*) des AUTOLYTINÆ transportent leurs œufs dans une poche ventrale spécialement sécrétée à cet effet (fig. 1135 et 1146, n° 3), tandis que les EXOGONINÆ placent les leurs à la base de leurs parapodes [1]; là ils accomplissent une grande partie de leur développement, ce qui a fait croire à l'existence d'un bourgeonnement latéral chez ces animaux.

Développement. — Segmentation de l'œuf [2]. — La segmentation des œufs des Polychètes peut être complète et égale (POLYGORDIIDÆ, *Serpula*, *Eupomatus*, *Terebellides*), complète et inégale, du type géométrique ou du type alternatif (p. 153 et 160). L'œuf des *Myrianida* se divise de manière à produire d'abord quatre macromères égaux, fournissant ensuite par trois divisions géométriques successives, douze micromères rassemblés au pôle formatif de l'œuf. A partir de ce moment il se peut que les macromères donnent encore naissance à de nouveaux micromères, mais la multiplication de ces derniers résulte surtout de la division des micromères déjà formés, à commencer par les plus anciens. Par suite de leur multiplication les micromères arrivent à recouvrir entièrement les macromères; l'espace libre qu'ils laissent entre eux, le *blastopore*, se resserre de plus en plus, et finit par se fermer sur une face qui correspondra à la face ventrale de l'embryon. La segmentation de l'œuf des *Nereis* (*N. Dumerilii*, *N. cultrifera*) se fait plutôt suivant le type alternatif, chacun de quatre macromères primitivement formés donnant naissance indépendamment à un certain nombre de micromères résultant de l'individualisation successive d'une partie de son cytoplasme. Bientôt d'ailleurs les micromères

[1] C. VIGUIER, *Études sur les animaux inférieurs de la baie d'Alger*. Archives de Zoologie expérimentale, 2ᵉ série, T. VI, 1883.

[2] CLAPARÈDE et MECZNIKOFF, *Beiträge zur Kenntniss der Entwickelungsgeschichte der Chætopoden*. Zeitschr. f. w. Zoologie, T. XIX, 1869. — GOETTE, *Beiträge zur Entwicklung der Thiere*. — HATSCHEK, *Studien über Entwickelungsgeschichte der Anneliden*. Arbeiten aus de zool.-zoot. Institute d. Universität Wien. 1878. — SALENSKY, *Étude sur le développement des Annélides*. Archives de Biologie, T. III, 1882, et T. IV, 1883. — J.-W. FEWKES, *On the development of certain Worms larva*. Bulletin of the Museum of comparative Zoology at Harvard College, Vol. XI, n° 9, 1883. — MALAQUIN, *loc. cit.*

ainsi formés commencent à se diviser comme chez les *Myrianida*, et à partir de ce moment, les phénomènes sont probablement semblables dans les deux types. Le blastopore occupe la partie postérieure et ventrale du corps.

Chez les *Protula* (*Psygmobranchus*), où l'œuf présente déjà une région granuleuse (deutolécyte) et une région transparente (protolécyte), un des quatre macromères est plus gros que les autres, et tous présentent un deuto- et un protolécyte; le deutolécyte est ici prédominant. Les trois petits blastomères se divisent avant le gros, chacun en deux cellules, l'une formée de protolécyte, l'autre de proto- et de deutolécyte. Les premières occuperont le pôle supérieur de l'œuf, les secondes le pôle inférieur; l'ensemble des sillons de séparation suit ici une direction spirale comme chez les Turbellariés (Selenka); l'épibolie se poursuit comme dans les types précédents par la division des micromères formés et la formation de nouveaux micromères, issus des macromères. A partir du moment où l'épibolie est achevée, ces derniers cessent d'ailleurs de fournir des micromères, et constituent l'entoderme, tandis que les micromères forment l'exoderme. Les quatre macromères sont toujours parfaitement reconnaissables; l'un d'eux demeure granuleux et occupe la face dorsale de l'œuf qu'il permet de caractériser. Bientôt les quatre macromères s'écartent de l'exoderme, et ainsi se forme un blastocèle. Le blastopore est latéral, et constitue une fente comprise partiellement entre deux grosses cellules granuleuses qui sont l'origine du mésoderme. Peu à peu la rapide multiplication des cellules exodermiques au pôle dorsal de l'œuf refoule le blastopore et les cellules mésodermiques à la face ventrale de l'œuf, où le blastopore finit par se fermer.

Dans les œufs de *Pileolaria*, le nombre des macromères est porté à six, alors que les micromères sont encore peu nombreux; ils continuent longtemps à former des micromères qui s'intercalent irrégulièrement entre eux, et viennent finalement s'ajouter aux micromères déjà existants. Il existe un blastocèle entre les macromères du pôle végétatif et les micromères du pôle germinatif de l'œuf; ceux-ci forment une calotte qui s'étend latéralement, et finit par recouvrir la calotte des macromères. Le blastopore occupe la face ventrale, et ne tarde pas à se fermer entièrement; les macromères enveloppés se caractérisent alors comme entoderme. L'entoderme et l'exoderme continuent à se développer d'une manière indépendante. Le mésoderme se forme simultanément dans toute la région somatique de l'embryon par dédoublement des cellules exodermiques de la région ventrale.

Chez les *Exogone gemmifera*, *Spio*, *Terebella*, *Aricia*, il n'existe pendant un certain temps qu'un macromère unique pour plusieurs micromères (quatre chez les *Exogone* et *Terebella*) comme chez les *Psygmobranchus*, mais bientôt les uns et les autres se segmentent; le blastopore se ferme du côté ventral. La membrane vitelline devient la cuticule de l'embryon, ce qui n'a lieu ni chez les *Spirorbis*, ni chez les *Pileolaria*.

Marche générale de la formation du corps. — Trochosphère; embryogénie normale. — Formes larvaires [1]. — Le développement de la forme du corps des Polychètes est, pour ainsi dire, calqué sur celui des Crustacés, avec cette différence que la *trochosphère* joue ici le rôle du *nauplius* et qu'il n'y a pas de mues; par cela même, les changements plus ou moins brusques de la forme du corps qui peuvent accompagner la chute du tégument chitineux, font aussi défaut. Étant donnés les

---

[1] E. PERRIER. *Les Colonies animales*, p. 407 et 463, 1881.

principes précédemment développés (p. 175), les phénomènes d'embryogénie normale doivent se succéder de la sorte : 1° constitution de la trochosphère; 2° éclosion et transformations adaptives de la trochosphère; 3° division de la trochosphère en un *protoméride, segment céphalique* ou *tête* et un *telson* ou segment postérieur terminal du corps; 4° formation successive des *métamérides* ou *segments* du corps en avant du telson; 5° différenciation des métamérides en rapport avec leurs adaptations communes, les métamérides, sauf les premiers et les derniers, demeurant d'ailleurs *homonomes*, c'est-à-dire presque identiques entre eux (Polychètes errants); 6° différenciation des segments du corps en raison de leurs fonctions différentes, les segments devenant ainsi *hétéronomes*, c'est-à-dire dissemblables, ce qui entraîne la *division du corps en régions* (Polychètes sédentaires).

Il est indispensable d'avoir étudié en détail tous les stades de cette embryogénie normale, pour bien comprendre les transformations que présentent les formes accélérées du développement et leur signification. Malheureusement ce travail est actuellement loin d'être complet, et les conceptions actuelles relatives à l'embryogénie des Polychètes sont le plus souvent basées sur l'étude de développements très accélérés ou très modifiés par des adaptations spéciales qui ne peuvent servir de base à aucune généralisation. Cependant l'embryogénie normale est à peu près réalisée, sauf quelques modifications en rapport avec le genre de vie de l'embryon chez les Polychètes à métamérides à peu près homonomes, ou Polychètes errants. On constate presque toujours, au contraire, une accélération embryogénique plus ou moins grande chez les Polychètes à métamérides hétéronomes ou Polychètes sédentaires, accélération qui se traduit par la formation rapide et parfois presque simultanée d'un certain nombre de segments, par la suppression plus ou moins complète des caractères extérieurs de la trochosphère, la réalisation d'emblée de la forme définitive des segments hétéronomes; l'éclosion à des stades plus ou moins avancés du développement, et l'apparition de caractères d'adaptation embryonnaire non plus communs à tous les segments, mais propres à certains segments, avantageux par conséquent non plus à chaque segment en particulier, mais à l'ensemble qu'ils constituent. L'individualité de cet ensemble prime dès lors celle des métamérides associés pour le constituer. Aucun Polychète (sauf peut-être dans la famille des Myzostomidæ) n'éclôt avec le nombre définitif de segments qu'il doit avoir; la période pendant laquelle il se forme de nouveaux segments étant une période de formation de corps, les changements de forme extérieure que présente l'animal durant cette période sont des phénomènes de *développement*, et non des phénomènes de *métamorphose* comme on le dit trop souvent; le jeune animal est lui-même un *embryon* et non pas une *larve*. Les diverses *formes embryonnaires* qui ont été distinguées chez les Polychètes ne forment pas d'ailleurs des catégories séparées, mais sont étroitement reliées entre elles; leur diversité dépend uniquement du degré d'accélération embryogénique et des adaptations qu'elles ont subies.

Les premières modifications que présente l'embryogénie normale chez les Polychètes homonomes sont en rapport avec le genre de vie de l'embryon. Cet embryon peut être, à partir d'une période voisine de l'éclosion, *rampant* ou *nageur*. A la première catégorie appartiennent les embryons des Syllidæ et des Nereidæ. Les embryons des Syllidæ peuvent être momentanément couverts de cils vibratiles (*Autolytus prolifer*), mais les ceintures ciliées, organes de natation propres à la trochosphère, demeurent toujours faibles. La forme la plus lente de développement est présentée par les *Autolytus*. L'embryon, de forme ovoïde, est d'abord nu ou entièrement couvert de cils vibratiles (*A. prolifer*), qu'il ne doit pas tarder à perdre; il présente quatre yeux, une bouche, un rudiment d'œsophage musculeux, mais ni anus, ni rectum. Au moment de l'éclosion, deux paires de mouchets de cils vibratiles, placés latéralement et accompagnés chacun d'un stylet tactile, indiquent un commencement de métamérisation de l'embryon. Bientôt, le segment céphalique acquiert un mouchet de longs cils, un champ de cils vibratiles courts et une couronne ciliée préorale; la trochosphère est ainsi caractérisée, mais l'accélération embryogénique s'est déjà manifestée, puisque le protoméride s'est divisé en plusieurs autres mérides, avant d'avoir acquis tous ses caractères fondamentaux. Ce protoméride poursuit d'ailleurs sans interruption son évolution dans le sens de l'adaptation au rôle de tête qu'il devra jouer chez l'animal adulte; il produit presque aussitôt après sa couronne ciliée, les rudiments de deux antennes; c'est seulement alors que l'anus et le rectum apparaissent, tandis que le deutoméride se sépare nettement du protoméride qui produit son antenne médiane, en même temps que le tritoméride produit une paire de parapodes sétigères. Deux demi-couronnes de cils traversent alors l'une la face dorsale du deuto-, l'autre celle du tritoméride. A partir de ce moment, les seuls changements importants de forme extérieure du jeune animal consistent dans l'allongement du segment qui précède le telson et dans sa division, par une constriction transversale, en deux autres segments dont l'antérieur acquiert une paire de parapodes et une demi-couronne ciliée dorsale, tandis que le postérieur continue à s'ac-

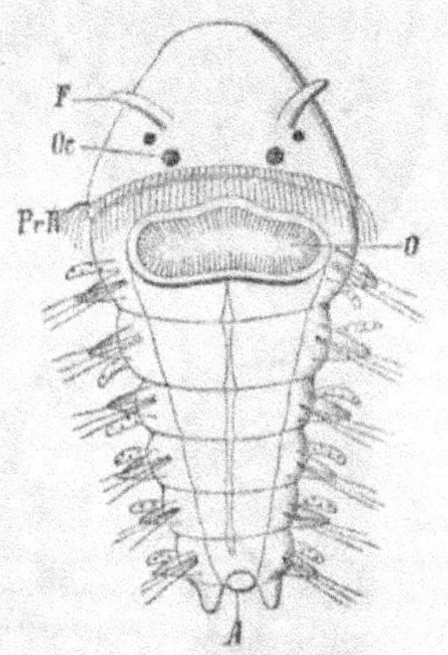

Fig. 1138. — Embryon céphalotroque de *Nereis*. — *F*, antennes; *Oc*, yeux; *O*, bouche; *A*, anus (d'après Busch).

croître et à se diviser; le phénomène se répète jusqu'à ce que l'embryon ait acquis vingt-deux segments. Jusque-là, à mesure qu'il se formait des couronnes ciliées postérieures, les antérieures disparaissaient; les nouveaux segments qui se forment ne portent plus de couronnes, et bientôt le jeune animal n'en a plus du tout; il a réalisé sa forme définitive. Ce mode de développement se modifie dans le détail chez les divers genres de SYLLIDÆ; chez les *Eusyllis*, l'appareil ciliaire se forme plus lentement encore que chez les *Autolytus;* la couronne préorale ne se montre que lorsque l'embryon a acquis sept ou huit segments, et il se constitue, en même temps, sur les segments postérieurs du corps, un certain nombre de bandes ciliées dorsales; l'appareil ciliaire ne se forme plus du tout chez les *Syllis, Grubea, Exogone*, etc., où l'adaptation à la reptation est poussée au maximum. La disparition de cet appareil et la lenteur de son développement sont d'ailleurs favorisées par les habitudes de gestation si fréquentes et, en même temps, si variées que présentent les SYLLIDÆ.

L'évolution des *Nereis* s'accomplit d'une manière à la fois plus rapide et plus normale, peut-être parce que l'embryon demeure libre dans la mucosité qui enveloppe les œufs. La couronne préorale se montre presque aussitôt après la fermeture du blastopore ; elle est bilobée, et ne tarde pas à se dédoubler par division transversale de ses cellules pour former la couronne postérale ; puis, en avant du telson muni de deux cirres terminaux, se constituent de la même façon que chez les *Autolytus* trois segments munis chacun d'une ceinture ciliée et d'une paire de parapodes sétigères,

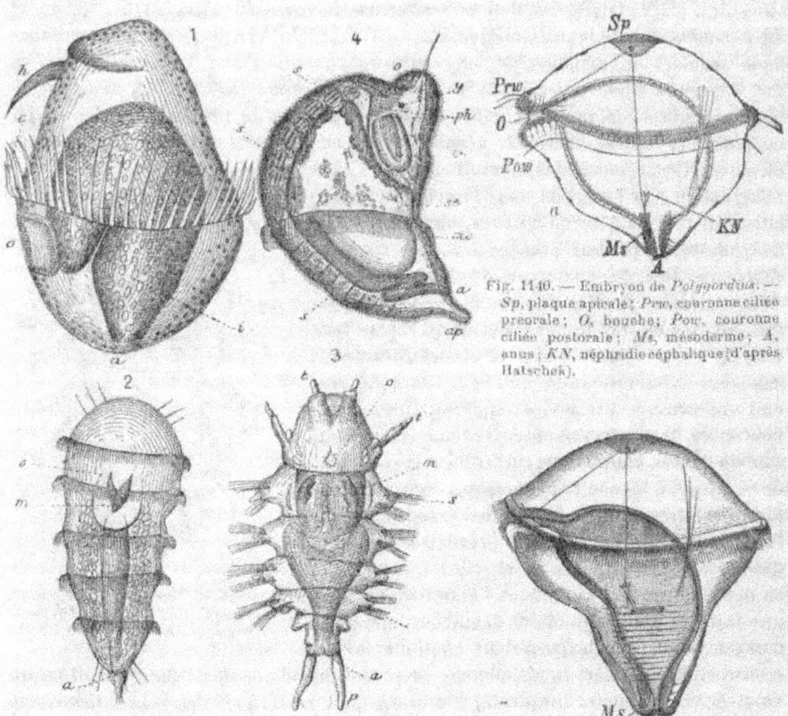

Fig. 1140. — Embryon de *Polygordius*. — *Sp*, plaque apicale ; *Prw*, couronne ciliée préorale ; *O*, bouche ; *Pow*, couronne ciliée postorale ; *Ms*, mésoderme ; *A*, anus ; *KN*, néphridie céphalique (d'après Hatschek).

Fig. 1139. — Embryons de Polychètes. — Nº 1. Embryon céphalotroque de *Phyllodoce*, grossie 100 fois. — 2. Embryon polytroque d'*Ophryotrocha puerilis*, grossie 100 fois. — 3. Très jeune Néréide. — 4. Embryon mésotroque d'un Chétoptéride (*Telepsavus Costarum*), grossie 100 fois. — Dans toutes les figures : *o*, bouche ; *a*, anus ; *ph*, pharynx ; *i*, tube digestif ; *st*, estomac ; *m*, mâchoires ; *t*, *t'*, antennes ou tentacules ; *y*, yeux ; *e*, *mc*, ceintures vibratiles ; *h*, appendice cilié servant probablement au tact ; *s*, soies locomotrices ; *p*, *ap*, appendices terminaux.

Fig. 1141. — Embryon plus âgé de *Polygordius*. — La région postorale a commencé à se segmenter, et la néphridie s'est divisée en deux branches.

tandis que les antennes se dessinent, ainsi que la première d'yeux sur le protoméride, et qu'une paire de cirres tentaculaires apparaît sur le deutoméride (fig. 1138). La ligne médiane de la face ventrale est occupée, comme chez tous les embryons actuellement connus de Polychètes et même d'Oligochètes, par une double rangée de cellules exodermiques ciliées, constituant la *gouttière ventrale*. Comme chez les Syllidæ, l'œsophage se différencie de bonne heure, et, dans deux poches latérales, les deux mâchoires caractéristiques de l'adulte ne tardent pas à se développer. Deux

jours après l'éclosion une quatrième paire de pieds se caractérise ainsi que les
palpes bi-articulés et la deuxième paire d'yeux; pendant ce temps un *sillon inter-
podal* se dessine et s'enfonce de plus en plus profondément dans les parapodes antérieurs qu'il divise chacun en une rame dorsale et une rame ventrale (fig. 1139, n° 3).
Désormais l'évolution se poursuit de la même façon que chez les SYLLIDÆ.

Les embryons des NEPHTYDÆ, APHRODITIDÆ, PHYLLODOCINÆ, POLYGORDIIDÆ, LOPA-
DORHYNCHINÆ qui doivent
mener temporairement
une existence plagique,
traversent tous la phase de
trochosphère typique sans
antennes, ni soies, mais
avec tube digestif complet
et double couronne ciliée.
Quelques modifications de
détail permettent de reconnaître les trochosphères de
ces différents groupes :
celle des NEPHTYIDÆ pré-
sentent un mouchet apical
de cils; leur moitié préorale
est hémisphérique, leur
moitié postorale conique :
les PHYLLODOCINÆ ont aussi
un mouchet de cils mais
il est frontal (fig. 1139, n° 1) ;
leur moitié préorale est
conique, leur moitié post-
orale sphéroïdale; les
APHRODITIDÆ (fig. 1144, n° 1)
ont la bouche comprise
entre deux lèvres dont l'inférieure est généralement
la plus saillante. Les POLY-
GORDIDÆ se distinguent par
leur forme presque ovoïde;
la moitié préorale est cependant, au début, plus développée que la moitié post-

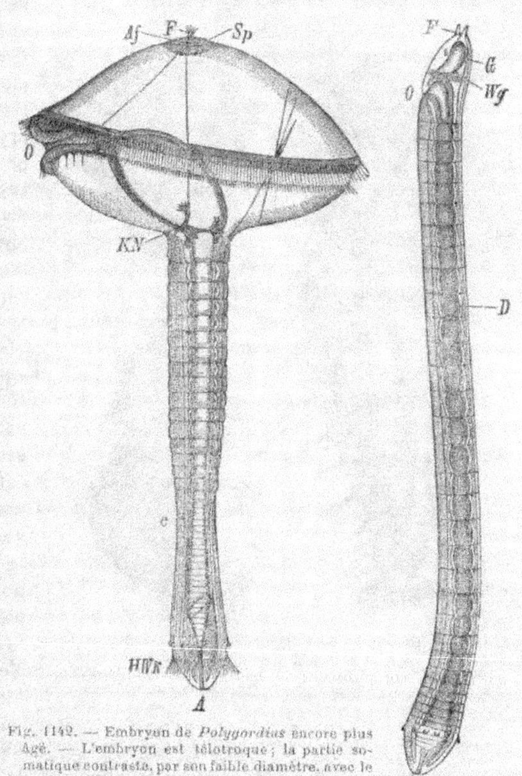

Fig. 1142. — Embryon de *Polygordius* encore plus
âgé. — L'embryon est télotroque; la partie somatique contraste, par son faible diamètre, avec le
protoméride; elle est métaméridée. — *Sp*, plaque
apicale; *Af*, tache oculaire; *F*, antennes; *O*, bouche; *KN*, néphridie ramifiée; *HWK*, couronne
postérieure de cils; *A*, anus (d'après Hatschek).

Fig. 1143. — Jeune
Polygordius. —
F, antennes; *G*,
cerveau; *Wg*, fos-
sette ciliée; *O*,
bouche; *D*, intes-
tin; *A*, anus (d'a-
près Hatschek).

orale (fig. 1140 et 1141); enfin, dans leur premier état larvaire, les
LOPADORHYNCHINÆ sont presque sphéroïdaux. Les formes embryonnaires de ces deux derniers groupes se distingueront encore plus
tard par le grand volume que conservera le protoméride par rapport au corps de Polychète en voie d'évolution (fig. 1142). Le protoméride prend
ainsi les caractères d'un organe de natation. Toute la partie de ce protoméride
qui est antérieure à la bouche se sépare, tombe et se dissocie chez les *Lopado-*

rhynchus, au lieu de prendre part à la formation de la tête comme chez les autres Annélides (Kleinenberg).

Les embryons des Spionidæ et des Arichidæ rappellent les trochosphères des *Polygordius*, mais ils en diffèrent parce qu'ils portent au niveau de la couronne ciliée, à l'opposé de la bouche, deux faisceaux provisoires de longues soies barbelées; à ces embryons pourvus de soies caduques, on a donné le nom d'embryons *métachètes*. Deux longs tentacules extrêmement contractiles, également provisoires et portés par le protoméride, caractérisent, en outre, les embryons de Spionidæ (fig. 1144, n° 3). Au voisinage des embryons de Spionidæ vient se placer l'embryon désigné par Metschnikoff sous le nom de *Mitraria* et qui se distingue seulement parce que sa couronne pourvue de soies provisoires portées par des tubercules saillants est très large et festonnée, tandis que l'intervalle entre la bouche et l'anus est relativement réduit.

Le développement de toutes ces formes embryonnaires s'accomplit sensiblement de la même façon; la région du corps voisine de l'anus s'allonge en un corps cylindrique qui très fréquemment s'entoure d'une couronne postérieure de soies. L'embryon qui était jusque-là *monotroque* ou *céphalotroque*, et qui peut le demeurer malgré l'allongement et la métaméridation de son corps (Phyllodocidæ,

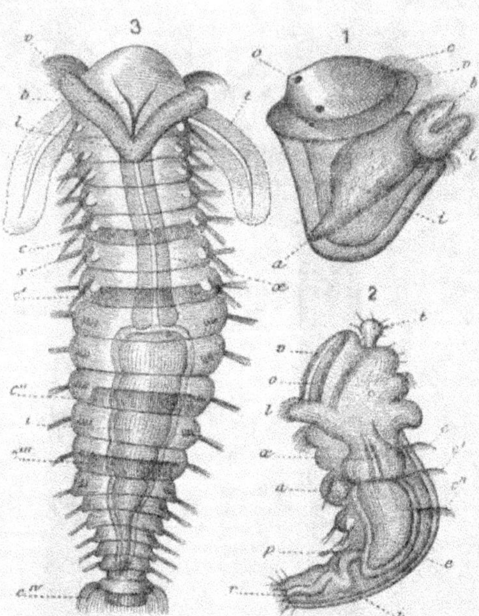

Fig. 1144. — Embryons de Polychètes. — 1. Embryon céphalotroque de *Polynoé* : o, yeux; c, ceinture ciliée, et v, expansion membraneuse qui la supporte; b, bouche; l, lèvres ciliées entourant la bouche; i, tube digestif. — 2. Embryon nototroque de *Wartelia* : t, tentacule unique; c, repli cilié entourant la bouche; a, bouche; l, lèvre inférieure; c, c'. c'', demi-ceintures ciliées; a, vésicule auditive; p, pieds; œ, œsophage; e, estomac; i, intestin; v, anus. — 3. Embryon gastérotoque de *Nerine cirratulus* : v, repli cilié passant au-dessous de la bouche; b, bouche; l, lèvre inférieure; t, tentacule; c, c' à c''', demi-ceintures ciliées; s, soies locomotrices; œ, œsophage; i, estomac et intestin.

Aphroditidæ), devient ainsi *télotroque* (*Polygordius*, *Nephthys*, etc.). Le corps cylindrique ne tarde pas à se métamérider suivant la règle précédemment indiquée, mais la métaméridation s'effectue rapidement, le segment antérieur au telson n'ayant encore qu'une faible longueur lorsqu'il se divise en deux autres. Chez les *Polygordius*, *Lopadorhynchus*, *Spio*, *Mitraria*, où les nouveaux segments sont très étroits par rapport au protoméride, celui-ci ne commence à se réduire jusqu'à un diamètre au plus égal à celui du corps, que lorsqu'il s'est formé un assez grand nombre de métamérides (fig. 1143).

Les embryons de *Polygordius* et de *Nephthys* ne possèdent jamais que leurs ceintures terminales de cils, accompagnées de taches pigmentaires dans le premier genre, et demeurent, par conséquent, télotroques ; mais il n'est pas rare que sur les segments nouvellement formés, des ceintures de cils apparaissent ; ces ceintures peuvent être complètes, comme nous l'ont déjà montré les *Nereis*, auquel cas l'embryon est *polytroque* ; elles peuvent se limiter à la face dorsale, comme nous l'avons vu chez les *Autolytus*, et comme cela arrive chez les *Odontosyllis*, les *Wartelia* (1144, n° 2) et divers SPIONIDÆ ; on dit alors l'embryon *nototroque* ; il est *gastérotroque* si les ceintures se limitent à la face ventrale (*Magelona*), et *amphitroque* lorsque ces deux modes de ciliation se combinent (*Leucodora, Nerine*, fig. 1144, n° 3). Ces dénominations demeurent applicables, quelle que soit la rapidité avec laquelle le développement s'est accompli, quelque différente de la trochosphère que soit, en apparence, la forme embryonnaire primitive. C'est ainsi que les *Sacconereis, Capitella, Arenicola, Ophriotrocha* (fig. 1139, n° 2) traversent une phase polytroque. D'autre part, les divers modes de disposition des ceintures ciliées n'ont aucune importance morphologique ; dans la seule famille des SPIONIDÆ, on observe toutes les combinaisons, et, parmi les TEREBELLIDÆ, tandis que la *Polymnia nebulosa* demeure télotroque, la *Lanice conchylega* qui en est voisine a un embryon nototroque. Parfois les bandes ciliées n'ont qu'une existence tout à fait fugitive ; elles persistent au contraire pendant l'état adulte chez l'*Ophriotrocha puerilis* et les *Paractius*.

Les EUNICIDÆ, ARENICOLIDÆ et TEREBELLIDÆ présentent une forme embryonnaire primitive, en apparence très différente de la trochosphère, mais qui n'en diffère que par le très grand développement, dans le sens longitudinal, des cellules de la couronne préorale ; il en résulte que l'embryon, de forme sphéroïdale, est cilié sur presque toute sa surface, excepté sur deux calottes opposées, l'une préorale, l'autre péri-anale. Le développement des segments s'effectue chez les EUNICIDÆ (*Lumbriconereis*) à peu près de la même façon et avec la même lenteur que chez les SYLLIDÆ et les NEREIDÆ. Les embryons de *Polymnia nebulosa* (*Terebella Meckeli*, de Salensky) acquièrent d'abord deux yeux ; deux jours après l'éclosion on peut distinguer quatre segments somatiques en arrière de la bouche ; les deux premiers ne portent pas de soies ; les deux derniers sont sétigères, mais dépourvus de crochets. Bientôt, sur le protoméride, apparaît un tentacule impair qui demeure longtemps très prédominant, et de chaque côté duquel apparaîtront successivement de nouveaux tentacules, d'abord symétriquement placés, à mesure que le nombre des segments augmentera. Cette augmentation se fait suivant la règle ordinaire. Les pharètres des segments sétigères apparaissent toujours les premiers ; les tores uncinigères ne se forment qu'ensuite et d'une façon indépendante ; ces tores se forment donc tout autrement que la rame ventrale des Annélides errantes que nous avons vue résulter du dédoublement d'un parapode primitivement unique ; mais, bien que les crochets eux-mêmes paraissent se développer autrement que les soies, il ne faut peut-être voir dans ces différences qu'un phénomène d'accélération embryogénique qui n'entame pas l'homologie des tores uncinigères des Annélides sédentaires avec la rame ventrale du pied des Annélides errantes. Lorsque trente-deux segments se sont constitués, les branchies commencent à se montrer, d'abord sous forme de filaments simples, sur les deux segments achètes, puis sur le premier segment sétigère ; il n'y a pas d'intercalation de segments entre la région thoracique et la région abdominale, comme on l'a quelquefois indiqué. A partir de ce moment, les seuls changements qui surviennent consistent dans la multiplication des filets tentaculaires, des segments et des rameaux des branchies.

Nous avons déjà vu que l'apparition de la couronne préorale pouvait être tardive, n'avoir lieu qu'après la formation d'un certain nombre de segments du corps (*Autolytus*, *Eusyllis*) et coïncider avec la formation de ceintures sur les segments postérieurs. Une modification de même nature du développement produit les embryons *mésotroques* des Chætopteridæ. Ces embryons sont, à leur éclosion, entièrement couverts de cils vibratiles, et présentent un bouquet de cils plus longs à leur pôle antérieur (fig. 1139, n° 4); ils ne tardent pas à posséder une bouche ventrale et un anus dorsal, et, avant que toute trace extérieure de métamérisation ait apparu, il se développe dans le tiers postérieur de leur corps, une couronne ciliée complète, formée de cils puissants, comparable seulement à l'une des couronnes des embryons polytroques. L'embryon se termine souvent par une sorte de queue grêle, qui peut être segmentée (*Telepsavus*, *Phyllochætopterus*) et au devant de laquelle peut se développer une seconde ceinture ciliée (*Phyllochætopterus*). Les embryons des *Chætopterus* ont deux ceintures ciliées médianes (fig. 1145). Ces ceintures ont ici une grande importance ; elles divisent, en effet, le corps en région dans chacune desquelles la métamérisation s'accomplira d'une façon indépendante, comme si chacune d'elles était un zoïde distinct ; les Arthropodes nous ont déjà présenté de nombreux phénomènes de ce genre (p. 973). Les Aricidæ traversent également une phase mésotroque. Les embryons de Chætopteridæ ont, comme ceux de Spionidæ, des tentacules céphaliques mais beaucoup plus courts.

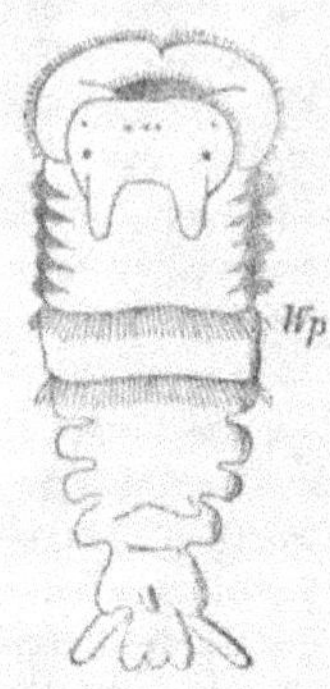

Fig. 1145. — Embryon mésotroque de *Chætopterus*. — *Wp*, couronnes ciliées régionales (d'après Busch).

Les embryons de la plupart des Serpulinæ (*Salmacina*, *Protula*, *Spirorbis*, *Pileolaria*), bien qu'ils se développent à l'intérieur du corps de la mère, sont d'abord des trochosphères presque typiques, dans lesquelles cependant le tube digestif demeure longtemps rudimentaire. L'embryon, de forme ovoïde, présente un bouquet apical de cils, deux yeux de couleur rouge, une couronne préorale, formée d'une seule rangée de grands cils, et une couronne postorale de cils plus petits, sur plusieurs rangs, en continuité avec la gouttière ventrale. Le corps ne tarde pas à se diviser en trois régions : une *région céphalique*, antérieure à la couronne préorale et qui prend momentanément un grand développement; une *région thoracique*, volumineuse, et une *région abdominale*, très petite (*Pileolaria*) ou à peine distincte (*Protula*). Ces trois régions peuvent être marquées par trois ceintures ciliées : la couronne postorale qui persiste après la disparition de la couronne préorale, une couronne ciliée, comparable à celle des larves mésotroques de Chætopteridæ, et une couronne postérieure. Les régions thoracique et abdominale se segmentent séparément. Bientôt la région céphalique commence à diminuer de volume pendant que se développent à sa surface, chez les *Protula*, trois tentacules, un médian et deux latéraux qui ne tardent pas à se ramifier et dont chaque ramification devient une plume branchiale. Outre ces trois tentacules, il se forme chez les *Spirorbis* et

Pileolaria un tentacule operculigère, latéral et situé en arrière de trois antennes, puis, plus en arrière encore, du côté dorsal, deux proéminences qui ne tardent pas à se ramifier et à se transformer en plumes branchiales. Les quatre rudiments des branchies et des tentacules latéraux, ainsi que celui du support de l'opercule apparaissent ici avant le tentacule médian. Le tentacule médian est un organe temporaire qui ne tarde pas à disparaître, ainsi que les tentacules latéraux des *Pileolaria*. Une telle différence dans le mode de production des branchies céphaliques entre deux formes aussi voisines que les *Protula* et les *Pileolaria* est tout à fait remarquable; l'absence de l'opercule semble coïncider avec une différenciation moins grande des branchies qui se constituent aux dépens des tentacules latéraux dans le premier genre, indépendamment de ces tentacules, au moins en apparence, dans le second.

Au moment même où les tentacules céphaliques commencent à se différencier, un sillon apparu au-dessous de la bouche, du côté ventral, détache au bord antérieur du deutoméride deux lobes exodermiques qui ne tardent pas à s'accroître beaucoup et à former immédiatement en arrière de la région céphalique deux vastes expansions; ces expansions se retrouvent aussi chez les Sabellinæ (*Dasychone lucullana*): elles représentent la *collerette* caractéristique de ces deux tribus; mais chez les Serpulinæ, ces lobes se rabattent en arrière, après s'être rejoints sur la face dorsale du corps, et constituent alors la *membrane thoracique* qui revêt comme d'une sorte de manteau la région thoracique de ces animaux. Au moment de l'éclosion cette région thoracique comprend trois segments. Les sacs sétigères et les tores uncinigères apparaissent, comme chez les Terebellidæ, d'une façon indépendante. Après avoir nagé un certain temps les larves de Serpulinæ se fixent par leur extrémité postérieure, pourvue de deux glandes anales, et presque aussitôt produisent un tube membraneux qui recouvre toute la surface de leur corps. Ce tube ne tarde pas à s'imprégner de calcaire, parfois en commençant par son bord supérieur (*Salmacina*).

Stössich [1] a décrit l'embryon primitif des *Serpula* comme une *blastula* conique, ciliée, dont l'extrémité amincie s'invaginerait pour constituer le sac digestif primitif; le blastopore de la *gastrula* ainsi formée demeurerait ouvert, et constituerait l'anus de l'adulte. Cette gastrulation typique est la conséquence de la segmentation régulière de l'œuf qu'on observe aussi chez les *Eupomatus* et qui résulte elle-même de la rareté du vitellus nutritif de l'œuf. Il n'en est pas moins surprenant de trouver deux modes très différents de développement chez des formes aussi voisines que les *Serpula* et les *Pileolaria*: une comparaison attentive de processus évolutifs dans ces deux formes serait certainement instructive.

Formation des feuillets germinatifs et des organes internes. — Dans les formes à segmentation régulière, l'entoderme se produit par une invagination d'une calotte de la couche unique de la *blastula* dans l'autre partie de l'embryon; dans les formes à segmentation inégale, nous avons vu que l'entoderme se différencie au début de la segmentation, et se caractérise définitivement au cours de l'épibolie qui amène son recouvrement complet par les petites cellules exodermiques. C'est

---

[1] Stössich, *Beiträge zur Entwickelung der Chætopoden*. Stizungsber. der k. k. Akademien der Wissenschaften; Wien. T. LXXVII, 1878.

aussi au cours de cette épibolie que se caractérise le mésoderme ; il résulte soit d'une invagination partielle des cellules qui occupent la lisière du blastopore (*Aricia*, *Terebella*), soit de la division tangentielle des cellules qui bordent le blastopore, forment par leur épaississement les deux *bourrelets prostomiaux*, et dont deux plus grandes que les autres sont souvent désignées sous le nom d'*initiales mésodermiques* (*Nereis cultrifera*, *Leontis Dumerilii*). Les cellules mésodermiques, placées en raison même de leur mode de formation entre l'exoderme et l'entoderme, se multiplient rapidement et se groupent en deux bandes latérales qui vont des initiales mésodermiques situées en arrière, à la région de la couronne ciliaire. Ces bandelettes constituent le *mésoderme somatique* dont la forme générale est celle d'une ellipse interrompue en avant par une invagination exodermique, rudiment de la bouche, et, en arrière, par les initiales mésodermiques. Le mésoderme céphalique se constitue d'une façon indépendante dans la région préorale, au voisinage d'un épaississement exodermique que présentent toujours les embryons d'Annélides à leur pôle supérieur et qu'on nomme la *plaque apicale* (fig. 1140 à 1142, *Sp*). Les trois feuillets étant ainsi constitués, chacun d'eux subit des modifiations particulières qui aboutissent à la formation des organes internes.

Un simple allongement des cellules exodermiques de l'extrémité antérieure de l'embryon constitue la plaque apicale, souvent surmontée d'un plumet de cils vibratiles. Ces cellules ne tardent pas cependant à se diviser, et de leur division résulte la formation d'un organe embryonnaire, en forme de fer à cheval, qui représente le rudiment des ganglions cérébroïdes et de la partie supérieure des connectifs péri-œsophagiens. Deux cellules qui s'allongent et se chargent de pigment dans leur partie profonde, puis pénètrent au-dessous de l'exoderme constituent les premiers rudiments des yeux. Les cellules exodermiques se chargent aussi assez souvent de pigment dans la région où apparaîtra la couronne préorale (*Nereis cultrifera*). Quelquefois les taches pigmentaires sont nombreuses et occupent des positions déterminées ; c'est ainsi que les *Lumbriconereis* en ont cinq sur leur lobe préoral, huit distribués en deux arcs latéraux en arrière de leur large ceinture ciliée et cinq ou six à l'extrémité postérieure du telson ; il est à remarquer que les *Lumbriconereis* appartiennent à la famille des EUNICIDÆ où la présence d'yeux latéraux sur les segments a été fréquemment signalée. La couronne ciliée postorale résulte toujours d'un dédoublement dans le sens transversal des cellules de la couronne préorale, formée la première ; la bouche apparaît entre les deux ceintures et résulte soit d'un écartement de cellules exodermiques modifiées et plus ou moins profondément enfoncées, soit d'une véritable invagination. La bouche appartient donc en propre au protoméride ; c'est par suite de phénomènes secondaires d'accroissement qu'elle est transportée au niveau du bord antérieur du deuxième segment ou deutoméride, et ce dernier ne mérite nullement le nom de segment buccal sous lequel il est fréquemment désigné. La bouche peut d'ailleurs revêtir secondairement la forme d'une fente longitudinale, intéressant plusieurs segments.

C'est de chaque côté des cellules de la gouttière ventrale que se constituent les rudiments de la chaîne nerveuse. Ces rudiments sont représentés par de simples cellules exodermiques modifiées, qui demeurent un certain temps à découvert chez les *Nereis*, et sont ensuite peu à peu recouvertes par leurs voisines ; mais le plus souvent, après que les cellules exodermiques se sont épaissies, elles se divisent plus ou moins obliquement ; les cellules internes ainsi formées sont les rudiments de la chaîne nerveuse que recouvrent d'emblée les cellules externes, destinées à devenir des cellules épidermiques. Le rectum se constitue soit par une prolifération, soit par une invagination des cellules exodermiques de l'extrémité postérieure.

Le mésoderme antérieur remplit peu à peu toute la cavité céphalique ; mais rapidement une cavité nouvelle apparaît dans sa substance, et il se réduit finalement à une lame qui tapisse tous les organes voisins, fournit aux antennes et aux palpes leurs muscles, et, en outre, aux branchies céphaliques des SERPULIDÆ leur soutien cartilagineux. Le mésoderme somatique, longtemps limité à la région voisine de la bouche chez les SYLLIDÆ, s'épaissit chez la plupart des embryons à développement accéléré, de manière à remplir tout l'espace compris entre l'exoderme et l'entoderme. Peu après la masse mésodermique se divise en segments correspondant aux segments du corps. Cependant au voisinage des ébauches de la chaîne nerveuse, une file de cellules mésodermique se sont épaissies, des fibrilles se sont différenciées à leur intérieur ; c'est le commencement des *plaques musculaires*, desquelles naîtra la musculature du corps. Le reste des bandelettes mésodermiques peut être désigné sous le nom de *plaques latérales*. Les cellules des plaques latérales en contact avec le mésoderme se différencient, à leur tour, en une mince lamelle qui sera la splanchnopleure ; le reste de l'épaisseur de la plaque sera la somatopleure ; entre les deux, dans chaque segment et successivement d'avant en arrière, apparaît un vide qui est le cœlome. Le cœlome est donc divisé en autant de cavités distinctes qu'il existe de segments. Les parties adossées persistantes des plaques mésodermiques latérales correspondant à deux segments consécutifs deviennent les dissépiments qui sont toujours complets chez les embryons, mais peuvent disparaître en totalité ou en partie chez l'adulte (TEREBELLIDÆ) ; les lames verticales résultant de l'adossement de chaque plaque latérale droite avec la plaque gauche du même segment constituent ensemble les mésentères dorsal et ventral qui relient le tube digestif aux parois du corps. Les sacs sétigères apparaissent au fur et à mesure de la formation des segments ; on les trouve toujours enfoncés dans le mésoderme, mais les soies, simples productions de nature chitineuse, et par conséquent cuticulaire, sont évidemment d'origine externe. Les sacs sétigènes ont été nécessairement au début des invaginations exodermiques, et il en est probablement ainsi au moins chez un certain nombre de Polychètes ; c'est demeuré effectivement la règle pour les crochets des tores uncinigères et chez les Oligochètes, pour les soies elles-mêmes. Si, dans certains cas, les soies naissent réellement dans le mésoderme, comme l'ont décrit divers auteurs, ce ne peut être que le résultat d'une accélération embryogénique.

L'appareil vasculaire est incontestablement, au contraire, d'origine mésodermique. Le vaisseau ventral et le vaisseau dorsal qui se constituent les premiers apparaissent d'abord au contact du tube digestif comme une accumulation de noyaux le long de la ligne médiane, selon laquelle s'attache le mésentère (*Lopadorhynchus*, *Aricia*, *Pileolaria*), puis ces noyaux, continuant à se multiplier, s'écartent de manière à se répartir sur une fine membrane qui est la paroi du vaisseau. Chez les *Terebella* où il existe un vaste sinus péri-intestinal, ce sinus se creuse le premier autour de la région stomacale, puis viennent les ébauches du cœur branchial et du vaisseau ventral qui se constituent comme dans les formes précédentes.

Chez les *Aricia*, on constate aussi la présence d'un sinus péri-intestinal qui persiste chez l'adulte, mais les jeunes *Aricia* tout au moins posséderaient, en outre, des vaisseaux sur la paroi intestinale (Salensky). Le corps cardiaque des *Terebella* est d'abord un tube cylindrique qui prend son origine sur l'extrémité postérieure du cœur branchial.

Les néphridies de la trochosphère sont, en général, temporaires et peuvent être, pour cette raison, distinguées des néphridies définitives de l'adulte, sous le nom de *pronéphridies*. Elles sont d'origine mésodermique et représentées par deux tubes symétriques ramifiés à leur extrémité interne et présentant autant de pavillons terminaux qu'il présente de branches. Ces pavillons ne s'ouvrent pas toujours dans la cavité générale ; ils sont clos chez les *Polygordius* notamment (fig. 1128, n° 2 ; p. 1582). Le tube néphridien est exclusivement formé par une rangée unique de cellules en forme de tore ou de manchon, et le canal intérieur de la néphridie est formé par la série des portions d'espace circonscrites par chacune d'elles. Lorsque le corps de l'embryon s'allonge, un bourgeon des pro-néphridies s'allonge également, et suit dans son développement le développement du mésoderme. La pronéphridie peut être alors considérée comme s'étendant sur toute la longueur de l'embryon (*Polygordius*) ; bientôt, dans chaque segment, se constituent sur ce tube néphridien primitif un rameau qui se dirige vers l'extérieur, un autre qui s'ouvre dans le cœlome ; ces deux rameaux ne sont autre chose que les parties terminales des deuto-néphridies ou néphridies définitives de chaque segment : ces deuto-néphridies sont un certain temps encore reliées entre elles par le tube néphridien primitif, mais ce tube ne tarde pas à s'oblitérer et à se transformer en un cordon solide qui continue à unir morphologiquement entre elles les deuto-néphridies devenues physiologiquement indépendantes.

Non seulement les pro-néphridies, mais encore un certain nombre de deuto-néphridies disparaissent parfois chez l'adulte ; d'autres se mettent, nous l'avons vu, au service de l'appareil génital et sont susceptibles de se modifier au moment où cet appareil se développe (SYLLIDÆ). Ces modifications ont été exposées p. 1582 et p. 1603. Le développement des néphridies permanentes peut d'ailleurs être assez tardif, c'est ce qui a lieu, par exemple, chez les TEREBELLIDÆ (*Polymnia nebulosa*, etc.). La succession des phénomènes du développement des néphridies est intéressante à suivre dans cette famille et les familles voisines.

Comme la plupart des autres embryons de Polychètes, les embryons des TEREBELLIDÆ, AMPHARETIDÆ, AMPHICTENIDÆ, bien avant d'acquérir des néphridies définitives, possèdent dans leur deutoméride une paire de *pronéphridies*, en forme d'S, s'ouvrant à l'extérieur, mais dépourvues de pavillon vibratile. Chacune de ces néphridies présente une extrémité interne, un canal sécréteur et un conduit efférent. L'extrémité interne est surmontée extérieurement d'un fouet vibratile ; elle parait être formée d'une seule cellule, en forme de coupe étroite et profonde, ciliée dans sa concavité. Le canal sécréteur, large et ovoïde, se compose uniquement de deux cellules placées à la suite l'une de l'autre, confondues et percées suivant leur axe pour constituer le canal vibratile ; chaque cellule contient un noyau et de nombreuses granulations jaunes. Le canal efférent est plus étroit, et ses parois sont pluricellulaires. Ces organes commencent à s'atrophier et à disparaitre lorsque la première paire définitive d'organes segmentaires a achevé de se constituer.

Les néphridies permanentes se forment toutes dans l'embryon déjà métaméridé, lorsque le péritoine a pris ses caractères définitifs. Les pavillons vibratiles et le canal cilié se forment séparément. La première indication d'un pavillon vibratile est une traînée de noyaux qu'on observe en travers de la ligne latérale, au niveau de la partie supérieure de la bande neurale de muscles longitudinaux. Dans cette région, la membrane péritonéale forme ensuite un pli vertical. La lame antérieure de ce pli, en grandissant, s'infléchit en arrière le long du bord supérieur du champ musculaire, en refoulant la lame postérieure et en formant ainsi la lèvre supérieure de l'entonnoir qui est encore fermé en arrière, mais dont la pointe, continuant à croître, ne tarde pas à s'unir au rudiment du canal excréteur. La lèvre inférieure de l'entonnoir naît d'une manière indépendante d'un autre repli péritonéal. Le canal glandulaire commence à se constituer, un peu après l'apparition du rudiment de l'entonnoir, sous forme d'une traînée de cellules qui se différencie à quelque distance de la pointe encore fermée de l'entonnoir. Ces cellules, dont la position rétro-péritonéale s'accuse bientôt nettement, se multiplient, se disposent en plusieurs rangées saillantes sur la membrane péritonéale, et forment un cordon solide qui croît postérieurement, et se courbe vers le haut jusqu'à ce qu'il arrive en arrière du parapode du segment et du côté correspondant, au point où se trouvera l'orifice de l'organe. Cet orifice se forme par un simple écartement des cellules épidermiques. Pendant ce temps le cordon s'est également soudé à la pointe de l'entonnoir, et une lumière est apparue à son intérieur. Le canal étant ainsi fixé à ses deux extrémités, la continuation de sa croissance amène sa courbure en deux branches qui s'accolent; l'organe s'achève par la différenciation de ceux de ses éléments qui doivent prendre une fonction sécrétrice. Du mode de formation des néphridies, il résulte que leur entonnoir vibratile et leur canal sécréteur prennent naissance aux dépens de couches différentes de tissu, et, par conséquent, ne semblent pas homologues. Le pavillon est un *organe péritonéal*; le canal glandulaire un *organe rétro-péritonéal*; on s'explique dès lors comment ces deux parties peuvent exister indépendamment l'une de l'autre; comment il existe des pavillons sans canal glandulaire (partie antérieure du corps des OPHELIIDÆ, *Polymnia nesidensis, Trichobranchus glacialis*) et des canaux glandulaires sans pavillon. Le canal efférent paraît d'origine exodermique.

Du mode de formation des deux lèvres du pavillon vibratile et du lieu de leur origine, il résulte qu'on doit considérer leur épithélium vibrant comme une simple différenciation de la lame péritonéale antérieure du dissépiment qui les porte. C'est aussi l'origine des cloisons incomplètes des chambres latérales rénales qui peuvent être considérées comme les mésentères des anses vasculaires latérales.

Phénomènes de dissociation du corps et de polymorphisme sexuel. — Les phénomènes de bourgeonnement à l'extrémité postérieure du corps, qui sont caractéristiques du développement des Vers annelés comme des Arthropodes, conduisent, dans la famille des CTENODRILIDÆ et chez certaines SERPULINÆ (*Salmacina, Protula, Filigrana*), à des phénomènes de dissociation du corps qui, dans la tribu des AUTOLYTINÆ, se compliquent de polymorphisme; ces phénomènes de polymorphisme se transforment, à leur tour, en simples phénomènes de métamorphose dans quelques membres de cette tribu, dans la tribu des SYLLINÆ et dans un certain nombre d'espèces des familles des HESIONIDÆ, NEREIDÆ et PHYLLODOCIDÆ.

Parmi les Ctenodrilidæ, le *Monostylus tentaculifer* [1] se divise simplement en deux dans la région moyenne de son corps; chez le *Ctenodrilus parvulus* [2] il se constitue à la région postérieure du corps un individu complet qui englobe, dans sa formation, plusieurs segments du parent; en outre, chacun des segments moyens, bourgeonnant à son extrémité antérieure, se transforme en un nouvel individu. Chez le *C. pardalis* [3], ce second mode de multiplication existe seul; ce sont les segments postérieurs qui, en bourgeonnant en avant, deviennent successivement autant d'individus distincts. Les *Filograna*, *Protula*, *Salmacina* se partagent par le milieu du corps, comme les *Monostylus*; les deux individus issus de cette division sont l'un et l'autre sexués (Claparède).

Chez les Autolytinæ, les individus qui se détachent d'un individu préexistant diffèrent toujours de ce dernier par des caractères extérieurs, plus ou moins apparents; ces caractères sont liés eux-mêmes à une différence capitale au point de vue physiologique : l'individu initial, la *souche*, provenant d'un œuf et qu'on pourrait, en conséquence, appeler l'*oozoïde*, est toujours asexué; les individus qu'il produit sont toujours sexués. Ou bien ces individus peuvent être considérés comme étant entièrement de nouvelle formation, en ce sens que les segments qui les composent n'ont jamais fait partie de l'oozoïde, comme segments adultes; ou bien, ils emportent avec eux un certain nombre de segments adultes de l'oozoïde, et peuvent être considérés comme un fragment de ce dernier, complété par un bourgeonnement analogue à celui qui répare l'extrémité postérieure du corps des Annélides blessées. On peut dire que dans le premier cas il y a *blastogamie, reproduction par bourgeonnement* ou *gemmiparité*; dans le deuxième cas, *schizogamie, reproduction par scission*, ou *scissiparité*. Les individus de nouvelle formation, étant le produit d'un bourgeonnement, peuvent être appelés *blastozoïdes*; ceux qui emportent avec eux des segments adultes de l'oozoïde sont, par contre, des *schizozoïdes*.

Comme chez la très grande majorité des Polychètes, les sexes sont séparés chez le plus grand nombre des blastozoïdes et des schizozoïdes, et chaque souche ne produit que des individus de même sexe; dans ces derniers, le nombre des segments sexués est lui-même très limité, et ces segments occupent la région antérieure du corps. L'indépendance respective des segments s'affirme dans un autre sens chez la *Syllis corruscans*, observée par Haswell en Australie : ici, la région antérieure du corps est composée de segments femelles, la région postérieure de segments mâles, et il peut arriver que le premier de ces segments mâles acquérant des yeux, le zoïde mâle se sépare du zoïde femelle pour mener une existence indépendante.

Les cinq tribus de la famille des Syllidæ se rapprochent graduellement, quant à leur mode de reproduction, de la reproduction directe des autres Annélides. C'est dans la tribu des Autolytinæ que l'on observe les phénomènes les plus aberrants. Ici, la production des bourgeons est poussée si activement qu'il peut se constituer une chaîne de vingt-neuf blastozoïdes, d'âge graduellement croissant, en arrière de l'oozoïde (*Myrianida fasciata*, fig. 1146); les blastozoïdes mâles sont des *Polybostri-*

[1] G. Zeppelin, *Ueber den Bau und die Theilungsvorgänge des* Ctenodrilus pardalis, Zeitsch. f. w. Zoologie, Bd. XXXIX.

[2] Scharff, *On Ctenodrilus parvulus*, Q. J. of microscopical Science, Vol. XXVII, 1887.

[3] Kennel, *Ueber Ctenodrilus pardalis*, Arbeiten zool. zool. Institut in Würzburg, Bd. V.

chus (fig. 1133, n° 2, p. 1599; fig. 1146, n° 2); les femelles des *Sacconereis* (fig. 1133, n° 1), à sac ventral long et étroit (fig. 1146, n° 3).

La blastogamie se complique graduellement de schizogamie chez les *Autolytus*, et se combine avec elle à tous les degrés; la schizogamie persiste seule chez les Syllinæ, mais elle tend déjà à s'effacer dans cette tribu. En effet, tandis que les blastozoïdes aussi bien que les schizozoïdes présentent, chez les Autolytinæ, des formes sexuées différentes suivant le sexe, mais constantes dans le même sexe, les schizozoïdes mâles des Syllinæ sont semblables aux femelles, et de plus, suivant les espèces que l'on considère, les caractères de leur tête s'atténuent graduellement, jusqu'à ce que, la tête du schizozoïde cessant de se caractériser, le schizozoïde, tout en gardant ses caractères sexuels, demeure attaché à l'oozoïde, et constitue simplement une région distincte de son corps. Cette région ne se différencie nettement qu'à l'époque de la reproduction sexuée rappelant ainsi l'apparition de la *robe de noces* des Oiseaux [1]. Quand ce phénomène est complè-

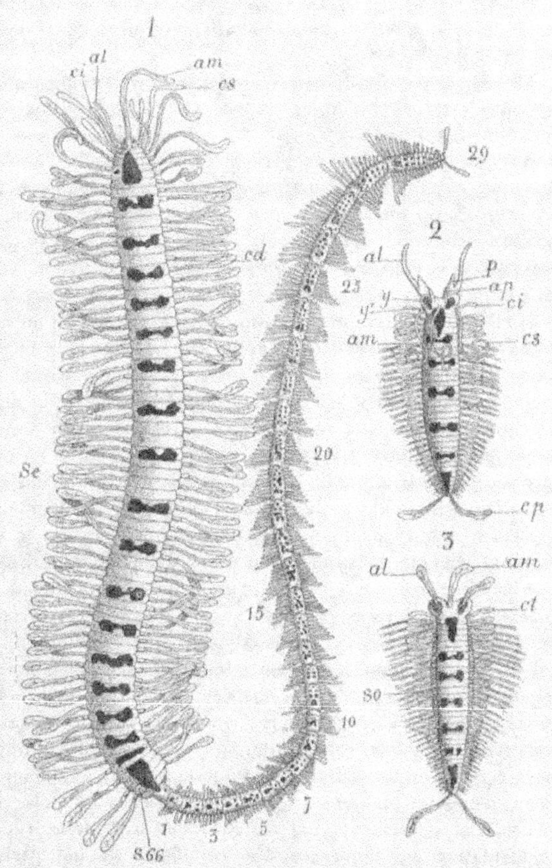

Fig. 1146. — *Myrianida fasciata.* — 1, Souche portant à son extrémité postérieure une chaîne de vingt-neuf blastozoïdes sexués. — 2, Blastozoïde sexué mâle ou *Polybostrichus.* — 3, Blastozoïde sexué femelle ou *Sacconereis.* — *am*, antenne médiane; *al*, antennes latérales; *p*, palpes; *ap*, antennes latérales postérieures; *yy'*, yeux; *ci,cs,ct*, cirres tentaculaires; *cp*, cirres terminaux; *so*, sac ovigère (d'après Malaquin).

tement réalisé, il constitue ce qu'on nomme l'*épigamie*. L'*épigamie* peut, dans une même espèce, se superposer à la schizogamie et à la blastogamie (*Autolytus longeferiens*); mais elle se manifeste seule chez les Exogoninæ, ainsi que dans plusieurs

[1] E. Perrier, *Les Colonies animales*, p. 446, 1881.

espèces des familles des Hesionidæ, Nereidæ (fig. 1148) et Phyllodocidæ. On a
décrit ces formes épigames sous des noms distincts dont les plus connus sont ceux
de *Syllia* (Gosse) et d'*Heteronereis* (de Quatrefages). Il n'est pas invraisemblable que
certaines formes de Nereidæ présentent d'une manière permanente la forme épigame dite *Heteronereis*. L'épigamie devient ainsi équivalente d'une simple division
du corps en régions.

**Théorie générale de la morphologie et de l'embryogénie des animaux méta-
méridés**[1]. — L'ensemble de ces faits a pour la morphologie générale une importance
de premier ordre. Tout d'abord un phénomène nettement déterminé, le *bourgeonnement*, assure, pendant la période embryogénique, l'accroissement pur et simple
du corps, par l'addition successive de nouveaux segments à l'extrémité postérieure
de celui-ci. Ce phénomène peut se répéter indéfiniment, ou ne produire qu'un
nombre déterminé de segments. Dans ce dernier cas, ces segments sont tous
employés à la constitution d'un seul et même individu, l'*oozoïde*; dans le premier,
au contraire, les segments peuvent se séparer par groupes plus ou moins étendus,
dont chacun constitue un individu distinct, *blastozoïde* ou *schizozoïde*; tous ces individus demeurent semblables entre eux et jouent le même rôle (Ctenodrilidæ),
ou se différencient les uns des autres en se spécialisant soit simplement comme
individus reproducteurs (Syllinæ), soit comme individus mâles et femelles, pourvus
de caractères spéciaux (Autolytinæ). C'est ce qu'on a appelé la *génération alternante* des Annélides. L'épigamie, la division du corps en régions distinctes ne sont
que des cas particuliers de la blastogamie, qui résulte elle-même d'une simple prolongation pendant toute la vie de l'animal du phénomène fondamental du développement embryogénique des Annélides inférieures, le *bourgeonnement*. Chaque
segment, chaque métaméride du corps d'un Polychète apparaît ici, sans contesta-
tion possible, comme le produit d'un bourgeon qui ne fait, en se développant, que
répéter, dans sa forme et dans sa constitution, l'être issu de l'évolution directe
de l'œuf, l'*ooméride* ou *trochosphère*. La segmentation du corps ou métaméridie
est le résultat immédiat et incontestable de ce phénomène de bourgeonnement,
dépourvu de toute finalité, et que l'on doit considérer comme un phénomène biologique de même nature que le phénomène de la division des éléments anatomiques;
tous deux sont liés, sans doute, aux nécessités de la nutrition. Dans le cas qui
nous occupe, on ne saurait faire intervenir, pour expliquer cette segmentation, les
phénomènes de plissement qu'on observe chez les embryons des animaux supérieurs. Ces plissements ont été invoqués à diverses reprises pour expliquer la
segmentation des embryons des Vertébrés; ils ont paru la conséquence géométrique de la multiplication des éléments anatomiques de l'entoderme et du
mésoderme, maintenus par l'exoderme à l'intérieur d'un espace limité; mais ils ne
se montrent à aucun degré chez les Polychètes inférieurs; ils n'apparaissent que
lorsque, par l'accumulation dans les éléments entodermiques de matériaux nutritifs dont les éléments mésodermiques peuvent profiter plus directement que les
éléments exodermiques, le mésoderme s'accroît plus rapidement que les autres
feuillets, prend l'avance sur eux et prépare la formation presque simultanée de

---

[1] Kleinenberg, *Die Entstehung des Annelids aus der Larve von* Lopadorhynchus; Zeitsch.
für wiss. Zoologie, T. XLIV, 1886.

segments mésodermiques sur lesquels viendront se mouler les segments exo- et
entodermiques. L'hérédité maintient ici la métaméridation du corps qui pourrait
disparaître sans inconvénients, qui disparaît effectivement dans certains cas (*Géphyriens, Némertiens, Mollusques, Tuniciers*); seulement, grâce à l'accumulation dans
l'œuf de matériaux nutritifs, cette métaméridation est réalisée par les voies les
plus rapides, et le feuillet le plus abrité contre les excitations extérieures, le mésoderme constitue presque d'emblée une sorte de schéma de l'organisme auquel
l'exoderme et l'entoderme n'auront plus qu'à se conformer, lorsque le moment sera
venu pour eux d'évoluer. Nous avons vu (p. 1611) comment les phénomènes de
blastogénèse se transforment, à mesure que le développement embryogénique
s'accélère chez les Annélides, en phénomènes plus complexes, aboutissant au développement presque simultané de toutes les parties du corps; nous arrivons ainsi
au seuil de l'embryogénie des Vertébrés et nous sommes, par conséquent, en pos-
session d'une véritable théorie générale, coordonnant parallèlement les faits enre-
gistrés par la morphologie et les phénomènes embryogéniques.

Blastogamie. — La blastogamie a été observée dans les genres *Myrianida* et
Autolytus. Elle est constante dans le premier de ces genres, tandis que dans le
second on observe souvent dans la même espèce tous les passages de la blastogamie à la simple épigamie. L'oozoïde ou *souche* des *Myrianida* est, en général,
composé de soixante-six segments; les blastozoïdes que porte cette souche sont
tous de même largeur, mais *beaucoup plus étroits que l'oozoïde* (fig. 1146, n⁰ˢ 1 à
29). Le bourgeonnement qui donne naissance au premier blastozoïde s'accomplit, comme d'habitude, en avant du telson de l'oozoïde qui devient le telson
du premier blastozoïde. Ce blastozoïde se caractérise dès que trois segments ont
bourgeonné en avant du telson; le dernier de ces segments qui est le plus âgé
garde le caractère de segment formateur de nouveaux mérides, le deuxième tend à
constituer une tête; le premier continue à former de nouveaux segments; dès qu'il
en a formé quatre, le dernier s'organise en telson, le troisième en segment formateur de mérides; le deuxième tend à prendre l'organisation d'un méride céphalique;
le premier garde la fonction de segment formateur, et le phénomène se poursuit ainsi
pendant un temps plus ou moins long, durant lequel il se forme toujours de nouveaux blastozoïdes de trois segments, immédiatement en arrière de l'oozoïde,
tandis qu'il se forme de nouveaux segments immédiatement en avant du telson
de chacun des blastozoïdes déjà formés. Il suit de là que si on examine une chaîne
de blastozoïdes, on trouve : 1⁰ que dans un même blastozoïde, le segment céphalique et le telson sont plus développés que les segments intermédiaires, dont le
degré de développement va en décroissant d'avant en arrière; 2⁰ que le segment
céphalique et le telson d'un blastozoïde donné sont d'autant plus développés, et le
nombre de ses mérides d'autant plus grand que le blastozoïde est plus éloigné de
l'oozoïde. Toutefois le nombre des segments des blastozoïdes ne croit que jusqu'à
une limite peu élevée. Les blastozoïdes se détachent lorsqu'ils ont acquis, outre le
protoméride, le deutoméride, le segment formateur et le telson une trentaine de
segments sétigères. Les mâles ou *Polybostrichus* présentent alors (fig. 1146, n⁰ 2)
une longue antenne médiane filiforme (*am*), une paire d'appendices bifurqués (*p*),
résultant de la soudure des palpes avec la première paire d'antennes latérales; une
deuxième paire de petites antennes latérales, filiformes (*ap*) et deux paires de cirres

tentaculaires (*cs*, *ci*), dont les supérieurs sont très allongés. Les quatre premiers segments ont des soies semblables à celles de l'oozoïde, les suivants sont munis de longues soies élargies en palette qui permettent à l'animal une natation rapide. Les femelles ou *Sacconereis* (fig. 1146, n° 3) n'ont que trois antennes (*am*, *al*) et une paire de cirres tentaculaires (*ct*); tous leurs appendices sont foliacés, et elles portent un petit sac à œufs sous le ventre.

Certains spécimens de l'*Autolytus Edwardsi* bourgeonnent exactement comme les *Myrianida*, sauf que le nombre des blastozoïdes formés est moins considérable. Chez d'autres (*Autolytus cornutus*), lorsque l'oozoïde présente de soixante à soixante-cinq segments, les vingt ou vingt-deux derniers segments acquièrent des organes génitaux, puis un segment sétigère dont le rang varie du quarantième au quarante-cinquième s'organise en tête, et il se constitue ainsi un schizozoïde qui se sépare (1147).

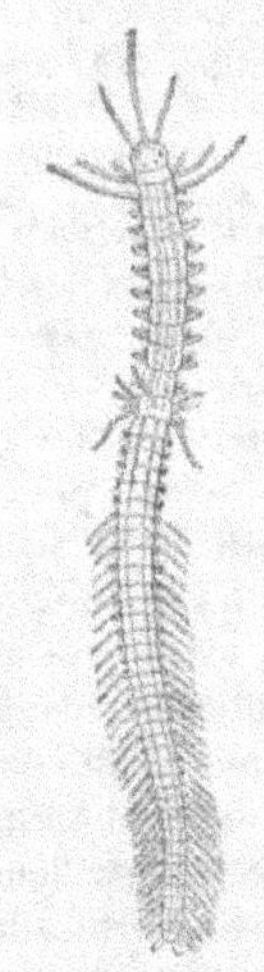

Fig. 1147. — *Autolytus cornutus* avec un de ses descendants mâles (*Polybostrichus*). — *F*, antennes, et *CT*, cirres tentaculaires de l'individu-mère; *f*, antennes, et *ct*, cirres tentaculaires de l'individu-mâle produit par bourgeonnement (d'après A. Agassiz).

Mais en avant de la tête, en voie de formation, il se constitue une zone de prolifération qui peut ou bien s'organiser en un véritable blastozoïde ou bien s'employer uniquement à reconstituer les segments que la schizogamie a enlevés à l'ooméride. Si la régénération de ces segments se fait lentement, avant que l'ooméride soit arrivé à se reconstituer dans son intégrité, alors qu'il ne possède encore que quarante-deux à quarante-huit segments, il peut se former un nouveau schizozoïde semblable au premier et dont la tête s'organise vers le vingt-cinquième ou le vingt-sixième segment sétigère. A ce niveau, on peut observer de nouveau tous les phénomènes de blastogénèse que nous avons décrits en arrière du quarantième segment.

Schizogamie. — Il est vraisemblable que chez les *Autolytus* les phénomènes de blastogamie, même lorsqu'ils semblent calqués sur ceux des *Myrianida*, sont toujours précédés de schizogamie. Les *Autolytus Ehbiensis*, *prolifer*, *macrophthalma* se comportent à peu près de la même façon que l'*A. Edwardsi*. Les *A. cornutus* (fig. 1147), *pictus*, *fallax*, *tardigradus*, certains individus d'*A. macrophthalma*, les *Virchowia*, les *Procerastea* sont uniquement schizogames; mais ici le schizozoïde, au lieu d'être court, comme celui des formes précédentes, est très allongé; sa tête se forme, en effet, sur le quatorzième segment sétigère de l'oozoïde dont il emprunte par conséquent le plus grand nombre des segments. Auparavant, chez les *Procerastea*, une zone formatrice se constitue au niveau du vingtième segment, et forme de quatorze à seize nouveaux mérides qui acquièrent tous les caractères des mérides sexués des *Autolytus*; les mérides de l'oozoïde qui suivent ces seize segments s'atrophient et disparaissent plus ou moins vite sur l'individu nouvellement formé qui tient en quelque sorte à la fois d'un schizozoïde et d'un blastozoïde.

Un assez grand nombre de SYLLINÆ sont schizogames; mais tandis que chez les AUTOLYTINÆ la forme mâle et la forme femelle diffèrent l'une de l'autre, ici les deux sexes sont semblables. De plus, les mâles, dans la première tribu, ont toujours la forme de *Polybostrichus*, les femelles celle de *Sacconereis*; dans la seconde, le schizozoïde peut revêtir des formes très diverses qui ont été parfois décrites comme des formes génériques distinctes. Ces formes peuvent être classées en série d'après le mode de constitution de la tête qui va se simplifiant jusqu'à ce qu'elle cesse de se produire; le schizozoïde ne se sépare plus alors; la portion postérieure de l'oozoïde se borne à produire les soies natatrices des formes sexuées et quelques autres appendices; il y a épigamie.

Les *Syllis hyalina* et *gracilis* produisent des schizozoïdes pourvus de cinq appendices antérieurs (antennes et cirres tentaculaires), pour lesquels Johnston avait créé le genre *Ioda*; le schizozoïde des *Syllis amica*, *S. pulvinata*, *Ehlersia rosea*, *E. simplex* n'ont que quatre appendices céphaliques; on peut les désigner sous le nom de forme *Amica*; ceux des *S. variegata*, *S. prolifera*, *Ehlersia cornuta*, *Opis-thosyllis brunnea* n'ont plus que deux appendices; ils formaient pour Malmgren le genre *Chætosyllis*; Grube appelait *Tetraglene* des Syllidiens sans appendices céphaliques, mais avec une ou deux paires d'yeux qui ne sont que les schizozoïdes des *Trypanosyllis*, des *Eurysyllis*, de la *Syllis ramosa* et d'une *Exogone* (*E. gemmifera*); enfin chez le schizozoïde de la *S. hamata* et de l'*Haplosyllis spongicola*, il ne se développe plus de tête, à peine des rudiments d'yeux; c'est la forme *Acephala*. Que ce schizozoïde acéphale ne se détache pas, nous arrivons à l'épigamie.

Épigamie. — L'épigamie ne comporte pas seulement l'apparition des organes sexuels dans les régions moyenne et postérieure du corps et les modifications des organes segmentaires qui en sont la conséquence: les antennes s'allongent, les yeux prennent un développement considérable, il se forme sur les parapodes une rame dorsale, et, dans ces organes, des soies natatrices, terminées en palette, apparaissent. La transformation des yeux s'accuse d'abord par un accroissement énorme de la coupe rétinienne qui l'écarte du cristallin. Ce dernier,

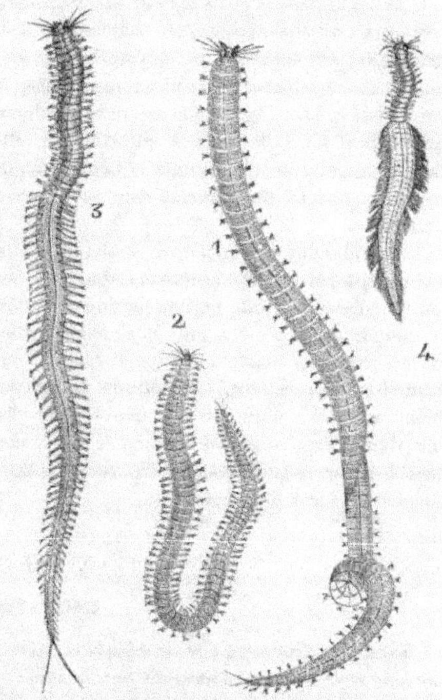

Fig. 1148. — Formes asexuées et épigames de la *Leontis Dumerilii*. — 1. Forme neutre à l'état adulte. — 2. Forme jeune. — 3. Forme hétéronéréidienne femelle. — 4. Forme hétéronéréidienne mâle (d'après Claparède).

jusque-là appliqué contre la cuticule par la tige cristallinienne et par des filaments très serrés, devient libre. En même temps, les cellules épidermiques qui environnent l'œil immédiatement prolifèrent activement, et forment sous la cuticule un amas de cellules sphériques qu'on peut appeler *cellules cristallogènes*. Les tractus qui partent de la tige cristallinienne augmentent de nombre et forment une sorte de cône ayant pour base le corps vitré. Cependant les cellules cristallogènes arrivent dans la coupe cristallinienne ; alors leur noyau s'efface, leur protoplasme devient moins granuleux, d'abord à la périphérie, et la cellule se transforme en une sphère réfringente, susceptible parfois de se fragmenter. Toutes ces cellules, en se fusionnant entre elles et avec le cristallin primitif, forment un *cristallin secondaire*, maintenu en place par les tractus qui partent de la tige cristallinienne et contenant des cellules sphériques à tous les stades de transformations.

L'épigamie a été observée parmi les Syllidæ chez les *Eusyllis* et les *Odontosyllis* et chez un grand nombre de Nereidæ (*Leptonereis Vaillanti*, *Leontis Dumerilii*, *Praxithea irrorata*, etc.); elle est peut-être générale dans cette famille; elle est fréquente également chez les Hesionidæ.

L'*Autolytus longeferiens* qui est habituellement schizogame, devient épigame dans certaines circonstances encore mal connues; de même l'*Exogone gemmifera* qui est habituellement épigame est susceptible de se reproduire par schizogamie. D'autre part la *Leontis Dumerilii* peut se reproduire sans devenir épigame et nous avons avons vu, p. 1599, que cette même espèce peut être hermaphrodite. Tous ces faits démontrent les liens intimes qui existent entre l'accroissement habituel du corps, la blastogamie, la schizogamie et l'épigamie, qui peut être à son tour fixée, puisque certaines formes de Nereidæ sont pourvues d'une manière permanente de soies natatoires.

Les prétendus phénomènes de bourgeonnement latéral ou céphalique qui ont été décrits par divers auteurs ne sont que des phénomènes de gestation (*Exogone*) ou de régénération de parties perdues. Toutefois Mac Intosh a décrit et figuré sous le nom de *Syllis ramosa*, une *Syllis* parasite des Éponges dont le corps serait ramifié et les rameaux anastomosés en réseau. Bien qu'il reste quelque incertitude sur cette forme singulière, l'exactitude de l'observation de Mac Intosh est généralement admise : une pareille ramification du corps chez un organisme parasite n'a rien d'impossible, et témoigne, au contraire, de l'indépendance relative des mérides, sur laquelle est fondée toute la théorie des organismes segmentés développée dans cet ouvrage.

I. ORDRE

ERRANTIA [1]

Segments du corps tous semblables entre eux, sauf les segments avoisinant la bouche et le segment terminal postérieur.

Fam. **CTENODRILIDÆ**. — Protoméride nu ou pourvu d'un tentacule impair, unique. Point de parapodes. Soies locomotrices en quatre faisceaux comprenant des soies subulées et des soies élargies ou pectinées à leur extrémité. Marins. Schizogames ou blastogames.

Ctenodrilus Clp (*Parthenope*, O. Schmidt). Point de tentacule impair; des soies pectinées. *C. serratus*, St-Vaast. — *Monostylos*, Vejdovsky. Un tentacule impair; des soies élargies à leur extrémité libre. *M. tentaculifer*, dans un aquarium à Fribourg en Brisgau.

[1] Baron de Saint-Joseph, *Les Annélides des côtes de Dinard*, Annales des Sciences naturelles, VIIᵉ série, t. I, 1887, t. V, 1888, t. XVII, 1894, et t. XX, 1895.

Fam. **SYLLIDÆ**[1]. — Protoméride pourvu d'une antenne médiane impaire, de deux antennes latérales, de deux palpes antéro-inférieurs, et de deux paires d'yeux. Deutoméride présentant une ou plus souvent deux paires de cirres tentaculaires. Sur les segments suivants, des parapodes dont la rame dorsale n'apparaît qu'à l'époque de la maturité sexuelle; souvent un cirre dorsal et un cirre ventral; des soies simples et des soies composées dont la plus répandue est hétérogomphe à serpe bidentée; deux cirres au pygidium. Trompe exsertile, divisée en une région à paroi interne chitineuse et une région musculaire comprenant elle-même un proventricule et un ventricule. Corps allongé, formé de nombreux segments. Reproduction accompagnée de blastogamie, de schizogamie ou d'épigamie.

Trib. AUTOLYTINÆ. Point de cirre ventral. — *Autolytides*, Malaquin. A tous les segments de la souche, des cirres dorsaux filiformes ou cylindriques; trompe inerme. *A. inermis*, Dinard. — *Autolytus*, Grube. Trompe armée d'un trépan. *A. Edwardsi*, Manche. — *Virchowia*, Langerhans. Cirres dorsaux en massue à tous les segments. *V. clavata*, Alger, Madère. — *Myrianida*, Edwards. Des cirres dorsaux foliacés à tous les segments. *M. fasciata*, Manche. — *Procerastea*, Langer. Cirres dorsaux au 1ᵉʳ segment sétigère seulement. *P. halleziana*, Boulogne.

Trib. SYLLINÆ. Un cirre ventral; palpes non soudés. — *Xenosyllis*, Marion et Bobretzky. Pas d'appendice branchial; trompe pharyngienne inerme. *X. scabra*, Marseille. — *Syllis*, Savigny. Pas d'appendice branchial; trompe pharyngienne armée d'une grosse dent antérieure. *S. (Typosyllis) prolifera*, Dinard; *S. (Haplosyllis) hamata*, Manche; *S. gracilis*, Manche; *S. (Ehlersia) æsthetica*, Dinard. — *Opisthosyllis*, Langer. *Syllis* à dent de la trompe postérieure. *O. brunnea*, Madère. — *Trypanosyllis*, Claparède. Pas d'appendice branchial; dent de la trompe accompagnée d'un trépan; cirres pluriarticulés. *T. cœliaca*, Manche. — *Eurysyllis*, Ehlers. *Trypanosyllis* à cirres sphériques, uniarticulés. *E. paradoxa*, Manche. — *Branchiosyllis*, Ehl. Un appendice branchial sur chaque rame. *B. oculata*, Key West.

Trib. EUSYLLINÆ. Un cirre ventral; palpes soudés à leur base. — *Syllides*, Ehl. Trompe droite, inerme; cirres dorsaux sous-moniliformes. *S. longocirrata*, Manche. — *Streptosyllis*, Webst. et Bat. *Syllides* à cirres dorsaux en partie inarticulés. *S. varians*. Dinard. — *Pionosyllis*, Malmgren. Trompe droite, armée d'une seule grosse dent antérieure. *P. lamelligera*, Manche. — *Opisthodonta*, Langer. *Pionosyllis* à dent postérieure. *O. morena*, Madère. — *Eusyllis*, Mgr. Trompe droite, armée d'une grosse dent et de petites dents formant un trépan incomplet. *E. monilicornis*, Manche, com. — *Odontosyllis*, Clp. Trompe droite, armée d'un demi-cercle de grosses dents recourbées. *O. gibba*, Manche. — *Amblyosyllis*, Grube. Trompe sinueuse, avec une grosse dent et un trépan; des ailerons occipitaux. *A. spectabilis*. Manche.

Trib. EXOGONINÆ. Un cirre ventral; palpes entièrement soudés. — *Exogone*, Œrsted. Segments buccal et péribuccal distincts; appendices cylindriques, petits; une paire de cirres tentaculaires rudimentaires. *E. gemmifera*. Manche. — *Sphærosyllis*, Clp. Segments buccal et péribuccal coalescents; appendices pointus, renflés à la base: une paire de cirres tentaculaires bien développés. *S. erinacea*, Manche. — *Grubea*, de Quatrefages. Appendices fusiformes, allongés, deux paires de cirres tentaculaires. *G. clavata*, Manche[2].

Fam. **SPHÆRODORIDÆ**. — Protoméride portant, au lieu d'antennes, de nombreuses papilles. Pieds uniramés, sans acicule, munis de soies composées et de papilles. Point de branchies; au-dessus de chaque rame une capsule contenant un tube pelotonné, granuleux. Trompe inerme.

Ephesia, Rathke. Face dorsale avec deux rangées de capsules sphériques terminées par une petite papille ronde; segment buccal avec une paire d'appendices semblables; corps long et cylindrique; soies composées. *E. peripatus*, Saint-Vaast. — *Hypephesia*, Nov. Gen. Diffèrent des *Ephesia* par leurs soies simples. *H. gracilis*, Dinard. — *Sphærodorum*, Œrsted. Face dorsale avec six rangées et face ventrale avec quatre rangées de capsules sphériques sans papille; segment buccal avec une paire d'appendices en forme de massue; corps court et large. *S. Claparedii*, Dieppe.

[1] MALAQUIN, *Recherches sur les Syllidiens*, Mémoires de la Société des Sciences et Arts de Lille, 1893.

[2] Les *Nerilla*, Schmidt (*Dujardinia*, de Qf.), à pieds immobiles, paraissent se rattacher aux Syllidiens, mais sont encore mal connus.

Fam. **HESIONIDÆ** [1]. — Diffèrent des Syllidæ par leur trompe beaucoup plus courte, où l'on ne distingue ni de région chitineuse, ni de proventricule. Corps assez court, généralement composé de 22 segments. Souvent épigames.

I. — *Trois antennes et deux palpes.* — *Cirrosyllis*, Schmarda. Antenne impaire au bord frontal ou en avant de la 1re paire d'yeux; de chaque côté trois paires de cirres tentaculaires; palpes filiformes; pieds uniramés; seulement des soies composées. *C. didymocera.* — *Irma*, Grube. *Cirrosyllis* à palpes biarticulés. *I. angustifrons*, Philippines. — *Orseis*, Ehlers. *Cirrosyllis* à une seule paire de cirres tentaculaires. *O. pulla*, Adriatique. — *Podarke*, Ehl. *Cirrosyllis* à palpes biarticulés, mais à segment basilaire court ou nul; pieds pourvus d'une rame supérieure rudimentaire. *P. albocincta*, Fiume. — *Oxydromus*, Gr. *Podarke* à segments des palpes égaux et à quatre paires de cirres tentaculaires de chaque côté; trompe inerme. *O. propinquus.* Manche, Médit. — *Mania*, Qfg. Antenne impaire des *Cirrosyllis*; cinq cirres tentaculaires, 2, 1, 2 de chaque côté; pieds uniramés. *M. agilis*, Quarnero. — *Gyptis*, Marion et Bobretsky. Antenne impaire des précédents; de chaque côté, quatre paires de cirres tentaculaires portés par des segments fusionnés en un seul; ouverture de la trompe entourée de fines papilles; pieds biramés; la rame supérieure petite, ne contenant que des soies simples, l'inférieure que des soies composées. *G. propinqua*, Marseille. — *Ophiodromus*, M. Sars. Diffèrent des *Gyptis* par l'égalité des rames pédieuses et la réduction à trois des paires latérales de cirres tentaculaires. *O. flexuosus*, Manche. — *Liocrates*, Kinberg (*Tyrrhena*, Clp.). Tentacule impair inséré en arrière, entre les yeux postérieurs; un prolongement conique, court, à la limite du bord du front et de la trompe; trompe sans mâchoires, avec une pointe perforante supérieure et une inférieure; palpes biarticulés; quatre paires de cirres tentaculaires de chaque côté. *L. Claparedii*, Naples. — *Lamproderma*, Gr. *Liocrates* à trois paires de cirres tentaculaires. *L. longicirra*, Nouv.-Bretagne.

II. — *Deux antennes et deux palpes bi- ou triarticulés.* — *Magalia*, Mar. et Bob. Palpes biarticulés; de chaque côté six cirres tentaculaires portés par des segments très étroits; trompe avec une couronne de papilles, deux courtes mâchoires et une pointe perforante; pieds uniramés. *M. perarmata*, Marseille. — *Peribœa*, Ehl. Palpes triarticulés; de chaque côté sept cirres tentaculaires, trois aux premiers segments; pieds uniramés. *P. longocirrata*, Adriatique. — *Kefersteinia*, Qfg. (*Psamathe*, Johnst). De chaque côté huit cirres tentaculaires; palpes biarticulés; trompe sans mâchoires, à nombreuses petites papilles semblables, à pointe recourbée en griffe. *K. cirrata*. Saint-Vaast. — *Syllidia*, Qfg. *Magalia* à palpes triarticulés, à trompe sans pointe perforante, ni papilles, avec une rame pédieuse supérieure rudimentaire. *S. armata*, toutes nos côtes. — *Castalia*, Sav. *Syllidia* présentant quatre papilles à l'orifice de la trompe et dont les mâchoires ont une longue partie basilaire; huit cirres tentaculaires. *C. punctata*, mer du Nord.

III. — *Deux très courtes antennes; trompe inerme.* — *Hesione*, Sav. Deux palpes; trois paires de cirres tentaculaires. *H. festiva*, Médit. — *Fallacia*, Qfg. Point de palpes; quatre quatre paires de cirres tentaculaires. *F. pantherina*, Nice. — *Telamone*, Clp. Point de palpes; trois paires de cirres tentaculaires. *T. sicula*, Médit.

Fam. **NEREIDÆ** (Lycoridæ). — Protoméride portant quatre yeux, deux antennes et deux gros palpes. Deutoméride muni de quatre paires de cirres tentaculaires. Pieds le plus souvent biramés; un cirre dorsal et un cirre ventral, des soies composées et un acicule à chaque rame. Point de branchies. Trompe exsertile, armée d'une paire de dents saillantes à l'état d'extension et accompagnées généralement de denticules (*paragnathes*). Plusieurs espèces épigames.

Micronereis, Clp. Quatre paires d'antennes; quatre yeux; pieds profondément biramés, avec un cirre dorsal et un cirre ventral presque terminaux. *M. variegata*, Saint-Vaast. — *Lycastis*, Aud. et Milne-Edw. Pieds uniramés, sans languettes; avec deux touffes de soies; trompe sans paragnathes. *L. brevicornis*, La Rochelle, Noirmoutiers. — *Nereis*, Cuv. Pieds biramés avec deux languettes supérieures et une inférieure; cirres dorsaux et ventraux simples. S.-g. *Leptonereis*, Kbg. Point de paragnathes. *L. Vaillanti*, Dinard. S.-g. *Leontis*, Mgr. Lobe prébuccal échancré à sa base; rame supérieure des pieds grandissant graduellement d'avant en arrière et arrivant à dépasser l'inférieure; deux grandes dents dentelées et des paragnathes connés, formant de petits peignes. *L. Dumerilii*; forme hétéro-

---

[1] Grube, *Uebersicht der Phyllodociden und Hesioniden*, Jahresb. der schles. Gesellch. 1880.

néréidienne : *H. fucicola*, côtes occid. de France. S.-g. *Lipephile*, Mgr. Tous les pieds semblables; un grand paragnathe transversal, isolé, de chaque côté de l'anneau postérieur de la trompe et en dessus; un groupe de paragnathes médians; en dessous une double rangée de paragnathes coniques. *L. cultrifera*; forme hétéronéréidienne : *Nereilepas lobulatus*, côtes de Fr. S.-g. *Praxithea*, Mgr. Protoméride brièvement conique, tronqué au sommet, à base transverse; paragnathes séparés, disposés en verticilles; cirres tentaculaires très longs; rame supérieure sensiblement plus longue que l'inférieure; pieds se modifiant légèrement d'avant en arrière. *P. irrorata*, Dinard. S.-g. *Ceratonereis*, Kbg. Paragnathes médians de l'anneau antérieur de la trompe absents; point de paragnathes dans l'anneau postérieur. *C. guttata*, Médit. S.-g. *Nereis*, Mgr. Paragnathes médians de l'armure postérieure de la trompe absents; paragnathes latéraux coniques; languette supérieure de la rame dorsale pas plus grande que les autres. *N. procera*, Dinard. S.-g. *Nereilepas*, de Blainv. Dans une grande partie du corps, languette supérieure de la rame dorsale soit brusquement, soit graduellement (S.-g. *Stratonice*) plus longue et plus haute que les autres; paragnathes disposés en ceintures et en groupes. *N. fucata*, commensale de l'*Eupagurus Bernhardus*; forme hétéronéréidienne : *H. podophylla*, Saint-Vaast. S.-g. *Hediste*, Mgr. *Nereilepas* à rames dorsales égales, divisées en trois languettes. *H. diversicolor*, Saint-Vaast. S.-g. *Eunereis*, Mgr. Pieds se transformant graduellement, les postérieurs portant des soies lancéolées, paragnathes rudimentaires ou nuls. *E. longissima*, Saint-Vaast; forme hétéronéréidienne : *H. paradoxa*.

Fam. **PHYLLODOCIDÆ.** — Protoméride portant deux ou trois antennes, deux palpes assez semblables aux antennes et deux yeux. Les premiers segments post-buccaux pourvus de cirres tentaculaires subulés, les autres présentant des cirres dorsaux et ventraux foliacés; cirres ventraux présentant des tubercules pourvus de cellules en bâtonnet. Trompe longue, à parois très épaisses dans sa région terminale, portant le plus souvent des papilles. Corps, en général, très allongé, présentant de nombreux segments. Point de schizogamie; épigamie probable.

Trib. Phyllodocinæ. Animaux littoraux, à parois du corps au plus à demi transparentes. — *Eulalia*, Sav. Trois antennes; deux palpes; deux yeux; de chaque côté quatre cirres tentaculaires. S.-g. *Eulalia*, s. str. Tous les cirres tentaculaires filiformes; trompe pourvue à l'orifice d'une couronne de papilles courtes, à surface couverte de papilles serrées, disposées en rangées longitudinales. *E. viridis*, Saint-Vaast. S.-g. *Pterocirrus*, Clp. Cirre tentaculaire ventral du 2ᵉ segment portant un limbe membraneux fixé à la manière d'une voile sur la tige conique du cirre; trompe couverte de longues papilles. *P. monoceros*, Manche, Médit. S.-g. *Eumida*, Mg. Un cirre ventral foliacé à la rame qui porte le dernier cirre tentaculaire; trompe avec papilles à l'orifice, mais à surface unie. *E. parva*, Manche. S.-g. *Sige*. *Eumida* à trompe sans papilles à l'orifice. *S. fusigera*, Norvège. — *Notophyllum*, OErst. Différent des *Eulalia* par leurs pieds biramés et leur corps court; en outre : les cirres dorsaux foliacés, horizontaux, attachés à une tige recourbée vers le haut, et recouvrant le dos en grande partie; cirres ventraux verticaux; deux épaulettes à la partie postérieure du segment prébuccal. *N. alatum*, Manche. — *Kinbergia*, Qfg. Deux antennes; deux palpes; cinq cirres tentaculaires de chaque côté; pieds uniramés. *K. longicirrus*, Realejo. — *Chætoparia*, Mgr. Comme *Kinbergia*, mais quatre cirres tentaculaires de chaque côté; des soies très courtes sous les cirres tentaculaires. *C. Nilssoni*, Norvège. — *Phyllodoce*, Sav. Comme *Chætoparia*, mais point de soies sous les cirres tentaculaires, les trois premiers cirres dorsaux subulés. S.-g. *Genetyllis*, Mgr. Segment buccal achète, portant les quatre paires de cirres tentaculaires. *G. lutea*, Norvège. S.-g. *Phyllodoce*, s. str. Segment buccal achète avec deux paires de cirres tentaculaires, les deux autres au segment suivant qui est sétigère; segment céphalique échancré ou découpé en arrière; trompe couverte de rangées longitudinales de papilles. *P. laminosa*, Saint-Vaast; P. S.-g. *Anaïtis*, Mgr. Segment buccal et achète avec trois paires de cirres tentaculaires et des soies; 2ᵉ segment avec une paire de cirres tentaculaires, une rame sétigère plus ou moins développée et un cirre ventral foliacé. *A. Wahlbergii*, Spitzberg. S.-g. *Nereiphylla* de Blv. Comme *Phyllodoce* mais palpes bisegmentés, *N. corniculata*, Naples. — *Mystides*, Théel. Comme *Kinbergia*, mais trois cirres tentaculaires de chaque côté; le 2ᵉ et le 3ᵉ accompagnés d'un faisceau de soies. S.-g. *Protomystides*, Czern. Les trois segments cirrifères distincts. *P. bidentata*, Saint-Vaast. S.-g. *Mesomystides*, Czern. Les deux derniers segments cirrifères confondus; 3ᵉ paire de cirres avec un limbe. *M. limbata*, Manche. —

Eteone, Sav. Comme *Kinbergia*, mais deux cirres tentaculaires de chaque côté, le 1er cirre dorsal seul subulé. S.-g. *Eteonella*, M. Int. *E. Robertiana*, Saint-Andrews, S.-g. *Eteone*, s. str. A l'orifice de la trompe des papilles dont deux plus grandes symétriques. *E. foliosa*, Saint-Vaast. — *Mysta*, Mgr. Une rangée longitudinale de longues papilles de chaque côté de la trompe. *M. barbata*, Norvège. — *Lacydonia*, Mar. et Bobr. Deux antennes; deux palpes; les trois premiers segments uniramés, les autres biramés. *L. miranda*, Manche, Médit. — *Myriocyclum*, Clp. Deux antennes; deux palpes; pieds biramés; quatre cirres tentaculaires de chaque côté; quatre yeux. *M. Schmardæ*; plus de 3 décimètres de long, Jamaïque, (?) Médit.

TRIB. LOPADORHYNCHINÆ. Animaux pélagiques, à tissus transparents comme du verre; yeux peu développés ou nuls; au plus quatre antennes.

a. Quatre antennes; palpes avortés ou soudés à la face inférieure du protoméride; organes vibratiles de ce dernier bien développés; les trois premiers segments du corps libres. — *Pelagobia*, Greeff. Deux yeux; 1er segment du corps (deutoméride) armé d'un cirre dorsal, dirigé en avant et d'un cirre ventral; 2e rame avec un cirre ventral seulement; les autres pourvus de deux cirres coniques. *P. longocirrata*, Médit. — *Maupasia*, Viguier. Point d'yeux; 1re rame sétigère avec un cirre dorsal et un cirre ventral coniques, presque égaux; 2e rame avec un cirre tentaculaire dorsal beaucoup plus grand que le cirre ventral; les autres cirres dorsaux foliacés. *M. cæca*, Alger. — *Hydrophanes*, Clp. Deux yeux; 1re rame composée d'un cirre dorsal conique, allongé, et d'un cirre ventral plus long encore; les autres cirres dorsaux courts; les deux premières rames sétigères beaucoup plus courtes que les autres. *H. Krohnii*, Médit.

b. Antennes au nombre de deux ou absentes; palpes toujours libres, antenniformes ou courts; organes vibratiles rudimentaires ou nuls; corps plus ou moins cilié. — *Pontadora*, Greeff. Deux antennes et deux palpes bien développés; organes vibratiles petits; 1er pied portant un long cirre dorsal antenniforme, dirigé en avant et soudé à sa base avec la paroi du corps; cirre ventral petit; les autres rames prolongées en une sorte de tentacule compris entre un cirre dorsal et un cirre ventral petits, légèrement claviformes. *P. pelagica*, Médit. — *Iopsilus*, Viguier. Deux yeux; pas d'antennes; palpes libres; 1er et 2e segments confondus en un seul qui porte deux paires de cirres tentaculaire, la dernière avec mamelon sétigère; 3e et 4e segments sans cirre dorsal; les autres avec cirre dorsal foliacé, et cirre ventral. *I. phalacroides*, Alger. — *Phalacrophorus*. Greeff. Différent des *Iopsilus* par la présence de quatre petits tubercules sur le protoméride, l'absence de rudiment de cirre ventral aux 3e et 4e segments; le cirre dorsal des autres segments plus court que le mamelon pédieux. *P. pictus*, Médit.

TRIB. ALCYOPINÆ. Différent des LOPADORHYNCHINÆ par la présence constante de 5 petites antennes et de deux palpes, ainsi que par le grand développement de leurs yeux. — *Alciopa*, A. et E. Yeux relativement peu développés; les 3 premiers segments achètes, non séparés l'un de l'autre; le 1er et le 3e munis d'une paire de petits cirres qui se transforment sur le 2e en réservoirs séminaux; rames sétigères du segment suivant avec cirre dorsal et cirre ventral; trompe inerme. *A. Cantrainii*, Méd. — *Vanadis*, Clp. Yeux gros; 1er segment avec un cirre dorsal et un ventral, sans rame sétigère, de chaque côté; les autres segments avec une rame pédieuse portant un petit cirre ventral et un grand cirre dorsal, tous deux foliacés; trompe inerme. *V. heterochæta*, Alger. — *Rynchonerella*, Greeff. Tête cordiforme, saillante entre les yeux; une rame pédieuse portant quelques soies, un cirre dorsal et un ventral sur le 1er segment; les autres rames bien développées, avec des cirres à peu près de même longueur. *R. capitata*, Méd. — *Asterope*, Clp. Différent des *Vanadis* par l'absence d'appendice à l'extrémité du pied et par leur trompe armée de denticules. *A. candida (Torrea vitrea)*, Médit. — *Nauphanta*, Greeff. Tête saillante; deux appendices terminaux aux rames pédieuses. *N. nasuta*, Méd. — *Alciopina*, Clp. et Panceri. Les trois premiers segments non sétigères; quatre antennes seulement. *A. parantria*, dans les *Cydippe*.

FAM. **POLYGORDIIDÆ**. — Deux antennes; ni parapodes, ni soies. Larves semblables à celles des *Lopadorhynchus*.

Protodrilus, Hatschek. Petite taille; une gouttière ventrale vibratile; une ceinture ciliée sur chaque segment; hermaphrodites. *P. purpureus*, Helgoland. — *Polygordius*, Schneider. Taille grande; mouvements vermiformes; ni ceintures, ni gouttières ciliées; sexes séparés. *P. Villoti*, Roscoff.

Fam. **TOMOPTERIDÆ**. — Protoméride fusionné avec les deux segments suivants et formant avec eux une sorte de tête bifurquée en avant en deux lobes comparables à deux antennes, et portant, en outre, deux paires de *cirres tentaculaires* contenant encore au moins un acicule. Les autres segments se prolongeant latéralement en pieds bilobés, sans soies, mais portant des organes glandulaires en forme de rosette, produisant probablement de la lumière. Une trompe courte.

Tomopteris, Eschscholz. Genre unique. *T. scolopendra*, Méd.

Fam. **TYPHLOSCOLECIDÆ**. — Un ou plusieurs appendices céphaliques, accompagnés de cils. Sur chaque segment, y compris le segment buccal, une ou deux paires d'élytres et des soies courtes. Pélagiques.

Typhloscolex, Busch. Trois appendices. *T. Mülleri*, Trieste. — *Sagittella*, Wagner. Un seul appendice céphalique. *S. barbata*, Médit.

Fam. **APHRODITIDÆ** [1]. — Protoméride portant une, deux ou trois antennes; deux palpes volumineux; deux ou quatre yeux; souvent un tubercule facial. Pieds généralement biramés; rame supérieure portant des élytres soit sur tous les segments, soit sur un certain nombre d'entre eux. Trompe cylindrique, protractile aux deux mâchoires supérieures et deux inférieures.

Trib. **POLYLEPINÆ**. Des élytres à tous les segments du corps; en outre, un cirre ventral et une branchie dorsale rudimentaire; corps allongé. — *Lepidopleum*, Clpd. Une seule antenne impaire; élytres laissant à nu le milieu du dos; point de ventouse aux pieds. *L. inclusus*, Médit. — *Pelogenia*, Schmd. De même, mais des ventouses pédieuses. *P. antipoda*, Nouvelle-Zélande.

Trib. **SIGALIONINÆ**. Corps allongé, multisegmenté. Des élytres à tous les segments de la partie postérieure du corps; alternant avec des cirres aux segments de la région antérieure. — *Psammolyce*, Kinb. Une seule antenne; deux palpes; élytres laissant à nu toute la région médiane du dos, frangées sur leur bord externe et leur bord postérieur, couvertes de grains de sable; pieds de la 1re paire portant chacun trois cirres tentaculaires; les suivants avec un cirre ventral et une branchie, sans compter l'élytre. *P. Herminiæ*, côtes de France, fouissent dans les prairies de Zostères. — *Sthenelais*, Knb. Une antenne entre deux lobes saillants; deux palpes; élytres se recouvrant le long de la ligne médiane, accompagnés d'une branchie cirriforme. *S. Edwardsii*, Saint-Vaast. — *Eulepis*, Gr. — *Sigalion*, Aud. et Edw. Deux antennes très petites, pas d'antenne impaire; élytres se croisant sur le dos, frangés de papilles pennées; des branchies. *S. squamatum*, Saint-Vaast. — *Leanira*, Kb. Antenne médiane égalant les 10-12 premiers segments du corps; latérales petites; palpes très longs subulés; quatre cirres tentaculaires inégaux de chaque côté; élytres ne se rejoignant pas dans la région antérieure du corps. *L. tetragona*, Norvège. — *Pholoë*, Johnston. Proto- et deutoméride présentant ensemble sept appendices, probablement cinq antennes et deux palpes; ou une antenne impaire et quatre cirres tentaculaires; un tubercule facial; pas de branchies. *P. synophthalmica*, Méd. Atl. — *Conconia*, Schm.

Trib. **ACŒTINÆ**. Deux yeux pédonculés, accompagnés ou non d'yeux sessiles; deux ou trois antennes et deux palpes; pas de tubercule facial; élytres et cirres dorsaux alternant à peu près régulièrement d'anneau en anneau; corps très allongé. — *Polyodontes*, Rénier. Deux yeux pédonculés et deux yeux rudimentaires à leur base; deux antennes; deux palpes plus gros que les antennes; deux paires de cirres tentaculaires portés par les pieds du deutoméride; élytres petits, laissant le milieu du dos à découvert. *P. maxillosus*, Médit.; dépasse 1 mètre de long. — *Eupompe*, Knb. Trois antennes; yeux pédonculés; élytres plans, arrivant à se rejoindre sur la ligne médiane dans la région antérieure du corps. *E. Grubei*. — *Acœtes*, Aud. et Edw. *Eupompe* à élytres se rejoignant sur toute la longueur du corps. *A. Pleei*, Martinique. — *Panthalis*, Kb. *Eupompe* à élytres campanulés. *P. Lacazii*, Banyuls. — *Euarche*, Ehl. Yeux non pédonculés, une antenne médiane et deux latérales. *E. tubifex*, Floride.

Trib. **POLYNOINÆ**. Quatre yeux sessiles; ordinairement trois antennes et deux gros palpes; un acicule et parfois des soies dans les cirres tentaculaires du deutoméride; dans

---

[1] GRUBE, *Bemerkungen uber die Familie der Aphroditen*; Jahr. scheles. Gesellsch., 1875 et 1876. — HASWELL, *Monogr. of the australian Aphroditeæ*; Proc. Linn. Soc. of New South-Wales, 1882. — EHLERS, *Florida Anneliden*, Mem. of the Museum of comp. Zoology, 1887.

la région antérieure du corps, des élytres sur les segments 2, 4, 5 et sur les segments
suivants de deux en deux ; dans la région postérieure des élytres de trois en trois
segments ; des cirres dorsaux sur tous les segments sans élytres et sur ceux-là seulement. Trompe armée de quatre dents, deux supérieures, deux inférieures. D'ordinaire
commensaux d'autres Polychètes tubicoles. — *Acholoë*, Clp. Lobe prébuccal échancré
en angle obtus ; antennes courtes, fusiformes, insérées dans trois cupules contiguës à
leur base, représentant leur premier article ; palpes coniques, plus gros et plus longs que
les antennes ; élytres nombreux, couvrant tout le corps, alternant avec des cirres dorsaux,
accompagnés d'une branchie en forme de T. *A. astericola*, sur les ambulacres de l'*Astro-
pecten aurantiacus*, Méd. — *Lepidasthenia*, Mgr. Corps allongé, multisegmenté ; vingt-sept
paires d'élytres rudimentaires ; point de branchies. *L. elegans*, Méd. — *Halosydna*, Knb.
Tête complètement partagée en deux lobes piriformes, sur la base desquels s'avance une
membrane à bord antérieur convexe, en arc de cercle ; antenne impaire insérée entre les
deux lobes qui se prolongent pour former chacun respectivement l'une des antennes
paires ; palpes gros, coniques, plus longs que les antennes ; deux paires de cirres tentaculaires ; dix-huit paires d'élytres couvrant le corps tout entier. *H.* (*Alentia*, Mgr) *gelatinosa*,
Dinard, Saint-Vaast. — *Dasylepis*, Mgr. Protoméride prolongé en avant en deux pointes
coniques ; antennes latérales insérées sous la base de l'impaire ; dix-huit paires d'élytres couvrant tout le corps ; soies de la rame supérieure avec des séries transverses de spinules.
D. asperrima, Écosse. — *Polynoë*, Savig. Trois antennes ; quinze paires d'élytres laissant à
découvert les derniers segments du corps. S.-g. *Polynoë*, s. str. Protoméride non échancré
en avant ; antennes et palpes de même longueur, papilleux ; élytres non croisés sur le dos ;
plus de quarante-cinq segments dont dix-neuf découverts. *P. scolopendrina*, habite des
tubes de sable ou de débris de coquille, Manche. S.-g. *Melænis*, Mgr. Protoméride échancré ;
élytres non croisés ; moins de 45 segments. *M. Loveni*, Atl. N. S.-g. *Lagisca*, Mgr. Protoméride
échancré en demi-cercle en avant ; antennes et palpes cylindriques, puis brusquement
rétrécis ; palpes plus longs et plus gros que les antennes ; élytres croisés ; 8-9 segments découverts. *L. extenuata*, Saint-Vaast. S.-g. *Hermadion*, Knb. Tête bilobée ; antennes des *Lagisca* ;
palpes coniques, plus gros et plus courts que les antennes ; deux paires de cirres tentaculaires semblables ; élytres très caducs 8-9 segments découverts. *H. pellucidum*, Saint-
Vaast, Médit. — *Harmothoë*, Knb. Comme *Polynoë*, mais élytres couvrant toute la face
dorsale. S.-g. *Eunoë*, Mgr. Soies de la rame inférieure simples et légèrement recourbées
au sommet. *E. scabra*, Norvège. S.-g. *Antinoë*, Mgr. Soies inférieures très allongées et
droites au sommet. *A. Sarsi*, Atl. N. S.-g. *Evarne*, Mgr. Soies inférieures beaucoup plus
grêles que les supérieures, quelques-unes bifides ; élytres granuleuses. *E. impar*, Manche.
S.-g. *Harmothoë*, S. str. *Evarne* à soies inférieures toutes bifurquées au sommet. *H. imbricata* ; sous les pierres, Manche, Médit., Japon. S.-g. *Lænilla*, Mgr. *Evarne* à élytres lisses.
L. spinosissima, dans les tubes de Chétoptères, Manche. S.-g. *Eucranta*, Mgr. Corps
linéaire, soies inférieures finement fendues au sommet. *E. villosa*, Atl. N. — *Bylgia*,
Théel. Point d'antenne médiane ; deux petites antennes latérales contiguës à la base ;
protoméride entier en avant. *B. elegans*, Nlle-Zemble. — *Nychia*, Mgr. Protoméride échancré ; antennes latérales naissant sous la base de l'antenne impaire qui occupe l'échancrure céphalique ; soies de la rame supérieure plus grêles que celles de l'inférieure ; corps
plus court que les antennes ; quinze paires d'élytres couvrant toute la surface dorsale ;
palpes forts, couverts de papilles cylindriques, tronquées, microscopiques. *N. cirrosa*,
Saint-Vaast. — *Lepidonotus*, Leach. Le plus souvent douze paires d'élytres imbriquées,
recouvrant tout le dos ; corps court. *L. squamatus*, côtes de France.

Trib. Hermionine. Lobe céphalique arrondi ; une seule antenne et de gros palpes ; un
tubercule facial au-dessous de l'antenne ; élytres disposées comme chez les Polynoïnæ ;
pieds portant du côté dorsal des touffes de poils qui peuvent demeurer libres ou se feutrer
au-dessus des élytres en constituant un faux tégument, mâchoires rudimentaires ou
nulles ; corps court. — *Aphrogenia*, Knb. Yeux implantés sur la base de l'antenne ;
poils dorsaux des pieds ne formant pas de feutrage au-dessus des élytres. *A. alba*, Atl.
— *Pontogenia*, Clpd. Yeux pédonculés ; poils dorsaux des pieds se feutrant au-dessus des
élytres ; soies de la rame dorsale épaisses, longues, couchées, dentées en scie du côté
convexe mais jamais en flèche, disposées en éventail. *P. chrysocoma*, Méd. — *Hermione*,
Sav. Diffèrent des *Pontogenia* par la présence de soies en flèche dans leur rame
pédieuse ; feutrage dorsal lâche et souvent incomplet. *H. hystrix*. Méd. St-Vaast. —
Aphrodite, L. Yeux sessiles ; feutrage dorsal très serré, percé irrégulièrement de grosses

soies brunes; de nombreux faisceaux de soies irisées sur les pieds. *A. aculeata*, St-Vaast. — *Lætmonice*, Kbg. *Hermione* à soies ventrales pectinées à l'extrémité. *L. filicornis*, Finmark.

Fam. AMPHINOMIDÆ. — Lobe prébuccal très petit; bouche refoulée en arrière. Soies simples. Branchies très développées, pinnatifides ou arborescentes. Trompe inerme; corps épais ovalaire ou vermiforme; sur les premiers segments de beaucoup d'espèces un repli cutané, en forme de crête, constituant la *caroncule*.

Trib. Hippoxoinæ. Pas de caroncule; pieds uniramés. — *Spinther*, Johnst. Pas de cirres. *S. oniscoïdes*, Irlande. — *Hipponoë*, Aud. et Edw. Un cirre ventral. *H. Gaudichaudii*, Port Jackson.

Trib. Euphrosinidæ. Une caroncule; pieds biramés; plusieurs houppes branchiales sur les côtés de chaque segment. — *Euphrosine*, Sav. Seul genre indigène. *E. foliosa*, Manche, Saint-Vaast. *E. mediterranea*, Villefranche.

Trib. Amphinominæ. Une caroncule; pieds biramés; une houppe branchiale de chaque côté sur tous les segments. — *Amphinome*, Bruguière. Branchies arborescentes; corps allongé. *A. Savignyi*, Sicile. — *Chloëia*, Sav. Branchies pinnatifides; corps court. *C. venusta*, Sicile.

Fam. PALMYRIDÆ. — Protoméride portant une antenne impaire, une paire d'antennes latérales et une paire de palpes. Yeux quelquefois absents. Pieds biramés; un cirre dorsal de deux en deux segments; point d'élytres; de larges soies disposées en éventail sur tous les segments. Trompe armée de deux mâchoires.

Chrysopetalum, Ehl. Quatre cirres tentaculaires de chaque côté du 1ᵉʳ segment. *C. fragile*, Méd.

Fam. GLYCERIDÆ. — Protoméride conique, annelé, avec quatre petites antennes à l'extrémité et deux palpes à la base. Pieds des deux premiers segments incomplets, sans cirres tentaculaires; les autres portés sur un pédicule. Trompe longue, très protractile. Anneaux très nombreux; corps cylindrique. Sang rouge.

Glycera, Sav. Trompe armée de quatre dents; pieds biramés, à rames s'unissant à leur base en un pédoncule commun : *a*. Pieds avec deux languettes antérieures et une postérieure. *G. lapidum*, Saint-Vaast; — *b*. Pieds avec deux languettes antérieures et deux languettes postérieures, séparées seulement par une faible échancrure : 1, point de branchies. *G. decorata*, Bréhat; 2, des branchies en forme de sac. *G. fallax*, Saint-Vaast; 3, des branchies rétractiles sur la rame dorsale. *G. gigantea*, Manche; — *c*. Pieds avec deux languettes antérieures, deux languettes postérieures inégales; branchies filiformes. *G. convoluta*, Saint-Vaast; — *d*. Pieds avec deux longues languettes antérieures et deux languettes postérieures presque égales : 1, des branchies dorsales filiformes seulement. *G. albicans*, Boulogne; 2, des branchies dorsales à deux ou trois branches. *G. unicornis*, Chausey; 3, des branchies dorsales ramifiées. *G. lævis*, All.; 4, des branchies dorsales et des branchies ventrales. *G. dibranchiata*, Californie. — *Goniada*, Aud. et Edw. Trompe avec deux dents pluridentelées et plusieurs denticules; pieds antérieurs et pieds postérieurs inégaux. *G. emerita*, Nice, Dinard.

Fam. NEPHTHYDÆ. — Protoméride petit, portant deux ou quatre antennes; deutoméride avec deux cirres tentaculaires et deux tubercules sétigères. Pieds biramés; chaque rame munie de deux faisceaux de soies et portant une lame molle et un cirre; une branchie insérée sous la rame supérieure. Trompe exsertile, très grande, à régions distinctes, séparées par des papilles et armée de deux denticules non apparents à l'extérieur. Corps prismatique, très allongé.

Nephthys, Edw. Quatre antennes. *N. margaritacea*, Saint-Vaast. — *Portelia*, Qfg. Deux antennes. *P. rosea*, Boulogne, Saint-Vaast.

Fam. EUNICIDÆ [1]. — Protoméride distinct; ordinairement des yeux. Pieds généralement uniramés, remplacés par des cirres sur le 1ᵉʳ et souvent le 2ᵉ segments, semblables entre eux sur les autres segments qui sont nombreux. Trompe non exsertile, située au-dessous du pharynx et contenant une *mâchoire supérieure*, composée de deux séries symétriques de pièces cornées, et une *mâchoire inférieure* ou *labre*, composée de deux pièces symétriques, rapprochées.

Trib. Lumbriconereinæ. Pas de branchies; pieds uniramés; cirres non foliacés, souvent

[1] Grube, *Famille Eunicea*. Jahresb. schles. Gesells. 1877 and 1878.

rudimentaires ou nuls. — *Ophryotrocha*, Clpd. et Meczn. Deux appendices au protoméride; pieds bilobés, sans cirres; mâchoires de deux paires de pièces; une ceinture ciliée sur chaque segment. *O. puerilis*, Médit. — *Paractius*, Lev. Quatre appendices inarticulés au protoméride; soies simples; un cirre dorsal et un cirre ventral rudimentaires; mâchoire formée de sept à huit paires de pièces dont les quatre postérieures terminées en croc et les trois ou quatre antérieures en forme de lames; une ceinture de cils vibratiles sur chaque segment. *P. mutabilis*, Dinard. — *Lumbriconereis*, de Bl. Protoméride conique, sans appendices; rames pédieuses prolongées au-dessous des soies en une languette conique; des soies simples et composées, mélangées dans les derniers segments, avec des soies à crochet; les deux moitiés de la mâchoire supérieure semblables. *L. fingens*, Saint-Vaast. — *Labrorostratus*, de Saint-Joseph. Diffèrent des *Lumbriconereis* par leurs quatre yeux *en ligne droite*; leur mâchoire supérieure réduite à un long support et à deux très petites pièces dentelées; leur labre composé de deux pièces juxtaposées, portant en avant de leur point de jonction, deux rostres recourbés, réunis à leur base par une barre transversale. *L. parasiticus*, parasite de la cavité générale de l'*Odontosyllis ctenostoma* et autres Syllidiens, Dinard. — *Oligognathus*, Spengel. Mâchoires très réduites; pas de cirres. *O. Bonelliæ*, dans la cavité viscérale de la Bonellie. — *Hæmatocleptes*, Wirén. Mâchoires réduites; un rudiment de cirre. *H. Terebellidis*, parasite dans le sinus péri-intestinal du *Terebellides Strœmi*. — *Laranda*, Kb. Quatre paires de dents à la mâchoire supérieure; la 1re en forme de croc; la 2e non en croc mais dentelée; les 3e et 4e égales, en croc; trois supports filiformes. *L. gracilis*, Rio Janeiro. — *Notocirrus*, Schmarda. *Laranda*, présentant deux supports filiformes; 1re paire de dents non en forme de croc; les trois autres paires inégales, en croc, pluridentées; pièces du labre non séparées. *N. chilensis*, Chili. — *Drilonereis*, Clp. Protoméride sans appendices, suivi de deux segments achètes; soies toutes également simples et limbées; cirre dorsal rudimentaire, avec acicules fins à sa base; deux longs supports filiformes à la mâchoire, suivis de quatre ou cinq paires de dents dont la 1re (*pince*) avec ou sans denticules à la base; la 2e formée de deux pièces dentelées, les suivantes réduites à de simples crocs; labre très petit ou nul. *D. filum*, Atl. — *Arabella*, Grube. Diffèrent des *Drilonereis* par leur pied bilabié; leurs soies à la fois limbées et coudées; leur 1re paire de dents décrivant presque un demi-cercle; les 2e, 3e et 4e paires toutes dentelées; celles de la 2e paire de longueur inégale; un simple croc indiquant une 5e paire; leur labre formé de deux pièces massives juxtaposées. *A. quadristriata*, Médit. — *Maclovia*, Gr. Diffèrent des *Arabella* par la présence d'une 5e paire de dents et d'un 3e support large et brunâtre. *M. gigantea*, Manche. — *Aracoda*, Schm. *Drilonereis* à cinq paires de dents et un seul segment achète. *A. debilis*, Floride. — *Nematonereis*, Schmarda. Une antenne; des yeux; pieds armés de soies simples et de soies composées; un cirre dorsal. *N. unicornis*, Atl. Méd. — *Lysidice*, Sav. Trois antennes; des cirres dorsaux et ventraux; les deux moitiés de la mâchoire formées d'un nombre inégal de pièces. *L. Ninetta*, Atl. Méd. — *Mac Duffia*, M. Intosh. — *Nicidion*, Kbg. — *Blainvillea*, Qfg. Diffèrent des *Nematonereis* par l'absence de cirre dorsal. *B. elongata*, Bréhat. — *Plioceras*, Qfg. *Lysidice* à cinq antennes. *P. multicirrata*, Saint-Vaast. — *Ninoë*, Kbg. Toutes américaines.

Trib. Staurocephalinæ. Une paire d'antennes et une paire de palpes; pieds biramés avec des soies de deux sortes; pas de branchies; cirres non foliacés. — *Staurocephalus*, Gr. Quatre yeux; cirres dorsaux inarticulés. *S. rubro-vittatus*, Manche.

Trib. Lysaretinæ. Lobe prébuccal portant deux ou trois antennes. Pieds uniramés, portant un cirre dorsal foliacé, jouant le rôle de branchie; mâchoires formées d'une série de pièces presque uniformes. — *Œnone*, Sav. Deux antennes. *Œ. Orbignyi*, îles Chausey. — *Halla*, Costa. (*Plioceras*, de Qf?) Trois antennes; deux yeux; pieds bilabiés, à soies simples; mâchoire composée de deux longs supports, cinq paires de dents dissemblables, dentelées. *H. parthenopeia*, Médit. — *Lysarete*, Kb. — *Danymene*, Knb. Diffèrent des *Halla* par la présence de quatre yeux et d'une sixième paire de dents. *D. fouensis*, Foua. — *Aglaurides*, Ehl.

Trib. Eunicinæ. Des antennes; pieds uniramés avec cirres dorsaux et branchies. — *Hyalinœcia*, Malmg. Sept antennes; deux palpes; point de cirres tentaculaires; branchies cirriformes; habitent dans des tubes droits, ouverts aux deux bouts. *H. Grubii*, Manche. — *Onuphis*, Aud. et Edw. Diffèrent des *Hyalinœcia* par l'absence de pieds aux deux premiers segments, le premier portant des cirres tentaculaires; cinq antennes; deux palpes; branchies cirriformes ou pectinées. *O. eremita*, Atl. — *Diopatra*, Aud. et Edw. *Onuphis* n'ayant qu'un seul segment apode; branchies nulles, ramifiées ou à filaments disposés en hélice autour d'une tige axiale. *D. gallica*, Arcachon. — *Rhamphobrachium*, Ehl. *Diopatra*, dont les trois paires de pieds antérieurs, dirigés en avant, s'allongent au delà du protoméride. *R. Agassizii*, Floride. — *Marphysa*, Qfg. Cinq antennes; point de cirres tentaculaires. *M. sanguinea*, Saint-Vaast. — *Eunice*, Cuv. Cinq antennes; des cirres tentaculaires. *E. Harassii*, Saint-Vaast. *E. Rousseaui*, Saint-Jean de Luz; 1 m. 50 de long et 3 centimètres de large; *E. gigantea* de même taille. — *Amphiro*, Kbg. Trois antennes; branchies filiformes, parfois bifides ou doubles. *A. Johnsoni*, Dinard. Ce sont peut-être de jeunes *Marphysa*.

<h2 style="text-align:center">2. ORDRE</h2>

<h3 style="text-align:center">PHILOCRINIDA</h3>

Corps aplati, pourvu de tentacules marginaux (vingt au minimum) et de cinq paires de parapodes placés à égale distance de la ligne médiane ventrale et des bords; une soie chitineuse dans chaque parapode. De chaque côté du corps, chez les formes non enkystées, quatre ventouses situées entre la ligne des parapodes et le bord. Une trompe inerme; un tube digestif simple, ou plus souvent présentant une paire de cæcums ramifiés, rayonnants. Le plus souvent hermaphrodites. Parasites des Crinoïdes.

Fam. **STELECHOPIDÆ**. — Point de ventouses; tube digestif droit.

Stelechopus, Greeff. Genre unique. *S. hyocrini*. Sur le *Hyocrinus bethellianus*.

Fam. **MYZOSTOMIDÆ**. — Tube digestif présentant des cæcums ramifiés.

Trib. Endomyzostomixæ. Point de ventouses; déforment les pinnules sur lesquelles ils se fixent, et produisent ainsi une sorte de chambre qu'ils habitent. — *Endomyzostoma*, Nov. gen. Hermaphrodites. *E. pentacrini*. — *Heteromyzostoma*, Nov. gen. Sexes séparés; mâles nains. *H. tenuispinum* sur l'*Antedon angusticalyx* des Philippines.

Trib. Myzostominæ. Courent en liberté sur leur hôte. — *Myzostoma*, Leuckart. Dix cirres marginaux; des ventouses. *M. cirriferum*, de l'*Antedon rosacea*. — *Polymyzostoma*, Nov. gen. Plus de dix cirres marginaux; des ventouses. *P. caribbeanum*. — *Hypomyzostoma*, Nov. gen. Point de ventouses. *M. folium*. — *Cercomyzostoma*, Nov. gen. Corps terminé par deux ou quatre longs et gros appendices. *C. filicauda*.

<h2 style="text-align:center">3. ORDRE</h2>

<h3 style="text-align:center">SEDENTARIA</h3>

Corps divisé en régions formées de segments semblables, les segments d'une région étant différents de ceux des autres. Tête petite, peu distincte ou profondément modifiée. Pieds presque toujours simples, les inférieurs généralement en bourrelets transversaux, armés de soies à crochets ou de crochets aplatis. Ordinairement des branchies limitées à une région du corps déterminée. Trompe courte ou molle; jamais de mâchoires. Habituellement tubicoles.

Fam. **SACCOCIRRIDÆ**. — Protoméride portant deux yeux, deux antennes et deux fossettes vibratiles. Pieds uniramés, ne portant que des soies simples; extrémité postérieure du corps se continuant avec deux lobes musculaires.

Saccocirrus, Bobretsky. Genre unique. *S. papillocercus*, Médit.

Fam. **SPIONIDÆ**. — Protoméride petit, pourvu ordinairement de petits yeux et pouvant porter des prolongements antenniformes. Deutoméride avec deux longs cirres tentaculaires, couverts de papilles, fréquemment marqués d'un sillon. Pieds habituellement biramés avec des soies simples; branchies cirriformes, sans anses anastomotiques entre leur vaisseau afférent et leur vaisseau efférent.

Polydora, Bosc. Protoméride conique, bifide antérieurement; cinquième segment plus grand que les autres, portant au lieu des faisceaux de soies dorsales, deux peignes de soies alternativement grêles et lancéolées ou grosses et en crochet simple; extrémité postérieure avec une ventouse. *P. ciliata*, Saint-Vaast. — *Spio*, Fabr. Protoméride bifide ou échancré; cinquième segment semblable aux autres; branchies commençant au premier ou au deuxième segment, nombreuses; segment terminal avec plusieurs paires de papilles. *S. (Uncinia) ciliata*, Saint-Vaast; *S. (Colobranchus) tetracerus*, Bretagne. — *Nerine*, Johnst. Diffèrent des *Spio* par la présence à chaque pied d'une lèvre foliacée, bordant la branchie au moins aux segments antérieurs, au lieu d'un simple mamelon. *N. (Aonis) foliosa*, Saint-Vaast. *N. (Malacoceros) Girardi*, Saint-Vaast. — *Scolecolepis*, Bl. Branchies non bordées par la lamelle membraneuse de la rame supérieure; anus entouré de cirres. *S. oxycephala*, Dinard. — *Prionospio*, Mgr. Protoméride ni échancré, ni divisé en avant; quatre yeux; des branchies simples ou pennées sur les segments antérieurs seulement; pieds antérieurs à rames distinctes, bordées d'un lobe membraneux; pieds postérieurs uniramés, en forme de crête. *P. Malmgreni*, Médit. — *Pygospio*, Clp. Diffèrent des genres précédents par leurs pieds uniramés, à soies inférieures en crochet, à soies supérieures simples; quatre tubercules sur le protoméride. *P. elegans*, Saint-Vaast. — *Magelona*, F. Müller. Point de branchies dorsales. *M. papillicornis*, Saint-Vaast.

Fᴀᴍ. **CHÆTOPTERIDÆ.** — Protoméride portant souvent des yeux et de petites antennes. Deutoméride fréquemment pourvu de deux longs cirres tentaculaires; quatrième segment présentant des soies à crochet, disposées en peigne. Appendices dorsaux de la région moyenne du corps en forme d'ailerons lobés ou fusionnés; rame inférieure des pieds bifide, au moins dans la région postérieure du corps. Habitent des tubes en U, enfoncés dans le sable et formés d'une substance parcheminée.

Spiochætopterus, Sars. Deutoméride avec deux longs cirres tentaculaires; les neuf premiers segments sétigères normaux; le onzième et le douzième portant des lobes foliacés. *S. typus*, Norvège. — *Phyllochætopterus*, Grube. Outre les deux grands cirres tentaculaires du deutoméride, deux cirres tentaculaires plus petits, armés de soies aciculaires; les treize segments qui suivent le protoméride à pieds simples, comprimés, dirigés vers le haut; pieds de la région moyenne à rame supérieure transformée en limbes foliacés, multilobés, portant de grandes soies capillaires; pieds de la région postérieure à rame supérieure cylindrique, avec soies aciculaires. *P. socialis*, Médit. — *Telepsavus*, G. Costa. Corps divisé en deux régions seulement; deux longs cirres tentaculaires et deux petits; toutes les rames dorsales de la région postérieure transformées en lobes foliacés. *T. Costarum*, Médit. — *Chætopterus*, Cuv. Deux yeux et deux antennes de faible dimension; neuf à douze segments antérieurs, semblables, uniramés; le suivant à longues rames dorsales relevées sur le dos; ensuite un segment à rames dorsales transformées en ventouses; et trois segments à rames dorsales fusionnées et transformées en grosses palettes semi-circulaires; tous les segments de la région suivante à rames ventrales en forme de palettes, à rame dorsale conique, dirigée vers le dos. *C. variopedatus (C. Valencinii)* Saint-Vaast.

Fᴀᴍ. **ARICIIDÆ.** — Protoméride conique, très petit, habituellement dépourvu d'antennes. Deutoméride bien distinct, muni de tubercules sétigères. Pieds plus ou moins ramenés vers la région dorsale du corps, biramés, accompagnés de branchies en languette, insérées près de la ligne médiane dorsale. Corps allongé, multisegmenté, divisé en deux régions. Trompe courte, inerme. Vivent dans le sable.

Aricia, Sav. Point d'antennes, ni d'yeux; rame inférieure des pieds antérieurs portant des soies à crochet; trompe de forme ordinaire. *A. Cuvieri*, Manche, Atl. — *Orbinia*, de Qfg. Diffèrent des *Aricia* par la présence de cinq petites antennes et d'yeux rudimentaires. *O. sertulata*, La Rochelle. — *Scoloplos*, Bl. *Aricia* ne présentant que des soies simples à la rame inférieure des pieds antérieurs; pas de caroncule. *S. armiger*, Saint-Vaast. — — *Porcia*, Grube. Diffèrent des *Scoloplos* par la présence de trois caroncules sur le deutoméride. *P. madeirensis*, Madère. — *Theodisca*, Fr. Müller. Diffèrent des genres précédents par leur trompe exsertile, divisée en cinq lobes souples, deux faisceaux de soies de chaque côté. *T. liriostoma*, Médit. — *Anthostoma*, Schm. Trompe divisée au moins en six lobes; trois faisceaux de soies de chaque côté. *A. ramosum*, Antilles.

Fᴀᴍ. **OPHELIIDÆ.** — Protoméride et deutoméride confondus et s'allongeant en un lobe prébuccal conique et effilé; point d'antennes; des organes ciliés rétractiles; quelquefois des bouquets de soies au deutoméride. Pieds très peu saillants, à soies simples; des branchies thoraciques ou abdominales, en général filiformes. Corps court, à régions peu distinctes, formé d'un petit nombre d'anneaux. Trompe inerme, non protractile. Vivent dans le sable.

Trib. OPHELIINÆ. Des branchies filiformes; point d'yeux latéraux. — *Ophelia*, Sav. Branchies limitées à la région moyenne du corps; deux rangées de faisceaux de soies de chaque côté; face ventrale limitée dans la région moyenne et postérieure par deux bourrelets longitudinaux. *O. bicornis*, Manche. Atl. — *Travisia*, Johnst. *Ophelia* présentant des branchies sur presque toute la longueur du corps. *T. Forbesii*, îles Shetland. — *Ammotrypane*, Rathke. Faisceaux de soie sur une seule rangée latérale. *A. aulogaster*, mer du Nord. — *Branchoscolex*, Schmarda. Diffère des genres précédents par la présence de plusieurs branchies à chaque pied de la région moyenne du corps. *B. craspidochæta*, Le Cap.

Trib. POLYOPHTHALMINÆ. Point de branchies; des yeux latéraux. — *Polyophthalmus*, de Qfg. Tête large, sans appendices; yeux avec cristallins. *P. pictus*, Méditerranée; *P. agilis*, Atl., dans le sable, au pied des Corallines. — *Armandia*, Fil. Tête arrondie, terminée en avant par une antenne impaire, mince, fusionnée avec le segment buccal; ce dernier portant un mamelon pédieux avec un cirre ventral et deux faisceaux de soies; en outre une branchie à tous les pieds suivants; seize paires d'yeux latéraux, sans cristallin; segment anal échancré du côté ventral et garni, le long de l'échancrure, de papilles digitiformes. *A. Bolfussi*, Dinard.

Fam. SCALIBREGMIDÆ [1]. — Protoméride distinct, portant souvent deux petits mamelons antennaires et deux organes vibrants, rétractiles. Corps aminci postérieurement; segment anal souvent terminé par plusieurs cirres. De chaque côté, à chaque segment, deux petites rames portant des acicules, des soies capillaires et des soies en fourche, à branches souvent barbelées. Trompe ronde et courte.

Trib. SCALIBREGMINÆ. Des branchies, en général au nombre de quatre paires, ramifiées dichotomiquement. — *Eumenia*, OErst. Des soies en fourche et des soies capillaires. *E. crassa*, mer du Nord. — *Scalibregma*, Rathke. Point de petites soies en fourche; des cirres à l'anus. *S. inflatum*, mer du Nord.

Trib. LIPOBRANCHINÆ. Point de branchies. — *Sclerocheilus*, Grube. Corps rond, un peu en fuseau; tête petite, à deux processus antenniformes épais, avec plaques d'yeux; deux organes vibratiles, rétractiles, à la base de la tête; segment buccal achète; deuxième segment (tritoméride) avec cinq ou six grosses soies aciculaires de chaque côté et autant de petites, entremêlées, placées entre le mamelon supérieur et le mamelon inférieur qui ont des soies purement capillaires; aux mamelons des autres segments, soies capillaires accompagnées de soies en fourche plus fines et moins longues; petits cirres ventraux en languette aux derniers segments seulement; anus entouré de cirres. *S. minutus*, Saint-Vaast, entre les feuillets des vieilles coquilles d'Huître. — *Lipobranchius*, Cunn. et Ram. Diffèrent des *Sclerocheilus* par l'absence d'yeux et celle de cirres ventraux aux segments postérieurs. *L. intermedius*. Dinard, dragages.

Fam. ARENICOLIDÆ (TELETHUSINÆ). — Protoméride petit, conique, sans antenne. Deutoméride sans cirres tentaculaires, presque confondu avec le protoméride; des branchies ramifiées sur la région moyenne du corps; région postérieure amincie en une sorte de queue; pieds biramés, à soies de la rame supérieure simples. Habitent des trous en forme d'U dans le sable.

Arenicola, Lam. Seulement des soies à crochet sur les parapodes inférieurs. *A. marina* (*A. piscatorum*), toutes les mers d'Europe. *A. ecaudata*, Saint-Vaast.

Fam. CAPITELLIDÆ [2]. — Proto- et deutoméride distincts, habituellement sans appendices. Corps divisé en une région antérieure (thoracique) et une région postérieure (abdominale); sur la région antérieure, pieds uniramés, en forme de tubercules rétractiles, sans appendices, portant des soies simples; sur la région postérieure pieds en forme de bourrelets (tores) peu saillants et peu rétractiles, portant des branchies simples ou ramifiées, à demi ou complètement rétractiles. Un appareil copulateur différencié chez les mâles aussi bien que chez les femelles.

<hr>

[1] LEVINSEN, *Syst. geog. Oversigt over de Nord-Annulata*, Vidensk. Meddelelser, 1883. Copenhague, 1884, p. 130.

[2] Dr HUGO EISIG, *Monographie der Capitelliden des Golfes von Neapel*, Mémoires de la station zoologique de Naples, 1887.

Notomastus, Sars. Douze segments thoraciques, exclusivement pourvus de soies subulées; les segments abdominaux exclusivement armés de soies en crochets, branchies simples. S.-g. *Clistomastus*, Eisig. Néphridies libres dans le cœlome, conduits et orifices génitaux rudimentaires ou absents. *C. lineatus*, Médit. S.-g. *Tomomastus*, Eis. Néphridies soudées avec la paroi neurale du corps; conduits et orifices génitaux bien développés. *C. rubicundus*, Saint-Vaast. — *Dasybranchus*, Grube. Diffèrent des *Notomastus* par la présence de quatorze segments thoraciques; des branchies simples et des branchies composées du côté neural des parapodes. *D. caducus*, Méd., Madère. — *Mastobranchus*, Eis. Douze segments thoraciques ne portant que des soies subulées; des soies subulées et des soies à crochet sur l'abdomen; des branchies simples et des branchies composées sur le côté hémal des parapodes. *M. Trinchesii*, Médit. — *Heteromastus*, Eis. Douze segments thoraciques; les segments deux à six portant des soies subulées; les segments sept à douze de très longues soies à crochet; abdomen exclusivement armé de soies à crochet; branchies remplacées à l'extrémité de l'abdomen par des prolongements respiratoires des segments. *H. filiformis* (*Ancistra minima*, Qfg), La Rochelle. — *Capitomastus*, Eis. Dix segments thoraciques; segments deux, quatre ou cinq avec soies subulées; les suivants avec longues soies à crochet; abdomen avec soies à crochet; point de branchies; un appareil copulateur dans les deux sexes. *C. minimus*, Madère, Médit. — *Capitella*, Bl. Neuf segments thoraciques; segments un à six avec soies subulées; sept, avec soies subulées et soies à crochet; huit, neuf et abdomen avec soies à crochet; point de branchies; un appareil copulateur chez les mâles seulement. *C. capitata*, Saint-Vaast, cosmopolite.

Fam. **MALDANIDÆ**. — Protoméride peu développé, confondu avec le deutoméride ou formant une plaque qui le recouvre; pas d'antennes; assez souvent des taches oculaires. Pieds biramés; rame supérieure portant des soies simples ou pennées, disparaissant dans la région postérieure; rame inférieure absente en avant, en forme de bourrelet transversal, portant des soies à crochet. Point de branchies. Anus souvent entouré par un entonnoir crénelé et papilleux. Habitent des tubes de sable.

Rhodine, Mgr. Tête sans plaque limbée; pas de soies aciculaires ventrales, ni de crochets à un certain nombre de segments antérieurs; crochets ventraux sans barbules sous-rostrales, disposés sur un certain nombre d'anneaux en deux rangées transversales parallèles; segment anal sans plaque ni entonnoir; anus subdorsal. *R. Loveni*, Atl. N. — *Nicomache*, Mgr. (*Leiocephalus*, Qfg.) Comme *Rhodine*, mais des soies aciculaires ventrales sur un certain nombre de segments antérieurs; crochets ventraux avec des barbules sous-rostrales, disposés en une seule rangée sur les segments uncinigères; anus au centre d'un entonnoir garni de cirres. *N. Capensis*, Le Cap. — *Leiochone*, Gr. Diffèrent des *Nicomache* par leur segment anal patelliforme, sans cirres et leur anus central, conique. *L. clypeata*, Dinard. — *Petaloproctus*, Qfg. Diffèrent des *Nicomache* par leur segment anal muni d'une plaque foliacée, concave, sans cirres, à la surface de laquelle s'ouvre l'anus. *P. terricola*, toutes nos côtes. — *Lumbriclymene*, Sars. Comme *Nicomache*, mais segment anal tronqué obliquement, sans plaque ni entonnoir, avec anus subdorsal. *L. cylindricauda*. Norvège — *Paraxiothea*, Webst. Se distinguent des genres précédents par la présence de crochets ventraux à tous les segments sétigères. *P. lalens*, New-Jersey. — *Chrysothemis*, Kbg. Tête en plaque plus ou moins plate, plus ou moins inclinée en arrière, entourée d'un limbe entaillé ou non; crochets ventraux des précédents; segment anal biannelé, fendu latéralement, sans plaque ni entonnoir; anus dorsal. *C. amœna*, Atl. Brésil. — *Maldane*, Gr. Diffèrent des *Chrysothemis* par leur segment anal terminé en plaque sans cirres, la plaque couvrant l'anus qui est dorsal; ni crochets, ni soies aciculaires ventrales au premier segment sétigère. *M. cincta*, Dinard. — *Maldanella*, Mac Intosh. Diffèrent des *Maldane* par leur segment anal en entonnoir, garni de cirres, avec anus à son centre. *M. antarctica*, île Prince Edward. — *Axiothea*, Mgr. *Maldanella* présentant des crochets ventraux à tous les segments sétigères. *A. cirrifera*, Madère. — *Clymene*, Sav. Comme *Maldanella*, mais des soies ventrales aciculaires remplaçant les crochets à un certain nombre de segments antérieurs; pas de cæcums vasculaires extérieurs. *C. lumbricoïdes*, Manche, Atl. — *Johnstonia*, Qfg. *Clymene* présentant sur les derniers segments du corps, des rangées longitudinales, parallèles de cæcums vasculaires extérieurs. *J. clymenoïdes*, St-Sébastien.

Fam. **AMMOCHARIDÆ**. — Corps composé d'anneaux allongés, entouré en avant par une couronne de lobes ramifiés. Soies des faisceaux dorsaux pennées; crochets ventraux disposés en rangées longitudinales.

Ammochares, Gr. (*Owenia*, Del. Ch.). Seul genre indigène. *A. filiformis*, St-Vaast. — *Myriochele*, Mgr.

FAM. **CIRRATULIDÆ**. — Protoméride petit, mais distinct, généralement dépourvu d'appendices; deutoméride également distinct. Pieds biramés; rame supérieure à soies simples et linéaires; des branchies ou des cirres, ou des branchies et des cirres en forme de très longs filaments contractiles sur un certain nombre de segments. Corps allongé, multisegmenté. Fouissent les sables vaseux.

Cirrineris, Bl. Des branchies latérales seulement sur presque tous les segments. *C. bioculata*, Saint-Vaast. — *Cirratulus*, Lamk. Des cirres filamenteux sur le premier segment branchifère; des branchies de même apparence que les cirres sur presque tous les segments du corps. *C. filiformis*, Saint-Vaast. — *Audouinia*, Qfg. Les premiers segments du corps ne portant que des branchies; un ou plusieurs des suivants des branchies et des cirres; les autres des branchies. *A. tentaculata*, îles Chausey, *A. crassa*, Saint-Vaast. — *Dodecaceria*, Œrst. Deux gros tentacules ventraux et une paire de branchies dorsales au segment buccal; un très petit nombre de branchies latérales aux segments suivants. *D. concharum*, mer du Nord. — *Narangaseta*, Leidy. Trois paires de gros tentacules au premier segment et cinq paires de branchies appartenant respectivement aux cinq segments suivants. *N. corallii*, New-Jersey. — *Heterocirrus*, Gr. Une paire de gros tentacules dorsaux et une paire de branchies sur l'un des segments antérieurs; les segments suivants avec de nombreuses paires de branchies. *H. caput-esocis*, Dinard. — *Acrocirrus*, Gr. Une paire de gros tentacules préhensiles au protoméride; deux paires de filets tentaculaires accompagnés d'une petite papille au deutoméride (segment buccal); une paire de branchies latérales aux troisième et quatrième métamérides; soies ventrales composées, avec un article en serpe. *A. frontalis*, Médit., Atl. — *Chætozone*, Mgr. Protoméride sans appendices; une paire de gros tentacules, accompagnée d'une paire de branchies latérales au premier des segments où apparaissent les appendices du corps, et une paire de branchies latérales à beaucoup des segments suivants; soies simples, garnissant presque tout le tour des segments postérieurs du corps. *C. setosa*, Médit., Atl.

FAM. **STERNASPIDÆ**. — Corps très court, de forme très aberrante. Protoméride petit, sans appendices. Les trois premiers segments sétigères présentant chacun une couronne de soies interrompue sur les lignes médianes dorsale et ventrale; septième segment portant deux appendices sexuels; les huit segments suivants apodes, suivis du côté ventral d'un bouclier sétigère. Un faisceau de branchies anales.

Sternaspis, Otto. Genre unique. *S. scutata*, Médit.

FAM. **FLABELLIGERIDÆ** (PHERUSIDÆ). — Protoméride portant deux fortes antennes rétractiles dans une sorte de cage formée par les soies très allongées et dirigées en avant des premiers pieds; les pieds suivants biramés, en forme de nageoires ou très petits, portant des soies simples ou composées. Deux faisceaux de filaments branchiaux rétractiles sur le protoméride. Des papilles et de longs filaments tégumentaires. Sang vert.

Stylarioïdes Delle Chiaje (*Pherusa*, de Bl.). Protoméride peu distinct, presque toujours caché dans la cage que forment les soies des premiers pieds; pieds biramés, à soies simples, très petites, corps nu, fusiforme. *S. plumosus*, Saint-Vaast. — *Trophonia*, Aud. et Edv. Diffèrent des *Stylarioïdes* par les grandes dimensions des soies des rames dorsales qui se dressent sur le dos. *T. eruca*, Méd. — *Flabelligera*, Sars. (*Chlorhæma*, Duj., *Siphonostoma*, Rathke.) Protoméride très distinct, pouvant se cacher ou entrer dans la cage formée par les soies des premiers pieds; tous les pieds biramés; corps couvert de filaments ou de papilles. *F. affinis* (*Chlorhæma Dujardini*), Saint-Vaast; sur les Oursins. — *Lophiocephalus*, de Qf. Pieds antérieurs seuls biramés. *L. Edwardsi*, Naples. — *Brada*, Stimpson.

FAM. **TEREBELLIDÆ**. — Proto- et deutoméride plus ou moins confondus; sur le protoméride de longs filaments préhensiles, souvent divisés en deux faisceaux; deutoméride sans appendices. Des crochets aviculaires présentant au vertex des rangées transversales de denticules dont le latéral apparaît comme une *crête* sur le crochet vu de côté; très rarement, à leur place (*Lobnia*), des crochets pectiniformes. Construisent des tubes de sable ou de débris de coquille.

TRIB. **AMPHITRITINÆ**. — Protoméride court, à filaments tentaculaires nombreux, canaliculés; vertical en arrière des tentacules, et présentant souvent des points oculiformes; allongé au-dessous des tentacules, en une lèvre protégeant la bouche. Souvent des branchies. Soies capillaires limbées à la partie antérieure du corps. Des vaisseaux.

a. — Pas de branchies. — *Pherea*, de Saint-Joseph. Pas de segments sétigères; soies d'une seule sorte à pointe unie, commençant au quatrième segment; crochets aviculaires à base courte, à vertex élevé ayant de sept à onze rangées transversales de trois denticules, à prolongement postérieur. *P. (Lanassa) bentheliana*, I. Sandwich. — *Bathya*, St-Jos. Diffèrent des *Pherea* par leurs crochets aviculaires sans prolongement postérieur. *B. (Lexna) abyssorum*, Gr. prof. — *Proclea*, St-Jos. Diffèrent des *Bathya* par leurs soies de deux sortes, les unes à pointe unie, les autres à pointe barbelée, commençant au troisième segment. *P. (Lexna) Graffii*, Madère. — *Lexna*, Mgr. (*Lanassa*, Mgr. et *Laphaniella*, Malm.) Diffèrent des *Pherea* par la forme de leurs crochets aviculaires, à base plus longue, à vertex moins élevé, n'ayant que de trois à six crêtes rangées transversales de quatre à cinq denticules devenant plus nombreux aux dernières rangées; cinq soies capillaires sur dix (*Lexna*, s. st.) ou quinze (*Lanassa*, Mgr.), des segments antérieurs. *L. abranchiata*, Spitzberg; *L. (Lanassa) Nordenskiöldi*, Spitzb. — *Phisidia*, St-Jos. Diffèrent des *Lexna* par la présence de deux sortes de soies, les unes à pointe unie, les autres à pointe dentelée; crochets aviculaires en deux rangées opposées sur de nombreux segments. *P. (Lexna) oculata*, Madère. — *Laphania*, Mgr. Soies commençant au troisième segment, les unes droites, les autres géniculées; segments sétigères assez nombreux (dix-sept environ); crochets aviculaires des *Lexna*, en rangée simple sur tout le corps. *L. Bœcki*, Sptzb.

b. — Des branchies rameuses cirriformes ou subulées. — *Amphitrite*, O. F. Müller. Soies à pointe dentelée, commençant au quatrième segment, distribuées sur un assez grand nombre de segments; plaques onciales présentant une base longue, une pointe antérieure et une postérieure très accusées, une petite saillie latérale pour le ligament et, au vertex, cinq ou six rangées transversales de denticules excessivement nombreux aux rangées supérieures; rangée des crochets aviculaires double, engrenante ou rarement opposée à un certain nombre de segments : 1, trois paires de branchies rameuses, *A. Edwardsi*, Saint-Vaast; 2, trois paires de branchies cirriformes, *A. cirrata*, mer du Nord; 3, deux paires de branchies rameuses, *A. gracilis* (*Physelia Scylla*), Saint-Vaast. — *Terebella* L. (*Lepræa*, Mgr., *Heteroterebella*, *Heterophyselia*, Qfg.) Branchies et soies comme *Amphitrite*; mais, à un grand nombre de segments, quelquefois sur tous (*Lepræa* = *Heteroterebella*), crochets aviculaires disposés en rangée double, opposée, rarement engrenante (*T. Ehrenbergi*); ces crochets présentant une base de grandeur moyenne avec les deux pointes très accusées; une petite saillie latérale avec ligament fixateur, un vertex à quatre crêtes dans les segments antérieurs et deux dans les autres; trois à quatre rangées transversales de trois à six denticules. *T. (Lepræa) lapidaria*, toutes nos côtes; *T. (Heteroterebella) textrix*, côtes d'Angleterre. — *Pista*, Mgr. Soies à pointe unie, commençant au quatrième segment et s'étendant sur un assez grand nombre des suivants (dix-sept environ); crochets aviculaires disposés sur un certain nombre de segments en une rangée unique alternante, ou plus rarement en une double rangée légèrement engrenante; crochets des segments antérieurs et quelquefois de tous ayant la partie antérieure de leur base arrondie et la partie postérieure munie d'un long prolongement; vertex à trois crêtes; trois à cinq rangées transversales de trois à douze denticules; deux ou trois paires de branchies rameuses. *P. cristata*, Angleterre. — *Eupista*, Me. Int. Diffèrent des *Pista* par leurs branchies subulées, au nombre de deux paires. *E. Darwinii*, Açores. — *Scione*, Mgr. Soies des *Pista*, limitées à quinze (*Axionice*, Mgr.) ou seize segments (*Scione* s. str.), à partir du quatrième; une rangée unique alternante de crochets aviculaires à un certain nombre de segments; ces crochets de forme ramassée, à base de longueur moyenne, ayant une petite saillie latérale et un ligament fixateur, trois crêtes au vertex et trois rangées transversales de trois à six denticules dans la région antérieure du corps, cinq crêtes et cinq rangées transversales de trois à douze denticules dans la région abdominale, une seule paire de branchies peu ramifiées. *S. (Idalia) vermiculus*, Saint-Sébastien. — *Nicolea*, Mgr. Soies des précédents à un nombre variable de segments, à partir du quatrième; crochets aviculaires sur un certain nombre de segments en une rangée alternante ou deux engrenantes, de forme ramassée comme chez les *Scione*, mais à deux crêtes au vertex et deux rangées de trois à cinq denticules; deux paires de branchies rameuses. *N. Scylla*, Saint-Vaast. — *Lanice*, Mgr. Soies à pointe unie; dix-sept segments sétigères à partir du quatrième; deux rangées de crochets opposés dos à dos sur un certain nombre de segments; ces crochets de forme élevée, à base de longueur moyenne, sans petite saillie latérale ni ligament fixateur, avec vertex à deux crêtes et deux rangées transversales de deux à trois denticules; trois paires de branchies ramifiées. *L. conchylega*, Manche. — *Polymnia*, Mgr. Comme *Lanice*; mais crochets aviculaires en une seule rangée double, engrenante ou plus rarement une rangée simple, alternante: ces crochets de forme non ramassée, à base longue, quelquefois arrondie en avant, avec une petite saillie latérale ligamentaire: deux crêtes au vertex et deux rangées transversales de un ou deux, puis trois denticules. *P. nebulosa*, Manche, Atl. Méd. — *Loimia*, Mgr. *Lanice* à crochets pectiniformes. *L. medusa*, mer Rouge. — *Thelepus*, Leuck. (*Phenacia*, *Heterophenacia*, Qfg., *Lumara*, Stps, *Thelepodopsis*, Sars.) Soies à pointe unie, s'étendant sur un grand nombre de segments, à partir du troisième; crochets aviculaires en une rangée unique, rétrogressive à tous les segments; à base longue, en forme de sabot, terminée par un gros bouton qui remplace la saillie latérale ligamentaire et que précède une échancrure, présentant deux crêtes au vertex et deux rangées transversales de deux ou trois denticules, quelquefois, suivies d'une troisième rangée de quatre ou cinq denticules: une, deux (*Thelepus*, s. str.), ou trois (*Neottis*, Mgr.) paires de séries transversales de branchies cirriformes indépendantes, rarement coalescentes à leur base dans une même série. *T. setosus*, Saint-Vaast; *T.* (*Phenacia*) *terebelloides*, Saint-Vaast. — *Grymæa*, Mgr. (*Streblosoma*, Sars.). Comme *Thelepus*, mais soies commençant au neuvième segment; trois paires de branchies cirriformes. *G. Bairdii*, Spitzb. — *Euthelepus*, M. Int. Comme *Grymæa*, mais branchies subulées, quelquefois, au nombre de deux paires seulement. *E. setubalensis*, Portugal. — *Wartelia*, Giard. Sept tentacules; des otocystes; tores uncinigères à l'extrémité des cirres ventraux de la région postérieure du corps. *W. gonotheca*, dans des tubes transparents sur l'*Obelaria gelatinosa*, St-Vaast.

Trib. Trichobranchinæ. Trois paires de branchies filiformes; crochets aviculaires différents dans la région antérieure et dans la région postérieure du corps. *Trichobranchus*, Mgr. Genre unique. *T. glacialis*, Sptzb., Dinard.

Trib. Artacamacinæ. Branchies filiformes, nombreuses, naissant en faisceau sur les troisième, quatrième et cinquième segments; crochets aviculaires comme les précédents; deutoméride prolongé en une longue trompe papilleuse. *Artacama*, Mgr. Genre unique. *A. proboscidea*, Sptzb.

Trib. Canephorinæ. Une seule branchie quadripartite et pectinée. Crochets rostrés dans la région antérieure du corps, pectinés en arrière. — *Terebellides*, Sars. Genre unique. *T. Strœmi*, mers d'Europe.

Trib. Polycirrinæ. Protoméride formant une lèvre grande, entière ou tripartite à tentacules nombreux et canaliculés; point de taches oculiformes. Soies capillaires non limbées; ordinairement limitées à la région antérieure du corps; crochets en hameçon, allongés et sublinéaires ou nuls. Ni branchies, ni vaisseaux. — *Aphlebina*, Qfg. (*Apneumæa*). Des rames dorsales portant des soies capillaires jusqu'à l'extrémité postérieure du corps; des crochets aviculaires. *A. pellucida*, Bréhat. — *Polycirrus*, Gr. *Aphlebina* à soies capillaires limitées à la région antérieure du corps. *P. caliendrum*, Manche, Médit. — *Amæa*, Mgr. Crochets sublinéaires, aciculiformes. *A. trilobata*, Norvège. — *Lysilla*, Mgr. Des faisceaux de soies sur six segments; point de crochets. *L. Loveni*, Spitzberg.

FAM. AMPHARETIDÆ[1]. — Protoméride portant de nombreux tentacules filiformes ou pectinés; deutoméride s'avançant au-dessous de lui sous forme de lèvre. Une paire de branchies filiformes sur chacun des trois ou quatre premiers segments sétigères. Souvent des soies larges et plates en avant de ces branchies. Crochets aplatis ou pectinés. Corps court, divisé en deux régions. Habitent des tubes de vase plus longs que leur corps.

a. — Des palées; de vingt à quarante segments. — *Ampharete*, Mgr. Tentacules ciliés, quatorze faisceaux de soies capillaires. *A. Grubei*, St-Vaast, Islande. — *Lysippe*, Mgr. Tentacules lisses; seize faisceaux de soies capillaires. *L. labiata*, Spitzb. — *Amphicteis*, Gr. Tentacules lisses; dix-sept faisceaux de soies capillaires. *A. Gunneri*, St-Vaast, Spitzb. — *Sosane*, Mgr. Tentacules lisses; quinze faisceaux de soies capillaires. *S. sulcata*, Mers arctiques.

[1] Malmgren, *Nordiska Hafs-Annulata*, Oversigt af kongl. Akademiens Förhandl., 1865.

b. — Point de palées; vingt à quarante segments. — *Auchenoplax*, Ehl. Point de tentacules; deux longues branchies connées de chaque côté du deutoméride. *A. crinita*, Floride. — *Sabellides*, M. E. Tentacules ciliés; quatre paires de branchies; quatorze faisceaux de soies capillaires. *S. borealis*, Mers arctiques. — *Amage*, Mgr. *Sabellides* à tentacules lisses. *A. amicula*, Mers arctiques. — *Grubianella*, M. Int. — *Samytha*, Mgr. Tentacules lisses; trois paires de branchies; dix-sept faisceaux de soies capillaires. *S. adspersa*, Médit.

c. — Soixante-dix segments; lobe céphalique indistinct. — *Melinna*, Mgr. Tentacules lisses; quatre paires de branchies; dix-huit faisceaux de soies capillaires. *M. palmata*, Médit. *M. cristata*, Mers arctiques.

Fam. **AMPHICTENIDÆ**. — Protoméride portant un voile et deux antennes latérales, entre lesquelles se trouvent deux peignes symétriques de grosses soies dorées. Deutoméride pourvu de deux faisceaux de cirres filiformes, préhensiles. Premiers segments du corps différents des segments moyens; ces derniers branchifères, à pieds armés de soies simples; derniers segments sans pieds, formant une sorte de queue repliée en dessous. Habitent un tube fait de grains de sable qu'elles traînent après elles.

Pectinaria, Lam. Bords du voile céphalique entier; deux paires de branchies; de chaque côté dix-sept faisceaux de soies simples; les treize derniers accompagnés d'un crochet aplati; tube droit. *P. belgica*, côtes de France. — *Scalis*, Gr. Trois paires de branchies. *S. minax*, Sicile. — *Amphictene*, Sav. Bords du voile céphalique dentelé; tube légèrement incurvé. *A. auricoma*, mers d'Europe. — *Lagis*, Mgr. Bord du voile céphalique lacinié sous les palmules; quinze faisceaux de soies capillaires; les douze derniers accompagnés d'un crochet; tube légèrement courbe. *L. Koreni*, La Rochelle. — *Petta*, Mgr. *Pectinaria* à quatorze faisceaux de soies, munis d'un crochet; tube légèrement courbe. *P. pusilla*, mer du Nord.

Fam. **SABELLARIIDÆ**. — Protoméride caché par deux gros tentacules latéraux, portant en dessous des cirres préhensiles et en dessus une couronne de soies operculaires. Les deux premières régions du corps portant des branchies. Rames inférieures des pieds semblables entre elles, à soies simples. Vivent dans des tubes de sable, accolés en grand nombre.

Sabellaria, Lam. (*Hermella*, Sav.). Soies operculaires sur trois rangs; le corps divisé en trois régions. *S. alveolata*, côtes de Fr. — *Pallasia*, Qfg. *Sabellaria* à deux rangées de soies operculaires. *P. Gaimardi*, Le Cap. — *Centrocorone*, Gr. Corps divisé en deux régions seulement. *C. taurica*, mer Noire.

Fam. **SERPULIDÆ** [1]. — Proto- et deutoméride confondus; leur ensemble formant au-dessus de la bouche une lame en demi-cercle ou enroulée en double spirale, portant des filaments branchiaux garnis de pinnules, souvent soutenus par un squelette cartilagineux et reliés à leur base par une membrane. Deutoméride formant au-dessous des branchies une sorte de collerette; le plus souvent deux cirres tentaculaires. Pieds biramés; rame dorsale des pieds antérieurs armée de soies simples; rame ventrale armée de soies à crochet, d'étrilles ou de plaques unciales; soies inversement disposées sur les rames des pieds postérieurs. Corps divisé en deux régions. Habitent des tubes de vase, de mucus ou de calcaire.

Trib. SABELLINÆ. Tube formé de mucine, de consistance variable, nu et plus ou moins transparent, ou recouvert de vase, de sable ou de débris de coquilles. Ni membrane thoracique, ni opercule. — *Haplobranchus*, Bourne. Tores du thorax avec une seule rangée de soies d'une seule sorte; crochets du thorax et de l'abdomen à long manubrium. *H. (Manayunkia) speciosus*, États-Unis, eaux douces. — *Caobangia*, Giard. Comme *Haplobranchus*, mais premier segment sétigère présentant des soies dorsales capillaires, accompagnées de cinq grosses soies palmées; aux six ou sept segments suivants, soies dorsales faiblement limbées et pas de crochets ventraux; aux segments sept à neuf ou huit à dix des soies ventrales et des crochets dorsaux avec soies de soutien; seulement des soies ventrales de deux sortes aux dix-sept segments terminaux. *C. Billeti*, Caobang, eaux douces; perforent les coquilles de *Melania*. — *Jasmineira*, Lang. Tores au thorax avec des crochets à long manubrium, et une seule rangée de soies dorsales de deux sortes; crochets de l'abdomen aviculaires. *J. elegans*, Dinard. — *Myxicola*, Koch (*Eriographis*, Gr., *Arippasa*, Johnst., *Leptochone*, Clp.). Tores du thorax avec crochets à long manubrium

[1] LANGERHANS, *Die Wurmfauna von Madeira*, Zeits. f. wiss. Zoologie, t. XXXV, 1880.

et une seule rangée de soies dorsales d'une seule sorte; aux segments abdominaux des ceintures presque complètes de très petits crochets aviculaires, semblables à ceux des TEREBELLIDÆ; pas de tores uncinigères saillants; branchies de chaque côté réunies par une membrane mince sur une grande partie de leur hauteur. *M. modesta*, Saint-Vaast. *M. infundibulum*, côtes de France. — *Chone*, Kr. Différent des *Myxicola* par leurs tores uncinigères saillants, leurs soies dorsales de deux sortes au thorax, leurs crochets aviculaires ne formant pas de ceintures complètes aux segments abdominaux; pas de gouttière ventrale aux segments postérieurs. *C. infundibuliformis*, Groënland. — *Euchone*, Mgr. *Chone* à gouttière ventrale sur les segments postérieurs. *E. papillosa*, Mers arctiques. — *Dialychone*, Clp. Crochets thoraciques et abdominaux de même forme que dans les *Myxicola*; soies dorsales thoraciques de deux sortes; membrane branchiale courte ou nulle; barbules branchiales ne se terminant pas au même niveau. *D. acustica*, Naples. — *Fabricia*, Blv. Comme *Dialychone*, mais soies dorsales d'une seule sorte; barbules branchiales se terminant au même niveau; point de collerette. *F. sabella*, côtes de Fr. — *Oria*, Qfg. *Fabricia* à collerette. *O. Armandi*, Dinard, Médit. — *Dasychone*, Sars. Tores thoraciques et abdominaux ne présentant que des crochets aviculaires; soies thoraciques d'une seule sorte; branchies avec appendices dorsaux. *D. bombyx*, toutes les côtes de Fr. — *Laonome*, Mgr. Crochets comme *Dasychone*, mais à base tronquée; deux sortes de soies dorsales thoraciques; ces soies absentes au premier segment; point d'appendices dorsaux aux branchies. *L. salmacidis*, Naples. — *Notaulax*, Tauber. Différent des *Laonome* par la forme normale des crochets; la présence au premier segment thoracique de soies disposées en une double rangée angulaire. *N. rectangulata*, Petit Bell. — *Sabellastarte*, Kr. Crochets et branchies des *Laonome*; soies dorsales d'une seule sorte; branchies disposées de chaque côté sur deux demi-cercles concentriques. *S. indica*, Indes. — *Eurato*, de St-Jos. *Sabellastarte* à branchies non disposées en deux demi-cercles concentriques. *E. pyrrhogaster*, Philippines. — *Protulides*, Webst. Deux rangées de soies (crochets aviculaires et soies en pioche), aussi bien aux tores abdominaux qu'aux tores thoraciques; soies thoraciques et soies abdominales de deux sortes; soies du premier segment thoracique en deux rangées obliques. *P. elegans*, Bermudes. — *Amphiglena*, Clp. Deux rangées de soies (crochets aviculaires et soies en pioche) au thorax; une seule (crochets aviculaires) à l'abdomen; soies dorsales thoraciques de deux sortes; pas de collerette; lame basilaire branchiale ne décrivant pas plusieurs tours de spire. *A. mediterranea*, Médit., Atl. — *Sabella*, L. Différent des *Amphiglena* par leurs soies dorsales thoraciques d'une seule sorte et la présence d'une collerette; point d'yeux subterminaux aux branchies. *S. pavonina*, Manche. — *Potamilla*, Mgr. Différent des *Sabella* par leurs soies thoraciques dorsales de deux sortes; soies abdominales d'une seule sorte. *P. reniformis*, toutes les côtes de Fr. — *Hypsicomus*, Gr. Comme *Potamilla*, mais soies abdominales de deux sortes; base postérieure de tous les crochets aviculaires, courte; soies du premier segment thoracique placées en rangées linéaires, se dirigeant vers la tête. *H. circumspiciens*, Antilles. — *Potamis*, Ehl. Différent des *Hypsicomus* par la grande longueur de la base des crochets aviculaires thoraciques et la disposition normale des soies du premier segment thoracique. *P. spathiferus*, Antilles. — *Branchiomma*, Koll. Différent des *Sabella* par la présence d'yeux subterminaux aux branchies. *B. vesiculosum*, toutes les côtes de Fr. — *Bispira*, Kr. (*Distylia*, Qf.) Tores du thorax et tores abdominaux comme les précédents; soies dorsales thoraciques de deux sortes; une collerette; lames basilaires branchiales égales, enroulées en plusieurs tours de spires. *B. volutacornis*, Manche, Médit. — *Spirographis*, Viv. Différent des *Bispira* par leurs soies dorsales thoraciques d'une seule sorte et leurs branchies inégales. *S. Spallanzanii*, Naples.

TRIB. SERPULINÆ. — Un opercule. En général, une collerette et une membrane thoracique; régions du corps bien distinctes. Tube d'habitation calcaire.

1. — Pas de membrane thoracique; un opercule. — *Hyalopomatus*, v. Mar. Opercule vésiculaire, membraneux; pas de soies particulières au premier segment thoracique; dent terminale des plaques onciales obtuse; soies thoraciques limbées; soies abdominales capillaires à tous les segments, *H. Claparedii*, Mers arctiques. — *Chitinopoma*, Lev. Opercule infundibuliforme, recouvert d'une plaque chitineuse sombre; soies thoraciques du premier segment présentant une échancrure et un aileron dentelé en avant de leur pointe; les autres soies thoraciques simplement en faucille. *C. Fabricii*, Groënland.

2. — Une membrane thoracique; pas d'opercule. — *Protis*, Ehl. Dent terminale des plaques onciales pointue; soies thoraciques du premier segment géniculées, présentant

une échancrure et un aileron dentelé en avant de la pointe; les autres soies thoraciques limbées; soies abdominales capillaires à tous les segments. *P. simplex*, Antilles. — *Salmacina*, Clpd. Dent terminale des plaques onciales obtuse; soies du premier segment thoracique avec échancrure et aileron crénelé avant la pointe; les autres en faucilles, sans limbe. *S. Dysteri*, Manche; *S. incrustans*, Naples. — *Protula*, Risso. Dent terminale des plaques onciales pointue; ces plaques avec des dents très fines, très nombreuses; toutes les soies thoraciques limbées. Sg. *Protula*, s. str. Soies abdominales en faucille. *P. tubularia*, Manche. S.-g. *Protulopsis*, de St-Jos. Soies abdominales en baïonnette; branchies peu nombreuses; tubes très fins, presque toujours agrégés. *P. intestinum*, Manche.

3. — Une membrane thoracique; un opercule.

a. — Plaques onciales à dents très fines et extrêmement nombreuses, profondément échancrées du côté le plus éloigné de la tête de l'animal et terminées à leur autre extrémité par une épine longue, mince, non creusée en gouge. — *Apomatus*, Phil. Soies thoraciques les unes limbées, les autres terminées en faucille précédée d'un limbe court; opercule globuleux, corné, transparent, porté par un pédoncule garni de barbules. S.-g. *Apomatus*, s. str. Soies abdominales en faucille. *A. similis*, Manche, Médit. S.-g. *Apomatopsis*, St-Jos. Soies abdominales géniculées. *A. Enosimæ*, Adr.

b. — Plaques onciales à dents assez nombreuses et assez fines avec la grosse dent terminale obtuse. — *Filograna*, Oken. Opercule en forme de cuiller, placé obliquement à l'extrémité d'une branchie conservant ses barbules; soies abdominales géniculées, plus ou moins dentelées ou plissées au bord; le reste comme *Salmacina*. *F. implexa*, t. les côtes de Fr. — *Filogranula*, Lang. Opercule infundibuliforme reposant sur une ampoule; tube ordinaire; le reste comme *Filograna*. *F. gracilis*, Madère. — *Spirorbis*, Daud. Opercule plus ou moins infundibuliforme ou conique, tronqué obliquement par une plaque calcaire; tube de petite taille, en spire nautiloïde; soies comme *Filograna*. *S. borealis*, t. les côtes de Fr. — *Pileolaria*, Clpd. Diffèrent des *Spirorbis* par leur opercule recouvert de petites protubérances, et leurs soies thoraciques des segments postérieurs au premier simplement limbées. *P. militaris*, Naples. — *Janua*, St-Jos. Comme *Pileolaria*, mais opercule en cône obliquement tronqué par une plaque calcaire; limbe des soies thoraciques suivi d'une faucille à un ou plusieurs des segments du corps. *J. Pagenstecheri*, Naples. — *Omphalopoma*, Mörch. Diffèrent des *Janua* par leur opercule ampulliforme, terminé par une plaque concave d'où il sort une petite pointe, et leur tube dressé, formant un angle droit avec la partie fixée. *O. cristata*, Madère. — *Circeis*, St-Jos. Opercule en cône tronqué; soies du premier segment thoracique géniculées, sans échancrure ni aileron; le reste comme *Pileolaria*. *C. (Spirorbis) corrugatus*; *C. armoricana*, Dinard. — *Omphalopomopsis*, St-Jos. *Circeis* à opercule d'*Omphalopoma*, à soies limbées, avec faucille terminale sur les segments thoraciques postérieurs au premier, à tube ordinaire; branchies assez nombreuses. *O. (Omphalopoma) Langerhansi*, Adr. — *Janita*, St-Jos. Opercule avec ampoule triangulaire, surmontée d'une pièce en forme de sablier; premières soies thoraciques aciculaires; les autres en faucilles précédées d'un limbe court. *J. (Omphalopoma) spinosa*, Médit. — *Leodora*, St-Jos. Comme *Circeis*, mais soies abdominales en faucille. *L. (Spirorbis) lævis*, toutes nos côtes. — *Mera*, St-Jos. Opercule en cône renversé, recouvert d'une plaque non oblique; soies du premier segment thoracique en faucille, avec un petit aileron crénelé; soies du troisième segment thoracique en faucille, sans aileron; soies abdominales en faucille; tube en spire nautiloïde. *M. pusilla*, Dinard. — *Hyalopomatopsis*, St-Jos. Soies thoraciques des *Pileolaria*; soies abdominales capillaires à tous les segments; opercule vésiculaire, membraneux. *H. Marenzelleri*, Madère. — *Vermilia*, Lmk. Pas de soies spéciales au premier segment thoracique; toutes les soies thoraciques simplement limbées, les abdominales géniculées ou dentelées; opercule cylindrique à une ou plusieurs tranches transversales, portées sur une ampoule. *V. infundibulum*, Naples. — *Galeolaria*, Lmk. Diffèrent des *Vermilia* par leur opercule recouvert de pièces, portant un très grand nombre d'épines. *G. cæspitosa*, Museum. — *Vermiliopsis*, St-Jos. Diffèrent des *Vermilia* par le mélange avec les soies limbées thoraciques de soies dont le limbe court est suivi d'une faucille, *V. (Vermilia) torulosa*, Méd. — *Ditrupa*, Berk. Soies thoraciques des *Vermilia*; soies abdominales capillaires à tous les segments; opercule conique, terminé par une plaque plane, couverte de stries concentriques; tube libre, ouvert aux deux bouts. *D. arietina*, mers d'Europe. — *Dasynema*, St-Jos. Diffèrent des *Ditrupa* par leurs branchies à appendices dorsaux; leur opercule glandiforme; leur tube fixé. *D. (Serpula) chrysogyrus*, Philippines.

c. — Plaques onciales à dents peu nombreuses, terminées du côté le plus rapproché de la tête par une dent plus forte et pointue comme elle. — *Serpula*, L. Soies du premier segment thoracique massives, avec longue pointe terminale, précédée de deux moignons; celles des autres segments limbées; soies abdominales en cornet comprimé, dentelé au bord; opercule en entonnoir. S.-g. *Serpula*, s. str. Opercule sans appendices; dentelé au bord, *S. vermicularis*, toutes les côtes de Fr. S.-g. *Hydroides*, Gm. Une couronne d'appendices solides s'élevant du fond de l'opercule. *H. norvegica*, Concarneau. S.-g. *Crucigera*, Bénédict. Quatre appendices disposés en croix au-dessus de l'opercule. *C. Websteri*, Antilles.

d. — Plaques onciales à dents plus ou moins fines et nombreuses, terminées du côté de la tête de l'animal par une grosse dent creusée en gouge en dessous. — *Pomatoceros*, Phil. Soies de tous les segments thoraciques limbées; soies abdominales en cornet comprimé, terminé par une longue pointe; opercule précédé de deux ailerons membraneux et terminé par une plaque plane ou conique, surmontée, en général, par une ou plusieurs épines. *P. triqueter*, Manche. — *Spirobranchus*, Biv. Différent des *Pomatoceros* par la présence au premier segment thoracique de soies indentées avant la pointe terminale qui est souvent couverte de poils en brosse; opercule portant des cornes à plusieurs branches, *S. giganteus*, Antilles. — *Pomatostegus*, Schmarda. *Spirobranchus* à opercule portant un axe sur lequel sont étagées plusieurs plaques. *P. stellatus*, Antilles.

e. — Plaques onciales à bord libre, couvert d'entailles transversales parallèles et terminées par un petit prolongement en forme de gouge. — *Placostegus*, Phil. Point de soies, mais une ceinture d'yeux au premier segment thoracique; des soies limbées aux autres segments thoraciques. S.-g. *Placostegus*, s. str. Soies abdominales des *Pomatoceros*. *P. tridentatus*, mers Arctiques. S.-g. *Placostegopsis*, St-Jos. Soies abdominales légèrement géniculées et limbées. *P. Langerhansi*.

II. CLASSE

GÉPHYRIENS

Corps en général massif, cylindrique ou piriforme, tantôt portant en avant un lobe préoral de forme variable, souvent très allongé, tantôt se prolongeant en une sorte de trompe rétractile, à l'extrémité de laquelle se trouve la bouche entourée de tentacules. Point d'antennes, de parapodes, ni de cirres; tout au plus une paire de soies antérieures et un ou deux cercles postérieurs de soies. Sexes séparés. Animaux marins.

Morphologie externe. — La classe des Géphyriens est formée d'animaux que l'on peut considérer comme dérivant des Polychètes par une adaptation complète à la vie souterraine qui laisse graduellement disparaître les soies, organes de reptation ou de natation, les parapodes qui les portent, les organes de mastication, les organes des sens et notamment les antennes, les cirres et les yeux. La disparition de la métaméridation suit celle des organes métamériques extérieurs; la face ventrale cesse même d'être nettement distincte de la face dorsale, et la section du corps devient circulaire, au lieu d'être elliptique comme chez la plupart des Polychètes. Il résulte de ces modifications que l'animal prend une ressemblance frappante avec les Holothuries, auprès desquelles on classait autrefois ses pareils. Le nom de Géphyriens (de Quatrefages), dérivé du mot grec γεφυρος, qui signifie *pont*, fait allusion à la double ressemblance apparente des animaux qui nous occupent avec les Echinodermes d'une part, les Vers annelés de l'autre. En fait, la ressemblance des Géphyriens avec les Echinodermes est essentiellement adaptative, et leur parenté avec les Vers annelés est seule réelle. Les grandes différences que présentent les phénomènes embryogéniques chez les Echiuridæ, Sipunculidæ et Phoronidæ ont conduit récemment à quelques essais de démembrement de la classe des Géphyriens; mais l'étude des animaux adultes de cette classe révèle entre eux des affinités absolument intimes, et le nombre des formes intermédiaires qui relient les types que l'on a essayé de séparer s'accroît chaque jour. Or, il n'y a aucune raison d'admettre, dans l'état actuel de la science, que les affinités des formes adultes sont toujours trompeuses, fussent-elles absolument évidentes, lorsque les formes embryonnaires sont, en apparence, dissemblables. Les phénomènes d'adaptation des embryons et d'accélération embryogénique sont, en effet, tout aussi capables de masquer les véritables affinités des êtres, que les déformations adaptatives des animaux fixés au sol ou parasites. Si les formes embryonnaires des Copépodes parasites et des Cirripèdes ont révélé la place de ces animaux, parmi les Crustacés, à une époque où l'organisation des adultes était mal interprétée ou peu connue, les différences que présentent entre eux les Géphyriens, au point de vue embryogénique, ne sauraient prévaloir, pour cela, contre les affinités positives que révèle leur organisation, et le problème qui se pose n'est pas de savoir comment la classe des Géphyriens doit être démembrée, mais de déterminer comment et pourquoi les processus embryogéniques ont pu être si profondément diversifiés dans une classe, au fond, parfaitement homogène.

De tous les Géphyriens ceux qui se rapprochent le plus des Polychètes sont les Echiurimorpha (fig. 1149). Le corps des *Echiurus* est presque cylindrique, mais l'arrangement des papilles dont il est orné indique encore clairement une segmentation métamérique qui s'accuse, surtout à l'extrémité postérieure, par la présence de un ou deux cercles de sept ou huit grandes soies, en tout semblables à celles des Polychètes; ces soies sont plus espacées sur

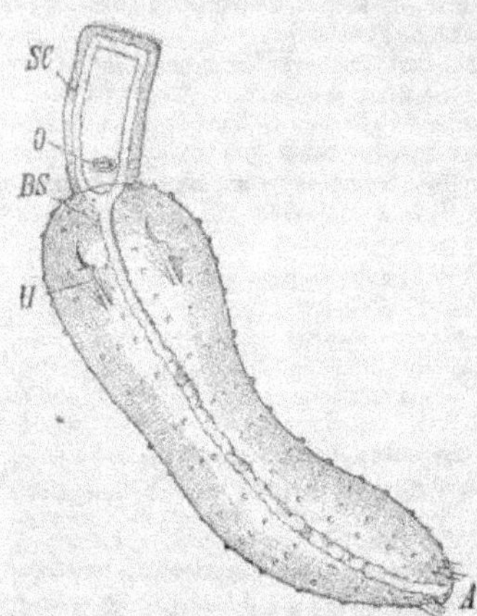

Fig. 1149. — Jeune *Echiurus* vu par la face ventrale. — *Sc*, collier nerveux à l'intérieur du lobe prébuccal; *O*, bouche; *Bs*, chaîne ventrale; *H*, la paire antérieure de soies; *A*, anus précédé de deux cercles de soies (d'après Hatschek).

la face ventrale que sur la face dorsale; en outre une paire de soies recourbées (*H*) se trouve, en avant, au voisinage des orifices génitaux. L'anus est terminal, et la bouche (*O*) est surmontée d'un grand lobe prébuccal, très mobile, très caduc, en forme de cuiller tronquée (*SC*) dont la face concave, tournée en dessous, est vibratile. Un organe correspondant à ce lobe prébuccal se trouve chez les *Thalassema*, les *Epithetosoma* et les *Bonellia*. Le lobe prébuccal des *Thalassema* s'éloigne peu de celui des *Echiurus*; celui des *Epithetosoma* a l'aspect d'un tentacule conique, grêle, creux, à cavité communiquant avec celle du corps, dont il égale trois fois la longueur; enfin le lobe prébuccal des *Bonellia* (fig. 1150) est aussi extrêmement long, mais moins grêle, et il se bifurque à son extrémité libre en deux longues et larges lames foliacées. Les *Thalassema* et les *Bonellia* ont encore une paire de crochets antérieurs, semblables à ceux des *Echiurus*, mais les cercles de soies ont disparu. La répétition d'orifices disposés par paires, dont le nombre peut aller à six, affirme encore le métamérisme du corps chez les *Thalassema*, mais rien ne l'indique plus chez les *Bonellia* femelles et les soies elles-mêmes ont disparu chez les *Epithetosoma*. Bien que conservant une organisation interne qui rappelle de très près celle des formes précédentes, les *Haminqia* et les *Saccosoma* font un nouveau pas vers la dégradation : il n'y a plus ici de lobe prébuccal; le corps se rétrécit, en avant, en une sorte de trompe qui porte la bouche à son extrémité; il ressemble tout à fait au corps des SIPUNCULIMORPHA, dont on a voulu faire cependant une classe distincte.

Les PRIAPULIMORPHA combinent à la fois les caractères des HAMINGHDÆ, des EPITHETOSOMIDÆ et des SIPUNCULIDÆ. Leur anus est terminal comme dans les deux premières familles, leur bouche antérieure et sans lobe prébuccal comme chez les HAMINGHDÆ, leur tube digestif droit comme chez les EPITHETOSOMIDÆ; la forme générale de leur corps rappelle celle des SIPUNCULIDÆ, dont on les a toujours rapprochés; ils ont, comme beaucoup de ces animaux, une armature de dents pharyngiennes; mais ils se distinguent par une différenciation particulière de la région antérieure de leur corps, le *gland*, qui est sphéroïdale, légèrement renflée et armée d'épines disposées soit en rangées longitudinales (*Priapulus*), soit en quinconce (*Priapuloïdes*); le corps se termine en arrière par un (*Priapulus*, *Lacazia*) ou par deux (*Priapuloïdes*) appendices caudiformes, couverts de tentacules que l'on considère comme des appendices respiratoires, des branchies anales.

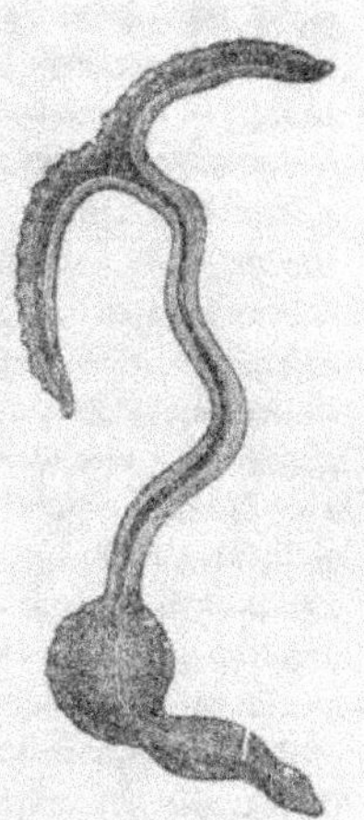

Fig. 1159. — *Bonellia viridis*, femelle (d'après Lacaze-Duthiers).

Chez les SIPUNCULIMORPHA, le corps, plus ou moins cylindrique, se termine en avant par une partie rétractile, la *trompe*, qui, lorsqu'elle est complétement dévaginée, laisse apparaître à son extrémité la bouche entourée habituellement de tentacules. Le nombre, la forme et la disposition de ces tentacules fournissent les caractères génériques les plus faciles à constater (p. 1662).

Les tentacules foliacés, ramifiés ou digitiformes chez les SIPUNCULIMORPHA forment chez les TUBICOLA (*Phoronis*) un panache volumineux, et se disposent sur un lophophore en fer à cheval, exactement semblable à celui des Bryozoaires phylactolèmes; le corps, très allongé, est logé dans un tube chitineux.

Structure des parois du corps. — La paroi du corps des ÉCHIURIDÆ [1] est composée de trois couches tégumentaires proprement dites, à savoir : une *couche conjonctive*, la *cuticule*, un épithélium cylindrique, constituant l'*épiderme* et qui contient par places des glandes, des amas pigmentaires, des vaisseaux et des nerfs. A l'épiderme se rattachent des cellules glandulaires piriformes qui s'enfoncent dans la cuticule et forment de petits amas dont la place est indiquée extérieurement par des papilles saillantes, disposées en cercle sur tout le pourtour du corps. Ces

---

[1] SPENGEL, *Beiträge zur Kenntniss der Gephyreen. Die Organisation des Echiurus Pallasii*; Zeitschrift f. w. Zoologie, t. XXXIV, 1880.

papilles contiennent, en outre, des groupes de cellules formant de véritables bourgeons sensitifs. La *musculature*, étroitement appliquée contre les téguments, comprend quatre couches, dont une formée de fibres transverses, une seconde, trois ou quatre fois plus épaisse, formée de fibres longitudinales, enfin deux couches de fibres obliques entrecroisées. Ces muscles se continuent, en modifiant légèrement leur arrangement, dans le lobe céphalique. En arrière les muscles circulaires conservent seuls leur disposition et forment une sorte de sphincter périanal; les muscles longitudinaux se résolvent en un véritable réseau musculaire; les muscles obliques disparaissent entièrement.

Les BONELLIIDÆ [1] présentent une structure analogue; cependant, chez les *Hamingia*, la couche épithéliale et la couche conjonctive du tégument sont confondues, et la tunique de fibres musculaires obliques paraît faire défaut aux *Saccosoma*, dont les téguments sont translucides. Il en est de même chez les PRIAPULIDÆ [2]; mais ici, de la couche conjonctive s'élèvent, dans la région du gland, des épines chitineuses, creuses, terminées en un crochet perforé, tapissées intérieurement par un épithélium et présentant, à leur base, un groupe de cellules glandulaires. Les muscles sont composés de fibres *striées*, plurinucléées. Les muscles longitudinaux forment dans le gland des *Priapuloïdes*, vingt-cinq bandelettes qui se divisent en deux autres, en arrivant dans le tronc; quatorze d'entre ces dernières se continuent dans chacun des appendices caudiformes des *Priapuloïdes*. La couche des fibres musculaires transversales, assez épaisse, n'est pas continue; elle est divisée en segments successifs par des bourrelets saillants de la couche conjonctive des téguments, qui correspondent aux indications de segments extérieurs et vont s'attacher directement aux muscles longitudinaux; la paroi du corps des PRIAPULIDÆ est donc très nettement métaméridée.

Les trois couches tégumentaires se retrouvent chez les SIPUNCULIDÆ. Sur la trompe de ces Géphyriens, la cuticule s'épaissit par places, sauf chez les *Sipunculus*, de manière à former des crochets épars (*Phascolosoma*), ou disposés en rangées transversales serrées (*Phymosoma*). Chez les *Sipunculus* la couche conjonctive, parsemée de cellules étoilées, prend une épaisseur considérable dans les plages carrées saillantes que délimitent sur le tégument les lignes d'insertion des muscles longitudinaux et des muscles transverses, et qui font paraître l'animal quadrillé. On la trouve également bien développée dans les verrues de la trompe. Les cellules qu'elle contient forment souvent, au contact des couches musculaires, une nouvelle assise épithéliale. La cuticule s'amincit beaucoup sur les tentacules, où elle se plisse transversalement et où elle se laisse traverser par les cils vibratiles des feuillets tentaculaires. La couche tégumentaire est remarquable par l'abondance et la variété d'aspect des glandes qu'elle contient. Ces glandes, toutes unicellulaires, ne sont que des cellules épidermiques hypertrophiées, et les différences d'aspect qu'elles présentent, correspondent aux stades successifs de leur rapide évolution; elles sont généralement entremêlées de nombreux amas pigmentaires. A chacun des interstices entre les muscles longitudinaux correspond, dans la couche conjonctive,

[1] DANIELSSEN and KOREN, *The Norwegian North-Atlantic Expedition; Gephyrea*, 1881.

[2] HORST, *Zur Anatomie und Histologie von Priapulus bicaudatus.* Niederlandisches Archiv für Zoologie; supplem. Band, 1881. — J. DE GUERNE, *Priapulides recueillis en 1882-1883 par la Mission scientifique du Cap Horn*; 1891.

un canal dit *canal hypodermique*, qui s'étend sur toute la longueur du corps,
s'effaçant sur la trompe en s'amincissant graduellement, et se terminant en cul-
de-sac près de l'extrémité postérieure du corps. Au niveau de chacun des interstices entre les muscles transverses, chaque canal émet une courte branche qui
s'ouvre dans la cavité générale, sous les bords des muscles longitudinaux. Tous les
éléments flottant dans la cavité générale peuvent, en conséquence, pénétrer dans
les canaux hypodermiques, qui n'en sont qu'une dépendance. Ces canaux sont
limités par une membrane anhiste revêtue d'un endothélium pavimenteux.

La couche des muscles circulaires ne présente aucune importante particularité.
Au-dessous d'elle se trouve une couche simple de muscles obliques; enfin viennent les muscles longitudinaux, offrant des dispositions variées qui ont été utilisées
comme moyens de classification [1]. Les muscles peuvent, en effet, former une
couche continue, comme cela a toujours lieu chez les jeunes individus (*Phascolosoma, Phascolion, Dendrostoma*), ou se subdiviser en un nombre variable de dix-
sept à quarante et un cordons longitudinaux (*Phymosoma, Sipunculus*); le nombre
de ces cordons est de trente-deux chez le *Sipunculus nudus*.

Les soies locomotrices des Echiuridæ et des Bonelliidæ possèdent, comme celles
des Polychètes, un appareil musculaire spécial. Ces soies sont contenues dans des
sacs sétigères qui sont de simples invaginations des téguments. Les sacs des paires
ventrales de soies sont unis par un *muscle interbasal* qui va du sommet d'un sac à
celui de l'autre; d'autres muscles sont tendus comme des haubans entre chaque
sommet et la paroi du corps. Les muscles des cercles de soies anales présentent
une disposition analogue, seulement ici tous les sacs d'un même cercle sont unis
entre eux par un muscle interbasal circulaire, interrompu seulement du côté ventral; en outre chaque sac sétigère de l'un des cercles est uni au sac correspondant
de l'autre par un tractus musculaire.

Les couches musculaires sont revêtues par un épithélium péritonéal qui forme
la paroi périphérique de la cavité générale; mais cette cavité est ordinairement
traversée par des trabécules irrégulièrement disposés et reliant le tube digestif aux
parois du corps; ces trabécules forment, chez le *Sipunculus nudus*, une sorte de
diaphragme au niveau de l'insertion des muscles rétracteurs de la trompe. Un
diaphragme plus développé existe en avant des soies antérieures chez les Echiuridæ. La cavité générale est remplie d'eau de mer dans laquelle flottent des corpuscules sanguins lenticulaires, légèrement rosés, les éléments génitaux avant leur
expulsion au dehors et souvent des corps énigmatiques en forme de sacs, munis
d'une couronne ciliée, les *urnes*, qui sont probablement détachés de la paroi du corps.

Chez les Sipunculidæ la rétraction de la partie antérieure du corps ou *trompe*
dans la partie postérieure est déterminée par l'action de muscles rétracteurs que
l'on peut considérer comme une simple modification des muscles longitudinaux.
Ces muscles forment une sorte de gaine autour de l'intestin buccal, et s'étendent
jusqu'au voisinage de l'anus sous forme de longs rubans. Il peut n'exister qu'un

[1] Em. Selenka, *Die Sipunculiden: eine systematische Monographie*; Reisen im Archipel
der Philippinen von Dr Semper; 1883. — Carl Vogt et Yung, *Anatomie comparée pra-
tique*, p. 372, 1888. — Henry Ward, *On some points in anatomy and histology of Sipunculus
nudus*, Bulletin of the Museum of comparative Zoology; vol. XXI, n° 3, May 1891.

seul rétracteur (*Onchnesoma*, *Tylosoma*), mais on en compte le plus souvent deux (*Aspidosiphon*, *Phascolion*) ou quatre (*Sipunculus*, *Phymosoma*).

Les muscles rétracteurs de la trompe forment, chez les PRIAPULIDÆ, deux groupes : les *courts rétracteurs* et les *longs rétracteurs*; les premiers s'insèrent à mi-corps; les seconds s'étendent de la trompe jusque près de l'extrémité postérieure du corps; les uns et les autres sont au nombre de huit.

Appareil digestif. — La *bouche* des ECHIURIDÆ s'ouvre au-dessous du lobe préoral dont les bords se prolongent autour d'elle de manière à constituer une courte cavité buccale infundibuliforme. Entourée d'un sphincter, l'ouverture buccale donne accès dans un *pharynx* assez large, relié aux parois du corps par des trabécules rayonnant dans toutes les directions; le pharynx traverse bientôt le diaphragme pour se continuer avec l'*œsophage*, plus étroit que lui. Sur le trajet de l'œsophage se trouve un renflement musculaire, le *gésier*. Le reste du tube digestif, chez un animal qui dépasse un décimètre de long, atteint une longueur de près d'un mètre. Au gésier fait suite un étroit canal, l'*intestin intermédiaire*, dans la cavité duquel font saillie, du côté ventral, deux bandelettes épithéliales, comprenant entre elles une gouttière vibratile, extérieurement indiquée par une bandelette musculaire qui lui correspond dans la paroi intestinale. Ces deux formations s'étendent sur toute la longueur du tube digestif jusqu'au voisinage de l'anus. La région suivante du tube digestif se replie en innombrables circonvolutions; elle se décompose en deux canaux superposés, l'un étroit, l'autre large, qui se réunissent de nouveau au point où l'*intestin moyen* devient l'*intestin postérieur*; le canal étroit correspond exactement au *siphon intestinal* des Oursins (p. 803) et des CAPITELLIDÆ. Il est situé, comme la gouttière vibratile, du côté ventral et vient s'interposer entre la paroi intestinale proprement dite et la bandelette musculaire qui, dans l'intestin intermédiaire, est immédiatement appliquée contre cette paroi. Des trabécules partant de la ligne médiane dorsale du tube digestif, relient celui-ci aux parois du corps et sont remplacés dans la région rectale, comme dans la région pharyngienne, par des trabécules rayonnant en tous sens. Cette région rectale, très courte, doit être considérée comme une simple invagination des téguments, dont elle conserve la structure. A la jonction du rectum et de l'intestin postérieur vient s'insérer une paire d'organes des plus remarquables, les *poches rectales*, sortes de longs tubes fusiformes, de couleur brune, qui communiquent avec la cavité générale par d'innombrables pavillons vibratiles.

L'épithélium de la cavité buccale est identique à celui de la face ventrale du lobe prébuccal; il passe insensiblement à l'épithélium du pharynx, dont les cellules vibratiles s'allongent peu à peu, tandis qu'à leur base apparaissent d'autres cellules claires, ovoïdes, beaucoup plus courtes; une couche de fibres annulaires et une couche de fibres longitudinales recouvrent l'épithélium. La couche de fibres annulaires s'épaissit par places, et finit par donner un aspect annelé à l'œsophage, dont l'épithélium, plus bas, recouvert d'une cuticule bien distincte, porte cependant un revêtement serré de courts cils vibratiles. Le gésier est caractérisé par un allongement local de certains groupes de cellules épithéliales qui forment ainsi des séries longitudinales de petites saillies allongées transversalement; en outre, les couches des muscles transverses et longitudinaux sont interverties dans ses parois. Ces couches reprennent leur position dans la région suivante du tube digestif; mais elles sont très minces et séparées par du tissu conjonctif, tandis que l'épithélium, toujours formé de cellules basales et de cellules vibratiles, est plus élevé. Les cellules basales disparaissent sur l'intestin postérieur.

Le tube digestif des BONELLIIDÆ (fig. 1151) ne diffère que par des détails sans importance de celui des ECHIURIDÆ; il est enroulé en hélice chez les *Bonellia*, où l'intestin moyen présente même une bandelette ventrale qui semble être l'homologue du siphon intestinal. Les poches rectales, ici très développées, présentent à leur surface non plus de simples entonnoirs vibratiles, mais de petites arborescences dont chaque rameau est terminé par un pavillon ouvert dans la cavité générale.

Le tube digestif des *Hamingia* [1] est simplement pelotonné; il possède, comme celui des *Echiurus*, une bandelette ventrale, un siphon intestinal des poches rectales; ces dernières sont longues et émettent latéralement plusieurs branches, de chacune desquelles partent une multitude de petits tubes entortillés dont l'extrémité libre s'épanouit en un pavillon garni de très longs cils vibratiles. Les *Thalassema* ont aussi des poches rectales, mais ces organes manquent aux autres Géphyriens; peut-être sont-elles représentées cependant, chez les SIPUNCULIDÆ, par des houppes de tubes ramifiés, mais terminés en cæcum qui s'ouvrent, de chaque côté, dans le rectum.

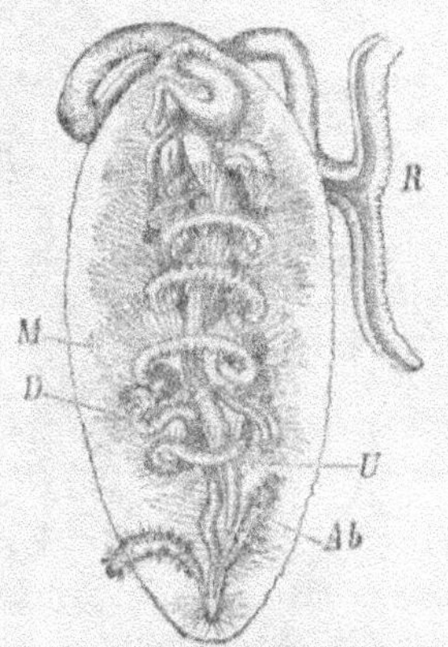

Fig. 1151. — Appareil digestif de la *Bonellia viridis* femelle. — *R*, lobe prébuccal; *D*, tube digestif; *U*, néphridie unique servant d'oviducte; *M*, mésentère; *Ab* poches rectales (d'après Lacaze-Duthiers).

Par son grand développement, son enroulement en hélice dont les tours peuvent être espacés (*Phascolion*) ou, au contraire, se superposer de manière à former une double hélice (*Sipunculus*, fig. 1152), le tube digestif des SIPUNCULIDÆ se rapproche encore de celui des BONELLIIDÆ, mais ici l'anus n'est plus terminal, il remonte, sur la région dorsale, jusqu'au voisinage de la base de la trompe. Le tube digestif présente de la bouche jusqu'à la naissance du rectum, où il disparaît, un sillon qui fait saillie à l'intérieur; en rapport avec ce sillon, communiquant avec l'intestin au point même où le sillon commence, du côté rectal, se trouve souvent un tube de longueur très variable, même dans une espèce donnée, qui s'enroule plus ou moins autour de l'intestin, et dans lequel on peut voir une formation homologue du siphon intestinal des *Echiurus*. On peut rapprocher du tube digestif des SIPUNCULIMORPHA, le long tube digestif en forme d'U des *Phoronis*.

Les EPITHETOSOMIDÆ et PRIAPULIDÆ ont, au contraire, un tube digestif droit. Celui des *Epithetosoma* est marqué sur ses faces ventrale et latérales de plis annulaires; il est lisse sur sa face dorsale, que parcourt un fort ruban musculaire rectiligne, mais ne présente aucune importante particularité. Il en est tout autrement

---

[1] HORST, *Die Gephyrea gesammelt während der zwei ersten fahrten des Willem Barents*. Niederländisches Archiv für Zoologie; suppl. Band, 1881.

des PRIAPULIDÆ, dont le tube digestif est aussi rectiligne. Ici le tube se décompose en quatre régions distinctes : le *pharynx*, l'*œsophage*, l'*estomac* et l'*intestin*. Le pharynx a la forme d'un cône tronqué, à petite base dirigée en arrière; il est armé intérieurement d'une première rangée de grandes dents chitineuses,

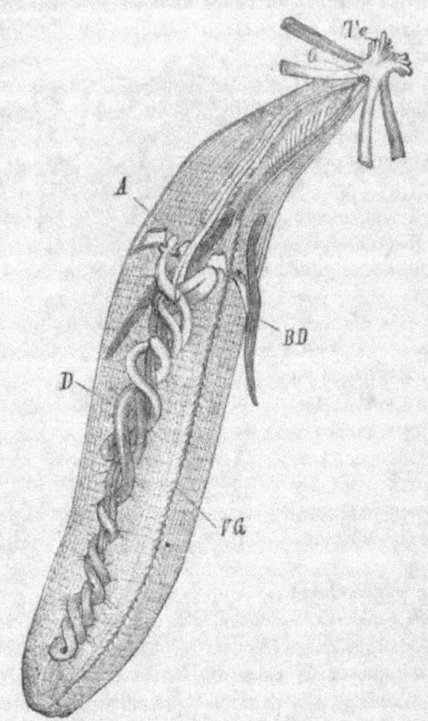

Fig. 1152. — *Sipunculus nudus*, ouvert latéralement. *Te*, tentacules; *G*, ganglion nerveux; *A*, anus; *Bd*, néphridies; *D*, tube digestif; *Vg*, chaîne nerveuse (d'après Keferstein).

denticulées, triangulaires, et un peu plus bas de nombreuses rangées circulaires de dents plus petites; le pharynx n'étant qu'une invagination permanente de la partie la plus antérieure du gland ou de la trompe, les dents que portent ses parois internes sont les homologues des épines dont la paroi externe de la trompe est elle-même armée. Un repli annulaire sépare le pharynx de l'œsophage. Ce dernier est un court tube cylindrique dont la paroi interne est marquée de plis longitudinaux ondulés, il conduit dans l'estomac, large, de forme ovoïde, à paroi interne marquée de plis annulaires ondulés. L'intestin, dont la longueur égale presque celle des autres parties, est un tube cylindrique plus étroit, rectiligne, présentant de nombreuses constrictions annulaires et, du côté dorsal, une bande musculaire saillante (*Priapuloïdes australis*).

Appareil circulatoire. — L'appareil circulatoire fait défaut chez les PRIAPULIDÆ. Il est représenté chez les ECHIURIDÆ et BONELLIIDÆ par un vaisseau ventral, superposé à la chaîne nerveuse et se terminant postérieurement en cæcum (*Hamingia*). En avant, ce vaisseau se bifurque chez les *Echiurus* et *Bonellia*; ses deux branches pénètrent dans le lobe préoral, dont elles suivent les bords pour se réunir de nouveau à son extrémité antérieure; du milieu de l'arc qu'elles forment en se rejoignant, naît un vaisseau médian qui pénètre dans la cavité du corps, en passant au-dessus de l'œsophage. Chez l'*Echiurus*, le vaisseau dorsal se termine au niveau du gésier ((*Echiurus*) en formant deux branches qui embrassent le tube digestif et se rejoignent pour former un vaisseau unique qui se dirige vers le muscle basal des soies ventrales; là, ce vaisseau se divise de nouveau, forme un anneau qui embrasse ce muscle, puis reconstitue un vaisseau unique qui se jette dans le vaisseau ventral. Cette branche anastomotique entre les deux vaisseaux dorsal et ventral s'appelle *l'anastomose neuro-intestinale*; elle se retrouve chez les *Bonellia*, où elle se dilate en expansions sacciformes, et chez les *Hamingia*, où elle embrasse le siphon intestinal et forme ensuite un vaisseau unique, passant à droite du tube digestif pour se jeter dans le vaisseau ventral. Le vaisseau dorsal paraît s'arrêter aussi à cette anastomose chez les *Hamingia*; il se continue au delà, en un grêle vaisseau étroitement accolé à l'intestin, chez les *Bonellia*.

Les SIPUNCULIDÆ n'ont pas d'appareil circulatoire proprement dit; chez eux, cependant, il existe à la base des tentacules une cavité annulaire quand les tentacules forment un cercle complet, réniforme lorsque les tentacules n'entourent pas la bouche entièrement (*Phymosoma*, *Aspidosiphon*), dans laquelle débouchent, en avant, des canaux qui parcourent longitudinalement les tentacules, et, en arrière, deux canaux, l'un dorsal, l'autre ventral, étroitement accolés au tube digestif, mais se terminant en cæcum, après un trajet plus ou moins long, sans communiquer ensemble; ces canaux portent souvent sur leur trajet de nombreuses ampoules. Le canal ventral n'existe que chez quelques espèces de *Sipunculus* (*S. nudus*, etc.); il n'y a qu'un canal dorsal chez la plupart des autres SIPUNCULIMORPHA; l'appareil tout entier se réduit proportionnellement à la réduction des tentacules eux-mêmes chez les diverses espèces de *Phascolion*, et il disparaît totalement chez les *Petalostoma*, *Tylostoma*, et *Onchnesoma*. Les liens étroits que cet appareil présente avec l'appareil tentaculaire, la réduction qu'il éprouve parallèlement à ce dernier rendent vraisemblable qu'il s'agit ici d'un appareil destiné à produire la turgescence des tentacules et à faciliter leur rétraction plutôt que d'un véritable appareil circulatoire. Cependant on observe dans les tentacules une très active circulation des corpuscules, différents de ceux de la cavité générale, qui flottent dans le liquide des canaux; au point de vue physiologique comme dans ses dispositions essentielles, cet appareil rappelle plutôt l'appareil ambulacraire des Holoturies, dont rien d'ailleurs, au point de vue morphologique, n'autorise à le rapprocher. De la face antérieure de l'anneau tentaculaire il peut naître autant de canaux se rendant aux tentacules qu'il y a de tentacules (*Sipunculus*, *Phymosoma*), ou bien seulement un petit nombre de troncs qui se subdivisent ensuite de manière à fournir un canalicule à chaque tentacule; une fois arrivé dans l'organe, chaque canalicule se subdivise en trois autres, dont l'un médian, qui est un vaisseau afférent, et deux latéraux, qui sont des vaisseaux efférents; ces deux vaisseaux se réunissent à l'extrémité du tentacule et sont souvent reliés entre eux par des branches anastomotiques; tout cet ensemble est remplacé par un réseau irrégulier chez les *Sipunculus* à tentacules ramifiés.

L'appareil circulatoire des *Phoronis* rappelle de très près celui des *Sipunculus*; il comprend aussi un canal annulaire, situé au-dessous du lophophore, formé de deux moitiés en fer à cheval, se réunissent à leurs extrémités pour se prolonger en cornes pénétrant dans celles du lophophore; de cet anneau naissent trois vaisseaux longitudinaux, un médian et deux latéraux, dont l'un ne tarde pas à se jeter dans l'autre qui se prolonge sans changer de direction jusqu'au sommet de la courbure intestinale. Ce canal latéral porte de nombreux cæcums et s'unit par un réseau au canal médian au niveau de la courbure intestinale. Les parois vasculaires contiennent des fibres musculaires et présentent un endothélium très net. Le sang contient des globules rouges colorés par l'hémoglobine. L'existence d'un tel appareil vasculaire suffit pour éloigner toute idée de parenté entre les *Phoronis* et les Bryozoaires, et ne permet pas de placer les premiers ailleurs qu'avec les Géphyriens.

Néphridies; poches rectales. — L'appareil excréteur des Géphyriens comprend deux catégories d'organes qui sont peut-être de même nature morphologique, malgré leur conformation et leur position différentes : les *néphridies* et les *poches rectales*. Ces dernières ont déjà été signalées à propos de l'appareil digestif; comme elles débouchent à l'extrémité supérieure du rectum, simple invagination du tégument, et qu'elles sont couvertes de pavillons vibratiles établissant, par leur intermédiaire, une communication entre la cavité générale et l'extérieur, analogue à celle qu'établissent les néphridies proprement dites, on peut voir en elles une paire de néphridies postérieures, rappelant celles que nous montrent certains Oligochètes (*Acanthodrilus*). Leur grand développement peut s'expliquer par le fait que les néphridies proprement dites sont peu nombreuses chez les Géphyriens et adaptées principalement au rôle de conduits vecteurs des éléments génitaux. Le nombre des néphridies persistantes n'est pas en rapport avec la plus ou moins grande netteté de la métaméridation extérieure. Certaines espèces de *Thalassema* peuvent présenter six paires de néphridies; d'autres n'en ont que trois (*T. Neptuni, T. vegrande, T. Möbii*), d'autres enfin une seule (*T. gigas, T. faex*). Les *Echiurus* présentent des variations moins étendues; seul jusqu'ici, l'*E. chilensis* a trois

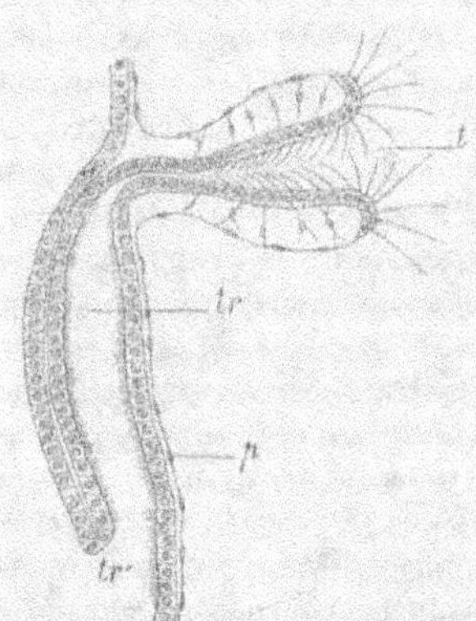

Fig. 1154. — Coupe optique un peu schématisée d'un entonnoir vibratile et du canal correspondant d'une poche rectale d'*Echiurus Pallasii*. — *l*, pavillon vibratile; *tr*, canal qui lui fait suite; *tr'*, son orifice dans la poche; *p*, revêtement péritonéal (d'après Spengel).

paires de néphridies; les autres espèces n'en ont que deux; il n'y en a plus qu'une seule paire chez les *Hamingia*, les *Phoronis* et les SIPUNCULIMORPHA (fig. 1452, *Bd*); toutefois chez les espèces tubicoles de ce dernier ordre (*Onchnesoma, Tylosoma*), il peut n'exister qu'une seule néphridie, et c'est aussi le cas chez les *Bonellia, Epithetosoma* et *Saccosoma*. Enfin ces organes manquent chez les PRIAPULIMORPHA. La forme générale des néphridies des Géphyriens est celle d'un tube plus ou moins allongé, s'ouvrant d'une part à l'extérieur, d'autre part dans la cavité générale par un orifice fortement cilié. La position de cet orifice est assez variable. Il peut être situé à l'extrémité libre du tube; mais le plus souvent (*Echiurus, Hamingia, Bonellia, Sipunculus, Phymosoma*), il est placé tout près du point d'insertion de la néphridie sur les téguments, au voisinage, par conséquent, de l'orifice interne; couvert d'une sorte de clapet chez les *Sipunculus*, il termine un entonnoir évasé chez les *Bonellia* (fig. 1154, *Tr*) et *Aspidosiphon*, et il est compris entre deux lèvres très inégales chez les *Echiurus*. La paroi des néphridies est généralement formée de dedans en dehors d'un épithélium cilié, d'une double couche musculaire qui en fait un organe très contractile et d'un revêtement péritonéal.

Les poches rectales ont une structure analogue : une couche épithéliale; deux assises musculaires, l'une de fibres à direction principalement longitudinale, l'autre

de fibres à direction principalement transversale: enfin un épithélium interne
constitue les parois de ces poches. L'épithélium interne est formé chez les
Echiurus par des cellules plates, parmi lesquelles se trouvent des amas de cellules
plus saillantes, présentant chacune une ou plusieurs vacuoles claires et des granules
bruns en quantité variable. Ces caractères sont manifestement ceux de cellules
excrétrices; ces cellules sont fortement ciliées. Les pavillons vibratiles ne sont que
les orifices de tubes ciliés dont une portion de la paroi est formée par le refoulement à l'intérieur de la poche de plages en forme de croissant de ces parois;
les bords de ces pavillons se continuent immédiatement avec la membrane péritonéale (fig. 1453).

Organes des sens. — Système nerveux. — En leur qualité d'animaux menant
une existence sédentaire et presque souterraine, les Géphyriens adultes ne présentent que rarement des organes des sens différenciés. Les papilles dont leur
tégument est pourvu sont autant des organes glandulaires que des organes
sensitifs; les tentacules des Sipunculimorpha sont cependant pourvus de soies
tactiles, et le cerveau des *Phascolosoma* porte deux yeux simples. Il n'y a pas
d'organes auditifs.

Le système nerveux est représenté par un collier œsophagien très lâche, dont les
commissures longent la totalité des bords du lobe prébuccal aussi bien chez les
Bonellia que chez les *Echiurus*, et sont réunis à l'intérieur de l'organe, dans ce dernier genre, par de nombreux filaments disposés en échelle, sans présenter nulle
part de renflements ganglionnaires; il n'y a pas non plus de ganglions sus-œsophagiens chez les Priapulidæ. Au contraire, étroitement accolés à la face dorsale
de l'œsophage, se trouvent chez les *Sipunculus* deux ganglions très nets, d'où naissent deux paires de nerfs qui se rendent aux tentacules; trois autres paires de
nerfs tentaculaires naissent des commissures, une quatrième paire se ramifie sur
les parois de l'œsophage. A partir du point de jonction des deux commissures
péri-œsophagiennes, une chaîne nerveuse ventrale, sans aucun renflement ganglionnaire, s'étend sur toute la longueur du corps. Des deux bords de la chaîne
naissent des nerfs nombreux qui ne sont pas rigoureusement symétriques et
qui sont destinés à chaque bandelette musculaire transversale; chaque paire
nerveuse fait le tour entier du corps.

La chaîne nerveuse est souvent accompagnée, dans sa partie antérieure, de
bandelettes musculaires (*Sipunculus*); elle est protégée par une épaisse enveloppe de tissu conjonctif, et paraît toujours formée de deux moitiés symétriques,
comme si elle résultait de la coalescence de deux cordons distincts. Sa région
centrale est occupée par des fibres; les cellules ganglionnaires sont rassemblées
sur les côtés; dans la masse fibreuse on observe souvent (*Echiurus*) une formation correspondante aux fibres géantes des Polychètes et des Oligochètes. On
n'a pas observé de chaîne nerveuse chez les *Phoronis*.

Appareil reproducteur. Répartition des sexes; dimorphisme sexuel. — Les
sexes sont toujours séparés chez les Géphyriens, et la séparation de sexes est compliquée chez les *Bonellia* d'un dimorphisme sexuel des plus prononcés. Tandis que
le corps de la femelle dépasse la grosseur d'une noix et que son lobe prébuccal
peut atteindre une longueur de deux décimètres en état d'extension, le mâle
demeure à l'état larvaire et conserve la forme d'un Ver cilié sur toute sa surface,

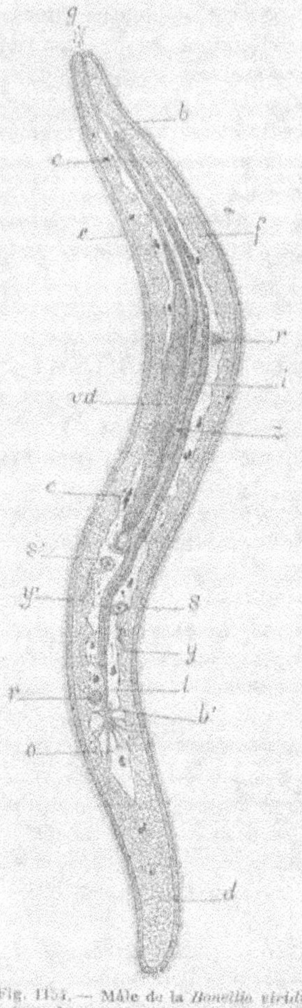

Fig. 1154. — Mâle de la *Bonellia viridis* (grandeur naturelle = 1^{mm} 1/2). — *g*, orifice génital laissant passer les spermatozoïdes ; *b*, extrémité antérieure fermée de l'intestin reliée au tissu parenchymateux par des fibres contractiles ; *c*, cellules vertes migratrices, contenant de la chlorophylle ; *e*, épithélium cilié ; *f*, cellules vésiculaires du parenchyme ; *r*, faisceaux de spermatozoïdes ; *vd*, néphridie antérieure servant de canal déférent ; *i*, intestin ; *y, y'*, paire postérieure de néphridies représentant les poches rectales ; *S, s'*, leur pavillon vibratile ; *l*, cavité générale ; *b'*, extrémité postérieure fermée de l'intestin, maintenu en place par des fibres musculaires isolées *o* ; *z*, contenu du tube digestif (d'après Selenka).

d'environ 1 millim. 5 de longueur (fig. 1154). La section de son corps est réniforme en avant, triangulaire en arrière. Le tégument est formé d'une couche unique de cellules ciliées, cubiques, et d'une seule assise de fibres musculaires longitudinales ; il existe deux soies à peu de distance de l'extrémité antérieure du corps [1]. En avant et en arrière toute la cavité générale est oblitérée par de grandes cellules vésiculaires ; mais, dans la région moyenne, ces cellules ne forment qu'une assise sur les lignes médianes dorsale et ventrale et ne se groupent en parenchyme que tout le long des angles latéraux du corps. Elles circonscrivent ainsi une cavité générale assez étendue, limitée par une mince membrane péritonéale cellulaire. Dans cette cavité flottent des éléments chargés de chlorophylle. Le tube digestif (i) s'étend sur presque toute sa longueur, mais il est fermé à ses deux extrémités, sur lesquelles viennent s'attacher des fibres musculaires qui fixent le tube aux parois du corps. Il existe, en avant, sur la face ventrale, un orifice qui a été considéré comme un orifice buccal (Vejdowsky). En arrière, une paire de néphridies typiques (*y, y'*) [2] pourvues d'un pavillon vibratile unique et s'ouvrant isolément et latéralement au dehors, représentent évidemment les poches rectales et précisent leur signification morphologique ; une longue poche (*vd*), occupant les deux tiers de la longueur du corps, munie à son extrémité postérieure d'un pavillon vibratile, s'amincissant beaucoup en avant et s'ouvrant au dehors à l'extrémité antérieure même du corps représente la néphridie antérieure unique qui sert d'oviducte à la femelle. Le système nerveux est construit sur le type normal et se termine en avant par un étroit anneau [3]. Les mâles vermiformes vivent d'abord sur la trompe de la femelle, puis ils passent dans son œsophage ; ils y achèvent

[1] A. Kowalevsky, *Du mâle planariforme de la Bonellia* ; Revue des sciences naturelles, t. IV, 1873. — Masson et Catta, Ibid.

[2] Em. Selenka, *Report on the Gephyrea collected by H. M. S. Challenger*, 1885.

[3] Vejdovsky, *Ueber die Eibildung und Männchen von Bonellia viridis* ; Zeitsch. f. w. Zoologie, Bd XXX, 1878. — Spengel, *Beiträge zur Kenntniss der Gephyreen.* — I. *Die Eibildung, die Entwickelung an das Männchen der Bonellia* ; Mitth. aus der zool. Station zu Neapel, Bd I, 1879.

leur développement, et finalement émigrent, pour se réunir en assez grand nombre dans l'oviducte où a lieu la fécondation.

Glandes reproductrices. — Les glandes génitales offrent la même disposition chez tous les Géphyriens dont la forme extérieure est la même dans les deux sexes. Elles occupent chez les PRIAPULIDÆ une position tout à fait exceptionnelle; elles sont placées à l'extrémité postérieure du corps, de chaque côté de l'anus, comme si les poches rectales étaient ici devenues les organes sexuels. L'ovaire est composé chez les *Priapuloïdes* de feuillets diversement plissés dont les parois limitées par une membrane anhiste portent l'épithélium germinatif, constitué par une couche de protoplasme contenant les noyaux dans laquelle les œufs se différencient sans présenter aucune particularité importante de développement. Le testicule est, au contraire, une glande en grappe typique dont les acini piriformes se greffent les uns sur les autres pour aboutir à un canal déférent qui fait suite à la glande, tandis que l'oviducte, bien que continu avec l'ovaire, naît latéralement de sa substance. On trouve quelquefois des œufs en voie de différenciation dans diverses parties de la membrane péritonéale; il semble résulter de ce fait que les glandes génitales ne sont ici, comme chez les autres Géphyriens, que des dépendances de cette membrane.

Chez les *Echiurus*, les produits génitaux ne revêtent leurs caractères sexuels que lorsqu'ils sont déjà tombés dans la cavité générale. La glande qui les produit est située dans la région postérieure du corps, entre le rectum, les poches rectales et les soies anales ventrales; elle se différencie aux dépens de la membrane péritonéale qui recouvre l'extrémité du vaisseau ventral et dont quelques éléments se mettent d'abord à grossir, puis se rassemblent en amas cellulaires qui sont surtout nombreux à la face dorsale du vaisseau; les amas tombent de très bonne heure dans la cavité générale. Là, leurs éléments se séparent les uns des autres chez les femelles; ils sont alors doués de faibles mouvements amiboïdes; bientôt, ils grossissent, les granulations vitellines apparaissent dans leur intérieur et l'œuf, continuant à se développer dans le même sens, atteint deux dixièmes de millimètre de diamètre.

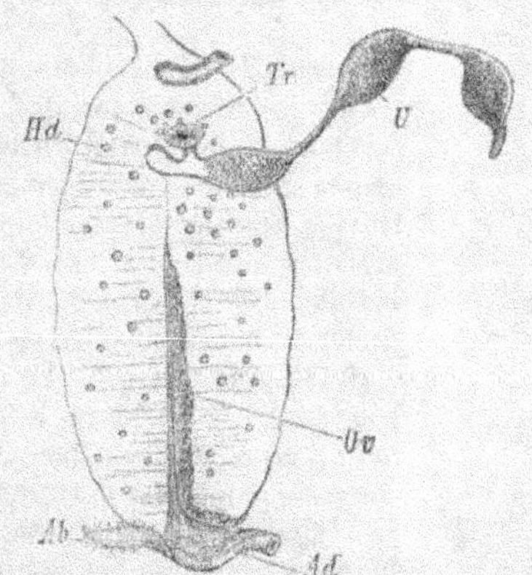

Fig. 1155. — Appareil génital de la *Bonellia viridis* femelle — *V*, néphridie antérieure unique servant de matrice et d'oviducte; *Tr*, son pavillon vibratile; *Hd*, glandes cutanées; *Oo*, ovaire; *Ab*, une des deux poches rectales; *Ad*, rectum sectionné et rejeté de côté (d'après Lacaze-Duthiers).

Chez les mâles, les amas cellulaires, une fois devenus libres dans la cavité générale, demeurent constitués de trente à quarante spermatogonies; les spermatogonies continuent à se diviser, et les spermatoblastes qui proviennent des spermatogonies primitivement réunies, se transforment, sans se séparer, en spermatozoïdes. Les glandes génitales des *Thalassema* et des *Hamingia*, les ovaires des *Bonellia* (fig. 1155) se développent aussi aux dépens de l'épithélium péritonéal sur une longueur assez variable de la région postérieure du vaisseau ventral. Ce vaisseau semble, en conséquence, déterminer la localisation de la région génitale de la membrane péritonéale par l'excès de matériaux nutritifs qu'il apporte avec lui. L'évolution des éléments génitaux s'accomplit chez les *Thalassema* et les *Hamingia* de la même façon que chez les *Echiurus*. Chez les *Bonellia*, il se produit une différenciation remarquable des éléments constitutifs d'un même amas cellulaire ; les éléments superficiels s'aplatissent et forment un follicule, dont la partie en contact avec le reste de la glande se rétrécit de manière à former un pédoncule à chaque amas. Bientôt une des cellules de l'amas situé au voisinage de ce pédoncule prend un développement rapide, et constitue un œuf ; les autres cellules se réduisent peu à peu et forment à l'un des pôles de l'œuf une petite masse verruqueuse ; enfin le pédoncule se rompt, et l'œuf, enveloppé de son follicule, emportant avec lui son petit chapeau verruqueux, tombe dans la cavité générale. Les spermatozoïdes des mâles se développent aux dépens de cellules, qui, de bonne heure, se détachent isolément de la membrane péritonéale.

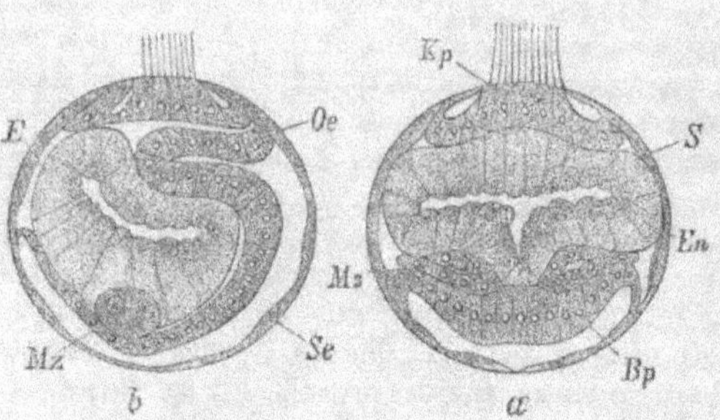

Fig. 1156. — Embryon de *Sipunculus* dans lequel la plaque thoracique et la plaque céphalique commencent à se souder en avant ; la membrane vitelline et les cils qui la traversent ne sont pas représentés. — *a*, coupe transversale. *Kp*, plaque céphalique ; *Bp*, plaque thoracique ; *E*, entoderme ; *Ms*, mésoderme ; *S*, séreuse. — *b*, coupe longitudinale médiane. *Oe*, œsophage ; *Ms*, initiale mésodermique ; *E*, entoderme ; *S*, séreuse (d'après Hatschek).

Chez les SIPUNCULIDÆ, les glandes génitales se développent aux dépens de la portion de la membrane péritonéale qui couvre la partie inférieure de l'œsophage, un peu avant le commencement de l'intestin spiral ou la base des muscles rétracteurs de la trompe (*Phascolosoma*, *Sipunculus*) ; dans la cavité générale, les œufs se montrent enveloppés d'un follicule comme ceux de la *Bonellia*, mais sans calotte verruqueuse ; en revanche, ils sont enveloppés dans une épaisse membrane vitelline, percée de fins canalicules rayonnants.

Développement[1]. — Le développement des ECHIURIDÆ et des BONELLIDÆ est pour ainsi dire calqué sur celui des Polychètes à développement modérément accéléré ; il n'y a que des différences sans importance soit dans la segmentation, qui est complète et inégale, soit dans la gastrulation, qui est épibolique autour de quatre gros blastomères entodermiques, soit dans la formation des feuillets. L'embryon libre des ECHIURIDÆ est une trochosphère d'un type seulement un peu accéléré, en ce sens qu'il s'organise rapidement à son extrémité postérieure, d'après les processus déjà signalés chez les Polychètes, les rudiments de quinze segments (fig. 1157). Le lobe préoral, en forme de dôme, est très développé, et s'allonge encore de manière à former le lobe préoral de l'adulte ; d'où résulte la constitution sur sa face ventrale de deux longs cordons nerveux qui relient les deux rudiments de la chaîne ventrale à la plaque apicale. Il se produit de bonne heure un rein céphalique ramifié

---

[1] SPENGEL, *loc. cital.* — HATSCHEK, *Ueber Entwickelungsgeschichte von Echiurus* ; Arbeiten aus den zool.-zoot. Institut, 1880. — ID., *Ueber Entwickelung von Sipunculus nudus*, Ibid., 1883.

(fig. 1157 et 1158, *Kn*), à ramuscules terminés par une cellule portant une flamme vibrante; ce rein est temporaire; deux néphridies simples postérieures sont les rudiments des poches rectales (fig. 1159, *As*). Il existe une petite couronne anale de cils, de sorte que l'embryon est télotroque. Les néphridies provisoires et la métaméridation disparaissent peu après l'apparition du premier cercle de soies anales et des soies ventrales.

L'épibolie se fait aussi chez les *Bonellia* autour de quatre sphères entodermiques; le blastopore se ferme entièrement, après avoir donné naissance, par un reploiement de ses bords, au mésoderme. L'embryon acquiert rapidement deux ceintures de cils vibratiles; il est ainsi télotroque; il présente deux yeux en avant de la

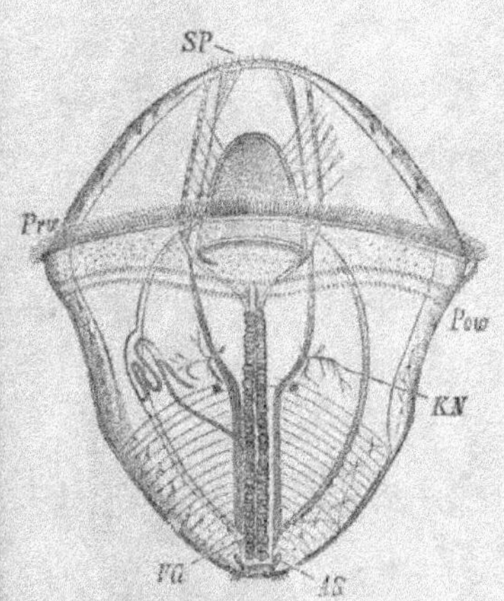

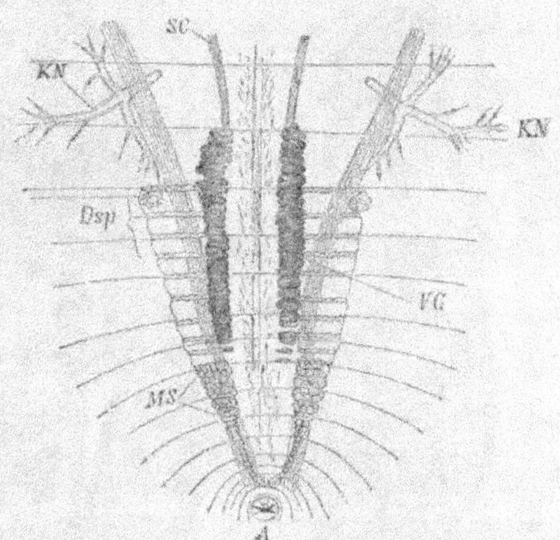

Fig. 1157. — Embryon d'*Echiurus*. — *SP*, plaque apicale; *Prœ*, couronne ciliée préorale; *Pow*, couronne ciliée post-orale; *KN*, pronéphridies; *VG*, chaîne nerveuse; *AS*, poches rectales (d'après Hatschek).

Fig. 1158. — Face ventrale plus grossie du même embryon pour montrer la bandelette mésodermique et sa métaméridation. — *SC*, commissure œsophagienne; *Dsp*, dissépiments des métamérides antérieurs du tronc; *MS*, bandelette mésodermique; *A*, anus; *VG*, chaîne nerveuse; *KN*, pronéphridies; *A*, anus (d'après Hatschek).

première ceinture; mais il n'existe aucune trace de bouche. Bientôt l'embryon se revêt entièrement de cils vibratiles, et s'aplatit dans le sens dorso-ventral; il ressemble alors à un Turbellarié. Pendant ce temps, les quatre gros blastomères ont donné naissance aux véritables cellules endoblastiques qui les revêtent entièrement et le mésoderme s'est divisé en une lame splanchnique et une lame somatique, séparées d'abord par une simple fente qui ne prend de l'importance qu'après le développement des poches rectales; peut-être ces poches, en permettant l'entrée de l'eau dans la fente cœlomatique, déterminent-elles l'écartement de deux lames. La partie antérieure de l'archentéron pousse en avant une protubérance qui s'applique contre l'exoderme et envoie dans le lobe préoral un diverticule qui s'atrophie bientôt. La bouche s'ouvre au point où la protubérance œsophagienne est arrivée à toucher l'exoderme; les quatre blastomères se résorbent, d'où résulte la lumière du tube digestif; l'anus se forme par une invagination à l'extrémité postérieure du corps. La disposition définitive des néphridies postérieures chez les mâles rend très vraisemblable que ces poches se constituent comme chez les *Echiurus*, quoique Spengel les fasse naître du tube digestif. Il naît d'ailleurs, en avant, après la formation de la bouche, une paire de néphridies céphaliques, peut-être homologues de celles de *Echiurus*, mais leurs rapports avec la néphridie permanente unique n'ont pas été déterminés. A peu près à ce stade de développement, les jeunes mâles se fixent à la trompe de la femelle et n'ont plus à subir que des modifications sans grande importance. Chez les larves femelles un grand nombre de cellules du mésoderme se changent en corpuscules du sang et des

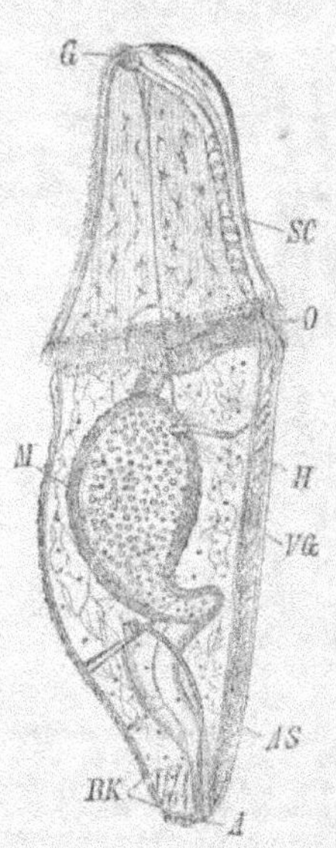

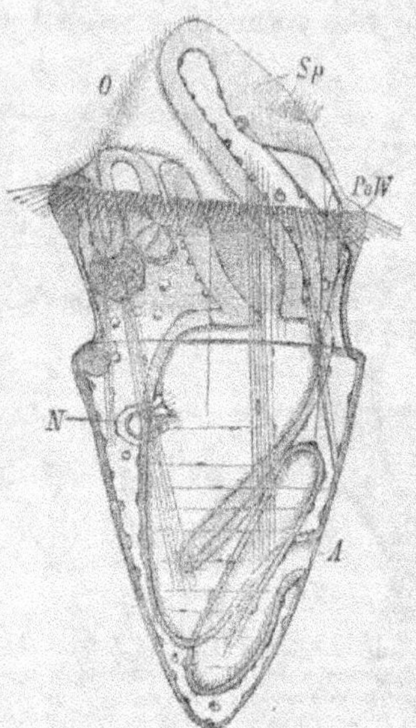

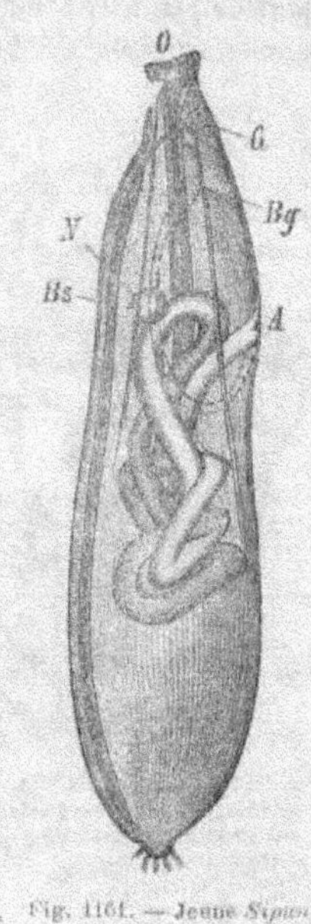

Fig. 1159. — Larve d'*Echiurus*, vue de côté, représentée à l'époque où s'atrophient les pronéphridies. — *G*, ganglions cérébroïdes formés par la plaque apicale; *SC*, collier œsophagien; *O*, bouche; *M*, estomac; *H*, paire antérieure de soies; *VG*, chaîne ventrale; *AS*, une des poches ou néphridies rectales; *A*, anus; *BK*, couronnes de soies.

Fig. 1160. — Larve de *Sipunculus*. — *Sp*, plaque apicale, avec le reste de la couronne préorale; *O*, bouche; *PoW*, couronne ciliée post-orale; *N*, une des néphridies; *A*, anus (d'après Hatschek).

Fig. 1161. — Jeune *Sipunculus*, avant l'apparition des tentacules; *O*, bouche; *G*, ganglion cérébroïde; *Bg*, vaisseau sanguin; *A*, anus; *N*, néphridie; *Bs*, chaîne ventrale (d'après Hatschek).

replis du péritoine donnent naissance aux vaisseaux précédemment décrits et qui, pour un temps, semblent communiquer avec la cavité générale. A aucun moment on ne constate de traces de métaméridation intérieure. A ce point de vue, le développement des *Bonellia*, dont la parenté avec les *Echiurus* ne saurait être contestée, fait passage au développement des SIPUNCULIDÆ.

Chez les *Sipunculus*, il se forme une gastrula par invagination; deux des cellules marginales du blastophore sont les initiales mésodermiques. L'exoderme fournit les plaques céphalique et thoracique et une enveloppe embryonnaire caduque, la séreuse, qui se couvre de cils traversant la membrane vitelline (fig. 1156). Après la formation de l'invagination œsophagienne qui précède de peu la mue, il se forme une ceinture ciliée post-orale; bientôt après, se montre la ceinture préorale, qui demeure toujours la moins développée. Par ce caractère et par l'absence d'anus, la larve des *Sipunculus* diffère de la trochosphère typique des Polychètes. Très vite s'allonge le tronc de l'embryon, tandis que le lobe préoral se rétrécit et finit par disparaître complètement; les tentacules apparaissent entre les deux couronnes préorale et post-orale, après la disparition presque complète de la première (fig. 1160). Il se forme successivement trois paires de soies : la paire postérieure apparaît la première, puis la paire antérieure, enfin la paire moyenne. C'est justement l'ordre dans lequel ces soies doivent apparaître, d'après les lois de la

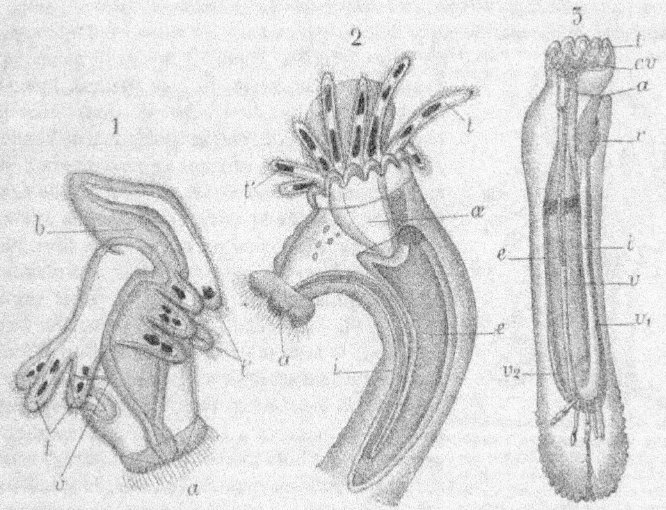

Fig. 1162. — Formes successives des *Phoronis*. 1. Jeune larve *Actinotrocha*, à l'époque de la formation du sac destiné à être dévaginé pour former la paroi du tronc; *b*, bouche; *t*, tentacules ventraux, au-dessous d'eux le sac évaginable; *e*, estomac; *t'*, tentacules dorsaux; *a*, anus avec sa couronne vibratile; — 2. Larve de *Phoronis* après l'évagination; *t*, *t'*, tentacules; *œ*, œsophage; *a*, anus; *e*, estomac; *i*, intestins désormais contenus dans le sac évaginé; — 3. Jeune *Phoronis*; *t*, tentacules; *cv*, canal sous-tentaculaire; *a*, anus; *r*, estomac; *i*, intestin; v_1, canal dorsal; v_2, canal latéral (d'après Metschnikoff).

métaméridation. Si l'on admet que la paire de soies postérieure se forme sur le telson, qui est après le protoméride le segment le plus âgé, la paire de soies antérieure apparaît sur le deutoméride, qui est par rang d'âge le 3ᵉ segment, et le tritoméride, qui est le plus jeune segment, portera dès lors la paire moyenne. C'est d'ailleurs l'ordre dans lequel apparaissent les soies chez les *Echiurus*; on voit d'abord se former le cercle de soies postérieur, puis les soies ventrales, enfin le deuxième cercle de soies. Malgré l'absence totale de métaméridation interne, on ne peut donc guère contester que les SIPUNCULIDÆ ne dérivent de Vers annelés, au même titre que les autres Géphyriens. L'anus se forme tardivement du côté dorsal.

La segmentation des *Phoronis* est aussi une segmentation totale, mais qui conduit à la formation d'une *blastula*; celle-ci donne, par embolie, naissance à une *gastrula* dont le blastopore sera la bouche définitive, tandis que l'anus se forme un peu plus tard, à l'extrémité postérieure du corps. Le corps se couvre uniformément de cils et il se développe un grand lobe préoral, tandis qu'en arrière le corps se termine par deux appendices; a ce moment la bouche a pris une position nettement ventrale; l'anus est dorsal; l'œsophage et le rectum sont nettement différenciés. Sauf qu'il est uniformément cilié et privé de ceinture post-orale, l'embryon ressemble assez bien à un embryon de *Phascolosoma*; mais bientôt, commencent à se former des organes essentiellement embryonnaires qui masquent son aspect primitif et lui donnent le caractère d'une forme embryonnaire, bien connue avant qu'on eût déterminé ses véritables rapports, l'*Actinotrocha* (fig. 1162, n° 1). Les appendices terminaux du corps s'allongent, et derrière eux, du côté dorsal, se constituent successivement cinq paires de bras, dirigés en arrière: autour de l'anus se forme, d'autre part, une protubérance en cône tronqué dont la petite base est entourée d'une couronne de cils vibratiles. Quand tous les organes se sont constitués, il se forme du côté ventral, immédiatement au-dessous du cercle des bras, une poche résultant d'une invagination simultanée de l'exoderme et du mésoderme, poche qui s'enfonce vers l'intestin en augmentant de longueur, au point qu'elle se replie plusieurs fois sur elle-même. Quand elle a atteint tout son volume, l'invagination se retrousse brusquement au dehors, l'intestin pénètre dans le sac résultant de cette évagination (fig. 1163). Ce sac n'est pas autre chose que le corps définitif du jeune *Phoronis*. Pendant ce temps, le lobe préoral s'est beaucoup réduit; les bras se sont rabattus en avant pour former un cercle autour de la bouche (fig. 1162, n° 2); le lobe préoral se rétracte entièrement à l'intérieur de l'œsophage; les extrémités des bras tombent et leurs parties restantes doivent former les bras de l'adulte; l'appendice anal et sa couronne ciliée se résorbent. Au moment où il n'existait encore que cinq paires de bras, une délicate membrane se forme du côté ventral de l'intestin et s'unit en avant au mésoderme somatique, c'est le

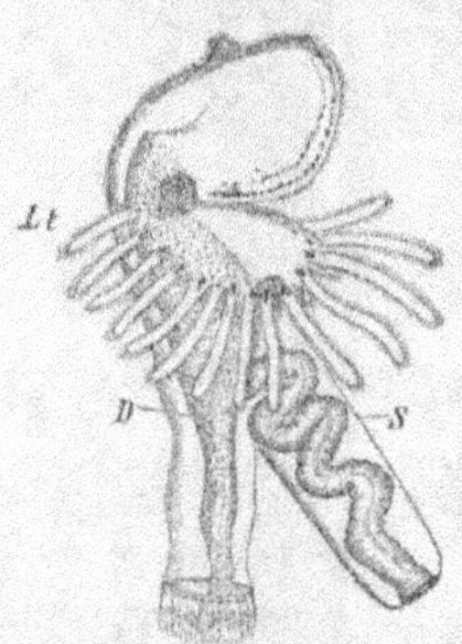

Fig. 1163. — Larve *Actinotrocha* de *Phoronis*, au moment de l'introduction du tube digestif dans le sac évaginé. — *Lt*, tentacules sous le lobe préoral; *D*, extrémité axiale du corps; *S*, sac sous-tentaculaire évaginé où le tube digestif a pénétré; cette phase est intermédiaire entre les n°⁵ 1 et 2 de la figure précédente (d'après Metschnikoff).

rudiment du vaisseau ventral; plus tard apparaissent les deux vaisseaux longitudinaux et le cercle vasculaire qui les réunit en avant (fig. 1162, n° 3, *cv*). Ce mode de développement est évidemment très singulier; il porte l'empreinte d'une accélération embryogénique extraordinaire; on a voulu voir une certaine ressemblance entre le sac qui devient, après son extroversion, le corps du *Phoronis* et le sac interne des larves des Bryozoaires; mais ce rapprochement n'est basé sur aucun argument décisif et ne saurait prévaloir contre les différences qu'implique la présence chez les *Phoronis* d'un appareil vasculaire. Il est à noter cependant que les *Rhabdopleura* et les *Cephalodiscus* s'éloignent beaucoup de Bryozoaires normaux et se rapprochent, en revanche, suffisamment des *Phoronis* pour qu'il n'y ait pas lieu de s'étonner que leur embryogénie conduise un jour à les placer à la suite de ces derniers [1].

[1] METSCHNIKOFF, *Ueber die Metamorphose einiger Seethiere*. Zeitsch. f. wiss. Zool., t. XXI, 1871.

I. ORDRE

PRIAPULIMORPHA

Bouche non entourée de tentacules, percée au sommet d'une région distincte du corps; point de trompe. Anus terminal, ordinairement surmonté de un ou deux appendices tentaculifères, saillants au dehors. Point de soies, ni de trace extérieure de métaméridation. Orifices génitaux à l'extrémité postérieure du corps. Cavité buccale armée de dents cornées. Tube digestif droit.

Fam. **PRIAPULIDÆ**. — Famille unique.

Priapulus, Lamarck. Région antérieure du corps ornée de côtes longitudinales; un seul appendice tentaculifère percé d'un pore à son extrémité libre, à tentacules irrégulièrement disposés. *P. caudatus*, Spitzberg. *P. tuberculato-spinosus*, détr. de Magellan, Malouines. — *Lacazia*, de Qfg. *Priapulus* à tentacules nombreux, disposés en deux rangées sur l'appendice caudal. *L. longirostris*. — *Priapuloides*, D. et K. Épines de la région antérieure du corps disposées en quinconce; deux appendices caudaux. *P. bicaudatus*, côtes de Norvège, Varangerfjord. *P. australis*, région du cap Horn. — *Halicryptus*, v. Siebold. Pas d'appendice caudal. *H. spinulosus*, Spitzberg, Baltique.

II. ORDRE

ECHIURIMORPHA

Bouche non entourée de tentacules, souvent précédée d'une trompe, ou expansion tégumentaire de forme variable; anus à l'extrémité postérieure du corps. Orifices génitaux dans la région antérieure du corps. Cavité buccale inerme; tube digestif décrivant de nombreuses circonvolutions, rarement droit.

Fam. **EPITHETOSOMIDÆ**. — Bouche surmontée d'un très long appendice creux, vermiforme, communiquant avec la cavité du corps. Une fente oblique de chaque côté de la bouche; tube digestif droit; anus terminal.

Epithetosoma, D. et K. Genre unique. *E. norvegicum*, côtes N. de la Norvège.

Fam. **ECHIURIDÆ**. — Bouche surmontée d'un grand appendice, en forme de cornet incomplètement replié, très mobile et très caduc, cilié sur sa face concave. Une paire de soies ventrales, à la région antérieure du corps; un ou plusieurs cercles de soies à la région postérieure. Corps assez nettement métamérédé.

Echiurus, Cuv. Genre unique. *E. Pallasii*, St-Vaast.

Fam. **BONELLIIDÆ**. — Appendice prébuccal long et parfois divisé en deux branches. Une paire de soies dans la région antérieure du corps. Pas de métaméridation distincte, ni de couronnes postérieures de soies.

Thalassema, Gærtner. Appendice prébuccal non divisé. *T. Neptuni*, côtes d'Angleterre. — *Bonellia*, Rolando. Appendice prébuccal très long et bifurqué; animal vert foncé. *B. viridis*, Méditerranée, Bergen.

Fam. **HAMINGIIDÆ**. — Point de soies sur la face ventrale du corps; point d'appendice prébuccal.

Hamingia, Danielssen et Koren. Corps allongé, un peu rétréci en avant; présentant à la base de la partie rétrécie deux orifices génitaux; extrémité antérieure tronquée; bouche surmontée d'un repli en forme de croissant. *H. arctica*, Spitzberg. — *Saccosoma*, D. et K. Corps lagéniforme, à ventre sphéroïdal; extrémité antérieure tronquée; troncature portant à la fois la bouche et l'unique orifice génital. *S. vitreum*, Feroë.

III. ORDRE

SIPUNCULIMORPHA

Bouche à l'extrémité d'un cou rétractile, plus étroit que le corps; généralement entourée de tentacules. Anus au voisinage de la base du cou, tout au moins dans la région antérieure de la partie large du corps. Orifices génitaux, en arrière, mais non loin de l'anus. Point de soies à l'état adulte, ni de métaméridation. Tube digestif en forme d'anse; branche descendante de l'anse très longue, enroulée en hélice autour de la branche ascendante.

Fam. **SIPUNCULIDÆ**. — Tentacules péribuccaux très nombreux ou pennés; point de bouclier anal, ni terminal.

Phascolosoma, Leuck. Tentacules péribuccaux nombreux; muscles longitudinaux formant une tunique continue; deux néphridies. *P. elongatum*, Saint-Vaast, *P. vulgare*, Manche. — *Phascolion*, Théel. Diffèrent des *Phascolosoma* par la présence d'une seule néphridie fixée sur presque toute sa longueur et la brièveté de l'anse descendante du tube digestif, à peine contournée en hélice. Habitent les coquilles vides. *P. strombi*, Manche. — *Dendrostoma*, Grube. Diffèrent des *Phascolosoma* par leurs tentacules pennés, au nombre de 4 à 6. *D. pinnifolium*, Antilles. — *Phymosoma*, de Qfg. Diffèrent des *Phascolosoma* parce que leur musculature longitudinale est divisée en 17 à 41 bandelettes; quatre rétracteurs; tentacules nombreux, absents en général sur le bord ventral de la bouche; des yeux. *P. granulatum*, Méditerranée. *P. Loveni*, Bergen. — *Sipunculus*, L. Comme *Phymosoma*, mais tentacules disposés en cercle complet autour de la bouche; point d'yeux. *S. nudus*, Manche, Médit.

Fam. **ASPIDOSIPHONIDÆ**. — Un bouclier ou un cercle calcaire en avant de l'anus.

Aspidosiphon, Gr. Un bouclier préanal et un bouclier postérieur; tentacules petits, peu nombreux, disposés en demi-cercle au-dessus de la bouche. *A. Mülleri*, Méditerranée. *A. mirabilis*, Spitzberg, — *Cloeosiphon*, Gr. Un anneau calcaire préanal, du centre duquel part la trompe. *C. aspergillum*, Pacifique.

Fam. **PETALOSTOMIDÆ**. — Deux tentacules foliacés; quatre rétracteurs.

Petalostoma, Keferst. Genre unique. *P. minutum*, Saint-Vaast.

Fam. **TYLOSOMIDÆ**. — Point de tentacules; un seul rétracteur.

Tylosoma, D. et K. Point de trompe; corps cylindrique. *T. Lütkenii*, Bergen. — *Onchnenosoma*. D. et K. Trompe longue; corps piriforme. *O. Sarsii*. Lofoden.

IV. ORDRE

TUBICOLA

Tentacules disposés en fer à cheval. Ni soies, ni métaméridation. Anus dorsal. Tubicoles.

Fam. **PHORONIDÆ**. — Famille unique.

Phoronis, v. Ben. Genre unique. *P. hippocrepia*, côtes de France; sur les œufs de Homards.

III. CLASSE

OLIGOCHÈTES [1] (LUMBRICINA)

Vers annelés chétopodes, sans antennes, ni parapodes, mais pourvus de soies disposées en faisceaux sur chaque segment ou réparties sur un même cercle entourant le segment. Hermaphrodites. Habitent presque tous les eaux douces ou la terre humide.

Morphologie externe. — Tandis que les Polychètes sont presque exclusivement

[1] F. VEJDOWSKY, *System und Morphologie der Oligochæten*. Prag. 1884. — F. E. BEDDARD, *A Monograph of the order of Oligochæta*. Oxfort. 1895.

marins, les Oligochètes habitent presque tous les eaux douces, la vase et la terre humide dans laquelle ils se creusent des galeries. Toutefois quelques espèces (*Clitellio, Heterochæta*, plusieurs *Pachydrilus, Pontodrilus*) habitent soit la zone littorale, soit des terrains fréquemment mouillés par la mer. La taille varie de dimensions presque microscopiques (*Œolosoma*) ou très petites (*Chætogaster*), jusqu'à plus d'un mètre ou même près de deux mètres de long qu'atteignent fréquemment les Vers de terre des pays chauds (*Anteus, Microchæta, Geoscolex*, etc.).

La morphologie externe des Oligochètes est beaucoup plus simple que celle des Polychètes. Aucun de ces animaux ne présente ni antennes, ni palpes, ni parapodes, ni par conséquent de cirres d'aucune sorte. De tous les appendices étudiés chez les Polychètes, il ne reste que les *soies locomotrices*, disposées d'ordinaire en quatre rangées longitudinales, symétriques deux à deux de chaque côté du corps. Il existe un segment prébuccal correspondant au protoméride des Polychètes. Ce protoméride s'allonge en une sorte de tentacule très long chez les *Stylaria*, assez court chez les *Rhinodrilus*; il peut être séparé du deutoméride par une ligne droite, s'encastrer, en quelque sorte, dans celui-ci et s'y enfoncer jusqu'à la ligne de séparation avec le tritoméride (*Lumbricus*), ou bien encore ne présenter aucune ligne postérieure de délimitation (Naïdimorpha, Enchytræimorpha, Tubificimorpha), autant de caractères qui doivent être signalés dans les diagnoses génériques ou spécifiques.

La bouche est située au-dessous du protoméride (fig. 1164, n° 2) et en avant du *deutoméride* ou *segment buccal*. Ce dernier peut présenter quelques caractères particuliers comme l'absence de soies; en général, tous les autres segments se ressemblent, et le corps, cylindrique sur la plus grande partie de son étendue, se termine par un certain nombre de segments plus étroits que les précédents et dont le dernier porte l'anus. Il peut arriver cependant que quelques segments antérieurs présentent des soies autrement conformées ou autrement disposées que les segments suivants. Les *Dero, Bohemilla, Stylaria, Slavina* ne présentent, par exemple, que des faisceaux de soies ventrales sur leurs premiers segments qui sont par conséquent dépourvus des longues et fines soies capillaires que présentent les faisceaux dorsaux de soies chez les Naïdimorpha. D'autre part, chez les *Aulophorus* et les *Dero* le dernier segment du corps s'épanouit en un large pavillon cilié qui porte sur sa face dorsale (*Dero*) ou sa face ventrale (*Aulophorus*) des digitations dont il sera question p. 1676. Quelquefois l'arrangement et plus rarement la forme des soies se modifient à mesure que l'on s'éloigne de l'extrémité antérieure du corps (*Geoscolex*,

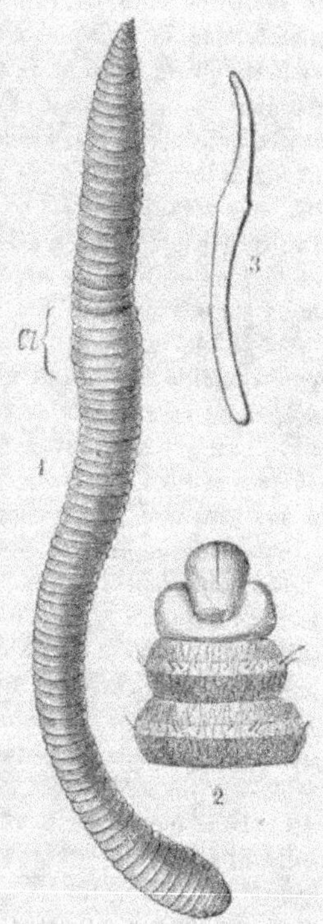

Fig. 1164. — *Lumbricus rubellus*. — 1, individu entier; *Cl*, clitellum; 2, extrémité antérieure vue en dessous montrant le protoméride au-dessus de l'orifice buccal; 3, soie locomotrice (d'après Eisen).

Urochæta). D'autres fois encore des organes respiratoires en forme de digitations simples se montrent soit en arrière (*Chætobranchus*), soit en avant (*Branchiura*, *Alma*), divisant ainsi le corps en deux régions, mais les formes pourvues de tels organes respiratoires sont très peu nombreuses. Au contraire, à l'époque de la maturité sexuelle, presque tous les Oligochètes présentent un épaississement glandulaire et opaque d'un nombre variable de segments de leur corps. Cet épaississement, chargé de sécréter un anneau chitineux qui unit les deux individus pendant l'accouplement et de produire l'enveloppe du cocon dans lequel ces animaux enferment leurs œufs, est le *clitellum* ou *ceinture génitale*. Très souvent il existe le long de la ligne médiane dorsale, à l'intersection des segments consécutifs, une série de pores; ce sont les *pores dorsaux*. Sur le prolongement de l'une ou l'autre des deux rangées de soies de chaque côté, on aperçoit une rangée d'orifices; ce sont les orifices des *néphridies*, dont la position par rapport aux soies fournit de bons caractères chez les Lumbricimorpha; mais l'attention est surtout attirée, à l'époque de la reproduction, par une paire d'orifices dont la position varie, car ils peuvent être situés soit très en avant du clitellum, soit à sa surface, soit immédiatement en arrière : ce sont les *orifices génitaux mâles*. On distingue aussi plus en avant, en général, des orifices plus petits, ceux des *poches copulatrices* ou *spermathèques* et ceux des *oviductes*. Ce sont là les seules particularités qui donnent prise à une première observation chez les Oligochètes.

Soies locomotrices. — La forme des soies locomotrices est elle-même d'une grande simplicité. Ces soies sont des bâtonnets chitineux dont les formes se rattachent à quatre types : 1° les *soies capillaires*, très allongées, fines et pointues, le plus ordinairement lisses, quelquefois barbelées (*Bohemilla*); — 2° les *soies pectinées*, légèrement courbées en forme d'*f*, présentant vers le milieu de leur longueur une sorte de nodosité, et terminées à leur extrémité libre par deux crochets pointus, légèrement recourbés, supportant entre eux une lame chitineuse, à bord libre dentelé; — 3° les *soies fourchues*, qui ne diffèrent des soies pectinées que par l'absence de la lame dentelée; — 4° les *soies simples*, c'est-à-dire non fourchues à leur extrémité libre, droites, assez brusquement recourbées à leur extrémité interne (*Enchytræus*) ou légèrement tordues en forme d'*f* très allongé. Les trois premières sortes de soies peuvent se rencontrer simultanément chez les Naïdimorpha (à l'exception des Chætogastridæ), un certain nombre de Tubificidæ (*Tubifex*, *Psammoryctes*, *Ilyodrilus*, *Spirosperma*); les soies des Naïdimorpha ou des Tubificimorpha, qui ne sont ni capillaires ni pectinées, sont très généralement fourchues; mais les deux dents de la fourche, souvent inégales, peuvent devenir à peine distinctes ou même ne pas exister chez les Lumbriculidæ; les Enchytræimorpha et les Lumbricimorpha n'ont, en général, que des soies simples; toutefois les soies des *Urochæta* sont légèrement entaillées à leur extrémité libre et la simplicité de l'extrémité n'exclut pas certaines complications de détail. C'est ainsi que les soies des *Rhinodrilus* et des *Urochæta* présentent des saillies chitineuses arquées, à leur concavité dirigée vers la pointe libre; Savigny parle aussi de soies épineuses dans son genre *Hypogeon*, qui n'a pas encore été reconstitué, il en existe réellement chez les *Anteus* et les *Urochæta*; l'ornementation peut d'ailleurs se limiter à certaines soies occupant des positions particulières et paraissant avoir des fonctions propres, telles que les *soies génitales*, dont il sera question tout à l'heure.

Les soies des Oligochètes sont très généralement disposées sur quatre rangées longitudinales, symétriques deux à deux, comme si, les parapodes des Polychètes ayant disparu, leurs soies seules avaient persisté. On distingue donc deux rangées *ventrales* et deux rangées *dorsales*; chaque segment porte quatre faisceaux de soies. Le nombre des soies qui composent un faisceau est assez grand chez les NAÏDIMORPHA, il n'est pas rare d'en compter six ou sept (CHÆTOGASTRIDÆ) ou même une dizaine (*Æolosoma, Bohemilla, Stylaria*, etc.); mais chez les LUMBRICULIDÆ et les LUMBRICIMORPHA, ce nombre se réduit généralement à deux; il n'existe même plus qu'une soie par faisceau chez les PHREORYCTIDÆ, et les soies disparaissent tout à fait chez les *Anachæta*. On trouve des soies capillaires associées à des soies crochues dans tous les faisceaux chez les *Æolosoma*; ces soies tendent cependant chez les NAÏDIMORPHA et les TUBIFICIDÆ à se localiser dans les faisceaux dorsaux, les faisceaux ventraux étant ainsi composés uniquement de soies pectinées ou de soies fourchues, plus propres à assurer la station ou la progression de l'animal. Ces deux sortes de soies sont associées chez les *Ilyodrilus, Psammoryctes* et *Spirosperma*; des soies fourchues existent seules chez la plupart des autres genres. Chez les ENCHYTRÆIMORPHA, *Telmatodrilus, Psammobius, Clitellio, Limnodrilus*, LUMBRICULIDÆ, LUMBRICIMORPHA, il n'y a que de faibles différences dans la composition des faisceaux dorsaux et des faisceaux ventraux, qui ne contiennent que des soies bifurquées ou des soies simples.

Chez un certain nombre de NAÏDIDÆ, les premiers segments du corps (deux chez les *Stylaria*, trois chez les *Bohemilla*, quatre chez les *Slavina, Aulophorus, Dero*) ne présentent que des faisceaux de soies ventrales, plus grandes d'ailleurs que les soies fourchues ordinaires; cette disposition s'étend à tous les segments chez les CHÆTOGASTRIDÆ, qui ne possèdent, par conséquent, que deux rangées de soies. Dans l'ordre des LUMBRICIMORPHA, on trouve des modifications plus importantes encore de la disposition générale. Chez un petit nombre de ces animaux (*Deodrilus, Kynotus*) les soies manquent sur les premiers segments du corps; on peut compter jusqu'à vingt segments arbètes chez les *Kynotus*. Assez souvent (*Deodrilus, Typhæus, Megascolides, Trigaster*) les faisceaux dorsaux se rapprochent des faisceaux ventraux, de manière que toutes les soies sont rassemblées sur la face ventrale du corps; d'autres fois les faisceaux se dissocient, et les huit soies qui les composent se répartissent à égale distance les uns des autres sur tout le pourtour du segment. Cette disposition se réalise graduellement à mesure qu'on avance de l'extrémité antérieure à l'extrémité postérieure du corps chez les *Geoscolex*; elle est réalisée d'emblée sur toute la longueur du corps chez les *Cryptodrilus, Didymogaster, Perissogaster*. Les soies des *Urochæta* s'écartent aussi peu à peu en avançant vers l'extrémité postérieure du corps, en même temps qu'elles prennent des dimensions plus considérables; mais, en même temps, elles se disposent de manière à alterner d'un segment à l'autre, et à former ainsi seize rangées équidistantes; cette disposition quinconciale s'établit d'emblée sur le premier segment du corps chez les *Diachæta*, seulement les soies ventrales les plus rapprochées de la ligne médiane continuent à demeurer en série rectiligne. Les *Deinodrilus* ont non seulement des soies équidistantes, mais le nombre en est porté à douze; c'est un acheminement vers la disposition offerte par les PERIONYCIDÆ et les PERICHÆTIDÆ où chaque segment peut porter plus de quarante soies couplées (*Plagiochæta*) ou plus souvent équidistantes, disposées en cercle tout autour du segment; chez les *Megascolex*, il existe cependant un espace tout le long des lignes médianes dorsale et ventrale, et quelques espèces de PERICHÆTIDÆ présentent, au contraire, deux groupes contigus de soies nombreuses, assemblées à la face ventrale (*Megascolex Hasselti*, Horst).

Les soies du clitellum sont beaucoup plus grandes que les autres dans un certain nombre de genres et leur forme est un peu différente; c'est ce qu'on observe déjà chez les NAÏDIMORPHA et quelques LUMBRICIDÆ tels que les *Lumbricus* où ces soies sont droites, sauf à leur extrémité interne, qui se recourbe brusquement. Chez les *Rhinodrilus* et *Urochæta*, les *soies clitelliennes* sont, en outre, ornées dans leur moitié périphérique de saillies chitineuses, en forme de nid de pigeon. Dans le sous-ordre des PROSTATICA, il existe souvent des soies modifiées au voisinage des orifices mâles; on peut les considérer comme des *soies péniales* (*Deodrilus*, *Thyphæus Microscolex*, *Photodrilus*, *Perissogaster*, *Digaster*, *Acanthodrilus*). Chez les *Acanthodrilus ungulatus* ces soies sont épineuses, recourbées à angle droit, en crochet, à leur extrémité libre, et forment quatre faisceaux ventraux très saillants. Il existe quelquefois aussi des soies modifiées au voisinage de l'orifice des poches copulatrices (certains *Acanthodrilus*) ou même sur quelques anneaux non génitaux (12° et 13° des *Photodrilus*).

Structure des parois du corps [1]. — La structure des parois du corps est essentiellement la même que celle des Polychètes. Ces parois comprennent de dehors en dedans : 1° une *cuticule* à stries entrecroisées, limitant deux plans de fines fibrilles, avec des pores régulièrement espacés à l'entrecroisement d'un certain nombre de lignes; 2° un *épiderme* formé par l'association de *cellules de soutien*, de *cellules sensitives* et de *cellules glandulaires*, diversement distribuées suivant les formes considérées; 3° une couche de *fibres musculaires circulaires*; 4° une couche de *fibres musculaires longitudinales* affectant souvent chez les LUMBRICIMORPHA une disposition pennée.

Les cellules de l'épiderme sont confondues en un syncytium chez divers ENCHYTRÆIDÆ (*Anachæta bohæmica*), mais entre cet état inférieur et un véritable épithélium on trouve tous les passages. Les cellules épidermiques sont polygonales et aplaties chez les NAÏDIMORPHA et un certain nombre de TUBIFICIMORPHA; elles sont cubiques chez les *Lumbriculus*; hautes et le plus souvent ramifiées à leur extrémité, profondes chez la plupart des autres types; leur noyau est à peu près au milieu de leur longueur. Chez les formes aquatiques (NAÏDIMORPHA), l'épithélium peut devenir ciliaire dans certaines régions : la face inférieure de la tête chez les *Æolosoma*, et les *Dero*; le voisinage de l'anus chez les *Stylaria* et autres NAÏDÆ, le pavillon respiratoire et ses digitations chez les *Dero*.

Les cellules glandulaires peuvent être ovoïdes ou lagéniformes. Les *Æolosoma* en présentent de deux sortes, les unes incolores semblables à celles des CHÆTOGASTRIDÆ; les autres contenant une gouttelette d'une substance grasse, colorée en rouge et limitées par une membrane à double contour; les *Anachæta* ont trois sortes de cellules glandulaires, dont deux sont particulièrement remarquables; les unes paraissent contenir des grains de chlorophylles et sont disposées en ceinture sur

---

[1] P. CERFONTAINE, *Recherches sur le système cutané et le système musculaire du Lombric terrestre*, Mémoires couronnés et Mémoires des savants étrangers de l'Académie des sciences de Bruxelles, t. LII, 1890.

chaque anneau ; les autres sont d'énormes cellules piriformes, pourvues d'un canal qui s'ouvre au dehors et qui semblent occuper la place des soies avortées ; il est à noter que des cellules analogues sont distribuées à égale distance les unes des autres sur tout le pourtour du cercle sur lequel sont situées les soies chez les *Urochæta*. Les glandes épidermiques des *Lumbricus*, rétrécies en col à leur extrémité phériphérique, amincies et déchiquetées à leur extrémité profonde sont de deux sortes : les unes se remplissent de globules assez gros, formés d'une substance graisseuse, en partie soluble dans l'alcool, colorée par l'acide osmique ; les autres produisent un mucus qui, chez certaines espèces (*Allolobophora fœtida, Photodrilus*), peut devenir lumineux sous l'action des bactéries photogènes.

Le *clitellum* est surtout caractérisé par la transformation de la plupart des cellules épidermiques de cette région du corps en longues cellules glandulaires. Ces cellules ne forment qu'une seule couche dans les trois premières familles d'Oligochètes et contiennent chez les NAÏDIMORPHA de grosses gouttelettes huileuses. Chez les LUMBRICIMORPHA les cellules glandulaires, plus nombreuses, se disposent en plusieurs assises, au moins sur la face dorsale du corps. Les cellules qui forment l'assise périphérique sont analogues aux cellules glandulaires à globules de l'hypoderme ; les assises sous-jacentes sont formées de grosses cellules piriformes, formant des colonnettes limitées par des trabécules de tissu conjonctif. Le col de ces cellules tourné vers la périphérie atteint jusqu'à la cuticule ; ce col est par conséquent d'autant plus allongé que la cellule est plus profondément située. Le noyau est placé tout près du sommet de la région renflée des cellules ; le contenu des grosses cellules piriformes est hyalin. Des cellules à contenu granuleux et des trabécules de tissu conjonctif sont entremêlés aux grosses cellules. Au pôle renflé de ces dernières on aperçoit souvent une calotte granuleuse que surmonte un prolongement ramifié plongeant dans la couche des muscles transverses. La question de savoir si ce prolongement s'articule avec une fibre nerveuse terminale demeure indécise (*Allolobophora rubida*). Des vaisseaux parcourent chez les LUMBRICIMORPHA les tractus conjonctifs entre lesquels les cellules glandulaires sont placées.

Chez les *Lumbricus*, on aperçoit sur les côtés du clitellum deux tubercules symétriques, les *tubercules de puberté* (Hermann Ude), auxquels font suite deux bourrelets longitudinaux, qui se prolongent jusqu'aux orifices mâles. Dans les tubercules de puberté, outre les deux sortes de cellules glandulaires, il existe encore des cellules épithéliales non modifiées et une troisième sorte de cellules glandulaires plus granuleuses que les grosses cellules et présentent à leur intérieur un réseau protoplasmique très caractéristique. A la face ventrale, les modifications subies par l'épiderme sont moindres, mais elles s'étendent chez les *Lumbricus* jusqu'au 15° segment qui porte les orifices mâles.

On peut considérer les sacs producteurs des soies ou *sacs sétigères* comme de simples dépendances de l'épiderme. Ces sacs sont constitués chez les LUMBRICIMORPHA par un ensemble de cellules qu'il est facile d'isoler les unes des autres ; la cellule qui occupe le fond du follicule paraît être la cellule productrice de la soie ; les autres sont des cellules enveloppantes, mais elles sont capables, elles aussi, de produire des soies. Dans les autres sous-ordres d'Oligochètes, les cellules des follicules adultes forment un syncytium parsemé de noyaux ; on a vu que ces follicules se transforment en simples glandes épidermiques chez les *Anachæta*.

Les fibres musculaires transversales ne forment qu'une seule assise chez tous les Oligochètes autres que les Lumbricimorpha ; cette assise est même très difficile à distinguer chez les formes inférieures de Naidimorpha, et les fibres qui la composent sont quelquefois distantes les unes des autres (*Rhynchelmis*, *Lumbriculus*) ; le corps de l'animal est alors d'une grande fragilité. Chez les Lumbricimorpha (fig. 1165, *q*), les fibres musculaires transversales se disposent, en général, en un assez grand nombre d'assises. Ces fibres sont cylindriques ou plus ou moins aplaties et de diamètre très inégal ; leurs extrémités sont pointues, dans les plus grosses, les fibrilles contractiles sont distribuées sur tout leur pourtour, et leur axe est occupé par une substance hyaline non colorable par le picrocarmin.

Les fibrilles elles-mêmes sont composées de microsomes disposés en files longitudinales et reliés entre eux par des très délicats filaments ; ces filaments unissent entre eux non seulement les microsomes d'une même file longitudinale, mais aussi ceux des files voisines, de sorte qu'ils forment un réseau à mailles cubiques dont les mêmes sont occupés par les microsomes (Cerfontaine). Entre les fibres se trouve une substance fondamentale contenant de nombreux noyaux ; les plus gros de ces noyaux semblent en rapport avec les fibres, sans qu'on puisse encore affirmer que celles-ci dérivent

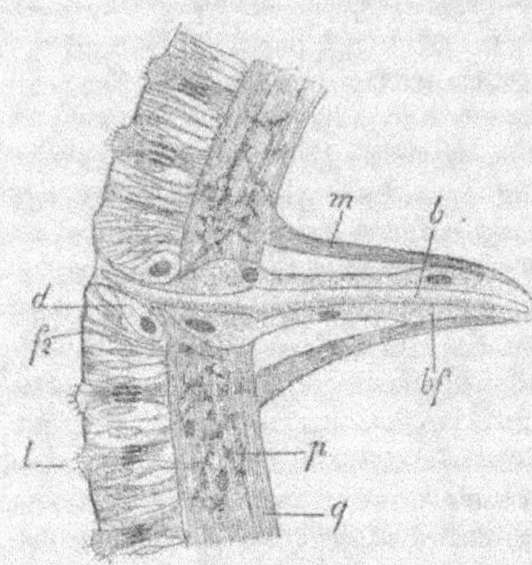

Fig. 1165. — Coupe de la paroi du corps de l'*Allolobophora* (*Dendrobœna*) *rubida* au voisinage d'une soie ; — *d*, cellules glandulaires de chaque côté de la soie ; *f₂*, cellules de soutien de l'épiderme ; *t*, organes tactiles ; *q*, muscles transverses avec pigment *p* ; *b*, soie ; *bf*, follicule sétigère ; *m*, ses muscles (d'après Vejdovsky).

toujours d'une cellule unique. C'est dans cette substance fondamentale qu'existe le pigment qui colore d'ordinaire et rend plus ou moins opaque la paroi du corps des Lumbricimorpha.

La musculature longitudinale présente, en général, huit lignes d'amincissement ou même d'interruption, une médiane dorsale, une médiane ventrale, six latérales ; symétriques deux à deux, dont quatre correspondent à l'insertion des soies. Cette disposition se complique naturellement lorsque les huit soies ne sont plus géminées, mais isolées, lorsqu'elles se disposent en quinconce ou lorsque leur nombre augmente comme chez les Perionycidæ et les Perichætidæ ; il y a alors autant de sillons que de lignes de soies ; par contre, les Chætogastridæ n'ont que deux sillons pour leurs deux lignes de soies ; d'autres fois les bandes musculaires sont contiguës (*Criodrilus*), et l'étui musculaire paraît ininterrompu. Il arrive quelquefois qu'au niveau des lignes d'interruption, les bandes musculaires longitudinales se détachent de la paroi du corps, font saillie dans la cavité générale, et se replient plus ou moins sur elles-mêmes (*Rhynchelmis*). Les fibres musculaires longitudinales affectent chez tous les Oligochètes autres que les Lumbricimorpha une disposition constante ; ce sont des lamelles minces et larges, appliquées par un de leurs bords sur la couche des fibres transversales, tournant l'autre bord vers la cavité générale.

Chez les LUMBRICIMORPHA, on trouve deux dispositions qui ont ceci de commun, c'est que les fibres musculaires sont contenues dans les mailles d'un réseau conjonctif, dans l'épaisseur duquel courent les ramifications vasculaires. Chez les *Criodrilus, Pontodrilus, Urochæta, Perichæta, Pleurochæta*, etc., les fibres musculaires sont disposées sans ordre dans la substance fondamentale découpée en mailles par ce réseau. Chez les LUMBRICIDÆ et probablement d'autres formes, les fibres musculaires s'arrangent au contraire, dans cette substance, avec une régularité parfaite comme si elles se fixaient de chaque côté d'une membrane axiale en conservant sur chaque face une inclinaison constante; sur des coupes ces pseudomembranes prennent alors l'aspect de l'axe d'une plume dont les fibres musculaires seraient les barbes (*disposition pennée*); en général la région axiale des mailles demeure vide. La membrane qui ferme les mailles du côté de la cavité générale ne porte pas de fibres musculaires; c'est la *membrane péritonéale*.

A la musculature du corps se rattachent les *muscles arciformes*, dont la contraction détermine la formation des bourrelets génitaux de la ceinture, et les muscles moteurs des soies locomotrices. Ces muscles sont les *pariéto-vaginaux* et les *interfolliculaires*. Les *pariéto-vaginaux* vont, comme chez les Polychètes, du sommet du sac sétigère, aux parois du corps sur lesquelles ils s'insèrent en se réfléchissant sur la couche des muscles transverses. Dans les formes inférieures chaque fibre est une simple cellule musculaire fusiforme; dans les formes élevées les fibres sont des rubans aplatis, décomposables en fibrilles. Les *interfolliculaires* unissent les follicules dorsaux aux follicules ventraux.

Cavité générale du corps. — La cavité générale du corps est séparée par les *dissépiments*, en autant de chambres distinctes qu'il existe de segments; toutefois, chez les *Æolosoma*, la cavité du segment céphalique est seule séparée du reste de la cavité générale par une cloison. Il existe aussi dans le jeune âge un *mésentère dorsal* et un *mésentère ventral*. Ces deux mésentères persisteraient toute la vie chez les *Criodrilus*; le mésentère dorsal, déjà très réduit chez les ENCHYTRÆIDÆ, disparaît de très bonne heure chez tous les autres Oligochètes. Les dissépiments présentent une ouverture ventrale pour le passage de la chaîne nerveuse et des vaisseaux qui l'accompagnent, mais ils sont, en outre, très souvent perforés au voisinage du corps et laissent ainsi facilement circuler le liquide de la cavité générale. Ceux qui se trouvent dans la région du corps postérieure à la région génitale sont à peu près verticaux; mais ceux de la région antérieure, bien que continuant à s'insérer sur tout le pourtour de la ligne de séparation des segments entre lesquels ils sont placés ou dans son voisinage, sont fréquemment refoulés, dans leur région moyenne, par le développement des organes génitaux, ou entraînés en arrière par l'élongation des parties du tube digestif auxquelles ils s'attachent. Ils prennent ainsi la forme de dés à coudre, emboîtés les uns dans les autres; ils peuvent en même temps s'épaissir beaucoup et constituer alors, par superposition, une masse dure qui permet à l'animal de fouir le sol plus facilement (*Anteus, Microchæta*). Les dissépiments présentent dans leur épaisseur, des fibres musculaires rayonnantes qui prennent naissance sur les couches musculaires de l'intestin, des fibres obliques et des fibres circulaires diversement disposées, suivant les types que l'on considère. Les deux faces des dissépiments, ainsi que la paroi interne du corps et tous les organes qui sont contenus dans la cavité générale sont recouverts d'un réseau conjonctif formé de cellules étoilées, anastomosées par leurs prolongements ramifiés; ces cellules sont, en général, remplacées chez les Lumbricimorpha par un endothélium formé de cellules polygonales; c'est ce qu'on appelle la *membrane péritonéale*.

L'aspect et la fonction de ces cellules péritonéales changent suivant leur position; sur les gros vaisseaux et le tube digestif, elles deviennent les *cellules chloragogènes*; à l'entour des néphridies, elles grossissent beaucoup et peuvent former un tissu compact spécial; les éléments génitaux ne sont que des cellules péritonéales modifiées, et la membrane péritonéale contribue d'autre part à la formation de remarquables dépendances de l'appareil génital qui seront décrites p. 1699, 1705, 1707. D'autre part, autour du vaisseau dorsal (*Megascolex*, *Deinodrilus*), des deux vaisseaux intestinaux tégumentaires (*Libyodrilus*), ou du vaisseau sus-intestinal (*Heliodrilus*, *Hyperiodrilus*), la membrane péritonéale peut constituer de véritables gaines séparées du vaisseau par un espace vide; une sorte de sinus ventral s'interpose chez les *Allolobophora* entre l'intestin et la corde nerveuse; enfin chez les *Branchiura* et les *Libyodrilus*, les sacs sétigères sont contenus dans un espace clos, distrait de la cavité générale et comparable à la chambre parapodiale de divers Polychètes.

Très souvent, à l'intersection des segments, sur la ligne médiane dorsale, se trouvent des *pores dorsaux* qui font communiquer directement la cavité générale avec l'extérieur. La présence ou l'absence de ces pores, le rang des segments entre lesquels ils commencent sont des caractères fréquemment invoqués. La cavité céphalique, sauf chez les *Æolosoma*, communique toujours avec l'extérieur par un pore spécial; ce pore peut être sur la face ventrale (*Nais elinguis*), presque terminal (*Chætogaster diastrophus*, *Claparedilla meridionalis*, *Criodrilus*), voisin de l'extrémité dorsale antérieure du protoméride (*Anachæta*, *Lumbriculus*, *Limnodrilus*, *Phreoryctes*), ou à la limite du proto et du deutoméride, comme les autres pores dorsaux (*Enchytræus*, *Pachydrilus*). Ce *pore céphalique* paraît manquer aux Lumbricimorpha.

Appareil digestif. — L'appareil digestif des Oligochètes comprend : 1° la *cavité buccale*; 2° l'*œsophage*; 3° l'*intestin stomacal* et 4° l'*intestin terminal*.

Dans la cavité buccale ou dans le pharynx débouchent fréquemment des *glandes salivaires*; sur le trajet de l'œsophage se trouvent assez souvent des *glandes septales*, et certaines parties de l'organe lui-même se différencient fréquemment chez les Lumbricimorpha, pour former des *glandes du calcaire* ou *glandes de Morren*, et un ou plusieurs renflements musculaires, les *gésiers*.

Il n'y a pas de cavité buccale différenciée chez les *Æolosoma*, dont le pharynx est tout entier contenu dans le protoméride. Le pharynx est ici une simple poche ovoïde, ouverte en avant à l'extérieur, en arrière dans l'œsophage et dont les parois sont formées de cellules cubiques, ciliées, entremêlées parfois d'éléments arrondis, fortement réfringents et recouverts extérieurement par une faible couche musculaire. Cette poche se termine assez souvent en arrière en deux culs-de-sac symétriques; des tractus musculaires les relient latéralement aux parois du corps. Chez tous les autres Oligochètes, la région du pharynx contenue dans le deutoméride se différencie en une cavité de structure particulière, la *cavité buccale*, qui précède le *pharynx* proprement dit, dont elle est séparée par le collier œsophagien.

Toute sa surface dorsale ou seulement sa région antérieure est épaissie en une masse musculaire exsertile, et préhensile, la *trompe*. Les parois de la cavité buccale sont formées de cellules cubiques, non vibratiles, revêtues d'une cuticule bien distincte. Le pharynx se complique souvent et s'agrandit de manière à occuper plusieurs segments; chez les *Aulophorus*, *Dero*, *Naïs*, *Stylaria*, *Ophidonaïs*, *Slavina* et *Bohemilla*, il occupe quatre segments, dont deux correspondent à la trompe, deux à la région glandulaire qui la suit; il n'occupe plus que deux segments chez les *Pristina*, *Naidium*, ENCHYTRÆIMORPHA et TUBIFICIMORPHA; il n'en paraît plus occuper qu'un seul chez les CHÆTOGASTRIDÆ, mais ce très long segment, bien que ne portant qu'une seule paire de soies locomotrices, contient, en réalité, quatre ganglions. La cavité pharyngienne présente des plis symétriques, qui la rendent très anfractueuse, et qui sont diversement placés et orientés, suivant les espèces. Elle est limitée par un épithélium vibratile un peu plus élevé que celui de la cavité buccale, cubique (*Naïs*) ou cylindrique (*Tubifex*. LUMBRICIMORPHA), recouvert par une fine cuticule. Sur la face dorsale du pharynx, des fibres musculaires entrecroisées dans tous les sens, des canaux glandulaires courant dans leurs interstices pour s'ouvrir dans la cavité pharyngienne et, dans les LUMBRICIMORPHA, de nombreuses anses vasculaires forment, par leur association, l'organe de préhension que nous avons appelé la *trompe*. Des muscles protracteurs permettent à la trompe de faire hors de la bouche une saillie suffisante pour saisir les aliments; elle est

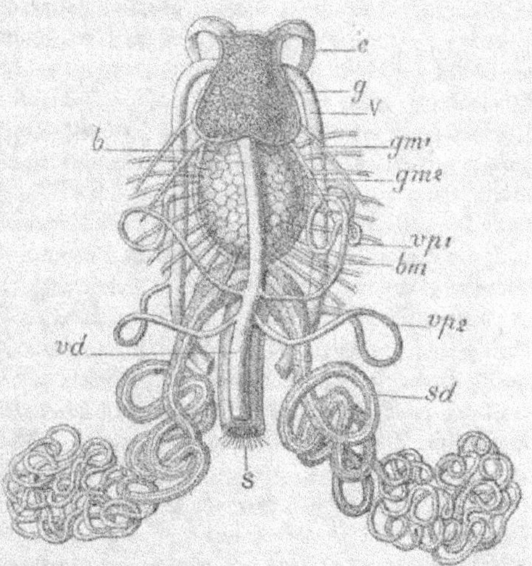

Fig. 1166. — Organes de la région antérieure du corps de l'*Enchytræus Buchholzii*. — *c*, commissures œsophagiennes; *g*, cerveau; *V*, vaisseau latéral; gm_1, gm_2, anses vasculaires unissant le vaisseau dorsal et ventral; *b*, bulbe œsophagien; *bm*, ses muscles; *vd*, vaisseau dorsal; *sd*, glandes salivaires (peptonépiridies?); *S*, œsophage dont l'intérieur est cilié (d'après Vejdovsky).

alors brusquement ramenée en arrière par la constriction des muscles rétracteurs.

Aux glandes pharyngiennes se rattachent les *glandes septales* des ENCHYTRÆIDÆ, des *Sutroa* et des *Phreatothrix*. Ces glandes volumineuses, appliquées étroitement contre les dissépiments, dont elles suivent les mouvements, sont au nombre de deux paires appartenant aux dissépiments des segments 9-10 et 10-11 chez les *Sutroa*, des segments 4-5 et 5-6 chez les *Anachæta*; de trois paires chez la plupart des *Enchytræus*, des *Naidium* et des *Pristina* (segments 4, 5 et 6); de quatre chez le *Pachydrilus fossor*; tantôt de trois, tantôt de quatre paires chez les *Phreatothrix pragensis*, de cinq chez les *Ocnerodrilus*; des glandes analogues se trouvent dans le 6ᵉ segment des *Dero*. De longs canaux excréteurs, plus ou moins sinueux, partent de ces glandes pour s'ouvrir dans la cavité pharyngienne; la glande elle-même est formée de grosses cellules transparentes, presque isolées les unes des autres chez les *Phrea-tothrix*.

Outre les glandes pharyngiennes, les *Anachæta* et les *Enchytræus* possèdent soit une glande impaire, soit une paire de glandes en forme de longs tubes pelotonnés qui viennent s'ouvrir dans la partie postérieure du pharynx (fig. 1166, *Sd*), immédiatement en avant de l'œsophage. Il est possible que ces glandes rentrent dans la catégorie des organes néphridiens dont nous étudierons p. 1686 les modifications diverses (*pepto-néphridies*).

L'œsophage est un tube beaucoup plus étroit que le pharynx; il occupe un segment du corps chez les CHÆTOGASTRIDÆ, deux chez les *Æolosoma*, ENCHYTRÆIMORPHA, TUBIFICIMORPHA, à l'exception du *Limnodrilus Hoffmeisteri*, à savoir le 2e et le 3e segments sétigères dans le premier genre, les 3e et 4e dans les autres groupes. Chez les NAÏDÆ, l'œsophage s'étend du dissépiment postérieur du 5e segment au dissépiment antérieur du 10e; il ne s'arrête qu'au 13e segment chez les *Criodrilus* et les LUMBRICIDÆ, mais sa longueur est très variable chez les autres LUMBRICIMORPHA. L'œsophage n'est d'ailleurs qu'une portion rétrécie du tube digestif primitif et ses parois présentent essentiellement la même structure que celles de l'intestin. Il se dilate, à son origine, en un renflement sphéroïdal chez les *Æolosoma* et les *Chætogaster*. Chez la plupart des NAÏDÆ et des LUMBRICIMORPHA la couche musculaire de l'œsophage s'épaissit beaucoup dans un ou plusieurs segments et, en ce point, il se constitue un *gésier*. Le gésier occupe le 8e segment chez les *Naïs*, le 9e chez les *Stylaria* et *Bohemilla*; ce segment contient aussi chez les *Dero*, une région modifiée de l'œsophage, qu'on ne peut cependant considérer comme un véritable gésier. Jusqu'ici, parmi les LUMBRICIMORPHA, les seuls genres qui soient dépourvus de gésier sont les genres *Criodrilus*, *Microscolex*, *Rhododrilus*, *Photodrilus*, *Pontodrilus*, *Pygmæodrilus*. En revanche les *Didymogaster*, *Dichogaster*, *Digaster* (fig. 1167, *g₁, g₂*), *Benhamia* ont deux gésiers, les [*Trigaster*, *Perissogaster* et *Hormogaster* en ont trois; chez les *Moniligaster* un premier gésier est suivi d'une région normale de l'œsophage qui aboutit à son tour à une région renflée occupant la longueur de dix anneaux et divisée en quatre poches sphéroïdales placées bout à bout; les *Pleionogaster*, *Hyperiodrilus*, *Heliodrilus* ont de même de trois à dix gésiers. Le gésier, lorsqu'il n'en existe qu'un, le premier gésier lorsqu'il en existe plusieurs, est très généralement situé entre le 5e et le 9e segments, et les glandes génitales sont situées dans les segments suivants qui portent aussi les orifices des canaux déférents et des oviductes; les LUMBRICIDÆ ont, au contraire, un gésier placé très en arrière, commençant avec le 17e segment; les glandes génitales et les orifices de leurs canaux excréteurs occupent leur position habituelle, et se trouvent, par conséquent, très en avant du gésier. Le gésier, lorsqu'il est unique, n'occupe habituellement qu'un segment; il en occupe deux cependant chez les *Perichæta*.

En arrière du gésier, lorsque celui-ci est antérieur, sont annexées à l'œsophage, dans un certain nombre de segments, des *glandes du calcaire* ou *glandes de Morren*. Ces glandes sont presque limitées aux LUMBRICIMORPHA, mais n'existent pas chez tous; en revanche, il en existe chez quelques ENCHYTRÆIDÆ. Les *Pygmæodrilus*, *Ocnerodrilus*, *Microchæta*, *Typhæus*, *Geoscolex*, *Ilyogenia*, *Kerria*, *Gordiodrilus*, n'en ont qu'une seule paire respectivement située dans les 9e, 12e et 13e segments; les *Acanthodrilus* en ont deux dans les segments 13 et 14, les *Urochæta* (fig. 1168, *c*), les *Ura-*

benus, *Plutellus* (fig. 1182, p. 1707), *Deodrilus*, *Benhamia*, *Dichogaster* en ont trois appartenant respectivement aux segments 6-8, 9-11, 10-12, 14-16 et 15-17; les *Cryptodrilus*, quatre dans les segments 10-13; les *Rhinodrilus*, six dans les segments 9-14; les *Stuhlmannia*, sept dans les segments 6-12. Il existe des glandes analogues chez les LUMBRICIDÆ; on les trouve dans les segments 10-12; elles sont, par conséquent, en avant du gésier, au lieu d'être en arrière comme dans les deux autres sousordres. Chez les *Lumbricus* (fig. 1172, *C*, p. 1683), elles constituent trois paires de renflements dont la première s'ouvre seule dans l'œsophage, les suivantes s'ouvrant respectivement dans celle qui précède. Les *Eudrilus*, *Teleudrilus*, *Polytoreutus*, *Heliodrilus* et *Hyperiodrilus* présentent une paire de glandes du calcaire dans le 13ᵉ segment et, en outre, une série de glandes analogues, impaires, remarquables

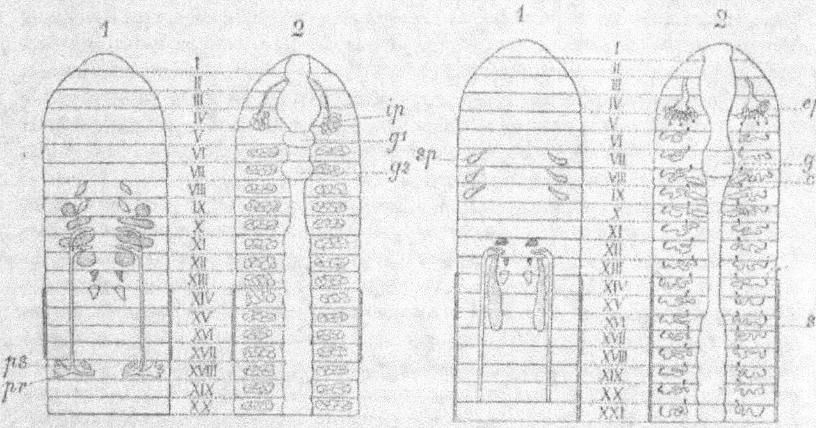

Fig. 1167. — Diagramme de l'organisation des *Digaster*. — 1. Appareil génital; dans les segments VIII et IX, spermathèques ou poches copulatrices; dans les segments IX à XII, sacs spermatiques; dans le XIIIᵉ segment, ovaires; dans le XIVᵉ, oviductes; *ps*, sac des soies péniales; *pr*, prostate s'abouchant dans le canal déférent. — 2. Appareil digestif et néphridies; *g₁*, *g₂*, gésiers; *ip*, peptonéphridies; dans les autres segments, néphridies du type réticulé (d'après Benham).

Fig. 1168. — Diagramme de l'organisation des *Urochæta*. — 1. Appareil génital; *ep*, poches copulatrices; dans le segment XII, testicules; XIII, ovaires; XIV, oviductes; XIII à XVII, sacs spermatiques; XII à XXI, canaux déférents. — 2. Appareil digestif et néphridies; *g*, gésier; *c*, glandes du calcaire; *s*, intestin; *ep*, peptonéphridies; à partir du VIᵉ segment, néphridies ordinaires du type simple.

par la complication de leurs parois intérieures. Il existe de semblables glandes impaires chez les *Gordiodrilus*. Les glandes du calcaire, simples diverticules anfractueux de l'œsophage chez les *Ocnerodrilus*, *Eudrilus*, sont formées ailleurs (*Urochæta*) d'acini glandulaires serrés les uns contre les autres et constitués eux-mêmes par de grosses cellules sphéroïdales dont le protoplasma est rempli de gouttelettes très réfringentes, faisant effervescence avec les acides et tenant vraisemblablement du carbonate de chaux en dissolution. On trouve fréquemment, en effet, chez les *Lumbricus* de véritables concrétions calcaires dans ces glandes. Les glandes du calcaire sont recouvertes d'une membrane péritonéale, elle-même doublée intérieurement par une couche de fines fibrilles, probablement musculaires. Ces glandes reçoivent toujours des vaisseaux nombreux, issus d'un tronc dorsal, souvent hors de proportion avec leur volume, si bien qu'elles pourraient être prises à première vue pour les ventricules de cœurs dont le vaisseau, très renflé, serait l'oreillette (*Geoscolex*, *Rhinodrilus*). Quelquefois une branche des vaisseaux latéraux se rend à la glande, s'y divise, puis se reconstitue, comme la veine porte dans le foie, et en ressort par l'extrémité opposée à celle où elle a pénétré (*Oenerodrilus*). Parmi les ENCHYTRÆIDÆ, les *Buchholzia* n'ont qu'une glande impaire formée de trabécules enchevêtrés, de l'intervalle desquels naît le vaisseau dorsal; les *Fridericia* ont une paire, les *Henlea* deux paires de glandes analogues.

Avant d'arriver au gésier l'œsophage des *Lumbricus* se renfle en une poche a parois peu épaisses, richement vascularisées qu'on désigne souvent sous le nom d'*estomac*, ou mieux de *jabot*.

Dans toute leur étendue, les parois de l'œsophage comprennent, de dedans en dehors : une cuticule, une couche de longues cellules épithéliales, une couche de fibres musculaires transversales et une couche de fibres longitudinales, revêtues de la membrane péritonéale. C'est uniquement par le grand développement de la couche de fibres transversales et par l'épaisseur considérable de la cuticule que le gésier se distingue des parties voisines. Une étude approfondie des gésiers multiples et surtout du long gésier moniliforme des *Moniligaster* révélerait, sans doute, entre eux quelque différence de structure.

L'*intestin stomacal* ou intestin moyen, séparé de l'œsophage par le gésier chez les LUMBRICIDÆ, se continue sans ligne précise de démarcation avec lui, chez les formes à gésier antérieur ou sans gésier: cette région du tube digestif est seulement plus large et divisée en poches successives, correspondant chacune à un segment par des étranglements situés au niveau de chaque dissépiment. Cette division en poches manque pourtant chez les *Æolosoma* dont l'intestin stomacal est large, piriforme et sans aucun étranglement annulaire ; chez les *Chætogaster* il n'existe que deux poches ovoïdes, séparées l'une de l'autre par un très fort étranglement. Cette région du tube digestif ne présente quelque particularité extérieure que chez un petit nombre de genres; c'est ainsi que chez les *Perichæta* et les *Urobenus*, elle porte, au niveau du 26ᵉ segment environ, deux prolongements latéraux, en forme de corne, dirigés en avant; ses cæcums se ramifient chez le *P. Sieboldii*; il en existe chez les *Millsonia* une trentaine de paires. Des prolongements analogues, mais de forme globuleuse, se trouvent au 21ᵉ segment chez les *Hormogaster*.

Une coupe au travers de l'intestin stomacal montre que sa structure n'est pas aussi simple qu'il semble au premier abord. Chez un grand nombre de LUMBRICIMORPHA, tout le long de sa ligne médiane dorsale se trouve suspendu, en effet, un repli de forme très variable qui a reçu le nom de *typhlosolis*. Les *Criodrilus*, *Eudrilus*, *Megascolides*, *Photodrilus*, *Pontodrilus*, *Megascolex*, *Oenerodrilus* manquent de typhlosolis. L'organe est représenté chez les *Perichæta* par une série de poches vasculaires faisant saillie dans la cavité intestinale et constituant une sorte de réservoir vasculaire longitudinal; chez les *Urochæta* c'est une simple lame verticale contenant un vaisseau qui commence en grandissant graduellement au 23ᵉ segment et cesse brusquement au niveau d'une région légèrement dilatée que présente le corps, aux environs du 130ᵉ segment, le corps en ayant 220. Cette lame verticale caractérise la région stomaco-intestinale ; la région qui suit cesse, en effet, d'être moniliforme; c'est la *région rectale*. La lame verticale des *Urochæta* se retrouve chez les *Octochætus* et *Deinodrilus*; chez les *Lumbricus*, elle est contenue dans une sorte d'invagination de l'intestin qui se produit tout le long de la ligne médiane dorsale et dont elle divise la cavité en deux moitiés symétriques. Les deux lèvres du repli ne se soudent pas entre elles, mais sont réunies par une membrane musculaire qui sépare la cavité du typhlosolis de la cavité générale. Entre les trois types que nous venons de décrire, s'échelonnent les formes de typhlosolis des autres LUMBRICIMORPHA. Dans un même individu le typhlosolis présente d'ailleurs, sur sa longueur, de graduelles mais importantes ramifications.

Les parois de l'intestin stomacal comprennent quatre assises : 1° un épithélium cilié; 2° une couche vasculaire; 3° une couche de muscles transverses; 4° une couche cellulaire, modification de la membrane péritonéale et dite *couche chloragogène*. L'épithélium est tantôt cubique (*Æolosoma*), tantôt cylindrique (*Tubifex*, LUMBRICIMORPHA); chez les *Aulophorus*, *Lumbriculus*, *Rhynchelmis*, il est composé de deux sortes de cellules : les unes basses, ovoïdes; les autres très longues, coniques, implantées par leur extrémité amincie, souvent ramifiée, entre les cellules basses et terminées à leur extrémité élargie par un plateau surmonté de dents réfringentes sur lesquelles sont fixés les cils vibratiles. Ces longues cellules remplissent presque toute la cavité du tube digestif; beaucoup d'entre elles sont en voie de dégénérescence. Les grandes cellules disparues sont vraisemblablement remplacées par les cellules basses, intercalées entre elles et qui ne seraient que des cellules jeunes. La couche vasculaire sera étudiée avec la circulation en général; les couches musculaires ne présentent rien de particulier. La couche chloragogène est formée de cellules glandulaires sans adhérence entre elles, fixées seulement par une de leurs extrémités, qui est ramifiée à la surface de l'intestin; le protoplasme contient un grand nombre de gouttelettes de toutes dimensions, faisant parfois hernie à la surface et dont la couleur sombre se communique aux cellules; l'alcool, les alcalis, les acides acétique, chromique, osmique sont sans action sur ces gouttelettes. Les cellules chloragogènes sont très vraisemblablement des cellules excrétrices; elles ne sont pas propres à l'intestin, mais se retrouvent à la surface des principaux troncs vasculaires. Les seules glandes annexées à l'intestin sont les *glandes réniformes* de la région antérieure de ce tube chez le *Megascolex cæruleus*.

Appareil circulatoire. — L'appareil circulatoire se présente à l'état le plus simple chez les *Æolosoma*, et se perfectionne graduellement pour atteindre son maximum de complication chez les LUMBRICIMORPHA, notamment les *Perichæta* et les *Urochæta*. Chez la plupart des espèces d'*Æolosoma* l'appareil vasculaire se compose simplement d'un réseau peu compliqué de vaisseaux qui courent dans l'épaisseur de la paroi buccale, entre l'épithélium et les couches musculaires, communiquent par un certain nombre de branches avec un vaisseau ventral médian, que l'on retrouve sur toute la longueur du corps, tandis qu'un vaisseau dorsal, contractile, se constitue immédiatement en avant de l'estomac, passe sous le ganglion cérébroïde et se divise aussitôt après en deux branches qui descendent à droite et à gauche de l'œsophage et vont rejoindre le vaisseau ventral.

Chez les ENCHYTRÆIDÆ, le vaisseau dorsal ne commence également qu'en avant de l'estomac; il naît d'un sinus contenu dans l'épaisseur des parois de la région stomaco-intestinale du tube digestif ou de celles qui délimitent la glande du calcaire, lorsqu'elle existe (*Buchholzia*), et présente quelquefois deux ou trois renflements ampullaires qu'on peut considérer comme des cœurs impairs (*Anachæta Eiseni, Enchytræus vesiculosus, E. humicultor*); de même que chez les *Æolosoma*, le vaisseau ventral s'étend sur toute la longueur du corps et dans l'avant-dernier segment se jette directement dans le sinus stomaco-intestinal; trois branches latérales contenues dans les segments 2, 3 et 4 font communiquer le vaisseau ventral avec le vaisseau dorsal; en outre, dans les segments moyens et postérieurs du corps, de deux à cinq branches mettent le premier de ces vaisseaux en rapport avec le sinus stomaco-intestinal.

Dans toutes les autres familles d'Oligochètes, le vaisseau dorsal s'étend sur toute la longueur du corps; il est contractile, reçoit le sang qui a circulé dans le réseau stomaco-intestinal et le chasse dans les autres parties de l'appareil circulatoire.

Toutefois, au moins chez les individus nés par scissiparité du *Chætogaster crystallinus*, le vaisseau dorsal se termine en cæcum en arrière du premier dissépiment, auquel il est souvent attaché par un ligament en forme d'anse. Le vaisseau ventral fait de même défaut dans la région œsophagienne et se termine, en avant, par un cordon cellulaire, au voisinage du collier nerveux. Le plus souvent chez les NAÏDÆ, à l'état asexué, trois anses latérales contractiles mettent en rapport le vaisseau ventral et le vaisseau dorsal; ces anses sont situées dans les 3°, 4° et 5° segments sétigères chez le *Stylaria lacustris*, *Nais barbata*, *N. elinguis*, *Naidium*; dans les 4°, 5° et 6° chez les *Pristina*; les 5°, 6° et 7° chez les *Dero*; les 7°, 8° et 9° chez les *Aulophorus*. Les *Ophidonais* et *Bohemilla* n'ont que deux anses latérales simples et libres dans les 3° et 4° segments sétigères; le 2° contient aussi une anse vasculaire, mais celle-ci, après s'être deux fois dichotomisée, se jette dans l'anse céphalique de communication des vaisseaux dorsal et ventral, constituant ainsi un rudiment de réseau céphalique (fig. 1178, p. 1692). Les *Dero* (fig. 1169, n° 2) présentent de même des vaisseaux ramifiés à la surface de la trompe dans les segments 1, 2 et 3 et un réseau céphalique à la formation duquel prennent part les bifurcations de deux paires de branches latérales nées du vaisseau dorsal dans la région céphalique. La bifurcation terminale et les branches ascendantes résultent de la bifurcation du vaisseau ventral. Le vaisseau ventral arrive jusqu'à l'extrémité du pavillon qui termine le corps chez les *Aulophorus* et les *Dero*; là il se bifurque (fig. 1169, n° 1, *vv*) pour fournir deux branches symétriques qui longent le bord du pavillon, et en se réunissant du côté dorsal servent d'origine au vaisseau dorsal. Deux branches symétriques font communiquer directement l'arc ventral et l'arc dorsal que décrivent les vaisseaux marginaux du pavillon, et marquent, en quelque sorte, chez la *Dero Perrieri*, les extrémités de deux arcs latéraux qu'elles sous-tendent; entre ces deux arcs naissent de l'arc ventral quatre branches symétriques deux à deux qui pénètrent chacune dans une des quatre digitations branchiales (*vr*), et se recourbent en anses pour se diriger vers le vaisseau dorsal. Les deux branches d'un même côté se jettent simultanément dans l'arc dorsal du vaisseau marginal du pavillon, et bien avant que ses deux extrémités se réunissent.

La *Nais Josinæ* présente dans son appareil vasculaire des complications qui présagent celles que nous rencontrerons à partir des TUBIFICIMORPHA. Dans cette espèce, le vaisseau dorsal fournit, de chaque côté, à son extrémité antérieure, sept ou huit branches asymétriques, sauf celles qui naissent le plus loin de l'extrémité céphalique; ces branches, en se divisant et en s'anastomosant, forment une sorte de réseau périphérique. Dans les segments qui correspondent à la région stomaco-intestinale du tube digestif, il est difficile de mettre en évidence chez les NAÏDÆ des communications directes entre le vaisseau dorsal et le vaisseau ventral. De telles communications existent pourtant par l'intermédiaire d'anses latérales étroitement appliquées contre les dissépiments chez les *Dero* (9ᵉ segment), chez les *Stylaria* et chez la *Nais Josinæ* (7ᵉ, 8ᵉ, 9ᵉ segments), où ces anses sont libres et très apparentes. Dans tout le reste du corps les deux vaisseaux ne communiquent que par l'intermédiaire du réseau stomaco-intestinal dont le vaisseau dorsal n'est d'ailleurs, chez la plupart des CHÆTOGASTRIDÆ, qu'une région différenciée. Ce réseau stomaco-intestinal est constitué par une série d'anses qui naissent du vaisseau dorsal, passent sous les couches musculaires, arrivent au contact de l'épithélium et se ramifient ensuite, en s'anastomosant entre elles. Le réseau ainsi formé est tantôt irrégulier (*Chætogaster diaphanus*, estomac des *Dero*), tantôt formé de mailles rectangulaires très régulières (fig. 1169, nᵒ 3) ; les anses nées du vaisseau dorsal (*i*) font alors tout le tour du tube digestif, en formant un anneau parfait, et sont reliées entre elles par des vaisseaux longitudinaux

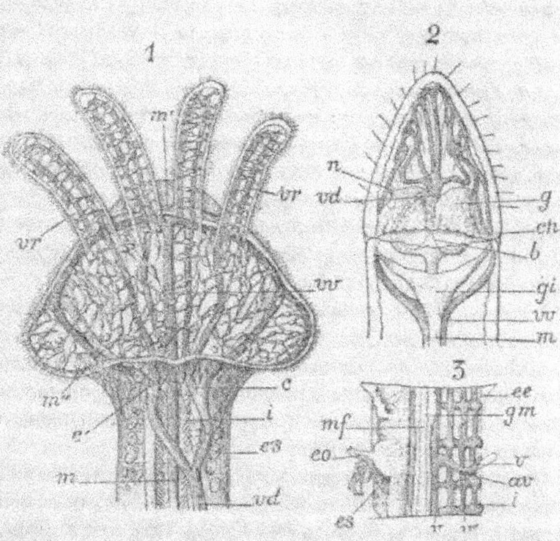

Fig. 1169. — Appareil circulatoire de la *Dero Perrieri*. — 1, pavillon terminal du corps ; *m'm''*, muscles contractant le pavillon ; *vr*, vaisseaux branchiaux ; *vv*, vaisseau ventral ; *c, c'*, point de bifurcation des deux branches du vaisseau dorsal *vd* ; *i*, rectum cilié ; *es*, éléments embryonnaires ; — 2, région céphalique ; *n*, ganglions cérébroïdes ; *ca*, commissures ; *b*, bouche ; *gi*, ganglion sous-œsophagien ; *vv*, vaisseau ventral ; *m*, chaîne nerveuse ; *vd*, vaisseau dorsal ; *n*, nerf. — 3, circulation intestinale dans un segment ; *mf*, chaîne nerveuse ; *eo*, canal excréteur ; *ev*, région glandulaire de la néphridie ; *gm*, ganglion ; *ee*, partie terminale de la néphridie ; *i*, branches transverses du réseau intestinal ; *v*, branches longitudinales ; *av*, branche aboutissant au vaisseau ventral (E. Perrier).

équidistants (*Chætogaster cristallinus*, intestin de la *Dero Perrieri*). De ce réseau naissent de courtes branches latérales qui se rendent au vaisseau ventral et complètent le circuit (*av*).

Chez les TUBIFICIMORPHA le vaisseau dorsal et le vaisseau ventral s'étendent sur toute la longueur du corps. Dans les six premiers segments, ces deux vaisseaux sont unis par des anses latérales qui naissent symétriquement ou dissymétriquement du vaisseau dorsal, demeurent simples, et vont, après avoir décrit de nombreuses sinuosités, du vaisseau dorsal au vaisseau ventral, où se ramifient plus ou moins et forment ainsi un réseau latéral. Dans le 8ᵉ segment (*Tubifex, Psammoryctes, Limnodrilus*), ces anses sont remplacées par une paire de grosses anses contractiles sans sinuosités ni ramifications; ce sont les *cæcums latéraux*; les anses sinueuses des segments 9, 12 sont aussi souvent contractiles (*Tubifex, Psammoryctes*). Dans les segments correspondant à la région stomaco-intestinale, les deux vaisseaux impairs sont unis, dans chaque segment : 1° par une paire d'*anses périviscérales* très longues et très sinueuses; 2° par une autre paire d'anses étroitement appliquées contre le tube digestif et qui sont les *anses intestinales*. Les anses périviscérales des *Limnodrilus*, des *Ilyodrilus*, celles du *Tubifex coccineus* donnent naissance à un réseau capillaire tégumentaire; cette disposition se généralisera chez les LUMBRICIMORPHA, où elle se compliquera d'ailleurs beaucoup. Le tube digestif est couvert d'un réseau à mailles souvent assez régulières qui se met en rapport avec le vaisseau dorsal par de nombreuses branches impaires. Mais dans la région œsophagienne, ce vaisseau se dédouble, en quelque sorte; au-dessous de lui (*Bothrioneuron, Lophochæta, Phreodrilus*) se forme un *vaisseau sus-intestinal*, relié au vaisseau ventral par une (*Bothrioneuron*) ou deux paires (*Lophochæta*) de cœurs spéciaux, les *cœurs intestinaux*; c'est la première indication d'une disposition qui deviendra presque normale chez les LUMBRICIMORPHA. Dans les mêmes genres, il se développe au-dessus du vaisseau ventral, un *vaisseau sous-intestinal* impair, directement en rapport avec le réseau vasculaire du tube digestif.

Dans la région stomaco-intestinale, l'appareil vasculaire des LUMBRICULIDÆ présente, outre les parties qui viennent d'être décrites, une paire d'appendices vasculaires nés du vaisseau dorsal, ramifiés régulièrement (*Rhynchelmis*) ou irrégulièrement, et dont les branches se terminent en cæcum. Ces appendices sont contractiles. L'anse périviscérale porte aussi quelquefois des ramifications terminées en cæcum (*Claparedilla*).

On peut considérer comme le caractère essentiel de l'appareil circulatoire des LUMBRICIMORPHA l'addition à l'appareil vasculaire que nous venons de décrire, et dont les parties principales sont liées à l'appareil digestif, de tout un système de canaux intimement liés à l'appareil tégumentaire, pénétrant également dans les viscères, s'insinuant parfois jusque dans l'épiderme, et constituant, dans les diverses régions du corps, de véritables réseaux capillaires. Les *Pontodrilus, Urochæta* et *Lumbricus* présentent trois étapes distinctes dans la série de ces perfectionnements entre lesquelles il est possible d'intercaler les autres.

Les *Pontodrilus* constituent la première étape; les perfectionnements portent tout d'abord sur le système vasculaire intestinal. Jusqu'ici, sauf dans la région œsophagienne de quelques TUBIFICIMORPHA, il n'y avait qu'un vaisseau dorsal unique que nous avons vu se dégager, en quelque sorte, du réseau intestinal, avec lequel il demeure toujours en rapport étroit; le vaisseau dorsal s'éloigne maintenant davantage du tube digestif; dans chacun des segments de la région stomaco-intestinale, il émet encore deux paires de courtes branches qui se dirigent vers l'intestin et se perdent rapidement dans le réseau stomaco-intestinal; mais de ce réseau se dégagent nettement trois vaisseaux longitudinaux : l'un impair situé immédiatement au-dessous du vaisseau dorsal et que nous avons déjà nommé le *vaisseau dorso-intestinal* ou *vaisseau sus-intestinal*, les deux autres symétriques, latéraux, que nous appellerons les *troncs intestino-tégumentaires* [1]. Ces trois vaisseaux, dans

1. Il n'y a aucune raison de remplacer ces noms par ceux plus récents et moins précis de *vaisseaux longitudinaux latéraux* (Benham) ou de *vaisseaux sub-intestinaux* (Beddard).

toute la région stomaco-intestinale, demeurent logés dans l'épaisseur de la paroi intestinale et reçoivent le sang des capillaires situés dans leur voisinage immédiat; arrivés dans la région œsophagienne, les trois vaisseaux poursuivent leur chemin en avant; le vaisseau impair demeure accolé à l'œsophage et diminue peu à peu de volume, en émettant des branches latérales; il finit par se perdre dans les réseaux capillaires de la région céphalique; les deux vaisseaux latéraux s'isolent davantage, et ils émettent chacun, dans chaque segment, une branche qui se divise jusqu'à fournir des ramifications capillaires, d'une part dans les dissépiments, d'autre part dans l'épaisseur des téguments; des branches analogues se retrouvent jusque dans le 18e segment; ces branches fournissent également des rameaux aux glandes génitales et aux néphridies, où leurs ramuscules présentent de nombreux renflements variqueux. Cette dernière particularité se retrouve dans beaucoup d'autres genres (*Lumbricus*, etc.); elle paraît en rapport avec la fonction sécrétrice des organes segmentaires. Les renflements variqueux sont peut-être la première indication des glomérules de Malpighi, si caractéristiques des reins des Vertébrés. Dans les segments 5-11, le vaisseau dorsal donne naissance dans chaque segment à une paire d'anses contractiles assez longues, qui vont, d'autre part, s'ouvrir dans le vaisseau ventral; près de leur extrémité inférieure, ces anses émettent chacune une branche vasculaire ascendante qui va se ramifier dans les dissépiments et les téguments, en marchant presque côte à côte avec les ramifications des branches issues des troncs intestino-tégumentaires; les capillaires terminaux des deux systèmes s'anastomosent en anses de manière que le cercle circulatoire est ainsi complètement fermé. Dans les 12e et 13e segments sont deux anses contractiles, beaucoup plus volumineuses et plus courtes que les précédentes, et qui n'émettent pas de branche ascendante. Ces gros cœurs latéraux, homologues des *cœurs intestinaux* des Tubificidæ, s'ouvrent, comme les précédents, dans le vaisseau ventral; mais, du côté opposé, deux courtes racines vasculaires qui partent de leur extrémité renflée les font communiquer l'une avec le vaisseau dorsal, l'autre avec le vaisseau dorso-intestinal, de sorte que le vaisseau ventral reçoit par leur intermédiaire du sang de deux sources différentes. Dans ces mêmes segments et dans tous les segments suivants, le vaisseau ventral émet une paire de branches qui vont se ramifier dans les dissépiments et les téguments de la même façon que les branches ascendantes issues des sept premières anses contractiles. Une branche issue du vaisseau dorsal descend, dans les mêmes segments, jusqu'au voisinage du vaisseau ventral, sans s'ouvrir à son intérieur, remonte vers la ligne médiane dorsale en se ramifiant parallèlement à la branche issue du vaisseau ventral, les derniers ramuscules capillaires se reliant entre eux comme précédemment. Il est évident que pour passer de la disposition propre aux Tubificimorpha à celle des *Pontodrilus* il suffit d'admettre que l'anse périviscérale lâche et sinueuse des premiers a produit deux longs festons dont les branches ascendante et descendante se sont ramifiées parallèlement, leurs ramifications demeurant en communication entre elles; l'un de ces festons a fourni les vaisseaux des dissépiments, l'autre les vaisseaux des téguments, qui constituent un véritable arbre respiratoire.

L'appareil circulatoire des *Gordiodrilus*, des *Ocnerodrilus* et des *Kerria* se rattache directement à celui du *Pontodrilus*; seulement le vaisseau sus-intestinal est très court, limité aux 10e et 11e segments, et il en naît deux vaisseaux qui, après avoir

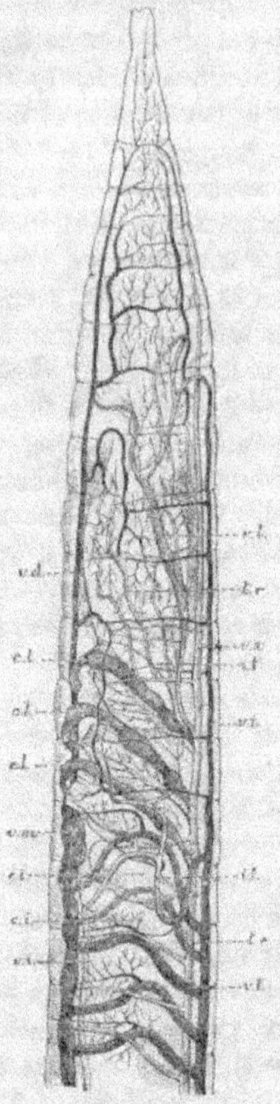

Fig. 1170. — Appareil circulatoire de l'*Urochæta corethrura* (l'animal est vu de profil et supposé transparent). — *vd*, vaisseau dorsal ; *cl*, cœurs latéraux, allant du vaisseau dorsal au vaisseau sus-nervien ; *nm*, région renflée et sinueuse du vaisseau dorsal formant une sorte de cœur impair ; *vi*, vaisseau sus-intestinal (il n'a pas été teinté) ; *ci*, les deux paires de gros cœurs intestino-latéraux qui vont du vaisseau sus-intestinal au vaisseau sus-nervien ; *et*, troncs intestino-tégumentaires qui naissent du réseau intestinal et fournissent les branches afférentes des glandes du calcaire et, au niveau des lettres *vt*, celles de la peptonéphridie ; *vi*, vaisseau sous-nervien, avec lequel s'anastomosent en avant les troncs intestino-tégumentaires qui envoient également une branche au vaisseau dorsal ; *il, tr*, branches du vaisseau sous-nervien ; *cs*, vaisseau sus-nervien ; *vt*, anses péri-intestinales pourvues chacune d'une branche ascendante (*branche respiratoire*) dont les ramifications s'anastomosent avec celles des branches tégumentaires issues du vaisseau sus-nervien (E. Perrier).

traversé les diverticules intestinaux, en s'y ramifiant, se rassemblent à l'extrémité libre de ces diverticules, en deux troncs intestino-tégumentaires. Dans ces trois genres, le vaisseau dorsal et le vaisseau ventral ne sont directement unis que par deux anses latérales situées dans les segments 10 et 11 et jouant le rôle de cœurs. On retrouve aussi chez les *Microchæta* toutes les dispositions essentielles des *Pontodrilus*, mais avec cinq paires de cœurs latéraux qui sont indiqués comme naissant tous du vaisseau dorsal, bien que la circulation intestinale soit compliquée par la présence d'un grand typhlosolis et d'un gros vaisseau correspondant [1].

Chez les *Urochæta* (fig. 1170) le plan général de l'appareil circulatoire des *Pontodrilus* est conservé, mais avec quelques complications nouvelles, les unes dans l'appareil vasculaire intestinal, les autres dans l'appareil tégumentaire. Les *Urochæta* ont, nous l'avons vu, un typhlosolis représenté par une membrane verticalement suspendue dans la région stomaco-intestinale du tube digestif, tout le long de la ligne médiane dorsale. Le bord libre de cette membrane est parcouru, dans toute sa longueur, par un vaisseau qui représente le vaisseau dorso-intestinal des *Pontodrilus* et que nous pouvons appeler *vaisseau typhlosolien*. De ce vaisseau naissent deux systèmes de canaux qui remontent verticalement dans la membrane typhlosolienne et qui s'ouvrent alternativement dans le vaisseau dorsal et dans une anse vasculaire qui, dans chaque segment, parcourt en écharpe tout le pourtour du tube digestif en demeurant profondément située. Au niveau du 25e segment, où la membrane typhlosolienne commence à se raccourcir, le vaisseau typhlosolien se change en un réservoir vasculaire qui devient superficiel et se prolonge en un vaisseau *sus-intestinal*, identique sous tous les rapports au vaisseau sus-intestinal des *Pontodrilus*. Ce canal fournit aux glandes du calcaire leurs

<hr>

[1] BENHAM, *Studies on Earthworms*, Q. J. of microscopical Science, 3e série, vol. XXVI.

vaisseaux afférents. Du réservoir vasculaire, dans la partie où il est superficiel, naissent deux gros cœurs latéraux (13e et 14e segments, 12e et 13e de Benham) qui représentent ceux des *Pontodrilus*, mais qui en diffèrent parce qu'ils n'ont plus aucune communication avec le vaisseau dorsal et appartiennent exclusivement au système intestino-tégumentaire. Dans les segments 15-20, le vaisseau dorsal fournit trois anses intestinales par segment; il n'en fournit plus qu'une seule dans les segments suivants. C'est de l'anse antérieure du 20e segment que naissent les *vaisseaux intestino-tégumentaires*, tout près du vaisseau dorsal: ils cheminent parallèlement à lui dans l'épaisseur du tube digestif jusqu'au 17e segment; là ils se courbent vers le bas et continuent leur route en avant, en demeurant voisins de la ligne médiane ventrale du tube digestif et en fournissant des branches ramifiées d'une part aux dissépiments qu'ils traversent, d'autre part aux glandes du calcaire qu'ils rencontrent sur leur trajet; arrivés au niveau du gésier, ils grossissent beaucoup, puis se ramifient brusquement en une sorte de réseau admirable qui irrigue les deux grosses glandes pepto-néphridiennes que nous décrirons p. 1696, mais dont une branche se dirige vers la ligne médiane ventrale, s'unit à sa symétrique au bord antérieur du 9e segment et donne naissance à un tronc ventral longitudinal qui parcourt toute la longueur du corps, *au-dessous* de la chaîne nerveuse ce tronc vient ainsi doubler le vaisseau ventral, unique jusqu'ici, qui demeure *au-dessus* de cette chaîne. Cette disposition se retrouvera désormais chez un grand nombre de formes, si bien qu'on a pu considérer la présence de deux vaisseaux ventraux comme un trait caractéristique des Lombriciens terrestres ou LUMBRICIMORPHA [1]. Le cas des *Pontodrilus* montre qu'il n'en est pas ainsi, mais du moment qu'il existe fréquemment, dans le groupe, deux vaisseaux ventraux, ces deux vaisseaux doivent être distingués; nous appellerons celui dont l'existence a été trouvée constante jusqu'ici le *vaisseau sus-nervien*, et le nouveau vaisseau qui constitue l'un des principaux perfectionnements du système vasculaire tégumentaire des LUMBRICIMORPHA sera le *vaisseau sous-nervien*.

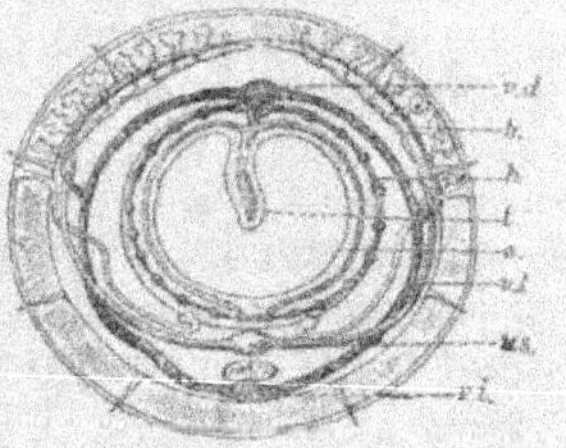

C'est désormais avec des branches issues de ce vaisseau, et non plus avec des branches issues des troncs intestino-tégumentaires, que les anses nées du vaisseau dorsal viendront anastomoser leurs derniers capillaires dans les téguments, tandis que dans les cloisons et les viscères les rapports avec les vaisseaux intestino-tégumentaires seront conservés tels qu'ils existent chez les *Pontodrilus*. Le vaisseau dorsal des *Urochæta* émet dans les 14e, 15e et 16e segments (13-15 de Benham) trois paires d'anses cardiaques contractiles; ces anses s'ouvrent dans le vaisseau sus-nervien; dans les segments suivants (fig. 1171), les branches issues du vais-

Fig. 1171. — Coupe demi-schématique d'un segment de la région moyenne du corps de l'*Urochæta corethrura*. — *vd*, vaisseau dorsal; *b*, capillaires des téguments unissant la branche respiratoire de l'anse intestinale avec la branche correspondante issue du vaisseau sus-nervien *vs*; *vi*, vaisseau sous-nervien au-dessus de lui, la chaîne nerveuse; *vt*, anse péri-intestinale; *h*, réseau intestinal superficiel à mailles rectangulaires en rapport avec le vaisseau dorsal; *t*, typhlosolis et vaisseau typhlosolien; *e*, branches vasculaires en écharpe naissant du vaisseau typhlosolien (E. Perrier).

paires d'anses cardiaques contractiles; ces anses s'ouvrent dans le vaisseau sus-nervien; dans les segments suivants (fig. 1171), les branches issues du vais-

[1] CLAPARÈDE, *Recherches anatomiques sur les Oligochètes*, Mémoires de la Société de Physique et d'Hist. naturelle de Genève, t. XVI, 1862.

seau dorsal, à raison d'une par segment, conservent avec les branches issues du vaisseau sus-nervien les mêmes rapports que chez les *Pontodrilus*, c'est-à-dire qu'elles se ramifient parallèlement à elles sans s'ouvrir dans le tronc longitudinal d'où elles partent; en revanche, elles émettent, à leur point de réflexion, un rameau qui aboutit au vaisseau sous-nervien. Ce vaisseau peut être, en somme, considéré comme une anastomose longitudinale entre les systèmes vasculaires particuliers des divers segments; c'est bien un simple perfectionnement accessoire du type du système vasculaire tégumentaire des *Pontodrilus*; mais ce perfectionnement devient constant chez toutes les formes élevées de LUMBRICIMORPHA; il caractérise, par conséquent, un second type d'appareil circulatoire.

L'appareil circulatoire des *Perichæta* ne diffère guère, dans ces traits essentiels, de celui des *Urochæta* que parce que le typhlosolis est remplacé par un vaisseau sus-intestinal sessile; les troncs intestino-tégumentaires naissent du côté dorsal du plexus des cæcums latéraux de l'intestin, descendent obliquement à la face ventrale et finalement deviennent libres, comme ceux des *Urochæta*. Les *Eudrilöides* se rapprochent de ce type tout au moins en ce qu'ils possèdent, eux aussi, des cœurs intestinaux uniquement en rapport avec le vaisseau sus-intestinal et le vaisseau sus-nervien. Au contraire ces cœurs ont disparu chez le *Megascolex cœruleus*, si voisin cependant des *Perichæta*; mais ici les vaisseaux longitudinaux semblent être ramenés à un état inférieur; le vaisseau dorsal se dédouble au sortir des dissé. piments des sept segments antérieurs, pour redevenir simple au moment de traverser le dissépiment suivant, formant ainsi plusieurs boucles successives; il y a deux vaisseaux sus-intestinaux et le vaisseau sous-nervien fait défaut. On observe un dédoublement semblable du vaisseau dorsal chez les *Microchæta*, diverses espèces d'*Acanthodrilus* (*A. Novæ-Zelandiæ, A. annectens*), l'*Octochætus multiporus*, le *Teleudrilus Ragazzi*, etc.; mais ici le dédoublement se manifeste sur toute la longueur du corps; les deux vaisseaux se réunissent encore au niveau de chaque dissépiment chez l'*A. Novæ-Zelandiæ*; ils sont complètement indépendants chez l'*A. annectens* et chez les autres types.

Il suffira d'ajouter peu de mots pour faire comprendre en quoi le système vasculaire des *Lumbricus* (fig. 1172) diffère des précédents. Toutes les parties que nous venons de décrire chez les *Urochæta* existent, mais avec de sensibles modifications. Les troncs intestino-tégumentaires (*il*) ne parcourent plus la région stomacointestinale du tube digestif, en recueillant le sang des capillaires qu'ils rencontrent sur leur trajet; ils naissent directement (*l*) du vaisseau dorsal, immédiatement en avant du gésier, sont par conséquent beaucoup plus courts que chez les *Urochæta*, mais à part cela, conservent toutes leurs connexions; ils fournissent, en particulier, un réseau aux glandes du calcaire et reçoivent dans chaque segment des branches qui reviennent des cloisons et ramènent des téguments du sang qui a respiré, se ramifient sur le pharynx et se terminent dans les premiers segments du corps par des ramuscules grêles, formant réseau avec ceux issus des vaisseaux ventraux. Le réseau des glandes de Morren (*C, C*) s'étale entre une branche née du vaisseau dorsal et une branche (*i*) des troncs intestino-tégumentaires qui en proviennent aussi; il constitue donc une simple dérivation du courant qui parcourt le vaisseau dorsal tandis que, chez les *Urochæta*, il appartient entièrement à la circulation intestinale.

D'autre part, les cœurs latéraux sont au nombre de six (*cl*), tous semblables entre eux, tous issus directement du vaisseau dorsal; il n'y a plus de cœurs spéciaux pour le système intestinal.

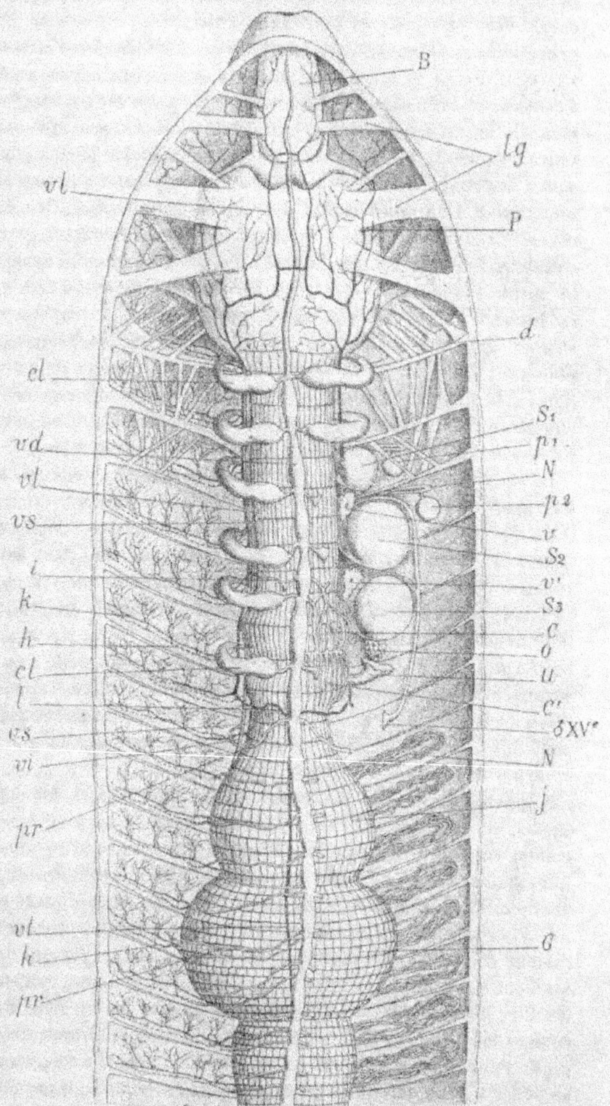

Fig. 1172. — *Lumbricus herculeus* ouvert le long de la ligne médiane dorsale et dont les téguments ont été rabattus latéralement pour montrer l'organisation interne qui a été un peu schématisée. — *B*, région buccale du tube digestif; *P*, région pharyngienne; entre ces deux régions les ganglions cérébroïdes; *lg*, ligaments; *d*, dissépiments; S_1, S_2, S_3, sacs spermatiques; p_1, p_2, poches copulatrices ou spermathèques; *v*, *v*, pavillons vibratiles du canal déférent (libres chez les *Allolobophora*, ils sont enfermés chez les *Lumbricus* dans les sacs spermatiques); *C*, *C*, glandes du calcaire et leur réseau vasculaire spécial issu du vaisseau dorsal; *O*, sac ovarien; *V*, oviducte; ♂XV°, orifice mâle sur le 15e segment; *N*, néphridies; *j*, jabot; *G*, gésier; — *vl*, vaisseaux latéraux, naissant en *l* du vaisseau dorsal; *cl*, cœurs latéraux, allant du vaisseau dorsal au vaisseau sous-nervien; *vd*, vaisseau dorsal; *vs*, vaisseau ventral sus-nervien; *i*, branche de communication entre le tronc vasculaire des glandes du calcaire et les vaisseaux latéraux; *k*, veine tégumentaire allant au vaisseau latéral; *vi*, vaisseau ventral sous-nervien; *pr*, anses péri-intestinales faisant communiquer le vaisseau dorsal avec le vaisseau sous-nervien et recevant la veine tégumentaire; *h*, artère tégumentaire issue du vaisseau sus-nervien; *vi*, tronc sus-intestinal (E. Perrier).

L'appareil circulatoire des *Geoscolex*, des *Moniligaster* se rapproche de celui des LUMBRICIDÆ par ce que tous les cœurs s'ouvrent dans le vaisseau dorsal.

Il est très difficile de reconnaître une structure dans la fine membrane qui forme la paroi des vaisseaux des Oligochètes inférieurs; toutefois dans la paroi du vaisseau dorsal des *Chætogaster* et des *Naïs* on constate la présence de stries qui correspondent certainement à des éléments musculaires. Ces éléments sont très apparents dans le vaisseau dorsal et les cœurs latéraux des formes élevées (*Phreoryctes*, *Criodrilus*, *Urochæta*, etc.); ils sont les uns transverses, les autres longitudinaux et demeurent compris entre deux couches cellulaires, une externe qui est le revêtement péritonéal, l'autre interne qui, au point de jonction des poches cardiaques, ou à la naissance des anses latérales contractiles, prolifère et forme des *valvules* cellulaires très apparentes. Une prolifération des mêmes cellules constitue dans le canal dorsal de divers ENCHYTRÆIMORPHA, le long de la ligne de contact avec l'intestin, un cordon cellulaire longitudinal comparable au *corps cardiaque* des CIRRATULIDÆ, TEREBELLIDÆ et autres Polychètes sédentaires (p. 1581); par suite d'une prolifération analogue, la lumière de l'anse vasculaire pelotonnée qui dans les 12ᵉ et 13ᵉ segments s'étend entre les vaisseaux dorsal et ventral des *Phreodrilus* est complètement oblitérée. Au contraire, chez les *Perichæta* la couche de cellules péritonéales prolifère à la surface externe de certains vaisseaux, de manière à figurer des glandes compactes, accolées à l'œsophage. Ces dernières formations appartiennent à la catégorie des *glandes lymphatiques*.

Le sang contenu dans les vaisseaux est incolore chez les *Æolosoma*, les CHÆTOGASTRIDÆ, la plupart des ENCHYTRÆIDÆ; il est jaunâtre ou rosé chez beaucoup de NAÏDÆ et les *Pachydrilus*; tout à fait rouge chez les TUBIFICIMORPHA et les LUMBRICIMORPHA. Il contient des corpuscules, sauf peut-être dans les familles des ENCHYTRÆIDÆ et des NAÏDÆ; on en a cependant signalé dans le sang des *Naïs* (Timm). Ces corpuscules sont fixés à la paroi supérieure du vaisseau dorsal chez les *Æolosoma* et des *Chætogaster*. Dans les autres types, ils sont libres, elliptiques ou réniformes. Au contraire du sang, le liquide de la cavité génitale est très riche en corpuscules, surtout chez les ENCHYTRÆIMORPHA et les NAÏDIMORPHA.

On en trouve souvent de deux sortes chez les LUMBRICIMORPHA, les uns petits et amiboïdes, les autres grands, sphéroïdaux et granuleux qui ne sont peut-être que le terme de l'évolution des premiers.

Néphridies. — Les néphridies sont toujours fort développées chez les Oligochètes, où elles se composent essentiellement d'un long tube replié en U sur lui-même, sinueux, vibratile, accompagné dans une partie plus ou moins longue de son étendue de cellules glandulaires; l'une des extrémités du tube en U traverse le dissépiment antérieur du segment qui le contient et s'ouvre par un pavillon vibratile dans le segment précédent; l'autre extrémité se prolonge en une branche qui revient souvent sur elle-même, et s'ouvre au dehors en un point déterminé du segment qui contient le tube, après s'être fréquemment renflée en une vésicule contractile; les branches de l'U sont elles-mêmes étroitement accolées l'une à l'autre comme les deux canons d'un fusil de chasse, et l'ensemble qu'elles forment peut être plus ou moins pelotonné sur lui-même (fig. 1173, *tr*). Ce plan général d'organisation se prête à d'innombrables modifications secondaires; il permet aux néphridies d'un même animal de se différencier les unes des autres beaucoup plus qu'elles ne le font chez les Polychètes et de jouer des rôles variés. Il n'existe, en général, qu'une paire de néphridies par segment; par exception, toutes les néphridies d'un même côté avortent chez certaines NAIDÆ, et l'*Uncinais littoralis* n'en a même plus du tout. En revanche, chez les LUMBRICIMORPHA, un certain nombre de faits semblent indiquer qu'il existe normalement deux paires de néphridies par segment. L'existence de ces deux paires de néphridies a été constatée chez les *Brachydrilus*; ailleurs, des dispositions qui paraissent au premier abord singulières s'expliquent d'elles-mêmes si l'on admet que la disposition aujourd'hui propre aux *Brachydrilus* est une disposition ancestrale qui a disparu, mais en laissant son empreinte sur un certain nombre de types. Ainsi, les orifices externes des néphridies sont généralement, chez les LUMBRICIMORPHA, sur l'alignement des soies locomotrices; le nombre de ces soies est de huit par segment, et, comme elles sont symétriquement placées, on peut les numéroter depuis 1 jusqu'à 4, en partant de la ligne médiane ventrale. Or il existe un groupe de LUMBRICIMORPHA chez qui les orifices néphridiens sont situés en avant de la soie 2, qui appartient à la série des couples ventraux (*Geoscolex*, *Nemertodrilus*, *Callidrilus*, *Pontodrilus*, *Hormogaster*, LUMBRICIDÆ), tandis que dans un autre groupe le même orifice se trouve en avant des soies 3 ou 4 qui appartiennent à la série des couples dorsaux (*Anteus*, *Rhinodrilus*, *Eudrilus*, *Teleudrilus*, *Moniligaster*, *Urochæta*, *Photodrilus*, *Microscolex*, *Rhododrilus*, *Microchæta*, *Urobenus*, *Diachæta*, *Pygmæodrilus*). Il semble donc que dans le premier groupe la paire de néphridies ventrales des *Brachydrilus* ait seule persisté et que ce soit la paire dorsale chez le second. Les *Piutellus* (fig. 1182, p. 1707) présentent une disposition tout à fait en accord avec cette hypothèse, puisque chez eux, à partir du 6e segment, l'orifice néphridien d'abord placé en avant de la soie 4 se trouve, quand on passe d'un segment à l'autre, alternativement en avant des soies 2 et 4, comme si les néphridies ventrales qui existent seules dans les segments 3 à 5 alternaient ensuite avec des néphridies dorsales. La même alternance dans la position des néphridiopores est compliquée chez l'*Acanthodrilus Novæ-Zelandiæ* d'une différence de structure des néphridies : celles qui s'ouvrent en avant des soies ventrales sont pourvues d'un cæcum qui manque à celles dont l'orifice est en avant des soies dorsales. Toutefois la valeur de cette relation morphologique est diminuée par le fait que chez les *Argilophilus*, où les néphridiopores sont diversement placés d'un segment à l'autre, il n'y a plus d'alternance régulière : les néphridiopores sont en avant de la soie 3 ou de la soie 4, parfois au-dessus de celle-ci et sans lien avec elle[1]. D'autre part, dans diverses espèces de *Lumbricus* (*L. rubellus*, *L. purpureus*, *L. herculeus*), d'*Allolobophora* (*A. chlorotica*, *A. transpadana*, *A. complanata*, *A. fœtida*, *A. celtica*) et chez l'*Allurus tetraedrus* les néphridiopores peuvent alterner sans que rien soit changé dans les dispositions internes des néphridies. Enfin, chez tous les LUMBRICIMORPHA les canaux vecteurs des éléments reproducteurs coexistent avec les néphridies ordinaires dans les segments génitaux ; ces canaux sont construits sur le type ordinaire des néphridies; rien n'empêche d'admettre que ce sont bien des néphridies véritables, et qu'ils résultent d'une transformation de la 2e paire de néphridies qui a avorté dans tous les autres segments. Toutefois ce qui se passe dans les trois autres ordres d'Oligochètes montre que ces canaux vecteurs pourraient fort bien être des organes de formation nouvelle, indépendants des néphridies.

---

[1] EISEN, *On californian Eudrilidæ*, Memoirs of the Californian Academy of Sciences, vol. II, n° 3, 1894.

Dans ces ordres, en effet, lors de la maturité sexuelle, les néphridies des segments
génitaux entrent en dégénérescence, disparaissent et sont remplacées par d'autres qui se mettent au service de l'appareil reproducteur, et constituent des
canaux vecteurs pour les produits génitaux, peut-être même des poches copulatrices.

Il existe des néphridies dans tous les segments du corps, sauf la tête, chez les
embryons, mais très souvent un certain nombre de ces néphridies embryonnaires
entrent en régression, de sorte que chez les adultes les quatre à six premiers segments du corps en sont privés (Naïdæ). Parmi les Enchytræidæ, l'*Anachæta
Eiseni* n'a de néphridies que dans les segments 7-15; le 16e n'en a pas; le 17e n'en
a qu'une; l'autre est remplacé par une masse cellulaire greffée sur la vésicule pulsatile, qui est normale; les 18e et 19e segments sont également sans néphridies; à partir
du 21e segment, ces organes sont normalement développés. Des anomalies analogues
se rencontrent chez le *Tubifex rivulorum*, qui présente dans les segments 2-6 des
néphridies un peu anormales; dans les segments 7, 14, 17, 19, 21 et suivants des
néphridies normales; dans le 16e des néphridies à région glandulaire sans tube et à
vésicule contractile absente; dans le 17e une néphridie normale, l'autre réduite à
son pavillon; dans le 20e une néphridie réduite à un large pavillon et un court canal
non vibratile, l'autre absente. Le nombre des segments où les néphridies disparaissent
chez les Lumbricimorpha, peut être un (*Typhæus, Deinodrilus, Rhinodrilus*), deux
(*Moniligaster, Plutellus, Urochæta, Diachæta, Microchæta, Urobenus, Brachydrilus*), trois
(*Trigaster, Microscolex, Rhododrilus, Perionyx, Geoscolex*, Lumbricidæ, *Pygmæodrilus*),
quatre (*Didymogaster, Perissogaster, Eudrilus, Teleudrilus, Hormogaster, Nemertodrilus, Callidrilus*), cinq (*Cryptodrilus*), six (*Perichæta*), neuf (*Criodrilus*), treize (*Photodrilus*) ou même quatorze (*Pontodrilus*). En revanche, l'*Æolosoma tenebrarum* présente
des néphridies dans tous ses segments sétigères et chez l'*Octochætus multiporus* la
néphridie première de l'embryon persiste et s'unit à la néphridie suivante pour
former une grosse glande s'ouvrant dans la cavité buccale. Quelquefois une même
néphridie occupe plusieurs segments dont les néphridies propres avortent; c'est
ainsi que chez les *Phreatothrix* la 1re néphridie ouvre son pavillon vibratile dans
le 7e segment, son orifice externe sur le 8e, et s'étend en anse jusqu'au 13e segment; la 2e a ses deux orifices respectivement situés sur les 13e et 14e segments,
mais s'étend en anse jusqu'au 21e; les néphridies suivantes n'occupent que deux
segments, et se répètent de trois en trois segments.

Très souvent aussi, chez les Lumbricimorpha, la première paire de néphridies se
modifie profondément, s'ouvre près de la bouche ou même dans la cavité buccale et
sécrète un suc qui paraît destiné à ramollir les débris végétaux pour permettre à
l'animal de les déglutir. Ces néphridies ont, en général, une vésicule contractile
allongée et très musculaire, supportant une touffe de tubes en forme d'anses résultant sans doute du pelotonnement du tube en U habituel (fig. 1175); elles portent le
nom de *pepto-néphridies*. On les observe chez les *Megascolides* (fig. 1179, *ip*, p. 1697),
Dichogaster (fig. 1167, *ip*, p. 1673), *Digaster, Acanthodrilus*, où elles s'ouvrent dans la
cavité buccale; *Diachæta, Urochæta* (fig. 1168, *ep*), *Rhinodrilus*, où elles s'ouvrent au
dehors. Elles peuvent être pourvues d'un ou plusieurs pavillons vibratiles (*Urochæta*).
Il faut très vraisemblablement considérer comme des peptonéphridies une paire de
glandes pelotonnées, ramifiées, très développées qui, chez les Enchytræidæ, viennent

s'ouvrir à la jonction de l'œsophage et du bulbe œsophagien [1] (fig. 1166, *sd*, p. 1671).

Les néphridies ne sont du reste pas toujours semblables sur toute la longueur du corps d'un même animal. Les sept premières néphridies des *Rhinodrilus*, celles des segments 11 à 19 des *Anteus* sont plus grandes que les autres; les quatre premières néphridies des *Pontodrilus* sont beaucoup plus petites que celles qui suivent et, chez les *Urochæta*, les trente-six dernières paires présentent un appendice glandulaire qui manque aux précédents.

Les néphridies les plus simples sont celles des *Æolosoma*, dont l'entonnoir vibratile est à peine distinct du reste du tube et où il n'y a pas non plus de région glandulaire nettement différenciée. Les néphridies des NAÏDÆ sont, en général, peu sinueuses; leur région glandulaire est souvent constituée par un tube simple qui porte de grandes cellules claires, sphéroïdales (*Dero*, *Aulophorus*); immédiatement en arrière de l'entonnoir se voit, sauf chez les *Bohemilla*, un renflement glandulaire de faible étendue qu'on retrouve chez les LUMBRICULIDÆ, mais qui manque chez les TUBIFICIDÆ, où la région glandulaire de la néphridie dans laquelle se trouvent la branche ascendante et la branche descendante de l'U décrit de nombreuses circonvolutions. Le renflement glandulaire qui suit le pavillon est formé de cellules ayant des propriétés physiologiques particulières; à l'exclusion des autres, elles absorbent, par exemple, le carmin injecté dans la cavité générale (Kowalevsky). Les néphridies des CHÆTOGASTRIDÆ n'ont pas de pavillon vibratile; des deux tubes accolés qui parcourent leur région glandulaire naissent de petits tubes latéraux qui se ramifient entre les cellules glandulaires; les cils vibratiles semblent y faire défaut. Chez les ENCHYTRÆIDÆ l'ensemble de l'organe a la forme d'une masse ovoïde dont une extrémité porte le pavillon vibratile, tandis que de l'autre se dégage le tube excréteur, accompagné d'un revêtement glandulaire; le tube néphridien décrit dans la masse glandulaire d'innombrables et irrégulières sinuosités ou se résout en un réseau de tubes anastomosés non ciliés (*E. humicultor*, d'après Bolsius); toutefois le pavillon vibratile et le tube excréteur émergent quelquefois du même point de la masse glandulaire comme si le tube s'était réfléchi en forme d'anse à branches accolées (*Enchytræus vesiculosus*, *E. lobifer*, *E. leptodera*, *E. puteanus*, *Pachydrilus sphagnetorum*, *P. fossor*). Dans quelques espèces l'entonnoir vibratile est suivi d'une masse glandulaire de couleur brune (*E. puteanus*, *E. Leydigii*, *E. lobifer*). Sauf de rares exceptions (*E. humicultor*), la masse glandulaire se continue jusqu'à l'orifice de l'entonnoir.

Chez un grand nombre de LUMBRICIMORPHA, la forme typique des néphridies est conservée; toutefois on observe aussi des dispositions analogues à celle des ENCHYTRÆIDÆ. Replié sur lui-même, en formant une anse dont les deux branches sont étroitement accolées, le tube néphridien parcourt sinueusement chez les *Pontodrilus*, *Kerria*, etc., une volumineuse masse glandulaire formée de cellules péritonéales modifiées (fig. 1173). Chez les *Lumbricus*, et cela paraît être la règle générale pour les LUMBRICIMORPHA, le tube néphridien qui fait suite à une longue vésicule contractile à parois musculaires est large, glandulaire et dépourvu de cils; il demeure encore quelque temps indépendant, mais ne tarde pas à s'accoler à l'anse néphridienne habituelle, formée de deux tubes étroits soudés ensemble avec l'un desquels

---

[1] F. VEJDOVSKY, *Beiträge zur vergl. Morphologie der Anneliden*; I. *Monographie der Enchytræiden*. Prag, 1879.

il est en continuité, tandis que l'autre aboutit au pavillon vibratile. En rejoignant
le tube étroit, le tube large se rétrécit, perd son revêtement glandulaire et sa
lumière devient ciliée; la portion étroite du tube néphridien n'est plus ciliée que par
places et sa lumière est intracellulaire. Quelquefois l'anse néphridienne présente
sur son trajet de singulières complications de structure. Ainsi chez les *Argilophilus*
(fig. 1174) sa partie moyenne, elle-même recourbée en U, conserve la structure
ordinaire; l'une des branches de l'U est libre; c'est celle qui contient le sommet
de l'anse, où le canal néphridien se réfléchit pour s'accoler à lui-même; l'autre
branche se replie à son tour sur elle-même et s'enfonce dans une masse qui contient les deux tubes terminaux de l'anse néphridienne, celui qui se continue avec
l'entonnoir vibratile (*u*), et celui qui aboutit au néphridiopore. Ces deux tubes terminaux comprennent entre eux les deux tubes non modifiés (*a, o*) de la branche de l'U;

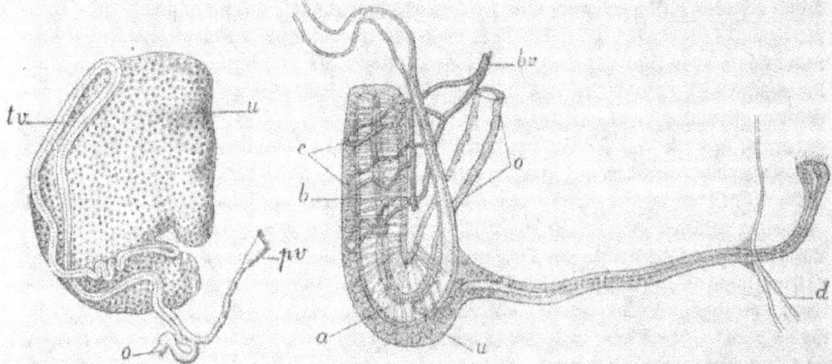

Fig. 1173. — Néphridie de *Pontodrilus*; *pv*, pavillon vibratile;
o, vésicule terminale; *te*, anse
néphridienne; *t*, masse glandulaire (E. Perrier).

Fig. 1174. — Portions d'une néphridie d'*Argilophilus*. — *d*, dissépiment
traversé par le pavillon vibratile de la néphridie; *bv*, vaisseaux; *a, o*, les
deux branches non modifiées de l'anse néphridienne, accolées aux régions modifiées communiquant entre elles par les canaux transverses *b*; *c*, anses vasculaires (d'après Eisen).

mais ils ne leur sont pas simplement accolés, ils sont encore mis en communication
l'un avec l'autre par des canaux transversaux (*b*) qui embrassent les deux tubes non
modifiés et les entourent complètement. Ces canaux, d'abord réguliers, deviennent
peu à peu sinueux, se ramifient, s'anastomosent; la lumière des canaux qu'ils
mettaient en communication se confond peu à peu avec le réseau de lacunes
qu'ils forment, et le tout prend bientôt l'aspect d'un corps spongieux, dans lequel
plongent les deux canaux non modifiés qui vont rejoindre la branche libre
de l'U; de cette masse spongieuse se détache un court et étroit canal vibratile qui
se rend au néphrostome et un canal plus large qui aboutit au néphridiopore.

Chez les *Microchæta* on observe une complication plus grande encore : les
néphridies se composent de trois parties : 1° une grande vésicule en forme de corne
qui s'ouvre à l'extérieur par un orifice placé soit à l'une de ses extrémités, soit
vers le milieu de sa longueur; 2° une rosette de tubes recourbés en anse, souvent enroulés en hélice et dont les deux extrémités viennent s'attacher à peu près
au même point de la portion vésiculaire; 3° un tube droit qui part du point

excréteur est si bien un signe de complication organique qu'elle se retrouve chez tous les Vertébrés. L'embryogénie démontre d'ailleurs que, chez les *Octochætus*, les néphridies sont d'abord paires, présentes à tous les segments et constituées suivant le mode normal; plus tard, les néphridies des trois ou quatre premiers segments se confondent pour former une grande peptonéphridie dont l'orifice est reporté dans la cavité buccale; les autres néphridies prennent l'aspect réticulé qu'elles ont chez l'animal adulte, et leurs pavillons deviennent rudimentaires, sauf dans les segments 11-14 [1].

Chez les LUMBRICIMORPHA les néphridies ont leur part du réseau capillaire qui est venu compliquer l'appareil vasculaire. Leur réseau propre, caractérisé par les nombreux renflements variqueux qu'il présente, est interposé entre une branche issue du vaisseau sus-nervien et une autre fournie par l'anse péri-intestinale, non loin du point où elle se jette dans le vaisseau sous-nervien.

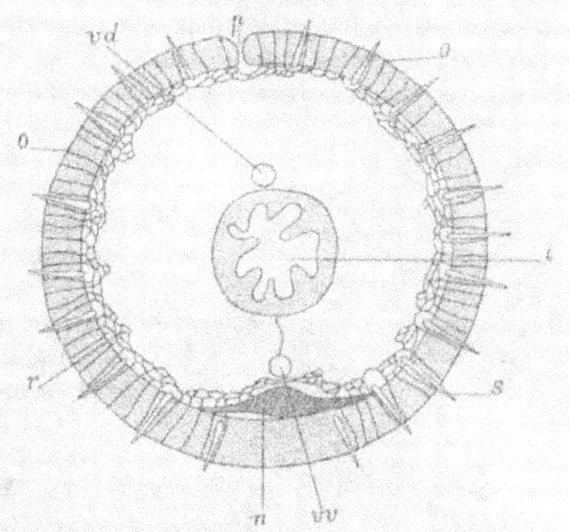

Fig. 1177. — Diagramme montrant la disposition des néphridies d'un segment du *Perichæta aspergillum*. — *p*, pore dorsal; *o*, orifices externes des néphridies; *i*, intestin; *s*, soies; *vv*, vaisseau ventral; *n*, chaîne nerveuse; *r*, réseau néphridien; *vd*, vaisseau dorsal (d'après Beddard).

Seuls jusqu'ici les *Ocnerodrilus* manquent de réseau néphridien; en revanche, il en existe des indications chez les *Rhynchelmis*.

Organes des sens. — Les *Æolosoma* présentent, de chaque côté du protoméride, une fossette vibratile, en rapport avec un nerf issu des ganglions cérébroïdes et qui sont vraisemblablement les équivalents des organes vibratiles céphaliques, précédemment signalés chez beaucoup de Polychètes (p. 1587). Ces fossettes n'ont pas été constatées chez d'autres Oligochètes. Il n'existe d'organes visuels que chez un certain nombre de NAÏDÆ qui sont pourvues d'yeux constitués par une tache pigmentaire, enveloppant un cristallin (*Bohemilla comata* (fig. 1178); *Nais elinguis*, *Ophidonais serpentina*); quelquefois la tache oculaire contient deux cristallins (*Slavina appendiculata*); d'autres fois la tache principale est accompagnée d'une tache accessoire (*Nais elinguis*), ou bien on rencontre dans la même espèce des individus aveugles et d'autres pourvus d'yeux. Les yeux ne sont, en tout cas, formés que d'une ou deux cellules et leurs connexions avec les ganglions cérébroïdes sont difficiles à constater.

Il n'existe d'organe gustatif bien nettement défini que chez les ENCHYTRÆIDÆ. Ce sont deux corps piriformes dont l'extrémité libre se termine en pointe obtuse et qui sont fixés par un court pédoncule sur la paroi inférieure de la cavité buccale.

[1] BEDDARD, *Development of Acanthodrilus (Octochætus) multiporus*. Q. Journ. of microscopical science, 3ᵉ série, t. XXXIII, 1892.

Ils contiennent une masse protoplasmique avec deux ou trois noyaux; un groupe de cellules ganglionnaires se trouve au-dessous de leur pédoncule; deux muscles rétracteurs s'attachent à leur base, et se fixent d'autre part aux parois du corps entre le deuxième et le troisième segments. Ces organes sont portés à l'extérieur en même temps que le pharynx rétractile; ils sont alors au-dessous et en avant de son ouverture, en bonne situation pour palper la nourriture qui va être prise.

Épars sur le proto- et le deutoméride, disposés en deux zones sur les segments suivants, se trouvent chez divers LUMBRICIMORPHA (*Lumbricus herculeus*, *L. purpureus*, *Allolobophora cyanea*, *A. fœtida*, *A. rubida*) des organes sensitifs, les *organes cyathiformes*; ce sont des faisceaux de cellules sensitives allongées, étroitement accolées l'une à l'autre, présentant vers le milieu de leur hauteur un noyau ovale, portant chacune à leur extrémité libre une courte soie tactile qui fait saillie à travers la cuticule (fig. 1165, *r*; p. 1608).

Ces faisceaux sont légèrement rétrécis dans leur région médiane et leur surface libre, qui est convexe, fait à la surface du segment une très légère saillie. Deux papilles du 10ᵉ segment de l'*Acanthodrilus georgianus* contiennent chacune également un faisceau de cellules sensitives. Il existe des organes analogues, en forme de verrue, sur les segments moyens du corps des *Lumbriculus*, *Rhynchelmis*, *Claparedilla*. Au moment de la reproduction les organes cyathiformes des *Rhynchelmis* se transforment, dans les segments clitelliens, en *zones sensitives* qui forment une bande médiane, étroite, sur les faces latérales et ventrale de chaque segment. Ces zones sont formées de fibro-cellules à noyaux fusiformes, à la base desquelles se trouvent des cellules glandulaires lagéniformes, dont

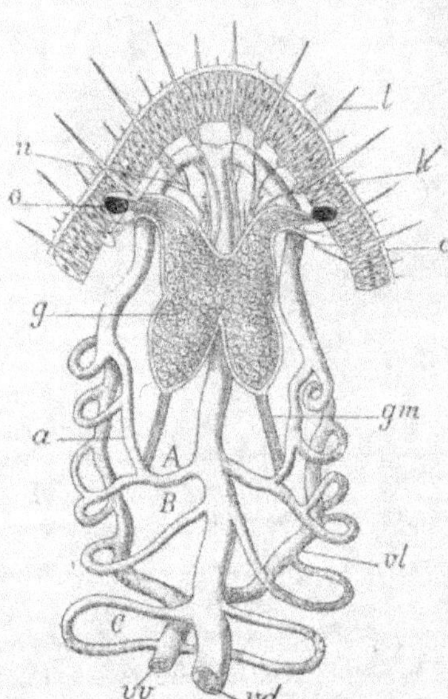

Fig. 1178. — Cerveau et extrémité antérieure de la *Bohemilla comata*. — *l*, soies tactiles; *h*, épiderme; *n*, nerfs cérébraux; *o*, yeux; *c*, cuticule; *g*, cerveau; *gm*, muscles cérébraux; *A*, *B*, *C*, *a*, anses latérales ramifiées qui unissent le vaisseau dorsal, *vd*, au vaisseau ventral, *vv*; *vl*, branches de la bifurcation antérieure du vaisseau ventral (d'après Vejdovsky).

le col tourné vers l'extérieur s'effile en un grêle filament. Des nerfs nombreux aboutissent à ces zones; ils présentent chacun un renflement ganglionnaire au moment d'y pénétrer. Dans tous les cas, les cellules sensitives qui forment presque exclusivement la partie centrale des organes cyathiformes se prolongent en fibres nerveuses qui font partie intégrante des nerfs et se terminent librement dans les ganglions.

Au niveau des soies, sur chacun des segments du corps des *Urochæta* et des *Onychochæta*, se trouvent disposées, sur tout le pourtour du segment, de grosses cellules équidistantes, contenues dans un sac cuticulaire relié avec l'extérieur par un étroit goulot; quelques auteurs (Horst, Beddard) les considèrent comme sensitives. A la même place, chaque segment de la *Slavina appendiculata* porte une rangée de verrues supportant chacune un bouquet de soies tactiles, en rapport avec de longues cellules sensitives, contenues dans l'épiderme. De telles cellules munies de soies se trouvent, à l'état isolé, sur les parties les plus diverses du corps des Oligochètes aquatiques, et notamment sur le lobe céphalique (fig. 1178, *l*), où elles sont reliées aux ramifications terminales des nerfs issus des ganglions cérébroïdes. Enfin chez les *Eudrilus, Hyperiodrilus, Heliodrilus*, dans l'épiderme ou immédiatement au-dessous de lui, il existe de nombreux organes sensitifs ayant toute l'apparence des corpuscules de Pacini des Vertébrés (p. 236).

Système nerveux. — Le système nerveux comprend, comme celui des Polychètes, des *ganglions sus-œsophagiens*, des *connectifs périœsophagiens*, une *chaîne ventrale* ganglionnaire.

Les *ganglions sus-œsophagiens* ou *ganglions cérébroïdes* sont, chez les *Æolosoma*, en continuité avec l'épiderme. Ils émettent trois paires de nerfs, une antérieure, une latérale, une postérieure, qui se dissocient en fibrilles dans les parois du corps et dont la base peut se différencier en renflements ganglionnaires (*Æ. tenebrarum*); la chaîne ventrale est tout à fait indistincte, même sur des coupes, sauf parfois dans la région tout à fait antérieure du corps (*Æ. tenebrarum*), et il n'y a jamais de traces de connectifs périœsophagiens.

Chez tous les autres Oligochètes les ganglions cérébroïdes sont nettement isolés de la paroi du corps, et, quoique appartenant initialement au protoméride, passent habituellement dans le deuxième segment, plus rarement dans le troisième (*Allolobophora fœtida*), à la limite du troisième et du quatrième (*A. rubida*) ou même dans le quatrième (*Urochæta*). Ces ganglions ont des dimensions relativement grandes chez les Naïdimorpha, les Enchytræimorpha et la plupart des Tubificimorpha ; ils sont, au contraire, petits chez les Lumbriculidæ et Lumbricimorpha ; chez les Chætogastridæ, il existe deux ganglions cérébroïdes ovoïdes, transversaux, contigus sur la ligne médiane ; les ganglions sont, au contraire, longitudinaux chez les Enchytræidæ (fig. 1166, *g* ; p. 1671) et confondus sur la ligne médiane ; la masse ainsi formée est toutefois généralement bilobée en arrière. Les ganglions se séparent de nouveau, mais demeurent contigus chez les Naïdæ (fig. 1178, *g*), où ils sont divisés chacun en un lobe latéral antérieur, et un lobe postérieur ; le lobe latéral se prolonge en avant, de chaque côté en un lobe secondaire chez les *Naidium* et *Slavina*. La disposition des ganglions chez les Tubificidæ rappelle ce qu'on observe chez les Naïdæ (*Tubifex, Psammoryctes*, etc.); toutefois, dans le même genre, on peut trouver une masse cérébrale rappelant celle des Enchytræidæ (*Limnodrilus Hoffmeisteri*) ou une masse compliquée présentant, par exemple, soit deux lobes en avant et trois en arrière (*L. Udekemianus*), soit encore trois lobes latéraux (*L. Steigerwaldii*). Chez les petits Lumbriculidæ les ganglions cérébroïdes, confondus sur la ligne médiane, se prolongent en une paire de lobes soit en arrière seulement (*Stylodrilus Jabretæ*), soit en arrière et en avant (*Phreatothrix pragensis*). Dans les autres genres (*Claparedilla, Lumbriculus, Rhynchelmis*) les ganglions cérébroïdes sont sphéroïdaux, nettement distincts l'un de l'autre et réunis par une commissure transversale. Ils sont chez les Lumbricimorpha allongés dans le sens transversal et plus ou moins confondus sur la ligne médiane (fig. 1172, p. 1683).

Les connectifs périœsophagiens sont simples. La chaîne nerveuse ventrale se confond peu à peu avec l'épiderme chez toutes les formes où la région postérieure du corps est en voie d'élongation constante (NAÏDIMORPHA); elle demeure enfouie entre les muscles longitudinaux, à la surface des muscles transverses chez les LUMBRICULIDÆ; partout ailleurs elle repose librement sur la paroi interne du corps. On y distingue toujours des renflements ganglionnaires et des connectifs. Le plus souvent, on compte une paire de ganglions, par segment, étroitement rapprochés le long de la ligne médiane et unis entre eux d'un segment à l'autre par une paire de connectifs. Cette disposition fondamentale est d'ailleurs assez souvent altérée, et le même individu peut présenter à ses différents âges d'intéressantes variations; c'est ainsi que les ganglions confondus durant la phase asexuée (*Stylaria*) se séparent quand la période sexuée est atteinte. Les ganglions, distincts dans la région antérieure du corps, se confondent peu à peu dans la région postérieure chez la *Stylaria lacustris*, divers TUBIFICIDÆ, les LUMBRICULIDÆ et LUMBRICIMORPHA. Il peut même arriver qu'avant la fusion des ganglions, il se constitue sur les connectifs des ganglions intersegmentaires (*Stylaria*, *Tubifex*). Chez les CHÆTOGASTRIDÆ, la partie antérieure de la chaîne ventrale présente au point de jonction des deux connectifs périœsophagiens, trois paires de renflements ganglionnaires; après avoir traversé ces ganglions, les deux connectifs se séparent momentanément, puis se rejoignent de nouveau en traversant une nouvelle paire de ganglions, après quoi le même phénomène se reproduit, et c'est seulement quand ils ont traversé une nouvelle paire de ganglions que les deux cordons s'accolent définitivement, séparés seulement par une neurocorde. Le premier ganglion de la chaîne est souvent beaucoup plus grand que les autres; il occupe les deux premiers segments sétigères chez la *Slavina appendiculata*; il représente vraisemblablement plusieurs ganglions fusionnés, comme c'est certainement le cas chez les *Urochæta*. D'autres fois les ganglions se renflent dans les segments génitaux, et notamment dans celui sur lequel sont situés les orifices mâles (*Pontodrilus*). Les ganglions cérébroïdes ne fournissent pas un nombre constant de paires de nerfs dans toute la classe. Les *Pristina* n'ont, en effet, qu'une paire de nerfs cérébraux; les *Nais*, *Ophidonais*, *Slavina*, deux grosses paires et de quatre à six petites; les CHÆTOGASTRIDÆ, de quatre à sept; les *Tubifex* et *Psammoryctes*, deux ou trois paires; les *Ilyodrilus*, trois, et le *Spirosperma*, quatre paires. Les *Limnodrilus* présentent une paire externe, plus grosse, qui se renfle en ganglion à sa base et forme le connectif périœsophagien du même côté, un nerf impair qui se renfle à peu de distance de son origine en un ganglion piriforme se bifurque ensuite; entre ce nerf impair et les parois extérieures se trouve une nouvelle paire nerveuse. Il existe aussi des renflements ganglionnaires sur les nerfs cérébraux des ENCHYTRÆIDÆ. Le nombre des paires nerveuses qui naissent des ganglions cérébroïdes est toujours restreint chez les LUMBRICULIDÆ et les LUMBRICIMORPHA, où on n'en compte généralement qu'une paire (*Pontodrilus*, *Criodrilus*, *Lumbricus*) ou deux (*Urochæta*), mais ce nombre peut s'élever, et chez certaines espèces de *Pericheta* le nombre de paires nerveuses qui semblent naître du cerveau est de six de chaque côté; il est vrai que ces six paires nerveuses sont rapprochées trois par trois à leur base, de manière à former deux groupes correspondant peut-être aux deux paires nerveuses des *Urochæta*.

Des connectifs périœsophagiens naissent deux catégories de nerfs : des nerfs tégumentaires et des nerfs pharyngiens. Les premiers ne présentent rien de particulier; les seconds ont été souvent décrits sous le nom de *stomato-gastriques*, et comparés aux nerfs viscéraux des animaux supérieurs. Leur existence a été constatée dans tous les ordres d'Oligochètes, sauf les NAIDÆ adultes ; mais aucune règle fixe ne semble présider à leur distribution ; ils peuvent naître par une seule racine renflée en ganglions (*Pontodrilus, Perichæta*), ou par plusieurs racines qui se rendent à un même ganglion d'où partent les nerfs proprement dits, ou par un grand nombre de radicules distribuées sur toute la longueur des connectifs (*Urochæta, Lumbricus*) ; ces radicules se rendent à des ganglions diversement distribués, reliés entre eux par des cordons nerveux et d'où partent finalement des nerfs très ramifiés, fréquemment anastomosés et formant un réseau sur les nœuds duquel sont fréquemment développés des ganglions secondaires.

Le nombre des nerfs qui naissent des ganglions de la chaîne ventrale varie d'une espèce à l'autre, et quelquefois dans une même espèce, suivant la région du corps que l'on considère. Les ganglions des *Lumbriculus* et *Rhynchelmis* n'en fournissent qu'une seule paire ; ceux des *Anachæta* d'abord de quatre à sept, puis trois et enfin deux, sauf aux segments 10 et 11 qui émettent toujours quatre paires nerveuses ; ceux des *Vermiculus* et des *Lophochæta*, cinq ; ceux des *Tubifex*, de deux à cinq. D'ordinaire chaque ganglion émet trois paires nerveuses, dont la médiane est plus grosse que les autres ; chez les LUMBRICIMORPHA, deux paires sont, en général, rapprochées et émergent de l'une des extrémités du ganglion, soit l'antérieure (*Urochæta*), soit la postérieure (*Pontodrilus*) ; la 3e paire sort de l'extrémité opposée. Ces nerfs traversent la couche musculaire longitudinale, puis se bifurquent, en formant autour du corps un anneau presque complet ; leurs rameaux s'unissent sous l'épiderme en un réseau d'où naissent des fibrilles se terminant librement entre les cellules épidermiques.

Les centres nerveux sont, comme chez les Polychètes, constitués par des cellules ganglionnaires, de la substance ponctuée traversée par des tractus fibreux diversement placés et, en général, trois volumineuses neurocordes, situées sur la face dorsale de la chaîne. Dans les ganglions cérébroïdes, les cellules nerveuses occupent les faces supérieure et latérales ; elles occupent les faces inférieure et latérales dans les ganglions de la chaîne ventrale [1]. La disposition des cellules ganglionnaires les plus volumineuses présente une assez grande constance. Immédiatement au-dessus de la 1re paire nerveuse, de grosses cellules voisines de la ligne médiane envoient du côté opposé leur prolongement principal qui porte de nombreuses collatérales ; au-dessous des nerfs viennent d'autres cellules dont le prolongement se bifurque, l'une des branches remontant dans le ganglion précédent, l'autre se rendant à la 2e paire nerveuse, sans changer de côté ; viennent ensuite des cellules dont les prolongements se croisent vers le milieu du ganglion, pour se rendre à la 2e paire nerveuse, du côté opposé à celui de la cellule ; un 4e groupe latéral comprend de grosses cellules dont les prolongements se rendent soit à la 1re, soit à la 3e paire nerveuse du même côté, et pénètrent même dans le ganglion suivant ; à la naissance de la 2e paire nerveuse, de nombreuses cellules bipolaires ou unipolaires contribuent, sans entrecroisement, à sa formation ; enfin au-dessous

[1] CERFONTAINE, *Contribution à l'étude du système nerveux central du Lombric terrestre*, Bull. Acad. des sciences, Bruxelles 1892. — RETZIUS, *Das Nervensystem der Lumbricinen*; Biol. Untersuch.; Folge III, 1892. — FANNY E. LANGDON, *The sense-organs of Lumbricus agricola*, Journ. of Morphology, 1895.

de la 3e paire nerveuse, d'énormes cellules multipolaires envoient leur prolongement principal dans le nerf opposé au côté à celui qu'elles occupent. La région centrale du ganglion est occupée par de nombreuses cellules piriformes à prolongements croisés et par de grosses cellules multipolaires [1].

Toutes les parties du système nerveux central sont protégées par un névrilème et une membrane péritonéale entre lesquels sont fréquemment disposées des fibres musculaires longitudinales qui forment une assise régulière continue (*Pontodrilus, Dendrobæna*) ou se groupent en bandelettes parallèles, isolées les unes des autres et situées sur la face dorsale ou à ses limites (*Lumbriculus, Criodrilus*); il existe d'ordinaire chez les formes inférieures un espace entre la membrane péritonéale et le névrilème.

Organes génitaux. — Les Oligochètes actuellement connus sont tous hermaphrodites; les ovaires et les testicules se développent toujours dans des segments différents; sauf chez les *Phreoryctes*, il n'y a jamais qu'une seule paire d'*ovaires*, mais souvent chez les LUMBRICIMORPHA deux paires de *testicules*; chez ces mêmes animaux, il peut exister, durant la période embryonnaire, les rudiments d'une deuxième paire d'ovaires (*Lumbricus, Octochætus*). Les œufs et les spermatozoïdes ne tombent pas toujours dans la cavité générale; ils se rassemblent d'habitude dans des sacs dépendant du revêtement péritonéal de cette cavité et que nous désignerons sous les noms de *sacs ovariens* et de *sacs spermatiques*; aux ovaires correspondent deux *oviductes* généralement très simples; aux testicules et aux sacs spermatiques un appareil excréteur mâle, parfois des glandes accessoires ou *prostates* et des *organes de copulation* compliqués. Enfin un certain nombre de paires de *poches copulatrices* ou *spermathèques* se trouvent dans les segments qui précèdent les segments génitaux et ont au dehors des orifices distincts.

A l'époque de la reproduction, le tégument s'épaissit au voisinage des orifices des

[1] Les recherches de Lenhossek, Cerfontaine et surtout celles de Retzius ont étendu à la constitution du système nerveux des Arthropodes (*Astacus fluviatilis*), des Polychètes (*Nereis, Nephthys, Lepidonotus, Aphrodite, Arenicola, Terebella*), des Oligochètes et des Hirudinées les notions qu'ont fournies sur le système nerveux des Vertébrés les recherches dont Ramon y Cajal, Golgi et Ehrlich ont été les initiateurs. Chez les Arthropodes et les Vers annelés, l'élément fondamental du système nerveux est aussi un *neurone* formé d'une cellule munie de prolongements. La plupart de ces prolongements se divisent par dichotomie et fournissent de nombreuses ramifications terminées généralement par un renflement; ce sont là les *prolongements protoplasmiques*; en outre chaque cellule porte un ou plusieurs *prolongements de Deiters*, qui ne se dichotomisent que très rarement et jamais qu'un petit nombre de fois, mais en revanche émettent sur leur trajet, sans changer de calibre, un très grand nombre de petites ramifications presque perpendiculaires à leur direction. Ces ramifications dites *collatérales* se dichotomisent rapidement et leurs ramuscules se terminent en boutons. Les neurones ne sont pas en continuité les uns avec les autres, mais leurs ramifications terminales peuvent s'intriquer réciproquement, formant ce qu'on nomme une *articulation*, ou bien venir envelopper les cellules nerveuses centrales; les cellules sensitives répandues dans les téguments et les organes des sens ne sont que des neurones périphériques. Il y a de très grandes différences dans le degré de la complication histologique du système nerveux des Polychètes (voir RETZIUS, *Biologische Untersuchungen*, Neue Folge II, 1891); celui des *Nereis* est l'un des plus complexes. Il est remarquable notamment parce que sa région axiale est occupée par un volumineux faisceau de fibrilles dont un grand nombre se dirigent vers la face externe du ganglion et se résolvent brusquement, à la surface de la couche des cellules ganglionnaires, en de très riches arborescences dont chaque ramuscule se termine en bouton. La structure histologique des ganglions de l'Écrevisse présente une curieuse ressemblance avec celle des ganglions des Lombrics; les fibres géantes même n'y font pas défaut.

canaux déférents et des oviductes, soit sur tout le pourtour des segments, soit seulement sur leurs régions latérales et dorsale; les éléments glandulaires de l'épiderme, le tissu conjonctif sous-épidermique et les vaisseaux y prennent un développement exceptionnel; ainsi se constitue la *ceinture* ou *clitellum* chargée de sécréter une substance qui prend la consistance du parchemin, et sert, au moins chez l'*Allolobophora fœtida*, à maintenir unis par un double anneau les deux individus qui s'accouplent. Il est possible que cette même substance constitue l'enveloppe extérieure du cocon dans lequel l'animal, au moment de la ponte, enferme un certain nombre d'œufs et des faisceaux de spermatozoïdes nageant dans un liquide albumineux, tantôt parfaitement transparent (*Allolobophora fœtida*), tantôt plus ou moins opaque (*Lumbricus herculeus*).

Les cocons peuvent être sphéroïdaux (*Perichæta*); plus généralement ils sont ellipsoïdaux et prolongés en une saillie irrégulière, à chacun de leurs pôles *Allolobophora, Lumbricus*); ceux des espèces d'eau douce sont attachés aux plantes aquatiques; ceux des espèces terrestres, abandonnés dans la terre humide ou le fumier. Les orifices des oviductes et des canaux déférents s'ouvrent, en général, sur la ceinture chez les NAïDIMORPHA, ENCHYTRÆIMORPHA et TUBIFICIMORPHA. Ces orifices occupent des positions variables par rapport au clitellum chez les différents groupes de LUMBRICIMORPHA. Les orifices mâles et femelles sont sur la ceinture chez les *Typhæus, Megascolides* (fig. 1179, *pr*), *Didymogaster, Perissogaster, Dichogaster, Trigaster, Eudrilus, Teleudrilus, Microscolex, Rhododrilus, Urochæta, Acanthodrilus, Nemertodrilus, Criodrilus*; les orifices des canaux déférents sont seuls sur la ceinture chez les *Moniligaster* où ceux des oviductes sont en arrière, les *Hormogaster, Diachæta, Rhinodrilus, Mi-*

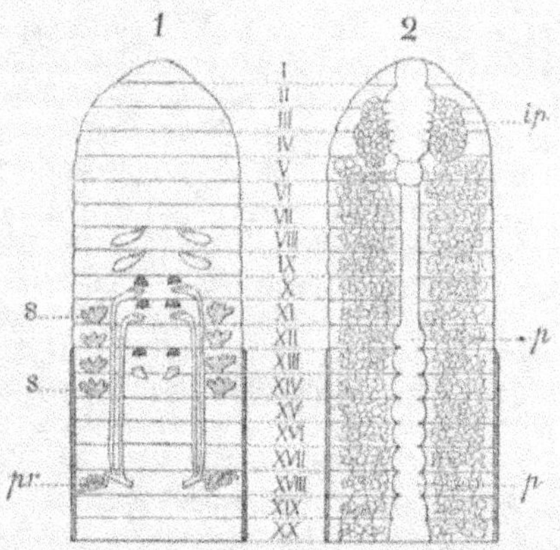

Fig. 1179. — Diagrammes de l'organisation des *Megascolides*. — 1. Appareil génital; dans les segments VIII et IX, spermathèques; X et XI, testicules; XI à XIV, sacs spermatiques, *S*; XIII, ovaires; XIV, oviductes; X à XVIII, canaux déférents; *pr*, prostates. — 2. Appareil digestif et néphridies; *ip*, pepto-néphridies; dans les autres segments néphridies réticulées; *p*, renflements segmentaires du tube digestif (d'après Benham).

crochæta, Brachydrilus Callidrilus, où ceux des oviductes sont en avant; on trouve les orifices des oviductes sur la ceinture, ceux des canaux déférents en arrière chez les *Cryptodrilus, Digaster, Deinodrilus, Perichæta, Pontodrilus, Photodrilus, Perionyx, Pygmæodrilus*; les orifices femelles sont en avant, les orifices mâles en arrière de la ceinture chez les *Plutellus*; enfin les deux sortes d'orifices sont très en avant du clitellum chez les LUMBRICIDÆ. Cette position relative des orifices mâles et de la ceinture est très caractéristique des LUMBRICIDÆ auxquels on peut appliquer l'épithète d'*antéclitelliens*; il n'est pas aussi facile d'établir une démarcation entre les genres *intraclitelliens* à orifices mâles situés dans la ceinture et les *postclitelliens* à orifices mâles situés après la ceinture. Dans ce cas, ces orifices sont, en effet, situés à un ou deux anneaux de distance seulement de l'anneau clitellien, et il suffit que celui-ci s'étende quelque peu en arrière pour les envelopper; c'est ce qui arrive pour un certain nombre de Prostatica, dont la très grande majorité sont postclitelliens; tandis que tous les Clitellina sont intraclitelliens. Les *Moniligaster*, fréquemment dépourvus de ceinture, échappent cependant à cette règle; bien que pourvus de prostate, ceux qui ont une ceinture paraissent être intraclitelliens.

La position des glandes génitales présente des règles plus précises.

Les testicules occupent le 3ᵉ segment chez les *Æolosoma* et les *Chætogaster*, le 5ᵉ chez les Naïdæ, le 9ᵉ chez les Lumbriculidæ, le 10ᵉ chez les *Tubifex*, le 11ᵉ chez les Enchytræidæ. Dans l'ordre des Lumbricimorpha, il existe généralement deux paires de testicules situés dans les 10ᵉ et 11ᵉ segments; quand il n'en existe qu'une, elle peut être située dans le 10ᵉ segment (*Typhæus*), dans le 11ᵉ (*Diachæta, Eudriloïdes*) ou dans le 12ᵉ segment (*Urochæta, Geoscolex*). Par exception les deux paires de testicules des *Microchæta* occupent les 9ᵉ et 10ᵉ segments. Une constance plus grande encore s'observe dans la position des ovaires, toujours au nombre d'une seule paire; on les trouve dans un segment postérieur, segment testiculaire chez les Lumbricimorpha. Dans cet ordre, ils sont presque invariablement situés dans le 13ᵉ segment; les seules exceptions à signaler sont offertes par les *Microchæta* et les *Brachydrilus*, où ils sont dans le 12ᵉ [1]. Les oviductes étant très courts s'ouvrent toujours au dehors à la surface du segment qui suit le segment ovarien. Il en est de même pour l'orifice des canaux déférents dans les ordres des Naïdimorpha, Enchytræimorpha et Tubificimorpha, où les canaux tiennent la place d'une néphridie. Leur position est plus variable chez les Lumbricimorpha; ils se trouvent sur le 11ᵉ segment chez les *Moniligaster*, entre le 15ᵉ et le 16ᵉ chez les *Hormogaster*, sur le 15ᵉ chez les Anteclitellina, sauf les *Allurus*, où ils sont sur le 13ᵉ; sur le 17ᵉ segment chez les *Typhæus, Dichogaster, Eudrilus, Microscolex, Rhododrilus, Pygmæodrilus, Nemertodrilus, Callidrilus, Polytoreutes*; sur le 18ᵉ chez les *Megascolides, Cryptodrilus, Didymogaster, Perissogaster, Digaster, Acanthodrilus, Deinodrilus, Perichæta, Teleudrilus, Pontodrilus, Photodrilus, Plutellus, Perionyx, Brachydrilus*, entre le 18ᵉ et le 19ᵉ segment chez les *Geoscolex*, sur le 19ᵉ chez les *Microchæta*, le 20ᵉ chez les *Urobenus*; entre le 20ᵉ et le 21ᵉ chez les *Urochæta* et les *Rhinodrilus*, sur le 22ᵉ chez les *Diachæta*. A ce point de vue il existe donc quatre groupes de Lumbricimorpha : un constitué par les *Moniligaster* tout seuls avec orifices mâles sur le 11ᵉ segment; un second qui comprend les *Hormogaster* et les Anteclitellina, avec orifices mâles du 13ᵉ au 16ᵉ segment; un troisième où se rassemblent tous les Prostatica avec orifices mâles sur le 17ᵉ ou le 18ᵉ segment; enfin les Clitellina ont les orifices en question du 19ᵉ au 22ᵉ segment.

Origine et développement des organes génitaux. — Le développement des organes génitaux est précédé chez tous les Oligochètes autres que les Lumbricimorpha de la disparition des néphridies dans les segments testiculaires et ovarien; toutefois les néphridies normales continuent assez souvent à fonctionner à côté des oviductes chez les *Chætogaster*, et la première paire de néphridies des *Phreatothrix* s'étend jusque dans les segments reproducteurs durant la maturité génitale.

---

[1] Ce n'est qu'avec les plus expresses réserves que des glandes situées, en avant des testicules, dans le 10ᵉ segment chez le *Plutellus heteroporus* ont été indiquées comme pouvant être des ovaires (E. Perrier, Archives de Zoologie expérimentale, 1ʳᵉ série, t. II, p. 259; — 1873).

Peu après la disparition des néphridies, apparaissent les premiers rudiments des testicules et des ovaires; puis se montrent, indépendamment des néphridies disparues, les rudiments des conduits génitaux et ceux des poches copulatrices. Ces derniers résultent simplement d'une invagination de l'épiderme; à la formation des premiers prennent part à la fois l'épiderme et les tissus d'origine mésodermique; les pavillons vibratiles des canaux déférents se forment avant le canal lui-même, qui se met finalement en rapport avec une invagination de l'épiderme. Le pavillon vibratile se forme en avant du dissépiment antérieur du segment où se développe le canal déférent, celui-ci en arrière du dissépiment, qui est ainsi épaissi sur ses deux faces.

Les testicules et les ovaires résultent d'une simple prolifération des éléments péritonéaux de la face postérieure du dissépiment antérieur du segment qui les contient; ils forment bientôt deux ou trois paires de glandes ovoïdes suspendues par un pédoncule de chaque côté de la chaine nerveuse; il est tout d'abord impossible de distinguer histologiquement les glandes mâles des glandes femelles. Les éléments des ovaires grandissent simultanément, et demeurent unis entre eux; les testicules deviennent, au contraire, bientôt lobés; et les lobes, parfois même les cellules (*Chætogaster*), se détachent pour achever librement leur développement dans la cavité générale. Une anse vasculaire nouvelle se développe chez les NAÏDÆ, en même temps que les glandes génitales, ce qui porte le nombre de ces anses de trois à quatre chez les *Stylaria*.

Sacs spermatiques. — Dans la plupart des NAÏDÆ le 5e et le 6e segments, les 11e et 12e chez les TUBIFICIDÆ, les 9e, 10e et 11e chez les *Lumbricus*, contiennent des anses périviscérales qui, au commencement de la période génitale, se transforment en pelotons vasculaires contractiles, enveloppés d'une fine membrane parcourue par des fibrilles musculaires; la membrane elle-même n'est qu'une dépendance du dissépiment qui la supporte; ce sont les premiers rudiments des *sacs spermatiques*, longtemps pris pour les testicules chez les *Lumbricus*, et ceux des *sacs ovariens* qui leur correspondent morphologiquement. La cavité de ces sacs qui ne tardent pas à devenir anfractueux ou même à se cloisonner, fait partie de la cavité générale. Les sacs prennent souvent un développement assez grand pour envahir plusieurs segments en perforant du côté ventral les dissépiments de ces segments. Ils se prêtent, particulièrement chez les LUMBRICOMORPHA où les sacs spermatiques sont seuls habituellement bien développés, à des dispositions variées; ils contiennent presque constamment des Grégarines (*Monocystis*). Le nombre de paires de sacs spermatiques n'est pas nécessairement égal à celui des paires de testicules; pour deux paires de testicules on peut en trouver quatre (*Megascolides, Criodrilus, Allurus, Callidrilus*, etc.), trois (*Digaster, Eudrilus, Lumbricus*) ou deux (*Perichæta, Teleudrilus*, PONTODRILIDÆ, etc.). Quand il n'y a qu'une seule paire de testicules, il n'y a aussi, en général, qu'une seule paire de sacs spermatiques, qui atteignent dans quelques genres (*Geoscolex, Diachæta*) une extraordinaire longueur, celle de 26 segments, par exemple, chez le *D. Thomasi*, de 26 à 30 chez les *Trichochæta* et *Polytoreutus*, de plus de 60 segments chez le *Geoscolex Forguesi* de La Plata. Assez souvent les deux sacs d'une même paire s'ouvrent dans un sac médian placé au-dessous du tube digestif et occupant l'étendue d'un segment (*Typhæus, Dichogaster, Perichæta, Eudrilus, Rhinodrilus, Microchæta, Lumbricus, Pygmæodrilus*), mais qui peut aussi être dorsal (*Polytoreutus*).

Ce sac médian qui semble se former d'une manière indépendante et plus tardivement que les sacs latéraux peut être distingué sous le nom de *réservoir spermatique*: il contient toujours, quand il existe, les testicules, les pavillons vibratiles des canaux déférents, le vaisseau ventral et même un segment de la chaîne nerveuse. Quand il n'existe pas, ces organes peuvent être libres (*Acanthodrilus*, *Allolobophora*) ou contenus dans les sacs latéraux (*Moniligaster*). Le sac impair existe seul chez la plupart des formes aquatiques; chez les ENCHYTRÆIDÆ le réservoir et les sacs spermatiques font défaut, sauf chez les *Mesenchytræus* qui possèdent une paire de sacs.

Il n'existe, en général, chez les Oligochètes aquatiques qu'un sac ovarien impair qui peut être énorme; il s'étend, par exemple, jusqu'au 44ᵉ segment chez les *Rhynchelmis*. Ce sac se développe chez les *Tubifex* aux dépens des dissépiments 11-12, et le sac spermatique, en se développant à son tour, pénètre dans son intérieur; les *Mesenchytræus* n'ont aussi qu'un sac ovarien; en revanche, les *Sutroa* et les *Rhynchelmis* en ont deux, ce qui devient la règle chez les LUMBRICIMORPHA où d'ailleurs ces organes demeurent petits; ils sont en forme d'ombrelle chez le *Perichæta Houlleti* et plus grands que ceux des *Lumbricus*; chez les *Perichæta*, il en existe quelquefois deux paires dont l'une correspond aux ovaires rudimentaires qui apparaissent par exception dans le 12ᵉ segment. Les *Moniligaster* sont les seuls LUMBRICIMORPHA dont les sacs ovariens occupent plusieurs segments (3 ou 4); les petites formes (*Ocnerodrilus*, *Gordiodrilus*) paraissent en être dépourvues.

Appareil excréteur mâle. — L'appareil excréteur mâle, absent seulement chez les *Æolosoma*, comprend, sauf chez les CLITELLINA et les ANTECLITELLINA, trois sortes d'organes : 1° les *pavillons vibratiles*; 2° les *canaux déférents*; 3° les *atrium*, souvent aussi désignés sous le nom de *prostates*, ou compliqués de glandes auxquelles on réserve ce nom. A ces organes fondamentaux peuvent s'ajouter des *organes copulateurs*. Les NAÏDIMORPHA, ENCHYTRÆIMORPHA et TUBIFICIDÆ ne présentent qu'une seule paire de pavillons vibratiles et une seule paire de canaux déférents, aboutissant chacun à un atrium. Le pavillon vibratile traverse le dissépiment antérieur du segment qui contient le canal déférent chez les CHÆTOGASTRIDÆ, ENCHYTRÆIMORPHA, TUBIFICIDÆ; il est simplement appliqué contre cette cloison chez les NAÏDÆ. En général, courts, épais, formés d'un assez grand nombre de cellules glandulaires cylindriques rayonnantes, les pavillons vibratiles ont, chez les ENCHYTRÆIDÆ, l'aspect de longs cylindres brusquement rétrécis au moment de se continuer avec le canal déférent, qui est plus ou moins pelotonné ou parfois enroulé en une hélice serrée (*Anachæta Eiseni*). Le canal déférent est également très allongé chez les TUBIFICIDÆ et formé de deux parties dont la plus voisine du pavillon est près de dix fois plus étroite que la suivante et seule vibratile. Dans tous les cas, le canal déférent est percé au travers d'une pile de cellules en forme de tore.

L'*atrium* n'est représenté chez les ENCHYTRÆIDÆ que par un groupe de longues cellules glandulaires, entourant l'extrémité tégumentaire du canal déférent. C'est une poche sphéroïdale chez les *Chætogaster* (fig. 1180, *a*), ovoïde et assez allongée chez les NAÏDÆ, très longue, en forme d'S, chez les TUBIFICIDÆ; elle est flanquée latéralement, dans cette dernière famille, d'un groupe de longues cellules glandulaires, disposées en un éventail fixé par le centre de convergence de ses lames et constituant une *prostate* ou *glande cémentaire* distincte. Les parois de l'atrium, dont la cavité centrale est assez spacieuse, sont d'ailleurs revêtues, elles aussi, de cellules cylindriques, formant un épithélium habituellement vibratile, reposant sur une couche musculaire sur laquelle sont finalement appliquées des cellules presque semblables aux cellules péritonéales (*Chætogaster*) ou développées en longues cellules glandulaires (*Stylaria*). C'est vraisemblablement un groupe de ces cellules qui forme la prostate des TUBIFICIDÆ.

L'atrium de *Chætogaster* (fig. 1180) est séparé de la paroi tégumentaire par un tube probablement ensertile et capable de servir de pénis. Un véritable *pénis* se développe chez les TUBIFICIDÆ. Ce pénis est, à l'état de repos, rétracté à l'intérieur du corps et enfermé dans une bourse spéciale; à l'état de protrusion, il est extérieur et formé de deux parties : le *gland* et le *prépuce*. Le gland se décompose lui-même en une partie membraneuse terminale, en forme de dôme, et une partie renflée glandulaire; un étranglement sépare cette partie renflée, du prépuce qui est également sphéroïdal, mais plus large que le gland. Tout le pénis est traversé par l'extrémité du canal déférent qui, dans cette région, est, jusqu'à la naissance de la partie membraneuse du gland, revêtu d'une assise de fibres musculaires transversales; une semblable assise se trouve sur la paroi interne et la partie glandulaire du gland et du prépuce, dont l'épiderme est formé de longues cellules glandulaires. De longues fibres musculaires longitudinales, ramifiées, interrompues par des noyaux, vont de la paroi tégumentaire du corps aux différents points de la paroi interne du prépuce. L'appareil se réduit chez les *Limnodrilus* à un tube, prolongeant le canal déférent dans la gaine du pénis, et se termine librement à

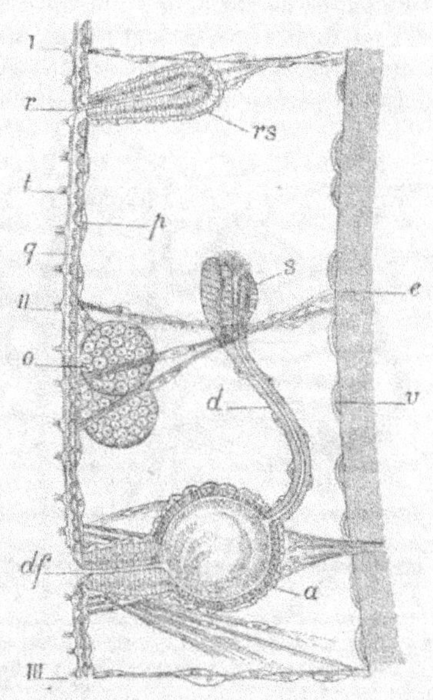

Fig. 1180. — Portion des segments génitaux du *Chætogaster diaphanus*. — I, II, III, dissépiments de ces segments; *rs*, poche copulatrice et son orifice, *r*; *t*, papilles tactiles; *p*, péritoine; *q*, muscles transverses; *e*, paroi intestinale; *v*, ses vaisseaux; *o*, ovaires; *s*, pavillon vibratile du canal déférent, *d*; *a*, atrium ou prostate; *df*, son orifice externe (d'après Vejdovsky).

l'intérieur de celle-ci. Ce tube exsertile, légèrement évasé en entonnoir, est extérieurement revêtu de chitine.

Les LUMBRICULIDÆ possèdent deux paires de pavillons vibratiles et deux paires de canaux déférents, contenus dans le 10e segment. Les premiers pavillons s'ouvrent dans le 9e segment, les seconds dans le 10e; les canaux déférents qui en partent se dirigent les premiers d'avant en arrière, les seconds d'arrière en avant vers le milieu du 10e segment, où ceux d'un même côté se jettent dans un même atrium, il n'y a donc qu'une paire d'atrium pour deux paires de canaux déférents; ces atrium rappellent ceux des NAIDIMORPHA; il n'y a pas de pénis.

Cette disposition conduit à celles que l'on observe chez les LUMBRICIMORPHA, et qui sont nombreuses et variées. Dans cet ordre on trouve encore un genre, le genre *Moniligaster*, où la disposition des conduits excréteurs mâles rappelle ce qui existe dans les ordres précédents : il n'y a qu'une seule paire de testicules; les canaux déférents sont tout entiers contenus dans un seul et même segment et aboutissent à un atrium dont l'épithélium interne est constitué par une seule assise de cellules. Les *Typhæus*, *Geoscolex*, *Urochæta* et *Diachæta* n'ayant qu'une seule paire de testicules, ne possèdent aussi qu'une seule paire d'appareils excréteurs mâles; partout ailleurs il en existe deux paires, une pour chaque paire de testicules. Les deux paires de pavillons s'ouvrent respectivement dans les segments testiculaires; chez les Eudrilidæ, ils sont placés, comme le pavillon antérieur des Lumbriculidæ, contre la paroi du dissépiment antérieur de leur segment, et leur tube excréteur est obligé de percer deux fois ce dissépiment pour rejoindre l'orifice externe (*Teleudrilus*, *Heliodrilus*, *Hyperiodrilus*); partout ailleurs les pavillons, en général, assez grands et fortement plissés, se trouvent contre le dissépiment postérieur des segments testiculaires. Les canaux déférents diffèrent de ceux des Lumbriculidæ en ce qu'ils se dirigent presque toujours en arrière, et traversent plusieurs segments du corps, marchant parallèlement l'un à l'autre. Ceux d'un même côté demeurent distincts et plus ou moins accolés sur presque toute leur étendue chez les *Phreoryctes*, *Ocnerodrilus*, *Megascolides*, *Acanthodrilus*, *Eudrilus*, *Brachydrilus*, *Nemertodrilus*; ils ne s'ouvrent cependant au dehors d'une ma-

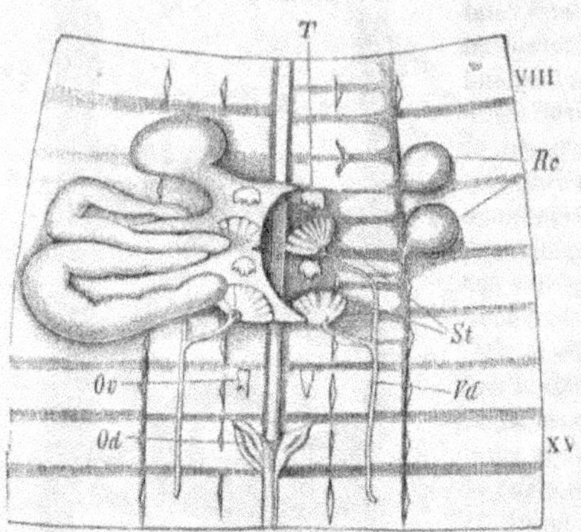

Fig. 1181. — Organes génitaux du *Lumbricus herculeus*. — T, testicules enveloppés, à gauche, dans les sacs spermatiques qui ont été supprimés à droite; Re, spermathèques ou poches copulatrices; St, pavillons vibratiles des canaux déférents, Vd; Ov, ovaires; Od, oviductes (d'après Hering).

nière indépendante que chez les *Phreoryctes*; partout ailleurs, ils se rejoignent à leur extrémité postérieure et ne s'ouvrent que par un seul orifice, soit qu'ils se jettent dans un même atrium (*Megascolides*, *Eudrilus*, *Nemertodrilus*), soit qu'ils se réunissent au moment de s'ouvrir au dehors (*Acanthodrilus*, *Brachydrilus*); les *Acanthodrilus* n'en ont pas moins deux paires de prostates qui s'ouvrent au dehors d'une manière indépendante. Les *Trigaster*, les *Deinodrilus* ont aussi deux paires de prostates appartenant aux 17ᵉ et 19ᵉ segments, comme celles des *Acanthodrilus*, et une paire unique d'orifices mâles appartenant au 18ᵉ; les deux paires de prostates des *Kerria*, des *Gordiodrilus* appartiennent respectivement aux segments 17 et 18, l'orifice mâle indépendant étant sur le 18ᵉ segment; mais ici les deux canaux déférents d'un même côté sont confondus en un seul tube sur toute la longueur de leur trajet, les pavillons seuls sont libres. Cette disposition est à peu près générale chez les autres Lumbricimorpha, qui, au point de vue de la disposition des organes excréteurs mâles, ne diffèrent les uns des autres que par la présence d'une seule paire de prostates (Prostatica, sauf chez les Acanthodrilidæ, Benhamidæ et Dicho-

GASTRIDÆ) ou par l'absence totale de ces organes (CLITELLINA, ANTECLITELLINA (fig. 1181); parmi les CLITELLINA, les *Microchæta*, dont les canaux déférents ne sont confondus en un seul tube que sur la moitié postérieure de leur longueur, portent un nouvel appui à l'hypothèse que les canaux déférents à deux pavillons de la plupart des LUMBRICIMORPHA résultent bien réellement de la fusion partielle de deux paires d'organes excréteurs mâles, telles qu'on les observe à divers degrés d'indépendance chez les LUMBRICULIDÆ et les divers genres de LUMBRICIMORPHA appartenant à des familles ou même à des ordres distincts que nous avons cités ci-dessus.

Si l'on rapproche maintenant les faits suivants : 1° chez la plupart des Polychètes et chez les *Æolosoma* les néphridies servent de canaux vecteurs aux éléments génitaux ; 2° chez certains d'entre eux (SYLLIDÆ) les néphridies se transforment au moment de la maturité génitale ; 3° chez quelques Oligochètes (*Anteus*), des néphridies modifiées d'emblée jouent le rôle de canaux vecteurs ; 4° chez les Oligochètes, autres que les LUMBRICIMORPHA, les néphridies primitives des segments reproducteurs se résorbent au moment de la maturité génitale pour faire place à de nouveaux organes, construits sur le même plan qu'elles, mais modifiés dans quelques détails, qui servent de canaux vecteurs aux éléments génitaux ; 5° chez les *Brachydrilus* il existe deux paires de néphridies par segment et des traces de cette répétition des néphridies se trouvent chez d'autres LUMBRICIMORPHA (*Plutellus Acanthodribus*, etc.) ; 6° un certain nombre de LUMBRICIMORPHA possèdent deux paires de canaux déférents, une pour chaque paire de testicules (*Acanthodrilus, Eudribus, Brachydrilus*, etc.) ; — on voit que rien ne s'oppose à ce que l'on puisse considérer l'appareil vecteur mâle des LUMBRICIMORPHA comme résultant de la fusion de deux paires de néphridies modifiées.

La position des canaux déférents par rapport aux tissus sous-jacents est variable ; ils sont libres dans la cavité générale chez les Oligochètes inférieurs et un assez grand nombre de LUMBRICIMORPHA. Mais chez les *Lumbricus*, ils passent déjà sous le péritoine, ils s'enfoncent dans l'épaisseur des muscles longitudinaux chez les *Acanthodrilus annectens* et *paludosus*, le *Siphonogaster Millsoni*, le *Diplocardia communis* et arrivent chez les *Sparganophilus* au contact de l'épiderme ; il devient dès lors impossible de les distinguer sans avoir recours à la méthode des coupes.

Chez les ANTECLITELLINA et les CLITELLINA, les canaux déférents ne présentent aucun annexe sur leur trajet. On peut réunir dans un sous-ordre des PROSTATICA les familles et les genres dans lesquels aux canaux déférents sont annexées des glandes spéciales ou *prostates*. Il peut exister plusieurs paires de prostates (ACANTHODRILIDÆ, BENHAMIIDÆ, DICHOGASTRIDÆ) ; leurs orifices sont alors généralement indépendants de ceux des canaux déférents ou même situés sur le segment qui précède et celui qui suit le segment qui porte l'orifice mâle (17°-19°), rarement sur ce dernier et sur le segment qui précède (*Kerria, Gordiodrilus*). Le plus souvent il n'y a qu'une seule paire de prostates ; le canal excréteur de chaque glande s'unit alors au canal déférent et tous deux s'ouvrent au dehors par le même orifice.

Au point de vue de la forme et de la structure, on peut distinguer quatre types de prostates chez les LUMBRICIMORPHA : celui des MONILIGASTRIDÆ, celui des ACANTHODRILIDÆ qu'on retrouve chez les PONTODRILIDÆ et quelques CRYPTODRILIDÆ, celui des EUDRILIDÆ, enfin celui des PERICHÆTIDÆ qui est aussi le plus fréquent chez les CRYPTODRILIDÆ. La prostate des *Moniligaster* (*M. Deshayesi*) est un tube, parfois replié en U, graduellement aminci vers son extrémité libre, et dans la partie large duquel vient s'ouvrir le canal déférent; la paroi de ces glandes est formée d'une seule assise de cellules recouverte d'une couche musculaire que suit une nouvelle assise cellulaire. Dans les autres types, la glande est toujours munie d'un canal excréteur assez étroit, à parois musculaires et dont la lumière est revêtue d'une seule assise de cellules indifférentes; mais la forme et la structure de la glande proprement dite diffèrent dans les trois types. La glande est simple et tubulaire chez les Acanthodrilidæ et les Eudrilidæ; dans la première famille, ses parois sont essentiellement glandulaires; leur épithélium est encore formé d'une seule assise de cellules chez les *Kerria* et les *Ocnerodrilus*, de deux partout ailleurs; les cellules sont de deux sortes et rappellent celles du clitellum. L'épithélium glandulaire repose chez les Eudrilidæ sur une double assise musculaire dont l'externe, formée de fibres longitudinales, donne à la glande un aspect nacré; enfin la glande est lobée chez les Perichætidæ, et à chacun de ses lobes correspond une ramification du canal excréteur. Le canal déférent s'ouvre d'une manière indépendante ou se jette dans le canal excréteur chez les Acanthodrilidæ et Perichætidæ; il pénètre dans l'organe glandulaire lui-même chez beaucoup d'Eudrilidæ; le canal excréteur commun aboutit, à son tour, à une poche contenant souvent un pénis musculaire exsertile. Le canal excréteur de droite s'unit à celui de gauche chez les Polytoreutidæ, de sorte qu'il n'existe ici qu'un seul orifice mâle médian. Dans certaines espèces de cette famille des diverticules symétriques et très nombreux peuvent se développer le long de chaque atrium (fig. 1183).

Il est rare qu'il existe chez les Lumbricimorpha de véritables appareils copulateurs. Cependant chez les Perichætidæ et les Perionycidæ le canal qui fait suite au confluent de chaque canal déférent et du canal excréteur de l'atrium correspondant est allongé, muni de parois épaisses et musculaires; il paraît être exsertile, et sert tout au moins de canal éjaculateur. Les *Eudrilus* ont un pénis musculaire exsertile, enfermé dans une poche tégumentaire à laquelle aboutissent le canal déférent et la prostate d'un même côté. Dans les genres *Alluroïdes*, *Stuhlmannia*, *Alvania*, *Hyperiodrilus*, on observe deux pénis non rétractiles, dont la forme, la position et les rapports avec les orifices mâles sont variables. Ces pénis sont de simples excroissances des téguments, qui se trouvent toujours au voisinage des orifices mâles, mais, dans la même espèce de *Stuhlmannia* ou d'*Hyperiodrilus*, peuvent se trouver sur le segment génital mâle ou sur le segment antérieur. Nous avons vu, d'autre part, p. 1666, qu'un certain nombre de faisceaux de soies se mettent, en se modifiant notablement dans leur forme, au service de l'accouplement; elles sont situées dans la ceinture chez les Clitellina et Anteclitellina, contenues dans des sacs spéciaux au voisinage des orifices prostatique dans un certain nombre de genres de Prostatica (*Typhæus*, *Didymogaster*, *Perissogaster*, *Digaster*, *Acanthodrilus*, *Microscolex*), ou même voisines des spermathèques. Ces soies sont les *soies génitales*.

Développement de l'ovaire. — Ovisacs. — Une fois constituées, les deux petites masses ovariques de la *Stylaria*, déjà décrites p. 1699, ont la forme de deux corps cellulaires piriformes dont le centre est occupé par une masse non nucléée de protoplasme. Tandis que les éléments de la partie rétrécie qui se rattache au dissépiment conservent leurs dimensions, ceux de la partie renflée augmentent de volume; ils forment une masse qui devient libre, et s'engage dans le sac ovarien développé sur les anses périviscérales ou plutôt le dissépiment antérieur du 6ᵉ segment. Ce phénomène se répète un certain nombre de fois, de sorte que le sac ovarien, de plus en plus dilaté, arrive à s'étendre jusque dans le 7ᵉ segment. Dans chacune des masses qui le remplissent, de une à trois cellules prennent un développement plus considérable que les autres; l'une d'elles, probablement la cellule centrale de la masse ovarique, arrive ainsi à constituer un œuf énorme, dont le vitellus est bourré de granulations vitellines; cet œuf se détache et aussitôt une autre cellule commence à se développer pour le remplacer. Les choses se passent à peu près de même chez les *Ilyodrilus* et les *Phreodrilus*. Chez l'*Enchytræus Buchholzi* et le *Pachydrilus Pagenstecheri* l'ovaire est formé de masses piriformes d'ovules dans chacune desquelles un œuf prend l'avance et se développe tandis que les autres demeurent stationnaires; mais chez les *E. humicultor* et *leptodera*, la masse ovarique s'allonge, et se divise en segments qui demeurent unis entre eux, de sorte que l'ovaire a un aspect mouiliforme. Ces masses se séparent ensuite les unes des autres, et chacune mène tout d'abord un œuf à maturité. Les œufs des *Tubifex* se développent habituellement de la sorte, mais ils peuvent aussi se développer à la façon des œufs de *Stylaria*. Chez les *Eudrilus*, les jeunes œufs mûrissent dans l'ovisac où ils se trouvent parmi de nombreuses cellules indifférentes; celles de ces cellules qui sont le plus voisines des œufs perdent bientôt leur contour et se transforment en une masse protoplasmique qui sert à la nutrition des œufs; ceux-ci sont remarquables parce qu'ils présentent à un de leur pôle une calotte membraneuse épaisse, traversée de nombreux canalicules. Enfin chez la plupart des Tubificidæ, les Lumbriculidæ et les Lumbricimorpha, la masse ovarique ne se dissocie pas, et les œufs se développent sur place; ce sont tantôt des ovules superficiels, tantôt des ovules profonds qui mûrissent les premiers (*Limnodrilus*). Le grand nombre des œufs qui mûrissent en même temps, met les Lumbricimorpha à part parmi les Oligochètes; leurs œufs contrastent par leur petitesse avec ceux des autres ordres qui ont été parfois réunis sous le nom de Microdrili. Les œufs mûrs sont entourés chez les *Heliodrilus* et les *Hyperiodrilus* d'une épaisse membrane canaliculée; cette membrane manque chez les *Lumbricus* dont l'œuf ovarien mûr est enveloppé d'une follicule de cellules aplaties.

Les œufs passent souvent dans des ovisacs avant d'être pondus. Chez un certain nombre de Lumbricimorpha, les ovisacs pourraient être pris facilement, en raison de leurs faibles dimensions, pour des ovaires; les plus grands se rencontrent chez les *Nemertodrilus* et chez les *Moniligaster*, où ils ont l'aspect de deux corps lagéniformes accolés en avant à deux larges pavillons vibratiles qui sont les oviductes et allant du 13ᵉ ou 14ᵉ segment au 19ᵉ; les *Perichæta* ont dans leur 14ᵉ segment des organes en forme d'ombrelle, longuement pédonculés, contenant dans leur partie épanouie des œufs tous de même dimension; ce sont des ovisacs. On retrouve des organes analogues situés, comme ceux des *Moniligaster* et des *Perichæta*, dans le 4ᵉ segment, tandis que des ovaires sont situés dans le segment précédent chez les *Microchæta*, les *Hormogaster* et le Lumbricidæ. Chez les Eudrilidæ les ovisacs sont une partie différenciée d'une poche membraneuse plus compliquée qui enveloppe à la fois les ovaires et les spermathèques et peut même se substituer à ces dernières (Polytoreutinæ).

Oviductes. — Il n'existe aucun conduit spécial pour amener les œufs au dehors chez les Naïdimorpha. Les œufs sont pondus par de simples orifices, qu'on observe sur la ceinture; il n'existe chez les *Æolosoma* qu'un orifice impair. On en trouve deux chez les Enchytræimorpha auxquels font suite respectivement deux pavillons vibratiles peu développés. Les Tubificidæ et les Lumbriculidæ sont toujours munis de courts oviductes, continués par des entonnoirs ciliés dont la forme varie suivant les genres, mais qui, d'une manière constante, s'ouvrent dans la cavité générale du segment ovarique et, à l'extérieur, sur le segment suivant, généralement le 14° chez les Lumbrcimorpha. Les oviductes sont à peine plus développés chez la plupart des Lumbricimorpha; ils sont indépendants chez les Lumbricidæ et n'ont qu'un orifice commun situé sur le premier segment de la ceinture chez les Perichætidæ et Perionycidæ. Ces conduits s'allongent beaucoup et acquièrent un revêtement musculaire chez les *Libyodrilus*; ils sont pourvus d'un cæcum chez les *Alvania*.

Spermathèques ou poches copulatrices et glandes de l'albumen. — Presque tous les Oligochètes possèdent un certain nombre de paires de poches dans lesquelles se rassemble le sperme après l'accouplement et qu'on nomme les *spermathèques* ou *poches copulatrices*. Les seules espèces où elles soient absentes sont les suivantes : *Bothryoneuron vejdovskyanum, B. americanum, Siphonogaster Milssoni, Criodrilus lacuum, Lumbricus Eiseni, Allolobophora constricta, A. samarigera, Anteus gigas, Geoscolex maximus, Perichæta acystis.* Ces poches se produisent au moment de la maturité génitale par une simple invagination des téguments; elles correspondent à la partie terminale, exodermique, des canaux déférents et des néphridies, et s'ouvrent, en géuéral, à l'extérieur sur le bord antérieur du segment qui les contient. Chez quelques espèces d'*Enchytræus* (*E. Mæbii*), chez les *Sutroa* et probablement les *Rhynchelmis* et les *Paradrilus*, elles présentent un orifice en communication avec le tube digestif. Le plus souvent temporaires et au nombre d'une seule paire (à l'exception de l'*Enchytræus puteanus*) chez les formes inférieures, elles persistent une fois formées, en dehors du temps de la reproduction chez les Lumbricimorpha. Elles sont constituées par un épithélium interne, souvent glandulaire (Tubificidæ), rarement vibratile (*Tubifex, Acanthodrilus Rosæ*), continu avec l'épiderme, d'une couche musculaire, et d'un revêtement péritonéal; les éléments sont souvent volumineux et glandulaires (*Enchytræus adriaticus*) au contact des téguments. Les poches copulatrices sont simplement ovoïdes (Naïdimorpha, fig. 1180, *r*, p. 1701), ou plus ou moins pédonculées (Tubificimorpha, Enchytræimorpha). Chez plusieurs espèces d'*Enchytræus*, la poche, à la jonction avec son pédoncule, présente deux (*E. Perrieri, E. Leydigii*), quatre (*E. galba*), six (*E. lobifer*), et même jusqu'à trente (*E. hegemon*) grands diverticules latéraux qui changent complètement son aspect. Tout le pédoncule est recouvert de grandes cellules glandulaires chez le *Pachydrilus Pagenstecheri*. Le pédoncule vient s'insérer, chez le *Rhynchelmis*, sur la courbure inférieure d'une poche en forme d'S présentant, par conséquent, deux culs-de-sac terminaux, l'un très renflé qui représente la poche proprement dite, l'autre plus étroit qu'on peut considérer comme un *appendice*. Le plus souvent, chez les Lumbricimorpha, les poches copulatrices sont ainsi accompagnées d'un appendice plus ou moins sinueux (fig. 1182, n° 1) qui vient s'implanter sur l'extrémité tégumentaire de leur pédoncule (*Perichæta Houlleti*) ou n'en est qu'un simple diverticule. On ne trouve guère de poches copulatrices simples que chez les *Didymogaster, Digaster, Trigaster, Perionyx, Urochæta* (fig. 1186, n° 1, p. 1675), *Diachæta, Urobenus, Hormogaster, Brachydrilus* et

LUMBRICIDÆ (fig. 1181, *Rc*); il en existe généralement plusieurs paires chez les
LUMBRICIMORPHA, jusqu'à quatre (*Rhododrilus, Rhinodrilus*) ou même cinq paires (*Plutellus*, fig. 1182), à raison d'une seule paire par segment. Les seules exceptions à cette dernière règle sont présentées par les *Microchæta*, qui ont jusqu'à trois paires de poches copulatrices par segment e les *Callidrilus* qui en ont six paires dans le 13e segment; mais la position des organes ainsi désignés est elle-même tout à fait exceptionnelle dans ces genres; ils ne sont pas sans analogie avec les petites poches accessoires qui accompagnent les véritables poches copulatrices chez le *P. aspergillum* et qui paraissent plutôt des organes glandulaires. Le nombre de paires de poches copulatrices varie souvent chez les espèces d'un même genre (*Perichæta*) et n'est susceptible

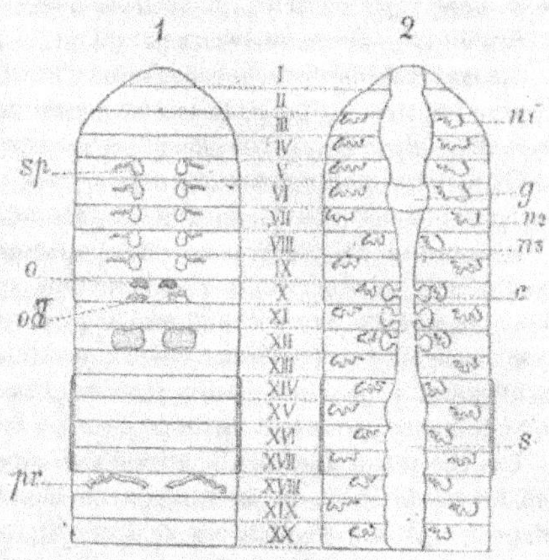

Fig. 1182. — Diagrammes de l'organisation du *Plutellus*. — 1. Organes génitaux : *Sp*, spermathèques; *o*, ovaires (?); *od*, oviductes (?); *pr*, prostate; — 2. Appareil digestif et néphridien. *n₁*, *n₂*, *n₃*, les trois systèmes de néphridies; *g*, gésier; *c*, glandes du calcaire; *S*, intestin.

de fournir que des caractères spécifiques. Chez les NAIDIMORPHA; et les TURIFICIMORPHA, les poches copulatrices sont situées dans les segments testiculaires; il en est de même chez les *Hormogaster, Lumbricus, Allolobophora*. Dans tous les autres genres de LUMBRICIMORPHA, les poches copulatrices sont placées dans des segments antérieurs aux organes génitaux. Il en est de même chez les ENCHYTRÆIDÆ. Chez les EUDRILIDÆ, les poches copulatrices, situées en arrière des ovaires, contractent avec ceux-ci des rapports tout particuliers. Chaque ovaire est embrassé par un sac qui se rétrécit bientôt en un canal plus ou moins sinueux, suivi d'une poche lagéniforme; dans quelques espèces, cette dernière contient une véritable spermathèque, et sur son pédoncule se développent d'une part un sac ovigère où les œufs mûrs se rassemblent, d'autre part un canal qui s'ouvre en dehors et qui est l'oviducte. Mais le plus souvent, la spermathèque avorte; c'est la poche secondaire qui en tient lieu et qui s'ouvre comme elle au dehors par deux orifices symétriques (EUDRILINÆ, NEMERTODRILINÆ). Chez les POLYTOREUTINÆ (fig. 1183), il existe une disposition semblable, mais les deux spermathèques sont remplacées par un sac médian unique et dorsal, qui se bifurque en avant pour atteindre les deux ovaires et

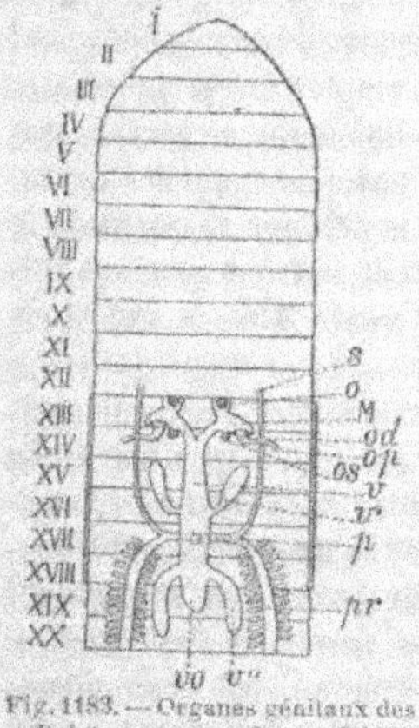

Fig. 1183. — Organes génitaux des *Polytoreutus*. — *S*, canal déférent; *O*, ovaires; *M*, sac embrassant les ovaires et dans lequel s'ouvrent les oviductes *od*; *os*, ovisac; *v, v', v''*, sac spermathécal; *p*, orifice mâle médian; *so*, orifice unique médian du sac spermathécal ou orifice femelle; *pr*, prostates (d'après Benham).

porte en ses branches les deux sacs ovigères et les oviductes; la partie impaire du sac, le *sac spermathécal*, présente quelquefois des diverticules latéraux symétriques dont le nombre varie de deux (*P. cæruleus*) à sept paires (*P. violaceus*). L'extrémité postérieure du sac s'ouvre au dehors par un orifice unique situé en arrière de l'orifice mâle.

On peut considérer comme le résultat d'une modification des poches copulatrices une glande impaire qui présente une structure analogue et qu'on trouve dans le 9e segment des *Lumbriculus* et des *Rhynchelmis*; cette glande paraît prendre part à la sécrétion de la matière albumineuse que ces espèces, comme les autres Oligochètes d'ailleurs, enferment dans le cocon, au moment de la ponte; d'où son nom de *glande de l'albumen*.

Formation des spermatozoïdes; spermatophores. — La formation des spermatozoïdes a été décrite p. 141. Leur tête, après avoir été sphéroïdale, se convertit chez les *Stylaria* en un cylindre allongé avec un noyau linéaire; mais cette tête finit par disparaître et le spermatozoïde mûr est un simple filament fusiforme sans aucun renflement céphalique (*Dero, Stylaria, Chætogaster, Tubifex, Lumbricus*, etc.); la tête demeure cependant distincte chez les *Rhynchelmis* et les *Lumbriculus*.

Les spermatozoïdes des Tubificidæ se groupent fréquemment en spermatophores en forme de Vers, de fuseaux ou de bouteilles. Ces spermatophores se trouvent dans les poches copulatrices de l'animal; ils sont constitués par une masse centrale grossièrement granuleuse, extérieurement hérissée par les queues des spermatozoïdes; les vibrations de ces queues sont susceptibles de leur imprimer un mouvement analogue à celui des Opalines, dont on les a quelquefois rapprochés, en créant pour eux le genre *Pachydermon*. La substance granuleuse se forme dans les canaux déférents; la substance hyaline dans les poches copulatrices. Il existe aussi des spermatophores chez les Lumbricidæ; ils ont la forme d'une sorte d'obus composé d'une substance homogène, à l'intérieur de laquelle les spermatozoïdes sont rassemblés en une seule masse. Ces spermatophores sont moulés en quelque sorte par les poches copulatrices; celles-ci, au moment de l'accouplement, se remplissent de spermatozoïdes en même temps qu'elles sécrètent une substance qui les agglutine. Le tout est ensuite expulsé et fixé par l'animal sur le premier segment de la ceinture de son conjoint, où les spermatophores demeurent souvent pendant très longtemps attachés. Ils sont entraînés au moment de la ponte dans la substance albuminoïde qui remplit le cocon.

Développement. — Les Naidimorpha sont les seuls Oligochètes chez qui aient été conservés les phénomènes de dissociation du corps qui font partie des traits essentiels aux formes primitives, mais qui peuvent reparaître chez les formes simplifiées par le parasitisme (Trématodes et Cestoïdes) ou par la fixation au sol (Tuniciers). En conséquence, il est vraisemblable que leur développement s'accomplit dans des conditions qui se rapprochent plus que toutes les autres de l'*embryogénie normale* des Vers annelés (p. 1605). Tout essai de coordination des phénomènes embryogéniques chez les Oligochètes devrait s'appuyer sur une connaissance approfondie du développement des formes à corps dissociable; malheureusement il n'existe encore dans la science aucun document à cet égard. Les seules formes dont le mode de développement ait été étudié d'une manière quelque peu approfondie sont deux représentants de l'ordre des Enchytræimorpha, l'*Enchytræus albidus* [1] et la *Marionia*

---

[1] V. Lemoine, *Recherches sur le développement et l'organisation de l'Enchytræus albidus.* Association française pour l'avancement des Sciences, Congrès de Rouen, 1883.

enchytræoides, Michaëls. (*Enchytræoides Marioni*[1]) ; un de l'ordre des TUBIFICIMORPHA, le *Rhynchelmis* (*Euaxes*) *limosella*[2] et quelques-uns de l'ordre des LUMBRICIMORPHA, le *Criodrilus lacuum*[3], les *Allolobophora fœtida* et *trapezoides*, le *Lumbricus herculeus*, l'*Alurus tetraedrus* et, pour les dernières phases du développement, l'*Octochætus multiporus*[4]. Ce sont là toutes des formes élevées, déjà très voisines les unes des autres, où l'accélération embryogénique, surtout pour les formes terrestres, est énergiquement intervenue, de sorte que les modes de développement embryogénique des Oligochètes que nous connaissons viennent presque exactement se superposer aux formes les plus accélérées du développement des Polychètes.

Les œufs sont enfermés en nombre variable, généralement une dizaine, dans une sorte de sac ovoïde (*Lumbricus*) ou sphérique (*Perichæta*), le *cocon*, qui contient en même temps une certaine quantité de substance albuminoïde et des faisceaux spermatiques. D'habitude, la plupart des œufs se développent également ; mais il arrive assez souvent qu'un ou plusieurs embryons prennent l'avance sur les autres, mangent à une période plus ou moins avancée de leur développement, les œufs ou les embryons retardataires, si bien que du cocon du *Lumbricus herculeus* et de l'*Octochætus multiporus* il ne sort habituellement qu'un seul jeune, trois de celui des *Allolobophora subrubicunda* et *chlorotica*, de deux à six de celui de l'*A. fœtida*. Les cocons des espèces limicoles sont habituellement fixés à des plantes aquatiques ; les espèces terrestres abandonnent les leurs dans le sol où elles vivent. Au moment de l'éclosion, le jeune animal est encore loin de posséder tous ses anneaux.

Comme d'habitude, les détails de la segmentation varient d'un groupe à l'autre, peut-être d'une espèce à l'autre. Cependant elle est toujours totale et plus ou moins inégale ; mais la différence de dimension des premiers blastomères n'est assez grande pour aboutir à une véritable épibolie que chez les *Rhynchelmis*. Des divisions successives, les unes normales, les autres tangentielles à la surface de l'œuf, aboutissent, chez la *Marionia*, à la formation d'une *morula* pleine. L'assise superficielle des cellules de cette *morula* constituera l'exoderme ; la masse cellulaire centrale est un méso-endoderme. Chez les *Rhynchelmis*, au stade 4 de la segmentation, un des blastomères est beaucoup plus gros que les trois autres ; il correspond au pôle postérieur de l'embryon, et produit un petit blastomère qui se divise en deux, pendant que les trois petits blastomères déjà existants produisent, par bourgeonnement, et sans disparaître eux-mêmes, de petites cellules dont la présence marque la face dorsale de l'embryon. Les plus superficielles des cellules ainsi formées sont l'origine de l'exoderme ; des deux cellules issues du gros blastomère, la postérieure se divise seulement en deux et produit ainsi les deux initiales mésodermiques ou *téloblastes* ; l'autre continue à se diviser, et prend part à la constitution

[1] L. ROULE, *Études sur le développement des Annélides et en particulier d'un Oligochète limicole marin*. Annales des Sciences naturelles, 7ᵉ série, t. VII.

[2] KOWALEVSKY, *Embryologische Studien aus Würmern und Arthropoden*, Mémoires de l'Académie de Saint-Pétersbourg, 7ᵉ série, vol. XVI, 1871.

[3] BERGH, *Zur Bildungsgeschichte der Exkretionorgane bei Criodrilus*, Arbeiten aus der zool. zool. Institut zu Wurzburg, Bd VIII.

[4] KLEINENBERG, *The development of the Earthworms*, Q. Journal of microscopical Science, t. XIX. — WILSON, *The Embryology of the Earthworm*, Journal of Morphology, t. III. — Id., *The germ-bands of Lumbricus*, Ibid., 1887. — F. E. BEDDARD, *Researches into the Embryology of the Oligochæta ; nᵒ 1, On certain points in the development of Acanthodrilus (Octochætus) multiporus*. Q. Journ. of microscopical Science, 3ᵉ série, vol. XXXIII, 1892.

de l'exoderme, tandis que les petites cellules dorsales qui n'occupent pas une position superficielle, se disposant en calotte en avant des initiales mésodermiques, constituent avec lui le mésoderme. Exoderme et mésoderme, croissant vers la face ventrale, enveloppent peu à peu les quatre gros blastomères; l'exoderme croissant en surface plus rapidement que le mésoderme, entraîne celui-ci, le force à abandonner la ligne médiane dorsale future de l'embryon, et le divise en deux bandelettes symétriques qui semblent, au premier abord, un simple épaississement des bords de l'exoderme. Tout cet ensemble continue à se développer autour des quatre gros blastomères et forme une calotte dont l'orifice est le *blastopore*, qui finit par se fermer complètement sur la face ventrale. Les quatre gros blastomères sont l'origine de l'entoderme.

L'entoderme se forme, chez les Lumbricidæ actuellement étudiés, par un procédé qui ne diffère de la gastrulation normale que parce que les cellules entodermiques sont déjà caractérisées au moment de leur invagination. De même les initiales mésodermiques, d'abord superficielles, sont déjà reconnaissables à leur grosseur au moment où l'invagination se produit; elles marquent l'extrémité postérieure de l'embryon, sont symétriquement placées par rapport à la ligne médiane, et passent peu à peu, entre l'exoderme et l'entoderme, au moment où celui-ci devient interne. Le blastopore, après avoir revêtu la forme d'une fente allongée suivant l'axe du Ver futur, se ferme d'arrière en avant, mais il persiste un orifice qui devient la bouche de l'animal. Au devant des initiales mésodermiques se constituent bientôt deux bandelettes mésodermiques, formées chacune d'une rangée de petites cellules, paraissant provenir exclusivement de la division des initiales mésodermiques (Wilson).

Pendant que ces phénomènes s'accomplissent, et avant même que la période de gastrulation soit achevée, les embryons de l'*Allolobophora trapezoides* se divisent en deux moitiés dont chacune s'organise en un embryon complet; il y a donc ici un phénomène de dissociation du corps qui s'accomplit dans l'œuf même, pour ainsi dire.

Le long de la ligne médiane ventrale six ou huit rangées longitudinales de cellules exodermiques ayant pour origine autant de téloblastes, s'enfoncent peu à peu et finissent par constituer entre les bandelettes mésodermiques et le reste de l'exoderme une nouvelle couche cellulaire d'origine exodermique, la *couche moyenne* de la bandelette germinative. L'exoderme devient l'épiderme de l'adulte; la couche moyenne donne naissance au système nerveux, aux glandes sétigères, aux soies et aux vésicules néphridiennes; le mésoderme produit les muscles, les dissépiments, les vaisseaux, l'épithélium péritonéal, les tubes néphridiens, les organes génitaux. Il fournit, en outre, des cellules migratrices qui forment une couche continue dans le tronc et fournissent le mésoderme du lobe procéphalique. Les deux rangées médianes des cellules de la couche moyenne fournissent la bandelette nerveuse (*rangée neurale*); les deux rangées suivantes de chaque côté, les néphridies et les soies ventrales (rangée néphridienne); la 4ᵉ rangée probablement les soies dorsales.

La cavité digestive se forme soit par écartement, soit par résorption des cellules centrales dans les formes où l'embryon est d'abord plein (*Marionia, Rhynchelmis, Criodrilus*). Chez la *Marionia*, l'assise de cellules qui entoure immédiatement la cavité gastrique primitive constitue l'entoderme; les assises cellulaires comprises entre l'entoderme, qui prend peu à peu ses caractères différentiels, et l'exoderme peuvent désormais prendre le nom de mésoderme. Chez les *Allolobophora* et *Lumbricus*, la cavité digestive résulte immédiatement de l'invagination de l'entoderme dans l'exoderme.

Après la formation des feuillets, l'embryon prend une forme ovoïde, et une large bande ciliée apparaît tout le long de la région médiane de sa face ventrale, comme chez des Polychètes. Assez rapidement, une invagination antérieure forme le *stomodæum* ou rudiment de l'œsophage qui reste longtemps sans communication avec l'*archentéron*; plus tard, une invagination de l'extrémité postérieure forme le *proctodæum*. De même que chez les Polychètes, le système nerveux se constitue à la fois par un épaississement dorsal, impair, de l'exoderme céphalique, rudiment des ganglions cérébroïdes, et par deux épaississements symétriques de l'exoderme ventral, situés de chaque côté de la ligne médiane et dont nous avons tout à l'heure indiqué l'origine. Le rudiment sus-œsophagien et les deux rudiments ventraux se rejoignent peu à peu en avant pour constituer le collier œsophagien. Les deux rudiments ventraux sont confondus sur la ligne médiane chez la *Marionia enchytræoïdes*.

La cavité générale se constitue par l'apparition dans le mésoderme de deux fentes symétriques. En même temps que ces fentes apparaissent dans la région céphalique, les cellules mésodermiques se groupent dans le reste du corps de manière à constituer des plaques distinctes, correspondant par paires à un même méride et qu'on pourrait nommer des *mésomérides*. Successivement, d'avant en arrière, ces plaques se creusent d'une cavité, de sorte que chaque méride contient d'abord deux cavités distinctes, et que les cavités des divers mérides apparaissent indépendamment les unes des autres et dans l'ordre où les mérides eux-mêmes se différencient, laissant entre elles des cloisons qui deviennent les dissépiments de l'animal adulte. Chez la *Marionia enchytræoïdes* cependant, deux fentes mésodermiques symétriques apparaissent d'emblée sur toute la longueur du corps de l'embryon et, après s'être rejointes le long de la ligne médiane ventrale, se cloisonnent secondairement pour constituer les cavités des mérides successifs (Roule). Des cellules détachées des parois de ces cavités et devenues libres sont les premières indications des corpuscules de la cavité générale; elles contribuent aussi à former les cloisons successives qui, partant de la somatopleure, iront bientôt rejoindre la splanchnopleure et diviseront le corps de l'embryon en quatre ou cinq segments. Le premier de ces segments n'est autre chose que ce qu'on appelle habituellement le *lobe céphalique*; ce lobe céphalique mérite donc bien la qualification de *protoméride* que nous lui avons attribuée chez les Oligochètes, l'homologuant ainsi au protoméride des Polychètes.

Tandis que les follicules sétigères, contrairement à ce qui a été longtemps admis chez les Polychètes, sont d'origine exodermique, les muscles moteurs des sacs sétigères, les muscles transverses et les muscles longitudinaux se constituent par l'élongation des cellules mésodermiques et la formation de fibrilles contractiles dans leur protoplasma périphérique. L'assise de cellules qui délimite immédiatement la cavité générale demeure à l'état cellulaire, et dans une certaine mesure à l'état embryonnaire; elle forme la membrane péritonéale, aux dépens de laquelle prendront plus tard naissance les glandes génitales.

Les *pronéphridies* ou *reins céphaliques* sont représentés par une paire de délicats tubes ciliés, situés sur les parois dorso-latérales de l'archentéron. Les pronéphridies des *Rhynchelmis, Lumbricus, Acanthodrilus, Criodrilus* occupent les deux ou trois premiers segments du corps; les néphridies permanentes ne commencent qu'au 3ᵉ segment. On n'a trouvé d'orifice interne qu'aux pronéphridies des *Octochætus*, et l'on n'est pas d'accord sur la position de l'orifice externe chez les *Lumbricus*; il est probable cependant que cet orifice est antérieur, immédiatement en arrière du cerveau; c'est à peu près là qu'on le trouve chez les *Rhynchelmis* et les *Octochætus*; tandis qu'il est situé dans la région postérieure du corps chez les *Criodrilus*, dont les pronéphridies dirigées en avant se terminent en cæcum. Quoi qu'il en soit, ou bien ces pronéphridies se transforment en s'en adjoignant deux autres paires (*Octochætus multiporus*) en peptonéphridies, ou bien elles disparaissent, de sorte que chez les LUMBRICIMORPHA, les néphridies permanentes normales ne commencent jamais avant le 3ᵉ segment, et souvent beaucoup plus loin (*Pontodrilus*); c'est surtout le cas chez les NAÏDIMORPHA. Il est possible que la résorption des premières néphridies, qui est la règle dans cet ordre, se transforme en un avortement complet chez la *Marionia enchytræoïdes*. Les glandes septales des ENCHYTRÆIMORPHA et de quelques autres types, qui ont tant de rapports avec les organes segmentaires, peuvent être considérées comme un simple épaississement de la couche péritonéale des dissépiments; dans ces épaississements se creusent des canaux qui peuvent demeurer sans orifices ou s'ouvrir dans l'œsophage.

En somme, il apparait successivement trois systèmes d'organes excréteurs : 1ᵉ un groupe de grandes cellules exodermiques situées sur la lèvre dorsale du blastopore qui sont peu à peu recouvertes par leurs voisines et sont en rapport avec un système de délicats canaux ciliés situés entre l'entoderme et l'exoderme et communiquant avec l'extérieur au moyen de pores que portent les cellules elles-mêmes; 2ᵉ les *pronéphridies* qui succèdent à cet appareil primitif, correspondent aux néphridies céphaliques des *Polygordius* et des *Echiurus*; 3ᵉ enfin les *néphridies définitives* qui se forment à l'exception de leur vésicule terminale, aux dépens du mésoderme. Ce sont d'abord deux cordons pleins continus, situés dans la région profonde de la somatopleure (*Marionia, Criodrilus*). Chez la *Marionia enchytræoïdes*, les deux cordons se divisent en groupes de quatre ou cinq cellules qui se mettent en rapport avec les cloisons. Les cellules de chaque groupe se fusionnent en un syncytium dans lequel se creusent des canaux vibratiles. Ce cordon, contigu à l'épiderme chez le *Criodrilus*, se divise en cordons en forme d'S, dont chaque extrémité antérieure, réduite à une grosse cellule, est située en avant d'une cloison, tandis que le reste du cordon est situé en arrière. Ces cordons, revêtus par une couche péritonéale, arrivent peu à peu dans la cavité générale, se creusent d'un canal et se mettent en communication avec l'extérieur. Les pavillons se forment d'une manière indépendante et ont chacun pour origine une cellule placée sur la face antérieure du dissépiment qu'ils traverseront plus tard. Les cinq premiers segments de la *Marionia enchytræoïdes* sont dépourvus de néphridies; les trois suivants ne présentent que des glandes septales; les autres segments possèdent des néphridies normales, sauf le 12ᵉ, où apparaitront les canaux déférents. Mais cette distribution n'est pas générale.

Les vaisseaux sanguins longitudinaux apparaissent chez la *Marionia enchytræoïdes* comme des écartements locaux de la splanchnopleure et de l'archentéron qui se répètent dans chaque segment, et n'entrent que plus tard en communication; le vaisseau ventral se forme un peu après le vaisseau dorsal. Une paroi particulière leur est fournie par le mésoderme. De chaque côté de ces vaisseaux se constituent, entre la paroi intestinale et la couche chloragogène, des espaces sanguins latéraux qui, à partir de chacun des vaisseaux longitudinaux, marchent à la rencontre l'un de l'autre, finissent par se réunir et entourent ainsi le tube digestif d'un véritable sinus sanguin. Ce sinus semble parfois envoyer des diverticules jusque dans le protoplasma des cellules entodermiques; c'est de lui que procède le réseau vasculaire intestinal des formes qui en sont pourvues. Chez les LUMBRICIMORPHA le vaisseau dorsal se développe tout autrement[1]; il est tout d'abord constitué par deux ébauches vasculaires qui courent tout le long des bords supérieurs de la splanchnopleure et se confondent à mesure que les deux moitiés de la splanchnopleure se rejoignent le long de la ligne médiane dorsale. Chez les embryons un peu âgés où cette jonction a eu lieu à la région antérieure du corps et pas encore dans la région postérieure, le vaisseau, unique en avant, se bifurque en arrière, et ses deux branches s'écartent de plus en plus à mesure qu'on se rapproche de l'extrémité postérieure du corps qui est formée des plus jeunes segments.

On a vu p. 1698 que les organes génitaux se développent tardivement aux dépens de l'épithélium péritonéal de certains dissépiments.

Dissociation du corps. — Pendant toute la belle saison, les NAÏDIMORPHA sont dépourvus d'organes génitaux, et il semble même [2] qu'on puisse artificiellement les maintenir pendant plusieurs années, peut-être indéfiniment, dans cet état asexué. Généralement, à l'automne, dans nos pays tempérés, les organes génitaux apparaissent et, après l'accouplement et la ponte, l'animal meurt. Durant le printemps et tout l'été, la multiplication se produit par voie asexuée, ou, pour être plus exact, par dissociation du corps. Il semble, au premier abord, que ces phénomènes reproduisent exactement ceux que nous ont déjà offerts les SYLLIDÆ; dans les deux cas, en effet, le corps ne cesse de s'allonger par la formation de segments nouveaux à son extrémité postérieure; il y a des formes qui ne se partagent jamais que par le milieu du corps (*Æolosoma, Dero*) à la façon de l'*Autolytus cornutus*; d'autres qui bourgeonnent en même temps à la façon des *Myrianida*. Mais entre les deux types existe une différence importante. Chez les NAÏDIMORPHA la dissociation du corps n'a lieu que pendant la période où l'animal est asexué et supplée pour ainsi dire la reproduction sexuée; elle correspond téléologiquement à la phase de reproduction parthénogénétique des Cladocères, des Pucerons et des Rotifères, et les individus qui se dissocient sont tous semblables entre eux et à leurs parents; c'était là sans doute la condition primitive de la dissociation du corps; cette condition, générale chez les Oligochètes, ne semble avoir été conservée, parmi les Polychètes, que chez les *Ctenodrilus*; partout ailleurs, le phénomène est lié, dans cette classe, à l'apparition des éléments sexuels que les schizozoïdes emportent avec eux, en se détachant de l'oozoïde, ou qui même se forment de toutes pièces dans les blastozoïdes. Chez les SYLLIDÆ, le phénomène se complique encore par l'apparition de caractères sexuels aussi bien chez les schizozoïdes que chez les blastozoïdes; le phénomène indifférent

---

[1] Les observations personnelles inédites de l'auteur qui remontent à 1875, sont absolument conformes sur ce point à celles de Vejdovsky.

[2] Recherches encore inédites de M. Maupas.

en soi, de la dissociation d'un corps qui s'allonge sans cesse par bourgeonnement s'est donc adapté chez les Oligochètes et les Polychètes à deux fins différentes, savoir : 1° chez les Oligochètes, à la multiplication des individus durant la belle saison, multiplication qui aboutit, en définitive, à la multiplication des individus sexués à l'automne; 2° chez les Polychètes, à la dissémination des éléments reproducteurs par des individus agiles, susceptibles, en raison de leur organisation, de les soustraire aux dangers de mort et, en raison de leur nombre, de diviser leurs chances de rencontrer les dangers.

La dissociation du corps s'accomplit dans les conditions les plus simples chez les *Æolosoma*. Ici le corps ne présentant pas de dissépiments s'allonge purement et simplement à son extrémité anale. Puis, vers son tiers postérieur, apparaît une constriction annulaire qui, gagnant vers l'intérieur, arrive à former une double cloison séparant ce tiers postérieur du tiers moyen; un nouvel individu se trouve ainsi ébauché. Un épaississement dorsal de l'épiderme devient bientôt le rudiment de ses ganglions cérébroïdes; une invagination ventrale qui gagne peu à peu vers le tube digestif, forme un nouvel œsophage; le tégument s'évase en arrière de l'étranglement et, pendant qu'une constriction nouvelle apparaît sur le corps du parent, le schizozoïde définitivement constitué, et formé de dix à douze segments, se sépare. L'individu antérieur est revenu pendant ce temps au nombre normal de quatorze à seize segments.

En raison de l'absence de dissépiments, il n'y a pas chez les *Æolosoma* de région d'accroissement très distincte. Au contraire, chez les *Dero* où les segments sont nettement séparés les uns des autres, l'extrémité postérieure du corps présente toujours une région où de nombreux segments de plus en plus jeunes, à mesure que l'on se rapproche du pavillon, sont en voie de formation et où tous les organes et tous les tissus sont à l'état embryonnaire. Il est donc impossible d'établir exactement le nombre des segments du corps qui peut varier de trente-six à soixante-dix suivant le degré de développement de la région postérieure. Quoi qu'il en soit, c'est au niveau du dissépiment qui sépare le 18ᵉ segment du 19ᵉ que s'accomplissent les phénomènes préparatoires de la scissiparité. Ce sera d'ailleurs désormais une règle constante pour les NAÏDIMORPHA : que *les phénomènes de production des tissus nouveaux auront toujours pour point de départ les dissépiments*. Chez les *Dero*[1] un seul dissépiment est en cause, mais il intervient par ses deux faces. Toutes les deux s'épaississent par la prolifération de leurs éléments péritonéaux, en même temps que l'épiderme entre, lui aussi, en prolifération; il se constitue ainsi deux zones de formation de nouveaux segments. A la face antérieure du dissépiment, se forme une région d'accroissement du corps semblable à celle de l'extrémité primitive qui demeure en activité; à la face postérieure, il se forme seulement un protoméride et les quatre segments porteurs de soies spéciales qui le suivent. A mesure que le protoméride se caractérise chez l'individu postérieur, le pavillon respiratoire de l'individu antérieur se différencie; un étranglement se produit entre les deux individus qui ne tardent pas à se séparer l'un de l'autre et qui ont chacun une extrémité postérieure en voie d'accroissement.

---

[1] E. PERRIER, *Histoire naturelle de la Dero obtusa (D. Perrieri)*; Archives de Zoologie expérimentale, t. I, 1870-1872.

Les *Nais*, *Chætogaster*, *Stylaria* [1], outre des phénomènes de division analogues à ceux des *Dero*, présentent un autre mode de dissociation des corps, celui de la *gemmation*, dans lequel les nouveaux individus se forment chacun aux dépens d'un segment unique. En avant du dissépiment postérieur du segment, se forment les segments de l'extrémité postérieure du nouvel individu ou *gemme*; en arrière du dissépiment antérieur les segments de son extrémité antérieure, de sorte que l'orientation des nouveaux individus est toujours identique à celle de l'individu initial. Les segments antérieurs de chacune des deux parties de la gemme sont toujours les plus développés; ces deux parties s'avancent peu à peu l'une vers l'autre, gagnant de plus en plus sur les tissus du segment dans lequel elles sont nées et qu'elles finissent par absorber entièrement. Les segments n'entrent en gemmation que successivement d'arrière en avant; l'extrémité postérieure des gemmes est toujours la première à apparaître; mais comme les deux faces d'un même dissépiment prolifèrent en même temps, au moment où l'extrémité antérieure d'un jeune individu commence à se constituer, l'extrémité postérieure de l'individu qui doit se former dans le segment précédent apparaît aussi; il y a donc toujours un certain nombre de gemmes qui se forment simultanément, et la *Nais* primitive porte finalement à son extrémité postérieure toute une chaîne d'individus comme le font les *Myrianida*.

Les choses se passent un peu différemment chez les CHÆTOGASTRIDÆ et chez les NAIDÆ. Le corps des *Amphichæta* est normalement formé de sept segments; au moment du bourgeonnement, il s'en forme un 8ᵉ aux dépens du dernier segment : ce 8ᵉ segment porte en avant et en arrière une zone de nouvelle formation; ces deux zones produiront chacune trois segments du nouvel individu qui s'incorpore, à titre de 4ᵉ segment, ce qui reste du 8ᵉ du parent.

Chez la *Nais barbata*, les phénomènes se succèdent de la façon suivante : Par la formation aux dépens d'un certain nombre de ses segments postérieurs de gemmes qui se détachent successivement, la *Nais* se réduit peu à peu. Lorsque cette réduction est arrivée à un certain degré, la formation des parties nouvelles qui avait lieu jusque-là aux deux extrémités des segments en prolifération, se restreint à l'extrémité postérieure de ces segments. Il ne se forme plus, pour ainsi dire, que des demi-gemmes postérieures, et le phénomène de la gemmation, au lieu de fournir de nouveaux individus, se borne à déterminer, par la formation de nouveaux segments, l'accroissement de la *Nais* mère. En général, les trois derniers segments de la *Nais* prennent part à cet accroissement; lorsque l'animal a ainsi à peu près doublé sa longueur et atteint des dimensions très supérieures à celles d'une *Nais* normale, il se forme une tête en arrière d'un dissépiment situé vers le milieu de la longueur du corps. Bien avant que cette tête arrive à se compléter, la dernière des trois demi-gemmes qui se sont constituées en arrière de la *Nais* réduite commence à produire une tête à son extrémité antérieure. En même temps que le rudiment d'une tête nouvelle se constitue vers le milieu du corps de la *Nais*, à la face postérieure de l'un des dissépiments, les rudiments de nouveaux segments postérieurs

---

[1] CLAUS, *Würzburger naturwis. Zeitschrift*, 1860, Bd I. — P. TAUBER, *Om Naïdernes bygning og Kjønsforhold jagttagelser og bemærninger*; Naturhistorik Tidsskrift, 3. R, 8. Bd, 1873. — ID., *Undersögelser over Naïdernes Kjönslöse formering*, Ibid., 3. R, 9. B, 1874. SEMPER, *Die Verwandschaftsbeziehungen der gegliederte Thiere*. III. Abschnitt. *Die Knöspung der Naïden*; Arbeiten aus den zool.-zoot. Institut in Würzburg. III. Bd, 1876-77.

apparaissent à la face antérieure du même dissépiment. Bientôt les deux faces du dissépiment qui précèdent se mettent aussi à proliférer ; le phénomène de la gemmation tel que nous l'avons décrit, recommence pour la moitié antérieure de la *Nais* allongée, et se continue jusqu'à la même limite. Les mêmes phénomènes se produisent dans la moitié postérieure. Au moment où la tête de la première demi-gemme postérieure commence à se constituer, les rudiments de l'extrémité postérieure d'une nouvelle demi-gemme apparaissent dans le segment qui précède ; les deux faces du dissépiment qui sépare ces deux gemmes prolifèrent donc en même temps. A l'époque de la reproduction sexuée, la maturité sexuelle survient avant que les têtes des trois dernières gemmes postérieures se soient constituées ; l'individu sexué est donc terminé par trois demi-gemmes dont les têtes, un moment ébauchées, se dissocient bientôt ; leurs éléments disparaissent à mesure que se constituent les éléments génitaux.

Dans un même genre, il existe un rapport déterminé entre les degrés de développement des gemmes qui se suivent. Si l'on appelle n le nombre des gemmes d'une chaîne, la succession des gemmes de différents âges dans une même chaîne peut être représentée de la manière suivante :

$$\textit{Nais et Stylaria} : 1, \frac{3n}{4} + 1, \frac{n}{2} + 1, \frac{n}{4} + 1, \frac{n}{2}, n, \frac{3n}{4}, \frac{n}{2} = 1, 7, 5, 3, 2, 8, 6, 4.$$

$$\textit{Chætogaster} : 1, \frac{n}{2} + 1, \frac{n}{4} + 1, \frac{3n}{4} + 1, \frac{n}{4}, \frac{3n}{4}, \frac{n}{2}, n = 1, 5, 3, 7, 2, 6, 4, 8.$$

A la fin de l'été, de ces gemmes, la 1re et la 2e arrivent seules à maturité ; dans les six autres, les têtes et les organes génitaux ne se forment pas.

Chez la *Stylaria lacustris*, l'individu postérieur résultant de la première division en deux par le milieu du corps ne prolifère pas.

Il n'y a pas, chez les autres Oligochètes, de dissociation du corps aussi nettement régularisée que chez les NAÏDIMORPHA. Toutefois le corps des *Lumbriculus* est si fragile qu'on peut considérer sa rupture et la régénération de ses parties aussi bien antérieures que postérieures comme un phénomène normal à partir d'une certaine taille [1]. Ailleurs les phénomènes de rupture et de régénération n'ont qu'un caractère accidentel, mais la régénération des parties perdues s'accomplit avec une grande activité.

I. ORDRE

NAÏDIMORPHA

Oligochètes aquatiques, à sang incolore ou jaune, à soies bifurquées, souvent mêlées avec des soies capillaires ; à néphridies des segments génitaux modifiées pour servir de canaux excréteurs aux glandes génitales ; se reproduisant par voie sexuée et par dissociation du corps. Œufs volumineux.

FAM. ÆOLOSOMIDÆ. — Lobe céphalique pourvu de fossettes ciliées latérales, à face inférieure vibratile. Épiderme contenant des cellules glandulaires à sécrétion oléagineuse, rougeâtre. Centres nerveux confondus avec l'épiderme. Dissociation du corps s'effectuant par simple division. Point de canaux déférents, un pore génital femelle médian et ventral sur le 6e segment.

Æolosoma, Ehrb. Pas de tentacules. *Æ. Ehrenbergii*, France ; eaux douces.

[1] C. BÜLOW, *Ueber Theilungs-und Regenerationsvorgänge bei Würmern (Lumbriculus variegatus)*; Archiv für Naturgeschichte, 49 Jahrg. Heft 1 ; 1882.

Fam. CHÆTOGASTRIDÆ. — Lobe céphalique sans fossettes ciliées. Point de gouttelettes oléagineuses dans l'épiderme. Centres nerveux isolés de l'épiderme. Soies nombreuses, bifurquées. Testicules dans le 6e segment; ovaires, canaux déférents et poches copulatrices dans le 7e. Néphridies sans pavillon vibratile.

Chætogaster, Baër. Deux rangées de soies seulement. *C. limnæi*, Fr., sur les Limnées. — *Amphichæta*, Tauber. Quatre rangées de soies. *A. Leydigii*, Danemark.

Fam. NAÏDÆ. — Diffèrent des CHÆTOGASTRIDÆ par leur protoméride et leur deutoméride différenciés des segments suivants; leurs soies bifurquées toujours sur quatre rangées, généralement associées dans les rangées dorsales à des soies capillaires. Un gésier dans le 7e ou le 8e segment. Testicules et poches copulatrices du 5e au 8e segment; ovaires et canaux déférents du 6e au 10e. Néphridies pourvues d'un pavillon vibratile. Habitent les eaux douces.

Chætobranchus, Bourne. Segments de la région antérieure du corps à partir du 2e, portant une paire de longs cæcums branchiaux, soutenus par une soie capillaire. *C. Semperi*. Madras. — *Dero*, Oken. Des soies capillaires; pas de tentacule médian ni d'yeux; corps terminé en arrière par un pavillon portant quatre digitations ciliées, contenant chacune une anse vasculaire. *D. Perrieri*, France. — *Aulophorus*, Leidy. Diffèrent des *Dero* parce que le pavillon terminal est bilobé et ne porte que deux digitations sur sa face ventrale. *A. vagus*, Philadelphie. — *Bohemilla*, Vejd. Soies capillaires dentelées, ne commençant qu'au 6e segment du corps; ni tentacule médian, ni branchies. *B. comata*, Allemagne. — *Naïs*, O. Fr. Müller. *Bohemilla* à soies capillaires simples, égales entre elles. *N. elinguis*, Europe. — *Slavina*, Vejd. *Naïs* à soies capillaires de la 1re paire beaucoup plus longues que les suivantes. *S. appendiculata*, Belgique. — *Stylaria*, Ehrb. *Naïs* pourvues d'un long tentacule médian. *S. lacustris*, Europe. — *Ripistes*. Duj. *Stylaria* dépourvues de soies aux 4e et 5e segments. *R. parasitica*, Europe. — *Pristina*, Ehrb. Soies capillaires commençant au 2e segment du corps, celles de la 2e paire plus longues que les suivantes; une trompe; point d'yeux. *P. longiseta*, Belgique. — *Naidium*, Schmidt. *Pristina* sans trompe et à soies capillaires égales. *P. longiseta*, Allem. — *Ophidonaïs*, Gervais. Point de soies capillaires, ni de tentacule médian; deux yeux. *O. serpentina*, Europe. — *Uncinaïs*. Levinsen. *Ophidonaïs* sans yeux, à testicules dans le 8e segment; ovaires dans le 10e. *U. littoralis*, Europe, littoral.

II. ORDRE

ENCHYTRÆIMORPHA

Corps transparent; sang généralement incolore ou jaune. Soies en 4 rangées, de faisceaux contenant chacun plus de deux soies, rarement réduites à de grosses glandes épidermiques. Dans la cavité buccale une paire de lobes exsertiles; de grosses glandes à mucosité et une paire de glandes salivaires s'ouvrant dans le pharynx. Vaisseau dorsal limité aux segments antérieurs du corps. Poches copulatrices entre le 4e et le 5e segments; testicules dans le 11e; ovaire et canaux déférents dans le 12e. Pas de néphridies dans les segments génitaux. Pas de dissociation du corps. Œufs volumineux.

Fam. ENCHYTRÆIDÆ. — Famille unique.

Pachydrilus, Clp. Soies fortement recourbées en *f*; sang jaune ou rougeâtre; vaisseau dorsal commençant en arrière du clitellum, ne contenant pas de corps glandulaire; testicules subdivisés. *P. Pagenstecheri*, sous l'écorce des plantes aquatiques. — *Marionia*, Michaelsen. Diffèrent des *Pachydrilus* par leurs testicules massifs. *M. enchytræoides* (*Enchytræoïdes Marioni*, Roule), Fr. mér. *M. sphagnetorum*, Allemagne. — *Mesenchytræus*, Eisen. Soies en *f*; vaisseau dorsal contenant une glande cardiaque et commençant après le clitellum; point de glandes salivaires ni de pores dorsaux; sang incolore; néphridies avec une région lobée post-septale. *M. Beumeri*, Allemagne. — *Bryodrilus*, Ude. Soies en *f*; point de pores dorsaux; vaisseau dorsal commençant en arrière des glandes œsophagiennes, dans le 12ᵉ segment; sang incolore. *R. Ehlersi*, terrestre; Allemagne. — *Stercutus*, Michaëlsen. *Mesenchytræus* à vaisseau dorsal commençant avant le clitellum. *S. niveus*, Allemagne. — *Buchholzia*, Mich. *Mesenchytræus* pourvus de glandes salivaires et à vaisseau dorsal naissant de l'unique diverticule dorsal de l'intestin, en avant du clitellum. *B. appendiculata*, Europe. — *Enchytræus*, Henle. Soies droites, rarement un peu arquées à l'extrémité, par groupes de 2 à 10; point de pores dorsaux; sang incolore; vaisseau dorsal naissant après le clitellum; œsophage et intestin sans démarcation. *E. humicultor*, côtes maritimes de l'Europe. — *Parenchytræus*, Hesse, *Enchytræus* à vaisseau dorsal ne se bifurquant que dans le 1ᵉʳ segment. *P. litteratus*. Naples. — *Henlea*, Mich. Soies en ʃ ou droites; origine du vaisseau dorsal antéclitellienne; œsophage nettement séparé de l'intestin; conduit néphridien naissant presque immédiatement en arrière des cloisons. *H. ventriculosa*, cosmopolite. — *Fridericia*, Mich. *Enchytræus* pourvus de pores dorsaux et de glandes salivaires. *F. galba*, *F. Perrieri*, Europe, terre humide. — *Anachæta*, Vejd. Soies remplacées par des glandes épidermiques qui font saillie dans la cavité générale; sang incolore. *A. Eisenii*, dans la terre humide, Prague.

III. ORDRE

TUBIFICIMORPHA

Corps transparent; sang rouge. Soies généralement en 4 rangées de faisceaux contenant ordinairement plus d'une soie. Vaisseau dorsal s'étendant sur toute la longueur du corps. Testicules situés dans le 9ᵉ segment ou dans les segments 9-12. Pavillon vibratile et pore extérieur des canaux déférents appartenant à deux segments successifs. Clitellum formé d'une seule assise de cellules. Pas de néphridies dans les segments génitaux. Œufs volumineux. Habitent les eaux douces, rarement les rivages marins.

FAM. **TUBIFICIDÆ**. — Segments du corps nombreux, portant chacun quatre faisceaux de soies; des soies fourchues et des soies capillaires dans les faisceaux dorsaux. Anses vasculaires latérales allant toutes du vaisseau dorsal au vaisseau ventral. Testicules dans le 9ᵉ segment; ovaires et canaux déférents dans le 10ᵉ.

Branchiura, Beddard. Des soies capillaires et des soies simples ou fourchues; les premières aux faisceaux dorsaux des segments antérieurs seulement; des prolongements branchiaux implantés sur les 50-80 segments postérieurs, le long des lignes médianes dorsale et ventrale, un sur le dos, un autre sur le ventre de chaque segment. *B. Sowerbyi*, bassin de la *Victoria regia*, Regents Park, Londres. — *Hesperodrilus*, Beddard. Soies dorsales capillaires; deux soies dans chaque faisceau ventral, une simple, l'autre fourchue; clitellum sur les segments 12-13; orifices mâles sur le 13ᵉ qui contient aussi les spermathèques; point de prostate; quelquefois des branchies latérales. *H. albus*, îles Falkland. *H. branchiatus*, Chili. — *Ilyodrilus*, Eisen. Des soies fourchues, des soies pectinées et des soies capillaires; point d'anse pulsatile; canal déférent au plus aussi long que l'atrium et le pénis. *I. Perrieri*, Californie. — *Embolocephalus*, Randolph. Soies dorsales toutes capillaires ou mélangées de soies uncinées; segments antérieurs rétractiles; des soies péniales avec glandes sur le 1ᵉʳ segment; point d'organe des sens rétractiles autour des segments; prostate des *Tubifex*. *E. velutinus*, lacs de la Suisse. — *Tubifex*, Leuck. Des soies fourchues, des soies légèrement pectinées et des soies capillaires; ces deux dernières dans le même faisceau; des cœurs intestinaux latéraux dans le 8ᵉ segment; canaux déférents aboutissant à un atrium pourvu latéralement d'une glande; un pénis exsertile, mou, renflé en tête. *T. rivulorum*, Europe. — *Psammoryctes*, Vejd. Quatre sortes de soies : des soies bifurquées de deux sortes, des soies pectinées et des soies capillaires; atrium sans glande accessoire, prolongé en arrière en poche; pénis chitineux, court. *P. barbatus*, conduites d'eau de Paris, parmi les *Dreyssensia*, porteuses de *Cordylophora*. — *Hemitubifex*, Eisen. *Psammoryctes* dépourvus de soies pectinées. *H. Benedii* (*Clitellio ater*), Saint-Vaast. — *Lophochæta*, Stolc. Soies dorsales plumeuses et pectinées; soies ventrales fourchues; des anses périviscérales étroites dans les segments 2 à 7; un cœur intestinal dans le 9ᵉ; un pénis chitineux; une prostate. *L. ignota*, Bohême. — *Peloscolex*, Leidy. Toutes les soies dorsales capillaires, les ventrales fourchues; une ceinture de tubercules proéminents sur chaque segment. *P. variegatus*, N. Amérique. — *Phreodrilus*, Beddard. Soies dorsales capillaires; soies ventrales sigmoïdes; testicules dans les segments 10 et 11, fusionnés en une seule paire; spermathèques longues et pelotonnées; canaux déférents longs, pelotonnés, pourvus d'un très long appendice; prostate s'ouvrant sur le 12ᵉ segment. *P. subterraneus*, Nouvelle-Zélande. — *Psammobius*, Lev. Différent des *Psammoryctes* par l'absence de soies capillaires aux premiers segments du corps. *P. hyalinus*, Danemark. — *Spirosperma*, Eisen. Différent des *Psammoryctes* par leurs spermatophores très longs et spiraux et leurs téguments couverts de papilles noires très rapprochées. *S. ferox*, Europe. — *Telmatodrilus*, Eisen. Soies plus ou moins nettement bifurquées; des anses pulsatiles aux segments 6 à 10; atrium avec de nombreuses glandes prostatiques. *T. Vejdovskyi*, Californie. — *Heterochæta*, Clp. Faisceaux de soies de deux sortes; soies du faisceau supérieur des segments 5 à 13 droites et élargies en coupe à leur extrémité libre; les autres crochues; un cœur dans le 8ᵉ segment. *H. costata*, marin, Saint-Vaast. — *Clitellio*, Clp. Des soies simplement crochues et des soies fourchues; des cœurs dans les segments 8 et 9; point de prostate; marins. *C. arenarius*, Manche. — *Limnodrilus*, Clp. Uniquement des soies fourchues; des anses contractiles dans les segments 8 et 9, quelquefois 10; un réseau tégumentaire rudimentaire; canal déférent des *Tubifex*, mais pénis chitineux. *L. Udekemianus*, Europe. — *Bothrioneuron*, Stolc. Seulement des soies fourchues; des anses contractiles intestinales dans les 7ᵉ et 8ᵉ segments; un vaisseau sus-intestinal et un vaisseau sous-intestinal entre les vaisseaux dorsal et ventral; un réseau tégumentaire; atrium pourvu d'un diverticule et présentant un revêtement glandulaire. *B. Vejdvoskyanum*, Bohême. — *Vermiculus*, Goodrich. Uniquement des soies fourchues; un cœur dans le 10 segment; point de pénis, ni de glandes annexes du canal déférent, un seul orifice mâle et un seul orifice pour les spermathèques. *V. pilosus* marin, Weymouth.

FAM. **PHREORYCTIDÆ**. — Corps très long, filiforme. Soies isolées ou géminées simples, formant quatre rangées longitudinales. Orifice externe des néphridies en arrière des soies. Poches copulatrices dans les 6ᵉ, 7ᵉ et 8ᵉ segments sétigères; glandes génitales dans les segments 9, 10, 11, 12 et 13. Deux paires de spermiductes. Vivent dans les eaux douces.

Phreoryctes, Hoffm. Soies généralement isolées; clitellum sur les segments 11-14; testicules dans les segments 10 et 11, ovaires dans les segments 12 et 13; spermathèques dans les segments 7-8 et quelquefois 9. *P. Menkeanus* et *P. filiformis*, Europe. — *Pelodrilus*, Bed. Soies géminées; clitellum sur les segments 11-13; ovaires dans le 13ᵉ; spermathèques dans le 8ᵉ. *P. violaceus*, Nouvelle-Zélande.

FAM. **LUMBRICULIDÆ**. — Soies disposées par couples, en quatre rangées longitudinales; simples ou plus ou moins distinctement fourchues. Vaisseau dorsal ou vaisseaux transverses portant des cœcums contractiles ramifiés, testicules dans les 9ᵉ et 10ᵉ segments; ovaires dans le 10ᵉ; ou bien testicules dans les segments 10-13. Deux paires de canaux déférents avec pavillons dans deux segments successifs (9 et 10), marchant l'un d'avant en arrière, l'autre d'arrière en avant vers une même prostate située dans le 10ᵉ segment. Eaux douces.

TRIB. TRICHODRILINÆ. Point de glande de l'albumen. — *Stylodrilus*, Clp. Soies bifides; une paire de poches copulatrices dans le 9ᵉ segment; pénis non rétractile; chaque segment avec une paire d'anses latérales, sans cœcums; point de système vasculaire tégumentaire. *S. heringianus*, Europe. — *Claparedilla*, Vejd. Différent des *Stylodrilus* par leurs soies simples, leur pénis court et rétractile et la présence dans chaque segment de deux paires d'anses contractiles pourvues de cœcums. *C. meridionalis*, Trieste, Suisse. — *Sutroa*, Eisen. Soies simples; une seule poche copulatrice munie de nombreux diverticules dans le 8ᵉ segment; prostate longue; des sacs cœlomiques dans les segments 10 et 11. *S. rostrata*, Californie. — *Phreatothrix*, Vejd. Poches copulatrices dans le 11ᵉ segment, ainsi que les ovaires; pénis rétractile s'ouvrant sur le 10ᵉ; soies simples. *P. pragensis*, Bohême. — *Trichodrilus*, Clp. Deux paires de poches copulatrices dans les segments 11 et 12; quatre paires de testicules dans les segments 10, 11, 12 et 13; plusieurs paires d'anses contractiles dans chaque segment. *T. allobrogum*, Suisse.

TRIB. LUMBRICULINÆ. Une glande albumineuse impaire dans le 9ᵉ segment. — *Lumbriculus*, Grube. Trois paires de poches copulatrices dans les segments 10-12; cœcums vasculaires commençant dans le 13ᵉ segment, d'abord simples, ensuite ramifiés; anse préseptale simple. *L. variegatus*, Europe. — *Rhynchelmis*, Hoffm. (*Euaxes*, Gr.) Une seule paire de poches copulatrices dans le 8ᵉ segment; anse préseptale pennée; anse post-septale simple. *R. limosella*, Europe centrale. — *Alma*, Grube. Des appendices branchiaux placés latéralement sur les segments de la région postérieure du corps. *A. nilotica*, Egypte. — *Helodrilus*, Hoffm. Quatre paires de soies droites et noires sur chaque segment; deux taches oculiformes sur le segment buccal; orifices mâles sur le 15ᵉ segment. *H. oculatus*, flaques marines plus ou moins desséchées; genre et espèce douteux.

> Fam. **ALLUROÏDIDÆ**. — Soies simples en forme d'*f*, couplées. Clitellum sur les segments 13-16. Une paire de testicules dans le 10ᵉ segment; ovaires dans le 11ᵉ; orifices mâles sur le 13ᵉ segment; orifices femelles sur le 14ᵉ; spermathèques dans le 8ᵉ; ni glandes de l'albumen; ni cœcums vasculaires.

Alluroïdes, Bedd. Genre unique. *A. Pordagei*, Afrique orientale tropicale.

> Fam. **ECLIPIDRILIDÆ**. — Soies géminées, simples à leur extrémité libre. Vaisseau dorsal avec une série d'appendices contractiles, légèrement bifides dans les segments postérieurs. Prostates s'ouvrant sur le 10ᵉ segment; oviductes entre le 10ᵉ et le 11ᵉ; un pénis exsertile; des spermathèques dans le 9ᵉ segment.

Eclipidrilus, Eisen. Genre unique. *E. frigidus*, Californie, à une altitude de 10 000 pieds.

IV. ORDRE

LUMBRICIMORPHA [1]

Téguments plus ou moins opaques et pigmentés. Soies ordinairement simples ou légèrement échancrées à leur extrémité, présentant parfois des formes spéciales au voisinage des orifices génitaux ou dans le clitellum. Des néphridies dans les segments génitaux en même temps que des canaux vecteurs des éléments reproducteurs. Sang rouge. Pas de dissociation du corps. Œufs petits. Fouissent presque tous la terre humide.

1. SOUS-ORDRE

ANTECLITELLINA (METAGASTRICA)

Orifices mâles sur le 15ᵉ segment ou sur un segment antérieur; clitellum placé beaucoup plus en arrière, commençant en général au 20ᵉ segment, à moins qu'il n'envahisse une trentaine de segments. Testicules dans les segments 10 et 11; ovaires dans le 13ᵉ; oviductes et ovisacs dans le 14ᵉ. Huit soies par segment.

> Fam. **CRIODRILIDÆ**. — Soies rugueuses. Clitellum peu marqué, mais envahissant les segments 14 à 45; point de poches copulatrices, ni de néphridies dans les premiers segments. Pas de gésier. Aquatiques.

Criodrilus, Hoffmeister. Genre unique. *C. lacuum*, corps très allongé, filiforme. Europe.

> Fam. **LUMBRICIDÆ**. — Soies lisses. Clitellum nettement caractérisé, comprenant un nombre variable de segments (6 à 9) et commençant plus loin que le 22ᵉ segment; des poches copulatrices dans un nombre variable de segments compris entre le 8ᵉ et le 11ᵉ. Un gésier placé très en arrière des segments génitaux, dans le 17ᵉ, ou le 17ᵉ et le 18ᵉ segments.

Lumbricus, Linné. Protoméride entaillant complètement le deutoméride; trois paires de sacs spermatiques dans les segments 9, 10 et 11, confondus sur la ligne médiane dans ces deux derniers segments; deux paires de poches copulatrices dans les segments 9 et 10 s'ouvrant au bord postérieur de ces segments; orifices mâles sur le 15ᵉ. *L. hercu-*

---

[1] BENHAM, *An attempt to classify Earthworms*: Q. Journ. of microscopical Science, 3ᵉ série, t. **XXXI**, 1890.

leus, Europe. — *Allolobophora*, Eisen. Protoméride n'entaillant que d'une façon incomplète le deutoméride; trois ou quatre paires de sacs spermatiques, indépendants chacun de son symétrique, dans les segments 9 à 12; de 0 à 7 paires de poches copulatrices; orifices mâles sur le 15ᵉ segment. *A. fœtida*, A. (*Dendrobæna*) *rubida*, Europe. — *Allurus*, Eisen. Diffèrent des *Allolobophora* par la petitesse des poches copulatrices réduites à une seule paire, presque invisibles dans le 8ᵉ segment et par leurs orifices mâles situés sur le 13ᵉ segment. *A. tetraedrus*, Europe. — *Tetragonurus*, Eisen. Orifices mâles sur le 12ᵉ segment; clitellum du 18ᵉ au 22ᵉ. *T. pupa*, Canada.

2. SOUS-ORDRE

CLITELLINA (PROGASTRICA)

Orifices mâles situés au bord antérieur du clitellum ou dans le clitellum, encore placés sur le 15ᵉ segment dans le premier cas, sur un segment postérieur au 18ᵉ dans le second. Point de prostate. Un ou plusieurs gésiers, toujours situés (au moins le 1ᵉʳ) en avant des segments génitaux. Huit soies par segment.

FAM. **HORMOGASTRIDÆ**. — Orifices mâles sur le bord postérieur du 15ᵉ segment; clitellum s'étendant sur les segments 15-25; deux paires de sacs spermatiques dans les segments 11 et 12; trois paires de poches copulatrices; trois gésiers dans les segments 6, 7 et 8.

Hormogaster, Rosa. Genre unique. *H. Redii*, Italie.

FAM. **ANTEIDÆ** [1]. — Soies géminées, jamais alternes d'anneau en anneau. Clitellum commençant sur un segment antérieur au 18ᵉ et en occupant une dizaine; deux paires de sacs spermatiques; poches copulatrices simples, sans appendices ou nulles. Néphridies pourvues d'un large canal, habituellement prolongé en cæcum.

Microchæta, F. Bedd. Soies extrêmement petites; clitellum occupant les segments 10 à 25; testicules dans les segments 9-10 enfermés dans des sacs spéciaux communiquant avec les sacs spermatiques; ceux-ci dans les segments 10 et 11, confondus sur la ligne médiane; orifices mâles sur les segments 19 ou 20; de 2 à 4 paires de poches copulatrices dans chacun des segments 12 à 15; ovaires dans le 12ᵉ segment; gésier dans le 6ᵉ. *M. Rappi*, cap de Bonne-Espérance. — *Onychochæta*, Bedd. Point de lobe procéphalique; soies absentes sur les cinq premiers segments, éparses dès l'origine; glandes du calcaire réduites à de simples renflements de l'œsophage occupant les segments 13-14. *O. Windlei*, Bermudes. — *Anteus*, E. Perrier. Clitellum sur les segments 8-29, se caractérisant graduellement; sacs spermatiques dans les segments 11 et 12; néphridies plus grandes et autrement construites que les autres dans les segments 11-19 compris dans la ceinture; néphridiopores en avant des soies dorsales; une paire de poches copulatrices dans le 7ᵉ segment. *A. gigas*, Cayenne, 1 m. 40 de long. — *Urobenus*, Benh. Clitellum occupant les segments 14 à 25, incomplet ventralement; testicules dans les segments 12 et 13; deux paires de sacs spermatiques dans les segments 12-13 et 14; orifices mâles sur le 20ᵉ segment; trois paires de poches copulatrices dans les segments 7, 8 et 9; gésier dans le 8ᵉ segment; trois paires de glandes de Morren après le gésier comme chez les *Urochæta*. *U. brasilensis*, Brésil. — *Brachydrilus*, Benh. Soies très petites; clitellum sur les segments 16-21; sacs spermatiques et glandes de l'albumen dans les segments 10 et 11; orifices mâles sur le 18ᵉ segment; deux ou trois paires de poches copulatrices sur le bord postérieur du 11ᵉ segment; gésier dans le 6ᵉ segment; deux paires de néphridies dans chaque segment. — *Ilyogenia*, Bed. Soies couplées; clitellum sur les segments 12-19; orifices mâles sur le 17ᵉ; une paire de glandes des calcaires dans le 9ᵉ. *I. africana*, Natal. — *Kynotus*, Mich. Soies couplées, absentes sur les cinq premiers segments; plusieurs paires de poches copulatrices dans un même segment; canaux déférents d'un même côté indépendants, mais s'ouvrant dans un même sac du 15ᵉ au 17ᵉ segment, près duquel sont des soies génitales. *K. madagascariensis*. Madagascar. — *Annadrilus*, Horst. Diffèrent des

---

[1] Quelques auteurs ont réuni dans les genres *Rhinodrilus* et *Microchæta* des espèces une seule paire (*R. paradoxus*, *M. Beddardi*, *M. Belli*) et des espèces à deux paires de testicules (*R. proboscideus*, *M. Rappi*, *M. Benhami*, *M. papillata*); ces espèces devront être génériquement séparées.

Kynotus par la présence de soies sur les premiers segments et par la position des orifices mâles entre les 21ᵉ et 22ᵉ segments. *A. quadrangulus*, îles de la Sonde, aquatiques. — *Glyphidrilus*. Horst. *Annadrilus* à orifices mâles sur les 27ᵉ et 28ᵉ segments, avec un rudiment de prostate. *A. Weberi*, îles de la Sonde, amphibie. — *Siphonogaster*. Lev. Point de gésier, ni de glandes du calcaire; une paire de longs appendices tégumentaires, armées de soies génitales sur le 18ᵉ segment. *S. ægyptiacus*, bords du Nil. — *Bilimba*, Rosa. De nombreuses papilles ventrales, les unes paires, les autres impaires; plusieurs gésiers, à partir du 8ᵉ segment. *B. papillata*, Cobapo, jusqu'à 4000 mèt. d'altitude.

FAM. **GEOSCOLECIDÆ** — Huit soies par segment, présentant une tendance à s'isoler et parfois à alterner d'un segment à l'autre; orifices mâles en arrière du 18ᵉ segment, situés dans le clitellum; une seule paire de sacs spermatiques, occupant d'ordinaire plusieurs segments; point de prostate.

Rhinodrilus, E. P. Soies présentant sur leur moitié dorsale des saillies en forme de croissant; celles du clitellum plus grandes et plus ornées que les autres; clitellum incomplet du côté ventral, s'étendant du 25ᵉ ou du 26ᵉ segment au 15ᵉ ou au 20ᵉ; orifices mâles entre le 20ᵉ et le 21ᵉ segments ou le 19ᵉ et le 20ᵉ; des soies génitales; 3 ou 4 paires de poches copulatrices dans les segments 7-9 ou 5-8; néphridie antérieure très volumineuse; gésier dans le 7ᵉ ou le 8ᵉ segment; 3 paires de glandes de Morren. *R. paradoxus*, Venezuela. — *Opisthodrilus*, Rosa. Diffèrent des *Rhinodrilus* par leurs orifices mâles post-clitelliens situés sur le 34ᵉ segment. *O. Borellii*, Paraguay. — *Sparganophilus*, Benham. Prostomium non séparé du segment buccal; orifices mâles entre les 18ᵉ et 19ᵉ segments; spermathèques dans les segments 7-9; point de glandes du calcaire. *L. tamesis*, Tamise. — *Geoscolex*, Leuckart (*Titanus*, E. P.). Soies séparées postérieurement; clitellum incomplet ventralement et s'étendant sur les segments 15-23; testicules dans le 12ᵉ segment; sacs spermatiques dans les segments 12-20 ou 25; orifices mâles sur le 18ᵉ segment; gésier dans le 7ᵉ; poches copulatrices inconnues. *G. maximus*, Brésil (1 m. 30 de long). — *Trichochæta*, Beddard. Soies épineuses à leur extrémité, couplées ou éparses; sacs spermatiques longs et ramifiés postérieurement; orifice mâle pouvant reculer jusqu'au 24ᵉ segment, *T. hesperidium*, Jamaïque. — *Urochæta*, E. P. (*Pontoscolex*, Schmarda, part.). Soies en couple en avant, puis s'isolant peu à peu et finalement alternant en arrière d'un segment à l'autre; clitellum complet, s'étendant sur les segments 14-22; testicules dans le 12ᵉ segment; sacs spermatiques sur les segments 13 et suivants; orifices mâles entre le 20ᵉ et le 21ᵉ segments; des soies péniales; gésier dans le 7ᵉ segment; poches copulatrices dans les segments 6-8 ou 7-9 ou 8-10; néphridies antérieures formant une glande peptogène. *U. corethrura*, Brésil. — *Diachæta*, Benham (*Pontoscolex*, Schm., part.). Huit soies sur chaque segment; les plus ventrales en ligne droite, les autres alternant d'un segment à l'autre sur toute la longueur du corps; clitellum complet, couvrant les segments 20-23; testicules dans le 11ᵉ segment; sacs spermatiques du 12ᵉ au 38ᵉ segments; orifices mâles sur le 22ᵉ segment; point de soies péniales; trois paires de poches copulatrices dans les segments 6, 7, 8; gésier dans le 6ᵉ; point de glandes du calcaire; 1ʳᵉ paire de néphridies plus grandes que les autres. *D. Thomasii*, Saint-Thomas (Antilles). — *Tykonus*, Mich. Soies absentes sur les premiers segments; clitellum sur les segments 14 à 26 environ; orifices mâles entre les 19ᵉ et 20ᵉ ou sur le 20ᵉ, *T. Appuni*, Puerto Cabello.

3. SOUS-ORDRE

PROSTATICA

Orifices génitaux mâles s'ouvrant sur ou après le clitellum; une ou deux paires de prostates, s'ouvrant isolément au dehors ou par le même orifice que les canaux déférents. Gésier unique ou 1ᵉʳ gésier placé très en avant des segments génitaux, en général du 5ᵉ au 8ᵉ segments.

1. — *Orifices mâles antérieurs au 12ᵉ segment.*

FAM. **MONILIGASTRIDÆ**. — Soies au nombre de huit par segment. Orifices mâles entre les segments 10-11 ou 11-12, compris dans le clitellum, quand il existe; une prostate de même structure que celle des LUMBRICULIDÆ; pavillon et orifice externe des canaux déférents dans deux segments successifs.

Moniligaster, E. P. Soies couplées; testicules dans le 10° segment; une paire de sacs spermatiques dans les segments (9 ou 9 et 10; poches copulatrices dans les segments 8 ou 9; ovisacs allongés dans les segments 14 à 16; orifices des oviductes entre les segments 11-12; gésier moniliforme. *M. Deshayei*, Ceylan. — *Desmogaster*, Rosa. Deux paires de testicules et de canaux déférents; ceux-ci s'ouvrant entre les segments 11-12 et 12-13; ovaires dans le 13° segment. *D. Horsti*, Sumatra.

II. — Orifices mâles sur le 17e ou le 18e segment.

A. — *Poches copulatrices ovaires et oviductes indépendants des ovisacs et des sacs spermatiques.*

1. — *Huit soies, rarement douze par segment.*

Fam. ACANTHODRILIDÆ. — Deux ou plusieurs paires de prostates, correspondant chacune à un segment particulier. Orifices mâles sur le 18° segment, indépendants ou confondus avec ceux de la 2° paire de prostates. Néphridies disposées par paires dans chaque segment.

Acanthodrilus, E. P. Soies couplées ou distantes; clitellum occupant les segments 13-16 (rarement s'étendant jusqu'à 20); orifices mâles sur le 18° segment; ceux des prostates sur les 17° et 19°; prostates tubulaires; gésier unique ou nul, glandes du calcaire multiples ou placées dans les segments 17 ou 18; vaisseau dorsal simple ou double. *A. ungulatus*, Nouvelle-Calédonie. — *Diplocardia*, Garmon. Différent des *Acanthodrilus* par la présence de deux gésiers; vaisseau dorsal constamment double. *D. communis*, Illinois. — *Kerria*, Eisen. Différent des *Acanthodrilus* par l'absence des soies péniales, celle de diverticule aux poches copulatrices, la présence d'une seule paire de glandes du calcaire dans le 9° segment, leurs prostates à une seule couche de cellules. *K. zonalis*, eaux douces de Californie. — *Gordiodrilus*, Bed. Poches copulatrices dans les segments 8 et 9; orifices des prostates sur les 17° et 18° segments; orifices mâles sur le 18°, indépendant de ceux des prostates. *G. tenuis*, Afrique occidentale. — *Nannodrilus*, Bed. Différent des *Gordiodrilus* par la position de l'unique paire de poches copulatrices dans le 7° segment et parce que le canal déférent et la prostate du 18° segment s'ouvrent de chaque côté dans une vésicule séminale se continuant en un pénis. *N. africanus*, Afrique occidentale, aquatique.

Fam. BENHAMIIDÆ. — Différent des ACANTHODRILIDÆ par leurs néphridies diffuses.

Octochætus, Bed. Soies distantes; vaisseau dorsal double; le reste comme *Acanthodrilus*. *O. multiporus*, Nouvelle-Zélande. — *Benhamia*, Mich. Différent des *Octochætus* par leurs soies couplées, leur vaisseau dorsal simple, la présence de deux gésiers; pas de soies péniales. *B. rosea*, Gabon. — *Trigaster*, Benham. *Benhamia* à trois gésiers et à clitellum s'étendant du 13° au 40° segments. *T. Lankesteri*, Saint-Thomas, Antilles. — *Deinodrilus*. Différent des *Octochætus* par la présence de 12 soies à chaque segment. *D. Benhami*, Nouvelle-Zélande.

Fam. DICHOGASTRIDÆ. — Orifices mâles sur le 17° segment, confondus avec ceux de la première paire de prostates; une ou plusieurs paires de prostates indépendantes dans les segments suivants.

Dichogaster, Bed. Soies couplées; clitellum sur les segments 13-20; trois paires de prostates dont deux indépendantes dans les segments 18 et 19; une seule paire de spermathèques; deux gésiers. *D. Damonis*, Australie.

Fam. PONTODRILIDÆ. — Huit soies; une seule paire de prostates; néphridies simples, par paires dans chaque segment.

Trib. RHODODRILINÆ. Orifices mâles et prostatiques indépendants, mais s'ouvrant l'un et l'autre sur le 17° segment. — *Rhododrilus*, Bed. Soies séparées en huit séries; un gésier; quatre paires de spermathèques sur les segments 6-9; clitellum sur les segments 14-17. *R. minutus*, Nouvelle-Zélande.

Trib. MICROSCOLECINÆ. Orifices mâles et orifices prostatiques confondus sur le 17° segment; une seule paire de spermathèques dans le 9° segment; pas de gésier. — *Pygmæodrilus*, Michaelsen. Sacs spermatiques confondus sur la ligne médiane; néphridies commençant au 4° segment; deux très longues prostates simples. *P. quilimanensis*. — *Ocnero-*

drilus, Eisen. Diffèrent des *Pygmæodrilus* par la présence de deux sacs spermatiques impairs dans les segments 9 et 12, et de deux paires de sacs, ceux d'un même côté étant unis entre eux, dans les segments 10 et 11. *O. Beddardi*, Amér. australe; eaux douces. — *Microscolex*, Rosa. Diffèrent des *Pygmæodrilus* par leurs sacs spermatiques complètement séparés, leurs prostates courtes et lobées, accompagnées de soies péniales. *M. modestus*, Italie. — *Deltania*, Eisen. Diffèrent des *Microscolex* parce que les soies des couples internes qui avoisinent le clitellum convergent vers les orifices mâles. *D. elegans*, Californie.

Trib. Callidrilinæ. Orifices mâles et prostatiques des Microscolecinæ; mais spermathèques nombreuses, s'ouvrant à la suture des 13ᵉ et 14ᵉ segments; un gésier. — *Callidrilus*, Michaelsen. Genre unique. *C. scrobifer*, Zanzibar.

Trib. Pontodrilinæ. Orifices mâles et prostatiques confondus sur le 18ᵉ segment. — *Pontodrilus*, E. P. Deux paires de spermathèques dans les segments 8 et 9; deux paires de sacs spermatiques; ni soies péniales, ni gésier; néphridies commençant au 15ᵉ segment. *P. littoralis* (*Marionis*), Marseille, dans les laisses de la mer. — *Photodrilus*, Giard. Diffèrent des *Pontodrilus* par l'absence de la 1ʳᵉ paire de spermathèques; la présence de soies péniales dans les segments 12, 13 et 18; l'existence de quatre renflements œsophagiens dans les segments 10 à 13. *P. phosphoreus*, Europe. — *Plutellus*, E. P. [1]. Orifices des néphridies sur une même ligne ou alternativement placés en avant des soies 2 et 4, à partir du 6ᵉ segment; quatre ou cinq paires de spermathèques appendiculées; des glandes en grappe rappelant des ovaires placés en avant des sacs spermatiques dans le 10ᵉ segment; une seule paire de sacs spermatiques. *P. heteroporus*, Pensylvanie. — *Argilophilus*, Eisen. Néphridipores irrégulièrement placés tantôt en avant des soies 3 ou 4, tantôt sans lien avec elles; deux paires de spermathèques; deux paires de sacs spermatiques; prostate s'étendant sur plusieurs segments. *A. marmoratus*, Californie. — *Flechterodrilus*, Mich. Diffèrent de tous les genres précédents parce qu'il n'existe qu'un seul orifice médian pour les poches copulatrices et de même pour les canaux déférents. *F. unicus*, îles Pelew.

Fam. **CRYPTODRILIDÆ**. — Diffèrent des Pontodrilidæ par leurs néphridies plexiformes.

Trib. Cryptodrilinæ. Deux paires de testicules dans les segments 10 et 11; orifices mâles sur le 18ᵉ segment. Un seul gésier. — *Megascolides*, Mac Coy. Soies géminées, toutes ventrales; deux paires de poches copulatrices, au moins; quatre paires de sacs spermatiques; les deux canaux déférents de chaque côté séparés jusqu'à la prostate qui est tubulaire et convolutée; point de soies péniales. *M. australis*, Australie. — *Deodrilus*, Bed. Diffèrent des *Megascolides* par leurs soies ornementées, le nombre réduit à deux des sacs spermatiques, la présence de soies péniales; canaux déférents fusionnés; prostates lobées. *D. Jacksoni*, Ceylan. — *Cryptodrilus*, Flechter. Diffèrent des *Megascolides* par leurs soies isolées; leurs sacs spermatiques réduits à deux paires; leurs canaux déférents d'un même côté confondus. *C. rusticus*, Australie. — *Trinephrus*, Bed. *Cryptodrilus* à trois paires de néphridies dans chaque segment. *T. fastigatus*, Nouvelle-Galles du Sud.

Trib. Digastrinæ. Deux paires de testicules dans les segments 10 et 11; orifices mâles sur le 18ᵉ segment; des soies péniales. Plusieurs gésiers. — *Didymogaster*, Flechter. Soies isolées, presque équidistantes; poches copulatrices très allongées, dans les segments 7-8-9; leurs orifices non intersegmentaires sur les segments 9, 10 et 11; deux paires de sacs spermatiques; point de peptonéphridies; deux gésiers. *D. sylvaticus*, Australie. — *Perissogaster*, Flechter. Soies isolées, mais toutes ventrales; deux paires de poches copulatrices appendiculées dans les segments 8 et 9, à ouvertures antérieures, intersegmentaires; deux ou quatre paires de sacs spermatiques; trois gésiers. *P. excavatus*, Australie. — *Digaster*, E. P. Soies géminées; deux paires de spermathèques à orifices antérieurs, intersegmentaires, dans les segments 8 et 9; trois paires de sacs spermatiques; prostates lobulées; des peptonéphridies; deux gésiers. *D. lumbricoïdes*, Australie.

Trib. Millsoninæ. Deux paires de sacs spermatiques dans les segments 11 et 12; orifices mâles sur le 17ᵉ segment. — *Millsonia*, Bed. Deux gésiers et de nombreux diverticules intestinaux; point de soies péniales. *M. rubens*, Afrique tropicale.

---

[1] Ce genre doit comprendre les espèces à néphridies paires, que Beddard range parmi les *Megascolides*.

Trib. Typhæinæ. Une seule paire de testicules; orifices mâles sur le 17ᵉ segment. — *Typhæus*, Bed. Soies couplées, toutes ventrales; sacs spermatiques partant du 10ᵉ segment et pouvant s'étendre sur plusieurs; des soies péniales. *T. orientalis*, Inde.

III. — *Orifices mâles sur le 18ᵉ segment; plus de douze soies sur chaque segment.*

Fam. **PLAGIOCHÆTIDÆ**. — Néphridies simples, par paires dans chaque segment; 54 soies couplées sur chaque segment; deux paires de prostates à orifices situés sur les segments 17 et 19.

Plagiochæta, Benham. — 54 soies couplées par segment; clitellum sur les segments 14-18; des soies péniales; une seule paire de glandes du calcaire; gésier rudimentaire. *P. punctata*, Nouvelle-Zélande.

Fam. **PERIONYCIDÆ**. — Néphridies simples, par paires dans chaque segment. Soies isolées.

Perionyx, E. P. Prostate lobée. *P. excavatus*, Cochinchine. — *Diporochæta*, Bed. Prostate tubulaire. *D. intermedia*, Nouvelle-Zélande.

Fam. **PERICHÆTIDÆ**. — Néphridies plexiformes.

Perichæta, Schmarda. Soies équidistantes sur tout le pourtour du segment. *P. Houlleti*, Calcutta. Plusieurs espèces acclimatées à Nice, dans les jardins. — *Megascolex*, Templeton. Cercle de soies interrompu au moins le long de la ligne médiane ventrale. *M. cingulatus*, Ceylan; *M. cæruleus (Pleurochæta Moseleyi*, Bedd.), Ceylan. — *Pleionogaster*, Mich. Diffèrent des *Perichæta* par la présence de plusieurs gésiers. *P. Horsti*, Manille. *P. Jagori*, Philippines.

B. — *Poches copulatrices s'ouvrant au dehors au voisinage des orifices femelles; souvent enfermées dans un sac qui peut se substituer à elles, qui contient, en outre, les ovaires et porte un sac ovigère; le tout s'ouvrant au dehors par un orifice commun.*

Fam. **EUDRILIDÆ**. — Soies couplées. Orifices mâles sur le 17ᵉ ou le 18ᵉ segment; orifices génitaux disposés par paires.

Trib. Eudrilinæ. Point de soies péniales. Des corpuscules de Pacini. Néphridies simples, ne formant pas de réseau intertégumentaire. — *Eudrilus*, E. P. Pores copulateurs sur le 14ᵉ segment; oviductes s'ouvrant dans le sac copulateur du même côté, qui porte un appendice glandulaire; chaque prostate divisée en deux moitiés par une cloison médiane. *E. decipiens*, Antilles. — *Eminoscolex*, Mich. Soies latérales plus étroitement couplées que les ventrales; de véritables spermathèques enveloppées à leur extrémité par un sac copulateur qui enveloppe également les ovaires et sur lequel se greffent deux ovisacs et les oviductes. *E. toreutus*, Afrique orientale.

Trib. Pareudrilinæ. Un réseau néphridien tégumentaire. — *Pareudrilus*, Bed. Les pores copulateurs entre les 14ᵉ et 15ᵉ segments; ovaires enfermés dans un sac communiquant avec le sac copulateur, qui est cependant indépendant des ovisacs; prostates avec d'épaisses parois musculaires; de très longues soies péniales. *P. stagnalis*, Afrique orientale. — *Unyora*, Mich. Ovaires enfermés chacun dans un sac; ces deux sacs communiquant avec un sac ovarien et un ovisac; de la jonction des deux part un étroit canal qui s'élargit bientôt en un grand sac copulateur s'ouvrant au dehors, non loin de l'extrémité du tube étroit, sur le 14ᵉ segment; point de soies péniales. *U. papillata*, Albert-Nyanza. — *Nemertodrilus*, Mich. Clitellum sur les segments 13-18; sur le 13ᵉ un pore conduisant à l'intérieur de la cavité dans laquelle s'ouvrent aussi les sacs copulateurs, puis s'étendant jusqu'au 17ᵉ segment; point de soies péniales. *N. griseus*, Afrique orientale.

Fam. **POLYTOREUTIDÆ**. — Orifices génitaux impairs et médians.

Trib. Lysiodrilinæ. Un réseau néphridien tégumentaire. Soies couplées. Glandes du calcaire nulles ou modifiées. Rarement des corpuscules de Pacini. Pore copulateur habituellement sur le 13ᵉ ou entre le 13ᵉ et le 14ᵉ segments. — *Eudriloïdes*, Mich. Corpuscules de Pacini rarement présents; glandes du calcaire modifiées; néphridies ramifiées dans les téguments; ovaires et oviductes indépendants du sac spermatique; pore mâle entre les 17ᵉ et 18ᵉ segments; des soies péniales. *E. gypsatus*, Zanzibar. — *Reithrodrilus*, Mich. Diffèrent des *Eudriloïdes* par leur pore mâle sur le 18ᵉ segment, leur prostate unique avec un sac pour les soies péniales. *R. minutus*, Afrique orientale. — *Megachæta*, Mich. Soies croissant graduellement de la face dorsale à la face ventrale; orifice mâle sur le 17ᵉ segment; un seul sac spermathécal; le reste comme les précédents. *M. tenuis*, Afrique orientale. — *Metadrilus*, Mich. Clitellum en selle sur les segments 13-18; orifice mâle sur le 17ᵉ segment; deux pénis rétractiles avec soies péniales; orifice copulateur entre les segments 14-15, communiquant avec deux courts tubes s'ouvrant dans de grands ovisacs. *M. Rukajurdi*, Afrique orientale. — *Notykus*, Mich. Clitellum sur les segments 14-16; orifice mâle sur le 17ᵉ; ovaires fusionnés, enfermés dans un sac qui enveloppe partiellement les spermathèques; des soies péniales. *N. Emini*, Afrique orientale. — *Platydrilus*, Mich. Soies plus grandes vers le milieu du corps; clitellum en selle sur les segments 14-17; orifice mâle sur le 17ᵉ; ovaires libres; un seul sac copulateur médian, communiquant de chaque côté avec l'oviducte; des soies péniales, *P. callichætus*, Afrique orientale. — *Libyodrilus*, Bed. Clitellum complet sur les segments 14-18; orifice mâle entre les 17ᵉ et 18ᵉ; un seul sac copulateur médian, formant un anneau autour de l'œsophage et de la chaîne nerveuse; des soies péniales. *L. violaceus*, Lagos. — *Stuhlmannia*, Mich. Orifice mâle entre les 17ᵉ et 18ᵉ segments; un processus pénial médian armé de soies; *S. variabilis*, Zanzibar.

Tᴿᴵᴮ. Pᴏʟʏᴛᴏʀᴇᴜᴛɪɴᴀᴇ. Point de réseau néphridien intertégumentaire. Orifice mâle entre les segments 17 et 18, rarement sur le 17ᵉ ou le 18ᵉ. — *Polytoreutus*, Mich. Soies couplées; les ventrales plus éloignées que les dorsales; clitellum complet sur les segments 13-18; orifice copulateur sur le 19ᵉ; ovaires enveloppés par une expansion antérieure du sac copulateur qui est grand et compliqué; point de soies péniales. *P. cæruleus*, Afrique orientale. — *Preussia*, Mich. Soies latérales, strictement couplées, les ventrales plus distantes; pore copulateur sur le 15ᵉ segment; sac copulateur médian avec deux diverticules dans lesquelles s'ouvrent les pavillons des oviductes; ovaires dans un grand sac; des soies péniales; des glandes du calcaire et une poche du calcaire médiane. *P. siphonochæta*, Afrique occidentale. — *Paradrilus*, Mich. Soies couplées, les ventrales plus écartées que les dorsales; clitellum complet, sur les segments 13-18; orifice mâle sur le 18ᵉ; orifice copulateur sur le 12ᵉ; sac copulateur consistant en une poche médiane, avec laquelle sont en rapport deux poches latérales qui s'ouvrent en dessus dans le tube digestif et une paire de diverticules glandulaires, un par chaque oviducte; canaux déférents s'ouvrant dans les chambres dilatées qui précèdent les pavillons; glandes du calcaire dans le 12ᵉ segment et poche ventrale. *P. Rosæ*, Afrique occidentale. — *Hyperiodrilus*, Bed. Soies couplées, les ventrales plus écartées que les dorsales; clitellum sur les segments 14-17; sur l'un des segments qui précèdent, deux pénis reliés par une gouttière à l'orifice mâle; pore copulateur sur le 13ᵉ segment; de petites spermathèques enfermées dans un grand sac copulateur qui entoure le tube digestif et communique avec les sacs contenant les ovaires; testicules, sacs spermatiques et pavillons des canaux déférents dans les segments 11-12; des gésiers dans les segments 18-23; des glandes du calcaire dans le 12ᵉ, des poches du calcaire dans les 9ᵉ, 10ᵉ et 11ᵉ. *H. africanus*, Afrique occidentale. — *Heliodrilus*, Bed. Soies, clitellum, orifice mâle, gésiers et poches du calcaire comme *Hyperiodrilus*; pore copulateur sur le 11ᵉ segment; de grandes spermathèques dont l'extrémité seule est enfermée dans un sac copulateur continu avec les sacs ovariens; point de soies péniales; des papilles sur le clitellum et les segments voisins; testicules attachés aux dissépiments postérieurs des segments 10 et 11 contenus dans des sacs séparés; glandes du calcaire dans le 15ᵉ. *H. lagoensis*, Afrique occidentale. — *Alvania*, Bed. Soies, orifice mâle, pénis et poches du calcaire des *Hyperiodrilus*; pore copulateur sur le 10ᵉ segment; un grand sac copulateur communiquant avec les sacs ovariens, les ovisacs et donnant naissance à deux tubes symétriques qui se fusionnent après avoir entouré le tube digestif; pas de vraies spermathèques; des gésiers dans les segments 18-22; glandes du calcaire dans le 13ᵉ. *A. Millsoni*, Lagos. — *Teleudrilus*, Rosa. Soies en huit séries; orifice mâle sur le 19ᵉ segment; canaux déférents s'ouvrant dans un bulbe de structure compliquée; sac ovarien, communiquant avec l'ovisac; glandes et poches du calcaire comme *Alvania*; point de soies péniales. *T. Ragazzii*, Abyssinie.

DEUXIÈME DIVISION

DISCOPHORES

Corps présentant, en général, deux systèmes de segmentation transversale, terminé au moins à l'extrémité postérieure par une ventouse, ne présentant de soies locomotrices que dans un seul genre (Acanthobdella).

IV. CLASSE

HIRUDINÉES [1]

Corps annelé, plus ou moins aplati, terminé en avant et en arrière par une ventouse; point de soies locomotrices (sauf chez les Acanthobdella). Ni antennes, ni cirres, ni parapodes. Généralement hermaphrodites. Presque toujours aquatiques et souvent parasites.

Généralités; affinités des Hirudinées. — La présence de soies locomotrices dans un genre d'Hirudinées (*Acanthobdella*) témoigne des liens que ces animaux ont, de même que les Géphyriens, avec les Vers chétopodes. Si la séparation des sexes et l'habitat marin des Géphyriens les rattachent étroitement aux Polychètes, l'hermaphrodisme, la fréquente habitation dans les eaux douces des Hirudinées conduisent à les rattacher aux Oligochètes; de fait, la parenté est si proche qu'on a pu définir les *Branchiobdella* des Oligochètes dépourvus de soies et munis de ventouses à leurs deux extrémités et en faire une famille (DISCODRILIDÆ) intercalée entre celles des CHÆTOGASTRIDÆ et des ENCHYTRÆIDÆ [2]; mais cette définition des *Branchiobdella* est justement celle qu'il faudrait donner des Hirudinées dans l'hypothèse où elles descendraient des Oligochètes. La disparition des soies locomotrices est la conséquence du développement des ventouses terminales qui permettent un mode nouveau de locomotion où les soies sont inutiles; en même temps se développent un certain nombre de modifications dont les mâles de *Bonellia* présentent une première indication et qui ont, pour conséquence dernière, l'oblitération de la cavité générale par des éléments mésodermiques de nature conjonctive, et vraisemblablement la réalisation du type des Trématodes et de celui des Turbellariés.

Le corps des Sangsues présente tous les passages de la forme allongée et arrondie des *Lumbricobdella*, *Piscicola*, *Pontobdella*, etc., à la forme courte, large et aplatie de la *Glossosiphonia heteroclita* où la longueur ne dépasse pas le triple de la plus grande largeur. Le corps ne présente, en général, aucun appendice; toutefois chez les *Branchellio* et les *Ozobranchus* (fig. 1184) il existe un certain nombre de paires d'appendices latéraux servant sans doute à la respiration et qu'on peut considérer comme des *branchies*. Ces appendices sont, chez les *Branchellio*, où on compte jusqu'à trente-cinq paires, des espèces de cornets à surface interne plus ou moins plissée; ce sont

---

[1] Dr STEPHAN APATHY, *Analyse der aussere Korperform der Hirudinen*, Mittheilungen aus der zool. Station zu Neapel, t. VIII, 1888. — RAPHAEL BLANCHARD, *Courtes notices sur les Hirudinées*, Bulletin de la Société zoologique de France et Mémoires de la même Société, 1892 et 1893. — ID., *Hirudinées de l'Italie continentale et insulaire*, Bolletino dei Musei di Zoologia di Torino, décembre 1894.

[2] VEJDOVSKY, *System und Morphologie der Oligochæten* (1884), fig. 38.

chez les *Ozobranchus* où on n'en trouve que sept paires des houppes laciniées. La forme du corps, toujours ovoïde chez les embryons, s'adapte peu à peu au genre de vie de l'animal. Bien que le corps des ARHYNCHOBDELLA s'étende au repos sur la surface de fixation, il est surtout adapté à la natation, et sa forme est d'autant plus aplatie que l'animal nage plus volontiers (*Nephelis*). Au contraire, les GLOSSOSIPHONIDÆ semblent s'adapter plutôt à la reptation ; les *Glossosiphonia*, qui sont arpenteuses, se fixent au repos par leurs deux ventouses en appliquant étroitement leur ventre contre leur support ; la plupart demeurent dans cette attitude au-dessus de leurs œufs et ne se remettent en marche que lorsque les jeunes embryons sont éclos et se sont fixés à leur ventre par leur ventouse orale ; la mère peut alors replier son corps au-dessus de ses petits et les protéger ainsi durant leur déplacement ; seuls les G. *bioculata* et *heteroclita* transportent également de cette façon leurs œufs avec elles. Les *Branchellio* ne se fixent aussi que par leur ventouse postérieure, mais leur corps demeure étendu sur la surface de support sur laquelle il s'aplatit souvent. Les Icu-THYOBDELLIDÆ sont de véritables ectopa-

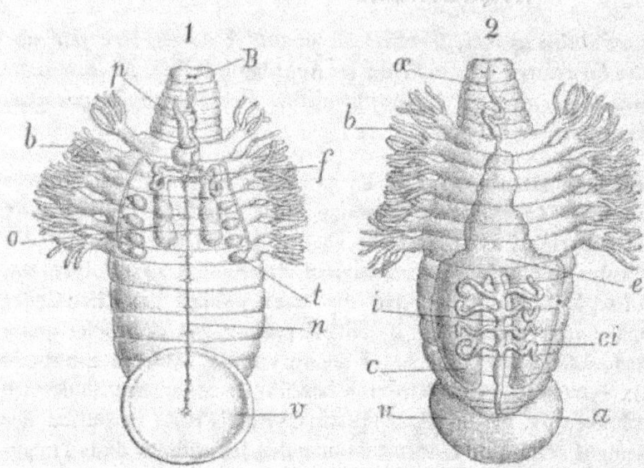

Fig. 1184. — Organisation de l'*Ozobranchus* (*Lophobdella*) *Quatrefagesi*. — 1, appareil génital (l'animal est supposé vu en dessous) ; *B*, bouche ; *p*, pénis ; *b*, branchies ; *o*, sacs ovariens ; *f*, orifice femelle ; *t*, testicules ; *n*, chaîne nerveuse ; *v*, ventouse ; — 2, appareil digestif (l'animal est vu en dessus) ; *œ*, œsophage ; *e*, estomac ; *c*, cæcums stomacaux ; *i*, intestin ; *ci*, cæcums intestinaux ; *a*, anus ; *b*, branchies ; *v*, ventouse. (Dessin inédit de M. Poirier.)

rasites ; les *Pontobdella, Calliobdella, Ichthyobdella, Piscicola*, rampent à la façon des chenilles arpenteuses et sont énumérés ici dans l'ordre de leur agilité ; seules les Sangsues des deux derniers genres sont capables de nager, encore les *Ichthyobdella* le font-elles rarement. Au repos, toutes ces Sangsues sont fixées par leur ventouse postérieure ; les *Pontobdella* enroulent alors en crosse leur extrémité antérieure ; les *Trachelobdella* replient cette extrémité en une sorte de sinusoïde présentant deux arcs concaves en arrière, séparés par un arc concave en avant ; les *Piscicola* démeurent droites, mais font incessamment osciller leur corps sur sa ventouse basilaire.

Contrairement à ce qui a lieu pour les Oligochètes, très peu d'Hirudinées sont terrestres (*Hæmadipsa, Xerobdella, Liostomum, Lumbricobdella*) ; plusieurs de ces formes terrestres vivent à la façon des Lombrics (*Lumbricobdella, Liostomum*) ; d'autres se tiennent sur les arbres ou les arbrisseaux et s'attachent au passage aux Mammifères et à l'Homme dont elles sucent le sang. La plupart des espèces habitent les eaux douces, et la série presque entière des modifications du type peut être établie à l'aide de ces formes d'eau douce, ce qui indique que c'est bien dans les eaux douces qu'il a évolué. Si l'on considère maintenant que les *Trocheta*, qui sont peut-être le genre le moins différencié, reviennent à terre pour s'accoupler et déposent leur cocon sur la terre humide, et que c'est une règle que les formes adaptées à un nouveau milieu reviennent à leur milieu d'origine pour s'y reproduire (*Crabes terrestres, Batraciens, Tortues marines, Phoques,* etc.), on sera amené à conclure que les Hirudinées dérivent très vraisemblablement d'animaux terrestres qui ne sauraient être que les Oligochètes. Les formes marines, en dehors de quelques types aberrants (HISTRIOBDELLIDÆ, ACANTHOBDELLIDÆ), ne sont représentées que par une seule famille, la plus hautement différenciée de la classe, celle des ICHTHYOBDELLIDÆ; les *Branchiobdella* parasites des branchies des Écrevisses elles-mêmes n'ont pas jusqu'ici d'équivalents connus sur les Crustacés marins tels que le Homard, ce qui s'explique naturellement dans notre hypothèse puisque la migration des Crustacés s'est effectuée de la mer vers les eaux douces. Au contraire la présence dans la mer des ICHTHYOBDELLIDÆ s'explique par le fait que le genre le moins élevé de la famille, le genre *Piscicola*, est parasite des poissons d'eau douce. Il a été vraisemblablement importé des eaux douces dans la mer par les poissons migrateurs et est devenu la souche des ICHTHYOBDELLIDÆ marins. La famille des ICHTHYOBDELLIDÆ ne peut être d'ailleurs qu'un rameau terminal de l'arbre généalogique des Hirudinées, comme l'indique le développement des ventouses, la division du corps en régions, l'apparition sur la région moyenne de branchies secondaires (*Branchellio, Ozobranchus*, fig. 1184) et la forme réticulée des néphridies qui est, ainsi que nous l'avons fait remarquer pour les Oligochètes (p. 1690), non pas une forme primitive de ces organes, mais une forme profondément modifiée.

Morphologie externe. — Le corps des Hirudinées est toujours divisé par des sillons transversaux annulaires en nombreux segments. Contrairement à ce qui a lieu chez les Oligochètes et la très grande majorité des Polychètes, les segments qui se succèdent ne sont pas rigoureusement semblables entre eux, mais se modifient suivant une périodicité constante dans la région moyenne du corps, de sorte que deux segments identiques sont toujours séparés par un nombre déterminé, mais variable d'un genre à l'autre, de segments différents. Un examen, même superficiel, de ces segments fait bien vite reconnaître l'existence à leur surface de papilles saillantes, tout au moins de taches pigmentaires ou de corpuscules sphéroïdaux, enfouis dans les téguments et qui sont eux-mêmes disposés avec une remarquable régularité. Dans les segments où ces papilles, taches ou corpuscules sont au complet, on les trouve distribués suivant dix-huit lignes longitudinales, huit dorsales (fig. 1185), huit ventrales, deux latérales ou *marginales*; les lignes dorsales et ventrales sont désignées à partir de la ligne médiane sous les noms de lignes *paramédiane interne, paramédiane externe, paramarginale interne, paramarginale externe*. Ces lignes partagent les faces dorsale et ventrale en bandes ou *champs*, qui sont : le *champ médian* compris entre les deux paramédianes internes et, à partir de ce champ, successivement les champs *paramédian, intermédiaire, paramarginal* et *marginal*. Or, il est facile de constater que dans tous les groupes de segments différents qui se succèdent pour former le corps d'une Hirudinée, il y en a généralement un sur lequel les papilles, taches ou corpuscules sont plus nombreux ou plus développés que sur les autres; on peut convenir de le considérer comme le premier de chaque groupe, dont le dernier segment se trouve par cela même nettement défini. Nous appellerons *zoïde* chacun de ces groupes de segments, *méride* chacun des segments qui composent un zoïde; ces dénominations sont conformes, on le verra tout à l'heure, à la nomenclature générale dont nous avons exposé les bases p. 43. Dans la région antérieure du corps, et dans sa région postérieure, on trouve toujours plusieurs zoïdes successifs dans lesquels le nombre des mérides est réduit; la réduction ne porte que sur les mérides postérieurs de chaque zoïde, et finalement il peut arriver que le méride antérieur, toujours reconnaissable à son ornementation particulière, subsiste seul; ce méride ne disparaissant jamais, l'importance que nous lui avons attribuée se trouve justifiée; nous le désignerons sous le nom de *céphaloméride*. Dans la région antérieure du corps, un certain nombre des papilles ou des corpuscules des céphalomérides se modifient et constituent les *yeux*, dont il existe en général une paire pour chacun des zoïdes antérieurs. Cette transformation des papilles, taches ou corpuscules des protomérides, témoigne que ces ornementations diverses sont des organes de sensibilité

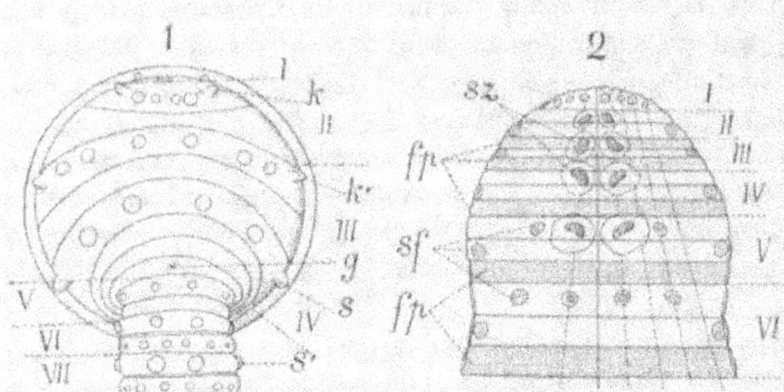

Fig. 1185. — Extrémité antérieure de Sangsues; les chiffres romains désignent les zoïdes successifs. — 1. Région céphalique de *Pontobdella*; *k*, *k'*, papilles correspondant aux lignes paramédianes internes et externes; *s*, *s'*, papilles correspondant aux lignes paramarginales. — 2. Région céphalique de la *Glossosiphonia tessulata*; les lignes obliques ponctuées indiquent les rangées longitudinales d'organes sensitifs; elles aboutissent sur le 1er zoïde aux *organes cyatiformes*: *sz*, paires d'yeux; *fp*, pigmentation brune superficielle du 3e méride de chaque zoïde; *sf*, taches jaunes caractéristiques (d'après Apathy).

et que, dans chaque zoïde, le céphaloméride est essentiellement un *méride sensitif*. Si maintenant on compare le corps d'une Hirudinée avec celui d'une *Myrianida*, d'un *Autolytus* ou d'une *Naïs* en voie de gemmation, on sera frappé des ressemblances qui existent entre eux; à s'en tenir aux apparences extérieures, le corps d'une Hirudinée apparaîtra comme comparable non pas à celui d'un Polychète errant ou d'un Lombric, formé de mérides équivalents entre eux, mais comme formé par une succession linéaire de gemmes ayant chacune la valeur morphologique d'un zoïde [1]. La gemmation s'est limitée à la paroi du corps, comme elle le fait au début chez les autres Annelés, et n'a pas atteint les organes internes. Cette limitation du phénomène n'a rien qui puisse paraître exceptionnel.

Dans la région céphalique, chaque paire d'yeux tenant la place de l'une des paires de *papilles segmentaires*, caractéristiques des céphalomérides des autres régions du corps, permet de dénombrer les zoïdes qui prennent part à la constitution de l'extré-

---

[1] On emploie souvent le mot de *somite* pour désigner ce que nous appelons ici un *zoïde*; celui d'*anneau* pour désigner ce que nous appelons un *méride*. Nous avons d'autant moins de raison d'abandonner ici les expressions que nous avons proposées, en 1881, comme applicables au Règne animal tout entier et qui gardent, dans le cas actuel, leur acception claire et précise que, dès qu'il ne s'agit plus des Hirudinées, les mots *somite* et *anneau* sont presque toujours employés comme synonymes.

mité antérieure. Toutefois, le premier méride oculifère n'est jamais terminal; il est précédé d'un (*Aulastoma, Hirudo, Dina, Glossosiphonia bioculata, Placobdella*), deux (*Herpobdella, Hemiclepsis marginata*) ou même trois mérides (*Glossosiphonia*); le premier de ces mérides portant des organes sensitifs très développés, les *corpuscules cyathiformes* de Leydig, doit être considéré comme un céphaloméride, et le segment

préoculaire, quel que soit le nombre des mérides qui le composent, comme un zoïde au même titre que les suivants. C'est le premier zoïde [1] du corps qui, dès lors, en compte constamment vingt-sept chez les ARYNCHOBDELLA et les RHYNCHOBDELLA, non compris la ventouse postérieure; dans ces deux ordres, les seuls qui aient été étudiés à ce point de vue, l'orifice génital mâle est toujours placé sur le 10e zoïde, l'orifice femelle sur le 12e.

Les zoïdes des deux extrémités du corps sont, en général, formés d'un nombre de mérides moindre que ceux de la région moyenne, et le nombre varie d'un zoïde à l'autre; pour chaque espèce et parfois pour toute l'étendue d'un genre ou même d'une famille, le nombre des mérides constituant les zoïdes moyens est au contraire constant, surtout lorsqu'il est peu élevé; il est, en effet, de 14 chez les *Piscicola*, de 7 chez les *Cystobranchus*, de 6 chez les *Pontobdella*, *Ichthyobdella* et *Trachelobdella*, de 5 chez les HIRUDINIDÆ, les *Herpobdella* (fig. 1186) et les *Dina*, de 3 chez les *Ozobranchus*, les *Branchellio* et les GLOSSOSIPHONIDÆ. Accidentellement quelques-uns des mérides peuvent se dédoubler, c'est ce qui a lieu chez la *Trocheta subviridis* dont les zoïdes moyens peuvent ainsi paraître formés de 6 à 11 mérides et en présentent généralement 8; il peut aussi se produire des soudures que l'on reconnaît à ce que le nombre des organes sensitifs est doublé dans les segments formés de deux mérides

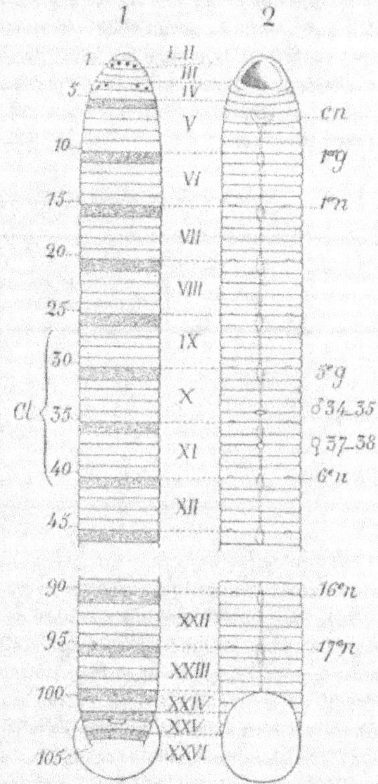

Fig. 1186. — Schéma des deux extrémités de l'*Herpobdella atomaria*. — 1, face dorsale; 2, face ventrale; *cl.* clitellum; *cn,* connectif œsophagien; 1er *g,* 1er ganglion; *n,* orifice néphridien; entre les mérides 34-35, orifice mâle; entre les mérides 37-38, orifice femelle. Les chiffres arabes numérotent les mérides; les chiffres romains, les zoïdes (d'après Raphaël Blanchard).

confondus. Cette soudure peut même avoir lieu entre deux zoïdes réduits à leur céphaloméride, ce qui arrive, par exemple, pour le 2e et le 3e zoïdes de

[1] APATHY, dans ses descriptions, donne toujours à ce zoïde le n° 1; M. RAPHAEL BLANCHARD le supprime au contraire, de sorte qu'il faut augmenter les nombres donnés par ce dernier savant d'une unité pour retrouver ceux d'Apathy qui sont adoptés ici, comme plus conformes aux principes de Morphologie générale exposés p. 51.

certains exemplaires de l'*Herpobdella atomaria* dont le 2e segment apparent porte quatre yeux.

En général, chez les ARYNCHOBDELLA et les GLOSSOSIPHONIDÆ, les mérides vont en s'élargissant peu à peu, tout en gardant la même longueur jusqu'à une certaine limite, à partir de l'extrémité antérieure du corps, de sorte que le corps se dilate graduellement jusqu'à ce que ses bords deviennent parallèles, sans que l'on y puisse distinguer, dans la période de repos des organes génitaux, aucune région particulière; toutefois les quatre ou cinq premiers zoïdes ne comprennent qu'un nombre de mérides inférieur au nombre présenté par les zoïdes moyens. C'est ainsi que le nombre des mérides contenus dans ces premiers zoïdes peut être représenté par le tableau suivant :

Nombre de mérides contenus dans les sept premiers zoïdes.

NOMS DES FAMILLES GENRES OU ESPÈCES	Zoïde I ou préoculaire.	Zoïde II 1er zoïde oculifère.	Zoïde III.	Zoïde IV.	Zoïde V.	Zoïde VI.	Zoïde VII.
Hirudinidæ	1	1	1	2	3	3	3
Herpobdella octoculata	1	1	1	2	3	5	5
— atomaria	1	1	1	2	2	5	5
Trocheta subviridis	1	1	1	1	2	3	6 à 11
Placobdella	3	2	3	3	3	3	3
Glossosiphonia complanata	2	1	1	2	3	3	3
Hemiclepsis tessellata	1	2	3	3	3	3	3
— marginata	2	1	3	3	3	3	3
Hæmenteria	3	1	2	3	3	3	3

Chez toutes les Sangsues comprises dans le tableau précédent, la ventouse antérieure est simplement représentée par une excavation triangulaire, creusée à la face ventrale des quatre premiers zoïdes et que rien n'indique à la face dorsale. La bouche s'ouvre au fond de cette excavation ou à son sommet antérieur (*Placobdella, Hæmenteria*). Toutefois le corps, après s'être rétréci dans la région du 6e zoïde, s'élargit de nouveau dans la région du 5e, puis se rétrécit peu à peu; le 6e zoïde forme ainsi une sorte de cou supportant une tête constituée par les cinq premiers. Chez l'*Hemiclepsis marginata* (fig. 1187), ce cou commence insensiblement; à partir du 3e zoïde, le corps se rétrécit peu à peu jusqu'au bord antérieur du 5e où le rétrécissement est maximum, puis ses bords deviennent parallèles et un cou rétréci est constitué par le 6e zoïde et les derniers mérides du 5e; les zoïdes 1 à 4 forment ensemble une dilatation cordiforme très nette qu'il suffit d'exagérer, en laissant à son ouverture la forme d'une grande ellipse, pour obtenir la grande ventouse ovoïde des *Pontobdella* (fig. 1185, n° 1), puis la ventouse plus ou moins discoïde des autres ICHTHYOBDELLIDÆ (fig. 1188 et 1190). On distingue encore nettement les limites des mérides appartenant aux quatre premiers zoïdes sur la ventouse des *Pontobdella* et des jeunes *Branchellio*; ces limites s'effacent sur la ventouse discoïde des autres ICHTHYOBDELLIDÆ (fig. 1188). Chez toutes ces Sangsues, la ventouse est suivie par une région du corps rétrécie, à bords à peu près parallèles, qu'on nomme, comme chez les précédentes, le *cou*. Cette région commence avec les derniers mérides du 4e zoïde, et peut comprendre les sept zoïdes suivants; c'est à sa base, c'est-à-dire sur les 11e et

12e zoïdes, comme dans les autres groupes, que sont situés les orifices génitaux ; mais, tandis que chez les ARHYNCHOBDELLA, les téguments des deux zoïdes génitaux, d'une partie au moins de celui qui les précède et quelquefois de celui qui les suit (*Herpobdella*, *Dina*), se renflent en un *clitellum* analogue à celui des Oligochètes, chez la plupart des ICHTHYOBDELLIDÆ les segments génitaux, tout au moins le dernier, se rétrécissent de manière à former une région étranglée ; chez les seuls *Branchellio*, le zoïde mâle forme une sorte de clitellum sphéroïdal. En outre, chez les *Branchellio* et *Trachelobdella*, le bord antérieur du zoïde qui précède le zoïde mâle et de celui qui suit le zoïde femelle se soulèvent en un pli circulaire, le *pli préputial*, qui se rabat en arrière ; ce pli n'est qu'indiqué chez les *Ichthyobdella* et *Piscicola* ; il est représenté par des papilles particulièrement saillantes chez les *Pontobdella*. La *ventouse* et le *cou* se terminant avec le 12e zoïde, forment, en somme, chez les ICHTHYOBDELLIDÆ deux régions du corps nettement distinctes ; la dernière se termine par les segments génitaux, comme la région clitellienne des ARHYNCHOBDELLA ; si l'on distrait du cou

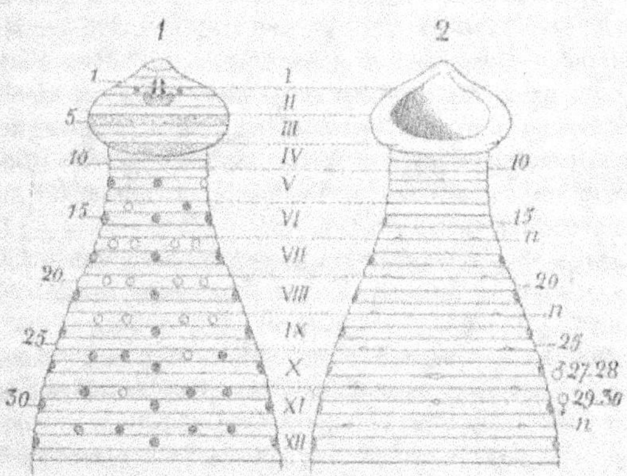

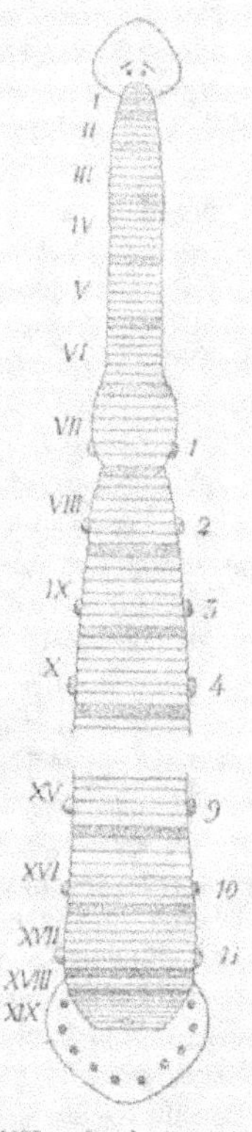

Fig. 1187. — Schéma de l'extrémité antérieure de l'*Hemiclepsis marginata*. Mêmes lettres que dans la figure précédente (d'après Raphaël Blanchard, ainsi que la figure 1188).

Fig. 1188. — Les deux extrémités du *Cystobranchus fasciatus*. — Les chiffres romains désignent les zoïdes du cou et de la région moyenne ; les chiffres arabes, les vésicules contractiles latérales.

des ICHTHYOBDELLIDÆ les trois zoïdes clitelliens des autres familles et les trois zoïdes qui appartiennent franchement à la ventouse, il reste six zoïdes dont, par une convention d'ailleurs arbitraire, trois peuvent être rattachés aux zoïdes de la ventouse pour former une *région buccale* du corps, les trois autres constituant une *région préclitellienne* ; mais il n'existe entre ces régions aucune démarcation absolue. Au contraire, le cou des ICHTHYOBDELLIDÆ, auquel ne correspond aucune différenciation autre que le clitellum, est habituellement dépourvu des appendices que porte souvent la région suivante ou *région abdominale*, tels que les vésicules respi-

ratoires des *Cystobranchus* (fig. 1188), *Piscicola*, *Trachelobdella*, les branchies simples
des *Branchellio*, les branchies ramifiées des *Ozobranchus* (fig. 1184, p. 1728). Toutefois le cou des *Trachelobdella* porte, sur quatre de ses mérides, une paire de tubercules non respiratoires plus ou moins apparents.

On peut attribuer, en général, douze zoïdes à la *région abdominale*, ce qui conduit
jusqu'au 24ᵉ zoïde inclusivement; les zoïdes suivants (25 à 27) et quelquefois le 24ᵉ
sont généralement réduits à deux mérides ou même à un seul (*Hæmadipsa*). Cette
région à zoïdes réduits se fait aussi remarquer chez les ICHTHYOBDELLIDÆ par la disparition des appendices respiratoires; on peut la désigner sous les noms de *région
anale* ou de *région rectale*. L'anus est toujours situé du côté dorsal, sur cette région,
très rarement sur la ventouse elle-même (*Hemiclepsis marginata*). On le trouve
chez les *Hirudo* et la plupart des *Glossosiphonia* entre la ventouse et le 27ᵉ zoïde,
chez les *Glossosiphonia sexoculata* et les *Placobdella*, entre les deux mérides du
27ᵉ zoïde; chez les *Aulastoma* entre les 26ᵉ et 27ᵉ zoïdes; sur le 26ᵉ ou entre les
26ᵉ et 25ᵉ chez les *Herpobdella* et les ICHTHYOBDELLIDÆ.

Quant à la ventouse terminale, son mode d'innervation, les papilles segmentaires
qu'elle porte souvent, indiquent clairement qu'elle est composée par la réunion
d'un certain nombre de zoïdes réduits que l'on peut évaluer à six (Apathy), ce qui
porterait à 33 le nombre total des zoïdes qui entrent dans la constitution du corps
d'une Hirudinée. Ces zoïdes sont à peine différenciés chez les *Lumbricobdella*
qui n'ont pas de ventouse postérieure. Par la fixité du nombre des zoïdes constitutifs de leur corps, les Hirudinées contrastent avec les Oligochètes et les Polychètes où le nombre des mérides est si variable d'un genre ou même d'une espèce
à l'autre; elles apparaissent comme des organismes régularisés à la façon des
Malacostracés parmi les Arthropodes aquatiques ou parmi les Arthropodes terrestres, des Insectes qui ont aussi un nombre fixe de segments, et couronnent des
séries où ce nombre est éminemment variable.

Structure des parois du corps [1]. — Les parois du corps (fig. 1189) sont composées des *téguments* proprement dits et des *muscles*.

Les téguments comprennent : 1º la *cuticule*; 2º l'*épiderme*; 3º le *derme*.

La *cuticule* est une membrane hyaline, sans structure, un peu élastique, présentant sur toute la surface de petits orifices correspondant aux nombreuses glandes
uni-cellulaires de l'épiderme. La substance cuticulaire est sécrétée d'une manière
incessante par les cellules épidermiques ; la cuticule est, en conséquence, sans cesse
renouvelée, et ses couches superficielles sont rejetées, à des intervalles plus ou
moins rapprochés, par une véritable mue.

L'*épiderme* consiste en une simple couche de cellules nucléées dont un grand
nombre sont transformées en cellules sensitives, ou en glandes uni-cellulaires qui
peuvent garder leur position dans la couche épidermique, ou s'enfoncer dans les
couches sous-jacentes. Parmi les cellules épidermiques peuvent s'insinuer jusqu'à
la cuticule soit des cellules pigmentaires de nature conjonctive, soit des capillaires.
Chez les *Piscicola*, l'épiderme est constitué simplement par une couche uniforme de
cellules cylindriques, à très gros noyaux, à extrémité interne arrondie, parmi les-

[1] A.-G. BOURNE. *Contribution to the anatomy of the Hirudinea*, Q. Journal of Microscopical Science, 3ᵉ série, t. XXIV, 1884.

quelles tranchent les cellules glandulaires, mais où ne pénètrent ni les cellules pigmentaires ni les capillaires. Chez les *Branchellio*, *Pontobdella*, les cellules sont, au contraire, de dimensions très inégales et entremêlées d'une grande quantité de cellules pigmentaires et de capillaires; elles prennent une forme aplatie sur la face ventrale des *Branchellio*. Les *Glossosiphonia* ont, comme les *Piscicola*, un épiderme formé de cellules régulières, mais entremêlées de cellules pigmentaires; cependant les capillaires n'arrivent pas jusqu'à elles. Enfin chez toutes les ARHYNCHOBDELLA les cellules épithéliales sont longues, étroites, à noyau petit; d'abondantes cellules pigmentaires et un réseau capillaire assez serré pénètrent toujours dans la couche épidermique.

Les cellules glandulaires épidermiques, toujours uni-cellulaires, sont de deux sortes : les *glandes muqueuses*, qui continuent à faire partie intégrante de l'épiderme, et les *glandes à sécrétions spéciales*, qui s'enfoncent plus ou moins profondément dans les tissus musculaires sous-jacents.

Les *glandes muqueuses* sont reconnaissables à ce qu'elles s'emplissent peu à peu d'un globe de mucus qui refoule vers la périphérie le noyau enveloppé d'une mince couche protoplasmique. Très nombreuses, réparties sur toute la surface du corps, elles ne dépassent guère le niveau profond des cellules de soutien chez les *Piscicola* et *Hæmadipsa*; elles s'allongent partout ailleurs, et surtout chez les RHYNCHOBDELLA, de manière à s'enfoncer dans la couche dermique; leur affinité pour les matières colorantes varie avec leur activité.

Parmi les glandes à sécrétions spéciales il y a lieu de distinguer les *glandes prostomiennes*, les *glandes salivaires* et les *glandes clitelliennes*.

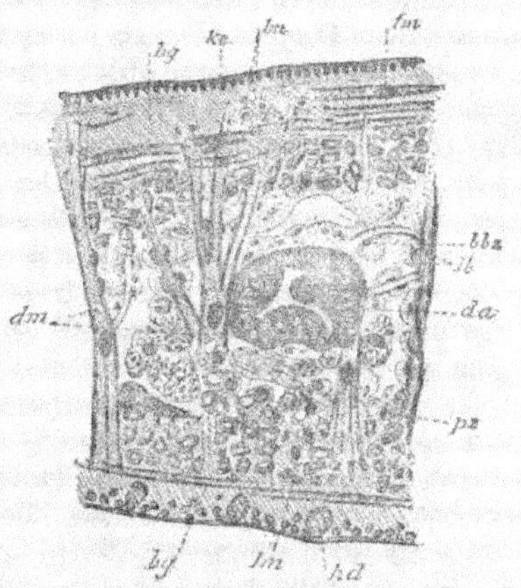

Fig. 1189. — Partie latérale d'une coupe verticale pratiquée dans la région moyenne des corps de la *Glossosiphonia complanata*. — *ke*, épithélium; *hd*, glandes cutanées; *pz*, cellules conjonctives; *lm*, fibres musculaires longitudinales; *dm*, fibres musculaires dorso-ventrales; *da*, branche intestinale; *bg*, vaisseaux sanguins; *lb*, espaces sanguins lymphatiques; *bbz*, cellules formatrices du sang de l'appareil lymphatique (d'après A. Lang).

Les *glandes prostomiennes* paraissent propres aux ARHYNCHOBDELLA (*Herpobdella*, *Hæmopis*, *Hirudo*); elles sont situées dans le prostomium et dans la région qui avoisine la bouche, autour de laquelle s'ouvrent leurs canaux excréteurs; leur contenu ne se colore pas par le carmin boracique; leur rôle est inconnu. Les *glandes salivaires* ne se montrent que beaucoup plus loin; elles existent chez toutes les Hirudinées, et leur contenu grossièrement granuleux se colore en rouge par le carmin boracique. Grandes, très nombreuses, elles possèdent de longs canaux excréteurs qui s'ouvrent, chez les HIRUDINIDÆ, à la surface des plis qui portent les dents, et chez les RHYNCHOBDELLA dans les parois du pharynx; ce dernier, en se protractant, entraîne avec lui et ramène à la forme rectiligne les canaux excréteurs, sinueux à l'état de repos. Les *glandes clitelliniennes* ne se développent qu'en arrière des glandes salivaires, dans la région du clitellum et parfois jusqu'à l'extrémité postérieure du corps (*Piscicola*, *Pontobdella*, *Branchellio*); elles ne manquent que chez *Glossosiphonia*, qui n'enferment pas leurs œufs dans un cocon. Chez les ARHYNCHOBDELLA, elles sont très multipliées, par groupes de quatre ou cinq, dans le tissu conjonctif qui sépare les faisceaux musculaires, et leurs canaux excréteurs rayonnants viennent s'ouvrir à la surface du clitellum. Chez les ICHTHYOBELLIDÆ elles s'allongent entre les faisceaux musculaires longitudinaux et l'épiderme; leurs canaux excréteurs, réunis en faisceaux, se dirigent en avant pour s'ouvrir à la surface du clitellum; chaque faisceau peut contenir jusqu'à 400 canaux chez la *Pontobdella*, au voisinage de cet organe; avec les matières colorantes, ces glandes se comportent différemment suivant leur phase d'activité.

Les *cellules sensorielles* sont en connexion avec les bouquets de ramifications terminales des nerfs; comme d'habitude elles présentent une partie basilaire renflée contenant le noyau et un col périphérique plus ou moins allongé.

Sous l'épiderme se trouve un *derme* conjonctif qui prend part à la formation des papilles et s'épaissit dans toutes les régions saillantes des mérides. Il est formé d'une substance fondamentale gélatineuse, contenant des cellules conjonctives de forme variée, des vaisseaux et, sauf chez les *Herpobdella*, *Trocheta* et *Glossosiphonia*, de courtes fibres musculaires. Ces fibres actionnent, chez les *Pontobdella*, les papilles du derme, les rétractent plus ou moins ou les laissent, au contraire, saillir.

Comme chez les autres Annelés, les muscles de la paroi du corps des Sangsues se répartissent en une couche externe de *muscles transverses*, et de nombreux faisceaux de *muscles longitudinaux* (fig. 1189, *tm*, *lm*). Entre les muscles transverses et les muscles longitudinaux se trouve souvent une couche de *muscles obliques* (*Hirudo*, *Pontobdella*, etc.). La couche des muscles longitudinaux est formée de faisceaux de fibres plongés dans du tissu conjonctif; les faisceaux peuvent être eux-mêmes disposés en une seule (*Glossosiphonia*, *Pontobdella*) ou plusieurs couches irrégulières superposées (*Hirudo*). Ces faisceaux musculaires longitudinaux et le tissu conjonctif dans lequel ils sont plongés ne laissent subsister de la cavité générale que d'étroits canaux ou *sinus sanguins*, en communication avec l'appareil circulatoire.

Les couches musculaires dont il vient d'être question sont traversées par d'autres faisceaux musculaires, situés dans des plans verticaux; les plus rapprochés du tube digestif portent le nom de *muscles dorso-ventraux* (*dm*), et les plus éloignés le nom de *muscles radiaux*. Ces muscles s'étendent entre deux points plus ou moins éloignés de la paroi du corps, et s'épanouissent en pinceau à leurs deux extrémités, pour se terminer immédiatement au-dessous de l'épiderme; les plus voisins de la ligne médiane passent entre les dilatations cæcales du tube digestif et le tube lui-même. Ils ne sont pas uniformément répartis dans toute la longueur du corps, mais se disposent en plans successifs qui correspondent morphologiquement aux dissépiments des Oligochètes et des Polychètes. Ils s'unissent aux paires du pharynx chez les HIRUDINIDÆ et prennent une part importante à l'acte de la succion.

Les fibres musculaires tégumentaires des Hirudinées sont de longues cellules à section elliptique ou circulaire dont la région périphérique est formée de fibrilles contractiles et la région axiale d'une substance médullaire granuleuse dans laquelle est plongé le noyau.

Tissu conjonctif. — Le tissu conjonctif dans lequel les fibres musculaires sont

immergées et qui envahit presque toute la cavité générale, présente partout les
mêmes caractères, mais il est d'autant plus développé que la Sangsue est moins
capable de raidir son corps en contractant ses muscles. L'abondance de ce tissu
va donc en croissant du premier au dernier des genres *Glossosiphonia*, *Herpobdella*,
Pontobdella, *Trocheta*, *Hirudo*, *Hæmopis*. Il est constitué par une abondante substance interstitielle, gélatineuse, dans laquelle sont parsemés des éléments susceptibles de présenter de nombreux aspects. Quelques-uns gardent la forme sphéroïdale, mais se remplissent de granulations très réfringentes, verdâtres (*Piscicola*),
de gouttelettes d'une substance semi-fluide qui leur donne un aspect bariolé (*Pontobdella*, *Glossosiphonia*) ou de globules de graisse (*Glossosiphonia*); ces cellules
adipeuses ne se rencontrent jamais chez les HIRUDINIDÆ, où l'on ne voit même de
cellules conjonctives sphéroïdales que dans les genres *Trocheta* et *Hæmopis*. Dans
ce dernier genre, elles semblent toujours en voie d'active transformation. La plupart des éléments conjonctifs prennent une forme étoilée et se remplissent de globules non susceptibles de confluer, ne se dissolvant pas dans l'éther, mais se colorant
en noir par l'acide osmique, tandis que leurs rayons s'allongent en gros filaments
qui parcourent en tous les sens la substance interstitielle. D'autres éléments se remplissent de granulations pigmentaires, brunes ou d'un vert brunâtre (RHYNCHO-
BDELLA), et forment un réseau à plusieurs assises dans les couches les plus profondes
du derme; au-dessus de ces couches sont des ilots isolés de cellules analogues et
tout près de l'épiderme une nouvelle couche de cellules très déchiquetées dont
les prolongements pénètrent parmi les cellules épidermiques (*Pontobdella*, *Glossosiphonia*, *Piscicola*); les cellules pigmentaires de ces divers horizons sont toutes
également étoilées chez les *Branchellio*, et le pigment est porté à son maximum de
développement dans la couche sous-épidermique et dans les branchies.

Dans l'ordre de ARHYNCHOBDELLA les cellules pigmentées, au lieu d'être disposées
en réseaux comme chez les RHYNCHOBDELLA, sont employées à la formation d'une
série de tissus remarquables (*tissus bothryoïde* et *fibro-vasculaire*). Le tissu bothryoïde
est constitué de corpuscules arrondis qui bientôt poussent des prolongements en
tous sens, en même temps qu'ils forment à leur intérieur des granulations pigmentaires. Les éléments ainsi transformés se disposent en trainées dans lesquelles ne
tardent pas à apparaitre des canaux; ces canaux entrent en communication les uns
avec les autres et finalement s'ouvrent soit dans les vaisseaux proprement dits,
soit dans les sinus sanguins. Toutes ces transformations s'accomplissent rapidement
et peuvent être suivies facilement chez les *Hæmopis*, dont la puissance d'assimilation
est telle qu'elles digèrent en quelques jours un repas que les *Hirudo* doivent éla-
borer pendant deux ans. D'autre part, chez les *Herpobdella* et *Trocheta*, sur les
canaux bothryoïdes se développent des séries de diverticules dans lesquelles sont
logés les pavillons néphridiens.

Les canaux du tissu bothryoïde sont eux-mêmes en communication avec de véritables vaisseaux à parois recouvertes de cellules pigmentaires qui forment le *tissu
fibro-vasculaire*, à son tour en continuité avec les capillaires dermiques. Ces derniers
ne sont peut-être qu'une transformation ultime du tissu bothryoïde, résultant de la
multiplication et de la réduction simultanées des cellules qui finissent par ne plus
former qu'une mince membrane, la paroi du capillaire. Certains capillaires peuvent
d'ailleurs résulter d'une simple vacuolisation d'éléments conjonctifs; tels sont les

capillaires de la portion gastro-iléale du tube digestif. Cet ensemble de formations parcourues par le sang chez les ARHYNCHOBDELLA sont évidemment homologues du tissu pigmentaire des RHYNCHOBDELLA.

Dans les vaisseaux, dans les sinus sanguins, dans les canaux du tissu bothryoïde on ne trouve qu'un seul et même liquide, qui doit être, en conséquence, désigné sous le nom d'*hémolymphe*. Ce liquide est incolore chez les RHYNCHOBDELLA et contient un très grand nombre de corpuscules amiboïdes, nucléés, mélangés, dans les plus grands canaux de cellules arrondies, détachées des parois des sinus et que leurs dimensions empêchent de pénétrer dans les petits canaux (*Pontobdella, Glossosiphonia*). Chez les ARHYNCHOBDELLA, l'hémolymphe est rouge; elle tient en dissolution de l'hémoglobine qui peut cristalliser, de la fibrine qui détermine sa coagulation rapide; elle garde en suspension des corpuscules amiboïdes incolores.

Appareil digestif. — Le tube digestif des Hirudinées est généralement droit, et l'on y peut, en général, distinguer quatre régions : 1° l'*œsophage* (*pharynx* et, chez les RHYNCHOBDELLA, *trompe*); 2° l'*estomac* (*ingluvies* de Gratiolet); 3° l'*intestin* (région *gastro-iléale*) et 4° le *rectum*.

Nous avons vu que le corps des Hirudinées était terminé en avant par un zoïde plus ou moins complexe, le *prostomium*, creusé en dessous d'une concavité triangulaire, à base dirigée en arrière et limitée postérieurement par une sorte de lèvre transversale. Il convient de distinguer de la bouche véritable l'ouverture de cette cavité dite *cavité cotyloïde*; la bouche réelle s'ouvre habituellement au fond de cette cavité (ARHYNCHOBDELLA); mais chez les RHYNCHOBDELLA il peut en être autrement.

L'ouverture de la cavité cotyloïde des *Glossosiphonia* est une fente longitudinale qui s'étend du 1ᵉʳ au 3ᵉ zoïde; du bord antérieur du 5ᵉ zoïde jusqu'au 8ᵉ s'étendent chez le *G. bioculata*, le long de la paroi supérieure de la cavité buccale, deux plis longitudinaux très voisins de la ligne médiane, qui peuvent s'effacer complètement quand l'animal est au repos, mais qui d'ordinaire se rapprochent de manière à former un canal complet, continuant la cavité pharyngienne, ouvert antérieurement en une fente transversale, au travers de laquelle l'animal fait saillir sa

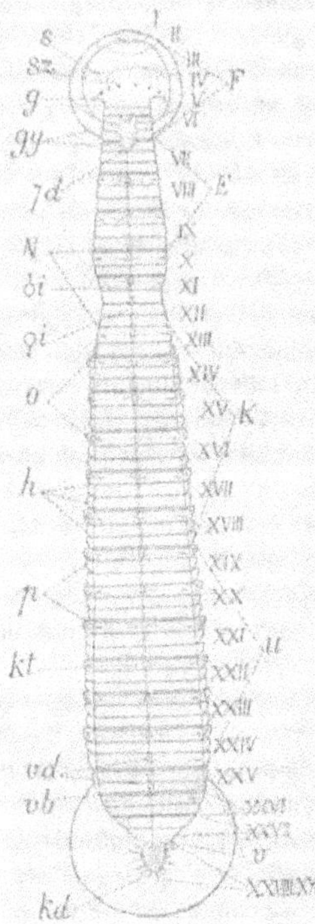

Fig. 1190. — Jeune *Branchellio.* — *s*, ventouse antérieure; *sz*, taches oculaires; *g*, ouverture pharyngienne; *gy*, masse ganglionnaire sous-œsophagienne; *X*, chaîne nerveuse; ♂, ♀, orifices génitaux; *O*, vésicules contractiles; *h*, plis branchiaux; *p*, septums principaux; *kt*, ganglions de la chaîne ventrale; *vd*, ganglions de la région anale; *vb*, anus; *kd*, masse ganglionnaire de la ventouse anale; *F*, région céphalique; *E*, préclitellum; *K*, région de l'intestin moyen; *U*, région de l'intestin postérieur; *V*, région anale (d'après Apathy).

longue trompe; ce canal lui sert de soutien. Les deux bords de ce canal temporaire se soudent-ils, un tube se forme qui s'ouvre, chez les *Hæmenteria* et les *Placobdella*, au bord antérieur de la ventouse, tout au sommet du prostomium. Si maintenant

on suppose que le prostomium et la lèvre inférieure s'agrandissent beaucoup,
comme cela arrive déjà chez les *Xerobdella* et les *Hemiclepsis*, on aura la grande
ventouse discoïdale (*Piscicola, Branchellio*, fig. 1190) ou en cloche (*Pontobdella*, fig. 1183)
des ICHTHYOBDELLIDÆ.

La bouche véritable, située au fond de la cavité cotyloïde, conduit, chez les
ARHYNCHOBDELLA, dans un pharynx musculeux dont les parois, lisses chez les *Leio-
stoma*, présentent, en général, un nombre variable de plis longitudinaux, douze chez
les *Semiscolex*, dix chez les *Cylicobdella*, six chez les *Hexabdella*, trois enfin chez les
Herpobdella, un dorsal et deux latéraux; l'arête la plus saillante de ces plis se
couvre, chez les *Trocheta*, d'une bande chitineuse; c'est la première indication
de trois mâchoires qui deviennent plus grandes, mais demeurent avec un bord
lisse chez les *Pinacobdella* et les *Hylobdella*, acquièrent un développement plus grand
encore chez les *Limnatis*, et présentent finalement un bord libre, finement denticulé,
chez les HIRUDINIDÆ (fig. 1191). Ces mâchoires
sont mues par des muscles spéciaux, et c'est grâce
à elles que la Sangsue médicinale et les Sangsues
analogues peuvent percer la peau et sucer le sang
des animaux supérieurs. Chacune des dents de ces
mâchoires est sécrétée par une capsule spéciale,
tapissée de cellules épithéliales; la mâchoire elle-
même a une forme semi-lunaire. Des muscles
actionnent les trois mâchoires, les font manœu-
vrer comme trois petites scies capables de couper
la peau, ou leur impriment des mouvements d'écartement et de rapprochement (fig. 1191, *b*). La
mâchoire supérieure manque chez les quelques
Hæmadipsa. Les *Branchiobdella* n'ont aussi que deux

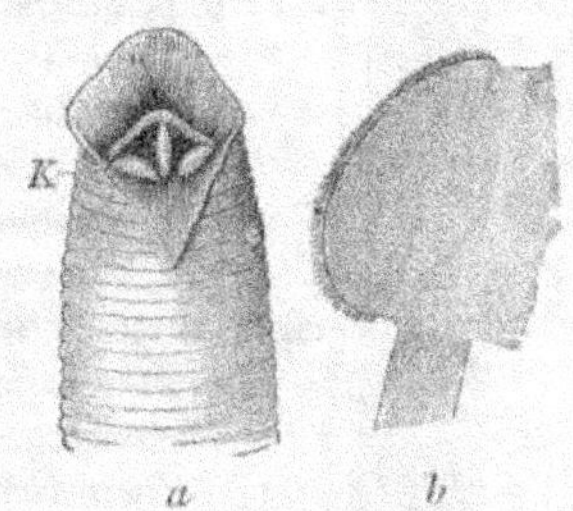

Fig. 1191. — *Hirudo medicinalis*. *a*,
extrémité antérieure ouverte en avant
pour montrer les mâchoires *K*; *b*, une
des mâchoires.

mâchoires, l'une dorsale, l'autre ventrale, dont le bord postérieur, toujours denté,
peut être saillante et triangulaire (*B. parasita*) ou concave (*B. astaci*).

Tout autrement constitué est l'œsophage des RHYNCHOBDELLA. Une gaine s'ouvrant
au dehors contient ici un organe cylindrique, creux, exsertile, à parois rappelant
exactement la structure des parois du corps; c'est la *trompe*, dont l'extrémité postérieure est en continuité avec l'œsophage proprement dit. Elle est constituée par
une couche interne d'épithélium, des muscles rayonnants, une couche de muscles
circulaires et enfin une couche de muscles longitudinaux. Les muscles rayonnants
s'étendent à travers les deux autres couches et sont développés au maximum
dans la couche des muscles longitudinaux, parmi lesquels se trouvent encore de
nombreux vaisseaux et les canaux excréteurs des glandes salivaires. Les mouvements de la trompe sont assurés : 1° par des muscles protracteurs qui s'insèrent,
d'une part à la paroi du corps, au voisinage de l'orifice externe de la gaine, d'autre
part à la région où la gaine elle-même se soude avec la trompe; 2° par des muscles rétracteurs qui s'insèrent à la base de la trompe et se dirigent en arrière
vers la paroi du corps. La cavité de la trompe a la forme d'une fente à trois branches. Un œsophage étroit fait suite à la trompe chez les *Glossosiphonia* et les *Batrachobdella*; il décrit, dans le premier de ces genres, une boucle complète; il est
simplement sinueux dans le second. En arrière de la trompe, le tube digestif va

graduellement en s'élargissant chez les *Pontobdella*, de sorte qu'on peut à peine y distinguer une région œsophagienne.

L'œsophage des ARHYNCHOBDELLA présente une structure analogue à celle de la trompe; il est aussi constitué par un épithélium interne et des fibres musculaires rayonnantes, annulaires et longitudinales. Il conduit dans une cavité stomacale fort allongée qui, chez les *Branchiobdella*, *Herpobdella*, *Trocheta*, *Pontobdella*, est un tube droit moniliforme, présentant un étranglement à l'extrémité de chaque zoïde. La dernière de ces poches s'étend jusqu'au voisinage de l'extrémité postérieure du corps chez les *Pontobdella*, où elle se termine en cæcum. Dans un grand nombre de genres les poches stomacales successives, séparées les unes des autres par une sorte de repli valvulaire, s'allongent de manière à former deux cæcums latéraux dont la dernière paire est toujours beaucoup plus allongée que les autres. Le nombre de ces poches est de onze chez les *Batrachobdella*, et les *Hirudo* (fig. 1192), de dix chez les *Piscicola*, de neuf chez les *Hemiclepsis*, de six seulement chez les *Glossosiphonia*, mais ici la dernière paire de cæcums, extrêmement allongée, se ramifie du côté externe (fig. 1194). Les parois de cette région du tube digestif ne sont pas glandulaires, et le sang absorbé par les Sangsues pour leur nourriture ne paraît y subir que des modifications sans grande importance; il y peut séjourner près de deux ans (*Hirudo medicinalis*); c'est plutôt un jabot qu'un estomac, et c'est pourquoi Gratiolet l'avait désigné sous le nom d'*ingluvies*. Toutefois la dernière poche stomacale et ses grands cæcums jouent certainement un rôle dans la digestion chez les *Hirudo*; il existe, d'autre part, chez la *Batrachobdella* entre l'œsophage et l'estomac un gros renflement mûriforme qui paraît bien être une glande digestive.

L'*intestin* ou *région gastro-iléale* est, sans aucun doute, la région digestive la plus active. Elle est généralement cylindrique, mais porte cependant chez les *Hemiclepsis* et *Glossosiphonia* quatre paires de petits cæcums latéraux dirigés en avant, tandis que ceux de la région stomacale sont dirigés en arrière. Habituellement l'intestin fait simplement suite à l'estomac et se loge, chez les espèces où cet organe est pourvu de poches latérales, entre les deux grandes poches postérieures. Chez les *Pontobdella* il s'insère, en se dilatant en T, à la surface dorsale de l'estomac, à un niveau correspondant à l'intervalle entre les 13e et 14e ganglions nerveux, et, s'appliquant à la surface dorsale du grand cæcum terminal, se dirige en droite ligne vers l'extrémité postérieure du corps. Sa cavité contient chez les *Hirudo* et les *Hæmopis*, une sorte de valvule hélicoïde qui rappelle le typhlosolis des Lombriciens terrestres, et contient aussi un réseau vasculaire serré. Des cellules jaune brun, qui semblent se renouveler avec une grande activité, recouvrent sa surface.

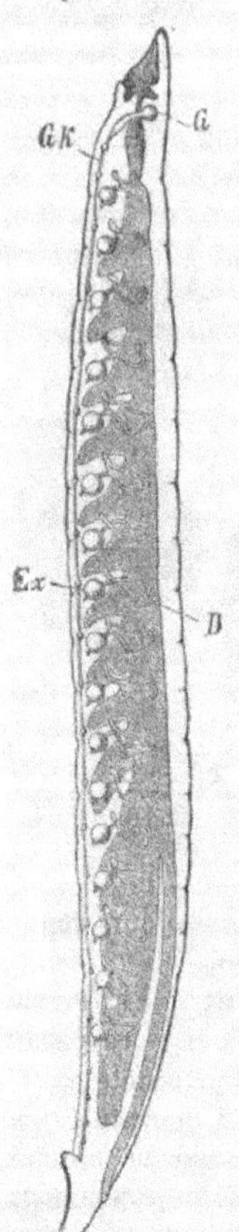

Fig. 1192. — Appareil digestif, néphridies et chaîne nerveuse de l'*Hirudo medicinalis* — *G*, ganglions cérébroïdes; *GK*, chaîne ganglionnaire; *Ex*, néphridies; *D*, tube digestif (d'après Leuckart).

L'épithélium interne du tube digestif est cilié chez les *Hæmopis.*

Le rectum s'ouvre toujours du côté dorsal, en avant de la ventouse postérieure, en des points qui ont été indiqués p. 1734.

Cavité générale; ses rapports avec l'appareil circulatoire. — Appareil circulatoire des Branchiobdella. — La cavité générale des *Branchiobdella* ne diffère en rien d'essentiel de celle des autres Vers annelés; aussi, chez ces animaux, trouvet-on un appareil vasculaire complètement clos, comparable à celui des Oligochètes. Un vaisseau ventral est accolé à la chaîne ganglionnaire; ce vaisseau émet, en avant du cerveau, une paire de branches qui, se réunissant sur la ligne médiane dorsale, donnent naissance à un vaisseau dorsal, contractile, impair. Ce vaisseau passe au-dessous des ganglions cérébroïdes, émet aussitôt après une paire d'anses latérales, puis successivement quatre autres paires qui vont se jeter dans le vaisseau ventral et une 5e à la naissance de la région stomacale. Les trois premières de ces anses correspondent à la région pharyngienne du tube digestif. Le vaisseau dorsal peut ensuite être suivi jusque vers le milieu du corps, où on le perd dans le revêtement glandulaire de l'intestin. Au niveau des ovaires et à l'extrémité postérieure du corps, le vaisseau ventral émet des branches ascendantes dont les rapports avec le vaisseau dorsal, s'il se prolonge jusqu'à elles, demeurent encore incertains.

Chez toutes les autres Hirudinées, la cavité générale est plus ou moins oblitérée par des tissus conjonctifs et musculaires, et il ne reste libre que des espaces en forme de canaux, des *sinus*, les uns longitudinaux, les autres transversaux, qui contiennent certains organes, tandis que les autres sont situés dans des espaces sphéroïdaux en communication avec les sinus canaliformes. Ces sinus peuvent être d'ailleurs plus ou moins envahis par le tissu conjonctif, qui les remplit d'une sorte de trame spongieuse, et finit par les oblitérer, de sorte que la position des sinus et leur nombre varient d'un type à l'autre. A la rigueur, l'existence de pareils sinus rendrait inutile un appareil circulatoire. Cet appareil persiste cependant, au moins en partie, mais au lieu d'être complètement clos comme chez les *Branchiobdella*, il se met toujours en communication avec les sinus, soit directement (RHYNCHOBDELLA), soit par l'intermédiaire des tissus bothryoïde et fibro-vasculaire décrits tout à l'heure. L'appareil circulatoire des Hirudinées comprend donc deux systèmes de canaux communiquant entre eux : 1° des *sinus canaliformes*, dépourvus de contractilité et correspondant à la cavité générale des autres Vers annelés; 2° des canaux contractiles correspondant aux *vaisseaux* de ces animaux. Ces deux systèmes seront décrits séparément.

Sinus sanguins. — Chez la *Pontobdella* (fig. 1193, n° 3), que l'on peut prendre comme type des ICHTHYOBDELLIDÆ, il existe deux sinus longitudinaux médians, l'un *dorsal*, l'autre *ventral*. Le sinus ventral se jette en avant dans un vaste sinus qui entoure le sac pharyngien, le cerveau et la partie antérieure de la chaîne nerveuse; auparavant il donne naissance à deux branches qui se dirigent vers le dos, où elles se réunissent sur la ligne médiane pour constituer le sinus dorsal; en arrière, ce dernier se résout en un système de lacunes. Le sinus ventral contient la chaîne nerveuse; au niveau des ganglions, il donne naissance à des branches latérales, les *sinus dorsaux-ventraux*, dans lesquelles s'engagent les nerfs issus des ganglions; ces branches se ramifient, et finalement vont s'ouvrir dans le sinus dorsal. Vers

le milieu de leur trajet, les sinus dorsaux-ventraux présentent chacun une dilatation sphérique, un peu au delà du point où la branche nerveuse s'est dégagée du
sinus ; c'est la *dilatation néphridienne*, dans laquelle s'ouvre le néphrostome ; le sinus
se divise ensuite en deux branches, dont l'une se rend directement au sinus
dorsal, tandis que l'autre, passant en avant, se dirige vers le testicule, se dilate pour
former autour de lui un *sinus testiculaire*, puis reprend son calibre et se rend finalement, elle aussi, au sinus dorsal. Les *Piscicola* et *Branchellio* présentent vraisemblablement des dispositions analogues à celles des *Pontobdella*.

Aux deux sinus dorsal et ventral s'ajoutent chez les *Glossosiphonia* (fig. 1193, n° 1)
et les *Branchelliopsis*, deux sinus latéraux qui courent sur toute la longueur du corps,

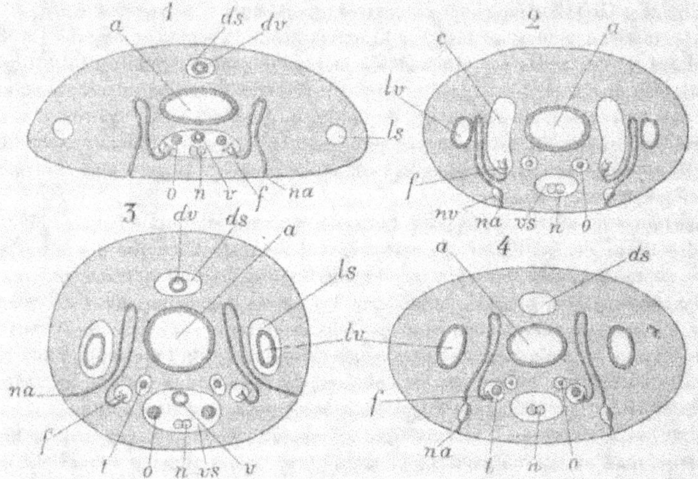

Fig. 1193. — Coupes transverses d'Hirudinées. 1, *Glossosiphonia*. — 2, *Herpobdella*. — 3, *Pontobdella*. —
4, *Hirudo*. — *a*, canal alimentaire ; *t*, testicules ; *o*, ovaires ; *n*, chaîne ventrale ; *f*, pavillon néphridien ;
na, néphridiopore ; *ds*, sinus dorsal ; *vs*, sinus ventral ; *ls*, sinus latéraux ; *dv*, vaisseau dorsal ; *vv*, vaisseau ventral ; *lv*, vaisseaux latéraux (d'après Bourne).

et communiquent librement, en avant et en arrière, avec les deux sinus médians ; en outre, l'intervalle compris entre les quatre sinus et le tube digestif est
occupé par une sorte de tissu lacunaire, dans lequel il est impossible de discerner
avec certitude la disposition des parties qui doivent correspondre aux sinus dorso-
latéraux des *Pontobdella*. On sait cependant que ces parties sont représentées par de
nombreuses paires de sinus transverses qui font communiquer le sinus ventral avec
ces sinus latéraux. D'autre part, le sinus ventral contient la chaîne nerveuse, les
ovaires, les néphrostomes, c'est-à-dire une partie des organes que contenaient les
sinus dorso-latéraux des *Pontobdella*.

Chez les HIRUDINIDÆ (fig. 1193, n° 4), il n'y a aucune trace des sinus latéraux ;
les deux sinus dorsal et ventral ne communiquent entre eux qu'à leur extrémité
postérieure ; les testicules et les néphrostomes sont entourés également de sinus
qui communiquent avec le sinus ventral, mais non avec le sinus dorsal, de sorte

qu'il n'y a pas de sinus dorso-ventraux complets tels que ceux des *Pontobdella*. Le sinus dorsal est d'ailleurs très réduit ou disparaît chez les *Hæmopis*; il fait totalement défaut chez les *Herpobdella* (fig. 1193, n° 2), où les sinus *périnéphrostomiens* et *périocariens* sont eux-mêmes remplacés par des dilatations métamériques des canaux bothryoïdes, dilatations qui n'existent que dans la région moyenne du corps. Le sinus ventral, dans tout l'ordre des ARHYNCHOBDELLA, ne contient que la chaîne nerveuse. Quelles que soient leurs dispositions et leurs connexions réciproques, ces sinus sont, en définitive, ce que le développement des muscles et du tissu conjonctif a laissé de cavité générale libre autour des organes qui ont besoin d'être nourris par le contact direct de l'hémolymphe, comme les organes génitaux et le système nerveux, ou qui ont besoin d'espace pour se contracter et se dilater librement, comme les vaisseaux.

Vaisseaux. — Les vaisseaux principaux sont, chez les RHYNCHOBDELLA, le *vaisseau dorsal* et un *vaisseau ventral*, respectivement contenus, au moins sur la plus

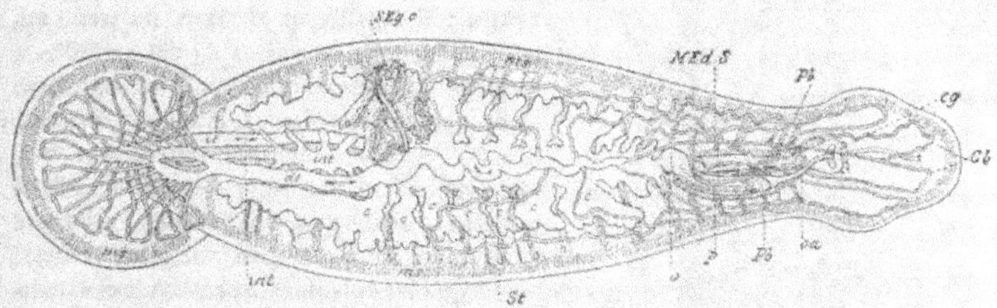

Fig. 1194. — Appareil circulatoire, tube digestif et une des néphridies, d'un jeune individu de *Glossosiphonia marginata*. — *P*, pharynx; *o*, œsophage; *c*, *c*, cæcum de l'estomac; *int*, intestin; *cg*, ganglions cérébraux; *SEgo*, néphridie; *Ea*, son orifice externe; *vt*, vaisseau ventral; *dt*, vaisseau dorsal; *Pb*, branche pharyngienne; *ms*, sinus marginal ou latéral; *MEdS*, sinus médian (d'après C. O. Whitman).

grande partie de leur trajet, dans les sinus de même nom. Ces vaisseaux existent seuls chez les *Glossosiphonia* (fig. 1194, *vt*, *dt*); il s'y ajoute deux vaisseaux latéraux chez les *Branchelliopsis* et les *Pontobdella*. Ils sont, dans ce dernier genre, entourés d'une mince couche de tissu lacunaire, qu'on peut considérer comme représentant deux sinus latéraux rudimentaires (fig. 1193, n° 3, *ls*). Dans le premier, le vaisseau dorsal est totalement contenu; le vaisseau ventral n'est que partiellement contenu dans le sinus correspondant; les vaisseaux latéraux sont situés au-dessus des sinus latéraux et fournissent un rameau vasculaire aux branchies, lorsqu'elles existent.

Chez les ARHYNCHOBDELLA, le type de l'appareil circulatoire change. Aussi bien chez les *Hirudo* (fig. 1195) que chez les *Herpobdella*, les vaisseaux dorsal et ventral manquent; en revanche, il y a une paire de vaisseaux latéraux non entourés de sinus.

Le vaisseau dorsal des *Pontobdella* et des *Glossosiphonia* est muni de valvules; chez les *Pontobdella*, il communique en avant et en arrière avec le vaisseau ventral et, tout au moins en arrière, avec les vaisseaux latéraux; aucun des deux vaisseaux impairs ne produit de ramifications; les vaisseaux latéraux n'envoient, de leur côté, aucune ramification aux parois du corps; mais ils émettent latéralement de petites branches qui passent à travers les couches musculaires, et s'ouvrent, par des orifices munis d'un sphincter, dans des poches situées dans la couche dermique;

ces poches communiquent, à leur tour, par un *sinus branchial* avec les sinus latéraux rudimentaires.

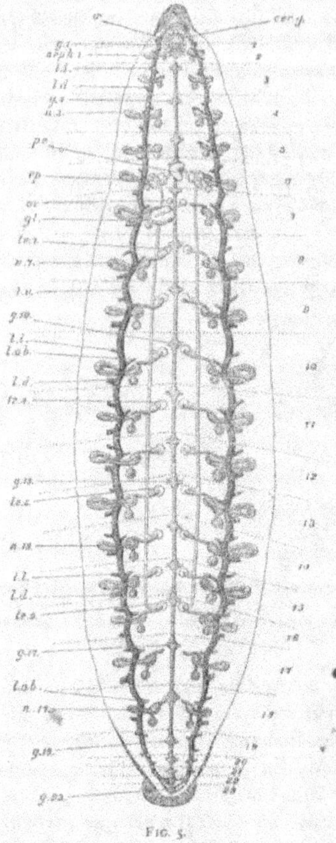

Chez les *Glossosiphonia* (fig. 1194) le vaisseau dorsal présente, dans sa région moyenne, une série de quinze ampoules à parois musculaires, pourvues chacune, à son extrémité postérieure, d'une valvule formée d'une petite masse cellulaire. Ces corps, d'apparence valvulaire, produisent les corpuscules du sang. A son extrémité antérieure, le vaisseau dorsal se bifurque, et chacune de ses branches s'ouvre à l'extrémité antérieure du vaisseau ventral; il fournit au pharynx un tronc qui se ramifie dans les parois de cet organe, en formant un réseau d'où naît un nouveau tronc qui se jette dans le vaisseau ventral. Les 2ᵉ, 3ᵉ et 4ᵉ ampoules fournissent chacune également une paire d'anses, dont l'antérieure se dirige en avant pour aller rejoindre l'extrémité antérieure du vaisseau ventral, tandis que les suivantes, après avoir couru en arrière jusqu'au 13ᵉ ganglion post-oral, reviennent en avant, pour se jeter dans le vaisseau ventral près de son extrémité antérieure; à son extrémité postérieure, le vaisseau dorsal fournit encore de quatre à six paires de vaisseaux qui se rendent au vaisseau ventral. C'est exactement la disposition décrite déjà chez les *Branchiobdella*. D'autres branches issues du vaisseau dorsal irriguent la région gastro-iléale du tube digestif. Enfin, sur les côtés du corps, on observe une dizaine de petites poches à contractions rythmiques qui se retrouvent chez les *Piscicola*, *Cystobranchus*, *Trachelobdella*, et à la base des branchies de *Branchellio*. Ces organes sont évidemment homologues des poches latérales des *Pontobdella*, et présentent sans doute les mêmes rapports. Jusqu'ici ces rapports n'ont pu être mis en évidence chez les *Glossosiphonia*; mais chez les *Branchellio*, les poches branchiales contractiles se montrent dans la première paire de branchies et dans les branchies suivantes, de trois en trois; les vaisseaux latéraux s'ouvrent manifestement dans ces poches par un

FIG. 5.

HIRUDO

Fig. 1195. — *Hirudo medicinalis*, ouverte le long de la ligne médiane dorsale. — *cer. g*, ganglions sus-œsophagiens; *g* (1 à 23), ganglions postoraux; *œ*, passage par l'œsophage à travers la masse nerveuse; *lv*, vaisseaux latéraux; *ll*, branches latéro-latérales; *lab*, branches latéro-abdominales; *ld*, branches latéro-dorsales; *neph* (1-17), les 17 paires de néphridies; *te* (1 à 9), les 9 paires de testicules; *ep*, épididyme; *pe*, pénis; *ov*, ovisacs; *gl*, dilatation glandulaire des oviductes (d'après Bourne).

orifice muni d'un sphincter, et ces poches elles-mêmes communiquent par des sinus dorso-latéraux avec le sinus ventral. Aux sinus sanguins des *Pontobdella* sont annexés des corps arrondis, creux, dont les parois sont constituées par des cellules conjonctives étoilées, à longs prolongements ; des cellules analogues remplissent la cavité de cette sorte de capsule d'un réticulum dont les mailles sont remplies de corpuscules sanguins. Ce sont là probablement de très simples *glandes lymphatiques*.

Chez les ARHYNCHOBDELLA le vaisseau dorsal et le vaisseau ventral font défaut ; il ne reste que les vaisseaux latéraux, qui s'anastomosent entre eux en avant et en arrière. Ces vaisseaux donnent naissance chez les *Hirudo* (fig. 1195) à deux séries de branches ; les unes, au nombre de huit (*branches latéro-abdominales* de Dugès), issues de leur bord interne, se divisent rapidement en deux rameaux qui suivent la paroi du corps et s'anastomosent avec les rameaux correspondants de l'autre côté, unissant ainsi du côté ventral les vaisseaux latéraux. Les autres issues de leur bord externe sont alternativement longues et courtes ; les courtes (*branches latéro-latérales*) se distribuent immédiatement aux parois de la région médiane du corps ; les longues (*branches latéro-dorsales*), se dirigeant vers la face dorsale, se divisent en deux rameaux qui se rapprochent de la ligne médiane, mais ne s'anastomosent entre eux que dans la région gastro-iléale. De cet ensemble de vaisseaux naît le *réseau cutané*, qui se décompose en trois couches successives. La *couche profonde* est composée de deux larges bandes dorsales et de deux bandes ventrales, moins larges, issues des vaisseaux latéro-abdominaux ; ce réseau capillaire est formé de tissu botryoïde. La *couche intermédiaire* est formée de vaisseaux issus du système latéral et communiquant avec le tissu botryoïde ; les vaisseaux qui composent ce réseau intermédiaire deviennent de plus en plus fins, et finalement fournissent eux-mêmes la *couche superficielle* qui pénètre dans le revêtement épidermique. Dans les régions latérales, de petits vaisseaux courant verticalement, unissent les réseaux superficiels dorsal et ventral (*branches verticales superficielles* de Gratiolet).

Le tronc principal des vaisseaux latéro-abdominaux fournit un réseau capillaire aux néphridies, et ce réseau communique à son tour avec le réseau cutané dorsal et avec le sinus ventral. Cette dernière communication est établie par des branches qui se dilatent à la surface des testicules en formant les prétendus *cœurs moniliformes* de Brandt. C'est dans ces dilatations, qui sont en réalité des *sinus périnéphrostomiens*, que sont logés les pavillons correspondant aux néphridies postérieures au 1ᵉʳ testicule. Ces sinus communiquent avec le réseau dorsal et avec le sinus ventral.

Chez les *Trocheta* et les *Nephelis*, les vaisseaux marginaux présentent les mêmes dispositions essentielles que chez les *Hirudo* ; le tissu botryoïde est disposé comme chez ces dernières en bandes longitudinales, communiquant latéralement entre elles, mais plus largement que chez les *Hirudo*. Le réseau botryoïde se laisse ici largement distendre par le sang et présente latéralement, dans la région moyenne du corps, onze paires de larges poches dans lesquelles s'ouvrent les néphrostomes des segments correspondants ; les néphridies s'ouvrent donc ici non plus dans de simples sinus, mais dans les espaces creusés dans le tissu conjonctif primitif pour constituer le tissu botryoïde ; ces sinus botryoïdes périnéphrostomiaux sont entourés d'une couche musculaire ; ils continuent à communiquer avec le sinus ventral.

Appareil néphridien. — Les modifications de l'appareil néphridien des Hirudinées présentent un parallélisme remarquable avec celles du même appareil chez les

Oligochètes. Les néphridies peuvent en effet revêtir la forme d'un tube à lumière cylindrique (*Branchiobdella*) ou à lumière ramifiée (GLOSSOSIPHONIDÆ, ARHYNCHOBDELLA), ou celle d'un réticulum de tubules, continu sur toute la longueur du corps (ICHTHYOBDELLIDÆ), correspondant aux formes que l'on observe respectivement chez les *Nais*, les *Argilophilus* et les *Octochætus*.

Peut-être faut-il considérer comme des néphridies modifiées les glandes volumineuses qui, chez les *Branchiobdella*, se trouvent à l'extrémité antérieure et à l'extrémité postérieure du corps, et dont les dernières tout au moins s'ouvrent au dehors sur la ventouse anale; mais en dehors de ces glandes, il existe deux paires dissymétriques d'organes segmentaires. La première paire s'ouvre au dehors sur le 6e segment par deux orifices bilabiés symétriques; mais le tube néphridien de l'une des glandes est contenu dans les 4e et 5e segments, tandis que celui de l'autre est contenu dans les 6e et 7e; les néphridies postérieures s'ouvrent sur le 4e segment avant le dernier; elles sont à peu près symétriques. Chaque néphridie est constituée par un tube formé d'une seule file de cellules qu'il traverse et qui se termine librement dans la cavité générale par un orifice en forme de pavillon vibratile. Le tube est replié en deux anses accolées de manière que sur la plus grande partie de son trajet une coupe transversale de l'organe rencontre quatre fois sa lumière. Près de l'extrémité de l'organe d'où se détache la partie du tube néphridien qui se rend au dehors, la double anse formée par le tube est embrassée par une masse rougeâtre très richement vascularisée. Avant d'aboutir à l'extérieur, le canal se dilate en une ampoule qui s'ouvre au dehors par un orifice en forme de boutonnière à lèvres très mobiles. Chez les *Histriobdella* il y a chez les mâles cinq paires et chez les femelles trois paires de néphridies sans orifice interne.

Les néphridies encore semblables à celles des Oligochètes inférieures chez les *Branchiobdella* et *Histriobdella* vont ensuite en se compliquant des *Glossosiphonia* aux *Hirudo*; mais la structure de ces organes est tout différemment décrite par Bourne et par Bolsius [1].

Suivant Bourne, l'organe débute toujours par un pavillon vibratile et finit, après un trajet tubulaire plus ou moins long, par s'ouvrir au dehors. Chez les *Glossosiphonia*, les pavillons vibratiles des néphridies s'ouvrent dans le sinus ventral (fig. 1193, n° 1, p. 1742); leur cou est suivi d'une assez large poche semblable à celle qui sera décrite plus loin en détail chez les *Pontobdella*; cette poche (fig. 1196, *a*) est suivie d'un tube néphridien unique, sinueux, replié en anse à branches ascendante et descendante presque accolées, comme chez la plupart des Oligochètes, les parties terminales étant seules indépendantes; ces parties sont ici assez longues; celle qui aboutit au voisinage de l'organe vibratile est formée d'une file de cellules en forme de tore dont la lumière, au lieu d'être cylindrique, envoie dans l'épaisseur de la paroi de la cellule des diverticules ramifiés (*b*, *c*). Les cellules s'élargissent beaucoup à partir du point où les deux branches de l'anse commencent à s'accoler; elles sont en effet traversées d'abord par leur propre lumière, à branches ramifiées et, en outre, elles enferment dans l'épaisseur de leurs parois, deux files de cellules également perforées appartenant l'une et l'autre à la branche ascendante de l'anse néphridienne; la branche ascendante (*lh*), après un court trajet à partir de l'orifice

[1] H. BOLSIUS, *Recherches sur les organes segmentaires des Hirudinées*; La Cellule, t. V, 1889, et t. VII, 1891.

externe, s'engage en effet dans la région élargie de la néphridie (*ce*), la traverse dans toute son étendue, puis s'en dégage, décrit une boucle complète (*ch*) et revient la traverser de nouveau dans le même sens dans toute sa longueur; après l'avoir ainsi parcourue, elle s'accole à la branche descendante; à partir de ce point jusqu'au sommet de l'anse, où les deux branches se rejoignent, les deux files de

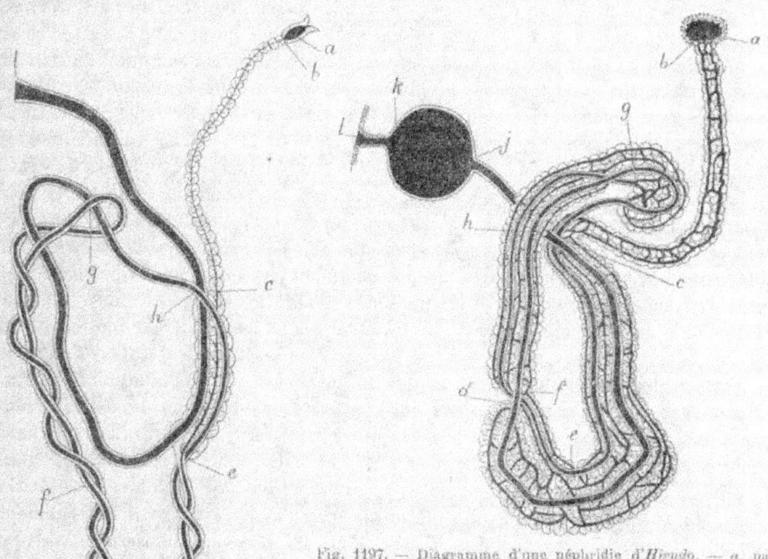

Fig. 1196. — Diagramme d'une néphridie de *Glossosiphonia*; *a*, pavillon; *bc*, lobe testiculaire; *ce*, lobe principal; *fg*, lobe apical. — Le canal néphridien simple de *b* en *c* s'élargit de *c* en *e* pour constituer le lobe principal, puis en *e* reprend son calibre initial et continue sa route; en *g*, sommet du lobe apical, il se réfléchit sur lui-même et revient en *e* où il s'engage dans l'épaisseur des cellules du lobe principal qu'il traverse dans son entier; en *c*, il s'en détache pour venir passer au travers de la branche correspondant au sommet du lobe apical, revient en *c* traverser une seconde fois le lobe principal et en sort définitivement en *h* pour constituer le canal afférent *hl*.

Fig. 1197. — Diagramme d'une néphridie d'*Hirudo*. — *a*, pavillon; *bc*, lobe testiculaire; *cd*, lobe principal; *ed*, portion du lobe principal qui n'est pas représentée chez la *Glossosiphonia*; de *b* en *c* le canal néphridien présente une lumière réticulée, mais il est simple; en *d*, il se réfléchit et s'accole à lui-même pour revenir jusqu'au point *c*; en *c*, il se réfléchit une seconde fois et s'accole une seconde fois à lui-même jusqu'en *d*; en *d*, il se détache et chemine jusqu'en *g* où sa lumière devient simple et où il se réfléchit de nouveau, la branche réfléchie traverse l'épaisseur de ses cellules d'abord en descendant en *g*, en *f* et en *e*, puis en remontant de *e* en *c* constituant le lobe principal; elle passe ensuite en s'isolant momentanément dans le lobe apical, redescend de *g* en *f* en traversant de nouveau les cellules du lobe apical, s'engage dans le lobe supplémentaire *de*, puis dans le lobe principal *cc* et se dégage enfin définitivement pour aboutir au néphridiopore *l*; *k*, vésicule excrétrice (d'après Bourne ainsi que la fig. 1193).

cellules correspondant à ces deux branches sont plus ou moins rapprochées ou même accolées, mais non confondues. La lumière du canal néphridien cesse dans toute cette région (*efg*) de se ramifier dans les cellules. La ramification du canal néphridien dans l'intérieur des cellules qu'il traverse est un fait que nous avons déjà rencontré, dans la classe des Oligochètes, chez les *Enchytræus* et les *Argilophilus*.

Il serait facile maintenant, suivant Bourne, de passer de la disposition présentée par les *Glossosiphonia* à la disposition, si compliquée en apparence, offerte par les *Hirudo* (fig. 1197). Il suffirait pour cela d'admettre : 1° que la portion du canal néphridien qui enferme dans ses parois d'autres parties de l'anse néphridienne, s'est étendue à toute la région de cette anse où les deux branches sont accolées, ne laissant de libre qu'une petite partie de la région de la branche ascendante qui va du sommet de l'anse à l'origine de la région embrassante de la néphridie, celle d'où l'extrémité (ca) de la branche descendante (a) se dégage pour se rendre au pavillon vibratile; 2° que l'anse néphridienne, au lieu de ne former qu'une seule boucle, en décrive deux (gc et dc) accolées l'une à l'autre; 3° que la lumière du canal néphridien se ramifie à partir du moment où, après avoir formé sa première boucle, l'anse néphridienne se réfléchit pour former la seconde, la région où cette lumière se ramifie enveloppant à partir de ce moment toutes les parties de la région antérieure de la branche ascendante de la néphridie à laquelle elle est accolée; 4° que les ramifications de la lumière du canal, au lieu d'être de simples arborescences, constituent un véritable réseau qui se continue jusqu'au pavillon vibratile; 5° que près de son orifice externe le canal néphridien se renfle en un vaste réservoir sphérique (k). Les néphridies des zoïdes 2 à 6, antérieurs à la région testiculaire, ne posséderaient pas de pavillon vibratile; on en trouverait au contraire un à l'extrémité des néphridies suivantes qui se répètent jusque dans le 10ᵉ zoïde. Le pavillon terminal serait constitué par une masse de cellules bilobées, ciliées, traversées par les lumières des ductules; mais ces ductules se termineraient en cæcum, de sorte que la néphridie ne communiquerait probablement pas avec la cavité du sinus qui contient le pavillon; au-dessous se trouverait un renflement analogue à celui des *Pontobdella*. Les branches de l'anse néphridienne ne seraient plus formées d'ailleurs d'une seule file de cellules, mais de cellules nombreuses dans lesquelles se ramifieraient des branches secondaires issues du réseau de ductules. Les *Hæmopis* et *Hæmadipsa* auraient des pavillons vibratiles semblables à ceux des *Hirudo*, dont les *Hæmopis* différeraient surtout parce que le canal néphridien ne commencerait à se transformer en réseau qu'un peu plus loin. Les *Herpobdella* et les *Trocheta* auraient de véritables pavillons vibratiles largement ouverts dans de vastes sinus latéraux et présenteraient par conséquent une disposition plus primitive que celle des *Hirudo*.

Pour Bolsius, au contraire, les organes considérés par Bourne comme des pavillons vibratiles ne seraient pas en continuité avec les néphridies. Ces dernières comprendraient : 1° une *région glandulaire* dont les cellules, disposées en une file unique, seraient traversées par trois canaux indépendants, ayant chacun leur origine dans un réseau distinct de ductules; 2° un *canal collecteur*, dans lequel viendraient se rejoindre les trois canaux de la région précédente; 3° une *vésicule urinaire*, invagination tégumentaire munie d'un sphincter et dans laquelle déboucherait, par une cellule unique, la *cellule porte*, le canal collecteur.

Les néphridies forment enfin chez les *Pontobdella* un réseau continu exactement comparable à celui qui est réalisé, parmi les Oligochètes, chez les BENHAMIIDÆ, les CRYPTODRILIDÆ et les PERICHÆTIDÆ. Ce réseau (fig. 1198) s'ouvre dans les sinus dorso-ventraux par dix paires de pavillons vibratiles correspondant aux zoïdes 9-18. Chaque pavillon est formé de quatre à six cellules arrondies, pourvues chacune d'un grand noyau et fortement ciliées sur leur surface libre et dans leur lumière, assez souvent obstruée par une masse protoplasmique. Le pavillon est suivi par une sorte de cou à lumière ciliée, présentant un gros noyau dans l'épaisseur de sa paroi et conduisant dans une vaste poche formée de nombreuses cellules aplaties et qui parait, ainsi que le cou, partiellement couverte d'un épithélium. Le contenu de cette poche parait surtout formé de corpuscules sanguins en dégénérescence qui y sont entraînés par le mouvement ciliaire et par de grêles filaments entrecroisés, résultant vraisemblablement de la coagulation de la fibrine du sang. La poche communique à son tour avec les tubules du réseau néphridien. Ces tubules sont constitués par une seule file de grandes cellules dans lesquelles leur lumière est pratiquée et qui peuvent avoir une forme ramifiée, notamment aux nœuds du réseau. A des intervalles réguliers, un certain nombre de tubules confluent en un tubule plus large qui finalement s'ouvre au dehors; le canal excréteur est formé de nombreuses petites cellules, analogues aux cellules épidermiques; sa lumière est revêtue d'une cuticule. Les orifices sont situés sur la surface antérieure et externe de la deuxième papille, à partir de la ligne médiane ventrale du premier méride des zoïdes 10 à 19 inclusivement. Les ICHTHYOBDELLIDÆ ont généralement un système néphridien réticulé comme celui des *Pontobdella*; mais ce système semble encore plus éloigné du type primitif chez les *Branchellio* où l'on n'a pu trouver jusqu'ici qu'une seule paire d'orifices externes, correspondant à la première paire des *Pontobdella* et où l'on n'a découvert aucun pavillon vibratile. Les *Branchelliopsis*, par une exception singulière, ont des néphridies paires, rappelant celle des *Glossosiphonia*.

Organes des sens [1]. — Les *sphérules segmentaires* généralement caractéristiques du premier méride de chaque zoïde, déjà signalés p. 1729, doivent être considérés comme les organes des sens primitifs des Hirudinées. Ils sont constitués chez la *Clepsine marginata* par un groupe sous-cuticulaire, ovoïde, de cellules allongées, formant une sorte de bulbe qui soulève légèrement la cuticule, et donne naissance à une papille plus ou moins saillante; chacune de ces cellules est surmontée par un cil tactile, non vibrant et un peu rétractile; chaque sphérule reçoit un rameau nerveux, issu de la première paire de nerfs fournie par les ganglions du segment auquel il appartient. A son point de pénétration dans l'organe, ce rameau est entouré de grandes cellules claires, avec lesquelles une partie des fibrilles entre en rapport. Ce sont les *cellules visuelles* (Whitman). Le noyau de ces cellules se trouve dans la région exposée à la lumière, et la partie claire dans la région opposée; les fibres nerveuses y pénètrent par le pôle nucléé; ces cellules sont donc interverties, comme il arrive si souvent dans la rétine des Arthropodes et des Vertébrés. Il suit de là que les sphérules segmentaires ont à la fois une fonction tactile et une fonction visuelle. Ces organes sont souvent en rapport avec des amas de pigments (*Piscicola*, *Trachelobdella*, *Ichthyobdella*), et perdent leurs cils; ils deviennent peut-être alors des organes de sensibilité thermique; dans la région buccale, ces organes pigmentés subissent une transformation nouvelle et deviennent les yeux, ou bien ils prennent un grand développement et constituent les *bulbes cyathiformes* de la lèvre supérieure (fig. 1199, 8b).

On trouve tous les passages entre les sphérules segmentaires et les yeux dans les divers genres. Quelquefois le pigment est trop peu développé pour apparaître au travers des téguments et la Sangsue semble alors aveugle (*Branchelliopsis*, *Piscicolaria*); chez les *Glossosiphonia*, *Hæmenteria*, *Branchelliopsis*, l'œil entouré de pigment conserve le noyau tactile des sphérules ordinaires avec ses soies terminales;

---

[1] WHITMAN, *Some new facts about the Hirudinea*; Journal of Morphology, t. II, 1889.

les cellules visuelles sont placées en arrière et en dessous de la région où le nerf entre dans l'œil, le noyau tactile en avant, de sorte que le nerf paraît excentrique. Les yeux des *Herpobdella* conservent également des cils tactiles, mais le nerf optique est ici axial; il en est de même chez les *Hirudo* où le noyau tactile a disparu. Dans ce genre les yeux sont constitués par une poche cylindrique dont la paroi comprend une couche de pigment dite *choroïde*, suivie d'une couche claire et résistante dite *sclérotique*. Toute la poche est remplie par les cellules visuelles qui sont grandes, transparentes, à paroi épaisse, à gros noyau; elle est formée par une couche de cellules épidermiques ordinaires. Les fibres du nerf optique traversent l'axe de la poche, cheminant entre les cellules transparentes, et se mettent en rapport en partie avec ces cellules, en partie avec les cellules épidermiques. Chaque méride du protozoïde ne porte en général qu'une paire d'yeux; le nombre et la disposition des yeux peut être caractéristique des espèces (*Glossosiphonia*), des genres ou même des familles. C'est ainsi que les HIRUDINIDÆ ont généralement dix yeux et les HERPOBDELLIDÆ huit seulement. Lorsque plusieurs mérides sont confondus, le *pseudo-méride* ou *segment* qui en résulte peut paraître porter un nombre d'yeux plus considérable; c'est le cas du deuxième segment des *Dina* et des *Herpobdella* qui paraît porter quatre yeux, mais résulte de la fusion de deux autres, comme l'indique le rang des mérides dans lesquels les organes suivants sont situés. Il en est vraisemblablement de même des *Branchellio*, dont le premier segment porte trois paires d'yeux; mais le cinquième segment des *Dina* et des *Herpobdella* porte réellement quatre yeux, et les segments deux à six des *Trocheta*, sans présenter jamais plus de quatre yeux chacun, peuvent offrir à cet égard toutes les variations.

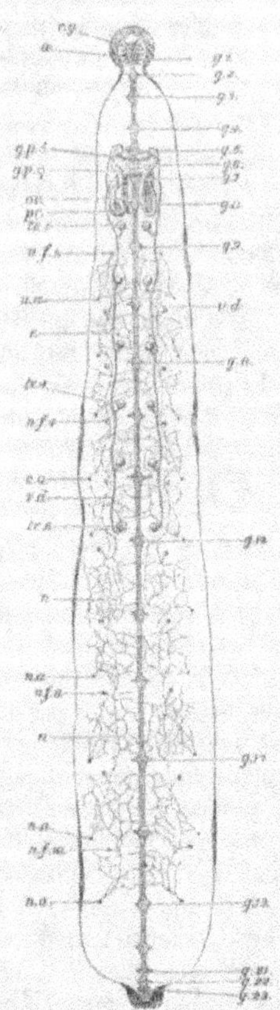

Fig. 1198. — *Pontobdella muricata* ouverte le long de la ligne médiane dorsale. — *cg.* ganglions cérébroïdes; *g*, (1 à 23) ganglions ventraux; *œ.* trou pour le passage de l'œsophage; *nf*, pavillons néphridiens; *na*, néphridiopores; *n.* réseau néphridien; *te* (1 à 6) les sacs spermatiques; *pr*, prostate; *ov*, ovisacs; *gp* ♂ et *gp* ♀, pores génitaux (d'après Bourne).

Système nerveux [1]. — Le système nerveux (fig. 1198) est construit sur le type général du système nerveux des animaux métamérides; c'est-à-dire qu'il se compose d'un collier œsophagien présentant au-dessus du tube digestif une paire de ganglions cérébroïdes et servant d'origine, du côté ventral, à une double chaine nerveuse. Les ganglions de la chaine ventrale sont toujours très nettement distincts des connectifs qui sont, en général, assez allongés, ils sont simples et équidistants et au nombre de neuf

[1] PH. FRANÇOIS, *Contribution à l'étude du système nerveux central des Hirudinées* (thèse de doctorat), 1885. — RETZIUS, *Zur Kenntniss des centrales Nervensystems der Würmer. Biologische Untersuchungen*. Neue Folge, II, 1891.

chez les *Histriobdella*; ailleurs ils se raccourcissent graduellement de la région moyenne du corps aux deux extrémités de la chaîne, de sorte qu'à ces deux extrémités, un certain nombre de ganglions sont très rapprochés, presque confondus et constituent une masse *nerveuse sous-œsophagienne* et un *centre nerveux postérieur*, chargé d'innerver la ventouse post-anale. Le nombre total des ganglions varie un peu, même d'un individu à un autre : il est de vingt-sept chez les *Branchiobdella*, et, en général, chez les autres genres, de trente-quatre ou trente-cinq. Les ganglions, habituellement au nombre de cinq paires, de la masse sous-œsophagienne sont assez lâchement unis chez les *Herpobdella*, *Glossosiphonia*, *Branchellio*, *Piscicola*, surtout chez les *Branchellio*; ils sont particulièrement rapprochés chez les *Pontobdella* et *Hirudo*. Le centre postérieur est toujours formé de sept ganglions, mais deux autres ganglions viennent parfois s'unir à lui; d'autres fois, les trois ganglions qui le précèdent se confondent en une *masse naviculaire*, séparée par un long connectif du centre postérieur (*Piscicola*, *Branchellio*). De toutes façons, le nombre des ganglions compris entre le centre sous-œsophagien et la masse postérieure est de vingt à vingt et un.

Dans les ganglions, les cellules nerveuses sont toujours groupées en six masses distinctes ou *follicules*, disposées à la face inférieure et sur les côtés d'une masse fibreuse qui demeure à nu du côté dorsal. Ces follicules ne présentent ni forme, ni arrangement régulier chez les *Hirudo* (fig. 1199); ils commencent à se régulariser chez les *Herpobdella* et les *Pontobdella*; ils se disposent en deux rangées chez les *Piscicola* et les *Branchellio* où les quatre follicules latéraux se moulent sur les bords de la masse fibreuse qu'ils contournent; enfin ils sont tous ovoïdes et disposés en deux rangées transversales chez les *Glossosiphonia*. Dans la région cérébroïde, dans celle du collier œsophagien et de la masse sous-œsophagienne, des capsules nerveuses sont très habituellement saillantes et comme suspendues à la masse fibreuse qui les relie.

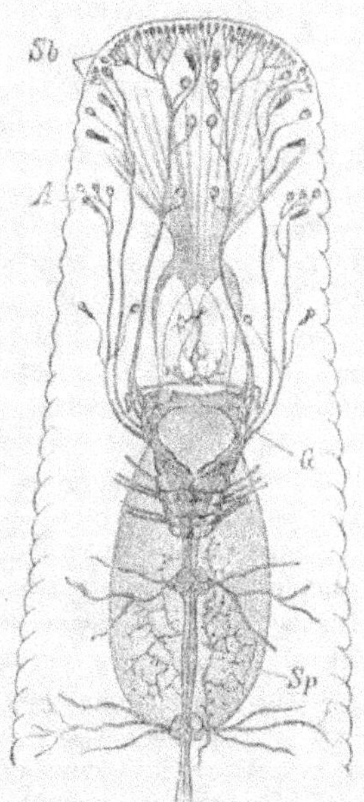

Fig. 1199. — Extrémité antérieure de l'*Hirudo medicinalis*. — *G*, ganglions cérébroïdes, collier œsophagien et masse sous-œsophagienne; *Sb*, organes cyathiformes; *Sp*, réseau nerveux stomato-gastrique (d'après Leydig).

Exceptionnelle et peu accusée chez les Oligochètes, cette disposition est la plus répandue chez les Hirudinées où le groupement des cellules nerveuses à l'intérieur de capsules spéciales est non moins caractéristique. Toutes ces dispositions se retrouvent dans le système nerveux des *Branchiobdella*, où le collier œsophagien porte suspendues six paires de vésicules, où chaque ganglion, correspondant à deux anneaux, est formé de quatre vésicules latérales, où il existe même une masse ganglionnaire postérieure, comprenant cinq paires de vésicules. Ces caractères, ajoutés à la présence de ventouses, à l'absence de soies, à l'existence de mâchoires, au petit nombre des néphridies et à la constitution même de l'appareil génital suffisent à établir, que, quels que soient les très intéressants caractères de transition qu'elles présentent, les *Branchiobdella* sont bien des Hirudinées et non des Oligochètes, comme l'opinion s'en est depuis quelque temps répandue.

Les cellules nerveuses enfermées dans les follicules sont petites, unipolaires; leur unique prolongement est un cylindre-axe qui émet de nombreuses collatérales, parfois variqueuses, et dont les ramifications ultimes se terminent en bouton dans le ganglion; leur noyau est gros, granuleux, sans enveloppe distincte chez les RHYNCHOBDELLA; il est au contraire petit, nucléolé et enveloppé d'une épaisse membrane chez les ARHYNCHOBDELLA. Dans chaque ganglion, les cellules nerveuses présentent des connexions diverses qui permettent de les grouper de la façon suivante : 1° cellules latérales dont le cylindre-axe se dirige vers les nerfs du côté opposé, en traversant obliquement le ganglion et en croisant les cylindres-axes qui viennent du côté opposé; 2° cellules latérales dont le cylindre-axe se rend aux nerfs du même côté; 3° cellules latérales dont le cylindre-axe, couvert de collatérales, se bifurque, chaque branche pénétrant dans l'un des nerfs du même côté; 4° cellules médianes dont le cylindre-axe, dirigé en avant, s'engage dans les connectifs longitudinaux; 5° cellules géantes centrales, unipolaires, dont le cylindre-axe ramifié mais ne présentant qu'un petit nombre de collatérales, envoie une branche dans chacun des nerfs et dans le connectif du même côté. Chaque catégorie de cellules occupe dans le ganglion une position déterminée; les cellules géantes sont d'habitude peu nombreuses, en nombre caractéristique pour chaque ganglion (deux chez l'*Aulastoma gulo*) et enveloppées d'un réseau adhérent de cellules conjonctives.

Outre les prolongements principaux des cellules et leurs collatérales, chaque ganglion contient encore des fibres dont l'origine ne se trouve pas dans les cellules qu'il contient. Ce sont : 1° des fibres afférentes, venues des nerfs latéraux qui se ramifient à l'intérieur de la substance ponctuée des ganglions, sans en sortir, et dont les ramifications se terminent généralement en bouton dans le ganglion lui-même, l'une d'elles pouvant cependant se continuer en une fine fibrille qui pénètre dans le connectif; 2° de larges fibres striées longitudinalement qui viennent également des nerfs pour se ramifier dans le ganglion, mais ne produisent pas de collatérales et après quelques divisions dichotomiques se terminent en pointe libre, sans pénétrer dans la substance ponctuée; 3° des fibres fines qui venant de chaque nerf ganglionnaire, et surtout de la 1re paire, se recourbent, soit en avant, soit en arrière, pour se continuer dans les connectifs du même côté; 4° des faisceaux symétriques de fines fibrilles longitudinales qui ne font que traverser les ganglions, se continuent dans toute la longueur de la chaine et, en passant devant les nerfs ganglionnaires de leur côté, envoient à chacun d'eux un faisceau secondaire; 5° de larges fibres médianes, probablement homologues des fibres géantes des Chétopodes, qui peuvent se ramifier et se diviser même en réseau, mais dont les ramifications peu nombreuses et dépourvues de collatérales, gardent une direction longitudinale; ces fibres forment dans la masse ganglionnaire sous-œsophagienne un véritable plexus, d'où naissent des branches qui passent dans les connectifs péri-œsophagiens; en même temps, des branches transversales, issues de renflements des fibres médianes, se ramifient dans la masse ganglionnaire sous-œsophagienne elle-même.

Aussi bien dans le cerveau que dans les ganglions de la chaine ventrale, sur les cellules ganglionnaires, s'applique très fréquemment un réseau de fibrilles variqueuses. Dans chaque ganglion on trouve, en outre, à la face ventrale de la masse fibreuse, deux cellules multipolaires dont les prolongements passent dans les différents faisceaux de fibrilles entre lesquels ils semblent établir une sorte d'union.

Les ganglions cérébroïdes, plus ou moins espacés, donnent, en général, naissance à trois paires de nerfs qui se rendent aux organes cyathiformes et se distribuent dans le protozoïde; les yeux des zoïdes suivants sont innervés par les ganglions sous-œsophagiens correspondant aux zoïdes qui les portent. Des ganglions ordinaires naissent d'habitude, de chaque côté, trois nerfs (*Pontobdella, Glossosiphonia, Branchellio*) : un gros, médian, compris entre deux plus petits; ces nerfs sont enfermés dans une même gaine de névrilemme; ils ne tardent pas à former une sorte de plexus dont un des nœuds est toujours occupé par une très grosse cellule nerveuse multipolaire. Cette cellule, chez les *Hirudo*, est située à la base des nerfs; elle marque la région où commence le plexus, dont la complication va en croissant dans les genres *Herpobdella, Piscicola, Branchellio, Glossosiphonia*. Quelquefois (*Branchelliopsis*), chaque ganglion ne fournit que deux paires de nerfs dont l'un porte un ganglion. Assez souvent, dans la masse sous-œsophagienne et dans la masse postérieure, les nerfs naissent par un seul tronc de chacun des ganglions rapprochés; il en est de même pour les ganglions ordinaires de la *Pontobdella*, mais ici la masse ne tarde pas à se diviser, et ses branches forment un plexus très compliqué, sur lequel viennent se greffer d'assez nombreuses cellules ganglionnaires. On ne trouve que deux paires de nerfs latéraux par ganglion chez les *Glossosiphonia* et *Batrachobdella*.

Les connectifs sont enfermés, comme les nerfs, dans une masse unique de névrilemme qui s'étend aussi autour des ganglions; ils peuvent se dédoubler ou même former une sorte de réseau à mailles très allongées sur une partie de leur étendue (*Branchellio*). Sur leur trajet se trouve généralement une masse ovoïde de protoplasma, contenant des cellules nerveuses bipolaires. Entre les deux connectifs et un peu au-dessus d'eux, on trouve toujours un cordon nerveux médian, longitudinal, le *nerf de Faivre* qui, surtout dans la région de la masse naviculaire et dans la région qui la sépare de la masse postérieure, se divise parfois, comme le font d'ailleurs les connectifs eux-mêmes, de manière à former une sorte de plexus (*Branchellio, Pontobdella*). Il existe toujours un système nerveux viscéral dont l'origine, très difficile à préciser chez les *Hirudo* (fig. 1199, *Sp*) et les *Herpobdella*, est représentée chez les RHYNCHOBDELLA par deux filets nerveux partant des ganglions cérébroïdes, où ils prennent naissance entre les deux gros nerfs antérieurs. Ces nerfs se ramifient ensuite sur la trompe et sur l'œsophage.

Appareil génital mâle. — Sauf les HISTRIOBDELLIDÆ, les Hirudinées sont hermaphrodites. Les testicules et les ovaires sont contenus dans des sinus spéciaux, plus ou moins oblitérés chez les *Hirudo* et les *Herpobdella* (fig. 1193, n° 2, p. 1742); il existe de même des sinus testiculaires spéciaux chez les *Pontobdella* (fig. 1193, n° 3), mais les ovaires sont contenus dans le sinus ventral, et cette dernière disposition se retrouve chez les *Branchellio* et les *Glossosiphonia*.

L'appareil mâle est constitué par une double rangée de testicules contenus dans des *sacs spermatiques* sphéroïdaux, situés latéralement, à raison d'une paire dans chaque zoïde mâle (fig. 1200, *T*). Chacun de ces sacs communique par un court conduit latéral avec le canal déférent situé du même côté que lui. Les *canaux déférents*, au nombre de deux (*Vd*), sont des tubes longitudinaux qui courent en dedans des sacs spermatiques, sur toute la longueur des zoïdes sexués, puis se réunissent sur la ligne médiane pour former un canal unique dont l'extrémité exsertile sert d'organe copulateur et constitue par conséquent un *pénis*. Mais, à côté de ces dispositions générales, chaque genre présente des particularités propres qui se manifestent dans le nombre des sacs spermatiques et dans les différenciations que présentent les canaux déférents dans la région antérieure à la première paire de sacs testiculaires. Il n'y a qu'un seul sac testiculaire chez les *Branchiobdella* et une paire chez les *Histriobdella*, ce qui rapproche ces animaux des Oligochètes; au contraire, le nombre des paires de sacs testiculaires est porté au maximum chez les *Glossosiphonia* qui, par ce caractère, comme par la forme aplatie de leur corps et les ramifications des cæcums terminaux de leur tube digestif, se rapprochent des Plathelminthes. Entre ces deux extrêmes viennent s'échelonner les *Herpobdella* avec un nombre variable de paires de testicules, les *Hæmopis* et les *Batrachobdella* avec douze, les *Hirudo* avec dix, les *Limnatis* avec huit, les *Piscicola* avec six, les *Branchellio* avec cinq.

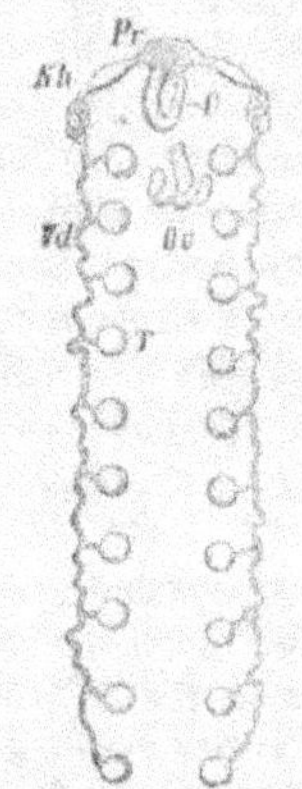

Fig. 1200. — Appareil génital de l'*Hirudo medicinalis*. *Pr*, prostate; *Nh*, épididyme. *Vd*, canal déférent; *T*, testicules; *C*, pénis; *O*, appareil femelle.

Chez les *Glossosiphonia*, après avoir dépassé la première paire de sacs spermatiques, les canaux déférents décrivent quelques sinuosités, se renflent en un canal musculeux ou *tube éjaculateur*, puis s'accolent pour s'ouvrir au dehors par un orifice commun; il n'y a pas de pénis nettement différencié. Chez les *Pontobdella* la partie renflée est très courte; mais elle est précédée d'un très long appendice glandulaire, claviforme qui s'étend en arrière sur la longueur de trois zoïdes (fig. 1198, *pr*). Le canal déférent se renfle de même en un long canal pelotonné, à parois épaisses et spongieuses chez les *Batrachobdella*, où les deux canaux symétriques se confondent sur une faible étendue, constituant un rudiment de pénis. Le renflement est brusque, chez les *Trocheta* et les *Herpobdella*; il produit deux *chambres à spermatophores* en forme de crosse de pistolet, à parois présentant de fortes fibres musculaires annulaires; ces deux chambres s'accolent sur une assez grande longueur, et l'organe unique à paroi musculaire, où les deux cavités des chambres à spermatophores demeurent distinctes, est entouré d'un anneau glandulaire saillant, la *prostate*. Chez les *Hæmopis* et les *Hirudo* (fig. 1200) se trouvent combinés toutes les dispositions précédentes : avant de s'unir sur la ligne médiane, les canaux déférents présentent une région pelotonnée, l'*épididyme* (*Nh*), une région renflée et musculeuse, le *canal éjaculateur*; les deux canaux éjaculateurs passent en demeurant d'abord indépendants, dans une poche médiane dont le fond, en forme de lame convexe, présente une paroi glandulaire (*Pr*), comparable à la *prostate* des *Herpobdella*; dans cette poche ou *bourse péniale* (*C*), les canaux éjaculateurs présentent chacun un revêtement glandulaire assez développé, peut-être comparable au long cæcum des *Pontobdella*, puis ils se réunissent en un très long canal pelotonné, exsertile, qui est le pénis.

Appareil génital femelle. — Les *ovaires* sont des corps filamenteux, claviformes, enfermés dans des *ovisacs* longtemps pris pour les ovaires eux-mêmes et qui sont en connexion avec les *oviductes*.

Ces ovisacs contiennent, outre les ovaires, des corpuscules amiboïdes et un liquide dépourvu d'hémoglobine. Ces corpuscules sont probablement des globules du sang que les oviductes, sans doute primitivement ouverts dans la cavité générale, ont englobé en se fermant tardivement autour des ovaires.

Les ovaires ne sont jamais qu'au nombre de deux, et ils sont placés dans le zoïde qui suit le zoïde porteur de l'orifice génital mâle. Les ovisacs sont ovoïdes chez les Arhynchobdella, et les oviductes qui en naissent s'unissent en un canal commun, sur le trajet duquel se développe une masse glandulaire compacte, ovoïde (*Hirudo*, fig. 1201) ou multilobée (*Hæmopis*). A cette région glandulaire succède une large poche ovoïde, le *vagin*. Les deux ovisacs sont plus allongés, piriformes, et les oviductes s'ouvrent directement dans le vagin chez les *Glossosiphonia* et les *Batrachobdella*. Enfin les ovisacs atteignent leur maximum de longueur chez les Ichthyobdellidæ, où ils peuvent s'étendre en arrière de la vulve sur trois ou quatre zoïdes (*Pontobdella*). Ils sont chez les *Pontobdella* (fig. 1198, *ov*) étroitement entortillés avec le cæcum glandulaire des canaux déférents plus courts qu'eux-mêmes. L'oviducte est, en outre, en rapport, dans ce genre, avec un autre sac claviforme, contourné, et se renfle, au point où ce sac vient se greffer sur lui, en une poche vaginale, ovoïde, continuée par un grêle canal qui s'unit à son symétrique pour s'ouvrir presque immédiatement au dehors par un orifice commun, la *vulve*.

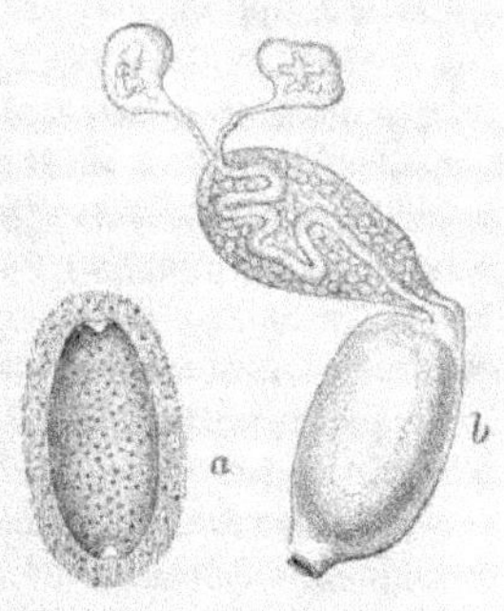

Fig. 1201. — Appareil génital femelle de l'*Hirudo medicinalis*. — *a*, cocon; — *b*, sacs ovariens; oviductes contenus dans une masse glandulaire et vagin (d'après Leuckart).

La position de cet orifice, comme celle de l'orifice mâle, entre dans la caractéristique des genres; elle est, en conséquence, indiquée dans la partie systématique.

Fécondation, ponte, développement [1]. — La fécondation est le résultat d'un accouplement réciproque; les spermatozoïdes, accolés en spermatophores dans la région terminale des canaux déférents, sont déposés dans le vagin, où les spermatophores se dissocient. Toutefois chez les *Herpobdella*, les *Glossosiphonia* et probablement les autres formes à pénis rudimentaire, il n'y a pas juxtaposition des orifices génitaux; les spermatophores sont fixés en un point quelconque de la surface du corps, généralement dans la région postérieure. La contraction graduelle de l'enveloppe du spermatophore force le contenu à passer au travers des téguments d'où il arrive jusqu'à l'ovaire. Sauf chez les *Glossosiphonia*, dont les œufs sont portés à la face inférieure du corps, le développement s'accomplit à l'intérieur d'un cocon analogue à celui des Oligochètes, sécrété comme lui par le clitellum et d'où l'animal ne sort que complètement formé.

Les *Branchiobdella* ont encore une segmentation à peu près régulière qui aboutit directement à la formation d'une *morula* à masse interne assez épaisse. Chez les autres

[1] C. Roux, *Mémoire sur le développement embryogénique des Hirudinées*, Mémoires de l'Académie des Sciences, Paris, 1875. — R. S. Bergh, *Die Metamorphose von Aulastoma gulo*; Arbeiten aus d. zool. zoot. Institut, Würzburg, 1885. — Id. *Neue Beiträge zur Embryologie der Anneliden*. — II. *Die Schichtenbildung in Keimstreifen der Hirudineen*; Zeitsch. f. w. Zoologie, t. LII, 1891.

Hirudinées, la segmentation est complète et inégale. Il se forme d'abord, chez les *Herpobdella*, par deux divisions successives, quatre blastomères dont deux plus petits que les autres. Les deux grosses cellules et l'une des petites produisent ensuite, par bourgeonnement, trois petites cellules, auxquelles s'en ajoute bientôt une quatrième résultant de la division d'une des grosses cellules. Ce sont les premières cellules exodermiques. Les trois blastomères qui ont pris part à leur formation en fournissent ensuite trois autres qui se logent au-dessous des premières et sont les premières cellules entodermiques. Peu de temps après la quatrième cellule, jusque-là demeurée indivise, se divise à son tour en deux grosses cellules dont l'une fournit successivement deux nouvelles cellules exodermiques qui viennent s'ajouter à celles déjà formées. Puis ces deux grosses cellules se divisent de nouveau, du côté opposé à celui où sont rassemblées les six cellules exodermiques, y produisent quatre nouvelles cellules et constituent elles-mêmes les initiales du mésoderme. Il reste au centre de l'œuf trois sphères vitellines, formées par les trois blastomères qui se sont divisés les premiers. Peu à peu les deux plaques exodermiques, l'une ventrale, l'autre dorsale, se rejoignent au bord antérieur de l'embryon, et s'étendent à la surface des trois sphères vitellines sans toutefois les recouvrir entièrement; celles-ci continuent à produire de nouvelles cellules entodermiques. Toutes ces dernières se groupent en une sorte de colonne à l'extrémité antérieure de l'embryon, tandis que le mésoderme forme, sur les côtés, deux bandes latérales. Bientôt les cellules entodermiques se disposent de manière à circonscrire une cavité digestive primitive et se remplissent de vitellus nutritif; elles refoulent vers l'extrémité postérieure du corps les trois sphères vitellines sur lesquelles s'appuie l'extrémité postérieure des bandes mésodermiques; une invagination exodermique constitue les rudiments de l'œsophage. Peu à peu l'épiblaste recouvre complètement les sphères vitellines; l'embryon s'accroît rapidement en avant; les bandes mésodermiques pénètrent dans la région dorsale au-dessus de l'œsophage autour duquel se montre une cavité traversée par des fibres musculaires; un lobe préoral se développe, en même temps que la région céphalique, l'œsophage et une bande médiane ventrale deviennent ciliés comme chez les Oligochètes.

Chez les *Glossosiphonia* la segmentation est aussi inégale; mais trois plans verticaux divisent successivement l'œuf en quatre segments dont trois relativement petits, le quatrième plus gros; celui-ci correspond à l'extrémité postérieure du futur embryon. Des quatre blastomères se détachent bientôt, au pôle dorsal de l'œuf, quatre petites cellules exodermiques, au centre desquelles la bouche apparaîtra plus tard. Tandis que les trois blastomères antérieurs continuent à former des cellules exodermiques, le gros blastomère postérieur se divise en deux cellules, l'une dorsale, l'*initiale mésodermique*, l'autre ventrale, le *neuroblaste*. Le neuroblaste ne tarde pas à se partager en dix cellules dont deux continuent à se diviser en fournissant de nouvelles cellules exodermiques, tandis que des huit autres quatre se placent au bord droit de la calotte exodermique et quatre au bord gauche. L'initiale mésodermique s'est pendant ce temps divisée en deux cellules qui viennent se placer à droite et à gauche, immédiatement au-dessous des quatre neuroblastes. Les neuroblastes et les mésoblastes, entrant alors en prolifération à leur extrémité antérieure, il se forme sur chaque bord de l'exoderme quatre bandes d'éléments correspondant aux quatre neuroblastes primitifs et une bande mésodermique. La calotte exodermique s'étend alors rapidement dans sa région médiane, de sorte que les deux bandelettes neuroblastiques se rejoignent sur la ligne médiane ventrale de l'embryon. Chacune de ces bandes de cellules que l'on peut numéroter de 1 à 4, à partir de la ligne médiane, à une destinée spéciale. Les bandes médianes forment, comme chez les Oligochètes, la chaîne ventrale ; les bandes 2 à 4 donnent naissance à la musculature annulaire.

Les *Hæmopis* et probablement toutes les HIRUDINIDÆ suivent un mode de développement plus compliqué ; l'exoderme ne fournit au corps de la larve qu'un revêtement temporaire, destiné à disparaître ; aussi les bandes cellulaires de 2 à 4 changent-elles de destination ; après qu'il s'en est détaché quelques cellules destinées à former la musculature annulaire, elles constituent l'épiderme définitif ; il est à remarquer que l'épiderme provisoire ne prend ici aucune part à la formation du système nerveux. Pendant ce temps, les noyaux des sphères vitellines, se portant rapidement vers la surface, se sont divisés et ont fourni l'entoderme qui enveloppe les restes des sphères vitellines ; chez les *Hirudo* et les *Herpobdella*, ces cellules étaient demeurées en dehors du sac entodermique.

Les trois feuillets embryonnaires étant ainsi constitués, le mésoderme se métamérise rapidement et se clive en une somatopleure et une splanchnopleure, comprenant entre elles une cavité générale d'abord continue, mais où se forment plus tard des cloisons. Le tube digestif se divise en une portion stomacale étranglée par les cloisons dans sa région entodermique, et un tube intestinal étroit à l'extrémité duquel se creuse l'anus. Le diverticule postérieur de l'estomac des *Hirudo* est d'abord impair, disposition qui persiste chez les *Pontobdella*.

Les néphridies se forment aux dépens du mésoderme, sauf leur vésicule terminale qui résulte d'une invagination de l'épiderme définitif. Il se constitue d'abord des néphridies provisoires, en forme d'anse repliée sur elle-même rappelant celles des Oligochètes ; les *Hirudo* en ont trois paires, les *Glossosiphonia* deux. Les néphridies définitives se forment plus tard aux dépens de groupes spéciaux d'initiales mésodermiques. La partie antérieure de ces néphridies se résout, chez les *Hirudo*, en une sorte de réseau.

I. ORDRE

AMPHIBDELLA

Hirudinées de transition, présentant un système vasculaire clos et une cavité générale bien développée, ou munies de soies locomotrices, ou unisexuées et pourvues d'appendices locomoteurs.

FAM. **HISTRIOBDELLIDÆ**. — Unisexuées. Région céphalique distincte. Des appendices semblables à des pieds, au moins à l'une des extrémités du corps. Pas d'appareil circulatoire. Œufs pédicellés, pondus isolément. Ce sont peut-être des Polychètes dégradés.

Histriobdella, V. Beneden. En avant, une ventouse pédiculée, cinq appendices tactiles et une paire d'appendices locomoteurs ; en arrière une autre paire d'appendices servant de ventouses. *H. homari*, vit parmi les œufs du Homard et dévore les œufs morts. — *Saccobdella*, V. B. et Hesse. Pas d'appendices antérieurs ; en arrière deux ventouses pédonculées. *S. Nebaliæ*, sur les Nébalies.

FAM. **ACANTHOBDELLIDÆ**. — Hermaphrodites. Marines, à corps fusiforme, présentant en avant quatre doubles rangées symétriques de soies en crochet. Anus ouvert dans la ventouse anale.

Acanthobdella, Grube. Genre unique. *A. peledina*, côtes de Sicile.

Fam. **BRANCHIOBDELLIDÆ**. — Hermaphrodites. Des ventouses terminales; ni soies, ni appendices. Cavité générale bien développée; système vasculaire clos. Néphridies en tubes sinueux simples, avec pavillon vibratile.

Branchiobdella, Odier. Corps de 20 mérides; zoïdes formés de deux mérides, alternativement un grand et un petit; portion anale du corps formée de 5 mérides; ventouses peu distinctes; l'antérieure bilabiée; yeux indistincts; deux mâchoires; orifice mâle sur le 11e méride; femelle sur le 14e. *B. astaci*, sur les branchies de l'Écrevisse commune. — *Myzobdella*, Leidy. Sur les branchies d'un Crabe (*Lupea diacantha*), aux États-Unis.

II. ORDRE

ARHYNCOBDELLA

Corps métaméridé, opaque; ventouse orale nettement divisée en mérides, bilabiée, taillée en bec de flûte. Point de trompe. Pas de région rétrécie du corps ou de cou, en arrière de la ventouse orale. Dix-sept paires de néphridies; néphridiopores sur le 5e méride des zoïdes VII à XVIII. Sang rouge. Œufs multiples, pondus dans des capsules non fixées au ventre.

Fam. **HERPOBDELLIDÆ** (Nephelidæ). — Pas de mâchoires ou seulement des mâchoires inermes. De zéro à dix yeux, généralement huit.

Trib. Herpobdellinæ. Pas de mâchoires. — *Cyclobdella*, Weyenb. Dix yeux. *C. glabra*, République Argentine. — *Liostomum*, Wagler (*Centropygos* et *Cylicobdella*, Grube). Corps cylindrique, légèrement déprimé, à bords parallèles, sauf en avant où il est atténué; ventouse orale confondue avec le corps; point d'yeux; dix plis œsophagiens; orifices génitaux sur les 27e et 29e intersegments. *L. lumbricoïdes*, vit sous terre à la façon des Lombrics dont elle a l'aspect, Brésil; *Liostomum coccineum*, Mexique. — *Macrobdella*, Phil. Diffèrent des *Liostomum* par ce que leurs orifices génitaux sont séparés par cinq mérides. *M. valdiviana*, Chili; 160 mm. de long. — *Semiscolex*, Kbg. Huit ou dix yeux; douze plis œsophagiens. *S. juvenilis*, Monte-Video. — *Hexabdella*, Verrill. Dix yeux; prostomum de quatre mérides avec trois plis en dessous; orifice mâle sur le 24e intersegment; ventouse postérieure séparée du corps par une constriction profonde. *H. depressa*, New-Haven (États-Unis). — *Herpobdella*, de Bl. (*Nephelis*, Sav.). Huit yeux; les quatre premiers souvent sur un seul segment formé des mérides 2 et 3; les postérieurs sur le 1er méride du 4e zoïde; zoïdes moyens formés de cinq mérides; zoïdes 1 à 5, et 20 à 25 réduits; orifice mâle entre les mérides 36 et 37, femelle entre les mérides 40 et 41 ou sur le 40e; trois plis œsophagiens. *H. octoculata*, France; eaux stagnantes; nage et chasse les petits Invertébrés aquatiques. — *Nephelopsis*, Verrill. Diffèrent des *Herpobdella* par la forme de leur corps élargi et aplati en arrière du clitellum. *N. obscura*, Amérique du Nord. — *Dina*, R. Blanch. Diffèrent des *Herpobdella* par la présence de six mérides à chaque zoïde moyen. *D. quadristriata*, Gênes.

Trib. Trochetinæ. Des paragnathes ou mâchoires inermes. — *Trocheta*, Dutrochet. Zoïde fondamentalement formé de six mérides, plus souvent de huit par suite du dédoublement des deux derniers mérides, ou même de onze si les trois mérides antérieurs se dédoublent également; orifices mâle et femelle variant de position, souvent entre les mérides 33 et 34; vulve entre les mérides 38 et 39; zoïdes 2 à 4 d'un seul méride; 5e et 27e de deux; 6e et 26e (?) de huit. *T. subviridis*, France, vit de Lombrics et de larves d'Insectes qu'elle poursuit souvent hors de l'eau. — *Hylobdella*, Wey. Deux yeux. *H. flavo-lineata*, République Argentine. — *Pinacobdella*, Dies. Aveugle; corps formé de dix-sept zoïdes portant sur le dos et le ventre des boucliers parcheminés. *P. Kolenatii*, lacs de Géorgie. — *Democedes*, Kinb. Diffèrent des *Trocheta* par leurs dix yeux tous rassemblés par paires sur le 3e ou le 4e segment apparent. *D. decemstriatus*, Afrique australe. — *Schlegelia*, Weyenb.

Fam. **HIRUDINIDÆ**. — Cinq paires d'yeux. Zoïdes formés chacun de trois à sept mérides dans la région moyenne du corps; mérides moins nombreux dans les zoïdes antérieurs et postérieurs. Trois mâchoires dentées. Quatre à six papilles segmentaires ventrales; six à huit dorsales. Cocons grands, spongieux, cachés dans la terre humide.

Trib. Hirudininæ. Quatrième zoïde formé de deux mérides; huit rangées de papilles segmentaires dorsales et six ventrales; néphridiopores ventraux. — *Hirudo*, L. Mâchoires armées de cinquante à cent dents très aiguës, disposées en une seule rangée, sans papilles; lèvre antérieure non sillonnée en dessous; les trois premiers zoïdes formés d'un seul méride, le 4ᵉ de deux; les 5ᵉ, 6ᵉ, 7ᵉ et 24ᵉ de trois; les 25ᵉ, 26ᵉ et 27ᵉ de deux; orifice mâle entre les mérides 31 et 32; vulve entre les mérides 36 et 37. *H. medicinalis*, eaux stagnantes de France. — *Limnatis*, Moq. Tand. (*Hæmopis*, M. T. pars, *Bdella*, Sav.). Mâchoires armées de plus de cent dents très aiguës en une rangée; lèvre antérieure sillonnée en dessous. *L. nilotica* (Sangsue de cheval), eaux stagnantes de France et d'Algérie; se fixe souvent à la muqueuse buccale des grands Mammifères et de l'Homme pendant qu'ils boivent. — *Hæmopis*, Sav. (*Aulastoma*, M. T.). Deux rangées de dents obtuses et peu nombreuses aux mâchoires; point de sillon labial; seulement deux cæcums intestinaux; orifice mâle au milieu du 32ᵉ méride. *H. sanguisuga*, attaque les Grenouilles, les Mollusques, les Vers de terre, et les poursuit hors de l'eau; pond à terre. — *Limnobdella*, R. Blanchard. Denticules peu nombreux, mais longs et forts; pores génitaux et 7ᵉ zoïde comme chez les *Hirudo*; point de glande à la face ventrale du 13ᵉ zoïde; 24ᵉ zoïde formé de cinq mérides. *L. mexicana*, Mexique. — *Macrobdella*, Verrill. Diffèrent des *Hirudo* par leur 24ᵉ zoïde formé de quatre mérides, au moins; les deux mérides du 27ᵉ en voie de fusion; orifice mâle sur le 33ᵉ méride; vulve entre les mérides 36 et 37; des glandes spéciales sur la face ventrale du 13ᵉ zoïde. *M. decora*, Mexique, 167 mm. de long; sur les Grenouilles et têtards. — *Hirudinaria*, Whitm. Diffèrent des *Hirudo* par la position de la vulve reculée à la limite des mérides 38 et 39. *H. saigonensis*, Cochinchine; sert aux usages médicinaux. — *Whitmania*, R. Bl (*Leptostoma*, Whitm). 7ᵉ zoïde déjà formé de cinq mérides, de même que le 24ᵉ; orifice mâle entre les 33ᵉ et 34ᵉ mérides; vulve entre les 38ᵉ et 39ᵉ. *W. pigra*, Japon.

Trib. Hæmadipsinæ. Quatrième zoïde formé d'un seul méride. Sangsues terrestres, se tiennent sur les arbres et arbrisseaux; attaquent les Mammifères et l'Homme. — *Xerobdella*, v. Frauenfeld. Huit yeux; une paire d'appendices tentaculaires sur le 5ᵉ méride; orifice mâle au milieu du 30ᵉ méride; vulve entre les 33ᵉ et 34ᵉ mérides; un nouvel orifice entre les 36ᵉ et 37ᵉ; un pore médian sur la face ventrale, en arrière du 97ᵉ méride, près de la ventouse. *X. Lecontei*, Alpes d'Autriche. — *Planobdella*, R. Bl. Zoïde formé de sept mérides. *P. molesta*, Célèbes. — *Phytobdella*, R. Bl. Zoïde de six mérides. *P. Meyeri*, Luzon. — *Hæmadipsa*, Tennant (*Geobdella*, Whitm, *Moquinia*, R. Bl.). Zoïde de cinq mérides; dix yeux; les quatre derniers zoïdes réduits à un seul méride; orifice mâle entre les 30ᵉ et 31ᵉ; vulve entre les 35ᵉ et 36ᵉ mérides. *H. zeylanica*, Japon, Inde, Philippines, Ceylan. — *Philæmon*, R. Bl.[1]. Zoïde de quatre mérides. *P. Grandidieri*, Madagascar. — *Mesobdella*, R. Bl. Zoïdes moyens de trois mérides; cinq paires d'yeux; trois mâchoires denticulées; intestin pourvu de sacs latéraux comme celui des *Glossosiphonia*. *M. gemmata*, Chili.

III. ORDRE

RHYNCHOBDELLA

Une trompe; point de mâchoires. Sang blanc, à globules produit par des glandes lymphatiques situées dans le vaisseau dorsal. Néphridiopores sur le 1ᵉʳ méride de chaque zoïde.

Fam. **GLOSSOSIPHONIDÆ**. — Un suçoir plus ou moins exsertile. Vingt-six zoïdes, les moyens formés de trois mérides. Orifice mâle sur le 10ᵉ zoïde; vulve sur le 11ᵉ. Portent leurs œufs attachés à leur face ventrale.

[1] Ce genre inédit nous a été signalé par M. Raphaël Blanchard, qui nous a autorisé à le publier pour compléter la série morphologique si remarquable des Hæmadipsinæ.

Glossosiphonia, Johnson (*Clepsine* Sav.). Ventouse antérieure bilabiée, de une à quatre paires d'yeux; orifice mâle entre les mérides 19-20 ou 20-21; vulve entre les mérides 22-23 ou 23-24; zoïdes formés de 3 mérides. *G. bioculata*, eaux douces Fr. — *Batrachobdella*, Viguier. Une paire d'yeux; ventouse postérieure très large; orifice mâle au milieu du 21e segment; vulve entre les segments 23-24; ne se roule pas en boule. *B. Latastii* sur les Discoglosses et divers batraciens d'Algérie. — *Hæmenteria*, de Fil. Ventouses petites; deux yeux sur le 4e méride, qui est suivi d'un zoïde de deux mérides; tous les zoïdes suivants formés de trois segments, le 1er correspondant à un méride; les deux suivants à deux mérides qui sont distincts sur la face ventrale; 23e, 24e et 25e zoïdes ne comprenant plus que trois mérides, dont les deux derniers sont fusionnés en dessous; 26e et dernier méride simple et portant l'anus; orifice mâle entre les 26-27e, vulve entre les 28-29e mérides. *H. Gilhiani*, un pied de long, Amazone. *H. officinalis*, sert de sangsue médicinale au Mexique. — *Placobdella*, R. Bl. Différent des *Hæmenteria* parce qu'aucun segment n'est divisé à la face ventrale par un sillon profond; deux yeux; bouche s'ouvrant dans la lèvre antérieure ou dans la partie antérieure de la ventouse. *P. Raboti*, eaux douces de l'Europe boréale. *P. catenigera*, Montpellier, Toulouse. — *Hemiclepsis*, Vejd. De quatre à huit yeux; dos verruqueux; zoïdes 3 et suivants complets jusqu'au 25e; 26e et 27e d'un seul méride; 1er méride de chaque zoïde présentant quatre séries de taches qui portent les papilles internes et intermédiaires; le 2e méride avec une tache de chaque côté correspondant aux papilles externes. *H. marginata*, Italie.

FAM. **ICHTHYOBDELLIDÆ**. — Corps nettement métaméridé. Ventouse orale en forme de coupe ou de disque, unilabiée, séparée du corps par un fort étranglement, non métaméridée. Parasites des Poissons.

Pontobdella, Leach. Deux ventouses; peau marquée de saillies verruqueuses, sang incolore; corps divisé en zoïdes comprenant chacun quatre mérides, deux courts, un long et un 4e court. *P. muricata*, sur les Raies. — *Piscicolaria*, Whitm. *Piscicola* à yeux rudimentaires, sans pigment. P. Wisconsin. — *Piscicola*, de Bl. (*Ichthyobdella*, de Bl.) Corps arrondi; ventouses grandes, cupuliformes; quatre yeux sur l'antérieure et une couronne de points oculiformes sur la postérieure; zoïdes abdominaux formés de quatorze mérides; une vésicule respiratoire portée par les deux premiers mérides de chaque zoïde. *P. geometra*, des eaux douces, sur les Cyprins; *P. Fabricii* sur la Morue; *P. (Codonobdella) truncata*, lac Baïkal. — *Podobdella*, Dies. — *Notostomum*, Levinsen, Grube. *N. læve*, parasite de l'*Hippoglossus pinguis* du Grœnland. — *Ophibdella*, V. B. et H. Ventouse antérieure très grande. *O. labracis*, marine; sur le Bar. — *Dactylobdella*, V. B. et H. Ventouse antérieure digitée. *D. musteli*, sur le *Mustelus lævis*, Brest. — *Cystobranchus*, Dies. Corps divisé en deux régions, dont la postérieure, plus développée, porte sur chaque zoïde une paire d'appendices latéraux, globuleux, contractiles, servant à la respiration; corps formé de dix-neuf zoïdes, le 1er de cinq, le 2e de quatre, le 3e de six, le 18e de trois, tous les autres de sept mérides; orifices génitaux sur les 6e et 7e zoïdes. *C. respirans*, ecto-parasite des poissons d'eau douce d'Europe. — *Trachelobdella*, Dies. (*Calliobdella*, V. B. et H.). Différent des *Cystobranchus* par leurs zoïdes moyens ne comprenant que six mérides et l'élargissement brusque de leur corps vers le premier tiers; sur divers poissons de mer. *C. Lophii*; *C. Cotti*, Brest. — *Hemibdella*, V. B. et H. Une seule paire de vésicules latérales non contractiles. *H. solex*, Brest. — *Branchellio*, Sav. Ventouse antérieure portant des yeux, séparée du tronc par un étranglement formé de treize mérides; les trente-cinq autres, pourvus sur le côté d'un appendice foliacé, à bord onduleux, lobé, renflé à la base de trois en trois; orifice mâle entre les segments 12 et 13; vulve entre les segments 15 et 16; ventouse postérieure portant une foule d'autres petites ventouses. *B. torpedinis*, à la face inférieure du corps des Torpilles. — *Branchelliopsis*, Whitm. *Branchellio* à yeux dépourvus de pigment. Japon. — *Ozobranchus*, de Qfg. Des branchies laciniées sur les côtés du corps. *O. Margoi* sur les tortues marines (*Thalassochelys corticatus*), Naples; *O. (Lophobdella*, Poirier et Rochebrune) *Quatrefagesi*, dans la bouche des Tortues d'eau douce, des Crocodiles et des Pélicans, au Sénégal.

III. SOUS-EMBRANCHEMENT

PLATHYHELMINTHES

Vers à corps généralement aplati, à cavité générale oblitérée par du tissu conjonctif (parenchyme), à tube digestif simple ou ramifié; parasites et pourvus de ventouses ou libres et couverts de cils vibratiles.

I. CLASSE

TRÉMATODES [1]

Plathyhelminthes ecto- ou endoparasites, pourvus de ventouses ou d'appareils fixateurs; hermaphrodites, sauf de rares exceptions.

Généralités. Forme générale du corps. — Les Trématodes sont tous parasites, mais ils peuvent vivre à la surface du corps de leur hôte, ou dans des cavités largement ouvertes et, pour ainsi dire, encore extérieures, telles que la cavité buccale, la cavité branchiale des Poissons; ou bien pénétrer dans les voies respiratoires, le tube digestif et parfois même la cavité générale; ils peuvent donc être parasites externes ou parasites internes, au sens absolu de ces mots, et les deux sortes de parasitisme sont liés par une foule d'intermédiaires. De même, leur développement peut être direct et ne comporter que de légères métamorphoses, ou bien les métamorphoses s'accusent et peuvent se compliquer de migrations; on arrive ainsi au cas où plusieurs générations, l'une sexuée, les autres asexuées, se succèdent et présentent, tout à la fois, une forme et un habitat différents. Les Trématodes à développement direct, sans migrations, forment l'ordre des MONOGENEA, ou *Trématodes monogènes*; les autres, celui des DIGENEA ou *Trématodes digènes*. Si les migrations coïncident simplement avec des métamorphoses, le Trématode digène est dit *métastatique*; si les migrations portent sur plusieurs générations successives, formées l'une par voie sexuée, les autres par voie agame, le Trématode est *métagénétique*. Les Trématodes ont, en général, un corps aplati, légèrement convexe en dessus, concave en dessous. Quelques espèces présentent encore des traces de métaméridation (p. 1530) qui se marquent chez les *Stichocotyle* dans la distribution des ventouses ventrales et dans l'arrangement des muscles, se manifestent dans la disposition de certains appendices saillants du corps, avec qui la disposition des testicules est même en rapport (*Dactylocotyle*, fig. 1202, *T*), dans celle des piquants dont les téguments sont parfois armés (*Distomum bicoronatum*), ou qui se traduisent simplement par une annulation régulière de leurs téguments (*Temnocephala*, *D. annulatum*, *Apoblema*, *Plectanocotyle appendiculata*, jeunes *Udonella*, *Pteronella*, *Diplozoon*). On ne peut confondre avec cette annulation régulière, les plis irréguliers qu'on observe chez les *Polystomum*, *Dactylogyrus*, *Onchocotyle*, *Udonella* adultes, *Echinella* et chez les DISTOMIDÆ à corps renflé. Les traces fréquentes de métaméridation, la

---

[1] BRAUN, *Würmer*, Bronn's Thier-reichs, 1892-1894. — J. POIRIER, *Contribution à l'histoire des Trématodes.* Archives de Zoologie expérimentale, 2ᵉ série, t. III. 1885. — ID., *Sur les* DIPLOSOMIDÆ, Ibid., 1886.

simplicité relative du développement, l'exoparasitisme s'accordent pour désigner les MONOGENEA comme le lien qui unit les Trématodes endoparasites aux Vers annelés.

La face ventrale des Monogènes porte la bouche, les orifices génitaux et des organes de fixation, ventouses, boucles ou crochets de formes diverses. La face dorsale porte les orifices de l'appareil excréteur et exceptionnellement (*Octobothrium lanceolatum*) l'orifice externe du vagin. Quelquefois les orifices génitaux sont placés sur les côtés du corps ou l'un de ces côtés (*Epibdella, Phylonella, Polystomum*, etc.). Une dissymétrie plus ou moins accusée du corps peut résulter de ce que les orifices génitaux (*Epibdella*), ou les organes de fixation (*Gastrocotyle*), ne sont développés que d'un seul côté; ces organes peuvent aussi être asymétriquement développés (*Axine, Pleurocotyle*). L'asymétrie est surtout marquée chez les *Vallisia* dont le corps est coudé au milieu, le coude étant lui-même surmonté d'une sorte de gibbosité.

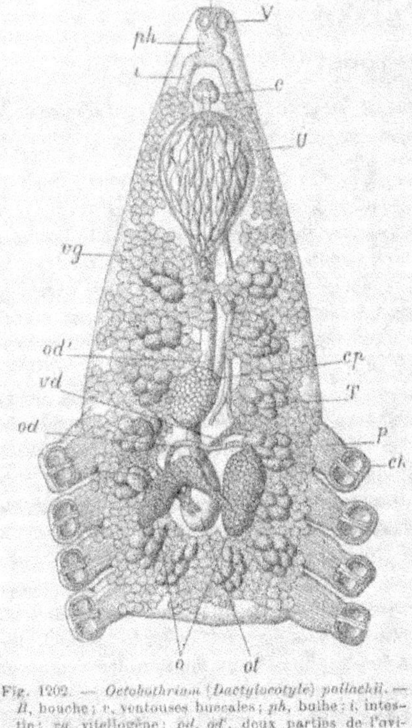

Chez les Trématodes digènes, la bouche est terminale, sauf chez les *Gasterostomum* où elle est ventrale; presque toujours elle est entourée d'une ventouse; il existe aussi une ventouse ventrale, diversement placée et parfois des ventouses accessoires ou des organes ventraux d'adhésion; ces organes sont toujours dépourvus de crochets. Les orifices génitaux sont sur la face ventrale, et l'orifice de l'appareil excréteur est situé près de l'extrémité postérieure du corps ou à cette extrémité. Le corps des Trématodes digènes est d'ordinaire plus long que large, mais c'est seulement par exception que sa longueur arrive à être très grande par rapport à sa largeur (*Distomum lorum, D. veliporum*, jusqu'à vingt fois *D. longissimum*). Le *Nematobothrium* a un mètre de long sur 1 ou 2 mm. de large; inversement les *Monostomum orbiculare, M. faba, Distomum Aloysiæ*, sont presque circulaires, tandis que les *D. papilliferum* et *squamula* sont plus larges que longs. D'autre part le corps est presque cylindrique chez beaucoup d'Amphistomes et divers Distomes. Chez un assez grand nombre de Trématodes de ce genre, il est divisé en deux régions fréquemment arquées, séparées l'une de l'autre par une ventouse ventrale; la région antérieure est alors la plus courte, et

Fig. 1202. — *Octobothrium (Dactylocotyle) pollachii*. — *B*, bouche; *v*, ventouses buccales; *ph*, bulbe; *i*, intestin; *vg*, vitellogène; *od, od'*, deux parties de l'aviducte; *vd*, vitelloducte; *o*, ovaire; *ot*, ootype; *ch*, boucles chitineuses fixatrices; *P*, parapodes postérieurs; *T*, testicules métamérisés; *cp*, poche copulatrice; *U*, matrice; *c*, orifice de ponte (d'après van Beneden).

la région postérieure, dont la section est circulaire, a la forme d'un segment de tore chez le *D. Meynini*, devient très longue et claviforme chez les *D. Heurteli*, *dactyliferum*, *squamosum*, et *clavatum* (fig. 1214, p. 1777); elle se transforme en un sac ovoïde chez les *D. verrucosum*, *Pallasii*, *scorpenæ* et *personatum*. Cette région du corps présente toujours un système de bourrelets, de ventouses ou de papilles de forme très variable, groupés en un appareil spécial. La région postérieure du corps constitue chez les *Apóblema* un véritable post-abdomen en forme de queue, mais contenant toujours des parties importantes des viscères.

Appendices, organes de fixation, ventouses. — Le corps des Trématodes présente assez souvent des appendices qui peuvent consister en *membranes*, *tentacules*, *ventouses* ou *crochets*. Il est bordé de membranes chez les *Temnocephala fasciata* et *quadricornis*; les *Distomum tereticolle* et *lanceu*, l'*Ogmogaster plicata*. Ces membranes se limitent souvent à la région céphalique (*Phyllonella*), et peuvent revêtir l'aspect de deux lobes garnis de soies (*Pteronella*) ou porter des piquants (*Echinostomum spinulosum*).

On trouve des prolongements tentaculiformes dans les familles des TEMNOCEPHALIDÆ (fig. 1203), GYRODACTYLIDÆ, UDONELLIDÆ. Ils sont situés à la région antérieure du corps, de forme conique et au nombre de cinq chez les TEMNOCEPHALIDÆ; plus courts et au nombre de quatre chez les *Udonella*, de deux chez les *Gyrodactylus* (fig. 1221, p. 1789) et *Echinella*; ils sont représentés par six festons chez les *Tetraonchus*. Parmi les Trématodes monogènes les *Rhopalophorus* ont aussi deux tentacules latéraux épineux; autour de la bouche du *Gasterostomum fimbriatum*, on trouve des prolongements digitiformes, de simples papilles chez les *D. laticolle* et *nodulosum*; des prolongements tentaculiformes peuvent aussi se développer autour de la ventouse ventrale (*D. furcatum*, *Aspidogaster* du siphon des *Melo*).

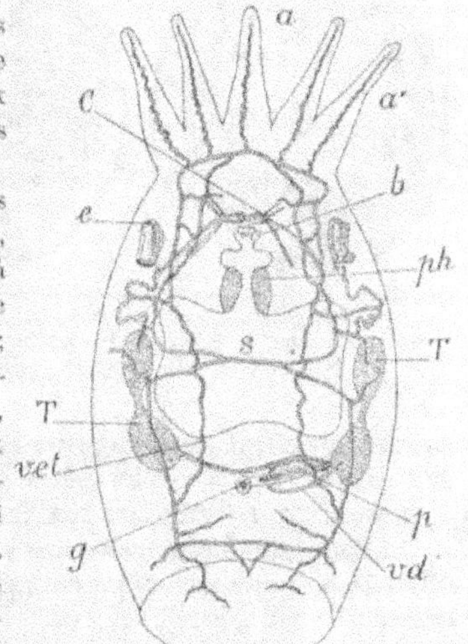

Fig. 1203. — *Temnocephala Semperi.* — *a. a'.* tentacules; *e*, orifice néphridien; *T*, testicules; *vet*, vitelloductes; *g*, orifice génital; *vd*, canal déférent; *p*, pénis; *ph*, bulbe; *b*, bouche; *s*, sac digestif (d'après Weber).

L'extrémité antérieure du corps se modifie quelquefois, au voisinage de la bouche, de manière à former un organe d'adhérence, plus ou moins comparable à une ventouse (*Polystomum integerrimum*, fig. 1210, p. 1775; *Calicotyle*). La région antérieure, dont l'extrémité libre porte presque toujours la bouche entourée d'une ventouse, est quelquefois plus grêle que le reste du corps (*Cladocœlium hepaticum*, fig. 1215, p. 1784; *Distomum Rathouisii*, *D. giganteum*, *Gastrodiscus polymastos*, fig. 1204, *Homalogaster*, *Gastrothylax Cobboldi*); d'autres fois elle est élargie en avant et séparée du reste du corps par une sorte de cou (*Monostomum petasatum*, *M. trigonocephalum*, *M. hippocrepis*, *Echinocephalum*). L'extrémité postérieure ne se termine en ventouse que chez les AMPHISTOMIDÆ, dont la face ventrale, souvent concave, présente, en outre, quelquefois de multiples organes de fixation (*Homalogaster*, *Gastrodiscus*, fig. 1204). Chez les HOLO-

STOMIDÆ, le corps est nettement séparé en deux régions; la postérieure est toujours cylindrique; l'antérieure peut être aplatie (*Diplostomum longum*), creusée en cuiller en dessous (*Hemistomum alatum*), ou bien ses bords peuvent s'élargir et se rabattre en dessous, tandis que le bord postérieur de la cuiller se rabat lui-même en avant (*H. clathratum, cordatum*); enfin les bords de la cuiller peuvent se souder et figurer ainsi une coupe (*Holostomum Kroyeri, Onchocotyle appendiculata, Sphyranura Osleri*). Plus souvent la bouche est comprise entre deux organes adhésifs latéraux, dont la cavité peut être en communication avec sa propre cavité, ou en être indépendante.

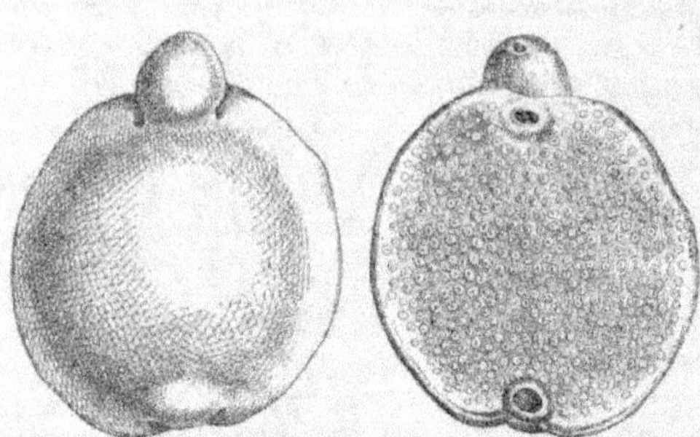

Fig. 1204. — *Gastrodiscus polymastos*. — N° 1, face dorsale; n° 2, face ventrale montrant la bouche, l'orifice génital, la ventouse postérieure et les nombreuses petites ventouses caractéristiques du genre, disséminées sur le disque fixateur (d'après J. Poirier).

Les organes de la première catégorie dits *ventouses buccales*, sont caractéristiques des OCTO-COTYLINÆ (fig. 1202, V); ceux de la deuxième catégorie, dits *ventouses latérales*, se trouvent principalement chez les TRISTO-MIDÆ (fig. 1212, ms, p. 1780). Les ventouses latérales peuvent manquer de toute musculature particulière et se réduire à une simple *fossette adhésive*, plus ou moins profonde (*Epibdella hippoglossi, Nitzschia elongata, Calceostoma*), ou posséder une musculature rayonnante et une musculature circulaire; dans ce cas seulement, ce sont de *vraies ventouses* qui peuvent être sessiles (*Tristomum*) ou pédonculées (*Encotyllabe pagelli*). Les MONOCOTYLIDÆ, TEMNOCEPHALIDÆ, GYRODACTYLIDÆ, manquent d'organes adhésifs antérieurs. Il existe au contraire presque toujours une ventouse buccale chez les Trématodes digènes.

Les TRÉMATODES MONOGÈNES ont toujours un appareil postérieur de fixation, mais la forme de cet appareil est extrêmement variable, et il est difficile de déterminer sûrement quelle est la série naturelle des transformations qu'il a présentées. On peut imaginer que la forme primitive est celle où un grand nombre de petites ventouses munies ou non d'appareil chitineux sont pressées à l'extrémité postérieure du corps, le long des bords de l'animal, sans délimiter une région spéciale, comme le montrent les *Microcotyle* (fig. 1205) dont le corps se termine en pointe, ou les *Gastrocotyle* qui ne présentent de ventouses que d'un seul côté. Il suffit d'une légère modification de la région postérieure, bordée de ventouses, du corps des *Microcotyle* pour le transformer en un plateau fixateur, dissymétrique et oblique par rapport à l'axe du corps, tel que celui des *Axine*. Chez les *Gyrodactylus* (fig. 1221, s, p. 1789), le disque devient franchement ventral; les ventouses s'allongent en seize organes dactyliformes, rappelant les parapodes des Polychètes et portant chacun un crochet chitineux; en outre, un appareil médian, essentiellement formé de deux crochets chitineux, à extrémité recourbée (V), occupe la région axiale du disque. Si l'on suppose maintenant que les parapodes uncinigères des *Gyrodactylus* se réduisent à des ventouses, dont six latérales, disposées par paires, deviennent beaucoup plus grandes que les autres chez l'adulte, mais n'en diffèrent pas chez la larve (fig. 1219, n° 2, p. 1788), on aura la disposition caractéristique des *Polystomum* (fig. 1310, S, p. 1775). Les *Octobothrium* qui ne présentent que huit ventouses, sont le point de départ d'une autre série intéressante; les ventouses, dans les sous-genres *Dactylocotyle* (fig. 1202), *Pterocotyle* et *Choricotyle*, sont portées à l'extrémité de pédoncules (P) avec lesquelles elles sont dans le même rapport que les cercles adhésifs des chenilles avec leurs pattes membraneuses; ces pédoncules

appellent l'idée d'une division métamérique de l'extrémité postérieure du corps, idée qui vient d'autant plus naturellement à l'esprit que la ventouse des Hirudinées est réellement métaméridée. Les *Dactylocotyle* semblent ainsi la contre-partie des *Temnocephala* dont les appendices sont céphaliques. L'intérêt de cette remarque est augmenté par la grande persistance de ce nombre huit, malgré les différenciations qui peuvent se produire. Chez les *Anthocotyle* (fig. 1206), les six dernières ventouses restent ce qu'elles sont chez les *Dactylocotyle*, mais les deux premières deviennent énormes, par suite du développement de leur pédoncule transformé en une sorte de disque adhésif, soutenu par une armature chitineuse. On ne trouve

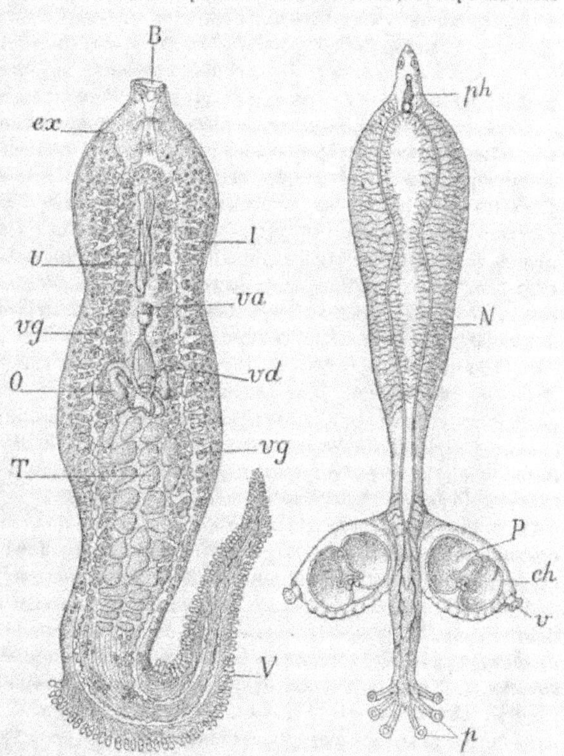

Fig. 1205. — *Microcotyle mormyri.* — B, bouche; ex, pores néphridiens; U, utérus; vg, vitellogène; O, ovaire; T, testicules; V, disque fixateur portant une multitude de petites ventouses; va, vagin; I, intestin ramifié (d'après Lorenz).

Fig. 1206. — *Anthocotyle merlucci.* — ph, bulbe; N, appareil néphridien; P, grands parapodes portant une petite ventouse v et un appareil fixateur, ch; p, les six petits parapodes (d'après van Beneden et Hesse).

plus que quatre appendices terminés par des ventouses chez les *Platycotyle*. Déjà dans le genre *Octobothrium*, les espèces des sous-genres *Octocotyle*, *Glossocotyle*, *Ophicotyle* n'ont plus que des ventouses brièvement pédonculées ou même sessiles; chez les *Diplozoon* (fig. 1218, p. 1787), les huit ventouses sont tout à fait sessiles. La région du corps qu'elles occupent s'élargit de manière à former une sorte de disque, et l'aire occupée par les quatre ventouses d'un même côté est circonscrite par une saillie membraneuse. La série des réductions de nombre s'accuse de deux façons : 1° chez les *Phyllocotyle*, la dernière paire de ventouses est remplacée par une ventouse unique qu'un long prolongement sépare des six autres ; 2° chez les *Hexacotyle*, le corps s'élargit en arrière, et les huit ventouses sont disposées en un arc très ouvert le long du bord postérieur de la portion ainsi élargie ; les deux ventouses qui occupent le sommet de l'arc tendent manifestement à se confondre avec leurs voisines, et l'on passe ainsi du type à huit ventouses au type à six ventouses réalisé chez les *Plectanocotyle*. Chez les *Erpocotyle*, ces six ventouses sont réunies sur un même disque échancré en arrière et suivi d'un appendice trapézoïdal qui représente l'appendice terminal des *Phyllocotyle* et qui porte deux crochets chitineux.

Le disque peut fonctionner lui-même comme une ventouse puissante ; dès lors les petites ventouses qui ont été les agents de sa formation peuvent disparaître ou ne laisser d'autre trace que les armatures chitineuses dont elles étaient pourvues. Chez les *Sphyranura*, on ne trouve plus que deux ventouses et une paire de crochets sur un disque élargi ; ce disque devient une ventouse unique dans les genres dont il nous reste à parler. Il est encore muni de six paires de crochets (?) chez les *Placunella*, d'une seule paire dans les genres *Epibdella*, *Phyllonella*, *Calicotyle*, *Calceostoma*, *Encotyllabe*, *Monocotyle* (fig. 1207) ; enfin ces crochets, tout à fait rudimentaires chez les *Tristomum*, disparaissent dans les genres *Trochopus* et *Nitzschia* ; mais le disque est ici découpé en secteurs par des rayons saillants dont le nombre est constant pour chaque genre. Ces rayons manquent à la ventouse postérieure unique des *Epibdella*, *Phyllonella*, *Nitzschia* qui est ventrale, à celle des *Calceostoma*, des *Udonella* qui est terminale, et à celle des *Encotyllabe* qui est en forme de cloche et pédonculée ; enfin le disque est réduit à une ventouse simple et très petite chez les *Pseudocotyle*, *Temnocephala*, etc.

On peut considérer les armatures chitineuses de l'appareil fixateur des Monogènes comme ayant pour point de départ des crochets contenus chacun dans un appendice en forme de parapode, tels que les crochets des MYZOSTOMIDÆ (fig. 1137, 1602). Cette disposition initiale est conservée chez les *Gyrodactylus*, et les *Onchocotyle* ; dans ce dernier genre le crochet est même muni d'une pointe accessoire. Quand ces appendices en forme de parapode se transforment en ventouses, soit que le parapode subsiste, soit qu'il se résorbe et que la ventouse devienne sessile, il se forme, en général, plusieurs crochets et ces crochets ne servent plus à fixer l'animal, comme dans les cas précédents, mais à maintenir les bords de la ventouse ou à déterminer ses mouvements, grâce aux muscles qui agissent sur eux. Dans les genres *Octobothrium*, *Plectanocotyle*, *Diplozoon* chaque ventouse contient ainsi deux appareils de soutien, situés à deux niveaux différents ; ces appareils ont la forme d'une boucle, munie de son ardillon et dont le cadre serait formé de deux arcs chitineux, en demi-cercle, s'affrontant par leurs deux extrémités (fig. 1202, *ch*). Dans les genres *Axine* et *Microcotyle*, chaque ventouse contient deux groupes de crochets chitineux, l'un antérieur, l'autre postérieur, symétriques par rapport à l'axe transversal de la ventouse. Ces deux groupes sont formés chacun de trois crochets divergeant d'un même point ; deux de ces crochets suivent le bord externe de chaque ventouse sur un quart de sa longueur, de sorte qu'avec les crochets de l'autre groupe, ils forment un demi-cercle ; chaque crochet est lui-même formé de deux arcs placés bout à bout ; entre les deux crochets de chaque groupe s'articule le 3° crochet dont la direction est voisine de celle du grand axe de la ventouse ; le bord interne de la ventouse n'a pas de soutien chitineux et joue le rôle d'un ruban élastique qui ramène les crochets à leur position initiale, lorsqu'ils en ont été écartés. Toute cette armature chitineuse est, bien entendu, enfermée dans les tissus. Très souvent un certain nombre de crochets deviennent plus grands que les autres et constituent un appareil spécial d'arrimage qui peut coexister avec les crochets normaux ou les ventouses à armature chitineuse (*Sphyranura*, *Polystomum*, fig. 1210, *H*, p. 1775 ; *Epibdella*, *Amphibdella*, *Tetraonchus*, *Gyrodactylus*, fig. 1221, *V*, p. 1789 ; *Onchocotyle*, *Pleurocotyle*, *Octobothrium*, *Gastrocotyle*), ou subsister seuls, les petits crochets ayant disparu par défaut d'usage. Ces crochets peuvent alors être portés par un prolongement postérieur du corps (*Erpocotyle*, *Onchocotyle*, *Diplobothrium*), ou se développer dans le disque fixateur. Lorsque ce disque présente des rayons, ils sont toujours à l'intérieur de deux d'entre eux (*Calicotyle*, *Monocotyle*, fig. 1207, et *Tristomum*) ; ce fait semble désigner les rayons en question comme homologues des prolongements en forme de parapodes des *Dactylocotyle*. Le nombre des grands crochets peut être deux (*Erpocotyle*, *Onchocotyle*, *Diplobothrium*, TRISTOMIDÆ), trois (*Pleurocotyle*), quatre (*Phyllonella*, *Nitzschia*, *Placunella*, *Amphibdella*) ou même six (*Epibdella*). Ces crochets se disposent en deux séries symétriques chez les *Epibdella*, *Phyllonella*, *Amphibdella* ; il en existe une paire disposée longitudinalement et une transversalement chez les *Tetraonchus* où les crochets d'une même paire sont unis entre eux par une pièce impaire transversale ; il en est de même chez les *Gyrodactylus* où la paire de crochets longitudinaux subsiste seule ; ces crochets sont ici énormes et fortement recourbés (fig. 1221, *V*; p. 1789). Enfin chez les *Calceostoma* les crochets se soudent de manière à former une pièce impaire, en forme de poignard dont la lame serait dirigée en arrière et dont la

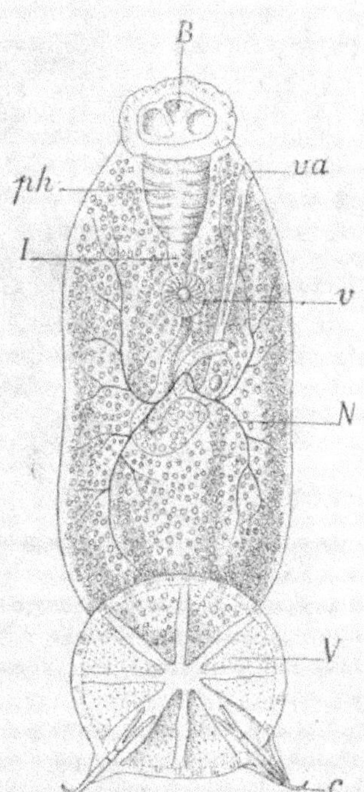

Fig. 1207. — *Monocotyle myliobatis*. — *B*, bouche ; *ph*, bulbe ; *I*, intestin ; *c*, crochets du disque fixateur à rayons *V*; *N*, appareil néphridien : *v*, orifice génital ; *va*, vagin (d'après Perugia).

poignée serait remplacée par quatre longues épines légèrement courbes, deux antérieures et deux postérieures. A ces organes de fixation s'ajoutent chez divers *Tristomum*, de chaque côté de la face dorsale, des rangées transversales de petits crochets (*T. coccineum*) qui peuvent se bifurquer à leur extrémité, et dont chaque branche est alors dentée en peigne (*T. papillosum*).

Les TRÉMATODES DIGÈNES ne possèdent, comme organes de fixation, que leurs ventouses. On trouve le plus souvent chez eux une ventouse antérieure péribuccale et une ventouse ventrale qui peut être située vers le premier tiers du corps (*Distomum*, fig. 1208) ou reléguée à l'extrémité postérieure (*Amphistomum*) ; il s'y ajoute

quelquefois des ventouses accessoires. La ventouse buccale manque à quelques
Monostomidæ et Amphistomidæ ainsi qu'aux *Nematobothrium*; elle s'enfonce dans
l'intérieur du corps chez le *D. ascidia* au point de passer derrière la ventouse ventrale. La ventouse ventrale ne manque qu'aux Monostomidæ et aux Gasterostomidæ. Sa forme et ses dimensions varient beaucoup; ces dernières atteignent leur
maximum chez les Amphistomidæ à ventouse antérieure en forme de coupe. Quelquefois la ventouse postérieure se modifie avec l'âge, et de la forme simple, com-

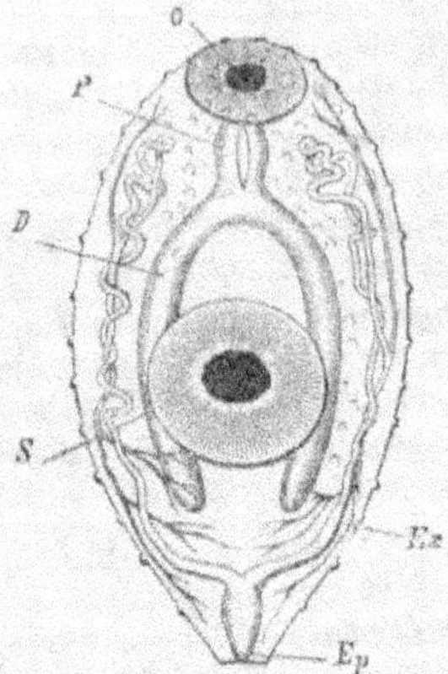

Fig. 1208. — Jeune *Distomum luteum*. — *O*, bouche; *P*, pharynx;
D, branche du tube digestif; *S*, ventouse ventrale; *Ep*, pore
excréteur; *Ex*, tronc néphridien (d'après La Valette).

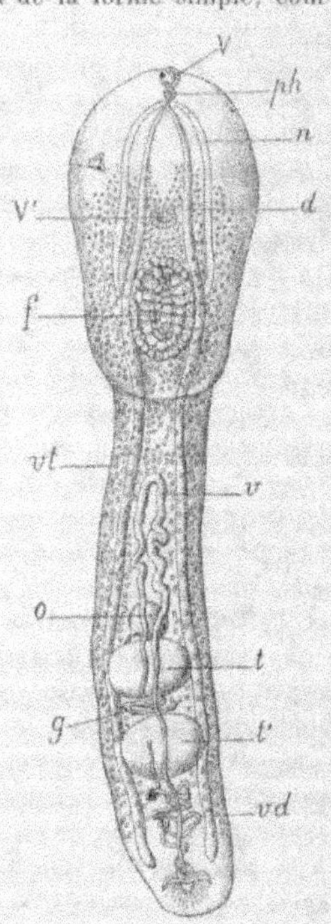

Fig. 1209. — *Diplostomum longum*. —
V, ventouse orale; *V'*, ventouse
ventrale; *f*, appareil de fixation;
vt, vitellogène; *o*, ovaire; *g*, vitelloducte; *vd*, canal déférent; *t, t'*,
testicules; *v*, utérus; *d*, branches
de l'intestin; *ph*, pharynx; *n*, système nerveux (d'après Brandes).

mune au plus grand nombre de formes, devient un
disque très large, divisé en compartiments par des
bandelettes saillantes, régulièrement disposées (*Aspidogaster*).

D'autres organes de fixation peuvent s'ajouter aux
ventouses; telles sont les papilles adhésives irrégulie-
rement disposées qui occupent la face ventrale des
Gastrodiscus (fig. 1204, n° 2) et *Homalogaster*, la série
de ventouses dorsales des *Notocotyle*, *Stichocotyle* et
Polycotyle, la ventouse préorale du *Distomum halosauri*,
ou encore la ventouse qui entoure l'orifice génital des
Mesogonimus et de divers Holostomidæ où elle peut
se transformer en une sorte de bourse copulatrice.

L'appareil ventral de fixation des Holostomidæ peut être construit sur deux types
distincts : dans le premier type, sur une légère élévation, se trouve un orifice qui
conduit dans une cavité de forme variable, souvent garnie de papilles (*Diplostomum*, fig. 1209, *f*); dans le second type, un bourrelet entoure une saillie pleine,
en forme de chapeau de champignon (*Hemistomum plicatum*) ou allongée de manière
à atteindre presque l'extrémité antérieure du corps. Un troisième type est caractéristique des Amphistomidæ à ventouse buccale excavée; dans ces cas, la saillie

envahit la face ventrale de toute la région antérieure du corps; elle présente des fentes et des saillies secondaires de forme plus ou moins compliquée. Enfin les *Gastrothylax*, par une modification extrême de ces dispositions, sont pourvus d'une poche qui s'étend sur toute la surface ventrale, et s'ouvre en avant, par une fente transversale, un peu au-dessous de la bouche; cette poche paraît contenir des liquides nutritifs que l'animal absorbe à travers ses parois.

Structure des parois du corps. — Chez les *Temnocephala* le tégument conserve une structure normale; il comprend une cuticule anhiste, un épithélium sous-cuticulaire, à éléments plus ou moins confondus et une membrane basale au-dessous de laquelle viennent les couches musculaires et le parenchyme; cette structure se retrouve que dans des parties déterminées du corps des autres Trématodes, telles que les ventouses de l'extrémité antérieure chez les *Nitzschia* et les *Epibdella*, ou la base des crochets des jeunes *Polystomum*; mais le plus souvent la cuticule et l'épithélium sous-jacent ne sont plus reconnaissables chez l'adulte. Ils sont remplacés par une couche d'apparence homogène qui a été considérée tantôt comme une formation cuticulaire, tantôt comme la membrane basale de l'épithélium disparu. Cette couche contient des noyaux et représente vraisemblablement un épithélium métamorphosé que traversent assez souvent de fins canalicules (*Amphistomum conicum, Cladocœlium hepaticum, Distomum clavatum* et espèces voisines). Les couches musculaires sont immédiatement adhérentes à cette membrane dont les sépare seulement parfois la région la plus superficielle du parenchyme intermusculaire. Le parenchyme contribue à la formation des papilles tégumentaires d'un grand nombre d'espèces (*Tristomum papillosum, Dactylogyrus monenteron, Phyllonella soleæ, Trochopus tubiporus, Pseudocotyle squatinæ, Axine belones, Diporpa,* etc.); les papilles sont dépourvues de noyaux à l'extrémité postérieure du corps des *Axine* et dans le disque du *Tristomum molæ*. Les *Sphyranura* possèdent de véritables papilles sensitives, simples ou doubles, surmontées d'une soie tactile; dans la ventouse des *Nitzschia* on observe également des formations qui, au premier abord, présentent la structure des corpuscules du tact des Vertébrés, mais la présence à leur surface de très petits crochets semble indiquer que ce sont plutôt des organes de fixation.

La couche épithéliale est toujours lisse chez les ASPIDOGASTRIDÆ, HOLOSTOMIDÆ et AMPHISTOMIDÆ. Dans les autres groupes, elle est souvent traversée par des écailles ou des aiguillons qui peuvent être uniformément répartis, et se disposent alors soit en séries transversales (*Gasterostomum, Rhopalophorus horridus, Monostomum spinosissimum, M. hystrix, Distomum coronatum, D. brachysomum, C. hepaticum*), soit en groupes sur des tubercules, eux-mêmes disposés en séries transversales (*D. asperum, D. bicoronatum*). Fréquemment les aiguillons se rapetissent et deviennent plus rares (*D. crassiusculum, D. hispidum, D. oblongum*) ou même disparaissent entièrement dans la région postérieure du corps (*D. polyorchis, D. pristis, D. inflatum, D. ferox,* etc.); la région épineuse peut ainsi se réduire au premier tiers antérieur du corps (*D. Giardi, D. micracanthum*) ou même à six ou sept rangs de piquants antérieurs (*D. acanthocephalum*). Il peut arriver, au contraire, que tout le corps soit épineux, sauf la région antérieure (*D. turgidum, T. semi-armatum*). D'autre part, dans le sous-genre *Echinostomum* la région antérieure du corps porte une armature spéciale de piquants qui peut coexister ou non avec des piquants somatiques; ces crochets, généralement disposés en rangées transversales, sont portés par une expansion membraneuse; leur nombre et leur forme varient avec les espèces; des piquants analogues existent chez le *Monostomum echinostomum*. Quelquefois la ventouse buccale porte soit un piquant (*Distomum macrophallus*), soit des écailles (*D. crassiusculum*) qui peuvent se retrouver sur la ventouse ventrale (*Holostomum cornu-copiæ*).

Il existe chez les *Temnocephala*, dans l'épaisseur du parenchyme, de grosses cellules glandulaires piriformes; un premier groupe de ces cellules, dont le protoplasme est rempli de fins bâtonnets, est situé entre le pharynx et les testicules, et leur produit s'écoule au dehors par un orifice situé sur les tentacules; trois autres groupes de cellules glandulaires, à contenu simplement granuleux, se trouvent au niveau de la bouche, autour de l'orifice génital, et en rapport avec la ventouse. Il existe aussi des glandes dans la région antérieure du corps des *Gyrodactylus*, *Amphibdella*, *Nitzschia*, *Microcotyle*, *Calicotyle*, *Tristomum*, et dans le disque postérieur des *Polystomum*. Sur le dos de la *Phylline Hendorfi*, des cupules cuticulaires de forme variable ont été interprétées comme des glandes à mucus, et peut-être doit-on considérer comme un orifice glandulaire, l'orifice que les *Udonella* présentent de chaque côté, vers le premier tiers du corps.

Au-dessous de la musculature des parois du corps, on voit chez l'*Amphistomum conicum* de petits groupes de cellules glandulaires qui aboutissent à un canal commun, traversant la couche tégumentaire externe, pour s'ouvrir au dehors. Des glandes unicellulaires sont de même réparties sur toute la surface du corps chez l'*Aspidogaster conchycola*, le *Distomum macrostomum*, etc. Des glandes de ce genre, dites *glandes céphaliques*, sont limitées à la région antérieure du corps chez les *D. lanceolatum*, *D. spathulatum*, *D. endolobum*, le *Diplodiscus subclavatus*. De chaque côté du pharynx on observe aussi, chez les *Hemistomum* et *Holostomum*, des glandes tubuliformes, et on en retrouve dans l'épaisseur de l'appareil de fixation des HOLOSTOMIDÆ.

Musculature: ventouses. — On doit distinguer, dans la musculature, les *muscles tégumentaires*, les *muscles du parenchyme*, les *muscles des organes de fixation*. Les *muscles tégumentaires* comprennent, comme d'habitude, une couche de fibres transverses et une couche de fibres longitudinales; il s'y ajoute fréquemment une couche de fibres obliques qui s'intercale d'ordinaire entre les fibres transverses et les fibres longitudinales (*Polystomum*, *Calicotyle*, *Axine*, *Microcotyle*, *Nitzschia*, *Tristomum*, *Octobothrium*) ou se place au-dessous de la dernière (DIGENEA). Cette couche manque aux *Temnocephala Onchocotyle*, *Gasterostomum*, *Aspidogaster*, *D. Megnini*; elle devient, au contraire, énorme chez le *D. validum*. Dans quelques cas, on observe une interversion des couches transversales et longitudinales, ces derniers éléments suivant immédiatement le tégument (*Aspidogaster*, *D. reticulatum*, *D. crassicolle*, queue des *Apoblema*). D'autres fois le nombre des couches musculaires se multiplie; ainsi chez les *D. insigne* et *clavatum*, au-dessous de la couche des fibres diagonales on trouve une nouvelle couche longitudinale, suivie elle-même chez les *Gastrodiscus* d'une couche de fibres transverses. La composition de ces couches musculaires et leur épaisseur varient suivant les espèces et même, dans quelques cas, suivant les régions du corps.

Les *muscles du parenchyme* vont de la face dorsale à la face ventrale; ils se trouvent surtout là où n'existent pas d'autres organes, et ne traversent jamais ces derniers. Chez la *Temnocephala australiensis* ils se disposent régulièrement, de manière à figurer des dissépiments incomplets, accusant ainsi la métaméridation du corps. Outre les muscles verticaux, on trouve aussi quelquefois, dans le parenchyme, des faisceaux musculaires longitudinaux (*Tristomum*).

Lorsque, chez les MONOGENEA, l'extrémité antérieure du corps se transforme en organe d'adhérence, c'est surtout par un plus grand développement et une disposition particulière des muscles dorso-ventraux que cette adaptation est réalisée. Ce sont aussi des fibres empruntées à la musculature générale et légèrement déviées de leur course qui déterminent le mouvement des ventouses paires des *Nitzschia*, et il en est encore à peu près de même des ventouses antérieures des *Tristomum*; les muscles dorso-ventraux se continuent dans ces ventouses sous forme de muscles transversaux ; les muscles tégumentaires dorsaux et ventraux entrent dans la ventouse pour se croiser et constituer un réseau musculaire d'où partent des faisceaux radiaires s'étendant sous les faces convexe et concave [1]. La ventouse postérieure est beaucoup plus compliquée. On y distingue quatre groupes de muscles : 1° les muscles des rayons ; 2° les muscles de la face concave de la ventouse ; 3° les muscles de la face convexe; 4° les muscles transversaux. Les muscles des rayons sont disposés suivant la longueur de ceux-ci, dont l'axe est occupé par du parenchyme. Les muscles de la face concave de la ventouse sont de trois sortes : 1° des muscles rayonnants; 2° au-dessus d'eux, au contact de la cuticule, des muscles obliques de direction variable même par rapport aux rayons et allant d'un secteur à l'autre de la ventouse; 3° des muscles circulaires, plus développés que tous les autres. A la face convexe correspondent seulement des fibres rayonnantes et des fibres circulaires. Enfin les fibres transversales sont disposées en faisceaux très ondulés qui vont d'une face à l'autre de la ventouse. Tous ces systèmes s'enchevêtrent sur le bord libre de la ventouse. Les muscles sont d'ailleurs plongés dans la substance parenchymateuse qui forme le corps même de l'organe. Les ventouses antérieures et postérieure des *Tristomum* peuvent être considérées comme deux types extrêmes entre lesquelles viennent se placer avec des variations de détail infinies les ventouses des autres Trématodes monogènes; l'appareil musculaire de ces ventouses se complique d'ailleurs lorsqu'elles portent des cupules fixatrices et surtout des crochets; ces organes ont toujours une musculature spéciale (*Polystomum*, *Sphyranura*). Des muscles diversement disposés sont aussi chargés de produire les mouvements d'ensemble des grandes ventouses.

Chez les DISTOMIDÆ, la structure des ventouses est assez constante. La ventouse ventrale comprend toujours un système de fibres radiaires très puissant; sur la partie antérieure de la surface externe, un système de *fibres équatoriales* ou fibres à course circulaire qui se continue sur la partie postérieure par un système de *fibres méridiennes* normales aux précédentes, continué lui-même par un faisceau plus ou moins large de *fibres transverses* s'étendant jusque près du bord postérieur du bord droit au bord gauche de la ventouse. Là, les fibres équatoriales reparaissent et s'étendent même sur la surface interne de l'organe. Le long de cette surface, on ne rencontre qu'une mince couche de fibres équatoriales qui fait défaut chez les *D. insigne* et *veliporum*, où l'on trouve, en revanche, dans l'intérieur même de l'organe, une série de faisceaux à direction équatoriale et méridienne. Tous ces

---

[1] NIEMIEC, *Les ventouses dans le Règne animal*, Recueil zoologique Suisse, t. II, 1885.

systèmes se compliquent graduellement du *D. hepaticum* au *D. clavatum* (Poirier).
Dans la ventouse ventrale de cette dernière espèce, deux couches élastiques
entourent complétement l'une la surface interne, l'autre la surface externe de la
ventouse ventrale. Entre les deux couches sont disposés plusieurs systèmes de
fibres musculaires dont le plus important est le système des *fibres radiaires*, entremêlées d'éléments nerveux. Viennent ensuite par degré d'importance : 1° des *fibres
équatoriales*, qui encerclent la ventouse, sont voisines de sa surface externe et surtout développées près du bord libre de la ventouse et vers le pôle opposé ; 2° des
fibres *méridiennes*, limitées à la surface externe de la ventouse ; 3° des *fibres transverses*, situées dans la région postérieure de la ventouse et pouvant former plusieurs faisceaux séparés ; 4° des *fibres longitudinales*, dont la direction est cependant
plus ou moins oblique par rapport à l'axe du corps. D'assez nombreuses cellules
nerveuses sont contenues dans la ventouse ; elles ont été prises par quelques
auteurs soit pour des glandes (Leuckart), soit pour des dilatations vasculaires
(Villot) ; parmi elles se trouvent aussi des éléments qui sont les restes des cellules
formatrices des fibrilles musculaires ; il peut encore s'y développer un réseau
de canaux dépendant de l'appareil excréteur (*Diplodiscus subclavatus*). Enfin des
muscles divers, extérieurs à la ventouse, sont encore capables d'agir sur elle et
provoquent ses mouvements d'ensemble.

La ventouse orale, plus petite que la ventouse ventrale, présente comme elle
deux couches élastiques entre lesquelles sont compris les muscles, mais la disposition des muscles est ici beaucoup plus variable.

Les fibres musculaires sont fusiformes, parfois très longues et semblent dépourvues de noyau ; mais cela tient sans doute à ce que le noyau est contenu dans un
myoblaste dont l'examen histologique n'a pas tenu compte. Les muscles du parenchyme résultent d'une simple différenciation du protoplasme des cellules qui constituent ce dernier. Parmi ces fibres ou en rencontre quelquefois qui présentent des
séries de renflements espacés, tous situés au même niveau pour les fibres d'un
même faisceau. La contraction musculaire ne porte donc pas d'emblée sur l'ensemble
de la fibre, mais sur différents points localisés de sa longueur (Poirier, chez le
D. clavatum).

Parenchyme. — Entre la surface interne de la cuticule et la paroi du tube
digestif s'étend un tissu dans lequel les muscles et tous les autres organes sont
plongés, c'est le *parenchyme*. Ce parenchyme est constitué par un réseau de tissu
conjonctif, formant des mailles d'une régularité parfois remarquable et dont les cellules étoilées sont souvent reconnaissables (Monogenea) ; dans ces mailles se retrouvent des éléments cellulaires, dépourvus de membrane et nucléés, ou tout au moins,
les restes des cellules embryonnaires qui ont formé le réseau conjonctif. Ce réseau
se resserre au voisinage de la cuticule et se feutre en lamelles autour des principaux
organes ; ses mailles étaient autrefois considérées comme des parois cellulaires. Il
ne contient de pigment que sur la face dorsale des *Temnocephala* ; on y trouve des
corpuscules calcaires dans le disque du *Calicotyle Kroyeri*.

Appareil digestif. — L'appareil digestif, toujours dépourvu d'anus, comprend :
1° la *bouche* et la *cavité buccale* ; 2° la *poche pharyngienne*, qui est un véritable œsophage ; 3° le *bulbe œsophagien* ; 4° l'*intestin* proprement dit.

La *bouche* est presque toujours ventrale, mais située près de l'extrémité antérieure du corps; elle s'en éloigne cependant un peu chez les *Opisthotrema*, et recule jusque vers le milieu du corps chez les *Gasterostomum*. Tantôt transversale, tantôt longitudinale, elle est souvent bordée de lèvres saillantes (*Phyllonella*), parfois dentelées (*Ophicotyle, Dactylocotyle*), ou même chitineuses et auxquelles on pourrait presque appliquer alors la dénomination de mâchoires (*Udonella, Echinella*). Lèvres ou mâchoires sont capables d'entailler la peau de l'hôte du parasite. Chez les MONOGENEA, la bouche est presque toujours entourée d'une ventouse; toutefois cette ventouse manque chez les *Aspidogaster* et *Stichocotyle*; chez les *Gasterostomum*, il y a dissociation de la ventouse qui demeure antérieure et de la bouche qui est devenue ventrale. La bouche conduit dans la *cavité buccale*, tapissée par un repli des téguments, dont le degré de développement est variable, mais qui est bien distincte, par exemple, et en forme d'entonnoir chez les *Polystomum* (fig. 1207, *B*, p. 1767); à ses dépens se développent les ventouses buccales des MICROCOTYLIDÆ, OCTOBOTHRIIDÆ et UDONELLIDÆ; elle est séparée des parties suivantes du tube digestif par un repli valvulaire chez les *Calicotyle*. La cavité buccale est suivie d'une sorte de *poche pharyngienne* élargie postérieurement ou *præpharynx*. C'est, en somme, un court œsophage dont le fond refoulé en avant par le *bulbe œsophagien* vient se rattacher au pourtour de l'orifice antérieur de cet organe (*Sphyranura, Polystomum, Octobothrium, D. hepaticum*, etc.).

Chez les *Temnocephala*, le *bulbe* n'est pas protractile; c'est un organe musculaire (fig. 1203, *ph*) dans les parois duquel les fibres annulaires l'emportent de beaucoup sur les fibres rayonnantes et d'où le tissu intermusculaire est totalement absent. Dans la plupart des autres MONOGENEA, le bulbe œsophagien est plus ou moins protractile; il est sphérique (*Tristomum*, fig. 1212, p. 1780; *Calicotyle, Octobothrium* (fig. 1202, p. 1762), *Sphyranura*), en tonnelet (*Diplozoon*, fig. 1218, p. 1787), ovoïde (*Polystomum*, fig. 1210, p. 1775; *Cephalogonimus*). Sa surface interne et sa surface externe sont revêtues chacune d'une cuticule réfringente. L'intervalle des deux cuticules est rempli chez les *Axine* par un protoplasme granuleux dans lequel on reconnaît quatre noyaux situés à 90° l'un de l'autre, et dans la région périphérique duquel s'est différenciée une couche simple de fibres annulaires. Le nombre des cellules constituant le bulbe est de huit chez les *Gyrodactylus* (fig. 1221, *hp*; p. 1789); mais les cellules sont ici nettement séparées et surmontées chacune d'un prolongement triangulaire mobile; ces huit prolongements forment ensemble une valvule qui pénètre dans le prépharynx; aucune différenciation musculaire n'a été jusqu'ici constatée dans ce pharynx. On trouve, au contraire, dans le bulbe de l'*Octobothrium lanceolatum* trois couches musculaires : une externe formée de fibres longitudinales, une moyenne formée de faisceaux de fibres annulaires et une interne constituée par une simple couche de fibres également annulaires. Toutes ces fibres sont plongées dans le protoplasme des cellules pharyngiennes. Plus généralement (*Polystomum, Calicotyle, Sphyranura, Onchocotyle, Pseudocotyle*) le bulbe œsophagien présente au contact de chacune de ses cuticules une couche de fibres annulaires; des fibres rayonnantes vont d'une cuticule à l'autre; des faisceaux de fibres longitudinales parcourent la longueur de l'organe, et entre tous ces faisceaux sont enfin des cellules pharyngiennes de nature indéterminée. Chez les TRISTOMIDÆ, le bulbe œsophagien se décompose en une région antérieure, intérieurement garnie de papilles et une région postérieure sans papilles. Le système musculaire comprend une couche externe de muscles longitudinaux; une couche de muscles annulaires et des muscles rayonnants plus ou moins développés. De nombreuses cellules glandulaires munies d'un canal excréteur qui vient s'ouvrir sur une papille sont situées dans la région postérieure du pharynx.

Chez les DIGENEA, le bulbe œsophagien parfois cylindrique (*Distomum fasciatum*) ou bursiforme (*D. furcatum*) ne manque guère que dans les genres *Opisthotrema*, *Ogmogaster*, *Nematobothrium*, peut-être *Diplodiscus*, et chez le *Distomum reticulatum*; il est rudimentaire chez quelques *Didymozoon*. Il est habituellement situé immédiatement à la suite de la ventouse buccale et peut même faire saillie à son intérieur en y formant deux lèvres latérales (*C. hepaticum*, *D. Westermanni*), mais quelquefois il descend vers le milieu de l'œsophage (*D. cylindraceum*, *Cephalogonimus Lenoiri*) ou même au point de bifurcation du tube digestif (*D. veliporum*); c'est un organe presque exclusivement musculaire et dans lequel dominent les fibres radiales. Chez le *C. hepaticum*, dans toute l'épaisseur de l'organe, ces fibres sont entremêlées de fibres annulaires qui forment souvent une sorte de sphincter soit en avant, soit en arrière. Les fibres annulaires se rassemblent sur la surface externe de l'organe chez les *D. clavatum* et *palliatum*, sur ses faces interne et externe chez les *D. insigne et Megnini*, et se disposent en trois couches chez l'*Amphistomum conicum*. Des fibres longitudinales, peu nombreuses, s'ajoutent enfin aux fibres circulaires. Des éléments cellulaires qui sont, en grande partie, les restes des cellules productrices des fibres musculaires, sont mêlées à ces fibres; le départ de ces cellules, des cellules glandulaires et des cellules ganglionnaires demeure encore incertain. La paroi interne du bulbe pharyngien ne présente de papilles que chez l'*Amphistomum conicum*. Des muscles protracteurs et rétracteurs, dont le degré de développement et la disposition varient, sont chargés de mouvoir l'organe.

Assez souvent l'intestin, presque toujours bifurqué, fait immédiatement suite au pharynx (*Gyrodactylus*, *Polystomum*, fig. 1210; *Sphyranura*, *Epibdella*, *Nitzschia*, *Trochopus*); d'autres fois, il en est séparé par un tube impair (prétendu œsophage), assez court (*Onchocotyle*, *Pseudocotyle*, *Tristomum*, *Distomum Aloyisiæ*, *D. anguis*, etc., *Opisthotrema*, *Gastrothylax*, la plupart des HOLOSTOMIDÆ, *Monostomum*), ou bien allongé (*Microcotyle*, *Vallisia*, *Axine*, *Octobothrium*, *Echinostomum*, *Brachycœlium*), ou même pourvu de cæcums latéraux simples ou ramifiés (*Pseudocotyle*, *Axine*, *Diplozoon*). Le trajet de l'œsophage est généralement droit; chez les *Monostomum mutabile*, *Amphistomum conicum*, *Ogmogaster*, il est cependant courbé en S. L'intestin est réduit à un simple sac quadrangulaire, très large et épithélial chez les *Temnocephala*; partout ailleurs, il est bifurqué; toutefois chez le *Gyrodactylus monenteron*, les *Diplozoon* (fig. 1203, S), les *Distomum sinuatum*, *filiforme*, *pachysomum*, les *Gasterostomum*, *Aspidogaster*, *Stichocotyle*, il est ramené à la forme d'un cæcum médian par l'atrophie de l'une des deux branches; cette branche existe encore chez les jeunes *Diplozoon* (*Diporpa*). Les bifurcations de l'intestin demeurent simples chez les *Dactylogyrus*, *Gyrodactylus*, *Polystomum ocellatum*, *Diplectanum*, beaucoup d'*Octobothrium*, les *Amphibdella*, *Calicotyle*, *Udonella*, etc., et la plupart des Trématodes monogènes. Ces deux branches se rapprochent beaucoup l'une de l'autre, en arrière, chez l'*Octobothrium lanceolatum* et se continuent l'une avec l'autre de manière que l'intestin forme un cercle complet chez les *Octobothrium merlangi*, *Vallisia*, *Sphyranura*, *Onchocotyle appendiculata*, *Epibdella*, *Tristomum*, *Monostomum mutabile*, *M. flavum*, *M. lanceolatum*, *Distomum Mülleri* et exceptionnellement *D. lanceolatum*. Des cæcums partent de l'arc postérieur de jonction des deux branches chez les *Vallisia* et *Onchocotyle appendiculata*; ces deux branches sont unies par trois ou quatre commissures chez le *Polystomum integerrimum* (fig. 1210); elles se prolongent quelquefois antérieurement de manière que l'organe entier prend la forme d'une H dont la barre transversale serait plus ou moins reportée en avant (*Distomum pelagiæ, polyorchis, Giardii, insigne*); des prolongements semblables se retrouvent chez les espèces de *Distomum* dont le tube digestif est pourvu de cæcums latéraux (*Cladocœlium*). Le *D. clavatum* présente déjà une indication de cette dernière disposition qui s'accuse de plus en plus chez les *D. Megnini, Rochebruni, delphini* et arrive à son maximum chez les *Cladocœlium giganteum, Jacksoni* et *hepaticum*. Des ramifications analogues sont également développées sur les branches intestinales des *Microcotyle erythrini* et *mormyri, Axine, Pseudocotyle, Calceostoma, Octobothrium lanceolatum, Nitzschia elongata, Epibdella hippoglossi.*

Quelle que soit sa forme, l'intestin est presque toujours formé d'une seule assise de cellules reposant parfois sur une membrane basilaire (*Gyrodactylus, Onchocotyle appendiculata*), sous laquelle peut exister une couche de fibres musculaires annulaires (*Sphyranura*). La nature de l'épithélium change souvent, suivant la région du tube digestif que l'on considère. Dans l'œsophage des DISTOMIDÆ et les cæcums qui en dépendent, les cellules épithéliales sont confondues de manière à former une membrane d'apparence anhiste dont la nature est seulement révélée par les noyaux qu'elle contient par places; dans les branches de l'intestin dirigées en avant, l'épithélium est cubique chez le *D. clavatum*; il est au contraire constitué, dans les branches dirigées en arrière, par de longues cellules indépendantes les unes des autres qui éveillent l'idée de papilles absorbantes; chez le *Distomum lanceolatum*, les limites des éléments s'effacent par places et les cellules deviennent capables de former des pseudopodes. Mais on ne constate pas habituellement de telles différences: l'épithélium est, par exemple, cubique

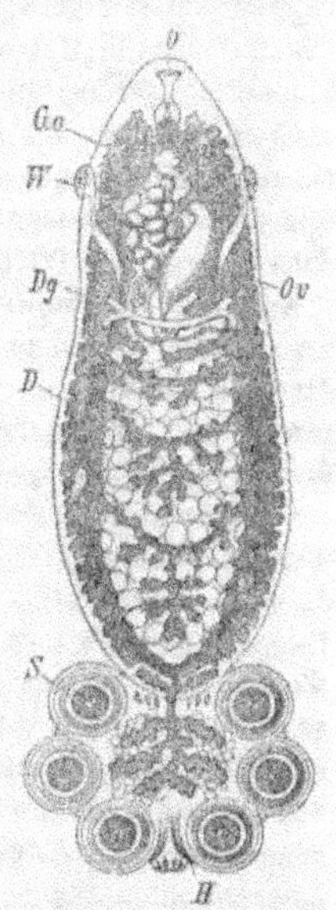

Fig. 1210. — *Polystomum integerrimum.* — O, bouche; *GO*, orifice génital; *W*, vagins; *Dg*, vitelloductes; *D*, appareil digestif; *S*, ventouses du disque fixateur; *H*, crochets (d'après Zeller).

dans toute la longueur des branches intestinales chez l'*Amphistomum conicum*, allongé chez le *D. hepaticum*, formé de très petites cellules renflées en massue, saillantes dans la lumière du canal chez les *Aspidogaster* et le *Distomum Westermanni*. Dans cette dernière espèce les cellules se montrent d'ailleurs à des états de développement différents qui semblent impliquer un renouvellement de l'épithélium intestinal. On n'a signalé de revêtement intestinal formé de deux assises cellulaires que chez les *Opisthotrema, Ogmogaster* et *Distomum macrostomum.*

A la naissance de l'œsophage, on trouve souvent un groupe de nombreuses glandes unicellulaires (*Polystomum integerrimum*) ou deux groupes symétriques de glandules dont les longs canaux excréteurs vont s'ouvrir dans le pharynx (*Diplozoon, Gyrodactylus*). Chez les *Polystomum* et *Tristomum*, ces canaux forment à eux seuls une partie de la paroi postérieure du pharynx. Il est probable que des glandes analogues existent chez les *Calicotyle*. On en trouve sur toute la longueur de l'œsophage chez l'*Amphistomum conicum*, au bord postérieur de la ventouse buccale chez les *Distomum cylindraceum*, *D. Megnini*, *Ogmogaster*, et en avant du bulbe chez les *Gasterostomum*.

Les *Temnocephala* dévorent les petits Crustacés qui habitent la surface de la carapace des tortues; les autres Trématodes se nourrissent tout à la fois des débris de l'épithélium et du sang de leur hôte; peut-être le *Calicotyle Kroyeri* vit-il du sperme des Raies et le *Distomum megastomum* de celui du *Portunus depurator*; mais la plupart des Trématodes endoparasites, y compris le *D. hepaticum* qui habite les canaux biliaires du Mouton, se gorgent du sang de leur hôte; toutefois le *D. xanthosomum* qui se loge également dans le foie, semble vivre réellement de la bile du Grèbe castagneux, et l'on n'a trouvé aucun débris d'élément anatomique dans l'intestin de l'*Opisthotrema* de la caisse tympanique du Dugong.

Appareil excréteur. — L'appareil excréteur des Trématodes est constitué par un système complexe de tubes ramifiés qui s'ouvrent au dehors par des orifices diversement placés, conservent un certain temps un assez gros calibre, puis se ramifient et se transforment finalement en capillaires. Ces derniers se terminent à l'intérieur même d'une cellule étoilée du parenchyme.

Chez tous les Trématodes monogènes les orifices de l'appareil excréteur sont au nombre de deux, symétriques, placés sur la face dorsale, dans la région antérieure du corps, sauf chez les *Onchocotyle* et les *Amphibdella* où ces orifices sont postérieurs et chez les GYRODACTYLIDÆ où il n'y a plus qu'un seul orifice, également postérieur. Excepté dans cette dernière famille, ces orifices conduisent chacun dans une vésicule pulsatile, extérieurement tapissée soit d'une simple couche protoplasmique fibrillaire (*Temnocephala*), soit d'un véritable épithélium cylindrique (*Onchocotyle*); des fibres musculaires annulaires sont contenues dans l'épaisseur de la paroi. En général, chaque vésicule pulsatile est suivie d'un gros canal latéral qui se ramifie diversement à l'intérieur du corps, et très souvent s'anastomose avec son symétrique en avant de la bouche; mais les dispositions sont assez souvent plus complexes. Chez les GYRODACTYLIDÆ, les canaux latéraux sont au nombre de deux de chaque côté; les vaisseaux d'un même côté sont d'inégal diamètre, rapprochés l'un de l'autre et décrivent, à très peu près, les mêmes sinuosités; les plus gros s'unissent postérieurement sur la ligne médiane et aboutissent à un pore impair situé en avant de la ventouse; les plus petits envoient dans le parenchyme de nombreuses branches ramifiées et semblent en rapport postérieurement avec deux organes contenant chacun une flamme vibratile, s'ouvrant peut-être au dehors et qui sont situés entre le 4ᵉ et le 5ᵉ crochets sur le bord du disque (fig. 1221, *pe*; p. 1789). Chez les *Tristomum* et l'*Epibdella hippoglossi*, on peut compter trois paires de troncs longitudinaux; les deux troncs externes de chaque côté se jettent en avant dans un canal transverse, prébuccal qui les unit aux troncs symétriques; ils s'étendent en arrière jusqu'à l'extrémité postérieure du corps; les troncs de la troisième paire sont également unis, mais par une anastomose postbuccale; ils ne s'étendent que jusque vers le milieu du corps; là chacun d'eux se bifurque, et les bifurcations se résolvent ensuite rapidement en capillaires. Le tronc le plus externe envoie dans le parenchyme de nombreuses branches ramifiées; sur le trajet des troncs moyens qui s'unissent entre eux en arrière et n'émettent pas de branches capillaires, sont placées des vésicules pulsatiles, très longues et de forme irrégulière. En arrière de ces vésicules, une courte anastomose unit les troncs moyens aux troncs internes. Enfin tout le corps des *Calceostoma* est parcouru par un réseau de canaux anastomosés.

Les troncs principaux de l'appareil excréteur des DIGENEA sont aussi deux gros troncs symétriques qui émettent sur leur trajet de nombreux rameaux; le nombre de ces troncs est porté à quatre chez l'*Amphistomum conicum*, le *D. clavatum* (fig. 1211) et les espèces de ce groupe, deux dorsaux et deux ventraux; il y a enfin six troncs principaux chez le *D. divergens* et le *Gastrodiscus polymastos*. Les parois de ces vaisseaux semblent formées par une membrane cellulaire (*Aspidogaster conchicola*) que recouvrent par places des fibres musculaires. Les cellules de cette membrane portent souvent des cils; assez souvent les cils ne semblent exister que là où il n'y a pas de muscles (*Aspidogaster*); chez le *D. clavatum*, les parois assez épaisses des gros canaux présentent des amincissements rectangulaires disposés tout à la fois en séries transversales et longitudinales et qui assurent leur perméabilité. Les deux canaux principaux ont chacun un orifice postérieur propre chez l'*Opisthotrema cochleare*; partout ailleurs ces canaux aboutissent à une vésicule postérieure, contractile (*E*), qui s'ouvre au dehors par un pore unique, terminal ou dorsal situé, chez les *Diplodiscus*, sur une saillie particulière de la ventouse ventrale. La vésicule, très petite chez quelques AMPHISTOMIDÆ, peut-être absente chez le *Monostomum orbiculare*, demeure sphéroïdale ou conique chez les petites espèces; chez les grosses espèces elle est plutôt cylindrique (*D. polymorphum*, *D. clavatum*, fig. 1211, *E*; *Monostomum mutabile*), et peut remonter, en avant, jusqu'au delà du milieu du corps (*Cephalogonimus*, *D. verrucosum*, *D. conjunctum*); son extrémité antérieure peut alors s'élargir et même se bifurquer (*D. squamula*), et les limites entre les canaux et les deux branches de la vésicule demeurent alors indécises; ces deux branches peuvent d'ailleurs, ainsi que la branche impaire, prendre un développement énorme, arriver jusqu'au pharynx (*Apoblema ocreatum*, *D. coronatum*, *D. furcigerum*) et même communiquer entre elles en avant de cet organe (la plupart des *Apoblema*, *D. Mülleri*, *D. varicum*, *D. aspidophori*, *D. bothryophorum*, divers *Brachylaimus* et *Dicrocælium*). La vésicule est presque réduite à ces deux énormes branches chez les *Aspidogaster*. Ailleurs la vésicule elle-même s'étend fort loin en avant, sans se diviser, et forme ainsi un canal médian (*D. hepaticum*, et à un degré moindre *D. lanceolatum*,

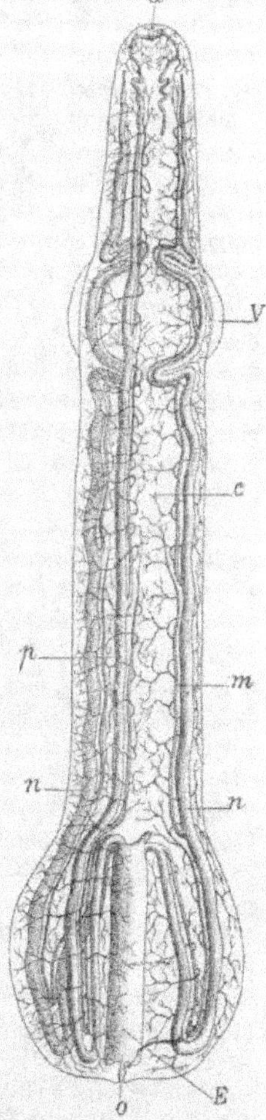

Fig. 1211. — Appareil excréteur du *Distomum clavatum*. — *a*, anse antérieure; *V*, ventouse ventrale; *n*, canaux ventraux; *m*, leur branche accessoire; *p*, canaux dorsaux; *E*, vésicule excrétrice; *o*, néphridiopore; *c*, rameaux terminaux (d'après Poirier).

D. Westermanni); cette longue vésicule est moniliforme chez le *D. tereticolle*,
courbée en S chez les *Gasterostomum* où les canaux principaux viennent s'ouvrir à
son intérieur vers le milieu de sa longueur. Il est rare (*D. hepaticum*, *D. Westermanni*,
Amphistomum conicum, *Gastrodiscus polymastos*, *Cephalogonimus*) que des canaux
excréteurs secondaires s'ouvrent directement dans la vésicule terminale.

Entre les troncs principaux du système excréteur, il existe fréquemment des anastomoses transversales. Dans les espèces à deux troncs, ces deux troncs se réunissent
en avant chez les *D. insigne*, *veliporum*, *megastomum*; parmi les espèces à quatre
troncs, elle s'établit seulement entre les troncs dorsaux chez les espèces du groupe
du *D. clavatum*; cette réunion a lieu ordinairement en avant de la ventouse orale;
elle a lieu au niveau de la bifurcation intestinale chez l'*Ogmogaster plicata*. Une
anastomose antérieure se produit aussi tardivement chez le *D. squamula*, mais les
deux troncs latéraux sont, en outre, unis de très bonne heure par une double anastomose transversale dont les branches forment deux arcs, confondus à leur sommet;
l'un de ces arcs est concave en avant, l'autre en arrière, de manière à former un X. Il
existe aussi deux anastomoses transversales, l'une antérieure, l'autre médiane chez
le *Diplostomum volvens*, mais ces anastomoses sont réunies l'une à l'autre par un
canal longitudinal. De même, chez le *Diplostomum abbreviatum*, entre les deux troncs
latéraux unis en avant, il existe encore trois anastomoses. La première, en arc concave
en arrière, la deuxième naissant des mêmes points, presque rectiligne, la troisième
en angle à sommet antérieur, et toutes ces anastomoses sont unies entre elles par
un canal longitudinal médian. De nombreuses anastomoses transversales d'un type
nettement métamérique, et suivant les commissures nerveuses, se développent chez
le *D. leptosomum*; enfin les deux troncs latéraux sont unis par un véritable réseau
chez le *Gastrodiscus polymastos*. Ces troncs cessent d'être distincts et le système
excréteur est franchement réticulé chez les *D. hepaticum*, *Jacksonii*, *giganteum*, *reticulatum*, les *Monostomum orbiculare* et *spinosissimum*.

Le contenu de l'appareil excréteur est un liquide transparent, parfois jaune ou
rouge, dans lequel peuvent être en suspension des corpuscules. Ces derniers ne se
montrent souvent que dans la vésicule pulsatile ou ses branches. Ces corpuscules
paraissent être de la *guanine* (Wagener).

Les capillaires se ramifient, en s'anastomosant dans toutes les régions du corps;
par places, ils se renflent légèrement, et l'on aperçoit dans la région renflée une
flamme vibratile. Les capillaires se terminent aussi, en général, par une ampoule
plus ou moins évasée, dont les deux côtés font entre eux un angle variable de
30 à 70°, et dont la section peut être circulaire ou elliptique (*D. Rathouisi*); cette
ampoule pénètre à l'intérieur d'une grande cellule étoilée, vacuolée, et nucléée qui
fait sans doute partie du parenchyme. L'ampoule est fermée elle-même par une
cellule terminale, concave vers la cavité du renflement et de laquelle pend dans ce
dernier une flamme vibratile très allongée. Cette flamme est striée longitudinalement comme si elle était formée d'un faisceau de cils accolés. La cellule étoilée a
été primitivement décrite comme une lacune dans laquelle le renflement terminal
se serait ouvert par un orifice latéral (Fraipont). Chez le *D. clavatum* les dimensions
de l'ampoule sont de 5 à 6 μ de long, sur 2 à 3 μ de large. Les ampoules vibratiles
sont, chez les MONOGENEA tout au moins, symétriquement distribuées, disposition qui
semble indiquer le métamérisme de l'animal; ces ampoules sont souvent disposées

par petits groupes ou par couples (*D. divergens*). Leur nombre paraît être plus grand chez les grandes espèces que chez les petites; il peut être de 14 (*Cercaria armata*, jeune, *D. squamula*), 28 (*D. divergens*), 38 (*D. squamula*), 78 (*Diplostomum volvens*). Sur un Distome de l'intestin d'une Chauve-Souris (*Vespertilio murinus*), Macé a signalé un organe impair, en forme de bourrelet, à ouverture ciliée, placé à la limite postérieure des deux tiers du corps, presque aussi gros que la moitié de la ventouse ventrale; deux canaux antérieurs et deux postérieurs partent de cet organe; ces derniers se rendent, comme d'habitude, à une vésicule pulsatile.

Yeux. — Un assez grand nombre de Trématodes monogènes possèdent des yeux. On en compte deux chez les *Temnocephala*, *Udonella* et *Diporpa*, quatre chez les *Diplectanum*, *Dactylogyrus*, *Tetraonchus*, *Polystomum integerrimum*, *Phyllonella*, *Placunella rhombi*, *Trochopus*, *Nitzchia elongata*, *Epibdella*, *Tristomum*, six à huit chez les jeunes *Polystomum ocellatum* et peut-être l'*Onchocotyle appendiculata*. Le *Distomum oculatum*, de l'intestin du *Cottus scorpio*, est le seul Trématode digène qui possède, à l'état adulte, le rudiment de deux yeux; on observe cependant assez souvent quelques restes de ces organes sur les jeunes *D. anguis* et *Diplodiscus subclavatus*.

Les yeux des *Temnocephala* consistent en une coupe pigmentée placée sur le cerveau, contenant un cristallin nucléé, et accompagnée d'une ou deux cellules ganglionnaires; une cellule sphéroïdale, complètement enfermée dans le pigment, est placée sur le côté interne de la coupe. Les yeux des *Dactylogyrus*, *Tetraonchus*, *Tristomum*, ont aussi un cristallin; ceux du *Tristomum molæ* reposent sur une grosse cellule ganglionnaire en communication avec le cerveau.

Système nerveux. — Le système nerveux des Trématodes comprend d'abord une bandelette prébuccale qui représente les ganglions cérébroïdes et leur commissure. On observe encore chez les *Temnocephala* les indications de deux ganglions assez nettement définis, donnant antérieurement naissance à une paire de nerfs qui bientôt se divisent chacun en trois branches, respectivement destinées au tentacule médian et aux deux tentacules latéraux; une paire de nerfs latéraux se distribuent aux côtés de la région antérieure du corps, et en arrière on compte encore deux (Weber) ou trois (Haswell) paires de nerfs. Les deux nerfs de la paire interne sont unis par des anastomoses transversales, régulièrement espacées; ils émettent, en outre, extérieurement des branches à peu près équidistantes qui se ramifient dans les plages latérales du corps. Les deux autres paires sont l'une dorso-, l'autre ventro-latérale. Les deux nerfs ventro-latéraux sont unis entre eux et au nerf dorso-latéral qui leur correspond par de nombreuses anastomoses. Le système nerveux des autres Trématodes monogènes comprend aussi trois paires de troncs longitudinaux et ne présente guère de modifications que dans le nombre et la position des commissures qui unissent les nerfs entre eux (*Pleurocotyle*, *Tristomum*, fig. 1212); toutefois les nerfs dorsaux manquent chez les *Sphyranura*, qui possèdent en revanche un collier œsophagien complet.

Ce collier manque toujours aux DIGENEA dont les centres cérébroïdes fournissent quatre groupes de nerfs : le *groupe antérieur*, les deux *groupes latéraux*, le *groupe postérieur*. Les nerfs antérieurs sont disposés en une (*Gastrodiscus*, *Apoblema*, *Holostomum*, *Gasterostomum*, *Distomum spathulatum*, *D. lanceolatum*), deux (*D. Westermanni*, *Rathouisi*, *clavatum*, *veliporum*, *insigne*, *pelagiæ*, *cylindraceum*, *hepaticum*, *macrostomum*) ou trois paires (*Osmogaster plicata*, *Amphistomum conicum*, *D. pat-*

liatum). Des nerfs latéraux ordinairement une paire, quelquefois deux (*D. hepaticum*) ou même trois paires (*Opisthotrema*) vont directement aux parois du corps et s'y ramifient rapidement; une autre paire beaucoup plus volumineuse se dirige en arrière; cette dernière paire est constante et forme la paire des *troncs latéraux*. Du bord postérieur des ganglions naissent enfin trois paires de nerfs : une paire médiane de *nerfs bulbaires* qui se rendent au bulbe œsophagien; une paire plus externe de *nerfs dorsaux* que l'on perd, en général, vers la région moyenne du corps, mais qui sont bien développés jusqu'à l'extrémité postérieure chez les *D. isostomum*, et finalement, se dirigeant du côté ventral, une paire plus volumineuse que

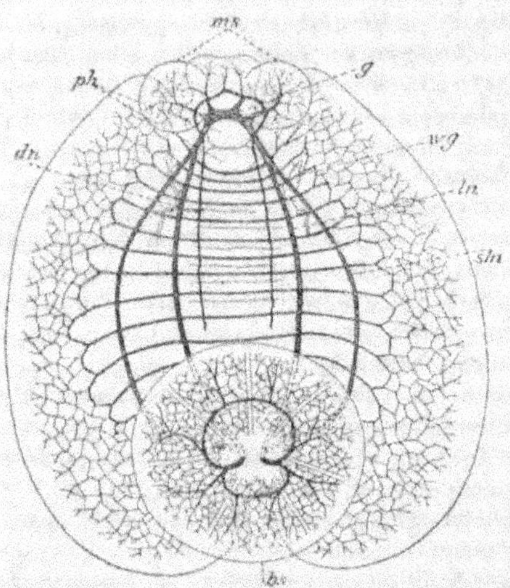

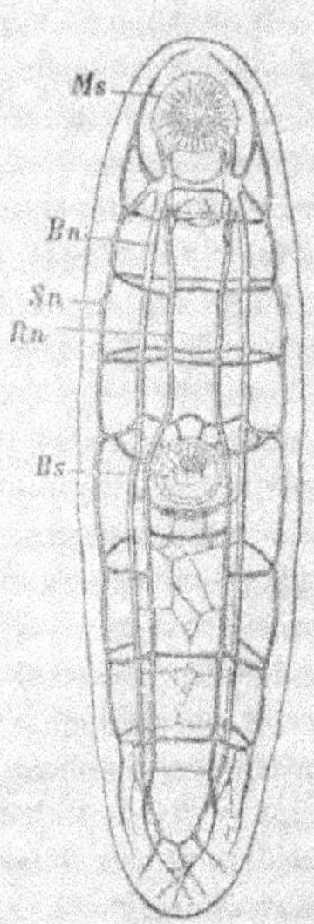

Fig. 1212. — Système nerveux du *Tristomum molæ*. — *ms*, ventouses orales; *ph*, pharynx; *g*, cerveau; *dn*, nerfs longitudinaux dorsaux; *bs*, ventouse postérieure; *wg*, réservoir néphridien et néphridiopore; *ln*, nerfs longitudinaux internes; *sln*, nerfs longitudinaux externes (d'après Lang).

Fig. 1213. — Système nerveux du *Distomum isostomum*. — *Ms*, ventouse orale; *Bn*, nerf ventral; *Sn*, nerf latéral; *Rn*, nerf dorsal, unis par des anneaux transverses complets; *Bs*, ventouse ventrale (d'après Gaffron).

toutes les autres, la paire des *nerfs cardinaux* ou *ventraux*. Entre les nerfs, il existe fréquemment des commissures transversales qui peuvent se répéter avec assez de régularité entre les nerfs latéraux et les nerfs ventraux pour indiquer clairement une métaméridation (*D. isostomum* (fig. 1212), et surtout *D. clavatum*). Ces commissures forment chez les *D. clavatum* 19 anneaux complets; en outre, la ventouse ventrale est entourée d'un cadre nerveux à la formation duquel prennent part la région des nerfs latéraux correspondant à cette ventouse, une commissure qui passe en avant, une autre qui passe en arrière et dont l'origine sur les nerfs latéraux est marquée par quatre renflements ganglionnaires (Poirier).

Ce n'est pas seulement dans les ganglions cérébroïdes, mais aussi tout le long des nerfs que l'on trouve des cellules nerveuses; leur nombre est faible; elles peuvent être uni-, bi- ou multipolaires; leurs prolongements ont un diamètre peu inférieur à celui des cellules chez le *D. clavatum* où des gaines anhistes, tubulaires enveloppent chaque élément et ses prolongements, tandis qu'une gaine générale de structure lamellaire et à laquelle se relient les gaines des éléments nerveux enveloppe la totalité du nerf. Ces gaines sont vraisemblablement de nature conjonctive ; d'ailleurs la structure intime du système nerveux manifestement dégénéré des Trématodes réclame encore de nouvelles études [1].

Orifices génitaux. — La très grande majorité des Trématodes est hermaphrodite ; il n'y a d'exception que pour quelques digènes (*Bilharzia* et probablement DIDYMOZOONIDÆ). Les *Bilharzia* vivent dans les veines de l'Homme en Égypte ; le mâle a un corps long et large qui se replie en cornet en dessous, ses deux bords se soudant entre eux de manière à former un canal dit *gynécophore* ; dans ce canal se place la femelle dont le corps a une forme cylindrique (fig. 1214).

L'appareil mâle et l'appareil femelle des Trématodes hermaphrodites sont juxtaposés dans le même individu sans qu'il paraisse y avoir entre eux, quoiqu'on ait quelquefois affirmé le contraire, de connexion. L'orifice mâle et l'orifice de l'utérus sont ordinairement voisins l'un de l'autre, et quelquefois même situés dans une sorte de cloaque dont l'orifice unique est seul apparent (*Temnocephala, Microcotyle, Axine, Sphyranura, Polystomum, Gyrodactylus, Udonella, Calicotyle, Amphistomum, Gastrothylax*). Chez les *Apoblema*, le cloaque dont la structure est la même que celle des parois du corps, est suivi d'un *vestibule génital* présentant la structure de l'utérus, et au fond duquel s'ouvrent les organes mâles. L'orifice dit *orifice de Laurer*, par lequel s'accomplit la fécondation chez les MONOGENEA, est au contraire toujours bien séparé. La position des orifices du canal déférent et de l'utérus est habituellement ventrale et située dans la région antérieure du corps ; elle arrive même à être presque terminale chez les *Cephalogonimus* et DIDYMOZOONIDÆ ; elle est, au contraire, postérieure à la ventouse ventrale chez les *Mesogonimus*, recule à l'extrémité postérieure du corps chez les *Urogonimus, Opisthotrema*, HOLOSTOMIDÆ ; rarement elle est latérale et alors presque toujours située à gauche chez les DIGENEA (*D. acanthocephalum, D. singulare*, etc.).

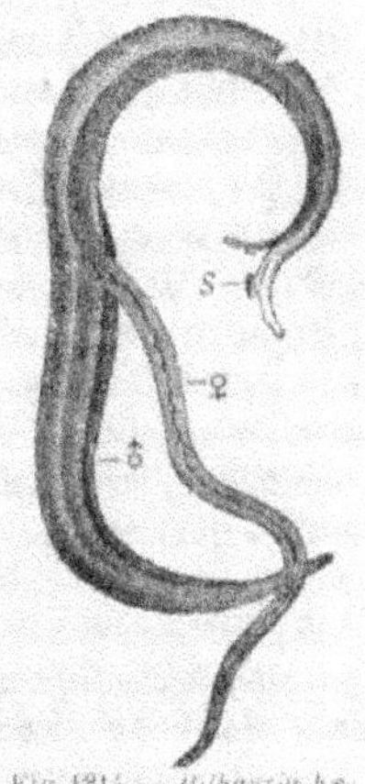

Fig. 1214. — *Bilharzia hæmatobia*. — Le mâle (♂) porte la femelle (♀) dans un canal spécial, le *gynécophore*; S, ventouse ventrale du mâle.

Appareil génital mâle. — L'appareil mâle, placé tout entier entre les deux branches du tube digestif, comprend : un ou plusieurs *testicules* ; un *canal déférent* résultant de l'union des *canaux excréteurs* des testicules et auquel est souvent annexée une *vésicule séminale*. Quelquefois le testicule est unique (GYRODACTYLIDÆ, fig. 1221, *T*, p. 1789; *Diplozoon, Udonella, Aspidogaster, Diplodiscus subclavatus, Distomum pachysomum, Benedenii, monorchis*, DIDYMOZOONIDÆ); il y en a deux chez les *Epibdella, Phyllonella, Placunella, Encotyllabe, Trochopus*, la plupart des DIGENEA (fig. 1209, *t,t'*; p. 1768); on en compte quatre chez les *Temnocephala* (fig. 1203, *T*; p. 1763), et le *Distomum Okenii*, quatre ou cinq chez les *Bilharzia*; en général, chez les MONOGENEA, leur nombre est plus considérable (fig. 1205, *T*; p. 1765) et, parmi les DIGENEA, il s'élève à douze chez le *Distomum cygnoïdes*, à vingt-quatre chez le

<hr>

[1] R. MONIEZ, *Description du Distoma ingens*, Bulletin de la Société zoologique de France, 1886.

D. polyorchis. Lorsque les testicules sont ainsi nombreux, ils se disposent d'ordinaire en deux ou quatre séries symétriques (fig. 1205, p. 1765) et affectent même chez les *Dactylocotyle* une disposition métamérique correspondant à la disposition métamérique externe de la région postérieure du corps (fig. 1202, *T*, p. 1762). Les deux séries sont alternes et les follicules testiculaires encastrés les uns dans les autres chez les *Axine, Vallisia, Sphyranura* ; le testicule est enfin réticulé chez le *Distomum reticulatum*. Les testicules sont, en général, de forme sphéroïdale chez les petites espèces, ovoïde chez les grosses, mais ils sont quelquefois en forme de croix (*D. conostomum, D. sauromates, D. viverrini, D. mollissimus*) ou diversement lobés (*Amphistomum, Gastrothylax, Gastrodiscus*, divers *Distomum*), ou même ramifiés (*D. Westermanni, D. Rathouisi, D. spathulatum, D. hepaticum*). Leur position à l'intérieur du corps est extrêmement variable.

Les testicules sont constitués par une membrane propre, ordinairement d'apparence anhiste chez les adultes, où elle peut contenir quelques noyaux, cellulaire chez les jeunes individus. Des fibres musculaires peuvent se disposer à la surface externe de cette membrane (*D. hepaticum, D. Westermanni, D. clavatum* et espèces voisines, *Opisthotrema*) ; à sa surface interne se trouve toujours une couche épithéliale, et la cavité de l'organe est remplie de spermatogemmes à divers états de développement. Les testicules consistent, au début, en deux amas sphéroïdaux de cellules semblables aux cellules ovulaires ; la couche externe de ces amas forme l'épithélium testiculaire (*Cercaria armata*), la masse interne fournit les cellules mères des spermatoblastes ; mais lorsque toutes ces cellules se sont transformées en spermatogemmes, les cellules de l'épithélium fournissent par division indirecte de nouvelles cellules-mères. Pour former les noyaux des spermatoblastes, le noyau des cellules-mères perd son nucléole et la chromatine se distribue à son intérieur soit sous forme de granules épars, soit sous forme d'un peloton. Le noyau se divise alors en seize parties dont chacune devient la tête d'un spermatozoïde ; toutefois les spermatogemmes peuvent aussi s'envelopper d'une membrane, et leur contenu se diviser en 18 à 20 spermatoblastes. Les spermatozoïdes sont filiformes et capités.

Chaque testicule donne naissance à un *canal excréteur*, continuation de sa membrane propre et qui peut être, comme elle, d'apparence anhiste, ou nucléée et même résoluble en cellules (*Gasterostomum, Aspidogaster*) ; parfois la paroi du canal excréteur se décompose en une membrane anhiste, et un épithélium qui la revêt intérieurement (*D. Westermanni*) ; des fibres musculaires peuvent enfin s'ajouter à cette membrane (*Amphistomum conicum, Gastrodiscus, Distomum hepaticum, Westermanni, clavatum*). Après un trajet plus ou moins long, les canaux excréteurs se réunissent en un *canal déférent* ou *canal éjaculateur*, qui pénètre lui-même dans une poche spéciale où se trouve l'*organe copulateur* ou *cirre*. Parfois la réunion des canaux excréteurs n'a lieu qu'au niveau de la poche du cirre, de sorte qu'il n'y a pas, dans ce cas, de véritable canal déférent (*Cephalogonimus, Distomum hepaticum, lanceolatum, luteum, lorum*). En général, ce canal est assez long, sinueux, à parois musculaires ; il est parfois suffisamment large pour qu'on puisse le considérer, dans toute son étendue, comme une vésicule séminale ; le plus souvent cependant il existe une portion dilatée du canal à qui ce nom convient plus particulièrement ; il peut aussi en exister deux à la suite l'une de l'autre (*D. rufoviride, D. appendiculatum*). Quand les canaux excréteurs ne se réunissent pas avant d'atteindre la poche du cirre, c'est à l'intérieur même de cette poche que se trouve la vésicule (*D. lanceolatum*, etc.). Chez le *Distomum lanceolatum*, la vésicule est allongée, plus ou moins nettement enroulée en hélice, et ses parois sont formées d'une couche de fibres longitudinales, d'une couche de fibres transversales, d'une cuticule et d'une couche de grandes cellules sphéroïdales, probablement glandulaires; à la vésicule fait suite un canal plus étroit, mais à parois épaisses, le *canal prostatique*, dans lequel s'ouvrent les longs conduits de nombreuses glandes unicellulaires qui remplissent la cavité de la poche du cirre. Ces glandes manquent chez les HOLOSTOMIDÆ; elles sont remplacées chez les *Diplostomum* par une glande tubulaire, s'ouvrant au voisinage des orifices génitaux et dont la longueur se divise en une région glandulaire et un canal excréteur. Le canal prostatique est continué par le *cirre* proprement dit, plus large, à parois plus épaisses et qui s'ouvre soit directement au dehors, soit dans un sinus génital. Ce cirre est extroversible; sa cuticule interne porte souvent des crochets, épines ou piquants qui deviennent extérieurs lors de l'extroversion. Il y a, au point de vue de sa constitution, une gradation ascendante des MONOGENEA aux DIGENEA. Chez les POLYSTOMIDÆ le cirre n'est encore, en effet, qu'un prolongement musculaire du canal déférent, et souvent le nombre des crochets qu'il porte fournit d'utiles caractères; on en compte huit (*Choricotyle*), dix (*Octocotyle, Ophicotyle, Glossocotyle, Octobothrium, Phyllocotyle*), douze (*Dactylocotyle*), seize (*Pleurocotyle, Pterocotyle*) ou près de quarante (*Polystomum ocellatum*). Chez l'*Aspidogaster conchycola*, l'extrémité antérieure du cirre est soudée avec les parois de la bourse; mais au fond du canal à parois assez minces que représente le cirre se trouve une sorte de bulbe musculaire, perforé dans sa longueur et s'ouvrant dans le canal du cirre; le bulbe est lui-même en continuité avec la vésicule séminale qui est longue et extérieure à la bourse chez les HOLOSTOMIDÆ où les orifices génitaux sont situés à l'extrémité postérieure du corps; cette extrémité présente souvent un épaississement parenchymateux, le *cône copulateur*, peut-être homologue du bulbe des *Aspidogaster*, et que traversent le canal déférent et l'utérus pour s'ouvrir au dehors. Le cône d'accouplement forme le fond d'une invagination du tégument qui constitue la *bourse copulatrice*. Ce n'est guère que chez les TRISTOMIDÆ, parmi les MONOGENEA, qu'on trouve une disposition de l'appareil copulateur rappelant celle que nous venons de décrire.

Appareil génital femelle. — L'appareil génital femelle (fig. 1215) comprend : 1° un *ovaire* toujours unique, placé en avant des testicules, rarement en arrière et près de l'extrémité postérieure du corps (*Vallisia*); 2° un *germiducte* sur le trajet duquel se trouve presque toujours une *poche copulatrice* dans laquelle, après l'accouplement, se rassemble le sperme du conjoint; 3° deux glandes *vitellogènes* situées sur les côtés de l'animal, en dehors des branches du tube digestif; 4° deux *vitelloductes* qui viennent se jeter dans l'oviducte; 5° un *ootype* servant de cartouchière, dans laquelle a lieu la fabrication des œufs; 6° un *utérus* d'une très grande longueur dont l'orifice externe, servant à la ponte, est, nous l'avons vu p. 1781, voisin de l'orifice mâle, ou confondu avec lui en un *pore génital* unique; 7° un canal servant exclusivement à la fécondation, le *canal de Laurer* ou *vagin*, qui peut être pourvu d'une poche copulatrice et que remplacent quelquefois deux canaux symétriques; l'orifice vaginal peut être ventral, latéral ou dorsal.

Siebold a décrit autrefois un canal de communication entre les deux appareils génitaux mâle et femelle, et Zeller a cru retrouver ce conduit chez le

Polystomum integerrimum; mais, d'après les recherches de J. Ijima [1], le canal en question ferait communiquer le confluent du germiducte et des vitelloductes avec le tube digestif dans lequel il déverserait le superflu du vitellus.

L'*ovaire* (fig. 1202, *o*; 1205, *O*; 1209, *o*; 1215, *Dr*) est toujours entouré d'une membrane, parfois de deux (*Amphistomum conicum*), contenant le plus souvent des noyaux fusiformes ou des fibres. Il est d'abord rempli par une masse protoplasmique contenant des noyaux; mais peu à peu les noyaux se divisent, et le contenu de l'ovaire se transforme en éléments qui deviennent polyédriques, par compression réciproque, et ne sont autre chose que les ovules; ces ovules refoulent la masse de protoplasma indifférenciée vers le pôle distal de l'ovaire dont le reste de la paroi se montre, chez les Trématodes âgés, couvert d'une assise épithéliale. Les ovules ne contiennent que rarement (*Temnocephala*) des globules vitellins et sont le plus souvent dépourvus de membrane.

La *poche copulatrice* est ordinairement sphéroïdale et pédonculée (*Apoblema*, *Cephalogonimus*, *Distomum*; son existence n'est pas constante, et elle peut être remplacée par un simple renflement fusiforme du germiducte (*Gasterostomum*, HOLOSTOMIDÆ).

Le *germiducte*, qui fait suite à l'ovaire, est souvent pourvu d'une musculature spéciale qui lui permet d'exécuter des mouvements péristaltiques (*Aspidogaster*).

Les *vitellogènes* (mêmes figures) sont les parties les plus développées de l'appareil génital. Ils sont situés en dehors des deux branches du tube digestif, mais les suivent généralement de très près; si bien que, chez les *Tristomum*, les deux vitellogènes se réunissent en arrière comme les deux branches du tube digestif. Les *Gyrodactylus* manquent de vitellogènes; il n'y en a qu'un seul chez les *Diplozoon*; ce corps forme un réseau glandulaire à la surface dorsale de l'intestin impair des *Temnocephala*; il y en a quatre chez les *Dactylogyrus*; partout ailleurs on en trouve une paire. Ce sont, chez les *Calceostoma*, deux cordons longitudinaux, légèrement et irrégulièrement lobés; les lobes s'accusent davantage chez les *Amphibdella* et les *Onchocotyle*, et les vitellogènes deviennent deux glandes en grappes, très richement ramifiées chez les *Microcotyle*, *Axine*, *Vallisia*, *Dactylocotyle*, *Pleurocotyle*, *Monocotyle*, *Epibdella*, *Calicotyle*, *Tristomum*, et chez presque tous les DIGENEA. Assez souvent les ramifications de ces glandes s'anastomosent entre elles; d'autres fois les deux glandes se soudent soit en arrière

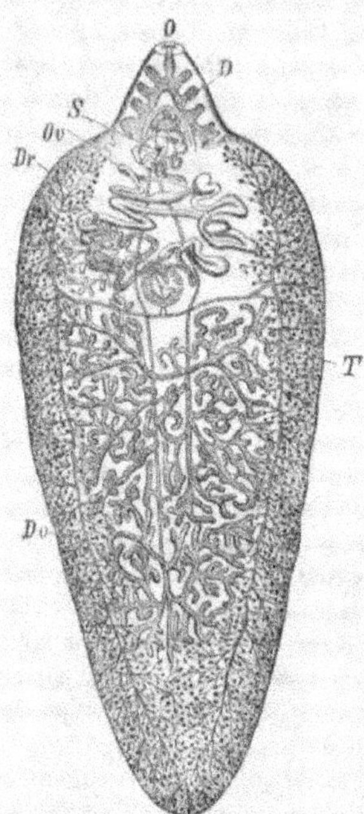

Fig. 1215. — *Cladocotium hepaticum.* — *O*, bouche; *S*, ventouse postérieure; *Ov*, utérus; *Dr*, ovaire ou germigène; *Do*, vitellogènes; *T*, testicules; *D*, branche ramifiée du tube digestif.

[1] J. IJIMA, *Ueber den Zusammenhang des Eileiters mit der Verdauungs Canal bei gewissen Polystomeen*, Zoologischer Anzeiger, 1884, p. 635.

(*Distomum hepaticum, D. bacillare, D. fasciatum, D. micracanthum*, etc.), soit en avant (quelques *Gasterostomum*), soit à leurs deux extrémités (*D. heterostomum, D. lingua*, etc.), très rarement sur toute leur longueur (*Apoblema*), formant ainsi un organe étoilé. La glande est toujours limitée par une membrane revêtue d'un épithélium dont les éléments, en se divisant, forment des cellules libres qui tombent dans sa cavité et y prennent une grande ressemblance avec les œufs, mais leur noyau demeure plus petit, et leur protoplasme se remplit de granulations vitellines. Les follicules ont eux-mêmes pour origine de grosses cellules du parenchyme qui en produisent autour d'elles de plus petites, semblables aux cellules des follicules des adultes. La nature et l'origine des vitellogènes sont loin d'être complètement éclaircies ; il est assez vraisemblable cependant que ce sont des portions différenciées d'un ovaire primitif dont les éléments se seraient transformés en cellules nourricières, au lieu de devenir des ovules. Les canaux excréteurs des acini des vitellogènes se jettent directement, ou après s'être réunis par groupes, dans deux canaux longitudinaux qui ne manquent que lorsque les vitellogènes sont réduits, de chaque côté, soit à une simple grappe (*Gasterostomum armatum*), soit à un seul acinus (*Dist. insigne*). De la région moyenne de ces canaux naissent les deux vitelloductes qui se réunissent sur la ligne médiane. Dans quelques espèces de Monogenea, les vitellogènes présentent un troisième canal transversal, à parois striées transversalement (*Axine*) ou très délicates (*Microcotyle*). Il est possible que ce canal soit le même que Ijima a considéré comme conduisant dans l'intestin. La sécrétion des deux vitellogènes se rassemble parfois dans un réservoir médian d'où part un court conduit qui, dans tous les cas, amène cette sécrétion dans le germiducte (*Epibdella, Tristomum*, beaucoup de Digenea).

Le *canal de Laurer* ou *vagin* manque chez beaucoup de Trématodes monogènes. Il en existe deux chez les *Polystomum, Calicotyle, Pseudocotyle, Sphyranura*. Dans le premier de ces genres, ils s'ouvrent chacun par une trentaine d'orifices sur deux saillies latérales à quelque distance de l'extrémité antérieure du corps (fig. 1210, W). Chez les *Calicotyle*, les deux vagins s'ouvrant sur la face ventrale, se dirigent d'abord un peu obliquement vers l'arrière, puis se réunissent sur la ligne médiane en formant une assez volumineuse poche copulatrice d'où part un canal qui aboutit au germiducte. Il n'existe qu'un seul vagin qui s'ouvre sur le côté gauche du corps chez les *Tristomum, Monocotyle* (fig. 1217, *va*, p. 1767), *Trochopus, Onchocotyle, Axine*, sur la ligne médiane chez les *Nitzchia* et *Microcotyle*, sur l'un des deux côtés chez les *Diplozoon* ; enfin l'orifice vaginal est dorsal chez les *Octobothrium* et les Trématodes digènes où il n'existe jamais qu'un seul vagin. Dans ce dernier ordre le canal de Laurer manque aux *Apoblema*, aux *Monostomum*, peut-être à quelques espèces de *Distomum*, mais il a été constaté avec certitude chez la plupart des espèces des genres *Holostomum, Amphistomum, Diplodiscus, Gastrodiscus, Diplostomum, Polycotyle, Gastrothylax, Distomum, Cephalogonimus, Urogonimus, Bilharzia, Gasterostomum, Opisthotrema, Ogmogaster* ; il semble manquer d'orifice externe chez les *Aspidogaster conchycola*, ou même être totalement atrophié chez l'*A. Lenoiri*. Pour les autres genres, on ne possède que des observations incomplètes. Le canal de Laurer, après un trajet plus ou moins sinueux, traverse, en général, la glande coquillière et vient aboutir soit au *germiducte* (*Amphistomum conicum*, Holostomidæ sauf les *Polycotyle, Distomum endolobum*), soit au canal transversal de communication des deux vitelloductes (*Distomum hepaticum, Opisthotrema, Gasterostomum*) ; quelquefois sur son trajet se développe un réceptacle séminal ou poche copulatrice (*Opisthotrema*, *Ogmogaster*, *Distomum clavatum*, *D. Megnini*). Le canal de Laurer est intérieurement revêtu d'une cuticule dont la structure est la même que celle de la cuticule tégumentaire; une faible couche de fibres annulaires et des muscles longitudinaux revêtent extérieurement cette cuticule.

Les rapports du germiducte, des vitelloductes, du canal de Laurer et de l'*ootype* semblent indiquer nettement la fonction de ce dernier : l'ootype, de forme variable, est généralement séparé des autres conduits par un canal d'une certaine longueur où peuvent déjà se rencontrer les ovules, les cellules vitellines et le sperme, et qui est assez souvent vibratile. Dans l'ootype arrive également le produit de sécrétion d'un assez grand nombre de glandes unicellulaires, formant ensemble ce qu'on nomme souvent la *glande coquillière*. Les cellules constituant cette glande peuvent se réunir en une masse compacte ou, au contraire, demeurer diffuses (HOLOSTOMIDÆ sauf les *Polycotyle*, *Gasterostomum*, *Distomum spathulatum*, *D. lanceolatum*); cette glande ne manque guère que chez les *Aspidogaster*. Un ovule et un certain nombre de cellules vitellines mélangées de spermatozoïdes pénètrent ensemble dans l'ootype; tous ces éléments y sont brassés par des contractions péristaltiques qui amènent l'ovule au centre de la masse formée par les autres éléments. Le tout est ensuite enveloppé par la coque; le filament qui surmonte si fréquemment la coque chez les Monogènes se forme en dernier lieu.

L'*utérus* est extrêmement court chez les *Gyrodactylus*, *Calceostomum*, *Sphyranura*, *Pseudocotyle*, *Calicotyle*. Il s'allonge, mais demeure rectiligne chez les *Dactylocotyle*, *Microcotyle*, *Onchocotyle*, *Axine*; il devient sinueux chez le *Polystomum integerrimum*, et une centaine d'œufs peuvent dès lors s'y accumuler. L'utérus a une bien plus grande longueur chez les DIGENEA; à son origine il se différencie généralement une région particulière, correspondant, au moins physiologiquement, à l'ootype des MONOGENEA et dont les parois sont perforées par les innombrables canaux excréteurs des glandes coquillières unicellulaires et parfois revêtues d'une couche musculaire (*D. palliatum*, *D. cylindraceum*, *D. clavatum*). Après avoir formé cette sorte d'ootype, l'utérus se continue en un tube étroit qui s'élargit ensuite, et alors tantôt garde un diamètre constant, tantôt s'élargit de nouveau par places sans se ramifier. Ce tube se dirige quelquefois presque en droite ligne vers l'orifice de ponte (*Amphistomum*); ou bien il forme dès anses disposées en rosette (*D. hepaticum*, fig. 1315, *Ov*, p. 1734; *D. tereticolle*, *D. palliatum*); le plus souvent, il décrit dans le corps, dont il occupe parfois toute l'étendue, de nombreuses sinuosités avant d'arriver à l'orifice de ponte généralement voisin, nous l'avons dit, de l'orifice mâle. Toute la partie de l'utérus que nous venons de décrire est formée de dedans en dehors par une couche épithéliale à cellules distinctes ou confondues de façon que les noyaux soient seuls apparents, d'une membrane basilaire et d'une couche musculaire dont les fibres transversales sont plus serrées que les fibres longitudinales, toujours éparses. La région du tube utérin voisine de l'orifice change de structure; elle est quelquefois désignée sous le nom de *vagin*, nom également attribué au canal de Laurer ou aux parties homologues des MONOGENEA qui sont des organes tout différents. Le revêtement interne du vagin est une cuticule élastique qui, dans les espèces dont le pénis est armé, présente aussi des papilles, des écailles, des épines ou des aiguillons (*Echinostomum*, *Distomum oculatum*, *D. ferruginosum*, *D. monorchis*, divers *Apo-*

blema, *Ogmogaster*, etc.); vient ensuite une couche musculaire formée de muscles
transverses et de muscles longitudinaux; le tout est entouré d'une couche de parenchyme. Cette région est évidemment chargée de l'expulsion active des œufs; des
cellules glandulaires s'ouvrent quelquefois dans son intérieur (*Amphistomum
conicum*, quelques *Distomum*).

L'*œuf* est toujours formé chez les Trématodes de l'ovule, d'un certain nombre de
cellules vitellines, d'un faisceau de spermatozoïdes et d'une coque divisée par un
sillon transversal en deux parties dont la plus petite constitue l'*opercule*. Il est généralement ovoïde; rarement sa section est triangulaire ou quadrangulaire (TRISTO-
MIDÆ), et il peut alors porter latéralement des prolongements chitineux (*Encotyllabe fragile*); mais d'habitude l'œuf des Trématodes monogènes ne présente que deux prolongements opposés, l'un,
le *filament*, sur l'opercule; l'autre, le *pédoncule*, sur le sommet de la coque. Ces deux prolongements peuvent être
semblables ou dissemblables; le filament peut manquer
(*Udonella*, *Phyllonella*, *Polystomum*), ou bien le pédoncule
(*Diplozoon*, fig. 1216; *Placunella*), ou bien encore les deux
à la fois (*Pterocotyle*, *Platycotyle*, *Choricotyle*, *Pseudocotyle*).
Le pédoncule sert à fixer les œufs aux corps étrangers; il
est suppléé dans cette fonction par le filament chez les
Diplozoon. Les œufs des DIGENEA sont beaucoup plus petits
et généralement beaucoup plus nombreux que ceux des
MONOGENEA; ils sont operculés; mais ils ne sont pourvus de
filament que dans un petit nombre d'espèces; on en trouve

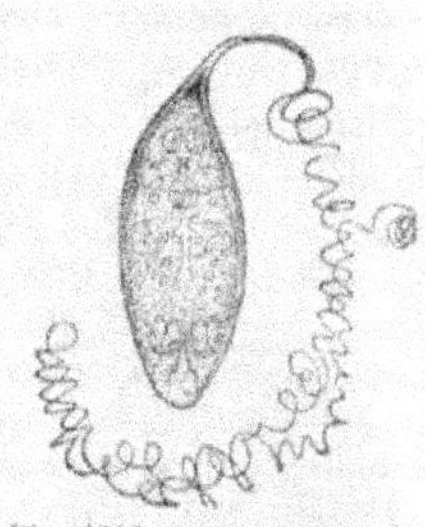

Fig. 1216. — Œuf operculé
et muni d'un long filament
du *Diplozoon paradoxum*,
contenant un miracidium
(d'après E. Zeller).

deux chez les *Distomum constrictum* et divers MONOSTOMIDÆ ((*Monostomum verrucosum*,
Opisthotrema cochleare, *Ogmogaster plicata*), un seul chez divers *Distomum*, la
Bilharzia hæmatobia, les *Monostomum capitellatum* et *spinosissimum*. A l'époque de
la plus grande activité génésique, un seul *Polystomum integerrimum* pond plus de
cent œufs par jour. La fécondité peut sans doute être plus grande encore chez les
DISTOMIDÆ à œufs nombreux.

Accouplement. Fécondation. — Les expériences de Zeller sur le *Polystomum*

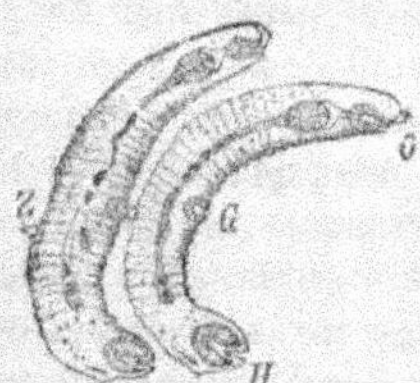

Fig. 1217. — Deux jeunes *Diplozoon*, à l'état de *Diporpa*,
en train de se souder l'un à l'autre. — *O*, bouche,
Z, saillie dorsale, et *G*, ventouses ventrales par lesquelles
s'accomplit la soudure; *H*, appareil adhésif postérieur
(d'après E. Zeller).

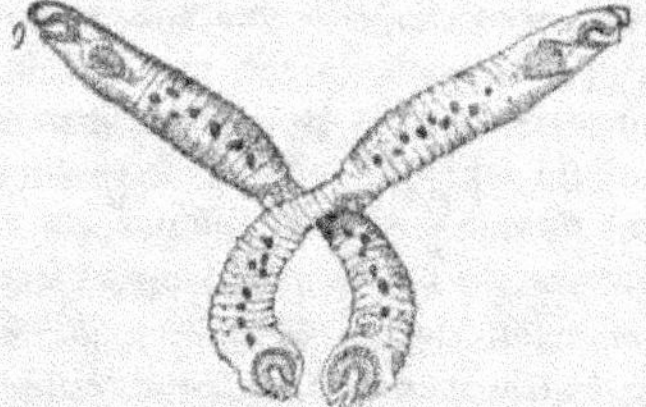

Fig. 1218. — *Diplozoon paradoxum* adulte;
O, bouche (d'après E. Zeller).

integerrimum et sur le *Diplozoon* ont montré que le développement des organes génitaux et des embryons était dans une très étroite dépendance de la température. Il
n'y a pas autofécondation, mais fécondation réciproque. Le contact du pénis avec

les bourrelets vaginaux, celui des orifices mâles et vaginaux a été directement constaté chez les *Polystomum* et *Diplozoon*. Dans ce dernier genre, l'accouplement est permanent et les deux individus d'abord séparés et parfois même décrits comme des formes spéciales sous le nom de *Diporpa* (fig. 1217), s'unissent de telle façon que chacun d'eux introduit une saillie dorsale disposée à cet effet dans une fossette ventrale de l'autre; les individus associés sont croisés en X (fig. 1217). Chez les Digenea, ce n'est plus le canal de Laurer, mais l'extrémité modifiée de l'utérus qui sert à l'accouplement; celui-ci peut être réciproque (*Holostomum serpens*, *Distomum clavigerum*, *D. cylindraceum*, *Monostomum faba*); ou bien il peut y avoir autofécondation (*D. cirrigerum*).

Développement des Monogenea. — Les premières phases du développement ont été peu étudiées chez les Trématodes monogènes. A de rares exceptions près (*Onchocotyle appendiculata*), la segmentation ne commence qu'après la ponte; elle est totale et régulière chez l'*Udonella caligorum* et conduit à la formation d'une *morula* d'abord sphérique, puis ellipsoïdale; à partir de cette morula, on sait seulement dans quel ordre apparaissent les organes du jeune animal qui éclôt avec sa forme définitive. La segmentation, précédée de phénomènes encore obscurs, est, au contraire, complète et inégale chez le *Polystomum integerrimum*; elle conduit à la formation d'une *morula* dont une grosse cellule occupe l'intérieur. L'évolution se poursuivant, il se constitue une larve ciliée (fig. 1219, n° 2), présentant un disque postérieur pourvu lui-même de seize crochets semblables et les rudiments de deux grands crochets médians;

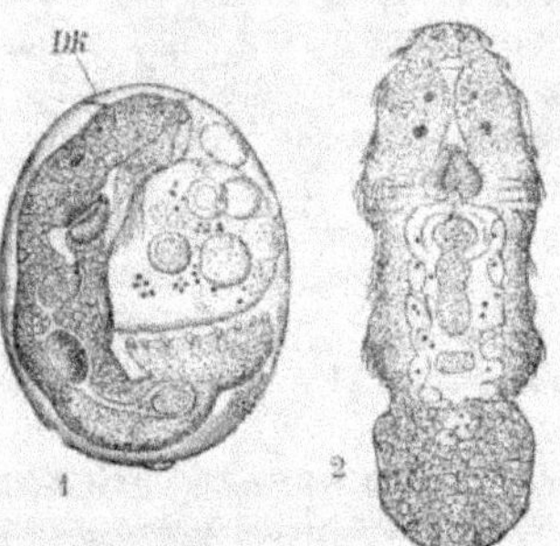

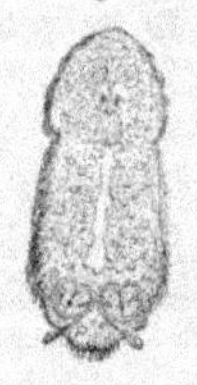

Fig. 1219. — *Polystomum integerrimum.* — 1, œuf, contenant un miracidium et le reste du vitellus ; *DK*, opercule. — 2. miracidium hors de l'Œuf, muni d'un disque fixateur semblable à celui des *Gyrodactylus* et de ceintures ciliées (d'après E. Zeller).

Fig. 1220. — *Miracidium de Diplozoon paradoxum* venant d'éclore (d'après E. Zeller).

cette larve rappelle par conséquent la forme des *Gyrodactylus*. Les cils de la larve sont disposés sur une cellule antérieure terminale et suivant cinq bandes transversales, les trois premières ventrales, les deux dernières dorsales comme chez un embryon amphitroque de Polychète; les deux premières et la dernière sont formées de dix cellules, la troisième, interrompue au milieu de la face ventrale, de six, la quatrième et la cinquième de onze cellules; il y a là une indication manifeste de métamérie, qu'on peut rapprocher de la répétition des anastomoses transversales, au nombre de quatre, entre les deux branches du tube digestif de l'adulte. Une au moins de ces anastomoses existe déjà chez la larve; l'appareil excréteur est bien développé, mais les organes génitaux font complètement défaut. La larve est capable de nager durant environ vingt-quatre heures après son éclosion; au bout de ce temps, la plus grande partie de ses cils a disparu; elle s'attache par son disque postérieur à l'orifice externe de la cavité branchiale des têtards de Grenouille, et ne tarde pas à pénétrer dans cette cavité. Alors commence la métamorphose par la disparition totale des cils, l'achèvement des grands crochets médians du disque postérieur, l'apparition des ventouses postérieures, puis des ventouses moyennes, enfin des ventouses antérieures. Au bout de huit à dix semaines, le parasite, déjà pourvu de ces ventouses moyennes, abandonne la cavité branchiale du têtard dont la métamorphose va commencer, et gagne, en rampant sur le corps, l'anus, puis la vessie de l'animal où il n'atteint qu'au bout de quatre ou cinq ans sa taille définitive. Toutefois quand les larves s'attaquent à de très jeunes têtards, dont les branchies plus molles et plus gorgées de sang leur fournissent une alimentation plus favorable, elles ont déjà au bout de 20 jours acquis leurs trois paires de ventouses, et sont, au bout de cinq semaines, capables de produire des œufs. Ces individus précoces n'émigrent pas et meurent presque tous au moment de la métamorphose du têtard; ils diffèrent presque toujours des individus normaux par la forme de leurs crochets, la présence d'un seul testicule qu'un canal unit au germiducte, l'absence de vagin, ce qui rend l'autofécondation indispensable, enfin l'absence d'utérus, l'ootype s'ouvrant directement au dehors.

Les larves du *Diplozoon paradoxum* sont connues sous le nom de *Diporpa* (fig. 1217). Elles éclosent au bout de quinze jours. Des constrictions latérales divisent la larve en quatre segments dont le premier et l'avant-dernier portent chacun une paire de ventouses; les cils vibratiles sont distribués sur les bords latéraux de ces segments (fig. 1220). La larve, après avoir nagé un certain temps, se fixe, en général, sur les branchies du Vairon (*Phoxinus lævis*).

Le *Gyrodactylus elegans* adulte (fig. 1221) contient un très gros embryon qui, à son tour, en contient un autre, à l'intérieur duquel on en constate même un troisième. Le gros embryon résulte simplement du développement sur place d'un œuf qui a été peut-être fécondé par son propre parent. On ignore comment se forment les deux embryons qui suivent; toutefois Metschnikoff pense qu'un même amas cellulaire produit les deux générations, le petit embryon se formant aux

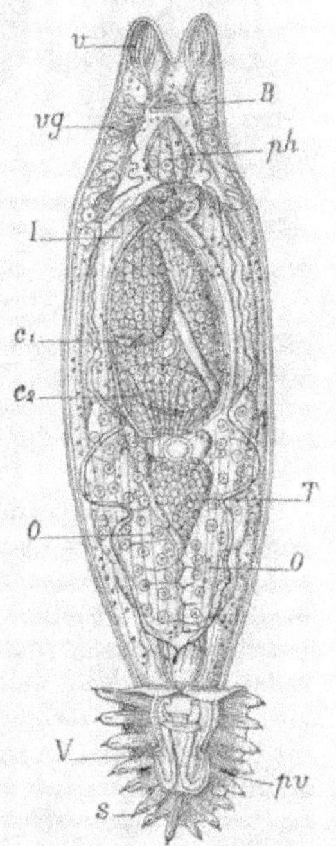

Fig. 1221. — *Gyrodactylus elegans.* — *v*, prolongements tentaculiformes de l'extrémité antérieure; *B*, bouche; *vg*, vitellogène; c_1, c_2, crochets de deux embryons internes; *O*, ovaire; *T*, testicule; *V*, grands crochets fixateurs; *s*, parapodes armés chacun d'un crochet du disque fixateur; *pv*, pavillons néphridiens; *ph*, pharynx (d'après Wagner).

dépens de la partie centrale de la masse, les plus gros aux dépens de la périphérie.

Marche générale du développement des Trématodes métastatiques et digénétiques; miracidium, sporocystes, rédies, cercaires. — Le développement des DIGENEA peut s'accomplir de trois façons différentes : 1° un embryon non cilié se transforme directement en Trématode adulte, en se bornant à changer d'habitat sur l'hôte qu'il a choisi; ce mode de développement, dit *développement direct*, caractérise les ASPIDOGASTRIDÆ; 2° un embryon cilié, le *miracidium* [1] (Braun), s'enkyste dans

---

[1] De μειραχίδιον, voisin de la puberté.

un Mollusque, une Sangsue, un Poisson ou même un Mammifère, y revêt dans son kyste une nouvelle forme larvaire et passe dans le tube digestif d'un autre hôte auquel son hôte primitif sert de proie ; ce mode de développement dit *développement métastatique* est propre aux HOLOSTOMIDÆ ; 3° un *miracidium* cilié ou non pénètre activement ou passivement dans un Mollusque et s'y transforme en un organisme nouveau, sans tube digestif, de forme variable, dit *sporocyste* (fig. 1222). Les sporocystes peuvent être sacciformes ou tubulaires ; quelquefois ils sont ramifiés comme celui qui produit la *Cercaria ornata* et habite le *Limnæus stagnalis*, celui des *Gasterostomum*, mais surtout comme le *Leucochloridium paradoxum* (fig. 1228, n° 2, p. 1795) qui vit dans la *Succinea amphibia*. Certains sporocystes paraissent capables de se multiplier par division (sporocystes des *Cercaria vesiculosa, armata, limacis, virgula, furcata, microcotyla*).

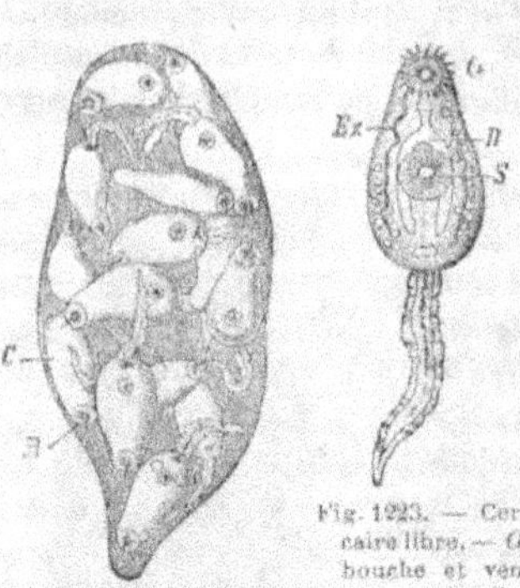

Fig. 1222. — Sporocyste contenant des cercaires C, armées d'un aiguillon B (*Cercaria ornata*).

Fig. 1223. — Cercaire libre. — O, bouche et ventouse orale ; Ex, tronc néphridien ; D, tube digestif bifurqué ; s, ventouses postérieures.

Dans tous les sporocystes se forment, par voie agame, des organismes nouveaux. Dans le cas le plus simple (*Gasterostomum, Distomum macrostomum, D. cylindraceum, D. endolobum*) cet organisme est un jeune Trématode généralement pourvu d'une queue très mobile et présentant un tube digestif bifurqué, mais sans ramifications secondaires (fig. 1222 et 1223). Ce jeune Trématode est destiné à émigrer ; il se transforme toujours par simple métamorphose en Trématode adulte ; c'est ce qu'on nomme une *cercaire*. Un même sporocyste peut contenir plusieurs milliers de cercaires (*Gasterostomum fimbriatum*). Tout Trématode digénétique traverse cette phase de cercaire ; mais la cercaire peut ne se montrer qu'après la formation dans le sporocyste d'une autre génération d'organismes, formée soit de nouveaux sporocystes (*Distomum cygnoides*), soit d'organismes différents à la fois des sporocystes et des cercaires, les *rédies* (fig. 1224 et 1225), pourvues de deux moignons près de l'extrémité postérieure de leur corps et d'un tube digestif simple. Souvent ces rédies produisent directement des cercaires à leur intérieur (*Cladocœlium hepaticum, Diplodiscus subclavatus*) ; d'autres fois, elles forment de nouvelles rédies dans lesquelles naissent enfin les cercaires (*C. hepaticum*). Habituellement les sporo-

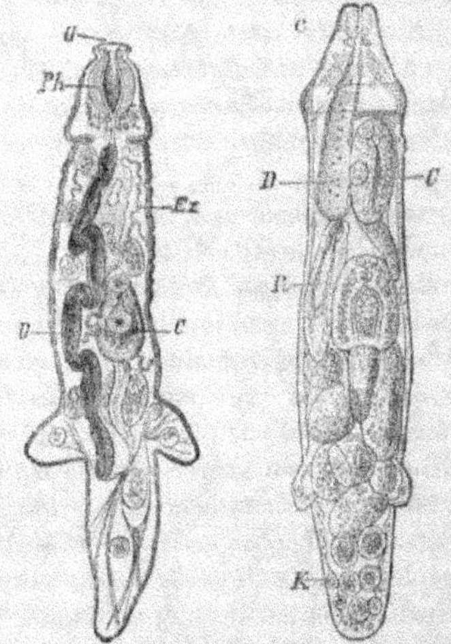

Fig. 1224. — Rédie à long tube digestif ; O, bouche ; Ph, pharynx ; D, tube digestif ; Ex, tronc néphridien ; C, cercaire.

Fig. 1225. — Rédie avec cercaires et rédies du *Cladocœlium hepaticum* ; c, pharynx ; D, sac digestif court et simple ; C, ovaires ; R, rédie ; K, germes (d'après Thomas).

cystes et les rédies ne quittent pas leur hôte; toutefois les rédies, plus agiles que les sporocystes, se disséminent à son intérieur. Filippi a même vu les rédies de la *Cercaria coronata* sortir du Mollusque, et se loger sous le rebord de son manteau, entre le manteau et la coquille. Moulinié a également observé une Limace cendrée qui, dans sa marche, abandonnait une mucosité remplie de sporocystes. Ces cas paraissent exceptionnels. Les cercaires, au contraire, émigrent presque toujours; après être sorties de leur hôte temporaire, elles nagent un certain temps en liberté, et vont s'enkyster dans un autre Mollusque, un Arthropode ou même un Vertébré; elles passent de là dans un nouvel hôte auquel le premier sert de proie et arrivent à l'état adulte dans son tube digestif, ou dans les voies excrétrices des glandes qui y sont annexées (*Cladocælium hepaticum*, *Distomum lanceolatum*, et formes voisines). Cette double migration et les phénomènes complexes de génération agame qui l'accompagnent caractérisent le *développement digénétique* proprement dit que l'on observe dans les autres familles de DIGENEA.

En somme *la série des formes qui se succèdent dans le développement digénétique commence toujours par un miracidium qui se transforme en sporocyste, et aboutit toujours à une cercaire qui se transforme en Trématode adulte :* mais le passage du sporocyste à la cercaire peut s'effectuer de quatre façons différentes que l'on peut représenter ainsi :

1° Sporocyste. — Cercaire.
2° Sporocyste. — Sporocyste. — Cercaire.
3° Sporocyste. — Rédie. — Cercaire.
4° Sporocyste. — Rédie. — Rédie. — Cercaire.

Quelquefois la rédie est déjà développée dans le miracidium au moment de son éclosion (*Monostomum mutabile*, fig. 1226, n° 2).

Les différences de forme que présentent les sporocystes, les rédies et les cercaires semblent, au premier abord, inexplicables. On arrivera néanmoins à comprendre comment elles ont pu être réalisées si l'on admet, comme nous l'établirons plus tard, que les rédies et les sporocystes ne sont que des formes à la fois parthénogénétiques et pædogénétiques de Distomes. Chez les rédies, les œufs parthénogénétiques, se développant de très bonne heure, détournent à leur profit les aliments qui auraient permis au Distome d'atteindre tout son développement, le tube digestif ne dépasse pas la forme de sac impair qui n'est que temporaire chez les cercaires; chez les sporocystes le développement des œufs parthénogénétiques étant plus précoce encore, aucune trace de tube digestif ne se montre, tant l'effort est tourné vers l'accroissement en dimension des parois du corps du sporocyste et vers le développement des œufs parthénogénétiques à son intérieur. Deux faits démontrent néanmoins l'identité fondamentale des trois formes : 1° la présence dans toutes les trois d'un appareil néphridien présentant partout la même structure; 2° la possibilité pour le sporocyste de produire directement soit des cercaires, soit

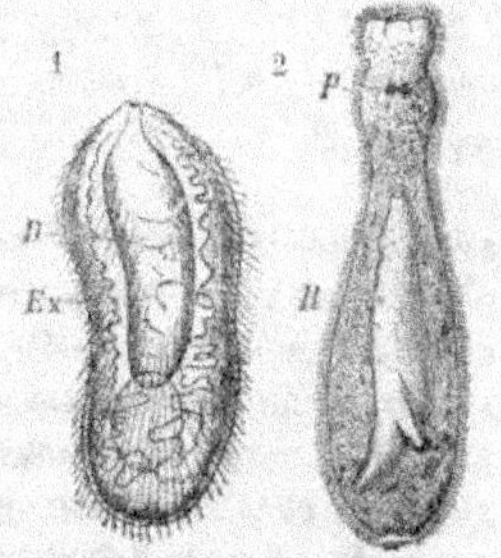

Fig. 1226. — 1, *Miracidium* de *Diplodiscus subclavatus*; *D*, sac digestif; *Ex*, tronc néphridien. — 2, *Miracidium* de *Monostomum mutabile* contenant une rédie (*R*); *p*, taches pigmentaires (d'après von Siebold).

des rédies, soit de nouveaux sporocystes suivant l'activité de son pouvoir reproducteur ou même de produire côte à côte des cercaires et des rédies (fig. 1225). Il y a simplement de la cercaire au sporocyste accélération du phénomène de la reproduction ovulaire.

Développement de l'œuf; formation et organisation des miracidium. — Le développement de l'œuf est surtout facile à suivre chez les espèces où il s'accomplit à l'intérieur de la matrice (*Distomum tereticolle*). L'ovule proprement dit est situé au voisinage de l'opercule de l'œuf; la partie restante de la coque est remplie par la masse vitelline où les noyaux des cellules primitives sont seules reconnaissables. La cellule ovulaire est, au début, sphéroïdale et pourvue d'un gros noyau et d'un nucléole; le noyau se divise d'abord, pendant que la cellule elle-même s'allonge, puis se partage transversalement en deux cellules dont l'une est d'habitude un peu plus petite que l'autre. Les divisions ultérieures, qui sont totales, donnent lieu à la formation d'un amas de cellules ordinairement quelque peu inégales. Dans cet amas, une cellule plus grande que les autres occupe le pôle operculaire de l'œuf; bientôt cette cellule se divise en deux autres, juxtaposées, à bord externe mince, formant ensemble une sorte de coiffe; et l'amas cellulaire sous-jacent continue à grandir aux dépens de la masse vitelline qui bientôt se trouve d'ailleurs enveloppée de cellules plates, symétriquement disposées, issues de la division des cellules polaires. Quand cette membrane d'enveloppe a achevé de se constituer, une nouvelle cellule terminale se différencie au pôle opposé au pôle operculaire de l'embryon; la membrane d'enveloppe est d'ailleurs une formation essentiellement embryonnaire qui demeure dans la coque de l'œuf lors de l'éclosion du miracidium (fig. 1226). Quant aux cellules embryonnaires, elles deviennent de plus en plus petites, et leur masse peut être complètement enveloppée par ce qui reste de la masse vitelline; lorsque cette dernière est peu abondante, elle se borne parfois à constituer

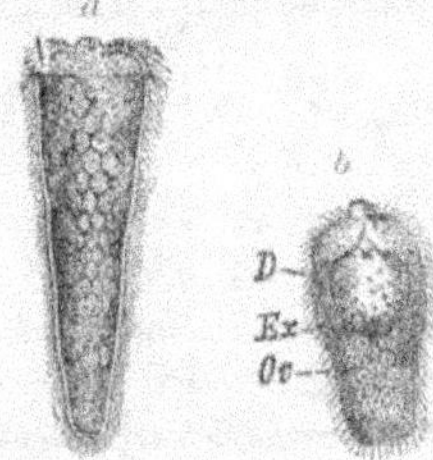

Fig. 1227. — *a*, *Miracidium* de *Cladocœlium hepaticum*, en extension; *b*, le même contracté; *D*, bouche du tube digestif; *Ex*, néphridie; *Ov*, cellules génitales (d'après Leuckart).

autour de la première un plus ou moins grand nombre de ceintures, ou se dissocie en un nombre variable de masses inégales (*Dist. hepaticum*). Les cellules extérieures de la masse embryonnaire se différencient alors pour former un *exoderme*, ne comprenant qu'une seule assise de cellules plates; les cellules de cet exoderme tendent habituellement à se fusionner; leurs noyaux mêmes disparaissent souvent, et l'exoderme arrive alors à n'être plus qu'une membrane homogène, couverte ou non de cils vibratiles. Chez le *D. tereticolle*, huit cellules persistent cependant plus longtemps, quatre symétriquement placées au pôle operculaire de l'embryon, quatre également symétriques, à la limite du 2ᵉ et du 3ᵉ tiers de sa longueur. Ces huit cellules se transforment peu à peu, par la disparition de leur noyau en huit plaques portant des soies rigides. Dans l'entoderme, un certain nombre de cellules se disposent régulièrement de manière à limiter une cavité digestive qui s'étend jusque vers le milieu de l'embryon et dont la lumière demeure oblitérée par une masse granuleuse. L'extrémité antérieure forme une trompe qui demeure invaginée jusqu'à l'éclosion de l'embryon. Une partie des cellules ento-

dermiques restantes s'accole, en s'aplatissant, contre l'exoderme. Le miracidium ne
tarde pas alors à éclore. Il est, à sa naissance, cilié sur toute sa surface (*Bilharzia*,
Diplodiscus, la plupart des *Distomum*, fig. 1227, *Monostomum*), ou seulement sur sa
région antérieure (*Holostomum cornu-copiæ*, *Dist. lanceolatum*, *D. macrostomum*). Les
cils sont remplacés par des soies raides à l'extrémité antérieure du *miracidium* du
D. megastomum, à cette extrémité et sur le pourtour de la ligne de séparation du
2ᵉ et du 3ᵉ tiers du corps chez le *D. tereticolle*. Les soies forment une couronne
antérieure chez le *Monostomum filum*, et sont réparties sur tout le corps chez le
D. ovocaudatum. Il existe assez souvent deux taches oculiformes, munies chacune
d'un cristallin et souvent contiguës, situées dans la région antérieure du corps
(*Holostomum cornu-copiæ*, *Distomum hepaticum*, *D. hians*, *D. laureatum*, *D. nodulosum*,
D. trigonocephalum, *D. viviparum*, la plupart des *Monostomum*). Au niveau de ces
organes, deux amas cellulaires semblent devoir être considérés chez le *C. hepaticum*
comme deux ganglions. Sous la membrane épithéliale une couche de substance
granuleuse et nucléée contient des fibres musculaires transversales et des fibres
longitudinales (*D. hepaticum*, *D. ovocaudatum*). Il existe déjà des canaux excréteurs, et l'on compte de deux à quatre ampoules terminales ciliées, symétriques
quand il en existe un nombre pair et situées vers la région moyenne du corps;
il semble que les canaux qui font suite à ces ampoules s'ouvrent dans la cavité
digestive.

Dans le tube digestif, on peut distinguer une *trompe*, un *œsophage* et un *estomac*,
terminé en cæcum. La trompe est constituée soit par la région antérieure et
amincie du corps (*D. cygnoides*), et elle est alors ciliée; soit par la partie antérieure
du tube digestif (*C. hepaticum*, *D. globiporum*, *D. cylindraceum*); elle porte, en tous
cas, la bouche et quelquefois un aiguillon (*D. lanceolatum*, *Gasterostomum crucibulum*); l'œsophage qui la suit est muni de muscles radiaires. L'estomac est toujours
formé d'une seule assise cellulaire. Entre le tube digestif et la paroi du corps, il
peut exister une véritable cavité générale (*D. tereticolle*); cette cavité se limite parfois à la région antérieure du corps (*C. hepaticum*); le plus souvent tout l'intervalle
entre le tégument et la paroi digestive est rempli de cellules dont un certain
nombre, pour le moins, seront le point de départ des générations ultérieures de
rédies ou de cercaires. Les cellules de la cavité générale peuvent aussi présenter
quelques autres différenciations, et former des masses distinctes dont la signification est encore inconnue.

Migrations du miracidium; sa transformation consécutive. — Seuls parmi les
DIGENEA, les *miracidium* des *Aspidogaster* arrivent à l'état adulte sans changement
d'hôte, par une simple métamorphose. Les autres, après avoir nagé quelques heures
librement, meurent quand ils ne trouvent pas un hôte approprié dans le corps
duquel ils pénètrent. Le *miracidium* des espèces métastatiques s'enkyste alors,
mais on sait peu de chose des transformations qu'il subit, si ce n'est que chez les
Holostomum il acquiert une ventouse antérieure, une ventouse ventrale, presque
médiane, une paire de glandes dont les orifices sont situés entre les deux ventouses
et une glande impaire postérieure. D'assez nombreuses formes trouvées enkystées
chez divers animaux et dans des organes variés, notamment dans les yeux des
Poissons, semblent être de jeunes HOLOSTOMIDÆ; elles ont été décrites sous les
noms de *Codonocephalus*, *Diplostomum*, *Monocerca*, *Tylodelphis*, *Tetracotyle*.

La transformation du *miracidium* libre en parasite a été observée chez les *Distomum cygnoïdes, hepaticum, macrostomum, ovocaudatum,* et le *Diplodiscus subclavatus*. Après avoir nagé un certain temps, le *miracidium* du *D. cygnoïdes* se fixe sur les branchies des *Pisidium* et des *Cyclas*; bientôt après, le revêtement ciliaire présente des signes évidents d'altération; ses cellules se dissocient, et il disparaît, le *miracidium* se transforme alors en un sac à parois anhistes qui se retrouve facilement dans les Mollusques récemment infestés et produit à son intérieur des sporocystes. Les miracidium du *Diplodiscus subclavatus* s'adressent à de petites espèces de Planorbes (*Planorbis vitreus, vortex, marginatus,* etc.); ceux du *Cladocœlium hepaticum* s'attaquent au *Limnæa truncatula* et aux jeunes *L. peregra,* mais n'arrivent pas à produire de cercaires dans ces derniers. Ils se fixent en un point quelconque du corps, perdent leur tégument cilié, écartent avec leur trompe les cellules de l'épiderme du mollusque, et, grâce aux mouvements péristaltiques dont leur corps est animé, pénètrent plus ou moins profondément dans les tissus; on les trouve notamment en grand nombre dans les lacunes du toit de la cavité pulmonaire; quelques-uns viennent même se loger entre les viscères de la cavité générale; ce sont déjà des sporocystes qui produisent plus tard des rédies. Celles-ci sortent du sporocyste et se répandent dans tout le corps de leur hôte; elles se logent fréquemment dans le foie.

Les œufs du *Distomum macrostomum,* de l'intestin des Oiseaux chanteurs, sont expulsés avec les excréments de leur hôte, tombent sur les feuilles des végétaux et sont mangés par les *Succinea amphibia* qui vivent de ces feuilles. Les *miracidium* éclosent dans l'estomac du Mollusque et, après y avoir nagé quelque temps, pénètrent dans les parois du tube digestif, s'arrêtent d'ordinaire dans le tissu conjonctif qui l'entoure, plus rarement gagnent le foie ou même la glande hermaphrodite. Ils se transforment alors en un sporocyste ayant pour tégument une délicate membrane nucléée et rempli par un grand nombre de cellules sphéroïdales. Au bout de huit jours ce corps, d'abord solide, présente une cavité interne, tandis que successivement des muscles annulaires et des muscles longitudinaux se différencient dans les cellules sous-jacentes à la membrane nucléée. Bientôt le sporocyste commence à se ramifier en tous sens, et finit par constituer un organisme formé de branches creuses, ramifiées, rayonnant autour d'un centre, et dont les rameaux les plus longs se renflent en une sorte de massue cylindrique sur une partie de sa longueur. C'est là le *Leucochloridium* (fig. 1228, n° 2). Les massues terminales (*t*) sont, à maturité, marquées d'anneaux verts ou bruns; le reste du corps est jaune. Ce corps tout entier exécute des pulsations rythmiques et se loge presque toujours dans les tentacules et dans la région antérieure du corps; la durée de sa vie égale celle du Mollusque.

Les œufs du *Distomum ovocaudatum* sont également avalés par des Mollusques aquatiques, les Planorbes, et éclosent dans leur estomac; le miracidium n'est pas cilié, mais il est antérieurement revêtu d'épines; il se développe en un sporocyste long de 3 mm. qui fournit à son tour la *Cercaria cystophora.*

Organisation des Sporocystes. — Tout sporocyste est constitué par une membrane d'apparence anhiste (fig. 1228, n° 1), mais contenant des restes de noyaux, et qui est par conséquent un épithélium modifié; des fibres musculaires annulaires ou obliques sont appliquées contre cette membrane; elles sont suivies de fibres longitudinales; puis vient une couche cellulaire à éléments plus ou moins nettement séparés, grands, rarement disposés en plusieurs assises, reposant parfois, chez les vieux sporocystes, sur une couche protoplasmique nucléée; cette assise cellulaire délimite la cavité du sporocyste, cavité qui est peu à peu oblitérée par les individus de nouvelle formation; quelquefois, chez les jeunes sporocystes cette cavité est oblitérée par du parenchyme (sporocystes de la *Cercaria armata*) ou traversée par des cordons fibreux (sp. du *Dist. ovocaudatum*). Deux néphridies ramifiées, pouvant porter chacune jusqu'à trente ampoules terminales (*Distomum ovocaudatum*, *Diplodiscus subclavatus*), s'ouvrent séparément près de l'extrémité postérieure du corps. Les sporocystes sont souvent

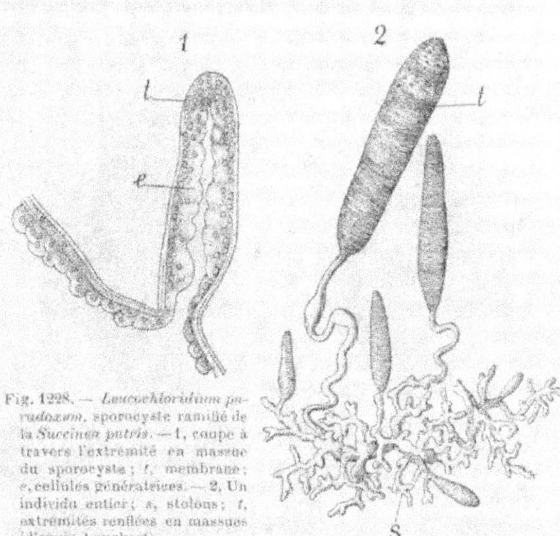

Fig. 1228. — *Leucochloridium paradoxum*, sporocyste ramifié de la *Succinea putris*. — 1, coupe à travers l'extrémité en massue du sporocyste; *t*, membrane; *e*, cellules génératrices. — 2, Un individu entier; *s*, stolons; *t*, extrémités renflées en massues (d'après Leuckart).

enveloppés par une membrane constituée aux dépens des tissus de leur hôte et qui a reçu le nom de *paletot*.

Développement et organisation des rédies. — Certaines cellules de l'assise cellulaire du sporocyste sont l'origine des rédies; elles peuvent, en conséquence, être désignées sous le nom de *cellules germinatives*. Ces cellules sont quelquefois groupées ensemble en deux, trois ou quatre points (sporocystes de la *Cercaria armata*, du *Distomum ovocaudatum*) ou occupent une place déterminée à l'extrémité postérieure du corps du sporocyste (*Diplodiscus*, *Cladocœlium hepaticum*). Chaque groupe de cellules naît d'une cellule unique (fig. 1229, n° 1). La structure de ces cellules germinatives et surtout leur évolution autorisent à les considérer comme des œufs à développement parthénogénétique. Ces cellules se divisent un assez grand nombre de fois par voie karyokinétique et forment ainsi des amas cellulaires, à cellules un peu inégales. Lorsque le nombre des cellules s'est élevé à dix ou douze, l'une des cellules superficielles s'aplatit en forme de verre de montre; le même phénomène se produit en un certain nombre de points; toutes les cellules ainsi modifiées se fusionnent et forment finalement une enveloppe transparente où les noyaux demeurent seuls reconnaissables; ces noyaux finissent même par disparaître et l'enveloppe se chitinise; pendant ce temps, les cellules profondes continuent à se multiplier. Peu à peu l'embryon s'allonge, et ses cellules se disposent en une couche périphérique et une masse axiale, qui se différencie graduellement d'avant en arrière en une sorte de cylindre recouvert d'une fine membrane (fig. 1231, n° 1) et dans lequel apparaît une lumière, tandis que son extrémité antérieure se transforme en un

pharynx sphéroïdal. Ce pharynx est d'abord solide ; mais ses cellules externes se
disposent peu à peu en une assise régulière (n° 2, *ph*) d'où dériveront les muscles
radiaires de l'organe, tandis que les cellules centrales se fusionneront, perdant leur
noyau et formant finalement le revêtement cuticulaire interne du pharynx ; à ce

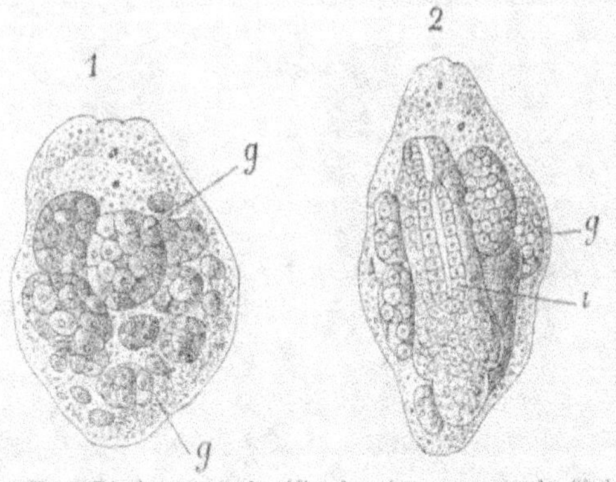
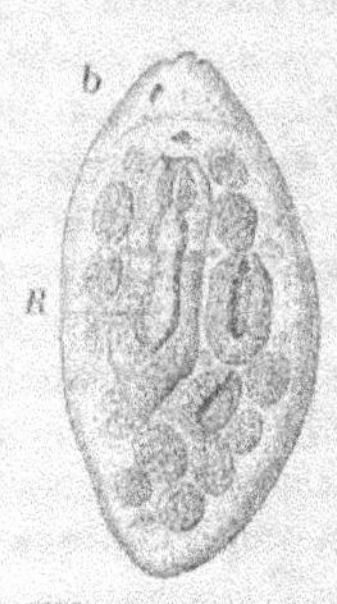

Fig. 1229. — Développement de rédies dans les sporocystes du *Cladoco-
lium hepaticum*. — 1, sporocyste contenant des cellules-germes et des
germes (*g*) à divers degrés de segmentation ; — 2, le même avec des
germes plus avancés (*g*) et une rédie complètement développée.

Fig. 1230. — Sporocyste avec
rédies (*R*) du *Cladocœlium
hepaticum* (d'après Leuckart).

moment le pharynx s'ouvre au dehors, à l'extrémité antérieure du corps (n° 3). Pendant ce temps les cellules non employées à la formation du tube digestif se groupent en
une couche périphérique
et une couche profonde,
formant, en arrière, sur le
prolongement du tube di-
gestif un amas de cellules
sans membrane, à noyaux
vésiculeux qui produiront
la couche germinative ;
un espace apparaît alors
entre le tube digestif et
la couche germinative ;
c'est le rudiment de la cavité générale. En arrière
du pharynx, d'autres cel-
lules se groupent pour
constituer le système ner-

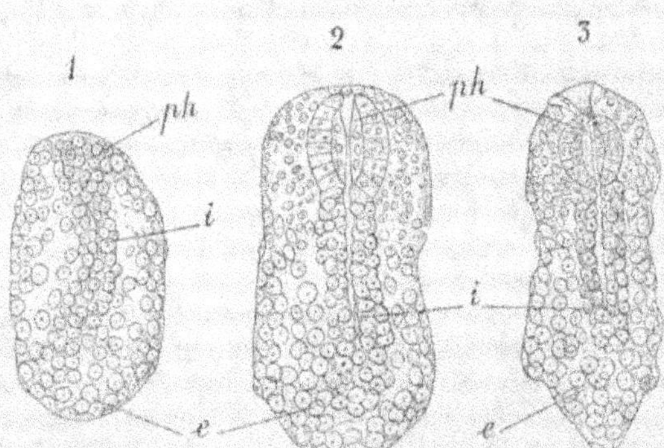

Fig. 1231. — Phases successives du développement d'une rédie.
ph, pharynx ; *i*, sac digestif ; *e*, cellules embryonnaires.

veux. La rédie, désormais bien caractérisée, présente encore deux extrémités semblables ; bientôt un peu en avant du milieu de son corps apparaît un petit bourrelet
annulaire, rudiment de la couronne céphalique, tandis qu'en arrière deux saillies
représentent les moignons ; puis la région postérieure du corps s'allonge et s'amincit,
d'où il résulte que le tube digestif paraît relativement plus court. On peut trouver, non
compris les amas germinatifs, jusqu'à huit rédies dans un même sporocyste de *Clad.*

hepaticum. La rédie adulte possède, outre les organes dont nous venons de suivre le développement, deux néphridies ramifiées, portant un assez grand nombre d'ampoules terminales. Un orifice spécial est pratiqué dans la région postérieure du corps pour la sortie des cercaires.

Développement et organisation des cercaires. — L'accélération embryogénique est telle, chez certains Trématodes, que la formation des cercaires dans les rédies peut commencer avant même que le tube digestif de celles-ci soit différencié (*Diplodiscus subclavatus*). On sait d'ailleurs que la formation des cercaires peut être précédée de celle d'une nouvelle génération de rédies. Le développement des cercaires a été suivi chez les *Distomum hepaticum*, *D. endolobum*, *D. macrostomum*, *Diplodiscus subclavatus*. La division des cellules germinatives qui doivent former des cercaires est assez irrégulière et l'on en distingue de bonne heure dans les embryons deux catégories, différant par la grandeur de leur noyau. Alors que l'embryon n'est encore formé que de six cellules, les cellules destinées à constituer la cuticule commencent à se différencier de la même façon que chez les *miracidium*, les sporocystes et les rédies, et l'enveloppe cuticulaire est déjà continue quand on ne compte que 12 noyaux en coupe optique (*D. macrostomum*). Au-dessous de cette membrane d'enveloppe, il s'en forme souvent une seconde, entièrement semblable, ce qui implique la possibilité d'une mue. A ce moment, les néphridies se constituent. Ce sont d'abord de simples espaces ménagés entre les cellules qui forment le corps compact de l'embryon. La cellule qui ferme en avant chacun de ces espaces porte une flamme vibratile. A mesure que chaque néphridie grandit en avant, cette cellule terminale est rejetée sur le côté; une nouvelle cellule terminale également vibrante la remplace, tandis qu'elle rétracte elle-même peu à peu sa flamme vibratile; plus tard les cellules limitant l'espace néphridien se différencient, se fusionnent, et forment finalement un tube indépendant. Les néphridies des cercaires s'ouvrent séparément à l'extrémité postérieure du corps. La masse embryonnaire, d'abord sphéroïdale, s'est peu à peu allongée, et sa forme générale n'éprouve quelquefois aucune autre modification importante (*D. macrostomum*); mais le plus souvent le corps se rétrécit en arrière, de manière à former une *queue*, séparée du reste du corps par un léger sillon, dont le degré de développement est très variable. En même temps se montrent en avant une ventouse orale, et, plus loin, une autre ventouse qui caractérise la face ventrale du corps. Au moment où la queue s'est formée, les orifices néphridiens se sont transportés à son extrémité. Chez les cercaires à queue bifurquée (*Cercaria fissicauda*, *C. ocellata*, *C. cristata*, *C. furcata*), chaque branche de la queue possède naturellement son tube et son orifice néphridien. Chez les cercaires à queue simple, à mesure que la queue se développe et se rétrécit, les deux portions de canaux néphridiens qui s'y sont confinées se rapprochent l'une de l'autre et peuvent demeurer indépendantes, se fusionner et présenter deux orifices (*Diplodiscus*, *Distomum echinatum*), ou un seul terminal, ou disparaître entièrement. La région somatique des néphridies se ramifie de son côté, chaque branche se terminant par une cellule vibrante.

La première indication de la cavité digestive est une fente qui se forme à l'extrémité antérieure du corps, au-dessous de l'enveloppe cuticulaire, à l'intérieur d'un groupe de cellules dont les plus externes formeront une sorte de revêtement cuticulaire nucléé, séparant la ventouse buccale des autres tissus, tandis que les cellules

restantes, en s'écartant, donneront naissance à la cavité de la ventouse et produiront
les muscles de ses parois; la partie impaire du tube digestif se forme ensuite; ses
parois sont constituées par une assise de cellules épithéliales et une membrane
limitante externe. Le fond fermé en cæcum (fig. 1232, n° 2) de l'œsophage est continué
par deux bandes cellulaires qui plus tard se creuseront d'une cavité et constituent
les rudiments des deux branches de l'intestin. Une mue entraine tout à la fois la
cuticule externe, celle de la ventouse buccale et de l'œsophage, et l'orifice buccal se
trouve ainsi mis en rapport avec l'exté-
rieur; une nouvelle cuticule se reconstitue, tandis que des cellules du
parenchyme produisent le revêtement
musculaire des diverses parties du tube
digestif. Les cercaires ont un système
nerveux qui apparait dès les premiers
temps de la différenciation de la queue
(*Diplodiscus*); il est formé d'une bandelette transversale qui se bifurque à
ses deux extrémités où elle fournit un
nerf antérieur et un nerf postérieur;
ce dernier longe les bords du corps et
envoie dans la queue un rameau qui
se soude au rameau symétrique; les
nerfs antérieurs fournissent des rameaux à la ventouse buccale. Un certain
nombre de cercaires possèdent des
yeux.

L'appareil génital commence à se
constituer chez les cercaires. Mais il
s'arrête chez ces larves, à des états de
développement très différents dont les
termes extrêmes semblent marqués par
les *Bucephalus* et la cercaire du *Distomum macrostomum*. Ses premiers rudiments incontestables consistent en un
amas de cellules à petit noyau, situé
immédiatement en arrière de l'extrémité
de la région impaire du tube digestif.

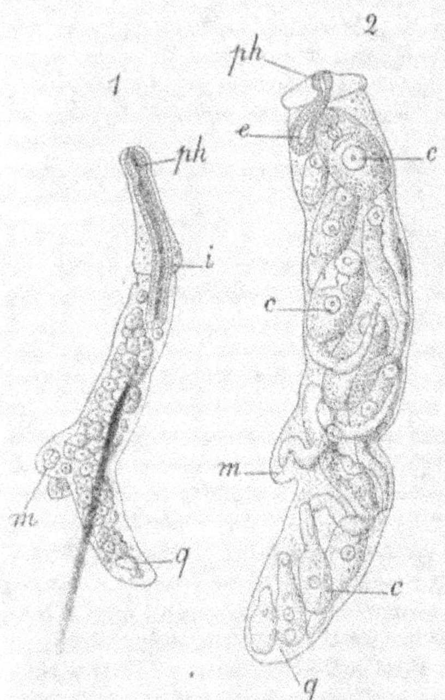

Fig. 1232. — Rédies de *Cladocœlium hepaticum*. — 1, Jeune
rédie à long tube digestif ne contenant encore que des
germes à deux degrés de développement. — 2, Rédie
plus âgée, à court tube digestif, remplie de cercaires
adultes; *ph*, pharynx; *m*, moignons; *q*, queue;
c, cercaires (d'après Leuckart).

En général, cet amas se divise bientôt en trois groupes, qui demeurent unis entre
eux par des trainées cellulaires. Le premier groupe, antérieur à la ventouse ventrale, donne naissance à la poche du cirre et aux autres parties terminales de l'appareil génital; le deuxième, situé en arrière de la ventouse ventrale, au germigène
et à la glande coquillère; le troisième, situé en arrière du premier, aux testicules
et aux canaux déférents; les trainées cellulaires qui unissent le deuxième groupe au
premier deviennent l'utérus. Les vitellogènes ne se montrent qu'exceptionnellement
(*Distomum endolobum*) ou même d'une façon temporaire (*D. macrostomum*) chez les cercaires; ils se développent en tous cas indépendamment du reste de l'appareil génital.

Beaucoup de cercaires possèdent un aiguillon buccal, contenu dans la lèvre dorsale de la ventouse. Cet aiguillon est toujours accompagné de deux, quatre ou même de plus nombreux groupes de cellules glandulaires dont chacune possède son canal excréteur, s'ouvrant à l'extrémité céphalique. Ces cellules sont remplacées chez le *D. hepaticum* par une paire de longues glandes situées latéralement et occupant presque toute la longueur du corps. Ces glandes semblent jouer un rôle dans la formation du kyste de la cercaire; elles disparaissent, en tous cas, après cette formation. En outre, presque toute la région dorsale de certaines cercaires (*D. hepaticum* et autres) est occupée par de grandes cellules piriformes dont le protoplasme contient un grand nombre de petits bâtonnets; ces cellules sont persistantes, mais leur signification est encore inconnue. Les cercaires armées possèdent donc, en résumé, à l'état adulte, deux ventouses, un tube digestif bifurqué, un appareil néphridien, un système nerveux, divers organes glandulaires; des rudiments plus ou moins complexes d'appareil génital.

La queue, lorsqu'elle est bien développée, présente au-dessous de sa membrane tégumentaire, une couche périphérique de cellules et un cordon axial, formé d'un faisceau de fibres contractiles, entouré de cellules vésiculaires rappelant celles de la corde dorsale des Vertébrés. Mais, à ce point de vue, on peut distinguer trois sortes de cercaires : 1° les *cercaires sans queue* ou *cercaroïdes* (*cercariæum*) au nombre desquelles se rangent celles qui habitent les Mollusques terrestres, telles sont les cercaires du *Leucochloridium paradoxum* (p. 1794), ou celles de la Limace qui deviennent le *D. migrans* de la Musaraigne; 2° les *cercaires à queue rudimentaire* : *C. limacis* du *Limax cinereus* et de l'*Arion rufus*; *C. micrura* de la *Bythinia tentaculata*; *C. myzura* de la *Neritina fluviatilis*; *C. columbellæ* de la *Columbella rustica*; *C. brachyura*

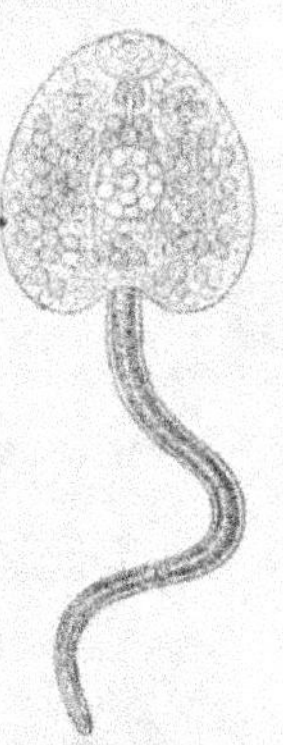

Fig. 1233. — Cercaire de *Cladocœlium hepaticum* (d'après Thomas).

et *C. cotylura* du *Trochus cinereus*; *C. linearis* de la *Littorina littorea*; 3° les *cercaires à queue bien développée*; c'est le groupe le plus nombreux, mais la queue présente des degrés très variés de développement; habituellement elle atteint ou dépasse à peine la longueur du corps et demeure simple; quelquefois elle présente soit une bordure membraneuse (*C. distomi militaris*, *C. ornata*, *C. spinifera*, etc.), soit une crête médiane (*C. lophocerca*, *C. cristata*), soit des verticilles de poils régulièrement disposés (*C. myocerca*, *C. lata*, *C. setifera*, *C. elegans*, *C. thaumantiadis*); elle est aplatie chez les *C. pachycerca* et *duplicata* et acquiert un énorme développement chez les *C. macrocerca* de la *Cyclas cornea*, *C. vesicata* de la *C. rivicola*, *C. vitrina* du *Bulimus detritus*, *C. elegans* observée libre dans la mer, *C. fulgopunctata*, etc. La queue, est construite de façon que la cercaire peut y rétracter son corps tout entier chez la *C. mirabilis*, et le prétendu *sporocyste libre* de Wright; elle produit à sa base un kyste sphéroïdal où le corps peut également s'abriter chez la *C. cystophora* qui se fixe dans la cavité buccale de la Grenouille et chez la *C. cymbulia*. Il existe enfin un certain nombre de cercaires dont la queue est bifurquée soit à son extrémité seulement, soit presque dès sa base. Les cercaires de cette dernière forme ont été désignées sous le nom de *Bucephalus*; on en connait plusieurs espèces (*B. polymorphus* des *Anodonta* ou des *Unio*; *B. haimeanus* de l'Huitre, qui se fixe aussi parfois sur l'ombrelle des *Sarsia*, etc.). Les deux branches de la queue des *Bucephalus* présentent une structure histologique assez compliquée. Dans des sporocystes de la *Trivia europæa* se développent des cercaires unies par l'extrémité de leur queue et formant ainsi une figure rayonnante à la façon d'un *roi de rat*. Enfin, on doit peut-être considérer comme encore à l'état de cercaire le singulier *Distomum filiformis*, fixé par une touffe postérieure de filaments au tégument de certains Schizopodes de l'Atlantique austral, mais plongeant dans leur cavité générale. En raison des difficultés que présente le rattachement d'une forme déterminée de cercaires au Distome qu'elle doit produire, les cercaires ont souvent reçu un nom particulier et ont été décrites comme des organismes autonomes. Jusqu'à présent, il n'est pas évident que les variations d'organisation des cercaires correspondent à des différences génériques ou à des différences d'habitat des adultes, ou même à des modes d'évolution différents, mais nous pouvons dès maintenant grouper de la façon suivante les principales modifications que présentent ces formes larvaires.

I. Cercaires urodèles (pourvues d'une queue).
  A. Aveugles.
    a. A queue simple.
      1. — A bouche inerme : *C. duplicata, C. limacis.*
      2. — A bouche armée d'un stylet : *C. armata, C. ornata, C. virgula, C. microcotyla, C. vesiculosa, C. gibba, C. macrocerca.*
      3. — A téguments armés de crochets latéraux : *C. echinata, C. echinatoides.*
    b. Inermes à queue bifide à l'extrémité : *C. furcata, C. gracilis, C. fissicauda, C. cristata.*
    c. Inermes à queue double : *Bucephalus polymorphus, B. haimeanus.*
  B. Pourvues d'yeux : *C. ephemera, C. ocellata, C. hymenocerca, C. fascicularis, Diplodiscus Diesingi.*
II. Cercaires anoures : *C. helicis aspersæ, C. limnæi auricularis, C. paludinæ impuræ, C. exfoliata* et autres formes de la *Physa fontinalis* et de l'*Ancylus lacustris.*

Il n'y a pas de rapport nettement déterminé entre la forme des cercaires et celle des sporocystes dans lesquelles elles se produisent. Toutefois les cercaires stylifères proviennent, en général, de sporocystes sacciformes ; les cercaires à queue fourchue de sporocystes cylindriformes ; les sporocystes ramifiés produisent directement des cercaires sans intervention de nouveaux sporocystes ou de rédies, comme si les grandes dimensions du sporocyste avaient épuisé son aptitude à produire des générations successives (sporocystes des *Bucephalus*, *Leucochloridium* à cercaires anoures). On peut ajouter que les cercaires épineuses des Échinostomes naissent de rédies processigères et les cercaires ocellées de rédies simples ; mais tous ces rapports n'ont et ne sauraient avoir rien d'absolu. Il a été enfin remarqué que les cercaires issues de sporocystes étaient comme inachevées : leur œsophage court, leurs canaux excréteurs peu apparents les distinguent des cercaires issues de rédies ; cet état rudimentaire se lie à l'accélération des phénomènes embryogénique qui a arrêté leur progéniture à l'état de sporocyste. De même les seuls rapports qu'on puisse signaler entre les cercaires et les Trématodes adultes sont que les cercaires épineuses sont des larves d'*Echinostomum* et les *Bucephalus* des larves de *Gasterostomum*.

Transformations éprouvées par les larves de Trématodes après leur arrivée dans leur hôte définitif. — On ignore encore comment les ASPIDOGASTRIDÆ pas-

sent d'un hôte à un autre ; le développement rapide des organes génitaux du
Tetracotyle typica de divers Mollusques d'eau douce a pu être constaté par Ercolani
en donnant les Mollusques infestés à manger à des Moineaux ou à des Oies ;
l'adulte est voisin de l'*Holostomum erraticum*, Duj. Chez les Trématodes à développement digénétique franc, les types de migration forment série en se compliquant
graduellement : un petit nombre de cercaires anoures ne quittent pas l'hôte dans
lequel s'est développé leur sporocyste, et passent directement dans leur hôte définitif.
C'est le cas pour celles dont le sporocyste est le *Leucochloridium paradoxum* de la
Succinea amphibia, et dont la forme adulte est le *D. macrostomum* des Oiseaux chanteurs ; ces Oiseaux s'infestent directement pendant les premiers temps de leur vie
en extrayant des tentacules des Succinées les extrémités en massue du *Leucochloridium* qui simulent des larves de Diptères. De même, les sporocystes du *D. caudatum*
vivent dans les parois de la cavité respiratoire de l'*Helix hortensis* ; les cercaires
sans queue (*Cercarium helicis*) passent du sporocyste dans les reins de leur hôte
sans émigrer au dehors et finalement arrivent dans l'intestin du Hérisson, qui
mange souvent les *Helix*. La *Bythinia tentaculata* contient des rédies, dont les cercaires n'émigrent pas non plus, s'enkystent dans le corps du Mollusque et arrivent
sans doute à l'état adulte dans l'intestin des Poissons. La *Cercaria cystophora* des
petites Planorbes devient, vraisemblablement aussi sans émigrer, le *D. ovocaudatum*
de la bouche des Grenouilles ; mais, en général, les cercaires quittent l'hôte dans
lequel elles se sont formées pour aller librement à la recherche d'un hôte nouveau.
Alternativement elles rampent avec leur corps, la queue demeurant alors immobile,
ou nagent le corps immobile, à l'aide de mouvements de battement ou de mouvements hélicoïdaux de leur queue ; les *Bucephalus* nagent le corps en bas, les deux
moitiés de la queue étant dirigées vers le haut comme deux cornes ; les cercaires urodèles des Mollusques terrestres nagent probablement dans la rosée pour
arriver à leur nouvel hôte ; mais la plupart des cercaires de ces Mollusques sont
anoures. La durée de l'état d'activité est sans doute variable ; elle ne dépasse
pas une demi-journée (de dix heures du matin à quatre heures de l'après-midi),
chez la *Cercaria ephemera* du *Planorbis corneus*. Quand elle est terminée, si la cercaire n'a pas rencontré un hôte à sa convenance, il peut arriver qu'elle s'enkyste
même sur des corps inertes ; il est alors facile d'observer les phases de l'enkystement
(*Cercaria ephemera*) ; après un certain nombre d'alternatives de reptation et de natation, les mouvements de la queue deviennent de plus en plus lents ; ils cessent finalement et la queue tombe. A ce moment, le contour du corps devient presque
exactement circulaire et une membrane transparente, en grande partie due à la
sécrétion des glandes cystogènes, enveloppe l'animal. Parmi les cercaires qui s'enkystent ainsi sans pénétrer dans un hôte intermédiaire, un assez grand nombre
arrivent à se développer. Leurs kystes sont assez souvent avalés par leur hôte définitif, surtout si le corps auquel elles se sont fixées est un végétal ou un animal. Des
cercaires librement enkystées du *C. hepaticum* peuvent ainsi passer dans le tube
digestif et de là dans le foie du Mouton. La *Cercaria ephemera* qui naît dans la *Physa
alexandrina* et devient un *Amphistomum*, présente un mode de migration analogue ;
les cercaires de l'*A. subclavatum* s'enkystent sur la peau des Batraciens ; lorsque
ceux-ci muent, ils avalent fréquemment les lambeaux de tégument détachés et
avec eux des kystes de cercaires. Les cercaires ainsi avalées ne demeurent pas

toujours dans l'intestin de leur hôte; il en est qui perforent cet intestin et viennent s'enkyster dans les tissus; c'est le cas de la plupart des cercaires sans queue et munies d'un aiguillon buccal dont les sporocystes vivent de préférence dans les Mollusques terrestres. La migration présente ainsi une phase passive et une phase active; elle est réellement active dans la plupart des cas; la cercaire, après avoir nagé un certain temps, s'attache à son hôte, en perfore les téguments et arrive ainsi dans la cavité générale; une fois là, elle ne s'enkyste pas nécessairement; on trouve, en effet, de jeunes Distomes libres dans les organes génitaux ou la substance du corps de diverses Méduses (*Pelagia noctiluca*), Siphonophores (*Hippopodius*), Cténophores (*Cestus veneris*), et de beaucoup d'autres animaux marins. L'enkystement, fréquent chez les Distomes des animaux marins, est général chez les autres. Dans le kyste, les jeunes Distomes peuvent demeurer vivants plusieurs années; c'est tout au moins le cas pour les jeunes Distomes de la *Cercaria armata* des Limnées que Looss a vus s'enkyster dans la queue des têtards de Grenouille, passer lors de la résorption dans le corps des Grenouilles et vivre aussi longtemps que celles-ci; de même des *C. virgula* enkystées dans le corps des jeunes larves de Perlides, sont encore vivantes à la fin de la vie larvaire de celles-ci qui dure trois ans. Les seuls changements que les jeunes Distomes subissent dans le kyste consistent dans le développement des épines cuticulaires, quand elles existent, et dans une différenciation plus grande des ovaires et des testicules. Les changements importants se produisent seulement lorsque le Distome enkysté arrive dans son hôte définitif. La maturité sexuelle est acquise au bout d'un temps variable de vingt-quatre heures (*D. endolobum*) à cinq ou six semaines (*D. hepaticum*). Pendant ce temps le corps primitivement arrondi, s'allonge et grandit rapidement; dans les espèces où le tube digestif est ramifié, ses ramifications commencent à apparaître, mais les changements les plus considérables portent sur les organes génitaux qui arrivent rapidement de la forme rudimentaire que nous avons décrite chez les cercaires à l'état d'activité fonctionnelle.

Habitat des formes successives des Trématodes. — Il a été précédemment indiqué que les sporocystes et les rédies n'ont été trouvés jusqu'ici que dans les tissus, les organes, notamment le rein et le foie, ou la cavité générale des Mollusques. Les cercaires sont libres temporairement et les hôtes qu'elles choisissent pour s'enkyster et se transformer en jeunes Distomes peuvent appartenir à toutes les divisions du Règne animal; toutefois les Mollusques et les larves d'Insectes sont l'objet d'une préférence marquée. Les Distomes adultes vivent, en général, dans les cavités ouvertes des Vertébrés : cavité buccale et poumons des Batraciens, voies biliaires des Ruminants, tube digestif des Poissons, des Batraciens, des Reptiles, des Oiseaux et des Mammifères. Une exception remarquable est présentée par les *Bilharzia* dont les couples habitent les vaisseaux de l'homme en Égypte (*Bilharzia hæmatobia* [1]), du Bœuf (*Bilharzia crassa*), du Cercopithèque (*B. magna*). L'appareil urinaire, les oviductes peuvent aussi les abriter. Les Trématodes sont rares chez les Carnassiers, presque totalement absents chez les Pigeons, les Perroquets et les Pies, particulièrement communs chez les Poissons, les Oiseaux de rivage, les Rep-

---

[1] LŒTET ET VIALLETON, *Étude sur la Bilharzia hæmatobia*, Annales de l'Université de Lyon, t. IX, 1894.

Nom de l'adulte.	Hôte définitif.	Cercaire.	Habitat de la Cercaire après l'enkystement.	Première forme d'attente.	Son habitat.	Forme du Miracidium.	Observations.
Amphistomum subclava-tum.	Batraciens.	Diplodiscus Diesingi.		Rédia gracilis.	Planorbis nitidus et P. vortex.	Cilié.	Cercaire munie d'yeux.
Bilharzia hæmatobia.	Vaisseaux de l'Homme.		?	?		Cilié.	
Cladocœlium hepaticum.	Foie des Herbivores.	C. en forme de disque.	L. sur les Herbes.	Sporocyste et Rédies.	Limnæa minuta.	Cilié.	Miracidium avec des yeux.
Distomum advena.	Musaraigne.	?	?	Sporocyste.	Limace.	?	Cercaires et Rédies dans les mêmes sporocystes.
— ascidia.	Chauves-Souris.	—	Larves de Perle d'É-phémère, de Chiro-nome.	—	Limnées, Planorbes.	?	
— appendicu-latum.	Alose.	?	?	—	Centropagus.	?	
— atriventre.	Grenouille.	?	?	—	Physa heterostropha.	?	
— caudatum.	Hérisson.	—	Helix hortensis.	Sporocyste.	Helix hortensis.	?	Cercaire non émigrante.
— clavigerum.	Grenouille.	Cercaria ornata.	Larves de Phryganes.	Rédie.	Limnæa stagnalis, Planorbis corneus.	?	Rédie à tube digestif bifurqué.
— cygnoides.	Grenouille verte.	C. macrocerca.	Limnæa.	—	Planorbis, Cyclas, Pisidium.	Cilié.	
— cylindraceum.	Grenouille.		Hybius fuliginosus.	—	Limnæa ovata.	?	
— duplicatum.	Lamellirostres.	Cercaria echinata.	Limnæa, Paludina.	Rédie processigère.	Limnæa	?	Cercaires et Rédies dans la même Rédie.
— echinatum.	Pleuronectes maximus et P. platessa.	Cercaria echinocerca.	?	Rédie simple.	Buccinum corniculatum.	?	
— endolobum.	?	Cercaria duplicata.	?	Sporocyste saccifor-me.	Anodonta.	Cilié.	Deux générations de sporocystes.
— globiporum.	Perche.	—	Limnæa stagnalis.			Cilié.	
— hystrix.	Foie des Herbivores.	?	?	?		Cilié.	
— lanceolatum.	Grenouille.	Cercaria armata.	Triton, Mollusques, Larves aquatiques.	Sporocyste saccifor-me.	Limnæa, Planorbis.	?	
— militare.	Canards, Bécassines.	— fallax.	Paludina vivipara.	Rédie processigère.	Planorbis, Paludina, Limnæa.	Cilié.	
— macrostomum.	Oiseaux chanteurs.	— exfoliata.	Pas de migration.	Leucochloridium paradoxum.	Succinea putris.	?	Cercaire amœbœ.
— nodulosum.	Perche.	—	Cypris, Acerina, Paludina.	—	Paludina impura.	?	Cercaire.
— ovocaudatum.	Grenouille.	Cercaria cystophora.	Pas de migration.	—	Planorbis.	?	
— signatum.	Tropidonotus natrix.	—	Grenouille.	?	?		
— squamula.	Putois.	—	Grenouille rousse.				
— trigonoce-phalum.	Putois, Blaireau.	—	—	—	Paludina.		
Gasterostomum fimbria-tum.	Brochet.	Bucephalus polymor-phus.	Leuciscus erythroce-phalus.	Sporocyste tubulaire.	Anodonta.	?	
Gasterostomum sp.?	Raies, Requins.	Buceph. haimeanus.	Belone vulgaris.	Id.	Ostrea, Cardium.	?	
Monostomum mutabile.	Canard.	?	?	Rédie processigère.	?	Cilié.	
— flavum.	Anas boschas.	?	?	Id.	Planorbis corneus.	Cilié.	

tiles, les Oiseaux et les Mammifères insectivores, les Mammifères marins. Les recherches faites sur les migrations des Trématodes ont été souvent poursuivies avec l'idée que ces migrations s'accomplissaient suivant des règles constantes, absolument déterminées. L'ensemble des faits exposés précédemment montre qu'il n'y a pas, en général, une prédestination aussi étroite entre le parasite et ses hôtes successifs qu'on l'imaginait autrefois. Il sera sans doute possible, quand nous serons mieux éclairés sur ce point, d'établir une série continue de cas, ayant pour point de départ des changements d'hôtes purement accidentels et pour terme des migrations avec prédestination absolue qui ne peuvent résulter que de longues adaptations. On sait d'ailleurs qu'un certain nombre de Trématodes arrivent à l'état adulte dans plusieurs animaux : le *D. lanceolatum* et le *C. hepaticum* ont été observés chez le Bœuf, le Mouton, le Cerf, le Daim, le Lapin, le Porc, l'Homme et même le Chat. Les *Cercaria armata, furcata, echinata* habitent indifféremment la *Limnæa stagnalis*, le *Planorbis corneus*, la *Paludina impura*. La *Cercaria armata* a été aussi rencontrée dans la *Limnæa palustris* et la *Cercaria echinata* dans la *Paludina vivipara*. Inversement une même espèce de Mollusque peut héberger un grand nombre de cercaires. Dans la *Limnæa stagnalis* vivent les *Cercaria armata, brunnea, furcata, fissicauda, ocellata, cristata, echinata, coronata*; dans le *Planorbis corneus*, les *C. armata, ornata, furcata, gracilis, Planorbis cornei, echinata, spinifera, ephemera*; dans la *Paludina vivipara*, les *Cercaria microcotyla, vesiculosa, furcata, echinata, echinatoides, ephemera*; dans la *Paludina impura*, les *Cercaria virgula, armata, Paludinæ impuræ, echinata*. Le tableau p. 1803 résume d'ailleurs ce que l'on sait de plus précis sur les migrations des Trématodes et établit la concordance des noms attribués aux diverses cercaires avec ceux des Trématodes dans lesquels elles se transforment.

I. ORDRE

MONOGENEA [1]

Corps généralement aplati, présentant en avant deux ventouses latérales, à moins que l'extrémité antérieure tout entière ne soit transformée en organe de succion; de nombreuses ventouses postérieures, ou une seule grande ventouse, le plus souvent armées de crochets chitineux ou ornées de rayons. Organes excréteurs s'ouvrant en avant, sur la face dorsale. Orifices sexuels antérieurs. Développement direct, parfois avec métamorphose. Ectoparasites ou habitant les cavités buccale, pharyngienne et branchiale, parfois la vessie ou le cloaque des Vertébrés à sang froid et des Crustacés.

    FAM. **TEMNOCEPHALIDÆ**. — Quatre ou cinq tentacules antérieurs et une ventouse postérieure, sans rayons.

    Temnocephala, Em. Blanchard. Genre unique. *T. chilensis*, sur les Crustacés d'eau douce du Chili; *T. brevicornis*, sur les Tortues d'eau douce du Brésil.

    FAM. **POLYSTOMIDÆ**. — Extrémité postérieure armée de crochets ou de plusieurs ventouses.

    TRIB. MICROCOTYLINÆ. Plateau terminal avec plus de huit petites ventouses. — *Microcotyle*

[1] SAINT-RÉMY, *Synopsis des Trématodes monogénèses*. Revue biologique du Nord de la France, t. IV, 1891-92.

van Beneden et Hesse. Corps symétrique. *M. labracis*, branchies du Bar (*Labrax lupus*).
— *Axine* Abildg. Corps asymétrique; ventouses garnissant tout le bord du plateau
fixateur; pas de crochets terminaux. *A. belones*, branchies de l'Orphie. — *Pseudaxine*,
Parona et Perugia. Corps asymétrique; ventouses ne garnissant pas tout le bord postérieur du plateau qui porte des crochets terminaux. *P. trachuri*, branchies du *Caranx
trachurus*. — *Gastrocotyle*, v. B. et H. Plateau postérieur représenté par un élargissement
unilatéral des deux tiers postérieurs du corps, portant sur son bord les petites ventouses; des crochets terminaux. *G. trachuri*, branchies du *Caranx trachurus*.

Trib. Gyrodactylinæ. Deux ou quatre renflements céphaliques, ou une membrane simulant une ventouse, mais généralement pas de ventouse buccale véritable; plateau fixateur avec deux grands crochets médians et de petits crochets disposés radiairement, sans
ventouses; organes excréteurs s'ouvrant à l'extrémité postérieure du corps. — *Calceostoma*, v. B. Extrémité antérieure élargie en une membrane repliée en dessous, de
chaque côté; plateau fixateur arrondi; appareil chitineux excentrique quand il existe.
C. elegans, sur les branchies de la Maigre (*Sciæna aquila*). — *Amphibdella*, J. Chatin. Extrémité antérieure sans appendices; plateau fixateur lobé avec quatre crochets médians et
douze marginaux. *A. torpedinis*, branchies de la Torpille. — *Tetraonchus*, Dies. Quatre
renflements céphaliques peu marqués; quatre crochets médians et quatorze à seize petits
crochets marginaux sur le plateau fixateur. *T. unguiculatum*, branchies de la Perche;
T. monenteron, branchies du Brochet. — *Dactylogyrus*, Dies. Quatre appendices céphaliques; deux crochets médians et généralement quatorze crochets marginaux sur le
plateau fixateur. *D. auriculatus*, branchies des Cyprins. — *Gyrodactylus*, Nordman. Deux
appendices céphaliques, deux crochets médians et seize crochets marginaux sur le plateau
fixateur. *G. elegans*, sur les branchies et le corps des Poissons d'eau douce. — *Diplectanum*, Dies. Des ventouses antérieures; deux renflements céphaliques; quatre crochets
sur le plateau fixateur. *D. æquans*, branchies des *Labrax lupus*.

Trib. Polystominæ. Pas de ventouses buccales ni de crochets génitaux; plateau fixateur
postérieur avec de deux à six ventouses et des crochets. — *Sphyranura*, Wright. Plateau
fixateur avec deux ventouses et deux petits crochets. *S. Osleri*, corps du *Menobranchus
lateralis*, Amérique. — *Polystomum*, Zeder. Plateau fixateur sans appendice, avec six ventouses et deux gros crochets. *P. integerrimum*, vessie des Grenouilles et des Crapauds. —
Erpocotyle, v. B. et H. Plateau fixateur prolongé en un appendice large, très faiblement
échancré, portant deux crochets. *E. lævis*, branchies du *Mustelus lævis*. — *Diplobothrium*,
Leuckart. Plateau fixateur avec un appendice armé de quatre crochets allongés. *D. armatum*,
branchies de l'*Accipenser stellatus*. — *Onchocotyle*, Diesing. Plateau fixateur avec un
appendice grêle, bifurqué à son extrémité, chaque lobe présentant un orifice excréteur;
quelquefois deux petits crochets à la base de la bifurcation. *O. abbreviata*, branchies de
la Raie (*R. clavata*).

Trib. Octocotylinæ. Deux ventouses buccales; de quatre à huit petites ventouses postérieures; des crochets génitaux. — *Platycotyle*, v. B. et H. Extrémité postérieure avec deux
paires de ventouses pédiculées. *P. gurnardius*, branchies du Grondin gris (*Trigla gurnardi*).
— *Pleurocotyle*, Gerv. et v. B. Corps asymétrique; quatre grandes ventouses postérieures
d'un côté du corps; une seule de l'autre côté. *P. scombri*, branchies du Maquereau. —
Plectanocotyle, Dies. Six ventouses symétriques et contiguës, bordant l'extrémité postérieure du corps. *P. elliptica*, branchies du *Labrax mucronatus*. — *Phyllocotyle*, v. B. et
H. Six ventouses formant deux séries longitudinales parallèles, en avant d'un prolongement du corps, plus étroit et terminé par une petite ventouse. *P. gurnardi*, branchies
du Grondin gris. — *Hexacotyle*, Bl. A l'extrémité postérieure du corps, huit ventouses
marginales, symétriques, dont deux, les plus voisines de la ligne médiane, plus petites
que les autres. *H. thynni*, branchies du *Thynnus brachypterus*. — *Octobothrium*, Leuck.
Animaux toujours isolés; huit ventouses postérieures; point de ventouse ventrale impaire.
Sg. *Octocotyle*, Dies. Ventouses sessiles ou brièvement pédonculées, disposées tout autour
du plateau qui est triangulaire, arrondi ou elliptique. *O. lanceolatum*, sur les branchies
de l'Alose. Sg. *Glossocotyle*, v. B. et H. Ventouses sessiles ou presque sessiles, disposées
sur les deux côtés du plateau qui est ovale; corps étranglé antérieurement. *G. alosæ*,
sur les branchies de l'Alose. Sg. *Ophicotyle*, v. B. et H. Ventouses sessiles; plateau prolongé en un appendice qui porte quatre petites ventouses supplémentaires et des crochets
terminaux. *O. fintæ*, sur les branchies de l'Alose finte. Sg. *Choricotyle*, v. B. et H.
Ventouses longuement pédonculées, placées sur les côtés du plateau qui est rétréci en

avant, élargi en arrière et excavé au milieu. *C. chrysophrii*, sur les branchies de la Dorade (*Chrysophrys aurata*). Sg. *Dactylocotyle*, v. B. et H. Comme *Choricotyle*, mais plateau tronqué en arrière et pédicules des ventouses rétractiles. *D. merlangi*, sur les branchies du Merlan. Sg. *Pterocotyle*, v. B. et H. Plateau très rétréci; pédicules des ventouses très longs, réunis à la base et très rapprochés les uns des autres. *P. morrhuæ*, sur les branchies de la Morue. — *Diplozoon*, Nordm. Animaux réunis, à l'état adulte, par couples en forme d'X; huit ventouses sessiles postérieures, très rapprochées les unes des autres et, vers le milieu de la face ventrale du corps, une petite ventouse impaire. *D. paradoxum*, branchies des Cyprins. — *Vallisia*, Par. et Per. Corps coudé vers le milieu et gibbeux au sommet de l'angle ainsi formé. *V. striata*, branchies de la *Lichia amia*. — *Anthocotyle*, v. B. et H. Deux grandes ventouses, portant chacune une petite ventouse supplémentaire pédiculée, un peu avant l'extrémité postérieure du corps; à cette extrémité six petites ventouses symétriques, pédiculées. *A. merlucci*, branchies de la Merluche.

Fam. **TRISTOMIDÆ**. — Deux ventouses latérales antérieures ou pas; une ventouse ventrale, postérieure.

Trib. Udonellinæ. Corps cylindrique; une grande ventouse postérieure simple. — *Echinella*, v. B. et H. Point de ventouses latérales; deux tentacules antérieurs; deux corpuscules chitineux dans le pharynx. *E. hirundinis*, sur les Caliges du *Trigla hirundo*. — *Pteronella*, v. B. et Hesse. Point de ventouses; extrémité antérieure bordée d'une membrane aliforme; pharynx présentant une armature de corpuscules chitineux. *P. molvæ*, sur les Caliges de la *Lota molvæ*. — *Udonella*, Johnston. Deux ventouses latérales antérieures; point de spicule à l'orifice génital. *U. caligorum*, sur les Caliges parasites des Poissons de mer. — *Anoplodiscus*, Sonsino. Diffèrent des *Udonella* par la présence d'un spicule génital. *A. Richardii*, branchies du *Pagrus orphus*.

Trib. Monocotylinæ. Corps aplati; pas de ventouses latérales; une petite ventouse ventrale; orifices génitaux médians; vagin simple, s'ouvrant à gauche ou double. — *Microbothrium*, Olsson. Ventouse postérieure sans rayons ni crochets; un seul testicule volumineux; vagin simple, s'ouvrant à gauche. *M. apiculatum*, sur le dos de l'*Acanthias vulgaris*. — *Pseudocotyle*, v. B. et H. Ventouse de même; testicules multiples; vagin double. *P. squatinæ*, sur le ventre de la *Squatina angelus*. — *Calicotyle*, Dies. Ventouse avec sept rayons et deux crochets. *C. Kroyeri*, dans le cloaque et au voisinage de l'anus des Raies. — *Monocotyle*, Taschenberg. Ventouse avec huit rayons et deux crochets. *M. myliobatis*, branchies du *Myliobates aquila*.

Trib. Tristominæ. Corps aplati; une grande ventouse ventrale; orifices génitaux et vaginal ordinairement à gauche. — *Encotyllabe*, Dies. Orifices génitaux médians; orifice mâle pourvu de crochets. *E. Nordmani*, dans le gésier de la Castagnole (*Brama raii*). — *Acanthocotyle*, Montic. Orifice mâle et vulve médians; orifice de ponte à droite. *A. elegans*, sur le dos de la Raie bouclée. — *Epibdella*, de Bl. Tous les orifices génitaux à gauche; ventouse postérieure sans rayons, armée de gros crochets; deux testicules. *E. hippoglossi*, sur l'*Hippoglossus maximus*. — *Phyllonella*, v. B. et H. Comme *Epibdella*, mais ventouses latérales remplacées par une membrane. *P. soleæ*, sur face inférieure de la Sole. — *Nitzchia*, v. Baër. Comme *Epibdella*, mais ventouse postérieure armée de petits crochets chitineux; testicules multiples. *N. elongata*, branchies de l'Esturgeon. — *Placunella*, v. B. et H. Tous les orifices génitaux à gauche; ventouse postérieure avec des rayons rudimentaires et deux paires de petits crochets; deux testicules. *P. pini*, sur les Grondins (*Trigla pini* et *T. hirundo*). — *Trochopus*, Dies. Comme *Placunella*, mais ventouse postérieure avec neuf ou dix rayons très nets et de deux à six crochets symétriques. *T. tubiporus*, sur le Grondin perlan (*Trigla hirundo*). — *Tristomum*, Cuv. Orifices génitaux à gauche; ventouse postérieure à sept rayons et deux crochets rudimentaires. *T. molæ*, sur le Poisson-lune (*Orthagoriscus mola*). — *Merizocotyle*, Cerfontaine. Ventouse postérieure découpée par des bandelettes saillantes en une logette centrale, cinq ou six logettes intermédiaires et environ dix-sept logettes marginales; quatorze petits crochets marginaux et deux grands crochets postérieurs. *M. diaphanum*, branchies de la *Raja batis*, Ostende.

II. ORDRE

DIGENEA

Corps de forme variable; une seule grande ventouse ventrale, ou bien une ventouse terminale soit en avant, soit en arrière, ou bien une ventouse antérieure et une ventouse sub-médiane ventrale. Organes excréteurs s'ouvrant généralement en arrière. Endoparasites. Développement généralement compliqué d'un cycle de générations agames et de migrations, direct seulement chez les ASPIDOCOTYLEA.

1. SOUS-ORDRE

ASPIDOCOTYLEA

Appareil fixateur ventral, grand, arrondi, ovale ou allongé, plus ou moins nettement séparé du corps, pourvu de nombreuses petites ventouses disposées sur une ou plusieurs rangées, sans appareil chitineux. Point de ventouse buccale. Tube digestif simple. Pore génital au milieu de la face ventrale, en avant de l'appareil fixateur; bourse du cirre s'ouvrant dans l'extrémité élargie de l'utérus; un germigène de grandeur moyenne; vitellogènes situés latéralement; point de canal de Laurer. Appareil excréteur s'ouvrant sur le dos, à l'extrémité postérieure du corps. Développement direct, avec une simple métamorphose; point d'enveloppe ciliée durant le développement embryonnaire.

FAM. ASPIDOGASTRIDÆ. — Famille unique.

Cotylogaster, Montic. Disque ventral allongé, incomplètement séparé du corps, avec trois rangs de ventouses, les latérales petites; deux testicules. *C. Michaëlis*, dans l'intestin du *Cantharus vulgaris*, Trieste. — *Macraspis*, Olss. Disque ventral très allongé, avec un seul rang de ventouses à plus de six côtés. *M. elegans*, dans la vésicule biliaire de la *Chimæra monstrosa*. — *Platyaspis*, Montic. Disque ventral nettement séparé, circulaire avec trois rangs de ventouses allongées transversalement, sans organes des sens; un seul testicule. *P. Lenoiri*, dans l'intestin de la *Tetrathyra Vaillanti* du Sénégal. — *Aspidogaster*, v. Baër. Disque bien séparé, ovale, presque aussi long que le corps, avec de nombreuses rangées de ventouses allongées transversalement et des organes sensitifs; un seul testicule. *A. conchicola*, dans les néphridies et le péricarde des *Anodonta* et des *Unio*.

2. SOUS-ORDRE

MALACOTYLEA

Appareil fixateur ordinairement peu développé et consistant habituellement en une ventouse buccale et une 2ᵉ ventouse située à la face ventrale, soit vers le milieu, soit à l'extrémité postérieure du corps. Intestin bifurqué, sauf chez les Gasterostomum. *Hermaphrodites, orifices génitaux s'ouvrant au voisinage l'un de l'autre, dans un même atrium, sur la face ventrale de la région antérieure du corps, rarement postérieurs ou terminaux; habituellement un canal de Laurer. Appareil excréteur pair s'ouvrant au dehors par un pore postérieur terminal ou légèrement dorsal. Développement métastatique, c'est-à-dire direct, mais compliqué de migrations (*HOLOSTOMIDÆ*) ou métagénétique; génération asexuée vivant dans des Mollusques; larves enkystées dans des Mollusques ou* *des Vertébrés inférieurs; adultes dans les cavités ouvertes des Vertébrés. Embryons couverts d'une enveloppe ciliée.*

Fam. **HOLOSTOMIDÆ**. — Deux ventouses accompagnées d'un appareil fixateur de forme particulière. Région antérieure du corps aplatie; région postérieure cylindrique. Orifices génitaux dans la région postérieure du corps. Œufs sans filaments. Métastatiques.

Hemistomum, Dies. Bords de la région aplatie du corps repliés en dessous; appareil fixateur consistant en une ventouse compacte. *H. auritum*, intestin de l'Effraie; *H. pileatum*, intestin des Harles, Mouettes et Hirondelles de mer. — *Holostomum*, Nitzsch. Bords repliés du corps soudés en dessous de manière à former une sorte de coupe, au fond de laquelle se trouve l'appareil fixateur, constitué par une ventouse conique, excavée au centre. *H. gracile*, intestin du Canard, de l'Oie, etc. — *Diplostomum*, Nordm. Appareil fixateur consistant en une cavité plus ou moins profonde, couverte de papilles; point de ventouses dorsales. *D. spathula*, intestin de l'Autour. — *Polycotyle*, Willemoes-Suhm. Comme les précédents, mais une série de ventouses dorsales. *P. ornata*, intestin du Caïman (*Alligator lucius*).

Fam. **AMPHISTOMIDÆ**. — Deux ventouses, l'antérieure entourant la bouche, la postérieure terminale, plus grosse; parfois, en avant de celle-ci ou à son intérieur, de nombreuses verrues fixatrices. Orifices génitaux au milieu de la face ventrale, dans le premier tiers antérieur du corps. Œufs sans filaments.

Amphistomum, Rud. Pharynx sans poches latérales; ventouse postérieure grande, subterminale, rarement pourvue de verrues fixatrices; atrium génital petit ou absent. *A. conicum*, estomac des Ruminants. — *Gastrothylax*, Poirier. Différent des *Amphistomum* par leur atrium génital transformé en une poche s'étendant jusqu'à l'extrémité postérieure du corps. *G. crumeniferum*, panse du Bœuf indien. — *Aspidocotyle*, Dies. Pharynx sans poches latérales; ventouse postérieure en forme de bouclier, portant de nombreuses verrues fixatrices. *A. mutabile*, intestin de la *Cichla temensis* du Brésil. — *Diplodiscus*, Dies. Pharynx avec deux poches latérales; ventouse postérieure grande, particulièrement excavée au centre. *D. subclavatus*, rectum des Batraciens. — *Homalogaster*, Poirier [1]. Pharynx de même; ventouse postérieure de grandeur moyenne; la plus grande partie de la face ventrale élargie, couverte de nombreuses verrues fixatrices. *H. paloniæ*, cæcum du *Palonia (Bos) frontalis* de Java. — *Gastrodiscus*, Cobb. Ventouse postérieure petite; région moyenne du corps fortement élargie et excavée, portant de nombreuses verrues fixatrices. *G. polymastos*, gros intestin des Solipèdes.

Fam. **DISTOMIDÆ**. — Ventouse antérieure perforée par la bouche; deuxième ventouse ventrale, non indépendante. Orifice génital placé en avant de cette ventouse, quelquefois cependant en arrière ou même dans la région postérieure du corps; œufs d'habitude sans filament.

Distomum, Retz. Point de tentacules rétractiles. Sg. *Cladocœlium*, Duj. (*Fasciola*, Cobbold). Les deux branches de l'intestin ramifiées. *C. hepaticum*, canaux biliaires du Mouton. Sg. *Dicrocœlium*, Duj. Ventouse buccale sans aiguillons ni lobes; branches de l'intestin simples, longues, précédées d'un œsophage plus ou moins long; ventouse ventrale sessile. *D. cylindraceum*, poumons de la Grenouille rousse. Sg. *Podocotyle*, Duj. Différent des précédents par leur ventouse ventrale pédonculée. *P. angulatum*, intestin de l'Anguille. Sg. *Brachycœlium*, Duj. Différent des deux genres précédents par la brièveté des branches de l'intestin; corps allongé. *B. heteroporum*, intestin de la Pipistrelle. Sg. *Eurysoma*, Duj. Comme *Brachycœlium*, mais corps plus large que long. Sg. *Brachylaimus*, Duj. Branches de l'intestin simple non séparées du pharynx par un œsophage; ventouse buccale inerme; point d'appendice caudal. *B. vanigatus*, des Batraciens. Sg. *Apoblema*, Duj. Comme *Brachylaimus*, mais un appendice caudal. *A. appendiculatum*, intestin de l'Alose. Sg. *Echinostoma*, Rud. Ventouse buccale armée d'épines. *E. trigonocephalus*, intestin du Chien et des petits Carnassiers. Sg. *Crossodera*, Duj. Ventouse buccale entourée de lobes charnus. *C. nodulosum*, de la Perche fluviatile. Sg. *Cepha-*

---

[1] J. Poirier, *Description d'Helminthes nouveaux du Palonia frontalis*, Bulletin de la Société philomathique de Paris, 27 janvier 1883.

logonimus, Poir. Orifices génitaux situés à la partie antérieure du corps sur la face dorsale, un peu en avant de la ventouse orale. *C. Lenoiri*, d'une Tortue du Sénégal (*Tetrathyra Vaillanti*). Sg. *Urogonimus*, Montic. Pore génital à l'extrémité postérieure du corps. *U. macrostomus*, intestin des Oiseaux chanteurs. Sg. *Mesogonimus*, Mont. Pore génital en arrière de la ventouse ventrale. *M. pulmonalis*. Sg. *Polyorchis*, Stosse. Six paires de testicules métamériquement disposés, intestin de la *Corvina nigra*. — *Rhopalophorus*, Dies. Deux tentacules rétractiles près de la ventouse céphalique. *R. coronatus*, des Sarigues. — *Bilharzia*, Cobb. Sexes séparés; femelle cylindrique placée dans un canal gynécophore formé par le corps du mâle replié en dessous. *B. hæmatobia*, libres, par couples, dans les vaisseaux de l'Homme en Égypte. — *Köllikeria*, Cobb. Sexes séparés; mâles filiformes; abdomen des femelles épaissi, réniforme; vivant par couples dans des kystes de la cavité buccale des poissons marins. *K. filicollis*, bouche et cavité branchiale de la *Brama Rayi*.

Fam. **GASTEROSTOMIDÆ**. — Une seule ventouse imperforée à l'extrémité antérieure du corps. Bouche ventrale. Œufs operculés, sans filament.

Gasterostomum, v. Sieb. Genre unique. *G. armatum*, intestin du Congre. *G. fimbriatum*, intestin de l'Anguille, de la Perche et du Brochet.

Fam. **DIDYMOZOONIDÆ**. — Une seule ventouse perforée, située à l'extrémité antérieure du corps. Vivant par couples dans des kystes. Œufs operculés, sans filament.

Didymozoon, Tasch. Un intestin bifurqué; ventouse ovale ou sphérique. *D. thynni*, branchies du Thon. — *Nematobothrium*, v. B. Corps très allongé; point de tube digestif; pore génital antérieur. *N. filarina*, kystes des branchies de la Maigre.

Fam. **MONOSTOMIDÆ**. — Une seule ventouse perforée antérieure; orifices génitaux situés sur le milieu de la ligne médiane ventrale; œufs avec un ou deux filaments.

Monostomum, Zeder. Point de verrues fixatrices; orifice génital antérieur. *M. mutabile*, cavité générale et sacs aériens de nombreux Échassiers et Palmipèdes. — *Opisthotrema*, Leuck. Point de ventouses fixatrices, orifice génital postérieur. *O. cochleare*, oreille moyenne du Dugong. — *Notocotyle*, Dies. Trois rangs de ventouses fixatrices à la face ventrale. *N. verrucosum* (*M. attenuatum*), cæcum de nombreux Palmipèdes et Échassiers. — *Ogmogaster*, Jägerskiöld. De quinze à dix-sept rangs de ventouses fixatrices à la face ventrale. *O. plicata*, intestin grêle et cæcum des Balénoptères.

II. CLASSE

CESTOÏDES

Plathelminthes endoparasites, dépourvus de tube digestif. Corps généralement en forme de ruban aplati, segmenté, se rétrécissant à l'une de ses extrémités, que termine un segment fixateur ou scolex. *Un appareil génital hermaphrodite dans chaque segment ou* proglottis. *Vivent d'abord dans les tissus ou la cavité générale d'un hôte temporaire, et arrivent à maturité dans l'intestin d'un Vertébré.*

Généralités. Morphologie externe [1]. — Les Cestoïdes présentent une adaptation au parasitisme plus complète encore que celle des Trématodes. A la seule exception de l'*Archigetes Sieboldi* (fig. 1235), dont toute l'existence paraît s'écouler dans la cavité générale des *Tubifex*, ils sont, à l'état adulte, parasites de la cavité digestive des Vertébrés. Les œufs des parasites des Poissons éclosent assez

[1] BRAUN, *Würmer*, Bronn's Thierreich, 1894.

souvent dans l'eau, après une courte phase de liberté, les embryons pénètrent dans un hôte temporaire, et se logent dans ses tissus ou sa cavité générale; les œufs des autres Cestoïdes n'éclosent que dans le tube digestif de leur hôte temporaire, d'où les embryons gagnent sa cavité générale ou ses tissus. Dans tous les cas, le Cestoïde n'arrive à son hôte définitif que lorsque son hôte temporaire a servi de proie à celui-ci; lorsque l'hôte définitif est un Vertébré terrestre, il n'y a ordinairement place pour aucune phase de liberté dans la vie du Cestoïde. En raison de ce parasitisme poussé à ses dernières limites, les organes des sens font totalement défaut à l'embryon comme à l'adulte; les organes de mouvement sont rudimentaires chez l'embryon; ils sont remplacés, chez l'adulte, par des organes de fixation développés à l'une des extrémités du corps; le tube digestif manque absolument. Dans les formes les plus simples de Cestoïdes le corps, assez court, est tout d'une venue et ne présente aucune trace de segmentation; ces formes, réunies sous la dénomination de CESTODARIA (*Gyrocotyle*, *Amphilina*, *Wageneria*, *Caryophyllæus*, fig. 1234), pourraient être facilement confondues avec des Trématodes; elles se distinguent par l'absence totale de tube digestif et parce que leur embryon présente la forme très spéciale de l'embryon des Cestoïdes ordinaires, forme connue sous le nom d'*embryon hexacanthe* ou d'*oncosphère* (p. 1832). L'absence de tube digestif et, par conséquent, de bouche; l'absence d'organes des sens, la difficulté de déterminer une direction prédominante de locomotion chez des animaux qui se déplacent à peine, l'ignorance où nous sommes actuellement des rapports des deux extrémités du corps de l'animal adulte avec celles de l'oncosphère rend illusoire la recherche d'une extrémité antérieure et d'une extrémité postérieure, d'une face dorsale et d'une face ventrale proprement dites chez les CESTODARIA; tout au plus peut-on

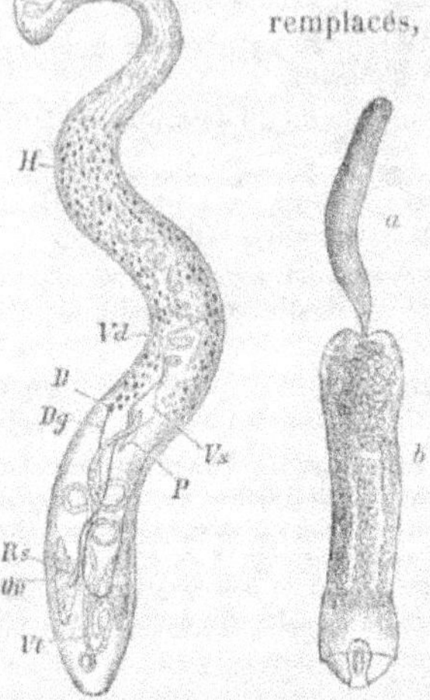

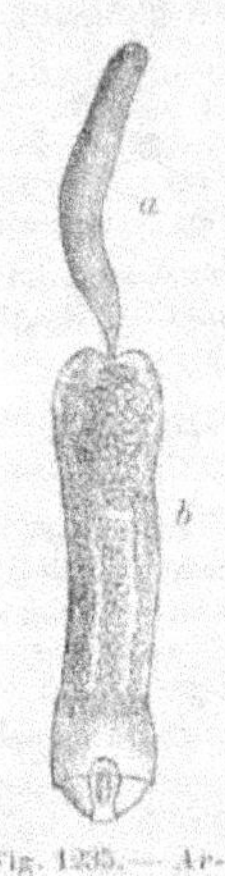

Fig. 1234. — *Caryophyllæus mutabilis.* — W, canaux néphridiens; H, testicule; Vd, canal déférent; Vs, vésicule séminale; P, pénis; Ov, ovaire; D, vitellogène; Dg, vitelloducte; Ut, utérus; Rs, réceptacle séminal (d'après V. Carus).

Fig. 1235. — *Archigetes Sieboldi.* — a, Hexacanthe permanent constituant une tête morphologique; b. Scolex (d'après Leuckart).

chercher à comparer entre eux ces animaux et à déterminer leurs homologies en prenant l'un d'eux comme type, en appliquant à ses extrémités, à ses faces et à ses côtés des dénominations conventionnelles et en transportant ces dénominations aux parties correspondantes des autres; mais cette méthode elle-même est ici difficilement applicable, en raison de la facilité avec laquelle les organes et les appareils se déplacent chez des êtres aussi simplifiés. Chez la plupart des autres Cestoïdes, le corps a la forme d'un ruban segmenté. La comparaison de ces formes segmentées avec les Vers annelés et les Arthropodes est susceptible de conduire à des notions plus précises; on sait que dans ces deux embranchements le nauplius et la trochosphère, premières parties formées au cours du développement embryogénique, représentent les segments antérieurs du corps; il est rigoureusement logique d'admettre qu'il

en est de même de l'oncosphère des Cestoïdes segmentés et de considérer comme
antérieure la région qui lui correspond chez le Cestoïde complètement développé.
Cela détermine nettement la région antérieure de l'*Archigetes Sieboldi* (fig. 1235);
effectivement le corps de ce parasite, que l'on classe habituellement parmi les Ces-
TODARIA, mais qui mériterait peut-être de former un ordre distinct, présente deux
régions bien nettes : l'une (*a*) de petit diamètre, mais assez allongée, représente
l'oncosphère et en porte encore les six crochets : c'est donc la région antérieure;
l'autre (*b*), plus large, est terminée par un appareil de fixation portant deux petites
ventouses et recouvert, à sa base, par un repli tégumentaire circulaire; cet appareil marque l'extrémité postérieure du corps. Malheureusement l'aspect général
de l'*Archigetes* rappelle un peu celui des cercaires des Trématodes; cette ressemblance superficielle a suffi pour que l'on ait assimilé l'oncosphère à une queue de
cercaire et pour qu'on en ait fait l'extrémité postérieure du corps de l'animal; mais
la queue d'une cercaire est un organe d'adaptation sans importance morphologique, un véritable appendice du corps; l'oncosphère d'un Cestoïde est au contraire
la région primordiale de son corps, celle qui forme toutes les autres; il ne saurait
y avoir aucune assimilation entre deux parties d'origine et de fonction embryogénique si différentes; l'oncosphère correspond, au contraire, embryogéniquement à
la trochosphère et au nauplius des autres animaux segmentés, et l'orientation courante de l'*Archigetes* doit être, en conséquence, renversée. S'il est vrai, ce qui n'est
pas encore établi, que les autres CESTODARIA soient des *Archigetes* dont les deux
segments seraient indistincts, l'extrémité postérieure des *Gyrocotyle* et des *Amphiline*
serait celle qui porte la ventouse. Ce renversement entraîne un renversement
analogue de l'orientation généralement admise pour les Cestoïdes segmentés [1]. Un
certain nombre de ces Cestoïdes, le *Dipylidium caninum*, par exemple, traversent
une phase de développement, qui correspond exactement à l'*Archigetes*, p. 1838 et
fig. 1235 : là aussi, le corps se compose : 1° de l'oncosphère légèrement transformée, marquant la région antérieure du corps et improprement appelée *queue*
par les auteurs; 2° d'un second segment élargi, le *scolex*, correspondant au second
segment de l'*Archigetes* et à l'extrémité postérieure duquel se différencie un appareil compliqué de fixation. Dans la suite du développement, tous les segments nouveaux se formeront entre l'oncosphère modifiée et le *scolex*; les plus jeunes segments se trouveront toujours au contact de ce dernier, comme chez les Arthropodes
et les Vers annelés les plus jeunes segments sont toujours au contact du telson.
Entre le corps *complet*, quelquefois désigné sous le nom de *strobile* d'un Cestoïde, et
le corps d'un animal segmenté ordinaire, il n'y a aucune différence : l'oncosphère
est un segment céphalique au même titre que la trochosphère et le nauplius; le segment fixateur ou *scolex* est un *telson*, et correspond à l'extrémité postérieure du
corps; c'est donc tout à fait improprement qu'on lui donne presque toujours le nom
de *tête*. Outre que cette dénomination n'a aucune signification chez un animal privé
de locomotion, de bouche et d'organes des sens, elle est, au point de vue embryogénique, le seul qui permette une comparaison entre les Cestoïdes et les autres

<hr>

[1] MONIEZ, *Essai monographique sur les Cysticerques*, 1880, p. 152. — E. PERRIER, *Les
colonies animales*, 1881, p. 368, et leçon professée au Muséum le 2 mars 1880 (Embryogénie
des Annélides). Les deux auteurs sont arrivés d'une manière indépendante à la même
conception.

animaux segmentés, absolument contraire aux faits et conduit à d'inextricables abus
de langage. La confusion qui s'est établie tient à ce que la tête morphologique,
l'oncosphère, n'a plus à remplir le rôle de tête physiologique ; elle se transforme
souvent en un organe de protection transitoire pour le reste du corps, et disparaît
chez le Cestoïde adulte ; il ne reste plus alors, comme segment différencié, que le
scolex, qui ne joue pas davantage le rôle de tête physiologique, se borne à fixer

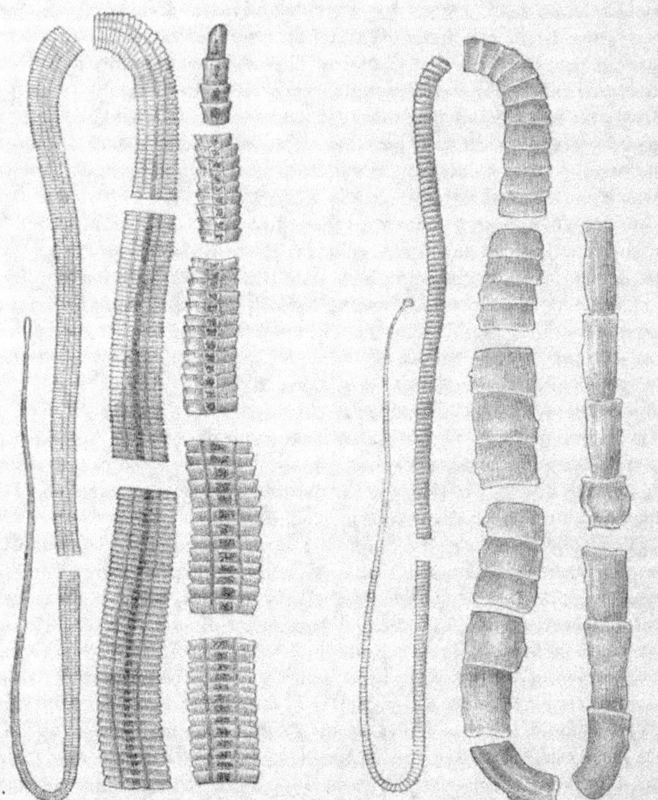

Fig. 1236. — Fragments d'un ruban de *Tæniarhynchus saginatus* (*Tænia mediocanellata*, Kuchen-
meister) ; grandeur naturelle (d'après Leuckart).

Fig. 1237. — *Bothriocephalus latus* (d'après
Leuckart).

le parasite à son hôte définitif, et peut d'ailleurs, à son tour, s'atrophier (ABO-
THRIIDÆ) ou même disparaître complètement (*Idiogenes, Ichthyotænia*). C'est uniquement en raison de sa différenciation, conséquence de sa position terminale, que le
nom de tête a été donné à ce scolex.

Lorsque les segments qui se forment au contact du scolex se constituent lentement, ils arrivent à une différenciation complète ; le corps du Cestoïde a alors la
forme d'un long ruban aplati, à segments bien distincts, auxquels on donne le nom

de *proglottis* ou de *cucurbitains*. Il se développe dans chacun d'eux un appareil
génital hermaphrodite, construit sur le type de celui des Trématodes ; lorsque cet
appareil est arrivé à un certain degré de maturité, les proglottis se détachent souvent un à un (TETRABOTHRIIDÆ), ou par groupes (*Bothriocephalus*) ; ils peuvent
alors vivre assez longtemps en liberté dans le tube digestif de leur hôte jusqu'à ce
que les œufs qu'ils contiennent soient mûrs ; les *proglottis* ainsi détachés ont une
individualité distincte, comparable à celle des CESTODARIA ou des TRÉMATODES.
Généralement, les proglottis mûrs sont plus larges ou plus longs que les autres,
et le strobile se termine brusquement par une extrémité tronquée (fig. 1236) ;
lorsqu'au lieu de se détacher isolément, les proglottis se vident par la ponte et
se détachent par groupes, ils se ratatinent souvent avant de se détacher et le corps
s'amincit peu à peu à l'extrémité opposée au scolex (*Bothriocephalus latus*, fig. 1237) ;
il peut même s'y former brusquement une sorte de queue (*Hymenolepis relicta*,
Andrya rhopalocephala). Mais il arrive aussi que les proglottis demeurent unis
ensemble toute leur vie, ne formant qu'un même corps ; c'est surtout le cas lorsqu'ils sont larges et courts ; le strobile se rétrécit alors de même à son extrémité
opposée au scolex et le corps est lancéolé (*Anaplocephala*, *Drepanidotænia*, *Schistocephalus*, *Ligula*). Il peut enfin arriver que la rapidité du développement des
appareils génitaux relativement à celle des proglottis qui leur correspondent soit
telle que ceux-ci n'arrivent pas à se différencier et que le corps soit tout d'une
venue (ABOTHRIIDÆ) ; ce phénomène peut se présenter dans les groupes les plus
différents (*Diplocotyle*, *Tricuspidaria*, *Triænophorus*, *Epision*, *Abothrium*, *Leuckartia*), de sorte que les divisions récemment proposées [1]
des Cestoïdes en ATOMIOSOMA, à corps indivis, et TOMIOSOMA, à corps
articulé, ne doit être employée que d'une manière subordonnée. Ces
gradations démontrent combien sont oiseuses les vieilles discussions
auxquelles a donné lieu la question de savoir si les Cestoïdes
étaient des organismes polyzoïques ou monozoïques, des *colonies* ou
des *individus*. En se reportant aux principes de Morphologie générale
exposés p. 43 et suivantes, il apparaîtra clairement que si, en raison
du mode de constitution des organes génitaux des proglottis et de
l'indépendance que ces proglottis peuvent acquérir, il est exact de
voir dans un strobile de Cestoïde l'équivalent d'une colonie de Trématodes, il ne l'est pas moins de voir dans cette colonie un organisme
individuel ; au point de vue actuel de la Morphologie, il ne saurait y
avoir opposition entre ces deux idées que l'on croyait jadis opposées.
Chaque proglottis comparable à un Trématode étant, par cela même,
un *zoïde*, tout strobile est une individualité du rang des *dèmes*.

Fig. 1238. — *Echi-
nococcifer echi-
nococcus*, adulte,
grossi douze fois
(d'après Leuc-
kart).

Le nombre et les dimensions des proglottis qui entrent dans la
constitution d'un strobile sont essentiellement variables ; la longueur
des strobiles oscille par cela même entre des limites très éloignées.
Les petits strobiles de l'*Echinococcifer echinoccus* (fig. 1238) ne comprennent, outre
le *scolex*, que trois ou quatre proglottis et ne dépassent pas 5 millimètres de long ;
on en compte environ cent cinquante chez l'*Hymenolepis nana* qui atteint 25 milli-

[1] MONTICELLI, *Sul genere Bothrimonus, e proposte per una classificazione dei Cestodi* :
Monit. zool. Ital., ann. II, 1892.

mètres; au contraire, le *Tæniarhynchus saginatus* compte quinze cents proglottis formant un strobile de sept mètres et la longueur du strobile arrive souvent à dix mètres chez le *Bothriocephalus latus*.

Morphologie externe des scolex. — Les scolex fournissant le principal point de repère dans la morphologie des Cestoïdes, nous étudierons en premier lieu leur constitution. Dans un scolex arrivé au maximum de complication on distingue, en allant de l'extrémité libre à celle qui est en contact avec le premier proglottis, trois régions : 1° le *myzorhynque, rostellum* ou *trompe*; 2° la région des *bothridies* et les *bothridies* elles-mêmes; 3° le *cou*.

Le *myzorhynque* peut être considéré comme absent lorsque le corps du scolex ne se prolonge pas au delà des bothridies ou du bord supérieur de l'insertion de leur pédoncule (*Bothridium, Duthiersia*, fig. 1240; *Diplocotyle, Rhinebothrium, Spongiobothrium, Anthobothrium, Tæniarhynchus, Anthocephalum,* ANOPLOCEPHALINÆ, etc.). Lorsqu'il existe, il revêt fréquemment l'aspect d'un pain de sucre ou d'un cône plus ou moins surbaissé (*Phyllobothrium, Echeneibothrium, Tænia,* fig. 1239; *Cystotænia, Echinococcifer,* ECHINOCOTYLINÆ, HYMENOLEPINÆ, *Tetracampos*); il est quelquefois rétractile (*Dipylidium caninum*); d'autres fois, quoique peu développé, il porte une ventouse impaire terminale qui simule un orifice buccal (*Scolex polymorphus, Calliobothrium Leuckarti, Acanthobothrium coronatum, A. crassicolle, Tetrabothrium crispum,* etc.). Chez les *Ptychobothrium* il forme une sorte de trompe mobile au delà des bothridies; il s'allonge en une masse sphéroïdale, aussi longue que le reste du scolex chez les *Tylocephalum,* tandis qu'il forme chez les *Ophryocotyle* une sorte d'arceau brisé, résultant de la réunion de cinq plages à peu près carrées se rejoignant sous un angle obtus. Chez les *Lecanicephalum* il s'élargit en un disque perpendiculaire à la direction du corps, au-dessous duquel les bothridies forment un second disque portant quatre ventouses accessoires, disposition assez différente de celle des *Sciadocephalus* où il existe aussi un disque terminal; mais ce disque paraît ici résulter de l'aplatissement perpendiculairement à l'axe du corps d'un scolex dépourvu de myzorhynque,

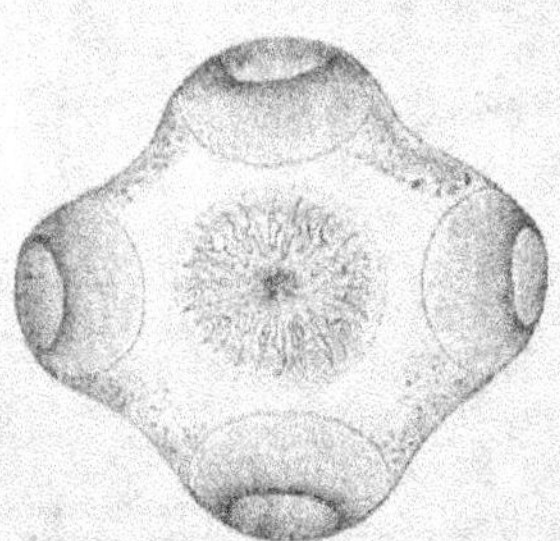

Fig. 1239. — *Scolex de Tænia solium* vu de face, avec le *rostellum*, la couronne de crochets et les quatre bothridies.

le disque portant sur sa surface les quatre bothridies. Si l'on suppose que la surface libre d'un tel disque devienne concave, les bothridies disparaissant tout à fait, on aura un scolex en forme de coupe tel que celui des *Bothrimonus* et des *Cyathocephalus*; mais on peut aussi supposer que cette forme de scolex résulte de la disparition de la cloison qui sépare les bothridies creuses d'un *Bothridium*. Par une singulière exception, la trompe des *Polypocephalus* et des *Paratænia,* qui sont probablement identiques, porte une couronne de seize tentacules inermes. Chez les TÆNIINÆ, à l'exception des *Tæniarhynchus,* les HYMENOLEPINÆ et les ECHINOCOTYLINÆ, la base du rostellum porte une ou plusieurs couronnes de crochets chitineux (fig. 1239); ces crochets sont disposés en quatre groupes de neuf crochets chacun, chez les *Tetracampos.*

Les *crochets* appartiennent à deux formes principales : chez les *Dipylidium,* où les couronnes de crochets sont nombreuses, le crochet court et recourbé s'élargit brusquement à sa base, en une lame discoïdale, c'est un crochet en *aiguillon de rosier*. La forme en *faucille* est plus fréquente; le crochet se compose alors (fig. 1239) d'une *lame* recourbée et pointue, d'un *manche* rectiligne ou très légèrement incurvé en sens inverse de la lame, et d'une *garde*, saillie qui se dresse sur l'un des côtés du crochet, perpendiculairement au manche, à sa jonction avec la lame. Les proportions relatives de ces trois parties fournissent de bons caractères spécifiques et même génériques. Ainsi la garde est très longue chez les *Echinocotyle*, très courte chez les *Drepanidotænia*, et elle forme une sorte de fourche avec la lame chez les *Dicranotænia* où le manche est presque nul.

Abstraction faite des TRYPANORHYNCHA, qui d'ailleurs pourraient se prêter au même mode de répartition, mais qu'il y a avantage à réunir en un ordre distinct, le nombre des *ventouses* ou *bothridies* que porte le scolex permet de diviser les Gestoïdes proprement dits en deux ordres [1] : les DICESTODA et les TETRACESTODA, les premiers munis de deux ventouses seulement, tandis que les seconds en ont quatre. Au premier ordre se rattachent par tous les traits de leur organisation les *Ligula* dont les ventouses sont rudimentaires; chez les *Bothriocephalus*, les bothridies sont de simples fossettes latérales creusées dans les faces du scolex qui correspondent aux deux faces larges des proglottis; les bords de ces fossettes sont plus ou moins saillants. Si l'on suppose qu'ils se soudent de manière que chaque bothridie prenne la forme d'un vase largement ouvert vers l'extrémité libre du scolex, muni d'une petite ouverture vers son extrémité proglottidienne, on aura les deux bothridies cylindro-coniques des *Bothridium* (fig. 1240, n° 2); en comprimant celles-ci de manière à les étaler dans un plan perpendiculaire aux

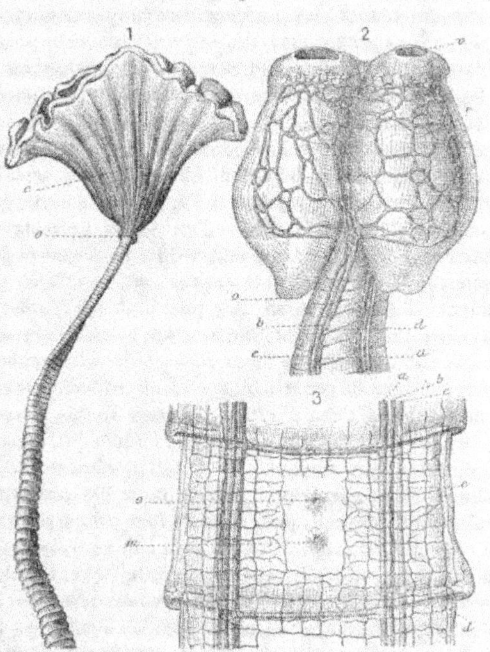

Fig. 1240. — N° 1. Scolex et région voisine du Strobile de la *Duthiersia expansa*; c, bothridie; o, orifice communiquant avec la cavité des bothridies (dessin de Lacaze Duthiers). — 2. Scolex et derniers proglottis du *Bothridium megacephalum*, montrant le réseau terminal r de l'appareil néphridies; v, orifice supérieur; o, orifice inférieur des bothridies; a et c, les deux troncs néphridiens latéraux, comprenant entre eux le cordon nerveux b; d, anastomoses transversales des deux troncs internes. — 3, un proglottis du même *Bothridium*, mêmes lettres, en outre e, réseau néphridien superficiel; o, m, orifices génitaux (dessin de J. Poirier).

[1] E. PERRIER, *Sur la classification des Cestoïdes*, Comptes rendus de l'Académie des sciences, 1877.

deux faces du proglottis, on passe aux bothridies des *Duthiersia* (fig. 1240, nº 1); les bothridies des *Diplocotyle* ne diffèrent que par des détails de celles des *Bothridium*, tandis que celles des *Diphyllobothrium* et des *Ptychobothrium* se rattachent au type des *Duthiersia*. Des crochets accompagnent les bothridies chez les *Triænophorus* et les *Anchistrocephalus*.

Les bothridies des Tetracestoda présentent une plus grande variété : tantôt elles constituent des organes membraneux soudés au scolex dans toute leur étendue, ou rattachés à lui par un pédoncule plus ou moins allongé (Tetrabothriidæ), tantôt elles sont creusées (Teniadæ) dans le scolex lui-même, qui peut être alors ou simplement quadrangulaire ou divisé en quatre lobes correspondant chacun à une bothridie (*Anoplocephala transversaria*, de la Marmotte). Le mode d'insertion des bothridies des Tetrabothriidæ est constant, mais se prête à des modifications de détail. En arrivant au scolex les faces larges et les faces étroites du strobile tendent à s'égaliser, de sorte que le scolex acquiert plus ou moins rapidement la forme d'un solide présentant quatre faces séparées par quatre arêtes ; c'est aux arêtes du solide que se fixent les bothridies, de sorte que chacune d'elles est à cheval sur deux faces du scolex et ne correspond à aucune des deux faces des proglottis (Calliobothriinæ, *Monorygma*, *Tetrabothrium*). Les quatre bothridies sont le plus souvent équivalentes et également espacées ; mais dans le genre *Dinobothrium* les ventouses se rapprochent par couples ; et dans le genre *Diplobothrium*, les bothridies d'un même couple se soudent complètement l'une à l'autre, chaque couple correspond à l'une des faces des proglottis ; chez les *Diplobothrium* la cloison qui, dans chaque couple, sépare chaque bothridie de sa conjointe est plus faible que celle qui sépare les deux couples ; elle est perpendiculaire à la face large des proglottis, de sorte que si elle disparaissait, il resterait, pour chaque face du corps, une bothridie unique, analogue à celle des *Bothridium* ; on ne peut affirmer cependant que le passage d'un groupe à l'autre se soit réellement fait de cette façon. On observe d'ailleurs chez les *Platybothrium* un groupement inverse ; les bothridies sont ici unies en couples correspondant à la tranche du strobile. Dans la famille des Tetrabothriidæ, les bothridies peuvent toujours être considérées comme constituées par une lame membraneuse, à face externe concave, à contour elliptique, le grand axe de l'ellipse étant dirigé suivant la longueur du strobile ; à face externe concave rattachée de diverses façons à l'un des angles du scolex. Tantôt, en effet, la face externe de la bothridie se soude directement sur une partie plus ou moins grande de la longueur de son grand axe avec le scolex (Calliobothrinæ, fig. 1241, nº 1; *Tetrabothrium*, fig. 1241, nº 2; *Phyllobothrium*), tantôt un pédoncule plus ou moins allongé relie chaque bothridie au scolex (*Anthobothrium*, *Orygmatobothrium*, *Anthocephalum*, *Echeneibothrium*, *Rhinebothrium*, *Spongiobothrium*, etc.). Dans la tribu des Calliobothriinæ, chaque bothridie porte près de son sommet distal soit deux crochets chitineux simples (*Thysanocephalum*), soit quatre crochets indépendants, également simples (*Calliobothrium*, c), soit deux crochets bifurqués, indépendants l'un de l'autre (*Onchobothrium*, *Acanthobothrium*) ou réunis par une pièce intermédiaire (*Platybothrium*), soit deux crochets indépendants, trifurqués (*Phoreiobothrium*). Toute la partie libre des bothridies est essentiellement mobile ; il en résulte que le contour de ces organes change incessamment d'aspect chez l'animal vivant ; leurs bords se plissent et se froncent de mille façons; les bothridies pédonculées prennent notamment un aspect particulièrement compliqué lorsque leurs bords sont en même temps crénelés ou laciniés (*Anthocephalum, Spongiobothrium*). En dehors de ces plicatures irrégulières momentanées, la surface concave des bothridies des *Anthobothrium* et *Tetrabothrium* n'offre aucune particularité importante; cette surface présente au contraire, dans beaucoup de cas, des dispositions qui ont fourni des caractères génériques. Ainsi chaque bothridie des *Echeneibothrium*, *Spongiobothrium*, *Rhinebothrium* est parcourue le long de son grand axe par une bandelette longitudinale saillante qui la divise en deux moitiés; d'autres bandelettes transversales partent perpendiculairement de la bandelette transversale pour atteindre le bord de l'organe; chaque moitié de la bothridie est ainsi divisée en logettes consécutives; dans quelques espèces, la bandelette médiane est remplacée par une ellipse saillante, divisée elle-même en logettes par des bandelettes transversales; il y a alors des logettes médianes et des logettes marginales (*Rhinebothrium cancellatum*). La surface concave de la ventouse des CALLIOBOTHRIINÆ est aussi divisée en logettes, mais uniquement par des bandelettes transversales généralement au nombre de deux (*Calliobothrium*, fig. 1241, n° 1, *t*; *Acanthobothrium*, *Onchobothrium*); la bandelette supérieure manque aux *Platybothrium* et toutes les deux aux *Thysanocephalum*. Mais, dans la plupart de ces genres, la portion de la bothridie située

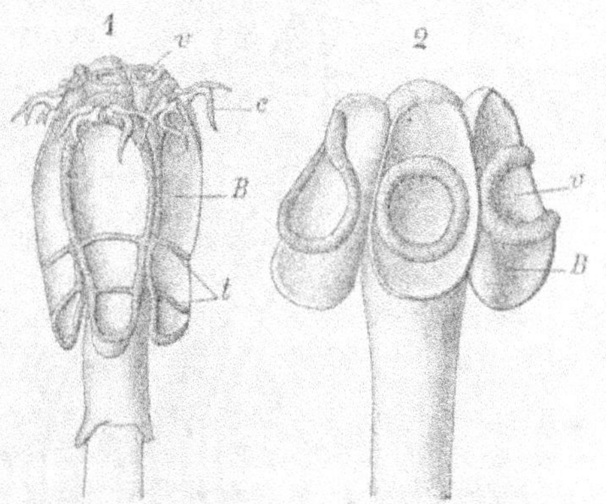

Fig. 1241. — 1. *Calliobothrium verticillatum*, des Squales; 2. *Phyllobothrium longicolle*, du *Scyllium stellare*. — *B*, bothridie. *v*, ventouse supplémentaire; *c*, crochets; *t*, bandelettes transversales divisant la bothridie en logettes (d'après Zschokke).

au-dessus des crochets se creuse en une *ventouse auxiliaire* terminale (*Platybothrium*), peut s'individualiser en une sorte d'écusson cordiforme, latéral, portant la ventouse auxiliaire à son centre (*Calliobothrium Eschrichtii*, *Acanthobothrium paulum*), ou former une sorte de cornet surmontant la bothridie (*Calliobothrium verticillatum*, *v*; *Acanthobothrium filicolle*). De telles ventouses auxiliaires existent fréquemment chez les TETRABOTHRIINÆ, et y fournissent les principaux caractères génériques; il y en a une seule, terminale chez les *Monorygma*, *Ceratobothrium*, *Dinobothrium*, *Crossobothrium*, *Anthocephalum*, *Tylocephalum*; une plus ou moins distante du sommet chez les *Phyllobothrium* ou même centrale chez le *P. longicolle* (fig. 1241, n° 2, *v*); on en compte deux, une terminale et une centrale, chez les *Orygmatobothrium* et *Peltidocotyle*.

Les bothridies des TÆNIADÆ n'ont pas de bords libres, membraneux; elles sont comme creusées dans le scolex, toujours circulaires; tout au plus leur contour présente-t-il un léger rebord; ce rebord supporte chez les *Echinocotyle*, *Davainea*, *Cotugnia* plusieurs couronnes de crochets, tandis que chez les *Ophryocotyle* chaque bothridie est traversée par un arc concave vers le strobile formé de plusieurs rangées de crochets.

Des formations garnies d'épines, mais autrement importantes, caractérisent les TRYPANORHYNCHA; il peut exister, chez ces parasites des Poissons marins, deux ou quatre bothridies à bords foliacés, à surface concave toujours simple; mais en outre le scolex peut laisser évaginer dans le premier cas deux (ECHINOBOTHRIIDÆ), ou quatre (RHYNCHOBOTHRIIDÆ), dans le second (TETRARHYNCHIDÆ) quatre longs tentacules garnis d'épines; ces organes, souvent appelés improprement *trompes* et mieux *trypanorhyaques*, peuvent être convenablement désignés sous le nom de *tentacules spinifères*. Ces tentacules (fig. 1242, *r*) se rétractent en s'invaginant à la façon d'un doigt de gant, de sorte que leur surface externe, couverte de crochets, devienne leur paroi interne, lorsqu'ils sont rétractés dans la poche *rs* qui leur correspond. Les poches dans lesquelles ces organes se rétractent sont terminées par un bulbe contractile, rempli d'un liquide qui est projeté dans le tentacule lorsqu'il est invaginé et le force à se dévaginer et à faire saillie à l'extérieur; un cordon musculaire (*rm*), partant de la paroi du bulbe et se prolongeant à travers la gaine tentaculaire jusqu'au sommet des tentacules détermine, en se rétractant, la rentrée de ceux-ci dans le scolex. Peut-être ces singuliers tentacules ne sont-ils qu'une exagération des ventouses accessoires terminales des TE

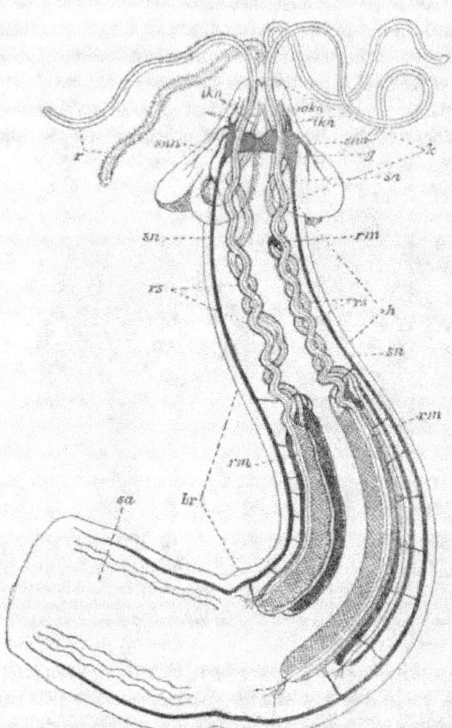

Fig. 1242. — Scolex et région voisine du Strobile du *Tetrarhynchus gracilis*. — *k*. Scolex; *br*, région des bulbes; *sc*, masse ovoïde correspondant à l'acanthozoïde des cysticercoïdes; *ikn*, nerfs céphaliques internes; *akn*, nerfs céphaliques externes; *r*, tentacules spinifères; *snn*, nerfs des ventouses; *sn*, nerfs latéraux; *rs*, gaines de tentacules; *rm*, muscles rétracteurs des tentacules; *g*, centre ganglionnaire du scolex (d'après Lang).

TRABOTRIIDÆ, mais il n'existe dans la science aucune donnée positive à cet égard.

Morphologie externe du proglottis. — Il est naturel de comprendre dans la Morphologie externe des *proglottis* celle des CESTODARIA qui contiennent une région sexuée, comme les proglottis eux-mêmes, et sont, par conséquent, assimilables soit à un scolex et à un proglottis confondus, soit à un proglottis vivant isolément. Cette morphologie est d'ailleurs très simple. Les *Caryophyllæus* présentent en général une région dilatée de leur corps que l'on appelle souvent leur tête; ils ne possèdent ni ventouse, ni autres organes de fixation; les *Amphilina* et les *Gyrocotyle* portent à l'une des extrémités de leur corps, la postérieure, une véritable ventouse enfoncée dans la paroi du corps; à l'extrémité opposée des *Gyrocotyle* se trouve une sorte d'entonnoir, à parois plissées d'une manière compliquée; la cavité de cet entonnoir se prolonge à l'intérieur du corps et s'ouvre dans un organe connu sous le nom de *trompe*. Sur la surface ventrale et sur la surface dorsale du corps, en avant de l'entonnoir, dans les plis marginaux du corps et en deux points symétriques, de chaque côté de la ventouse, on observe des épines chitineuses, mues par des muscles spéciaux et dont la ressemblance avec les soies locomotrices des Chétopodes est frappante; nous avons déjà signalé cette ressemblance pour certaines épines des Trématodes monogènes; les épines de l'oncosphère sont peut-être les organes homologues, et tous ces organes viennent renforcer l'opinion que les Vers plats dérivent, en réalité, des Chétopodes.

Les proglottis des Cestoïdes proprement dits ne présentent qu'un petit nombre de variations intéressantes; nous leur distinguerons un bord *proximal*, tourné vers le scolex, et un bord *distal*, tourné du côté opposé; la disposition de l'appareil néphridien, celle des organes génitaux permettent de caractériser deux faces que nous appellerons, arbitrairement d'ailleurs, l'une *dorsale*, l'autre *ventrale*; cette dernière porte les orifices génitaux, lorsqu'ils ne sont pas sur la tranche des proglottis. En général, les dimensions longitudinales des proglottis grandissent vers l'extrémité distale du strobile, et les segments, d'abord plus larges que longs, arrivent à être beaucoup plus longs que larges lorsqu'ils sont près de la maturité, dans les types où les segments se détachent un à un (fig. 1236); mais chez les ANOPLOCEPHALIDÆ les proglottis demeurent toujours beaucoup plus courts que larges; ils sont même tellement courts chez les *Anoplocephala* que le strobile paraît constitué par des disques empilés les uns sur les autres. Assez souvent le bord distal de chaque proglottis se prolonge de manière à envelopper comme d'une collerette la région proximale du proglottis suivant; cette collerette est parfois festonnée, et ses découpures sont si serrées chez le *Thysanosoma asterioïdes* de l'intestin des Ruminants d'Amérique que chaque proglottis paraît terminé par une frange. Il existe des glandules sécrétrices caractéristiques tout le long du bord distal des proglottis de *Moniezia*, et les premiers proglottis des *Cylindrophorus* et des *Phoreiobotrium* sont couverts de petites épines. Cette différenciation des proglottis voisins du scolex peut être poussée encore plus loin. Chez les *Idiogenes* qui manquent de scolex, les quatre premiers proglottis se modifient de manière à constituer un appareil de fixation. Ces quatre proglottis ont la forme de calices allongés, grandissant à partir du proglottis proximal; la paroi du calice est fendue latéralement, à partir du bord distal, jusqu'à une hauteur variable, et il existe dans les lèvres de la fente des formations musculaires latérales qui constituent des organes de fixation et transforment chaque proglottis en un organe analogue aux scolex des *Dibothrium*. Les proglottis ne portent d'autres orifices que ceux des organes génitaux. Dans chacun des deux ordres des DICESTODA et des TETRACESTODA, les mêmes dispositions de ces orifices peuvent se répéter; mais, d'une manière générale, chez les DICESTODA les orifices génitaux sont situés sur l'une des faces larges du scolex (*face ventrale*); chez les TRYPANORHYNCHA et la très grande majorité des TETRACESTODA les orifices sont ou bien tout près de l'un des bords du proglottis ou sur leur tranche même. Dans ce dernier cas, si tous les orifices sont situés sur le même bord, ils sont dits *unilatéraux* (*Tetrabothrium crispum, Phyllobothrium gracilis, Anoplocephala, Plagiotænia, Hymenolepis*) ; ils sont *alternes* s'ils se trouvent alternativement, avec plus ou moins de régularité, sur la tranche droite ou sur la tranche gauche. Généralement plusieurs anneaux présentant leurs orifices génitaux à droite, sont suivis d'autant

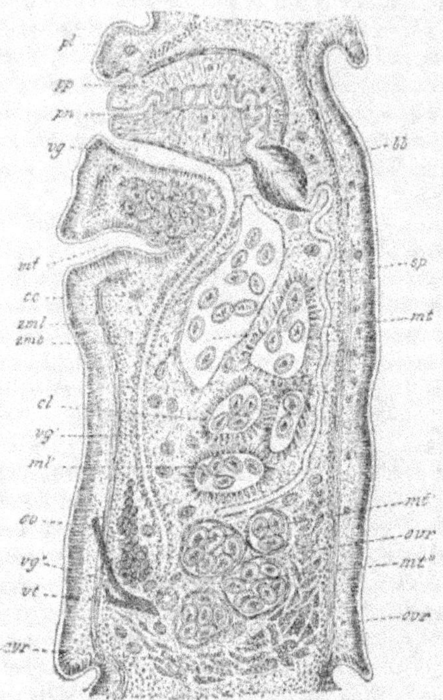

d'anneaux qui les portent à gauche (*Calliobobothrium, Acanthobothrium, Onchobothrium, Anthobothrium, Tetrabothrium, Phyllobothrium Dolorni, Orygmatobothrium, Echeneibothrium, Tæniinæ, Stilesia, Andrya, Bertia*). Chez tous les Cestoïdes des Poissons de mer, l'orifice vaginal est proximal (plus près du Scolex), par rapport à l'orifice mâle. Quelquefois chaque proglottis porte deux orifices mâles (*Amabilia*), ou même un double système complet d'orifices génitaux, correspondant à une duplication réelle de l'appareil génital tout entier (*Diplogonoporus, Moniezia,* divers *Thysanosoma*).

Structure histologique. — Les Cestoïdes manquent de cavité générale ; leur corps semble n'être qu'une lame solide dans l'épaisseur de laquelle sont logés les organes réduits à l'*appareil excréteur*, au *système nerveux* et à l'*appareil génital*. L'examen de coupes minces de la masse solide (fig. 1243) permet de distinguer : 1° une *cuticule* ; 2° une *couche sous-cuticulaire* ; 3° une *couche conjonctive* intermédiaire ; 4° une couche de *muscles longitudinaux* ; 5° une couche de *muscles transverses* ; 6° des muscles *dorso-*

Fig. 1243. — Coupe sagittale d'un proglottis mûr de *Bothriocephalus latus.* — *pl*, pli marquant la partie antérieure du proglottis ; *pu*, orifice mâle ; *pp*, poche du cirre ; *sp*, canal déférent ; *bb*, sa portion musculeuse dilatée ; *vg, vg', vg"*, coupes successives du vagin ; *ov*, ovaires ; *mt*, orifice de l'utérus ; *mt', mt"*, coupes successives de l'utérus ; *cc*, corpuscules calcaires ; *zml*, zone musculaire longitudinale ; *zmc*, zone musculaire circulaire ; *vt*, vitellogènes (d'après Moniez).

ventraux ; 7° une *substance centrale* dans laquelle prennent naissance tous les organes.

La nature de la *cuticule* et de la *couche sous-cuticulaire* a soulevé les mêmes discussions que pour les Trématodes. Chez les jeunes Cestoïdes ces couches dérivent certainement de la couche externe des cellules de l'oncosphère, et l'on peut quelque temps y reconnaitre des cellules distinctes ; elles sont même chez les *Triænophorus* les restes de la partie profonde[1] des cellules superficielles de l'oncosphère ; mais, après

<hr>

[1] N. Zograff, *Les cestoïdes offrent-ils des tissus d'origine exodermique?* Archives de Zoologie expérimentale, 2e série, t. X, 1892.

la pénétration de l'oncosphère dans son hôte temporaire, les limites des cellules s'effacent, leurs noyaux disparaissent, et il est difficile de savoir si la cuticule est un produit de sécrétion de la couche sous-jacente, ou si les deux couches ne sont que des modifications différentes, à des niveaux différents, d'une même couche cellulaire. D'autre part, à une phase ultérieure du développement, il semble que les couches provenant directement de l'exoderme s'éraillent, disparaissent et soient remplacées par des parties de la couche conjonctive sous-jacente, ou couche intermédiaire dont la région superficielle subirait une transformation cuticulaire (*Ligula* [1]). Quoi qu'il en soit, au moins chez les Tæniadæ, on peut distinguer dans la cuticule jusqu'à quatre couches, étroitement soudées deux à deux au point de se réduire à trois ou même à deux. Au-dessous se trouve toujours une couche de cellules fusiformes à grands noyaux dont les limites s'effacent souvent, et qui forment alors une lame protoplasmique contenant des noyaux et quelques fibres musculaires [2].

La *couche intermédiaire* et la *substance centrale* ne sont qu'une même substance conjonctive, décomposée en plusieurs assises par les faisceaux des muscles longitudinaux et transversaux. La substance conjonctive est elle-même une sorte de réseau à mailles serrées, formée de cellules fusiformes ou multipolaires dont la partie centrale contenant le noyau est plus ou moins réduite. Les éléments périphériques, plus gros que les autres, plus serrés et parfois disposés en couches successives, forment la couche sous-cuticulaire; ils sont plus ou moins contractiles. Le protoplasme d'un certain nombre de ces éléments s'incruste en partie de carbonate de chaux et il se forme ainsi des *corpuscules calcaires* arrondis qui demeurent reliés à la partie fibreuse de la cellule par la membrane d'enveloppe. Ces corpuscules calcaires existent chez presque tous les Cestoïdes; ils sont souvent particulièrement abondants dans la couche intermédiaire; leur absence a cependant été signalée chez le *Tænia ursina* [3]. Lorsqu'elles sont jeunes, les cellules conjonctives sont arrondies; tout au moins, leur partie renflée qui contient leur noyau prédomine sur les prolongements fibreux. Ce sont ces jeunes cellules qui se différencient pour former les organes internes ou les délimiter. À mesure qu'elles vieillissent, si elles n'assument pas un rôle particulier, elles se réduisent entièrement à leur filament fibreux, et constituent, pour la plus grande partie, le réseau conjonctif.

Les *muscles longitudinaux* forment sous chaque face une couche épaisse au-dessous de la zone intermédiaire dans laquelle vont se perdre un assez grand nombre de leurs fibres. Ils s'étendent sur toute la longueur du corps, et se subdivisent assez souvent en faisceaux secondaires, qui parfois se distribuent régulièrement dans la zone intermédiaire. Les *muscles transverses* forment deux plans, l'un dorsal, l'autre ventral; ils sont compris entre les deux couches des muscles longitudinaux, et comprennent entre eux la masse centrale d'où dérivent les organes

---

[1] Moniez, *Mémoires sur les Cestoïdes*, V⁰ partie. Travaux de l'Institut zoologique de Lille, t. II, fasc. ii, 1881.

[2] F. Zschokke, *Recherches sur la structure anatomique et histologique des Cestoïdes*. Mémoires de l'Institut national genevois.

[3] Von Linstow, *Zur Anatomie und Entwickelungsgeschichte der Tænien*, Archiv fur mikrosk. Anatomie, Bd. XLII, 1893.

génitaux. La disposition des *muscles dorso-ventraux* est essentiellement variable. Dans le scolex, la disposition des muscles est essentiellement la même que dans les proglottis; seulement la présence des ventouses en modifie légèrement le parcours; c'est ainsi que chez les *Calliobothrium*, ils forment dans le cou et le scolex quatre puissants faisceaux qui viennent s'insérer à la face postérieure des bothridies et qui sont quelquefois entourés d'une gaine spéciale de tissu conjonctif. Chez les ANTHOBOTHRIUM, ils pénètrent dans les pédoncules des bothridies et y forment de nombreux faisceaux qui s'épanouissent en éventail et dont les fibres viennent se fixer sur la paroi de ces organes. Il s'y ajoute d'ailleurs des faisceaux musculaires longitudinaux, indépendants du système habituel et qu'on a présentés comme les restes d'un pharynx musculeux, analogue au bulbe œsophagien des Trématodes, mais c'est là une interprétation suggérée par l'opinion que le scolex est réellement une tête et qu'aucun document décisif ne permet d'apprécier.

Les bothridies des TÆNIIDÆ possèdent une musculature spéciale, composée de fibres radiaires, de fibres circulaires situées dans le plan transversal du scolex et de fibres circulaires situées dans le plan longitudinal; les fibres radiaires sont abondantes; quelquefois cependant elles disparaissent presque entièrement (*Moniezia expansa*). Chaque ventouse forme un petit tout, isolé par une membrane résistante du reste du parenchyme.

Appareil néphridien. — L'appareil néphridien des Cestoïdes est fondamentalement construit sur le même plan que celui des Trématodes. D'ampoules terminales situées à la limite de la couche corticale et de la couche parenchymenteuse (fig. 1244, W*b*), formées par une cellule portant une flamme vibratile, partent de fins canaux qui s'anastomosent, et forment un réseau dont les branches superficielles vont se jeter dans de gros canaux longitudinaux s'ouvrant eux-mêmes à l'extérieur. La disposition du réseau, celle des canaux longitudinaux, celle de leurs orifices sont éminemment variables suivant les types.

Les *Gyrocotyle*, *Caryophyllæus* (fig. 1234, W, p. 1810), *Archigetes* présentent un réseau néphridien superficiel à larges mailles duquel se dégagent chez les *Caryophyllæus* dix, et chez les *Archigetes* huit canaux longitudinaux; ces canaux aboutissent chez les *Caryophyllæus* à une vésicule située à l'extrémité du corps opposée à la ventouse; ils sont unis par de nombreuses anastomoses. Une vésicule semblable s'ouvre chez l'*Archigetes* à la jonction de l'oncosphère et du proglottis, c'est-à-dire à l'extrémité antérieure de celui-ci; deux orifices néphridiens ventraux ont été signalés chez les *Gyrocotyle* par Spencer, mais n'ont pas été revus. L'appareil excréteur du *Triænophorus*, des *Dibothrium punctatum*, celui du scolex du *Tetrachynchus tetrabothrium* sont réticulés comme celui des *Gyrocotyle*.

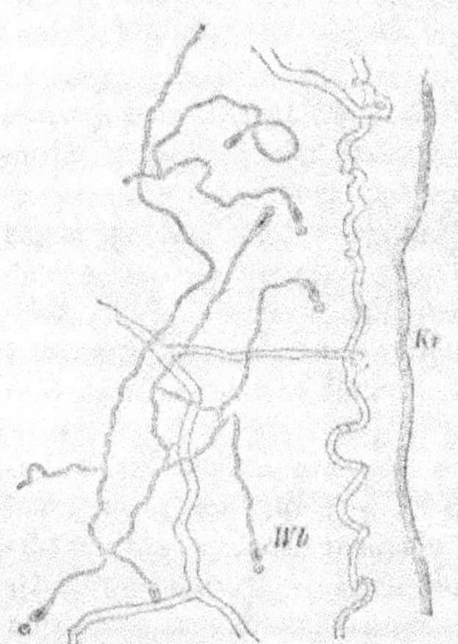

Fig. 1244. — Fragment de l'appareil néphridien du *Caryophyllæus mutabilis*. — W*b*, ampoules terminales; K*r*, bord de l'animal (d'après Pintner).

Les *Schistocephalus*, les *Ligula* présentent deux réseaux néphridiens, l'un dans la couche intermédiaire, l'autre dans la masse centrale; chez les *Ligula* les canaux de la couche intermédiaire sont disposés longitudinalement. Ces canaux communiquent avec l'extérieur par des orifices secondaires placés sur le bord des segments chez les *Schistocephalus*. Il existe également un réseau superficiel à mailles étroites chez les *Bothriocephalus* et, en outre, deux vaisseaux profonds avec anastomoses, auxquels s'ajoutent deux autres vaisseaux chez les jeunes proglottis. Chez les *Leuckartia* les canaux de la masse centrale sont également nombreux, mais régulièrement disposés tout contre la couche des muscles transverses; un canal circulaire les réunit tous dans chaque proglottis. Chez les *Abothrium* trois vaisseaux s'isolent de chaque côté des proglottis, et sont logés dans une gaine musculaire particulière. D'habitude, outre un réseau superficiel plus ou moins complexe, on trouve de chaque côté du corps un canal dorsal et un canal ventral qui peuvent demeurer totalement indépendants de ceux du côté opposé (la plupart des *Calliobothrium*), tout en fournissant parfois un réseau complexe aux bothridies (*Tetrabothrium crispum*), s'anastomosent entre eux dans le scolex seulement (*Onchobothrium uncinatum*, Cestoïdes des Poissons de mer) ou tout à la fois dans le scolex et dans chaque proglottis. Dans ce dernier cas (*Bothridium*, fig. 1240, nos 2 et 3, p. 1815; *Duthiersia*, TÆNIIDÆ, fig. 1247, p. 1828), les deux canaux latéraux sont de diamètre inégal, et contenus dans le même plan. Le plus gros de ces canaux (*a*) paraît dépourvu de parois propres (Moniez) et peut être désigné sous le nom de *lacune longitudinale*; dans chaque proglottis les deux lacunes longitudinales sont unies entre elles par une lacune transversale (*d*) située généralement près du bord distal des proglottis; les canaux grêles, à parois propres (*c*), demeurent indépendants. Ces canaux peuvent être situés en dehors (*Bothridium, Duthiersia, Mesocestoïdes*) ou plus souvent en dedans (*Moniezia expansa, Calliobothrium, Tænia serrata, T. solium*) des lacunes longitudinales; mais en arrivant dans la région des jeunes proglottis, les dimensions des deux canaux du même côté s'égalisent; en même temps, les lacunes prennent une situation nettement ventrale, les canaux grêles une situation dorsale. En général une simple anastomose dorso-ventrale unit entre eux, dans le scolex, les deux canaux d'un même côté; cette anastomose est remplacée par une anse dirigée en dehors et dont les deux branches sont unies entre elles par de nombreuses anastomoses chez la *Moniezia mamillana*; dans tous les cas (*Phyllobothrium tridax, P. Dohrni, Anthobothrium*, ANOPLOCEPHALINÆ), un cercle vasculaire unit finalement les deux canaux de droite à ceux de gauche. Il existe même deux cercles semblables, en arrière des ventouses, chez l'*Anoplocephala transversaria* de la Marmotte où ces cercles sont unis par un lacis vasculaire; les *Monorygma, Echeneibothrium*, présentent des dispositions analogues; enfin les cercles sont remplacés par un réseau à mailles irrégulières parcourant toute l'étendue des bothridies chez les *Bothridium* (fig. 1240, *r*) et les *Duthiersia* où ces organes sont énormes [1]. Partout où il existe des bothridies pédonculées, chaque canal envoie à son intérieur (*Anthobothrium*) une anse plus ou moins sinueuse qui peut produire elle-même des anses secondaires. On peut considérer comme un reste de cette disposition le fait que chez les CYSTOTÆNIINÆ, il naît du cercle vasculaire du scolex huit branches, deux pour chaque ventouse;

[1] J. POIRIER, *Sur l'appareil excréteur et le système nerveux de la Duthiersia expansa et du Solenopharus*, C. R. de l'Académie des sciences, t. CII, 1886.

ces branches se réunissent ensuite deux à deux pour former les deux paires de canaux latéraux.

Quelquefois les canaux dorsaux s'atténuent et disparaissent dans la région postérieure du corps (*Echeneibothrium gracile*); d'habitude ils atteignent tous les quatre l'extrémité du dernier proglottis et s'ouvrent isolément au dehors; parfois cependant ils se réunissent en un court canal qui s'ouvre en dehors par un orifice unique (*Dipylidium caninum*, *Mesocestoïdes*); cela doit être la règle lorsque les proglottis ne se détachent pas de la chaine et, quel que soit leur âge, ne constituent qu'un seul et même corps; encore, chez les *Dipylidium*, la chute du dernier proglottis est-elle suivie de la reconstitution de la vésicule; assez souvent on trouve aussi sur les proglottis des orifices secondaires pour l'appareil néphridien (*Triænophorus*, *Cyathocephalus*, *Tænia filicollis*, *T. torulosa*, *Tetrarhynchus*, etc.).

Il existe un véritable système de valvules dans les grands canaux longitudinaux de la *Moniezia expansa* et de quelques autres types. Les canaux ne sont vibratiles que chez les CESTODARIA, et les flagellums vibrants y sont largement espacés.

Système nerveux. — Les *Gyrocotyle* et *Amphilina* présentent à peu près le même type de système nerveux. Il existe ici deux gros troncs nerveux latéraux qui suivent à quelque distance les bords du corps de l'animal et se rejoignent aux deux extrémités formant une commissure au contact de la ventouse, et, chez les *Gyrocotyle*, un anneau, peut-être incomplet en dessous, au voisinage de l'entonnoir; ces nerfs envoient dans le parenchyme de nombreuses ramifications transversales. Il existe aussi chez les *Caryophyllæus* deux troncs principaux, qui s'unissent aux deux extrémités du corps, mais ces troncs sont accompagnés de huit troncs secondaires, quatre dorsaux et quatre ventraux, unis par une vingtaine de commissures comme chez les Trématodes; à l'extrémité opposée à celle qu'occupe le pore excréteur, les gros troncs nerveux, après avoir dépassé la commissure qui les unit, se bifurquent; chacune de leurs branches se divise ensuite en trois vaisseaux. Les gros troncs nerveux latéraux se retrouvent seuls ou accompagnés de cordons plus grêles, parfois très nombreux chez les Cestodes proprement dits.

Ces deux gros troncs (fig. 1240, n° 2 et 3, *b*) suivent les canaux néphridiens longitudinaux, et sont placés à leur extérieur. Ils se réunissent de diverses façons dans le scolex, où se développent en outre des ganglions; le degré de complication du système nerveux dans le scolex n'a rien de typique; il dépend uniquement du degré de complication des organes de fixation que porte celui-ci. Les deux grands nerfs latéraux sont simplement reliés par une bandelette transversale dans les cas les plus simples (*Tetrarhynchus*, fig. 1242, *g*). De cette commissure naissent quatre nerfs en avant et quatre latéralement; ces nerfs innervent surtout les bothridies. Dans les formes où ces organes sont pédiculés (*Anthobothrium*, *Echeneibothrium*), la commissure est située tout à fait au sommet du scolex, les nerfs antérieurs font, en conséquence, défaut; les latéraux se bifurquent en une branche inférieure et une supérieure qui suivent la face postérieure des bothridies. Ces nerfs se bifurquent de même chez les *Phyllobothrium* et *Orygmatobothrium*, mais ici, la commissure étant plus bas, il existe des nerfs antérieurs qui peuvent être reliés près du sommet du scolex par une nouvelle commissure. Chez les *Tetrabothrium*, *Calliobothrium* et chez les TÆNIDÆ, on observe des dispositions un peu plus complexes, mais qui sont susceptibles de varier beaucoup d'un type à l'autre. Chez le

Cystotænia cænurus (fig. 1245), chacun des troncs longitudinaux *p*, en arrivant dans le scolex, se renfle en un ganglion ; ces deux ganglions sont unis par une commissure ganglionnaire transversale ; au delà des ganglions, les nerfs latéraux se prolongent ; bientôt ils se bifurquent et aboutissent à un anneau nerveux présentant huit ganglions : deux droits, deux ventraux, deux gauches, deux dorsaux ; cet anneau fournit des nerfs à la couronne des crochets ; les deux ganglions dorsaux et les deux ventraux donnent respectivement naissance à un nerf (s) dirigé en arrière et qui parcourt toute la longueur du corps ; les deux nerfs dorsaux ne tardent pas à être reliés par une commissure transversale ; il en est de même des nerfs ventraux ; la naissance de ces commissures est marquée sur chaque nerf par un petit ganglion ; un peu plus bas se trouvent entre les mêmes nerfs des commissures semblables ; de l'origine de ces commissures d'autres commissures *c*, *c'*, se rendent en même temps respectivement aux ganglions latéraux et à la grande commissure qui les unit ; toutes ces commissures dessinent une figure hexagonale munie de ses diagonales. Enfin les gros nerfs latéraux sont accompagnés sur toute leur longueur de deux nerfs plus grêles, ce qui porte à dix le nombre total des paires nerveuses qui parcourent tout le corps. Les nerfs latéraux tendent à disparaître dans les proglottis mûrs.

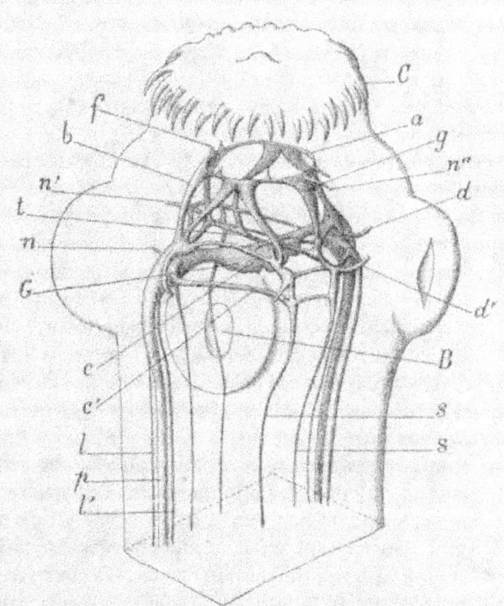

Fig. 1245. — Système nerveux du Scolex du *Cystotænia cænurus*. — *B*, ventouses ; *C*, couronne de crochets. — *a*, collier nerveux fournissant des nerfs antérieurs *f*, des nerfs latéraux *n″* et portant quatre paires de ganglions *g*, d'où divergent, en se dirigeant en arrière les troncs *b* qui comprennent entre eux les bothridies ; *c*, *c'*, double cadre nerveux hexagonal ; *G*, ganglion transversal dans le plan des proglottis ; *t*, commissure dirigée perpendiculairement au ganglion *G*, bifurquée à ses deux extrémités, passant sous un pont nerveux détaché du ganglion et unissant ensemble quatre des sommets du cadre supérieur ; *ndd'*, nerfs ; *p*, troncs latéraux ; *l*, *l'*, cordon accompagnant les troncs latéraux ; *ss*, troncs médians longitudinaux (d'après Niemiec).

Assez souvent les gros nerfs latéraux fournissent, vers le bord postérieur de chaque proglottis, un nerf externe qui s'engage dans la couche corticale, un nerf interne qui se ramifie dans la couche moyenne ; tous deux se perdent après un court trajet. La substance fondamentale du système nerveux est un tissu à fines fibrilles auxquelles s'entremêlent dans les ganglions du scolex et à la naissance des nerfs des proglottis d'assez nombreuses cellules bi- ou tripolaires.

Appareil génital. — Le scolex des Cestoïdes est toujours dépourvu d'appareil génital. Les proglottis qu'il produit n'arrivent que successivement à mesure qu'ils vieillissent à l'état de maturité génitale et peuvent dépasser cet état sans se détacher du strobile dont ils font partie. Quand on examine l'un après l'autre les proglottis qui se succèdent à partir du scolex, on voit peu à peu apparaître les rudiments d'un appareil génital hermaphrodite; les organes mâles arrivent, en général, les premiers à maturité, de sorte qu'il y a *dichogamie protandrique* ou simplement protandrie; après avoir rempli leurs fonctions, les organes mâles s'atrophient peu à peu, tandis que les organes femelles continuent leur évolution; le proglottis peut alors se détacher avant que cette évolution soit achevée, et c'est dans ces proglottis isolés qu'il faut la suivre (la plupart des Cestoïdes des Poissons de mer), ou bien le proglottis continue à faire partie du strobile; dès lors on peut voir dans la chaîne les organes femelles se flétrir peu à peu, tandis que l'utérus rempli par les œufs envahit graduellement tout le proglottis; finalement la ponte a lieu et les proglottis, où l'on ne trouve plus que de faibles traces de l'appareil génital, se flétrissent à leur tour. On peut donc étudier dans un même strobile toutes les phases du développement et de la dégénérescence des organes génitaux; l'état de ces organes varie d'un proglottis à l'autre. C'est aux dépens des cellules du parenchyme que se développe l'appareil reproducteur. Les parties tubulaires apparaissent les premières sous forme de deux trainées de cellules arrondies qui, chez les formes à orifices génitaux marginaux, sont perpendiculaires l'une à l'autre dans le même plan. L'une de ces trainées part du bord du segment et se dirige transversalement vers la ligne médiane qu'elle ne dépasse pas; l'autre trainée s'étend le long de la ligne médiane, presque du bord proximal jusqu'au bord distal du proglottis. Le *rudiment transversal* donne naissance en se dédoublant à deux trainées parallèles, d'une part à la poche du cirre et au cirre, d'autre part à la portion périphérique du vagin; le *rudiment longitudinal* médian donne naissance à l'utérus. Les autres parties de l'appareil génital se différencient plus tardivement, aux dépens des cellules conjonctives. Sans qu'il y ait cependant à cet égard rien de tout à fait absolu, les glandes mâles et les glandes femelles se développent en général, dans des plans différents, de sorte que les premières sont plus rapprochées de la face du proglottis que nous avons déjà appelée *dorsale*, les secondes plus rapprochées de la face *ventrale*.

L'appareil génital des Bothriocephalidæ, celui des Cestodaria et des Tetrabothriidæ, auxquels se rattachent à cet égard les Trypanorhyncha, et celui des Tæniidæ représentent trois types assez nets, entre lesquels les autres viennent s'échelonner. Chez les Bothriocephalidæ les orifices génitaux sont sur la face ventrale des proglottis, tantôt vers le bord proximal du proglottis (*Bothriocephalus*), tantôt vers le bord opposé (*Bothridium*), et, l'utérus s'ouvrant en dehors, il existe un *orifice de ponte*, outre les orifices mâle et femelle. La position des orifices génitaux est variable chez les Cestodaria; l'orifice du cirre est marginal et à gauche de la ventouse supposée postérieure chez les *Gyrocotyle*; l'orifice du vagin est un peu en avant de celui du cirre et simplement latéral; l'orifice de l'utérus, plus antérieur encore et plus voisin de la ligne médiane. Les orifices du canal déférent et du vagin sont au contraire presque médians chez les *Amphilina*, et à l'opposé de la ventouse au voisinage de laquelle s'ouvre l'utérus; c'est également au voisinage de la ligne de jonction de l'oncosphère et du scolex, c'est-à-dire à l'opposé de la ventouse, que se trouve l'orifice de l'atrium génital chez les *Archigetes*; cet orifice atrial est ventral et presque médian chez les *Caryophyllæus*. Déjà chez quelques Dicestoda, les orifices génitaux se transportent sur la tranche des proglottis ou dans son voisinage; cette disposition devient générale chez les TRYPANORHYNCHA, les TETRABOTHRIIDÆ et les TÆNIIDÆ, toutefois dans ce dernier groupe les *Tetracampos* et les *Mesocestoïdes* ont des orifices génitaux sur les faces larges. Il existe souvent un orifice de ponte chez les TETRABOTHRIIDÆ; cet orifice manque le plus souvent aux TÆNIIDÆ; de plus le vagin et le canal déférent s'ouvrent assez souvent dans un atrium, de sorte qu'il n'y a plus qu'un orifice génital externe (*Anthobothrium auriculatum*, *Monarygma perfectum*, *Hymenolepis relicta*), au fond d'un entonnoir de faible profondeur (*Anoplocephala*, *Hymenolepis diminuta*) ou au sommet d'une papille saillante (*Moniezia expansa*). L'organisation de l'appareil génital nous offrira des différences plus importantes: nous décrirons successivement l'appareil mâle et l'appareil femelle, qui sont d'ailleurs dans leurs lignes essentielles construits comme les appareils correspondants des Trématodes (fig. 1246).

Appareil génital mâle. — L'appareil génital mâle comprend les *testicules*, les *canaux déférents*, le *canal éjaculateur* et le *cirre*, organe copulateur contenu dans une gaine spéciale, la *poche du cirre*. Les testicules forment de petites masses habituellement très nombreuses (fig. 1247, T), disséminées dans le parenchyme central, principalement du côté dorsal, mais qui peuvent se rapprocher de manière à former

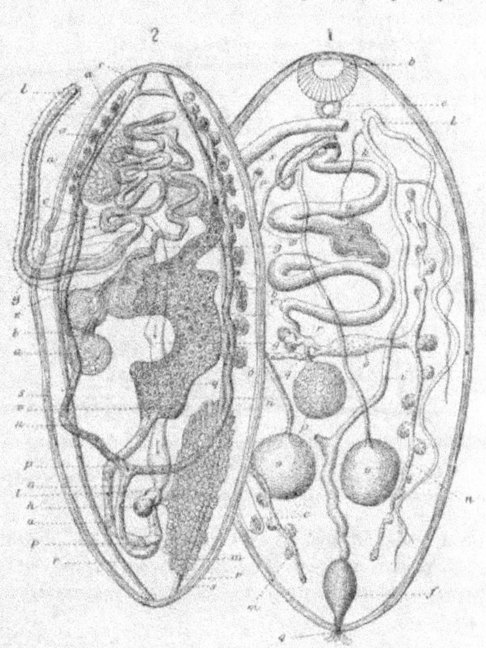

Fig. 1246. — Figures schématiques permettant de comparer l'organisation d'un Trématode avec celle d'un proglottis de Cestoïde. — Nᵒ 1, *Trématode*; *b*, pharynx; *e*, œsophage et tube digestif; *f*, vésicule terminale de l'appareil rénal; *n*, vitellogène; *o*, ootype; *p*, ovaire; *r*, poche copulatrice; *i*, *s*, *t*, *u*, utérus; *v*, testicules; *u*, canaux déférents; — nᵒ 2, *Cestoïde*; *a*, testicules; *b*, *c*, canaux déférents; *e*, poche du cirre; *g*, vagin; *h*, poche copulatrice; *m*, ovaire; *n*, vitelloductes; *o*, vitellogène; *pq*, matrice; *r*, canaux néphridiens; *s*, paroi musculaire du corps; *u*, *r*, nerfs (d'après P.-J. van Beneden).

deux groupes latéraux (*Acanthobothrium coronatum*) ou se concentrer soit dans la région médiane (*Echeneibothrium gracile*), soit dans la région proximale de chaque proglottis (*Tænia serrata*). Leur nombre se réduit naturellement beaucoup chez les TÆNIADÆ à articles courts, où l'appareil mâle tout entier prend l'aspect d'une glande en grappe transversale (*Moniezia*) dont les masses glandulaires espacées se réduisent même à trois chez les *Hymenolepis* (*H. nana*, *H. diminuta*, fig. 1248, *t*). Chaque testicule semble commencer par être une masse cellulaire, d'abord sans enveloppe spéciale (Moniez). Cette enveloppe finit cependant par se constituer (Zchokke); elle n'a pas de structure appréciable. De chaque masse testiculaire naît un grêle *canal déférent* à parois à peine distinctes; ces canaux se réunissent de proche en proche pour aboutir au *canal éjaculateur*. Celui-ci est très long, en général fortement pelotonné, souvent de plus en plus dilaté à mesure que l'on se rapproche du confluent des canaux déférents (CALLIOBOTHRIINÆ, TETRABOTHRIINÆ) ou dilaté, au contraire, à son extrémité opposée, en une *vésicule séminale* (*Anoplocephala*, *Hymenolepis*, *vs*);

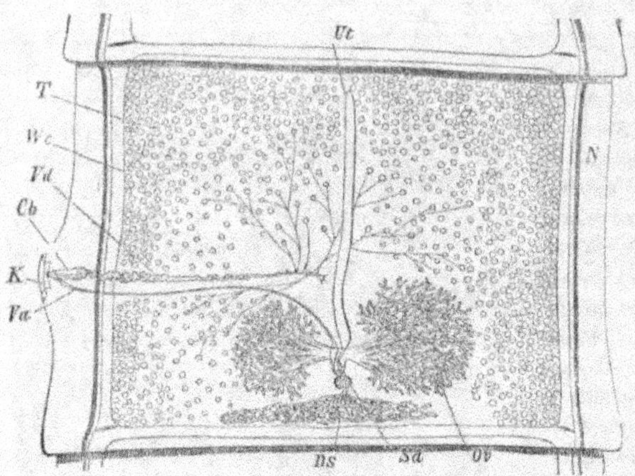

d'autres fois le canal est fusiforme dans sa partie pelotonnée (*Tœniarhynchus saginatus*, fig. 1247, *Vd*) et peut être en outre pourvu d'une vésicule séminale au contact de la poche du cirre (*Moniezia expansa*). Cette vésicule contiguë à la poche péniale est remplacée chez les DICESTODA (*Dibothrium*, *Ligula*, *Schistocephalus*), par un bulbe musculaire dont la paroi interne est tapissée de lon-

Fig. 1247. — Organisation d'un proglottis adulte de *Tœniarhynchus saginatus*. — *Ov*, ovaire; *Dv*, vitellogène; *Sd*, glande coquillière; *Vt*, utérus; *T*, testicules; *Vd*, canal éjaculateur; *Cb*, poche du cirre; *K*, sinus génital; *Va*, vagin; *N*, cordon nerveux; *Wc*, canal néphridien (d'après Sommer).

gues soies dirigées vers l'entrée du pénis (fig. 1243, *bb*, p. 1820; fig. 1249).

La poche du cirre (fig. 1247, *Cb*; fig. 1248, *Pdc*) est un organe piriforme dont la paroi contient des fibres musculaires longitudinales et au dehors des fibres trans-

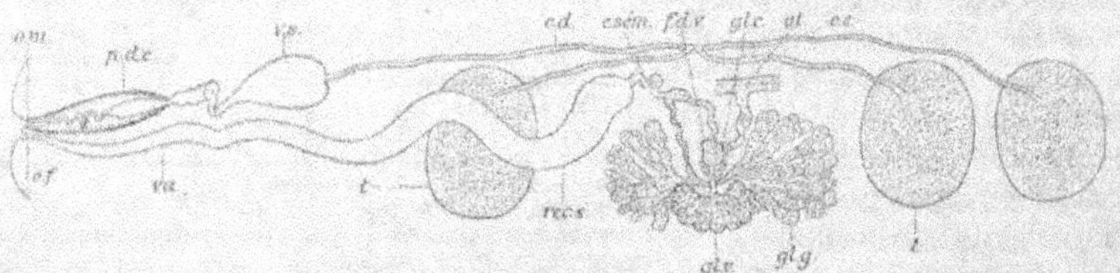

Fig. 1248. — Coupe transversale de l'appareil génital de l'*Hymenolepis diminuta*. — *t*, testicules; *ce*, canaux efférents; *ut*, utérus; *glc*, glande coquillière; *fdv*, fond du vagin; *csem*, canal séminal; *cd*, canal déférent; *of*, orifice femelle; *recs*, réceptacle séminal; *glv*, vitellogène; *glg*, ovaire (d'après Zschokke).

versales; sa paroi interne est reliée au cirre par un tissu réticulé qui devient une véritable masse musculaire chez les *Bothriocephalus*. Le canal semble se continuer simplement dans ce tissu, qu'il traverse en serpentant plus ou moins, et souvent en se renflant de manière à constituer une ou deux vésicules séminales accessoires (*Moniezia mammillana*, *M. transversaria*, *Anoplocephala expansa*, *Hymenolepis relicta*, *Tetrabothrium crispum*, etc.). Le canal éjaculateur a des parois de structure fort simple, présentant quelques fibres musculaires et souvent enveloppées d'une couche de glandes unicellulaires. La structure des parois du cirre est beaucoup plus complexe; on y trouve, de dehors en dedans : 1° une couche externe de cellules à petit noyau et à protoplasme granuleux; 2° une couche de fibres longitudinales; 3° une couche simple de fibres circulaires; 4° une couche épithéliale interne dont chaque cellule supporte une longue soie ou crin piquant dirigé vers l'orifice externe du cirre. Les couches musculaires disparaissent souvent vers l'extrémité du cirre. Les soies qui garnissent la paroi interne de l'organe peuvent se changer en crochets ou disparaître entièrement (*Anthobotrium*, *Tetrabothrium crispum*, etc.).

Lors de l'érection, le cirre fait saillie au dehors, et il se dévagine de manière que les soies ou crochets qui garnissent sa paroi interne deviennent externes et dirigent leur pointe vers la base (fig. 1246, *b*). Toutefois cette saillie du cirre à l'extérieur ne semble pas toujours possible (*Hymenolepis*), et il y a des cas où la brièveté de l'organe semble commander l'autofécondation des proglottis.

Appareil génital femelle. — L'appareil génital femelle comprend, comme chez les Trématodes (fig. 1246) : 1° un ou plusieurs *ovaires* (germigènes); 2° deux *vitellogènes*; 3° une *glande coquillière* ou *corps de Mehlis*; 4° des canaux (*oviducte*, *vitello-*

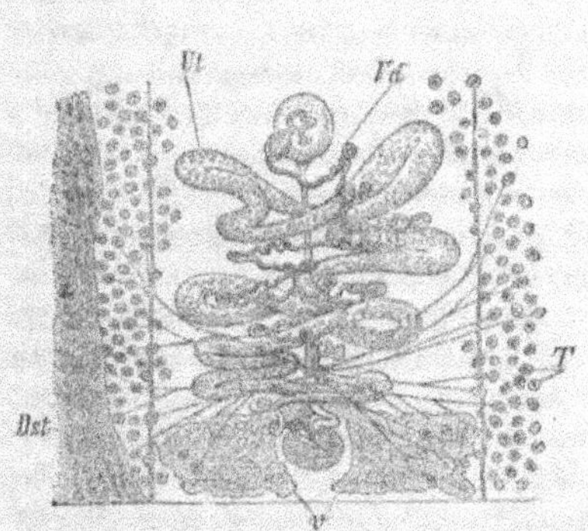

Fig. 1249. — Organes génitaux d'un proglottis mûr de *Bothriocephalus latus* vus par la face dorsale. — *v*, ovaire; *Ut*, utérus; *Dst*, vitellogène; *T*, testicules; *Vd*, canal déférent (d'après Sommer et Landois).

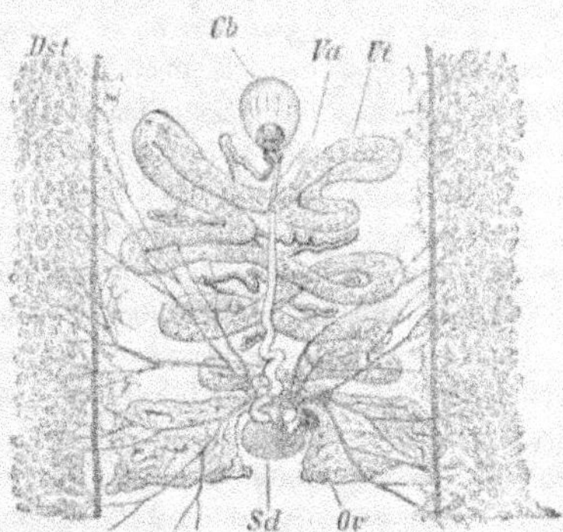

Fig. 1250. — Organes génitaux d'un proglottis mûr de *Bothriocephalus latus* vus par la face ventrale. — *Ov*, ovaire; *Ut*, utérus avec son orifice ventral; *Sd*, glande coquillière; *Dst*, vitellogène; *Va*, vagin et orifice sexuel; *Cb*, poche du cirre (d'après Sommer et Landois).

ductes, canaux excréteurs des cellules de la glande coquillière), qui aboutissent à une sorte d'atrium, plus ou moins différencié, l'*ootype*. L'ootype communique avec deux autres canaux, dont l'un, très grêle, s'ouvre toujours au dehors, au voisinage de l'orifice de la poche du cirre, c'est le *vagin*, tandis que l'autre, l'*utérus*, peut demeurer complètement clos ou s'ouvrir au dehors par un orifice toujours situé sur la face large du segment (DICESTODA, TETRABOTHRIIDÆ).

L'*ovaire* et le *vitellogène* occupent généralement la face ventrale du corps. L'ovaire est une glande à acini ramifiés, divergeant d'un point central (*Bothriocephalus*, *Moniezia expansa*, *Anoplocephala mamillana*) où, ce qui est la disposition ordinaire, se disposant en deux groupes symétriques (fig. 1247, *Ov*; 1248, *glg*; 1249, *v*; 1250,

Ov), parfois compacts et même sphéroïdaux (*Idiogenes*), ayant chacun son canal excréteur; ces deux canaux se fusionnent en un seul sur la ligne médiane. Chez les *Bothriocephalus*, une masse médiane profonde (fig. 1250, *Sd*), qui semble homologue de l'ovaire des *Leuckartia* et des *Abothrium*, situés eux aussi dans la masse centrale du parenchyme et dont la structure rappelle celle des ovaires, a été considérée tantôt comme une glande coquillière, tantôt comme un ovaire rudimentaire dont les éléments n'arriveraient jamais à maturité. De même, chez les TÆNIIDÆ il y a toujours au voisinage des ovaires une masse glandulaire impaire, pourvue d'un canal excréteur propre, s'ouvrant en général dans les canaux abducteurs de l'appareil génital, à quelque distance de l'orifice de l'oviducte (fig. 1247, *Ds*, et 1248, *glv*). Cette glande compacte a une structure extrêmement voisine de celle des ovaires; mais son aspect externe et ses connexions sont assez différents, et elle est généralement considérée comme un *vitellogène*; elle se divise d'ailleurs, chez les *Mesocestoïdes*, en deux glandes symétriques qui, chez le *M. litteratus*, se dissocient en petits acini sphériques, ayant presque l'aspect normal des vitellogènes dissociés des *Bothriocephalus* (fig. 1249 et 1250, *Dst*). Dans ce genre, et probablement chez les autres DIGESTODA, les vitellogènes sont, en effet, comme les testicules, formés d'une multitude de petits acini occupant du côté ventral les plages latérales de chaque proglottis. Chez l'*Anthobothrium auriculatum* et le *Tetrabothrium crispum*, les glandes vitellogènes conservent encore cette disposition; chez le *Monorygma perfectum*, le *Phyllobothrium tridax*, les *Orygmathobothrium*, la plupart des *Anthobothrium*, ils apparaissent, dans les coupes transversales, formant de chaque côté du proglottis une bande en fer à cheval dont une branche est dorsale, l'autre ventrale; ils forment enfin chez les *Echeneibotrium* et les CALLIOBOTHRIINÆ deux cordons latéraux compacts, longitudinaux, plus ou moins lobés sur les bords. Deux canaux symétriques, les *vitelloductes*, rassemblent les produits des vitellogènes : ils se confondent d'ordinaire en un canal unique relié au *germiducte*, qui se continue d'une part avec le *vagin*, d'autre part avec l'*utérus*, auquel il est relié par un canal étroit, l'*oviducte*. L'origine de l'oviducte est le plus souvent marquée par une couronne de glandes unicellulaires plus ou moins nombreuses formant la *glande coquillière* (fig. 1247, *Sd*, et 1248, *gle*).

Sur son trajet, le *vagin* peut présenter des différenciations diverses; simple chez les *Mesocestoïdes, Anthobothrium, Phyllobothrium tridax, Tetrabothrium longicolle, Orygmatobothrium musteli, Dipylidium*, il a quelquefois l'aspect d'un canal fusiforme, jouant, presque jusqu'à sa rencontre avec le germiducte, le rôle de poche copulatrice (*Dibothrium, Hymenolepis diminuta*); souvent le renflement se localise et forme une poche nettement délimitée qui se rapproche de l'orifice externe du vagin (*Acanthobothrium, Calliobotrium*), se place au milieu de sa longueur (*Tetrabothrium crispum, Anoplocephala transversaria*) ou se transporte au voisinage du confluent avec le vitelloducte (*Anoplocephala mamillaria, Moniezia expansa*). Fréquemment un autre renflement se produit dans la région du confluent du vitelloducte, du germiducte et du vagin, en avant de la glande coquillière : c'est l'*ootype* ou *fond du vagin* (*Anoplocephala transversaria, Hymenolepis*, fig. 1248, *fdv*; *Idiogenes, Mesocestoïdes, Onchobothrium, Anthobotrium*, etc.).

A l'entrée même du vagin, il se produit encore assez souvent des différenciations particulières; cette entrée peut être suivie d'un canal ou d'une petite poche dans laquelle se replie la cuticule et dont les parois portent des soies ; à la suite vient chez les *Calliobothrium* un puissant sphincter ; fréquemment sur tout ou partie du vagin celui-ci est enveloppé d'une couche de cellules glandulaires (*Anthobothrium*, *Calliobothrium*). En tout cas, les parois ont une structure complexe ; elles présentent toujours de dehors en dedans une couche de fibres longitudinales, une couche de fibres circulaires, une couche hyaline réfringente, une couche de petites cellules qui portent les soies.

L'*oviducte*, qui fait suite à l'extrémité profonde du vagin, peut servir de réceptacle pour les œufs ; il décrit alors plusieurs circonvolutions à la face inférieure du corps, et peut ensuite se perdre dans les tissus (*Ligula*), ou revenir sur lui-même et s'ouvrir dans l'ovaire, où les œufs, après s'être entourés d'un vitellus et d'une coque, mûrissent comme dans un utérus (*Davainea tetragona* [1]) ; le plus souvent enfin, il débouche dans l'*utérus*. Ce dernier est un sac qui, après avoir décrit plusieurs circonvolutions, s'ouvre chez les *Bothriocephalus* à la face ventrale du corps, à une petite distance du côté distal des orifices mâle et femelle (fig. 1243, *mt*, p. 1820). Chez les TETRABOTHRIIDÆ et les TÆNIIDÆ à longs proglottis, l'utérus est toujours un sac longitudinal médian, qui peut demeurer simple et se lober sur ses bords plus ou moins régulièrement (TETRABOTHRIIDÆ) ou présenter (TÆNIIDÆ) de longues ramifications latérales dont le nombre et la forme ont servi à la caractéristique des espèces (fig. 1251). Chez les TÆNIINÆ à courts articles (*Moniezia*, *Thysanosoma*, *Anoplocephala*), l'utérus est transversal et prend la forme d'un tube pelotonné ; il revêt enfin chez les *Dipylidium* où il n'y en a qu'un commun aux

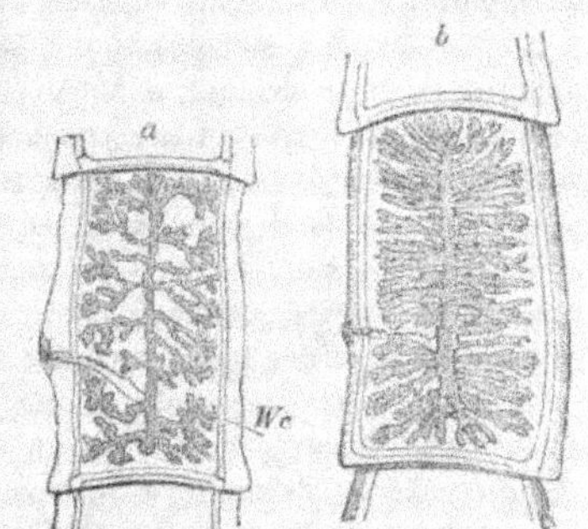

Fig. 1251. — Proglottis mûrs, *a* de *Tænia solium*, *b* de *Tæniarhynchus saginatus*, montrant la matrice, le sinus génital et le canal néphridien *Wc*.

deux appareils génitaux de chaque proglottis, la forme très particulière d'un réseau dans les mailles duquel sont encastrés les testicules. Sur les mailles du réseau sont des diverticules en cul-de-sac ; les œufs distendent ces diverticules aussi bien que les tubes qui les supportent et déterminent ainsi la formation de sacs sphéroïdaux qui finissent par s'isoler. L'utérus manque d'orifice externe chez la plupart des TÆNIIDÆ ; il présente souvent chez les TETRABOTHRIIDÆ un orifice, au moins temporaire, sur la face ventrale du corps.

Formation des spermatozoïdes [2]. — Les cellules qui constituent les follicules testiculaires, d'abord claires et pourvues d'un noyau, ne tardent pas à devenir assez granuleuses pour que le noyau cesse d'être apparent ; il est probable que le noyau se divise plusieurs fois à son intérieur et que ses fragments deviennent des centres autour desquels se constituent simultanément des cellules filles qui ne tardent pas à faire hernie sur l'une des moitiés de la cellule mère et à se pédiculiser ; bientôt ces cellules se détachent par groupes de la cellule mère, formant des rosettes dont

[1] DESMARE, *Le funzioni dell' ovario nella Davainea tetragona*, Rend. R. Acad. Sc. fis. e matem. de Napoli, 9 déc. 1893.

[2] R. MONIEZ, *Mémoire sur les Cestodes* (1ʳᵉ partie). Travaux de l'Inst. zool. de Lille, 1881.

tous les éléments sont réunis par leur pédicule; les cellules de ces rosettes grossissent, s'isolent les unes des autres, deviennent granuleuses; ce sont les spermatogonies. Une division interne de leur noyau amène la formation de spermatoblastes qui peu à peu font hernie sur tout le pourtour de la spermatogonie. Les spermatoblastes s'allongent par leur extrémité libre, qui devient une queue de spermatozoïde; ceux-ci, une fois détachés, prennent peu à peu la forme de grêles filaments sans tête appréciable; de même que chez divers Polychètes (Phyllodocidæ) il ne semble pas persister de spermatocyste. A cela près, les choses se passent sensiblement comme chez les *Dero* (p. 142).

Formation et premières phases du développement de l'œuf. — L'œuf ovarien des Cestoïdes est une cellule granuleuse, à grosse vésicule germinative, généralement dépourvue de membrane vitelline. En arrivant dans l'oviducte, cet œuf s'est entouré de nombreux corpuscules vitellins, formés par les vitellogènes et qui doivent servir à sa nutrition; il a été fécondé et il s'est entouré d'une membrane à double contour plus ou moins résistante, à la formation de laquelle il ne semble pas que la prétendue *glande coquillière* ait pris une part quelconque, aussi appelle-t-on parfois cette glande *corps de Mehlis*, du nom de l'anatomiste qui l'a découverte. L'œuf est prêt désormais à se développer, et il peut le faire soit à l'extérieur, comme cela arrive souvent pour les espèces parasites des animaux aquatiques, soit à l'intérieur de la matrice, comme c'est la règle pour les Tæniidæ. Le mode de développement de l'œuf du *Bothriocephalus latus* et de la *Ligula* se laisse assez facilement relier à celui des Trématodes monogènes et fournit, en même temps, un point de départ pour l'interprétation des phénomènes singuliers, au premier abord, qu'on observe chez les Tæniinæ; c'est donc lui qu'il convient d'exposer en premier lieu [1]. La masse vitelline pluricellulaire, et dont les cellules externes s'aplatissent et se différencient en un mince chorion, ne prend ici aucune part à la segmentation; c'est l'ovule primitif tout seul qui se segmente, et il le fait avec une grande rapidité; il se constitue ainsi une *morula* dont la couche superficielle de cellules ne tarde pas à se séparer de la masse centrale. La couche externe prend peu à peu une réfringence spéciale, tandis que sur la masse centrale, très mobile, apparaissent six crochets qui caractériseront désormais les embryons de tous les Cestoïdes et leur ont valu le nom d'*oncosphères*. Bientôt un opercule formé à l'un des pôles de l'œuf se soulève et l'oncosphère apparaît au dehors, toujours enveloppé de la couche externe, qui s'est couverte de cils vibratiles et qu'on appelle l'*embryophore* (fig. 1252, c). Aussitôt après l'éclosion les cellules de l'embryophore des Ligules absorbent une grande quantité d'eau, augmentent énormément de volume, et leur contenu prend l'aspect d'une masse réticulée de protoplasma; les cellules de l'embryophore du *Bothriocephalus latus* ne paraissent pas subir de modification de ce genre; durant la natation qui s'accomplit en roulant autour d'un axe passant par la paire médiane de crochets, les crochets sont toujours dirigés en arrière. On a considéré l'embryophore comme un exoderme, l'oncosphère comme un entoderme, et comme l'embryophore se dissocie bientôt pour mettre en liberté l'oncosphère d'où dérivera le Cestoïde adulte, on en a conclu que ce dernier ne possédait pas de tissu exodermique. Il est manifeste cependant que les crochets de l'oncosphère ne se sont pas originairement

[1] Schauinsland, *Die embryonale Entwickelung der Bothriocephalen*, Jenaísche Zeitschrift für Naturwiss. Bd XIX, 1885.

formés à l'intérieur du corps d'un embryon, mais bien dans les tissus exodermiques d'un animal éclos et actif; on ne saurait s'expliquer leur présence dans un tissu entodermique. On aura une conception plus rationnelle des phénomènes du développement des *Bothriocephalus* et des *Ligula*, si l'on considère l'embryophore comme équivalant au miracidium d'un Trématode monogène, tel que le *Gyrodactylus elegans*, et l'oncosphère comme représentant l'un des embryons armés de crochets qui se développent à l'intérieur de ce miracidium. L'accélération embryogénique dont le développement des embryons emboités l'un dans l'autre des *Gyrodactylus* donne un si remarquable exemple, suffit à expliquer comment l'embryophore et l'oncosphère arrivent à se former simultanément par simple délamination d'une *morula* dont la couche externe représente le parent, au sein duquel la masse cellulaire centrale constitue un embryon d'emblée polycellulaire. La dégradation que subissent déjà les miracidium des Trématodes digènes autorise pleinement cette interprétation; dès lors l'orientation de l'oncosphère n'a plus rien à faire avec celle de l'embryophore, et l'on s'explique que l'extrémité pourvue de crochets de l'oncosphère, bien que tournée vers l'arrière de l'embryophore, soit l'extrémité antérieure de l'embryon définitif; d'autre part rien n'empêche plus d'admettre que cette oncosphère et le Cestoïde qui en dérive aient des tissus exodermiques comme les autres animaux. Les embryons ciliés de *Bothriocephalus latus* et de *Ligula* sont susceptibles de vivre un certain temps en liberté. Parmi les *Bothriocephalus* il en est déjà dont l'embryophore se transforme, avant l'éclosion, en une membrane réfringente que l'oncosphère abandonne en même temps que les enveloppes de l'œuf et laisse dans ces enveloppes (*B. proboscideus*, B. indéterminé du Saumon). Cette transformation se produit aussi chez les *Abothrium* et probablement encore chez les CESTODARIA dont les oncosphères ont, en général, six crochets; toutefois l'embryon récemment éclos des *Amphilina* est cilié à l'une de ses extrémités, l'autre extrémité porte non plus six, mais dix crochets et, dans la progression, l'extrémité ciliée est toujours portée en avant; c'est le contraire de ce qu'on observe chez les oncosphères non ciliés, qui se déplacent toujours en portant en avant leurs crochets médians.

Les œufs des TETRABOTHRIIDÆ se développent presque entièrement hors de l'organisme maternel; leur évolution n'a pu être encore suivie en détail. Il est probable que l'embryophore de ces animaux doit être assez souvent cilié; cet embryophore cilié a été observé chez les *Tetracampos*; au contraire, chez les TÆNIIDÆ, dont l'évolution s'accomplit presque entièrement dans l'organisme maternel, l'embryophore subit toujours dans l'œuf des transformations profondes d'où résultent pour les œufs de ces animaux au moins trois aspects différents, caractéristiques des trois tribus des HYMENOLEPINÆ, des TÆNIINÆ et des ANOPLOCEPHALINÆ. Chez le *Dipylidium caninum*, qui appartient à la première tribu, l'ovule, immédiatement après s'être détaché de la membrane vitelline, émet un petit corpuscule polaire, puis se segmente en deux sphères égales qui continuent à se diviser et dont les sphères filles se segmentent, sans suivre aucune règle apparente, de manière à former une *morula*; il se produit alors une délamination aboutissant, comme chez les DIGESTODA, à la formation d'un embryophore et d'une oncosphère pourvue de ses six crochets. Les éléments de l'embryophore deviennent granuleux, puis vitreux, perdent la faculté de se colorer et, à leur face interne, apparait une mince couche chitineuse; dans l'œuf mûr, l'oncosphère se trouve ainsi entourée d'au moins trois enveloppes qui demeurent toutes parfaitement transparentes et qui sont simultanément abandonnées au moment de l'éclosion (fig. 1252, *b*); l'accélération embryogénique est ici poussée si loin que la génération ciliée représentée par l'embryophore de DICESTODA, et qui correspond au miracidium des Trématodes, ne fait qu'apparaître dans l'œuf et n'en sort pas, ainsi que cela arrive au cyathozoïde des Pyrosomes.

Dans la tribu des TÆNIINÆ les deux sphères qui résultent de la première segmentation deviennent rapidement dissemblables; dans l'une d'elles les granulations sont moins réfringentes, moins distinctes par conséquent du milieu environnant; l'autre plus granuleuse donne naissance à une sphère nouvelle, la blastosphère, qui seule produira l'embryon. Les deux grosses sphères primitives semblent avoir gardé la presque totalité des granulations vitellines et peuvent

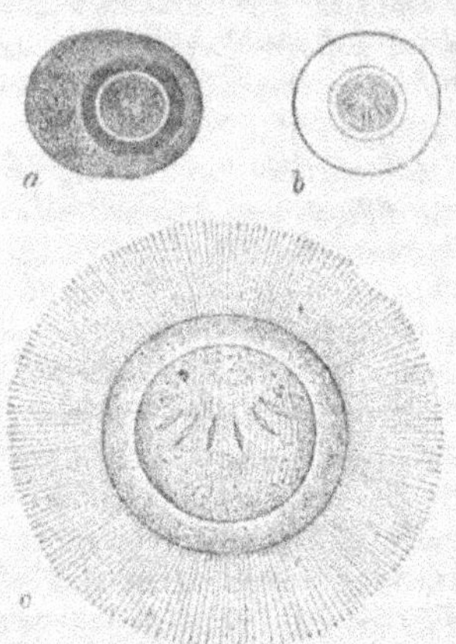

Fig. 1252. — *a*, œuf et oncosphère de *Tænia solium*; *b*, œuf et oncosphère d'un *Hymenolepis*; *c*, oncosphère de *Bothriocephalus* dans son embryophore (d'après Leuckart).

être désignées, en conséquence, sous le nom de *masses vitellines*. Ces masses vitellines contiennent chacune un élément équivalent à la blastosphère et qui doit être considéré comme un corpuscule polaire. La segmentation répétée de la blastosphère aboutit à la formation d'une *morula* qui se délamine comme dans les cas précédents et à côté de laquelle persistent les deux masses vitellines quelque peu réduites et dont l'une se désagrège souvent en partie. Tandis que la masse centrale de la *morula* devient, comme d'ordinaire, une oncosphère à six crochets, les éléments de l'enveloppe délaminée ou embryophore se chargent de granulations graisseuses, augmentent de volume, perdent leur contour et leur substance se répartit de nouveau en corpuscules qui n'ont pas la valeur d'éléments anatomiques. Les corpuscules qui se trouvent à la périphérie de l'embryophore ainsi transformé deviennent bientôt très réfringents, augmentent de volume, se soudent entre eux et se transforment finalement en *bâtonnets* formant autour de l'oncosphère une couche continue. Les corpuscules qui occupent la moitié interne de la paroi de l'embryophore se fusionnent aussi et doublent la couche des bâtonnets d'une couche granuleuse, elle-même limitée intérieurement par une membrane chitineuse, peut-être sécrétée par l'oncosphère (fig. 1252, *a*).

Dans la tribu des ANOPLOCEPHALINÆ la blastosphère se dégage d'emblée d'une masse vitelline qui demeure d'abord unique et dans laquelle reste engagé le premier corpuscule polaire, frère de la blastosphère. Celle-ci se divise rapidement de manière à produire comme d'habitude un embryophore contenant une oncosphère; pendant ce temps, la masse vitelline arrive généralement à se diviser en deux autres contenant chacune son corpuscule polaire d'aspect vitreux. Ces deux masses persistent autour de l'embryon et apparaissent, en coupe optique, comme deux masses virguliformes dont la portion épaisse correspond à l'un des pôles de l'embryon, et l'extrémité de la queue à l'autre pôle. La première délamination est bientôt suivie d'une seconde, et les deux couches de l'embryophore ne tardent pas à subir des

modifications importantes. La couche interne, d'abord sphérique, s'aplatit à l'un de
ses pôles de manière à prendre peu à peu la forme hémisphérique; cependant aux
deux extrémités d'un même diamètre de la face polaire persistent deux groupes
saillants de cellules qui s'accusent de plus en plus, et forment bientôt deux cornes
courbées l'une vers l'autre. Pendant ce temps, les cellules de cette couche interne
sont devenues granuleuses; puis leurs granules se sont fusionnés et toute la
couche, ainsi que ses cornes, dont la forme se modifie avec la croissance, se trouve
finalement formée d'une substance homogène, réfringente. L'enveloppe formée par
cette substance, et qui est spéciale aux ANOPLOCEPHALINÆ, s'appelle l'*appareil piriforme*. Les cornes de l'appareil piriforme traversent un amas granuleux dont le
centre est souvent le point de départ de nombreux filaments rayonnants; c'est tout
ce qui reste de la première couche délaminée. L'embryophore est plongé dans une
masse granuleuse qui résulte de la dégénérescence des deux masses vitellines. Le
degré de développement et la forme des cornes de l'appareil piriforme sont caractéristiques des espèces et même des genres d'ANOPLOCEPHALINÆ.

Migration de l'oncosphère. — On peut désigner sous le nom de *metacestode*, les
formes d'attente asexuées et enkystées que traversent les Cestoïdes avant d'arriver
à l'état adulte dans des cavités ouvertes. On admet que l'embryon nageur des
Ligules, avalé par les Poissons, perd son embryophore et que l'oncosphère passe du
tube digestif dans la cavité générale où se développe graduellement une Ligule (*Ligula simplicissima*) ne différant
des Ligules adultes que par le faible développement des
appareils génitaux. On a pensé que telle était aussi la
marche du développement du *Bothriocephalus latus* dont
les jeunes (fig. 1253) se trouvent à l'état agame dans la
chair de la Lotte, des Salmonides (Truite des rivières,
Truite des lacs, Ombre chevalier, Ombre des rivières,
Féra), du Brochet, de la Perche; mais tous les essais
d'infestation directe de ces Poissons ont échoué jusqu'ici;

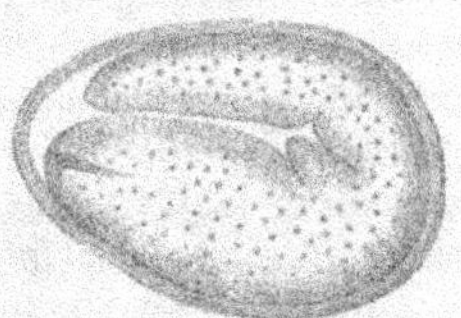

Fig. 1253. — Métacestode du
Bothriocephalus latus extrait
de l'Éperlan (d'après Leuckart).

il est donc possible que l'embryon traverse un hôte intermédiaire avant d'arriver
jusqu'aux Poissons.

Lorsque l'embryophore n'est pas cilié, il n'y a place pour aucune phase libre dans
le développement du Cestoïde. Si l'œuf est pondu, il arrive, en général, porté par un
véhicule quelconque dans l'estomac du futur hôte intermédiaire du Cestoïde; s'il
n'y a pas de ponte, ce sont les proglottis isolément détachés qui sont avalés. Dans
tous les cas l'oncosphère ne sort de ses enveloppes que dans le tube digestif d'un
animal quelconque Invertébré ou Vertébré. Il peut arriver qu'elle s'y développe
jusqu'à un certain degré (TETRABOTHRIINÆ); mais, en général, *elle n'y demeure pas*,
et s'enfonce dans les tissus de la paroi digestive en y fouissant à l'aide de ses six
crochets; elle y chemine à la façon d'une taupe, en portant en avant ses crochets
médians dont elle se sert comme d'un groin et en usant de ses crochets latéraux à
la façon de rames, comme le fait la taupe de ses membres antérieurs. Chez l'*Hymenolepis murina*, la migration s'arrête dans la muqueuse intestinale elle-même [1];

---

[1] H. GRASSI et G. ROVELLI, *Ricerche embriologiche sui Cestodi*; Institut Zoologique de
Catane, 1892.

l'oncosphère se métamorphose dans l'une des villosités de l'intestin et l'abandonne ensuite pour se transformer en Cestoïde adulte dans l'intestin même de son hôte, un Surmulot, un Rat. une Souris, un Lérot. Un Rat peut ainsi s'infester lui-même, mais à la condition qu'il mange accidentellement des œufs issus d'un *Hymenolepis* qu'il contient déjà et sortis de son intestin avec ses excréments. La migration est ensuite limitée entre l'épaisseur de la muqueuse et la cavité intestinale. C'est là un cas exceptionnel.

Presque toujours les oncosphères traversent la paroi de la cavité digestive, arrivent dans la cavité générale ou passent dans l'épaisseur des tissus des viscères, s'y arrêtent en s'enveloppant ou non d'un kyste fourni par leur hôte, y subissent des transformations diverses, peuvent même développer un assez grand nombre de proglottis (*Cysticercus fasciolaris* des Rongeurs, qui devient le *Tænia crassicollis* du Chat), mais n'acquièrent jamais d'organes génitaux. Enkystés ou non, les jeunes Cestoïdes qui ont ainsi émigré dans la cavité générale ou dans les tissus d'un animal ne peuvent poursuivre leur développement que si cet animal, leur *hôte temporaire*, ou *hôte intermédiaire*, est dévoré par un autre animal carnassier. La digestion met en liberté le jeune Cestoïde, qui, en général, forme alors plus ou moins rapidement de nombreux proglottis. atteint une taille parfois considérable et conduit à maturité ses organes génitaux. Lorsqu'au lieu d'un œuf isolé, l'hôte intermédiaire ingère un ou plusieurs proglottis remplis d'œufs, la migration des oncosphères prend quelquefois pour lui un caractère particulier de gravité. On en peut suivre les étapes lorsqu'on fait avaler à des Lapins des proglottis du *Tænia serrata* du Chien. Au cours de leur trajet à travers la muqueuse du Lapin, les oncosphères arrivent fréquemment dans les vaisseaux de cette muqueuse, notamment dans les ramifications de la veine porte, et trouvent ainsi un chemin facile pour pénétrer jusqu'au foie. Parmi les organes où ils peuvent s'arrêter, le foie est certainement un lieu d'élection. A la surface et dans l'épaisseur de cet organe, quelques jours après le repas contaminé, on trouve une multitude de petites galeries irrégulières, sinueuses, dépendant des veines sous-hépatiques. Dans ces galeries abondent des oncosphères qui présentent, les jours suivants, de graduelles transformations. Beaucoup d'entre elles meurent et le foie des Lapins infestés est parsemé de corpuscules arrondis qui ne sont que des kystes formés autour de leur corps. Les jeunes embryons ne cessent d'allonger leurs galeries; ils finissent par traverser le foie et s'enkystent, à sa surface, dans le péritoine, en formant chacun une vésicule de la grosseur d'un pois, un *cysticerque* (*Cysticercus pisiformis*). Les oncosphères du *Tænia solium* de l'Homme vont plus loin, lorsqu'ils arrivent dans le Porc; après une migration plus ou moins longue où les vaisseaux leur fournissent également une route toute frayée, ils arrivent en grand nombre dans les muscles. s'y enkystent sous forme d'un cysticerque (*C. cellulosæ*) plus gros que ceux du Lapin et qui donnent à la chair infestée un aspect caractéristique; on dit alors que le porc est *ladre*. Les muscles de la langue sont souvent envahis; les cysticerques sont alors visibles à la surface de cet organe, qui fournit ainsi un moyen de diagnostiquer la ladrerie. Les oncosphères du *Tæniorhynchus saginatus* émigrent de la même façon dans le Bœuf, mais ne s'y trouvent que très rarement en grand nombre.

S'il est vrai, comme bien des faits semblent l'indiquer, que les Cestoïdes descendent de Trématodes monogènes chez qui le développement s'était déjà compliqué de migrations, on comprend que les migrations soient la règle du développement chez les vers rubanés. Toutefois la simplification manifeste qu'a subi le phénomène chez l'*Hymenolepis murina* semble indiquer que les oncosphères de divers TÆNIIDÆ pourraient arriver à se développer directement dans l'intestin de leur premier hôte, sans subir aucune migration. On a pensé qu'il devait en être ainsi des ANOPLOCEPHALINÆ, dont les hôtes intermédiaires sont inconnus; mais on n'a, sur ce point, aucun argument décisif.

En général, on observe une certaine fatalité dans les migrations. Les oncosphères d'une espèce déterminée de Tænia se logent dans un hôte intermédiaire, toujours de même espèce, ou périssent; de même chaque métacestode ne peut arriver à l'état adulte que dans l'intestin d'un Vertébré déterminé. Mais, comme d'habitude quand il s'agit de parasitisme, la fatalité rigoureuse n'est que l'exception et le résultat d'une longue adaptation. D'une part certains hôtes intermédiaires, les *Glomeris limbata*, par exemple, logent un grand nombre de formes de métacestodes; d'autre part, le même métacestode peut vivre dans plusieurs espèces; le métacestode du *Tænia solium* vit, par exemple, dans la chair du Porc, mais se rencontre aussi dans celle de l'Homme; les échinocoques habitent n'importe quel Mammifère, et on peut rencontrer le même Cestoïde adulte dans l'intestin de plusieurs animaux; ainsi le *Dipylidium caninum* du Chien se rencontre chez l'Homme, qu'habitent aussi le *Tænia solium*, le *Tæniarhynchus saginatus*, l'*Hymenolepis nana*, le *Bothriocephalus slatus*.

Développement des formes agames; leur structure : Plérocercoïdes et Cysticercoïdes [1]. — Les transformations que subissent les oncosphères une fois qu'elles sont arrivées à la place définitive qu'elles doivent occuper dans leur hôte intermédiaire, les formes finales qu'elles revêtent dans cet hôte, sont assez diverses, mais peuvent être disposées en une série dont les termes initiaux se superposent d'une manière remarquable aux divers degrés d'accélération embryogénique que nous avons signalés en passant du développement des BOTHRIOCEPHALIDÆ à celui des ANOPLOCEPHALINÆ. Les formes agames sont assez différentes les unes des autres pour qu'on ait cherché à les répartir en catégories, à établir pour elles une véritable classification. Il est assez facile de saisir la loi de leur complication graduelle. Un certain nombre de Cestoïdes acquièrent dans la cavité générale de leur hôte intermédiaire un développement voisin de celui de l'animal adulte, de sorte que la forme issue directement du développement de l'oncosphère ne diffère de la forme définitive que par l'imparfait développement des appareils génitaux, c'est le cas pour le *Bothriocephalus cordiceps* du *Salmo Mykiss* qui devient adulte dans un Pélican (*Pelecanus erythrorhynchus*), pour la *Ligula simplicissima* des Poissons d'eau douce déjà signalée, qui achève son développement sous forme de *L. uniserialis* dans l'intestin des oiseaux aquatiques, pour le *Schistocephalus solidus*, qui acquiert un grand développement dans la cavité générale de l'Épinoche et devient adulte, comme la *Ligula*, dans le tube digestif des Oiseaux aquatiques. Les *Ligula* et les *Schistocephalus*, encore dépourvus d'organes génitaux, ont été quelquefois rencontrés en liberté, parfaitement vivants; il est possible qu'ils quittent spontanément, dans certains cas, la

---

[1] R. MONIEZ, *Essai monographique sur les Cysticerques*; Travaux de l'Institut zoologique de Lille, t. III, 1880. — A. VILLOT, *Mémoire sur les Cystiques des Tænias*. Ann. des Sciences naturelles, 6ᵉ série, t. XV, 1883. — BRAUN, *Die thierische Parasiten des Menschen*, Würzburg, 1883.

cavité générale de leur hôte temporaire et soient alors avalés par leur hôte définitif. Le *Bothriocephalus latus* n'atteint pas à beaucoup près, dans son hôte intermédiaire, un développement aussi considérable; son métacestode est un petit ver très contractile (fig. 1233) de 8 à 30 millimètres de long, et de 0 mm. 5 à 3 millimètres de large, présentant à l'une de ses extrémités un scolex capable de s'invaginer à son intérieur; sauf qu'il n'est pas segmenté et ne contient pas d'organes génitaux, le jeune ver a la même structure que l'adulte; il est rarement enkysté et se trouve dans la paroi de l'intestin, le foie, l'ovaire, etc.; il se loge dans un canalicule qu'il a creusé. Braun a proposé d'attribuer à ce métacestode et aux métacestodes analogues le nom de *Plérocercoïdes*. Quelques-uns de ces métacestodes ont encore été trouvés en liberté.

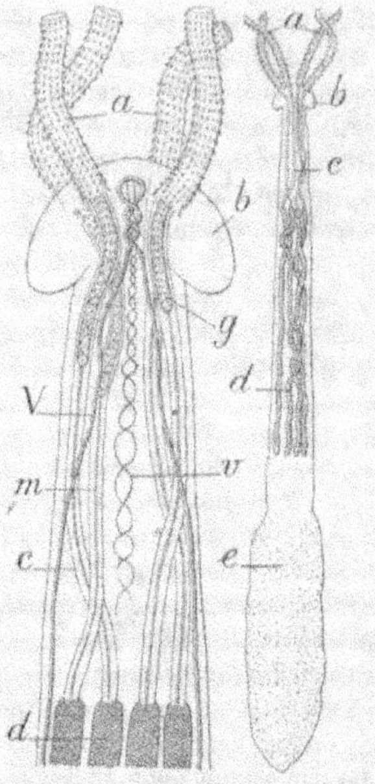

Chez les TRYPANORHYNCHA la forme agame est assez différente de la forme sexuée; elle était autrefois désignée sous le nom d'*Anthocephalus* (fig. 1254). Elle se compose de deux parties : 1° une masse ovoïde dont les seuls organes sont une vésicule excrétrice, située à son pôle libre et deux canaux qui y aboutissent; 2° un scolex présentant à peu de chose près l'aspect de celui du Cestoïde adulte. Les tentacules spinifères sont cependant moins développés et le scolex porte parfois une ventouse médiane qui manque aux adultes (*Scolex polymorphus*). Le métacestode de l'*Echinobothrium typus* vit dans le foie de la *Nassa reticulata*; il est susceptible de se mouvoir en traînant à l'arrière son scolex qui est ainsi nettement déterminé comme appartenant à la région postérieure du corps. Les autres métacestodes de *Trypanorhyncha* vivent enkystés dans les tissus des Poissons de mer; les adultes habitent l'intestin des Requins et des Raies.

Des métacestodes plus simples encore se trouvent dans la tribu des HYMENOLEPINÆ où ils ont été désignés sous le nom de *Cysticercoïdes*; mais chez les TÆNIINÆ on voit la structure de la forme agame se compliquer d'abord par la formation aux dépens de l'oncosphère

Fig. 1254. — Anthocéphale du *Tetrarhynchus filicollis*. — 1, Anthocéphale entier. — 2, Partie antérieure grossie. — *a*, tentacules spinifères évaginés; *b*, bothridies; *c*, gaînes des tentacules; *d*, portion renflée, musculaire des gaînes; *m*, muscles rétracteurs des tentacules; *V*, branches principales, *c*, branches récurrentes des canaux néphridiens; *e*, masse ovoïde (d'après Vaullegeard).

ou par elle d'une ampoule remplie de liquide, la *vésicule cystique*. L'ensemble de cette vésicule et du scolex qu'elle porte est ce qu'on nomme un *Cysticerque*. La vésicule cystique n'est d'abord qu'un abri pour le scolex : mais elle acquiert peu à peu une indépendance de plus en plus nette, en même temps qu'un grand volume; elle est capable de produire plusieurs scolex à sa surface; c'est alors un *Cœnure*; enfin le cœnure s'entoure d'une cuticule lamellaire spéciale et devient capable de produire des vésicules filles qui portent à leur tour de plus ou moins nombreux scolex; c'est alors un *Echinocoque*. Entre ces quatre types principaux, il existe de nombreux intermédiaires qui précisent les rapports de ces diverses formes les unes avec les autres.

Les *Cysticercoïdes* (fig. 1255) ont une constitution qui rappelle de très près celle de l'*Archigetes*; ils vivent presque tous dans la cavité générale des petits Crustacés aquatiques ou dans celle des Insectes terrestres. On peut considérer comme le type de ces métacestodes, le Cysticercoïde du *Dipylidium caninum* qui vit dans le Ricin du chien (*Trichodectes canis*), dans la Puce de cet animal (*Pulex serraticeps*) et dans celle de l'homme (*P. irritans*). L'oncosphère, au moment où elle pénètre dans le corps de l'un de ces parasites, est une petite masse de cellules toutes semblables entre elles; elle s'allonge peu à peu, et se creuse en même temps d'une cavité interne, légèrement excentrique, remplie de liquide, et qui résulte de la résorption des cellules centrales; l'embryon ainsi transformé continue à porter les six crochets de l'oncosphère qui marquent sa région antérieure; cette région s'élargit moins rapidement que la région postérieure, de sorte que la larve est lagéniforme. C'est dans la portion élargie, la région *postérieure* par conséquent, que se forme le scolex. Au pôle postérieur de l'embryon, il se forme sous la cuticule un épaississement cellulaire qui ne tarde pas à s'invaginer, en entraînant avec lui la cuticule et la région voisine; bientôt la cavité d'invagination se rétrécit à peu près vers le milieu de sa hauteur et des cro-

chets apparaissent sur la paroi des deux cavités secondaires ainsi délimitées (fig. 1255); ces pointes ne tardent pas à disparaître dans le fond de l'invagination qui représente le sommet du rostre, *ap*; elles persistent, au contraire, au-dessus de l'anneau rétréci et formeront plus tard la couronne de crochets. Les ventouses se forment sur les parties latérales et externes de la région postérieure

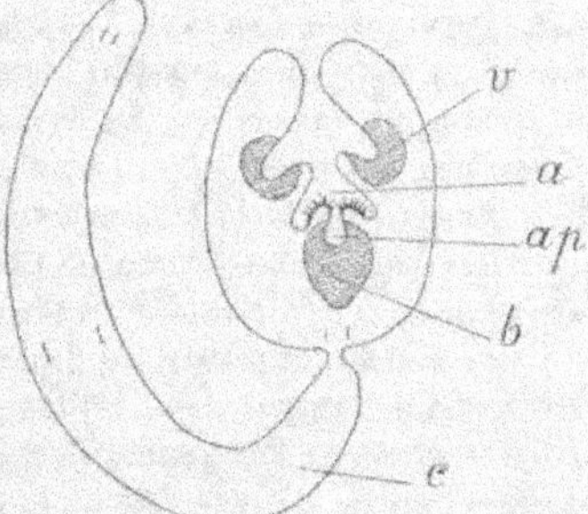

Fig. 1255. — Coupe longitudinale schématique d'un cysticercoïde complétement formé de *Dipylidium caninum*. — *c*, ventouses du scolex; *a*, dilatation antérieure; *ap*, dilatation postérieure; *b*, bulbe; *c*, acanthozoïde portant les six crochets de l'oncosphère et formant la tête morphologique du Cestoïde (d'après Grassi et Rovelli).

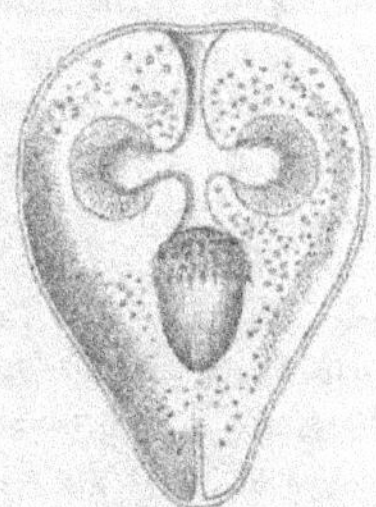

Fig. 1256. — Cystozoïde mûr de *Dipylidium caninum* (*Tænia cucumerina*) grossi 60 fois (l'acanthozoïde n'est pas figuré, d'après Leuckart).

de l'oncosphère; peu à peu, par les progrès de l'invagination de toute la région qui les sépare du pôle postérieur de l'oncosphère, elles sont entraînés à l'intérieur de la cavité d'invagination (*v*); un nouveau rétrécissement les sépare de la région qui s'est invaginée la première (*a*); un diverticule de la cavité qu'elles contribuent à limiter correspond à chacune d'elles. Pendant ce temps la portion étroite de l'oncosphère continue à grandir, un étranglement la sépare peu à peu de la région dilatée dans lequel le scolex s'est constitué en s'invaginant; les six crochets, peu à peu écartés l'un de l'autre, continuent à se trouver à son extrémité antérieure, dans sa région moyenne et à son extrémité postérieure, ou même au commencement de la région dilatée. A ce moment le corps de l'embryon (*Cercocystis* de Villot) est formé de deux segments dérivés de l'oncosphère : 1° un segment plein porteur de crochets, auquel on peut donner, pour éviter toute confusion et toute interprétation vicieuse, le nom d'*acanthozoïde* (*blastogène* de Villot) ; 2° un segment vésiculaire dans lequel le scolex est invaginé et qu'on peut nommer le *cystozoïde*. Le cysticercoïde ainsi construit a une ressemblance très lointaine avec une cercaire, mais il ne saurait être question, bien entendu, d'assimiler en quoi que ce soit l'acanthozoïde, progéniteur de tout l'organisme, avec une queue de cercaire. Plus tard un tissu conjonctif lâche remplit la cavité du cystozoïde, quelquefois prolongée momentanément dans l'acanthozoïde.

Les dimensions relatives de l'acanthozoïde et du cystozoïde sont très variables suivant les espèces, et n'ont aucun rapport avec les coupes génériques de la tribu des HYMENOLEPINÆ ; l'acanthozoïde est vingt fois plus long que le cystozoïde, et il est hélicoïdal chez le cysticercoïde du *Drepanidotænia fasciata* de l'Oie domestique qui habite le *Cyclops agilis* ; il se réduit déjà chez le cysticercoïde de l'*Hymenolepis diminuta* des Rats, qu'on trouve dans divers insectes (*Anisolabis annulipes, Akis spinosa, Scaurus striatus, Asopia farinalis*), et présente des dimensions médiocres chez les cysticercoïdes des *Drepanidotænia*, des *Dicranotænia* et des *Echinocotyle* des Oiseaux palmipèdes qui habitent de petits Crustacés d'eau douce (*Cyclops, Cypris, Gammarus*). L'*Arion rufus* nourrit un cysticercoïde dont l'acanthozoïde très mobile traîne dans ses mouvements le cystozoïde à sa suite. Les cysticercoïdes des *Davainea* qui vivent assez souvent dans les Mollusques terrestres, forment la transition vers un autre type. Celui de la *Davainea tetragona*, qui vit dans les *Helix carthusianella, H. maculosa* et autres, diffère peu des précédents ; l'acanthozoïde est caduc (*Cryptocystis* de Villot) chez le cysticercoïde de la *D. proglottina* de la Poule, qui vit dans les Limaces ; nous arrivons ainsi à des formes où l'acanthozoïde ne se différencie pas, comme cela arrive pour le cysticercoïde du *Dicranotænia cuneata*, qui vit dans un Lombric (*Allolobophora fœtida*), et pour celui du *Drepanidotænia infundibularis* de la Poule, du Faisan et du Canard, qu'on trouve dans la Mouche domestique. Chez ces derniers, les crochets de l'oncosphère persistent sur la paroi de la coupe et jusqu'au voisinage de l'orifice d'invagination ; le cysticercoïde tout entier correspond, en conséquence, à l'ensemble que présentent dans les formes précédentes l'acanthozoïde et le cystozoïde ; cette transformation en totalité de l'oncosphère nous conduira aux cysticerques proprement dits. L'individualité de l'acanthozoïde s'accuse au contraire davantage dans les formes de cysticercoïdes décrites par Villot sous les noms d'*Urocystis* et de *Staphylocystis*. Chez l'*Urocystis prolifer* de la cavité générale du *Glomeris limbatus*, l'acanthozoïde, tout en produisant suivant le mode ordinaire un cystozoïde, se segmente ; le cystozoïde se détache et va se loger dans le tissu adipeux du *Glomeris* ; le segment restant de l'acanthozoïde se transforme ensuite en un nouveau cystozoïde. Le *Staphylocystis bilarius* vit également dans le *Glomeris limbatus*, mais se loge dans le tissu adipeux qui entoure les tubes de Malpighi ; c'est la forme d'attente des *Hymenolepis scutigera* ou *scalaris* des Musaraignes ; un autre *Staphylocystis*, le *S. micracanthus*, qui vit dans les mêmes conditions, devient, également dans les Musaraignes, l'*H. pistillum* ; de bonne heure l'acanthozoïde des *Staphylocystis* perd ses crochets, se réduit pour la plus grande partie de son corps à une mince cuticule recouvrant une couche de cellules embryonnaires, puis bourgeonne, à son extrémité postérieure, toute une grappe de cystozoïdes.

Cysticerques ; leur développement. — Dans les métacestodes que nous venons d'étudier le cystozoïde est externe par rapport à l'acanthozoïde. Chez les *Monocercus*, l'acanthozoïde se transforme de la même façon que chez les *Staphylocystis* en un sac rempli de liquide, à parois formées d'une cuticule et d'une couche cellulaire plus ou moins en régression. Mais le cystozoïde, au lieu de se différencier extérieurement, se forme par un bourgeonnement interne à l'extrémité postérieure de l'acanthozoïde, identique ici à l'oncosphère, se pédiculise, rompt son pédoncule et devient libre à l'intérieur de la cavité de celle-ci. Le *Monocercus arionis* de la paroi de la cavité pulmonaire de l'*Arion rufus* devient dans l'intestin de la Guignette (*Totanus hypoleucus*) le *Tænia arionis*; d'autres *Monocercus* ont été trouvés dans la *Limnæa peregra*, le *Lumbriculus variegatus*; ils deviennent respectivement le *Tænia microsoma* du Canard sauvage et le *T. crassirostris*

des Pluviers, Bécassines et Chevaliers; un *Monocercus* du *Glomeris limbatus* n'est encore rattaché à aucun *Tænia*. Le *Polycercus*, du *Lumbricus terrestris* d'Odessa (fig. 1257), ne diffère des *Monocercus* que parce qu'il bourgeonne successivement à l'extrémité postérieure de l'acanthozoïde jusqu'à une douzaine de cystozoïdes qui deviennent libres dans sa cavité; le *P. lumbrici* est la forme d'attente du *T. nilotica*, de l'intestin du *Cursorius europæus*.

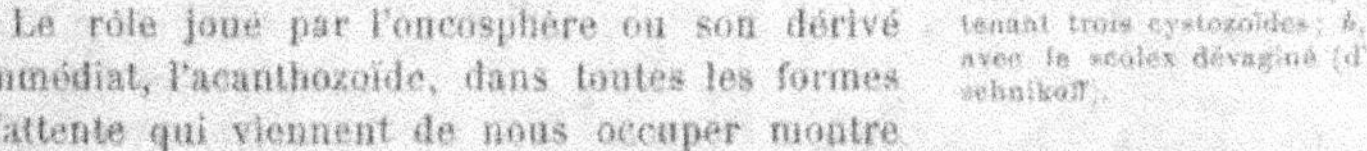

Fig. 1257. — *Polycercus* de la cavité viscérale du Lombric. — *a*, vésicule contenant trois cystozoïdes; *b*, cystozoïde avec le scolex dévaginé (d'après Metschnikoff).

Le rôle joué par l'oncosphère ou son dérivé immédiat, l'acanthozoïde, dans toutes les formes d'attente qui viennent de nous occuper montre combien est inexacte la dénomination de *queue* qui lui est fréquemment attribuée. Cette interprétation erronée a suffit à rendre confuse et parfois même inintelligible la morphologie simple, au demeurant, des types divers sous lesquels se présentent les métacestodes des TÆNIIDÆ. L'acanthozoïde correspond embryogéniquement au nauplius des Crustacés, et le phénomène du développement des proglottis est analogue à celui du développement des segments chez les Arthropodes.

Dans la tribu de TÆNIINÆ le rôle prolifère de l'acanthozoïde s'efface. L'acanthozoïde et le cystozoïde ne se différencient pas nettement l'un de l'autre; l'oncosphère tout entière se transforme en une vésicule pleine de liquide (fig. 1258), sur la paroi de laquelle on peut souvent encore retrouver les six crochets et dont le volume variable, suivant les espèces, parfois très faible, peut dépasser celui d'un œuf de Poule, arriver même à près de 30 centimètres de long (*Cysticercus tenuicollis* des Ruminants et des Porcins, métacestodes du *Tænia marginata* du Chien et du Loup). C'est à ces onco-

Fig. 1258. — Cysticerque à scolex dévaginé de *Tænia-rhynchus saginatus* grossi huit fois.

sphères modifiées et qui ne produisent qu'un seul scolex qu'il convient de réserver les dénominations de cysticerques (*Cysticercus*). En reprenant l'étude des oncosphères du *Tænia serrata* que nous avons laissées enkystées à la surface du foie du Lapin, il est facile de suivre leur transformation en *Cysticercus pisiformis*, transformations que reproduisent, sauf des détails insignifiants, les autres cysticerques. Arrivés au vingt-deuxième jour de leur existence, les jeunes embryons de *T. serrata* ont environ

10 millimètres de long sur 1 millimètre de large; ils se partagent alors généralement en deux moitiés séparées par un étranglement, dont l'une s'atrophie et disparaît, tandis qu'au pôle libre de l'autre ou pôle primitif, il se produit une active prolifération de cellules et une légère dépression qui sont les premiers rudiments du scolex. Peut-être faut-il voir dans cette scission qui se retrouve dans diverses espèces un phénomène analogue à la division de l'oncosphère des HYMENOLEPINÆ en acanthozoïde et cystozoïde; peu à peu la dépression qui correspond au futur scolex s'agrandit et se transforme en une invagination (fig. 1259, c) au fond de laquelle se caractérise bientôt une saillie qui représente le futur rostellum; quatre autres saillies un peu plus tardives, placées autour de la première, sont les rudiments des quatre bothridies. Ensuite apparaissent sur le rostellum qui s'est plus nettement accusé les rudiments des crochets; ce sont de petites papilles creuses qui ne tardent pas à se contourner; les aiguillons sont alors disposés en trois ou quatre

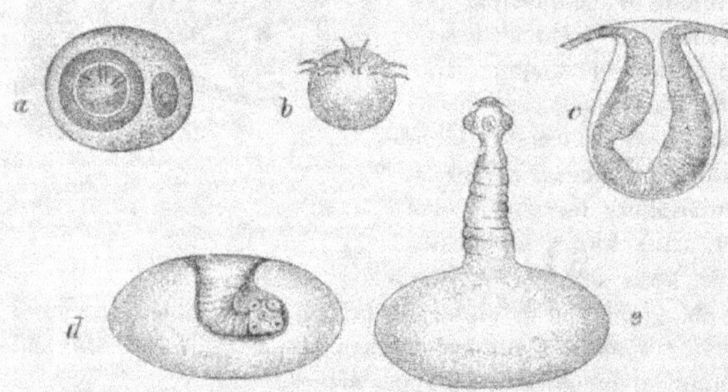

rangées irrégulières et présentent la forme dite en aiguillon de rosier; leur pointe est dirigée vers le sommet du rostellum et leur courbure en dehors par rapport à lui; le manche et la garde n'apparaissent qu'après la lame, de sorte que pendant un certain temps l'armature du rostellum des TÆNIINÆ rappelle

Fig. 1259. — Développement du *Tænia solium* jusqu'à la phase cysticerque. — *a*, œuf contenant l'oncosphère; *b*, oncosphère en liberté; *c*, bourgeon creux sur la paroi de la vésicule cystique, dans lequel se développe le *scolex*; *d*, cysticerque avec le scolex invaginé; *e*, le même avec le scolex extroversé (en partie d'après Leuckart).

celle du rostellum des HYMENOLEPINÆ et notamment du *Dipylidium caninum*. A ce moment les jeunes embryons ont environ 10 millimètres de long; ils sont vermiformes, très *contractiles* et très agiles, légèrement renflés à l'extrémité où se développe le scolex. La région axiale est granuleuse, manifestement en régression; elle est bientôt remplacée par une cavité dans laquelle s'amasse une quantité de plus en plus grande de liquide qui gonfle peu à peu le corps du jeune animal et le transforme en une vésicule, dite *vésicule cystique*, dans laquelle le scolex est invaginé (*d*). Ce qui reste de la région grenue s'applique contre la paroi de la vésicule et prend l'aspect d'un tissu conjonctif et l'on ne voit de nombreuses cellules vivantes que dans la région sous-cuticulaire. Ces éléments prolifèrent assez activement, et comme dans les tissus sous-jacents se sont développées des fibres musculaires, très ramifiées, dont les ramifications fixées par leur extrémité aux téguments en limitent la croissance dans leur direction, celui-ci se plisse, se fronce et sa surface devient éminemment papillaire (fig. 1260, *p*); chaque papille contient un bouquet d'éléments conjonctifs divergeant en éventail; ces papilles affectent quelquefois une disposition annulaire, mais il serait illusoire d'y voir une indication de la métaméridation que présentera le strobile et qui tient à des causes plus profondes. La paroi de la vésicule n'en a pas moins sensiblement la même structure histologique que le tissu des proglottis. Peu à peu dans le scolex se différencient toutes les parties qui caractériseront ce zoïde dans le strobile, y compris les cordons nerveux et les canaux néphridiens disposés en réseau. Les parois de la coupe qui relient le scolex au bord de l'orifice d'invagination sont elles-mêmes fortement plissées ou garnies de longues et nombreuses papilles (*pl*); des muscles partant du scolex remontent le long de ces parois et vont s'étaler sur celles de la vésicule; la coupe peut être désignée sous le nom de

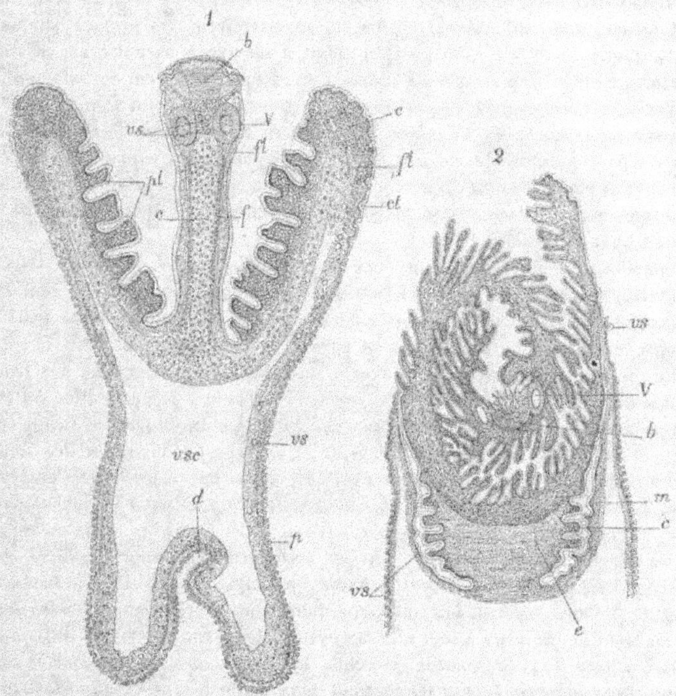

Fig. 1250. — N° 1. Coupe du *Cysticercus pisiformis* complétement développé; le scolex est dévaginé et suivi d'une longue portion qui passera presque tout entière à l'adulte. — *b*, bulbe; *c*, corpuscules calcaires; *ct*, cuticule; *fl*, fibres musculaires longitudinales; *pl*, plis du *receptaculum scolecis*; *vt*, coupe des canaux néphridiens; *vsc*, cavité de la vésicule; *V*, bothridies. — N° 2. Coupe du *Cysticercus cellulosæ*; *b*, bulbe, *vs*, vésicule; *V*, bothridies; *c*, corpuscules calcaires; *e*, tissus provenant de l'oncosphère; *m*, couche musculaire (d'après Moniez).

receptaculum scolecis; elle est d'ailleurs destinée à disparaitre avec la vésicule cystique lorsque le scolex, ayant accompli sa migration, commence à développer le strobile. Entre les ventouses du scolex et le fond de la coupe, il se développe souvent une sorte de pédoncule; c'est ce qu'on nomme le *cou*. Le développement de ces diverses parties est très variable, suivant les espèces. La partie qui correspond à la vésicule cystique demeure peu volumineuse et pleine dans le cysticerque habitant la chair du Renne, du *Tænia Krabbeï* qui vit dans l'intestin du Chien; la vésicule demeure petite chez le *Cysticercus fasciolaris* du foie de la Souris; le cou prend en revanche une grande longueur et simule, tout au moins, le corps d'un Ténia; le scolex et le cou sont d'abord invaginés comme d'habitude, mais la pression des muscles amène, en général, leur dévagination, et le cysticerque libre a l'aspect d'un jeune Ténia qui serait terminé par une vésicule cystique; le cou du cysticerque se détruit (Leuckart) lorsque le cysticerque, dans l'intestin du Chat, se change en *Tænia crassicollis*. Lorsque le *receptaculum scolecis* a une assez grande capacité, le fond de la coupe qu'il représente se soulève en une sorte de cylindre creux continuant le cou, mais sur la surface duquel se retrouvent les grosses papilles du receptaculum; comme le scolex s'est produit d'une façon excentrique, ce support secondaire s'enroule en spirale à l'intérieur du receptaculum; cet enroulement, bien net chez le cysticerque du *T. Krabbei*, peut arriver à former un tour et demi chez le *Cysticercus cellulosæ* du *T. solium* (fig. 1260, n° 2); en raison des papilles nombreuses du receptaculum, il est très difficile de le suivre, et c'est ce qui a fait croire à une invagination plusieurs fois répétée du scolex à l'intérieur de la vésicule. Ce cysticerque met environ quatre mois à se développer; une température de 47° à 48° suffit pour le tuer.

Les cysticerques de quelques espèces de *Tænia* (*T. cœnurus, T. serialis*, tous deux de l'intestin grêle du Chien) ont la faculté de développer non plus un seul cystozoïde, mais un grand nombre, jusqu'à cinq cents. La vésicule cystique peut alors atteindre la grosseur du poing; elle se développe principalement dans le cerveau du Mouton, plus rarement dans la moelle épinière, et elle détermine des troubles profonds des fonctions de l'encéphale, parfois compliqués de perforation du crâne. Ces troubles constituent la maladie connue sous le nom de *tournis*. Les premiers cystozoïdes apparaissent environ trente-huit jours après l'ingestion des œufs du Ténia, sur des vésicules de la grosseur d'une cerise. La vésicule des Cœnures est mince, translucide, contractile; rien, dans sa structure ni dans le développement des cystozoïdes, ne distingue essentiellement cette forme de métacestode, qui peut se développer chez presque tous les herbivores. Le *Cœnurus serialis*, qui se développe dans la moelle épinière du Lapin, se distingue surtout du précédent par sa faculté de bourgeonner, soit extérieurement, soit intérieurement, des vésicules filles capables de produire à leur tour des cystozoïdes. Dans la vésicule initiale de ce Cœnure, comme dans le *Cœnurus cerebralis*, les cystozoïdes se développent surtout sur une plage déterminée qui correspond sans doute à la région postérieure de l'acanthozoïde.

Echinocoques. — Sortis de leur kyste, les Echinocoques se montrent comme des poches blanchâtres, demi-transparentes, tremblotantes dont la paroi comprend une épaisse *cuticule* formée de lamelles superposées, et une *membrane parenchymateuse* (*membrane germinale* de Goodsir), fort mince, conjonctive, dépourvue de muscles, riche en corpuscules calcaires. Sur cette membrane bourgeonnent les cystozoïdes, qui semblent bientôt suspendus à sa paroi interne et plongent dans le liquide de la vésicule (fig. 1261). Chaque cystozoïde commence par une prolifération cellulaire sur la membrane parenchymateuse, prolifération qui se transforme en un mamelon saillant dans la cavité de la vésicule. Ce mamelon se creuse à son tour, suivant son axe, d'une cavité qui est rapidement tapissée d'une cuticule. Il se forme ainsi une *vésicule proligère* (*a*) qui produira, à son tour, de cinq à dix *scolex*.

Chaque scolex est d'abord un simple mamelon résultant de la prolifération des cellules en certains points de la vésicule. Le mamelon demeure plein; tandis qu'il s'étrangle à sa base de manière à former un pédicule qui devient de plus en plus grêle; il développe à son extrémité libre une sorte de disque, au-dessous duquel se constitue une couronne de crochets; au-dessous de cette couronne quatre tubercules représentent les rudiments des ventouses; toutes ces parties s'enfoncent peu à peu et s'invaginent dans la région du corps qui tient au pédoncule. Quelquefois des vésicules proligères se développent aussi à la surface externe de la membrane parenchymateuse ; elles contiennent des scolex comme les vésicules internes.

La cuticule lamellaire qui enveloppe les Echinocoques n'est pas une membrane morte; elle résulte, comme la cuticule des Cestoïdes adultes, de la différenciation des couches superficielles du parenchyme, couches dans lesquelles, malgré l'envahissement de la chitine, il demeure toujours quelques éléments vivants. Ces éléments sont capables de proliférer, et ils produisent alors de nouvelles poches, enveloppées, comme la poche qui les a produits, d'une couche lamellaire de chitine. On peut désigner sous

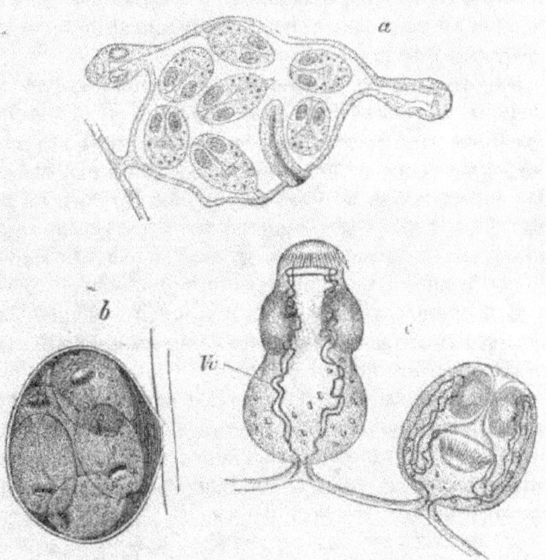

Fig. 1261. — *a*, vésicule proligère d'*Echinococcus* avec des *scolex* en voie de développement (d'après Leuckart); *b*, vésicule proligère (d'après Wagener); *c*, scolex d'*Echinococcifer* encore adhérents à la paroi de la vésicule proligère et dont l'une est dévaginée.

le nom de *poches filles* ces formations nouvelles qui sortent peu à peu de la *cuticule* de la *poche mère* pour devenir totalement libres ou nager dans le liquide interne de celle-ci; on les distingue, suivant qu'elles cheminent vers l'intérieur ou vers l'extérieur, sous les noms de *poches filles endogènes* ou de *poches filles exogènes*. Ces poches filles sont capables de produire à leur tour de *poches petites-filles*. Les uns et les autres donnent naissance comme la poche mère à des vésicules proligères et à des scolex. Toutefois la poche mère et les poches filles peuvent être incapables de produire des scolex; on dit alors qu'elles sont stériles et on les désigne sous le nom d'*acéphalocystes*, qu'il vaudrait mieux changer en celui d'*ascolécystes*. La stérilité de la poche mère n'entraîne pas celle des poches filles; et des poches mères fertiles peuvent produire des poches filles stériles.

Dans le foie de l'Homme, et plus rarement chez le Bœuf et le Porc, la réaction des tissus ambiants empêche souvent la poche mère de grandir normalement; il semble qu'elle produise alors une accumulation de poches filles et petites-filles qui ne s'isolent pas complètement et s'accumulent dans l'organe en masses susceptibles de s'ulcérer et qui peuvent atteindre le volume d'une tête d'homme. Ces masses semblent, au premier abord, formées d'un réseau conjonctif dont les mailles contiennent de petits cystozoïdes de la grosseur d'un grain de millet ou d'un grain de chènevis; ces masses réticulées sont connues sous le nom d'*Echinocoques multiloculaires*. Administrés à des Chiens, ils donnent naissance au *Tænia echinococus* ordinaire (Klemm). Le liquide de la vésicule des Echinocoques produit une leucomaïne capable de déterminer sur l'organisme de leur hôte des phénomènes plus ou moins graves d'empoisonnement. Il en serait d'ailleurs de même pour divers strobiles adultes siégeant dans l'Intestin, notamment le *Botriocephalus latus* dont la présence détermine une grave *anémie pernicieuse*.

Développement du strobile. — Transférés dans le tube digestif de leur hôte définitif, les plérocercoïdes des Ligules et des Bothriocéphales poursuivent leur évolution sans rien perdre des parties qu'ils ont acquises. Les cysticercoïdes et les cysticerques se réduisent au contraire aux scolex qu'ils ont produits; toutes les autres parties se flétrissent et sont digérées. Le cou du scolex s'allonge alors; des rides d'abord très rapprochées apparaissent sur une partie de sa longueur; désormais la dénomination de cou s'appliquera seulement à la partie non ridée; la partie ridée est constituée par des proglottis en voie de formation, lesquels s'écartent d'autant plus l'un de l'autre qu'on s'éloigne davantage du scolex; l'espace compris entre elles se transforme en un proglottis. On a vu p. 1826 comment se développent les organes génitaux.

Des accidents de développement amènent assez souvent la formation de proglottis fenestrés ou même bifurqués, qui deviennent ainsi le point de départ de strobiles plus ou moins ramifiés. Quelquefois le scolex des TÆNIIDÆ, au lieu de quatre ventouses, en porte six. La coupe transversale du strobile est alors une étoile à trois branches. Il existe, dans ce cas, des organes génitaux supplémentaires.

I. ORDRE

CESTODARIA

Corps formé d'un seul segment ou de deux segments, dont l'un conserve encore les caractères de l'oncosphère. Un seul appareil génital hermaphrodite.

Fam. CARYOPHYLLÆIDÆ. — Corps formé d'un seul segment apparent.

Gyrocotyle, Dies. (*Amphiptyches*, Wagener). Corps aplati, lancéolé, à bords froncés, portant une ventouse à une des extrémités, près de laquelle sont latéralement l'orifice mâle, le vagin et un peu plus bas l'orifice de l'utérus; à l'autre extrémité une sorte d'entonnoir à parois godronnées ou de fraise; des soies isolées sur certains points du corps, rappelant celles des Chétopodes. *G. urna*, tube digestif de la *Chimæra monstrosa*. — *Amphilina*, Wagener. Corps aplati; aminci à l'une de ses extrémités, qui porte une ventouse et latéralement l'orifice de l'utérus; à l'autre extrémité, l'orifice du canal déférent et latéralement le vagin. *A. foliacea*, cavité vésicale de l'Esturgeon. — *Wageneria*, Monticelli. Une des moitiés du corps couverte de soies; à l'extrémité de l'autre moitié, l'orifice néphridien; orifices génitaux latéraux. *W. sp.* Intestin du *Scymnus nicæensis*. — *Caryophyllæus*, Müller. Corps allongé; orifices de l'atrium génital et de la vésicule néphridienne à la même extrémité du corps; six canaux néphridiens; pas de ventouses. *C. mutabilis*, intestin des Cyprins. — *Monobothrium*, Dies. Scolex subcylindrique terminé par une bothridie unique subcirculaire; orifices génitaux confondus. *M. (Caryophyllæus) tuba*, intestin de la Tanche. — *Diporus*, Dies. Scolex subglobuleux séparé du corps, à bothridie terminale.

circulaire, présentant sur chaque bord un organe disciforme, pourvu d'un pore central ; point de cou ; orifices génitaux inconnus. *D. (Caryophyllæus) trisignatus*, gros intestin du *Merluccius vulgaris*.

FAM. ARCHIGETIDÆ. — Corps formé de deux segments, l'oncosphère et le scolex.

Archigetes, Leuckart. Corps divisé en deux parties : l'une grêle portant six crochets et représentant une oncosphère modifiée ; l'autre plus large, contenant l'appareil génital, terminée par une calotte arrondie, portant deux ventouses et revêtue à sa base par un repli en forme de prépuce. *A. Sieboldii*, segments génitaux du *Tubifex rivulorum*.

II. ORDRE

DICESTODA

Un scolex ne portant que deux ventouses, et un corps rubané contenant une série d'appareils génitaux hermaphrodites, appartenant en général chacun à un proglottis distinct.

I. — *Orifices génitaux sur les faces larges du corps ; bothridies parfois rudimentaires ou nulles et remplacées par une ventouse terminale.*

FAM. BOTHRIOCEPHALIDÆ. — Bothridies plus ou moins développées, mais nettement constituées ; proglottis nettement séparés les uns des autres.

TRIB. BOTHRIDIINÆ. Bothridies inermes, grandes, en forme de cornets ou d'entonnoir aplati, souvent avec un orifice postérieur. — *Bothridium*, Bl. (*Solenophorus*, Creplin). Corps mou, allongé, multiarticulé, à articles emboîtés l'un dans l'autre ; scolex muni de deux grandes bothridies cylindriques ou coniques, creuses, accolées, à ouverture dirigée en avant ; orifices génitaux au milieu de la face ventrale des proglottis. *B. megalocephalum*, intestin des Pythons et des Boas. — *Diplocotyle*, Krabbe. Deux bothridies arrondies, transversalement placées, à ouverture dirigée en avant ; proglottis indistincts ; orifices sexuels sur la face ventrale ; matrice médiane, vitellogènes latéraux. *D. Obrikii*, intestin du *Salmo carpio* (*Bothrimonus sturionis*?). — *Diphyllobothrium*, Cobbold. Deux bothridies comprimées, subsessiles, formant ensemble un disque circulaire, à bord festonné, entourant l'extrémité antérieure du scolex. *D. stemmacephalum*, intestin du Dauphin. — *Ptychobothrium*, Lönnberg. Scolex grand, muni de puissantes bothridies dorso-ventrales, aplaties, cordiformes ou sagittées, lisses ou le plus souvent plissées ; extrémité du scolex allongée au delà des bothridies et très mobile ; proglottis peu apparents dans la région qui suit le scolex ; un sillon le long des lignes médianes dorsale et ventrale ; orifice de l'utérus dorsal, sinus génital ventral. *P. belones*, intestin de l'Orphie (*Belone*). — *Duthiersia*, E. Perrier. Diffèrent des *Bothridium* par leurs bothridies aplaties, triangulaires, élargies antérieurement et présentant un petit orifice postérieur au sommet du triangle qu'elles représentent. *D. expansa*, intestin des Varans.

TRIB. BOTHRIOCEPHALINÆ. Bothridies inermes, en forme de simples fentes latérales ; proglottis bien distincts. — *Bothriocephalus* Rudolphi (*Dibothrium*, Rud.). Scolex allongé, de forme variable, présentant deux gouttières latérales, à bords diversement développés ; orifices génitaux sur la face large des proglottis. *B. latus*, métacestode dans la Lote, la Perche, le Saumon, le Fera ; adulte dans l'intestin de l'Homme. Nombreuses espèces dans l'intestin des Poissons. — *Diplogonoporus*, Lönnberg. *Bothriocephalus* à organes génitaux doubles dans chaque segment. *D. balænopteræ*, intestin de la Balænoptère boréale. — *Krabbea*, R. Bl. *Diplogonoporus* à segments très courts. *K. grandis*, 10 m. de long, intestin d'un Japonais. — *Dittocephalus*, Paroux. *Bothriocephalus* à scolex fendu. *D. Linstowii*, d'un Squale. — *Amphicotyle*, Dies. Corps articulé ; scolex continu avec le corps ; deux bothridies opposées latérales, munies chacune d'une ventouse accessoire. *A. typica*, du *Centrolophus pompilius*. — *Schistocephalus*, Creplin. Corps très allongé, rubané, articulé ; scolex presque triangulaire, obtus, profondément fendu à l'extrémité, portant deux bothridies opposées. *S. dimorphus*, à l'état de métacestode dans la cavité générale des Épinoches (*Gasterosteus*) ; adulte dans le tube digestif des Oiseaux plongeurs, du Héron et de divers Échassiers.

TRIB. BOTHRIMONINÆ. Bothridies remplacées par une ventouse impaire terminant le scolex. — *Bothrimonus*, Duvernoy. Scolex formé d'une ventouse unique à ouverture antérieure; orifices génitaux disposés par paires le long de la ligne médiane du corps qui est multiarticulé. *B. sturionis*, intestin de l'Esturgeon. — *Cyathocephalus*, Kessler. Scolex transformé en entonnoir; segmentation à peine apparente; orifices génitaux alternativement dorsaux et ventraux; une commissure nerveuse simple dans le scolex; de chaque côté deux petits et un gros canal excréteur. *C. truncatus*.

Trib. Ligulinæ. Scolex à deux bothridies rudimentaires; proglottis courts, mal délimités ou même sans délimitation extérieure. Parasites asexués de la cavité générale des Poissons et notamment des Cyprinidæ; adultes dans le tube digestif des Oiseaux aquatiques. — *Ligula*, Bloch. Segments bien distincts chez l'adulte. *L. monogramma*, une seule série d'organes génitaux. *L. digramma*, deux séries alternantes d'organes génitaux. — *Epision*, Linton. Scolex lamelleux, plus ou moins plissé; corps à segments indistincts. *E. plicatus*, de l'*Anas americana*.

II. — Orifices génitaux marginaux.

Fam. BOTHRIOTÆNIIDÆ. — Deux bothridies.

Bothriotænia, Raillet. Deux bothridies, bien séparées, *B. longicollis*, intestin grêle de la Poule, Pavie. — *Disymphytobothrium*, Dies. Corps continu; scolex à deux bothridies opposées, aduées à leur bord distal, soudées l'une à l'autre par leurs bords latéraux et formant par leur soudure une cavité au fond de laquelle est l'extrémité du scolex; orifices en une seule série de chaque côté. *D. paradoxum*, dans l'intestin de l'*Accipenser oxyrhynchus* de l'Amérique du Nord.

Fam. LEUCKARTIIDÆ. — Scolex sans bothridies apparentes. Organes génitaux, latéraux; adultes parasites du tube digestif de Morues.

Abothrium, V. B. Un pli transversal au milieu des anneaux, qui sont peu marqués, deux séries transversales de follicules vitellogènes dans chaque proglottis; canaux néphridiens très sinueux, mais entourés d'une gaine musculaire rectiligne. *A. gadi*, appareils pyloriques du *Gadus morrhua*. — *Leuckartia*, Moniez. Point de pli transversal médian aux proglottis; une seule série transversale de vitellogènes; un réseau de canaux néphridiens normal. *L. sp.*, appendices pyloriques d'un Saumon. — *Cryptocephalus*, V. B.

Fam. TRIÆNOPHORIDÆ. — Bothridies accompagnées de crochets.

Triænophorus, Rud. Corps mou segmenté; scolex avec deux bothridies peu développées et deux paires de crochets tridentés. *T. nodulosus*, adulte dans le tube digestif du Brochet, enkysté dans la face des Cyprins.

III. ORDRE

TRYPANORHYNCHA

Deux ou quatre bothridies, accompagnées de deux ou quatre tentacules spinifères (trypanorhynques); orifices génitaux marginaux.

Fam. ECHINOBOTHRIIDÆ. — Deux bothridies et deux tentacules spinifères.

Echinobothrium, V. B. Scolex avec deux bothridies et deux tentacules spinifères; cou armé de piquants. *E. typus*, tube digestif de la Raie. — *Dibothriorhynchus*, de Bl. Corps assez court, sacciforme, inarticulé, terminé en arrière par un petit tubercule exsertile; scolex cunéiforme, pourvu d'une fossette latérale sur ses deux faces larges et d'un tentacule spinifère à l'extrémité de chacune. *D. lepidopteri*, intestin du *Lepidopus argyreus*.

Fam. RHYNCHOBOTHRIIDÆ. — Deux bothridies et quatre tentacules spinifères.

Rhynchobothrium, de Bl. (Rud.) incl. *Abothros*, Welch. Scolex subconique; deux bothridies latérales, parallèles et convergentes au sommet, entières, biloculaires avec nervure médiane, ou bilobée; quatre tentacules à crochets, orifices génitaux latéraux ou bien l'un marginal (le mâle), l'autre latéral. *R. tereticolle*, intestin spiral de l'Emissole (*Mustelus canis*). — *Otobothrium*, Linton. Corps articulé, rubané, séparé du scolex par un cou; deux bothridies opposées, latérales, chacune avec deux fossettes ciliées supplémentaires à leur angle libre postérieur; orifices génitaux latéraux. *O. crenaticolle*, valvule spirale du Squale marteau (*Zygæna malleus*).

Fam. **TETRARHYNCHIDÆ**. — Quatre bothridies et quatre tentacules spinifères.

Syndesmobothrium, Dies. Corps articulé, rubané; cou tubulaire, arrondi à la base; scolex tétragonal avec quatre bothridies proéminentes, terminales, attachées au scolex par leur bord postérieur, disposées en croix, ovales, légèrement convexes, reliées entre elles à leur base par une membrane; tentacules spinifères rétractiles, sortant chacun par le sommet d'une bothridie; orifices génitaux marginaux. *S. filicolle*. dans divers Téléostéens marins. — *Tetrarhynchus*, Rud. Corps articulé, rubané, séparé du scolex par un cou tubulaire; quatre bothridies en deux paires latérales, parallèles au scolex; tentacules spinifères rétractiles dans le cou, ne passant pas à travers les bothridies. — *Cænomorphus*, Lönnberg. Forme adulte inconnue. — *Stenobothrium*, Dies.

IV. ORDRE

TETRACESTODA

Quatre bothridies, sans tentacules spinifères.

I. — *Orifices génitaux ventraux.*

Fam. **TETRACAMPIDÆ**. — Un rostellum armé de quatre groupes de crochets.

Tetracampos, Wedl. Scolex quadrilobé; les quatre lobes surmontés d'une trompe portent quatre groupes de crochets falciformes, chaque groupe formé de 9 crochets dont l'impair est le plus long; orifices génitaux sur la face ventrale; deux paires de vaisseaux latéraux avec anastomose transversale; embryophore cilié. *T. ciliotheca*. intestin de l'*Heterobranchus anguillaris*.

Fam. **MESOCESTOÏDÆ**. — Scolex à quatre ventouses sans rostellum.

Mesocestoïdes, L. Vaillant. Une seule capsule utérine. *M. lineatus*, Chien et Chat domestique; Chat sauvage, Renard, Isatis.

II. — *Orifices génitaux marginaux.*

Fam. **TETRABOTHRIIDÆ**. — Bothridies accolées au scolex. Des vitellogènes latéraux ou disséminés dans la plus grande partie des proglottis.

Trib. **CALLIOBOTHRIINÆ**. Bothridies armées de crochets. — *Calliobothrium*, V. B. Scolex continu avec le corps; bothridies divisées en trois compartiments par des bandelettes transverses, armées chacune, en avant, de quatre crochets simples et pourvues d'une ventouse accessoire, elle-même divisée parfois en trois compartiments; crochets égaux, disposés par paires. *C. verticillatum*, intestin spiral du *Mustelus canis*. — *Acanthobothrium*. V. B. Diffèrent des *Calliobothrium* parce que chaque bothridie ne porte que deux crochets bifurqués, unis à leur base, mais est pourvue, en avant des crochets, d'une lame triangulaire, supportant un disque supplémentaire (*loculus*) capable de revêtir des formes diverses. *A. coronatum*, dans les Squales et les Raies. — *Onchobothrium*, Rud. Diffèrent des *Acanthobothrium* par l'absence de ventouse accessoire au-dessus des ventouses principales. *O. uncinatum*, valvule spirale de la *Torpedo uncinata*. — *Phoreiobothrium*, Linton. Scolex séparé du corps par un cou; bothridies opposées, tubulaires, entières, à bords parallèles, armées chacune de crochets à trois pointes et pourvues en avant d'une ventouse accessoire; de petites épines sur le cou et parfois même sur le corps. *P. lasium*, intestin spiral de *Carcharias obscurus*. — *Cylindrophorus*, Dies. *Phoreiobothrium* sans ventouses accessoires sur les bothridies. *C. typicus*. — *Thysanocephalum*, Linton. Corps articulé, rubané; scolex très petit, quadrangulaire, avec quatre bothridies sessiles, armées chacune de deux crochets simples et pourvues d'un seul loculus en avant des crochets; cou d'abord étroit, puis renflé en une volumineuse masse lobée et crispée; orifices génitaux latéraux, *T. crispum*, valvule spirale du *Galeocerdo tigrinus*. — *Prostecobothrium*, Dies. Corps articulé; un cou; bothridies indivises, armées chacune de crochets unis à leur base, à extrémité bifurquée et pourvues d'un appendice foliacé postérieur, *P. Dujardinii*, dans la Raie bouclée. — *Platybothrium*, Linton. Corps articulé, rubané; scolex nettement aplati, carré ou trapézoïdal; bothridies subtriangulaires, sessiles, disposées en paires marginales, armées chacune de deux crochets bifurqués, réunis par une pièce intermédiaire et se terminant chacune postérieurement par une dépression cupuliforme; une seule dépression circulaire indistincte sur chaque bothridie, en avant des crochets; orifices génitaux marginaux. *P. cervinum*, intestin spiral du *Carcharias obscurus*. — *Polyonchobothrium*, Dies. (*Anchistrocephalus*, Mont.) Corps articulé; scolex séparé du corps par un cou, à quatre bothridies opposées, indivises, précédées chacune de six crochets simples; des plis longitudinaux sur le cou. *P. septicolle*, entre les valvules intestinales du *Polypterus bichir*.

Trib. Phyllobothrinæ. Bothridies inermes, plus ou moins longuement pédonculées et de structure compliquée. — *Echeneibothrium*, Van Beneden. Bothridies pédonculées, extrèmement mobiles, présentant un petit nombre de côtes transversales et divisées en plusieurs compartiments par des bandelettes longitudinales; une grande trompe musculaire, subglobulaire, rétractile, avec une ouverture circulaire à son sommet. *E. variabile*, intestin spiral des Raies. — *Rhinebothrium*, Linton. *Echeneibothrium*, sans trompe terminale. *R. flexile*, intestin spiral du *Trygon centrura*. — *Spongiobothrium*, Linton. Différent du *Echeneibothrium* par l'absence de trompe, les plis laciniés de leurs bothridies qui sont pédicellées et portent une rangée latérale de logettes. *S. variabile*, intestin spiral du *Trygon centrura*. — *Phyllobothrium*, V. B. Différent des *Spongiobothrium* par la présence d'un haustellum, par leurs bothridies sessiles, dépourvues de logettes, mais portant une ventouse auxiliaire. *P. lactuca*, du tube digestif du *Mustelus vulgaris*. — *Anthobothrium*, V. B. Scolex séparé du corps par un cou; quatre bothridies opposées, entières ou uniloculaires en forme de vase, de coupe ou subglobulaires, très contractiles, portées par un pédoncule mobile dépassant de beaucoup l'extrémité libre du scolex, sans ventouse supplémentaire. *A. cornucopia*, intestin spiral du *Galeus canis*. — *Crossobothrium*, Linton. Différent des *Anthobothrium* par la présence d'une ventouse accessoire sur chaque bothridie et parce que la segmentation commence immédiatement en arrière du scolex. *C. laciniatum*, intestin spiral de l'*Odontaspis littoralis*. — *Anthocephalum*, Linton. Scolex séparé du corps par un cou; bothridies à surface lisse, disposées en croix, portées par un pédoncule très mobile; bords des bothridies très flexibles, crénelés avec une ventouse supplémentaire sur leur bord antérieur; point de myzorhynque. *A. gracile*, intestin spiral du *Trygon centrura*.

Trib. Tetrabothrinæ. Bothridies simples, accolées au scolex sur presque toute leur longueur. — *Dinobothrium*, V. B. Bothridies associées par couples, adossées, larges, de forme ovale, à face externe concave, couronnée en haut par une saillie, au-dessus de laquelle se trouve une petite ventouse. *D. septaria*, intestin spiral de la *Lamna cornubica*. — *Diplobothrium*, V. B. Bothridies associées par couples, les couples séparés par une cloison complète; point de ventouse accessoire. *D. simile*, intestin spiral de la *Lamna cornubica*. — *Tetrabothrium*, Olsson. Bothridies tout à fait isolées l'une de l'autre. *T. maculatum*, intestin de la *Lamna cornubica*. — *Ceratobothrium*, Monticelli. Scolex grand; bothridies grandes, entières, sessiles, avec une grande ventouse accessoire proéminente, pourvue sur son bord postérieur de deux cornes saillantes; orifices génitaux irrégulièrement alternes. *C. xanthocephalum*, intestin spiral de la *Lamna cornubica*. — *Phyllobothrium*, V. B. Bothridies ne dépassant pas l'extrémité libre du scolex, munies à leur extrémité libre d'une petite ventouse accessoire; unies à leur extrémité proglotidienne de manière à former un manchon entourant la base du cou; bords des bothridies libres et très mobiles. *P. tridax*, intestin de la *Squatina angelus*. — *Monorygma*, Dies. Un myzorhynque; bothridies cymbiformes, pourvues chacune à leur extrémité distale d'une ventouse accessoire cupuliforme; cou long. *M. perfectum*, dans l'intestin spiral des *Scyllium*. — *Calyptrobothrium*, Montic. Corps non segmenté chez les jeunes; bothridies en forme de capuchon, fixées aux quatre angles du scolex, enveloppant chacune à son sommet supérieur une grosse ventouse accessoire en forme de fer à cheval, orifice des bothridies légèrement rétréci en son milieu; un myzorhynque court. *C. Riggii*, de la Torpille marbrée. — *Polichnibothrium*, Montic. Scolex surmonté d'un grand haustellum pyramidal, tronqué et ombiliqué en avant; bothridies élargies en bassin, disposées par couples correspondant aux faces larges du strobile, munies chacune à son sommet d'une ventouse accessoire. *P. speciosum*, de l'*Alepidosaurus ferox*, de Madère. — *Zygobothrium*, Dies. Corps articulé; scolex grand, quadrangulaire, à arêtes concaves, portant autant de bothridies elliptiques, unies entre elles par un tractus médian allant du bord de l'une au bord de l'autre; pas de cou. *Z. megacephalum*, intestin du *Phractocephalus hemiliopterus* du Brésil. — *Oryymatobothrium*, Dies. Bothridies, concaves ou scaphoïdes au repos, pédonculées, se terminant en avant en une pointe amincie qui porte une ventouse supplémentaire; une seconde ventouse plus grande au centre de chaque bothridie. *O. versatile*, intestin spiral des *Carcharias*. — *Marsypocephalus*, Wedl. Scolex sans trompe, à surface convexe, divisé en quatre plages ovales; dans chaque plage, une poche dont l'ouverture tournée vers le pôle du scolex est recouverte en partie par un lobe saillant. *M. rectangulus*, intestin de l'*Heterobranchus anguillaris*, Nil. — *Prosthecocotyle*, Montic. Corps lancéolé antérieurement; scolex petit, renflé, quadrangulaire, bien distinct du cou, armé de quatre petits tubercules aux quatre angles antérieurs; quatre ventouses grandes, robustes, pourvues chacune antérieurement d'un appendice allongé; proglottis imbriqués, beaucoup plus larges que longs; orifices génitaux, unilatéraux. *P. Forsteri*, estomac du Dauphin. — *Octobothrium*, Dies (*Onchobothrius*, Rud.). Corps articulé; un myzorhynque terminal avec dépression centrale; scolex quadrangulaire, huit bothridies disposées par paires sur les angles du scolex; orifices génitaux inconnus. *O. rostellatum* dans l'intestin du *Sebastes norvegicus*. — *Paratænia*, Linton. Corps articulé, rubané; scolex subglobuleux, avec quatre petites bothridies sessiles, opposées; un orifice terminal et seize tentacules protractiles; orifices génitaux marginaux. *P. medusia*, valvule spirale du *Trygon centrura*. — *Amphoterocotyle*, Dies. Corps articulé; des ventouses accessoires après les orifices génitaux femelles; orifices mâles latéraux, femelles marginaux; bothridies indivises. *A. elegans*, intestin de la *Procellaria capensis*, au Brésil. — *Amphoteromorphus*, Dies. Scolex pyramidal, muni de quatre ventouses basilaires, piriforme; cou court, large, subquadrangulaire, présentant quatre ventouses ovales disposées en croix, entourées d'un bord élevé; orifices mâles latéraux. *A. peniculus*, intestin du *Bagrus Goliath* du Brésil. — *Peltidocotyle*, Dies. Scolex globuleux, ridé circulairement, sans cou, portant quatre scutelles disposées en croix munies chacune de deux ventouses secondaires, orbiculaires. *P. rugosa*, intestin du *Platystoma tigrinum* du Brésil. — *Ephedrocephalus*, Dies. Scolex petit, tétragone, à quatre bothridies angulaires, à cou très court, dilaté au sommet, à bords réfléchis en quatre lobes; orifices femelles au milieu de la face ventrale des proglottis; pénis marginaux. *E. microcephalus*, intestin de Poissons d'eau douce du Brésil (*Phractocephalus hemiliopterus*).

FAM. **GAMOBOTHRIDÆ**. — Bothridies unies en une seule masse discoïde ou globuleuse.

Lecanicephalum, Linton. Corps rubané, articulé; scolex aplati, perpendiculairement à la longueur du corps, circulaire ou subquadrangulaire et consistant en deux plaques disciformes superposées; plaque inférieure avec quatre ventouses accessoires; cou court ou nul; orifices génitaux latéraux. *L. peltatum*, intestin spiral du *Trygon centrura*. — *Tylocephalum*, Linton. Corps articulé; bothridies unies en un corps globuleux portant quatre disques supplémentaires, disposés par paires et surmonté d'un myzorhynque globuleux, aussi grand que le reste de la tête; orifices génitaux marginaux (?). *T. pingue*, de l'intestin spiral du *Rhinopterus quadriloba*. — *Discocephalum*, Linton. Corps articulé, rubané; scolex composé d'un disque musculaire, entier ou denté sur ses bords, suivi d'une courte masse globuleuse à surface plissée; point de ventouses accessoires; orifices génitaux marginaux. *D. pileatum*, intestin spiral du *Carcharias obscurus*. — *Sciadocephalus*, Dies. Scolex en forme de disque horizontal, portant quatre ventouses hémisphériques disposées en carré, et une dépression au centre du carré; orifices génitaux marginaux, alternes; corps articulé. *S. megalodiscus*, intestin de Poissons d'eau douce du Brésil (*Cichla monoculus*).

FAM. **TÆNIIDÆ**. — Bothridies en forme de coupe à ouverture circulaire, creusées dans le scolex; proglottis bien distincts. Vitellogène impair ou absent. Point d'embryophore cilié.

TRIB. TETRACOTYLINÆ. Bothridies des TÆNIIDÆ, organes génitaux des TETRABOTHRIDÆ. Parasites de Poissons osseux. — *Tetracotylus*, Montic. (*Ichthyotænia*, Lönnberg). Genre unique. *T. filicollis*, intestin de l'Épinoche.

TRIB. ECHINOCOTYLINÆ. Scolex muni d'un rostre portant une ou deux couronnes de crochets et de quatre ventouses également armées de crochets; habitent à l'état adulte le tube digestif des Oiseaux, à l'état larvaire les Invertébrés. — *Echinocotyle*, R. Bl. Couronne de crochets simple; garde des crochets beaucoup plus longue que le manche; trois séries de crochets sur les ventouses. *E. Rosseteri*, du Canard; métacestode dans le *Cypris cinereus*. — *Davainea*, R. Bl. et Raillet. Une double couronne de très nombreux petits crochets; crochets des ventouses en plusieurs rangées. 1, pores génitaux alternes, *D. proglottina*, intestin de la Poule; métacestode dans les Limaces. 2, pores sexuels unilatéraux, œufs rassemblés en petits groupes dans des capsules *D. Friedebergi*, intestin du Faisan commun. — *Cotugnia*, Diam. Appareil génital double. *C. digonopora*, intestin des Oiseaux. — *Idiogenes*, Krabbe. Scolex avorté; appareil fixateur formé par les cinq ou six premiers proglottis dont le bord postérieur prolongé en cloche. *I. otidis*, intestin de l'Outarde. — *Ophryocotyle*, Friis. Scolex ellipsoïdal, tronqué en avant et terminé par une surface rétractile divisée transversalement en cinq plages reliées à angle obtus l'une à l'autre; quatre ventouses traversées chacune par un arc concave vers le cou du scolex et formé de plusieurs rangées de crochets en épine de rosier; orifices génitaux alternes. *O. proteus*, intestin de la *Tringa alpina* et du *Charadrias hiaticula*.

Trib. Hymenolepinæ. Corps de moyenne ou de petite taille; scolex armé d'une ou plusieurs couronnes de petits crochets. Œufs à enveloppes multiples, transparents, sans coque de bâtonnets. Vivent à l'état de cysticercoïde chez les Insectes et les Mollusques. — *Dipylidium*, Leuck. Taille petite; scolex muni d'un rostre rétractile à plusieurs couronnes de petits crochets en aiguillons de rosier; organes et orifices génitaux doubles dans chaque proglottis; membranes de l'œuf s'accumulant, après la formation de l'embryon, dans des capsules distinctes. *D. caninum (Tænia cucumerina)*, dans le *Trichodectes canis* et surtout le *Pulex serraticeps*; adulte dans l'intestin du Chien. — *Hymenolepis*, Weinland. Corps petit et grêle; scolex avec ou sans rostre rétractile armé de crochets; proglottis beaucoup plus larges que longs, à angles postérieurs saillants en forme de scie; pores génitaux à gauche des segments, en considérant comme ventrale la face qui correspond à l'appareil génital femelle; œufs à trois enveloppes très écartées, l'interne sans cornes. *H. nana*, intestin de l'Homme; *H. murina*, du Surmulot, migrations entre individus de même espèce. — *Drepanidotænia*, Raillet. Rostre du scolex ne portant qu'une couronne d'un petit nombre de crochets uniformes, à manche beaucoup plus long que la garde, à pointe dirigée en arrière quand le rostre se contracte. Habitent le tube digestif des Oiseaux et surtout des Oiseaux aquatiques; cysticercoïdes dans les petits Crustacés. *D. lanceolata*, de l'Oie, *D. fasciata*, de l'Oie; cysticercoïde dans le *Cyclops agilis*; *D. infundibuliformis*, du Pigeon. — *Dicranotænia*, Raillet. Différent des *Drepanidotænia* par la forme de leurs crochets, dont la garde forme fourche avec la lame. *D. coronula*, du Canard; cysticercoïdes dans les *Cypris ovum* et *ophthalmica*. — *Chapmania*, Montic. Scolex petit, arrondi, avec une ventouse antérieure, protractile, armée à son bord antérieur d'une couronne de très petits crochets; bothridies grandes; proglottis campanulés; orifices génitaux unilatéraux; testicule unique; ovaire bilobé, rameux. *C. tauricollis*, intestin du Nandou.

Trib. Tæniinæ. Corps généralement de grande taille; scolex portant le plus souvent une double ou triple couronne de crochets; proglottis minces; plus longs que larges. Un utérus longitudinal médian, à branches latérales; pores génitaux irrégulièrement alternes; œufs présentant deux enveloppes, l'externe délicate et fugace, l'interne épaisse, brunâtre, entourant directement l'oncosphère. — *Tænia*, Linné, genre unique. S. g. *Tænia*, S. str. Une trompe armée de crochets au scolex; le métacestode est un cysticerque. *T. solium*, cysticerque dans le Porc, adulte dans l'Homme; *T. serrata*, cysticerque, *C. fusiformis*, dans le Lapin, adulte dans le Chien, le Loup, etc. *T. marginata*, cysticerque (*C. tenuicollis*) dans le Mouton, la Chèvre; adulte dans le Loup. Sg. *Tæniarhynchus*, Weinland. Ni trompe, ni crochets; un cysticerque. *T. saginatus*, cysticerque dans les muscles du Bœuf, adulte dans l'intestin de l'Homme. Sg. *Cystotænia*, Leuck. La larve est un *Cœnurus*. *C. cœnurus*, cœnure dans le cerveau du Mouton; adulte dans l'intestin du Chien; *C. serialis*, cœnure dans le tissu conjonctif et les séreuses du Lapin sauvage et de divers Rongeurs; adulte dans l'intestin du Chien. Sg. *Echinococcifer*, Weinland. Un très petit nombre de proglottis; le métacestode est un Echinocoque. *E. echinococcus*, échinocoque dans les divers tissus des Herbivores, à l'état adulte dans l'intestin du Chien.

Trib. Anoplocephalinæ. Corps lancéolé en avant; scolex sans trompe ni crochets; proglottis serrés, plus larges que longs; oncosphère entourée de trois enveloppes, à savoir, de l'extérieur vers l'intérieur : 1° membrane vitelline; 2° un chorion irrégulier; 3° une enveloppe résistante, presque toujours prolongée en deux cornes (*appareil piriforme*); adultes dans l'intestin des Herbivores. — *Moniezia*, R. Bl. Utérus double, pores génitaux doubles; appareil piriforme bien développé; souvent des glandes interproglottidiennes. *M. expansa*, intestin grêle de Ruminants domestiques. — *Thysanosoma*, Dies. Utérus simple, transversal, avec sacs ovifères en forme d'asques; pores génitaux doubles ou irrégulièrement alternes; cornes de l'appareil piriforme non développées. *T. ovilla*, intestin du Mouton, 2 mètres de long. — *Stilesia*, Raillet. Corps très grêle; ventouses du scolex dirigées en avant; utérus transversal dépourvu de sacs ovifères; pores génitaux irrégulièrement alternes; œufs à coque simple contenant un appareil piriforme sans cornes. *S. centripunctata*, intestin du Mouton, Italie, Algérie. — *Ctenotænia*, Raillet. *Moniezia* des Rongeurs. *C. pectinata*, intestin du Lièvre. — *Anoplocephala*, Em. Blanchard. Corps formé de proglottis très courts, emboîtés les uns dans les autres; utérus transversal; pores génitaux unilatéraux; appareil piriforme très développé; tous les Equidés. *A. perfoliata*, iléon et cœcum du Cheval; *A. mamillaria*, jejunum et iléon du Cheval; *A. magna*, plus rare. — *Andrya*, Raillet. *Anoplocephala* à pores génitaux alternes; des Rongeurs. *A. rhopalocephala*, intestin grêle du Lièvre. — *Bertia*, R. Bl. Scolex inerme, subhémisphérique; corps s'élargissant rapidement, à proglottis courts, très serrés; orifices génitaux irrégulièrement alternes; dans les proglottis mûrs, œufs groupés en plusieurs amas réguliers disposés transversalement; appareil piriforme muni de cornes. *B. Studeri*, du Chimpanzé. — *Plagiotænia*, Peters. Scolex volumineux, inerme, présentant une légère saillie en avant; ventouses dirigées latéralement, globuleuses, continues; cou indistinct; proglottis nombreux, courts, extrêmement larges (long. 1 mm.; larg. 31 mm.); pores sexuels unilatéraux. *P. gigantea*, du *Rhinoceros africanus*, de Mozambique. — *Amabilia*, Diamare. Quatre bothridies; un seul appareil génital femelle, mais deux cirres dans chaque proglottis. *A. lamelligera*, intestin grêle du Flamant.

III. CLASSE

TURBELLARIÉS

Plathelminthes généralement libres, quelquefois parasites, à téguments couverts de cils vibratiles, à tube digestif ramifié, droit ou nul, dépourvus d'orifice anal proprement dit. Presque tous hermaphrodites. Corps généralement aplati, large et court. Point de trompe ou une trompe peu développée, résultant d'une modification de l'extrémité antérieure du corps.

Rapports zoologiques des Turbellariés. — Les Turbellariés sont des Vers plats, presque immédiatement reconnaissables à l'absence totale de segmentation extérieure du corps, qui est couvert de cils vibratiles, et à l'absence d'anus. D'après la forme du tube digestif on les répartit en trois ordres : les POLYCLADA [1], les TRICLADA et les RHABDOCOELIDA. Dans le premier ordre, l'appareil digestif consiste en un tube axial assez large, rectiligne, qui peut s'étendre presque d'une extrémité à l'antre du corps ou n'occuper qu'une partie de sa longueur; la bouche peut se trouver en un point quelconque de la longueur du tube, depuis son extrémité antérieure jusqu'à son extrémité postérieure. De chaque côté du tube sur toute sa longueur, naissent des troncs latéraux, sensiblement symétriques, indiquant, par conséquent, une métaméridation très nette, et qui se ramifient plus ou moins dans le parenchyme.

Dans le deuxième ordre, le tube digestif est toujours divisé, comme chez les Trématodes, en une branche antérieure et deux postérieures. Mais la bouche, au lieu d'être située à l'extrémité antérieure de la branche antérieure, se trouve toujours au point de jonction des trois branches.

Enfin, dans le troisième ordre, le tube digestif, quelquefois peu apparent (Convo-

[1] LANG, *Die Polycladen der Golfes von Neapel*, 1 vol. in-4°, 1884.

LUTIDÆ, autrefois nommés ACŒLA pour cette raison), est un tube droit, terminé postérieurement en cæcum, à parois parfois bosselées (ALLOIOCŒLA), plus souvent lisses (RHABDOCŒLA); la bouche peut, comme chez les POLYCLADA, être placée en un point quelconque de la longueur de ce tube.

Les Polyclades sont tous marins et leur corps, très aplati, est presque toujours lisse; les EURYLEPTIDÆ portent deux tentacules, dits *tentacules frontaux*, à leur extrémité; ces deux tentacules sont remplacés chez les PSEUDOCERIDÆ par deux plis en forme de cornet à ouverture antérieure et dont les bords, ne se rejoignant pas du côté ventral, laissent entre eux une fente; les sommets de ces deux cornets sont convergents; ce sont deux *replis tentaculaires* plutôt que deux tentacules. Les PLANOCERIDÆ ont aussi deux tentacules, mais ces organes sont placés sur le dos, à une certaine distance de l'extrémité antérieure du corps; on les nomme *tentacules nuchaux*. En outre, un peu en arrière de la bouche et des orifices génitaux, les COTYLEA présentent une ventouse qui leur permet de se fixer solidement aux algues, aux rochers et aux autres corps submergés. Ce sont les seuls organes externes que l'on observe à la surface du corps, qui est couvert de papilles chez les *Thysanozoon*.

Les Triclades ont des modes d'existence plus variés; on en trouve dans la mer, dans les eaux douces (fig. 1262) et, à terre, dans la mousse, sous les troncs d'arbres, dans les endroits humides. Les espèces aquatiques vivent à la façon des Polyclades, dont elles ont l'aspect; les espèces terrestres ont un corps plus épais, souvent très allongé, à section semi-circulaire ou triangulaire. Les Triclades semblent plus particulièrement rapprochés des Trématodes ectoparasites; quelques-uns (*Procerodes segmentatus*) ont même gardé une métaméridation plus nette que celle dont on retrouve les traces chez les Trématodes monogènes, de telle sorte qu'on pourrait se demander s'il ne faut pas voir en eux les progéniteurs communs, apparentés aux Vers annelés, des Turbellariés et des Trématodes; les BDELLURIDÆ sont ectoparasites comme les MONOGENEA et présentent

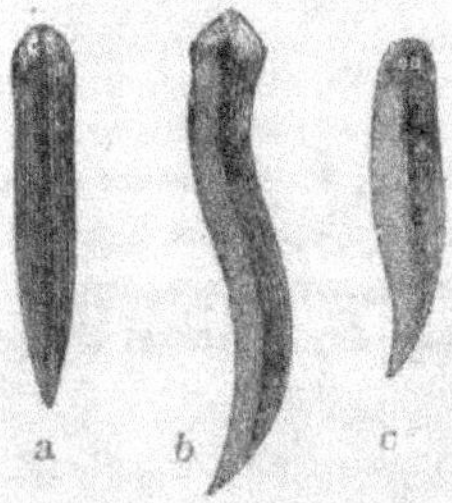

Fig. 1262. — Planaires d'eau douce. — *a*, *Planaria polychroa*; — *b*, *P. lugubris*; — *c*, *P. torva*, grossis deux fois (d'après O. Schmidt).

un appareil postérieur de fixation; c'est au contraire à l'extrémité antérieure que les DENDROCŒLIDÆ, qui sont libres, présentent des appareils de ce genre (p. 1858). Cette extrémité porte quelquefois des prolongements que l'on appelle, suivant leur forme, des *auricules* ou des *tentacules* (*Dendrocœlum*, *Oligocelis*, *Leimacopsis*). On observe aussi des tentacules chez quelques Rhabdocèles (*Vorticeros*). Mais ici l'extrémité antérieure du corps subit dans quelques genres une modification intéressante; elle s'effile, perd son revêtement ciliaire (*Alaurina*), devient susceptible de s'invaginer sans se différencier encore au point de vue histologique (*Mesostomum rostratum*, *Acrorhynchus*) et parfois recule sur la face ventrale (*Hyporhynchus*), s'allonge jusqu'aux yeux (*Acrorhynchus* = *Ludmila graciosus*), finit par se couvrir de papilles à son extrémité libre (*Gyrator hermaphroditus*) et passe ainsi de l'état de simple tentacule à celui d'une véritable trompe musculaire servant à la préhension, dont la gaine est fermée, en avant, par un sphincter. Les GYRATORIDÆ convergent ainsi vers les Némertiens, dont les séparent cependant leur hermaphrodisme et l'absence d'anus à leur tube digestif. Ces caractères différentiels rapprochent au contraire les mêmes Némertiens des Polychètes marins comme la plupart d'entre eux et qui ont peut-être été leurs progénitures directes. La trompe se transforme chez les CONVOLUTIDÆ en un appareil tactile remarquablement différencié (p. 1869).

Tandis que les Polyclades et les Triclades atteignent à d'assez grandes dimensions (jusqu'à 14 centimètres de long, *Leptoplana gigas*), les Rhabdocèles descendent souvent à des dimensions presque microscopiques; ils sont surtout nageurs, et leur corps cesse, en conséquence, d'être aplati, pour présenter dans son ensemble une forme ellipsoïdale, cylindro-conique ou conique. Il existe cependant aussi un assez grand nombre de Rhabdocèles aplatis et le corps se reploie même en dessous chez les *Convoluta*, de manière à figurer une sorte de cornet.

Structure histologique du corps. — Le corps, abstraction faite des organes, est formé : 1° d'une assise épithéliale ciliée unique, reposant sur une membrane basilaire; 2° d'une couche de muscles longitudinaux; 3° d'une couche de muscles transversaux; 4° de deux couches de muscles obliques comprenant entre elles la couche de muscles transversaux; 5° d'une seconde couche musculaire à fibres longitudinales; 6° de muscles dorso-ventraux; 7° du parenchyme qui remplit tout l'intervalle entre les organes.

Épithélium. — En général, la couche épithéliale est chez tous les Turbellariés formée de cellules ciliées. Chez les Polyclades elle est plus développée sur la face ventrale que sur la face dorsale; c'est l'inverse pour les couches musculaires parallèles à la surface du corps, qui atteignent leur développement maximum au milieu de la face dorsale. La partie la plus externe des cellules qui composent la couche épithéliale présente extérieurement une sorte de plateau plus résistant, sur lequel sont implantés les cils; l'ensemble de ces plateaux constitue la cuticule[1]. Les cellules elles-mêmes sont reliées entre elles par une substance interstitielle dans laquelle se trouvent les granules de pigment qui forment des dessins réguliers sur le corps des *Prosthecerœus* et de divers PSEUDOCERIDÆ. Ces cellules sont de formes très variées; on peut distinguer parmi elles des *cellules à rhabdites*, des *cellules à pseudo-rhabdites*, des *cellules à nématocystes*, des *cellules à flèches*, des *cellules glandulaires*, des *cellules pigmentaires* et des *cellules sensitives*.

On appelle *rhabdites* des bâtonnets fortement réfringents, transparents, de forme très régulière et parfaitement homogènes; ils ne manquent jusqu'à présent que chez la *Stylochoplana tarda*, parmi les Polyclades, chez les *Opistoma*, *Graffilla* et *Anoplodium* de la famille des VORTICIDÆ, et chez quelques autres genres appartenant aux familles des MICROSTOMIDÆ et des PLAGIOSTOMIDÆ parmi les RHABDOCŒLIDA. Ils sont disposés en faisceaux à l'intérieur de certaines cellules épithéliales chez les Polyclades, mais peuvent aussi, chez certains Triclades, se trouver dans le parenchyme, où ils existent constamment chez les Rhabdocèles. Ils y sont peut-être apportés, dans ces deux cas, par des cellules détachées de la couche superficielle, et gardent, par conséquent, leur caractère de productions épidermiques. Les rhabdites sont habituellement chez les Rhabdocèles disposés en faisceaux dans les cellules (*Monotus*, *Macrostomum*, *Convoluta*); ces faisceaux se disposent eux-mêmes

---

[1] SOPHIE PEREYASLAWZEWA, *Monographie des Turbellariés de la mer Noire*; Odessa, 1892.

souvent en trainées régulières chez les Polyclades. Les cellules qui contiennent les rhabdites sont ciliées à leur surface libre, et leur noyau est contenu dans leur région basilaire. Les rhabdites apparaissent isolément à leur intérieur, auprès du noyau, comme des granules sphéroïdaux qui s'allongent peu à peu et deviennent finalement fusiformes. La teinture de cochenille les colore en violet, le picrocarmin en jaune intense. L'eau bouillante les dissout quelquefois (*Proxenetes*, *Monotus*, *Convoluta*, *Hyporhynchus*).

Les *pseudorhabdites* ou *bâtonnets muqueux* diffèrent des rhabdites par leur forme moins régulière, leurs fines granulations et leur surface inégale. Ces corps sont particuliers aux Triclades et aux Alloiocèles (*Allostomum pallidum* et *monotrochum*, *Plagiostomum reticulum*, *Cylindrostomum quadrioculatum*); ils sont souvent disposés quatre par quatre dans les cellules (*Plagiostomum*); toutefois certaines cellules épithéliales des *Stylochus* contiennent des amas de corpuscules réfringents, irréguliers qui pourraient être assimilés à des pseudo-rhabdites. Ces éléments conduisent aux cellules à bâtonnets muqueux des *Cestoplana*, aux cellules glandulaires granuleuses de divers LEPTOPLANIDÆ et PLANOCERIDÆ, et aux cellules finement granuleuses de l'épithélium ventral de la *Cestoplana rubro-cincta*.

Les cellules de soutien manquent dans l'épiderme de la face dorsale des Polyclades; toutefois on ne peut attribuer aucune fonction spéciale aux cellules basses qui forment une sorte de cornée au devant des régions où il existe des yeux, ni à celles des villosités de la *Planocera villosa*.

Parmi les Polyclades on ne trouve de cellules pigmentaires épithéliales que chez les COTYLEA; elles sont particulièrement bien développées chez les *Thysanozoon* et la *Yungia aurantiaca*. A l'état parfait, ces cellules contiennent une grande vacuole incolore dans laquelle flottent des corpuscules de forme et de coloration variable, d'aspect assez souvent cristallin, ou bien la vacuole est formée d'un liquide coloré et elle ne contient pas alors de corpuscules. Chez les Rhabdocèles le pigment paraît lié surtout aux parois de la cavité digestive; mais on peut en trouver aussi dans le parenchyme et les téguments; sa localisation est des plus difficiles à déterminer.

A de rares exceptions près, on ne trouve dans l'épiderme des Polyclades ni cellules adhésives, ni nématoblastes; des nématoblastes existent cependant chez la *Stylochoplana tarda* et chez l'*Anonymus virilis*. On les observe chez cette dernière espèce non seulement dans l'épiderme, mais dans le parenchyme, où ils forment des trainées spéciales; ils sont accompagnés d'autres productions d'aspect différent, mais qui ne sont vraisemblablement pas sans analogie avec eux et qui forment avec eux de véritables batteries vésicantes. Chaque batterie comprend : 1° de gros *nématocystes*; 2° des *capsules* à *aiguilles* ou à *fuseaux*. Les gros nématocystes sont semblables à ceux des Polypes; les capsules à aiguilles sont allongées et contiennent une sorte d'aiguille solide, caractéristique. L'aiguille est très réfringente, et présente le long de son axe une file de granules; elle peut être libre dans la capsule ou fixée par l'une de ses extrémités à la paroi de celle-ci : l'autre extrémité se prolonge alors en un filament qui s'enroule en hélice autour de l'aiguille. On trouve aussi des aiguilles de cette sorte libres dans les tissus; leur analogie avec les rhabdites est évidente, mais elles ne sont pas homogènes comme eux. Il est probable que ces productions se forment dans des cellules du parenchyme et n'arrivent que peu à peu à la surface du corps.

On trouve encore des nématocystes parmi les RHABDOCŒLIDE, chez les *Cylindrostomum, Microstomum lineare, M. rubro-maculatum, Stenostomum Sieboldi.*

Les cellules adhésives sont assez fréquentes chez les Rhabdocèles, à la face inférieure du corps, parmi les autres cellules épithéliales; à l'état de repos, elles sont arrondies, plus volumineuses que leurs voisines; à l'état d'activité, elles font saillie à la surface de l'épiderme, sous forme de cylindres tronqués, à bord dentelé (*Monotus, Proxenetes,* quelques *Mesostoma, Hyporhynchus, Macrostoma*). Ces cellules sont limitées chez les *Monotus* à l'extrémité postérieure du corps; elles existent aussi sur les côtés du corps des *Proxenetes* et *Hyporhynchus.* Ce ne sont que des cellules épithéliales modifiées qui contiennent même des rhabdites lorsque toutes les cellules épidermiques en sont pourvues.

Comme pour les bourrelets ventraux des Polychètes sédentaires et le clitellum des Oligochètes, les cellules glandulaires des Polyclades pénètrent souvent dans le parenchyme au-dessous des couches musculaires et forment des glandes unicellulaires, à canal excréteur souvent très allongé, sinueux, assez souvent divisé en plusieurs branches, qui traverse les couches musculaires, la membrane basale et vient s'ouvrir à la face de l'épiderme. Ces glandes sont d'ordinaire surtout nombreuses à la face ventrale des bords de l'animal et au voisinage de la gouttière nuchale; elles produisent l'abondante mucosité dont le Turbellarié s'enveloppe lorsqu'il est excité. Cette mucosité se montre dans la cellule sous forme de petits globules réfringents, fortement colorés par l'éosine, l'hématoxyline, le carmin ammoniacal, etc. Il n'existe pas de glandes unicellulaires épidermiques chez les RHABDOCŒLA, mais parmi les CONVOLUTIDÆ, on en trouve, chez les *Convoluta* et *Cystomorpha,* de volumineuses que l'action des réactifs élimine assez souvent de l'épithélium.

Quelques *Convoluta* présentent deux paires d'*organes venimeux,* l'une en avant de la bouche, l'autre à l'ouverture de l'orifice mâle. Ces organes sont composés d'une poche membraneuse, intérieurement revêtue de deux couches de délicates cellules granuleuses; la poche se prolonge extérieurement en un goulot dans lequel se trouve une armature chitineuse, solide, de forme conique.

La membrane basale sur laquelle repose l'épithélium n'est nullement une membrane homogène chez les Polyclades; elle est épaisse, résistante et formée d'une substance fondamentale dans laquelle sont plongées des cellules étoilées, pourvues d'un gros noyau, allongées dans le sens longitudinal de l'animal et disposées en files dans ce sens; les prolongements de ces cellules s'anastomosent entre eux, et ceux qui sont situés dans la direction longitudinale sont plus forts que les autres, de sorte qu'ils accusent encore la disposition des cellules en série suivant cette direction. Cette structure rappelle celle du cartilage céphalique des Céphalopodes (p. 220). La membrane basale paraît, au contraire, de structure homogène chez les Triclades et les RHABDOCŒLIDÆ.

Musculature périphérique. — Les PSEUDOCERIDÆ, PLANOCERIDÆ, CESTOPLANIDÆ, PLANOCERIDÆ présentent la disposition typique des muscles que nous avons précédemment décrite. Chez les EURYLEPTIDÆ et ANONYMIDÆ, la couche des muscles transverses, au lieu d'être comprise entre les deux couches des muscles obliques, suit immédiatement la couche externe de muscles longitudinaux; chez les LEPTOPLANIDÆ, sous la membrane basilaire on trouve, du côté ventral, une couche de muscles transverses qui suivent les cinq couches ordinaires; seulement les deux couches de muscles longitudinaux sont ici particulièrement puissantes; du côté dorsal, la couche interne des muscles longitudinaux est remplacée par deux couches de muscles obliques et une couche interne de muscles transverses. La couche oblique interne de chaque côté du corps est la continuation de la couche externe de l'autre côté, et réciproquement. La musculature de la ventouse des COTYLEA n'est qu'une faible modification de la musculature générale : la couche de fibres longitudinales externes disparait; la couche de muscles transverses s'amincit; les fibres des muscles longitudinaux internes se divisent en pinceaux qui vont se fixer sur l'épithélium modifié de la ventouse et constituent les rétracteurs de cet organe. Les muscles dorso-ventraux s'épanouissent à leurs deux extrémités en pinceaux qui rampent sur la membrane basilaire et s'y attachent; leurs faisceaux se disposent de manière à former, surtout dans les parties latérales du corps, des dissépiments qui rappellent ceux des Hirudinées. Ces dissépiments sont très apparents chez la plupart des EURYLEPTIDÆ (sauf les *Prosthecereæus*), les PROSTHIOSTOMIDÆ, CESTOPLANIDÆ, LEPTOPLANIDÆ, PLANOCERIDÆ (sauf *Planocera*), où le parenchyme est peu abondant. En aucun cas la fibre musculaire ne laisse reconnaitre de différenciation particulière à l'intérieur de son protoplasme.

La structure de l'appareil musculaire demeure encore compliquée chez un grand nombre de TRICLADES terrestres et d'eau douce; elle se simplifie chez les *Procerodes*, *Planaria abcissa*, *Phagocata*, au point de se réduire à une couche de muscles circulaire sous-épithéliale et une couche de muscles longitudinaux que traversent des muscles dorso-ventraux.

C'est cet état que l'on observe le plus souvent chez les RHABDOCÈLES; quelquefois les fibrilles annulaires sont internes et les fibrilles longitudinales externes (*Microstomum lineare*); mais c'est le contraire qui est la règle; assez souvent entre les deux couches fondamentales s'intercale une couche de fibres obliques (*Verticeros auriculatum*, *Proxenetes tuberculatus*, *Microstomum tetragonum*, *M. lingua*, *Anoplodium parasita*, *Graffilla muricicola*, *Convoluta paradoxa*); en revanche, chez les CONVOLUTIDÆ, le développement de la couche musculaire tend à s'amoindrir, et finalement l'épiderme se trouve simplement doublé d'une couche de cellules dont les prolongements entrelacés avec les ramifications profondes de ses propres cellules constituent une lame fibreuse (*Aphanostomum pulchellum*); cette lame fibreuse n'existe même plus chez les *Schizoprora*, où les cellules sous-épithéliales diffèrent peu des cellules épithéliales elles-mêmes. Dans tous les cas, la couche tégumentaire la plus profonde, celle qui limite la cavité générale que nous verrons exister chez les Rhabdocèles, est toujours une couche de cellules fusiformes à noyaux très amincis, à extrémités étirées et légèrement superposées, de manière à former une couche parfaitement unie, mais généralement plus épaisse que les couches musculaires proprement dites.

Parenchyme. — On admet généralement l'existence, chez les Turbellariés, d'un parenchyme qui remplirait entièrement, sans présenter de lacune, tout l'intervalle entre les organes, et qui présenterait chez les Polyclades des aspects assez divers. C'est chez les *Cestoplana* une substance homogène parsemée de noyaux et de vacuoles. La substance homogène semble contenue dans des vésicules polygonales, auxquelles adhèrent des noyaux chez les *Stylochus* et les LEPTOPLANIDÆ. Les cloisons de ces vésicules sont perforées et leurs perforations correspondent à des vacuoles de forme plus ou moins complexe chez les *Planocera* et les COTYLEA. Il est vraisemblable que ces apparences sont dues à l'existence d'un réseau de cellules conjonctives étoilées, dont les prolongements accolés dessinent des mailles polygonales entre lesquelles peut se mouvoir un liquide coagulable, qui n'est autre chose qu'un liquide périviscéral peu abondant et chargé de matières albuminoïdes. C'est, en tout cas, ce que montrent les Triclades, qui ont été soigneusement étudiés à ce point de vue, et notamment les *Phagocata*. Ce reticulum conjonctif disparaît lui-même chez les Rhabdocèles, où il existe franchement une cavité générale dans laquelle sont suspendus, comme d'habitude, tous les organes. Cette cavité générale est seulement traversée par des tractus musculaires unissant certains organes aux parois du corps. Il n'y a donc dans la structure du corps des Turbellariés rien qui diffère essentiellement de ce que montrent à des degrés variables les autres Vers.

Le tissu conjonctif réticulé, à substance interstitielle plus ou moins abondante et plus ou moins fluide, des PLANOCERIDÆ et des LEPTOPLANIDÆ contient le pigment qui donne au corps de ces animaux une coloration variée; certaines cellules faisant partie de ce réticulum sont souvent bourrées de rhabdites chez les Triclades. Dans d'autres parties du parenchyme, se trouvent des glandes unicellulaires qui s'ouvrent à la surface du corps, surtout dans la région céphalique et près du gonopore (*Phagocata*). Il existe aussi des cellules à rhabdites dans les tractus qui, traversant la cavité du corps des rhabdocèles, unissent leurs organes à ses parois.

Appareil digestif. — L'appareil digestif des Polyclades est mis en communication avec l'extérieur par un appareil pharyngien dans lequel on peut distinguer trois parties : la *bouche*, la *poche pharyngienne* et le *pharynx* proprement dit.

La *bouche* est toujours située sur la ligne médiane de la face ventrale. Chez les COTYLEA, elle s'ouvre dans la région antérieure du corps; elle en occupe presque l'extrémité chez les *Prosthiostomum* et EURYLEPTIDÆ, mais s'en écarte peu à peu dans les autres genres, et arrive à être à peu près au centre de la face ventrale chez les *Anonymus*. Dans la plupart des ACOTYLEA elle est aussi presque centrale, mais se transporte au voisinage de l'extrémité postérieure du corps chez les *Cestoplana*. Elle est toujours placée en avant de l'orifice génital, ou rarement se confond avec l'orifice mâle (*Stylostomum*). Elle n'est, en revanche, située en avant des ganglions cérébraux que chez les *Oligocladus*; mais cette position de la bouche correspond ici à une conformation toute particulière de la poche pharyngienne; cette poche, de forme ovoïde, comme c'est la règle, présente deux étroits diverticules médians, longitudinaux, l'un antérieur, l'autre postérieur; le diverticule postérieur se termine en cæcum un peu en arrière de la ventouse : le diverticule antérieur passe au-dessous et en avant du cæcum pour aboutir à un orifice externe qui est la bouche. La bouche est située chez les Triclades assez loin en arrière du milieu du corps. Chez les Rhabdocèles elle est franchement ventrale, toujours assez éloignée de l'extrémité antérieure du corps, tantôt dans sa moitié antérieure (VORTICIDÆ, la plupart des PLAGIOSTOMIDÆ), souvent presque au centre de la face ventrale ou même un peu en arrière (*Convoluta*, MESOSTOMIDÆ, *Enterostoma, Cylindrostoma, Allostoma, Solenopharynx*).

On doit se représenter la *poche pharyngienne* des Polyclades comme une sorte de sac ellipsoïdal, à grand axe longitudinal et présentant deux orifices, l'un externe, l'autre intestinal; les centres de ces deux orifices sont généralement situés aux deux extrémités d'un même diamètre, d'inclinaison d'ailleurs très variable, du méridien principal de la poche. Lorsque la bouche est près de l'extrémité antérieure du corps, le *pharynx* est *tubulaire* (fig. 1263, n° 1), la poche pharyngienne cylindrique et son orifice intestinal est situé a son extrémité postérieure (PROSTHIOSTOMIDÆ, EURY-LEPTIDÆ). Lorsque la bouche abandonne l'extrémité antérieure du corps, l'orifice intestinal de la poche pharyngienne abandonne aussi l'extrémité postérieure de celle-ci et se rapproche de son milieu (PSEUDOCERIDÆ, fig. 1263, n° 2); le pharynx tubulaire se raccourcit; il prend peu à peu la forme d'une sorte de *cloche* et finit par se transformer en un simple repli annulaire inséré sur la poche pharyngienne et dont le plan d'insertion est tel que sa normale est oblique de bas en haut et d'avant en arrière par rapport au plan horizontal du corps; c'est ce qu'on appelle un *pharynx en collerette*. Lorsque la bouche atteint le centre de la face ventrale (fig. 1264, n° 4),

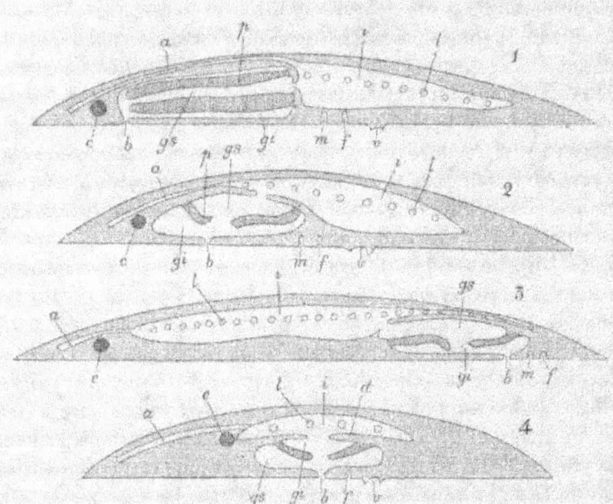

l'anneau pharyngien se plisse plus ou moins à l'état de repos, et constitue un *pharynx en fraise*; le centre de la bouche, le centre de l'anneau pharyngien et le centre de l'orifice intestinal de la poche pharyngienne sont alors situés sur la même verticale (ANONYMIDÆ, LEPTOPLANIDÆ). La poche pharyngienne est dès lors elle-même libre. L'insertion du pharynx cesse bientôt d'être au voisinage de l'orifice intestinal de la poche pharyn-

Fig. 1263. — Figures schématiques représentant les principaux types de l'appareil digestif chez les Polyclades. — 1, coupe longitudinale d'un PROSTHIOSTOMIDIEN; — 2, Id. d'un PSEUDOCERIDIEN; — 3, Id. d'une *Cestoplana*; — 4, Id. d'un *Anonymus*. — *p*, pharynx; *gc, gs*, régions inférieure et supérieure de la poche pharyngienne; *d*, diaphragme; *b*, bouche; *s*, intestin principal; *i*, orifices des branches latérales de l'intestin; *a*, sa branche antérieure; *c*, ganglions cérébroïdes; *f*, orifice femelle; *v*, ventouses (d'après Lang).

gienne, et l'anneau musculaire arrive à diviser cette poche en deux étages superposés presque équivalents. Dans ce cas, la disposition de l'anneau pharyngien à l'intérieur de la poche rappelle dans une certaine mesure celle du velum d'une Méduse dont la paroi interne de la poche pharyngienne représenterait le sous-ombrelle, et dont le corps serait aplati; mais cette ressemblance dont la raison d'être apparaît tout naturellement dans la migration de la bouche, ne saurait être interprétée comme un indice de parenté généalogique entre les Turbellariés et les Méduses ou les Cténophores[1]. La bouche d'ailleurs n'arrête pas là sa migration; elle recule au delà

---

[1] L'animal désigné par Korotneff sous le nom de *Ctenoplana Kowalevskyi* (*Zeitschrift f. W. Zoologie*, t. XLIII, 1886) n'est certainement qu'un Cténophore à corps aplati et cavité gastro-vasculaire irrégulièrement ramifiée; la présence d'une fossette sensorielle apicale, de deux tentacules, de huit bandes vibrantes, d'un infundibulum, ne saurait laisser de

du milieu du corps; en même temps, l'orifice intestinal de la poche pharyngienne passe peu à peu dans la région antérieure de celle-ci, le pharynx demeurant en fraise; finalement chez les *Cestoplana* (fig. 1262, n° 3), où la bouche n'est séparée que par les organes génitaux de l'extrémité postérieure du corps, elle est placée en même temps à l'extrémité postérieure de la poche pharyngienne, à l'extrémité antérieure de laquelle est, en revanche, parvenu son orifice intestinal. Ces déplacements corrélatifs des deux orifices de la partie pharyngienne sont précisément ceux qui devraient se produire si l'animal adhérant par la bouche, à la façon des Sangsues et des Trématodes, le corps parenchymateux, presque homogène, par conséquent, sans cesse porté en avant pour palper les objets environnants, avait peu à peu glissé en avant de la bouche (p. 1880), la poche pharyngienne suivant à distance ce mouvement; la position centrale de la bouche chez un grand nombre de Turbellariés doit naturellement être réalisée par ce mouvement, et comme l'animal palpe également en arrière, une sorte d'équilibre s'établit alors entre les forces qui la sollicitent à se déplacer dans deux directions opposées; les Turbellariés à bouche centrale sont donc plus nombreux que les autres; leurs organes digestifs prennent autour de la poche pharyngienne, devenue symétrique par rapport à un axe vertical, l'apparence d'une disposition rayonnée qui disparaît dès que la bouche a dépassé la région centrale du corps pour se transporter dans sa région postérieure. Lorsque le pharynx est cylindrique ou en cloche, il présente une face externe qui devient la face inférieure du pharynx en collerette ou en fraise, une face interne qui devient la face supérieure de ces dernières formes. Chacune de ces faces est revêtue d'un épithélium sous lequel se trouvent une couche de muscles longitudinaux, une couche de muscles transverses dont la position respective varie d'un type à l'autre; l'intervalle entre les couches musculaires profondes, quelle que soit la direction de leurs fibres, est occupé par du parenchyme dans lequel peuvent se trouver les canaux excréteurs des glandes salivaires, des plexus nerveux, des éléments glandulaires spéciaux et les fibres musculaires qui constituent le muscle rétracteur du pharynx.

Le pharynx des Triclades est toujours cylindrique et présente la structure du pharynx de même forme de l'ordre précédent. Au pharynx principal, de forme ordinaire, s'ajoutent chez les *Phagocata* des pharynx secondaires de même forme et de même structure que lui dont le nombre peut s'élever à dix-huit, plus ou moins symétriquement disposés; ces pharynx se développent sur les branches internes des deux troncs intestinaux postérieurs. Tous sont contenus dans une gaine commune qui s'ouvre en dehors par un orifice unique, occupant la place ordinaire de la bouche.

Les Rhabdocèles présentent dans leur pharynx une variété de forme plus grande encore que les Polyclades [1]. Le pharynx commun aux Macrostomidæ, aux Microstomidæ et aux Convolutidæ (fig. 1264, *A* et *B*) est un tube en continuité avec les téguments, et dont les parois sont composées d'un épithélium interne aplati, à cellules peu distinctes, mais vibratiles, de fibres musculaires circulaires et de fibres longitudinales, auxquelles s'ajoutent des cellules glandulaires; le tout est revêtu de cellules fusiformes, analogues à celles qui forment le revêtement de la cavité

doute à cet égard; il en est probablement de même de la *Cœloplana Metschnikoffi*, de Kowalevsky. Seule la forme aplatie du corps évoque une ressemblance très superficielle avec les Planaires.

[1] Graff, *Monographie der Turbellarien.* I, *Rhabdocœlidæ*, Leipzig, 1882.

générale. C'est là un *pharynx simple*; mais dans ce tube peuvent apparaître des complications particulières et le pharynx devient alors un *pharynx composé (p. compositus)*. Tout d'abord (MONOTIDÆ, *Cylindrostoma*, *Enterostoma*, *Solenopharynx*), le pharynx composé est constitué par une simple plicature de la poche pharyngienne, telle que l'intervalle entre les deux feuillets de la plicature communique avec la cavité viscérale. Ces pharynx sont généralement allongés, cylindriques et rappellent ceux des Triclades, ce sont les *pharynx en repli (p. plicatus*, fig. 1263, *D)*. Partout ailleurs l'intervalle entre les deux parois du pharynx est privé de toute communication avec la cavité du corps, et c'est alors un *pharynx bulbeux*. On distingue trois sortes de pharynx bulbeux : les *pharynx variables (p. variabilis)*, les *pharynx en tonnelet (p. doliiformis* des VORTICIDÆ et PLAGIOSTOMIDÆ), les *pharynx en rosette (p. rosu-*

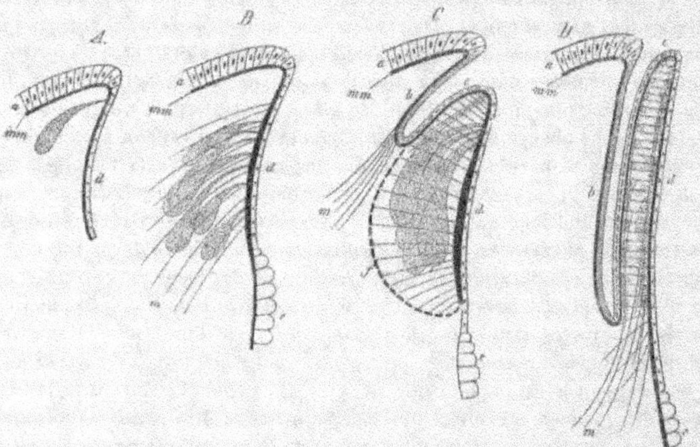

Fig. 1264. — Schéma de l'organisation du pharynx des RHABDOCŒLIDES. — *A. Convoluta*; *B, Microstoma*; *C, Mesostoma*; *D, Monotus*. — *a*, épithélium tégumentaire; *mm*, couche musculaire sous-épithéliale qui se prolonge sur le pharynx (*Microstoma*), et même sur l'intestin (*Monotus*); *d*, épithélium interne du pharynx; *e*, épithélium intestinal; *b*, paroi de la poche pharyngienne; *m*, faisceaux rétracteurs du pharynx; *h*, cellules pointillées sous les cellules glandulaires pharyngiennes (d'après Graff).

latus des MESOSTOMIDÆ et GYRATORIDÆ). Sous le nom de *pharynx variables* sont réunis des pharynx de formes très diverses qui ne rentrent pas dans les deux autres catégories, et qui peuvent être en cylindre très allongé chez quelques espèces de genres d'ailleurs différents. La forme des *pharynx en tonnelet* est suffisamment indiquée par leur nom; ces pharynx possèdent une musculature rayonnante d'une grande puissance. Les *pharynx en rosette* (fig. 1264, *C*) sont sphériques, très contractiles suivant leur axe qui est chez les *Mesostoma* perpendiculaire à la face ventrale du corps; des glandes sont entremêlées à leurs fibres rayonnantes. Dans les pharynx bulbeux l'épithélium interne n'est pas vibratile.

L'appareil gastro-intestinal des Polyclades comprend trois parties : 1° *l'intestin principal*; 2° les *troncs intestinaux*; 3° les *branches intestinales*. La forme fondamentale de l'intestin principal est celle d'un tube qui s'étend sur presque toute la longueur du corps et dans lequel débouchent, comme chez tous les autres Vers, le pharynx et la poche pharyngienne tubulaire lorsque la bouche est située à l'extrémité antérieure du corps (Prosthiostomidæ, Euryleptidæ). Lorsque la bouche s'éloigne de cette extrémité (Pseudoceridæ), l'orifice intestinal de la poche pharyngienne se déplace également sur la longueur de l'intestin principal, qui conserve d'ailleurs sa forme tubulaire et s'étend à une distance variable en avant et en arrière de cet orifice. Lorsque la bouche arrive à être centrale, le plan vertical transversal qui passe par son centre finit (Planoceridæ) par devenir un plan de symétrie pour tout l'appareil digestif; les deux moitiés également utilisées de l'intestin principal se raccourcissent, et ne dépassent que fort peu en avant et en arrière les extrémités de la poche pharyngienne (fig. 1265); son contour se projette lui-même horizontalement suivant une ellipse dont le centre coïncide avec celui de la bouche, sa symétrie essentiellement binaire se rapproche de la symétrie rayonnée sans cependant y atteindre; mais dès que cette position centrale a été dépassée, l'intestin principal reprend sa forme tubulaire et ses dimensions primitives (*Cestoplana*).

L'intestin principal est formé d'un épithélium ciliaire, reposant sur une couche de fibres musculaires transversales que recouvre à son tour une couche moins épaisse de fibres longitudinales. Les cellules épithéliales sont de deux sortes (*Stylochus neapolitanus*) : les unes renflées en massue vers la lumière intestinale, sont remplies de granulations que le carmin colore fortement; les autres, allongées, cylindriques, contiennent sur la plus grande partie de leur longueur des corpuscules homogènes, fortement réfringents, ressemblant à des granulations graisseuses. Les réactifs carminés colorent ces corpuscules plus faiblement que le protoplasma; le picro-carmin les colore

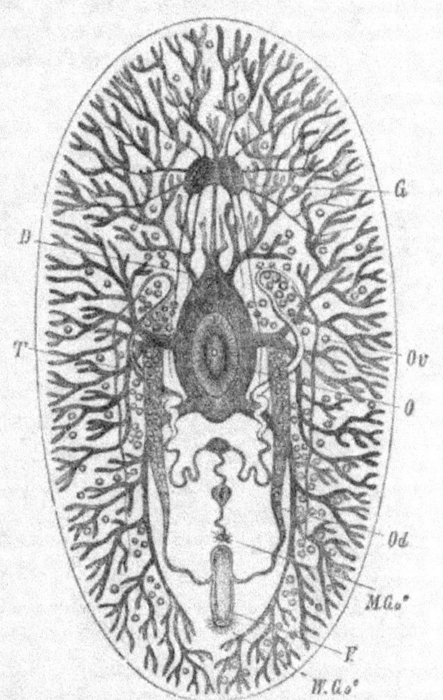

Fig. 1265. — Organisation de la *Polycelis pallida*. — *G*, ganglions cérébroïdes et nerfs qui en partent; *O*, bouche; *D*, ramification de l'appareil digestif; *Ov*, œufs; *Od*, oviductes; *V*, vagin; *WGœ*, orifice génital femelle; *T*, testicules; *MGœ*, orifice génital mâle (d'après de Quatrefages).

en jaune, tandis que le protoplasma est coloré en rose. Les premières sont sans doute des cellules sécrétrices; les secondes des cellules digestives absorbantes. Les troncs intestinaux naissent latéralement de l'intestin principal à la façon de ceux des Aphroditidæ et des Myzostomidæ, et sont toujours symétriquement disposées par rapport à lui; il existe aussi très généralement un tronc antérieur, impair (fig. 1263, *a*). La structure des troncs intestinaux est généralement la même que celle de l'intestin principal; toutefois chez les Pseudoceridæ leur épithélium se distingue par l'égalité de hauteur et de largeur des cellules ciliées, toutes semblables entre elles, qui le composent. Ces troncs se ramifient par dichotomie successive; leurs branches présentent le plus souvent une forme en chapelet; un sphincter et des fibres rayonnantes dilatatrices sont alors disposés à chaque étranglement, dont les contractions et les relâchements alternatifs favorisent le déplacement des fluides digestifs. Le nombre des troncs latéraux, réduit à quatre chez les ANONYMIDÆ, s'élève graduellement (p. 1884) chez les EURYLEPTIDÆ, demeure assez faible dans la famille des PLANOCERIDÆ à intestin principal ovoïde; il atteint son maximum chez les formes à intestin principal tubulaire et allongé (*Prostheceræus*, *Prosthiostoma*, PSEUDOCERIDÆ, CESTOPLANIDÆ). Le plus souvent les branches se terminent en cæcums qui pénétrent jusque dans les papilles dorsales des *Cycloporus* et des *Thysanozoon*; mais chez les *Prostheceræus*, EURYLEPTIDÆ et ANONYMIDÆ, les ramifications terminales s'anastomosent et forment un réseau serré. De l'extrémité postérieure de l'intestin principal naît

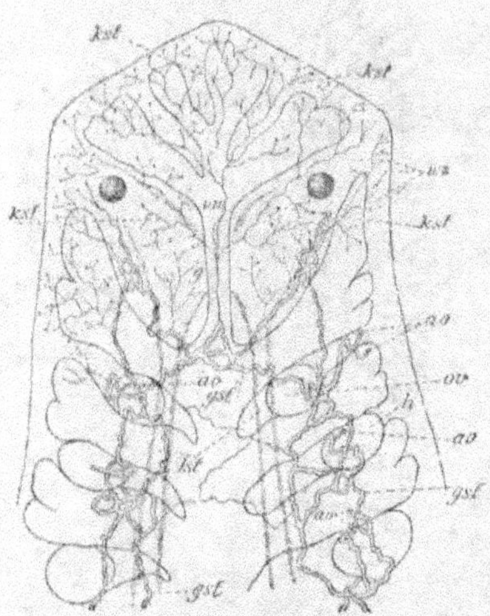

Fig. 1266. — Schéma de l'appareil excréteur du *Procerodes segmentatus* dans la région antérieure du corps. — *vm*, branche intestinale supérieure et médiane; *ms*, ampoules terminales de l'appareil excréteur; *g*, cerveau; *av*, orifices de l'appareil excréteur; *oe*, oviductes; *h*, testicules; *lst*, troncs nerveux longitudineux; *gst*, grands canaux de l'appareil excréteur; *kst*, ses canalicules ramifiés (d'après Lang).

chez l'*Oligocladus* une branche impaire qui se dirige vers le dos; cette branche se renfle sous la membrane basilaire en une ampoule, communiquant probablement avec l'extérieur par un pore anal et d'où partent deux cordons cellulaires dirigés en avant; chacune des branches latérales des *Cycloporus* présente un mode semblable de terminaison, mais ici la communication de l'ampoule terminale avec l'extérieur n'est pas douteuse; enfin chez les *Yungia*, du réseau terminal des branches intestinales naissent des branches spéciales qui se dirigent aussi vers le dos pour s'ouvrir au dehors. L'épithélium des ramifications intestinales des PROSTHIOSTOMIDÆ diffère nettement de celui de l'intestin principal; dans ce dernier les cellules sécrétantes sont extraordinairement nombreuses, parfois disposées en plusieurs assises, et ce caractère est conservé dans les troncs latéraux; dans les branches les cellules sont pour la plupart cylindriques ou en massue, mais à peu près semblables et contiennent côte à côte des granules réfractaires à la coloration, d'autres qui se colorent vivement et d'autres encore qui semblent être des granulations absorbées. Les cellules sécrétantes sont relativement rares. Chez les EURYLEPTIDÆ et les PSEUDOCERIDÆ, ces différences histologiques entre les deux régions de l'appareil digestif s'effacent; l'épithélium est partout cylindrique, cilié; les noyaux sont basilaires et la partie périphérique des cellules présente toujours des granulations de nature particulière. Enfin chez les ACOTYLEA les cellules généralement basses de l'épithélium des ramifications intestinales tendent à se fusionner en un syncytium dans lequel les cellules sécrétantes demeurent cependant distinctes. Des fibres musculaires longitudinales et des fibres annulaires sont chez tous les Polyclades superposées à l'épithélium des branches intestinales; une membrane basilaire sépare les fibres longitudinales de l'épithélium.

Les trois branches du tube digestif des Triclades donnent généralement naissance à des diverticules plus ou moins nombreux; ces diverticules sont disposés chez les *Procerodes segmentatus* (fig. 1270, p. 1873, *r*) avec une symétrie parfaite, et l'intestin présente ainsi tous les caractères d'une véritable métamérie; sa structure ne diffère en rien d'essentiel à ce que l'on observe chez les Polyclades.

L'intestin de tous les RHABDOCŒLIDA est un sac à parois encore anfractueuses chez les ALLOIOCŒLA, sans bosselures chez les RHABDOCŒLA. Son existence a été longtemps méconnue chez les CONVOLUTIDÆ, dont on avait fait, pour cette raison, un sous-ordre spécial, celui des ACŒLA; mais sous ce rapport les CONVOLUTIDÆ ne diffèrent en rien des autres Rhabdocèles et ne doivent constituer dès lors qu'une simple famille. Le sac digestif des RHABDOCŒLIDA a des parois épaisses, mais dont les cellules épithéliales ne sont souvent reconnaissables qu'à leur noyau; sur des coupes, elles apparaissent cependant avec une grande netteté chez un certain nombre de types (*Cylindrostoma elegans*). A la jonction du pharynx avec le sac intestinal il existe toujours une couronne de glandes unicellulaires, ce sont les *glandes salivaires*. Ces glandes diffèrent de celles qui sont contenues dans les parois des pharynx en rosette par la granulation plus grossière de leur protoplasma. On trouve aussi dans l'épaisseur des parois intestinales des *Cylindrostoma*, des follicules glandulaires pluricellulaires, de forme sphéroïdale.

Appareil néphridien. — L'appareil néphridien des Polyclades est fondamentalement construit comme celui des Trématodes. De fins canalicules se terminant en ampoules, pourvues à leur intérieur d'une longue flamme vibratile, suspendue à leur dôme et hérissée à leur surface externe de prolongements ramifiés, sont l'origine de cet appareil; ils aboutissent d'autre part à des canaux plus volumineux, sinueux, ciliés à l'intérieur, qui vraisemblablement s'ouvrent au dehors par un petit nombre de pores. Les parois de l'ampoule flammigère sont épaisses et l'on y observe des vacuoles et des concrétions diverses; celles des gros canaux sont minces, épaissies seulement de distance en distance pour loger un noyau; à ces épaississements correspondent à l'intérieur du canal des cils plus longs que les autres.

On possède plus de renseignements sur l'appareil néphridien des Triclades. Il est formé chez les *Dendrocœlum* de deux canaux dorsaux, très ramifiés et dont certains rameaux pelotonnés s'ouvrent au dehors par des orifices dont la position n'offre rien de déterminé; chez les *Procerodes* (fig. 1266, *ao*), ces orifices se disposent, au contraire, métamériquement, et les deux troncs latéraux, dédoublés et terminés aux deux extrémités du corps par des touffes ramifiées, sont réunies par de nombreuses anastomoses; on trouve des ampoules terminales jusque dans l'épithélium intestinal.

L'appareil excréteur des Rhabdocèles (fig. 1267) comprend toujours deux troncs symétriques ramifiés. Ces deux troncs se réunissent vers l'extrémité postérieure du corps et s'ouvrent au dehors par un orifice tout à fait terminal chez les MONOTULIDÆ, PLAGIOSTOMIDÆ (*B*), *Stenostomum quaternum*, *Alaurina composita*; ils gardent partout ailleurs leurs orifices indépendants. Ces orifices sont postérieurs et les troncs latéraux se recourbent en arrière, près de l'extrémité antérieure, pour arriver, en se ramifiant, jusqu'à l'extrémité postérieure chez de nombreux VORTICIDÆ (*Derostomum*, *C*; *Opistomum*, *Jensenia*) et GYRATORIDÆ (*Gyrator*). Chez les

PRORHYNCHIDÆ (*D*) on observe quelquefois les orifices néphridiens dans la région
antérieure du corps; les deux troncs s'étendent sur toute la longueur de l'animal;
ils sont réunis en avant par une anastomose transversale et donnent naissance un
peu avant le milieu de leur longueur à deux branches transversales qui marchent
l'une vers l'autre, mais ne se réunissent pas et s'ouvrent au dehors chacun par un
orifice particulier; de l'anastomose antérieure naissent plusieurs troncs secondaires,
dont deux s'étendent jusqu'à l'extrémité postérieure du corps. Enfin chez les MESO-
STOMIDÆ (*E*), les deux troncs indépendants, très ramifiés, réfléchis aussi bien en
avant qu'en arrière, donnent naissance vers le milieu de leur longueur à deux
branches transversales qui s'unissent de manière à former une poche contractile
médiane, s'ouvrant dans la poche pharyngienne. Le tronc médian attribué au

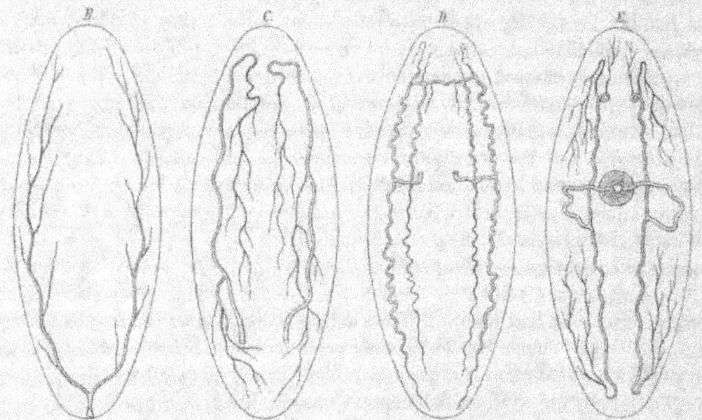

Fig. 1267. — Schémas des troncs principaux de l'appareil néphridien des RHABDOCŒLA. — *B, Plagiostomum
Lemani*; *C, Mesostomum unipunctatum*; *D, Prorhynchus stagnalis*; *E, Mesostomum Ehrenbergii* (d'après
Graff).

Stenostomum leucops n'est autre chose que sa trompe démesurément allongée (Hallez).
Les ramifications de ces troncs s'anastomosent souvent et donnent naissance sur
leur trajet à de fines branches, terminées par une cellule portant une flamme vibratile comme chez les autres Plathelminthes.

Système nerveux. — Le système nerveux des Turbellariés (fig. 1268) comprend
essentiellement: 1° une paire de *ganglions cérébroïdes* plus ou moins distants, unis
l'un à l'autre par deux commissures enveloppées par la substance nerveuse; 2° une
paire de *troncs nerveux longitudinaux*, unis l'un à l'autre par des commissures transversales simples, ou ramifiées et anastomosées; 3° un *réseau nerveux sous-tégumentaire* placé immédiatement au contact de la couche musculaire la plus interne et dont
toutes les parties sont reliées entre elles au moins par deux *nerfs latéraux* qui
s'étendent sur toute la longueur du corps; une ou deux autres paires de nerfs longitudinaux plus rapprochés de la ligne médiane peuvent s'ajouter aux nerfs latéraux [1].

[1] W. M. WOODWORTH, *Contribution to the Morphology of the Turbellaria. I. On the Structure of Phagocata gracilis*, Leidy, *Bulletin of the Museum of comparative Zoology*,
Vol. XXI. N° 1, April 1891.

Les ganglions cérébroïdes sont très voisins de l'extrémité antérieure du corps chez les COTYLEA et les *Cestoplana*; ils s'en éloignent déjà chez les *Anonymus*, en demeurent toujours à une certaine distance chez les ACOTYLEA, les TRICLADA et les RHABDOCŒLIDA. Assez nettement séparés chez les POLYCLADA et les TRICLADA, les ganglions cérébroïdes se confondent en une masse quadrangulaire chez les RHABDOCŒLA à quatre yeux (*Enterostomum, Cylindrostomum*); ils redeviennent très distincts extérieurement et de forme allongée chez les RHABDOCŒLA à deux yeux et ils s'écartent chez les CONVOLUTIDÆ au point de former avec leurs commissures une figure en fer à cheval. Des deux commissures, l'antérieure est généralement considérée comme sensitive (*Procerodes, Phagocata*), la postérieure comme motrice. Ces deux commissures se confondent chez les Triclades d'eau douce, les Polyclades et les RHABDOCŒLA, de sorte qu'on ne saurait plus distinguer dans le cerveau de portion motrice et de portion sensitive. Au premier abord, il semble que ces ganglions se séparent de nouveau chez les CONVOLUTIDÆ, où l'on constate à l'extrémité antérieure du corps l'existence de deux colliers successifs dont l'un entoure toujours l'otocyste[1] (fig. 1269, c), tandis que l'autre entoure, par exception, le pharynx chez les *Schizoprora*, où cet organe occupe une position plus antérieure chez les autres CONVOLUTIDÆ; mais il est vraisemblable que les commissures des deux colliers ne sont ici que deux des commissures habituelles des troncs longitudinaux qui se sont particulièrement renflées.

Le nombre des nerfs qui naissent des ganglions cérébroïdes est extrêmement variable. On en distingue habituellement, sans compter les troncs longitudinaux, une dizaine de paires chez les Polyclades, trois ou quatre chez les Triclades, mais dans un grand nombre de cas ces nerfs semblent se dissocier; les nerfs optiques demeurent seuls reconnaissables (*Phagocata*); les autres sont remplacés par d'innombrables fibrilles qui partent en éventail des régions latérales du cerveau (*Phagocata*) ou de sa région antérieure (CONVOLUTIDÆ, fig. 1269); ces fibrilles peuvent même être remplacées par des *traînées* de cellules ganglionnaires (Rhabdocèles à deux yeux).

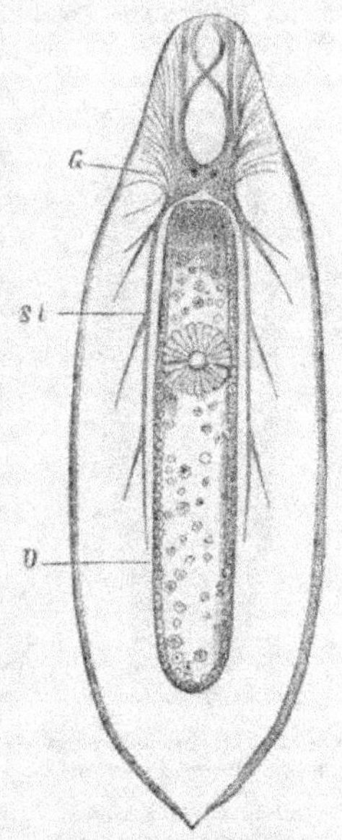

Fig. 1268. — Tube digestif et système nerveux du *Mesostomum Ehrenbergii*. — G, les deux ganglions cérébroïdes, avec deux points oculiformes; *st*, troncs nerveux latéraux; D, tube digestif présentant un peu avant le milieu de sa longueur la bouche et le pharynx (d'après Graff).

Les troncs latéraux sont, en général, nettement distincts des ganglions cérébroïdes, qui n'en sont cependant qu'une région particulièrement renflée, comme le démontre la prolongation fréquente de ces troncs au delà des ganglions. Chez les CONVOLUTIDÆ, le passage de ces derniers aux troncs latéraux se fait d'une manière insensible. Chez le *Procerodes segmentatus*, les commissures qui naissent entre les deux troncs alter-

---

[1] YVES DELAGE, *Études histologiques sur les Planaires rhabdocœles accœles.* Archives de zoologie expérimentale. 1re série, T. IV, 1886.

nent régulièrement avec les ramifications intestinales de manière à accuser une
métamérisation très nette. Chez les autres Triclades, la régularité s'altère peu à
peu, les commissures émettent sur leur sujet des branches qui finissent par se
transformer en anastomoses. Cette disposition devient générale chez les Polyclades
où les commissures se ramifient et s'anastomosent non seulement entre elles, mais
encore avec les ramifications des autres branches nerveuses, de manière à prendre
part à la formation des réseaux nerveux périphériques. Finalement d'ailleurs les
troncs principaux peuvent se réduire aux dimensions des nerfs latéraux (*Convo-

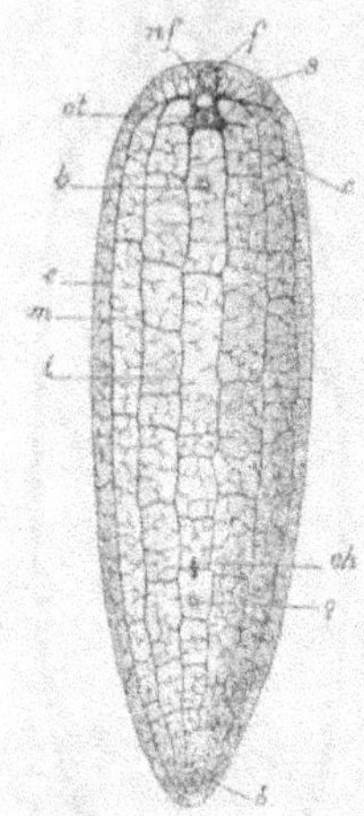

Fig. 1269. — Système nerveux
de la *Convoluta Roscoffensis*.
— *f*, organe frontal ; *nf*,
nerf de l'organe frontal ;
s, renflement supérieur du
système nerveux central ;
c, cerveau ; *ch*, conduit chitineux du réservoir sper-
matique ; *ot*, otocyste ; *b*,
bouche ; *e*, *m*, *i*, nerfs longitudinaux externe, moyen
et interne ; *o*, orifice femelle ;
o, orifice mâle (d'après
Delage).

luta, fig. 1269) et le tout devient presque indistinct chez
les formes parasites (*Graffilla*). Le plus souvent, les commissures voisines du pharynx se différencient pour former
un anneau distinct fournissant les nerfs de cet organe et
de sa gaine.

On distingue naturellement dans le *réseau nerveux sous-
tégumentaire* un *réseau dorsal* et un *réseau ventral* séparés
l'un de l'autre par le parenchyme. Les deux réseaux sont
reliés entre eux par les nerfs latéraux, et quelquefois même
par des branches dorso-ventrales (*Prosthiostomum, Cestoplana,
Phagocata*, etc.). Assez souvent chez les Polyclades (*Thysanozoon, Cestoplana, Planocera*), le réseau dorsal et le réseau
ventral passent insensiblement l'un à l'autre sur les bords du
corps, sans interposition de nerfs longitudinaux spéciaux ; le
réseau tégumentaire peut revêtir alors les aspects les plus
variés. Dans les formes allongées, ses mailles sont, en effet,
presque rectangulaires, et l'on distingue surtout parmi elles
les deux troncs longitudinaux (*Cestoplana*) ; à mesure que
le corps s'élargit, les mailles deviennent polygonales et sont
divisées en groupes, soit par des branches maîtresses ramifiées (*Thyzanozoon*), soit par des mailles fermées formant
un réseau principal dont chaque aréole est découpée en
mailles plus petites par un fin réseau secondaire (*Planocera*),
ou bien encore le réseau figure autour du cerveau comme
une sorte de toile d'araignée dont les nerfs issus du cerveau seraient les rayons, unis entre eux par des filaments
nerveux disposés en cercles concentriques. Il semble donc
que les nerfs latéraux soient un appareil de perfectionne-
ment propre aux Triclades et aux Rhabdocèles. Il n'y a pas lieu de s'étonner que
la rectification des connectifs longitudinaux qui leur donnent naissance, le long
des limites latérales du parenchyme, puisse aussi se produire plus près de la ligne
médiane ; une nouvelle paire de nerfs longitudinaux apparaît alors, généralement
sur la face dorsale, ce qui porte à six le nombre total des troncs ou des nerfs
longitudinaux (*Procerodes ulvæ, Planaria alpina, Convoluta roscoffensis*, etc.). Les
parties dorsale et ventrale du réseau ne sont pas toujours également développées ;
mais dans les résultats signalés jusqu'ici, il faut tenir compte de la difficulté des
recherches de ce genre et de l'imperfection des anciennes méthodes d'investigation.
Le réseau dorsal paraît très réduit ou nul chez les *Phagocata* ; le réseau ventral

manque chez les *Planaria polychroa*, *Dendrocœlum lacteum*, *Bipalium sumatrense*, *B. javanum*, tandis que chez les espèces voisines (*Planaria torva*, *Rhynchodemus*) les deux réseaux sont bien développés; l'un et l'autre manqueraient au contraire chez les *Procerodes segmentatus*, où les nerfs latéraux seraient directement unis par des commissures aux troncs longitudinaux.

Les ganglions cérébroïdes sont séparés des tissus environnants par une membrane spéciale chez les Polyclades et les Rhabdocèles à quatre yeux; aucune membrane de ce genre ne paraît exister chez les Triclades et les Rhabdocèles pourvus de deux yeux seulement; mais dans le premier de ces groupes il n'est pas facile de distinguer les cellules nerveuses de celles du parenchyme. Les cellules nerveuses sont distribuées à la surface des ganglions cérébroïdes, soit en une seule assise, soit en deux ou plusieurs assises (Rhabdocèles à deux yeux); elles sont, en général, inégalement, mais très symétriquement réparties; elles sont surtout serrées et volumineuses chez les Polyclades dans la région supérieure, postérieure et inférieure des ganglions cérébroïdes; la face ventrale ne présente plus qu'une seule assise de cellules chez les Rhabdocèles à deux yeux; c'est au contraire la face ventrale qui est la plus riche chez les Rhabdocèles à quatre yeux; enfin la répartition des cellules est à peu près uniforme chez les Convolutidæ. La partie centrale du cerveau est formée d'un réseau serré de fibrilles qui s'orientent par places en faisceaux dirigés vers les nerfs. Dans cette substance, surtout latéralement et inférieurement, sont encore disséminées des cellules multipolaires ou unipolaires, de forme variable, mais très symétriquement distribuées. Les cellules unipolaires se pressent particulièrement à la naissance des nerfs. Les nerfs contiennnet aussi des cellules ganglionnaires qui peuvent leur former un revêtement continu (Rhabdocèles à deux yeux, Convolutidæ), se distribuer à de plus ou moins grands intervalles à leurs surfaces (Rhabdocèles à quatre yeux, Polyclades, Triclades), ou encore se détacher des troncs principaux pour constituer à l'aide de leurs deux prolongements opposés une fibrille nerveuse (quelques Rhabdocèles à quatre yeux).

Organes des sens. — Les Polyclades possèdent tous des *organes tactiles*, presque tous des *yeux*, et quelques-uns y ajoutent des organes d'audition ou *otocystes*. En tête des organes tactiles il faut placer les *tentacules*, qui peuvent résulter d'un simple plissement du bord antérieur du corps (Pseudocerid.æ), constituer des appendices bien différenciés de ce bord (Eurileptidæ), mais demeurent *marginaux* dans ces deux familles, tandis qu'ils reculent sur le dos à une certaine distance de l'extrémité antérieure du corps et deviennent ainsi *nuchaux* chez les Planocerid.æ; ces tentacules nuchaux sont encore représentés par des saillies caractéristiques chez quelques Leptoplanidæ; mais l'absence des tentacules est fréquente chez les Polyclades (Anonymidæ, Leptoplanidæ). Sur ces tentacules les éléments tactiles sont des cellules surmontées de soies rigides qu'on retrouve en diverses régions du corps. Le toucher est exercé chez tous les Convolutidæ par un organe rétractile, situé à l'extrémité antérieure du corps (fig. 1269, *f*), probablement homologue de la trompe des Gyratoridæ et des Microstomidæ, mais très nettement différenciée dans le sens d'un organe tactile (*organe frontal*, Delage). La trompe est de forme ovoïde, son extrémité amincie est tournée en avant et elle est surmontée d'une sorte de *poil sensitif* mou et translucide. L'organe est formé d'une substance transparente, traversée par un réseau de fibres nerveuses qui, après s'être anastomosées, se portent vers l'extrémité antérieure, papilleuse, de l'animal. Ces fibres, entremêlées de quelques cellules multipolaires, sont en rapport avec des cellules ramifiées qui enveloppent l'organe et auxquelles se rendent deux gros nerfs issus des ganglions cérébroïdes et qui passent l'un à droite, l'autre à gauche de la trompe.

L'extrémité antérieure des *Mesostomum* d'eaux douces, celle des *Proxenetes* et de diverses espèces d'*Alaurina* présentent une disposition des muscles internes qui en fait des organes rétractiles; cette région est certainement douée d'une sensibilité particulière et est une première indication de la trompe des GYRATORIDÆ, qui est ainsi dans une certaine mesure un organe de tact. Un peu en arrière de l'extrémité frontale des Polyclades, on observe souvent un sillon cilié, légèrement sinueux et à festons symétriques, rappelant le sillon fermé, ou anneau céphalique, des Chétognathes (p. 1428). Un sillon analogue existe chez divers Rhabdocèles (*Cylindrostomum*). Mais dans ce dernier groupe, la tête porte chez beaucoup de PLAGIOSTOMIDÆ, PRORHYNCHIDÆ et MICROSTOMIDÆ des fossettes vibratiles, analogues à celles que présentent divers Polychètes (p. 1587) et que nous retrouverons chez les Némertes (p. 1892). Ces fossettes à longs cils sont tapissées d'un épithélium modifié qui repose sur une couche musculaire, dépendance des muscles des téguments et suivie elle-même de cellules piriformes dont la partie large s'enfonce dans la substance fibreuse du cerveau, rappelant ainsi les rapports du canal cilié et du lobe cérébral postérieur des Némertes; toutefois, les fossettes vibratiles se prolongeant au-dessous de ce dernier en s'éloignant de lui, les cellules piriformes les accompagnent, et tout rapport entre elles et l'appareil cérébral semble disparaître.

Otocyste. — Parmi les Polyclades, la *Leptoplana otophora* possède seule une paire d'otocystes contenant chacun deux otolithes et reliés au cerveau par des nerfs spéciaux. Ces organes sont plus répandus chez les Rhabdocèles, où on les a observés dans les genres *Monotus, Mecynostomum, Automolos, Stenostomum, Otomesostomum* et chez tous les CONVOLUTIDÆ. L'otocyste est toujours incrusté, en quelque sorte, dans la face ventrale du cerveau; il est constitué par une capsule et un otolithe. La capsule, de forme légèrement ellipsoïdale chez la *Convoluta roscoffensis*, est partout parfaitement anhiste; mais elle est entourée par une couche de cellules ganglionnaires. L'otolithe, chez cette espèce et chez la plupart des CONVOLUTIDÆ, a la forme d'un hémisphère un peu irrégulier dont la face plane assez souvent légèrement excavée au centre (*Convoluta pandora, C. cinerea, Cyrtomorpha saliens, C. Schultzii*) est tournée vers la surface ventrale de l'animal; il est enveloppé d'une fine membrane fibreuse qui lui donne un aspect nacré ou métallique. L'otolithe peut aussi revêtir la forme d'une lentille biconcave (*Conv. flavibacillum, Nadina minuta, Automolos truncatus*), ou prendre la forme d'un sphéroïde à surface rugueuse (*C. Semperi, Promesostomum, Aphanostomum*) ou lisse (*Monotus, Stenostomum, Otomesostomum morgiense, Cyrtomorpha subtilis*, la plupart des *Nadina*). L'otolithe est habituellement creuse. La cavité nerveuse dans laquelle elle est contenue se prolonge en trois canaux, deux latéraux symétriques et un postérieur; ces canaux semblent se perdre dans les interstices du réticulum cérébral; des fibrilles contenues dans les canaux latéraux viennent s'attacher à la vésicule et contribuent à la maintenir en place. Les *Convoluta* paraissent insensibles au bruit; leur otocyste leur sert probablement à percevoir les ébranlements du sol.

Yeux. — Les yeux des Polyclades sont généralement assez nombreux, et il en

existe probablement toujours. Ils sont situés dans le parenchyme et sont partout
distribués en deux groupes, l'un à droite, l'autre à gauche, sur le cerveau; chez les
formes pourvues de tentacules, on en trouve toujours sur ces organes, même sur
les tentacules rudimentaires des LEPTOPLANIDÆ; chez les formes dépourvues de
tentacules ces yeux sont placés sur les bords du corps, soit en avant seulement, où
ils peuvent couvrir tout l'espace situé en avant du cerveau (*Trigonoporus, Cestoplana*), soit sur tout le pourtour du corps. Ils sont invariablement composés d'une
coupe de pigment, renfermant un nombre de bâtonnets qui dépend de la grandeur
de l'œil; l'orifice de la coupe est occupé par des cellules ganglionnaires auxquelles
aboutissent des fibres nerveuses et que l'on peut appeler les *cellules rétiniennes*.
La coupe de pigment présente à sa surface comme une mince couche de protoplasme transparent contenant un seul noyau; cette coupe n'a donc que la valeur
d'une cellule. Les bâtonnets sont homogènes et ne contiennent pas de noyau; ils
correspondent vraisemblablement chacun à une cellule rétinienne. La direction de
l'ouverture de la coupe cornéenne varie, dans la même espèce, d'un œil à l'autre;
toutefois deux yeux symétriques ont toujours leur ouverture symétriquement dirigée; quelquefois les yeux sont associés par couples dont les coupes pigmentaires
ont leurs orifices tournés l'un vers l'autre et séparés par le nerf optique commun
(yeux cérébraux du *Pseudoceros maximus*).

Les yeux des Rhabdocèles sont moins nombreux et paraissent autrement construits que ceux des Polyclades. La plupart des PLAGIOSTOMIDÆ (*Acmostomum, Cylindrostomum, Entomostomum*) ont trois paires d'yeux dont deux seulement visibles sur le
vivant, complètement enfoncés dans la substance même de leur cerveau carré; la
paire invisible sur le vivant est située au-dessus de la plus grande des autres paires
d'yeux. Chaque œil est composé d'une grande coupe de pigment et contient, suivant
ses dimensions, une ou deux lentilles réfringentes. Le nombre des yeux se réduit à
deux chez la plupart des autres Rhabdocèles. Les yeux des *Plagiostomum, Macrorhynchus, Gyrator* ont à peu près le même développement que les précédents, mais ils
sont fixés à l'extrémité de prolongements latéraux du cerveau jouant le rôle de
nerfs optiques. Partout ailleurs, les yeux, beaucoup plus petits, sont directement
fixés sur le cerveau. Chez les *Proxenetes, Hyporhynchus, Mesostomum ovoideum*, et
parmi les CONVOLUTIDÆ, les *Schizoprora*, les yeux conservent encore une lentille
réfringente; la lentille disparaît chez les *Mesostomum bilineatum et viride*, les *Aphanostomum, Cyrtomorpha, Convoluta*; les taches pigmentaires disparaissent elles-mêmes
chez les *Aphanostomum diversicolor* et *pulchellum*. Le cristallin du *Mesostomum
ovoideum* est partagé en deux moitiés par une bande superficielle de pigment noir
qui semble présager le dédoublement des yeux qu'on observe chez les *Hyporhynchus*. La consistance du cristallin est très variable suivant les espèces; la coloration
du pigment varie du noir ou gris d'acier au rouge qui se montre surtout dans les
yeux les moins parfaits.

Appareil génital. Hermaphrodisme. — L'hermaphrodisme est la règle chez les
Turbellariés, comme chez les Cestodes et les Trématodes. Les sexes ne sont séparés
que dans l'unique famille des MICROSTOMIDÆ, de l'ordre des Rhabdocèles; encore, dans
cette famille, les *Alaurina* sont-elles demeurées hermaphrodites. Il est remarquable
que la diminution de fécondité qui pourrait résulter de la séparation des sexes est
compensée chez les MICROSTOMIDÆ par des phénomènes de dissociation du corps qui

lui sont aussi exclusivement propres. Les dispositions des deux appareils génitaux rappellent de très près celle des Trématodes, mais présentent cependant des modifications de détail qui exigent, pour chacun d'eux, une description spéciale. Nous les étudierons successivement chez les Polyclades, les Triclades et les Rhabdocélides.

Appareil génital mâle. — Les POLYCLADES sont très généralement hermaphrodites protandres. Leur appareil génital mâle comprend : 1° des *testicules*; 2° des *capillaires excréteurs*; 3° des *conduits collecteurs*; 4° des *canaux déférents*; 5° un *appareil copulateur*.

Les *testicules* sont toujours extrêmement nombreux. Ce sont de petites masses sphéroïdales, formant une véritable couche entre la paroi ventrale du corps et les ramifications de l'appareil digestif; cette couche est interrompue dans la région médiane occupée par le cerveau, le pharynx, l'intestin principal et les organes de copulation; marginalement, elle n'atteint pas l'extrémité des ramifications digestives et ne pénètre pas non plus dans les tentacules. Chaque amas de spermatoblastes est enfermé dans une membrane propre qui semble produite par une ou deux cellules nucléées constituant sa matrice; au voisinage de ces cellules naît de la membrane propre un *capillaire excréteur*. Les capillaires excréteurs d'un même côté s'unissent de proche en proche de manière à constituer un réseau de capillaires séminaux; ces capillaires sont formés chacun d'une file unique de cellules traversées par la lumière du canal, comme les néphridies des Oligochètes et des Hirudinées. De chacun des deux réseaux naissent plusieurs canaux plus sinueux ou même pelotonnés qui, à l'époque de la maturité génitale, sont remplis de sperme et auxquels convient, en conséquence, le nom de *canaux collecteurs*. Ces canaux forment, par leur union, les *canaux déférents*, qui peuvent demeurer indépendants ou s'unir en un canal médian unique, aboutissant à l'organe copulateur; une ou plusieurs *vésicules séminales* sont généralement annexées à cet organe. La paroi des canaux collecteurs, souvent très large, est formée par un épithélium dont les cellules ciliées, souvent confondues, ne demeurent reconnaissables qu'à leur noyau. Ces cellules sont ramifiées à leur extrémité profonde, et reposent sur une membrane basilaire. Les testicules semblent, chez les Polyclades, avoir pour origine des éléments détachés des ramifications intestinales. Un certain nombre de ces éléments fusionneraient leur protoplasme; leurs noyaux se rassembleraient en une petite masse, tout en demeurant distincts, et le tout se séparerait de l'épithélium intestinal, en entraînant comme enveloppe la partie de la membrane propre de l'intestin qui leur correspondait. Après cette séparation, les éléments confondus se séparent, se multiplient et finalement se transforment en spermatozoïdes. Les spermatozoïdes mûrs sont fusiformes chez les *Prosthiostomum*, les LEPTOPLANIDÆ et les PLANOCERIDÆ; ils sont accompagnés de flagellums accessoires chez les EURYLEPTIDÆ et présentent à une de leurs extrémités un renflement protoplasmique chez les *Anonymus* et les *Cestoplana*; ils se soudent parfois en spermatophores (*Cryptocelis alba*).

L'appareil mâle des TRICLADES est construit sur le même plan que celui des Polyclades; seulement les canaux déférents remplacent la vésicule séminale absente, sauf chez quelques formes terrestres et chez la *Planaria alpina*. Les testicules du *Procerodes segmentatus* (fig. 1270, *t*) se répètent avec une régularité absolue, alternant avec les diverticules du tube digestif, et avec les nerfs terminaux, de sorte que la division métamérique de l'animal portant sur tous les organes est incontestable.

Chez les RHABDOCÉLIDES, on constate deux formes de *testicules* : les *testicules follicu-laires* et les *testicules compacts*. Les *testicules folliculaires* (fig. 1272, p. 1878, n°s 1 et 3, *h*) caractérisent les ALLOÏOCŒLA, les CONVOLUTIDÆ, le genre *Alaurina* parmi les MICRO-STOMIDÆ, et parmi les MACROSTOMIDÆ, le genre *Mecynostomum*. Ils sont composés par de petites masses cellulaires indépendantes. tantôt espacées, tantôt rapprochées, sans membrane d'enveloppe et qui résultent chacune de la division d'une cellule unique primitive; le résultat ultime de cette division est la formation de spermatoblastes et de faisceaux de spermatozoïdes. Tous les autres Rhabdocèles présentent des *testicules compacts.* au nombre de deux (fig. 1272, n° 1). sauf chez le *Gyrator hermaphroditus* où il n'y en a qu'un. Ces testicules sont toujours enveloppés d'une mem-brane hyaline résistante; leur forme varie de celle d'un ruban allongé pouvant s'étendre sur les deux tiers de la longueur du corps (*Soleno-pharynx*, *Vortex*, *Opistomum*, *Macrorhynchus*, *Otomesostomum*, *Mesostomum*, *Castrada*) à celle de simples masses sphéroïdales dont la surface peut être simple (*Promesostomum*, *Byrsophlebs*, *Proxe-netes*, *Jensenia*, *Hyporhynchus*, *Pseudorhynchus*) ou lobée (*Graffilla*, *Provortex affinis*). Les testicules allongés se terminent, en général, en avant par une extrémité arrondie; les extrémités des deux testicules se soudent cependant l'une à l'autre chez le *Mesostomum tetragonum*, d'où résulte la formation d'un organe unique en fer à cheval. L'*Acrorhynchus caledonicus*, l'*Hyporhynchus mira-bilis*, les *Macrostomum* et *Derostomum* ont des testicules intermédiaires entre la forme allongée et la forme sphéroïdale. Les spermatozoïdes peuvent être *filiformes*, ce qui est le cas le plus général, capités (*Mesostomum*, *Proxenetes*, *Pseu-dorhynchus*, *Hyporhynchus*, *Provortex*, *Vortex*, *Opistomum*), bordés (*Aphanostomum elegans*, *Mecynostum agile*, *Cyrtomorpha saliens*, *Macrosto-mum hystrix*, *Mesostomum trunculum*, *Proxenetes gracilis*, *Macrorhynchus Nægelii*), pourvus de flagellums accessoires (*Promesostomum*, *Byrso-phlebs*, *Provortex battrius*, *Solenopharynx flavidus*, *Macrorhynchus*, *Enterostomum*). Le *Mesostomum splendidum* a des spermatozoïdes capités, à tête

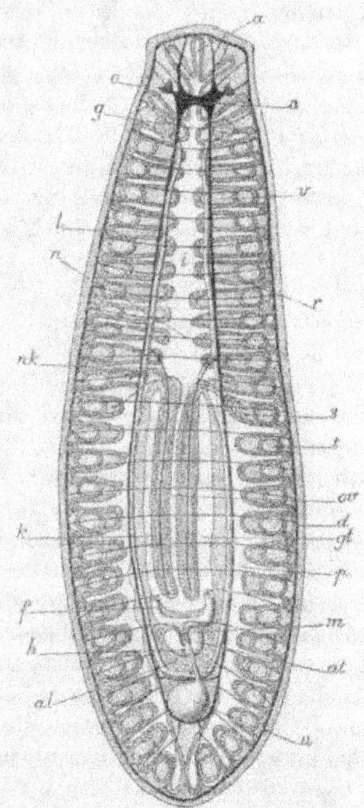

Fig. 1270. — Organisation du *Procerodes segmentatus*. — *a*, branche antérieure du tube digestif; *o*, œil; *g*, ovaire; *c*, cer-veau; *l*, troncs longitudinaux du système nerveux; *n*, nerfs; *i*, branche antérieure de l'intestin; *r*, ramifications latérales de l'intestin principal; *p*, branches posté-rieures de l'intestin; *t*, testicules; *ov*, ovi-ducte; *k*, trompe; *d*, dissépiments; *v*, vi-tellogène; *nk*, nerfs de la trompe; *gt*, gaine de la trompe; *su*, pénis; *at*, atrium gé-nital; *u*, utérus; *h*, orifice génital; *al*, glande de l'albumen; *f*, canaux déférents (d'après Lang).

sphéroïdale tuberculée, surmontée d'un cil opposé à la queue; les *Plagiostomum* ont presque tous des spermatozoïdes aberrants; ceux du *P. siphonophorus* rap-pellent ceux du *M. splendidus*, mais avec une tête moins renflée et un corps réfringent entre la tête et la queue qui est granuleuse; ce corps réfringent est remplacé par une bandelette hélicoïdale chez le *P. sulphureum*; chez le *P. reticulatum*, le cil a disparu et le corps réfringent devenu granuleux occupe presque toute la tête. Chez le *Cylindrostomum grandioculatum* le spermatozoïde est une bandelette hélicoïdales à axe granuleux dont les premiers tours se confondent en une tête fusiforme. On a essayé, sans grand succès, il est vrai, d'employer ces formes variées de spermatozoïdes comme caractères spécifiques (Ulianine).

La plupart des Polyclades ne possèdent qu'un seul appareil copulateur; toutefois le *Pseudoceros maximus* a deux pénis, qui sont situés dans le même *atrium mâle* et sortent au dehors par le même orifice; les deux pénis sont complètement séparés chez le *P. superbus* et le *Thysanozoon Brochii*; chez les *Anonymus* on compte de chaque côté de 9 à 15 appareils copulateurs, disposés en série linéaire. Lorsqu'il n'existe qu'un seul appareil copulateur, l'orifice mâle est situé presque constamment entre la bouche et l'orifice femelle; chez les *Stylostomum*, l'orifice buccal et l'orifice mâle sont placés l'un et l'autre au fond d'un petit enfoncement qu'un orifice unique fait communiquer avec l'extérieur. L'appareil copulateur comprend : 1° une *vésicule séminale* à parois musculaires; 2° une *glande accessoire* dont le produit de sécrétion s'ajoute au sperme et dilue les spermatozoïdes, et 3° un *pénis*. La glande accessoire ne manque que chez les *Anonymus*; la vésicule séminale est souvent absente; en revanche deux vésicules accessoires à parois musculeuses, longuement pédonculées et dont le canal excréteur s'ouvre dans le pénis, viennent s'ajouter à la vésicule principale. Suivant les espèces, les canaux déférents aboutissent isolément au pénis, ou auparavant se réunissent à l'une ou l'autre de ces parties qui présentent une grande variété de structure et de disposition.

Le pénis des Polyclades peut être construit suivant deux types différents : tantôt, c'est un simple repli annulaire suspendu au fond d'une *gaine péniale* et qui peut faire saillie par l'orifice copulateur (*Planocera villosa, Cryptocelis, Leptoplana vitrea, Stylochus, Trigonoporus*); tantôt c'est une dépendance des téguments qui est rétractile à la façon des tentacules de l'escargot (*Planocera Graffii, Leptoplana tremellaris*). Dans le premier cas, la gaine du pénis ne s'ouvre pas directement au dehors, mais est précédée d'une autre cavité d'invagination, le *vestibule mâle* ou *atrium masculinum* (*Cestoplana, Eurylepta, Pseudoceros, Prosthiostomum*). Le pénis de tous les Cotylea est armé à son extrémité d'un stylet peut-être chitineux : ce stylet disparaît chez les *Anonymus* et les Acotylea. Souvent cet organe, au lieu d'être introduit dans l'organe copulateur femelle du conjoint, sert tout simplement à percer la paroi du corps de ce dernier, à injecter les spermatozoïdes dans la blessure ou à y introduire une spermatophore. L'appareil copulateur résulte toujours d'ailleurs d'une invagination tégumentaire qui s'est graduellement compliquée et qui n'était vraisemblablement d'abord qu'un simple appareil de fixation.

Dans sa forme la plus simple l'appareil copulateur des Rhabdocèles est constitué par une invagination des téguments près de l'orifice de laquelle débouchent les testicules (Convolutidæ, *Castrada, Jensenia*); dans les autres formes c'est au fond de la poche invaginée que débouchent les canaux excréteurs et on peut la diviser en une partie profonde, la *poche péniale*, et une partie périphérique, le *vestibule mâle*, parfois fusionné avec le *vestibule femelle* et constituant ainsi avec lui un *atrium génital*. Au fond de la poche péniale débouchent les *canaux déférents* et un groupe

de glandes accessoires, les *glandes à granules* (*Körnerdrüsen*). Le sperme et les
granules produits par ces glandes se mélangent dans le cul-de-sac chez la plupart
des Rhabdocèles ; toutefois de la position relative des orifices des canaux déférents
et des glandes à granules résulte souvent une séparation effective des deux produits.
Cette séparation graduelle des deux productions peut avoir lieu de trois façons :
ou bien le sperme est en arrière et la masse des granules en avant (*Vortex*),
et alors la partie supérieure, réservée au sperme, peut arriver à s'isoler par un
étranglement (*Pseudorhynchus bifidus*, fig. 1271, *B*, *ds*; *Vortex pictus*, *V. Graffii*,
Plagiostoma, *Proporus venenosus*, *Castrada*, *Jensenia*) ; ou bien l'une d'elles demeure
périphérique et un canal axial se constitue pour l'autre, qui peut être soit le
sperme (*Provortex affinis*, *Mesostomum tetragonum*, *Solenopharynx*, *Byrsophlebs intermedia*, *Macrorhynchus croceus*, *M. hystrix*, *Mesostomum neapolitanum*, divers *Vortex*),

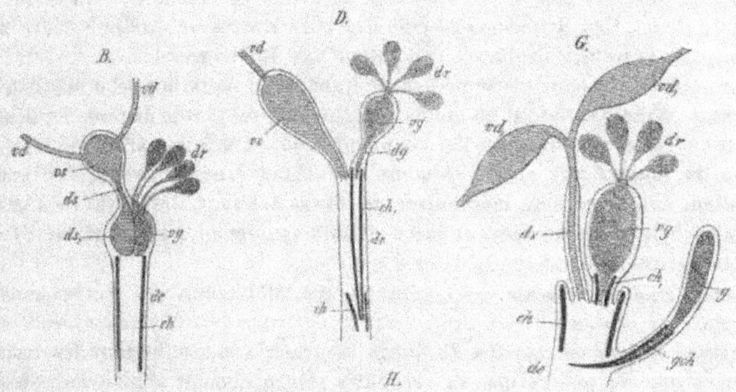

Fig. 1271. — Schéma de l'appareil copulateur mâle de Rhabdocœlida. — *B. Pseudorhynchus bifidus*;
D. Gyrator hermaphroditus; *G. Macrorhynchus helgolandicus*. — *ch*, revêtement chitineux du canal
éjaculateur commun; *ch*, armature chitineuse du conduit des granules; *de*, canal éjaculateur; *dg*, conduit des granules; *du*, glande à granules; *ds*, conduit séminal; *ds*, son orifice dans la vésicule des
granules; *g*, glande à venin; *vs*, vésicule séminale; *vd*, canaux déférents; *vd*, vésicules séminales accessoires.

soit la masse granuleuse (*Proxenetes gracilis*, *P. tuberculatus*, *Hyporhynchus peni-
cillatus*, *H. coronatus*, *Mesostomum rostratum*, etc.) ; ou bien enfin les deux produits se déposent chacun dans une des moitiés du cul-de-sac pénial (*Promesostomum marmoratum*, *Proxenetes tuberculatus Pseudorhynchus*) ; cette dernière
disposition, qui peut être combinée avec la première (*Pseudorhynchus bifidus*,
fig. 1271, *B*, *vs*, *ds*, *vg*), est le point de départ d'une division longitudinale complète du fond de cul-de-sac pénial en deux poches, dont l'une constitue une *vésicule séminale* et l'autre une *poche des granules*; la première reçoit les canaux déférents, en général fusionnés préalablement en un seul conduit; la seconde reçoit
les glandes à granules (*Acrorhynchus*, *Gyrator*); la formation de cette vésicule séminale n'empêche pas la formation de vésicules séminales accessoires aux dépens de
la partie inférieure renflée des canaux déférents (*Proxenetes*, *Macrorhynchus mamertinus*). Mais, en général, quand ces vésicules séminales accessoires se produisent,
la vésicule principale se réduit à un simple tube cylindrique qui joue, par rapport à elles, le rôle de canal excréteur commun (*Macrorhynchus Nægelii*, *M. helgolandicus*, fig. 1271, *G*, *vd*, *ds*). Une fois cette division des appareils excréteurs

du sperme et des granules réalisée, c'est dans les formations chitineuses qui accompagnent les divers conduits que des modifications nouvelles apparaissent. Ces formations chitineuses consistent en lames, mais surtout en crochets diversement disposés et dont la forme et la disposition sont hautement caractéristiques des espèces; elles se produisent soit sur la paroi interne de la poche péniale primitive, *ch*, soit autour du canal excréteur de la poche des granules (fig. 1271, *ch₁*). Le canal excréteur de la poche des granules apparaît alors comme le véritable pénis, et la poche péniale primitive passe au rang de *gaine du pénis*. La poche péniale peut seule présenter une armature chitineuse (*Vortex, Pseudorhynchus, Acrorhynchus*), ou bien l'extrémité du conduit des granules possède seule une armature (*Macrorhynchus mamertinus, M. Nægelii*), ou bien les deux sont armées (*M. helgolandicus, Proxenetes*). Enfin dans la poche péniale, au-dessous de l'armature chitineuse, débouche encore chez le *M. helgolandicus* une *glande à venin* dont le canal excréteur est lui-même armé (fig. 1271, *G, g*). Ces données suffisent par faire concevoir quelle variété d'organisation peut présenter l'appareil copulateur des Rhabdocélides.

L'accouplement a pour conséquence de transporter dans la poche copulatrice de chacun des conjoints, ou tout au moins de celui qui joue le rôle de femelle, le sperme de l'autre avec les granules qui l'accompagnent. Ces granules paraissent avoir pour fonction de fournir aux spermatozoïdes la substance nécessaire à leur complète maturation. Les armatures chitineuses du canal déférent, des glandes à granules et de la poche péniale ne servent pas d'ailleurs seulement à la copulation; l'animal les emploie aussi comme armes défensives.

Appareil génital femelle. — L'appareil génital femelle des POLYCLADES comprend : 1º les *ovaires*; 2º les *oviductes*; 3º l'*utérus*; 4º les *glandes accessoires* et 5º l'*appareil copulateur* femelle. Toujours en grand nombre, comme les testicules, les *ovaires* sont de petites masses arrondies principalement situées entre les ramifications de l'appareil digestif et la paroi dorsale du corps; mais ils s'insinuent assez souvent entre ces ramifications et peuvent même passer au-dessous; ils laissent libre, comme les testicules, la région médiane du corps. Les œufs les plus âgés occupent l'un des pôles de l'ovaire, les plus jeunes le pôle opposé; chaque masse ovarique est enveloppée d'une membrane à l'intérieur de laquelle sont de petites cellules qui l'ont produite. Les oviductes se continuent avec cette membrane; ils ne tardent pas à s'anastomoser en un réseau auquel sont annexées chez le *Cycloporus papillosus* de nombreuses cellules glandulaires, disposées en rosette; leur épithélium fait suite aux cellules productrices de la membrane ovarienne, mais il est vibratile. Il y a deux *utérus* qui sont placés auprès des canaux déférents, sur la face ventrale, de chaque côté de la ligne médiane; des canaux verticaux, passant entre les branches de l'appareil digestif, les mettent en communication avec le réseau oviductal dorsal; leur nombre est réduit à une seule paire chez beaucoup d'EURYLEPTIDÆ; mais il peut s'élever beaucoup chez d'autres formes de cette famille et chez les PEUDOCERIDÆ. A ces canaux sont annexées chez les COTYLEA des cellules glandulaires piriformes, qui s'ouvrent comme eux dans les utérus; mais chez les ACOTYLEA l'épithélium utérin lui-même peut devenir glandulaire, ou bien il se constitue une glande impaire distincte qui s'ouvre dans l'utérus à sa jonction avec l'organe copulateur. Les deux branches de l'utérus s'ouvrent séparément dans cet organe ou se confondent auparavant en un tronc utérin impair. L'*appareil copulateur femelle* a chez tous les Polyclades une structure très uniforme. Il est constitué par une poche à orifice externe dans laquelle viennent s'ouvrir les canaux excréteurs de très nombreuses cellules glandulaires, dont l'ensemble constitue vraisemblablement une *glande coquillère*. Du sommet interne de cette poche part un canal musculeux, diversement contourné, le *canal de ponte*, dans lequel s'ouvrent les *oviductes*. Entre la région de la glande coquillère et l'orifice femelle, il se développe souvent une *poche copulatrice* dont les parois sont quelquefois très musculeuses (*Leptoplana, Planocera*), ou un simple *vestibule femelle* (*Eurylepta, Prosthiostomum*). Des diverticules, qui peuvent constituer de véritables glandes, se produisent parfois aussi (*Discocelis, Eurylepta, Prosthiostomum*) sur le tube musculaire qui, chez les *Trigonoporus*, émet en arrière, un canal présentant des étranglements régulièrement espacés. Ce canal s'ouvre au dehors, à la façon du canal de Laurer des Trématodes, un peu au delà de l'orifice génital femelle. Chez tous les Cotylea, l'orifice femelle est situé entre l'orifice mâle et la ventouse. Ces deux orifices se rapprochent beaucoup chez les *Stylochus*, et c'est dans la gaine même du pénis que se trouve l'orifice femelle chez les *Stylochoplana* et *Discocelis*.

Il n'existe le plus souvent chez les Triclades qu'une seule paire d'ovaires située dans la région antérieure du corps (*Procerodes*, fig. 1270, *g*; *Polycelis, Phagocata*), parfois accompagnée d'une seconde paire d'ovaires rudimentaires (*Polycelis tenuis*). Auprès d'eux se trouve chez les *Phagocata* une masse cellulaire qui donne naissance aux vitellogènes. Des vitellogènes se retrouvent sur presque toute la longueur du corps chez les *Procerodes, Polycelis, Phagocata*, mais ils manquent chez les *Bipalium* ou se réduisent à une masse cellulaire correspondant à celle des *Phagocata*, à laquelle il faut peut-être assimiler aussi les ovaires rudimentaires des *Polycelis*. Plusieurs canaux mettent à certains intervalles les glandes vitellogènes en communication avec les oviductes; ceux-ci s'ouvrent dans le vagin immédiatement au-dessus du point où il pénètre dans l'atrium génital (fig. 1270, *at*). Au vagin (*Phagocata*) ou à l'atrium est annexé un organe considéré tantôt comme un utérus (Woodworth), tantôt comme une glande (Ijima) ou même un réceptacle séminal (Kennel). De véritables poches copulatrices (*Planaria*) ou des glandes musculeuses (*Polycelis*) peuvent d'ailleurs être réellement annexées à cet appareil.

Les diverses formes de l'appareil génital femelle des Rhabdocœlida (fig. 1272) peuvent se rattacher à trois types essentiels : 1° il n'existe que des *ovaires* dans lesquels les œufs acquièrent directement toutes les parties dont ils doivent être constitués, sans addition ni juxtaposition d'aucun autre produit; 2° dans une même glande, le *germo-vitellogène*, il se produit à la fois des œufs et des éléments additionnels nourriciers, qui, s'ajoutant à l'œuf, sont enfermés sous la même enveloppe et servent ultérieurement à sa nutrition; 3° enfin les œufs et les éléments nourriciers sont produits par des glandes distinctes, les *ovaires* et les *vitellogènes*. Le premier type est réalisé chez les Convolutidæ et les Microstomidæ; le second chez les Alloiocœla et les Prorhynchidæ, le troisième est celui de la grande majorité des Rhabdocœla.

Les ovaires du premier type (fig. 1272, n° 1, *o*) sont deux sacs oblongs, disposés de chaque côté du sac digestif et dans lesquels on observe des œufs à tous les états de développement. Ces ovaires grossissent à mesure que les œufs se développent, ils arrivent à comprimer le sac digestif au point de le rendre méconnaissable. De cinq à sept œufs arrivent simultanément à maturité dans chaque ovaire chez les *Convoluta*, *Cyrtomorpha*, *Schizoprora*; ils sont expulsés en même temps des deux ovaires, de sorte que les capsules de ponte que produisent les animaux contiennent de dix à quatorze œufs; chez les *Aphanostomum* chaque ovaire ne mène à la fois qu'un seul œuf à maturité; enfin les MICROSTOMIDÆ ne pondent à la fois qu'un seul œuf, qui est pris alternativement dans chaque ovaire.

Les *germo-vitellogènes* sont aussi deux glandes latérales, dont une partie produit des éléments nourriciers, l'autre des œufs. Chez les *Prorhynchus*, les œufs naissent au fond du cul-de-sac glandulaire et sont forcés de traverser la partie vitellogène de la glande pour arriver au dehors; c'est le contraire chez les *Proxenetes* et les

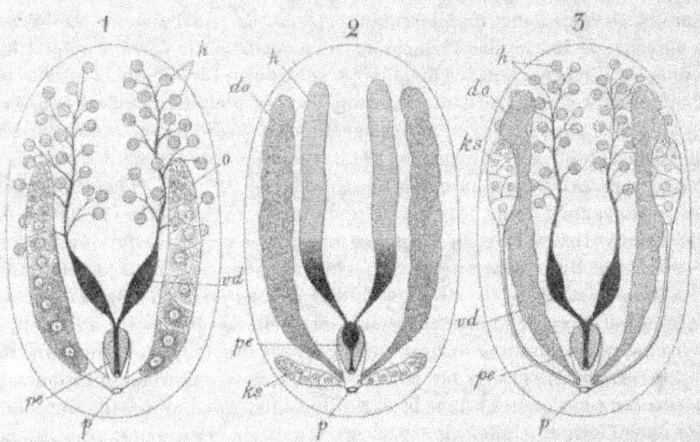

Fig. 1272. — Schémas de l'appareil génital du RHABDOCŒLIDA. — 1, appareil génital des CONVOLUTIDÆ. — 2, Id. des RHABDOCŒLA; — Id. des ALLOIOCŒLA. — *do*, vitellogènes; *h*, testicules; *ks*, germigène; *o*, ovaire; *pe*, pénis; *p*, pore génital (d'après Graff).

ALLOIOCŒLA. Chez ces derniers, la partie vitellogène de la glande est parfois lobée (*Cylindrostomum quadrioculatum*) ou même ramifiée (*Allostomum pallidum*).

Enfin lorsque les *ovaires* et les *vitellogènes* constituent des glandes distinctes, les ovaires sont, en général, deux glandes ovoïdes (MÆSOSTOMIDÆ, fig. 1272, n° 2; GYRATORIDÆ) ou allongées (VORTICIDÆ), parfois plus longues que le corps et pelotonnées (*Graffilla muricicola*), dont les parois sont revêtues d'une couche de muscles transverses et souvent d'une couche de muscles longitudinaux qui disparaissent à mesure que l'on se rapproche de l'extrémité libre de l'ovaire. Cette extrémité est constituée par une masse paraissant continue de protoplasme granuleux, dans laquelle sont disséminés des noyaux; à mesure que l'on s'éloigne de cette extrémité, le protoplasme se condense autour des noyaux en petites masses qui s'isolent les unes des autres et deviennent autant d'œufs.

D'après leur forme, les vitellogènes, toujours au nombre de deux et symétriques, se rattachent à trois types différents : 1° les *vitellogènes allongés*, séparés l'un de l'autre sur toute leur longueur, à surface lisse (*Promesostomum*, *Provortex*, *Hyporhynchus*), découpés par des étranglements irréguliers, en parties distinctes (beaucoup de *Mesostomum* et de *Vortex*), ou régulièrement lobés, les lobes se disposant le long de deux génératrices seulement (*Vortex viridis*, fig. 1272); ou en verticilles (*Mesostomum tetragomum*, *M. Ehrenbergii*, fig. 1274), les lobes pouvant être, à leur tour, lobulés (*V. armiger*); —

2° les *vitellogènes ramifiés* (*Jensenia*, *Graffilla*); — 3° les *vitellogènes réticulés*, dans lesquels chaque glande se ramifie, ses branches s'anastomosant en réseau avec celles de la branche symétrique (*Byrsophlebs intermedia*, *Derostoma*, GYRATORIDÆ sauf les *Hyporhynchus*).

Quelle que soit leur forme, les vitellogènes sont pourvus d'un canal excréteur ou *vitelloducte*. Séparément ou après s'être réunis en un canal commun, les vitelloductes viennent s'ouvrir dans un vestibule femelle auquel aboutissent aussi les

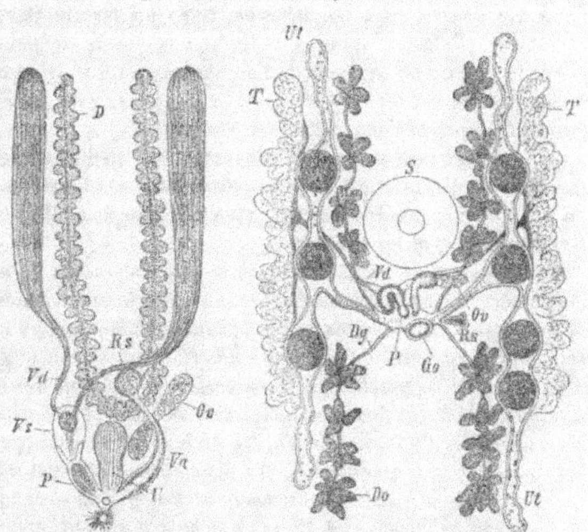

Fig. 1273. — Appareil génital du *Vortex viridis*. — *T*, testicules; *Vd*, canaux déférents; *Vs*, vésicule séminale; *P*, pénis; *Ov*, ovaire; *Va*, vagin; *U*, utérus; *D*, vitellogène.

Fig. 1274. — Appareil génital du *Mesostomum Ehrenbergii*. — *S*, œsophage; *Go*, orifice génital; *ov*, ovaire; *Ut*, utérus contenant des œufs d'hiver; *Do*, vitellogène; *Dg*, vitelloductes; *T*, testicule; *Vd*, canal déférent; *P*, pénis; *Rs*, réceptacle séminal (d'après Graff et Schneider).

oviductes. On doit considérer comme des dépendances de ce vestibule femelle deux organes qui sont des accessoires habituels de l'appareil génital femelle, à savoir la

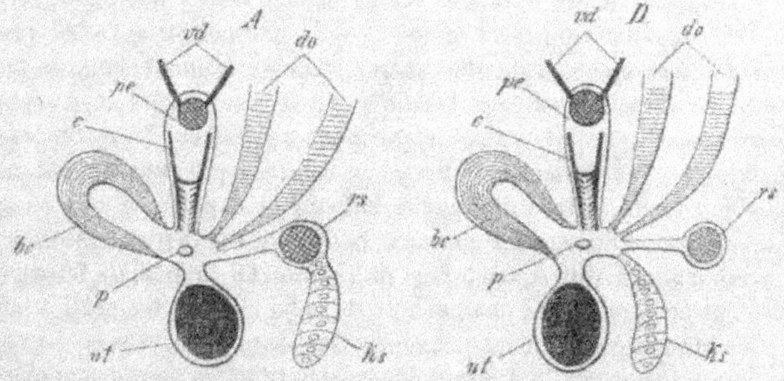

Fig. 1275. — Deux types de l'appareil génital du genre *Vortex* : *A*, *V. armiger*; *D*, *V. Halleri*. — *bc*, bourse copulatrice; *c*, organes de copulation; *do*, vitellogènes; *ks*, germigène; *p*, pore génital; *pé*, pénis; *rs*, réservoir séminal; *ut*, utérus; *d*, canaux déférents (d'après Graff).

bourse copulatrice et l'*utérus* (fig. 1275). La *bourse copulatrice* (*bc*) est une poche souvent pédonculée, à épaisses parois musculaires, destinée à conserver le sperme entre le moment de l'accouplement et la fécondation des œufs. Cette bourse ne manque que dans les genres *Schizoprora*, *Mesostomum*, *Microstomum*, *Promesostomum*, *Prorhynchus* et *Schultzia*; elle s'ouvre à l'extérieur par un orifice indépendant de l'orifice génital chez les *Cylindrostoma Klostermanni* et *quadrioculatum* et est accompagnée de vésicules accessoires chez les *Monotus*. Dans un certain nombre de genres, elle est remplacée par deux organes distincts : la *bourse copulatrice* proprement dite qui reçoit le sperme au moment de l'accouplement et le transmet ensuite au *réceptacle séminal* qui le conserve (*Vortex*, fig. 1275, *bc*, *rs*); les parois de la bourse sont toujours plus épaisses que celles du réceptacle.

L'*utérus* est une poche qui conserve l'œuf pendant que se forme la capsule. Il fait souvent défaut et est alors remplacé dans ses fonctions par le vestibule femelle ou par l'atrium génital (CONVOLUTIDÆ, ALLOIOCŒLA. MACROSTOMIDÆ, *Promesostoma*; GYRATORIDÆ, sauf les *Gyrator*).

Développement. — L'œuf fécondé des Polyclades se divise d'abord en quatre blastomères inégaux qui se disposent déjà de manière à indiquer le plan de symétrie de l'embryon. Le plus gros de ces blastomères correspond à l'extrémité postérieure, celui qui vient après à l'extrémité antérieure, les deux plus petits marquent l'un la droite, l'autre la gauche. Le fractionnement ultérieur des quatre blastomères s'accomplit suivant une direction hélicoïdale autour de l'axe principal de l'œuf; les quatre blastomères se divisent dans l'ordre de leur grandeur à partir des plus gros. A tous les stades de la segmentation, les blastomères affectent une disposition rayonnée. Les quatre premiers blastomères sont divisés par un plan équatorial en quatre petits blastomères exodermiques aboraux et quatre gros blastomères entodermiques adoraux que recouvrent par épibolie les éléments nés des quatre premiers. Une partie des éléments issus de la segmentation des blastomères entodermiques sont digérés au cours du développement de l'embryon ou de la larve. Le blastopore occupe le pôle oral, au milieu de la future face ventrale; il peut se fermer ou demeurer ouvert; en tout cas c'est à la place qu'il occupe que se formera l'invagination exodermique, destinée à produire le pharynx. Le pôle aboral et les organes voisins, dans les formes à bouche postérieure, se transportent peu à peu vers l'avant, de sorte que la bouche recule d'autant vers l'arrière, conformément à ce qui a été indiqué p. 1861. Les deux ou trois premiers yeux naissent dans l'exoderme, et passent ensuite dans le mésoderme; les autres yeux se forment dans le mésoderme sans doute par la division des yeux primitifs. La région motrice et la région sensorielle du cerveau se forment vraisemblablement au moyen de rudiments exodermiques distincts; deux épaississements exodermiques qui apparaissent au-dessous ou de chaque côté de la future branche intestinale impaire et qui se réunissent plus tard au-dessous d'elle en une masse impaire forment la partie motrice; la partie sensorielle est d'abord située au-dessus de la branche intestinale impaire et entre secondairement en rapport, de chaque côté de celle-ci, avec les parties sensorielles ventrales; les branches nerveuses principales naissent du cerveau.

Le mésoderme résulte de la division des quatre initiales mésodermiques; il forme les muscles et le parenchyme sans se diviser nettement en somatopleure et splanchnopleure. La cavité de l'intestin central se forme par la résorption des parties centrales de l'entoderme, dont les cellules sont ainsi refoulées vers la périphérie. Au point où s'est formé le blastopore, une invagination exodermique qui finit par s'ouvrir dans l'intestin central est la première indication du pharynx; autour d'elle le mésoderme se condense en une couronne qui l'entoure complètement (fig. 1276, *p*). Bientôt, à une certaine hauteur sur tout le pourtour du pharynx primitif, se forme un repli circulaire qui s'applique sur la couronne mésodermique et grandit autour d'elle de manière à l'envelopper complètement; les bords de ce repli demeurent d'abord contigus, mais peu à peu ils se séparent, le bord supérieur remonte vers l'intestin central et forme l'orifice intestinal du pharynx, le bord inférieur en s'abaissant jusqu'au niveau de la face ventrale devient la bouche, et l'espace limité par une lame exodermique qui se trouve comprise entre le plancher buccal et la lame inférieure du repli du pharynx primitif appliquée contre la couronne mésodermique constitue la gaine du pharynx.

Les Cotylea et la plupart des Planoceridæ commencent par revêtir une forme toute différente de la forme adulte et qui constitue la *larve de Müller* (fig. 1276);

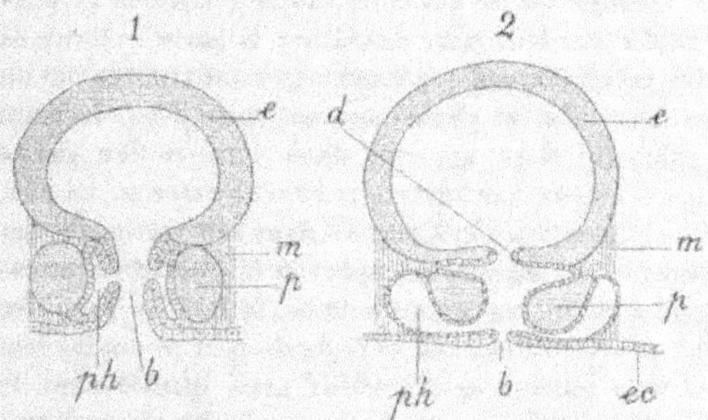

Fig. 1276. — Deux phases du développement du pharynx chez un Polyclade. — *e*, entoderme; *m*, mésoderme; *p*, pharynx; *ph*, poche pharyngienne. — Dans la figure n° 1, l'œsophage présente une invagination annulaire qui s'applique sur l'anneau pharyngien; dans la figure 2, l'anneau pharyngien arrive à former par les progrès de l'invagination un bourrelet saillant au milieu de la hauteur de l'œsophage primitif (d'après Lang).

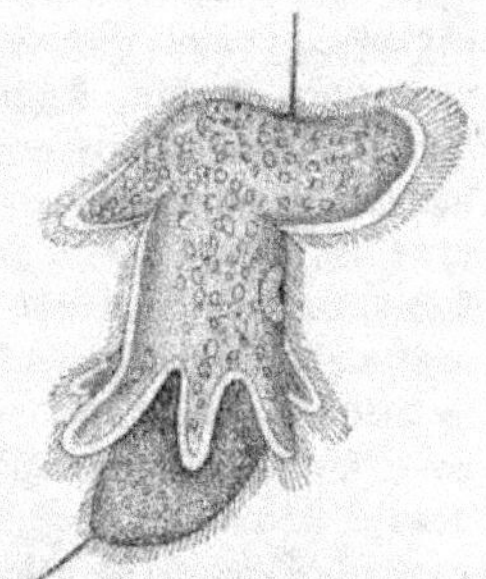

Fig. 1277. — Larve d'*Eurylepta auriculata* (d'après Hallez).

tandis que les Leptoplanidæ revêtent directement leur forme définitive. La larve de Müller est un petit corps, en pyramide quadrangulaire, à sommet obtus, à base hémisphérique. Le sommet est surmonté d'une houppe vibratile; au-dessous de lui se développent deux appendices, l'un dorsal, l'autre ventral, qui gardent chez les *Yungia* l'aspect de bras très courts et se prolongent en forme de visière chez les *Eurylepta* (fig. 1277); la base convexe de la pyramide fait saillie entre six courts appendices, arrondis à leur extrémité et couverts de cils comme les appendices dorsal et ventral; deux de ces appendices sont ventraux, deux latéraux et deux dorsaux. Au cours de sa vie pélagique la larve s'allonge, prend l'aspect d'un prisme triangulaire tronqué au sommet; ses appendices se développent; la bouche est située entre les trois appendices ventraux. Plus tard, le corps s'aplatit; l'appendice dorsal disparaît; les trois appendices ventraux se raccourcissent et se rapprochent, continuant toujours à comprendre la bouche entre eux (*larve de Götte*); à leur tour, ils s'effacent; les appendices latéraux et dorsaux disparaissent les derniers. Les ramifications intestinales se montrent déjà dans la larve de Müller; elles résultent de la croissance vers l'axe du corps de cloisons mésodermiques (?) qui indiquent nettement une métaméridation et du développement propre des lobes ainsi détachés.

Comme cela arrive d'ordinaire pour les animaux terrestres et d'eau douce, le développement des Triclades paludicoles (*Dendrocœlum lacteum*), le seul qui soit connu, est direct[1]. L'œuf, entouré d'un syncytium d'éléments vitellins, subit une segmentation géométrique régulière jusqu'au stade 8; dans les stades suivants les blastomères sont inégaux, et, au stade 16, ils se dissocient pour se répandre dans le syncytium vitellin; cette dissociation persiste, malgré la multiplication des cellules, jusqu'à la formation de l'exoderme. Pour constituer celui-ci un certain nombre de blastomères se rapprochent de la périphérie de la sphère formée par les éléments vitellins, deviennent fusiformes et finissent par s'unir en une membrane continue, très mince où leur nombre n'est nullement déterminé. En même temps une vingtaine d'autres cellules se groupent dans la masse syncytiale pour constituer le pharynx embryonnaire, près duquel un groupe de quatre cellules indique le commencement de l'entoderme. Quelques-unes des cellules qui avoisinent le pharynx embryonnaire se différencient à leur tour pour constituer la paroi externe de cet organe; tandis que ses cellules périphériques, logées chacune dans une cavité du syncytium vitellin, digèrent ce syncytium et s'anastomosent entre elles, formant ainsi la couche moyenne du pharynx; alors apparaît dans celui-ci une cavité tapissée par des éléments analogues à ceux qui forment la couche externe. Le pharynx est bientôt apte à avaler les cellules vitellines placées dans son voisinage; dès lors la cavité digestive se constitue; le sac digestif et l'embryon lui-même s'accroissent rapidement. Quand l'embryon a atteint un certain volume, la bouche primitive se ferme, les éléments du pharynx provisoire entrent en régression et se confondent avec les blastomères qui n'ont subi aucune modification; mais bientôt dans le groupe de cellules occupant la même position que le pharynx primitif apparaît une cavité; ce groupe de cellules représente la gaine de la trompe; un bourgeon intérieur creux de cette gaine constituera le pharynx définitif : à ce moment, l'embryon s'aplatit de telle sorte que son pôle aboral devient son pôle antérieur et que sa bouche demeure située dans la région postérieure du corps. Des cloisons partant de la périphérie de l'intestin ne tardent pas à diviser celui-ci en poches successives qui apparaissent d'avant en arrière. Le mésoderme est constitué par les cellules migratrices qui restent comprises entre l'exoderme et l'archentéron. C'est aux dépens de ces cellules que vont se former les fibres musculaires, le parenchyme et tous les organes de l'adulte. Parmi elles se différencient également des cellules à rhabdites et peut-être même le cerveau. Il est clair que tout ce développement porte la trace d'une extrême accélération embryogénique.

Le développement des Rhabdocélides est direct, et celui des CONVOLUTIDÆ, malgré la prétendue absence d'intestin chez ces animaux, ne diffère en rien de celui des autres familles. Les éléments blastodermiques sont ici serrés comme chez les Polyclades, et marquent déjà, par leur position, l'orientation du futur embryon. La segmentation aboutit chez les *Aphanostomum* à une blastula formée de huit cellules inégales, mais toutes disposées avec une rigoureuse symétrie. Les deux cellules les plus grandes s'enfoncent bientôt dans la cavité de la *blastula*, qu'elles transforment en *gastrula*. Deux cellules voisines du blastopore résultant de la division des deux cellules latérales de la gastrula sont les initiales mésodermiques; ces

[1] HALLEZ, *Embryogénie des Dendrocœles d'eau douce*, Paris, 1887.

cellules et les initiales entodermiques se sont déjà divisées en deux avant d'être couvertes par l'exoderme; quand elles sont ainsi recouvertes, l'embryon est parvenu à sa constitution normale; il possède trois feuillets dont le rôle sera le même que chez les autres Vers.

Dissociation du corps. — On a constaté des phénomènes de dissociation du corps chez certains *Bipalium* (*B. Kewense* [1]), mais ces phénomènes sont surtout remarquables dans la famille des MICROSTOMIDÆ; ils consistent dans cette famille en ce qu'un individu se divise successivement en individus nouveaux, tous exactement semblables entre eux. Chez le *Microstomum lineare* (fig. 1278), un sillon de séparation apparaît entre le deuxième et le dernier tiers du corps de l'animal; ce sillon s'approfondit peu à peu, tandis que le tiers postérieur du corps grandit rapidement, de manière que les deux parties du corps que sépare le sillon deviennent de même longueur; bientôt un pharynx se constitue en arrière du sillon de séparation et un nouvel individu se trouve ainsi nettement caractérisé. Avant que le pharynx de ce dernier ait achevé son développement, un sillon se forme sur chacun des deux individus associés exactement en une région de leur corps correspondant à celle où était apparu le premier sillon sur l'individu unique primitif, présageant la formation prochaine d'une colonie de quatre individus, et ce phénomène se répète encore deux fois, de manière que finalement la colonie se trouve formée de seize individus qui poursuivent simultanément leur évolution. Naturellement les deux individus qu'a séparés l'un de l'autre le premier sillon, qui peuvent être, en conséquence, considérés comme les plus âgés, arrivent les premiers à maturité; la chaîne se rompt au niveau de ce sillon primitif et il se forme ainsi deux chaînes de huit individus ayant chacune pour chef l'un des deux individus de première génération. Il peut arriver d'ailleurs que la séparation ait lieu beaucoup plus tôt; certaines espèces ne forment jamais de chaînes de plus de quatre individus, qui se divisent rapidement en deux chaînes de deux.

Fig. 1278. — Dissociation du corps ou schizogamie chez le *Microstomum lineare*; O, O, bouche (d'après Graff).

Le premier phénomène intérieur qui indique la formation du nouvel individu est une active prolifération des cellules périphériques des deux troncs nerveux, qui sont considérables au niveau du sillon de séparation; c'est donc le cerveau du schizozoïde qui se caractérise tout d'abord; les deux ganglions en voie de formation sont rapprochés du côté ventral, de manière à refouler l'intestin vers le dos et à en rétrécir la cavité. Au niveau du cerveau, également du côté ventral, ne tarde pas à se produire une invagination des téguments qui est le premier rudiment du pharynx; autour de ce rudiment se pressent bientôt des cellules différenciées qui prendront part à la formation du pharynx définitif, mais dont l'origine exacte n'a pu être déterminée. L'accroissement graduel du cerveau détermine un rétrécissement de plus en plus grand de la cavité de l'intestin, de plus en plus pressé contre la paroi dorsale; les parois intestinales elles-mêmes s'amincissent et un amincissement sem-

[1] BERGENDAL, *Studien über Turbellarien*. Konigl. nat. Akademien Handlingar. 8 avril 1892.

blable a lieu au même niveau dans les téguments. La rupture ainsi préparée
se produit enfin, et peut être avancée par une foule de causes accidentelles; les
deux individus, pour être parfaits, n'ont plus qu'à acquérir leurs fossettes céphaliques. Ce sont de simples invaginations exodermiques d'abord perpendiculaires à
l'axe longitudinal du cerveau, organe auquel ils adhèrent finalement. On remarquera que le cerveau, primitivement ventral, ne devient dorsal que par suite de sa
position *en avant* du pharynx; ce qui justifie l'interprétation donnée dans tout ce
qui précède des ganglions cérébroïdes des Arthropodes et des Vers annelés. Le
mode de formation de ces ganglions autorise, d'autre part, à considérer les troncs
nerveux sur lesquels ils apparaissent comme équivalents à la double chaine nerveuse des Vers annelés.

I. ORDRE

POLYCLADA [1]

*Corps très aplati. Tube digestif ramifié, à branches souvent anastomosées.
Orifices sexuels généralement séparés; de nombreux follicules ovariques; pas
de glandes vitellogènes différenciées. Embryons triploblastiques.*

1. SOUS-ORDRE

COTYLEA

*Bouche dans la moitié antérieure du corps; ainsi que l'appareil copulateur
(sauf chez les* ANONYMIDÆ*). Une ventouse ventrale en arrière des orifices buccal
et génitaux.*

> FAM. **PROSTHIOSTOMIDÆ**. — Corps allongé. Bouche immédiatement en arrière du
> cerveau; pharynx long, tubulaire; branches intestinales non anastomosées; intestin
> principal portant des troncs nombreux et symétriques. Orifice mâle immédiatement
> en arrière du pharynx, accompagné de deux poches musculaires accessoires.

Prosthiostomum, de Qfg. Genre unique. *P. siphunculus*, Nice, Naples, île de Bréhat.

> FAM. **EURYLEPTIDÆ**. — Diffèrent des PROSTHIOSTOMIDÆ par leur corps ovale, le plus
> souvent pourvu de tentacules frontaux et l'absence de poches accessoires au voisinage de l'orifice mâle.

Oligocladus. Lang. Des tentacules longs et pointus; corps lisse, bouche en avant du
cerveau; intestin principal avec trois ou quatre paires de troncs latéraux à branches
anastomosées; un pore anal (?). *O. auritus*, Manche. — *Eurylepta*, Ehrb. Diffèrent des
Oligocladus par leur bouche postérieure au cerveau; leur intestin avec cinq paires de
troncs à branches libres. *E. cornuta*, Manche. — *Stylostomum*, Lang. Tentacules petits,
rudimentaires; corps lisse; orifice mâle s'ouvrant à côté de la bouche au fond d'une
sorte d'atrium commun; quelquefois six paires de troncs intestinaux. *S. variabile*, Manche,
Naples. — *Aceros*, Lang. *Eurylepta* sans tentacules. *A. inconspicuus*, Naples. — *Cycloporus*,
Lang. Corps papilleux ou couvert de petites taches pigmentaires; environ sept troncs
intestinaux dont les dernières ramifications s'ouvrent au dehors par de petits pores.
C. maculatus, Manche. — *Prostheceræus*, Schmarda. Des tentacules longs et minces; pharynx
en forme de cloche; plus de dix paires de troncs intestinaux. *P. vittatus*, Saint-Vaast.

---

[1] HALLEZ, *Catalogue des Turbellariés du Nord de la France et de la côte boulonnaise*.
Revue biologique du nord de la France, t. II, 1890 (2ᵉ édition, 1892).

Fam. **PSEUDOCERIDÆ**. — Corps ovale; des replis tentaculaires frontaux. Cerveau voisin de l'extrémité antérieure du corps. Bouche à peu près entre le 1er et le 2e quart de la longueur du corps; pharynx en collerette ou faiblement plissé à l'état de rétraction; branches intestinales anastomosées en réseau. Un ou deux organes copulateurs mâles.

Yungia, Lang. Corps lisse; un seul organe copulateur mâle. *Y. aurantiaca*, Nice. — *Pseudoceros*, Lang. *Yungia* à deux organes copulateurs mâles. *P. velutinus*, Gênes. — *Thysanozoon*, Grube. *Pseudoceros* à surface dorsale couverte de villosités. *T. Brochii*, Nice.

Fam. **ANONYMIDÆ**. — Corps large, ovale, sans tentacules. Bouche à peu près au milieu de la face ventrale du corps; pharynx en fraise, fortement plissé; branches intestinales anastomosées en réseau. De nombreux organes copulateurs mâles, en deux rangées latérales.

Anonymus, Lang. Genre unique. *A. virilis*, Naples.

2. SOUS-ORDRE

ACOTYLEA

Bouche centrale ou dans la région postérieure du corps. Point de ventouse ventrale ou simplement une ventouse copulatrice, comprise entre les deux orifices génitaux.

Fam. **LEPTOPLANIDÆ**. — Point de tentacules. Bouche et pharynx à peu près au milieu de la longueur du corps; tube intestinal situé au-dessus de la gaine pharyngienne, s'étendant fréquemment en avant, très rarement en arrière de celle-ci et fournissant de nombreux troncs latéraux. Organe copulateur mâle dirigé en arrière.

Leptoplana, Ehrb. Corps allongé; yeux en deux groupes tentaculaires, parfois indistincts et en un groupe cervical, absents sur le bord du corps. *L. tremellaris*, Manche. — *Trigonoporus*, Lang. Corps allongé; yeux nombreux, dispersés sur toute la région céphalique. *T. cephalophtalmus*, Naples. — *Discocelis*, Ehrb. Corps ovale; des yeux en deux groupes tentaculaires, un groupe cervical et disséminés sur le bord antérieur du corps; un seul orifice génital. *D. tigrina*, Médit. — *Cryptocelis*, Lang. Corps ovale; des yeux très nombreux, groupés sur la région cervicale et autour d'elle, disséminés en outre tout autour du corps; deux orifices génitaux. *C. arenicola*, Boulogne.

Fam. **PLANOCERIDÆ**. — Des tentacules nuchaux. Bouche médiane; tube intestinal ne dépassant que fort peu en avant et en arrière la gaine pharyngienne. Organe copulateur mâle dirigé en arrière.

Stylochus, Ehrb. Deux tentacules nuchaux, à extrémité atténuée, dépourvus d'yeux; yeux sur le bord antérieur du corps et dans les tentacules. *S. neapolitanus*, Médit. — *Planocera*, de Bl. Tentacules de même; pas d'yeux sur le bord antérieur du corps ni dans les tentacules; corps ovale; orifices mâle et femelle séparés. *P. Graffii*, Médit. — *Stylochoplana*, Stimpson. Comme *Planocera*, mais corps élargi en avant; orifices mâle et femelle réunis. *S. maculata*, Manche. — *Conoceros*, Lang. Deux tentacules nuchaux, à extrémité renflée, portant un organe oculiforme; point d'yeux marginaux. *C. conocerœus*, Ceylan. — *Imogine*, Girard. Comme *Conoceros*, mais des yeux sur tout le pourtour du corps. *I. oculifera*, île Sullivan. — *Diplonchus*, Stimpson. Un seul tentacule nuchal bilobé. *D. marmoratus*, île Ousima.

Fam. **CESTOPLANIDÆ**. — Corps allongé en ruban; point de tentacules. Bouche dans la région postérieure du corps, dont le tube intestinal occupe presque toute la longueur. Orifices génitaux séparés, entre la bouche et l'extrémité postérieure du corps; organe copulateur dirigé en avant.

Cestoplana, Lang. Genre unique. *C. rubrocincta*, Médit., Manche.

II. ORDRE

TRICLADA

Corps aplati. Bouche en général située en arrière du milieu du corps conduisant dans un pharynx cylindrique, qui s'ouvre à la jonction de trois branches intestinales plus ou moins ramifiées, l'une dirigée en avant, les deux autres dirigées en arrière. Testicules généralement folliculaires; deux ovaires; des glandes vitellogènes; un pore génital unique, toujours en arrière de la bouche. Embryon diploblastique.

1. SOUS-ORDRE

MARICOLA

Branches intestinales peu ramifiées, parfois simplement lobées. Utérus en arrière de l'orifice génital. Marins.

Fam. **BDELLURIDÆ**. — Un appareil caudal de fixation. Deux yeux. Ectoparasites.

Bdellura, Leidy. Genre unique. *B. parasitica*, ectoparasite du *Limulus polyphemus*.

Fam. **PROCERODIDÆ**. — Point d'appareil caudal de fixation; ni otocystes, ni fossettes ciliées.

Uteriporus, Bergendal. Un orifice indépendant pour l'utérus. *U. vulgaris*, mers septentrionales. — *Procerodes*, Girard. Point d'orifice indépendant pour l'utérus; branches postérieures de l'intestin non anastomosées. *P. (Gunda) ulvæ*, Manche; *P. (Gunda) segmentata; P. (Fovia) littoralis*. — *Cercyra*, O. Schmitt. *Procerodes* à branches postérieures du tube digestif anastomosées. *C. hastata*, Corfou.

Fam. **OTOPLANIDÆ**. — Pas d'appareil caudal de fixation; des otocystes et des fossettes ciliées, mais point d'yeux.

Otoplana, Duplessis. Genre unique. *O. intermedia*, Nice.

2. SOUS-ORDRE

PALUDICOLA

Branches intestinales fortement ramifiées. Utérus situé entre le pharynx et le pénis, à canal utérin dorsal. Habitent les eaux douces.

Fam. **PLANARIIDÆ**. — Point d'appareil céphalique de fixation.

Planaria, O. F. Müller. Deux yeux; un seul pharynx. *P. gonocephala*, Fr. — *Phagocata*, Leidy. Deux yeux; plusieurs pharynx. *P. gracilis*, Pensylvanie. — *Anocelis*, Stps. Pas d'yeux. *A. cæca*, Fr. — *Polycelis*, Hemp. et Ehrb. Des yeux marginaux nombreux. *P. nigra*, Fr.

Fam. **DENDROCŒLIDÆ**. — Un appareil céphalique de fixation.

Dendrocœlum, OErsted. Appareil de fixation formé par le bord frontal et les auricules; deux yeux. *D. lacteum*, Fr. — *Oligocelis*, Stps. *Dendrocœlum* à six yeux. *O. pulcherrimum*, New-Jersey. — *Procotyla*, Leidy. Une ventouse impaire frontale; deux yeux. *P. fluviatilis*, Am. N. — *Sorocelis*, Grube. Une ventouse frontale; yeux disposés en deux groupes arqués. *S. guttata*, lac Baïkal. — *Dicotylus*, Grube. Deux ventouses frontales discoïdes, pas d'yeux. *D. pulvinar*, lac Baïkal.

3. SOUS-ORDRE

TERRICOLA

Branches intestinales simplement lobées. Utérus peu développé, situé en arrière du pore génital. Une sole ventrale. Terrestres.

Fam. **POLYCLADIDÆ**. — Corps déprimé. Bouche au tiers postérieur du corps; pas d'yeux.

Polycladus, Stps. Genre unique. *P. Gayi*, Am. mérid.

Fam. GEOPLANIDÆ. — Corps subcylindrique. Bouche, entre le milieu et le 2ᵉ tiers du corps, presque médiane.

Microplana, Vejdovsky. Bouche au tiers postérieur du corps; tête indistincte; deux yeux, *M. humicola*, Bohême. — *Rhynchodemus*, Leidy. Bouche en arrière du milieu du corps; région céphalique atténuée; deux yeux, *R. terrestris*, Fr., lieux humides. — *Geodesmus*, Meczn. Bouche à peu près médiane; région céphalique en forme de gouttière; deux yeux. *G. bilineatus*, serre chaude de Giessen. — *Dolichoplana*, Moseley. Bouche au tiers antérieur du corps; région céphalique terminée en pointe; deux yeux. *D. striata*, îles Philippines. — *Geoplana*, Stps. Yeux nombreux marginaux; tête indistincte. *G. subterranea*, Brésil. — *Bipalium*, Stps (*Sphyrocephalus*, Schmarda). Yeux nombreux, céphaliques; tête dilatée, semilunaire. *B. villatum*, Java.

Fam. LEIMACOPSIDÆ. — Face dorsale subconvexe. Bouche dans le tiers antérieur du corps.

Leimacopsis, Dies. Deux tentacules frontaux avec yeux à la base. *L. terricola*, Am. tropicale.

III. ORDRE

RHABDOCŒLIDA

Tube digestif tantôt lobé, mais non ramifié, tantôt droit et simple.

1. SOUS-ORDRE

ALLOIOCŒLA

Tube digestif en forme de sac droit, lobé.

Fam. MONOTIDÆ. — Deux orifices génitaux; un otolithe.
Monotus, Dies. Orifice femelle en avant de l'orifice mâle. *M. lineatus*, marin, dans les fucus, Manche. — *Automolos*, Graff. Orifice femelle en arrière de l'orifice mâle. *A. unipunctatus*, de Bergen aux Canaries et à Odessa.

Fam. PLAGIOSTOMIDÆ. — Un seul orifice génital; pas d'otolithe.

Acmostomum, Graff. Pharynx très petit, presque sphérique; bouche à l'extrémité antérieure du corps; orifice génital à l'extrémité postérieure. *A. Sarsii*, Bergen. — *Vorticeros*, O. Schmidt. Pharynx bien développé, situé dans la moitié antérieure du corps, à orifice dirigé en avant; deux tentacules; orifice génital ventral. *V. auriculatum*, Manche. — *Plagiostomum*, O. Schm. Comme *Vorticeros*, mais point de tentacules. *P. villatum*, Manche. — *Cylindrostomum*, OErsted. Pharynx cylindrique; une gouttière ou des fossettes ciliées; ovaires et glandes vitellogènes réunis. *C. inerme*, Manche. — *Enterostomum*, Clap. Pharynx dans la moitié postérieure du corps, à orifice dirigé en arrière; corps uniformément cilié; ovaires et glandes vitellines séparés; *E. fingalianum*, Manche. — *Allostomum*, P. J. v. Ben. Comme *Enterostomum*, mais au niveau du cerveau une gouttière pourvue de longs cils. *A. pallidum*, Ostende.

2. SOUS-ORDRE

RHABDOCŒLA

Tube digestif droit, sans lobes.

Fam. CONVOLUTIDÆ. — Un organe tactile frontal; bouche centrale, conduisant dans un pharynx simple. Toujours un otolithe. Hermaphrodites; testicules folliculaires; ovaires pairs; pénis mou.

Trib. APHANOSTOMINÆ. Orifices génitaux séparés; l'orifice femelle antérieur à l'autre. — *Convoluta*, OErst. Un pharynx simple; bouche ventrale; corps plus ou moins enroulé en cornet; pénis glanduleux, cylindrique; bourse séminale avec une embouchure chitineuse; *C. roscoffensis*, Saint-Vaast. — *Amphichærus*, Graff. *Convoluta* à bourse séminale munie de deux embouchures chitineuses. *A. cinereus*, Médit. — *Nadina*, Ulianin, Bouche ventrale; corps plat, élargi en avant; bourse séminale sans embouchure chitineuse. *N. minuta*, Saint-Vaast. — *Cyrtomorpha*, Graff. (*Darwinia*, Pereyaslawzewa) *Convoluta* de couleur brune, à corps non enroulé, convexe en dessus, plat en dessous. *C. saliens*, Millport. — *Aphanostomum*, Œst. *Cyrtomorpha* à section triangulaire, sans chitine à l'orifice de la bourse séminale. *A. diversicolor*, Manche et Médit.

Trib. Proporinæ. Orifices génitaux confondus. — *Proporus*, Graff. Point de bourse séminale. *P. venenosus*, Médit. — *Monoporus*, Graff. Une bourse séminale. *M. rubro-punctatus*, Médit.

Fam. **MACROSTOMIDÆ**. — Pharynx simple; bouche ventrale. Orifices génitaux séparés; orifice femelle en avant de l'autre; des ovaires; mais point d'appareil accessoire femelle.

Mecynostomum, E. v. Ben. Un otolithe; testicule folliculaire; ovaire double. *M. auritum*, mer du Nord. — *Macrostomum*, E. v. Ben. Point d'otolithe; testicule compact; ovaire double; bouche postérieure au cerveau. *M. hystrix*, mer et eaux douces, toute l'Europe. — *Omalostomum*, E. v. Ben. *Macrostomum* à ovaire simple, à bouche antérieure au cerveau. *O. Schultzii*, Saint-Vaast.

Fam. **MICROSTOMIDÆ**. — Pharynx simple; ovaire simple; point d'appareil accessoire femelle; scissipares; sexes séparés, sauf dans les *Alaurina*.

Alaurina, Busch. Hermaphrodites; extrémité antérieure transformée en une trompe tactile non ciliée; testicule folliculaire. *A. composita*, pélagique, Helgoland. — *Stenostomum*, O. Schm. Corps entièrement cilié, avec fossettes vibratiles, mais sans cæcum préœsophagien. *S. (Catenula) lemnæ*, Montpellier; *S. leucops*, Eure. — *Microstomum*, O. Schm. *Stenostomum* avec cæcum digestif préœsophagien. *M. lineare*, eaux douces, Fr. *M. rubro-maculatum*, Médit.

Fam. **SOLENOPHARYNGIDÆ**. — Pharynx très allongé, cylindrique, composé; ouverture buccale circulaire; orifices génitaux confondus.

Solenopharynx, Graff. Genre unique. *S. flavidus*, Médit.

Fam. **VORTICIDÆ**. — Diffèrent des Solenopharyngidæ par leur pharynx en tonnelet; un appareil accessoire femelle.

Trib. Vorticidæ. — Libres; pharynx et cerveau bien développés. Cavité générale spacieuse; parenchyme peu abondant. — *Schultzia*, Graff. Bouche dans le premier tiers du corps; deux germo-vitellogènes; testicule arrondi; *S. pellucida*, Greifswald. — *Provortex*, Graff. Diffèrent des *Schultzia* par l'indépendance de l'ovaire et des vitellogènes, qui sont allongés et indivis. *P. hispidus*, Saint-Vaast. *P. balticus*, mer du Nord. — *Vortex*, Ehrb. Diffèrent des *Provortex* par la fusion des deux ovaires en un seul; testicules allongés; vésicule séminale dans le pénis; organe copulateur antérieur traversé par le sperme. *V. viridis*, dans les Conferves. — *Jensenia*, Graff. *Vortex* à vésicule séminale séparée du pénis; organe copulateur sacciforme et traversé seulement en partie par le sperme. *J. angulata*, Bergen. — *Derostomum*, Œrst. *Vortex* à vitellogènes réticulés. *D. unipunctatum*, Lille. — *Opistomum*, O. Schm. *Vortex* à bouche dans la moitié postérieure du corps. *O. pallidum*, lac de Genève.

Trib. Graffillinæ. — Parasites. Cerveau et pharynx peu développés. Ovaire bien développé. Cavité générale oblitérée par le parenchyme. — *Graffilla*, v. Jehring. Un cerveau; deux petits ovaires allongés; des vitellogènes ramifiés; un petit testicule lobé. *G. muricicola*, rein des *Murex*. — *Fecampia*, Giard. Diffèrent des *Graffilla* par l'absence de tube digestif. *F. erythrocephala*, parasites dans la cavité générale des Crabes et des Pagures; en sortent pour pondre et s'enveloppent alors d'un cocon. — *Anoplodium*, Schm. Pas de cerveau; un ovaire massif, lobé, des vitellogènes ramifiés, des testicules allongés. *A. parasita*, cavité générale de l'*Holothuria tubulosa*, Médit.

Fam. **MESOSTOMIDÆ**. — Diffèrent des Vorticidæ par leur pharynx en rosette; pas de trompe. Testicules pairs, compacts.

1. Formes marines. — *Promesostomum*, Graff. Orifices génitaux confondus; deux ovaires, deux germigènes et un petit testicule arrondi. *P. marmoratum*, mer d'Europe. — *Byrsophlebs*, Jens. Orifices génitaux séparés; le mâle antérieur à l'autre; un ovaire; deux vitellogènes et un petit testicule arrondi. *B. Graffii*, mer du Nord. — *Proxenetes*, Jens. Orifices

génitaux confondus; deux germo-vitellogènes, un petit testicule; une bourse séminale, portant ordinairement à son extrémité cæcale un appendice chitineux; un organe copulateur chitineux complexe. *P. flabellifer*, Manche, Roscoff.

2. Formes d'eau douce. — Orifices génitaux confondus, un ovaire; deux germigènes, un receptaculum seminis; testicules allongés; néphridies s'ouvrant dans une poche pharyngienne. — *Otomesostomum*, Graff. Un otolithe et un œil simple; organe de copulation traversé par le sperme. *O. morgiense*, lacs de la Suisse. — *Mesostomum*, Dugès. Pas d'otolithe; pénis servant à l'émission du sperme. S.-g. *Prosopora*, Graff. Bouche et orifice génital dans le 2ᵉ tiers du corps. *P. productum*, Lille; S.-g. *Opisthopora*, Graff. Bouche et orifice génital dans le 3ᵉ tiers du corps. *O. trunculum*, Lille. — *Castrada*, O. Schm. Pas d'otolithe; pénis en forme de poche aveugle, exsertile, que ne traverse pas le sperme. *C. radiata*, Lille. — *Bothromesostomum*, Braun. Pas d'otolithe; une bourse copulatrice; organe copulateur perforé; une bourse ventrale. *B. personatum*, Somme, Nord, Pas-de-Calais.

Fam. **GYRATORIDÆ (PROBOSCIDA)**. — Une trompe. Bourse ventrale, pharynx en rosette. Ovaire et vitellogène séparés; une bourse séminale; des testicules compacts. Appareil copulateur chitineux, compliqué.

Pseudorhynchus, Graff. Extrémité antérieure non ciliée, transformée en une trompe rétractile, privée de gaine. *P. bifidus*, Atl. N. — *Acrorhynchus*, Graff. Trompe entourée d'une gaine, s'ouvrant à l'extrémité antérieure du corps; vésicule séminale et réservoir des glandes accessoires de l'appareil mâle entourés par la tunique musculaire du pénis; orifices génitaux confondus. *A. caledonicus*, Manche. — *Macrorhynchus*, Graff. *Acrorhynchus* à vésicule séminale et réservoir des glandes accessoires mâles complètement indépendants. *M. Nægelii*, Saint-Vaast. *M. croceus*, Manche. — *Gyrator*, Ehrb. Trompe des *Acrorhynchus*; orifices génitaux séparés, *G. hermaphroditus* (*Prostomum lineare*), eaux douces, Fr. — *Hyporhynchus*, Graff. Orifice de la gaine de la trompe franchement ventral. *H. setigerus*, Médit. — *Schizorhynchus*, Hallez. Trompe bilobée. *S. cæcus*, Manche.

Fam. **PRORHYNCHIDÆ**. — Orifice mâle combiné avec l'orifice buccal, qui est à l'extrémité antérieure; orifice femelle séparé, ventral; un germo-vitellogène, point d'appareil accessoire femelle.

Prorhynchus, Max Schultze. Genre unique. *P. stagnalis*, eaux douces d'Europe. *P. sphyrocephalus*, terrestre.

IV. CLASSE

TRICHOTOMA

Vers ciliés de petite taille, à corps métaméridé, pourvus d'une trompe, unisexués, sans soies locomotrices.

La classe ne comprend que le seul genre *Dinophilus*[1] qu'on a quelquefois réuni à quelques autres vers segmentés et sans soies pour en faire un groupe des ARCHIANNELIDA. Les *Dinophilus* sont des annelés de petite taille (1 à 2 millimètres), dépourvus de soies locomotrices et dont les segments sont assez différemment accusés. En avant le corps est élargi en une sorte de tête, à laquelle fait suite un cou très court qui la sépare du tronc, légèrement conique et terminé par une courte queue. La tête est légèrement trilobée; elle porte, en général, dorsalement deux bouquets de cils plus longs que les autres et deux yeux. Sur la face ventrale s'ouvre la bouche. L'anus est dorsal; il sépare le tronc de la queue.

Le corps est recouvert par un épithélium pavimenteux, contenant parfois des bâtonnets (*D. gyrociliatus*, *D. metameroides*), et dont quelques-uns, dans les prépa-

<hr>

[1] KORSCHELT, *Die Gattung Dinophilus und der bei ihr auftretende Geschlechts Dimorphismus*; Zoolog. Jahrbücher, t. II, 1887.

rations, surpassent les autres en dimensions. Cet épithélium est uniformément cilié chez les *D. vorticoides* et *metameroides*; sur la face ventrale du corps, il demeure uniformément cilié chez les *D. gyrociliatus* et *apatris*; mais chez ces deux espèces les cils dorsaux se limitent à huit demi-ceintures, dont deux pour la tête et six pour le tronc; la tête paraît ainsi divisée en trois segments dont le premier porte les deux bouquets de soies tactiles, le second les yeux, le troisième la bouche. Une couche de fibres musculaires transversales et une couche de fibres longitudinales viennent ensuite. Entre le tégument et le tube digestif se trouve une cavité générale bien définie, que traversent seulement de fins tractus conjonctifs.

La *bouche* a la forme d'une fente à trois branches dont les lèvres latérales, musculaires, sont extrêmement mobiles. Dans la cavité buccale viennent s'ouvrir la *gaine de la trompe* et l'*œsophage*.

La *trompe* est située au-dessous de l'œsophage; elle peut être solide (*D. apatris*) ou creuse (*D. metameroides*); au repos elle est coudée à angle droit vers son milieu, et l'ouverture de l'angle est en avant et en dessus; elle est enveloppée d'une gaine qui semble être une simple invagination de la paroi des téguments au point où ils passent à la paroi œsophagienne; un ligament relie cette gaine à la paroi du corps du côté ventral. La région antérieure de la trompe est dépourvue de muscles; la partie postérieure de sa région antérieure et sa région postérieure présentent une épaisse couche de muscles transverses et une couche plus mince de muscles longitudinaux. La trompe est exsertile; elle sert probablement à brosser la surface des plantes marines et à recueillir à leur surface les diatomées dont l'animal se nourrit.

Le tube digestif comprend une vaste *cavité pharyngienne* ovoïde, fortement ciliée, séparée par un étranglement d'une cavité plus petite, mais de forme analogue, qu'on peut considérer comme un *jabot*. Dans ce jabot débouchent les canaux excréteurs de deux glandes en grappe, formées d'acini unicellulaires qui n'ont pas été signalées chez les *D. metameroides*. Un autre étranglement sépare le jabot de l'*estomac*, vaste poche ovoïde, occupant la moitié de la longueur du corps, à parois épaisses, tapissées de courts cils vibratiles; à l'estomac fait suite un court *intestin* fortement vibratile. La paroi du tube digestif est uniquement formée d'une assise de cellules polyédriques qui se séparent facilement les unes des autres quand on comprime l'animal; peut-être s'y ajoute-t-il sur le jabot une couche musculaire (*D. vorticoides*).

Il existe certainement chez les *Dinophilus* un appareil néphridien comprenant des canaux longitudinaux, munis d'ampoules vibratiles et peut-être en rapport avec un réseau sous-tégumentaire de canalicules formant des mailles polygonales (*D. apatris*), mais les rapports de ces diverses parties sont encore vagues; les canaux longitudinaux s'ouvrent au dehors et sont vibratiles sur toute leur longueur.

Les sexes sont séparés, et le dimorphisme sexuel très accentué. Les mâles n'atteignent que le tiers des dimensions des femelles; la durée de leur vie est faible. Ils sont courts, légèrement renflés en arrière; leur tête porte une couronne de longs cils et leur face ventrale est également ciliée. Ils n'ont ni bouche, ni anus, ni tube digestif. Le testicule est représenté par un amas de cellules claires, occupant la région moyenne du corps dans lequel il n'y a pas de cavité générale apparente. Un organe d'accouplement conique et rétractile est situé dans la région postérieure du corps.

L'ovaire des femelles est situé à la face ventrale du corps, à la jonction de l'estomac et de l'intestin et les plus gros œufs sont situés en avant de l'ovaire. Les œufs mûrs tombent dans la cavité générale, et sont émis par un orifice médian situé sur la face ventrale, à peu de distance de l'anus. Ils sont, au moment de la ponte, enveloppés au nombre de deux à douze dans une masse gélatineuse. Il y en a de deux sortes, correspondant aux deux sexes : les uns, gros et ovales, donnent naissance à des femelles ; les autres, plus petits et sphéroïdaux, produisent des mâles. Il se forme une gastrula épibolique, et le jeune animal, au sortir de l'œuf, présente dix segments bien nets, dont un thorax étroit et court, et une sorte de cou entre la tête, plus large que le reste du corps, et le corps proprement dit. Huit demi-ceintures de cils sont bien caractérisées.

La présence d'un anus chez les femelles, celle d'une cavité générale, la séparation des sexes, éloignent les *Dinophilus* des Turbellariés ; ils ne diffèrent, au contraire, des Némertiens que par leur cavité générale ; mais nous ne pensons pas que les conditions de formation et la structure du cœlome sur laquelle les frères Hertwig ont appelé l'attention aient toute l'importance qu'on leur a attribuée, et nous laissons, en conséquence, les *Dinophilus* à côté des Némertes qu'ils relient peut-être aux Vers annelés.

FAM. **DINOPHILIDÆ.** — Famille unique.

Dinophilus, O. Schm. Genre unique. *D. metameroïdes*, Manche.

V. CLASSE

NÉMERTIENS (NEMERTEA)

Corps généralement allongé ; parfois très allongé ; déprimé ou à section elliptique. Aucun appendice. Tube digestif pourvu d'une bouche toujours antérieure et d'un anus, accompagné d'une trompe exsertile, placée sur sa face dorsale et contenue dans une cavité spéciale (rhynchocœlome) s'ouvrant en avant de la bouche ou dans la cavité buccale. Sexes généralement séparés ; appareil génital sans organes excréteurs compliqués. Presque tous marins.

Forme générale du corps[1]. — Par leur forme généralement très allongée, les Némertiens se distinguent facilement, en général, des Turbellariés, dont ils se rapprochent par l'absence de tout appendice locomoteur, par l'épithélium vibratile qui recouvre leur corps, par l'oblitération presque complète de leur cavité générale. La plupart sont de dimensions modestes. Certaines espèces (*Lineus longissimus*) atteignent cependant jusqu'à 3 ou 4 mètres de long tout en demeurant assez grêles ; d'autres (*Cerebratulus marginatus*) ont un corps déprimé mais qui peut atteindre 3 centimètres de largeur et dépasser 1 mètre de long. Le corps de ces grandes espèces se casse, en général facilement. Le corps s'atténue, en général, graduellement en avant et en arrière ; il peut cependant présenter en avant soit un élargissement (*Carinella*), soit un rétrécissement assez brusque (*Poliopsis*), qui est assez souvent désigné sous le nom de tête. D'autres fois un étranglement (*Carinella Aragoi*) ou un sillon séparent du reste du corps une courte région antérieure qui devient ainsi la région céphalique.

[1] L. JOUBIN, *Recherches sur les Turbellariés des côtes de France* ; Arch. de zool. expérim., 2ᵉ série, t. VIII.

La tête ne porte jamais aucun appendice ; mais elle présente assez fréquemment des yeux tantôt assez nombreux, tantôt au nombre de quatre. En outre, les Schizonemertina présentent, de chaque côté de la tête, deux fentes ciliées longitudinales ; à cette même place, se trouvent, chez un certain nombre d'Enopla (*Nemertes*, etc.), des fentes transversales, également ciliées ou des orifices dont la signification sera donnée p. 1905. Quelquefois enfin la tête présente deux sillons médians, l'un dorsal et l'autre ventral (*Poliopsis*) ; soit à l'extrémité céphalique, soit sur la face ventrale de la tête, on observe presque toujours deux orifices : le plus antérieur est l'orifice par lequel la trompe fait saillie au dehors ; on l'appelle le *rhynchostome* ; l'autre est la *bouche* proprement dite. Ces deux orifices sont toujours ventraux ; mais on observe fréquemment chez divers Schizonemertina et Enopla une fossette terminale, à laquelle aboutissent les canaux excréteurs des volumineuses glandes céphaliques constantes dans ces deux ordres. Quelquefois le *rhynchostome* est situé dans le vestibule buccal ; il n'y a alors qu'un seul orifice antérieur.

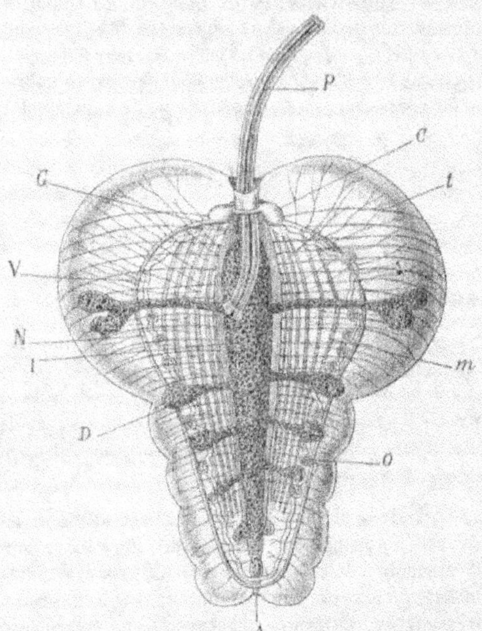

Fig. 1279. — Jeune *Pelagonemertes Rollestoni*, vu par la face dorsale. — *P*, trompe ; *G*, gaine de la trompe ; *I*, intestin ; *D*, diverticules de l'intestin ; *C*, ganglions cérébroïdes ; *N*, troncs nerveux latéraux ; *V*, vaisseaux latéraux ; *O*, ovaires ; *A*, anus ; *m*, muscles longitudinaux ; *t*, muscles transverses (d'après Hubrecht).

La *trompe* est un organe hautement caractéristique des Némertiens ; elle est complétement indépendante du tube digestif et contenue dans une cavité spéciale, le *rhynchocœlome*, d'où l'animal peut la faire saillir au dehors. Elle est absolument inerme chez les Pelagonemertina (fig. 1279, *P*), Bdellomorpha, Palæonemertina, Schizonemertina ; Keferstein a désigné ces Némertes à trompe inerme sous le nom d'Anopla, tandis qu'il a attribué le nom d'Enopla aux Némertes dont la trompe est armée d'un ou plusieurs stylets ou d'autres formations chitineuses. Il y aura lieu d'opposer souvent ces deux groupes l'un à l'autre, bien qu'il soit aujourd'hui nécessaire de leur substituer des ordres moins étendus. Le tube digestif se termine par un anus situé à l'extrémité postérieure du corps.

On observe encore chez les Némertes adultes, de chaque côté du corps et sur presque toute sa longueur, des orifices qui sont équidistants et disposés sur deux lignes longitudinales, dorsales chez les Eupoliidæ et les Schizonemertina, de position variable chez les ENOPLA; ces orifices sont très nombreux et pressés sur deux bandes latérales chez les CARINELLIDÆ.

La disposition des orifices génitaux est la seule trace extérieure de métaméridation que présentent les Némertiens; mais elle traduit extérieurement une disposition métamérique des organes, et notamment des organes génitaux, très prononcée chez les ENOPLA et les SCHIZONEMERTINA, moins nette chez quelques EUPOLIIDÆ et qui ne s'efface presque complètement que chez les CARINELLIDÆ. La complication si étrange et sans aucune cause déterminante apparente du développement des Némertiens ne peut être attribuée qu'à des phénomènes héréditaires d'adaptation embryogénique; elle témoigne que le type des Némertiens est un type très éloigné des formes primitives et dont les formes ancestrales ont subi de très profondes modifications. La métaméridation si accusée de la plupart des espèces (fig. 1279, fig. 1283, p. 1900) montre que ces formes ancestrales ne sauraient être cherchées que parmi les Vers annelés; dès lors les formes non métaméridées doivent être considérées non pas comme des formes primitives, mais comme des formes dégradées, ainsi que nous l'avons vu pour les Nématodes et les Trématodes.

Presque tous les Némertiens sont des animaux marins, rampant sur le sol, se réfugiant sous les pierres ou se frayant un chemin dans le sable et dans la vase. Cependant les PELAGONEMERTIDÆ sont des formes nageuses de haute mer, à corps très déprimé, presque foliacé, absolument transparent (fig. 1279); les espèces du genre *Geonemertes* sont les unes lacustres, les autres terrestres, et vivent sous les pierres humides ou s'enfoncent dans le sol à la façon des Lombrics. Enfin les *Malacobdella* vivent fixés sur les branchies d'un certain nombre de Mollusques lamellibranches marins; elles sont reconnaissables à la ventouse qui termine leur corps postérieurement et les a fait prendre longtemps pour des Sangsues.

Structure des parois du corps [1]. — Le corps est revêtu d'un épithélium vibratile, dont les cils présentent une sorte de renflement basilaire et un autre à une certaine distance de leur base; cette forme des cils a pu faire croire à l'existence d'un cuticule qui, en réalité, fait défaut; chaque cellule est prolongée en un filament dirigé vers l'intérieur du corps et qui se ramifie à son extrémité; le noyau se trouve à la naissance de ce filament. Parmi les cellules ciliées sont disséminées des cellules de soutien, lesquelles se rétrécissent, au lieu de s'élargir vers la périphérie, et trois sortes de cellules glandulaires qui ne portent pas de cils. Ce sont : 1° des cellules à contenu clair, dont le corps est à peine plus long que celui des cellules ciliées et qui se prolongent généralement, comme elles, en un filament; 2° des cellules à contenu trouble, aussi longues d'ordinaire que leurs voisines, y compris leur filament; 3° des cellules groupées en follicules, ou en grappes, à col très allongé, soudées par leur col en un même follicule et sécrétant des corpuscules arrondis qui s'engagent en file dans le col. Chez les CARINELLIDÆ et les ENOPLA, les cellules de la première catégorie contiennent parfois des corpuscules muqueux qui peuvent être irrégulièrement disposés (*Carinella*) ou se grouper en lignes hélicoïdales (*Drepanophorus*, fig. 1280); dans ces Némertiens, les glandes de la 3ª catégorie demeurent toujours dans l'épiderme, comme les autres. Chez les EUPOLIIDÆ

---

[1] O. BÜRGER, *Untersuchungen über die Anatomie und Histologie der Nemertinen nebst Beitrage zur systematik*; Zeitsch. f. wiss. Zool., t. L, 1890.

et les Schizonemertina, leur col s'allonge au contraire beaucoup, de sorte que le follicule est transporté dans le tissu sous-jacent à l'épiderme; il se constitue ainsi une couche glandulaire sous-épidermique, à la constitution de laquelle prennent aussi part des muscles et du tissu conjonctif et que l'on peut considérer comme une sorte de *derme* (fig. 1281, n° 2). Le derme, qui contient assez souvent des glandes de plusieurs sortes (*Cerebratulus marginatus*), est remplacé chez les Carinellidæ (fig. 1281, n° 1) et les Enopla, par une membrane basilaire anhiste, mais d'une certaine épaisseur. Ces différences sont accompagnées de différences assez frappantes dans le nombre et la disposition des couches musculaires qui font suite à l'épithélium. Au-dessous de la membrane basale, il n'existe chez les Carinellidæ et les Enopla que trois assises de fibres musculaires, des fibres annulaires, des fibres obliques et des fibres longitudinales; on en compte quatre chez les Eupoliidæ et les Schizone-

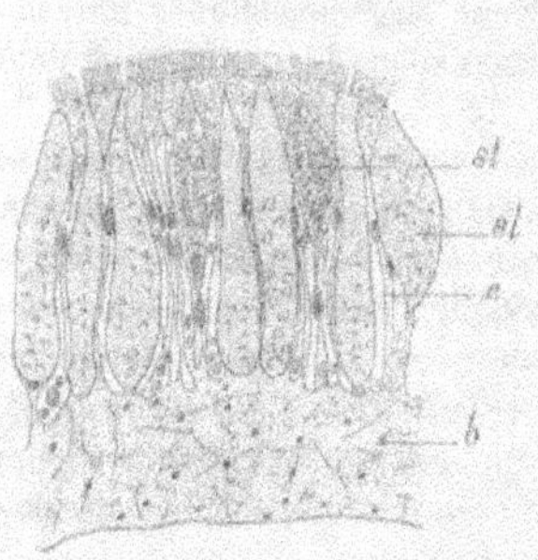

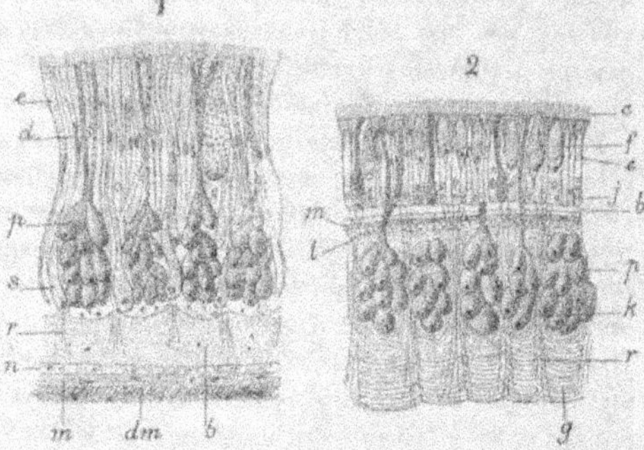

Fig. 1280. — Coupe de la peau du *Drepanophorus serraticollis*. — *st*, cellules glandulaires à bâtonnets brillants; *sl*, cellules mucilagineuses; *e*, cellules de soutien; *b*, membrane basale (d'après Bürger).

Fig. 1281. — 1, Coupe du tégument de la *Carinella polymorpha*; — 2, Id. de l'*Eupolia lineata*. — *c*, cils vibratiles; *c*, cellules à filament; *p*, cellules glandulaires fasciculées; *d*, leurs canaux excréteurs; *j*, substance interstitielle; *b*, membrane basale; *s*, cellules glandulaires allongées; *r*, muscles rayonnants; *g*, tissu conjonctif; *n*, couche nerveuse; *m*, muscles annulaires; *l*, muscles longitudinaux; *dm*, muscles diagonaux (d'après Bürger).

mertina, à savoir: des fibres longitudinales, des fibres annulaires, des fibres obliques et finalement de nouvelles fibres longitudinales; ces couches cessent assez souvent d'être distinctes dans la région céphalique. Outre les muscles tégumentaires, il existe chez tous les Némertiens des muscles dorso-ventraux qui se disposent métamériquement chez beaucoup de Schizonemertina et d'Enopla, et se transforment en une assise interne de muscles annulaires que l'on classe d'ordinaire parmi les muscles tégumentaires, chez les *Carinina*, *Carinella*, *Carnioma* et *Cephalothrix*.

Parenchyme. — Dans le parenchyme sont disséminés isolément ou par petits amas de grosses cellules vésiculeuses, à noyau ovale ou sphérique, et des noyaux libres, assez nombreux et de forme variée. Les cellules forment un revêtement aux vaisseaux et au rhynchocœlome. Chez tous les Némertiens, les organes sont plongés dans un tissu gélatineux qui constitue ce qu'on appelle le parenchyme. Chez les Hoplonemertina et les Eupoliidæ, ce tissu est disposé en dissépiments dans la région de l'intestin moyen. Dans cette même région, le parenchyme présente un espace vide interrompu par places et qu'on peut regarder comme un véritable schizocœle. Cet espace sépare, en effet, l'une de l'autre une très mince splanch-

nopleure appliquée contre le tube digestif et une épaisse somatopleure appliquée
contre la paroi du corps; il est traversé lui-même par des dissépiments (*Cerebratulus marginatus*, *Drepanoporus serraticollis*, *Monopora vivipara*, *Eupolia aurita*).
Chez les Poliidæ et les Lineidæ, le parenchyme est remplacé, dans la région céphalique, par un tissu musculaire, dans lequel on distingue des fibres circulaires et
des fibres longitudinales.

Appareil digestif. — L'appareil digestif comprend chez tous les Némertiens :
1° un *œsophage* dépourvu de tout diverticule; 2° un *intestin moyen* non glandulaire
qui chez les Hoplonemertina, les Eupoliidæ et les Schizo-
nemertina, présente des diverticules latéraux métamériquement disposés, et 3° un rectum dépourvu de poches latérales.
En outre, chez les Enopla, entre l'œsophage et l'intestin
moyen, s'interpose une poche stomacale; l'intestin se prolonge lui-même en avant, à son origine, en un cæcum qui
passe sous l'estomac et émet latéralement des diverticules
secondaires, métamériquement disposés comme ceux de l'intestin. Les dimensions des poches de l'intestin moyen vont
en diminuant à mesure que l'on approche de l'extrémité
postérieure du corps, de sorte que le passage est graduel de
la seconde à la troisième région du tube digestif. Toutefois
le rectum diffère de l'intestin moyen par la nature de son
épithélium.

La *bouche* est toujours ventrale. Chez les Carinellidæ et
les Enopla, elle est placée en arrière ou au-dessous des
ganglions cérébroïdes; chez les Eupoliidæ et les Schizonemertina, elle est placée en avant des ganglions; elle est
quelquefois circulaire (diverses Eupoliidæ), plus fréquemment en forme de fente longitudinale (*Carinella*, *Cerebratulus*).
L'ouverture buccale et le *rhynchodæum* sont confondus chez
le *Geonemertes palæensis*; l'œsophage s'ouvre dans le rhynchocœlome chez les *Monopora*, et son orifice dans cette cavité
est assez éloigné du *rhynchodæum* chez les *Prosadenoporus*.
Peut-être trouve-t-on une disposition analogue chez quelques
autres espèces.

Lorsque la bouche est située en avant des ganglions cérébroïdes, elle conduit dans une cavité en forme de cloche
qui se rétrécit brusquement en un mince canal œsophagien;
dans ces formes on peut donc distinguer de l'œsophage une
cavité buccale qui se retrouve aussi chez les autres Némertes

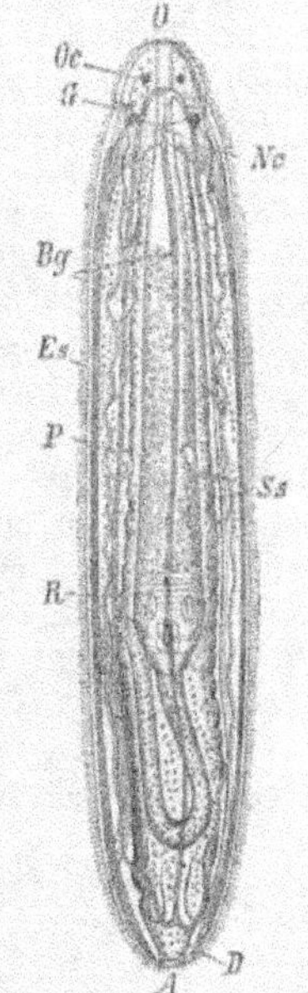

Fig. 1282. — Jeune *Tetrastemma obscurum.* — *O.*
bouche; *D.* tube digestif;
A, anus; *Bg*, vaisseaux
sanguins; *R*, trompe avec
stylets; *Ex*, troncs néphridiens; *P*, leurs orifices;
G, fossettes ciliées; *Ne*, centres nerveux; *Ss*, troncs
nerveux latéraux; *Oe*, yeux
(d'après Max Schultze).

à trompe inerme, mais qui manque totalement aux Enopla. Ici l'œsophage se renfle
seulement à son extrémité postérieure, et il est séparé de l'intestin moyen par une
région stomacale à parois extrêmement plissées et glandulaires. L'épithélium de
la cavité buccale des *Carinella* diffère à peine de celui du corps; il contient des
glandes en tube qui sont remplacées dans l'œsophage par deux sortes de cellules
glandulaires, des cellules à contenu homogène, courtes, prolongées par un filament
qui se fixe sur la membrane basilaire et des cellules plus longues, moins nom-

breuses, à contenu granuleux. L'épithélium du corps se réfléchit aussi dans la cavité buccale, où il peut former des plis en forme de lèvres chez les LINEIDÆ (*Cerebratulus*); mais ici la poche buccale et l'œsophage sont entourés d'une masse de longues glandes tubulaires qu'on peut distinguer sous le nom de *glandes salivaires*; au contraire l'œsophage est dépourvu chez les ENOPLA de toute cellule glandulaire. Dans ce groupe, les cellules glandulaires sont rassemblées dans les parois de la poche stomacale. Ce sont des cellules granuleuses, très longues et très nombreuses, placées parmi les cellules épithéliales ciliées.

L'*intestin moyen* des HYPONEMERTINA et des SCHIZONEMERTINA est dépourvu de cellules glandulaires; son épithélium est formé de longues et étroites cellules ciliées. L'épithélium intestinal des ENOPLA est, au contraire, un épithélium exclusivement glandulaire dont l'extrême activité est mise en évidence par les grandes différences d'aspect qu'il présente d'un individu à l'autre et dans l'intestin d'un même individu, quand on le considère en différents points. Chez tous ces Némertes, entre les cellules épithéliales indifférentes et les cellules glandulaires il existe d'ailleurs des cellules fusiformes de soutien. L'épithélium repose sur une membrane basilaire, anhiste, parsemée de noyaux. Chez les Némertes à trompe inerme, le tube digestif ne présente de muscles que là où il n'est pas séparé par du parenchyme de la paroi musculaire du corps; les muscles sont surtout développés dans la région postérieure de l'œsophage, où il y a une couche interne de fibres longitudinales et une couche externe de fibres annulaires. Chez les ENOPLA, au contraire, l'œsophage et la poche stomacale n'ont pas de muscles propres, mais sont enveloppés d'une couche de fibres musculaires longitudinales, appartenant à l'enveloppe des corps. L'intestin moyen et le rectum possèdent une couche particulière de fibres annulaires.

Trompe. — La trompe (fig. 1282, *R*) est un sac exsertile, contenu dans le rhynchocœlome, au-dessus du tube digestif, fixée aux parois du corps sur une certaine étendue de son extrémité antérieure constituant le *rynchodœum* et se continuant postérieurement en un pédoncule musculaire qui vient se fixer aux parois du rhynchocœlome. Le rynchodœum constitue un tube à travers lequel la trompe peut sortir ou rentrer, mais qui lui-même n'est pas exsertile; il présente souvent une région glandulaire plus ou moins étendue (*Carinella polymorpha*) et tout son épithélium est cilié. Courte et grêle chez quelques *Eupolia*, la trompe atteint et dépasse la longueur du corps chez d'autres Némertes, de sorte qu'elle ne peut se rétracter entièrement qu'à la condition de prendre une forme ondulée.

On distingue chez les Némertes deux sortes de trompes dont on s'est servi pour caractériser parmi ces animaux deux ordres longtemps admis sans conteste : les ANOPLA à trompe inerme et les ENOPLA à trompe armée de stylets cornés parfois très nombreux (*Drepanophorus*). Les trompes inermes présentent la structure la plus simple : celle des *Carinella* comprend de dedans en dehors : une couche de hautes cellules épithéliales cylindriques, une membrane basilaire, une couche de fibres musculaires annulaires, une couche de fibres longitudinales, une couche conjonctive assez épaisse, enfin un épithélium plat qui se continue avec celui du rhynchocœlome. Cette structure est justement celle que présenterait la trompe si elle n'était qu'une portion invaginée de la région antérieure du corps. Les deux nerfs de la trompe courent même, comme ceux de la paroi du corps, entre la membrane basilaire et les muscles circulaires. Cette similitude entre la structure de la trompe et celle des parois du corps se poursuit dans les autres types; les deux couches musculaires sont interverties chez les *Eupolia*; chez les *Cerebratulus*, une couche de fibres annulaires est comprise entre deux couches de fibres longitudinales; c'est le contraire chez les ENOPLA. Les cellules épithéliales inermes de la trompe des *Cerebratulus* contiennent de nombreux rhabdites. Ces cellules à rhabdites sont souvent associées (*Carinella, Cerebratulus*) à de véritables cellules glandulaires.

La trompe des ENOPLA se divise en trois régions, savoir : 1° en arrière du *rhynchodœum*, une *chambre antérieure*, extroversible; 2° une *chambre moyenne* contenant les stylets; 3° une *chambre postérieure* à parois glandulaires.

La musculature de la chambre antérieure est formée de deux couches de fibres annulaires, comprenant entre elles une couche de fibres longitudinales qu'un réseau de tissu conjonctif rassemble en faisceaux distincts; dans cette dernière couche sont logés les nerfs de la trompe. La couche des muscles annulaires, qui est extérieure quand la trompe est rétractée, est couverte d'un épithélium plat, reposant sur une fine membrane basale anhiste; la couche interne est couverte par une épaisse couche gélatineuse, pauvre en noyaux, sur laquelle repose un épithélium inégal, formant de nombreuses papilles, soutenu par des saillies de la couche gélatineuse. Ces cellules sécrètent vraisemblablement la mucosité qui recouvre la paroi de la chambre antérieure.

La chambre moyenne est caractérisée par l'amincissement de la couche épithéliale interne, qui n'y forme plus de papille, l'atrophie de la couche de muscles annulaires sous-jacente, sauf sur son plancher supérieur, et surtout par un épaississement de la couche musculaire longitudinale de la trompe dont les fibres, en se dirigeant horizontalement, déterminent la formation d'un véritable diaphragme séparant la chambre antérieure de la chambre postérieure. Ce diaphragme est lui-même divisé par une cloison conjonctive en deux étages; l'antérieur contient le stylet; dans le postérieur, qui est d'une grande épaisseur, est creusée une cavité axiale, ovoïde, le *réservoir* que prolonge en avant un *canal excréteur* légèrement excentrique, s'ouvrant dans la chambre antérieure de la trompe, tandis qu'un autre canal axial, beaucoup plus court, met le réservoir en communication avec la chambre postérieure.

Le *stylet* est implanté dans la paroi antérieure du diaphragme; il comprend deux parties : la *lame* et le *socle*. La lame a exactement la forme d'une courte épingle dont la tête, parfois à peine renflée (*Eunemertes gracilis*), est enfoncée dans la socle; elle est lisse et transparente. Le socle a une forme ovoïde ou ellipsoïdale, plus ou moins allongée; il est formé par l'agglomération de granules extrêmement fins et serrés dans la région centrale, plus grossiers et lâchement unis à la périphérie; de nombreuses traînées de granules unissent le socle lui-même à d'autres masses granuleuses, colorables par le vert de méthyle et l'hématoxyline qui sont situées dans le plancher supérieur du diaphragme; ces masses sont probablement sécrétées par les glandes qu'on observe dans le même plancher, et auxquelles il faudrait, dans ce cas, attribuer la sécrétion de la substance granuleuse du socle lui-même. Cette substance se dissout dans l'acide acétique, en laissant comme résidu une trame organique; le stylet se dissout aussi, mais complètement dans les acides, sans qu'on puisse cependant considérer comme établi qu'il soit de nature calcaire.

Le socle est revêtu d'une couche de cellules sur laquelle se fixent des fibrilles musculaires rayonnantes, détachées de la couche des muscles longitudinaux de la trompe; il repose, chez les *Prosadenoporus*, sur un coussin musculaire, enveloppé de tissu conjonctif et auquel s'attachent de nouvelles fibres musculaires immédialement au-dessous du socle; c'est là un appareil de mouvement. De chaque côté du stylet central sont les *poches styligènes*, au nombre de deux, sauf de rares exceptions. Chacune de ces poches contient des lames de stylets dont le nombre varie de deux (*Prosadenoporus*) à quinze; les nombres les plus habituels sont quatre et cinq; le nombre des lames est généralement, mais pas constamment, le même dans les deux poches; leur orientation peut être quelconque. D'ordinaire les lames ne sont pas toutes au même degré de développement; elles semblent se développer aux dépens de vésicules spéciales, contenues dans les poches et dans lesquelles leur pointe se forme tout d'abord. Chaque poche styligène communique par un canal spécial avec le fond de la chambre antérieure; ce canal aboutirait même (*Eunemertes gracilis, Tetrastemma flavidum*) au voisinage du stylet[1], de telle façon que par son intermédiaire les lames des poches styligènes pourraient venir remplacer la lame du stylet principal lorsque celle-ci vient à se briser; en effet, on trouve assez souvent une jeune lame à la base de l'ancienne dans le socle; d'autre part le mode de constitution de l'armature de la trompe chez les *Drepanophorus* rend vraisemblable le remplacement des lames actives par d'autres. Ici en effet, le socle s'allonge en une sorte d'arc sur lequel une vingtaine de lames viennent s'implanter en série linéaire. En même temps les poches styligènes se multiplient, et à chacune d'elles est annexé un long tube dans lequel les lames sont disposées en série. Il semble bien que cette disposition en série tout à la fois des lames du socle et de celles des poches styligènes indique une corrélation entre les deux sortes d'organes. Chacun des stylets de l'armature repose sur un coussinet cellulaire, et est en rapport avec un groupe de cellules glandulaires dont les longs cols traversent en faisceau l'axe du coussinet.

Les noms de *réservoir* et de *canal abducteur* donnés à la cavité axiale de la région postérieure au diaphragme et au canal qui lui fait suite antérieurement semblent indiquer qu'il s'accumule dans le réservoir un liquide qui est porté au dehors par le canal; mais l'épaisseur des parois musculaires du réservoir indique que ce doit être un organe actif, capable de projeter à l'extérieur le liquide qu'il contient et qui est exsudé soit par ses propres parois, soit par celles de la chambre postérieure de la trompe. Les parois de cette chambre sont d'une structure fort simple. Sous l'épithélium interne glandulaire, on trouve successivement des fibres musculaires longitudinales, puis des fibres transversales, une membrane basilaire et enfin un épithélium plat, semblable à celui du rhynchocœlome. Dans cette chambre s'accumule un liquide probablement vénéneux qui est émis par le réservoir et le canal excréteur lorsque le stylet entre en action.

Le *rhynchocœlome* contient un liquide dans lequel flottent des corpuscules libres; cette cavité dont les parois sont revêtues d'un endothélium, est un reste de la cavité primitive de segmentation; elle est située au-dessus du tube digestif. Son étendue va en augmentant des CARINELLIDÆ aux ENOPLA. Sa longueur est 1/5 de

---

[1] L. VAILLANT, *Annelés* (suites à Buffon), t. III, p. 572, 1890.

celle du corps chez les *Carinella* et *Eupolia*, 1/3 chez les *Cerebratulus* et les *Langia*; elle augmente encore chez les ENOPLA, ne se termine que 2 millimètres en avant l'anus chez le *Drepanophorus rubrostriatus*, et arrive à l'atteindre chez le *Prosadenoporus badio-virgatus*. Les parois du rhynchocœlome comprennent, de dedans en dehors : un épithélium plat chez les ANOPLA, une couche de fibres musculaires longitudinales, logées dans la substance gélatineuse du parenchyme, une épaisse couche de fibres annulaires; le tout est revêtu par une assise serrée de cellules du parenchyme. Ces couches se confondent en un même réseau dans la région antérieure au cerveau, chez quelques espèces (*Cerebratulus rubens*, *C. luteus*, *C. pullus*, *Langia formosa*) la couche des muscles annulaires est revêtue sur sa face ventrale d'une nouvelle couche de muscles longitudinaux qui latéralement se continue avec les muscles longitudinaux de la paroi du corps. De chaque côté de la ligne médiane la couche du parenchyme de la paroi du rhynchocœlome forme deux replis longitudinaux dont le bord peut être lui-même subdivisé en deux rubans distincts, recouverts par l'épithélium plat habituel; ces replis n'occupent d'ailleurs qu'une faible étendue de longueur du rhynchocœlome. La structure des parois du rhynchocœlome des ENOPLA est la même que chez les Némertes à trompe inerme. Seulement, la cavité est plus rapprochée de la face dorsale, et chez les *Drepanophorus* elle présente des diverticules latéraux métamériques, exactement placés au niveau des poches intestinales pénétrant dans l'épaisseur même des dissépiments et s'y terminant en cæcum, sans communiquer ni avec les vaisseaux auxquels elles ressemblent parfois, ni avec l'appareil néphridien.

Appareil vasculaire. — Tous les Némertes possèdent deux vaisseaux latéraux, placés de chaque côté du tube digestif dans la région antérieure du corps, mais qui passent peu à peu au-dessous dans la région postérieure. Ces deux vaisseaux s'anastomosent au moins deux fois l'un avec l'autre. L'anastomose antérieure typique ou *anastomose ventrale*, avec laquelle beaucoup d'autres peuvent coexister, est située immédiatement en avant de la bouche (*Carinella*, fig. 1283, n° 1), dans la région cérébrale même, au-dessous du rhynchocœlome; chez la plupart des espèces à trompe inerme, l'anastomose postérieure se trouve en avant de l'anus. Très souvent (ENOPLA, beaucoup d'ANOPLA) les deux vaisseaux latéraux sont unis par une anse céphalique, dans la région amincie de l'extrémité antérieure du corps. Il existe fréquemment aussi un tronc dorsal impair (*m*); ce tronc manque chez les CARINELLIDÆ; il naît chez les autres ANOPLA de la commissure ventrale; il est d'abord contenu dans le rhynchocœlome et appliqué contre sa paroi ventrale; quand il a dépassé l'œsophage, il pénètre dans cette paroi et, après un certain trajet, en sort pour se placer dans le parenchyme entre le rhynchocœlome et l'intestin; à partir de ce point, des branches latérales, métamériquement disposées (fig. 1283, n°s 3, 4 et 5, *t*), l'unissent aux troncs latéraux, dans les régions moyenne et postérieure du corps. Outre l'anastomose ventrale, les vaisseaux latéraux des CARINELLIDÆ présentent une anse céphalique et un grand nombre d'anses anastomotiques, serrées les unes derrière les autres et passant au-dessous du rhynchodœum. Vers l'œsophage et la bouche se dirige, de chaque côté, un rameau vasculaire, né du tronc latéral du même côté, qui revient, en avant, se jeter dans ce tronc, avec lequel l'ont déjà réuni d'ailleurs, sur son trajet, plusieurs branches anastomotiques. De même, aux bandelettes saillantes dans la cavité du rhynchocœlome, les troncs latéraux envoient chacun une branche de dérivation, *g*, à laquelle ils demeurent unis par des anses transverses, métamériquement disposées. Chez les *Eupolia* (fig. 1283, nᵒˢ 3 et 4) et les autres formes où il n'y a pas d'anse céphalique, les vaisseaux latéraux se prolongent, en avant du cerveau, en deux branches qui donnent chacune naissance, dans la région céphalique, à un réseau vasculaire extrêmement serré ; les capillaires des deux réseaux s'anastomosent probablement et mettent les deux troncs latéraux en communication.

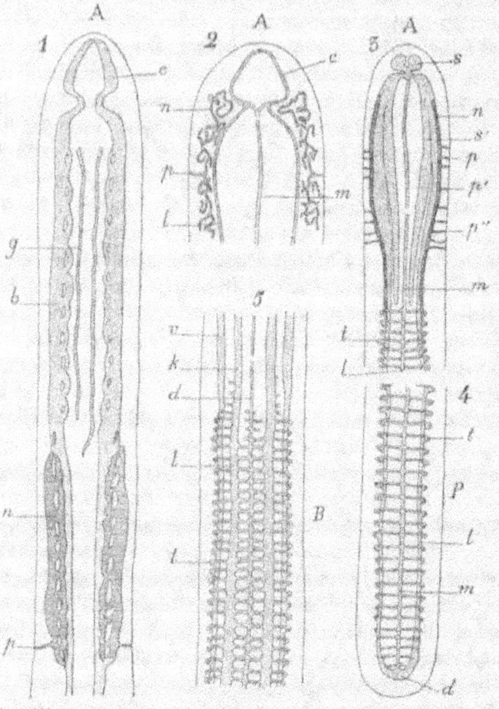

Dans la région antérieure du cerveau reposent sur le rhynchocœlome de fins vaisseaux médians qui plus loin entourent le cerveau du côté dorsal, en formant d'énormes sinus. De la face ventrale de ces derniers naissent deux vaisseaux symétriques qui se réunissent bientôt en un canal médian, passant au-dessous du rhynchocœlome et qui ne tarde pas à diviser de nouveau pour se jeter dans deux sinus que forment autour des organes latéraux les vaisseaux principaux. A la région buccale et à l'intestin les troncs latéraux fournissent des branches qui se divisent rapidement, et forment dans la région œsophagienne un réseau présentant de fréquentes communications avec les branches latérales qui se sont placées de chaque côté du rhynchocœlome. Parmi les *Cerebratulus*, les uns présentent une anse céphalique, comme les

Fig. 1283. — Diagrammes de l'appareil circulatoire et de l'appareil néphridien des Némertiens. — 1, *Carinella annulata* ; — 2, *Drepanophorus longirostris* ; — 3 et 4, *Eupolia varia* ; — 5, *Valencinia longirostris*. — A, extrémité céphalique ; B, région moyenne ; P, extrémité postérieure du corps ; *n*, néphridies ; *p*, *p'*, *p''*, pores néphridiens ; *c*, anastomose vasculaire antérieure ou ventrale ; *l*, vaisseaux latéraux ; *m*, vaisseau dorsal médian ; *d*, anastomose postérieure ; *ss'*, sinus antérieurs ; *g*, vaisseaux de la gaine de la trompe ; *k*, vaisseaux sous-intestinaux (d'après Oudemans).

CARINELLIDÆ (*C. galbanus, glaucus, luteus, rubens, psittacinus*), les autres un réseau comme les *Eupolia* (*C. albo-vittatus, aura-striatus, pullus, spadix, tigrinus*) ; mais ici, à l'exception du *C. tigrinus*, ce réseau est resserré dans la région médiane de la tête et enfermé à l'intérieur d'une couche spéciale de fibres musculaires annulaires ; en outre, il existe en arrière de la commissure ventrale, de une (*C. galbanus, C. glaucus*) à trois (*C. pullus*) anastomoses semblables. Au-dessous du rhynchocœlome, de l'anastomose ventrale ou de la suivante (*C. galbanus, glaucus, pullus*), naît chez quelques espèces un court tronc médian, qui, dans la région cérébrale, se relie plusieurs fois aux troncs latéraux par des branches transverses, et se divise ensuite pour accompagner d'abord les troncs nerveux latéraux, puis les nerfs pharyngiens en suivant leurs ramifications. Le réseau pharyngien ainsi formé communique par plusieurs branches avec les vaisseaux latéraux, et est continué en arrière par un vaisseau latéral qui va lui-même rejoindre à une certaine distance le vaisseau latéral situé du même côté. La région œsophagienne une fois dépassée, ce même vaisseau fournit aux parois du rynchocœlome un arc de dérivation qui naît dans la région des pores excréteurs, se dédouble à son tour sur une partie de son trajet, de sorte que dans la région postérieure de l'intestin antérieur, on ne compte pas moins de neuf vaisseaux longitudinaux dans la région du rhynchocœlome : le vaisseau dorsal, les deux couples de vaisseaux des deux arcs latéraux de dérivation, les deux vaisseaux latéraux qui naissent du réseau œsophagien, les deux troncs latéraux proprement dits. Comme chez les *Eupolia* (fig. 1283, n° 3, *s*), ces deux troncs forment chacun un sinus autour des organes latéraux. Dans la région qui nous occupe les vaisseaux latéraux, les vaisseaux œsophagiens et les canaux de l'arc de dérivation d'un même côté sont unis entre eux par des anastomoses transverses; ils demeurent indépendants du vaisseau dorsal.

Chez les Enopla, le système vasculaire comprend toujours deux vaisseaux latéraux, unis par une anse céphalique et un vaisseau dorsal médian (fig. 1283, n° 2); ce dernier naît d'une sorte de sinus formé au-dessous du rhynchocœlome, dans la région du cerveau antérieur, par la fusion momentanée des deux vaisseaux latéraux. En avant du cerveau, les vaisseaux latéraux sont situés entre le rhynchodœum et l'œsophage; ils accompagnent ensuite les troncs nerveux, se plaçant d'abord au-dessus d'eux, puis à côté, mais en dedans, ensuite au-dessous. Ils ne se dilatent pas en sinus autour des organes latéraux, ne fournissent pas de réseau œsophagien et sont seulement unis au vaisseau dorsal et aux vaisseaux ventraux, dans les régions moyenne et postérieure du corps, par les anses métamériques habituelles, contenues dans les dissépiments et superposées aux poches intestinales.

Les vaisseaux contenus dans le parenchyme sont formés d'une couche de substance gélatineuse formant souvent des plis saillants dans la lumière du canal et dans laquelle, au voisinage de la surface libre, sont disséminés des noyaux nombreux surtout à la surface des plis et autour desquels on observe une mince couche de protoplasme. Une couche musculaire formée de plusieurs assises de fibres annulaires recouvre la couche gélatineuse; elle est elle-même enveloppée d'un manteau serré de cellules du parenchyme. Ce revêtement de cellules et la couche musculaire manquent aux vaisseaux qui sont contenus dans des régions musculaires du corps, comme la cavité céphalique ou la paroi œsophagienne; toutefois le vaisseau dorsal conserve ce revêtement lorsqu'il traverse la paroi du rhynchocœlome. Les anses transversales correspondant à la région moyenne de l'intestin n'ont pas de tunique de muscles annulaires entre leur revêtement de cellules du parenchyme et leur couche gélatineuse.

Système excréteur. — Le système néphridien des Némertiens consiste en deux tubes symétriques s'ouvrant au dehors soit par un orifice unique, soit par une série d'orifices placés à l'extrémité d'autant de courts canaux excréteurs, symétriquement

disposés de chaque côté et apportant ainsi une nouvelle preuve de la disposition
métamérique des organes des Némertes. Les deux tubes néphridiens n'ont qu'une
faible longueur. Chez les *Carinella* (fig. 1283, n° 1, *n*), ils commencent immédiatement en arrière des vaisseaux du rhynchocœlome, courent le long des vaisseaux
latéraux et s'inclinent vers l'extérieur pour s'ouvrir au dehors sans modification
particulière (*C. polymorpha*), ou plus souvent après avoir produit un diverticule en
forme de cæcum. Du canal longitudinal partent des canalicules qui tous se rendent
sur le tronc vasculaire latéral, rampent à sa surface et dont l'extrémité se renfle
en massue, par suite de l'épaississement des parois. Ces canalicules peuvent
se ramifier à leur tour; leurs extrémités renflées pénètrent dans la paroi vasculaire,
s'y plissent d'une manière compliquée, tandis que la couche endothéliale du vaisseau subit une réduction considérable ou même disparaît et que la partie pelotonnée
de la néphridie obstrue en grande partie sa cavité. Ces canalicules s'ouvriraient,
d'après Hubrecht et Oudemans, dans la lumière du vaisseau, et il en serait de même
chez les *Carinoma*; mais de tels orifices vasculaires n'ont pu être constatés chez
les *Carinina*, dont les néphridies ressemblent pourtant beaucoup à celles des *Carinella*. Chez les *Eupolia*, les canaux néphridiens sont situés dans la région où des
vaisseaux latéraux naissent les vaisseaux qui entourent l'œsophage d'un réseau de
lacunes; ils sont étroitement en rapport avec les vaisseaux et forment eux-mêmes
une sorte de réseau. Ce réseau peut être placé au-dessus (plusieurs *Cerebratulus*),
ou au-dessous (*Eupolia*) des troncs nerveux. Les orifices qui font communiquer avec
l'extérieur les canaux excréteurs des ANOPLA peuvent être en nombre très variable;
quand il n'en existe qu'un de chaque côté, il est généralement situé à l'extrémité
postérieure du canal néphridien; s'il en existe deux, les canaux transverses qu'ils
terminent naissent en général de la région moyenne du canal longitudinal principal; s'il en existe davantage, et leur nombre peut s'élever à sept de chaque côté
chez l'*Eupolia Giardi*, ces orifices et les canaux transverses qui y aboutissent sont
métamériquement disposés (fig. 1283, n° 3).

Les néphridies des ENOPLA (fig. 1283, n° 2) ne sont pas comme les précédentes
plus ou moins étroitement en rapport avec un vaisseau sanguin; elles sont directement plongées dans le parenchyme où elles se ramifient, se pelotonnent et s'intriquent d'une façon remarquable.

La lumière des néphridies n'est pas ici percée, comme chez les autres Platyhelminthes, au travers d'une file de cellules; elle est circonscrite par un véritable épithélium cilié, de sorte que les canaux néphridiens sont vibratiles sur toute leur étendue.

Système nerveux. — Le système nerveux comprend deux volumineux *ganglions
cérébroïdes*, reliés par deux commissures passant l'une au-dessus, l'autre au-dessous
de la trompe, et deux *troncs latéraux* longitudinaux, s'étendant jusqu'à l'extrémité
postérieure du corps, où une commissure passant au-dessus du tube digestif les
réunit souvent l'un à l'autre (ENOPLA). Ces deux troncs sont, en général, situés sur
les côtés du corps, à égale distance des lignes médianes dorsale et ventrale; toutefois ils se rapprochent de la ligne médiane ventrale chez les *OErstedia* et *Drepanophorus* (fig. 1283), de la ligne dorsale chez les *Langia*.

Tout le système des ganglions cérébroïdes et des troncs longitudinaux a conservé chez les *Carinella* une position primitive et se trouve immédiatement au-dessous de l'épiderme, en dehors des couches musculaires du corps; les ganglions

cérébroïdes, simples élargissements des troncs latéraux, sont placés un peu en avant ou au-dessus de la bouche; on n'y distingue pas de division en lobes; la commissure ventrale est très large, la commissure dorsale très mince; les cellules nerveuses, aussi bien sur les ganglions cérébroïdes que sur les troncs, sont exclusivement situées sur la région en contact avec l'épiderme et aucune limite tranchée ne les sépare des véritables cellules épidermiques. Chez les *Eupolia*, les *Valencinia* et les Schizonemertina, le système nerveux central est situé entre la couche musculaire longitudinale externe et la couche musculaire annulaire, les troncs latéraux sont strictement à égale distance des lignes médianes dorsale et ventrale; ils se terminent librement. Enfin, chez les Enopla, les troncs latéraux sont situés dans le parenchyme, tout à fait à l'intérieur des couches musculaires, et ils sont unis en arrière par une commissure sus-anale. On observe donc ici une migration du système nerveux vers l'intérieur analogue à celle déjà signalée chez les Polychètes et les Oligochètes.

Les ganglions cérébroïdes des *Carinina* semblent se réfléchir en arrière, du côté dorsal, et il commence à s'en détacher deux *lobes postérieurs* qui vont s'accuser davantage dans les formes plus élevées, et même s'isoler au point de constituer deux masses distinctes, reliées au reste du cerveau par de simples connectifs. Chacune des masses ganglionnaires des *Eupolia* présente deux lobes principaux nettement caractérisés : un ventral, et un dorsal, réfléchi en arrière. Celui-ci est marqué postérieurement de deux sillons transversaux qui y décrivent trois circonvolutions étagées en gradins (fig. 1284); l'inférieure, qui est aussi celle qui fait en arrière la plus forte saillie, constitue le *lobe dorsal postérieur* (P). Ce lobe est revêtu dans sa région voisine de l'œsophage, par une couche de grandes cellules nucléées,

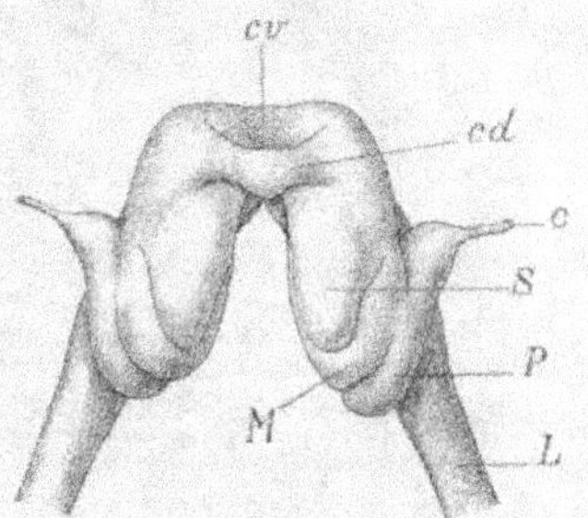

Fig. 1284. — Lobes cérébraux de l'*Eupolia Giardi*. — *cd*, commissure dorsale; *cv*, commissure ventrale; *S*, *M*, *P*, lobes supérieur, moyen et inférieur du cerveau; *c*, canal cilié s'ouvrant au dehors; *L*, troncs latéraux (d'après Hubrecht).

assez semblables à celles qui forment le revêtement de ce conduit, et qui paraissent provenir réellement d'une excroissance de l'œsophage qui se serait accolée à l'appareil cérébral, puis isolée de l'œsophage. Ces cellules se retrouvent chez les Schizonemertina où les trois lobes cérébraux sont plus distincts et chez les Enopla où le troisième lobe, devenu presque indépendant, n'est plus relié au reste de l'appareil cérébral que par un ou plusieurs connectifs (fig. 1283). Ce lobe peut dès lors venir se placer soit en arrière, soit au-dessus, soit en avant du reste du cerveau.

Dans les genres autres que les *Cephalothrix* et *Carinella*, les cellules ganglionnaires enveloppent complètement les ganglions et les troncs latéraux; une couche homogène assez épaisse sépare la couche de cellules ganglionnaires de la couche fibreuse centrale; les prolongements des cellules, au nombre de un ou deux seulement, traversent la couche homogène pour se rendre dans la couche fibreuse.

Dans les formes où le système nerveux est mieux différencié (*Cerebratulus, Langia,* Enopla), les cellules ganglionnaires des organes centraux sont unipolaires, sans membrane; leur prolongement est tourné vers la charpente interne de substance fibreuse; elles ne se groupent pas en masses distinctes, mais paraissent indépendantes; chaque cellule possède une enveloppe conjonctive distincte. On en distingue de quatre sortes. Les cellules de la première catégorie revêtent immédiatement la charpente fibreuse des lobes dorsaux du cerveau. Comme c'est de ces lobes que naissent les nerfs de sensibilité, ce sont probablement les cellules sensitives; leur noyau se colore rapidement et d'une manière très intense au carmin boracique et à l'hématoxyline; il est entouré d'une couche protoplasmique très mince, de forme irrégulière et qui se colore faiblement.

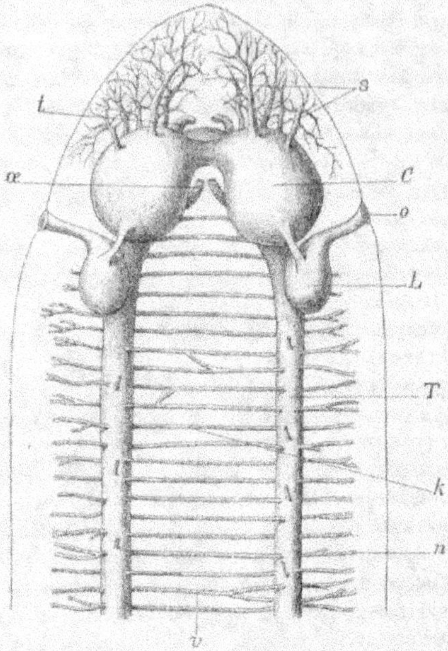

Les cellules de la deuxième catégorie appartiennent aux lobes ventraux, au cerveau et aux cordons latéraux, elles sont piriformes, de grandeur constante, à protoplasme assez bien développé et peu aptes à la coloration; elles sont généralement disposées en faisceaux rayonnant autour des tractus fibreux des cordons latéraux et de leur prolongement dans les masses cérébroïdes inférieures.

Les cellules de la troisième catégorie sont remarquables par leur dimension, qui est en moyenne de 10 μ et peut atteindre 19 μ: leur protoplasme se colore fortement par les réactifs déjà cités; elles sont en forme de bouteille et généralement plus extérieurement placées que les précédentes. D'abord contenues dans la région supérieure des ganglions dorsaux du cerveau, à mesure que les coupes s'éloignent de l'extrémité antérieure du corps, elles deviennent peu à peu médianes, puis passent dans les ganglions inférieurs, et là, aussi bien que dans les cordons latéraux, se mélangent aux cellules de la deuxième catégorie.

Fig. 1285. — Diagramme du système nerveux du *Drepanophorus Lankesteri*. — *C*, lobes cérébraux; *t*, nerfs de la trompe; *s*, nerfs sensitifs de la région céphalique; *œ*, nerfs stomato-gastriques; *L*, lobes postérieurs, dans lesquels pénètrent les sacs latéraux; *o*, orifices des sacs latéraux; *n*, nerfs périphériques; *k*, commissures transversales (d'après Hubrecht).

Des cellules de la quatrième catégorie, il n'existe qu'une seule paire dans le ganglion ventral du cerveau des *Cerebratulus* et des *Langia*. Mais elles sont nombreuses tout le long des cordons latéraux; ce sont des cellules géantes, elliptiques (40 μ sur 20 μ). Les prolongements de ces cellules sont susceptibles de se diviser dans la charpente fibreuse et donnent lieu, comme chez les Vers annelés, à la formation de neurocordes dans la masse fibreuse axiale des cordons latéraux. Les cellules de cette catégorie manquent chez les *Eupolia* et les *Carinella*; il n'en existe qu'une seule paire cérébrale chez les Enopla (*Drepanophorus, Prosadenoporus*). La structure des éléments nerveux et leur disposition rappellent d'ailleurs de très près ce qu'on observe chez les Polychètes et notamment les Aphrodites.

Les masses cérébroïdes sont entourées d'une sorte de névrilemme interne qui entoure aussi la substance des troncs latéraux et, chez les EUPOLIIDÆ et SCHIZONEMERTINA, sépare nettement le centre fibreux du ganglion cérébral de son revêtement cellulaire. Des ganglions cérébroïdes, naissent les nerfs, en nombre très variable, qui se rendent à l'extrémité céphalique, aux yeux et aux organes latéraux. Les ganglions ventraux fournissent toujours une paire nerveuse au pharynx et un nerf analogue, issu de la commissure ventrale, innerve la trompe chez les HYPONEMERTINA et SCHIZONEMERTINA ; ces nerfs proboscidiens sont remplacés chez les ENOPLA par des nerfs nombreux issus des ganglions cérébroïdes.

Les deux troncs latéraux sont unis, chez les HYPONEMERTINA et SCHIZONEMERTINA, par un réseau nerveux diffus qui est situé chez les CARINELLIDÆ immédiatement au-dessous des téguments, entre la couche des muscles transverses et la seconde couche de muscles longitudinaux, mais continue à fournir des rameaux plongeants aux tissus entre lesquels il est situé, et arrive, au travers de ces tissus, à innerver même l'œsophage. Chez les HOPLONEMERTINA, diverses HYPONEMERTINA et les SCHIZONEMERTINA (*Cerebratulus*), le long de la ligne médiane dorsale ce réseau se condense de manière à constituer un nerf impair, superposé à la musculature du rhynchocœlome qui s'étend d'une extrémité à l'autre du corps, aussi bien en avant qu'en arrière du cerveau et au-dessous duquel, dans la région de la gaine de la trompe, se trouve un nerf proboscidien qui suit presque le même trajet (*Carinoma, Eupolia, Schizonemertina*) ; il manque aux *Carinella* et *Carinina* dont le rhynchocœlome n'a que des parois peu développées, ainsi qu'aux *Eupolia* dont les troncs nerveux ont passé dans le parenchyme ; en approchant de ce nerf médian, les mailles du réseau se régularisent souvent, de sorte que les branches nerveuses qui les rattachent à lui prennent une disposition métamérique : ces branches sont généralement plus robustes que leurs voisines et acquièrent ainsi pour la détermination de la structure morphologique du corps des Nemertes une certaine importance. Chez le *Cerebratulus angusticeps*, les mailles du plexus se régularisent même du côté ventral et préparent ainsi la réalisation absolument générale chez les ENOPLA d'un système de nerfs transverses complètement différenciés qui unissent l'un à l'autre les deux troncs ventraux et partent de ces derniers pour innerver la région dorsale du corps (fig. 1285).

Organes latéraux [1]. — Aux ganglions cérébroïdes sont annexés de singuliers organes qui parfois se retrouvent au voisinage des orifices excréteurs (*Carinella*) et qui ont été décrits sous les noms d'*organes latéraux*, de *sacs* ou de *fossettes céphaliques*, de *gouttières ciliées*. Ces organes manquent chez les *Cephalothrix*; chez la *Carinella annulata* ils sont représentés par un simple sillon cilié, légèrement arqué, interrompu sur la ligne médiane dorsale et correspondant au milieu du cerveau, que ses cellules profondes arrivent presque à toucher. Chez la *C. inexpectata*, à la gouttière transverse sont annexées de courtes fossettes parallèles qui lui sont perpendiculaires; un orifice situé latéralement, dans la gouttière transverse de chaque côté, conduit dans un canal cilié qui pénètre parmi les cellules cérébrales, où il se termine en

---

[1] DEWOLETZKY, *Die Seitenorgan der Nemertinen*; Arbeiten aus dem zool. Institut zu Wien, Bd 7, 1886.

cæcum. L'organe garde chez *Eupolia* une apparence extérieure très analogue, mais le cerveau étant plus profondément situé, le tube cilié traverse les couches musculaires, pénètre parmi les cellules cérébrales de la région postérieure du lobe cérébral dorsal, en décrivant une courbe en forme de S, pour se terminer en un cæcum légèrement renflé. Chez toutes les SCHIZONEMERTINA, aux sillons latéraux et à leurs fossettes annexes se substituent deux fentes longitudinales symétriques, situées de chaque côté de la tête, entre la bouche et l'extrémité antérieure du corps. Ces fentes sont fortement ciliées; elles pénètrent profondément dans les tissus musculaires de la tête, de sorte qu'entre leurs extrémités profondes, les lobes et ganglions ne sont plus isolés que par une faible couche de tissus; de leur portion postéromédiane naît un canal cilié qui pénètre dans le lobe postérieur ou troisième lobe du cerveau et qui se bifurque quelquefois, l'une de ses branches demeurant plus superficielle que l'autre. Deux groupes de glandes viennent s'ouvrir dans le canal, l'un à son entrée dans le lobe cérébral, l'autre beaucoup plus loin (*Cerebratulus rubens*). Chez les ENOPLA le sillon transversal subsiste et peut même présenter encore des fossettes perpendiculaires (*Amphiporus*, *Drepanophorus*); mais le plus souvent ces fossettes ont disparu. Le canal cilié qui s'ouvre directement au dehors reçoit, à son

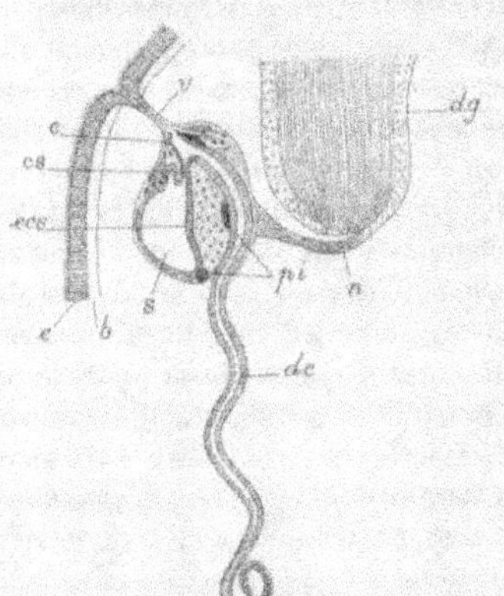

Fig. 1286. — Canal cilié du *Drepanophorus cerinus*. — *c*, épithélium du tégument; *b*, membrane basale; *e*, canal qui fait suite à la fente céphalique; *dg*, ganglion dorsal; *n*, nerf; *e*, point de division du canal impair en un canal glandulaire, *de*, et en un canal qui est en rapport avec le sac, *s*; *ecs*, épithélium du sac; *pi*, pigment (d'après Bürger).

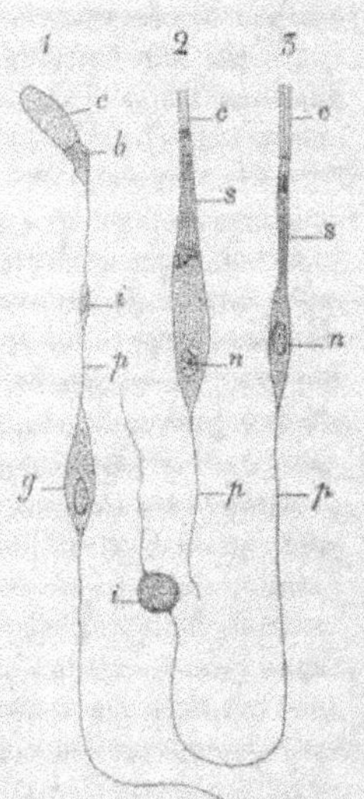

Fig. 1287. — Cellules épithéliales de Némertien. — 1, élément d'un œil de *Drepanophorus rubrostriatus*; mêmes lettres que dans la figure 1288. — 2, cellule médiane du canal cilié du *Cerebratulus pallax*; 4, Id. du *C. psittacinus*; *c*, cils avec des renflements sur leur trajet; *s*, partie supérieure de la cellule avec traînées spéciales; *n*, noyau; *p*, filament nerveux; *i*, noyau intermédiaire (d'après Bürger).

entrée dans le troisième lobe cérébral, les canaux excréteurs de deux groupes de glandes, puis il se bifurque presque aussitôt (fig. 1286). Sa branche supérieure *cs* se dilate d'abord en un large sac *s* dont la paroi porte des plis nombreux, et se continue ensuite en un court cæcum avec lequel sont en rapport des organes glandulaires, tandis que le sac est plus spécialement en rapport avec la substance nerveuse; la seconde branche *de* du canal demeure étroite, allongée et diversement contournée.

Sur le trajet du canal, l'épithélium change plusieurs fois de nature; chez les *Cerebratulus*, par exemple, dans la partie du canal la plus voisine de l'orifice externe, jusqu'à un collier de cellules glandulaires issues sans doute d'une modification des cellules du parenchyme et qu'on observe à quelque distance, l'épithélium est identique à l'épithélium tégumentaire; ses longs cils vibratiles obstruent presque entièrement sa lumière (fig. 1286, n°s 2 et 3). Dans la région suivante on doit distinguer une bande médiane d'épithélium peu différent du précédent et deux bandes latérales formées chacune de six cellules, dont les cils sont le plus souvent confondus de manière à former une sorte de bec. Les plus externes de ces cellules sont énormes, contiennent plusieurs noyaux et résultent, par conséquent, de la fusion de plusieurs autres cellules. Les cellules médianes tout au moins se prolongent en un long filament présentant sur son trajet un renflement nucléaire et qui est évidemment une fibrille nerveuse. La nature sensitive de l'organe latéral n'est donc pas douteuse.

Organes des sens. — Outre les organes latéraux qui rappellent par tous les détails de leur organisation des organes olfactifs, les Némertiens présentent trois catégories d'organes sensitifs : les *fossettes céphaliques*, les *otocystes* et les *yeux*, mais aucun de ces organes ne se trouve d'une manière constante chez toutes les formes.

Les *fossettes céphaliques* peuvent être facilement observées chez le *Cerebratulus marginatus*; elles sont au nombre de trois; le fond de ces fossettes est revêtu d'un épithélium différent de celui des parois du corps, et formé, à l'exclusion de toute cellule glandulaire, de longues cellules radiairement disposées et prolongées en un filament que l'on peut suivre assez longtemps dans les tissus sous-jacents; un nerf céphalique se rend à chacune de ces fossettes. On peut rapprocher de ces formations les fossettes qui chez les *Drepanophorus* avoisinent les organes latéraux. Chaque fossette a la forme d'une coupe hémisphérique qui s'élargit brusquement vers le milieu de sa hauteur, de sorte que sa coupe axiale présente la forme d'un trèfle; leur épithélium, dépourvu de cellules glandulaires, est composé de longues cellules ciliées en forme de bouteille, dont le noyau volumineux se trouve au fond du ventre de la bouteille; le goulot de la cellule est terminé par une sorte de cylindre sur lequel sont fixés des bâtonnets surmontés chacun d'un cil.

Des otocystes se trouvent rarement chez les Némertiens; ils n'ont été signalés que dans une forme voisine des *Tetrastemma*, l'*Otoloxorrhochma Graffii*, où il en existe un assez grand nombre, et chez une autre forme voisine des *Œrstedia*, l'*Ototyphlonemertes pallida*, où il n'en existe que deux.

Beaucoup de Némertes sont aveugles (*Pelagonemerta*, *Valencinia*, plusieurs *Borlasia*). Les yeux, lorsqu'ils existent, sont peu nombreux chez les *Borlasia*, et les *Cerebratulus* (*C. albo-vittatus*, *galbanus*, *glaucus*, *psittacinus*), quatre seulement, mais bien

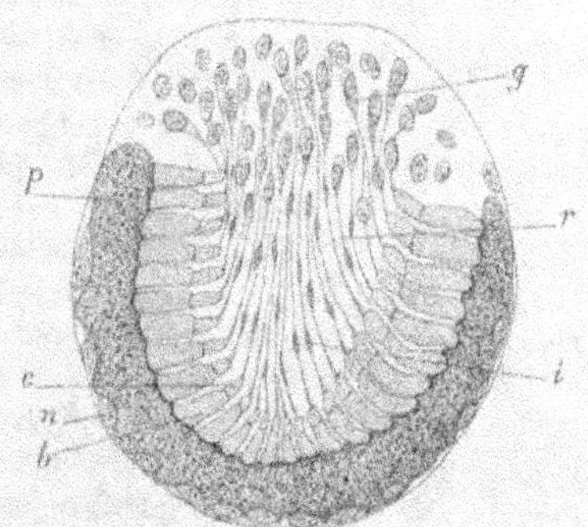

Fig. 1288. — Coupe longitudinale d'un œil de *Drepanophorus rubrostriatus*. — P, pigment; n, noyaux de la couche pigmentaire; b, bâtonnets; c, cônes cristallins; i, noyau intermédiaire; g, cellules ganglionnaires; p, leurs prolongements (d'après Bürger).

développés chez les *Tetrastemma*, *Œrstedia*; il y en a un grand nombre chez les *Eupolia*, *Poliopsis*, *Lineus*, *Amphiporus*, *Drepanophorus*, *Eunemertes*. Les yeux des *Drepanophorus* et *Amphiporus* forment deux lignes longitudinales, en avant du cer-

veau, sur l'extrémité céphalique dorsale; chez les *Eupolia*, ils sont placés isolément
sur les côtés de la tête, ou se groupent de manière à former deux figures symétriques (*E. ascophora*). Dans ce genre, de même que chez les autres Némertes à
trompe inerme, ces yeux sont composés d'une simple coupe pigmentaire, à ouverture
tournée vers l'extérieur et dont la cavité contient des bâtonnets disposés en éventail
et des noyaux; une fine membrane enveloppe l'organe et autour d'elle sont appliqués
de nombreux noyaux, constituant une sorte de ganglion que traversent les fines
fibrilles du nerf. Les yeux des *Drepanophorus* (fig. 1288) sont beaucoup plus volumineux; la coupe de pigment est très profonde et sur sa paroi interne sont appliqués
des éléments contigus dans chacun desquels on distingue un large *bâtonnet* cylindrique ou légèrement conique et un peu courbe appliqué contre le pigment; un *cône
cristallin* un peu plus étroit que le bâtonnet auquel il est immédiatement accolé et
que suit un grêle filament dirigé vers l'ouverture de la coupe pigmentaire; sur ce
filament, on distingue d'abord un noyau fusiforme, puis, un peu plus loin, une
véritable cellule allongée contenant un noyau elliptique; le filament se continue
au delà de la cellule en une fibrille nerveuse; le nerf optique entre donc dans l'œil
par l'ouverture de la coupe pigmentaire.

Organes génitaux. — Les sexes sont généralement séparés chez les Némertiens;
on connaît cependant quelques espèces hermaphrodites (*Prosorochmus Claparedii,
Tetrastemma hermaphroditica, Prosadenoporus*). Dans tous les cas, les produits génitaux, longtemps semblables, se forment dans des sacs alternant avec les dissépiments qui unissent les diverticules latéraux du tube digestif aux parois du corps.
Ils sont par conséquent métamériquement disposés partout où ces dissépiments
sont nettement différenciés (EUPOLIIDÆ, *Cerebratulus*, *Langia*, ENOPLA). Ils se développent du côté dorsal, au-dessus du rhynchocœlome ou en arrière de lui, au-dessus
du vaisseau dorsal, et ils sont toujours séparés par les muscles dorso-ventraux de la
partie axiale du tube digestif; il n'existe qu'un orifice par métamère chez les formes
à trompe inerme, et cet orifice est dorsal; la position des orifices est plus variable
chez les ENOPLA et un peu différente pour les testicules et les ovaires chez les formes
hermaphrodites. Ces dispositions fondamentales sont déjà modifiées chez l'*Amphiporus Moseleyi*, où plusieurs sacs sont superposés au même niveau, de chaque côté du
corps, et chez le *Drepanophorus Lankesteri*, où il en existe deux. Enfin la disposition
métamérique disparaît chez les CARINELLIDÆ: les sacs génitaux se développent,
chez ces animaux, depuis la région post-œsophagienne jusqu'à l'extrémité postérieure
du corps; à un même niveau, les sacs se superposent même au nombre de trois ou
quatre chez les mâles, de six à sept chez les femelles; ils sont placés au-dessus des
vaisseaux latéraux et en dedans de la couche de muscles annulaires. Les séries latérales de sacs génitaux sont interrompues de place en place par des lames de parenchyme massif. D'un côté à l'autre du corps, les lames ne se correspondent pas, de
sorte que la métamérie a disparu pour les sacs comme pour les autres organes. Les
pores génitaux distribués à des hauteurs différentes forment, sur la face dorsale,
deux bandes symétriques.

Le développement des sacs et des éléments génitaux est un peu différent, dans
l'un et l'autre cas. Dans les formes métaméridées les sacs génitaux préexistent aux
éléments reproducteurs. Ils sont revêtus d'un épithélium, qui semble formé d'une
couche protoplasmique contenant des noyaux plutôt que des cellules distinctes. Ce

sont ces éléments dont quelques-uns s'individualisent, grossissent un à un et s'entourent d'un follicule dont l'origine est mal connue, qui constituent les ovules. Les spermatozoïdes résultent d'une division répétée d'éléments analogues aux jeunes ovules [1].

Chez les CARINELLIDÆ, ce sont les éléments du parenchyme qui produisent tout à la fois les éléments génitaux et l'épithélium qui limite les sacs génitaux. Au point où devra se former l'un de ces sacs, un élément du parenchyme s'individualise, grandit, se charge de matériaux nutritifs, se divise un grand nombre de fois et forme ainsi un amas de cellules dont les éléments périphériques constitueront l'épithélium du sac génital, tandis que les éléments restants évolueront de manière à constituer les œufs si leur division s'arrête de bonne heure, les spermatozoïdes si elle se poursuit.

Développement [2]. — Le mode de développement des Némertiens va en s'accélérant, comme on pouvait s'y attendre, des SCHIZONEMERTINA, où l'on trouve déjà deux formes larvaires très voisines l'une de l'autre, le *Pilidium* et la *larve de Desor*, aux ENOPLA et aux CARINELLIDÆ.

L'œuf est tellement chargé de matériaux nutritifs qu'il est absolument opaque; les matériaux semblent uniformément répartis dans toute sa substance, car les réactifs ne permettent d'abord de constater aucune différenciation. Plus tard cependant (*Amphiporus, Tretrastemma*) le vitellus, avant de se segmenter, se divise en deux couches concentriques dont l'interne, préalablement débarrassée des matériaux nutritifs, paraît beaucoup plus active que l'externe. Cependant jusqu'au stade 8, la segmentation est complète, égale et géométrique. Au stade 8, chacun des hémisphères tourne autour de l'axe de l'œuf, de manière que les quatre cellules qui le composent viennent alterner régulièrement avec celles de l'autre; puis, par la bipartition transversale répétée de ces cellules, il se forme une *blastula* de trente-deux cellules dont la surface est formée par huit rangées méridiennes et alternantes de quatre cellules chacune; chaque rangée a pour initiale une des quatre cellules groupées autour de chaque pôle de l'œuf. La segmentation suivante est méridienne (*Amphiporus*) et ne porte que sur les deux cellules moyennes de chaque rangée méridienne; mais les deux cellules qui en résultent glissent l'une sur l'autre de manière à alterner. La division transversale et la division méridienne se combinent à partir de ce moment, sans qu'il soit possible de dire suivant quelle règle. Il se constitue ainsi une *blastula* dont la paroi est formée d'une seule couche de très longues cellules radialement disposée, et dont la cavité interne assez considérable chez les SCHIZONEMERTINA, relativement faible chez les *Lineus*, diminue encore chez les *Amphiporus* pour devenir presque nulle chez les ENOPLA. La *morula* des SCHIZONEMERTINA ne tarde pas alors à se transformer en *gastrula* (fig. 1289) par une invagination normale; le blastopore ne se ferme pas, et devient la bouche définitive de l'embryon. La *morula* des *Amphiporus* et du *Tetrastemma candidum* produit aussi une invagination, mais cette invagination est peu profonde et le blastopore ne tarde pas à se fermer. Auparavant, dans ce groupe, la partie profonde des cellules

[1] SABATIER, *La spermatogénèse chez les Némertiens*, Revue des sciences naturelles, t. II, 1883.
[2] J. BARROIS, *Embryogénie des Némertiens*, Ann. des sciences naturelles, 1877. — SALENSKY, *Recherches sur le développement de la Monopora vivipara*, Archives de Biologie, t. V.

radiaires s'est différenciée de manière à constituer une masse interne, encore mal
connue, avec laquelle se confond la vésicule d'invagination pour constituer les
feuillets moyens et interne de l'embryon. Il n'y a plus d'invagination du tout chez la
plupart des ENOPLA, et la couche des cellules radiaires se divise soit par la frag-
mentation de la partie interne de ses cellules (*Tetrastemma dorsale*), soit par une
délamination régulière (*Nemertes carcinophilus*) en une couche exodermique et une

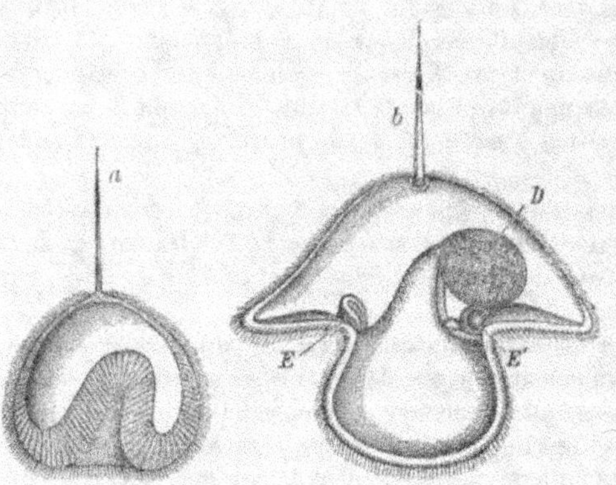

Fig. 1289. — Développement de la larve dite *Pilidium*. — *a*, gastrula. — *b*, jeune *Pilidium*; *D*, tube digestif; *E, E'*, les deux paires
d'invagination exodermiques (d'après Metschnikoff).

couche méso-entodermique.
Le développement initial des
Cephalothrix paraît se rattacher à ce type. Les embryons
se recouvrent alors de cils
vibratiles ; très souvent un
plumet de cils isolés (*Tetrastemma*) ou agglutinés en un
gros poil (*Cephalothrix*) marque
leur extrémité antérieure.

A partir de ce moment, la
forme extérieure des embryons
de Némertiens devient de plus
en plus différente, suivant le
groupe que l'on considère.
L'embryon de beaucoup de
SCHIZONEMERTINA revêt une
forme très caractéristique, dite

Pilidium (fig. 1289, *b*) ; celui du *Lineus obscurus*, sans présenter aucune complication
de forme extérieure, présente cependant les mêmes phénomènes de développement
interne que le *Pilidium* ; ces phénomènes se simplifient beaucoup chez les *Tetrastemma*,
où l'embryon est cependant sujet encore à une mue ; enfin les phénomènes embryogéniques se simplifient encore au point de constituer ce qu'on nomme un *développement direct*, chez les *Nemertes* et les *Cephalothrix*. Cette simplification rentre dans
les phénomènes connus et absolument généraux de l'accélération embryogénique ;
on ne comprendrait pas, au contraire, que dans une classe aussi homogène que celle
des Némertiens, le mode de développement relativement simple considéré comme
direct, se serait compliqué, même en admettant une adaptation de l'embryon à la
vie pélagique, au point d'arriver à produire les modes singuliers de développement
que représente la formation d'un *Pilidium* ou celle d'une larve de Desor. Ce mode
de développement s'explique d'autre part naturellement, si on le considère comme
un héritage d'un état déjà réalisé chez les ancêtres des Némertiens. Comme on ne
l'observe que chez les Némertiens métaméridés, ceux-ci paraissent plus près que
les autres de la souche ancestrale, qui appartiendrait dès lors, comme celle des
Turbellariés et des Trématodes, à la grande série des Vers annelés, conclusion à
laquelle nous a également conduit l'anatomie comparée. Les CARINELLIDÆ seraient
donc non pas les Némertiens initiaux, mais les Némertiens les plus dégénérés,
et les caractères primitifs, en apparence, de leur organisation seraient de simples
phénomènes d'arrêt de développement ou de retour à des états ancestraux dont
on trouve tant d'exemples dans le Règne animal, notamment dans les formes

fixées, parasites ou fouisseurs. On suivra d'abord, en détail, le développement du *Pilidium*. Le *Pilidium* [1] (fig. 1289) est un embryon de forme conique, symétrique par rapport à un plan, dont le sommet est remplacé par un enfoncement garni d'un plumet de cils et dont la base, légèrement concave, flanquée de deux expansions symétriques, en forme de disques semi-circulaires, les *auricules*, présente à peu près vers son centre un vaste orifice, la *bouche*. Celle-ci conduit dans un œsophage intérieurement cilié, en forme d'entonnoir légèrement recourbé en arrière. L'œsophage s'ouvre dans un sac stomacal, cilié, lui-même sphéroïdal, situé dans la région postérieure du corps et qui ne présente aucun autre orifice que l'orifice œsophagien; il n'y a donc ni intestin, ni anus. La base du cône et le pourtour des auricules sont bordés de cils vibratiles beaucoup plus puissants que ceux de la surface du corps ; une bandelette musculo-nerveuse unit le fond de la fossette apicale au bord antérieur de l'œsophage et, comme chez les Trochosphères typiques (*Lopadorhynchus*), une bandelette nerveuse suit le contour de la ligne ciliée. Ces caractères sont ceux d'une Trochosphère dont la forme extérieure a été compliquée par l'apparition des auricules, modifiée dans son aspect en raison du remplacement de l'hémisphère anal du corps par une surface buccale concave (comp. avec la figure 1140, p. 1608) et simplifiée dans son organisation interne par la disparition de l'intestin et de l'anus, ainsi que par celle des pronéphridies. Cette réduction n'est pas sans analogie avec celle que présentent les larves de *Flustrella* (fig. 1044, p. 1485), mais elle

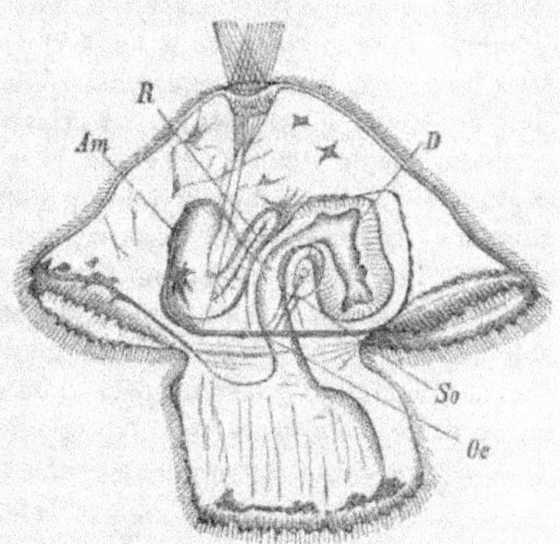

Fig. 1290. — *Pilidium* présentant déjà à son intérieur l'ébauche du Némerte. — *Oe*, œsophage; *D*, tube digestif; *Am*, enveloppe amniotique; *R*, rudiment de la trompe; *So*, organe latéral (d'après Bütschli).

est poussée beaucoup moins loin. Une telle interprétation du *Pilidium* implique une certaine parenté de Némertiens et des Vers annelés. Dans la vaste cavité générale du *Pilidium* flottent de nombreux corpuscules amiboïdes qui, durant l'invagination de la *gastrula*, se sont détachés de l'entoderme, ainsi que cela a lieu chez les larves d'Échinodermes (p. 831, et fig. 681, p. 832). Bientôt, en avant et en arrière de la bouche, l'exoderme constituant le plancher buccal s'invagine de manière à former quatre poches symétriques deux à deux, communiquant chacune avec l'extérieur par un orifice. La disposition métamérique de ces quatre poches indique l'existence chez le *Pilidium* de deux segments et confirme l'assimilation de sa face ventrale avec l'hémisphère anal de la trochosphère. Les quatre orifices ne tardent pas à se fermer et les quatre poches se transforment en quatre vésicules qui grandissent rapidement, arrivent à occuper toute la cavité générale; leur feuillet interne, plus épais, produit de nouveaux éléments mésodermiques, refoule

---

[1] W. SALENSKY, *Bau und Metamorphose der Pilidium*, Zeitschr. f. w. Zoologie, t. XLIII, 1886.

devant lui les éléments mésodermiques flottants, et s'applique, en y accolant ceux-ci, contre l'entoderme, tandis que le feuillet externe s'applique contre l'exoderme primitif. Désormais tout le Némerte résultera des modifications subies par l'ensemble que forment l'entoderme, les feuillets des vésicules exodermiques qui sont venus s'accoler à sa surface et les cellules mésodermiques migratrices interposées entre eux.

Tout ce qui constituait la paroi primitive du corps du *Pilidium* disparaîtra sans prendre part à la formation de l'organisme définitif.

Ce phénomène de la chute de la paroi primitive du corps du *Pilidium* rappelle évidemment la disparition de la totalité ou tout au moins d'une grande partie de l'épiderme dans la métamorphose des Insectes; les vésicules exodermiques du *Pilidium* ne sont pas sans rapport avec les disques imaginaux ou histoblastes de ces animaux; chez les Insectes ce renouvellement des parties s'explique par la grande différence d'organisation de la larve et de l'adulte et par les conditions particulières dans lesquelles deux organisations différentes doivent être réalisées aux dépens l'une de l'autre; il existe aussi une grande différence entre le *Pilidium*, à vaste cavité générale, adapté à la vie pélagique, et le Némerte rampant et sans cavité générale; la grandeur de la cavité générale du *Pilidium* a pu favoriser la formation des invaginations exodermiques; on s'explique que leur développement ait amené la chute de l'exoderme désormais facile à remplacer et qui aurait eu à se modifier profondément pour venir s'appliquer sur l'entoderme. Mais on peut également voir dans le jeune Némerte un organisme nouveau, formé à l'intérieur et aux dépens du *Pilidium*, comme cela a lieu, parmi les Trématodes monogènes, chez le *Gyrodactylus elegans* (p. 1789), ou chez le *miracidium* du *Diplodiscus subclavatus* (p. 1791), ou chez l'embryophore des BOTHRIOCEPHALIDÆ; seulement chez les Trématodes le nouvel organisme se forme de toutes pièces par la segmentation répétée d'une cellule unique, et n'emprunte rien à son parent. Cette différence n'a, il est vrai, rien de fondamental; il en existe de presque aussi grandes entre les modes d'évolution des diverses larves de Bryozoaires. Peut-être ce rapprochement suggérerait-il l'idée d'une origine parasitaire des Némertiens, dont quelques formes sont d'ailleurs encore aujourd'hui tout au moins commensales (*Malacobdella*, *Nemertes carcinophila*, etc.); mais il éloigne toute comparaison entre le tégument

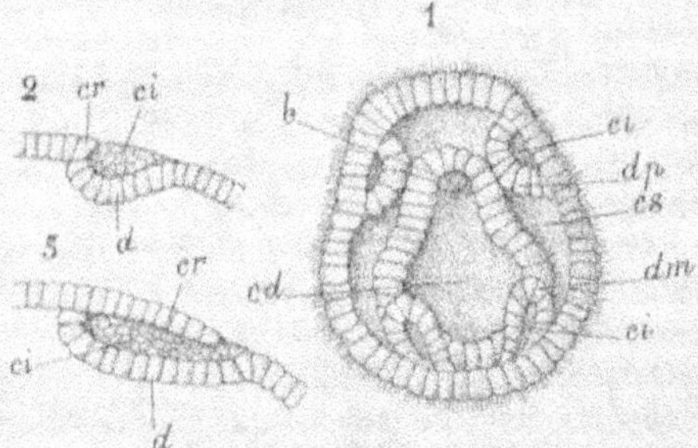

Fig. 1291. — Formation des disques exodermiques chez le *Lineus obscurus*. — 1, Jeune embryon où viennent d'apparaître les disques; b, bouche; ci, dépression latérale; cd, cavité digestive; cs, cavité de segmentation. — 2 et 3, formation et fermeture des disques exodermiques; d, fond des dépressions qui glissent sous l'exoderme; ci, dépression; cr, lame exodermique qui s'étend au-dessus de l'orifice de la dépression pour la fermer (d'après Barrois).

à deux feuillets du *Pilidium* adulte et un prétendu *amnios* dont rien chez les Némertes ne justifierait l'existence.

On passe facilement du cas du *Pilidium* au cas de la *larve de Desor* (fig. 1291). D'emblée l'embryon prend ici la forme bilatérale, et présente une face dorsale, une face ventrale, une *région préstomiale* antérieure à la bouche, une région *méta-stomiale* qui lui est postérieure. Au cours même de la formation de la *gastrula*, les quatre invaginations exodermiques se forment métamériquement, comme chez le *Pilidium*; mais en raison de la fermeture précoce de leur orifice d'invagination et du très faible développement de la cavité générale, au lieu de donner naissance à quatre vastes vésicules, elles produisent simplement quatre plaques simples (*ci*) qui viennent immédiatement s'appliquer contre l'entoderme, exactement de la même façon que les quatre vésicules du *Pilidium*; seulement en s'accolant à l'entoderme, ces plaques se délaminent; leur lame interne fournit les éléments mésodermiques et leur lame externe le tégument du futur Némertien. Que les quatre invaginations réduites cessent de se former, ou plutôt que par accélération embryogénique, les parties qu'elles doivent former se constituent directement aux dépens des éléments issus de la segmentation, nous arrivons aux diverses formes de développement direct, dans lesquelles une mue pourra subsister par hérédité, mais où finalement, l'accélération étant poussée au maximum, le tégument embryonnaire constituera le tégument définitif.

L'accolement des deux vésicules antérieures du *Pilidium* se produit graduelle-ment d'avant en arrière; du milieu des régions accolées naît par invagination le rudiment de l'épithélium de la trompe. La fusion des vésicules postérieures se pro-duit d'arrière en avant; bientôt les vésicules antérieures se fusionnent, à leur tour, avec les postérieures et leur fusion gagne graduellement des parties latérales vers la ligne médiane des vésicules; finalement les vésicules se rejoignent et se confon-dent du côté dorsal. Les plaques résultant de l'accolement des vésicules antérieures et le mésoderme qui les accompagne ne forment jamais que la région céphalique du Némertien jusqu'aux fentes de l'organe latéral, et la trompe; les plaques issues des vésicules postérieures forment tout le reste du corps. Deux épaississements de l'exoderme définitif, placés de chaque côté du rudiment de la trompe, sont la pre-mière indication du système nerveux; la région antérieure de ce rudiment forme les lobes dorsaux et ventraux des ganglions cérébroïdes, ainsi que leur commissure ventrale, la région postérieure grandit en arrière de manière à former les troncs latéraux. La commissure dorsale est une formation propre aux Némertiens qui se constitue ultérieurement. Les organes latéraux sont d'abord représentés par deux invaginations de l'exoderme du *Pilidium*, nées à peu près à égale distance de celles qui forment les vésicules antérieures et les vésicules postérieures. Presque en même temps apparaissent sur la partie postérieure de l'œsophage, deux sacs symé-triques, intérieurement ciliés, formés d'une seule couche de cellules et dont la paroi se confond plus tard avec les disques issus des vésicules postérieures; peut-être sont-ce là les rudiments des néphridies. Bientôt, à l'extrémité du rudiment de l'épi-thélium de la trompe se différencie une masse mésodermique médiane dans laquelle s'enfonce ce rudiment et qui sépare deux bandes latérales chargées de produire les muscles et le parenchyme céphalique dans lequel se creusent les espaces san-guins de cette région. Le rhynchocœlome se forme par une délamination de la masse des cellules mésodermiques qui entoure le rudiment épithélial de la trompe. L'une des lames demeure accolée au rudiment épithélial et formera plus tard les muscles et l'épithélium de revêtement de la trompe; l'autre formera les parois du rhynchocœlome, qui est ainsi compris entre les deux, et se constitue à la façon d'un schizocèle. Pendant ce temps, la couche mésodermique plus ou moins épaisse qui correspond au tronc se dédouble en deux lames, dont l'une s'accole au sac digestif formant une véritable splanchnopleure, tandis que l'autre s'accole au futur exoderme, formant une somatopleure séparée de la splanchnopleure par un véritable schizocèle. Plus tard des prolongements émis par les cellules qui les circonscrivent divisent cette cavité primitivement unique en des cavités secondaires, séparées par des dissépiments. Les muscles se différencient aux dépens de cellules mésodermiques, accolées à l'exoderme. Lorsque le jeune Némertien est constitué, la paroi du corps du *Pilidium* se dissocie et le met en liberté. Cette dissociation est précédée chez la larve de Desor par la transformation de l'exoderme primitif longtemps accolé au Némertien en un vaste sac dans lequel celui-ci n'est fixé que par sa région buccale. Les phénomènes essentiels du développement sont d'ailleurs les mêmes à quelques détails histologiques près, et s'accomplissent sous les enveloppes de l'œuf.

Dans les formes à développement direct, les trois feuillets une fois constitués, les organes se forment aux dépens de chacun d'eux de la même façon que chez le rudiment de Némertien du *Pilidium*; avec cette seule différence que l'exoderme de l'embryon cumule ici les rôles dévolus à l'exoderme du *Pilidium*, à l'exoderme définitif, qui ne se différencient pas l'un de l'autre.

I. ORDRE

PELAGONEMERTINA

Bouche terminale. Point de fossettes ciliées. Trompe inerme; tube digestif présentant des cæcums ramifiés, disposés métamériquement. Tissus d'aspect gélatineux. Pélagiques.

Fam. PELAGONEMERTIDÆ. — Caractères de l'ordre.

Pelagonemertes, Moseley. Points d'yeux. *P. Rollestoni*, en mer, au sud de l'Australie. — *Pterosoma*, Lesson. Des yeux. *P. plana*, entre les Moluques et la Nouvelle-Guinée.

II. ORDRE

BDELLOMORPHA

Bouche et orifice de la trompe confondus. Point de fossettes ciliées. Trompe inerme. Tube digestif simple, présentant un pharynx différencié. Une ventouse postérieure. Parasites des Acéphales.

Fam. MALACOBDELLIDÆ. — Caractères de l'ordre.

Malacobdella, de Blainville. Genre unique. *M. grossa*, sur les branchies des *Cardium*, VENERIDÆ, *Mya*, *Pholas*, etc.

III. ORDRE

SCHIZONEMERTINA

Une profonde fissure de chaque côté de la tête. Bouche en arrière des ganglions cérébroïdes. Une couche dermique. Trompe inerme. Corps intérieurement métaméridé. Développement indirect.

Fam. LINEIDÆ. — Caractères de l'ordre.

Lineus, Sowerby. Corps extrêmement long; des yeux très nombreux. *L. longissimus*, Manche, Atl. — *Borlasia*, Oken. Corps modérément long par rapport à sa largeur; yeux peu nombreux ou absents; trompe atténuée; muscle des parois du corps très fortement teintés en rouge. *B. Elizabethæ*, Médit. — *Cerebratulus*, Renier. Différent des *Borlasia* par leur trompe bien développée, pourvue d'organes urticants. *C. marginatus* (*Avenardia Priei*, Giard), Manche, Médit. — *Langia*, Hubrecht. Côtés du corps courbés en dessus de manière à arriver presque au contact, *L. formosa*, Naples, Banyuls.

IV. ORDRE

TREMONEMERTINA

Point de fentes céphaliques longitudinales. Bouche antérieure aux ganglions cérébroïdes. Trompe inerme. Un derme. Corps intérieurement métaméridé. Développement direct.

FAM. EUPOLIIDÆ. — Glandes tégumentaires pénétrant dans le tissu conjonctif sous-épidermique; quatre assises de fibres musculaires tégumentaires; la première longitudinale; une glande céphalique.

Valencinia, de Quatrefages. Ganglions munis d'un lobe postérieur coalescent avec le lobe supéro-antérieur; point d'yeux; orifice proboscidien éloigné de l'extrémité antérieure. *V. longirostris*, Manche, Océan, Médit. — *Eupolia*, Hub. (*Polia*, Delle Chiaje). Différent des *Valencinia* par leur orifice proboscidien terminal et par la présence d'yeux nombreux. *P. delineata*, Banyuls. — *Poliopsis*, Joubin. Tête rétractile avec un sillon médian dorsal, allant jusqu'à l'orifice proboscidien et un autre ventral; orifice proboscidien non terminal. *P. Lacazei*, Banyuls.

V. ORDRE

HOPLONEMERTINA (ENOPLA)

Bouche en avant des ganglions. Trompe présentant une armature chitineuse.

FAM. AMPHIPORIDÆ. — Caractères de l'ordre.

Amphiporus, Ehrb. Corps plus ou moins court et épais; trompe longue; des yeux nombreux; un stylet central dans la trompe. *A. lactifloreus*, Saint-Vaast, Roscoff, Médit. — *Drepanophorus*, Hub. Différent des *Amphiporus* parce que la trompe contient, au lieu d'un stylet, une plaque courbe, armée de dents, accompagnée de nombreux stylets de remplacement. *D. rubrostriatus*, Saint-Vaast, Roscoff, Médit. — *Tetrastemma*, Ehrb. Corps assez étroit, très contractile; fentes céphaliques réduites; quatre petits yeux; ovipares. *T. flavida*, Saint-Vaast, Roscoff, Médit. — *Prosorhochmus*, Keferstein. *Tetrastemma* vivipares. *P. Claparedii*, Saint-Vaast. — *Œrstedia*, Qfg. Différent des précédents par leurs quatre yeux, grands. *Œ. vittata*, Atl., Médit. — *Nemertes*, Cuvier. Corps très long et étroit; tête spatulée; des fentes céphaliques bien développées; yeux nombreux. *N. gracilis*, Saint-Malo, Roscoff, Médit. — *Geonemertes*, Semper. Comme *Tetrastemma*, mais habitent les eaux douces et le dessous des pierres humides; six ou quatre ocelles; corps à section circulaire. *G.* (*Emea*, Leidy) *Dugesii* (*Polia Dugesii*, Qfg.), environs de Paris, eaux douces. *G. lumbricoïdum*, *G. clepsinoïdum*, Montpellier; *G.* (*Leptonemertes*, Girard) *chalicophora*, Francfort-sur-le-Mein; toutes ces formes sont spécifiquement mal distinguées.

VI. ORDRE

HYPONEMERTINA

Bouche en arrière des ganglions. Trompe inerme. Point de fossettes céphaliques latérales. Point de derme, ni de métaméridation interne. Développement direct.

FAM. CARINELLIDÆ. — Glandes tégumentaires limitées à l'épithélium; trois assises de fibres musculaires tégumentaires; point de glandes céphaliques.

Carinoma, Hubrecht. Tête épaissie; une couche interne de muscles annulaires bien développés; des néphridies. *C. Armandi*, mers d'Europe. — *Carinina*, Hubrecht. Tête obtuse, présentant une fossette terminale pigmentée, en forme de croissant, et un lobe central postérieur, situé, comme le cerveau et les troncs nerveux, dans les téguments, à l'intérieur de la musculature du corps; un canal cilié pénétrant dans ce lobe postérieur. *C. grata*, Atl. N. côtes des États-Unis, 2000 à 3000 mètres. — *Cephalothrix*, Œrsted. Tête pointue, continue avec le corps; ganglion sans lobe postérieur visible; le nerf médian dans la couche tégumentaire dorsale. *C. linearis*, Manche, Saint-Vaast. — *Carinella*, Johnston. Tête spatuliforme, distincte du corps. *C. annulata*, Manche, Médit.

IV. SOUS-EMBRANCHEMENT

ENTÉROPNEUSTES [1]

Vers à corps allongé, fragile, présentant un prolongement prébuccal, en forme de gland et dont le corps se subdivise ensuite en trois régions, celles du collier, des fentes respiratoires et de l'abdomen. Embryon (Tornaria) *de certaines formes rappelant celui des Echinodermes.*

Généralités. Caractères extérieurs. — Le caractère dominant qui fait le VERTÉBRÉ, celui duquel découlent les plus importants parmi les autres (corde dorsale, squelette primitif, orientation par rapport au monde extérieur, etc.), c'est l'énorme développement relatif du système nerveux. Quelles que soient les ressemblances secondaires qu'un organisme présente avec les Vertébrés, si le système nerveux demeure à un état inférieur de développement, cet organisme ne saurait être considéré comme se trouvant sur le chemin qui mène des Vers aux Vertébrés, et de ces ressemblances de détail on peut seulement conclure que les caractères combinés pour constituer les Vertébrés (métaméridation primitive du corps, fentes respiratoires œsophagiennes, etc.) ont été isolément réalisés à plusieurs reprises dans différents types du Règne animal, avant de s'associer en une forme organique qui s'est élevée au-dessus de toutes les autres. Les Entéropneustes avec leurs poches branchiales latérales et leurs pores respiratoires qui rappellent les trous respiratoires des Lamproies, présentent une remarquable réalisation de ce genre, mais c'est à peine s'il est possible de trouver dans le reste de leur organisation quelque autre ressemblance douteuse avec les Vertébrés; d'autre part rien ne permet de voir en eux des Vertébrés dégénérés, comme c'est le cas pour l'*Amphioxus* et les TUNICIERS; c'est donc auprès des Vers qu'il convient de les placer, tout en les isolant dans un sous-embranchement pour tenir compte de ce que leur organisation présente de spécial. Bien que réduits à un petit nombre de genres très semblables entre eux, les Entéropneustes se trouvent dans toutes les mers, depuis les rivages jusque dans les grandes profondeurs (*Glandiceps abyssicola*), ce qui est une indication de leur ancienneté; ils creusent dans le sable des trous en forme d'U, desquels ils ne sortent jamais et que l'on reconnaît au tortillon de sable accumulé sur l'orifice de la branche postérieure de l'U. L'animal vivant sécrète un abondant mucus exhalant une odeur de rhum ou d'iodoforme. Les larves éminemment pélagiques ont été recueillies jusque dans les régions de l'Atlantique et du Pacifique les plus éloignées des côtes (*Tornaria Grenacheri*).

[1] SPENGEL, *Die Enteropneusten des Golfes von Neapel*, 1893. — R. KŒHLER, *Contribution à l'étude des Entéropneustes*, Internationale Monatschrift für Anatomie und Histologie, 1886, Bd III.

On peut distinguer dans le corps d'un Entéropneuste quatre régions : le *gland* prébuccal, le *collier* qui fait suite à la bouche, la *région branchiale* et la *région abdominale* ou *intestinale*.

Le *gland* (fig. 1292, *Pr*) est une masse musculaire de forme ovoïde, à extrémité antérieure amincie en pointe, attachée par un prolongement pédiculaire à la face dorsale interne du collier; c'est, par excellence, l'organe locomoteur de l'animal. Le *collier* rappelle tout à la fois le collier et la membrane thoracique des SERPULINÆ; il forme, en avant, autour du gland, une sorte de manchette, plus ou moins lobée, dont la partie libre, comparable à un prépuce, est plus ou moins allongée. La bouche est située du côté ventral, au fond de la gouttière circulaire qui sépare le gland du collier. Le bord postérieur du collier est plus ou moins relevé en un bourrelet annulaire qui le délimite nettement par rapport à la région respiratoire. Celle-ci est plus ou moins aplatie; mais peu à peu, à mesure que l'on se rapproche de l'extrémité postérieure du corps, la section transversale de l'animal prend une forme de plus en plus arrondie. Très souvent aucune démarcation précise ne sépare la *région respiratoire* de

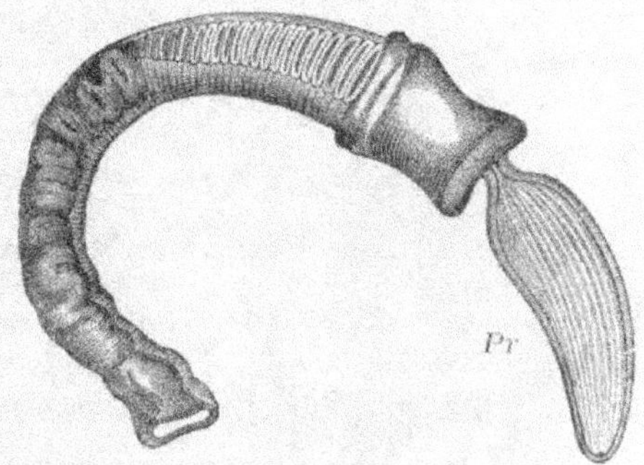

Fig. 1292. — Jeune *Balanoglossus* fortement grossi. — *Pr.* trompe. On aperçoit les nombreuses fentes branchiales.

la *région intestinale*. Ces deux régions présentent une annulation assez régulière, mais qui ne correspond pas à une métaméridation des organes internes. La région respiratoire est parcourue par deux sillons médians, l'un dorsal, l'autre ventral, qui se prolongent, suivant les espèces, plus ou moins en arrière. Le sillon dorsal est compris, dans la région respiratoire, entre deux bourrelets longitudinaux s'amincissant peu à peu et se terminant en pointe; en dehors de ces bourrelets, le plus souvent au fond des sillons qui les séparent des parties latérales du corps, sont situés les orifices respiratoires (*Glandiceps Hacksi*, *Ptychodera sarniensis*). Dans les PTYCHODERIDÆ, le corps s'aplatit dans cette région et s'élargit en deux ailes dites *ailes génitales* (fig. 1296, *a*, p. 1920), qui parfois se recourbent vers le dos au point d'arriver à se toucher (*P. clavigera*); sur une certaine étendue, à partir de l'extrémité des ailes génitales (*P. clavigera*), ou même avant cette extrémité (*P. minuta*), le tégument est soulevé en plis régulièrement disposés les uns derrière les autres, ou accumulés sans ordre; ces plis correspondent à des cæcums latéraux du tube digestif et caractérisent une *région hépatique* de l'abdomen que suit la *région intestinale* dénuée de toute particularité intéressante.

Structure du gland et de son pédoncule; prétendus rapports avec les Vertébrés. — Non seulement le gland est extrêmement contractile, mais sa longueur à l'état d'extension est extrêmement variable suivant les espèces; tandis qu'elle dépasse trois fois la longueur du collier, lui-même très allongé chez le *Balanoglossus Kowalevskyi*, il est à peine aussi long que cette région du corps chez la *Ptychodera clavigera*. C'est essentiellement un organe musculeux (fig. 1292, *Pr*) dans lequel les

coupes permettent de reconnaître un épithélium vibratile épais, à cellules extrêmement grêles et allongées, reposant sur une membrane fibrillaire, avec substance
interstitielle contenant des noyaux et qui doit être considéré comme de nature
nerveuse. Au-dessous de cette membrane une couche de fibres musculaires annulaires lisses, très épaisse chez les *Schizocardium* et *Glandiceps*, faible chez les *Balanoglossus* et *Ptychodera*, est suivie d'un feutrage de fibres musculaires striées, de
direction oblique ou longitudinale, et dans lequel sont creusées des lacunes plus ou
moins étendues, remplies chez le vivant par un liquide où flottent des corpuscules
amiboïdes. A l'une de ces lacunes fait suite un canal qui vient s'ouvrir du côté
dorsal à la jonction du pédoncule et du collier (fig. 1294, *p*) et qui est quelquefois

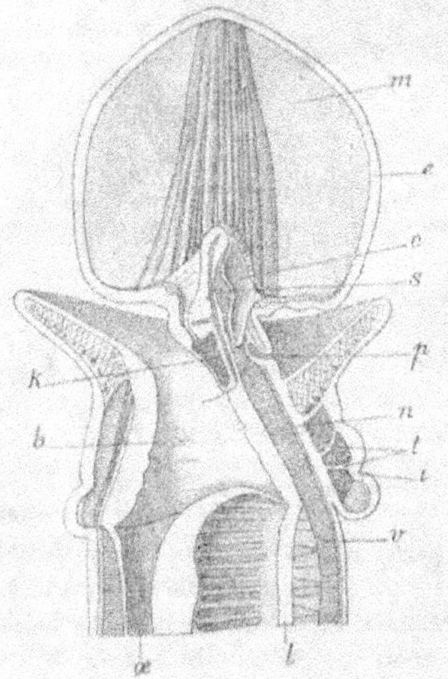

Fig. 1293. — Coupe sagittale de la trompe, du
collier et d'une portion de la région branchiale
de la *Ptychodera minuta*. — *m*, musculature
longitudinale de la trompe; *e*, épiderme; *c*, organe
glandulaire; *s*, sinus central ou cœur; *p*, pore de
la trompe; *n*, cordon nerveux du collier; *t*,
racines de la couche nerveuse du collier; *s*,
sillon annulaire du collier; *v*, vaisseau dorsal;
l, bandelette épibranchiale; *r*, région respiratoire de l'œsophage; *œ*, œsophage; *b*, cavité
buccale; *k*, cartilage (d'après Spengel).

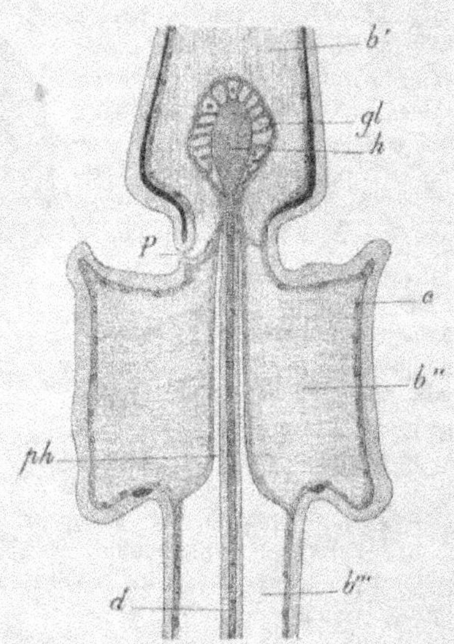

Fig. 1294. — Coupe longitudinale et horizontale du
Balanoglossus Kowalewskyi adulte, dans la région
du cœur. — *b'*, *b''*, *b'''*, les trois cœlomes; *gl*,
glande proboscidienne; *h*, cœur; *p*, pore proboscidien; *c*, capillaires; *ph*, cavité péritonéale; *d*, vaisseau dorsal (d'après Bateson).

double (*B. Kupfferi*); sur ses parois se continue l'épithélium du pédoncule. Cet
épithélium finit par se confondre avec les éléments constitutifs du gland. C'est le
seul orifice que présente ce dernier.

Le pédoncule qui relie le gland au collier est une région du corps particulièrement remarquable; elle contient en effet de bas en haut (fig. 1293) : 1° une plaque
cartilagineuse (*k*), dite *plaque pharyngienne*, bifurquée en arrière, immédiatement
superposée à la paroi dorsale du pharynx; 2° un diverticule pharyngien qui naît
dans la région du pédoncule sous la forme d'un tube étroit, mais qui s'élargit

graduellement en une assez vaste expansion dont les cellules pariétales présentent des modifications histologiques rappelant celles des cellules de la corde dorsale des Vertébrés et peut se prolonger en avant en un long appendice vermiforme (*Schizocardium, Glandiceps*) ; 3° un sac (*s*) dérivé du cœur de la *Tornaria*, qui est demeuré en communication avec les vaisseaux qui recouvrent toute la surface dorsale du diverticule pharyngien et que l'on peut considérer comme le *cœur* de l'adulte ; 4° un organe glandulaire (le *sac cardiaque* de Spengel) dont la région antérieure bilobée (*Ptychodera*, *Balanoglossus*) ou même divisée en deux auricules (*Schizocardium*, *Glandiceps*) est constituée par un réticulum conjonctif dont les trabécules séparés par des vaisseaux sont chargés d'éléments en prolifération, tandis que sa région postérieure revêt l'apparence d'un sac à parois minces, clos de toutes parts. C'est sur l'organisation de cette région si limitée du corps, combinée avec la présence de fentes respiratoires, qu'a été presque entièrement échafaudée la théorie de la parenté généalogique des Entéropneustes devenus des CÉPHALOCORDES avec les Vertébrés. Dans cette région même la ressemblance se limite à ce que sur un très court diverticule du pharynx (fig. 1295, *n*), arbitrairement assimilé à un rudiment de corde dorsale, certains éléments sécrètent une substance présentant une certaine analogie avec la substance fondamentale du cartilage, tandis que d'autres dégénèrent à peu près de la même façon que ceux de la corde dorsale des Vertébrés. Il ne saurait être ici question d'ailleurs d'aucun des rapports

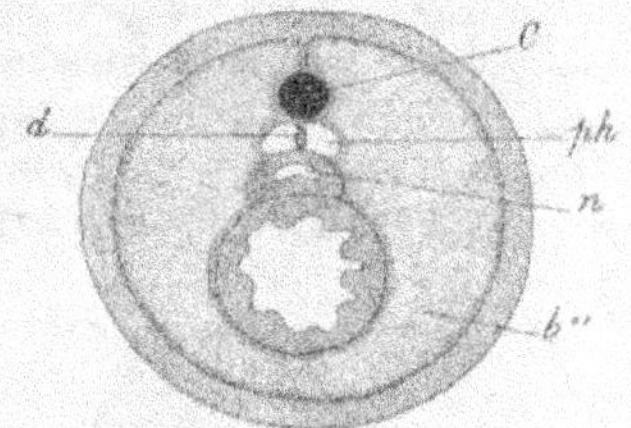

Fig. 1295. — Coupe transversale du *B. Kowalewskyi* au niveau du collier. — Mêmes lettres que dans la fig. 1294 ; *n*, notocorde (d'après Bateson).

fondamentaux de connexion, caractéristiques des Vertébrés : le système nerveux des Entéropneustes, à l'opposé de celui des Vertébrés, est tout à fait rudimentaire ; leur prétendue corde dorsale passe entre le cœur et le tube digestif, à l'inverse de ce qui existe chez les Vertébrés, et l'assimilation de la corde dorsale des Entéropneustes à celle des Vertébrés entraînerait forcément l'assimilation du gland des premiers au crâne des seconds, conclusion qu'admettront sans doute peu de naturalistes.

Structure des parois du corps. — Comme chez les Plathyhelminthes, dans la plus grande partie de la longueur du corps, presque tout l'intervalle entre l'épithélium intestinal et l'épithélium somatique est occupé par des fibres musculaires et du tissu conjonctif, ne laissant libres que les espaces lacunaires occupés soit par le liquide sanguin, soit par les éléments génitaux. La disposition des fibres musculaires permet toutefois de faire le départ entre celles qui appartiennent au tégument, celles qui sont propres au tube digestif et celles qui traversent la cavité générale, mais l'oblitèrent au lieu de se disposer en dissépiments et de la cloisonner comme chez les Némertes métaméridées. Dans le collier et au-dessous de la couche nerveuse, on trouve une couche de fibres longitudinales, puis une mince couche de fibres transversales ; de même, sur le tube digestif, des fibres longitudinales suivent immédiatement l'épithélium ; les fibres transversales viennent après. Mais au delà du collier, il peut arriver (*Ptychodera sarniensis*) que les fibres transversales disparaissent aussi bien de la paroi du corps que de la paroi digestive ;

l'intervalle entre les deux épithéliums est alors occupé par des fibres musculaires entrecroisées, de direction à peu près longitudinale, plongées dans un reticulum de tissu conjonctif.

Dans la paroi du tronc, la couche de fibres musculaires transversales est extérieure chez les *Ptychodera*; elle est, au contraire, située en dedans de la couche des muscles longitudinaux chez les *Schizocardium* et *Glandiceps*, et manque chez la *Balanoglossus*. Ces diverses couches sont partout interrompues le long des lignes médianes, dorsales et ventrales par deux mésentères verticaux dont l'origine est indiquée p. 1924. Dans les régions hépatique et branchiale des *Ptychodera*, deux cloisons longitudinales obliques délimitent encore deux petites chambres accessoires dorsales.

L'épithélium de la paroi du corps est formé, au niveau du collier, de longues cellules cylindriques, parmi lesquelles on distingue quelques cellules à mucus. Ces cellules deviennent très nombreuses et sont turgescentes à partir de la région branchiale; toutefois elles manquent totalement sur les parois latérales des saillies hépatiques, où l'épithélium est formé de cellules cubiques d'une faible épaisseur.

Appareil digestif. — Le tube digestif s'étend en ligne droite depuis la bouche, située au-dessous du gland, à sa jonction avec le collier, jusqu'à l'extrémité postérieure du corps où s'ouvre l'anus. Cylindrique dans la région du collier, il ne se modifie, sur son trajet, que pour donner naissance à des diverticules dorsaux dont la première série, s'ouvrant au dehors de chaque côté de la ligne médiane dorsale, constitue les *sacs branchiaux*, tandis que la seconde série constitue les *cæcums hépatiques*. Entre ces deux régions, son calibre est diversement modifié, suivant le degré de développement des glandes génitales.

Assez souvent, deux bourrelets latéraux longitudinaux qui font saillie dans le tube digestif, séparent nettement ou d'une manière incomplète (*Balanoglossus*, quelques *Glandiceps*) la cavité de ce tube en deux moitiés superposées (fig. 1295, *r*, *œ*) et ne communiquant entre elles que par une fente longitudinale étroite (*Ptychodera*); la moitié inférieure (*œ*), communiquant directement avec l'œsophage, est la *cavité digestive*; la moitié

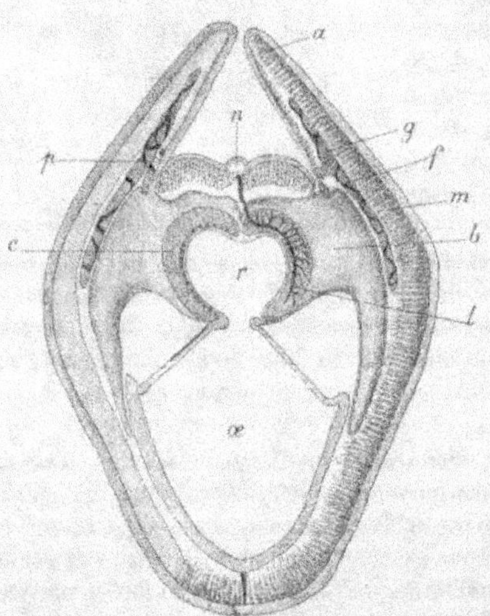

Fig. 1296. — Coupe transversale un peu schématisée de la région respiratoire de la *Ptychodera clavigera*. — *a*, aile génitale; *g*, gonade; *m*, muscles longitudinaux du collier; *b*, poche branchiale; *r*, région respiratoire de l'œsophage; *l*, languette branchiale; *c*, cloison branchiale; *p*, pore génital; *f*, pore branchial; *n*, tronc nerveux dorsal (d'après Spengel).

supérieure (*r*) est la *cavité branchiale*, de laquelle naissent les *chambres branchiales*. Ces deux cavités ne forment qu'une cavité unique, chez d'autres espèces (*Balanoglossus Kowalevskyi*). Ailleurs (*Schizocardium*), la cavité branchiale envahit toute l'étendue du tube digestif, et la chambre digestive n'est plus représentée que par une bandelette ventrale. Les *sacs branchiaux* (fig. 1297) sont de vastes expansions de la chambre branchiale, ciliées à l'intérieur et communiquant avec l'extérieur par l'intermédiaire d'un canal plus ou moins allongé, s'ouvrant au dehors par un pore au voisinage de la ligne médiane dorsale. Le sac s'ouvre largement dans la chambre branchiale, mais son ouverture (*f*) est transformée en une simple fente annulaire ou en fer à cheval par une formation particulière, l'*opercule* (*k*), qui pénètre plus ou moins loin dans la chambre branchiale. Un canal souvent fendu en gouttière fait communiquer chacun des sacs branchiaux de la première paire avec la cavité générale du collier. L'opercule est formé par deux replis épithéliaux, qui se soudent par leur bord après être réfléchis l'un vers l'autre, et sont reliés par des lames transversales, les *synapticules* (*s*), aux parois des sacs (*c*). Ces parois, ces lames transversales et les replis épithéliaux sont respectivement soutenus par des lames cartilagineuses dont la forme, telle qu'elle apparaît sur une coupe transversale, est caractéristique des espèces.

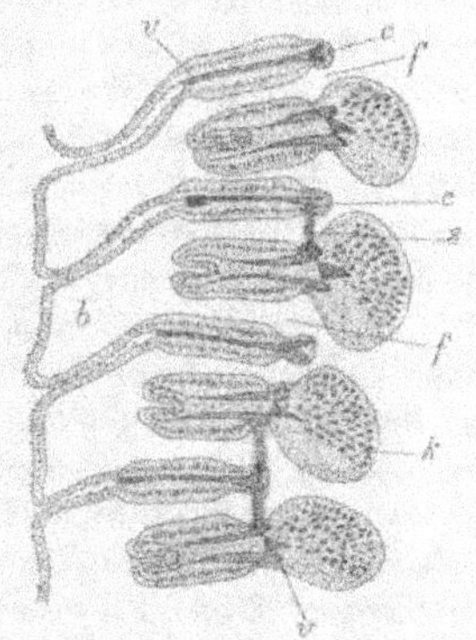

Fig. 1297. — Coupe transversale à travers quatre sacs branchiaux de la *Ptychodera minuta*. — *c*, cloisons branchiales ; *f*, fentes branchiales ; *k*, languettes branchiales ; *s*, synapticules unissant les cartilages branchiaux ; *b*, poches branchiales ; *v*, vaisseaux (d'après Spengel).

En arrière de la région branchiale, le tube digestif présente également, du côté dorsal, des diverticules hépatiques, à épithélium très allongé qui soulèvent le tégument et déterminent ainsi, à la surface dorsale de l'animal, dans les genres *Ptychodera* et *Schizocardium*, des saillies herniaires, tantôt métamériquement (*P. minuta*), tantôt très irrégulièrement disposées (*P. clavigera*). La région hépatique est d'ailleurs toujours plus ou moins nettement caractérisée par son épithélium, même en l'absence de cæcums. Dans la partie antérieure de cette région, on observe souvent des communications directes du tube digestif avec l'extérieur. Il en existe une paire chez le *Schizocardium brasiliense*, trois chez le *Glandiceps Hacksi* ; les *Balanoglossus* en sont également pourvus. Plus en avant, on trouve, en outre, dans le même genre, des orifices de communication impairs dont le nombre peut s'élever à 29 (*S. brasiliensis*) ; ces orifices sont disposés en neuf groupes chez le *G. Talaboti*.

Le tube digestif présente encore assez souvent le long des lignes médianes dorsales, notamment dans la région branchiale, un épaississement particulier, la *bandelette épibranchiale*. Dans le *Glandiceps Hacksi*, il existe en plus, sur une faible longueur de la région hépatique, du côté dorsal, un *intestin accessoire*, en forme de tube, s'ouvrant, à ses deux extrémités, dans l'intestin principal et rappelant ainsi le siphon intestinal des Échinodermes et des Vers annelés.

Appareil circulatoire. — L'appareil circulatoire comprend un *cœur* et des *vaisseaux* ; le cœur est situé sur la face dorsale du diverticule de la trompe (prétendue corde dorsale), au-dessous du sac à paroi antérieure glandulaire. Il est, en avant, terminé en cæcum ; latéralement, il donne naissance aux vaisseaux de la trompe et de l'extrémité antérieure du diverticule pharyngien, à ceux de la glande proboscidienne; il fournit postérieurement trois vaisseaux, l'un *médian*, les deux autres *latéraux*. Le *vaisseau médian* passe sous le système nerveux, et produit latéralement plusieurs branches qui se réuniront sur la face dorsale du cordon nerveux pour constituer le tronc longitudinal dorsal qui accompagne le cordon et se termine avec lui; à ce moment le vaisseau sous-nervien grossit, au contraire, et forme un vaisseau longitudinal qui se continue jusqu'à l'extrémité postérieure du tronc. Les deux prolongements latéraux, après s'être anastomosés à travers la plaque pharyngienne, descendent obliquement vers la région ventrale en cheminant dans la couche musculaire de l'intestin chez les *Ptychodera*; ils se réunissent sur la ligne médiane ventrale en un vaisseau longitudinal qu'on retrouve sur toute la longueur du corps et qui est même continue, en avant du point de jonction des deux vaisseaux latéraux, jusqu'au bord antérieur du collier. Cette portion antérieure du canal ventral est située entre les couches musculaires transversale et longitudinale de la paroi de l'intestin; mais vers le bord postérieur du collier, elle vient se placer à la face supérieure du tronc nerveux ventral, et l'accompagne jusqu'à son extrémité. Le tronc dorsal et le tronc ventral ainsi que le tronc dorsal accessoire sus-nervien, sont mis en communication par des branches latérales qui suivent les mésentères dorsal et ventral, pour se ramifier dans les parois du corps et dans les parois intestinales, entre les épithéliums respectifs de ces parois et la couche musculaire qui les suit. Au niveau de la région branchiale, le tronc dorsal présente un volume considérable; il est accompagné de deux troncs longitudinaux secondaires, placés de chaque côté de la ligne médiane et auxquels il a lui-même donné naissance; chez les *Ptychodera* deux autres vaisseaux longitudinaux se trouvent au sommet des ailes génitales. Le réseau circulatoire, d'ailleurs peu abondant, des branchies n'est qu'une dérivation du réseau circulatoire contenu dans les parois du tube digestif.

Système nerveux. — Le système nerveux central est représenté par un cordon qui s'étend le long de la ligne médiane dorsale, du bord antérieur au bord postérieur du collier (fig. 1293, *n*). A ses deux extrémités le cordon est superficiel, mais dans la région moyenne, il est situé dans l'épaisseur même des tissus qui forment la paroi du collier. Sa région axiale est constituée par un réticulum fibro-cellulaire, creusé de nombreuses vacuoles et dont les cellules se régularisent, à la périphérie de la région, pour constituer une sorte d'épithélium. Cette région axiale est enveloppée par une couche fibreuse dont les fines fibrilles, très serrées, sont parsemées d'assez nombreux noyaux. Aux deux extrémités du cordon, les cellules axiales passent insensiblement aux cellules épidermiques, comme si la région axiale n'était elle-même qu'une portion d'épiderme modifié. Effectivement chez la *Ptychodera sarniensis*, la partie postérieure est creuse et constitue un véritable canal qui s'ouvre au dehors à l'extrémité postérieure du collier; d'autre part, au commencement de son tiers postérieur (*P. minuta*, *P. clavigera*), plusieurs cylindres cellulaires (trois chez la *P. sarniensis*) unissent la masse cellulaire à l'épithélium externe (*t*), et sont revêtus de fibrilles qui viennent se perdre dans la couche nerveuse sous-épidermique. Ces relations n'ont rien de bien spécial et nous avons vu des relations analogues chez tous les Vers inférieurs; mais il y a lieu de remarquer que, chez les Vers, les cellules occupent la périphérie du cordon nerveux, tandis que chez les Entéropneustes elles sont intérieures au cordon, comme si ce dernier résultait d'une inva-

gination. Au niveau de l'ouverture postérieure du canal nerveux, la substance fibreuse
se continue d'une part avec la couche nerveuse tégumentaire, d'autre part avec un nerf
médian dorsal situé sous l'épithélium et qui arrive jusqu'à l'extrémité postérieure
du corps. Un nerf semblable existe le long de la ligne médiane ventrale. Ce nerf se
rattache au tronc dorsal du collier par deux branches sous-épithéliales auxquelles
il donne naissance en se bifurquant au niveau du premier sac branchial. Ces deux
troncs médians ne sont d'ailleurs que des épaississements locaux de la couche nerveuse sous-épithéliale qui prend dans la trompe son maximum de développement.

Il n'y a chez les Entéropneustes adultes aucun organe des sens différencié.

Appareil génital. — Les sexes sont toujours séparés. Les glandes génitales sont
représentées par des sacs latéraux dont il peut exister quatre séries, deux médianes
et deux latérales (*Glandiceps*, *Balanoglossus*), ou deux séries seulement correspondant
aux séries latérales du type précédent (*Ptychodera*, *Schizocardium*). Chaque sac s'ouvre
au dehors par un orifice dorsal spécial; les orifices latéraux ou *orifices primaires* sont,
en général, situés auprès des orifices branchiaux de manière à former deux séries
régulières; ils sont quelquefois accompagnés d'orifices accessoires appartenant au
même sac. Les orifices des sacs médians ou *orifices secondaires* forment aussi deux
rangées régulières, plus rapprochées de la ligne médiane. Les sacs apparaissent
déjà dans la région branchiale, mais ils se répètent bien au delà de cette région,
caractérisant une nouvelle région du corps que l'on peut appeler la *région génitale*.
En général, les sacs de la région branchiale sont allongés, simples; leur canal
excréteur naît assez souvent de l'extrémité supérieure de la glande (*Ptychodera
minuta*), mais il peut naître aussi d'un point plus profond de sa longueur (*P. aperta*,
P. clavigera), et la glande finit par être partagée en deux lobes presque égaux dont
l'un demeure situé du côté des branchies, tandis que l'autre s'engage dans le repli
tégumentaire qui forme chez les *Ptychodera* l'aile génitale (fig. 1296, *g*). Dans la
région génitale les sacs sont souvent bifurqués, les deux sacs s'ouvrant au dehors
par un orifice commun (*P. sarniensis*, *P. clavigera*), ou même ramifiés (*P. erythræa*,
Balanoglossus canadensis, etc.); leur forme est généralement plus compliquée que
dans la région branchiale.

Chaque sac est constitué par une *enveloppe péritonéale*, une *membrane vasculaire*
et une *couche germinative*. L'enveloppe péritonéale est un épithélium plat, doublé
d'une assise de fibres musculaires longitudinales; la membrane vasculaire contient
tantôt un véritable sinus, tantôt un réseau de capillaires qui pénètrent dans la
couche germinative. Celle-ci est une couche épithéliale dans laquelle se différencient de bonne heure des cellules de deux catégories; les unes deviennent les
cellules génitales qui demeurent un certain temps indifférentes, au point de vue
sexuel; les autres forment un revêtement folliculaire qui, dans les ovaires, entoure
chacun des œufs en le rattachant à la membrane vasculaire; les noyaux de ces
éléments folliculaires sont quelquefois encore reconnaissables dans l'enveloppe de
l'œuf, après la ponte (*Ptychodera*). Dans les testicules les cellules génitales se divisent rapidement et finissent par former des colonettes de spermatoblastes toutes
semblables à celles qu'on observe chez les Crinoïdes (p. 830). Les spermatozoïdes
libres occupent la région axiale de chaque testicule; ils ont une tête allongée et
une longue queue extrêmement fine. Sur les glandes génitales en inactivité, entre
des amas mamelonnés d'éléments disposés en bandes radiales, et qui deviendront

sans doute les éléments génitaux, se trouvent intercalés des éléments réfringents dont le rôle et la nature demeurent indéterminés.

Développement [1]. — Le développement débute toujours par une segmentation totale et égale de l'œuf, qui est pauvre en matériaux; il se constitue ainsi une *blastula* qui se transforme par invagination en une *gastrula* (fig. 1298, n° 1) dont l'archentéron n'est séparé de l'exoderme que par un étroit blastocèle. La gastrula, d'abord sphérique, s'allonge de manière que le blastopore occupe l'une des extrémités de son grand axe; bientôt à quelque distance de l'extrémité opposée se produit un orifice latéral qui devient la bouche; le blastopore se ferme momentanément, mais à sa place se reconstitue l'anus; que le blastopore marque, par conséquent, l'extrémité postérieure du corps; l'embryon ainsi constitué présente une région préorale assez étendue qui deviendra le gland prébuccal de l'adulte. Bientôt l'archentéron donne naissance à cinq diverticules : un antérieur, impair (fig. 1298, n°s 3 et 4, *m'*), qui vient s'appliquer exactement contre l'exoderme de la région prébuccale; quatre latéraux (*m''*, *m'''*), symétriques deux à deux et dont la disposition implique une division métamérique de l'embryon. Ces diverticules se séparent assez rapidement et d'une manière complète de l'archentéron (fig. 1298, n° 5). Le diverticule antérieur donne naissance graduellement à tous les tissus sous-épithéliaux du gland; les diverticules moyens et postérieurs grandissent en demeurant symétriques deux à deux, et en appliquant leur surface interne contre l'archentéron, qui devient

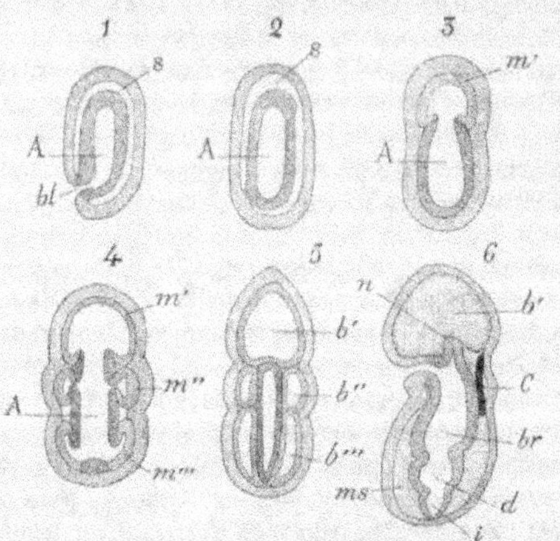

Fig. 1298. — Développement du *Balanoglossus Kowalevskyi* (figures schématiques). — 1, Coupe de la *gastrula* au moment où le blastopore *bl* est près de se fermer; 2, embryon après la fermeture du blastopore; 3, début de la formation du mésoderme en *m'*, par constriction de l'entoderme; 4, formation des entérocèles moyens et postérieurs *m''*, *m'''*; 5, coupe longitudinale et horizontale de l'embryon après la rencontre des blastocèles et des trois cœlomes; 6, formation du système nerveux central *C*, et de la prétendue notocorde *n*; *ms*, mésoderme; *d*, région digestive; *i*, région intestinale du tube digestif (d'après Bateson).

ainsi l'entoderme, leur face externe contre l'exoderme. Ceux d'une même paire arrivent ainsi à s'adosser le long des lignes médianes dorsale et ventrale, de manière à former les deux mésentères médians que l'on observe encore chez l'adulte. Les diverticules de la première paire s'étendent peu dans le sens antéro-postérieur; ils forment seulement la splanchnopleure et la somatopleure du collier dont ils circonscrivent la cavité; les diverticules de la seconde paire forment la splanchnopleure et la somatopleure de tout le reste du corps. Par la prolifération de leurs éléments, prolifération surtout active dans la somatopleure du tronc, ces diverticules donnent

[1] Bateson, *The early Stages in the development of Balanoglossus*, Q. J. of microscopical Science, 1884. — *The later Stages in the development of Balanoglossus Kowalevskyi*, Ibid., 1885 et 1886.

naissance à de nombreux éléments qui viennent s'intercaler entre leur couche superficielle, d'une part, et, d'autre part, l'exoderme ou l'entoderme, et donnent ainsi naissance aux tissus sous-épithéliaux, à l'exception des tissus nerveux qui naissent de l'exoderme. L'évolution de l'archentéron présente ici une incontestable ressemblance avec celle de l'archentéron des Echinodermes (p. 832); on peut admettre que les deux paires de vésicules qui naissent de l'archentéron des Entéropneustes correspondent aux entérocèles antérieurs et postérieurs des Echinodermes; dans les deux cas, les entérocèles antérieurs ne prennent même qu'un faible développement, tandis que les entérocèles postérieurs acquièrent une importance prépondérante. Mais à côté de ces ressemblances, il y a lieu de signaler d'importantes différences : 1° les Echinodermes manquent du diverticule impair qui se rend dans le gland; 2° leurs entérocèles antérieurs et postérieurs d'un même côté ne sont que deux lobes d'un même diverticule de l'archentéron tandis qu'ils naissent séparément chez les Entéropneustes; 3° il ne se forme pas d'hydrocèle chez ces derniers; 4° l'évolution des entérocèles des Entéropneustes continue à se faire symétriquement, tandis qu'elle est affectée d'une dissymétrie des plus nettes chez les Echinodermes. En somme à ce stade les ressemblances embryogéniques entre ces deux groupes ne sont pas beaucoup plus grandes que celles qu'on pourrait signaler entre l'un d'entre eux et des entérocéliens quelconques, les Brachiopodes, par exemple (p. 1521).

Pendant l'accomplissement de ces transformations internes, le jeune embryon peut atteindre graduellement la forme adulte sans présenter aucune adaptation embryonnaire compliquée, c'est le cas du *Balanoglossus Kowalevskyi* des côtes européennes de l'Atlantique; on dit alors que le développement est direct. D'autres fois (*Glandiceps Talaboti*), par suite de l'apparition d'organes extérieurs d'adaptation embryonnaire, consistant surtout en bandes ciliées sinueuses, l'embryon, devenant une *Tornaria*, prend une certaine ressemblance avec les *Bipinnaria*, formes larvaires des Étoiles de mer (p. 835) ou les *Auricularia* (p. 838) des Holothuries, tandis que les embryons à développement direct ne sont pas sans quelque analogie avec les larves pentatroques des Comatules et des Synaptes (p. 838). Le développement sur la *Tornaria* de ces organes embryonnaires coïncide avec un arrêt momentané du développement, qui reprend ensuite avec plus de rapidité, amenant ainsi la métamorphose de la *Tornaria* en adulte; le développement, comme celui des Insectes, se répartit ainsi entre deux périodes d'activité, séparées par une période de repos relatif.

Dans le cas du développement direct, au moment où la gastrula commence à s'allonger une couronne de cils vibratiles apparaît non loin de son extrémité inférieure, rappelant la couronne postérieure des embryons télotroques des Polychètes; au pôle céphalique apparaissent, en même temps, une touffe de filaments vibratiles, et deux taches pigmentaires, représentant des yeux. Bientôt, pendant que se forment les entérocèles, deux constrictions annulaires séparent l'une de l'autre les régions qui seront plus tard le gland, le collier et le tronc; ces constrictions correspondent donc exactement aux domaines envahis antérieurement par l'entérocèle impair et les quatre entérocèles pairs, ce qui confirme la signification métamérique de ces parties. A l'extrémité du tronc, il continue à se former des segments au nombre de quatre, pourvus chacun d'une couronne de cils vibratiles, et qui forment, dans la région anale, une sorte d'appendice conique. Il est ainsi clairement établi que les Entéropneustes sont bien réellement des organismes métaméridés qu'on ne saurait

éloigner beaucoup des Vers annelés. A partir de ce moment, les trois régions du
corps s'achemineront graduellement vers leur forme définitive par la séparation
complète du gland et du collier, l'élongation du tronc, la formation des orifices
branchiaux à son extrémité anté-
rieure, la disparition des ceintures
vibratiles et l'effacement des segments à son extrémité postérieure.

La *Tornaria* (fig. 1299 et 1300)
acquiert aussi une ceinture postérieure de cils correspondant à celles
des larves à développement direct,
mais l'apparition de cette ceinture
est relativement tardive et précédée
de la formation de deux courbes
ciliées, fermées, l'une préorale,
l'autre postorale. Par la date de leur
apparition, qui précède celle de la
ceinture postérieure, par leur position relativement à la bouche, ces
deux courbes correspondent exactement à la double ceinture ciliée des
Trochosphères des Vers annelés, et
des Géphyriens ; elles n'en diffèrent
que par leur direction et par leur
contour sinueux. Nettement transversales sur la face ventrale du
corps comme chez la Trochosphère,
ces deux bandes ne tardent pas,
en effet, à s'infléchir en avant et
a se diriger l'une et l'autre vers le
pôle supérieur de l'embryon ; la
bande supérieure est d'abord étroite
et de forme à peu près ellipsoïdale ;
son plan est fortement incliné de
bas en haut et d'avant en arrière
sur le plan autour duquel serpente,
en formant deux festons, la partie
ascendante de la courbe inférieure ;
mais bientôt les deux courbes deviennent presque exactement parallèles. On s'explique sans peine cette
disposition par un accroissement
rapide de la région dorsale de l'em-

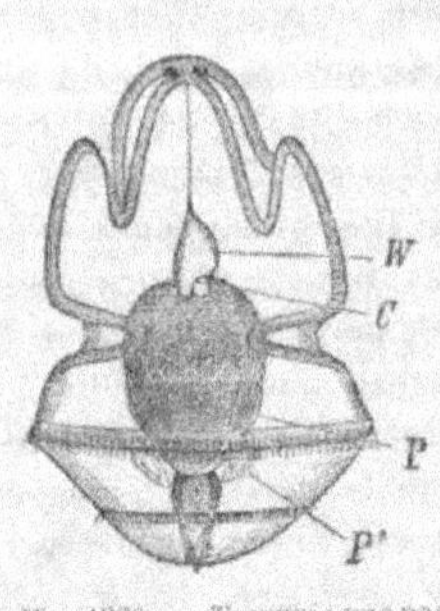

Fig. 1299. — *Tornaria* vue
de profil, d'après Metschnikoff. — *O*, bouche ; *A*, anus ;
S, pôle apical ; *W*, canal de
communication de l'entérocèle du gland avec l'extérieur.

Fig. 1300. — *Tornaria* vue par
la face dorsale, d'après Metschnikoff. — *C*, cœur ; *W*,
canal de communication de
l'entérocèle du gland avec
l'extérieur ; *P* et *P'*, sacs
péritonéaux.

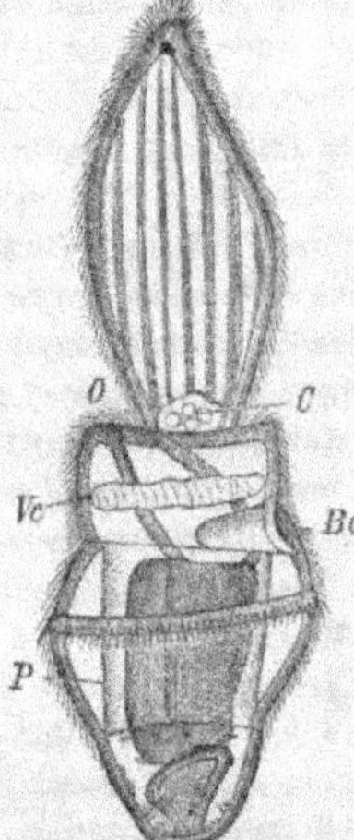

Fig. 1301. — Forme de passage de la *Tornaria* au *Balanoglossus* avec une seule
paire de fentes branchiales.
— *O*, bouche ; *Bo*, fente branchiale ; *Vc*, cœlome du collier ;
P, cœlome du tronc ; *C*, cœur ;
A, anus (d'après Metschnikoff).

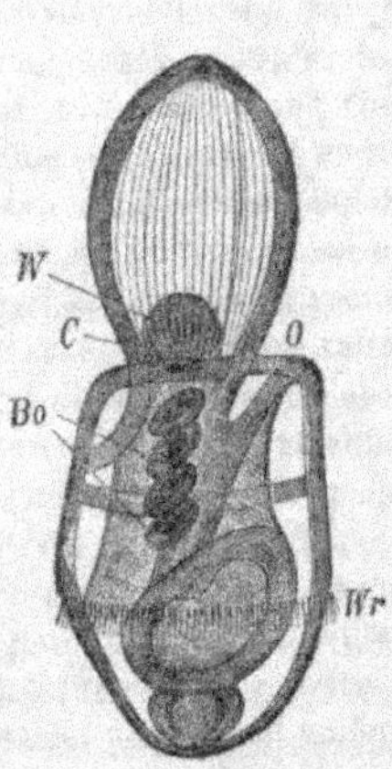

Fig. 1302. — Forme de passage
de la *Tornaria* au *Balanoglossus* avec quatre paires
de fentes branchiales. *O*,
bouche ; *A*, anus ; *W*, cœlome
du gland ; *C*, cœur ; *Bo*,
fentes branchiales ; *Wr*, cordon cilié (d'après A. Agassiz).

bryon comprise entre le pôle axial et le point d'intersection de la ceinture postorale
avec la ligne médiane dorsale. Il suffit même d'admettre que cet accroissement rapide
e soit étendu à la face dorsale de l'archentéron pour trouver l'explication du diver-

ticule qui s'avance dans le gland et qui a été interprété comme l'équivalent d'une corde dorsale. Un phénomène exactement analogue se produit dans le développement de Turbellariés, où nous avons vu le glissement en avant de la région dorsale également accompagné de la formation d'un cæcum intestinal, antérieur et impair, dont l'existence est constante. Les deux courbes ciliées antérieures de la *Tornaria* rappellent d'une façon frappante les deux courbes ciliées de la *Bipinnaria*; mais celle-ci est dépourvue de ceinture ciliée postérieure, ce qui ne serait pas exclusif d'une homologie entre les larves d'Entéropneustes et celles d'Echinodermes, puisque celles-ci peuvent présenter jusqu'à cinq ceintures ciliées. Les bandes ciliées de la *Tornaria* se compliquent plus tard par l'allongement, vers la région postérieure, du corps de leur feston à concavité antérieure, dont le trajet peut demeurer simple (*T. Mülleri*, de Naples, *T. Agassizii*), devenir plus ou moins sinueux (*T. Kröhnii*, *T. dubia*, de Naples) ou même, chez les formes les plus pélagiques (*T. Grenacheri*), se franger sur leurs bords et affecter une disposition à la fois symétrique et rayonnée qui rappelle celle des bandes vibratiles des Cténophores. Ces dispositions variées n'affectent absolument que les deux ceintures antérieures, dont l'une au moins est en rapport étroit avec le gland et accusent les transformations éprouvées par les lignes d'accroissement de celui-ci; la ceinture postérieure demeure, au contraire, parfaitement circulaire.

Quelque varié que soit l'aspect extérieur de l'embryon, le développement des organes demeure sensiblement le même. L'exoderme devient l'épiderme de l'adulte et se borne à former le système nerveux central, tout au moins le centre dorsal contenu dans le collier. Pour cela l'exoderme se creuse en gouttière le long de la ligne médiane dorsale, peut-être après s'être épaissi (Bateson); la gouttière se ferme et se transforme en un tube nerveux dont la cavité peut disparaître entièrement ou persister soit en avant (*B. Kowalevskyi*), soit en arrière (*P. sarniensis*). Ce mode de formation des centres nerveux est sans doute analogue à celui qu'on observe chez les Tuniciers et les Vertébrés; mais il n'a rien de caractéristique pour ces animaux; ce qui est chez eux caractéristique, c'est que la gouttière nerveuse s'étend sur toute la longueur de l'embryon, tandis qu'elle est ici limitée au collier, assimilant ainsi le centre nerveux unique des Entéropneustes bien plus au centre cérébroïde des Vers qu'à la moelle épinière des Vertébrés. L'élongation de ce centre, la fusion des deux ganglions habituels en un seul s'expliqueraient facilement dans cette hypothèse par les transformations profondes subies par la région dorsale du corps dont la formation du gland, sorte de tentacule gigantesque, et le trajet sinueux des ceintures antérieures sont des indications précises.

L'entérocèle du gland, ceux du collier se mettent bientôt en communication avec l'extérieur, le premier tantôt par deux canaux, tantôt par un seul; le second toujours par deux canaux qui viennent s'ouvrir chacun de son côté dans la première fente branchiale du même côté; peut-être faut-il voir dans ces canaux les équivalents, tout au moins, physiologiques de deux paires de néphridies. Aux dépens du tissu mésodermique issu de la paroi de ces entérocèles se forment la glande lymphatique du gland, les muscles et le tissu conjonctif, tandis que dans leur épaisseur se creusent les vaisseaux de la même façon que chez les Némertes.

Le diverticule antérieur du pharynx (prétendue notocorde) se forme de très bonne heure; il est déjà très développé lorsque commencent à se former les poches branchiales. Celles-ci naissent par paires et successivement d'avant en arrière; elles semblent être aussi, par conséquent, des formations métamériques. Ce sont tout d'abord de simples diverticules latéraux de la face dorsale du tube digestif dont l'extrémité vient peu à peu se mettre en contact avec l'exoderme; à ce point de contact se creuse une perforation qui apparaît assez tardivement chez les formes à développement direct, semble apparaître plus vite chez les formes issues de *Tornaria*, par suite de l'accélération qui résulte, pour les phénomènes de développement, de leur rejet dans la période relativement courte de la métamorphose. L'apparition de ces cæcums est un phénomène bien connu déjà dans l'histoire des Vers; il s'en produit même de chaque côté du rhynchocœlome chez les Némertes; leur communication avec l'extérieur n'est pas non plus un fait exceptionnel; nous avons déjà trouvé de semblables perforations chez les Turbellariés; les Entéropneustes eux-mêmes possèdent d'ailleurs d'autres cæcums intestinaux, les *cæcums hépatiques* qui sont dorsaux et métamériques, comme les poches branchiales, et ne communiquent pas avec l'extérieur. Il n'est pas invraisemblable que le cæcum balanique représente simplement la première paire de ces cæcums qui se seraient confondus et convertis en un organe impair. La lame cartilagineuse qui se développe au-dessous de ce cæcum correspondrait, dès lors, à celles qui se développent dans la paroi des poches branchiales et de leur opercule; sa bifurcation postérieure serait un dernier vestige de la duplicité primitive de l'organe auquel elle correspond. Tous les traits de l'organisation des Entéropneustes se laissent donc expliquer par ce que nous savons de l'histoire des Vers et surtout de l'histoire des Vers annelés, auxquels se rattachent d'ailleurs aussi les Vertébrés; il n'est donc pas étonnant qu'entre ces deux groupes on trouve quelques ressemblances; mais les Entéropneustes, avec leur singulier gland préoral, leurs organes des sens atrophiés et leur système nerveux rudimentaire, la perte presque complète de la métaméridation externe de leurs corps, ne peuvent être considérés que comme des Vers inférieurs étrangement modifiés; ils contrastent, par tous ces caractères, avec les Vertébrés aux organes des sens perfectionnés, au système nerveux puissant, à la métaméridation très nette dans les parois du corps, faible au contraire dans les organes internes. L'hypothèse de leur parenté avec les Échinodermes est surtout fondée sur ce que les uns et les autres sont entérocœliens, et le même caractère est invoqué pour séparer les deux groupes des Vers annelés qui sont schizocœliens; mais rien n'autorise à considérer comme démontré que les divers modes de formation du mésoderme et des parois de la cavité splanchnique soient fondamentalement séparés, irréductibles les uns aux autres. Il suffira de rappeler les transformations dues à l'accélération embryogénique, des procédés de développement d'un même organe pour faire comprendre combien il est dangereux d'accorder une importance primordiale à la façon dont se forment les feuillets embryogéniques et les cavités du corps. La suppression de cet obstacle créé de toutes pièces par les zoologistes eux-mêmes, en autorisant un rapprochement entre les Échinodermes et les Vers annelés dont les rapproche déjà la disposition de leurs ceintures ciliées, et la disposition primitivement métamérique des pièces de leur squelette (p. 839), permet dès lors de comprendre la ressemblance que présente le développement de ces animaux et celui des Entéropneustes sans qu'il soit besoin de forcer les comparaisons et de leur assigner un rôle dans la généalogie des Vertébrés.

FAM. **BALANOGLOSSIDÆ**. — Famille unique.

Ptychodera, Spengel. Région antérieure du tronc aplatie latéralement de manière à former des ailes génitales, souvent repliées l'une sur l'autre du côté dorsal; musculature transverse du gland faible; cæcum proboscidien sans prolongement vermiforme; point d'auricules à la glande proboscidienne; branches de la plaque squelettique proboscidienne courtes; muscles longitudinaux simples; un vaisseau ventral et un anneau vasculaire péri-œsophagien dans le collier; un espace péripharyngien, pourvu d'une musculature annulaire; des cloisons latérales dans les régions branchiale et génitale du corps. *P. sarniensis*, île de l'Herm. *P. minuta*, Médit. *P. clavigera*, îles Glénans. — *Schizocardium*, Sp. Point d'ailes génitales; des hernies hépatiques; musculature annulaire du gland très développée; cæcum proboscidien muni d'un prolongement vermiforme; glande proboscidienne avec deux longues auricules; branches de la plaque céphalique arrivant dans le 3e tiers postérieur du collier; point de couche externe de muscles transverses dans le tronc; poches branchiales envahissant toute la paroi latérale du tube digestif. *S. brasiliense*. — *Glandiceps*, Sp. Diffèrent des *Schizocardium* par l'absence de hernies hépatiques, de synapticules au squelette branchial, par la moindre extension de leurs poches respiratoires et par la présence de gonades médianes. *G. Talaboti*, Marseille. — *Balanoglossus*, Delle Chiaje. Ni ailes génitales, ni hernies hépatiques; musculature transverse du gland, cæcum proboscidien et glande lymphatique des *Ptychodera*; point de muscles transverses au tronc; des gonades médianes. *B. Küpfferi*, mer du Nord.

III. EMBRANCHEMENT

MOLLUSQUES

Néphridiés protégés le plus souvent par une coquille calcaire, univalve ou bivalve, mais qui disparaît dans certains types et qui est sécrétée par un repli des téguments, le manteau. Corps mou, ne présentant, à l'état adulte, que de vagues indices de métaméridation; le plus souvent tout à fait continu, se laissant habituellement diviser en trois régions : la tête, le tronc et le pied. Jamais de blastogénèse, ni de dissociation du corps. Animaux rampants, nageurs ou fouisseurs, quelquefois fixés par leur coquille, fort rarement parasites.

Morphologie générale; affinités; division en classes. — Dégagé d'éléments qu'on y a longtemps indûment incorporés (Bryozoaires, Brachiopodes, Tuniciers), l'embranchement des MOLLUSQUES, contrairement à celui des VERS, présente une telle homogénéité qu'il y a plus d'intérêt à exposer comparativement l'organisation et le développement de l'ensemble des animaux qui le composent, qu'à développer séparément l'histoire de chaque classe. Pour plus de commodité, nous grouperons cependant, lorsqu'il y aura lieu, dans des paragraphes spéciaux, les particularités relatives aux Mollusques d'une même classe. Lorsqu'on se bornait à considérer la forme des organes de locomotion, on distinguait parmi les Mollusques, les six classes des CÉPHALOPODES, des PTÉROPODES, des GASTÉROPODES, des HÉTÉROPODES, des SCAPHOPODES ou SOLÉNOCONQUES et des PÉLÉCYPODES, LAMELLIBRANCHES ou ACÉPHALES. Une connaissance plus complète de l'organisation de ces animaux conduit aujourd'hui à les répartir un peu autrement. Il a été reconnu que les Oscabrions (CHITONIDÆ), pour qui l'on s'était borné à instituer un ordre à part dans la classe des Gastéropodes, avaient une organisation tellement différente qu'ils méritaient d'être érigés en classe distincte; au contraire les Ptéropodes et les Hétéropodes ne diffèrent des Gastéropodes que par des détails de conformation de leur pied, et se rattachent non seulement d'une manière générale à cette classe, mais sont intimement liés à certaines de ses familles, de sorte qu'après avoir constitué pour les Chitonidæ (fig. 1303) et quelques formes sans coquille récemment décou-vertes, une classe des Amphineures, il ne reste plus que quatre classes de Mollusques :

1° Les Gastéropodes, *Mollusques dissymétriques, à coquille univalve ou sans coquille, à tête plus ou moins nettement carac-térisée et dont le pied déprimé, muni d'une lamelle verticale ou de deux nageoires latérales, sert à la reptation ou à la natation ;*

2° Les Scaphopodes, *Mollusques symétriques, habitant une coquille tubulaire, ouverte aux deux bouts, et pourvus d'un pied trilobé, ou élargi en disque à son extrémité ;*

3° Les Lamellibranches, *Mollusques symétriques, à coquille bivalve, sans tête distincte, à manteau bilobé, à pied générale-ment comprimé et servant à fouir ;*

4° Les Céphalopodes, *Mollusques symétriques dont la tête bien accusée est entourée de tentacules représentant le pied et qui se meuvent surtout par la propulsion de l'eau au travers d'un entonnoir ventral.*

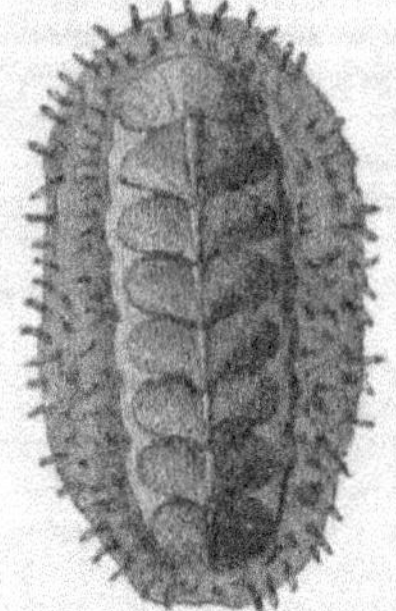

Fig. 1303. — *Chiton spinosus* (Règne animal).

Abstraction faite des Amphineures, qui semblent antérieurs aux Gastéropodes tels qu'ils peuvent être actuellement définis, les plus anciens de ces derniers paraissent être la souche d'où se sont détachées les autres classes. C'est donc des Gastéro-podes qu'il conviendra de partir pour exposer la morphologie externe et l'organi-sation interne des Mollusques. Divers traits de développement ont établi, d'autre part, la parenté des Gastéropodes avec les Vers annelés et la fusion dans leur corps d'un nombre restreint mais déterminable de métamérides; on est ainsi conduit à considérer comme les progéniteurs des Gastéropodes et, par conséquent, de tous les Mollusques qui leur sont postérieurs, des Vers annelés tubicoles, réduits à un petit nombre de mérides. Si l'on ne connaît, à l'heure actuelle, aucune forme intermédiaire entre les Vers annelés et les Mollusques gastéropodes, il est à remar-quer cependant que, tout en se distinguant des Vers annelés par la combinaison de certains caractères, les Gastéropodes ne peuvent être définis par aucun de ces caractères pris isolément. La plupart des Polychètes sédentaires sont tubicoles comme eux ; les Serpulidæ habitent des tubes calcaires; leur collerette et leur membrane thoracique peuvent être comparés à un commencement de manteau; les soies locomotrices manquent chez les Polygordiidæ, les Tomopteridæ, les Géphyriens inermes et les Hirudinées; la métaméridation s'efface graduellement chez les Géphyriens et les Plathyhelminthes; certaines Eunicidæ ont un commen-cement de radule (fig. 1123, n° 2, p. 1569); l'anus chez les Géphyriens cesse d'être terminal et devient dorsal comme chez les Gastéropodes ; le nombre des néphridies se réduit chez les Polychètes tubicoles (p. 1584) et les Géphyriens (p. 1652); on est ainsi conduit à penser à l'unique paire de néphridies ou même à l'unique néphridie qui persiste à l'état adulte chez les Gastéropodes; la portion contractile du vaisseau dorsal chez les Ampharetidæ, les Terebellidæ et les Serpulidæ se raccourcit et s'élargit de manière à constituer un véritable cœur (p. 1577; fig. 1129, p. 1585); la circulation n'est pas entièrement vasculaire chez les Ammocharidæ et les Sabel-

LIDÆ (p. 1579); les caractères propres au système nerveux sont le résultat, comme on le verra, des modifications subies par les autres organes; les grands traits de l'évolution embryogénique sont les mêmes dans les deux groupes. En dehors du mode d'apparition, du manteau et de la coquille, caractéristique de l'embranchement (p. 2064), le seul caractère qui semble distinguer les Mollusques gastéropodes, c'est l'apparition d'un organe locomoteur spécial, sur lequel rampe l'animal, que l'on appelle le *pied* et que l'on a considéré comme une modification de la face ventrale de son corps; il est facile de localiser davantage l'origine de ce pied, dans l'hypothèse où nous nous plaçons. La région antérieure du corps, dont l'activité est déjà prédominante chez tous les Artiozoaires, devient particulièrement active chez les formes tubicoles, où elle est seule en rapport avec le milieu extérieur et où elle arrive, par conséquent, à accaparer tous les organes de la vie de relation. Les Gastéropodes ne sont pas seulement tubicoles; à part leurs mouvements d'expansion et de rétraction, ils ne se déplacent pas, comme les Polychètes tubicoles, par rapport à leur tube; ils le transportent, au contraire, avec eux; la région postérieure de leur corps est donc inerte, tandis que la région antérieure est chargée de toutes les fonctions de relation. *La région postérieure des Mollusques doit donc être frappée d'atrophie au profit de leur région antérieure (céphalisation, p. 51)*; ainsi s'explique le petit nombre de leurs métamérides. Mais en même temps s'impose cette conclusion que leur pied ne peut être qu'une dépendance de leur région antérieure, en d'autres termes un organe céphalique ventral. *Tous les Mollusques sont,* par conséquent, *céphalopodes.* Cette remarque suffit à faire prévoir les relations intimes que l'anatomie démontrera tout à l'heure entre les bras céphaliques des Poulpes, les nageoires des Ptéropodes, le pied des Dentales et celui des Gastéropodes les moins modifiés. Il est, d'autre part, facile de comprendre comment le pied des Gastéropodes, tout d'abord simple lobe céphalique operculigère, a pu prendre graduellement l'apparence d'une sole ventrale. Le développement de plus en plus grand du pied comme organe de reptation a eu naturellement pour contrepartie une atrophie de plus en plus grande de la région postérieure du corps, tous les organes trouvant à se loger dans la vaste cavité pédieuse. Aussi dans toutes les divisions de la classe des Gastéropodes, de formes à long tortillon enroulé en hélice ou en spirale, peut-on passer graduellement à des formes dont le pied large et aplati forme une sole sur laquelle sont disposés tous les viscères et qui se relie sur tout son pourtour au tégument dorsal (AMPHINEURA, FISSURELLIDÆ, PATELLIDÆ, *Sigaretus, Concholepas,* LIMACIDÆ, OMBRELLIDÆ, PLEUROBRANCHIDÆ, NUDIBRANCHIA). Les Lamellibranches ont eu vraisemblablement pour origine des Gastéropodes qui avaient déjà subi cette réduction, constante chez eux, de la région postérieure du corps. Il semble, au contraire, que la réduction graduelle de la région postérieure du corps puisse être suivie pas à pas chez les Céphalopodes fossiles. Le siphon de ces animaux représente, en effet, une région postérieure du corps, aujourd'hui rudimentaire et comparable à une queue, mais qui semble avoir été nettement métaméridée chez les formes les plus anciennes (*Actinoceras, Piloceras, Orthoceras*), et dont l'organisation, d'ailleurs inconnue, devait être assez complexe, comme l'indique la présence d'un endosiphon d'où partent des canaux rayonnants, perçant la paroi même du siphon chez les *Actinoceras* et qui supporte des lamelles disposées en entonnoir chez les *Piloceras.*

Comme les Serpulinæ, parmi les Annélides polychètes, les Mollusques, dont le corps demeure très allongé, présentent une remarquable tendance à l'enroulement. L'enroulement des Gastéropodes se fait généralement en hélice; celui des Céphalopodes en spirale (*Nautilus*, *Spirula*). Il est précédé de courbures et d'une torsion dont les causes sont expliquées p. 2071 et qui entraine dans toute l'organisation du Gastéropode une dissymétrie qui va en progressant depuis les formes paléontologiquement les plus anciennes jusqu'aux formes les plus récentes. Les Gastéropodes qui ont gardé des traces plus ou moins nettes de la symétrie primitive constituent le sous-ordre des Diotocardes. Ces animaux présentent d'abord un manteau fendu en deux lobes, deux branchies, deux oreillettes au cœur dont le ventricule est traversé par le rectum, deux reins. Peu à peu l'une des branchies disparait; les deux reins, d'abord simplement inégaux (Homonephridea), prennent une structure dissemblable (Heteronephridea); puis l'un disparait (Mononephridea); les deux oreillettes du cœur persistent plus longtemps, l'une d'elles s'atrophie déjà chez les Helicinidæ; finalement chez tous les Monotocardes, on ne trouve plus qu'une branchie monopectinée, un seul rein, une seule oreillette au cœur. Tous ces organes appartiennent morphologiquement à la droite de l'animal; ceux du côté gauche ont avorté. L'anus est de même situé à droite (p. 2073). En même temps les yeux, les otocystes, les osphradies, les organes afférents de l'appareil respiratoire, le système nerveux éprouvent des modifications concomitantes qui seront exposées dans les paragraphes relatifs à ces organes. Lorsque par l'enroulement spiral de la coquille (*Planorbis*) ou par la réduction du tronc (*Fissurella*, *Patella*, *Onchidium*, *Siphonaria*, *Limax*, *Vaginula*, etc.), le Gastéropode semble être extérieurement revenu au type symétrique, l'asymétrie primitive est encore nettement indiquée par la position de l'anus et, chez les Pulmonés, de l'orifice respiratoire soit à la droite de l'animal, soit à sa gauche, s'il est sénestre (*Planorbis*). Chez certains Nudibranches cependant l'anus redevient terminal (Mesoprocta); mais quelque trace d'asymétrie persiste toujours dans la disposition des viscères.

Dans tout Mollusque nous aurons successivement à examiner l'*appareil protecteur* qui est plus souvent une *coquille*, la *tête*, le *pied*, le *manteau*, les différents *appareils physiologiques* et le *développement*.

Appareil de protection. Lorica des Amphineures. — Le corps des Chitonidæ est protégé par un appareil solide tout spécial, fort différent de la coquille commune aux autres Mollusques. Cet appareil, appelé *lorica*, est constitué par huit plaques solides ou *cérames* qui se succèdent comme les segments d'un animal articulé et, eu égard à l'ancienneté des Chitonidæ, sont peut-être (p. 2061) un reste de la métamérldation primitive des Mollusques. De ces plaques (fig. 1304) la première et la dernière ont la forme de disques semi-circulaires, les autres celle de lames transversales, imbriquées de manière que chacune recouvre une partie de celle qui la suit. Chaque cérame présente une partie libre et une partie plus ou moins recouverte soit par la valve précédente, soit par le manteau. La partie libre est formée de deux couches dont l'extérieure ou *tegmentum* manque aux parties cachées; la couche interne ou *articulamentum* est commune aux deux parties. L'*articulamentum* est formé d'une lame blanchâtre ou bleuâtre non perforée; le *tegmentum* est, au contraire, coloré, et sa substance est perforée d'une quantité de canaux qui lui donnent une consistance spongieuse et qui viennent s'ouvrir en avant et en arrière des cérames par des orifices nommés *subgrundæ*. Le tegmentum des cérames antérieures et postérieures est marqué de sillons rayonnant à partir d'un sommet postérieur pour la cérame antérieure, antérieur pour la cérame postérieure. Les cérames intermédiaires sont divisées en trois aires triangulaires par deux lignes divergeant du milieu de leur bord postérieur; l'ornementation des *aires latérales* ressemble à celle de la cérame antérieure; l'ornementation de l'*aire médiane* est au contraire souvent fort différente; d'habitude on trouve sur la cérame postérieure une plage antérieure qui correspond par son ornementation à cette aire médiane. Quelquefois (*Chitonellus*) une petite partie des cérames est seule visible et ces plaques sont même parfois tout à fait cachées (*Cryptochiton*). Au delà du *tegmentum*, l'*articulamentum* se prolonge en avant sur la cérame antérieure, de manière à former une *lame d'insertion* dont le bord est simple (*Holochiton*) ou divisé (*Chiton*); il se prolonge également sur les côtés et en avant des cérames intermédiaires; les prolongements latéraux, ou *lames d'insertion*,

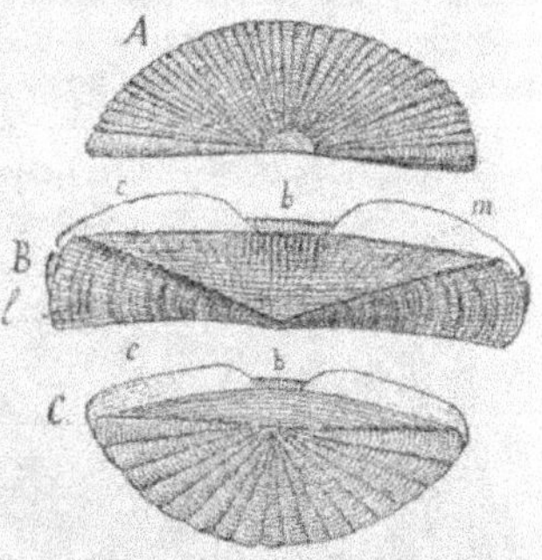

Fig. 1304. — Cérames du *Chiton magnificus*, vues par la face dorsale. — *A*, cérame antérieure; *B*, une cérame intermédiaire; *C*, cérame postérieure; *m*, aire médiane; *l*, aire latérale; *e*, lame suturale; *b*, sinus et aire jugale (d'après Gray).

sont séparés par une échancrure des prolongements antérieurs constituant les *lames suturales*. Les *Diarthrochiton* ont des lames suturales postérieures et des lames suturales antérieures.

Entre la lame suturale de droite et celle de gauche se trouve un *sinus* dont le fond est occupé par une courte lame striée, l'*aire jugale*. La cérame postérieure présente deux lames suturales et un sinus semblables à ceux des cérames intermédiaires; mais les lames d'insertion latérales sont remplacées par une lame d'insertion postérieure qui peut être semblable à celle de la lame antérieure (*Holochiton*, *Chiton*) ou différente (*Anisochiton*, *Chitonellus*, *Diarthrochiton*).

Traitées par les acides, les cérames des *Chiton* perdent leur calcaire, mais il demeure après elles une masse chitineuse qui conserve leur forme, comme la carapace des Crustacés. D'autre part, au travers des cérames se prolongent des filaments nerveux qui aboutissent à des organes sensitifs. Cela suffit à établir qu'il n'y a aucune homologie à chercher entre la *lorica* de CHITONIDÆ et la *coquille* des autres Mollusques. Autour de la *lorica*, le corps des CHITONIDÆ est bordé par une bande continue, la *zone*, sur laquelle se développent des poils, des piquants calcaires, des spicules qui naissent sur des papilles épithéliales, chacune aux dépens d'une cellule mère. Le *tegmentum* est aussi un revêtement cuticulaire d'origine palléale.

La *lorica* disparaît chez les APLACOPHORA; elle est remplacée par des spicules calcaires implantés dans une cuticule dont le manteau est couvert.

Structure de la coquille des autres Mollusques. — Chez tous les autres Mollusques la coquille, quoiqu'elle puisse être protégée par des productions chitineuses ou qu'elle puisse en être accompagnée, est essentiellement minérale. Chez un certain nombre de Mollusques, Gastéropodes, Lamellibranches ou Céphalopodes, qui tous *ont conservé l'organisation des formes les plus anciennes de leur* *classe*, la coquille est intérieurement revêtue d'une couche irisée, très éclatante et qui constitue la nacre. Les coquilles nacrées sont, parmi les Gastéropodes, celles des Haliotidæ, des Trochidæ, tous Diotocardes, et de quelques Patellidæ; parmi les Lamellibranches, celles des Nuculidæ, des Trigonidæ, des Aviculidæ, des Anomiidæ et des Anatinacea; parmi les Céphalopodes, celle du *Nautilus*.

Cette couche nacrée, qui n'est plus apparente chez les Mollusques de structure plus élevée, à cause de sa minceur, est formée de lamelles superposées alternativement calcaires et organiques (fig. 1305). Les lamelles calcaires sont formées de prismes contigus, obliques par rapport à la surface de la coquille; les lamelles organiques sont constituées par une substance spéciale, la *conchioline*; l'irisation est due au jeu de la lumière à travers les lames minces; elle est rendue plus brillante par les ondulations de ces lames.

Sous la couche nacrée se trouve la couche calcaire qui forme la plus grande partie de l'épaisseur de la coquille; elle est formée de prismes calcaires verticaux, cristallisés à l'état d'*aragonite*. Cette couche calcaire est enfin revêtue d'une couche cuticulaire, assez souvent faible ou absente, le *periostracum*, qui prend le nom de *drap marin* lorsqu'il acquiert une certaine épaisseur et que sa surface devient villeuse (*Conus*, etc.). Lorsque la coquille est recouverte par le manteau (Cypræidæ, Olividæ, etc.), le *periostracum* est remplacé par une couche souvent vivement colorée et nommée, à cause du brillant poli qu'elle présente, *couche porcelanée*. Toutes ces couches sont produites par le manteau, mais sont sécrétées par des parties différentes de ce repli tégumentaire. Le *periostracum* est produit par un petit nombre de cellules logées dans un sillon qui borde le manteau; c'est aussi le bord du manteau qui produit la couche calcaire; mais la couche nacrée est sécrétée par le manteau tout entier; des objets intercalés entre la coquille et le manteau sont plus ou moins rapidement recouverts d'une nacre qui dessine leur relief sur la face interne de la coquille; lorsque ces corps sont de petite taille, sphéroïdaux, il se produit autour d'eux des *perles* qui peuvent demeurer libres ou être peu à peu incorporées dans la coquille. La couche nacrée, se formant incessamment sur toute la surface du manteau, épaissit peu à peu la coquille, tandis que la croissance de celle-ci est uniquement déterminée par l'action sécrétrice du bord du manteau. La couche porcelanée étant, comme la couche nacrée, produite par les parties réfléchies du manteau, lui est naturellement équivalente.

Les coquilles des Gastéropodes sont toujours univalves et formées d'une seule chambre; celles des Lamellibranches sont formées de deux valves généralement presque symétriques, reliées entre elles par un ligament et capables de s'ouvrir et

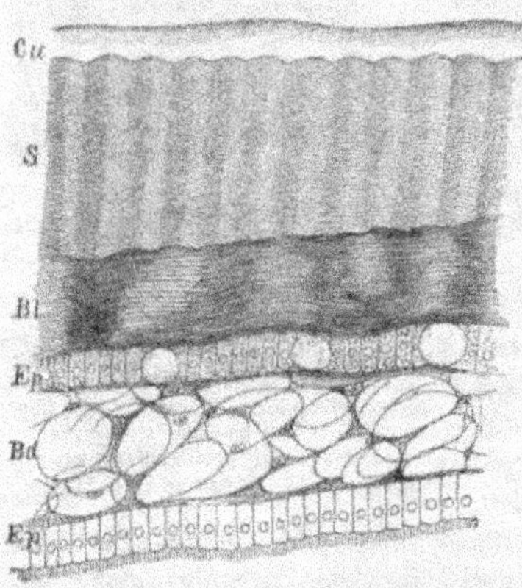

Fig. 1305. — Coupe transversale de la coquille et du manteau d'une *Anodonta*. — *Cu, periostracum*; *S*, couche de prismes; *Bl*, couche lamellaire; *Ep*, *Ep'*, couches épithéliales comprenant entre elles une couche conjonctive *Bd* (d'après Legalez).

de se fermer comme la couverture d'un livre; celles des Céphalopodes sont uni-valves, comme celle des Gastéropodes, mais leur cavité est divisée en chambres successives par une série de cloisons calcaires, tournant leur concavité vers l'ouverture de la coquille et perforées d'un orifice au travers duquel passe un pro-longement cylindrique du corps, le *siphon*, qui s'étend jusqu'au fond de la coquille.

Caractères de la coquille des Gastéropodes. — On doit considérer la coquille des Gastéropodes (fig. 1306) comme ayant été primitivement constituée par un tube calcaire conique, assez analogue, au moins par sa forme, à celui des SERPULINÆ et qui est encore à peu près conservé chez les *Dentalium*[1]. Ce tube, qui parait être demeuré droit chez certaines formes anciennes (CONULARIDÆ), mais dont le déroulement peut être secondaire (*Tentaculites*), s'enroule aujourd'hui le plus souvent, et plus souvent encore chez les embryons que chez les adultes, soit en *spirale*, soit en *hélice*. L'enrou-lement en spirale, présenté par les *Bellerophon* qui commencèrent à l'ordovicien, était compatible avec une symétrie bilatérale parfaite, qui parait avoir été la condition primitive des Gastéropodes, comme elle est demeurée celle des Lamellibranches et des Cépha-lopodes; l'enroulement en hélice est au contraire incompatible avec la symétrie bilatérale; or il est telle-ment fondamental chez les Gastéropodes actuels que ceux-là même qui, par suite de la réduction de la coquille à un simple cône (FISSURELLIDÆ, PATELLIDÆ) ou à une simple lamelle, semblent revenir à la symétrie bilatérale, présentent dans presque toute leur organisa-tion la preuve qu'elle a été dominée par les phénomènes de torsion qui ont précédé et déterminé l'enroulement héliçoïdal, les coquilles en apparence spirales, comme celles des *Planorbis*, ne sont que des coquilles héliçoï-

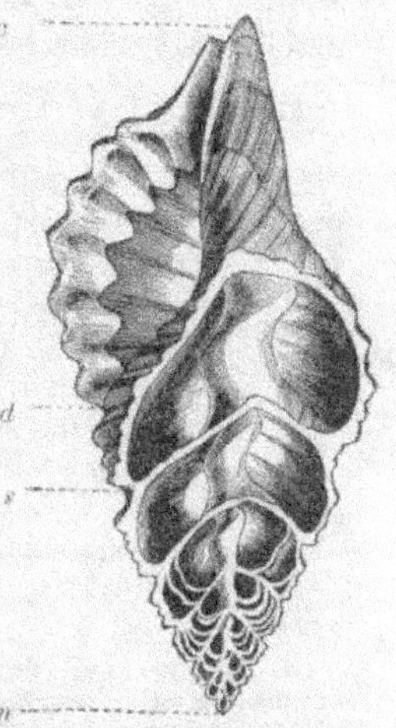

Fig. 1306. — Coupe de coquilles de *Triton corrugatus*; l'extré-mité de l'hélice a été plusieurs fois cloisonnée. — *c*, canal; *d*, columelle, entre les deux le labre; *s*, suture; *n*, sommet ou nucléus (d'après Woodward).

dales dont les tours ont été ramenés dans le même plan après que l'animal a été dis-symétriquement déformé. Le plus souvent l'hélice est enroulée de droite à gauche, et si on place la coquille devant soi, en tournant l'ouverture vers le haut et de son côté, cette ouverture parait située à droite; on dit alors que la coquille est *dextre*. Il n'est pas très rare que dans des espèces habituellement dextres, certains indi-vidus s'enroulent de gauche à droite; ces individus sont dits *sénestres* (*Helix pomatia*, *H. aspersa*, *Limnæa stagnalis*, et autres pulmonés; *Buccinum undatum*, *Neptunea*

---

[1] On concevrait, en effet, difficilement qu'un Mollusque primitivement aplati ou peu convexe ait acquis secondairement une gibbosité dorsale, conique, des plus embarras-santes et dont la présence aurait déterminé les singuliers phénomènes de torsion qui seront décrits plus loin. Cette gibbosité n'a pu être qu'un héritage avec lequel il a fallu s'accom-moder; d'autre part les phénomènes de torsion auxquels il vient d'être fait allusion ne sont physiologiquement nécessaires que si cette gibbosité existait; chez un Mollusque aplati rien ne saurait expliquer qu'ils se soient produits (LANG, *Versuch eines Erklärung der Asymmetrie der Gasteropoden*; Vierteljahresschrift der Naturforschender Gesellschaft in Zürich, 1891).

antiqua); ailleurs la forme sénestre est constante chez tous les individus de la même espèce (*Fusus contrarius*, *Bulimulus* (*Amphidromus*) *perversus*, certaines *Haliotis*), du même sous-genre (*Lanistes*, *Meladomus*, dans le genre *Ampullaria*, *Faunus* dans le genre *Vertigo*), du même genre (*Planorbis*, *Triforis*, *Læocochlis*, *Actæonia*, *Clausilia*) ou de la même famille (Physidæ). Dans une coquille enroulée en hélice on donne le nom d'*hélice*[1] à l'ensemble de la coquille, sauf le tour qui porte l'ouverture; ce tour est considéré comme le *dernier*; l'extrémité de l'hélice opposée à l'ouverture s'appelle le *sommet* ou *nucleus*; il est habituellement occupé par la coquille embryonnaire, dont les caractères et le mode d'enrou-

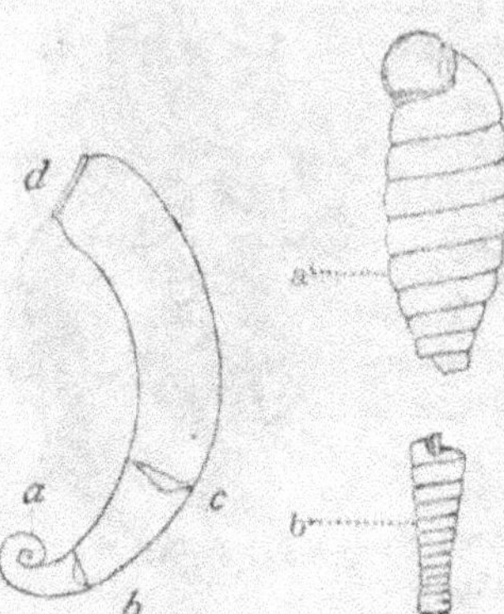

Fig. 1307. — Coquille de *Cæcum* dont toutes les parties éliminées ont été resoudées. — *a*, coquille spirale primitive; *bc*, deux cloisons successives; *d*, ouverture (d'après de Folin).

Fig. 1308. — Partie permanente (*a*) et partie caduque (*b*) d'une coquille décollée d'*Eucalodium Liebmanni*.

lement peuvent être différents de ceux de la coquille adulte; ainsi le sommet est spiral chez les *Calyptræa* dont la coquille est presque patelliforme; il est mamelonné chez les *Voluta*, *Turbinella*, *Neptunea*; sénestre tandis que le reste de la coquille est dextre chez les *Odostomia* et *Tornatina*, auquel cas la coquille est *hétérogyre* (*Odostomia*, *Turbinella*, *Melampus*, Pyramidellidæ, *Mathilda*, *Solarium*). Assez souvent les premiers tours de la spire tombent soit accidentellement (*Neritina*, *Melania*, *Faunus*, *Cerithidea*, etc.), soit d'une manière normale (*Truncatella*, *Cæcum*, fig. 1307, *Eucalodium*, fig. 1308; *Rumina*, *Cylindrella*, etc.); on dit alors que la coquille est *décollée*. La ligne hélicoïdale suivant laquelle se rejoignent les tours de l'hélice se nomme la *suture*; elle peut être dissimulée sous une couche émaillée ou calleuse. Les tours peuvent être eux-mêmes convexes ou plats et diversement ornementés. Lorsque les *varices*, *côtes*, *sillons*, *stries* dont ils peuvent être marqués suivent d'une manière générale l'enroulement en hélice des tours, il convient de les qualifier d'*hélicoïdaux*[2]; lorsque ces mêmes ornements sont sensiblement normaux aux lignes de suture, on les nommera *transversaux*[3]; ils suivent souvent alors le trajet de lignes d'accroissement. La *base* de la coquille est la région opposée au sommet, celle qui correspond au bord antérieur de l'ouverture.

Le tube coquillier peut s'enrouler soit autour d'une ligne de manière qu'il n'y ait aucun vide correspondant à l'axe de l'hélice, soit autour d'un cône idéal, de sorte qu'on aperçoit un vide lorsqu'on regarde la coquille par la base; ce vide est l'*ombilic*, et la coquille est alors *ombiliquée*[4]. L'ombilic peut être large (*Solarium*) ou se

---

[1] Nous substituons le nom d'*hélice* à celui de *spire* qui est usité par les conchyliologistes, parce que le mot de spire ne peut s'entendre que de courbes planes, les *spirales*.

[2] Les conchyliologistes les nomment fort improprement *spiraux*, *transverses*, *longitudinaux*, etc.

[3] Ce sont justement ceux que les conchyliologistes appellent *longitudinaux* ou *rayonnants*.

[4] On la dit aussi *perforée*, mais ce mot permet une confusion avec les coquilles percées de trous des *Fissurella*, *Haliotis*, etc.

rétrécir en forme de fente; il est souvent masqué par un dépôt calleux. Dans les coquilles dont les premiers tours sont peu saillants, il peut arriver que les derniers tours s'élargissent du côté opposé à celui où le sommet faisait d'abord saillie; l'hélice primitive se trouve alors au fond d'un *faux ombilic* et l'enroulement de la coquille paraît inverse de ce qu'il est en réalité; la coquille est dite alors *hyperstrophe* (*Lanistes*, *Metadomus*, LIMACINIDÆ, certains *Planorbis*, *Choanomphalus*, *Pompholyx*). L'axe plein que constituent, en se superposant, les tours de la coquille lorsqu'elle n'est pas ombiliquée s'appelle la *columelle*; son extrémité inférieure apparaît dans l'ouverture et fournit d'assez bons caractères taxonomiques. Quelquefois une partie plus ou moins grande des planchers qui séparent les tours d'hélice sont resorbés chez l'animal adulte, au niveau des sutures (*Auricula*, fig. 1309; *Melampus*); ou bien c'est la columelle et la région des cloisons qu'elle supporte qui manquent (*Scarabus*, *Cassidula*); d'autres fois la coquille résulte de l'enroulement d'un tube non fermé (*Haliotis*, *Columna*, *Scaphander*). On appelle *labre* la région du bord de l'ouverture opposée à la columelle et *péristome* le pourtour de l'ouverture. Lorsque le tube qui forme la coquille se termine sans s'accoler à la columelle ou en s'adossant simplement à elle, le péristome est *continu* (*Scalaria*, *Cyclostoma*, *Cylindrella*, etc.); mais souvent la partie du péristome opposée au labre est constituée par la paroi externe du dernier tour, comme si la moitié interne du tube coquillier avait été supprimée au niveau de l'ouverture, et les bords sectionnés recollés à la coquille; le péristome est alors *interrompu*. La partie supprimée

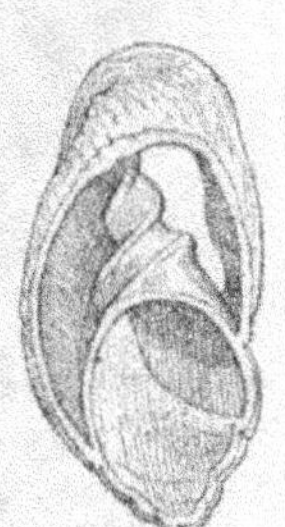

Fig. 1309. — Coupe d'*Auricula Midæ* pour montrer la résorption des cloisons internes.

de la coquille est fréquemment remplacée par un dépôt calcaire irrégulier, le *cal* ou *labium* (*Bulimus*). Chez certaines coquilles à péristome continu, le bord interne du péristome opposé au labre se rabat extérieurement sur la portion du dernier tour, à laquelle il s'accole, et peut arriver à la masquer (*Nerita*, *Natica*); là aussi, il peut se produire une callosité. Le labre, presque toujours simple et tranchant dans les jeunes coquilles, est également susceptible de se rabattre soit en dehors, et il est alors *renversé* ou *réfléchi*, soit en dedans, auquel cas il est *infléchi* (*Cypræa*); la portion réfléchie se renverse quelquefois assez pour s'accoler à la portion sous-jacente; le labre est alors *épaissi*. Ces épaississements se couvrent parfois d'épines ou d'ornementations diverses, semblant se produire à des époques déterminées, dans l'intervalle desquelles la coquille s'accroît en reprenant son épaisseur normale; les parties formées durant ces périodes sont alors comprises entre deux épaississements, deux *varices*, et ces varices peuvent se trouver dans le prolongement les unes des autres (*Murex*, *Ranella*) ou être disjointes (*Triton*).

La forme de l'ouverture fournit à la taxonomie d'importants caractères; cette forme est désignée par des termes du langage courant qui se définissent d'euxmêmes. Chez les Diotocardes primitifs à deux branchies (PLEUROTOMARIIDÆ, FISSURELLIDÆ, HALIOTIDÆ) où le manteau est fendu en deux lobes, au-dessus de la chambre branchiale, le labre de la coquille présente une fente correspondant à celle du manteau (fig. 1310). Cette fente divisait le labre en deux moitiés symétriques chez les *Bellerophon*; sa direction est hélicoïdale chez les *Pleurotomaria* et les *Scissurella* actuelles; elle existe dans le jeune âge chez les *Fissurella* et les *Haliotis*;

mais dans le premier de ces genres elle ne se continue pas sur les parties nouvellement formées de la coquille, de sorte qu'elle est simplement représentée par un orifice placé au sommet de celle-ci; chez les *Haliotis* une échancrure marginale apparaît à des intervalles réguliers, puis la coquille continuant à croître, les bords de l'échancrure se referment, et la fente se transforme ainsi en un trou circulaire;

Fig. 1310. — *Pleurotomaria Quoyana*, vivant encore aux Antilles.

la fente à direction hélicoïdale des *Pleurotomaria* est donc remplacée, chez les *Haliotis*, par une série de trous placés sur une ligne hélicoïdale. Les fentes et les trous disparaissent totalement chez les Diotocardes à une seule branchie; le péristome décrit une courbe continue, sans inflexions brusques; l'ouverture est *entière*. Cette disposition se conserve chez presque tous les Ténioglosses rostrifères et semi-proboscidifères; mais, en raison de l'apparition d'un siphon respiratoire, formé par une élongation locale du bord du manteau et qui peut simplement se diriger en avant ou se redresser sur le dos, le bord du lobe, au voisinage de la columelle, s'échancre ou se réfléchit plus ou moins chez les Cerithiidæ; cette échancrure est même double chez les Strombidæ; elle caractérise la coquille des Ténioglosses proboscidifères siphonostomes et de tous les Sténoglosses; elle peut, chez quelques-uns de ces derniers, se prolonger en un canal longitudinal ouvert en dessous (Fasciolariidæ, Muricidæ, fig. 1306, etc.).

Dans tous les groupes de Gastéropodes, par suite de l'importance de plus en plus grande prise par la région antérieure du corps et surtout par le lobe pédieux, la portion enroulée du tronc est susceptible de s'amoindrir, et la coquille suit cet amoindrissement, mais il peut avoir lieu de deux façons : ou bien la région hélicoïdale disparaît, en quelque sorte, d'arrière en avant, ou bien la totalité de l'hélice s'amoindrit en bloc. Dans le premier cas, la coquille se réduit à son dernier tour, après avoir conservé quelque temps une spire réduite presque symétrique (*Carinaria*, *Capulus*); elle tend, en conséquence, à devenir symétrique; elle revêt d'abord la forme conique; on dit alors qu'elle est *patelliforme* (*Ancylus*, *Fissurella*, *Patella*, *Siphonaria*), puis elle s'aplatit et se réduit à une simple lamelle calcaire où le nucleus est encore distinct (*Scutum*, *Umbrella*). Dans le second cas, le dernier tour s'élargit, l'ouverture devient énorme, l'hélice s'affaisse et se raccourcit, mais la dissymétrie ne fait que s'accuser; la coquille est d'abord *auriforme* (*Haliotis*, Stomatiidæ, *Sigaretus*, *Gastropteron*, *Pleurobranchus*, Lamellariidæ, *Daudebardia*, *Parmacella*), puis elle devient *unguiforme* avec nucleus excentrique (*Aply-*

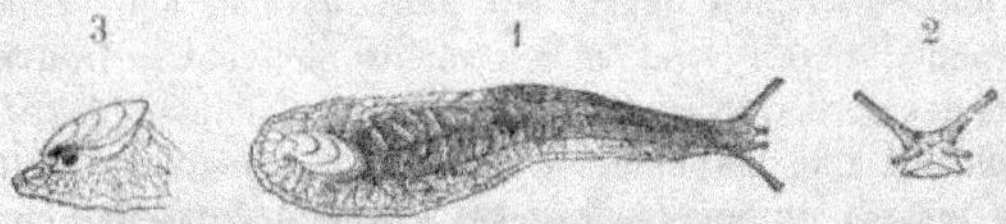

Fig. 1311. — *Testacella haliotidea*. — 1, l'animal rampant; 2, sa tête vue de face; 3, son extrémité postérieure, montrant la coquille et le pneumostome (d'après Woodward).

sia, *Testacella*, fig. 1311; *Limax*), ou *virguliforme*, ses tours de spire se détachant les uns des autres (*Doridium*). Les *Concholepas* constituent une sorte d'intermédiaire entre les coquilles patelliformes et les coquilles auriformes. Chez les Calyptræidæ à coquille auriforme, mais à nucléus presque central, les cloisons de séparation des divers tours se conservent en partie à l'intérieur de la coquille et forment soit une lame spirale détachée de la coquille (*Calyptræa*), soit un cornet (*Crucibulum*), soit un simple septum horizontal (*Crepidula*).

Chez un certain nombre de Gastéropodes, les tours d'hélice déjà à peine contigus chez les formes telles que les *Scalaria*, après s'être superposés normalement un certain temps, cessent d'être en contact, on dit alors que la coquille est *déroulée* (*Vermetus*, *Siliquaria*, *Cæcum*, fig. 1307; *Cyclosurus*). Ce phénomène se produit quelquefois à titre de monstruosité chez des espèces dont l'enroulement est habituellement normal (*Hélix*). Un tube calcaire prolonge l'ouverture de la coquille chez les *Magilus*. Quelquefois le dernier tour se détache seul des autres (*Cylindrella*). Ce n'est qu'exceptionnellement (LIMACINIDÆ) que la coquille est hélicoïdale chez les Ptéropodes; elle est droite et conique (*Creseis*), en pyramide triangulaire (*Cleodora*) ou globuleuse avec une fissure de chaque côté chez les CAVOLINIIDÆ.

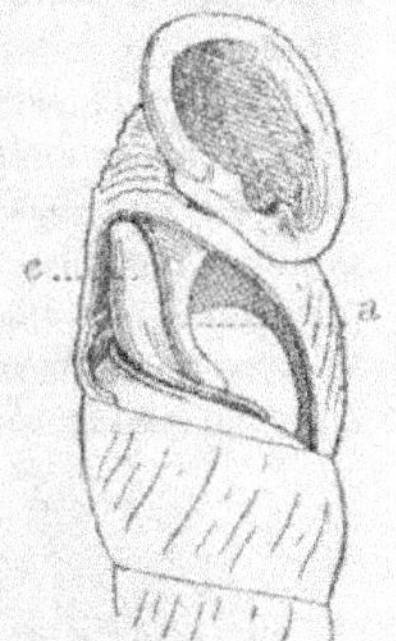

Fig. 1312. — Coquille de *Clausilia macarana* ouverte pour montrer le *clausilium*, *c*, et l'axe columellaire *a*.

Par une exception jusqu'ici unique les *Clausilia* portent dans leur dernier tour une pièce obturatrice, le *clausilium*, fixée à l'axe columellaire par un support élastique; l'animal quand il veut sortir repousse le clausilium qui se referme de lui-même lorsque l'animal se rétracte (fig. 1312, *c*).

Chez certaines formes pélagiques (PTEROTRACHÆIDÆ, *Cymbulia*), dépourvues de coquille, il se produit, aux dépens du tissu conjonctif sous-jacent à l'épithélium du corps, un appareil de soutien, la *pseudoconque*, qui n'a aucun rapport avec une coquille.

La coquille des SCAPHOPODES est un simple tube conique, à concavité dorsale, s'ouvrant aux deux bouts.

Caractère des coquilles des Lamellibranches. — Si l'on admet que la spire d'un *Bellerophon* se soit graduellement raccourcie, la fente antérieure envahissant toute la hauteur du dernier tour, seul persistant, et qu'une fente se soit formée en arrière de la coquille, dans le plan de symétrie, il sera possible de concevoir comment une coquille univalve de Gastéropode est devenue une coquille bivalve de Lamellibranche; étant donné ce que l'on sait de la parenté de certains Lamellibranches (SOLENOMYIDÆ, NUCULIDÆ) avec les Gastéropodes diotocardes, ce mode de transformation n'a rien d'invraisemblable. Les deux valves des Lamelliformes sont aujourd'hui entièrement séparées et reliées seulement l'une à l'autre par un appareil ligamentaire élastique, plus ou moins compliqué; la région où les deux valves se touchent se nomme la *charnière*. Des deux valves l'une étant à droite de l'animal, l'autre à gauche, chaque valve a un bord dorsal par lequel elle touche l'autre, un bord ventral qui lui est opposé, une extrémité supérieure et une extrémité inférieure. La coquille est dite *équivalve* ou *inéquivalve* [1] suivant que les

---

[1] La coquille n'est généralement inéquivalve que lorsque l'animal, fixé ou non, vit constamment couché sur un côté comme un poisson pleuronecte; la valve inférieure devient alors profonde, et la valve supérieure fonctionne, par rapport à elle, comme le couvercle d'une boîte (PECTINIDÆ, SPONDYLIDÆ, OSTREIDÆ, etc.).

deux valves sont semblables ou dissemblables; elle est *équilatérale* ou *inéquilatérale* suivant que les deux parties d'une même valve situées de chaque côté de la charnière sont pareilles ou non. Par suite de l'habitude des anciens conchyliologistes de figurer les Lamellibranches la charnière en haut, la coquille est dite *transverse* lorsque la distance de ses deux extrémités supérieure et inférieure est plus grande que la distance maximum de son bord dorsal à son bord ventral. Il est possible de reconnaître sur chaque valve la région correspondant à la coquille initiale; c'est le *sommet* de la valve (*apex*, *umbo*), assez souvent saillant de manière à former une sorte de *crochet* (fig. 1313, *u*). Chez les ARCIDÆ, qui comptent parmi les plus anciens Lamellibranches, les sommets sont séparés l'un de l'autre par une grande surface striée, sur laquelle s'insère une partie du ligament; c'est ce qu'on nomme l'*area*. Chez les NUCULIDÆ, au moins aussi primitifs que les ARCIDÆ, les crochets sont contigus. Dans les coquilles équilatérales le sommet est naturellement médian; dans les coquilles inéquilatérales, il peut se transporter soit en avant (SOLENIMÆ) et même jusqu'à l'extrémité supérieure de la coquille (*Solen*), soit en arrière (DONACIDÆ). Lorsque les sommets sont écartés l'un de l'autre, ils s'enroulent en une spire habituellement courte (*Cardium*, *Chama*), mais qui s'allonge notablement chez les

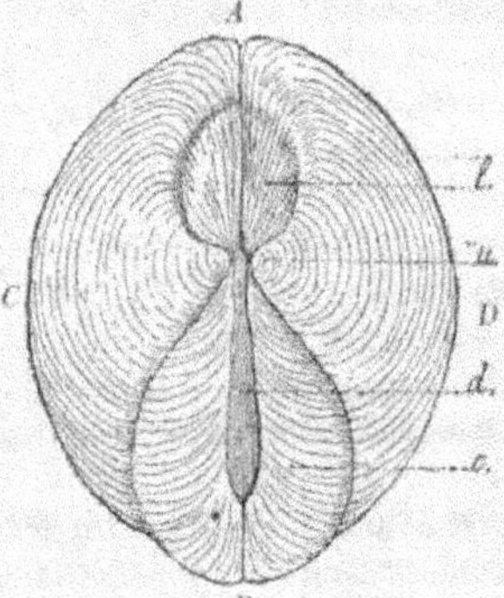

Fig. 1313. — Coquille de *Lucina pensyl- vanica*, vue du dos. — *AB*, diamètre antéro-postérieur; *E F*, épaisseur; *l*, lunule; *u*, sommet des valves (*umbo*); *d*, ligament; *e*, valve ou corselet (d'après Fischer).

Isocardia; cette disposition a été le point de départ des déformations qui ont produit les *Diceras* et les CAPRINIDÆ de la période secondaire. La valve est *prosogyre* ou *opisthogyre* suivant que le sommet de la spire apicale, souvent très courte, s'incline vers l'avant ou vers l'arrière.

La charnière est naturellement placée entre les sommets; lorsque le ligament n'est apparent que sur l'un des côtés de ceux-ci, c'est toujours sur le côté postérieur qu'il est ainsi nettement caractérisé (fig. 1313, *d*). En avant de la charnière se dessine souvent une surface cordiforme (fig. 1313, *l*), limitée par un sillon ou une dépression, parfois profondément excavée elle-même (*Opis*, *Dosinia*), c'est la *lunule*; en arrière, dans une position analogue se trouve aussi quelquefois (*Venus*, *Lucina*, etc.) un espace semblable entouré par un sillon ou une saillie carénée; c'est l'*écusson* ou *corselet*, quelquefois aussi nommé *valve*

(fig. 1313, *e*); de chaque côté de la ligne médiane de l'écusson les bords contigus des deux valves se renflent pour servir d'attache au ligament (*d*) et constituer ainsi les *nymphes*.

Les muscles adducteurs des valves, les muscles moteurs du pied, le sac viscéral, le bord du manteau laissent sur la face intérieure des valves des impressions qui jouent un grand rôle dans la délimitation des groupes. Les impressions des muscles adducteurs (fig. 1314, *aa*, *ap*) reproduisent les variations dans les dimensions de ces muscles, dont l'antérieur, dans la série des ANISOMYARIA, diminue peu à peu et finit par disparaître (MONOMYARIA). Partout ailleurs ces impressions sont à peu près égales. Chez les *Dreissensia* et *Septifer*, le muscle adducteur antérieur vient s'insérer sur une lame de renforcement, dite *apophyse* ou *lame myophore*; il existe une lame semblable pour le muscle postérieur seulement, chez les *Jouannetia*, *Cardilia*, *Megalodon*, *Diceras*. Chez les PHOLADIDÆ la partie des deux valves sur laquelle est inséré le muscle adducteur se réfléchit vers l'extérieur, entraînant avec elle le muscle, qui par cela même devient externe: dès lors, ce muscle passant, par rapport à la ligne de contact des valves, du côté opposé à celui qu'il occupait d'abord, fait, en se contractant, bâiller les valves en arrière au lieu de les rapprocher; le muscle postérieur continue à les rapprocher en arrière, mais les fait bâiller en avant. Dans ce renversement, le manteau accompagne la coquille, et il sécrète des plaques calcaires supplémentaires, impaires qui recouvrent la charnière et ont reçu les noms de *protoplaxe*, *mésoplaxe* et *métaplaxe* d'après leur position en avant, au niveau ou en arrière des crochets.

Les muscles rétracteurs et élévateurs du pied laissent sur chaque valve une impression antérieure, au voisinage de celle de l'adducteur antérieur, une postérieure, immédiatement au-dessus de celle

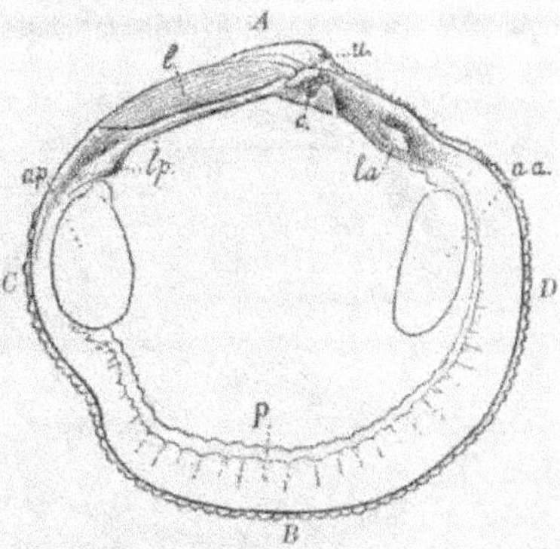

Fig. 1314. — Intérieur de la valve gauche de la *Lucina pensylvanica*, dimyaire, intégropalléale, équivalve. — *AB*, diamètre antéro-postérieur; *CD*, diamètre dorso-ventral; *a*, sommet de la valve; *c*, dents et fossettes cardinales; *la*, dent latérale antérieure; *lp*, dent latérale postérieure; *aa*, impression de l'adducteur antérieur des valves; *ap*, impression de l'adducteur postérieur; *p*, ligne palléale; *l*, ligament (d'après Fischer).

de l'adducteur postérieur (*Unio*); chez les *Chlamys*, les *Hinnites*, l'impression du muscle rétracteur du pied ne se voit que sur la valve gauche; ces impressions manquent sur la valve droite des *Anomia*; elles se confondent en une seule sur la valve gauche des *Placunanomia*. Les impressions des muscles d'attache du sac viscéral sont assez variables, mais distinctes chez les UNIONIDÆ, par exemple. Chez les PHOLADACEA, le muscle d'attache supérieur s'insère sur une longue apophyse arquée, en forme de cuilleron ou de crochet que chaque valve porte sous la charnière.

L'*impression palléale*, produite par l'insertion des faisceaux musculaires qui rétractent les bords du manteau, est une ligne extérieurement tangente aux deux impressions des adducteurs de la coquille, et qui va de l'un à l'autre en suivant le bord de celle-ci; chez les MONOMYARIA, à impression musculaire centrale, la ligne palléale devient plus ou moins indépendante de l'impression musculaire et court parallèlement au bord de la coquille; elle peut être discontinue (*Saxicava*) ou manquer entièrement (*Ostrea*). Lorsque les siphons respiratoires sont courts ou nuls, la ligne palléale est régulièrement convexe, et le Mollusque est *intégropalléal* (fig. 1314, *p*): quand les siphons se développent, l'insertion de leurs muscles rétracteurs se fait à la partie postérieure de la coquille sur une plage qui efface la ligne palléale, mais qui est elle-même limitée par une ligne courbe, concave vers le bas et dont les extrémités viennent rejoindre la ligne palléale; celle-ci paraît donc s'infléchir brusquement en arrière pour former un sinus d'autant plus profond que les siphons sont plus développés (fig. 1315, *s*); le Mollusque est alors *sinupalléal*.

Le mode d'articulation des valves présente de graduelles et intéressantes modifications. Dans le cas le plus simple, celui des CRYPTODONTES, les deux valves, le long de la charnière, sont lisses ou marquées de plis qui intéressent toute l'épaisseur de la valve, et se continuent souvent avec ses côtes radiales. Mais, le plus souvent, l'articulation des deux valves se fait à l'aide d'un repli calcaire de chaque valve, le *plateau cardinal* qui porte des dents et des fossettes s'engrénant d'une valve

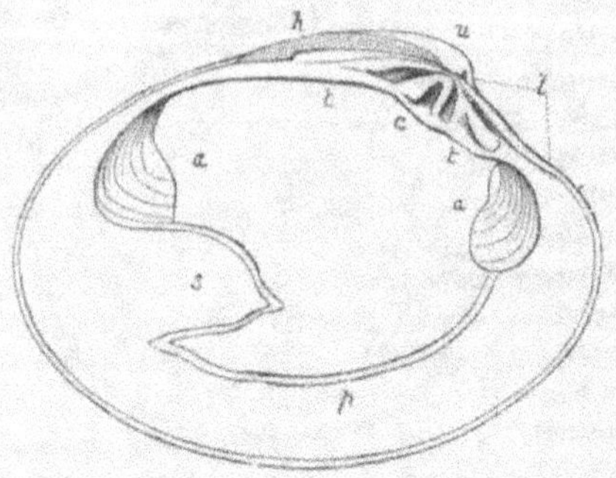

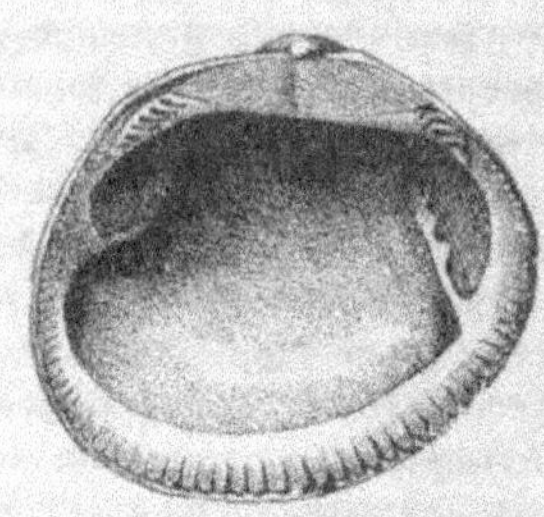

Fig. 1315. — Intérieur de la valve gauche de la *Cytherea chione* dimyaire, sinupalléale, équivalve, hétérodonte. — *u*, sommet ou crochet (*umbo*); *t*, lunule; *tct*, plateau cardinal; *h*, ligament placé au-dessus de la nymphe; *aa*, impression des adducteurs des valves; *p*, ligne palléale; *s*, sinus (d'après Woodward).

Fig. 1316. — Intérieur de la valve gauche du *Pectunculus heterodon*, montrant l'aire tégumentaire et les dents caractéristiques du type taxodonte.

à l'autre. Chez les TAXODONTES (fig. 1316), qui comptent, avec les Cryptodontes, parmi les plus anciens Lamellibranches, le plateau cardinal est très étendu et porte de très nombreuses petites dents normales à son bord, croissant régulièrement en s'éloignant du sommet (*Nucula*, *Arca*), mais dont les plus externes pouvaient,

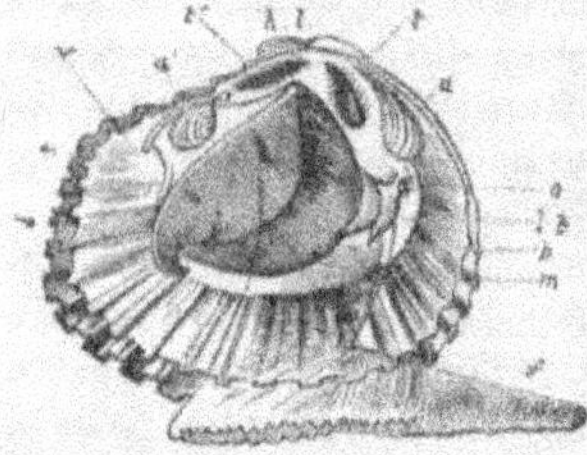

Fig. 1317. — *Trigonia pectinata*, Lamellibranche schizodonte, vue du côté droit, dont la valve et une partie du lobe palléal droits ont été enlevés, les branchies sont un peu anormalement contractées. — *acd*, adducteur des valves; *hw*, ligament; *t*, *t'* fossettes dentaires; *v*, bouche; *lt*, palpes; *p*, impression palléale; *m*, bord de la coquille; *f*, pied pourvu d'une sole permettant la reptation; *c*, cloaque (d'après Woodward).

chez certaines formes fossiles (*Macrodon*, *Cucullœa*), devenir très longues et obliques ou parallèles au bord cardinal.

Par l'avortement des dents, la charnière taxodonte passe au type dysodonte (OSTREIDÆ). Dans un troisième type, celui de SCHIZODONTES (fig. 1317), la valve droite porte deux dents en forme de puissantes lames saillantes, divergeant à partir du sommet, souvent fortement crénelées (*Trigonia*), laissant entre elles un large espace triangulaire; chacune de ces dents est flanquée extérieurement d'une autre dent plus petite dont elle est séparée par une fossette; la valve gauche porte une forte dent cardinale bifurquée, souvent crénelée, qui s'engage entre les deux fortes dents de la valve droite et qui est comprise entre deux dents lamellaires, souvent crénelées, qui correspondent aux deux fossettes de la valve droite.

Dans le type ISODONTE, chaque valve porte une fossette dans laquelle est logé le ligament; sur la valve droite, de chaque côté du ligament, on observe symétriquement une forte dent, puis une fossette; c'est l'inverse sur la valve gauche (SPONDY-

LIDÆ); les *Pecten* isodontes, dans le jeune âge, perdent plus tard leurs dents, qui sont remplacées par des crêtes obtuses rayonnantes.

Les Lamellibranches plus récents et d'organisation plus élevée, ont généralement une charnière dite HÉTÉRODONTE, comprenant au plus sept dents sur chaque valve; celles de ces dents qui divergent à partir du sommet de la valve sont dites *cardinales* ou *médianes*; celles qui sont plus éloignées du sommet sont les *dents latérales antérieures* ou *postérieures*, suivant qu'elles sont en avant ou en arrière des dents cardinales. Ces dents avortent chez les *Anodonta*.

Lorsque le ligament demeure interne et que les dents cardinales du type hétérodonte se dévient ou se modifient de manière à le supporter, formant ainsi des cuillerons plus ou moins développés, la charnière devient DESMODONTE (*Crassatella*, MACTRIDÆ, MYIDÆ). A ce type se rattachent les GLYCYMERIDÆ, dont le ligament est devenu tout à fait interne.

On peut considérer le *ligament* comme faisant partie intégrante de la coquille des Lamellibranches. Chez les ARCIDÆ le ligament est une membrane brune, résistante, inattaquable par l'acide chlorhydrique et la potasse, qui s'étend sur toute l'*area*. Cette membrane est *tendue* quand les muscles adducteurs se contractent; quand ils se relâchent, elle ouvre la coquille, en vertu de son élasticité. Chez les AVICULIDÆ, l'*area* est limitée à la portion antérieure de la charnière et le ligament y présente les mêmes caractères que chez les ARCIDÆ, mais au delà il s'épaissit et se loge dans une rainure de la coquille limitée par des nymphes saillantes; cette portion du ligament, formée de fibres parallèles, est nacrée, soluble dans la potasse, incrustée de calcaire; on la désigne improprement sous le nom de *cartilage*. Lorsque la coquille est fermée, le cartilage est *comprimé*; il revient à sa forme première quand les muscles adducteurs se relâchent et rouvrent la coquille. Dans les *Solenomya*, également très archaïques, en arrière des crochets le ligament est linéaire, très allongé et compris entre les deux valves; en avant des crochets il s'élargit brusquement et pénètre à l'intérieur des valves; chez les PERNINÆ et INOCERAMINÆ, le ligament est également linéaire, mais sur son trajet il fournit un grand nombre de saillies cylindriques équidistantes, perpendiculaires à la ligne cardinale, qui se logent dans des fossettes de l'aire ligamentaire. Chez les PECTINIDÆ et les OSTREIDÆ il n'existe plus qu'une seule de ces saillies, exactement placée sous les crochets; le ligament externe a même complétement disparu. Les *Scrobicularia* et les Desmodontes ont aussi un ligament externe et un cartilage interne; mais partout ailleurs le ligament est interne et formé d'une couche de revêtement résistante comme la membrane ligamentaire des ARCIDÆ et d'un cartilage de même composition que celui des AVICULIDÆ. Ce cartilage contient un osselet calcaire chez les *Anatina* et les *Thracia*.

Quelques Lamellibranches ajoutent à leur coquille des formations calcaires qui sont d'une tout autre origine; tels sont les *siphonoplaxes* des PHOLADIDÆ (fig. 1318, s), les tubes des TEREDO, des CLAVAGELLIDÆ et des ASPERGILLIDÆ. Les siphonoplaxes des PHOLADIDÆ prolongent en arrière les valves et se soudent ordinairement en un tube plus ou moins allongé (*Pholadidea*); comme les valves sont quelquefois aussi unies antérieurement par une lame calcaire, le *callum*, elles peuvent devenir absolument immobiles; il existe aussi chez les *Martesia* une plaque ventrale (*hypoplaxe*). Ces formations diverses, en se soudant, finissent par former un tube adhérent aux valves dans lequel l'animal est enfermé (*Teredina*). L'aptitude à fabriquer un tube se montre d'ailleurs dans des formes fouisseuses ou perforantes de types très différents, les CLAVAGELLIDÆ qui sont des Hémibranches, les GASTROCHÆNIDÆ et les TEREDINIDÆ, qui sont des Eulamellibranches. Chez les *Clavagella* la valve gauche

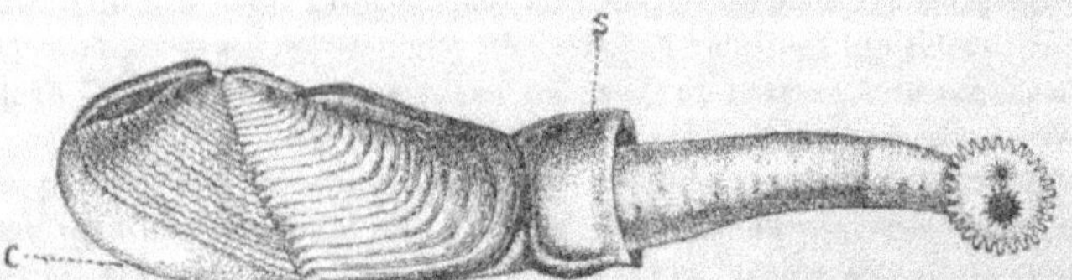

Fig. 1318. — *Pholadidea papyracea* vue du côté droit. — *c*, callum; *s*, siphonoplaxe entourant la base des siphons soudés (d'après Forbes et Hanley).

est encastrée dans le tube; chez les *Brechites* (fig. 1379, p. 1969), ce dernier englobe les deux valves, dont le nucleus demeure seul visible; dans les deux autres familles les valves demeurent libres au fond du tube, qui peut lui-même être adhérent aux corps perforés (*Gastrochæna*, *Teredo*) ou libre (*Fistulana*). Chez les formes tubicoles, la coquille subit une réduction qui atteint son maximum chez les Tarets (fig. 1319); l'animal ne peut s'y loger entièrement, et des trois aires dans lesquelles sa coquille est divisée, comme chez les

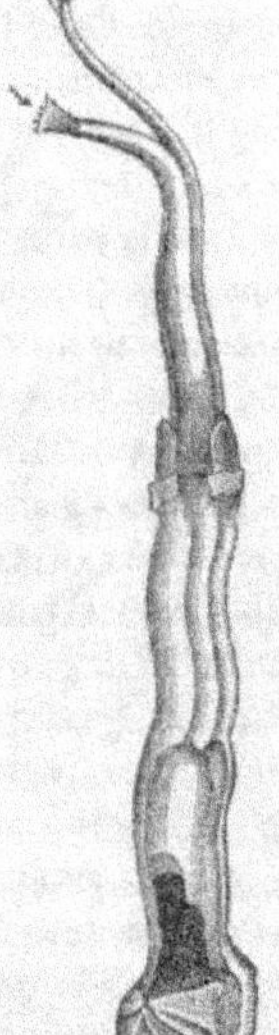

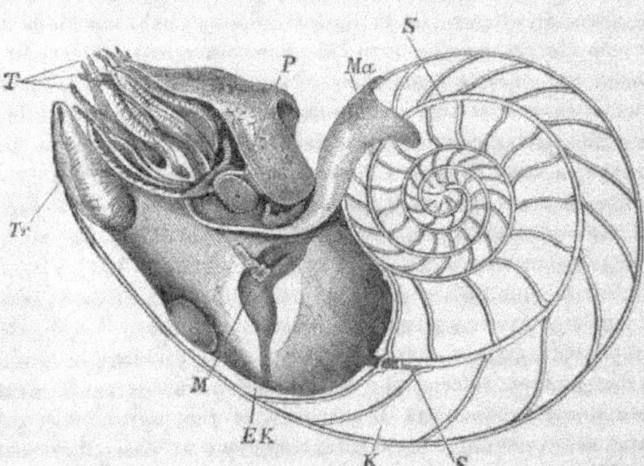

Fig. 1319. — *Teredo norvegica* retiré de son tube calcaire (d'après de Quatrefages).

Fig. 1320. — *Nautilus pompilius*. — *T*, tentacules; *p*, pupille de l'œil; *Eh*, dernière chambre occupée par l'animal; *Tr*, entonnoir; *K*, chambres séparées par des cloisons; *S*, siphon; *Ma*, manteau; *M*, muscle qui fixe l'animal à la coquille (d'après R. Owen).

PHOLADIDÆ, la médiane se développe beaucoup dans le sens dorso-ventral, faisant entre les deux autres une énorme saillie triangulaire.

Céphalopodes. — La coquille des Céphalopodes primitifs était souvent droite et parfois colossale (*Orthoceras*). Sauf chez les *Turrilites*, son enroulement s'est produit non pas en hélice, comme chez la très grande majorité des Gastéropodes, mais en spirale. Dans l'un des deux types qui persistent seuls aujourd'hui les tours de spire sont contigus (*Nautilus*, fig. 1320), dans l'autre (*Spirula*, fig. 1324) ils sont distants. La coquille des *Nautilus* est d'ailleurs une coquille externe, celle des *Spirula* est en grande partie enveloppée par le manteau et très mince ; de plus tandis que l'enroulement de la coquille se fait vers la face dorsale de l'animal chez les *Nautilus* (*enroulement exogastrique*, fig. 1320), il se fait vers la face ventrale chez les *Spirula* (*enroulement endogastrique*, fig. 1323) ; cela n'a d'ailleurs aucune importance, quant à la disposition des organes internes de l'animal, celui-ci n'occupant jamais que la dernière loge de sa coquille. Chez tous les autres Céphalopodes actuels, la coquille est devenue rudimentaire, mais pour comprendre la signification des parties qui persistent, il est nécessaire d'avoir recours à certains genres fossiles tels que les *Spirulirostra* (fig. 1321) et les *Belosepion* (fig. 1322). Dans ces formes la portion de la coquille, toujours interne, qui correspond à la coquille des Spirules et constitue le *phragmocone*, est entourée de formations calcaires (*r*), lamellaires, également produites par le manteau, mais d'une autre façon que la coquille des autres Mollusques avec lesquelles elles n'ont pas d'homologie. La partie de ces productions qui est postérieure au phragmocone et se termine en pointe s'appelle le *rostre*; celle qui est antérieure et s'étale en lame s'appelle la *garde*. Ces parties une fois produites suffisent à assurer la protection de l'animal, dont le phragmocone tend désormais à disparaître; il est droit et court chez les Belemnitidæ; il a com-

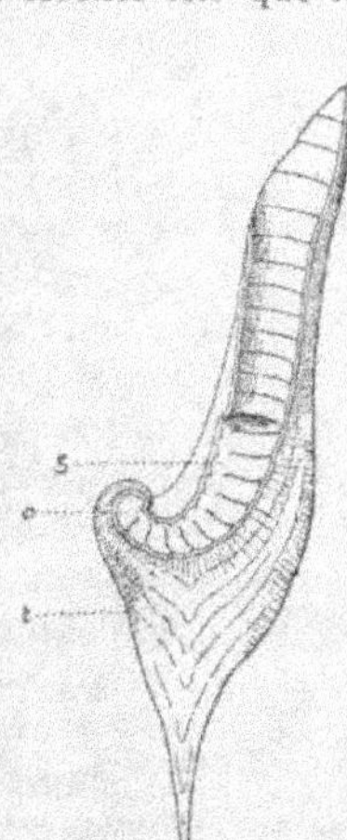

Fig. 1321. — Section longitudinale d'une coquille de *Spirulirostra Bellardii*. — *s*, loge initiale ; *s*, siphon ; *r*, rostre (d'après Munier-Chalmas).

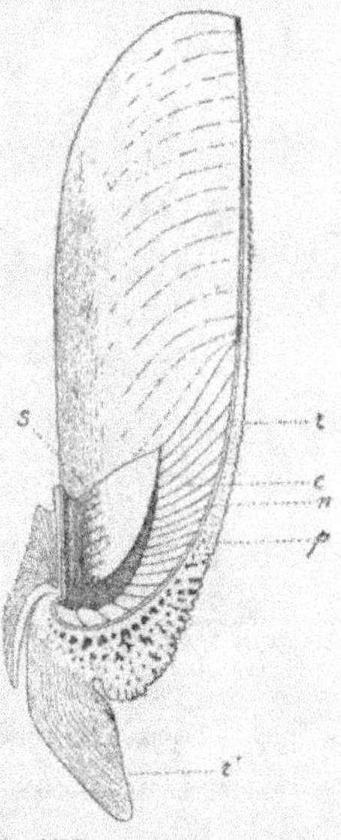

Fig. 1322. — Section longitudinale de la coquille interne du *Belosepion Blainvillei*. — *r*, *r'* rostre ; *n*, couche interne nacrée du phragmocone ; *p*, paroi dorsale du siphon ; *s*, siphon (d'après Munier-Chalmas).

plètement disparu chez les *Sepia*, dont l'appareil de protection est réduit à la garde et à un rostre rudimentaire. Cet appareil cesse de se calcifier chez les *Loligo* et les formes voisines et demeure à l'état chitineux; il présente la forme d'une plume à écrire dont toutes les barbes seraient unies en une seule membrane. Il est très réduit chez les *Sepiola*, où il n'occupe plus que la moitié antérieure du corps, et manque chez beaucoup de genres voisins, tels que les *Inioteuthis*, *Sepiadarium*, *Sepioloidea*, *Stoloteuthis*. Parmi les Octopodes, les *Cirroteuthis* possèdent encore une petite pièce médiane et les Octopodes deux stylets latéraux sur lesquels s'insèrent les muscles rétracteurs de la tête et de l'entonnoir.

Le siphon paraît se terminer différemment dans la première loge ou loge initiale des *Spirula* et dans celle des *Nautilus*. Chez les *Spirula* (fig. 1324) le siphon se termine en doigt de gant à l'entrée de la loge initiale et il est relié par une sorte de ligament, le *prosiphon* (*p*), à la paroi de la loge. Chez les *Nautilus* le siphon vient au contraire s'appliquer contre la paroi de la loge initiale; tout près du point où il aboutit se trouve une dépression étoilée, la *cicatricule*; il est possible que cette cicatricule ait mis en communication la loge initiale des *Nautilus* avec une loge embryonnaire caduque, correspondent à la loge initiale des *Spirula* et ait livré passage à un prosiphon disparu; mais ce caractère n'en permet pas moins de distinguer les Céphalopodes tétrabranches des dibranches [1].

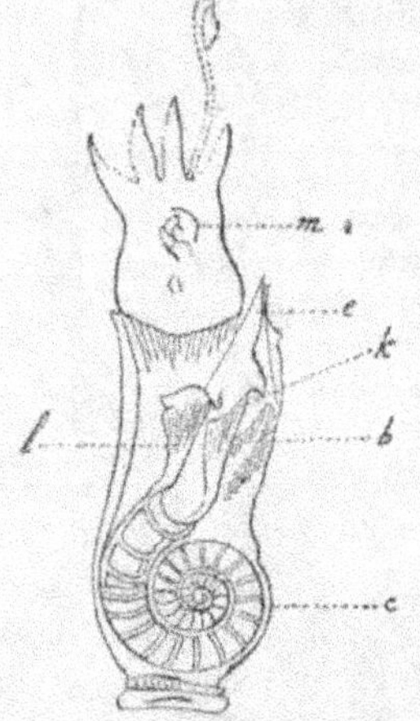

Fig. 1323. — Coupe d'une *Spirula.* — *m*, mandibules; *e*, entonnoir; *k*, muscle rétracteur de l'entonnoir; *l*, muscle rétracteur de la tête s'insérant tous deux sur la coquille (d'après R. Owen).

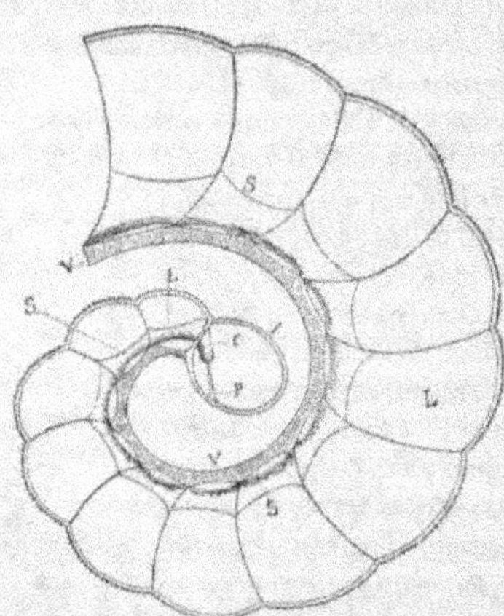

Fig. 1324. — Coupe suivant le plan de symétrie d'une coquille de *Spirula Peronii.* — *i*, loge initiale; *p*, prosiphon; *c*, cæcum siphonal; *LL*, chambres à air; *s*, *s*, siphon enveloppé par le phragmosiphon; *v*, paroi ventrale de la coquille (d'après Munier-Chalmas).

Bien qu'enroulée en spirale et rappelant, par sa forme, la coquille de certains Gastéropodes, tels que les Carinaires, la formation connue chez les *Argonauta* femelles sous le nom de coquille est une production de nature toute différente, sécrétée et maintenue, après l'éclosion, par la palmure des deux bras dorsaux; c'est avant tout un appareil d'incubation. L'animal ne contracte avec elle aucune adhérence.

Tête. — La tête des AMPHINEURES est peu différenciée et ne présente d'autre appendice que des palpes labiaux, rudiments des tentacules. Il n'en est plus ainsi chez les GASTÉROPODES, dont la tête, quoique se continuant sans démarcation avec le corps, n'en est pas moins reconnaissable aux organes qu'elle porte et peut être assez souvent définie comme la région comprise entre l'orifice buccal, l'entrée de la chambre palléale et l'origine du pied. Elle s'allonge généralement en un *mufle* cylindrique (*Trochus*, fig. 1325) ou aplati (*Voluta*), portant la bouche à son extrémité

[1] Munier-Chalmas.

antérieure, mais dont la forme peut être modifiée par de nombreuses circonstances accessoires; la tête peut du reste s'effacer presque entièrement chez certains Pté-

Fig. 1325. — *Calliostoma ziziphinum* (d'après Woodward).

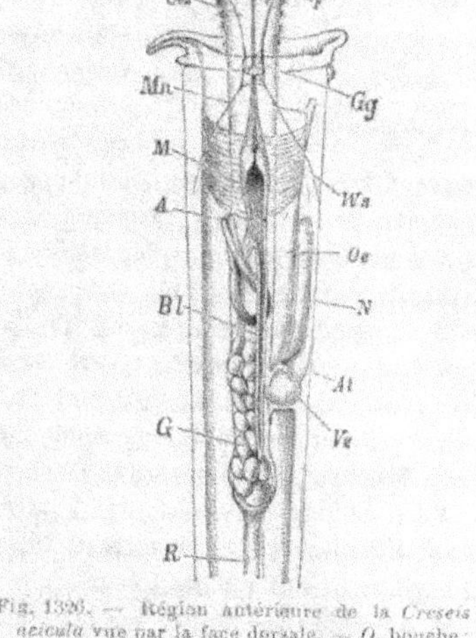

Fig. 1326. — Région antérieure de la *Creseis acicula* vue par la face dorsale. — *O*, bouche; *P*, lobe moyen du pied; *Fl*, parapodes; *F*, tentacules; *Oes*, œsophage; *Gg*, ganglion cérébral; *Mn*, nerf palléal; *Ws*, corps cilié; *M*, estomac; *Bl*, cæcum stomacal; *A*, anus; *N*, néphridie; *Oe*, orifice néphridien dans la cavité palléale; *At*, oreillette; *Ve*, ventricule; *Gr*, glande génitale; *R*, muscle rétracteur (d'après Gegenbaur).

ropodes (*Cavolinia, Cleodora, Creseis*, fig. 1326). Chez presque tous les Gastéropodes elle porte des *tentacules* et des *yeux*.

Les tentacules manquent quelquefois (*Pterotrachæa, Homalogyra, Olivella*, certaines *Terebra*); le plus souvent il en existe deux (Prosobranches, *Phyllirhroe*, Ptéropodes thécosomes, Pulmonés basommatophores, *Athoracophorus*, SCYLLÆIDÆ, ELYSIIDÆ) ou quatre (Pulmonés stylommatophores, la plupart des Opisthobranches). Dans ce dernier cas, chaque paire de tentacules est fréquemment soumise à une adaptation spéciale. C'est ainsi que chez les Pulmonés stylommatophores, dont les tentacules sont cylindriques et invaginables à l'intérieur du corps, la première paire, plus courte, sert principalement au tact, tandis que les yeux sont placés à l'extrémité de la seconde (fig. 1330). Cette seconde paire de tentacules est sujette à de nombreuses modifications chez les Opisthobranches; elle peut, en effet, se renfler en fuseau et se creuser en même temps d'un sillon hélicoïdal (*Doris*), se creuser en un cornet souvent fendu sur le côté (PLEUROBRANCHIDÆ, APLYSIIDÆ, HERMÆIDÆ, fig. 1328), présenter des papilles, des plis ou des crêtes membraneuses saillantes, auquel cas ils sont perfoliés (*Æolis*, fig. 1327); s'envelopper de gaines plus ou moins profondes, à bord libre plus ou moins lacinié, et à l'intérieur desquelles ils peuvent se rétracter (*Tritonia, Dendronotus*); toutes ces particularités qui ont pour effet d'augmenter leur surface, tendent à les faire considérer comme des organes d'olfaction; de là le nom de *rhinophores* sous lequel on les désigne communément.

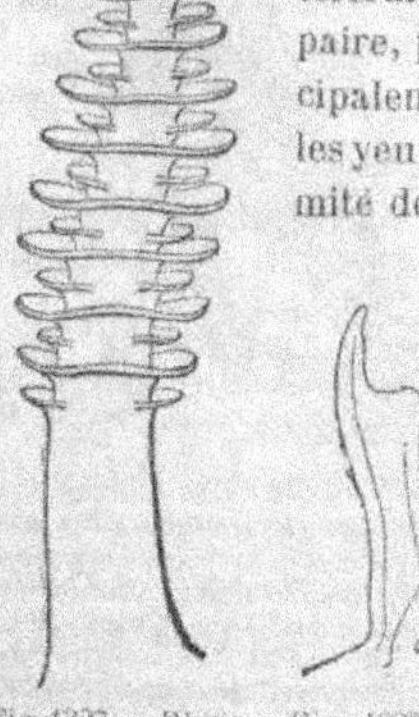

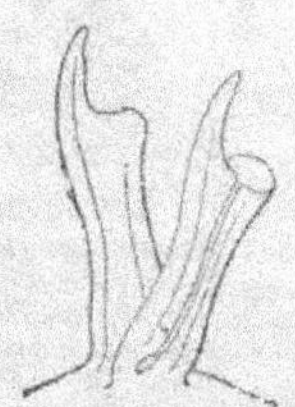

Fig. 1327. — Rhinophore lamelleux d'*Æolis coronata* (d'après Alder et Hancock).

Fig. 1328. — Rhinophores d'*Hermæa bifida* (d'après Alder et Hancock).

Les quatre tentacules peuvent aussi subir les mêmes modifications; ils se creusent, par exemple, en cornet chez les OXYNOEIDÆ; chez les BULLIDÆ (fig. 1329), ils s'aplatissent tous les quatre et se soudent en une lame unique quadrangulaire qui recouvre complètement la tête et dont les quatre sommets représentent leurs extrémités; c'est le *bouclier céphalique*. Chez quelques Opisthobranches (PLEUROBRANCHIDÆ, TETHYDÆ, TRITONIIDÆ, DENDRONOTIDÆ), les deux tentacules antérieurs s'aplatissent seuls et se transforment en une membrane qui se rabat en avant, formant ainsi un *voile buccal*.

Fig. 1329. — *Actæon tornatilis* en marche; le disque tentaculaire est échancré postérieurement (d'après Woodward).

Lorsqu'il n'existe qu'une seule paire de tentacules, ces tentacules revêtent aussi des formes variables. Ils peuvent être cylindriques, coniques, aplatis et triangulaires (*Narica*, LIMNÆIDÆ), couverts de villosités (*Scissurella*, *Haliotis*, *Trochus*, *Stomatia*, *Gena*, *Mölleria*, *Cyclostrema*, etc.), fendus sur le côté (PYRAMIDELLIDÆ, *Solarium*), fourchus (*Janthina*, divers ELYSIIDÆ). Chez les AMPULLARIDÆ, PALUDINIDÆ, DOLIIDÆ, STROMBIDÆ, où ils sont également bifurqués, soit dès la base, soit vers le sommet seulement (STROMBIDÆ), leur branche externe porte un œil. Les yeux des Prosobranches sont d'ailleurs assez fréquemment situés soit sur les tentacules mêmes (CONIDÆ, OLIVIDÆ, *Marginella*, MITRIDÆ, TURBINELLIDÆ, CYPRÆIDÆ, *Modulus*, *Potamides*), soit à leur base (CASSIDARIIDÆ, VOLUTIDÆ, FASCIOLARIIDÆ, NASSIDÆ, COLUMBELLIDÆ, MURICIDÆ, TURRITELLIDÆ, la plupart des Rostrifères), soit même à leur extrémité (TEREBRIDÆ, *Terebellum*, *Assiminea*). D'autres fois le tentacule droit, si l'animal est dextre, est modifié en vue de l'accouplement (PALUDINIDÆ).

Chez les Diotocardes et les *Fossarus* on trouve habituelle-

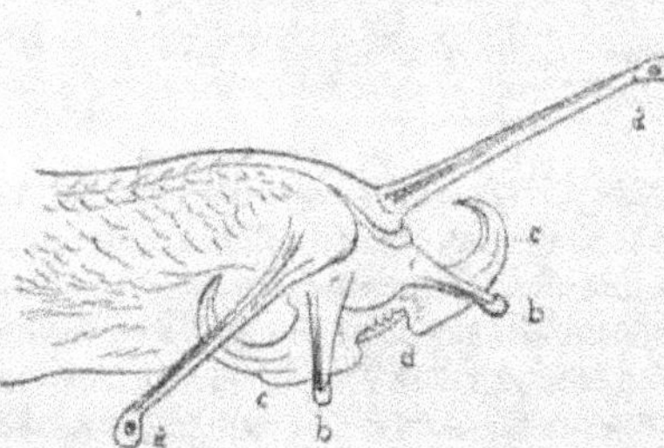

Fig. 1330. — Tête de *Glandina fusiformis*. — *a*, yeux; *b*, petits tentacules; *c*, palpes labiaux; *d*, bouche (dessin de Bocourt).

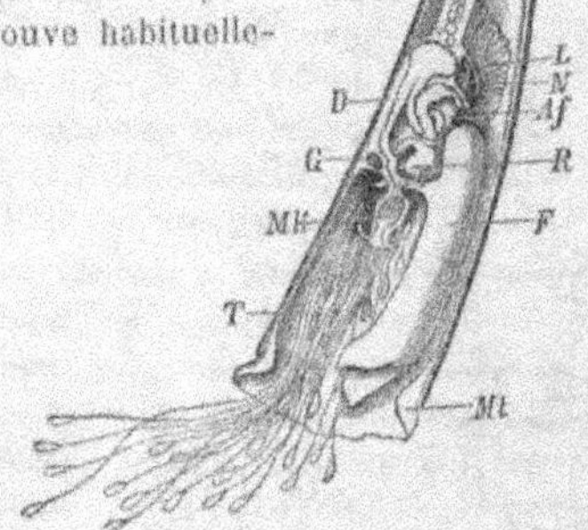

Fig. 1331. — Scaphopode (*Dentalium*) dans son attitude naturelle (la moitié droite est enlevée). — *S*, coquille; *Mt*, manteau; *Sm*, muscle de la coquille; *Eh*, cavité palléale; *F*, pied; *Mk*, mufle; *T*, cirres; *R*, radula; *D*, intestin; *L*, pore; *Af*, anus; *G*, ganglion cérébroïde; *N*, rein; *Ge*, glande génitale.

ment entre les tentacules, deux appendices dont la forme est assez variable et qui sont le plus souvent sur le prolongement de la ligne épipodiale; ce sont les *palmettes* (fig. 1382, *p*; p. 1971). Exceptionnellement les coins de l'orifice buccal peuvent s'allonger en lobes aigus, les *palpes labiaux* qui simulent des tentacules (*Trochus infundibulum, Ampullaria, Jeffreysia, Choristes, Hipponyx, Glandina*, fig. 1330, *c*); chez les *Limnæa* des prolongements analogues forment un voile buccal.

La tête est peu développée et couverte par le manteau chez les SCAPHOPODES (fig. 1331); elle forme, du côté dorsal, une sorte de mufle non rétractile portant, à son extrémité libre, la bouche entourée d'expansions membraneuses découpées, les *palpes*; le mufle s'élargit toujours à une faible distance de son origine pour former deux parties latérales, les *abajoues*; à sa base, du côté dorsal, se développent deux expansions membraneuses symétriques, portant chacune un grand nombre de filaments préhensiles, ciliés, tombant et se régénérant facilement, les *captœcules*.

Chez les LAMELLIBRANCHES la tête se réduit bien davantage, quoiqu'elle puisse encore revêtir, dans une certaine mesure, l'aspect d'une sorte de mufle, caché sous un capuchon palléal; le plus souvent, elle n'est en aucune façon distincte; d'où le nom d'ACÉPHALES autrefois appliqué aux Lamellibranches.

Au contraire la tête des CÉPHALOPODES actuels est toujours une région du corps nettement définie et séparée souvent du reste du tronc, au moins du côté ventral, par une sorte de cou; elle porte la bouche entourée d'une lèvre circulaire, les yeux toujours volumineux, les fossettes olfactives, les bras et, chez les *Nautilus*, de véritables tentacules insérés au devant des yeux. Mais cette tête est un complexe résultant de la fusion partielle avec la tête proprement dite du pied des autres Mollusques, pied dont les divisions constituent les bras des Céphalopodes. A sa surface ou dans son voisinage, on observe chez beaucoup de Dibranches des *orifices aquifères* placés d'une façon constante et qui permettent à l'eau de pénétrer dans certaines cavités bien limitées, d'ailleurs sans aucune communication ni avec la cavité générale, ni avec l'appareil circulatoire; il y en a deux chez les *Sepia*, une seule chez les *Loligo*, du côté ventral, à la base de la couronne du bras; on en trouve sur le dos de la tête, et à la base de l'entonnoir chez les *Philonexis*; il y en a aussi sur le manteau d'un certain nombre de SEPIIDÆ.

Pied. — Le pied est, chez les CHITONIDÆ, une sole de la longueur du corps, très large chez les *Chiton*, étroite chez les *Chitonellus*. Ce pied se réduit à une simple gouttière chez les NEOMENIIDÆ (fig.

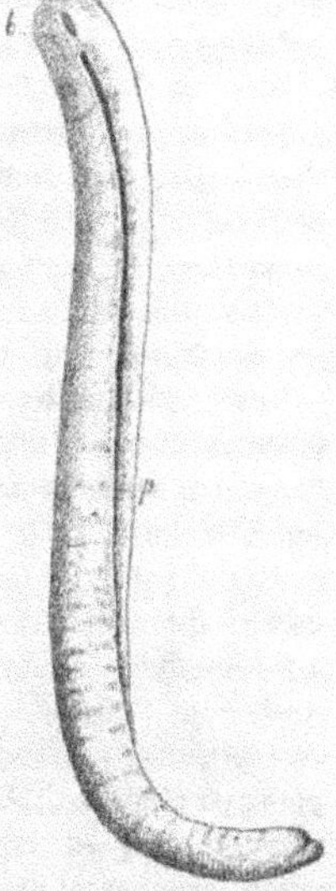

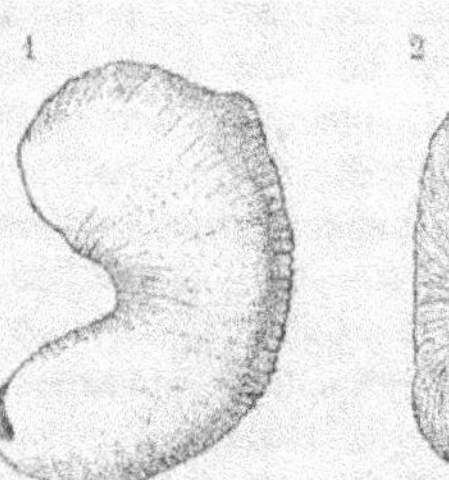

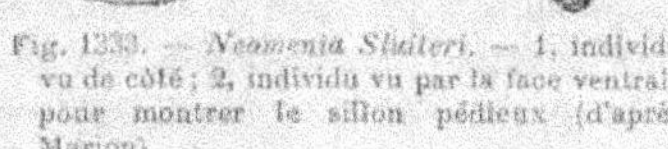

Fig. 1333. — *Neomenia Sluiteri*. — 1, individu vu de côté; 2, individu vu par la face ventrale pour montrer le sillon pédieux (d'après Marion).

Fig. 1332. — *Pronenmenia Sluiteri*. — *b*, bouche; *p*, sillon pédieux (d'après Marion).

1334 et 1335), et la gouttière elle-même disparaît chez les CHÆTODERMIDÆ (fig. 1360, p. 1963). Dans la gouttière ventrale des NEOMENIIDÆ se trouve une saillie ciliée qui représente peut-être d'une manière plus directe la sole ventrale; en avant de cette saillie se trouve une fossette ciliée qui est l'orifice excréteur d'une glande pédieuse, correspondant à la glande pédieuse embryonnaire des *Chiton*; d'autres petites glandes muqueuses sont distribuées tout le long de la saillie.

Chez la très grande majorité des Gastéropodes, le pied est une sole déprimée, s'appliquant largement sur le sol et déterminant la reptation grâce aux mouvements de contraction alternatifs de ses diverses parties. Ordinairement ces mouvements sont peu apparents, mais chez les *Trochus, Tornatella, Phasianella, Littorina* un sillon médian longitudinal divise le pied en deux moitiés qui peuvent agir plus ou moins nettement d'une manière indépendante; cette disposition se régularise chez

Fig. 1334. — *Cyclostoma elegans.* — 1, vu latéralement; 2, tourné de manière à montrer la division longitudinale du pied.

les *Cyclostoma* (fig. 1334) au point que l'animal avance alternativement les deux moitiés de sa sole pédieuse, comme le ferait un homme qui voudrait avancer en maintenant ses deux pieds accolés et en les faisant glisser sur le sol. Ailleurs, chez les *Scyllæa*, le corps étant comprimé, le pied se réduit à une gouttière longitudinale, s'étendant sur presque toute la face ventrale et au moyen de laquelle l'animal peut embrasser les tiges de Sargasse sur lesquelles il vit. Le corps étant comprimé en une simple lame transparente chez les *Phyllirhoë* qui sont pélagiques, il n'y a plus trace de pied.

Bien que cette division n'ait rien de fondamental, au point de vue morphologique, on peut distinguer dans le pied des Gastéropodes trois régions, le plus souvent absolument confondues, mais qui, dans certains cas, peuvent se délimiter très nettement et se différencier d'une manière particulière : la région antérieure ou *propodium*, la région moyenne ou *mésopodium*, et la région postérieure ou *métapodium*. Dans certains cas, le mésopodium se développe latéralement en deux lobes qui portent le nom de *parapodium*.

Les angles antérieurs du *propodium* se prolongent assez souvent latéralement (*Chilina, Nassa,* DOLIIDÆ, fig. 1335; *Paludina, Valvata,* etc.), et peuvent prendre l'aspect de tentacules (*Æolis,* fig. 1336, *Ampullaria, Cyclostrema, Choristes, Olivella,* etc.); entre le mufle et le bord antérieur du pied, il se développe une petite languette saillante chez les *Capulus* et deux appendices tentaculiformes chez les *Vermetus*; entre eux se trouve l'orifice d'une glande particulière, la *glande suprapédieuse*; au-dessous de cet orifice on trouve encore chez les *Vermetus* une sorte de disque, également développé chez les PYRAMIDELLIDÆ et que l'on appelle le *mentum*. Toutes ces formations se développent sur le propodium sans que rien le sépare du reste du pied; au contraire, chez les *Harpa* le propodium est beaucoup plus large que la région suivante du pied; chez les OLIVIDÆ (fig. 1337) ce large propodium est séparé par un sillon transversal du mésopodium; il présente lui-même, en dessus, un sillon longitudinal médian. Les parties latérales du propodium se relèvent sur le dos et masquent complètement la tête chez les *Olivancillaria* et les *Ancillaria*; elles se soudent, dans ce dernier genre, avec les parapodies également réfléchies. Il existe de même un sillon transversal délimitant le propodium chez les NATICIDÆ (fig. 1338), mais ici le propodium dépasse de beaucoup la tête en avant; le sillon de séparation s'avance de plus en plus des *Natica* aux *Sigaretus* et aux *Cryptostoma*; en même

temps le propodium se réfléchit dans toute sa largeur et de plus en plus complètement du côté dorsal, de manière à masquer complètement la tête; il se forme

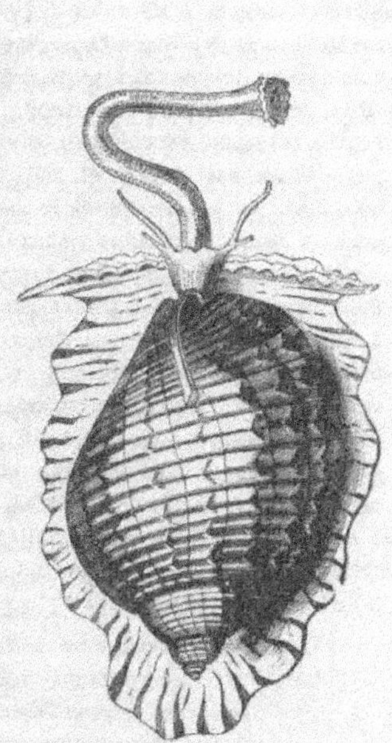

Fig. 1335. — *Dolium perdix* épanoui
(d'après Quoy et Gaimard).

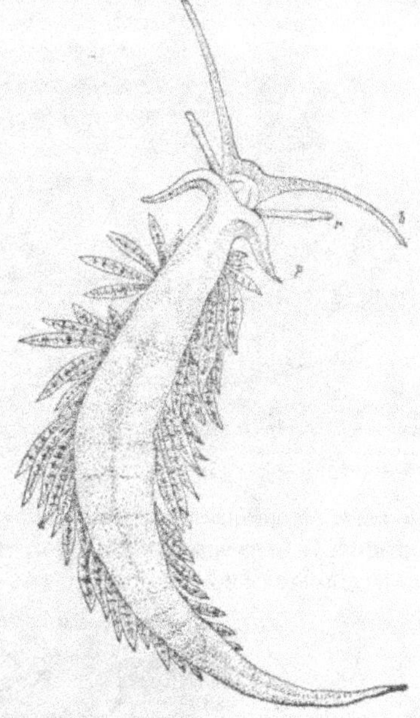

Fig. 1336. — *Æolis alba* vue en dessous. — *b*,
tentacules; *r*, rhinophores; *p*, lobes tentaculiformes du pied (d'après Möbius).

ainsi un *disque propodial*, bien différent du *mentum* des PYRAMIDELLIDÆ et du disque
tentaculaire des BULLIDÆ et des PLEUROPHYLLIDIIDÆ. Ces dispositions particulières
du propodium sont en rapport avec les mœurs fouisseuses
des OLIVIDÆ et des NATICIDÆ. Il existe aussi un sillon
transverse sur le pied des *Pedipes* et des *Truncatella* qui se
servent alternativement des deux parties ainsi séparées
pour marcher à la façon des chenilles arpenteuses; chez

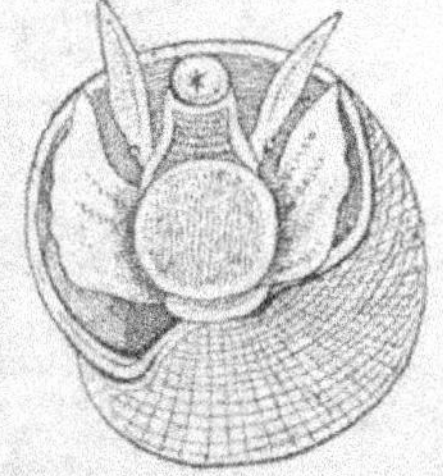

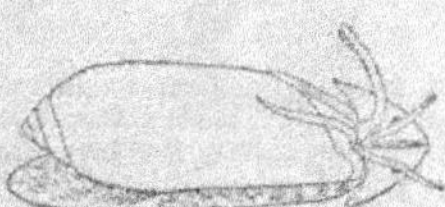

Fig. 1337. — *Oliva flammulata*;
on voit en avant le propodium
élargi, les siphons et le cirre
palléal.

Fig. 1338. — *Natica Alderi*; le *propodium* est rabattu en dessus, de manière
à former le *disque propodial* en arrière
duquel émergent les tentacules (d'après
Woodward).

Fig. 1339. — *Natica canaliculata* vue en dessous, pour
montrer le mufle, les tentacules foliacés, le disque pédieux et les lobes épipodiaux
(d'après Quoy et Gaimard).

les NATICIDÆ (fig. 1339) un propodium étroit, tronqué et allongé se sépare nettement du reste du pied, qui est arrondi ou quadrangulaire.

Chez les Strombidæ (fig. 1340) et les Xenophoridæ on constate des modifications des deux premières régions du pied qui conduisent à la disposition caractéristique des Heteropoda. Les trois régions du pied ne sont pas nettement délimitées chez

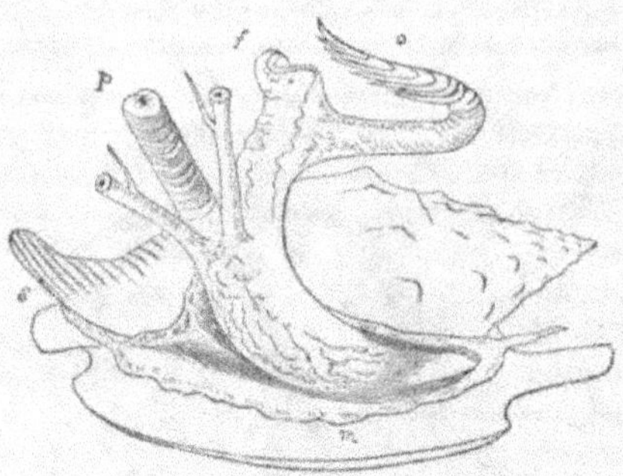

les Strombidæ, mais celle qui correspond au propodium est assez large, concave en dessous et marquée d'un sillon sur son bord antérieur ; la région moyenne est comprimée et la postérieure est longue et réfléchie en avant. Le *propodium* et le *mesopodium* sont confondus chez les Xenophoridæ en une lame comprimée, munie d'un sillon transverse en avant ; le *metapodium* est, au contraire, complètement isolé. C'est également la disposition caractéristique des Hétéropodes (fig. 1341) : le pied des Atlantidæ est une lame comprimée verticalement, divisée en

Fig. 1340. — *Strombus auris-Dianæ*. — *p*, trompe ; de chaque côté les tentacules oculifères ; *f*, pied ; *o*, opercule ; *m*, bord du manteau ; *s*, siphon ; à l'opposé prolongement palléal (d'après Quoy et Gaimard).

trois lobes ; le mesopodium porte une ventouse et le metapodium un opercule ; le propodium et le mesopodium forment, chez les Pterotrachæidæ, une lame unique dont la ventouse n'est conservée que chez les mâles des *Pterotrachæa* ; il n'y a plus

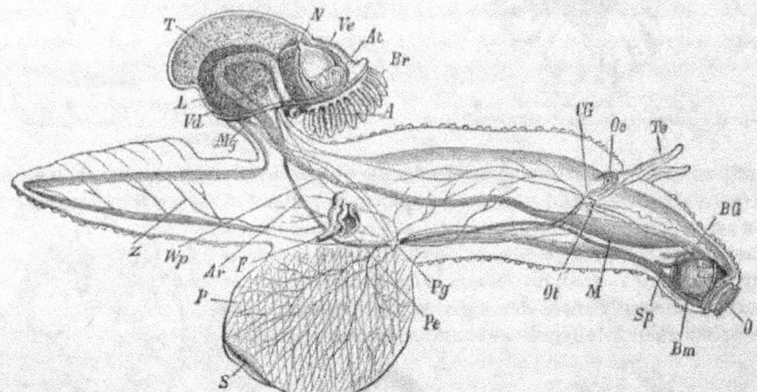

Fig. 1341. — *Carinaria mediterranea* mâle. — *P*, pied ; *S*, ventouse ; *O*, bouche ; *Bm*, masse buccale ; *M*, estomac ; *sg*, glandes salivaires ; *L*, foie ; *CG*, ganglion cérébral ; *Te*, tentacules ; *Oe*, œil ; *Ot*, otocyste ; *Bg*, ganglion buccal ; *Pg*, ganglions pédieux ; *Mg*, ganglion palléal ; *N*, néphridie ; *Br*, branchies ; *At*, oreillette ; *Ve*, ventricule ; *Pr*, artère ; *T*, testicule ; *Vd*, canal déférent ; *Wp*, sillon vibratile ; *Pe*, pénis ; *F*, flagellum (d'après Gegenbaur).

d'opercule ; mais le metapodium plus ou moins comprimé et allongé, présentant sur sa ligne médiane des ailerons membraneux qui rappellent les nageoires impaires des Poissons, n'en garde pas moins un grand développement ; les Hétéropodes sont, grâce à la transformation de leur pied, des Gastéropodes nageurs et pélagiques, manifestement apparentés d'ailleurs aux Rostrifères.

Les lobes latéraux du mesopodium, ou *parapodies*, peuvent également devenir des organes de natation. C'est leur développement prépondérant qui caractérise les Ptéropodes, en fait aussi des animaux pélagiques et modifie à ce point leur aspect qu'on les érigeait autrefois en classe distincte. Déjà quelques Prosobranches ont un pied latéralement développé (NATICIDÆ, BUCCINIDÆ, DOLIIDÆ, HARPIDÆ), mais ses bords demeurent étalés quand l'animal est épanoui; ils se relèvent et se rabattent sur la coquille chez les OLIVIDÆ, et cette disposition devient générale chez les APLUSTRIDÆ (fig. 1342), DORIDIIDÆ, SCAPHANDRIDÆ, PHILINIDÆ, BULLIDÆ, *Oxynoë*, ALPYSIIDÆ (Voir ces familles). Les parapodies ainsi redressées arrivent quelquefois à se rejoindre (*Acera*, fig. 1343) ou même à se souder (*Oxynoë*) sur la face dorsale. Elles finissent ainsi par constituer, chez les *Notarchus*, un sac ouvert en avant, contractile, capable de chasser brusquement l'eau que contient sa cavité et de déterminer ainsi, comme chez les Céphalopodes, un vif mouvement de recul de l'animal.

Chez les *Aplysia* les parapodies séparées par un sillon latéral du reste du pied, capables de s'élever et de s'abaisser alternativement, constituent, d'autre part, un véritable

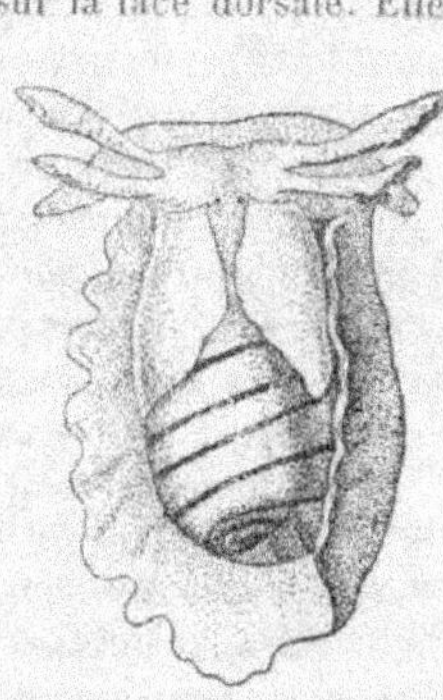

Fig. 1342. — *Aplustrum aplustre*, épanoui (d'après Quoy et Gaimard).

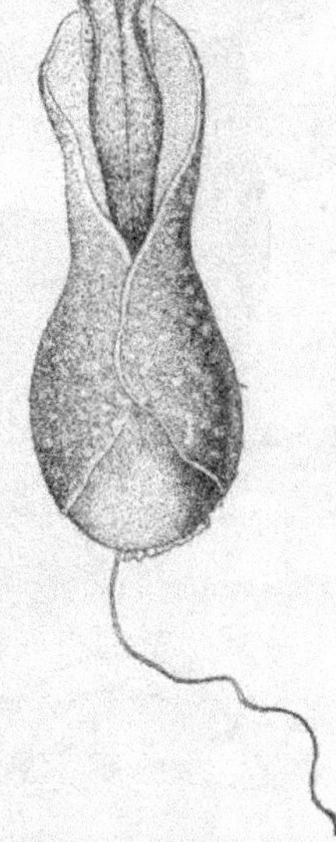

Fig. 1343. — *Acera bullata* (d'après Möbius).

organe de natation; largement étalées de chaque côté de l'animal, elles passent, à ce point de vue, au premier rang chez les *Gastropteron* (fig. 1344); il en

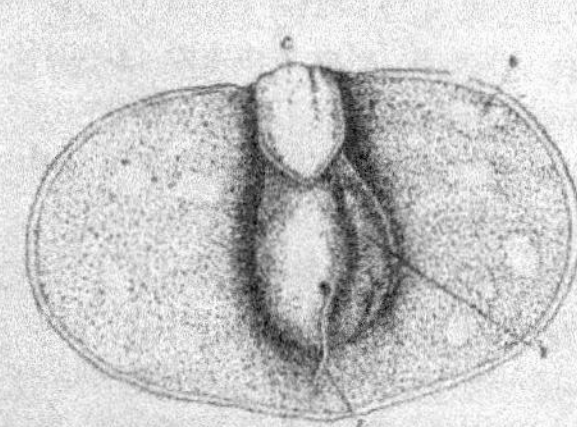

Fig. 1344. — *Gastropteron Meckeli*. — *c*, disque céphalique; *b*, branchie; *a*, parapodies (d'après Vayssière).

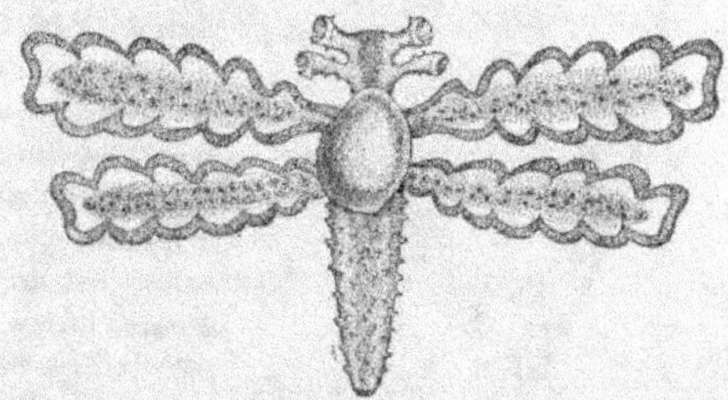

Fig. 1345. — *Lobiger pictus*, avec quatre tentacules et deux paires de parapodies.

est de même chez les *Lobiger* (fig. 1345), où elles semblent constituer deux paires de nageoires latérales. Leur fonction d'organe de natation se précise d'une manière complète chez les Ptéropodes. Les PNEUMODERMIDÆ (fig. 1346) ont encore un pied limité en avant par deux rebords saillants, comprenant entre eux une gouttière et prolongé postérieurement en triangle ; les parapodies sont larges et en forme d'ailes nettement post-céphaliques ; au contraire, par suite de la réduction de la région céphalique et du pied, représenté par un simple lobe ventral, les parapodies ou nageoires paraissent tout à fait céphaliques chez les CAVOLINIIDÆ (fig. 1375, p. 1967).

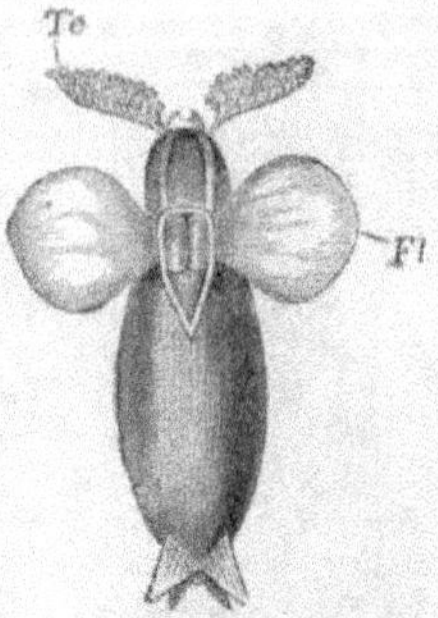

Postérieurement le pied se termine généralement en pointe, plus ou moins obtuse, ou bien il s'arrondit (*Ranella*, *Narica*, *Marginella*, etc.) ; d'autres fois, il est bifurqué en arrière (*Nassa*, fig. 1367, p. 1964) ou terminé par un filament délié (*Phos*, *Pterotrachea*, *Cymbulia*). Mais la fonction essentielle du *metapodium* est de porter un organe presque aussi typique que la coquille elle-même, l'*opercule*, qui ne fait défaut, parmi les Prosobranches, que chez les formes à coquille largement ouverte (FISSURELLIDÆ, HALIOTIDÆ, PATELLIDÆ, LAMELLARIIDÆ, *Calyptræa*, *Janthina*, *Carinaria*), tandis qu'il manque aux Pulmonés adultes, sauf aux *Amphibola*, et, parmi les Opisthobranches, ne se trouve que chez les *Actæon* et les *Limacina*.

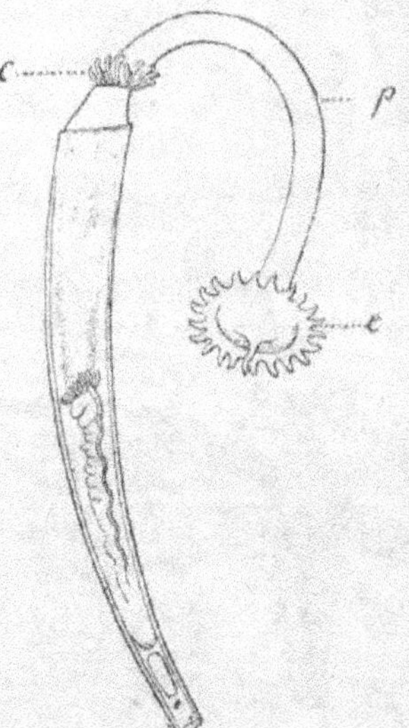

Fig. 1346. — *Pneumodermon violaceum*, vu par la face ventrale. — *Pt*, parapodies ; *Te*, tentacules (d'après Brown).

L'existence d'un opercule dans ces trois genres, ainsi que chez la très grande majorité des embryons, suffit à établir que les Pulmonés, aussi bien que les Opisthobranches, descendent de formes à coquille operculée. On trouve d'ailleurs un opercule chez les embryons des AURICULIDÆ, des *Gadinia* et des *Siphonaria*. On peut donc affirmer que l'opercule faisait partie de l'organisation du type ancestral des Mollusques au même titre que la coquille dont il était le complément. L'opercule est souvent porté par un lobe membraneux, le *lobe operculigère*. Le lobe operculigère prend quelquefois une extension considérable ; il recouvre une partie de la coquille chez les *Natica* ; il s'élargit latéralement et porte en arrière deux prolongements tentaculiformes chez les *Lacuna*. Le pied est réduit au metapodium porteur de l'opercule chez les *Vermetus*.

Le pied des Scaphopodes ne porte pas d'opercule ; c'est un organe long, plus ou moins cylindroïde, dirigé en avant et pouvant faire saillie par l'orifice palléal antérieur ; il est terminé par trois lobes (*Dentalium*) ou par un disque rétractile, à bords papilleux ou nu (*Siphonodentalium*), portant à son centre un appendice tentaculiforme (*Pulsellum*, fig. 1347).

Fig. 1347. — *Pulsellum lofotense*. — *p*, pied ; *e*, disque pédieux ; *c*, captacules (d'après O. Sars).

Le pied des Lamellibranches dérive manifestement de celui des Gastéropodes. Il présente encore une surface plantaire bien caractérisée chez les SOLENOMYIDÆ (fig. 1348) et les NUCULIDÆ qui sont, à tant de points de vue, les formes les moins spécialisées. Cette disposition se retrouve encore chez les *Pectunculus*, parmi les ARCIDÆ; elle s'atténue déjà chez les TRIGONIIDÆ, où le pied s'effile en avant et en arrière; la sole primitive est encore représentée par un sillon chez les CYPRINIDÆ, CARDITIDÆ, ÉRICINIDÆ, CRASSATELLIDÆ, GALEOMMIDÆ, MYIDÆ; mais chez le plus grand nombre des Lamellibranches actuels le pied se termine en carène, le côté ventral se prolonge en avant en une sorte de lobe linguiforme pointu, tandis qu'il forme, en arrière, une sorte de talon (fig. 1349); il a ainsi l'apparence générale d'une hache, d'où le nom de Pélécypodes [1] donné par quelques naturalistes aux Lamellibranches; ce pied comprimé s'insinue facilement dans la vase ou le sable meuble, et permet à l'animal de s'y déplacer. Chez les *Poromya* la partie antérieure du pied s'allonge beaucoup; en même temps, elle devient grêle, cylindrique, tentaculiforme et se renfle en une extrémité glandulaire chez les CYRENELLIDÆ, UNGULINIDÆ, LUCINIDÆ (fig. 1350); elle est, au contraire, épaisse, cylindrique, renflée à son extrémité chez certaines formes qui creusent dans le sol des trous profonds (*Mycetopus*, SOLENIDÆ, fig. 1351); tandis que chez les espèces perforantes qui demeurent sédentaires dans leur trou, le pied devient rudimentaire (CLAVAGELLIDÆ, GASTROCHÆNIDÆ, PHOLADACEA). Le pied demeure aussi peu développé chez les espèces qui se suspendent par un byssus (fig. 1352); il

Fig. 1348. — *Solenomya togata*, vue par la face ventrale. — Le pied *p* est développé et son disque terminal épanoui (d'après Philippi).

Fig. 1349. — *Venus verrucosa*, épanouie. — *s*, siphons marquant l'extrémité postérieure; *p*, pied comprimé en forme de hache, servant à fouir le sable.

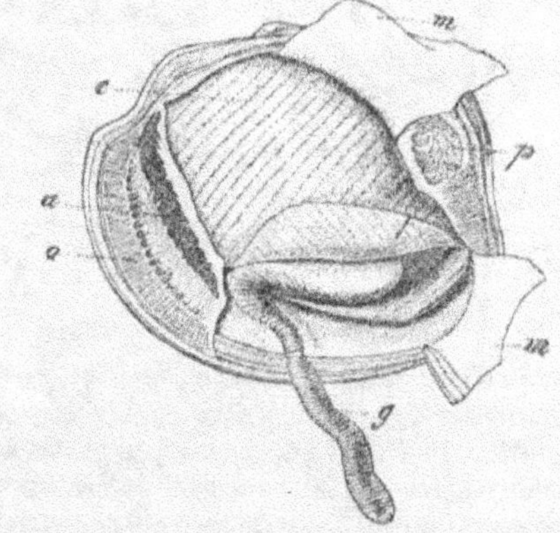

Fig. 1350. — *Lucina jamaicensis*, vue du côté gauche dont la valve et la plus grande partie du lobe palléal ont été enlevés. — *m*, manteau; *a*, adducteur antérieur; *a*, muscle palléal; *c*, branchie; *g*, pied vermiforme (d'après Deshayes).

l'est d'autant moins que l'animal en fait un moindre usage, et chez les formes dont le byssus constitue un appareil définitif de fixation (TRIDACNIDÆ, ANOMIIDÆ), il est

[1] De πέλεκυς, hache, et πούς, pied.

tout à fait rudimentaire; de même lorsque l'animal demeure couché sur un côté (PECTINIDÆ), ou se fixe par l'une de ses valves (CHAMIDÆ); dans ce cas, le pied peut même disparaître totalement (OSTREIDÆ, ÆTHERIIDÆ), ou présenter des adaptations spéciales; il se termine, par exemple chez les SPONDYLIDÆ, par un organe globuleux, pédonculé, creusé en forme de cornet. En revanche, le pied à base cylindrique des

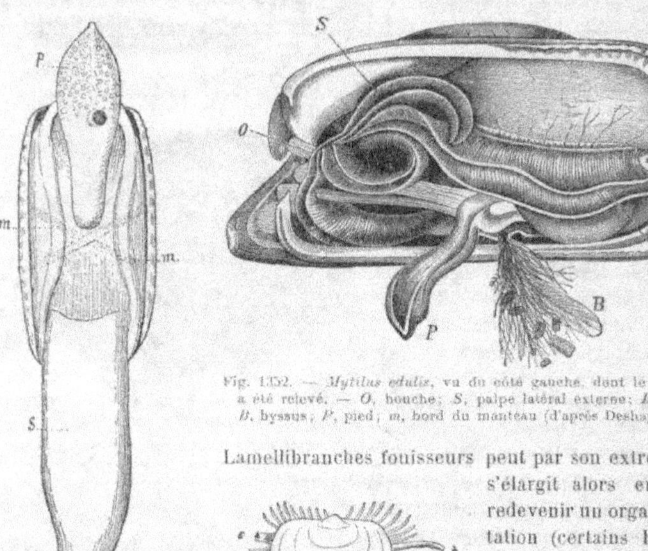

Fig. 1352. — *Mytilus edulis*, vu du côté gauche, dont le lobe palléal a été relevé. — *O*, bouche; *S*, palpe latéral externe; *Br*, branchie; *B*, byssus; *P*, pied; *m*, bord du manteau (d'après Deshayes).

Fig. 1351. — *Solenocurtus candidus*, vu par sa face ventrale. — *p*, pied; *mm*, muscles croisés de la suture palléale; *s*, siphons soudés; *a*, extrémité du siphon afférent (d'après Deshayes).

Fig. 1353. — *Lepton squammosum*, épanoui et en marche. — *t*, cirre buccal; *f*, pied; *m*, manteau; *s*, siphon anal (d'après Forbes et Hanley).

Lamellibranches fouisseurs peut par son extrémité, qui s'élargit alors en disque, redevenir un organe de reptation (certains ERICINIDÆ, *Lepton*, fig. 1353). Le pied des Lamellibranches, lorsqu'il est bien développé, est généralement plus ou moins envahi par les viscères. Ses muscles s'orientent chez les formes les plus archaïques dans une direction longitudinale et continuent à former une couche presque continue; mais ils ne tardent pas, chez les formes plus récentes, à se disposer en faisceaux qui s'insèrent sur la coquille (p. 1941), et se distribuent en quatre paires, deux antérieures, une moyenne et une postérieure. Les muscles antérieurs sont les uns *protracteurs*, les autres *rétracteurs* du pied; cette dernière fonction est aussi celle des muscles postérieurs; les muscles moyens sont les *élévateurs* du pied. Les quatre rétracteurs extrêmes sont parfois seuls bien développés; quand l'appareil byssogène est volumineux, ces muscles rétracteurs, et notamment les postérieurs, s'insèrent sur lui et deviennent ainsi les *muscles rétracteurs du byssus*. Chez les Monomyaires en général, les rétracteurs postérieurs persistent seuls; dans les formes fixées par une valve on peut même ne retrouver que l'un de ces muscles (le gauche chez les *Pecten*); tous deux peuvent enfin disparaître (*Pecten magellanicus*).

Le pied des Céphalopodes est confondu avec la tête et comprend les appendices habituellement désignés sous le nom de *bras*.

Ce pied est assez différemment conformé chez les *Nautilus* et chez les autres Céphalopodes. Il est constitué dans le premier de ces genres (fig. 1354) par un grand nombre d'expansions tentaculiformes qui peuvent être rétractées chacune entièrement à l'intérieur d'une gaine située à leur base. Ces tentacules sont portés par trois paires d'expansions membraneuses; les deux premières paires sont placées au voisinage de la bouche, et chaque expansion porte chez la femelle douze ou treize tentacules dits *tentacules labiaux*; chez le mâle quatre des tentacules labiaux de gauche se réunissent pour former un organe nommé *spadice* qui sert probablement à l'accouplement; chacune des deux expansions restantes porte dix-sept tentacules plus grands, les *tentacules brachiaux*. Deux autres expansions membraneuses, que l'on peut regarder comme des tentacules modifiés, s'étalent au-dessus de l'ouverture de la coquille lorsque l'animal est rétracté et forment ainsi ce qu'on nomme le *capuchon*. Enfin chaque

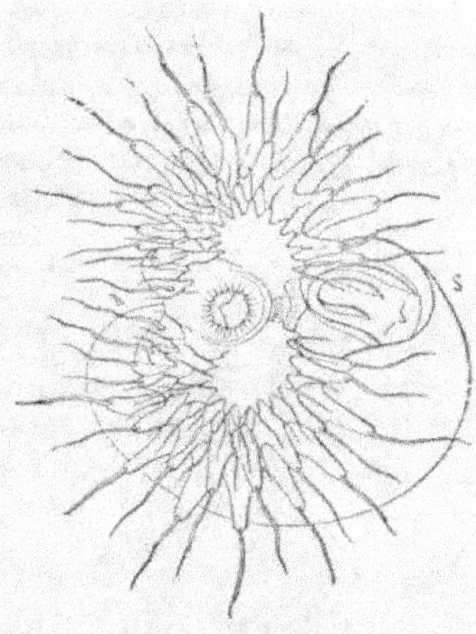

Fig. 1354. — Schéma d'un Nautile en expansion — *h*, capuchon; *s*, entonnoir (d'après Lovén).

œil est compris entre deux tentacules, l'un antérieur, l'autre postérieur, qui sont vraisemblablement homologues des tentacules des Gastéropodes et qui ne sauraient, en conséquence, être compris dans le domaine du pied.

Chez tous les autres Céphalopodes (DIBRANCHIAUX) les bras forment une simple couronne autour de la bouche. Dans un premier groupe on en compte dix (fig. 1355) d'où la dénomination de DECAPODA attribuée aux Céphalopodes qui présentent ce caractère et qui se distinguent ainsi des OCTOPODA, où il n'y a plus que huit bras. Des dix bras des DECAPODA, huit sont relativement courts, coniques, pointus, semblables entre

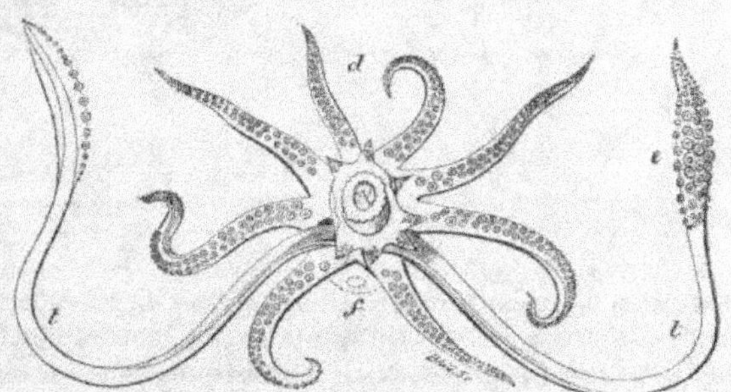

Fig. 1355. — Face buccale d'un *Loligo vulgaris* (Calmar). — Au centre de la face buccale les mandibules, entourées de la lèvre annulaire et de la membrane buccale divisée en huit lobes portant chacun deux rangs de ventouses; *d*, bras dorsaux; *t*, bras tentaculaires avec leur extrémité élargie et seule garnie de ventouses, *e*; *f*, entonnoir.

eux, garnis de ventouses sur toute leur longueur; les deux autres sont, au contraire, allongés, rétractiles et terminés par une expansion spatuliforme qui seule porte des ventouses. Ce sont les *bras tentaculaires*, qui atteignent parfois des dimensions énormes (fig. 1357). Les bras tentaculaires font défaut chez les OCTOPODA, dont les bras ordinaires acquièrent en revanche un développement plus considérable et sont plus souvent que ceux des DECAPODA unis par une *palmure* (*Cirroteuthis*, etc.).

Les ventouses des Octopodes sont constituées par une cupule musculaire dont la cavité est divisée par un rétrécissement annulaire en deux chambres superposées, la *chambre acétabulaire*, qui est la plus profonde, et l'*infundibulum*. Le fond de la chambre acétabulaire est susceptible de prendre une convexité plus ou moins grande et de fonctionner comme une sorte de piston en s'approchant plus ou moins

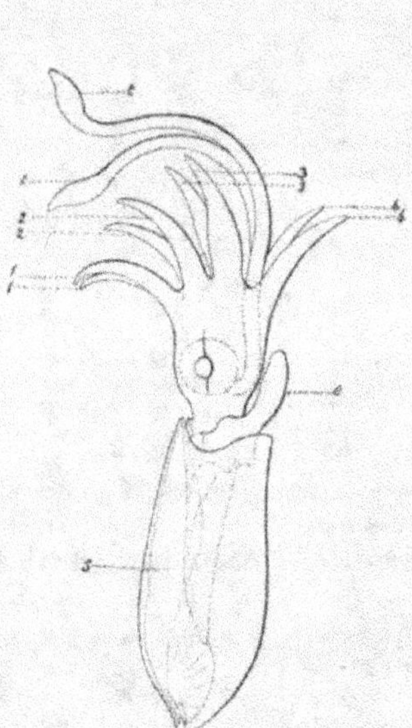

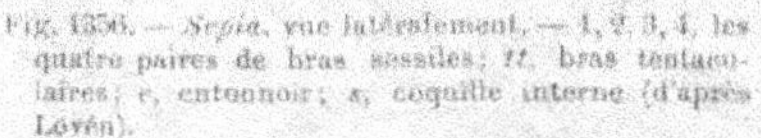

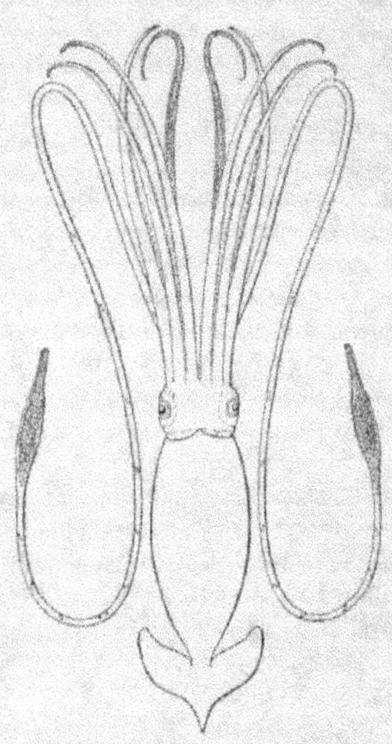

Fig. 1356. — *Sepia*, vue latéralement. — 1, 2, 3, 4, les quatre paires de bras sassiles; *tt*, bras tentaculaires; *e*, entonnoir; *s*, coquille interne (d'après Lovén).

Fig. 1357. — *Architeuthis princeps*. — La longueur du manteau seule est de 2 m. 50 (d'après Verrill).

de l'orifice de l'anneau rétréci. Chacune des cellules épithéliales de l'infundibulum porte une plaque cornée sur laquelle s'élève un denticule. Lorsque la ventouse va se fixer, par le jeu des nombreuses fibres musculaires de direction différente qu'elle contient, l'infundibulum s'étale en un disque qui s'applique exactement sur la surface de fixation dans laquelle s'enfoncent les denticules; le fond de la chambre acétabulaire se soulève, en se rapprochant de l'orifice de l'anneau rétréci de manière à remplir toute la chambre acétabulaire; dès lors la ventouse, ne contenant plus ni air ni liquide, adhère non seulement par contact, mais par l'action même de la pression extérieure. La rétraction du fond de la chambre acétabulaire a pour conséquence de faire pénétrer le tégument de la proie saisie, s'il est mou, à l'intérieur de la ventouse, et d'augmenter en conséquence l'adhérence de celle-ci. Chez la

plupart des Décapodes, le fond de l'infundibulum est couvert par un cercle chitineux, continu, denté sur ses bords (fig. 1358), et le reste de la paroi libre porte des
denticules analogues à ceux des Octopodes ; des
denticules analogues peuvent exister dans la
chambre acétabulaire. Le cercle corné de l'infundibulum s'allonge chez les *Onichoteuthys* et les
Enoploteuthys en un long crochet semblable à
une griffe de chat. La ventouse cesse alors de
fonctionner comme un organe de succion ; son
appareil musculaire se modifie en conséquence.
Les diverses dispositions que peuvent présenter

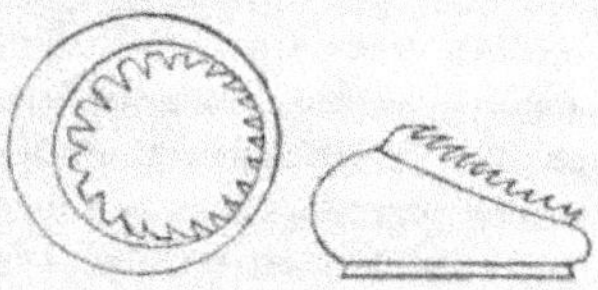

Fig. 1358. — Cercles cornés des ventouses de *Sepia Blainvillei* (d'après d'Orbigny).

les bras et les ventouses ayant été utilisés pour la classification sont indiquées à
ce chapitre (p. 2132).

Opercule des Gastéropodes [1]. — Demeuré presque constant chez les Prosobranches, l'opercule (fig. 1359) a gardé dans cette sous-classe des Gastéropodes une grande
importance taxonomique. Il peut cependant, dans le même genre, être suivant les

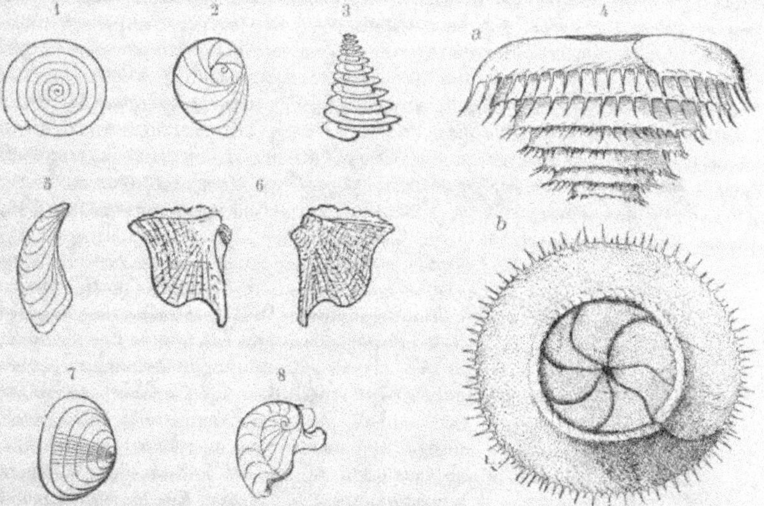

Fig. 1359. — Opercules de Gastéropodes. — 1, Opercule multispiré de *Trochus* ; — 2, Opercule paucispiré
de *Littorina* ; — 3, Opercule turriculé de *Torinia* ; — 4, Opercule de *Tenagodes Bernardii* ; a, vu de
profil ; b, vu par la face interne (d'après Schlumberger) ; — 5, Opercule onguiculé de *Turbinella* ; —
6, Opercule radié de *Septaria* ; — 7, Opercule subconcentrique de *Xenophora* ; — 8, Opercule articulé de
Nerita.

espèces présent ou absent à l'âge adulte (*Stomatella*, *Vermetus*, *Voluta*, *Mitra*, *Pleurotoma*, *Conus*), manquer au même âge chez certains individus d'une espèce, être
présent chez d'autres (*Volutharpa ampullaria*) ou disparaître normalement chez les

---

[1] Houssay, *Recherches sur l'opercule et les glandes du pied des Gastéropodes*, Archives
de Zoologie expérimentale, 2ᵉ série, t. II, 1884.

individus âgés (*Limacina, Helicina*). Il consiste le plus souvent en une lame cornée, marquée d'une ligne spirale, mais la lame cornée peut se doubler d'une lame calcaire (*Liotia, Cistula*), et le calcaire devenir si épais que l'opercule en paraît entièrement constitué (TURBINIDÆ, NERITIDÆ); la nature calcaire ou cornée de l'opercule est souvent invoquée comme un caractère de genre ou même de famille. Les TURBINIDÆ, par exemple, diffèrent surtout des TROCHIDÆ par leur opercule calcaire. Sauf dans un ou deux genres, le sens de l'enroulement est inverse pour la spirale de l'opercule et pour l'hélice de la coquille. L'origine de la spirale est le *nucleus* ou le *sommet* de l'opercule. Lorsque le nombre des tours de spire est grand, tout au moins supérieur à celui des tours de l'hélice de la coquille, l'opercule est dit *polygyré* ou *multispiré* (n° 1); si le nombre des tours est faible, l'opercule est *paucispire* (n° 2). Dans ce dernier cas le nucleus peut être *central* ou *excentrique*. Dans quelques genres (*Torinia*), l'opercule, au lieu de s'enrouler en spirale, s'enroule en une hélice qui peut être plus ou moins ornementée (n° 4). La spire est croisée, chez les *Littorina*, par des lignes qui partent en rayonnant du sommet et s'incurvent dans le même sens. Si l'on suppose que la ligne spirale s'efface, que ces lignes rayonnantes persistent seules et partent du sommet d'un opercule étroit en forme de griffe, on aura un opercule onguiculé à bords simples (*Fusus, Turbinella*, n° 5) ou dentelés (*Phos, Nassa*); si ces lignes sont droites et l'opercule de forme irrégulièrement triangulaire, il sera dit radié (*Septaria*, n° 6). Dans d'autres cas, l'opercule est marqué de circonférences concentriques (*Paludina*), ou de lignes courbes qui s'enveloppent successivement et demeurent toujours en contact à un même point du bord (*Xenophora*, n° 7); dans les deux cas, il est dit *concentrique*. S'il est formé de lamelles superposées plus ou moins distinctes, il est *écailleux* (*Strombus*). Enfin il est *articulé* chez les NERITIDÆ, où il présente deux apophyses en contact avec le bord columellaire; dans cet opercule, deux courtes spires partent de la même origine; des lignes rayonnantes vont de cette origine à la spirale interne; d'autres lignes courbes à concavité tournée dans le même sens sont comprises entre les deux spirales (n° 8).

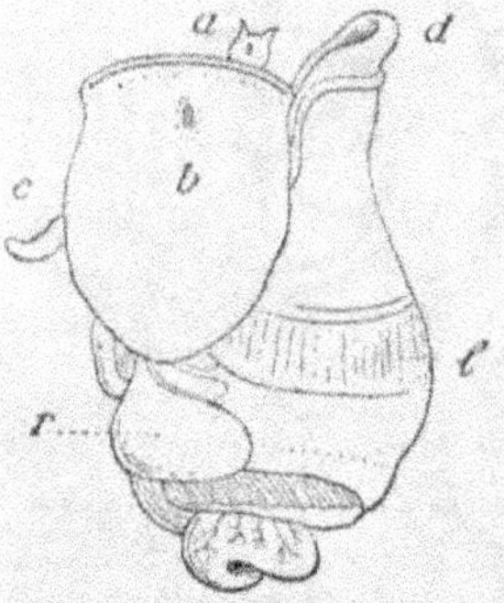

Glande pédieuse des Gastéropodes; appareil byssogène des Lamellibranches. — Les téguments du pied présentent une grande quantité de cellules glandulaires muqueuses. Très souvent, ces cellules s'accumulent autour d'invaginations du tégument qui leur servent de canal excréteur commun; ainsi se constituent des *glandes pédieuses* que l'on peut, suivant leur position, répartir, chez les Gastéropodes, dans les catégories suivantes :

1° *Glande antéro-pédieuse*, qui débouche dans le sillon marginal antérieur, dans lequel s'ouvre également le groupe des *glandes latérales*; c'est la glande qui sécrète le mucus dont se recouvre la face inférieure du pied et qui aide à la reptation.

2° *Glande supra-pédieuse*, qui s'ouvre entre le mufle

Fig. 1300. — *Pyrula tuba*, retirée de sa coquille et vue en dessous. — *a*, tête; *b*, pore pédieux; *c*, verge; *l*, branchie; *r*, rein (d'après Souleyet).

et le bord antérieur du pied (*Vermetus, Hipponyx, Cyclostoma*, PULMONATA); elle s'étend chez les Pulmonés jusque vers l'extrémité postérieure du pied et ses parois sont plissées et ciliées du côté ventral.

3° *Glandes pédieuses* proprement dites, répandues dans la sole ventrale du pied et débouchant dans une cavité souvent ramifiée dont l'orifice est le *pore pédieux ventral*, considéré autrefois comme un pore aquifère (*Cypræa*, *Tritonium*, *Cassis*, la plupart des Sténoglosses, fig. 1360, *b*).

4° *Glande postéro-pédieuse dorsale* des CYCLOSTOMIDÆ et des Pulmonés terrestres, s'ouvrant à l'extrémité postérieure du pied par un orifice dorsal, fréquemment surmonté d'une sorte de corne (*Ariophanta*, *Plectrophorus*, *Orpiella*, *Dermatocera*).

5° *Glandes postéro-pédieuses ventrales*, résultant d'une multiplication en certains points de la face ventrale des cellules glandulaires de l'épithélium (PLEUROBRANCHIDÆ, PLEUROPHYLLIDIIDÆ), multiplication qui peut aboutir à la formation d'une glande pourvue d'un long canal excréteur (*Gastropteron*).

Il existe enfin chez les NATICIDÆ et peut-être quelques autres formes à pied très extensible un système de cavités pédieuses, complètement indépendantes de la cavité générale du corps. Ces cavités s'ouvrent à l'extérieur par un orifice; l'animal peut y introduire de l'eau et déterminer ainsi la turgescence de son pied.

Les glandes pédieuses ventrales des Gastéropodes sont représentées chez les Lamellibranches par les cellules glandulaires qui se multiplient abondamment dans le sillon prébyssal du pied et par les *glandes byssogènes* (fig. 1361). À l'extrémité postérieure des sillons pédieux, on aperçoit, en effet, chez beaucoup de ces Mollusques, un pore qui est l'orifice de l'*appareil byssogène*. Il conduit dans une cavité plus ou moins spacieuse, à parois plissées ou anfractueuses, lorsque l'appareil atteint son maximum de développement, et tapissées par une seule couche d'épithélium peu modifié; au-dessous de l'épithélium, dans la couche conjonctive, se trouvent de nombreuses

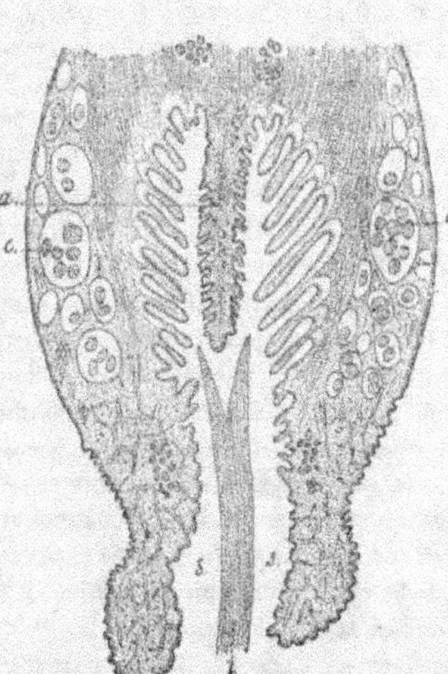

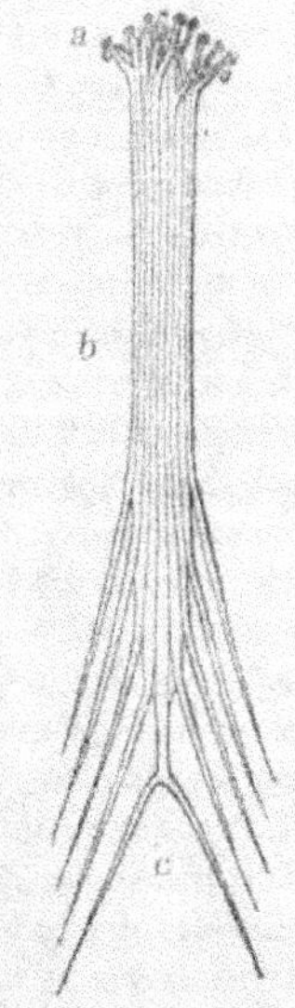

Fig. 1361. — Coupe de la cavité du byssus de la *Saxicava rugosa*. — *a*, lames centrales; *a*, cavité byssogène; *b*, byssus; *c*, produits génitaux (d'après Th. Barrière).

Fig. 1362. — Byssus de *Perna*. — *a*, insertion des fibres sur les corps sous-marins; *b*, corps du byssus; *c*, racines du byssus dans la glande byssogène.

et grosses cellules glandulaires; ce sont les *cellules byssogènes*. Le produit de sécrétion de ces cellules s'écoule en traînées de gouttelettes entre les cellules épithéliales et, arrivé au contact de l'eau, se durcit; chaque traînée se continue, par suite, en un filament résistant. Ces filaments forment le *byssus* (fig. 1362);

ils sont parfois assez fins et assez solides pour être tissés comme de la soie (*Pinna*); d'autres fois ils se soudent en gros fils (*Mytilus, Dreyssensia*), et peuvent former une masse unique, imprégnée de calcaire, par laquelle l'animal est définitivement fixé. Dans ce cas les phénomènes d'accroissement qui suivent la fixation déterminent des déformations de l'animal (Tridacnidæ) qui peuvent atteindre même la coquille chez les Anomiidæ; l'une des valves de la coquille croissant ainsi autour du byssus est d'abord échancrée, puis complètement perforée. L'utilisation de la sécrétion de la glande pédieuse comme appareil de fixation n'est pas un caractère primitif des Lamellibranches. Chez les formes les plus archaïques, encore rampantes (Solenomyidæ, Nuculidæ, Trigoniidæ), l'appareil byssogène est peu développé, et ne sert pas à la fixation; il prend plus d'importance chez les Arcidæ et surtout chez les Aviculidæ; il persiste chez quelques Anatinidæ (*Lyonsia*) ou Myidæ (*Saxicava*) et chez les formes pleurothétiques (Monomyaires) libres (Limidæ, beaucoup de Pectinidæ), mais il s'atrophie chez les formes exclusivement fouisseuses, perforantes, sédentaires ou fixées par leur coquille, où il n'est plus représenté que par une cavité byssogène plus ou moins réduite et par un pore. Les étapes de cette régression peuvent être suivies chez les *Cyclas* dont les jeunes ont un appareil byssogène et même un byssus bien développé qui disparaît avec l'âge, et chez diverses *Unio* dont la cavité byssogène, d'abord ouverte et normale, finit par se fermer. Par une adaptation nouvelle, l'appareil byssogène tout entier se transforme chez quelques formes parasites en une sorte de ventouse (*Entovalva*).

Manteau. — On donne couramment le nom de *manteau* chez les Mollusques à la partie du tégument que recouvre la coquille. Tout le long du bord de la coquille, ce tégument forme un repli qui entoure, comme une manchette, la partie antérieure du corps; c'est la seule région du manteau qui soit vraiment distincte du tégument proprement dit. Tantôt sur la face dorsale (Gastéropodes prosobranches et pulmonés), tantôt sur la face ventrale (Ptéropodes, Céphalopodes), la fente qui sépare le repli du tégument s'approfondit et constitue une cavité profonde dans laquelle sont abritées, entre autres organes importants, les branchies et qu'on appelle pour cette raison la *cavité branchiale* ou *cavité palléale*. Cette cavité occupe chez les Lamellibranches, caractérisés par la forme comprimée de leur corps, les deux côtés du corps et détache complètement le manteau, qui forme deux lobes doublant la coquille, ayant à peu près la même étendue qu'elle et présentant exactement avec la coquille d'une part, l'animal de l'autre, les mêmes rapports que les gardes d'un volume relié avec la couverture d'une part, le corps du volume de l'autre. Elle est ventrale chez les Ptéropodes, les Scaphopodes et les Céphalopodes.

Amphineures et Gastéropodes. — Chez les Chitonidæ (fig. 1363), les Patellidæ (fig. 1364), les Phyllidiidæ (fig. 1365), le corps est aplati et le pied très large; le repli palléal forme simplement la lèvre supérieure d'une gouttière dont le bord du pied forme la lèvre inférieure, et dans laquelle sont situées les branchies qui se répètent parfois sur toute sa longueur et les orifices habituels. Si dans ces formes le pied se rétrécit (*Chitonellus*), les deux replis palléaux se rapprochent l'un de l'autre; il ne subsiste plus entre eux, chez les Neomeniidæ, qu'une fente conduisant dans un espace tubulaire dont le fond est occupé par la bande saillante ciliée qui représente le pied (fig. 1333, p. 1940); enfin les bords de la fente se soudent chez les *Chætoderma*, où il n'y a plus à proprement parler de manteau distinct qu'à

la région postérieure du corps; là subsiste une chambre branchiale, renflée en
forme de cloche et à orifice postérieur contractile (fig. 1366, b).

Chez les Diotocardes qui remontent à la plus lointaine période paléontologique,
le repli palléal qui forme le plafond de
la chambre branchiale est fendu sur une
étendue plus ou moins grande (PLEURO-
TOMARIIDÆ, *Emarginula*, *Scutum*, HALIO-
TIDÆ) ou présente un orifice dorsal, outre
son orifice antérieur (*Fissurella*, *Punctu-*

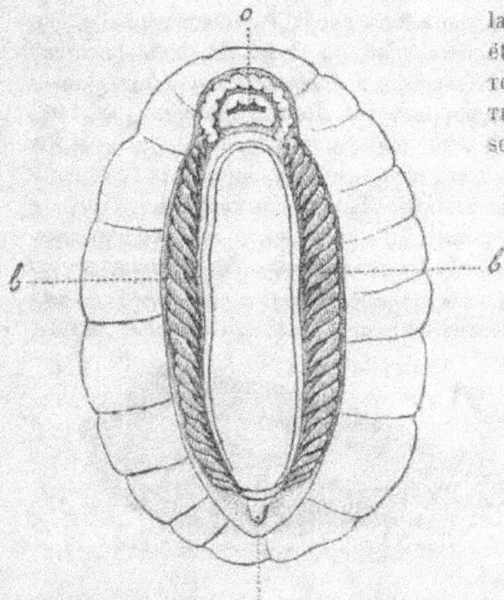

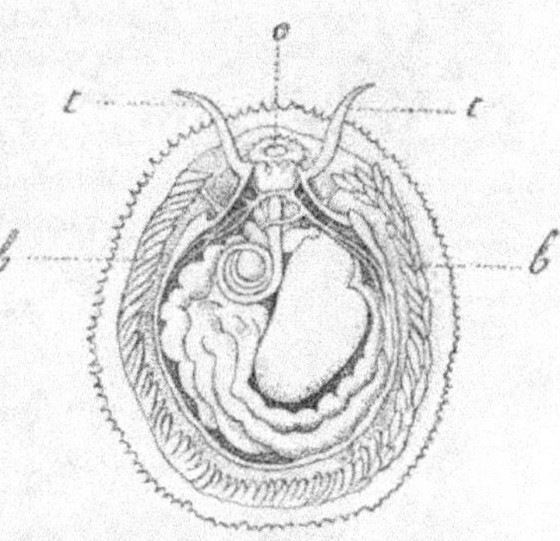

Fig. 1364. — *Helcion pellucidum*, vu en dessous et
dont la masse pédieuse a été enlevée de manière
à laisser voir les organes. — o, bouche; t, tentacules; b, branchies; en arrière de la bouche le
ruban lingual enroulé en spirale (d'après Cuvier).

Fig. 1363. — *Chiton*, vu par la face ventrale. —
o, bouche; b, branchies; r, anus (d'après Cuvier).

rella); cette disposition pourrait être l'origine de la division complète en deux lobes

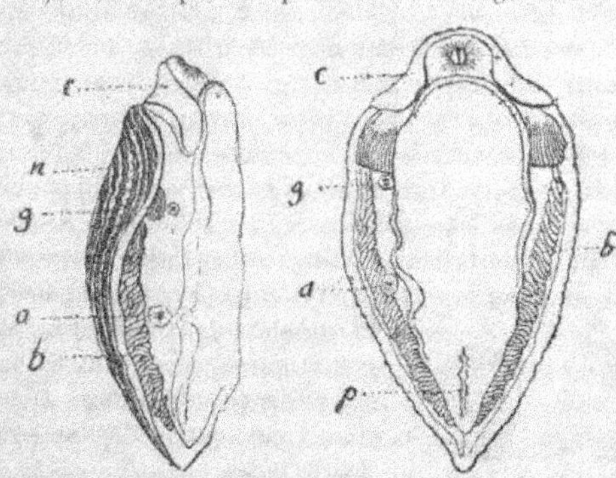

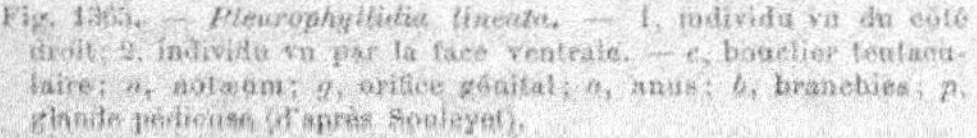

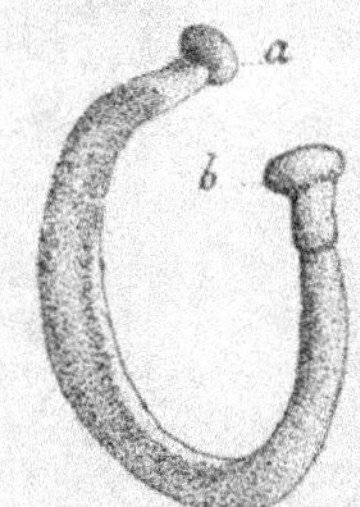

Fig. 1365. — *Pleurophyllidia lineata*. — 1, individu vu du côté
droit; 2, individu vu par la face ventrale. — c, bouclier tentaculaire; n, notæum; g, orifice génital; a, anus; b, branchies; p,
glande pédieuse (d'après Souleyet).

Fig. 1366. — *Chætoderma nitidulum*.
— a, extrémité buccale; b, extrémité anale.

qu'on observe chez les Lamellibranches, avec qui les Diotocardes ont de si nombreuses affinités. Le plafond de la chambre branchiale est également fendu chez les

Siliquaria et les femelles des Vermets; partout ailleurs ce plafond est entier. Le bord antérieur du repli qu'il forme est simple chez les Diotocardes et chez les Ténioglosses rostrifères herbivores, ainsi que chez les Proboscidifères holostomes. Mais déjà chez les CERITHIIDÆ, les STROMBIDÆ, les CYPRÆIDÆ le coin gauche du bord palléal commence à s'allonger en un tube, le *siphon*, qui prend un développement considérable chez les Proboscidifères siphonostomes et chez les Sténoglosses, tous carnassiers (fig. 1367 et 1368). Il semble donc que le développement du siphon qui régularise le renouvellement de l'eau dans la chambre branchiale, siège des osphradies, soit lié chez ces animaux à l'acuité bien connue de leur sens olfactif. Dans les Gastéropodes siphonés l'ouverture de la coquille est prolongée en un canal qui loge le siphon lorsque celui-ci demeure horizontal (FUSIDÆ), s'infle

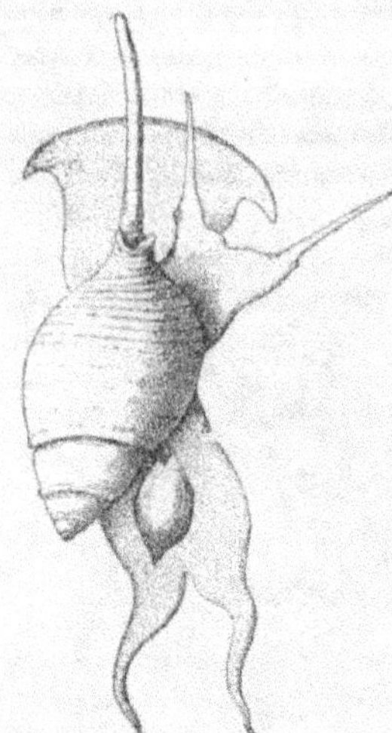

Fig. 1367. — *Nassa semi-striata* en marche (d'après de Folin).

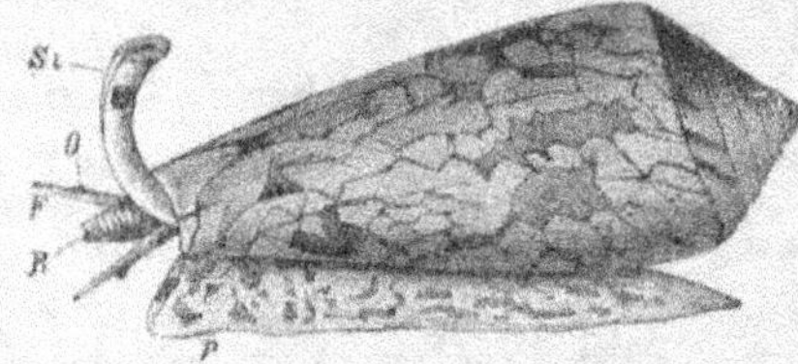

Fig. 1368. — *Conus textilis*, épanoui. — *R*, trompe; *F*, tentacules; *O*, yeux; *Si*, siphon (d'après Quoy et Gaimard).

chit obliquement ou est remplacé par une simple entaille lorsque le siphon se redresse verticalement. A droite, le bord du manteau peut aussi se prolonger en un tentacule dont la place marquée est dans la coquille des STROMBIDÆ (fig. 1340, p. 1952), par une sorte de canal postérieur et qu'on retrouve chez le *Rissoia*, *Oliva*, *Valvata*, *Vitrina*, *Acera*, *Gastropteron*: les *Doridium* ont aussi un appendice palléal bifide, et chez beaucoup de Tectibranches le bord du manteau se prolonge en un lobe musculaire bien développé. Outre leur filament postérieur, les *Oliva* ont encore un filament palléal antérieur; on en trouve chez les *Cavolinia* et autres Ptéropodes deux latéraux et symétriques, émergeant de la coquille par des orifices spéciaux; ce sont les *balanciers* (fig. 1375, *e*).

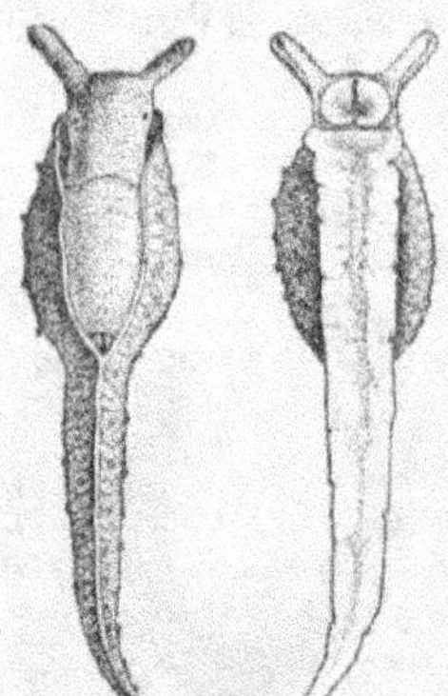

Fig. 1369. — *Oxynoé Sieboldii*, vu par la face dorsale et par sa face ventrale (d'après Souleyet).

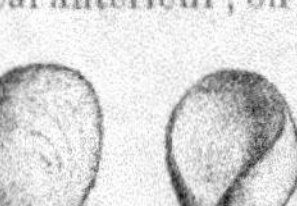

Fig. 1370. — Coquille d'*Oxynoé Sieboldii* vue du dos et du côté de l'ouverture (d'après Souleyet).

Chez les FISSURELLIDÆ, MARSENINA, *Velutina*, la plupart des CYPRÆIDÆ et des MARGINELLIDÆ,

les *Oxynoé* (fig. 1369 et 1370), *Aplysia*, *Physa*, *Vitrina*, *Vitrinopsis*, *Parmarion*, *Hemphilia*, *Homalonyx*, *Binneya*, *Xanthonyx*, divers *Amphipeplea*, les bords du manteau se rabattent sur la coquille, et cette portion réfléchie se développant de plus en plus, la coquille peut être complètement cachée par le manteau ; on dit alors qu'elle est interne (*Urocyclus, Mariælla, Parmacella, Limax, Anolimax, Geomalacus, Cryptostracon, Lamellaria*, fig. 1371 ; *Oncidiopsis, Pustularia, Doridium, Notarchus, Pleurobranchus*). L'hélice de la coquille est alors courte ou nulle. Dans des formes voisines, la coquille peut être remplacée par de simples granulations calcaires (*Arion*), par des spicules (DORIDIIDÆ, PLEUROBRANCHIDÆ) ou même par une sorte de chondrification du tissu conjonctif qui donne aux parois du corps une assez forte consistance et constitue ce qu'on nomme une *pseudoconque* (CYMBU-LIIDÆ) ; enfin toute trace de formation coquillière disparaissant, la lame réfléchie du manteau et le tégument sous-jacent ne font plus qu'un, et constituent une sorte de bouclier dorsal, le *notæum* (*Pterotrachæa*, PHILOMYCIDÆ, ONCI-DIIDÆ, VAGINULIDÆ, PTEROPODA GYMNO-SOMATA, CYMBULIIDÆ, *Pleurobranchæa*, NUDIBRANCHIATA). Dans ce cas, le corps ne s'enroule jamais en hélice, et reprend en grande partie extérieurement, la symétrie bilatérale.

Déjà lorsque le manteau est simplement rabattu sur la coquille, il peut se

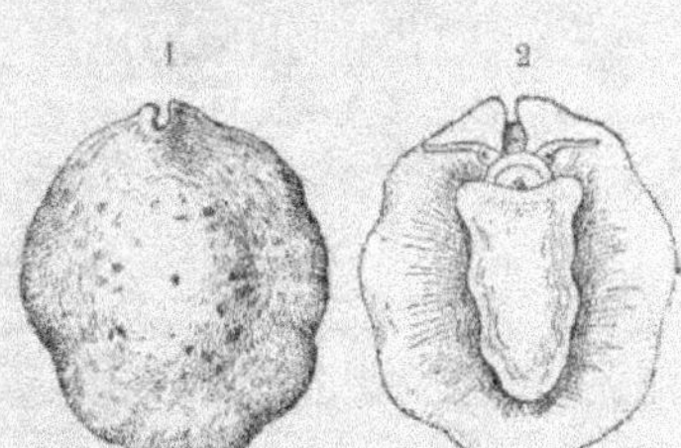
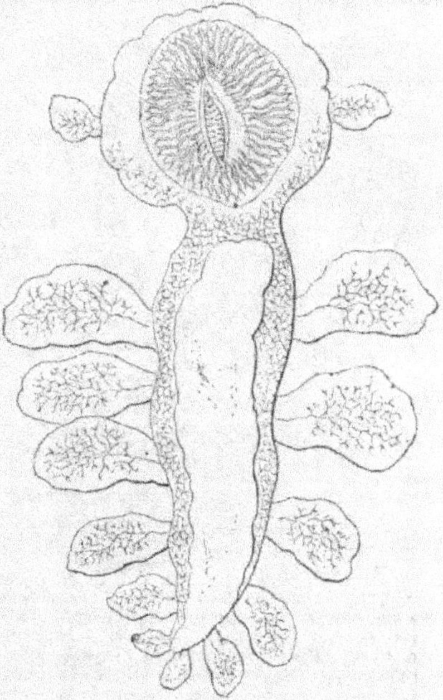

Fig. 1371. — *Lamellaria latens.* — 1, vue en dessus ; 2, vue en dessous (d'après O. Sars).

Fig. 1372. — *Melibe leonina*, vue par sa face inférieure (d'après Gould).

développer à sa surface des appendices arborescents (*Cypræa*) ; des appendices de ce genre prennent une importance particulière chez les Nudibranches (fig. 1372 et 1336, p. 1954), où ils constituent un nouvel appareil respiratoire qui remplace les cténidies disparues avec la chambre branchiale et la coquille ; dans ces appendices pénètrent souvent des ramifications du tube digestif qui doivent être morphologiquement rattachées au foie. Les branchies postérieures des GYMNOSOMATA sont des productions de cet ordre.

La lame du manteau qui, chez les Gastéropodes, recouvre la cavité palléale et en forme la partie dorsale est une région des plus importantes, en raison des organes que l'on observe à sa surface interne. Dans les formes primitives de Diotocardes (FIS-SURELLIDÆ, HALIOTIDÆ) deux organes en forme de plumes frappent tout d'abord ; ce sont les *branchies*, qui sont, surtoute leur longueur, indépendantes du manteau, mais sont soudées, sur une partie de leur étendue, au tégument dorsal qui forme le plancher de la chambre palléale ; les deux branchies sont symétriques (fig. 1431, p. 1999) ; entre elles, à leur base, au fond de la chambre palléale se trouve l'anus, et à droite de l'anus l'orifice génital. Ces dispositions sont à peu près les mêmes chez les HALIOTIDÆ, sauf que la branchie située à droite est notablement plus petite que la branchie située à gauche. Chez tous les autres Gastéropodes prosobranches il n'existe qu'une seule branchie encore bipectinée chez les Diotocardes, monopectinée chez les Monotocardes (sauf les *Valvata*, fig. 1432, p. 1999), adhérente sur toute son étendue au man-

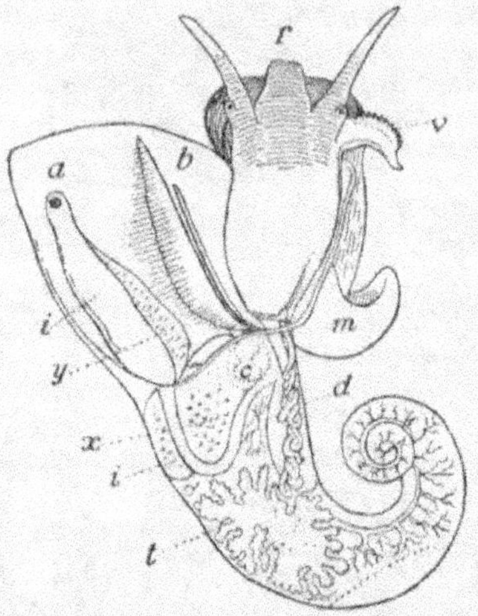

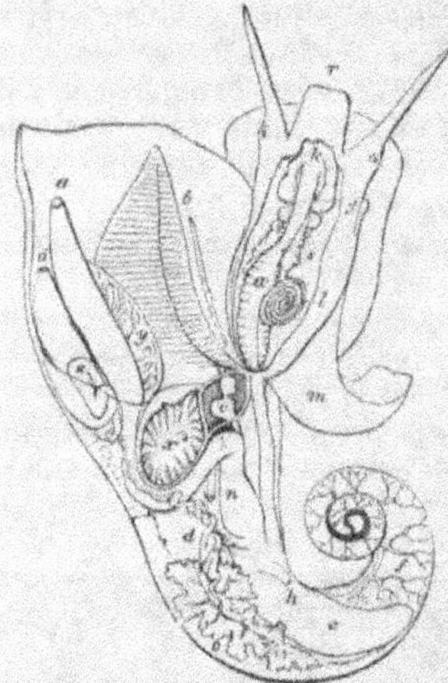

Fig. 1373. — *Littorina littorea*, mâle. — La coquille a été enlevée, la cavité branchiale ouverte et le manteau rabattu à gauche. — *a*, anus ; *b*, branchie ; *c*, cœur ; *d*, canal déférent avec l'appendice à sa gauche ; *i*, intestin ; *m*, muscle columellaire ; *r*, mufle ; *t*, testicule ; *v*, verge ; *x*, rein ; *y*, glande muqueuse (d'après Souleyet).

Fig. 1374. — *Littorina littorea*, femelle. — L'animal a été traité comme le précédent ; en plus, la région antérieure du corps a été ouverte du côté dorsal. — *r*, mufle ; *k*, masse buccale ; *y*, ganglion nerveux ; *s*, glande salivaire ; *n*, œsophage ; *l*, radula ; *m*, muscle columellaire ; *b*, branchie ; *c*, cœur ; *a*, aorte ; *e*, estomac ; *f*, foie ; *h*, canal biliaire ; *i*, intestin ; *n*, anus ; *o*, ovaire ; *d*, oviducte ; *u*, utérus ; *o'*, orifice femelle ; *x*, néphridies ; *y*, glande à mucus (d'après Souleyet).

teau lui-même, ainsi que tous les autres organes situés dans la chambre palléale. En laissant le manteau en place, en le supposant transparent et en examinant l'animal par sa face dorsale, dans sa position normale, les organes en rapport avec le manteau se présenteraient dans l'ordre suivant, en allant de gauche à droite (fig. 1373 et 1374) : 1° l'*osphradie* ou organe de Spengel, qui est un organe d'odorat ; 2° la *branchie* ; 3° la *glande hypobranchiale*, *glande à mucus* ou *glande de la pourpre* ; 4° l'extrémité du *rectum* ; 5° l'extrémité du canal excréteur de glandes génitales femelles ; 6° l'*orifice néphridien* situé tout au fond de la cavité palléale. Chez les Diotocardes à une seule branchie, l'orifice des glandes mâles occupe la même position que celui des glandes femelles ; mais chez les Monotocardes pourvus d'un pénis, il peut présenter des rapports un peu différents. La cavité palléale des Diotocardes munie d'une seule branchie est divisée en deux étages par une cloison horizontale se prolongeant vers la droite du support de la branchie. Les deux séries de plis de la branchie sont placées de part et d'autre de la cloison. On observe également une division de la chambre branchiale en deux compartiments, chez les AMPULLARIIDÆ; et ces compartiments petits et situés tout à fait à droite, contiennent la branchie et le rectum; l'autre est transformé en un vaste poumon (p. 2004 et p. 1972); non loin du rectum court longitudinalement, sur le plancher de la cavité palléale, une lame saillante dont on retrouve l'équivalent chez les *Paludina*, *Turritella*, *Melania*, *Cerithium*. Cette lamelle délimite chez les *Ampullaria* une gouttière profonde continuée vers la gauche par un court entonnoir au fond duquel est l'orifice rénal. La cavité palléale, dorsale encore chez les LIMACINIDÆ, est ventrale et bien développée chez les CAVOLINIIDÆ; elle contient une vaste branchie en demi-cercle, appliquée sur sa paroi dorsale, qui constitue le tégument ventral de

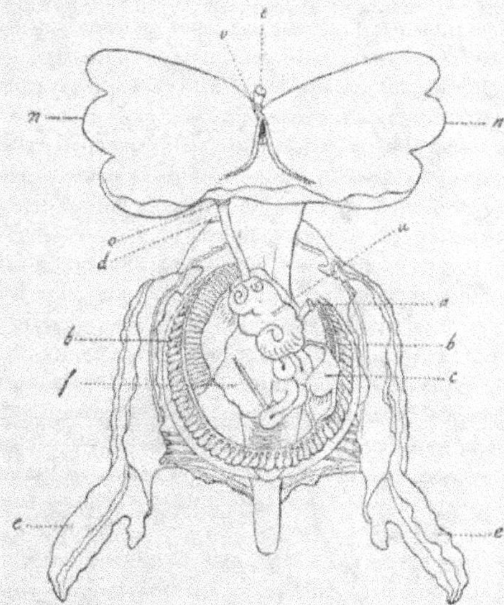

Fig. 1375. — *Cavolinia tridentata*, extraite de sa coquille et dont le manteau a été ouvert. — *a*, anus; *b*, branchie; *c*, cœur; *d*, vagin; *e*, balanciers; *f*, foie; *n*, parapodies; *o*, orifice vaginal; *t*, tentacule; *u*, matrice; *v*, orifice de la verge (d'après Souleyet).

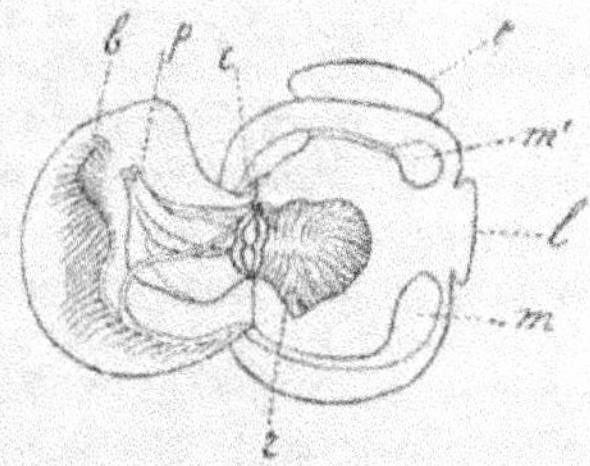

Fig. 1376. — Cavité palléale de la *Siphonaria triestensis* dont le manteau a été enlevé. — *t*, tête; *mm'*, muscle adducteur; *c*, cœur; *r*, néphridies; *b*, branchie; *p*, poumons; *l*, languettes de l'orifice respiratoire (d'après Dall).

l'animal; cette branchie (fig. 1375) ne peut être homologuée à la cténidie des Prosobranches. Chez la plupart des Opisthobranches la cavité palléale se réduit beaucoup et disparaît; la branchie devenant alors extérieure. Elle se transforme en poumon chez les Gastéropodes pulmonés; mais peut contenir encore dans certaines formes des organes branchiaux secondaires, morphologiquement différents de la cténidie des Prosobranches, bien que pouvant parfois affecter une forme analogue (*Siphonaria*, fig. 1376).

Scaphopodes. — Chez les Scaphopodes le manteau couvre la face ventrale du corps; la cavité comprise entre sa paroi interne et la paroi externe du tégument ventral proprement dit est ouverte aux deux bouts, et l'orifice antérieur est le plus grand; cette cavité est restreinte dans ses régions moyenne et postérieure, surtout chez les *Siphonodentalium* par l'extension que prennent dans l'épaisseur même du manteau le foie, les reins et les glandes génitales.

Lamellibranches. — Déjà divisé au-dessus de la chambre palléale chez les Diotocardes dibranches, le manteau achève, chez les Lamellibranches, de se partager en deux lobes symétriques dont chacun double une valve correspondante de la coquille. Chacun de ces lobes est d'ailleurs constitué, comme d'habitude, d'une couche de tissu conjonctif comprise entre deux assises de cellules épithéliales ; l'assise tournée vers le corps est vibratile. En arrière et en dehors des branchies, il se développe des glandes *hypobranchiales* chez les Solenomyidæ et les Nuculidæ ; et, sur le bord du manteau, des glandes, des taches pigmentaires ou même des yeux (Pectinidæ) et des tentacules. Des fibres musculaires apparaissent sur le pourtour des lobes palléaux constituant le *muscle orbiculaire*, rétracteur des bords du manteau. Quelques tentacules se développent parfois beaucoup plus que les autres ; tels le tentacule impair qui chez les *Lepton* et les *Galeomma* est situé à la commissure extérieure des deux lobes palléaux (fig. 1353, *t*, p. 1956) ; les deux tentacules qui avoisinent symétriquement cette commissure chez les *Solen*, ceux qui sont placés de chaque côté de la commissure palléale postérieure chez les *Solenomya* et, chez les *Leda*, un tentacule latéral droit.

Les bords du manteau, simples chez les *Nucula*, présentent le plus souvent trois plis, dont l'interne peut se rabattre en rideau au devant de l'animal, formant ainsi le *voile*. Les bords des deux lobes demeurent indépendants l'un de l'autre chez les Lamellibranches primitifs (Nuculidæ, Trigoniidæ, Arcidæ) et aussi chez quelques formes relativement récentes (Pectinidæ, Anomiidæ), mais chez les Solenomydiæ, Heteromyaria, Ostreidæ, *Pisidium*, Astartidæ, Cardilidæ, Kellyellidæ, Crassatellidæ, la plupart des Unionidæ et des Lucinidæ, les deux bords s'unissent sur une certaine étendue dans leur région postérieure de manière à limiter un orifice en regard de l'anus ; chez les *Anodonta* et d'autres Unionidæ, cet orifice se divise en deux autres, l'un, petit dorsal, au voisinage de la charnière, l'autre situé en face de l'anus ; mais tous deux demeurent des *orifices efférents*, et l'eau qui apporte les matières alimentaires et l'oxygène entre par la large fente palléale antéro-ventrale. A quelque distance en avant de la soudure préanale, il s'en fait une seconde chez les Dreissensiidæ, les Mutelidæ, la plupart des Hémibranches et des Eulamellibranches ; le manteau présente ainsi trois orifices ; l'orifice antérieur des *Kellya* et des *Lasæa* sert d'orifice afférent, l'orifice médian permet la sortie du pied ; partout ailleurs l'orifice antérieur est réservé au pied, l'orifice médian, le plus souvent très rapproché de l'orifice efférent, sert d'orifice afférent. Chez quelques Anatinacea (*Myochama, Chamostræa, Cochlodesma, Pholadomya, Brechites*) à pied très réduit, les *Solen* et quelques Myacea (*Lutraria, Glycimeris*), il se constitue un quatrième orifice palléal.

L'orifice efférent tend le premier à s'allonger en un tube ou *siphon* (*Pisidium*, Galeommidæ, *Lucina lactea*) ; mais, en général, les deux orifices afférent et efférent présentent cette modification, même lorsque le premier est antérieur au pied. Le siphon afférent égale souvent le siphon efférent ; il finit par s'allonger beaucoup plus que l'autre (*Scrobicularia*) ; il est quelquefois muni d'une valvule (*Mactra triangula*). Quand les siphons sont égaux, ils sont souvent indépendants l'un de l'autre (Tellinacea (fig. 1377), Veneracea) ; d'autres fois soudés en partie (*Solenocurtus*) ou sur toute leur longueur comme les canons d'un fusil double (Pholadomyidæ, Clavagellidæ (fig. 1378), Myacea (fig. 1379), sauf les Mesodesmidæ) ; dans ce cas le *phrag-*

mostracum se prolonge souvent à la surface du tube unique qui le constitue. C'est principalement chez les Lamellibranches qui habitent des trous creusés une fois pour toutes dans la vase, la pierre ou le bois que les siphons prennent un grand

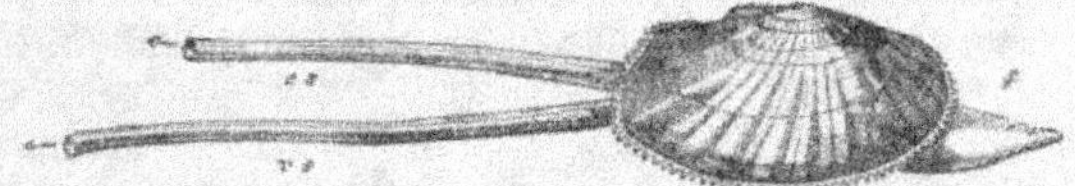

Fig. 1377. — *Psammobia vespertina.* — *rs*, siphon afférent; *es*, siphon efférent; *f*, pied (d'après Poli).

développement; ils ne peuvent plus alors se rétracter entièrement dans la coquille,

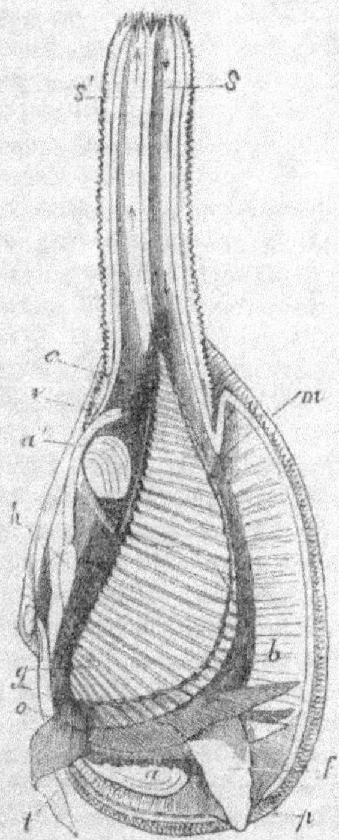

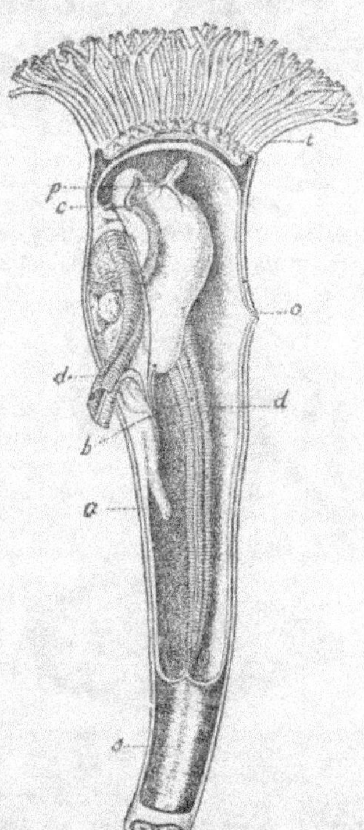

Fig. 1378. — *Mya arenaria* dont la valve, le lobe palléal et la moitié des siphons ont été enlevés à gauche. — *a*, muscle adducteur des valves; *b*, sac viscéral; *c*, cloaque; *f*, pied; *g*, branchie; *h*, cœur; *m*, bord coupé du manteau; *o*, bouche; *t*, palpes labiaux; *s*, siphon afférent; *s'*, siphon efférent; *v*, anus; *p*, bord papilleux du manteau; les flèches indiquent la direction des courants d'eau (d'après Woodward).

Fig. 1379. — *Brechites dichotomus* Chenu. Le tube est ouvert sur toute sa longueur et le manteau du côté droit a été enlevé. — *t*, couronne tubuleuse; *o*, perforation ventrale du manteau; *s*, siphons; *dd'*, branchies dont la droite a été en partie coupée; *p*, ganglions pédieux, à la base du pied rudimentaire; *c*, ganglion cérébroïde; *b*, ganglion branchial; *a*, tube calcaire (d'après de Lacaze-Duthiers).

qui demeure bâillante à son extrémité postérieure (PHOLADACEA). Lorsque les bords du manteau sont ainsi soudés, les tentacules palléaux à l'orifice des siphons se localisent presque exclusivement; ils sont de forme très variée et habituellement plus développés autour de l'orifice afférent (fig. 1380); ils peuvent ainsi former une couronne double autour de cet orifice, simple autour de l'autre, qui est même assez souvent complètement nu. Dans plusieurs formes siphonées (*Scrobicularia*, *Donax*, fig. 1251, *m*, p. 1956, *Solenocurtus*) il se développe, dans la membrane unissant les deux

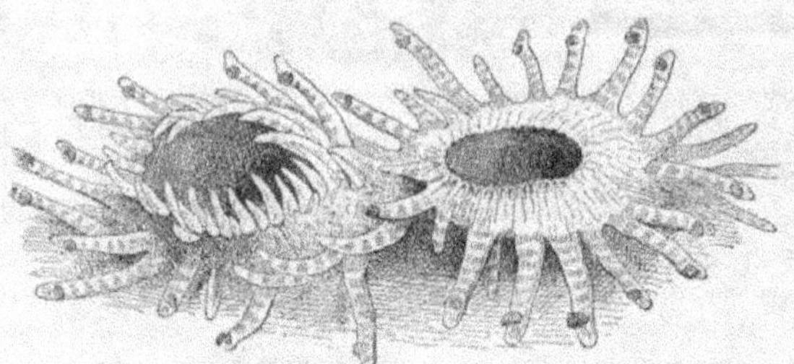

lobes du manteau, des muscles qui vont en se croisant d'une valve à l'autre; lorsque la soudure est très allongée (*Saxicava*), ces muscles peuvent même se développer sur toute la longueur de la membrane de suture.

Fig. 1380. — Orifice des siphons du *Cardium edule* (d'après Möbius).

Il est assez rare qu'en dehors des siphons, les bords du manteau dépassent de beaucoup les valves de la coquille; ils peuvent se rabattre cependant sur elle chez les GALEOMMIDÆ (fig. 1381) et même la couvrir entièrement chez certaines formes parasites (*Entovalva*, *Scioberetia*).

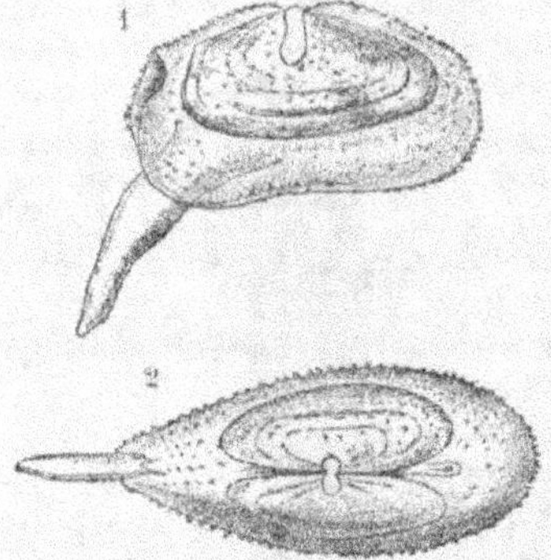

En arrière de la tête, le corps des Céphalopodes est enveloppé par le manteau qui, du côté dorsal, peut en être séparé par une gouttière transversale ou être en continuité avec elle (*Sepiola*, OCTOPODA). Du côté ventral, le manteau se sépare complètement de la paroi tégumentaire ventrale et délimite ainsi une *chambre branchiale* qui occupe toute la face ventrale du corps; l'ouverture de cette cavité branchiale est, en partie, fermée en avant par l'entonnoir, modification de l'épipodium des Gastéropodes diotocardes. La région du corps recouverte par le manteau peut être aplatie et ellipsoïdale (*Sepia*),

Fig. 1381. — *Scintilla aurantia*, épanouie, avec le manteau réfléchi sur la coquille. — 1, vue de côté; 2, vue du côté dorsal.

conique, allongée et pointue en arrière (OMMATOSTREPHIDÆ, ONYCHOTEUTHIDÆ, CIRROTEUTHIDÆ, LOLIGINIDÆ, etc.), ou en forme de bourse arrondie (SEPIOLIDÆ, OCTOPIDÆ). Latéralement le manteau des Décapodes et celui des *Cirroteuthis*, parmi les Octopodes, développent des lobes membraneux symétriques, les *nageoires*, qui servent surtout de gouvernail à l'animal. La forme et la position de ces nageoires, entrant pour une large part dans la caractéristique des genres, sont signalées dans la partie systématique.

Épipodium des Diotocardes; lobe operculaire; lobes cervicaux. — Les Diotocardes homo- et hétéronéphridés, quelquefois désignés, pour cela, sous le nom de THYSANOPODA, ont le disque pédieux surmonté d'un repli membraneux, l'*épipodium* (fig. 1382, c), qui entoure le corps complètement et peut se prolonger même dans la région céphalique entre les tentacules ; les palmettes (p. 1948 et fig. 1382, p.) semblent

appartenir, bien que tout autrement innervées, au même ordre de formations tégumentaires. L'épipodium simule un second manteau ; il porte d'habitude des prolongements simples ou ramifiés ayant l'aspect de tentacules et ornés assez souvent des taches pigmentaires qui ont été prises à tort pour des yeux. On a beaucoup discuté la question de savoir si l'épipodium était une formation palléale ou une formation pédieuse, et l'on a pensé résoudre la question en recherchant si l'épipodium recevait ses nerfs des centres pédieux ou des centres palléaux ; mais chez les Diotocardes les centres palléaux ne sont pas encore spécialisés (p. 2030). Des formations analogues à l'épipodium se retrouvent chez quelques Monotocardes (LITIOPIDÆ, jeunes RISSOIIDÆ, NARICIDÆ, fig. 1339, p. 1931), à centres pédieux et palléaux bien différenciés ; l'étude de ces animaux permettrait de déterminer si le

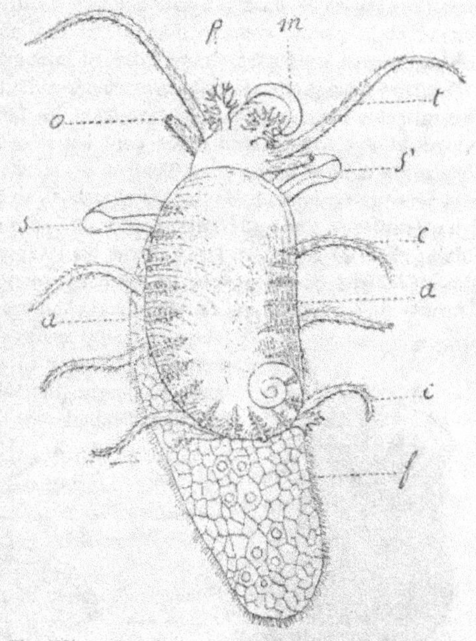

Fig. 1382. — *Gena lævis*. — *m*, mufle ; *p*, palmettes ; *t*, tentacules ; *o*, pédoncules oculaires ; *s*, gouttière cervicale afférente ; *s'*, gouttière efférente ; *a*, petits cirres palléaux rabattus sur la coquille ; *c*, cirres épipodiaux ; *f*, pied (d'après Garrett).

repli épipodial était originairement situé ou non dans le domaine qui a été plus tard réservé aux centres pédieux.

Chez les Mononéphridés et un certain nombre de Monotocardes l'opercule repose sur un repli membraneux simple (HYDROBIIDÆ, RISSOIIDÆ), ou porteur d'appendices plus ou moins développés (*Lacuna*) ; il n'est pas impossible que ce repli operculifère représente un épipodium limité.

Dans la famille des HIPPONYCIDÆ (fig. 1383) l'épipodium acquiert un rôle tout particulier. Le pied a presque complètement disparu ; l'épipodium couvre toute la face ventrale du corps, formant autour de celui-ci un rebord frangé ; le

Fig. 1383. — *Hipponyx antiquatus*, retiré de sa coquille. — 1, face dorsale montrant le muscle adducteur ; 2, face ventrale. Le bord de l'épipodium a été rabattu en avant pour montrer le pied trilobé et très réduit.

mufle est compris entre le manteau et l'épipodium modifié, laissant entre eux une fente par laquelle il fait saillie au dehors ; au-dessous de lui un appendice spatuliforme trilobé représente peut-être ce qui reste du pied. La face inférieure du corps est en général protégée par une plaque calcaire, produite par l'épipodium, sur laquelle s'insère le muscle adducteur fixé d'autre part sur la coquille; quelquefois cependant la plaque calcaire manque, et l'animal adhère directement à son substratum creusé à cet effet, sans qu'il y ait là aucune différence spécifique.

D'autres formations tégumentaires indépendantes du manteau et du pied et que l'on rattache aux téguments caractérisent les familles des Stomatidæ, des Paludinidæ et des Ampullariidæ; ce sont les *lobes cervicaux*. Ces lobes naissent des téguments mêmes du corps, à l'entrée de la chambre branchiale. Les deux lobes sont presque également développés chez la *Gena lævis* (fig. 1382, s, s') et constituent deux gouttières, l'une afférente, l'autre efférente en rapport avec la chambre branchiale; chez les *Stomatia*, les *Microtis*, les Paludinidæ (fig. 1384), le lobe droit est plus développé que le gauche, et ses bords se replient seuls en dessus de manière à former une gouttière qui fait suite à la chambre branchiale; c'est, au contraire, le lobe gauche qui se développe ainsi chez les Ampullariidæ dextres et va jusqu'à former un long siphon tégumentaire, fendu en dessus (fig. 1385, s), tandis que les siphons palléaux des Ténioglosses supérieurs et des Sténoglosses sont

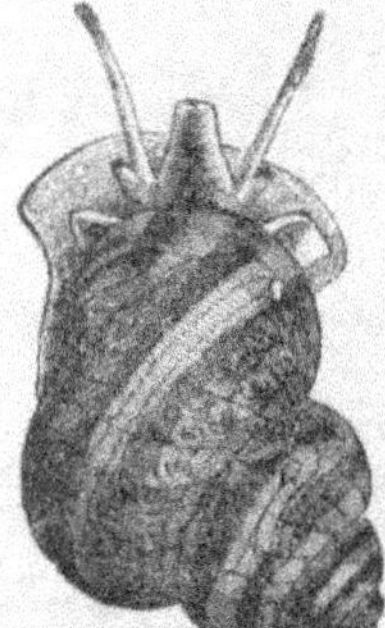

Fig. 1384. — *Paludina vivipara* femelle; derrière les tentacules sont les deux appendices cervicaux; les jeunes se voient par transparence à travers la coquille (d'après Woodward).

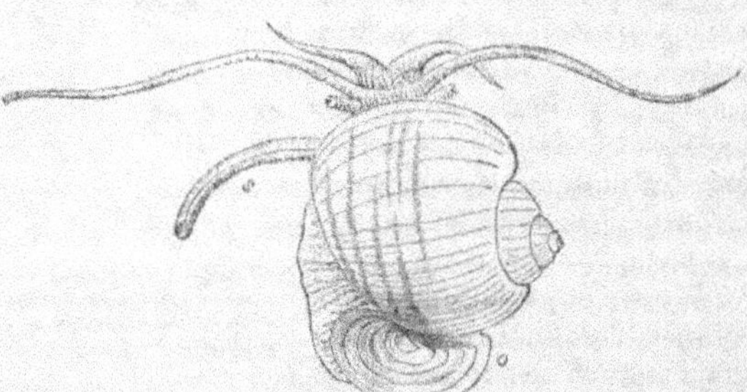

Fig. 1385. — *Ampullaria canaliculata*; en avant de la tête, les deux lobes tentaculiformes du pied; s, siphon; o, opercule (d'après d'Orbigny).

fendus en dessous. Le rôle de ce siphon est uniquement d'aspirer l'air pour l'introduire dans le poumon sans que l'animal soit obligé de sortir de l'eau; le petit siphon droit est l'organe expirateur de la chambre branchiale; le siphon gauche beaucoup plus petit des *Lanistes* est un siphon inspirateur aussi bien pour l'air que pour l'eau [1].

Structure des parois du corps. — *Épithélium.* — D'une manière générale la surface du corps des Mollusques est délimitée par un épithélium formé : 1° de *cellules de soutien*, fréquemment ciliées; 2° de *cellules glandulaires*; 3° de *cellules sensitives* dites *cellules de Flemming*. Les éléments de l'épithélium ne forment qu'une seule assise, mais chez les Gastéropodes prosobranches tout au moins, se comportent différemment dans cette assise [2] (fig. 1386).

[1] E. Bouvier et P. Fischer, *Sur le mécanisme de la respiration des Ampullaires*, Compte rendu de l'Académie des sciences, t. CXI, 1890.

[2] F. Bernard, *Recherches sur les organes palléaux des Gastéropodes prosobranches*, Annales des sciences naturelles, 7ᵉ série, t. IX, 1890.

Les *cellules de soutien* ou *cellules indifférentes* (*e*) présentent leur maximum de largeur à la surface même de l'épithélium et sont terminées par un plateau cilié; elles se rétrécissent rapidement de manière à revêtir la forme d'un triangle isocèle, et se terminent par un long filament qui vient s'insérer sur la membrane; le noyau est situé vers le milieu du triangle.

Les *cellules glandulaires* (*g*) sont larges, et conservent leur largeur sur presque toute la hauteur de l'épithélium; elles s'arrondissent et se terminent parfois par une sorte de col vers la surface libre de l'épithélium; elles se prolongent du côté de la surface opposée en un court filament qui vient s'insérer comme celui des cellules indifférentes; leur noyau est situé dans la partie profonde de la cellule; le mucus sécrété par celle-ci s'accumule dans sa région périphérique, qu'il gonfle en la faisant proéminer entre les cellules indifférentes et qu'il finit par déchirer pour arriver au dehors; la cellule, après l'expulsion du mucus, continue à vivre et se régénère. Le mucus ainsi sécrété recouvre et assouplit les téguments des Mollusques; il est quelquefois lumineux (*Plocamophorus, Phyllirhoë*).

Les *cellules sensitives* (*s*) ont la forme d'un petit globe presque entièrement occupé par le noyau et qui est compris entre deux filaments, dont l'un, généralement le plus court, traverse la membrane basale et entre en rapport avec les fibres des nerfs sous-épithéliaux, tandis que l'autre chemine entre les divers éléments épithéliaux, arrive jusqu'à la surface libre de l'épithélium et se termine assez souvent par une soie ou un bâtonnet (tentacules des *Helix*, palpes labiaux des Lamellibranches). Il résulte de cette description que les noyaux de divers éléments de l'épithélium sont situés à des niveaux différents de la couche épithéliale, qui présente, dès lors, à un examen sommaire, l'apparence d'un épithélium stratifié.

Les diverses parties du tégument ne diffèrent entre elles que par la proportion relative des éléments de chaque sorte. L'accumulation des cellules de Flemming dans l'épithélium, sur le trajet d'un nerf sousjacent, caractérise les *osphradies*; les trois catégories d'éléments sont en proportion moyenne dans les branchies (p. 1998); lorsque les éléments sécréteurs prennent une grande prédominance, ils donnent à la région tégumentaire où cette accumulation se produit une opacité particulière due à l'abondance du mucus

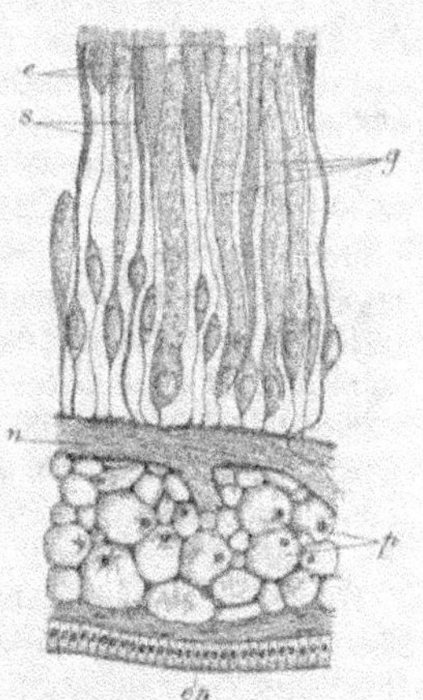

Fig. 1386. — Coupe demi-schématique à travers la glande à mucus de la *Purpura lapillus*. — *ep*, épithélium externe; *p*, cellules conjonctives de Langer; *n*, nerf; *e*, cellules de soutien ciliées; *g*, cellules glandulaires; *s*, cellules sensitives (d'après F. Bernard).

dans les cellules glandulaires; cette région peut alors être nettement délimitée et se caractérise encore par une hauteur plus grande de l'épithélium et par l'apparition de plis à sa surface; elle prend ainsi l'aspect d'une véritable glande. Chez les Prosobranches, tout l'espace de la surface interne du manteau compris entre la branchie et le rectum est ainsi riche en cellules glandulaires; cet espace se distingue encore à peine des autres régions du manteau chez les *Fissurella*, les *Nerita*, les *Patella*; mais chez la *Paludina* un bourrelet saillant, parallèle à la branchie et dépourvu des cellules sensitives est la première indication d'une différenciation glandulaire qui ne sera autre chose que la *glande hypobranchiale*. Cette différenciation s'accuse de même le long de la veine rénobranchiale et du vaisseau afférent de la branchie chez les TROCHIDÆ; chez les HALIOTIDÆ et les TURBINIDÆ, elle devient saillante et marquée de plis longitudinaux; c'est là une glande hypobranchiale parfaitement définie. Des stades correspondants se retrouvent chez les Ténioglosses aussi bien que chez les Sténoglosses. Nulle chez les *Valvata*, faiblement indiquée chez les *Littorina*, *Rissoia*, *Natica*, *Lamellaria*, elle est bien limitée, mais à surface lisse, chez les *Bithynia*, *Calyptræa*, *Vermetus*, *Melania*, *Rostellaria*, *Strombus*, *Cassidaria*, *Cassis*, *Dolium*, *Purpura*, *Murex*, divers *Fusus*; des replis transversaux en marquent, au contraire, la surface chez les *Planaxis*, *Chenopus*, *Triton*, *Ranella*, *Buccinum*, *Harpa*, *Pyrula*, *Voluta*; les lames se disposent en réseau chez les *Fasciolaria*, *Terebellum*, *Oliva*, bien que, dans ces deux derniers genres, la glande soit petite. Dans les familles des MURICIDÆ et des PURPURIDÆ, le mucus sécrété par la glande hypobranchiale est jaunâtre et soluble dans l'eau au moment de sa sécrétion; mais sous l'action de la lumière cette substance devient rouge, puis d'un violet brillant, et en même temps insoluble; elle se fixe dès lors sur les étoffes, et les teint d'une couleur inaltérable, la *pourpre* des anciens. On peut obtenir, à l'aide de cette couleur, des épreuves photographiques (Lacaze-Duthiers).

Assez souvent, outre les cellules muqueuses des téguments, d'autres cellules sécrétrices apparaissent dans certains organes; elles forment dans les glandes du pied des faisceaux (*Valvata*) où les cellules peuvent même s'ouvrir les unes dans les autres (*Nassa*); d'autres fois les cellules demeurent isolées, mais s'allongent et pénètrent profondément dans les tissus sous-jacents. De grandes cellules analogues se retrouvent dans toutes les parties des téguments des Pulmonés, et on en distingue de deux sortes : les unes sont essentiellement des cellules muqueuses; les autres font effervescence sous l'action de l'acide acétique, et doivent être considérées comme des *cellules du calcaire*. Les cellules de soutien ne sont pas ciliées chez les Pulmonés terrestres.

L'épithélium superficiel des Lamellibranches ne diffère en rien d'essentiel de celui des Gastéropodes. La proportion relative des éléments sensitifs peut aussi donner lieu chez ces animaux à des organes caractérisés. C'est ainsi qu'il existe chez les Lamellibranches de véritables glandes hypobranchiales et que dans le siphon afférent des Pholades se différencient des organes glandulaires, en forme de cordons longitudinaux et de triangles (*cordons* et *triangles de Poli*) auxquels on a attribué la production du mucus lumineux de ces animaux; mais il semble que les éléments producteurs du mucus soient en réalité des éléments migrateurs, analogues aux *elasmatocytes* de Ranvier, et que le mucus lumineux soit simplement éliminé en plus grande quantité par les cordons de Poli que par les autres parties du siphon afférent [1]. D'autre part l'abondance dans les siphons d'éléments sensitifs pigmentés, analogues à ceux qui prennent part à la constitution des yeux des autres Mollusques, donne à ces organes une remarquable sensibilité à la lumière, sans qu'il existe cependant d'yeux véritables.

[1] RAPHAËL DUBOIS, *Anatomie et physiologie comparée de la Pholade dactyle*, Annales de l'Université de Lyon, t. II, 1892.

L'épithélium des Céphalopodes est aussi formé d'une seule assise cellulaire reposant sur une épaisse couche dermique conjonctive.

Au tégument des Céphalopodes dibranches se rattachent de remarquables cellules d'origine mésodermique, les *chromatophores* [1], fortement pigmentées en rouge, jaune, brun ou bleu. Toutes ces colorations se trouvent sur le même animal. Les chromatophores sont enfoncés dans la couche dermique, et tout autour de chacun d'eux s'attachent, en rayonnant, des fibrilles musculaires qui peuvent les étaler en se contractant ou les laisser revenir à leur état initial. Les chromatophores d'une même couleur entrent en jeu simultanément; lorsqu'ils s'étalent, leur couleur devient prédominante et la teinte générale de l'animal se trouve par cela même modifiée; en combinant l'action de ses chromatophores, l'animal peut donc changer en sens divers de coloration. Ces chromatophores sont sous la domination du système nerveux central, et leur activité est en partie commandée par les impressions visuelles; en général, elle a pour résultat d'harmoniser, par voie réflexe, la teinte de l'animal avec celle du fond sur lequel il se trouve, de manière à le dissimuler; mais les Céphalopodes éprouvent aussi des changements de teinte considérables sous l'empire des émotions, et vraisemblablement d'autres causes. Une couche de cellules conjonctives miroitantes, les *iridocystes*, placée sous la couche des chromatophores, donne aux Décapodes leur aspect irisé.

Par un agencement très simple, les chromatophores peuvent devenir les éléments principaux d'organes qui semblent construits pour percevoir la chaleur et qui constituent des *yeux thermoscopiques*. Chez le *Chiroteuthis Bomplandi*, certains chromatophores prennent la forme d'une lentille biconvexe dont des muscles rayonnants peuvent faire varier la courbure; ces chromatophores sont placés à l'entrée d'une sorte de coupe formée de cellules réfringentes et dont l'axe est traversé par un nerf qui s'épanouit sous le chromatophore; ce nerf présente, à son entrée dans la coupe, une ou plusieurs cellules ganglionnaires; les cellules réfringentes paraissent destinées à renvoyer vers les cellules ganglionnaires les rayons calorifiques que la lentille formée par le chromatophore n'aurait pas dirigés vers elle [2].

L'*Abralia Oweni* présente, sur sa face ventrale, des organes offrant avec les yeux thermoscopiques une certaine analogie, mais d'une complication plus grande; ils sont ellipsoïdaux, à grand axe normal à la surface du corps et enfoncés dans le derme. Chacun d'eux est constitué par une série de couches concentriques, l'externe conjonctive, formant une capsule à l'organe; la suivante, très mince, en partie couverte de chromatophores, dont cinq beaucoup plus grands que les autres, revêtent sa calotte interne, tandis que sa calotte externe est libre, transparente, et forme une sorte de cornée. L'hémisphère externe et l'hémisphère interne de la 3° couche, qui est la plus épaisse de toutes, sont composés différemment; l'hémisphère externe est composé de longues cellules parallèles au grand axe de l'ellipsoïde et disposées en couches concentriques, séparées les unes des autres par de minces lames de tissu conjonctif; l'hémisphère interne est formé d'un

[1] C. PHISALIX, *Recherches physiologiques sur les chromatophores des Céphalopodes*, Archives de physiologie normale et pathologique, avril 1892; — ID., *Structure et développement des chromatophores des Céphalopodes*; Ibid., juillet 1872 et janvier 1894.

[2] L. JOUBIN, *Note sur une adaptation particulière de certains chromatophores chez un Céphalopode*, Bulletin de la Société zool. de France, 1893.

réseau de très petites cellules formant des mailles très lâches, probablement remplies par un liquide. La 4ᵉ couche ne comprend qu'une seule assise de longues cellules ovoïdes, normales à la surface ellipsoïdale et circonscrivant un espace ellipsoïdal, rempli par un noyau transparent de substance amorphe. Un cercle vasculaire entoure la base de ces singuliers organes, dont il est difficile de déterminer la fonction et qu'on retrouve chez diverses espèces d'*Enoploteuthis* [1].

Au contraire, l'observation de l'animal vivant a montré que chez l'*Histiopsis atlantica*, l'*Histioteuthis Ruppeli* et l'*H. Bonelliana*, il existe dans les téguments de nombreux *organes producteurs de lumière* dont la complication va en croissant de la première espèce à la dernière. Chaque organe est chez l'*Histiopsis* une sorte de poche oblique par rapport au tégument et qui est constituée de dehors en dedans par : 1° une *couche pigmentée*, probablement formée de chromatophores modifiés; 2° une couche de cellules lenticulaires plus grosses au fond que sur les bords, et qui forment un *miroir* concave réfléchissant; 3° une *couche photogène* formée de cellules glandulaires granuleuses qui sécrètent la substance lumineuse et de cellules nerveuses enfermées dans une trame conjonctive. L'ouverture de la poche est fermée par une lentille réfringente biconvexe, légèrement saillante en dehors, formée de longues cellules parallèles à l'axe optique de l'appareil. La lentille est recouverte d'une cornée formée de cellules lenticulaires, séparées par une substance interstitielle semblable à la substance fondamentale du tissu cartilagineux. La cornée et la couche formant miroir ne sont qu'un dédoublement d'une couche conjonctive sous-tégumentaire à laquelle toutes deux se relient sur le pourtour de l'organe; leurs éléments ne diffèrent que parce que la substance des cellules du miroir se clive en lamelles concentriques qui leur donnent leur pouvoir réflecteur. Les organes photogènes de l'*Histioteuthis Ruppelli* diffèrent des précédents parce que la cavité de la couche circonscrite par la substance photogène, au lieu d'être nulle, est vaste et remplie par un cône réfringent dont les éléments diffèrent notablement de ceux de la lentille, elle-même décomposée en deux autres, l'une concave-convexe, l'autre biconvexe, enchâssée dans la première. Chaque organe est en outre compris entre deux plages concaves, jouant le rôle de miroirs paraboliques, grâce à la présence sous l'épithélium d'assises successives de cellules lamelleuses réfléchissantes; ces assises sont doublées d'une couche de chromatophores. Chez l'*H. Bonelliana* chaque appareil possède deux lentilles dirigées perpendiculairement l'une à l'autre, l'une tangente au tégument, l'autre normale. Ces appareils sont uniformément disposés en quinconce sur toute la face ventrale du corps, autour des yeux et sur la face extérieure du bras, où ils se montrent comme autant de taches bleues surmontées d'une tache jaune, toutes deux fortement réfringentes.

Enfin un certain nombre de Céphalopodes sont armés de batteries urticantes de nématocystes analogues à ceux des Polypes.

Tissu conjonctif. — Un tissu conjonctif très abondant, d'origine mésodermique, fait suite à l'épithélium; il est formé, comme d'habitude, de cellules plongées dans une substance fondamentale plus ou moins abondante.

---

[1] L. JOUBIN, *Note sur les appareils photogènes cutanés de deux Céphalopodes*, Mémoires de la Société zoologique de France, 1895; — ID., *Mémoires sur les appareils lumineux des Histioteuthis*, Bulletin de la Société médicale et scientifique de Rennes, 1893 et 1894.

On peut distinguer trois sortes de cellules conjonctives, reliées d'ailleurs par de nombreux intermédiaires : 1° des *cellules étoilées*, petites, à prolongements irrégulièrement ramifiés et anastomosés; 2° des *cellules plasmatiques* volumineuses, assez souvent étoilées, mais toujours éloignées les unes des autres, ne contenant qu'un petit noyau dont la mince enveloppe protoplasmique se ramifie à travers le corps cellulaire, principalement formé de mucus, dans lequel apparaissent assez souvent des concrétions calcaires ou des spicules; 3° des *fibro-cellules*, souvent très ramifiées.

L'abondance ou la rareté de ces éléments, ainsi que la consistance de la substance fondamentale permettent de distinguer quatre sortes de tissu conjonctif, au moins : le *tissu lamineux*, le *tissu vésiculeux*, le *tissu compact* et le *tissu de soutien*.

Du *tissu lamineux* les cellules plasmatiques sont absentes; les cellules fibrillaires y sont souvent étoilées. Ce tissu forme les membranes telles que la péricarde ou le tégument du tronc.

Le *tissu compact* est caractérisé par la rareté relative des éléments figurés; on l'observe notamment dans les tentacules.

Le *tissu vésiculeux* se distingue par l'abondance des cellules plasmatiques ou cellules vésiculeuses, dont on peut distinguer plusieurs sortes (*cellules de Langer, cellules de Leydig*, etc.); la substance fondamentale y est peu développée, et c'est dans son épaisseur que sont creusées les lacunes. Ce tissu est très abondant dans le manteau (fig. 1386, *p*), dans le pied; il se laisse facilement pénétrer par le liquide sanguin et devient ainsi le siège des phénomènes de *turgescence* qui jouent un rôle si important dans la locomotion des Mollusques. Dans les cellules de Leydig s'accumule le glycogène mis en réserve durant les périodes de nourriture abondante; elles jouent aussi un rôle excréteur à l'égard des diverses substances (carminates, tournesol); lorsqu'elles meurent, elles sont absorbées par les globules du sang.

Le *tissu de soutien* est caractérisé par sa substance fondamentale, qui peut acquérir la consistance du cartilage; il forme quelquefois un revêtement sous-épithélial au corps tout entier, comme on le voit chez les Pterotrachæidæ et surtout chez les *Cymbulia* où ce revêtement, autrefois confondu avec une coquille, forme la *pseudoconque*. Parfois le tissu cartilagineux constitue des appareils de protection pour les organes importants tels que les centres nerveux, comme pour le cas pour le cartilage céphalique des Céphalopodes. Ce cartilage contient des cellules étoilées (p. 219; fig. 336, p. 220); mais les cellules du cartilage labial des mêmes animaux sont cubiques et enveloppées plusieurs ensemble dans une capsule très mince, qui rappelle la capsule du cartilage des Vertébrés.

Chez les *Nautilus* le cartilage céphalique supporte seulement les centres nerveux sans les recouvrir; chez les autres Céphalopodes, il les entoure complètement, est traversé, comme eux, par le tube digestif et enveloppe également les otocystes. Les cartilages céphaliques servent d'insertion aux muscles rétracteurs de la tête. A ces cartilages se relie chez les *Sepia* une pièce cartilagineuse découpée, située à la base des bras; tandis qu'en arrière de la tête, partout où celle-ci n'est pas directement reliée au manteau, se trouve une lame cartilagineuse, médiane, dorsale, le *cartilage nuchal*, sur lequel s'insèrent les muscles latéraux de l'entonnoir. Enfin, il existe aussi, chez les Décapodes, des lames cartilagineuses allongées à la base des nageoires.

Tissu musculaire. — Déjà dans le tissu conjonctif apparaissent des fibres musculaires qui peu à peu deviennent plus nombreuses, finissent par prédominer et constituent alors une véritable tunique musculaire avec faisceaux longitudinaux et faisceaux transverses. Les fibres musculaires sont généralement lisses, c'est-à-dire que les mailles de leur réticulum hyaloplasmique sont irrégulières. Mais le réticulum se régularise dans certains muscles à contraction rapide qui prennent un aspect de striation transversale bien nette, différent d'ailleurs de celui qui caractérise les muscles striés des Arthropodes ou des Vertébrés (muscles de la masse buccale de divers Gastéropodes, du septum branchial des *Cuspidaria*, muscle columellaire de diverses larves de Nudibranches; adducteur des valves des *Pecten* et surtout du *Spondylus gœderopus*). En général, les Mollusques ne présentent qu'un petit nombre de faisceaux de fibres que l'on puisse considérer anatomiquement comme des muscles distincts. Souvent ces muscles sont destinés à relier à la coquille soit la tête, soit le pied; tels sont le *muscle columellaire* unique des Gastéropodes, les *rétracteurs* du pied et les *adducteurs des valves* des Lamellibranches, les *rétracteurs de la tête* et les *rétracteurs de l'entonnoir* des Céphalopodes.

Le muscle columellaire des Gastéropodes est presque rectiligne et s'insère linéairement sur la columelle chez les formes enroulées en hélice; quand la coquille est très aplatie et qu'il n'y a pas à proprement parler de columelle, comme chez l'*Haliotis*, son insertion se fait largement sur la coquille; dans les coquilles coniques cette insertion trace sur la face interne de celles-ci une plage en forme de fer à cheval, ouvert en avant (fig. 1383, p. 1971).

Appareil digestif. — Sauf chez les *Entoconcha* et les *Entocolax*, qui sont parasites, et n'ont qu'un tube digestif rudimentaire, sans anus, le tube digestif des Mollusques est assez développé, ordinairement beaucoup plus long que le corps dans lequel il décrit des circonvolutions plus ou moins compliquées ou parfois se ramifie (Nudibranches). On peut le décomposer en trois régions : 1° l'*intestin* antérieur ou *buccal*, d'origine exodermique, comprenant le *bulbe buccal* et l'*œsophage*; 2° l'*intestin moyen*, d'origine entodermique, dont la partie renflée forme l'*estomac*; 3° l'*intestin postérieur*.

Dans le bulbe buccal dont il n'existe de rudiment parmi les Lamellibranches que chez les *Nucula*, se déverse le contenu d'une première paire de glandes, les *glandes salivaires*, tandis que l'estomac ou la partie antérieure de l'intestin reçoit la sécrétion d'une volumineuse glande digestive, habituellement désignée sous le nom de *foie*, bien qu'elle joue presque exactement le rôle du *pancréas* des Vertébrés.

Amphineures. — La bouche des CHITONIDÆ conduit dans une cavité buccale sur le plancher inférieur de laquelle s'ouvre le sac de la radule, qui s'étend en arrière jusque vers l'estomac; dans cette cavité débouchent, en outre, les *glandes salivaires* proprement dites, courtes et ramifiées; et sur la paroi ventrale deux petites glandes accessoires dont l'orifice est situé en arrière d'un organe de sensibilité spéciale, l'*organe subradulaire* (p. 1982).

L'œsophage est court et porte, sur son trajet, une paire de poches glandulaires à paroi interne papillaire; de l'estomac assez vaste et à parois minces partent un certain nombre de tubes ramifiés, à ramuscules terminés en cæcum qui constituent le foie; l'intestin est fort long et décrit de nombreuses circonvolutions.

La bouche est suivie chez les APLACOPHORA (fig. 1388) d'un pharynx musculeux, parfois exsertile; certaines *Proneomenia*, les *Neomenia*, les *Dondersia* n'ont pas de radule et la radule n'est représentée que par une seule dent chez les *Chætoderma*; les *Neomenia* (fig. 1388) manquent aussi de glandes salivaires; ces glandes sont habituellement dorsales ou dorso-latérales dans les autres genres où la deuxième paire existe également. Le tube digestif, qui fait suite au pharynx, est rectiligne. Mais l'estomac est souvent prolongé en avant par un cæcum dorsal et le foie est représenté par de courts cæcums métamériquement disposés (NEOMENIIDÆ), ou par un cæcum unique ventral (*Chætoderma*, fig. 1389). La paroi dorsale de l'estomac

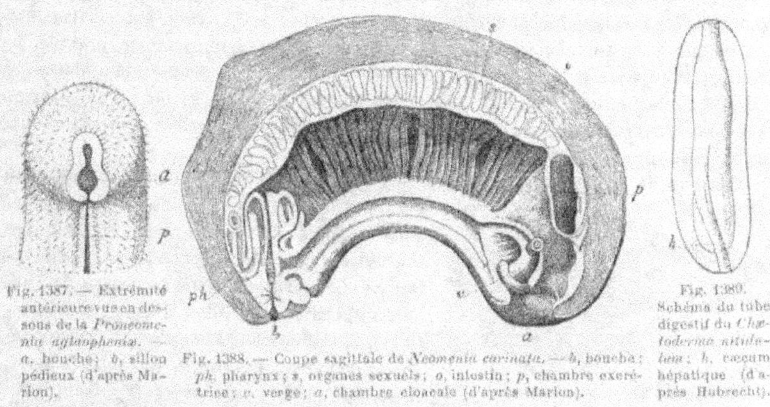

Fig. 1387. — Extrémité antérieure vue en dessous de la *Proneomenia aglaopheniæ*. — *a*, bouche; *b*, sillon pédieux (d'après Marion).

Fig. 1388. — Coupe sagittale de *Neomenia carinata*. — *b*, bouche; *ph*, pharynx; *s*, organes sexuels; *o*, intestin; *p*, chambre excrétrice; *v*, verge; *a*, chambre cloacale (d'après Marion).

Fig. 1389. Schéma du tube digestif du *Chætoderma nitidulum*; *h*, cæcum hépatique (d'après Hubrecht).

et toute la paroi intestinale sont ciliées; l'intestin débouche en arrière dans une sorte de chambre branchiale où débouchent également les néphridies et une glande muqueuse anale.

Gastéropodes. — Chez les GASTÉROPODES DIOTOCARDES, les TÉNIOGLOSSES ROSTRI-FÈRES, les Pulmonés, la plupart des Opisthobranches, la bouche est portée à l'extrémité d'un prolongement céphalique en forme de museau, que l'on appelle le *mufle*; ce mufle n'est pas rétractile. Le mufle peut, au contraire, se rétracter entiè-rement à l'intérieur du corps, et demeure court chez les Semi-proboscidifères; il s'allonge plus ou moins, parfois énormément chez les PROBOSCIDIFÈRES HOLOSTOMES et chez quelques Opisthobranches (*Doridium*, PLEUROBRANCHIDÆ, *Aplysia*, DORIDOP-SIDÆ, GYMNOSOMATA); il constitue alors une *trompe*. Lorsque la trompe de ces ani-maux est invaginée, elle forme un tube auquel fait suite l'œsophage; lorsqu'elle est dévaginée, elle forme un long tube saillant en avant de la tête, à l'extrémité libre duquel est la bouche véritable (fig. 1420, p. 1987); l'œsophage fait suite à cette bouche et forme un cylindre concentrique à la trompe et qui la double intérieurement sur toute sa longueur; la trompe rétractée n'a pas de gaine; c'est une *trompe acrembo-lique*. Chez les PROBOSCIDIFÈRES SIPHONOSTOMES et les Sténoglosses, la partie basilaire du mufle qui peut être aussi extrêmement long s'invagine seule; la partie invaginée entraîne cependant à l'intérieur du corps la partie qui conserve sa direction pre-mière, et comme cette dernière partie est la plus courte, elle est ainsi, à l'état de rétraction, complètement cachée dans le corps. C'est elle qui constitue la trompe proprement dite; aussi bien quand elle est rétractée que lorsqu'elle est développée,

elle est doublée par l'œsophage et la bouche est située à son extrémité libre. La
partie invaginable du mufle enveloppe complètement la trompe proprement dite, à
l'état de rétraction; elle forme alors la *gaine de la trompe*. La trompe des Proboscidifères siphonostomes et des Sténoglosses est dite *trompe pleurembolique*. Chez
les *Conus*, une courte trompe conique, rattachée par sa base à la base du mufle,
libre antérieurement, demeure constamment abritée par le mufle; cette disposition
est celle que l'on obtiendrait en admettant que la gaine de la trompe des Proboscidifères siphonostomes ordinaires s'est soudée aux parois du mufle (fig. 1421,
p. 1990). Une disposition analogue se retrouve chez les *Terebra*, les parties buccales des deux genres sont décrites avec leurs annexes importantes, p. 1990. La
face inférieure de la trompe des NATICIDÆ est armée d'un disque glandulaire qui
permet à ces animaux de perforer les coquilles des Lamellibranches; à cette même
place se trouvent chez les PNEUMODERMIDÆ des ventouses isolées, ou portées par
deux processus rétractiles.

A la bouche fait suite la cavité buccale, dont l'entrée est fréquemment armée, du

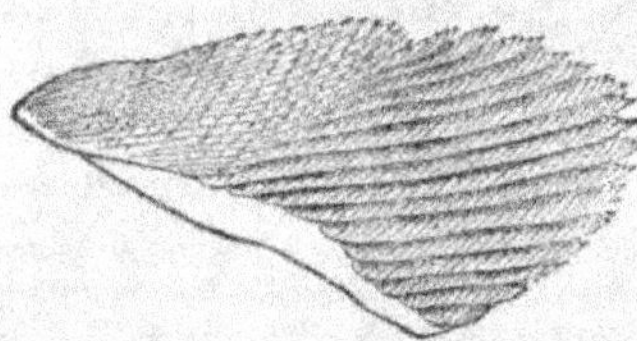

côté dorsal, de plaques chitineuses désignées
sous le nom de *mâchoires* (fig. 1386). Les
mâchoires des Sténoglosses sont rudimentaires; elles manquent chez beaucoup de TRO-
CHIDÆ et chez les *Neritina*, HELICINIDÆ, *Cyclostoma*, *Entococoncha*, *Entocolax*, HETEROPODA,
PYRAMIDELLIDÆ, EULIMIDÆ, CORALLIOPHILIDÆ,
Actæon, *Utriculus*, *Scaphander*, *Doridium*, OXY-
NOËIDÆ, *Cymbuliopsis*, *Gleba*, *Clione*, *Umbrella*,

Fig. 1390. — Une des plaques buccales d'un
Triton (d'après Fischer).

Doris, DORIDOPSIDÆ, CORAMBIDÆ, PHYLLIDIIDÆ, *Tethys*, ELYSIIDÆ, *Gadinia*, *Amphibola*,
Testacella. Chez les autres Prosobranches et Opisthobranches, les mâchoires sont,
en général, formées de deux plaques symétriques, lisses ou écailleuses, à bord
libre, tranchant ou denté. Ces deux plaques arrivent à être contiguës chez les *Natica*,
se soudent chez les *Lamellaria*, *Patella*, *Ægirus*, et, de même, ne sont représentées

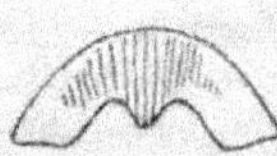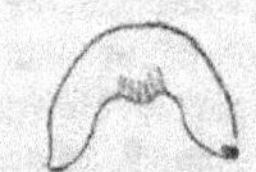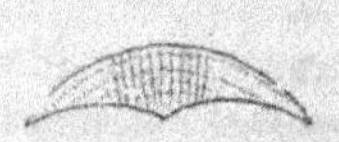

Fig. 1391. — Mâchoire
odontognathe d'*Hélix
nemoralis*.

Fig. 1392. — Mâchoire
oxygnathe de *Limax*.

Fig. 1393. — Mâchoire
oxygnathe d'*Hélix Var-
raus*.

Fig. 1394. — Mâchoire
oxygnathe de *Selenites
vancouveriensis*.

que par une plaque dorsale impaire chez tous les Pulmonés. Dans cet ordre la
mâchoire, le plus souvent en forme de fer à cheval, acquiert une importance taxonomique particulière; ses principales modifications ont été désignées par des noms
spéciaux; elle est *odontognathe* si sa surface porte des côtes saillantes, parallèles à
sa ligne médiane (fig. 1391); *oxygnathe*, si le sommet du fer à cheval présente sur
son bord concave une dent saillante ou *rostre* (fig. 1392, 1393, 1394); *aulacognathe*
si la surface est finement sillonnée, le rostre étant absent (fig. 1397); *stegognathe*,
si elle semble plissée comme un éventail à demi déployé (fig. 1395); *goniognathe*,
si le sommet de l'arc plié en éventail est occupé par une pièce triangulaire (1396);

élasmognathe si, en dessus du bord supérieur de l'arc lisse ou finement plissé, se trouve une large plaque quadrangulaire (fig. 1399).

Les mâchoires dorsales sont souvent remplacées, chez les *Doris*, par un collier de

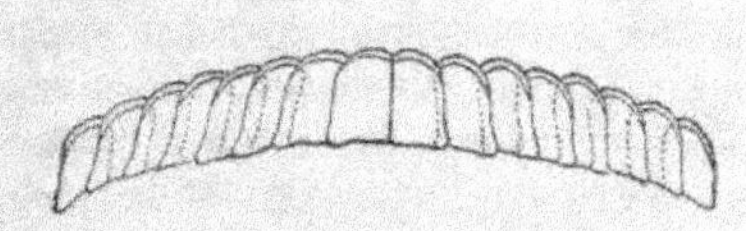
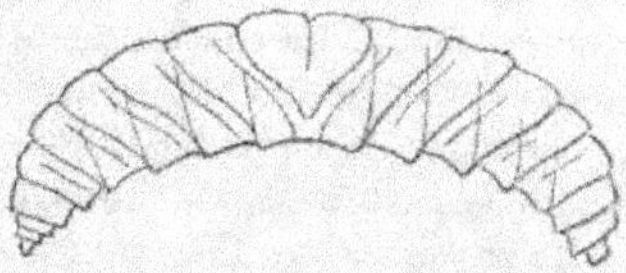

Fig. 1395. — Mâchoire stégognathe d'*Hélix* (*Punctum*) pygmæum.

Fig. 1396. — Mâchoire goniognathe d'*Orthalicus*.

petites épines; on trouve également un revêtement d'épines sur la face dorsale de la cavité buccale de divers APLYSIIDÆ, qui offrent en outre sur la face ventrale deux

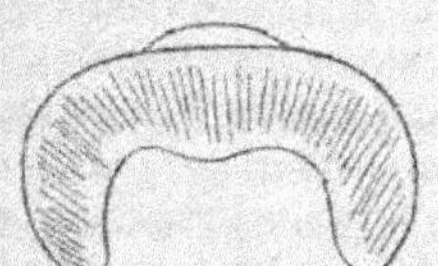
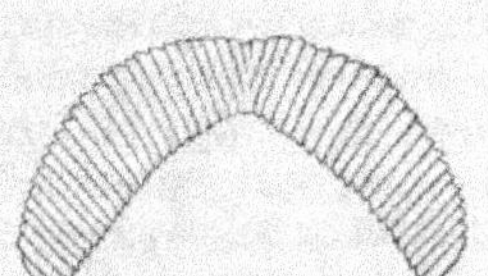
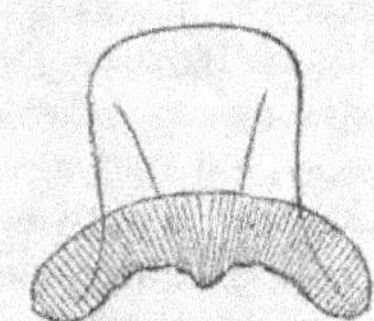

Fig. 1397. — Mâchoire aulaco-gnathe d'*Eucalodium*.

Fig. 1398. — Mâchoire stégognathe de *Bulimulus Delattrei*.

Fig. 1399. — Mâchoire élasmo-gnathe de *Succinea californica*.

plaques mandibulaires; il existe enfin, de chaque côté de la cavité buccale des GYMNOSOMATA, deux sacs exsertiles dont la surface est couverte d'épines qui deviennent extérieures lorsque le sac s'épanouit (fig. 1422, p. 1991, *l*).

La bouche des Céphalopodes est armée, aussi bien du côté dorsal que du côté ventral, de pièces masticatrices analogues, impaires, simulant exactement un bec de perroquet dont la mandibule crochue serait insérée du côté ventral et aurait son crochet dirigé vers le dos.

A la cavité buccale des Gastéropodes, Scaphopodes et Céphalopodes est presque toujours annexé, du côté ventral, un sac parfois très allongé (fig. 1401) dans lequel se produit la *radula* ou *râpe linguale*. Cet appareil masticateur fait partie du plan fondamental des Mollusques, car il ne manque qu'à ceux

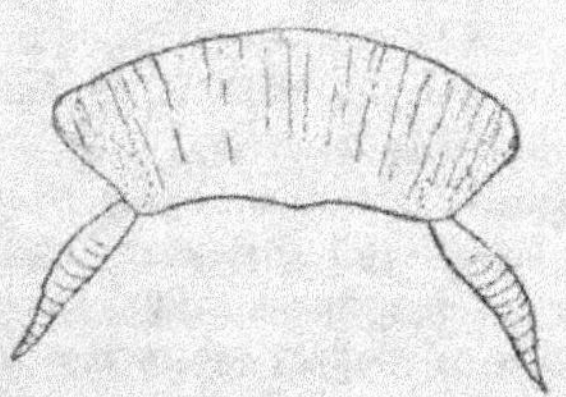

Fig. 1400. — Mâchoire munie de deux appendices latéraux de la *Limnæa stagnalis* (d'après Crosse et Fischer).

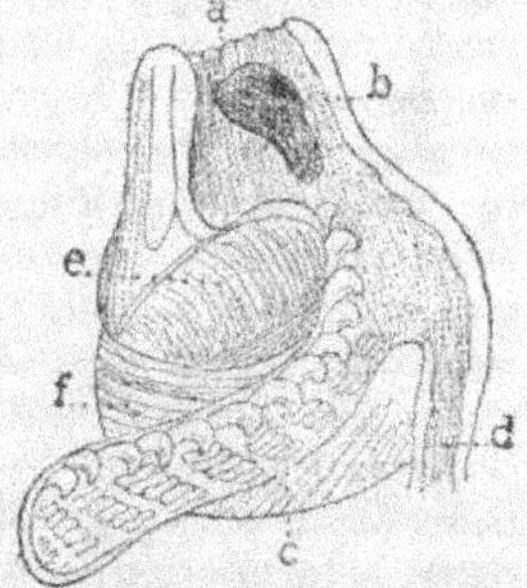

Fig. 1401. — Coupe à travers le bulbe pharyngien de la *Polycera ocellata*. — *a*, orifice buccal; *b*, mâchoire; *c*, radule; *d*, œsophage; *e*, muscle lingual; *f*, faisceau tenseur de la radule (d'après Meyer et Möbius).

qui vivent de matières pulvérulentes (Lamellibranches) ou liquides. La radule est un ruban cartilagineux allongé, élargi et susceptible de s'étaler en avant, à la surface duquel sont implantées des dents saillantes, imprégnées de silice et disposées en rangées transversales arquées ou rectilignes, d'une parfaite régularité. Les dents sont sécrétées par un groupe de cellules qui occupent le fond du sac lingual, et au-devant desquelles se trouve une rangée transversale d'autres éléments chargés de sécréter la lame cartilagineuse. Le ruban lingual s'étale sur un bulbe en grande partie musculaire qui fait saillie en avant de l'orifice du sac. En avant du bulbe on observe fréquemment chez les Diotocardes une saillie à revêtement épithélial épais, innervée d'une façon spéciale et qu'on appelle l'*organe subradulaire*. Grâce aux contractions combinées des muscles bulbaires, la radule peut être portée à l'orifice buccal, s'appliquer sur l'aliment du Mollusque et exécuter un mouvement de va-et-vient analogue à celui d'une râpe. Par ce mouvement l'aliment est réduit en menus lambeaux s'il est charnu, en pulpe, s'il est résistant, et peut être dès lors facilement dégluti. Le bulbe buccal, très volumineux chez les Diotocardes et un assez grand nombre de Ténioglosses, est essentiellement formé des masses musculaires chargées de déterminer les mouvements de la radule et des cartilages sur lesquels il s'insère. D'autres muscles, les muscles extrinsèques, sont chargés d'assurer les mouvements de la totalité des bulbes; l'on en peut distinguer deux groupes : les *protracteurs*, qui vont généralement du pourtour des lèvres aux cartilages inférieurs; les *rétracteurs*, qui vont des cartilages supérieurs à l'origine postérieure du pied. Les muscles intrinsèques relient les cartilages entre eux et vont de ces cartilages au fourreau de la radule. Les mouvements des cartilages entraînent des mouvements d'expansion latérale et de courbure de la radule dont la gaine a ses protracteurs et ses rétracteurs spéciaux. Chez la *Patella* [1], il existe quatre paires de cartilages : les *antérieurs*, les *postérieurs*, les *latéraux supérieurs* et les *latéraux inférieurs*, les cartilages antérieurs et les cartilages inférieurs sont respectivement réunis entre eux inférieurement par une bande de fibres transverses; chacun des premiers est réuni de même au cartilage supérieur du même côté par un muscle allant du sommet de l'un des cartilages au sommet de l'autre; les cartilages postérieurs, indépendants l'un de l'autre, sont unis par des bandes longitudinales aux latéraux inférieurs et supérieurs. Chez les *Nerita*, la partie antérieure du cartilage latéral supérieur est soudée à la partie antéro-externe du cartilage antérieur et sa partie postérieure chevauche sur le cartilage antérieur; dans la partie soudée des cartilages, les muscles transverses supérieurs et inférieurs ont disparu; la soudure s'étend davantage chez les *Fissurella*, *Parmophora*, *Navicella*, et le cartilage latéral inférieur vient à son tour se souder à la face latérale du cartilage antérieur; ces trois cartilages n'en font plus qu'un seul chez les *Haliotis*, *Trochus*, *Turbo*; il en résulte la disparition des muscles transverses inférieurs, le passage sur la face supérieure des muscles qui réunissaient les cartilages postérieurs aux latéraux supérieurs, le raccourcissement des muscles qui allaient des cartilages postérieurs aux latéraux inférieurs, représentés par une simple saillie du complexe cartilagineux définitif. Les cartilages postérieurs se soudent eux-mêmes à ce complexe chez les formes plus élevées. Les deux cartilages ainsi réalisés sont rejetés en arrière, ainsi que l'insertion des muscles tenseurs de la membrane élastique, de manière que l'extrémité de la radule acquiert une liberté plus grande.

[1] Amaudrut, *Étude comparative de la masse buccale chez les Gastéropodes et en particulier chez les Prosobranches diotocardes*; Comptes rendus de l'Académie des Sciences, t. CXXI, p. 1170, 189.

La forme des dents linguales est adaptée au régime de l'animal; les dents sont obtuses et généralement nombreuses chez les Mollusques herbivores, en forme de crochet (fig. 1398) et peu nombreuses chez les Mollusques carnivores. La râpe linguale a présenté d'ailleurs chez les Gastéropodes, à partir des formes primitives, des modifications graduelles, parallèles dans une certaine mesure aux modifications successives qu'ont subies les autres systèmes d'organes et qui se superposent elles-mêmes dans une certaine mesure; de sorte que

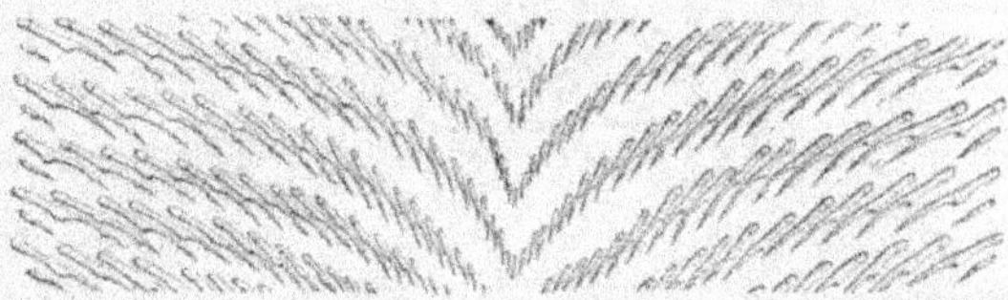

Fig. 1402. — Portion de radule d'un Pulmoné carnassier (*Testacella haliotidea*), d'après Woodward.

non seulement elle renseigne sur le régime alimentaire chez divers Gastéropodes, mais encore elle est susceptible de fournir d'importants renseignements phylogéniques; de là l'étude attentive dont elle a été l'objet, et l'importance parfois exclusive qu'on a attribuée à ses variations. Ces radules diffèrent entre elles : 1° par le nombre de dents que peut présenter une même rangée transversale; 2° par le nombre de ces rangées transversales. Dans les radules les plus compliquées on distingue, dans chaque rangée transversale, trois sortes de dents, savoir : une dent *médiane*, quelquefois aussi nommée *dent centrale*; des *dents latérales* ou *pleuræ*, toujours symétriquement placées par rapport à la dent médiane et en nombre variable; des *dents marginales* ou *uncini*, également symétriques par rapport à la dent médiane, mais placées en dehors des dents latérales. La forme de la dent médiane est toujours symétrique par rapport à la ligne médiane de la radule; les dents latérales et marginales sont au contraire le plus souvent incurvées soit vers la ligne médiane, soit vers le bord de la radule. Les dents latérales ne sont pas néces-

Fig. 1403. — Cinq rangées de dents de la radule d'un Pulmoné herbivore de la famille des AURICULIDÆ; *c*, dent centrale; *u*, dents latérales passant aux marginales *u* (d'après Witton).

Fig. 1404. — Portion droite de la radule d'un Pulmoné herbivore, l'*Achatina fulica*; *c*, dent centrale; *l*, latérale; *lcl*, marginale (d'après Woodward).

sairement de même forme; elles peuvent passer graduellement, sur les bords, aux dents marginales, ce qui est vraisemblablement une disposition primitive (AURICULIDÆ, fig. 1403; BULLIDÆ, APLYSIIDÆ, SELENITIDÆ, SIPHONARIDÆ, DORIDÆ), ou bien, ce qui est le cas le plus ordinaire, le passage se fait brusquement (fig. 1404), mais alors les dents marginales peuvent encore se modifier graduellement et s'amoindrir en se rapprochant du bord de la radule (TURBINIDÆ, TROCHIDÆ, LIMACIDÆ, fig. 1408); souvent une dent tout à fait différente des autres (TROCHIDÆ, STOMATIDÆ, COCCULINIDÆ, HYDROCENIDÆ, NERITIDÆ) et parfois énorme (HELICINIDÆ, fig. 1405; PROSERPINIDÆ), vient s'intercaler entre des latérales de forme normale et les marginales; on peut la considérer comme la *latérale externe* et lui réserver ce nom. Dans ce cas assez souvent la dent médiane se réduit (NÉRITIDÆ, fig. 1407 ; HÉLICINIDÆ, PROSERPINIDÆ) ou disparaît tout à fait (NÉRITOPSIDÆ) ; la dent médiane est également très réduite chez divers Pulmonés (STÉNOGYRIDÆ, CYLINDRELLIDÆ, SÉLÉNITIDÆ et surtout TESTACELLIDÆ, fig. 1402). Parmi les Opisthobranches, elle disparaît totalement chez les PLEUROBRANCHIDÆ, DORIDIDÆ, POLYCÉRIDÆ, HÉTÉRODORIDÆ (fig. 1448), tandis qu'après avoir prédominé chez les PROCTONOTIDÆ, SCYLLÆIDÆ, DENDRONOTIDÆ (fig. 1416), elle persiste seule ou accompagnée de chaque côté d'une dent latérale chez les ÆOLIDIDÆ (fig. 1419).

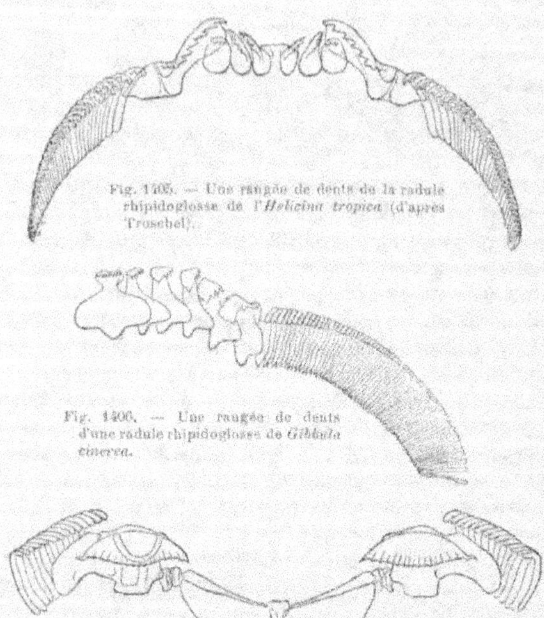

Fig. 1405. — Une rangée de dents de la radule rhipidoglosse de l'*Helicina tropica* (d'après Troschel).

Fig. 1406. — Une rangée de dents d'une radule rhipidoglosse de *Gibbula cinerea*.

Fig. 1407. — Une rangée de dents de la radule rhipidoglosse de la *Neritina fluviatilis* ; une partie des marginales seulement est figurée (d'après Lovén).

Fig. 1408. — Portion de la radule avec marginales en crochet d'un *Zonites arboreum*, Pulmoné carnassier (d'après Morse).

La série des modifications de la radule est surtout importante chez les Gastéropodes prosobranches, en raison de l'ancienneté de cet ordre et du rôle qu'il a joué dans l'évolution des autres. Chez les Diotocardes, les trois sortes de dents sont bien développées, les marginales sont en général nombreuses, et les séries transversales sont arquées en fer à cheval, de manière que l'ensemble des dents d'une même rangée rappelle assez bien un éventail déployé ; de là le nom de *rhipidoglosses* qui peut être justement appliqué à tous les Diotocardes. Les Opisthobranches et les Pulmonés inférieurs se rattachent manifestement à ce type, et les Pulmonés gardent même toujours de nombreux *uncini*, tandis que les Opisthobranches les plus modifiés ont subi des réductions considérables dans le nombre de leurs dents. Les *uncini* ont presque toujours disparu chez les Monotocardes ; dans un petit nombre de familles seulement (SCALARIDÆ, JANTHINIDÆ, *Solarium*), autrefois appelées *Pténoglosses* (fig. 1409), on trouve une radule sans dent médiane, avec de nombreuses dents latérales ou marginales. Puis vient une très nombreuse série de familles chez lesquelles les *uncini* étant absents et la dent médiane présente, le nombre des dents est d'abord de treize (STRUTHIOLARIDÆ), de onze (*Triforis*), de neuf

Fig. 1409. — Radule pténoglosse de *Scalaria tenuicosta* (d'après O. Sars).

(CHORISTIDÆ, *Pedicularia*), et se fixe finalement à sept (fig. 1410 et 1411). Tous ces Monotocardes forment l'importante division des TÉNIOGLOSSES à laquelle, par tous les traits de leur organisation, se rattachent les anciens Pténoglosses. Mais, sans que le reste de l'organisation change d'une manière importante, la radule des Ténioglosses peut encore subir quelques réductions; c'est ainsi que chaque rangée transversale ne présente plus que cinq dents chez les CÆCIDÆ, tombe a trois dans des familles ou même des genres ou l'on observe aussi la radule normale (*Turritellopsis, Lamellaria, Jeffreysia globularis*), se fixe à ce nombre (HOMALOGYRIDÆ), ou même se réduit à deux par la disparition de la dent centrale (NARICIDÆ). Presque toujours chez les Ténioglosses, la première dent latérale est différente des autres. Cette dent et la dent centrale persistent seules, ensemble ou séparément, dans le groupe des Sténoglosses (fig. 1412, 1413, 1414). Dans ce groupe on peut considérer les radules à trois dents dans chaque rangée transversale comme normales; mais déjà les *Cylindromitra* parmi les MITRIDÆ, et la plupart des VOLUTIDÆ (à l'exception des *Volutomitra* et des *Psephæa*) n'ont plus de dents latérales, et la radule unisériée devient générale chez les MARGINELLIDÆ et les HARPIDÆ. Inver-

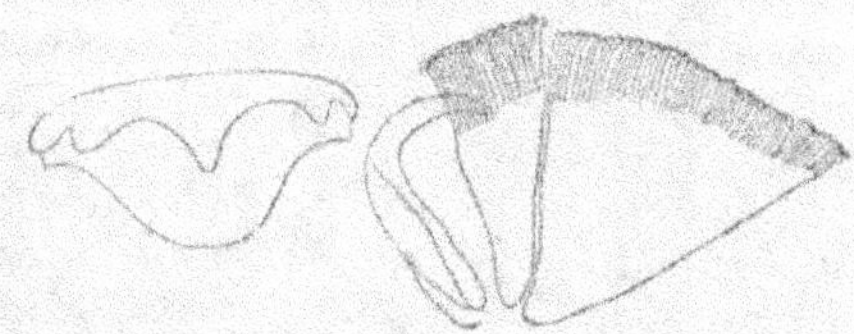

Fig. 1410. — Dent centrale et dent latérales droites (les deux externes multifides) de la radule ténioglosse d'*Onala gibbosa* (d'après Troschel).

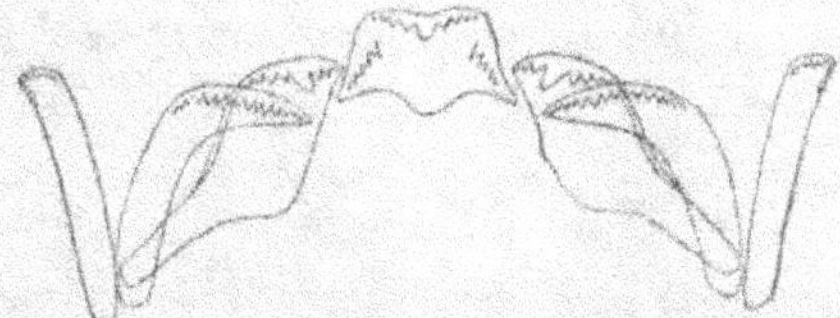

Fig. 1411. — Une rangée de dents de la radule d'un Ténioglosse typique (*Bythinia tentaculata*).

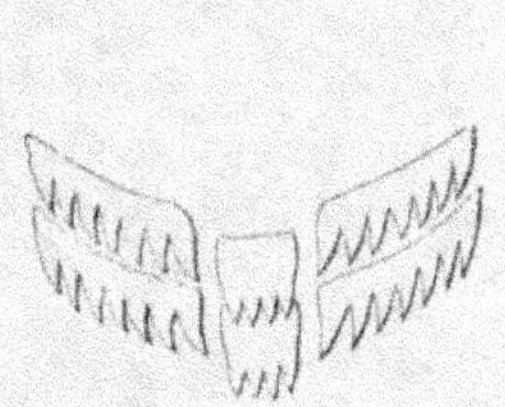

Fig. 1412. — Portion de radule sténoglosse trisériée de *Fasciolaria tarentina* (d'après Wilton).

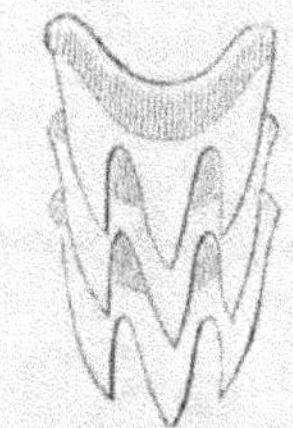

Fig. 1414. — Portion de radule sténoglosse unisériée de *Voluta*.

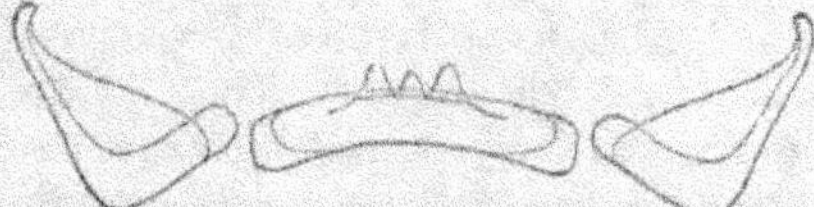

Fig. 1413. — Une rangée de dents de la radule sténoglosse de l'*Oliva peruviana*.

sement c'est la dent médiane qui avorte chez les CANCELLARIIDÆ, animaux voisins des Pourpres, les CONIDÆ, les *Pleurotoma*, la plupart des TEREBRIDÆ, tandis que dans la même famille que ces derniers les *Clavatula* ont une dent marginale comme

les autres Sténoglosses et les *Drillia* deux. Il semble que la disparition de la dent
centrale prépare la disparition totale de la radule, qui est réalisée chez diverses
Terebra (*T. maculata*, *T. dimidiata*, etc.). Les CORALLIOPHILIDÆ, voisins des PURPU-
RIDÆ, les EULIMIDÆ et les PYRAMIDELLIDÆ, qui sont par
toute leur organisation des Ténioglosses, les *Entoconcha* et
les *Entocolax*, qui sont parents des TORNATINIDÆ, les *Cym-*

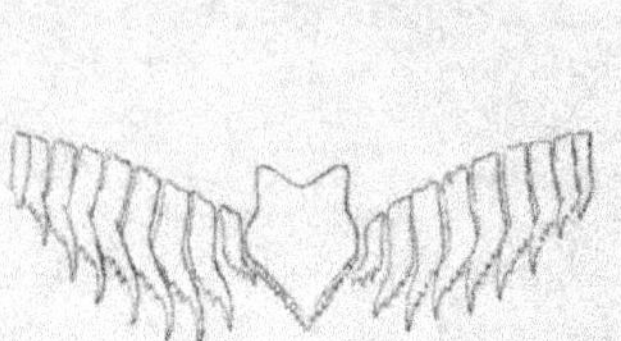

Fig. 1416. — Une rangée de dents de la
radule du *Dendronotus arborescens* (d'a-
près Alder et Hancock).

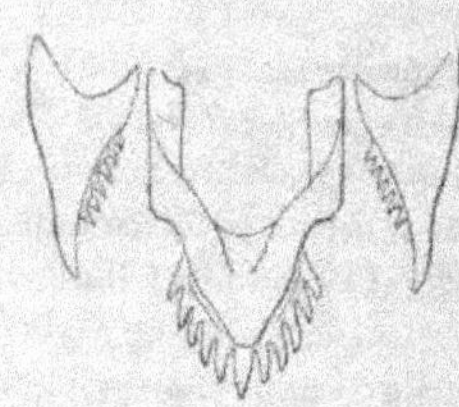

Fig. 1417. — Radule trisérié
d'*Æolis Landsburgi* (d'après
Alder et Hancock).

Fig. 1415. — Dent radu-
laire de *Conus* (d'après
Lovén).

Fig. 1418. — Radule d'*Idalia Leachii*
(d'après Alder et Hancock).

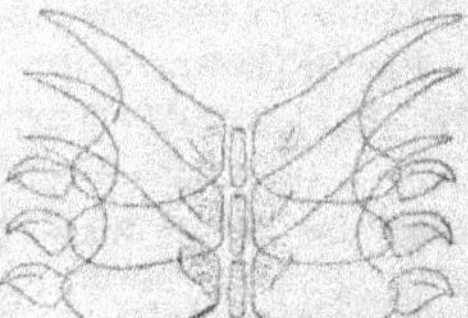

Fig. 1419. — Radule de *Lamellidoris
bilamellata* (d'après O. Sars).

buliopsis, *Gleba*, DORIDIIDÆ, *Doridopsis*, *Corambe*, *Phyllidia*, TETHYIDÆ qui sont des
Opisthobranches, manquent aussi de radule.

Dans les descriptions, il est commode de traduire en formules la composition des
radules. Dans ces formules chaque rangée transversale est désignée par la lettre R,
les dents de même forme sont indiquées par leur nombre total et ces nombres sont
disposés dans l'ordre même des dents.

Exemples :

	CHITONIDÆ, R = (3.1) (2.1) (1.1.1) (1.2) (1.3).
Docoglosses…	PATELLIDÆ, R = (3.1) (2.0.2) (3.1).
	LEPETIDÆ, R = 2 (0.1.0) 2.
Rhipidoglosses.	NERITIDÆ, R = n. 1 (3. 1. 3) 1. n.
Pténoglosses…	SCALARIIDÆ, R = n. o. n.
Ténioglosses…	Formule normale, R = 2. 1.1.1. 2.
Sténoglosses ..	Formule normale, R = 1.1.1.
Toxiglosses …	CONIDÆ, R = 1. 0. 1.

D'une manière générale, on peut dire que tous les Gastéropodes prosobranches
herbivores sont rhipidoglosses ou ténioglosses; tous les Sténoglosses sont carnivores; mais il y a aussi parmi les Ténioglosses de nombreux carnassiers que caractérise, non plus le nombre, mais la forme de leurs dents (Voir la classification).

Dans la série des Pulmonés et dans celle des Opisthobranches dont les formes
primitives n'ont d'affinités qu'avec les formes les plus anciennes des Prosobranches et

semblent s'en être séparées de bonne heure pour évoluer séparément, on retrouve des séries de types de radules qui reproduisent, dans une certaine mesure, les séries des Prosobranches; mais les modifications de la radule ne sont plus ici aussi faciles à systématiser, et leur importance taxonomique paraît un peu moindre.

Au bulbe buccal sont annexées, chez tous les Diotocardes, deux poches latérales symétriques dont les *abajoues* des Scaphopodes sont probablement les équivalents.

Les BULLIDÆ, les Nudibranches, divers Pulmonés terrestres (*Limax*, etc.) présentent autour de l'ouverture buccale des glandes plus ou moins agglomérées qui sont désignées, chez les Pulmonés, sous le nom d'*organes de Semper*. Dans la cavité buccale même s'ouvrent les glandes salivaires. Il en existe une paire chez presque tous les Gastéropodes. Ces glandes s'ouvrent, chez les Diotocardes, en arrière du collier nerveux dans les poches buccales; un canal excréteur existe chez toutes, et elles ont la forme de glandes en grappes; il en est de même chez les AMPULLA- RIIDÆ; chez les *Patella*, elles forment deux masses accolées, munies de quatre canaux excréteurs s'ouvrant aussi en arrière du collier nerveux. Chez les Ténioglosses, les conduits excréteurs s'allongent, traversent le collier nerveux et viennent s'ouvrir en avant d'eux, tandis que les glandes sont reportées plus ou moins loin en arrière; cette disposition est presque générale chez les Pulmonés et les Opisthobranches. Par suite du développement de la trompe, les colliers nerveux se trouvent graduellement reportés en arrière chez les Proboscidifères; si les canaux excréteurs des glandes salivaires s'allongent moins que l'appareil proboscidien, les glandes salivaires peuvent passer tout à fait en avant du collier; c'est ce qu'on voit chez les *Crucibulum*, les NATI- CIDÆ, les *Cancellaria*; dans ce dernier genre elles sont contenues dans la trompe. Une fois passées en avant du collier nerveux, quelque longueur que prennent ces canaux, ils ne traversent plus

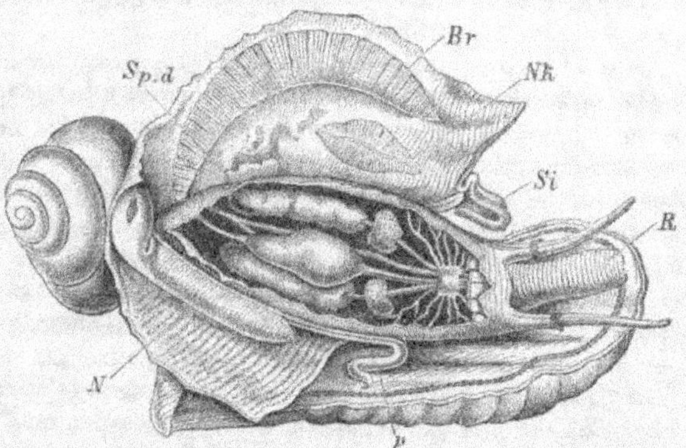

Fig. 1420. — Anatomie du *Cassis cornuta*. — *R*, trompe; *Si*, siphon; *Br*, branchie; *Nk*, osphradie; *Spd*, glandes salivaires; *N*, néphridie; *P*, pénis.

le collier : c'est ce que montrent les Sténoglosses, où les glandes salivaires sont ramenées au niveau des centres nerveux, qui sont eux-mêmes fort éloignés de la masse buccale très réduite. Les glandes salivaires des Sténoglosses (sauf celles des *Conus*) sont des glandes en grappes; chez les Ténioglosses, elles ont souvent la forme de sacs (*Dolium*, *Xenophorus*) ou revêtent celle de tubes (*Janthina*, *Scalaria*). Les deux glandes sont un peu asymétriques chez les *Xenophorus* et quelques *Atlanta*; elles se fusionnent en une seule masse chez les *Pyrula*, *Conus*, *Terebra*, *Umbrella*, *Helix*, *Physa*, certaines *Limnea*; leurs conduits présentent un renflement avant leur terminaison chez les *Dolium*, *Cassis* (fig. 1420, *Spd*), *Triton*, *Voluta*, *Pleurobranchæa*.

Dans plusieurs familles de Prosobranches supérieurs, il existe deux paires de glandes salivaires; le cas se présente déjà chez les *Janthina*, les *Scalaria*, et les Cancellariidæ où ces glandes sont en forme de tube et rapprochées comme si elles résultaient de la bifurcation d'une paire unique; il est la règle dans les familles des Muricidæ (*Murex, Trophon, Ocinebra*), Purpuridæ, Cancellaridæ, Haliidæ, Concholepadidæ et un certain nombre d'Opisthobranches à trompe (*Doridopsis*, Phyllidiidæ). La paire de glandes surajoutée est placée en avant de la paire ordinaire et du côté ventral; elle est tubulaire et pelotonnée chez les Purpuridæ et les Cancellariidæ, en forme de sac allongé chez l'*Halia*; la deuxième paire est encore tubulaire chez les Cancellariidæ, en grappe chez l'*Halia* et les Purpuridæ. Les deux paires de glandes traversent le collier nerveux chez les *Scalaria* et *Janthina*; elles sont en avant de ce collier chez les Cancellariidæ; les conduits des glandes de la première paire le traversent seuls chez les Purpuridæ et les Muricidæ, et se réunissent en un canal unique pour s'ouvrir dans la masse buccale. La deuxième paire de glandes salivaires des *Doridopsis* et Phyllidiidæ a aussi un conduit excréteur unique; chez les *Pleurobranchæa* les deux glandes ordinaires sont accompagnées d'une glande dorsale médiane.

Le produit de sécrétion des glandes salivaires des Prosobranches carnassiers est fortement acide et contient, en particulier, de l'acide sulfurique libre; il paraît fournir à ces animaux le moyen de perforer en les dissolvant les coquilles des Mollusques dont ils se nourrissent. Le suc des glandes salivaires des Pulmonés est sans action sur les aliments.

Après la trompe, quand elle existe, après la masse buccale quand la trompe fait défaut, commence un œsophage assez allongé et à parois plissées. A son origine il donne naissance chez les *Chiton*, les Diotocardes et les *Littorina* à deux cæcums longitudinaux, parallèles, entre lesquels il est compris, et dont la paroi interne est papillaire. Sur son trajet, il se renfle parfois, sans modifier sa structure, en un jabot (Hétéropodes, divers Opisthobranches et Pulmonés); un renflement œsophagien plissé à l'intérieur se montre également chez les Trochidæ et les *Littorina*; ce renflement se développe davantage, devient feuilleté intérieurement chez les Naticidæ, Lamellaridæ et Cypræidæ. Dans les formes primitives (*Patella, Parmophora*), la cavité des cæcums communique avec la cavité œsophagienne par deux fentes limitées par quatre bourrelets longitudinaux. Des deux bourrelets inférieurs le droit est ordinairement plus fort que le gauche, et leur disposition rend nettement apparente la torsion qu'a subie l'œsophage chez tous les Gastéropodes prosobranches, torsion que nous retrouvons atténuée dans la région du foie[1]. Les deux bourrelets supérieurs décrivent, en effet, une sorte d'hélice qui amène leur extrémité postérieure au-dessous de l'œsophage, le bourrelet droit se terminant à gauche, et réciproquement. Les deux bourrelets inférieurs, indépendants chez les *Patella, Parmophora*, se réunissent en un seul chez les *Fissurella, Haliotis, Turbo*, et *Trochus*. Ces quatre bourrelets ont une persistance remarquable chez les Gastéropodes prosobranches et permettent de déterminer les parties plus ou moins modifiées qui correspondent aux poches œsophagiennes. Ces poches se raccourcissent beaucoup chez les *Nerita*

---

[1] Al. Amaudrut, *Poches buccales et poches œsophagiennes des Prosobranches*; Comptes rendus de l'Académie des Sciences, juin 1896.

et *Navicella*, elles sont, au contraire, bien développées chez les Rostrifères primitifs (*Cyclophora*, *Ampullaria*, *Lanistes*), se réduisent, chez les *Paludina*, à deux séries de boursouflures blanchâtres, glandulaires et à une dilatation unique dans laquelle se prolongent les bourrelets supérieurs chez les *Bythinia*, *Cyclostoma*, *Melania*, *Cerithium*.

Chez les Semi-proboscidifères (NATICIDÆ, LAMELLARIIDÆ, CYPRÆIDÆ) et probablement les Hétéropodes, les quatre bourrelets aboutissent à un renflement œsophagien connu sous le nom de jabot, à l'intérieur duquel ils éprouvent la torsion habituelle de 180° qui a fait un organe dorsal du jabot morphologiquement ventral. Ce jabot représente en effet les deux poches œsophagiennes des Diotocardes fusionnées verticalement et quelquefois encore séparées par une cloison (*Natica monilifera*). De nombreux replis transversaux marquent la moitié inférieure de l'œsophage dans la région qui précède le jabot; on retrouve une disposition peu différente chez les *Cassidaria*.

Chez les Proboscidifères et les Sténoglosses, l'œsophage présente en arrière de la gaine de la trompe, mais en avant du collier nerveux, une dilatation piriforme, le *pharynx de Leiblein*; ce pharynx contient les bourrelets caractéristiques, il est donc un reste de la glande des formes précédentes qui n'a pu subsister que dans les régions de l'œsophage non assujetties à être entraînées dans la gaine de la trompe par l'invagination de celle-ci. Enfin la partie de la glande qui correspond au jabot des *Cypræa* se transforme chez les mêmes Sténoglosses en une glande impaire dont le degré de développement est très variable. Chez les *Admetes*, c'est encore un simple renflement œsophagien, sinueusement découpé en son bord externe, et situé en arrière des centres nerveux; chez les CASSIDIDÆ, c'est un diverticule qui ne s'ouvre dans l'œsophage que par une fente; elle devient chez les *Fusus* et les *Olica* un tube irrégulier et allongé, qui s'allonge encore chez les *Turbinella*, et prend à sa partie antérieure l'apparence d'une glande massive chez les *Murex* et les PURPURIDÆ. Cette partie antérieure est large, flasque et séparée du cul-de-sac terminal par un tube étroit chez les *Buccinum*; à sa place on trouve un *siphon* s'ouvrant dans l'œsophage par ses deux extrémités chez les *Halia* et les *Marginella*. Chez les *Voluta* et les Toxiglosses, le cul-de-sac postérieur devient musculaire et le canal excréteur ou la partie correspondante de la glande, au lieu de s'ouvrir en arrière du collier nerveux, comme dans les formes précédentes, traverse ce collier et atteint la masse buccale dans laquelle il s'ouvre probablement; ainsi se constitue la *glande à venin* des Toxiglosses [1] (fig. 1421, *gv*). Cette glande manque chez un certain nombre de *Terebra* (*T. duplicata*, *T. dimidiata*, etc.); elle n'a pas d'équivalent chez les CANCELLARIIDÆ. En dehors de ces formations dont l'homologie est incontestable, il existe encore chez divers Gastéropodes soit des dilatations à parois peu épaisses, auxquelles on applique la dénomination de *jabot* (divers Opisthobranches et Pulmonés), soit des renflements musculaires qui sont alors des *gésiers* (*Murex*, *Limnæa*, *Doris*). Il existe également chez les ELYSIIDÆ un cæcum œsophagien qui devient un long appendice glandulaire chez les OXYNOEIDÆ.

Chez les *Cancellaria*, la trompe est conique en avant; dès lors le bulbe s'allonge

[1] A.-F. MALARD, *Sur la structure des glandes salivaires productrices d'acide sulfurique chez les Ténioglosses carnassiers. — Sur le système glandulaire œsophagien des Ténioglosses carnassiers*; Bulletin de la Société philomathique, 8 et 22 janvier 1887.

en tube entre les mâchoires et la radule; l'œsophage qui lui fait suite est large et se termine par une petite dilatation, homologue de la glande impaire.

L'appareil proboscidien des CONIDÆ (fig. 1421) diffère quelque peu du type normal. La partie du mufle rétractée d'avant en arrière qui forme la gaine de la trompe se soude à la partie non rétractée et le tout s'allonge, de sorte que les tentacules sont reportés assez loin en avant de la position qu'ils occupent ordinairement chez les Sténoglosses. On peut désigner sous le nom de *trocart* cette portion allongée du mufle (*t*); elle contient, en effet, une trompe conique (*tr*) comme celle des *Cancellaria*, généralement terminée par un dard acéré (*d*). Dans cette trompe se trouve la bulbe buccal (*tu*), en forme de tube conique tant qu'il est contenu dans la trompe, mais qui se renfle dès qu'il en sort en une masse contenant les cartilages buccaux et à laquelle fait suite le sac radulaire (*bu*) contenant les dents de forme spéciale de Toxiglosses (fig. 1415). Dans la portion renflée du bulbe débouchent, comme d'habitude, les glandes salivaires normales (*gs*); la glande supplémentaire s'ouvre à l'extrémité antérieure de la trompe par un canal très grêle (*g*); au renflement bulbaire fait suite un renflement œsophagien (*œ*) dans lequel s'ouvre la glande à venin (*gv*), homologue des poches œsophagiennes des Diotocardes. L'orifice de cette glande morphologiquement ventral a été reporté à droite avec les ganglions pédieux et l'aorte antérieure par suite de la torsion de l'œsophage, qui a en même temps reporté à gauche les organes dorsaux (ganglions cérébroïdes et glandes salivaires normales). Le trocart prend chez les *Terebra* un développement énorme et est capable d'invagination; la *T. muscaria* présente à peu près la même disposition que celle des Cônes, mais chez quelques espèces le tube buccal est épais, la trompe mince, le renflement bulbaire et la gaine radulaire rudimentaires, le renflement œsophagien et la glande à venin absents; les glandes

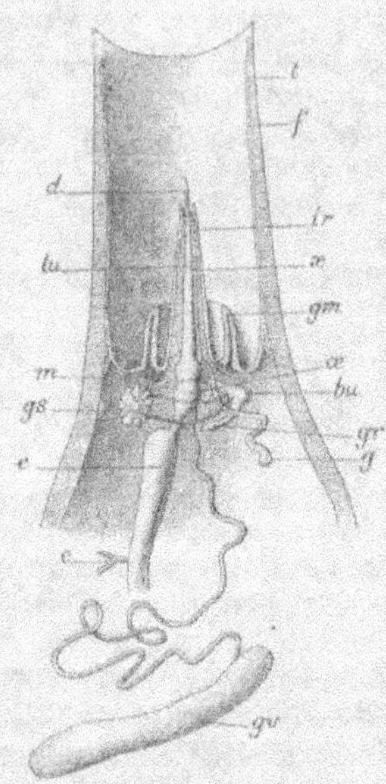

Fig. 1421. — Appareil buccal du *Conus arenatus*. — *t*, trocart; *f*, partie de la gaine de la trompe soudée au trocart; *tr*, trompe; *d*, dard; *tu*, portion tubulaire du bulbe buccal; *gm*, partie mobile de la gaine de la trompe pouvant s'évaginer; *m*, muscles; *œ*, œsophage; *e*, estomac; *gs*, glandes salivaires; *bu*, bulbe buccal; *gr*, sac radulaire; *g*, glande salivaire impaire; *gv*, glande à venin impaire, s'ouvrant dans l'œsophage; *x*, canal excréteur s'ouvrant à l'extrémité de la trompe; *c*, conduits hépatiques (dessin inédit de M. Al. Amauroux).

salivaires annexes sont distinctes et leurs conduits excréteurs, après s'être réunis en un seul, s'ouvrent à l'extrémité antérieure du tube buccal.

L'*estomac* est habituellement ovale et allongé; toutefois lorsqu'il occupe l'extrémité de l'anse intestinale, il prend souvent l'aspect d'un sac suspendu à deux tubes dont l'un est l'œsophage, l'autre l'intestin. Ses parois sont généralement minces; mais elles peuvent présenter des étranglements qui divisent sa cavité en plusieurs poches (APLYSIIDÆ) ou des épaississements musculaires qui se disposent en anneaux chez les *Auricula* et forment chez les LIMNÆIDÆ deux saillies symétriques, partageant la cavité stomacale en trois régions. Ces épaississements musculaires sont surtout marqués chez les formes d'Opisthobranches dont la paroi stomacale interne est revêtue de plaques masticatrices cornées ou calcaires. Le nombre de ces plaques est de trois chez les BULLIDÆ; elles atteignent des dimensions énormes chez le *Scaphander lignarius*. Elles sont remplacées chez les APLYSIIDÆ par une douzaine de pyramides semi-cartilagineuses, disposées en quinconce sur trois rangs, tandis que dans la chambre stomacale suivante se suivent de petits crochets peu adhérents à la muqueuse. Chez les *Paludina*, *Cyclostoma*, *Strombus*, etc., une lamelle chitineuse à bord libre, parfois en forme d'hélice de navire, fait saillie dans la cavité stomacale; cette saillie dérive peut-être d'un *stylet cristallin* logé dans un cæcum stomacal particulier chez les *Fissurella*, *Trochus*, *Patella*, *Bythinia*, *Lithoglyphus* et même chez les *Pterocera*. D'ailleurs l'estomac des formes primitives des Gastéropodes (*Haliotis*, TURBINIDÆ, *Ampullaria*, *Valvata*, *Littorina*, *Cyclostoma*, *Rissoia*, *Pachychilus*, *Semisinus*, *Cerithium*, *Calyptræa*) présente habituellement un cæcum pylorique qui est enroulé en spirale chez les TURBINIDÆ. Ce cæcum reparaît chez un certain nombre de Sténoglosses (*Buccinum*, *Nassa*, *Murex*, *Purpura*); il manque, au contraire, chez les *Sipho*. Il existe aussi un cæcum stomacal plissé intérieurement et qu'on a désigné quelquefois sous le nom de *pancréas* chez divers Opisthobranches (CAVOLINIDÆ, *Aplysia*, *Doris*), mais il est peu probable que cette formation soit morphologiquement comparable au cæcum des Diotocardes.

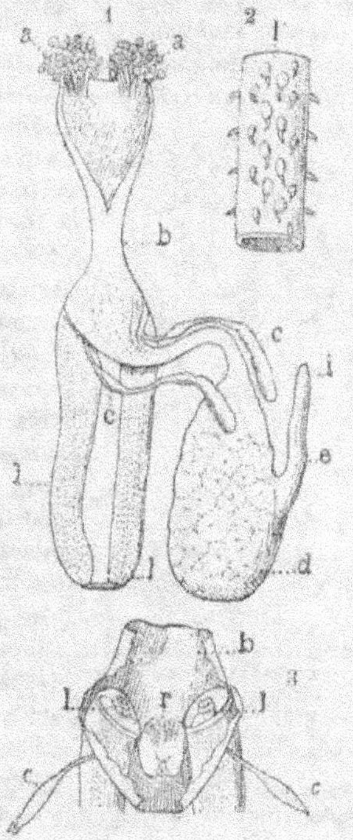

Dans l'estomac s'ouvre la glande digestive par excellence à laquelle est communément donné le nom de *foie*[1]. Peut-être faut-il considérer comme un reste de la disposition métamérique des cæcums hépatiques chez les NEOMENIIDÆ, le fait que chez les *Fissurella* et les *Emarginula*, le foie débouche dans l'estomac par trois conduits; chez tous les autres Prosobranches il n'y a que deux lobes hépatiques ou même un seul. Ces deux lobes avaient dû être primitivement symétriques, et le sont encore momentanément au début du développement embryogénique; mais la rotation subie par la partie antérieure du tube digestif et qu'accusent déjà les bourrelets internes correspondant aux poches œsophagiennes, influe rapidement sur la position et les dimensions relatives des deux lobes. Chez les Diotocardes et chez les *Valvata*, les orifices des lobes hépatiques dans l'estomac

Fig. 1192. — 1. — Tube digestif de *Pneumodermon violaceum*. — a, mâchoires; b, pharynx; c, glande salivaire; d, estomac; e, intestin; i, anus; l, appendices postérieurs du pharynx renfermant les cylindres rétractiles. — 2, portion d'un des cylindres rétractiles garnie de crochets. — 3, pharynx ouvert. — b, face intérieure du pharynx; e, glandes salivaires; l, extrémité saillante des cylindres rétractiles; r, radule (d'après Souleyet).

[1] HENRI FISCHER, *Recherches sur la morphologie du foie des Gastéropodes*, Bulletin scientifique du département du Nord, t. XXIV, 1892.

demeurent encore au voisinage du cardia et sont presque symétriques, quoique chez les *Neritina* le canal excréteur du lobe gauche puisse s'avancer jusque vers l'extrémité postérieure de l'œsophage; les deux lobes du foie sont d'ailleurs à peu près égaux. La dissymétrie s'accuse rapidement chez les Ténioglosses; dans les formes les plus archaïques où il existe encore un cæcum stomacal bien différencié, le lobe droit commence par se réduire beaucoup (*Calyptræa*, *Cyclostoma*), puis il avorte, et il ne reste plus qu'un seul canal hépatique s'ouvrant près du cardia (*Rissoia*, *Pachychilus*, etc.). Il en est de même chez les *Paludina* qui n'ont pas de cæcum stomacal. Chez les autres formes dépourvues de ce cæcum les deux lobes du foie sont, au contraire, sensiblement égaux, mais leurs orifices s'éloignent longitudinalement l'un de l'autre, et finissent par être placés aux deux extrémités de l'estomac (*Natica*, *Cassidaria*, *Ranella*). C'est cette disposition qui devient générale chez les Sténoglosses.

De même que les modifications de la radule des Pulmonés et des Opisthobranches reproduisent en partie celles des Prosobranches, sans avoir cependant la même importance taxonomique, de même les modifications du foie se correspondent dans une certaine mesure. Parmi les Pulmonés les *Peronia*, parmi les Opisthobranches, les *Æolis* présentent trois canaux hépatiques; dans le plus grand nombre des autres formes il n'y en a que deux. Chez les Pulmonés, les deux lobes du foie sont très inégaux; le lobe originairement gauche est le plus développé dans les formes dextres, le lobe droit dans les formes sénestres (*Physa*, *Planorbis*, etc.). Le lobe gauche de *Oncidium* est encore profondément divisé, comme s'il résultait de la fusion des deux lobes de *Peronia*. Chez les *Æolis* (fig. 1424), dans la région antérieure de l'estomac débouchent deux canaux à peu près symétriques qui fournissent de nombreux cæcums pénétrant dans les papilles du côté correspondant de la partie antérieure du corps; de l'extrémité postérieure de l'estomac naît insensiblement un très volumineux conduit d'où partent latéralement les cæcums qui se rendent à droite et à gauche aux papilles de la moitié postérieure du corps. Ce conduit et le canal gauche correspondent au lobe gauche du foie de l'embryon; le foie de l'adulte est donc, malgré certaines apparences contraires, profondément dissymétrique. Ces trois canaux n'émettent aucun cæcum chez les *Phyllirhoë*, et demeurent tout à fait simples. Ce n'est qu'exceptionnellement (*Fiona*, *Elysia*) que le nombre des canaux hépatiques se réduit à deux chez les Opisthobranches; en revanche, il peut s'élever (*Aplysia*), arriver à cinq (*Eumenia*) ou même à dix chez certaines BULLIÆ (*Gasteropteron*), tandis que dans les autres genres de la famille on n'en compte que trois (*Doridium*, *Scaphander*) ou même deux (*Philine*, *Bulla*).

Les cellules qui tapissent les parois des acini hépatiques sont physiologiquement de deux sortes : les unes sécrètent les ferments digestifs et peuvent être nommées *cellules hépatiques*, les autres sont des *cellules excrétrices*[1].

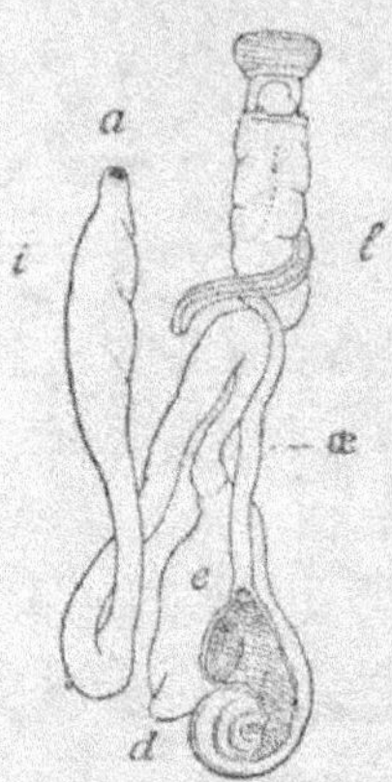

Fig. 1423. — Tube digestif du *Turbo rugosus*. — *l*, sac radulaire; *œ*, œsophage; *e*, estomac; *d*, cæcum spiral; *i*, intestin; *g*, anus (d'après Souleyet).

[1] L. CUÉNOT, *Études physiologiques sur les Gastéropodes pulmonés*. Archives de Biologie, 1892.

Les *cellules hépatiques* (*Leberzellen* de Barfurth et Yung, *Körnerzellen* de Frenzel) sont nombreuses et petites, remplies de granules jaunes et incolores. Les *cellules excrétrices* sont de deux sortes : les *cellules vacuolaires* (*Fermentzellen* de Barfurth et Yung, *Keulenzellen* de Frenzel), qui contiennent de grandes vacuoles à liquide jaune où flottent des granules bruns ; les *cellules cyanophiles*, petites, peu nombreuses, renfermant une concrétion arrondie ou mamelonnée, incolore ou jaune pâle, d'aspect minéral. Par l'injection sur l'animal vivant d'un mélange de fuchsine et de

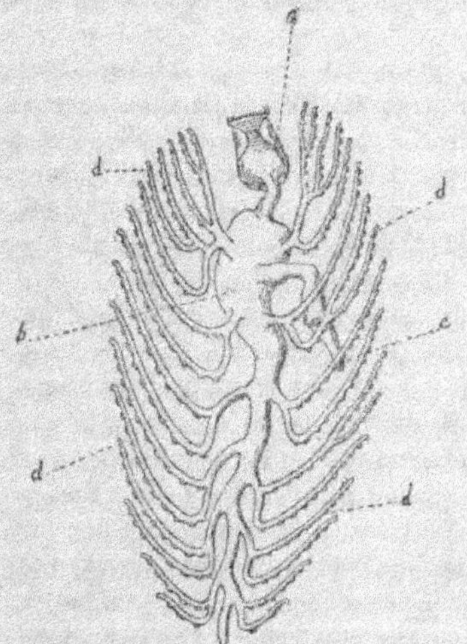

Fig. 1424. — Tube digestif de l'*Æolis papillosa*. — *a*, bulbe radulaire ; *b*, estomac ; *e*, anus ; *d*, les trois lobes hépatiques (d'après Alder et Hancock).

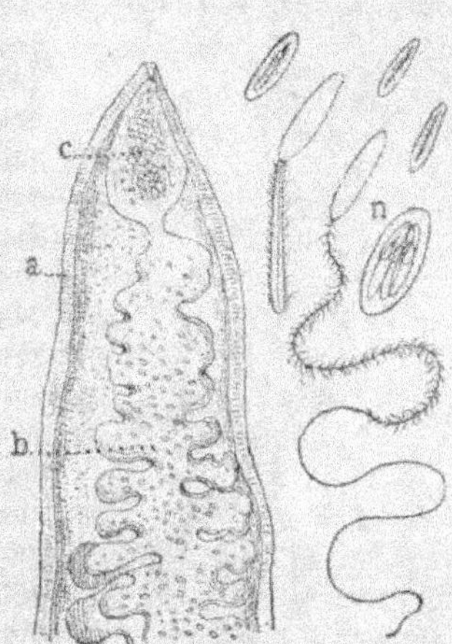

Fig. 1425. — Appareil urticant de l'*Æolis papillosa*. — *a*, tégument d'une des papilles dorsales ; *b*, cæcum hépatique ; *c*, capsule à nématocystes, communiquant avec le cæcum hépatique et avec l'extérieur ; *n*, nématocystes à divers degrés de développement (d'après Meyer et Möbius).

dahlia, les premières se colorent rapidement en rouge, les secondes en bleu violet intense ; ces dernières n'éliminent d'ailleurs que les couleurs d'aniline voisines du bleu. La réaction des cellules vacuolaires est légèrement acide, celle des cellules cyanophiles neutre ou basique ; le liquide digestif est d'ailleurs nettement alcalin. C'est uniquement au travers de l'épithélium du foie que se fait l'absorption des matières digérées ; cet épithélium arrête, en même temps, au passage les substances nuisibles. Aux cellules hépatiques normales s'ajoutent chez les Pulmonés terrestres des cellules d'une troisième sorte, les *cellules calcaires*, dont le rôle est tout spécial. Ces cellules à gros noyau contiennent pendant l'été de nombreux granules réfringents uniquement formés de phosphate de chaux [1]. En automne, le phosphate de chaux disparaît, mais on le retrouve alors dans les glandes du rebord du manteau qui sécrètent l'*épiphragme*, sorte de lame solide à l'aide de laquelle les Escargots ferment leur coquille en hiver. Cet épiphragme est fait, en grande partie, de

[1] Barfurth, *Ueber den Bau und Thätigkeit der Gastropoden Leber*, Arch. f. mikr. Anatomie, XXII, 1883. — Em. Yung, *Contribution à l'histoire physiologique de l'Escargot*, Mémoires couronnés de l'Académie des sciences de Bruxelles, 1887.

phosphate de chaux; il semble que ce phosphate ait été accumulé ou été dans les cellules calcaires du foie pour être ensuite transporté dans celles qui sécrètent l'épiphragme.

Les prolongements hépatiques des Eolidiens se continuent chacun à leur extrémité par un étroit canal qui s'ouvre dans une poche communiquant elle-même avec l'extérieur par le sommet de la papille qui contient ce diverticule (fig. 1425, e). Cette poche est tapissée par des *nématoblastes* contenant un ou plusieurs nématocystes rappelant de très près ceux des Polypes; le fil est ici seulement rétracté dans sa partie basilaire (fig. 1425, n).

L'intestin, compris entre l'estomac et l'anus, est un tube très long et enroulé chez les Gastéropodes herbivores (*Patella*), court et presque droit chez les carnassiers (*Murex, Buccinum, Janus*). Il traverse le ventricule du cœur chez les Diotocardes homo- et hétéronéphridés, le péricarde chez les *Paludina*, le rein chez les DOLIIDÆ, CASSIDIDÆ, *Triton, Ranella, Arion*. Une *glande anale*, légèrement ramifiée, débouche dans la région rectale chez les NATICIDÆ, *Murex* et *Purpura*. Même dans les formes où l'enroulement en hélice a disparu, la dissymétrie résultant de cet enroulement s'accuse encore par le fait que l'anus est situé à droite (fig. 1424); cet orifice finit cependant dans un certain nombre de ces formes par devenir postérieur et médian (*Pterotrachæa*, APLYSIIDÆ, NUDIBRANCHIATA, MESOPROCTA, *Testacella, Vaginulus, Onchidium*).

Scaphopodes. — La *bouche* des Scaphopodes conduit dans une cavité buccale, située dans le tronc (fig. 1426), à la base du pied et dans laquelle on trouve une *mâchoire* dorsale et une *radule* ventrale, contenue dans un sac court, mais à cartilage et à muscles bien développés et formant ensemble une masse buccale importante, creusée latéralement de deux *abajoues*. La radule des Scaphopodes ne diffère pas essentiellement de celle des Gastéropodes; elle présente cinq dents de forme très différente à

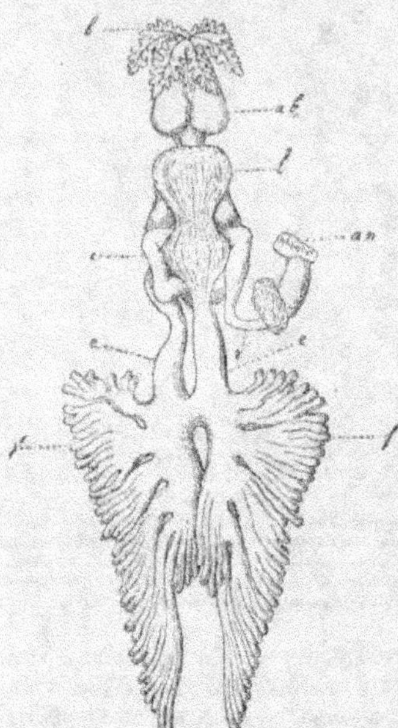

Fig. 1423. — Appareil digestif du *Dentalium tarentinum*. — b, palpes labiaux; ab, abajoues; l, estomac; f, foie; e, ses canaux excréteurs; i, intestin; r, rectum; an, anus (d'après Lacaze-Duthiers).

chaque rangée. L'œsophage assez court présente deux grandes poches latérales symétriques vraisemblables analogues à celles des CRITONIDÆ et des Diotocardes. L'estomac est peu différencié; dans son intérieur s'ouvrent deux glandes formées chacune de cæcums rayonnants qui représentent le *foie* (*f*). Ces glandes, à peu près symétriques chez les *Dentalium*, se confondent chez les *Siphonodentalium*, en une seule, située à gauche, et dont deux cæcums beaucoup plus longs que les autres s'étendent jusqu'à l'extrémité postérieure du corps. L'intestin est recourbé en anse, mais il forme plusieurs circonvolutions dans la région antérieure du corps, et avant de s'ouvrir au dehors près de la commissure viscérale, il reçoit à droite le canal excréteur d'une glande anale.

Lamellibranches. — Chez les Lamellibranches, la *bouche* est une fente transversale, située en arrière du muscle adducteur antérieur chez les *Solenomya*, sur la face ventrale de ce muscle partout où il est développé; les lèvres, habituellement simples, présentent chez les PECTINIDÆ une forme crépue particulière; leur commissure n'offre rien de particulier chez les *Axinus, Corbis, Limopsis, Cuspidaria.* Chez les *Solenomya*, la lèvre supérieure se prolonge latéralement en deux organes foliacés, portant sur leur arête ventrale un sillon qui n'est que le prolongement de chaque côté de la commissure labiale; l'organe est encore simple à son extrémité libre, qui est tentaculiforme chez les NUCULIDÆ, mais le sillon s'approfondissant, le divise sur la plus grande partie de sa longueur en deux feuillets qui deviennent indépendants chez les autres Lamellibranches et constituent les *palpes labiaux*[1]; les faces des deux palpes qui se regardent sont plissées transversalement et ciliées; elles forment ainsi une gouttière par laquelle le courant branchial est dévié vers la bouche avec les particules alimentaires qu'il contient. Ces palpes, de forme généralement triangulaire, atteignent un énorme développement chez les TELLINIDÆ; l'inférieur est beaucoup plus grand que l'autre chez les *Poromya*. La bouche conduit encore chez les SOLENOMYIDÆ et les NUCULIDÆ

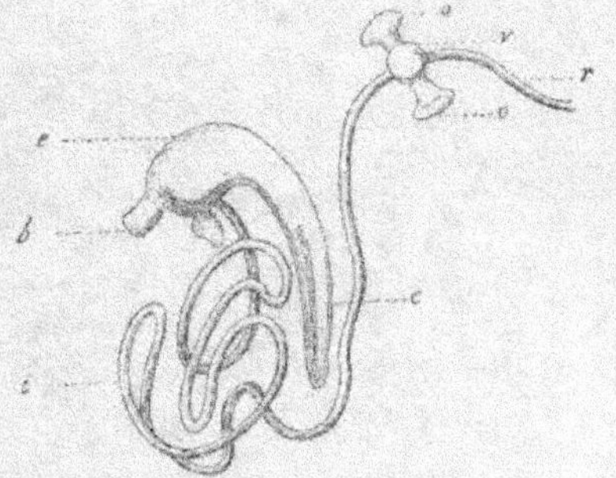

Fig. 1427. — Tube digestif de *Mactra stultorum.* — *b,* bouche; *e,* stylet cristallin; *c,* estomac; *i,* intestin; *r,* rectum; *v,* ventricule; *o,* oreillettes (figure schématique d'après Garner).

dans un bulbe buccal assez nettement distinct, pourvu comme celui des Gastéropodes diotocardes de deux petits culs-de-sac glandulaires; partout ailleurs elle s'ouvre directement dans un œsophage assez court, musculeux chez les *Poromya* qui sont carnivores.

L'*estomac* est une vaste poche comprimée, plus ou moins reportée dans la région pédieuse, à parois minces, musculeuses seulement chez les Septibranches. Cette poche présente, en général, un diverticule pylorique et, dans un certain nombre de cas, un autre cæcum ventral, soit antérieur (*Mytilus*), soit postérieur (PHOLADACEA). Le cæcum pylorique s'étend parfois jusque dans l'un des lobes du manteau, le droit chez les *Anomia*, le gauche chez le *Mytilus latus*; il est assez souvent accolé à la naissance de l'intestin, avec lequel il communique par une fente étroite (*Mytilus edulis, Pecten, Ostrea,* SEPTIBRANCHIA, TELLINIDÆ, UNIONIDÆ, *Montacuta, Cardium, Solenocurtus, Mya*). L'épithélium stomacal s'élève et devient fortement cilié dans le cæcum pylorique; il est revêtu dans l'estomac d'une couche cuticulaire caduque, constituant ce qu'on nomme la *flèche tricuspide* et qui se continue avec un *stylet cristallin*, de forme cylindrique, contenu dans le cæcum pylorique. La flèche tri-

---

[1] J. THIELE, *Die Mundlappen der Lamellibranchiaten*; Zeistchr. für wiss. Zoologie, Bd XLIV, 1886.

cuspide est un appareil de protection des cellules glandulaires de l'estomac; l'extrémité du stylet cristallin qui entre dans l'estomac, difflue sous l'action des sucs digestifs et devient ainsi capable d'agglutiner en une seule masse les particules solides ingérées qui pourraient, sans cela, venir blesser les parois de l'estomac. Une volumineuse *glande hépatique* à cæcums bien séparés chez les SOLENOMYIDÆ et NUCULIDÆ débouche par deux conduits dans la région antérieure de l'estomac; partout ailleurs ses acini très ramifiés s'intriquent en formant une masse qui entoure l'estomac, pénètre dans la cavité pédieuse, et peut même faire des hernies irrégulières dans la cavité palléale (*Axinus, Montacuta*).

L'*intestin*, toujours cilié intérieurement, naît de l'estomac (fig. 1428) du côté

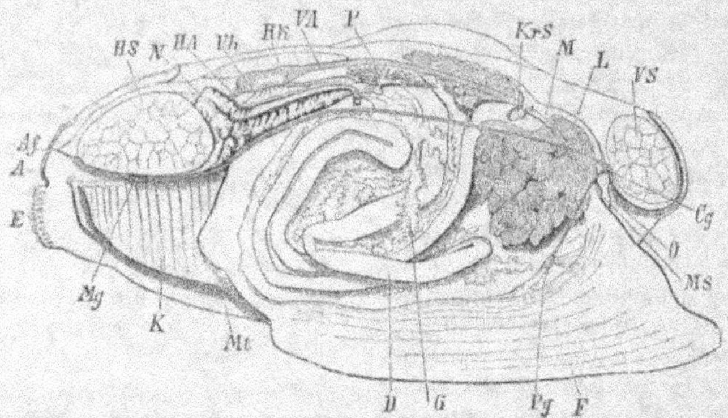

Fig. 1428. — Schéma de l'organisation de l'*Unio pictorum*. — *Vs*, muscle adducteur antérieur; *Ha*, muscle adducteur postérieur des valves; *Ms*, palpe labial; *V*, pied; *Mt*, manteau; *K*, branchies; *Cg*, ganglion buccal ou cérébroïde; *Pg*, ganglion pédieux; *Eg*, ganglion branchial; *O*, bouche; *M*, estomac; *L*, foie; *Krs*, tige cristalline; *D*, intestin; *Af*, anus; *G*, organes génitaux; *P*, orifice branchial; *Krs*, stylet cristallin; *A*, orifice cloacal; *A4*, aorte postérieure; *P*, glande péricardique (dessin de Grobben).

ventral; simplement arqué chez quelques *Arca*, les *Anomia* et les SEPTIBRANCHIA, il décrit d'ordinaire un certain nombre de circonvolutions et se continue par un rectum qui présente intérieurement une gouttière longitudinale. Comme chez les Diotocardes, ce rectum traverse généralement le ventricule du cœur; mais ce rapport n'est pas absolument constant (p. 2008); au contraire, quel que puisse avoir été son trajet antérieur, le rectum revient toujours passer en arrière du muscle adducteur postérieur, et il fait parfois un véritable circuit (*Lima, Pecten*) ou un long trajet (*Teredo*) pour obéir à cette règle morphologique. La position des deux muscles adducteurs par rapport au tube digestif est d'ailleurs très nettement déterminée; l'adducteur postérieur est toujours situé dans la concavité de l'anse intestinale ramenée à son plus grand degré de simplicité, tandis que l'adducteur antérieur est situé du côté convexe de cette anse et au-dessus de sa branche antérieure. Le rectum est généralement dans le plan de symétrie, sauf chez les PECTINIDÆ où il est dévié vers la gauche; son extrémité est assez souvent libre et flottante; elle porte chez les AVICULIDÆ une sorte d'appendice érectile, surtout bien développé chez les *Pinna*.

Céphalopodes. — Chez les Céphalopodes, avec la masse buccale (fig. 1427) se trouvent en rapport des mâchoires et une radule, comme chez les Gastéropodes. Chaque rangée de la radule des Céphalopodes comprend sept dents en crochet (fig. 1430), flanquées de chaque côté d'un petit denticule accessoire chez les LOLIGINIDÆ et dont les externes sont beaucoup plus grandes que les autres chez les SEPIIDÆ et les ONYCHOTEUTHIDÆ. La masse buccale est suivie d'un long œsophage, d'un estomac musculaire pourvu, comme celui des Diotocardes et des Lamellibranches, d'un cæcum pylorique et suivi d'un court intestin qui se dirige en avant pour s'ouvrir sur la ligne médiane, sous l'entonnoir. L'ouverture buccale est entourée d'une lèvre circulaire papilleuse, suivie chez les Dibranches d'une membrane qui peut être divisée en lobes alternant avec les bras et porter, chez quelques *Loligo*, de petites ventouses. Les muscles moteurs des mâchoires forment la plus grande partie de l'épaisseur de la masse buccale. Sur le plancher ventral de la cavité buccale se trouve, chez les Dibranches, une petite *glande sublinguale*, suivie de *l'organe subradulaire*. Il existe typiquement deux paires de glandes salivaires. L'antérieure demeure rudimentaire chez les MYOPSIDA ; elle est un peu plus développée chez les OIGOPSIDA et n'atteint son développement maximum que chez les Octopodes ; ce sont alors des glandes aplaties, accolées contre la face postérieure du bulbe buccal dans lequel elles s'ouvrent par un court canal excréteur. Les glandes postérieures qui existent partout, sauf chez les *Nautilus* et les *Cirroteuthis*, sont toujours plus développées que les précédentes. Elles sont constituées par des tubes ramifiés qui se pelotonnent en deux masses ovoïdes, situées au niveau du jabot ; les deux canaux excréteurs s'unissent en un canal impair qui remonte le long de l'œsophage et s'ouvre au sommet de l'organe subradulaire.

L'œsophage, cylindrique chez les Décapodes et les *Cirroteuthis*, peut se renfler graduellement (*Nautilus*) ou brusquement (OCTOPODA) en *jabot*. L'estomac qui lui fait suite a ses orifices cardiaque et pylorique tournés en avant ; le cæcum, parfois plus volumineux que l'estomac (*Loligo*), marque la région initiale de l'intestin ; il peut être sphérique (*Nautilus*, *Rossia*, *Leachia*), allongé (*Loligo*) et le plus souvent alors contourné en spirale (*Ommatostrephes*, *Sepia*, OCTOPODA) ; il reçoit les canaux hépatiques.

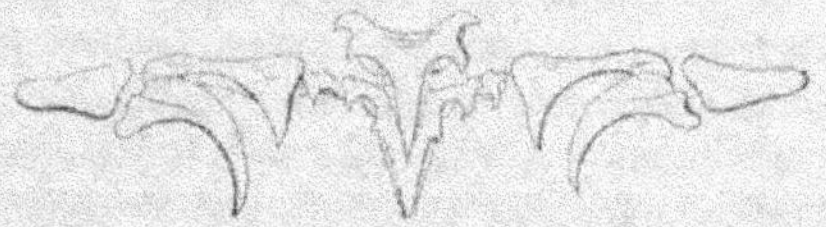

Le foie, chez les *Nautilus*, présente quatre lobes ayant chacun son conduit propre.

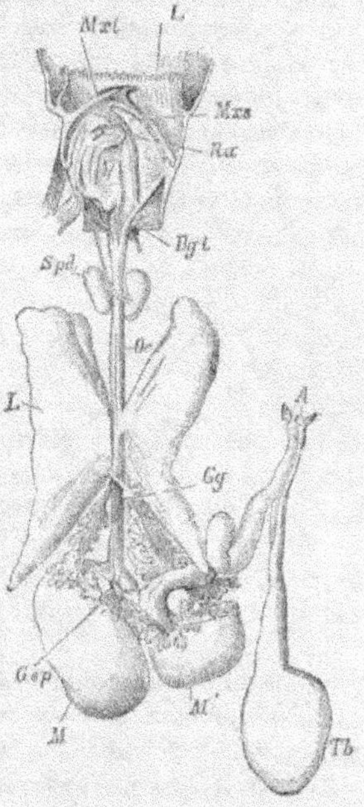

Fig. 1429. — Appareil digestif de *Sepia officinalis*. — *L*, lèvre ; *Mxi*, *Mxs*, mâchoires inférieure et supérieure ; *Ra*, radule ; *Bg*, ganglion buccal ; *Spd*, glande salivaire ; *Œ*, œsophage ; *L*, foie ; *Gg*, conduits biliaires ; *Gsp*, ganglion stomacal ; *M*, estomac ; *M'*, appendice cæcal ; *A*, anus ; *Tb*, poche du noir (d'après Keferstein).

Fig. 1430. — Radule d'*Eledone cirrosa* (d'après Lovén).

Chez les Dibranches, il n'y a plus que deux glandes, mais ces glandes séparées durant la période de développement (*Sepia*), se soudent avec l'âge d'abord vers leur milieu seulement chez les *Sepia* et *Rossia*, davantage chez les *Sepiola*, et arrivent à se confondre chez les *Ommatostrephes*, *Onychoteuthis*, *Loligo*, OCTOPODA en une masse globuleuse que traverse l'œsophage. Les deux conduits hépatiques persistent; ils sont allongés, couverts de follicules de structure un peu spéciale dits *pancréatiques* et traversent les reins chez les Décapodes; ils sont plus courts chez les Octopodes. Le *foie* produit de la *trypsine* et de la *diastase*; les follicules dits *pancréatiques* de la diastase [1]: ce sont les glandes digestives par excellence. L'intestin légèrement flexueux chez les *Nautilus* et les Octopodes, droit chez les Décapodes, reçoit près de sa terminaison chez tous les Dibranches, sauf les *Cirrotheuthis*, le canal excréteur d'une *glande rectale* remarquable, la *poche du noir*. Cet organe apparaît comme un simple diverticule dorsal de l'intestin qui se divise en deux régions : l'une d'elles, correspondant à l'extrémité fermée du cæcum, se cloisonne de bonne heure à l'intérieur, et constitue la région glandulaire proprement dite, l'autre conserve des parois lisses et sert de réservoir au liquide de couleur noire sécrété par la partie glandulaire. Cette glande est accompagnée chez les *Sepiola* de deux glandes accessoires qui la font paraître trilobée; elle est englobée dans la partie superficielle du foie chez les OCTOPODA, à l'exception des *Argonauta*, et s'étend jusqu'à l'extrémité postérieure du corps chez les *Sepia*. L'animal expulse son noir quand il est inquiété, et se masque ainsi derrière un nuage opaque. L'*encre* des *Sepia* entre dans la fabrication de la véritable encre de Chine [2].

Appareil respiratoire. — Dans la cavité palléale d'une grande partie des Gastéropodes et de tous les Céphalopodes se développent des organes respiratoires, constitués par un axe contenant un vaisseau afférent et un vaisseau efférent, de chaque côté duquel, chez les Diotocardes, les Lamellibranches foliobranches et les Céphalopodes, se développent des plis qui font ressembler l'ensemble de l'organe soit à une plume, soit à un peigne présentant deux rangées de dents symétriques; de là le nom de *cténidies* donné assez souvent à ces organes, qui sont les *branchies* typiques des Mollusques. Les Nautiles présentent quatre cténidies symétriques comme présentent quatre lobes hépatiques; les autres Céphalopodes n'en ont que deux. C'est aussi le cas pour les Diotocardes qui ont le mieux conservé la symétrie primitive, mais ici les deux cténidies, encore égales chez les PLEUROTOMARIIDÆ et les FISSURELLIDÆ (*Subemarginula*, fig. 1431), deviennent inégales chez les HALIOTIDÆ, par suite de la réduction de la branchie topographiquement droite. Les autres Prosobranches n'ont qu'une seule cténidie. Chez les CHITONIDÆ, le nombre des paires de branchies est beaucoup plus considérable, il varie de soixante-quinze à six (fig. 1363, p. 1963); ces branchies peuvent se distribuer régulièrement sur toute la longueur du corps ou se localiser sur la région postérieure où elles n'occupent, par exemple, chez le *C. benthus* que l'étendue des deux dernières cérames. On passe ainsi à la disposition propre aux *Chætoderma*, où deux grandes plumes branchiales sont enfermées

---

[1] EM. BOURQUELOT, *Recherches sur les phénomènes de la digestion chez les Céphalopodes*, Archives de Zoologie expérimentale, 1882 et 1885.

[2] GIROD, *La poche de noir chez les Céphalopodes*, Archives de Zoologie expérimentale, 1re série, t. X, 1882.

dans une cavité branchiale postérieure, renflée en forme de cloche et à ouverture contractile (fig. 1440, *b*; p. 2006).

Gastéropodes. — Les cténidies[1] sont bipectinées chez tous les Diotocardes, les *Acmæa*, les *Valvata* et les Tectibranches; ces branchies bipectinées sont libres et pointues soit à leur extrémité seulement, comme chez les Diotocardes, d'où le nom d'Aspidobranches sous lequel on désigne souvent ces Mollusques, soit dans toute leur étendue auquel cas elles peuvent être portées en panache hors de la cavité branchiale (*Valvata*, fig. 1432). Chez les Diotocardes à une seule branchie, les lamelles branchiales dorsales de la cténidie, celles qui sont situées entre l'axe et le manteau sont déjà petites; elles disparaissent entière-ment chez les Monotocardes dont l'unique cténidie est par suite monopectinée. La cténidie ainsi réduite est fixée, dans toute son étendue, à la surface interne du manteau; ses plis sont généra-lement lisses (Dioto-cardes) et eux-mêmes fixes, toutefois leur surface est quelque-fois plissée ou même feuilletée (*Janthina*, Tectibranches); chez

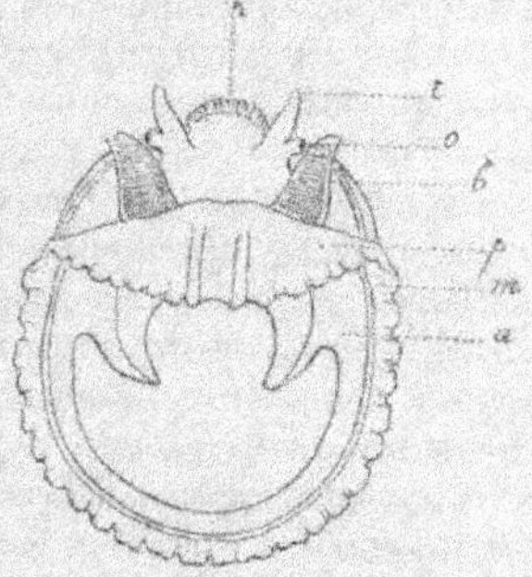

Fig. 1431. — *Submarginula*, vue par la face dorsale. — La coquille a été enlevée et le manteau relevé en avant. — *n*, mufle; *t*, tentacules; *o*, yeux; *b*, branchies; *p*, partie relevée du manteau; *m*, bord palléal; *a*, muscle adducteur (d'après Fischer).

Fig. 1432. — *Valvata cristata*, épa-nouie, montrant les angles du pied prolongés en avant et le mufle se projetant entre eux; à gauche la cténidie, à droite l'appendice filiforme, et, au-dessous du ten-tacule droit, la verge (d'après Gruithuisen).

les *Janthina* et les *Carinaria* ces plis s'allongent, deviennent libres à leur extrémité et font saillie comme autant de plumes au delà du bord du manteau. Chaque pli est constitué, de dehors en dedans, par une couche épithéliale, une membrane de soutien conjonctive, à éléments étoilés, à substance interstitielle abondante, s'épaississant sur chaque face du feuillet, le long de son bord afférent en un cordon saillant; un tissu interne, presque spongieux en certains points, largement lacunaire sur d'autres, dans lequel se trouvent des éléments con-jonctifs, des éléments musculaires et des éléments nerveux. Les éléments muscu-laires forment des piliers traversant la cavité du feuillet que ne limite aucune couche cellulaire régulière; par leur contraction et leur relâchement, ils peuvent rétrécir cette cavité ou la laisser se distendre et contribuent ainsi à régulariser la circu-lation branchiale. Le sang pénètre toujours dans chaque feuillet en longeant l'un des bords, passe sur le bord opposé, gagne le milieu du feuillet en contournant les piliers musculaires et finit par pénétrer dans le tissu spongieux. Les espaces vides de ce tissu et les intervalles des piliers musculaires ont souvent été interprétés à tort comme des capillaires. Le nerf branchial envoie, dans chaque feuillet, un rameau qui longe le bord afférent de sa cavité chez les *Paludina* et les Sténoglosses, le

---

[1] Félix Bernard, *Recherches sur les organes palléaux des Gastéropodes prosobranches*, Annales des Sciences naturelles, 7ᵉ série, t. IX, 1890.

bord efférent chez les Diotocardes, les *Littorina*, et, chez les Ténioglosses siphonostomes, revient le long du bord afférent, en émettant sur tout son trajet de fines ramifications qui forment un réseau interépithélial d'où partent des filets en rapport avec des cellules épithéliales sensitives. L'aspect des cténidies des Opisthobranches tectibranches (TECTIBRANCHIATA, fig. 1433) ne diffère pas essentiellement de celles des Prosobranches; toutefois ces branchies ne sont jamais, à proprement parler, pectinées, mais simplement marquées de plis plus ou moins compliqués, qui intéressent toute l'épaisseur de l'organe, et se retrouvent, par conséquent, en saillie sur l'une de ses faces, en creux sur l'autre. Chaque branchie est une sorte de sac aplati dont les deux lames s'accolent partiellement, mais en ménageant toujours un canal afférent et un canal efférent longitudinaux.

En sortant des cténidies, le sang pénètre directement dans les oreillettes correspondantes; mais il y arrive en même temps que du sang venant du manteau; le manteau joue donc, lui aussi, un rôle important dans la respiration. Ce rôle devient de plus en plus considérable à mesure que la cavité palléale et la cténidie se réduisent chez les Opisthobranches, où le manteau finit par se confondre, en grande partie, avec le tégument dorsal. Avant même que la cténidie ait disparu, le rôle respiratoire du manteau s'accuse chez les ACMÆIDÆ (*Scurria*, etc.) et les PNEUMODERMATIDÆ par la formation d'arborescences tégumentaires, véritables *branchies palléales*; ces branchies palléales sont très développées chez un grand nombre de

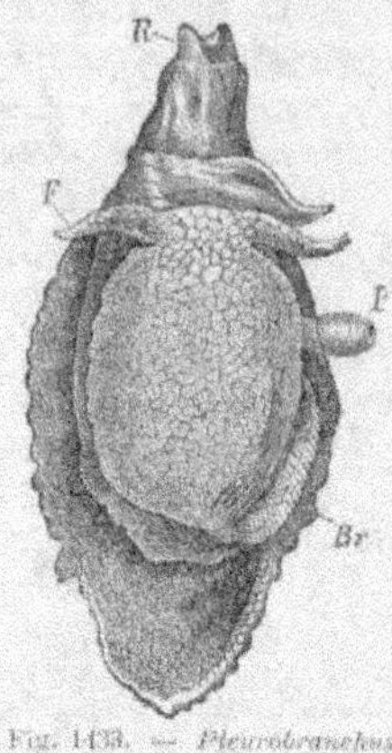

Fig. 1433. — *Pleurobranchus Meckeli*, vu de dos. — *R*, trompe; *T*, tentacules; *P*, verge; *Br*, branchie (d'après Deshayes).

formes où la cténidie a disparu, et peuvent occuper soit la face inférieure du rebord palléal, au-dessus du pied (PATELLIDÆ, PLEUROPHYLLIDIIDÆ), soit le pourtour de l'anus (DORIDIDÆ [1]), soit les côtés du corps (*Glaucus*), soit la face dorsale où elles se disposent parfois en deux rangées (*Tethys*, *Tritonia*, *Dendronotus*), tandis que d'autres fois elles envahissent presque tout le dos (ÆOLIDIDÆ). Mais le manteau peut aussi devenir un organe de respiration sans présenter aucune complication apparente de forme extérieure (LEPETIDÆ, EURYBIIDÆ, CLIONIDÆ, PHYLLIRHOIDÆ, *Dermatobranchus*, *Heterodoris*, ELYSIIDÆ).

Des modifications d'une autre nature apparaissent sur les parois de la chambre branchiale, d'ailleurs bien développée, de certains Prosobranches tout à fait littoraux et fréquemment exposés à l'air libre; les feuillets de la cténidie deviennent moins saillants et s'allongent (*Littorina neritoides*, *L. rudis*), puis se divisent et revêtent l'aspect d'arborisations vasculaires (*Cremnoconchus*), ce qui entraîne finalement la disparition de la cténidie en tant qu'organe défini (*Cerithidea obtusa*), et l'aptitude à vivre à l'air libre. Ces modifications se sont produites soit sur des Diotocardes, soit sur des PALUDINIDÆ, soit sur des LITTORINIDÆ, soit même sur des Opisthobran-

[1] Il n'est pas impossible cependant d'homologuer les branchies anales des DORIDIDÆ aux cténidies; si l'on admet, en effet, que la partie du corps des Carinaires contenue dans la coquille s'amoindrisse jusqu'à disparaître, les branchies persistant seules, ces branchies seront périanales comme celles des *Doris*.

ches, comme si, à des époques différentes, les Mollusques aquatiques avaient fourni des émigrations successives vers la terre, donnant respectivement naissance aux familles des HELICINIDÆ, des CYCLOPHORIDÆ, des CYCLOSTOMIDÆ et finalement à l'ordre des PULMONÉS. La vascularisation de la paroi de la cavité branchiale peut d'ailleurs se produire sans que la cténidie disparaisse; c'est ainsi que chez les AMPULLARIIDÆ, la cavité branchiale arrive à être divisée par une cloison longitudinale en deux compartiments, l'un non modifié, contenant la cténidie, l'autre à parois vascularisées, compris entre la chambre branchiale persistante et l'osphradie et constituant un véritable poumon. Il existe même une branchie pectinée parfaitement fonctionnelle chez des Mollusques dont toute la cavité palléale a été transformée en poumon, tels que les *Siphonaria* (fig. 1276, p. 1967). Il en est de même chez les AURICULIDÆ et les *Gadinia* dont le poumon est toujours rempli d'eau. Si l'on considère que ces divers Pulmonés sont justement ceux dont les embryons sont operculés et sont par conséquent les plus rapprochés de la souche ancestrale, que chez les embryons des Pulmonés aquatiques le poumon est tout d'abord également rempli d'eau, on sera amené à penser que le poumon n'a été primitivement (comme la carapace des Crustacés) qu'un organe perfectionné de respiration aquatique qui s'est tout naturellement trouvé disposé pour la respiration aérienne lorsque, par le rétrécissement de l'ouverture de la chambre palléale et la formation d'un sphincter autour d'elle, il s'est constitué un orifice étroit, contractile, le *pneumostome*, capable d'isoler de l'extérieur la chambre respiratoire. Effectivement
à l'exception des *Ancylus* et des espèces habitant les lacs profonds, la chambre pulmonaire de la plupart des Basommatophores, comme celle des Stylommatophores, ne contient habituellement que de l'air. Néanmoins sur ses parois peuvent encore se montrer des expansions membraneuses exsertiles, portant généralement l'anus (*Planorbis, Ancylus*), pouvant se plisser à la façon des branchies des Opisthobranches (*Pulmobranchia* [1]) et qui sont plus ou moins comparables à des branchies.

Il n'y a pas d'appareil respiratoire localisé chez les Scaphopodes.

Lamellibranches [2]. — Les branchies primitives des Lamellibranches étaient aussi des cténidies typiques qui sont conservées chez les SOLENOMYIDÆ et les NUCULIDÆ (fig. 1434, *b*), familles que l'on réunit quelquefois, pour cette raison, dans une division des FOLIOBRANCHES. Chaque branchie a ici exactement l'apparence d'une plume dont les barbes seraient larges, aplaties et indépendantes l'une de l'autre. Les branchies des autres Lamellibranches dérivent de ces branchies primitives par simple

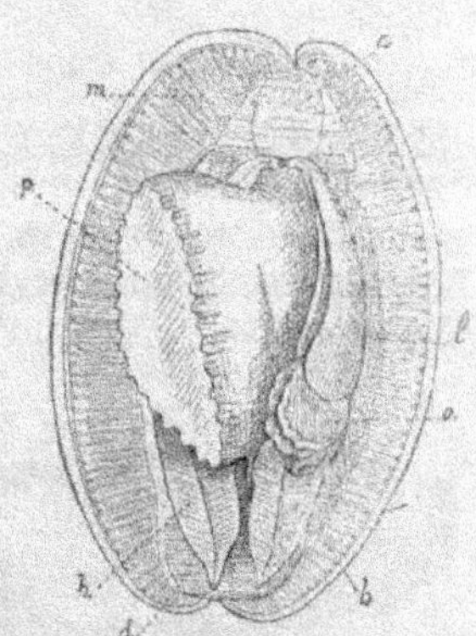

Fig. 1434. — *Nucula nucleus*, vue par la face ventrale. — *a*, adducteur antérieur des valves; *b*, branchie; *l*, palpe labial; *o*, appendice postérieur des palpes; *p*, pied pourvu d'un lobe permettant la reptation; *d*, adducteur postérieur des valves; *m*, face interne du manteau avec des faisceaux musculaires (d'après Deshayes).

[1] PELSENEER, *Prosobranches aériens et Pulmonés branchifères*, Archives de Biologie, t. XIV, 1895.

[2] A. MÉNÉGAUX, *Recherches sur l'appareil circulatoire des Lamellibranches marins*, 1890. — P. PELSENEER, *Contribution à l'étude des Lamellibranches*; Archives de Biologie, 1891.

élongation des barbes de la plume, qui s'amincissent en même temps de manière à constituer des filaments très longs et très grêles; la longueur de ces filaments dépasse de beaucoup la largeur du manteau; ils se replient donc généralement vers le milieu de leur longueur pour s'abriter dans la cavité palléale, de sorte que chaque filament présente une partie directe et une partie réfléchie. Chez les Arcinæ et les Mytilidæ les filaments ne sont réunis l'un à l'autre que par des faisceaux de cils vibratiles légèrement modifiés, formant souvent des disques où les cils sont étroitement intriqués; les filaments se séparent alors assez facilement les uns des autres, la branchie paraît *filamenteuse*, et les animaux qui présentent cette sorte de branchie sont qualifiés de *filibranches*. Quelle que soit leur nature, les

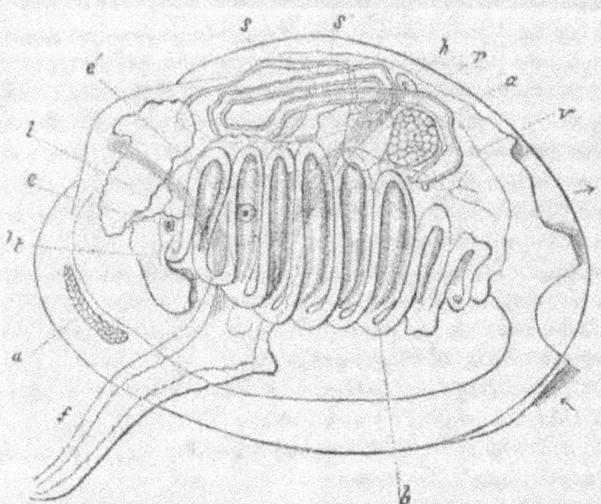

Fig. 1435. — Jeune *Mytilus edulis*, vu du côté gauche. — *e*, œil; *e'*, otocyste; *H*, palpes labiaux; *s, s*, estomac; *b*, branchies dont les filaments ne sont pas encore réfléchis; *h*, cœur; *v*, anus; *i*, foie; *r*, rein; *a*, muscles adducteurs des valves; *f*, pied; les flèches indiquant les orifices afférent et efférent (d'après Lovén).

jonctions qui s'établissent ainsi d'un filament branchial à l'autre sont dites *jonctions interfilamentaires*; celles qui s'établissent entre la partie directe et la partie réfléchie d'un même filament sont dites *jonctions interfoliaires*. Les jonctions interfilamentaires transforment chaque moitié de la cténidie en une lame pliée en deux, par suite de la réflexion des filaments et qui présente, en conséquence, un *feuillet direct* et un *feuillet réfléchi*; ces deux feuillets sont unis l'un à l'autre par les jonctions interfoliaires. Les jonctions interfoliaires deviennent conjonctives chez les Pectinidæ; elles sont vascularisées chez tous les autres Lamellibranches; cette disposition ne s'étend pas encore aux jonctions

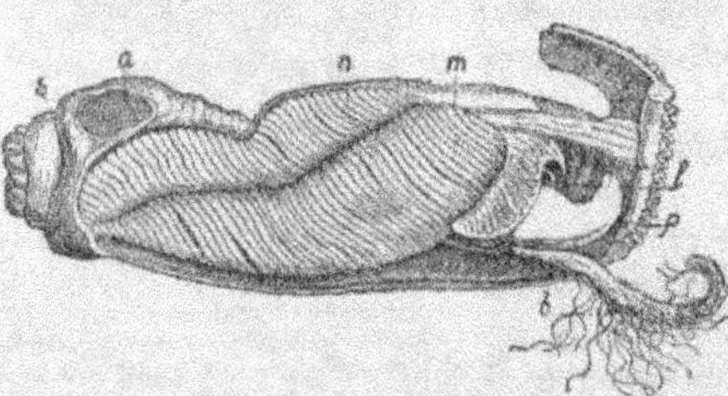

Fig. 1436. — *Lyonsia norvegica*, vue du côté droit, dont la valve et le lobe palléal ont été enlevés. — *a*, adducteur postérieur des valves; *b*, byssus; *p*, pied; *i*, palpe labial; *m*, feuillet dorso-ventral; *n*, feuillet ventro-dorsal de la branchie; *s*, siphon (d'après Deshayes).

interfilamentaires chez les Aviculidæ, et les Ostreidæ, qui ont été pour cette raison désignées, avec les Pectinidæ, sous le nom de *Pseudolamellibranches*; mais partout ailleurs les jonctions interfilamentaires, aussi bien que les jonctions interfoliaires, sont vasculaires. Chaque lame branchiale est alors une sorte de dentelle à mailles rectangulaires, formée de deux feuillets unis l'un à l'autre par des traverses verticales. Bien que cette complication soit déjà atteinte chez les ANATINACEA (*Lyonsia*, fig. 1436), dont le caractère primitif est encore indiqué par leur coquille nacrée, et chez les TELLINACEA, les filaments des deux lames d'une même cténidie conservent dans ces deux groupes la direction opposée qu'ils avaient chez les Foliobranches; une des lames de la cténidie a ses filaments dirigés dorsalement à partir de l'axe, l'autre ventralement; ce caractère distingue les HEMIBRANCHIA. Chez les autres Lamellibranches, les EULAMELLIBRANCHIA, de même que chez les Filibranches les filaments du feuillet direct de chaque cténidie ont une même direction dorso-ventrale et les deux lames sont, par conséquent, appliquées l'une sur l'autre; ce sont toujours les feuillets directs des deux lames qui sont en

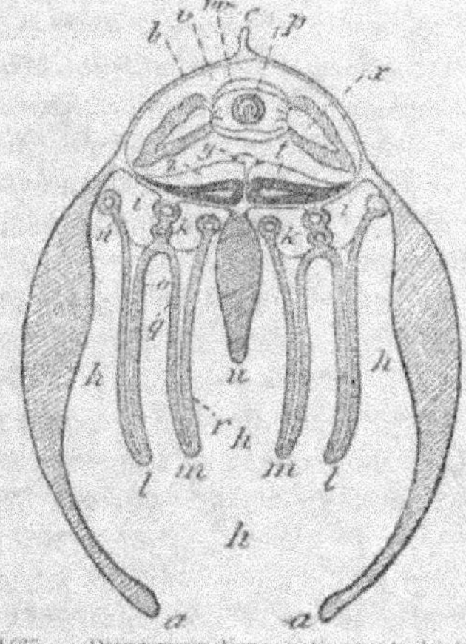

Fig. 1437. — Diagramme d'une section ventrale de l'*Unio purpurea*, passant par le cœur; a, lobes du manteau; b, épithélium externe du manteau; c, lobe dorsal du manteau; h, chambre branchiale; i, tube cloacal de la lame branchiale externe; k, id., de la lame intérieure; l, lame externe; o, son feuillet direct; n, son feuillet réfléchi; m, lame interne de la branchie; q, feuillet direct; r, feuillet réfléchi de cette lame; u, corps; t, portion glandulaire du rein; s, partie non glandulaire; p, rectum; w, ventricule; x, oreillette; z, péricarde; y, sinus veineux (d'après Brooks).

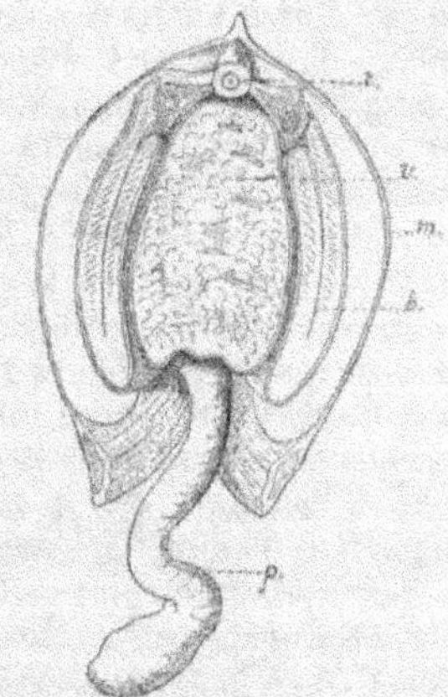

Fig. 1438. — Coupe de *Lucina*, lamellibranche à une seule lame branchiale de chaque côté. — r, rectum; v, sac viscéral; p, pied; c, branchie avec un feuillet direct et un feuillet réfléchi en dedans, caractérisant la lame unique de la branchie comme une lame interne; m, manteau à bord ventral très épaissi.

contact; le feuillet réfléchi de la lame interne se porte en dedans, du côté du corps, le feuillet réfléchi de la lame externe se porte en dehors, du côté du manteau (fig. 1437). Ces feuillets réfléchis sont très inégalement développés. La lame ascendante de chaque cténidie n'en possède pas chez les ANATINACEA : la lame externe des *Lasæa* n'en a pas davantage; au contraire, chez les *Cardium*, le feuillet réfléchi de cette lame externe est plus long que le feuillet direct, et subit un commencement de réflexion nouvelle. Toute la lame externe avorte chez la plupart des LUCINIDÆ (fig. 1438), qui, par le reste de leurs caractères, se rapprochent d'ailleurs des autres Eulamellibranches sans siphons.

L'extrémité postérieure des cténidies des Lamellibranches est libre comme celle des Gastéropodes diotocardes. Lorsque ces branchies se développent beaucoup, elles dépassent le corps en arrière, arrivent alors fréquemment à se souder entre elles, et ne conservent leur liberté que chez les Solenomyidæ, Nuculidæ, Arcidæ, Trigoniidæ, Pectinidæ; chez les Anomiidæ, elles se soudent entre elles par l'extrémité dorsale des lames internes; cette disposition est commune à tous les autres Lamellibranches; mais en outre, chez eux, le bord, libre jusque-là, du feuillet réfléchi de la lame externe se soude au manteau (fig. 1437); les deux branchies forment alors une cloison transversale qui divise la cavité palléale en deux chambres, l'une ventrale (*k, i*) ou *infrabranchiale*, dans laquelle conduit le siphon afférent; l'autre dorsale (*h*) ou *suprabranchiale*, dans laquelle s'ouvre l'anus et qui correspond au siphon efférent. Le courant respiratoire se trouve ainsi complètement régularisé; l'eau appelée dans la chambre infrabranchiale passe dans la chambre suprabranchiale, en filtrant au travers des branchies. Celles-ci acquièrent, dans certains genres, un développement suffisant pour pénétrer dans le siphon afférent. D'autres fois, au contraire, les branchies tendent à s'atrophier. Chez les Septibranches, elles cessent de servir à la respiration; elles se transforment en cloisons musculaires, longitudinales, perpendiculaires au plan de symétrie, privées d'orifices dorso-ventraux, et ce sont leurs contractions qui déterminent la formation d'un courant respiratoire puissant, glissant à la surface du manteau.

Les filaments branchiaux sont creux; leur paroi est formée, de dedans en dehors, d'une membrane conjonctive et d'un épithélium en simple couche. En coupe transversale, les filaments ont un contour elliptique; sur une des moitiés de l'ellipse l'épithélium est bas, non vibratile, et, au-dessous de lui, la membrane conjonctive est épaissie de chaque côté de la ligne médiane du filament, de manière à former un appareil de soutien; sur l'autre moitié les cellules épithéliales sont très hautes; deux d'entre elles tournées vers la surface libre de chaque feuillet branchial et symétriquement placées, les *cellules de coin*, sont plus grandes que leurs voisines et fortement ciliées; elles entretiennent le courant respiratoire; sur deux lignes latérales, d'autres cellules ciliées, plus grandes que leurs voisines, portent chez les Filibranches les cils destinés à établir les jonctions interfilamentaires. L'épaississement de soutien est surtout développé vers le côté interne des feuillets chez les Arcidæ, Trigoniidæ, Anomiidæ, vers le côté externe chez les autres Lamellibranches. Chez les Foliobranches et les Filibranches, le conduit branchial afférent occupe le côté externe de l'axe branchial, et chaque filament reçoit ainsi le sang par son bord externe; le sang revient ensuite le long de son bord interne, et pénètre dans le canal axial efférent, placé au-dessous de l'autre; chaque filament est donc parcouru par deux courants inverses; ces deux courants sont même séparés l'un de l'autre, chez les Filibranches, par une cloison longitudinale et transversale qui divise en deux la cavité de filament. Lorsqu'il s'établit entre les filaments et les feuillets des jonctions vasculaires et que les cavités des filaments sont unies entre elles, le long du bord libre des feuillets réfléchis, il n'y a plus dans chaque filament qu'un seul courant; le sang qui pénètre dans le filament par un canal efférent, de position variable, y poursuit son trajet jusqu'à ce qu'il rentre dans le canal efférent commun aux deux lames.

La branchie cténidiale est secondée, chez le Mytilidæ, par des formations palléales accessoires, plus ou moins plissées, les *organes godronnés*.

Céphalopodes. — Les cténidies des Céphalopodes sont attachées par leur base à la face dorsale de la cavité palléale; elles sont libres sur toute leur longueur chez les *Nautilus*, et, dans les autres groupes, fixées au manteau sur une plus ou moins grande étendue, par une lame musculaire, dans l'épaisseur de laquelle est contenue une glande analogue à la glande hypobranchiale des Gastéropodes et des Lamellibranches; elles sont bipectinées (fig. 1439) comme celles de Gastéropodes diotocardes et des Lamellibranches foliobranches. Chaque feuillet du peigne cténidial est plissé transversalement; chaque pli est lui-même recoupé par de nouveaux plis, disposition propre à augmenter la surface d'échange (900 cmq [1]); l'épithélium branchial n'est pas cilié; le renouvellement de l'eau est assuré, dans la cavité branchiale, par des mouvements alternatifs de contraction et de relâchement du manteau qui déterminent l'*inspiration* et l'*expiration* de l'eau à travers l'entonnoir. Celui-ci s'évase à sa base; son bord postérieur s'engage au-dessous du bord antérieur du manteau, et tous deux sont souvent bouclés l'un à l'autre par des appareils spéciaux de fixation (fig. 1439, *r*, *r*).

Chambres viscérales; chambre circulatoire et chambre excrétrice, prétendu péricarde. — Le corps des Mollusques est intérieurement divisé en deux

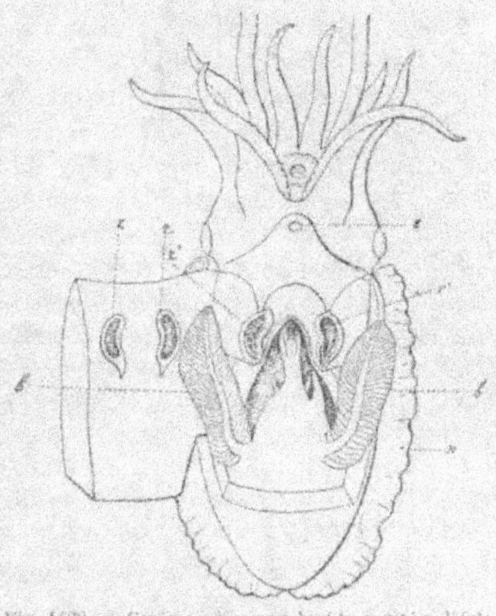

Fig. 1439. — *Sepia savignyana* dont la cavité palléale a été ouverte pour montrer les branchies *b* et les boutons cartilagineux *r*, qui fixent le manteau aux boutonnières *r'* de la base de l'entonnoir, dans lesquelles ils pénètrent; *a*, nageoire (d'après Savigny).

chambres sans communication l'une avec l'autre, et que l'embryogénie conduit à considérer comme correspondant à deux segments, ou mieux à deux régions distinctes du corps, une *région céphalo-pédieuse* et une *région somatique*, résultant vraisemblablement chacune de la fusion de plusieurs mérides (*Dentalium*, p. 2061). Les espaces laissés libres dans la région céphalo-pédieuse par le développement des éléments mésodermiques et par les viscères demeurent en partie irréguliers, constituant ainsi les *lacunes* (p. 1977), et se régularisent en partie, en prenant des parois propres pour devenir, de la sorte, l'*appareil circulatoire*, toujours en continuité avec les lacunes; celles-ci peuvent elles-mêmes se transformer en espaces régulièrement délimités par une paroi, mais non canaliformes, et que l'on nomme *sinus*, ou constituer de véritables *capillaires* (Céphalopodes décapodes). L'appareil circulatoire est donc tout entier contenu dans la région céphalo-pédieuse, ou plutôt l'ensemble des cavités de cette région constitue l'appareil circulatoire, si l'on comprend les lacunes dans cet appareil. Cet ensemble de cavités peut être désigné sous le nom de *chambre circulatoire*; en aucun cas, chez les Mollusques adultes, la chambre circulatoire ne communique avec l'extérieur; les communications que l'on a décrites appartiennent à la région somatique, ou bien ne sont que des orifices glandulaires (glandes pédieuses des

[1] S. JOUBIN, *Structure et développement de la branchie chez quelques Céphalopodes*. Archives de Zoologie expérimentale, 2ᵉ série, t. III, 1885.

Prosobranches, prétendu orifice vasculaire des Pleurobranches), quand ce ne sont
pas de simples déchirures (pied des Lamellibranches); toutefois pendant la période
embryonnaire, il s'établit d'ordinaire une communication entre la chambre circulatoire et l'extérieur par l'intermédiaire de véritables néphridies (p. 2068).

Tandis que des tissus d'origine mésodermique obstruent plus ou moins la cavité
de la région céphalo-pédieuse, la cavité de la région somatique demeure libre; elle
communique toujours avec l'extérieur soit directement (*Nautilus*), soit par l'intermédiaire des néphridies (tous les autres Mollusques). Sur les parois de cette cavité
ou à leurs dépens, se développent les glandes hématiques, les glandes péricardiques, les néphridies, les glandes génitales, c'est-à-dire tout un ensemble d'organes
dont les produits doivent être directement ou indirectement portés au dehors; la
cavité somatique peut donc être convenablement désignée sous le nom de *chambre
excrétrice*. La disposition primitivement métamérique et l'étendue des deux régions
céphalo-pédieuse et somatique des Mollusques ont été profondément modifiées par
suite de phénomènes de développement spéciaux aux Mollusques (p. 2071).

C'est chez les Amphineures et chez les Céphalopodes, ces derniers demeurés primi-

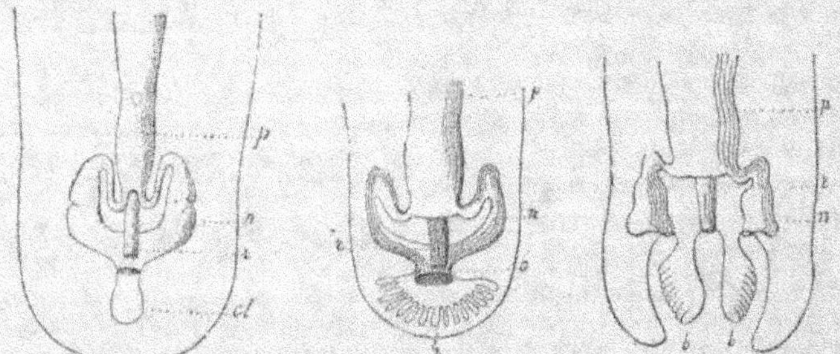

Fig. 1440. — Schémas de la région cloacale des APLACOPHORA. — 1, *Proneomenia Sluiteri*; — 2, *Neomenia carinata*; — 3, *Chætoderma nitidulum*. — p, chambre excrétrice; r, rectum; c.l, cloaque; n, néphridie; b, branchie (d'après Hubrecht).

tifs par divers traits de leur organisation, quoique exceptionnellement élevés par
beaucoup d'autres, que la chambre excrétrice a conservé des proportions et des
rapports rappelant ce qui devait exister à l'origine. Chez les Amphineures (fig. 1440),
cette chambre (p) est encore située, dans sa position métamérique, à la région postérieure du corps, au-dessus des utérus; ses parois dorsale et latérales sont ciliées;
elle reçoit en avant les conduits des glandes génitales et communique avec l'extérieur
par les deux néphridies (n) qui y puisent les éléments reproducteurs pour les conduire
au dehors. Chez les *Nautilus*, la chambre excrétrice se trouve également placée à la
partie postérieure de la masse viscérale, mais la région céphalo-pédieuse s'étant déjà
courbée pour ramener l'anus en avant, disposition qu'elle conserve chez tous les
autres Mollusques, la chambre excrétrice gagne du côté dorsal, se développe autour
de l'estomac et arrive ainsi jusqu'à la moitié de l'œsophage; dans son intérieur ont
pénétré par refoulement de ses parois et destruction du mésentère résultant de ce
refoulement, le cœur, la veine cave et une partie des vaisseaux branchiaux afférents;
elle contient, en outre, les glandes génitales qui se sont développées sur ses parois;

elle communique directement avec l'extérieur par deux orifices symétriques placés à côté de ceux des reins postérieurs. Les reins ne communiquent plus avec elle.

Chez les Décapodes la chambre excrétrice se développe également beaucoup du côté dorsal, mais est divisée par un étranglement en une région antérieure, le *péricarde*, et une région postérieure, la *capsule génitale*; le cœur de la circulation générale, les cœurs branchiaux et leurs appendices glandulaires, sont contenus dans la région péricardique; les glandes reproductrices dans la région génitale. Chez les Octopodes, la région péricardique disparaît en grande partie et la chambre excrétrice, presque réduite à la région génitale, ne contient plus que les appendices des cœurs branchiaux et les glandes reproductrices (fig. 1454, p. 2018). C'est le contraire qui arrive chez les Gastéropodes et les Lamellibranches, où la chambre excrétrice se réduit à la région péricardique et constitue ce que chez ces animaux, par une assimilation vicieuse avec ce qui existe chez les Vertébrés, on appelle *péricarde*. La chambre péricardique ne contient plus ici que le cœur, traversé par le rectum chez les Gastéropodes diotocardes et les Lamellibranches, et les glandes péricardiques; les néphridies continuent à la mettre en rapport avec l'extérieur; enfin chez les *Anomia*, le cœur lui-même sort de la chambre excrétrice, réduite à un espace vide que les reins font communiquer avec le milieu ambiant.

Des données qui précèdent, il résulte que la région du corps des CHITONIDÆ qui précède celle occupée par la chambre excrétrice correspond à la région céphalo-pédieuse des autres Mollusques. la disposition métamérique des cérames qui la recouvrent implique que cette région était primitivement segmentée; on s'explique dès lors qu'elle se forme encore embryogéniquement chez les Dentales par la condensation d'une région du corps de l'embryon portant plusieurs ceintures de cils vibratiles (p. 2061); cette condensation est déjà effectuée par accélération embryogénique chez les autres Mollusques, où il n'apparaît d'autre trace de métamérisation que la division du corps en deux régions. Chez les CHITONIDÆ, il ne s'est pas développé de coquille, il n'y a pas eu de courbure ventrale; la région céphalo-pédieuse est demeurée segmentée extérieurement; chez les autres Mollusques, le corps s'est courbé ventralement; la portion de la région céphalo-pédieuse correspondant au sommet de la courbure s'est énormément accrue et s'est enveloppée d'une coquille; les rapports des Amphineures, des Scaphopodes et des autres Mollusques semblent donc assez faciles à saisir.

Appareil circulatoire. — *Dispositions primitives des Scaphopodes*. — Il semble que les dispositions les plus simples des cavités céphalo-pédieuses aient persisté chez les Scaphopodes. Là, en effet, il n'y a pas d'appareil circulatoire proprement dit; on peut seulement considérer la cavité générale comme divisée en sinus répondant aux diverses régions du corps : *sinus pédieux, sinus palléaux, sinus viscéral, sinus périanal*. Les parties médianes dorsale et ventrale des sinus palléaux se limitent seules de manière à prendre l'apparence de canaux, et autour du sinus périanal se développe une tunique musculeuse, à contractions rythmiques, seul organe d'impulsion du liquide sanguin.

Conformation du cœur. — A moins qu'il ne dérive du sinus périanal des Scaphopodes, il semble que le cœur des Mollusques ait été primitivement double. Il présente toujours deux oreillettes chez les Amphineures, chez les Gastéropodes primitifs, désignés, pour cette raison, sous le nom de DIOTOCARDES, chez les Lamellibranches (fig. 1446, p. 2012) et chez les Céphalopodes (fig. 1447, p. 2013), à l'exception des NAUTILIDÆ, où il y a quatre oreillettes disposées en deux paires. Toutefois chez les Lamellibranches les deux oreillettes sont susceptibles de communiquer entre elles, à l'intérieur du péricarde; elles sont situées chez ces animaux de part et d'autre du ventricule, et peuvent le dépasser, soit en avant, soit en arrière. Leur communication s'établit en avant et du côté dorsal, par rapport à l'aorte, chez les *Isocardia*; en arrière et du côté ventral, par rapport au ventricule, et aux aortes, chez les *Pectunculus*, les AVICULIDÆ, les MYTILIDÆ et les Monomyaires.

On constate encore des traces assez nettes de l'existence primitive de deux ventricules chez les ARCIDÆ et les NUCULIDÆ, qui comptent parmi les plus anciens Lamellibranches. Le ventricule est ici un organe transversal, situé en arrière du rectum, du côté dorsal, étiré transversalement et rétréci dans sa région moyenne, comme s'il était formé de deux poches soudées l'une à l'autre. Ces deux poches existent réellement chez l'*Arca Noe*; mais, dans le genre *Arca* lui-même, elles se fusionnent progressivement, et partout ailleurs se confondent en une seule qui demeure dorsale chez les CHITONIDÆ et les ANOMIIDÆ. Chez les Diotocardes homo- et hétéronéphridés, le cœur des Lamellibranches primitifs (NUCULIDÆ, ARCIDÆ) se replie en fer à cheval autour du rectum; ses deux extrémités se rapprochent et se soudent de manière que le ventricule forme finalement un anneau complet et semble traversé par le rectum. Cette disposition est presque générale chez les Lamellibranches; les seules exceptions sont, avec les ANOMIIDÆ, les AVICULIDÆ, OSTREIDÆ, *Teredo*. Chez les AVICULIDÆ, le ventricule annulaire se transforme peu à peu en un ventricule franchement ventral par rapport au rectum. Chez les *Pinna*, la partie dorsale de l'anneau existe encore, mais très réduite; elle disparaît chez les *Perna* et les *Avicula*, où le ventricule est simplement accolé au rectum du côté ventral; il est franchement ventral chez les *Ostrea* et les *Teredo*.

Chez le plus grand nombre des Mollusques gastéropodes, la dissymétrie qui atteint l'animal, en même temps qu'elle fait disparaître la branchie gauche, fait aussi disparaître l'oreillette gauche du cœur, de sorte que le plus grand nombre des Gastéropodes prosobranches, tous les Pulmonés et tous les Opisthobranches n'ont plus qu'une oreillette au cœur; on réserve aux seuls Prosobranches à une seule oreillette le nom de Monotocardes qui pourrait convenir, en somme, à tous les Mollusques ainsi conformés.

Chez les Gastéropodes prosobranches monotocardes, le ventricule est situé à gauche du rectum et en est séparé par les reins.

Vaisseaux des Amphineures. — Le système vasculaire commence à se préciser chez les APLACOPHORA. Il se réduit encore à un cœur longitudinal postérieur, partiellement libre (*Chætoderma*, *Neomenia*), ou attaché à la face dorsale du péricarde, et prolongé en avant par une aorte; deux troncs transversaux fonctionnant comme deux oreillettes ramènent le sang des branchies vers le cœur (*Neomenia*); en sortant de l'aorte, le sang chargé de globules rouges tombe dans la cavité générale et se rassemble dans un sinus ventral, compris entre le pied et le tube digestif; il est conduit par ce sinus aux parois de la chambre branchiale ou dans la branchie. Chez les CHITONIDÆ, le cœur est situé dans la chambre excrétrice, à l'extrémité postérieure du corps; le ventricule est assez allongé et chacune des oreillettes communique avec lui par deux orifices. Aux oreillettes aboutissent les veines branchiales, tandis que du ventricule naît une aorte unique qui se dirige en avant, et d'où le sang se répand dans les espaces interviscéraux. Le sang qui revient de ces espaces se rassemble dans deux sinus latéraux situés immédiatement au-dessous des bords du manteau; il passe de là dans les branchies par un orifice situé, pour chaque branchie, du côté du manteau, et en sort pour entrer dans la veine branchiale, par un orifice situé du côté pédieux; il n'y a qu'une veine branchiale de chaque côté.

Vaisseaux des Gastéropodes. — Le cœur des Gastéropodes est toujours situé du côté dorsal de l'animal, au voisinage des branchies. Symétrique et placé sur la ligne médiane chez les *Pleurotomaria* et FISSURELLIDÆ, il est presque toujours latéral et antérieur chez les autres familles; si le ventricule, toujours unique, occupe la partie postérieure du cœur, les branchies étant situées en avant de celui-ci, le Gastéropode est dit PROSOBRANCHE (fig. 1437); si, au contraire, le ventricule est tourné en avant, les branchies étant généralement situées en arrière du cœur, le Mollusque est dit OPISTHOBRANCHE (1438). De l'extrémité postérieure du cœur chez les Diotocardes, de celle qui est opposée à l'oreillette chez les Monotocardes naît une aorte unique, qui se renfle parfois en un bulbe artériel avant de sortir du péricarde (*Patella*, *Ampullaria*, HÉTÉROPODA, *Natica*) ou aussitôt après en être sortie (*Siphonaria*).

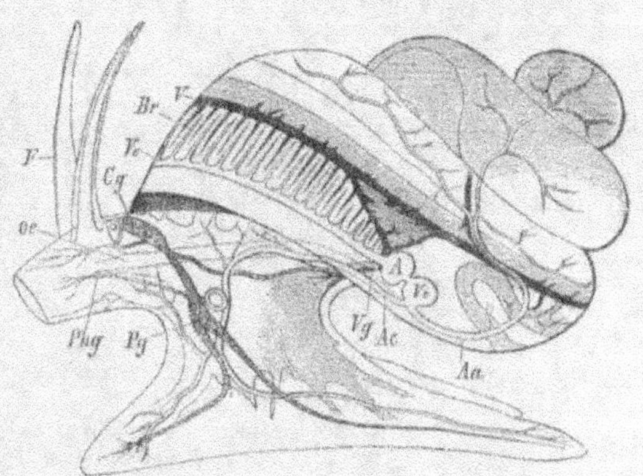

Fig. 1441. — Appareil circulatoire et système nerveux de la *Paludina*. — *t.* tentacule; *œ.* œsophage; *Cg.* ganglion cérébroïde au contact duquel se trouve l'œil; *Pg.* ganglion pédieux avec l'otocyste à son contact; *Vg.* ganglions viscéraux; *Phy.* ganglions buccaux; *A.* oreillette; *Ve.* ventricule; *A.* cavité postérieure; *Ae.* aorte antérieure; *V.* sinus afférent; *Ve.* veine efférente de la branchie; *Br.* branchie (d'après Leydig).

Elle est dans quelques formes séparée du ventricule par une valvule (plusieurs Hétéropodes, Thécosomes, Nudibranches). Chez les Diotocardes il existe, en outre, une aorte antérieure qui irrigue les viscères céphaliques. L'aorte, chez les Prosobranches, se bifurque en général dès sa naissance et fournit une branche postérieure qui plonge aussitôt dans les viscères, et une branche antérieure. Celle-ci passe, en général, sur la branche sous-intestinale de la commissure viscérale, croise de gauche à droite les poches œsophagiennes ou les glandes correspondantes; elle arrive sous l'œsophage et traverse complètement tous les colliers nerveux. Dans l'intérieur des colliers elle émet (*Buccinum*, *Halia* et autres Sténoglosses): 1º *l'artère proboscidienne*, qui se prolonge sur l'œsophage et la trompe, mais passe au-dessous de la commissure buccale, tandis que l'œsophage passe au-dessus; 2º les *artères tentaculaires*, qui se détachent latéralement de l'aorte et passent chacune de son côté dans le triangle formé par les connectifs cérébro-pédieux, cérébro-palléal et palléo-pédieux; 3º *l'artère pédieuse*, qui poursuit son trajet en avant, passe sur les ganglions pédieux et se bifurque pour plonger dans le tissu du pied.

Le trajet de l'aorte est un peu différent chez les Pulmonés et la plupart des Opisthobranches (fig. 1442 et 1443) ; au lieu de traverser tous les colliers œsophagiens, elle passe entre les ganglions pédieux et les ganglions viscéraux.

En général, les artères se ramifient plus ou moins, arrivent quelquefois à constituer dans certaines régions ou dans certains organes de véritables capillaires tapissés

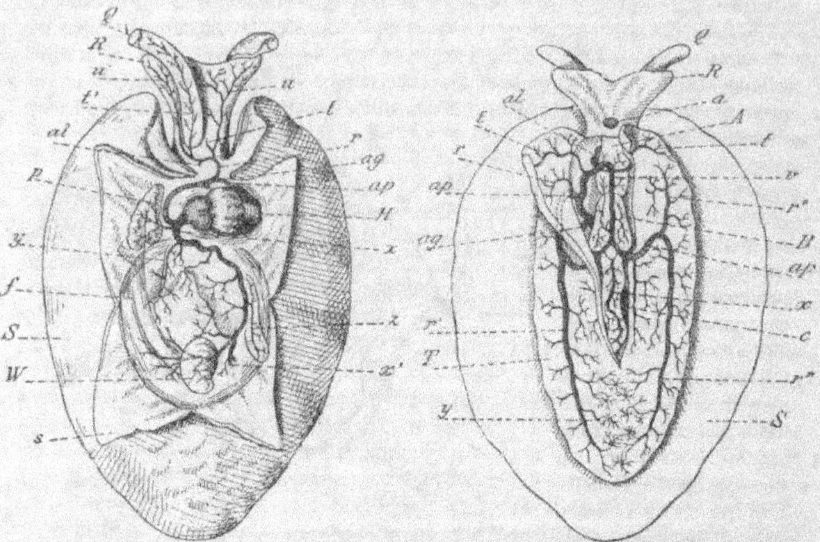

Fig. 1442. — Cœur et artères qui en partent dans le *Pleurobranchus aurantiacus*. La cavité sous-jacente au bouclier dorsal et le péricarde sont ouverts ; le bouclier dorsal, fendu en avant, laisse voir la base du tentacule gauche et du voile sous-labial. — *R*, voile labial ; *Q*, tentacules ; *S*, bouclier tégumentaire dorsal ; *W*, rudiment du tortillon ; *H*, cœur ; *x*, aorte postérieure ; *y*, artère stomacale ; *z*, artère intestinale ; *p*, glande lymphatique ; *q*, aorte antérieure ; *ac*, artère pédieuse ; *t*, artère tentaculaire droite ; *u*, artère du voile sous-buccal ; *t'*, *u'*, artères pour le côté gauche ; *al*, artère radulaire ; *m*, coquille (d'après Lacaze-Duthiers).

Fig. 1443. — Artères de la face inférieure du corps du *Pleurobranchus*. — *n*, orifice tégumentaire de la trompe ; *T*, pied ; *A*, trompe ; *B*, bulbe radulaire ; *R*, voile labial ; *Q*, tentacules ; *S*, bouclier tégumentaire dorsal ; *q*, aorte antérieure ; *ag*, artère génitale ; *ap*, artère pédieuse ; *r*, *r'*, *r''*, *r'''*, ses diverses branches ; *al*, artère radulaire ; *y*, artère œsophagienne (d'après Lacaze-Duthiers).

par un endothélium (*Natica*, Pulmonés [1]), mais finissent toujours par se résoudre en lacunes qui remplacent les capillaires veineux (fig. 1444 et 1445) et les veines elles-mêmes. Chez les *Haliotis*, *Nerita*, *Navicella*, *Cyclophorus*, *Patella*, *Janthina*, THECOSOMATA, etc., l'artère céphalique se termine brusquement par un orifice contractile et débouche dans un vaste sinus qui enveloppe la gaine de la radule et dont les parois se confondent ensuite avec celle du bulbe buccal ; c'est aussi le cas pour l'artère pédieuse des Hétéropodes. Du sinus céphalique des *Haliotis* naissent de nouvelles artères. Chez les *Cypræa* et la plupart des autres Gastéropodes, l'aorte est indépendante de la gaine radulaire.

[1] NALEPA, Sitzungb. der K. Akad. der Wissenschaften, Wien, 1883.

Le sang veineux qui provient des grandes lacunes viscérales pénètre, en grande partie tout au moins, dans l'épaisseur des parois des néphridies, dont les lacunes se transforment parfois en véritables capillaires; il passe de là dans le sinus branchial afférent, traverse la branchie et finalement revient au cœur par les sinus afférents qui s'ouvrent dans les oreillettes.

Vaisseaux des Lamellibranches. — Chez les Lamellibranches primitifs (SOLENOMYIDÆ, NUCULIDÆ), du ventricule ne sort qu'une seule aorte, *l'aorte antérieure*, comme chez les Amphineures et les Gastéropodes; il en est de même chez les MYTILIDÆ (fig. 1446) et chez les ANOMIIDÆ; déjà chez les *Pectunculus* on trouve une petite aorte postérieure; cette aorte persiste et s'accroît dans toutes les autres formes. L'aorte antérieure, séparée du ventricule par un valvule, est située du côté dorsal par rapport à l'intestin, et sa branche pédieuse traverse le collier nerveux cérébro-pédieux comme chez les Gastéropodes; l'aorte postérieure est située ventralement par rapport à l'intestin; elle se fusionne à sa naissance avec l'aorte antérieure chez les *Vulsella, Ostrea, Tridacna, Teredo*. Elle irrigue le muscle adducteur inférieur, le rectum, la partie postérieure du manteau et les siphons quand ils existent.

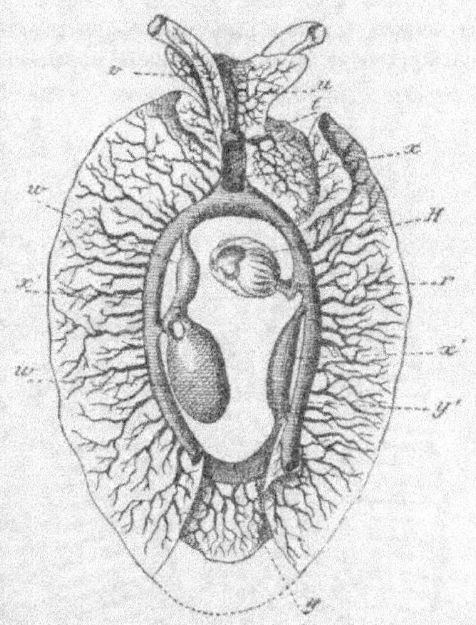

Fig. 1444. — Appareil veineux du *Pleurobranchus*. — H, cœur; u, confluent des troncs, t, u, v, qui commence le sinus péridorsal x; y, y', portion du sinus péripédieux fournissant le plexus veineux de la figure suivante; w, sinus viscéral; w', sinus de la rate; r, anastomose de la veine branchiale avec le sinus péridorsal (d'après Lacaze-Duthiers).

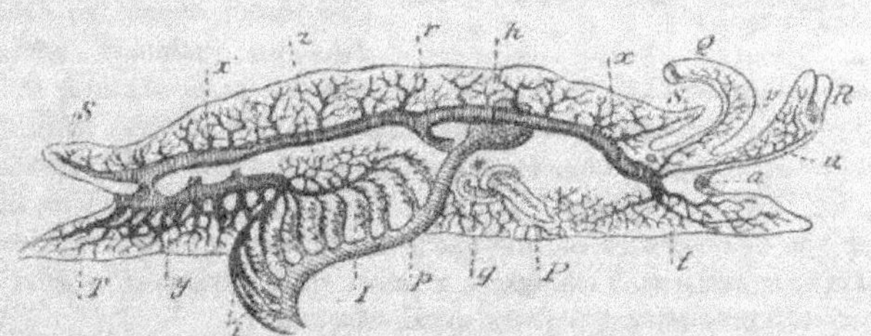

Fig. 1445. — Appareil veineux du *Pleurobranchus*, vu du côté droit. — S, bouclier dorsal tégumentaire; T, pied; d, tentacules; R, voile labial; T, branchie; P, verge; o, orifice tégumentaire de la trompe; o, orifice considéré comme veineux par Lacaze-Duthiers; h, oreillette; x, x', sinus circulaire péridorsal; y, son anastomose avec la veine branchiale p; f, tronc veineux pour la partie antérieure du pied; n, tronc veineux du voile sus-buccal; o, tronc veineux du tentacule (d'après Lacaze-Duthiers).

Chez les AVICULIDÆ, elle se divise en deux palléales communiquant et qui se jettent dans la circumpalléale. Un bulbe intra-péricardique se rencontre sur l'aorte anté-

rieure chez les Mytilidæ et les *Pecten* ; un renflement analogue extra-péricardique
existe chez les *Anodonta* ; dans beaucoup de familles à siphons plus ou moins allongés,
on trouve de même un bulbe intra-péricardique sur l'aorte postérieure qui dessert
les siphons (Tridacnidæ, Veneridæ, Petricolidæ, Mactridæ, etc.), et cette aorte est,
ici seulement, munie d'une valvule ; les artères siphonales sont de même fermées
par une valvule fixée au côté externe des siphons ; elles sont continuées dans celui-ci

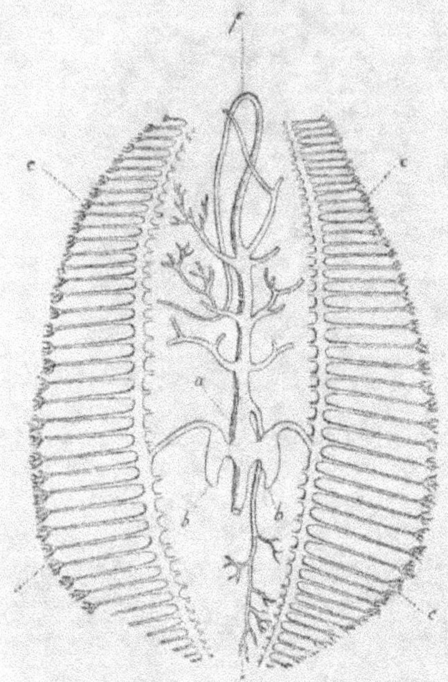

Fig. 1446. — Appareil circulatoire de *Mytilus edulis*. —
a, ventricule ; *b*, oreillettes ; *p*, artère pédieuse ; *c*, veines
branchiales (d'après Poli).

par des lacunes. L'artère musculaire
forme toujours une artériole qui se
rend aux ganglions viscéraux et qui,
chez les *Pecten*, traverse le muscle.
Comme une valvule empêche fréquemment le retour vers le cœur du
sang qui a passé dans les aortes, les
renflements présentés par ces vaisseaux sur leur trajet permettent au
sang de trouver place lorsqu'il est
brusquement chassé hors du pied et
des siphons par la rétraction rapide
de ces organes.

Le sang qui revient des diverses
régions du corps se rassemble dans
des sinus veineux, dont les principaux sont les *sinus palléaux*, les
sinus pédieux et un grand *sinus
médian* situé entre le péricarde et
le pied ; ces deux derniers sont séparés l'un de l'autre par la *valvule
de Keber*, grâce à laquelle le sang
peut s'accumuler dans le pied et
le rendre turgescent. Le sang contenu dans le grand sinus médian,
après avoir irrigué les reins, passe
dans les vaisseaux afférents des

branchies, d'où il revient aux oreillettes ; toutefois une partie du sang du manteau
rentre souvent dans l'oreillette sans avoir traversé les branchies ; ce sang a vraisemblablement déjà respiré. Chez les Solenomyidæ, Nuculidæ, *Pectunculus*, *Pecten*,
Anomiidæ, les vaisseaux afférents des branchies ne pénètrent dans les oreillettes,
qui sont épaisses et musculeuses, que par leur extrémité antérieure ; mais ailleurs
les oreillettes s'amincissent, s'allongent, et alors elles entrent en rapport avec les
branchies sur une grande longueur du canal efférent.

Circulation des Céphalopodes. — Le cœur est un peu différemment construit chez
les Céphalopodes à quatre branchies et chez les Céphalopodes à deux branchies.
Chez les premiers, le ventricule est allongé transversalement, et il est en rapport
avec quatre oreillettes correspondant chacune à une branchie. Il est allongé longitudinalement et généralement un peu dissymétrique chez les seconds (fig. 1447), où
il n'est plus en rapport qu'avec deux oreillettes. Dans l'un et l'autre cas, les oreil-

lettes ne sont d'ailleurs que de simples dilatations contractiles des veines branchiales, dont la cavité peut être isolée par des valvules de celle du ventricule. Du ventricule naissent une *aorte antérieure* volumineuse qui irrigue toute la région du corps situé en avant du cœur, et une *aorte abdominale* moins importante, faible chez les Octopodes, qui irrigue la partie postérieure du manteau, le siphon des *Nautilus* et des *Spirula*, les nageoires des Décapodes; elle fournit aussi une *artère génitale* qui peut naître d'une manière indépendante. Les artères et les veines tégumentaires sont toujours reliées par de véritables capillaires; mais la circulation est en partie lacunaire dans les autres régions du corps des *Nautilus*. La cavité viscérale constitue, chez cet animal, un vaste sinus communiquant avec la veine cave par des orifices de la paroi de cette dernière qui fournit directement les quatre artères branchiales.

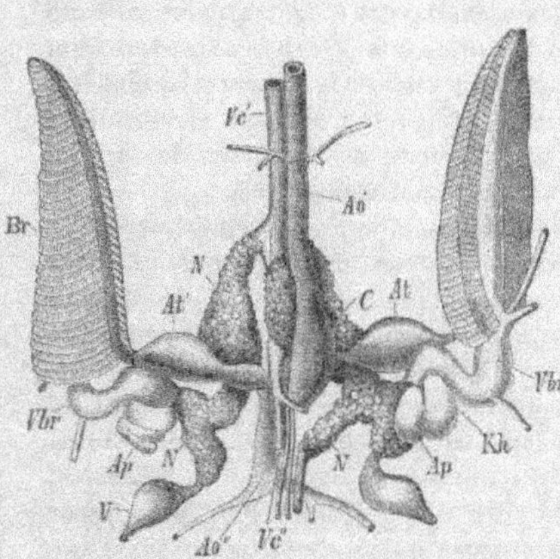

Fig. 1447. — Organes centraux de l'appareil circulatoire de la Seiche (*Sepia officinalis*). — *Br*, branchie; *C*, ventricule; *Ao'*, aorte; *Ao''*, artère du corps; *V*, veines latérales; *Vc'*, veine cave antérieure; *Vc''*, veine cave postérieure; *N*, organes spongieux; *Vbr*, veine branchiale afférente; *Kh*, cœurs branchiaux; *Ap*, appendices des cœurs branchiaux; *At*, *At'*, oreillettes (d'après Hantz).

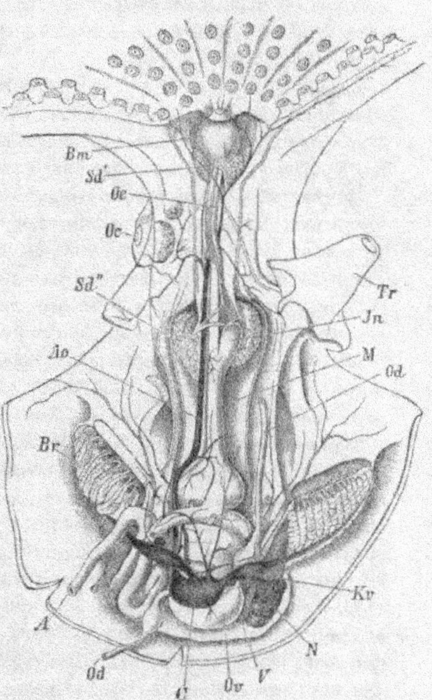

Fig. 1448. — Anatomie de l'*Octopus vulgaris*. La cavité branchiale et le tégument ventral sont ouverts; le foie a été enlevé. — *Bm*, masse buccale; *Sd'*, glandes salivaires antérieures; *Sd''*, glandes salivaires postérieures; *Oe*, œsophage; *Jn*, jabot; *M*, estomac; *A*, extrémité du rectum rejetée à gauche; *Œ*, œil; *Tr*, entonnoir; *Br*, branchie; *Ov*, ovaire; *Od*, oviductes; *N*, corps spongieux; *Kv*, veines branchiales; *C*, cœur; *Ao*, aorte; *V*, veines caves (d'après Henri Milne-Edwards).

Chez les OCTOPODES le sang qui doit aller aux branchies se rassemble aussi dans un sinus entourant l'œsophage, les glandes salivaires postérieures, les conduits hépatiques, l'aorte antérieure et les organes situés dans la même région (fig. 1448). De ce sinus part un tronc veineux qui aboutit à la veine cave d'où ne naissent plus que deux *artères branchiales*, une pour chaque branchie. La veine cave est contractile et les deux artères branchiales se renflent, avant d'arriver aux branchies, en une ampoule contractile que l'on peut considérer comme le ventricule d'un *cœur branchial*. Avant de former ce ventricule, chaque artère branchiale reçoit, en effet, une grosse veine abdominale qui se renfle également en ampoule au moment de s'ouvrir dans l'artère; cette ampoule fonctionne comme une oreillette par rapport au cœur branchial. Les sinus collecteurs ont disparu chez les Décapodes, où les artères et les veines sont partout mises en rapport par des capillaires.

Les branchies ont des vaisseaux nourriciers indépendants des vaisseaux respiratoires et dont le sang traverse une glande hématique, avant de se mêler au sang veineux palléal pour se rendre aux reins, puis au cœur et revenir finalement aux branchies où il respire.

Sang. — Le sang est généralement incolore, ou légèrement coloré en bleu par une substance contenant du cuivre, l'*hémocyanine*; il est coloré en rouge chez les *Planorbis* par de la véritable hémoglobine contenue dans le plasma. Les *Fasciolaria* ont leur sang coloré en rouge violacé par un pigment d'origine étrangère.

En général, le sang contient des amibocytes et, chez un certain nombre de Lamellibranches, des corpuscules discoïdes, colorés en rouge par l'hémoglobine (*Arca tetragona*, *Solen legumen*). Il forme au moins la moitié du poids du corps chez les Lamellibranches (ANOMIIDÆ), le sixième chez les HELICIDÆ, le vingtième chez les *Octopus*. Grâce à la contractilité des parois du corps, à la présence de valvules qui séparent souvent les unes des autres les diverses parties de la chambre circulatoire, l'animal peut gonfler énormément certaines parties de son corps et modifier leur forme et leur dimension. C'est dans ces modifications que consistent les principaux moyens de locomotion des Gastéropodes et des Lamellibranches.

Néphridies. — Les produits de la sécrétion rénale sont différents suivant les groupes. Ils consistent presque exclusivement en acide urique chez les Gastéropodes; il s'y ajoute parfois de l'urée (*Cyclostoma*); l'urée est le produit prédominant chez les Lamellibranches, tandis que c'est la guanine chez les Céphalopodes. Ces produits sont expulsés à l'état liquide par les Lamellibranches et les Gastéropodes les plus archaïques, à l'état de concrétions solides à couches concentriques par les formes plus récentes; ils sont habituellement à cet état chez les Céphalopodes. Il existe quatre néphridies chez les Nautiles; les autres Céphalopodes n'en présentent que deux et ce nombre demeure constant chez tous les Mollusques symétriques (fig. 1449, n° 1). Chez les Gastéropodes, l'asymétrie frappe de la même façon que les autres organes les néphridies qui, d'abord semblables, se différencient peu à peu l'une de l'autre, au point que la droite se réduit à l'état de simple canal excréteur de l'appareil génital.

Amphineures. — Les néphridies des CHITONIDÆ sont constituées par deux tubes symétriques, presque aussi longs que le corps, repliés en forme de V et dont le sommet est dirigé en avant; la branche interne du V, la plus courte, s'ouvre dans la chambre excrétrice par un orifice cilié; la branche externe s'ouvre au dehors, dans la région postérieure du corps, entre deux branchies. Les deux branches du V portent un certain nombre de tubes courts, ramifiés, terminés en cæcum. Les néphridies des APLACOPHORA (fig. 1430, p. 2006) ont une disposition analogue, mais sont plus simples. Les glandes génitales s'ouvrent dans le péricarde, les néphridies jouent le rôle de canaux vecteurs des produits génitaux et se modifient en conséquence. Leur portion antérieure présente chez les *Lepidomenia* une ou deux paires de cæcums dont les plus voisins du péricarde prennent le rôle de réservoirs spermatiques ; leur région postérieure est glandulaire et les deux néphridies, avant de s'ouvrir dans la poche branchiale, se réunissent en un tube impair également glandulaire qui sécrète la coque de l'œuf.

Gastéropodes. — Les reins (*organes de Bojanus*) des Gastéropodes prosobranches[1] (fig. 1449) ont toujours la forme de sacs communiquant d'une part avec le péricarde, par un orifice cilié, d'autre part avec l'extérieur. L'appareil rénal des FISSURELLIDÆ (n° 2) garde bien nettement la trace d'une symétrie bilatérale (n° 1) déjà modifiée, il est vrai,

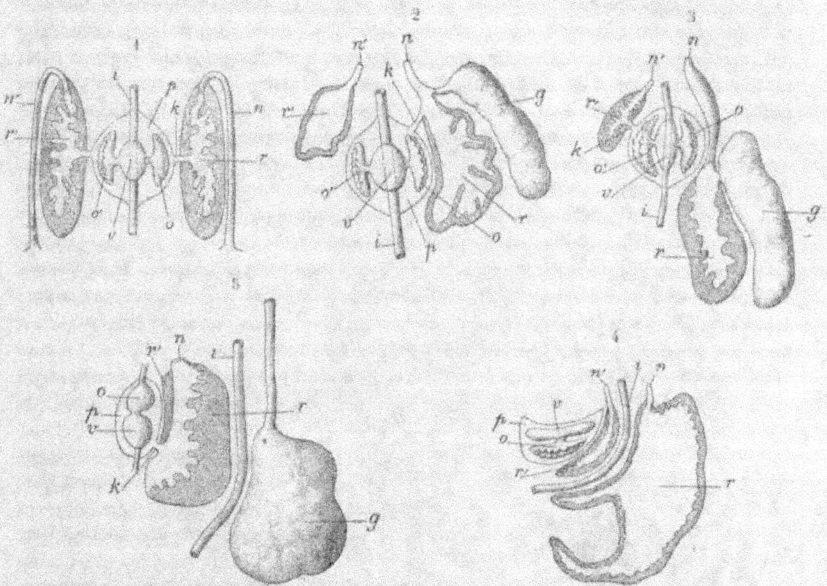

Fig. 1449. — Modifications graduelles de l'appareil néphridien des Gastéropodes prosobranches. — N° 1. Appareil primitif tel qu'il existe chez les Lamellibranches. — N° 2. Appareil néphridien homonéphridé (*Fissurella*). Les deux reins sont semblables, mais inégaux ; le droit communique seul avec le péricarde et reçoit le canal excréteur de la glande génitale. — N° 3. Appareil néphridien d'un hétéronéphridé (*Haliotis*, *Trochus*), les deux reins sont de structure dissemblable ; le gauche communique avec le péricarde ; le droit avec la glande génitale ; dans ces trois types le rectum traverse le ventricule du cœur. — N° 4. Appareil néphridien des PATELLIDÆ ; les deux néphridies sont séparées par le rectum ; mais le cœur devenu indépendant a passé à leur gauche ; le péricarde communique avec le rein droit, *r*. — N° 5. Appareil néphridien d'un Mononéphridé ; il n'y a plus qu'un rein gauche *r* et une glande hématique *r'* ; le rein droit est devenu le canal excréteur de la glande génitale. — *r*, rein droit ; *r'*, rein gauche, sauf dans le n° 5 où *r* représente un rein gauche et *r'* la glande hématique ; *n*, *n'*, canaux excréteurs ; *p*, chambre excrétrice ou péricarde ; *o o'*, oreillettes du cœur ; *v*, ventricule ; *i*, rectum ; *k*, canal réno-péricardique ; *g*, glande génitale (d'après Remy Perrier).

mais beaucoup moins qu'elle ne le sera plus tard. Il existe encore, dans cette famille, deux reins de structure semblable, situés l'un à droite, l'autre à gauche du péricarde ; de là le nom d'HOMONÉPHRIDÉS donné à ces Diotocardes ; mais le rein gauche est beaucoup plus petit que le rein droit et ce dernier communique seul avec le péricarde.

[1] REMY PERRIER, *Recherches sur l'anatomie et l'histologie du rein des Gastéropodes prosobranches*, Annales des Sciences naturelles, 7ᵉ série, t. III, 1889.

L'appareil rénal des Patellidæ (n° 4) ne diffère guère de celui des Fissurellidæ que par le passage du rein gauche (r) à la droite du péricarde et par l'élongation du canal qui fait communiquer le rein droit avec ce dernier. Au contraire, chez les Diotocardes hétéronéphridés (n° 3), les deux reins conservent relativement au péricarde les mêmes rapports que chez les Fissurellidæ; en revanche, ils diffèrent complètement de structure et c'est le rein gauche qui communique avec le péricarde. Le rein droit placé sur le trajet du sang qui vient des lacunes du corps pour se rendre aux branchies et dont la totalité (*Haliotis*) ou une partie seulement (Trochidæ) les traverse, reçoit les produits génitaux; il conserve seul la fonction urinaire. Le rein gauche a son système vasculaire sous la dépendance immédiate des oreillettes; il devient un organe de réserve; c'est un petit sac ovale à paroi intérieure tapissée d'un épithélium bas, peu glandulaire et couverte de longues papilles creusées chacune d'une lacune remplie de sang. Ce rein disparaît, en apparence, chez les Diotocardes mononéphridés (Neritidæ, Helicinidæ, etc.), les Prosobranches monotocardes (n° 5), les Pulmonés et les Tectibranches; il constitue, en réalité, le canal excréteur de l'appareil génital.

A mesure que l'on s'éloigne des types primitifs, la structure du rein fonctionnel se modifie graduellement. Ses parois sont minces, presque lisses ou à peine plissées intérieurement chez les Fissurellidæ et Patellidæ; chez la *Littorina* apparaissent de nombreux replis normaux à la surface rénale et plus ou moins ramifiés; dans les types plus élevés, les lamelles s'anastomosent en tous sens et finissent par constituer un tissu spongieux parcouru par un système fort compliqué de cavités. Le rein ainsi constitué ne forme qu'une seule masse chez les Rostrifères; il se divise en deux lobes de même structure chez les Proboscidifères siphonostomes, de structure différente, mais libres chez les Semi-proboscifères et une partie des Sténoglosses (Volutidæ, Dactylidæ, Marginellidæ, Turbinidæ, Conidæ); chez les autres Sténoglosses, les deux lobes s'intriquent profondément l'un dans l'autre. Ces deux groupes de Sténoglosses peuvent être respectivement désignés sous les noms de Meronephridia

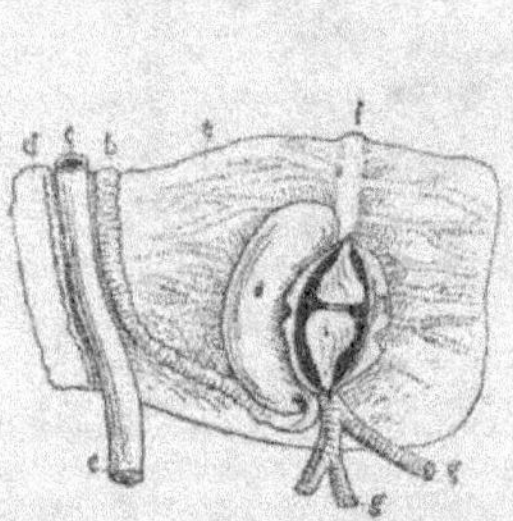

Fig. 1450. — Rein d'un Pulmoné. — *a*, néphridie; *b*, canal néphridien; *c*, rectum; *d*, manteau; *e*, poche branchiale; *g, g*, branches de l'aorte; *i*, cœur; *l*, péricarde ouvert.

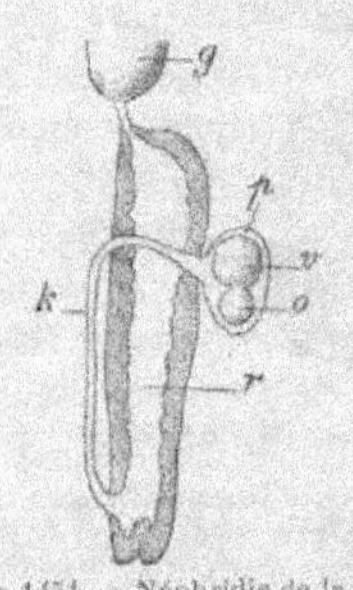

Fig. 1451. — Néphridie de la *Corambe testudinaria*. — *r*, néphridie; *k*, canal réno-péricardique; *p*, péricarde; *o, v*, oreillette et ventricule du cœur; *y*, orifice néphridien (d'après Henri Fischer).

et de Pycnonephridia. L'orifice excréteur est une simple tantamine placée au fond de la cavité palléale; toutefois les *Valvata* et *Paludina* possèdent un uretère s'ouvrant sur le bord antérieur du manteau.

Tandis que le rein des Pulmonés (fig. 1450) et celui des Tectibranches conservent la structure et les dispositions générales de celui des Monotocardes, mais peuvent acquérir un canal excréteur plus ou moins long, chez les *Corambe*, qui sont des Nudibranches, c'est le canal réno-péricardique qui s'allonge (fig. 1451). Le rein des

Eolidiens remonte jusqu'à des dispositions primitives qu'on ne retrouve que chez
les CHITONIDÆ; c'est un tube courant tout le long du corps, souvent bifurqué en
avant du cœur (fig. 1452), présentant de nombreuses digitations et fournissant, presque au même point, un canal qui s'ouvre au dehors (or) et un autre qui conduit
dans le péricarde (e).

Les cellules rénales des Gastéropodes sont toujours disposées en une seule assise.
On en distingue deux types; celles du premier type se rencontrent chez les Diotocardes, chez la Valvée et sur les crêtes des lames de la glande néphridienne des
Monotocardes qui font librement saillie dans la cavité urinaire; ce sont des éléments
généralement ciliés, à protoplasme presque uniformément distribué dans toute
leur étendue, ne contenant que des granulations ou de petites concrétions souvent
nombreuses et uniformé-
ment réparties dans tout
l'élément. Les cellules du
second type qui tapissent le
reste du rein des Monoto-
cardes ne sont pas ciliées;
la sécrétion, au lieu d'être
diffuse, se rassemble en
une vacuole qui grossit peu
à peu, tandis que les sels
suspendus dans le liquide
qui la forme se rassemblent
en une ou plusieurs concrétions. Ces concrétions sont
expulsées hors de la cellule
et tombent dans la cavité
urinaire, tandis que la cellule se referme et se complète. Entre les cellules
sécrétantes sont des cel-
lules indifférentes, ciliées.
Il n'y a pas de cils dans
les reins de Mollusques
d'eau douce et terrestres.

Chez les Scaphopodes les

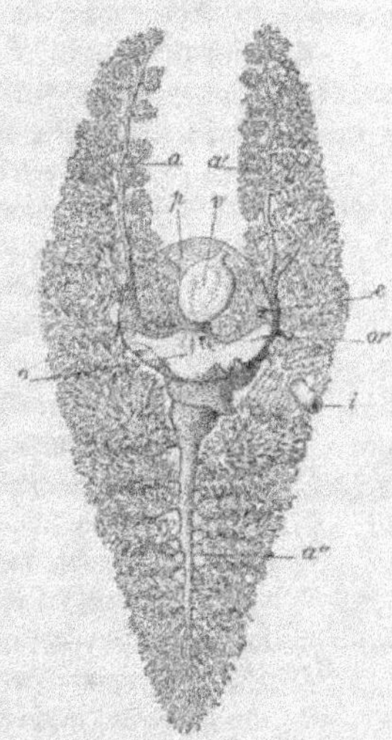

Fig. 1452. — Appareil néphridien
d'*Æolis*. — *a, a', ag*, les trois branches de la néphridie; *e*, orifice dans
le péricarde; *or*, orifice externe; *p*,
péricarde; *v*, ventricule; *o*, oreillette
du cœur (d'après Hecht).

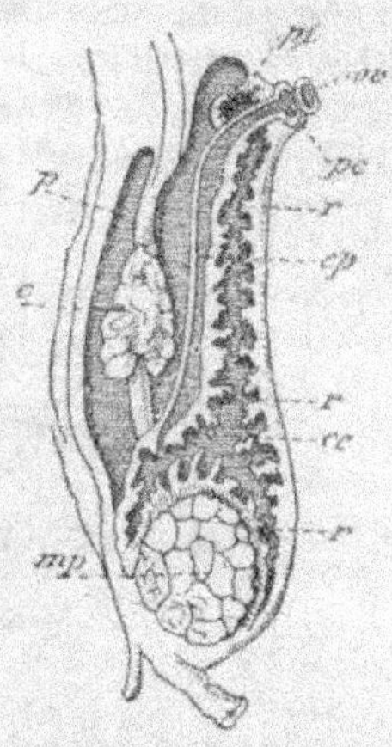

Fig. 1453. — Coupe un peu théo-
rique de la néphridie (organe
de Bojanus) de l'*Unio pictorum*). — *mp*, adducteur postérieur des valves; *p*, péricarde;
c, cœur; *ov*, orifice génital;
r, néphridien; *pe*, orifice externe de la branche périphérique devenue enveloppante;
pi, orifice de la branche péricardique (d'après Lacaze-Duthiers).

deux reins à peu près symétriques sont deux sacs à paroi un peu plissée. Ils sont situés
de chaque côté du tube digestif à la face ventrale, en avant de la glande génitale, entre
la masse intestinale et l'estomac; ils s'ouvrent au dehors au voisinage de l'anus.

Lamellibranches. — Les néphridies des Lamellibranches (fig. 1449, n° 1) [1] sont
toujours paires et symétriques; chez les Lamellibranches primitifs, ce sont deux sacs
plus ou moins cylindriques, à paroi interne lisse, repliés sur eux-mêmes de manière
à présenter une branche antéro-postérieure qui s'ouvre en avant dans le péricarde
et une branche récurrente qui s'ouvre au dehors. L'épithélium est glandulaire dans

[1] LACAZE-DUTHIERS, *Mémoire sur l'organe de Bojanus des Lamellibranches*. — Annales des
sciences nat., 4ᵉ série, t. IV, 1855.

toute l'étendue du sac (fig. 1453). La première complication présentée par ces organes consiste dans un plissement de plus en plus grand de la paroi interne qui finit par transformer le sac tout entier en un organe spongieux. L'activité sécrétante peut se localiser sur la branche péricardique; la branche externe fonctionne alors simplement comme un canal excréteur qui peut se distendre beaucoup et envelopper plus ou moins complètement la poche sécrétante (UNIONIDÆ). Les poches rénales s'étendent fort en avant chez les MYTILIDÆ et beaucoup d'ANATINACEA; elles pénètrent même dans la région antérieure du manteau chez les *Lyonsella*, et émigrent complètement dans le sinus palléal chez les Septibranches. Celles des *Ostrea* et des *Pholas* se ramifient énormément, arrivent à entourer le muscle adducteur postérieur, et, chez les *Ostrea*, s'étendent également en avant, sur toute la surface de la masse viscérale. Il s'établit une communication plus ou moins large entre les deux poches chez les ANATINACEA, MYACEA et PHOLADIDÆ.

Céphalopodes. — Les reins des Céphalopodes (fig. 1454) appartiennent à un type plus simple; ce sont de grandes poches, à parois minces, au nombre de quatre chez les *Nautilus*, de deux chez les Dibranches. Ces poches sont indépendantes l'une de l'autre chez les *Nautilus*; elles sont contiguës chez les Octopodes et communiquent l'une avec l'autre chez les Décapodes où elles s'étendent beaucoup sur la face dorsale. Chaque poche a un orifice externe particulier dans la cavité palléale, près de la base des branchies chez les *Nautilus*, de chaque côté de l'anus, sur des papilles spéciales chez les MYOPSIDA, parfois très en avant (*Sepia*); en outre, chez les Dibranches chacune d'elles présente un orifice dans la chambre excrétrice; cet orifice manque aux *Nautilus*. La disposition métamérique des reins des *Nautilus*, venant s'ajouter à l'existence de deux paires de branchies, à celle de deux paires d'oreillettes au cœur, et de deux paires de glandes hépatiques achève de démontrer la présence dans le corps de ces animaux de plusieurs mérides, conclusion qui s'étend aux autres Mollusques. La paroi de poche rénale est en quelque sorte refoulée par les artères branchiales, sur une partie de leur trajet chez les *Nautilus*, sur la totalité chez les Dibranches, où la partie terminale des veines abdominales produit encore un refoulement analogue. Dans toute la région où ils sont ainsi en quelque sorte invaginés dans la paroi rénale, ces vaisseaux émettent de nombreux ramuscules recouverts par l'épithélium rénal et constituent ainsi des *corps spongieux* qui semblent enfermés dans les capsules rénales et qui sont la partie active des reins.

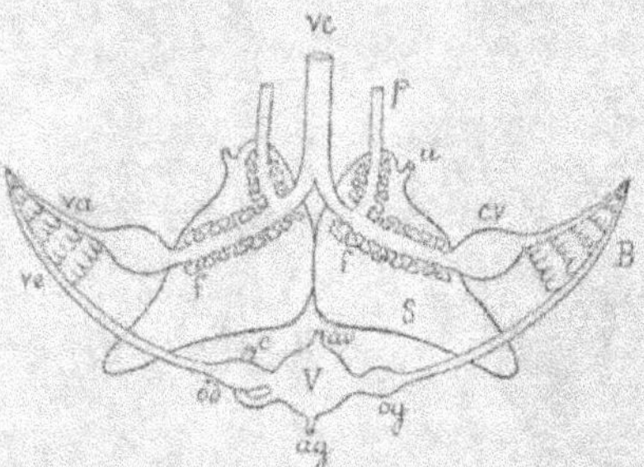

Fig. 1454. — Schéma de l'appareil rénal d'un Céphalopode octopode. — *B*, branchie; *od, og*, oreillettes; *V*, ventricule; *ng*, aorte postérieure; *oa*, aorte antérieure; *vc*, veine cave antérieure; *cv*, cœurs branchiaux; *p*, sinus péritonéaux; *f*, corps spongieux; *c*, cavités excrétrices rénales; *n*, orifice rénal.

Glandes péricardiques. — On peut considérer comme en rapport fonctionnel avec les reins, les *glandes péricardiques* que l'on observe chez les Gastéropodes et chez les Lamellibranches. Chez les Diotocardes, dans le genre *Valvata*, parmi les Monotocardes et dans un groupe de Lamellibranches de type ancien (*Arca*, *Mytilus*, *Pecten*, *Ostrea*, etc), ces glandes sont développées sur la paroi même des oreillettes ou dans leur voisinage (AVICULIDÆ), et résultent d'une prolifération quelquefois considérable des cellules endothéliales du péricarde, qui prennent en même temps un caractère glandulaire. Elles se développent sur la région intrapéricardique de l'aorte chez les APLYSIDÆ. Chez les Prosobranches monotocardes et parmi les Lamellibranches, chez les *Scrobicularia*, *Cardium*, *Unio*, *Anodonta*, *Venus*, la prolifération s'accomplit sur la paroi péricardique elle-même; faible chez les Monotocardes, elle est abondante chez les Lamellibranches et détermine la formation de culs-de-sac glandulaires qui pénètrent dans l'épaisseur du manteau et continuent à déboucher tous dans le péricarde (TELLINIDÆ, *Aspergillum*, CARDIIDÆ, LUCINIDÆ, VENERIDÆ, *Solen*, *Pholas*). Les cellules glandulaires s'emplissent de produits plus ou moins colorés qui rendent parfois l'organe apparent à travers les téguments : il forme, par exemple, dans le genre *Anodonta*, deux traînées symétriques, rouge-brun, entre les deux muscles adducteurs, constituant l'*organe de Keber*.

De même que les artères branchiales et la veine abdominale refoulent la paroi des reins pour constituer les corps spongieux rénaux, de même les cœurs branchiaux des Céphalopodes s'enveloppent de la paroi de la chambre excrétrice, dont l'épithélium prolifère et devient glandulaire à leur surface, de manière à constituer des organes correspondant aux glandes péricardiques des autres Mollusques. Ces glandes forment d'ordinaire des appendices spéciaux suspendus aux cœurs branchiaux et flottant dans la chambre excrétrice.

Glandes hématiques ou prétendues rates. — La portion du rein la plus voisine du péricarde subit chez les Monotocardes une remarquable modification; sa paroi se développe en nombreux culs-de-sac ciliés qui demeurent en communication avec la cavité rénale. Ces culs-de-sac plongent à l'intérieur d'une masse compacte de tissu conjonctif formée de grosses cellules toutes contiguës; ces cellules sont elles-mêmes contenues dans une vaste lacune, en large communication avec l'oreillette, de sorte qu'elles sont constamment baignées de sang. Tout cet ensemble constitue une *glande hématique* ou glande néphridienne chargée de produire les globules du sang. La glande hématique fait défaut chez les *Paludina*, *Cyclostoma*, *Cerithium*, et chez les Pulmonés; elle constitue, au contraire, chez les Tectibranches et les DORIDÆ un organe indépendant situé sur l'aorte plus ou moins en avant du cœur. Cet organe dans lequel se forment, en grande partie, les amibocytes, est quelquefois désigné sous le nom morphologiquement impropre de *rate*.

Organes des sens. — On peut distinguer chez le plus grand nombre des Mollusques des organes du *tact*, du *goût*, de l'*odorat*, de l'*ouïe* et de la *vue*.

Les organes des trois premières catégories ne sont en général que des émergences plus ou moins caractérisées des téguments dans lesquelles les éléments sensitifs ont pris la prédominance et se sont parfois un peu modifiés. Lorsque ces émergences sont spécialement dévolues à l'exercice du tact, elles ont la forme de *tentacules* coniques, vermiformes, situés sur la tête, ou le long de la membrane épipodiale chez les Gastéropodes, le long des bords du manteau chez les Lamellibranches; dévolues à l'organe du goût, elles prennent l'aspect de boutons ou d'*organes cyathiformes* situés dans la cavité buccale (*Chiton*); on trouve également chez les *Chiton*, en avant de la radule, du côté ventral, une paire de petites éminences innervées par des ganglions spéciaux, les *organes subradulaires*, qui existent aussi chez les Diotocardes et les Céphalopodes. Les organes olfactifs sont souvent situés tantôt sur la tête, où ils ont l'aspect de tentacules en forme de cornets plus ou moins compliqués (*rhinophores* des Opisthobranches), dont les nerfs sensitifs ramifiés partent quelquefois d'un petit ganglion spécial (*Cyclostoma, Xenophorus*, Pulmonés terrestres, la plupart des Opisthobranches). Les plus importants sont cependant logés dans la cavité respiratoire, et semblent destinés à apprécier la qualité de l'eau qui va baigner les branchies.

Osphradies. — Les organes olfactifs de la cavité branchiale ont la forme d'une bandelette saillante, assez souvent accompagnée de plis latéraux perpendiculaires à sa direction et lui donnant l'aspect d'une branchie plus ou moins développée (fig. 1455, *b*) ; ce sont là les *osphradies* (*fausses branchies, organes de Spengel*), qu'on observe chez les Lamellibranches aussi bien que chez les Gastéropodes et qui peuvent être remplacées, chez les Pulmonés, par une simple fossette épithéliale, entourée par une masse ganglionnaire.

Les osphradies présentent chez les Gastéropodes une évolution graduelle qui suit le perfectionnement de l'organisme et leur donne au point de vue phylogénique et taxonomique une réelle importance. Ces organes sont à peine différenciés chez les Fissurellidæ, où l'on voit tout le long de la partie libre du support branchial, aussi bien du côté efférent que du côté afférent, régner un nerf dont certains rameaux innervent les feuillets branchiaux, tandis que d'autres aboutissent à des cellules neuro-épithéliales ; ce nerf est ganglionnaire sur une longue étendue avant d'arriver à la région des feuillets chez les Neritidæ ; chez les Trochidæ il existe, au bord efférent, un nerf pour les feuillets branchiaux et un autre pour l'épithélium ; une région sensitive commence donc à se localiser ; les deux nerfs se réunissent à la pointe de la branchie pour former un nerf unique sur le bord afférent ; la région sensitive s'élève enfin chez les Haliotidæ en un bourrelet distinct ; l'osphradie est dès lors extérieurement caractérisée. La disposition de l'osphradie, toujours rudimentaire, et située sur la nuque, est assez variable chez les Patellidæ. Dans les *Valvata* le nerf branchial est sensoriel tout le long du support branchial, comme chez les Diotocardes ; mais il existe aussi un ganglion sensoriel indépendant. L'osphradie des *Littorina* et des *Cyclostoma* est réduite à un bourrelet conjonctif dont l'axe est occupé par un nerf. Cette osphradie, encore courte et épaisse chez les *Paludina, Littorina, Bythinia*, arrive chez les Melaniidæ, Cerithidæ, Xenophoridæ à occuper toute la longueur de la branchie ; l'organe continue à s'allonger et en même temps des replis plus ou moins réguliers commencent à se montrer faiblement chez certaines *Turritella* ou *Cerithium*, chez les *Struthiolaria* ; plus nettement chez les Chenopidæ, où la branchie s'engage dans le siphon, et les Strombidæ, où elle occupe toute son étendue.

Dans une autre série, au lieu de se perfectionner par élongation, l'osphradie se perfectionne par le développement de ses feuillets pectinés ; les feuillets sont encore peu nombreux chez les Naticidæ ; ils se régularisent et forment une osphradie très nettement bipectinée mais encore courte chez les Calyptræidæ ; l'osphradie s'allonge beaucoup chez les Cypræidæ, se retrouve bien développée chez toutes les Ténioglosses siphonostomes et les Sténoglosses (fig. 1455), à l'exception des Toxiglosses, qui à cet égard se rapprochent des Ténioglosses ; elle atteint son maximum de développement chez les *Oliva* et les *Harpa*. Le nerf olfactif occupe l'axe de l'osphradie (fig. 1456) et envoie des rameaux dans les feuillets.

Avec les *Paludina* apparaît un autre type d'osphradie qui sert de lien, en quelque sorte, entre ce qu'on observe chez les Ténioglosses inférieurs d'une part, et d'autre part chez les Pulmonés d'eau douce. L'osphradie des *Paludina* a la forme d'un petit bourrelet cylindrique parallèle à la branchie, le long duquel sont creusés de petits culs-de-sac épithéliaux, équidistants, placés entre le nerf et la branchie et dont le nombre, variable avec la taille des individus, est d'une vingtaine chez les individus adultes. Un gros nerf parcourt le bourrelet et fournit de nombreux rameaux à son épithélium très riche en cellules sensitives; d'autres faisceaux, les uns partiellement confondus avec ceux du bour-

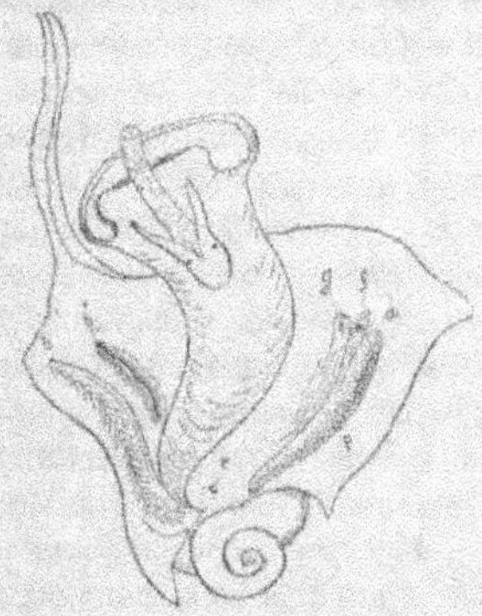

Fig. 1455. — *Murex brandaris* dont le manteau est fendu et rabattu pour montrer l'entonnoir de la chambre palléale. — *b*, osphradie; *b*, branchie; *r*, orifice néphridien; *g*, orifice génital femelle; *af*, anus; *f*, glande anale; *p*, glande purpurigène (d'après Lacaze-Duthiers).

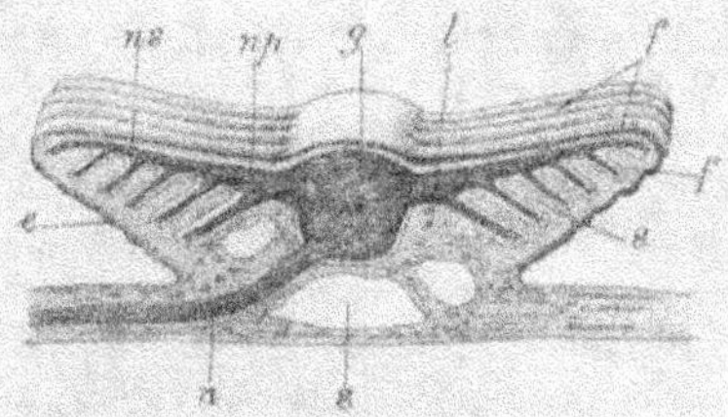

Fig. 1456. — Coupe schématique de l'osphradie de la *Ranella gigantea*. — *g*, ganglion; *n*, nerf principal; *ns*, nerfs secondaires; *f*, feuillets latéraux; *s*, sinus sanguins; *l*, lacunes (d'après F. Bernard).

relet, les autres tout à fait distincts, se rendent aux culs-de-sac. Chez les Pulmonés, le bourrelet a disparu, l'osphradie se réduit à un cul-de-sac unique, simple (*Planorbis*, *Physa*) ou bifurqué (*Limnæa*), situé à l'entrée de la cavité pulmonaire, en arrière et au-dessus du pneumostome; l'organe est innervé par le nerf palléal postérieur; au contact de l'organe, le nerf se renfle en un ganglion formé de cellules multipolaires, dont les prolongements s'intriquent avec ceux des cellules terminales contenues dans l'épithélium du cul-de-sac, de manière à former une couche continue qui enveloppe complètement l'organe. L'épithélium du cul-de-sac est formé de cellules ciliées cylindriques, simples éléments de soutien, entre lesquels sont interposées de nombreuses cellules nerveuses terminales typiques. Chez les Tectibranches, l'osphradie est représentée soit par un ganglion situé à la base de la branchie (BULLIDÆ, fig. 1457, APLYSIDÆ), soit par un réseau nerveux disposé le long du support branchial (UMBRELLIDÆ, PLEURO-BRANCHIDÆ), d'où partent des filets nerveux aboutissant à des cellules épithéliales sensitives. La disparition de

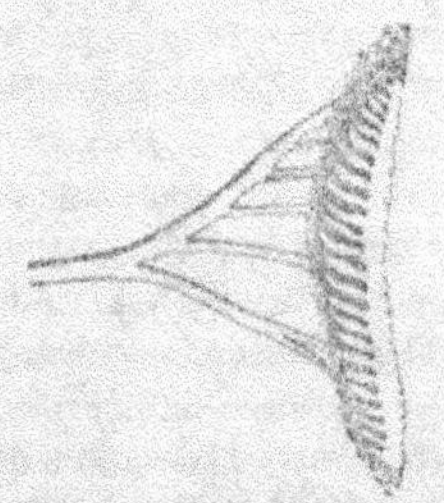

Fig. 1457. — Osphradie de *Bulla* (*Haminea*) *hydatis* (d'après Vayssière).

la branchie cténidiale entraîne celle de l'osphradie chez les Nudibranches.

Les osphradies paraissent faire défaut aux Gastéropodes terrestres, à l'exception des CYCLOSTOMIDÆ. On n'en a trouvé ni chez les HELICINIDÆ, ni chez les CYCLOPHORIDÆ; il y en a encore des traces chez les *Testacella*, les embryons de *Limax*.

Il existe assez souvent chez les Lamellibranches des organes correspondant aux osphradies; ils sont situés à la région postérieure du corps, tout auprès du ganglion osphradial chez les *Arca*, où ils sont pigmentés; deux organes accessoires de même nature, un de chaque côté de l'anus, se retrouvent un peu plus loin, sur le muscle adducteur postérieur, non seulement chez les ARCIDÆ, mais aussi chez les TRIGONIIDÆ, AVICULIDÆ et PECTINIDÆ. Lorsqu'il se développe des siphons, les branchies en se prolongeant masquent l'adducteur postérieur; les osphradies accessoires descendent alors plus bas sur le nerf palléal, jusqu'à la base du siphon inhalant, où elles peuvent présenter l'aspect d'une lame à la fois glandulaire et sensorielle (*Leda*, *Donax*, *Pholas*), se développer en lame (*Mactra*) ou former une sorte de houppe sensitive (*Tellina*).

Les centres olfactifs des Céphalopodes ne sont plus guère comparables aux osphradies des autres Mollusques; ils sont placés sur la tête, presque immédiatement au-dessous des yeux et consistent soit en un tubercule creusé d'une cavité (*Nautilus*), soit en une simple saillie (*Chiroteuthis*, *Dorutopsis*, *Ctenopteryx*), soit plus généralement en une simple fossette. Le nerf qui se rend à cet organe est d'origine cérébrale et confondu pendant un certain temps avec le nerf optique; il est en relation avec de nombreuses cellules sensorielles, intercalées entre les cellules épithéliales de l'organe, qui semble se rattacher au type des rhinophores des Opisthobranches.

Otocystes. — *Gastéropodes et Lamellibranches*. — Longtemps considérés exclusivement comme des organes de l'ouïe, les otocystes ajoutent à cette fonction celle d'organes d'équilibre [1]; ils jouent chez les Mollusques le rôle que nous verrons attribuer aux canaux semi-circulaires des Vertébrés. Ce sont des vésicules dont la paroi est formée de cellules assez grosses, et dont un certain nombre sont ciliées. Les cellules ciliées ou *cellules de soutien* sont diversement réparties; elles tapissent chez les *Hélix* la moitié de la cavité de l'otocyste opposée au nerf acoustique; elles présentent une disposition analogue chez les Hétéropodes (fig. 1458) où il en existe aussi sur tout le pourtour de la capsule; elles alternent chez les Lamellibranches avec les cellules sensitives. Ces vésicules sont généralement situées au voisinage ou au contact des ganglions pédieux (Gastéropodes, Scaphopodes, Lamellibranches), mais elles en sont complètement indépendantes et sont au contraire directement reliées par un nerf creux aux ganglions cérébroïdes. Le plus souvent le nerf acoustique est accolé au connectif cérébro-pédieux; mais chez les Hétéropodes (fig. 1460, *ot*) et les Nudibranches, les otocystes s'éloignent quelque peu des ganglions et le nerf devient presque indépendant; ces organes sont asymétriques chez beaucoup de Sténoglosses. Chez les SOLENOMYIDÆ et les NUCULIDÆ, elles communiquent en outre avec l'extérieur par un long canal latéral (fig. 1485, p. 2044). L'otocyste contient un liquide vraisemblablement sécrété par ses cellules pariétales. Chez les SOLENOMYIDÆ et NUCULIDÆ on y trouve des grains de sable, remplacés dans les formes à otocystes fermés par des concrétions calcaires propres à l'animal, les *otolithes*. Chez la plupart des Mollusques archaïques (Gastéropodes diotocardes et Ténioglosses; — Lamellibranches filibranches, hétéromyaires, ANATINACEA, *Saxicava*; — *Nautilus*), il existe plusieurs otolithes, de forme naviculaire, dans chaque otocyste; ces animaux sont dits *polyotolithés*; la plupart des Opisthobranches sont dans le même cas. Dans les

---

[1] Y. DELAGE, *Fonctions nouvelles des Otocystes comme organes d'orientation locomotrice.* — Arch. de Zoologie expérimentale, 2ᵉ série, t. I, 1887.

familles des MELANIIDÆ et des TURRITELLIDÆ, certaines espèces ont plusieurs otolithes (*M. filocarinata*, *M. asperata*, *Turritella rosea*), d'autres une seule (*Melania costata*, *M. amarula*, *M. tuberculata*, *T. communis*). Chez les CERITHIIDÆ, il existe plusieurs otolithes, mais elles présentent de curieuses variations de dimensions : toutes égales chez la *Cerithidea obtusa*, elles sont plus ou moins inégales chez les *Ceratoptilus lævis*, *Cerithium vulgatum*, *Telescopium fuscum* ; l'une d'entre elles l'emporte de beaucoup sur les autres chez le *C. mediterraneum* ; il en est de même chez les *Turritella rosea*, et, parmi les Lamellibranches, chez les ANATINACEA et les *Saxicava*. Chez les *Planaxis* et les *Triforis*, voisins des CERITHIIDÆ, il n'y a plus qu'une seule otolithe.

C'est cette disposition qui devient la règle chez les Gastéropodes et les Lamellibranches les plus différenciés de chaque groupe (LITTORINIDÆ, RISSOIIDÆ, quelques MELANIIDÆ CAPULIDÆ, CALYPTRÆIDÆ, VERMETIDÆ, XENOPHORIDÆ, CHENOPIDÆ, STROMBIDÆ, tous les Proboscidifères siphonostomes, tous les Sténoglosses). Les otocystes suivent donc, sauf quelques écarts

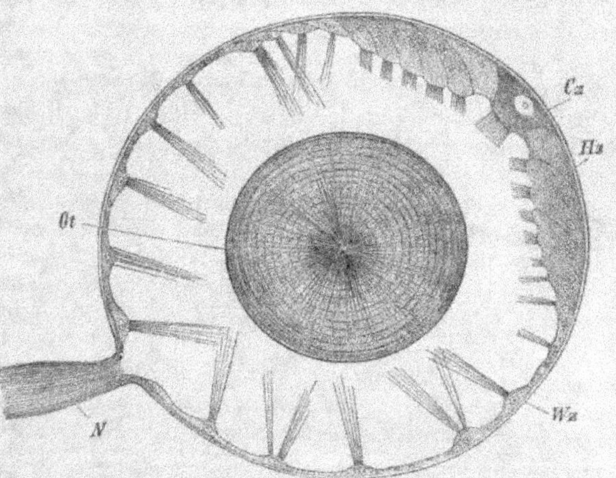

Fig. 1158. — Otocyste de *Pterotrachæa*. — *F*, nerf acoustique ; *Ot*, otolithe ; *Wz*, cellules ciliées ; *Hz*, cellules auditives ; *Cz*, cellule centrale.

inexpliqués, une évolution en quelque sorte parallèle à celle des osphradies des Gastéropodes, des siphons des Lamellibranches, et peuvent apporter des éléments intéressants à la phylogénie ; ces divers ordres de caractère concordent, dans une mesure très étendue, avec ceux que fournit le système nerveux : ils signalent par exemple les CERITHIIDÆ comme des formes de passage entre les Ténioglosses rostrifères et les Proboscidifères siphonostomes. Les otocystes peuvent manquer exceptionnellement dans certains genres appartenant à l'une quelconque de ces divisions : les *Vermetus* adultes, qui sont fixés, les *Janthina*, qui sont pélagiques ; ils manquent de même chez quelques Lamellibranches fixés (*Ostrea*).

Céphalopodes. — Les otocystes des Céphalopodes ne diffèrent pas essentiellement des types précédents ; ils sont, chez les *Nautilus*, placés sur les côtés des centres pédieux, en contact avec le cartilage céphalique ; ils sont contenus dans la cavité du cartilage cranien chez les Dibranches, séparés seulement par une cloison et placés à la face ventrale de la masse sous-œsophagienne entre les centres pédieux et les centres viscéraux. Chaque otocyste est continué par un petit canal cilié, s'enfonçant dans le cartilage, reste du canal qui, durant la période embryonnaire, faisait communiquer l'otocyste avec l'extérieur comme chez les Nucules adultes. Chez les Dibranches, la paroi interne de l'otocyste présente de fortes bandes saillantes, séparées les unes des autres par des sillons, et l'épithélium sensoriel est localisé, comme chez les Hétéropodes; il forme à la partie antérieure de l'organe une *tache acoustique*. C'est à cette tache et à l'une des crêtes latérales que se rendent les filets principaux du nerf acoustique qui traverse les ganglions pédieux pour se rendre des ganglions cérébroïdes à l'otocyste. L'otolithe des Dibranches n'est pas sphéroïdal comme celui des Gastéropodes, mais aplati, et sa surface est garnie de crêtes; il ne se calcifie pas chez les *Eledone*.

Yeux. — Les Mollusques ont généralement deux yeux céphaliques; ces organes manquent toutefois chez les Scaphopodes, les Amphineures, la plupart des Ptéropodes, les Lamellibranches adultes et un certain nombre de Gastéropodes. Les yeux céphaliques peuvent être remplacés par des yeux disséminés sur la région dorsale chez certains Chitonidæ, ou, chez les Lamellibranches, par des yeux occupant soit le bord du manteau (Arcidæ, Limidæ, Pectinidæ, Spondylidæ), soit l'extrémité des tentacules des siphons (*Cardium edule*); des yeux dorsaux analogues accompagnent les yeux céphaliques chez les Oncidiidæ; il est probable que chez les formes anophthalmes les téguments conservent une sensibilité à la lumière.

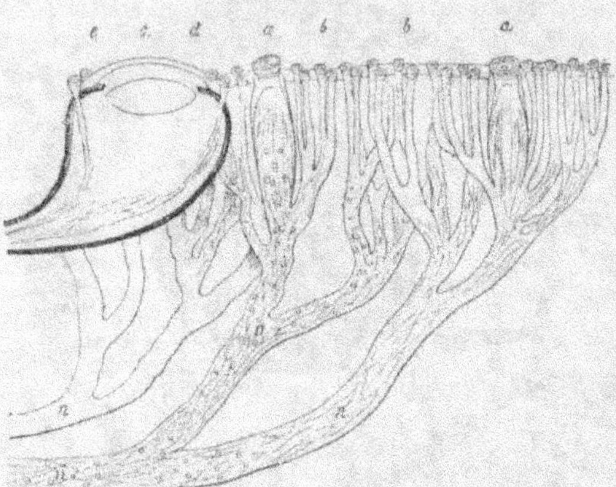

Fig. 1459. — Coupe verticale schématique du tégument dorsal d'un *Chiton aculeatus* dont les cérames ont été décalcifiés. — *a*, *a*, extrémité libre des mégalæsthètes; *b*, *b*, extrémités des micræsthètes; *d*, cornée; *e*, iris; *c*, cristallin; *n*, *n'*, nerfs des organes tactiles (d'après Moseley).

Yeux dorsaux des Amphineures[1]. — Les yeux dorsaux des Chitonidæ ne sont qu'une modification de certains organes de sensibilité générale qu'on désigne, suivant leur taille, sous les noms de *micræsthètes* et de *mégalæsthètes*; ce sont des papilles épithéliales recouvertes chacune par un capuchon céphalique et qui traversent le tegmentum des cérames. Ces papilles contiennent des terminaisons nerveuses et reçoivent chacune un nerf spécial. Le nerf qui aboutit à un mégalæsthète donne en général plusieurs rameaux qui aboutissent à autant de micræsthètes (fig. 1459). Les yeux dorsaux ne sont que de simples modifications de certains mégalæsthètes. Chacun d'eux est constitué par une coupe rétinienne profonde, un cristallin et une cornée calcaire; le tout est entouré d'une enveloppe pigmentée. Ces yeux sont situés sur les aires latérales ou le long de la ligne qui les sépare de l'aire médiane; ils manquent chez la plupart des espèces européennes, chez le

[1] H. Moseley, *Dorsal eyes in certain* Chitonidæ. — Quart. Journ. of microscopical Science, vol. XXV, 1885.

grand *Chiton* de l'Amérique du Sud (*Ch. magnificus*, etc.) et chez les *Chitonellus*. Tous ces organes sont remplacés chez les NEOMENIIDÆ par de simples papilles dermiques enfoncées dans la cuticule et par une papille suranale libre et rétractile.

Gastéropodes. — Il existe presque toujours chez les Gastéropodes une paire d'yeux céphaliques; la position de ces yeux est généralement liée d'une manière assez étroite à celle des tentacules. Ils sont d'ordinaire portés chez les Prosobranches par un tubercule situé à la base de ces organes, tubercule qui peut être très réduit ou assez allongé et accolé au tentacule de manière à reporter l'œil à une hauteur variable sur le tentacule (p. 1947); chez les Opisthobranches et les Pulmonés stylommatophores ils sont toujours en rapport avec la 2ᵉ paire de tentacules.

L'œil est essentiellement constitué par une invagination exodermique[1] dans laquelle, les cellules épithéliales ont revêtu deux aspects : les unes, dites *rétinophores*, sont incolores, très amincies à leur extrémité libre et entrent en articulation par leur extrémité opposée avec les prolongements des fibres nerveuses; les autres, dits *rétinules*, sont pigmentés, et leur extrémité libre est très élargie; des formes de transition peuvent s'intercaler entre ces deux types extrêmes, indiquant qu'ils ont une origine commune. Les cellules qui forment l'invagination rétinienne sont surmontées de bâtonnets constituant une *couche rétinidienne* peu développée chez les Diotocardes, et qui atteint son maximum de différenciation chez les STROMBIDÆ, les Hétéropodes, le *Gastropteron*.

L'œil des PATELLIDÆ est réduit à l'invagination rétinienne qui demeure largement ouverte, de sorte que l'eau de mer arrive directement au contact de la couche des bâtonnets. Chez les HALIOTIDÆ, TROCHIDÆ, STOMATIIDÆ, DELPHINULIDÆ, un *cristallin* se forme dans la cavité d'invagination; l'ouverture de celle-ci se rétrécit, mais sans se fermer complètement, de sorte que l'eau de mer baigne encore le cristallin; chez les NERITIDÆ et les autres Gastéropodes, la cavité oculaire est complètement close; les bords de l'orifice d'invagination s'étant finalement réunis.

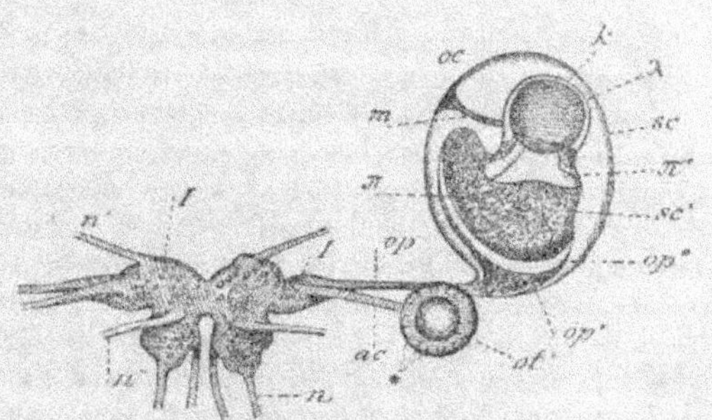

Fig. 1360. — Ganglion cérébroïde, œil et otocyste de *Pterotrachea Fredericii.* — *L*, ganglion cérébroïde; *l*, ganglion des nerfs optiques et acoustiques; *n*, connectif cérébro-pédieux; *n'*, *n''*, nerfs tégumentaires; *oe*, œil droit; *sc*, capsule oculaire; *sc'*, bulbe; *op'*, renflement ganglionnaire du nerf optique; π, choroïde; π', espace dépourvu de pigment de la choroïde; *k*, cornée; λ, cristallin; *m*, faisceau musculaire servant à mouvoir le bulbe; *ot*, otocyste avec l'otolithe; *, faisceaux de cils (d'après Gegenbaur).

Deux couches de cellules épithéliales transparentes, l'une continue avec la rétine, l'autre avec l'épithélium externe, passent en avant du cristallin et constituent une *cornée* à deux assises cellulaires. L'assise interne ou *pellucide* de la cornée, peu étendue chez les Diotocardes, s'élargit aux dépens de la rétine chez les Mono-

[1] PELSENEER, *Sur l'œil de quelques Mollusques gastéropodes.* — Mémoires de la Société belge de Microscopie, t. XVI, 1891.

tocardes; elle est séparée de l'assise externe par une lacune sanguine chez les Hétéropodes (fig. 1460), les *Dolium*, les ELYSIIDÆ, les Pulmonés basommatophores. Chez les stylommatophores où l'œil est rétractile, le cristallin et le globe oculaire possèdent chacun leur rétraction (fig. 1461), de sorte que ces parties n'occupent plus pendant la rétraction la même position qu'en extension.

Les yeux dorsaux des *Onchidium* paraissent appartenir à un type différent. L'œil est fermé par une cornée; la chambre optique est remplie par un cristallin formé d'un petit nombre de grosses cellules; les cellules rétiniennes sont renversées et leurs bâtonnets sont en contact, comme chez les Vertébrés, avec la couche pigmentée ou choroïdienne; le nerf optique traverse la rétine et s'épanouit à sa surface, séparant le cristallin des cellules rétiniennes.

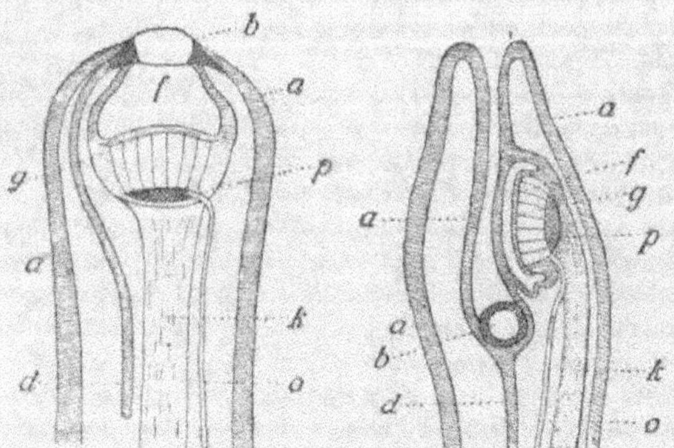

Fig. 1461. — Figures schématiques représentant l'œil de l'*Helix pomatia* à l'état d'extension (n° 1) et de rétraction du tentacule. — *a*, paroi externe du tentacule; *b*, lentille cristalline; *d*, muscle rétracteur du cristallin; *f*, chambre; *g*, rétine; *r*, grand muscle rétracteur du globe oculaire; *p*, ganglion optique; *o*, nerf optique (d'après Huguenin).

Dans l'œil céphalique des Gastéropodes, la pellucide peut envahir toute la rétine et l'œil cesse alors d'être fonctionnel, comme cela arrive chez quelques formes abyssales (*Wivillea*) ou habitant les eaux souterraines (*Bythinella pellucida*). L'œil disparaît d'ailleurs habituellement chez les formes fouisseuses (plusieurs NATICIDÆ, *Terebra*, *Marginella*, *Bullia*; les *Olivella*, *Agaronia*, *Ancillaria*), abyssales (*Choristes*, *Oocorys*, *Cocculina*, *Addisonia*, diverses espèces de genres *Puncturella*, *Eulima*, *Fossarus*, *Chrysodomus*, *Pleurotoma*, *Gonicoris*), habitant des grottes profondes (*Cœcilianella*, *Geostilbia*, divers *Zospeum*, *Helix Hauffeni*), ou parasites internes (*Eulima*, *Entoconcha*, *Entocolax*); mais il manque aussi, sans que l'on puisse concevoir pourquoi, chez certaines formes pélagiques (*Janthina*) et chez d'autres que rien dans leurs mœurs ne distingue d'une manière particulière (*Lepeta*, *Propilidium*).

D'autres fois, l'œil s'enfonce sous les téguments et diminue notablement; c'est la préface de sa disparition chez les formes fouisseuses (*Natica Alderi*, *Amaura*, *Scaphander*, *Philine*, *Doridium*). Mais cet amoindrissement de l'œil s'observe aussi chez des formes qui sont habituellement soumises à l'action de la lumière (*Gastropteron*, PLEUROBRANCHIDÆ, nombreux Nudibranches, *Siphonaria*, *Auricula Midæ*, *A. Judæ*).

Lamellibranches. — Les yeux des Lamellibranches sont exclusivement palléaux; sur tout le pourtour du manteau des *Cardium*, sur les orifices des siphons des *Tellina*, *Venus*, *Solen*, *Mactra*, des taches pigmentaires semblent donner aux régions sur lesquelles elles se trouvent une sensibilité plus grande à la lumière. A la place de ces taches sont de véritables yeux chez les ARCIDÆ et les PECTINIDÆ. Ces yeux sont encore très simples chez les ARCIDÆ et sont constitués par de petits groupes de cellules pigmentées, ou *ommatidies*, pourvues chacune d'une cornée lenticulaire et constituant ensemble des espèces d'yeux à facettes. Les yeux des PECTINIDÆ sont, au contraire, des organes aussi complexes que les yeux palléaux des *Onchidium*. Chacun de ces yeux est pédonculé et l'épithélium du pédoncule est fortement épaissi et pigmenté à son extrémité, sauf dans une région circulaire qui est occupée par le cristallin. Ce cristallin est formé de deux couches de cellules séparées par une membrane basilaire, conjonctive : la couche externe ou *couche cornéenne* est formée de cellules épithéliales qui s'allongent du pourtour du cristallin à son centre de manière à constituer un corps hémisphérique ; de l'autre côté de la membrane basilaire, les cellules conjonctives, en se multipliant, constituent de même un corps hémisphérique, de sorte que l'ensemble du cristallin est sphéroïdal. Ce cristallin ferme la cavité oculaire, qui est, elle aussi, sphéroïdale, mais divisée en deux moitiés par une cloison équatoriale, essentiellement formée par la rétine ; la paroi de la moitié de la chambre oculaire opposée au cristallin est formée par une couche réfringente, le *tapetum*, qui donne aux yeux des *Pecten* un éclat particulier, et par une couche pigmentée qui recouvre le tapetum. A l'intérieur du pédoncule oculaire, le nerf optique en arrivant au voisinage de l'œil, se divise en deux branches ; l'interne aborde l'œil à peu près au pôle de l'hémisphère pigmenté ; l'externe l'aborde sur le côté, au niveau de la face externe de la rétine. Les fibres s'épanouissent alors, se renversant vers l'intérieur de l'œil comme dans les yeux des Vertébrés supérieurs et se perdent dans une couche de cellules ganglionnaires avec lesquelles sont en rapport les cellules sensitives. Ces dernières se terminent chacune par un bâtonnet, et tous les bâtonnets tournés vers le tapetum, forment la couche interne de la rétine.

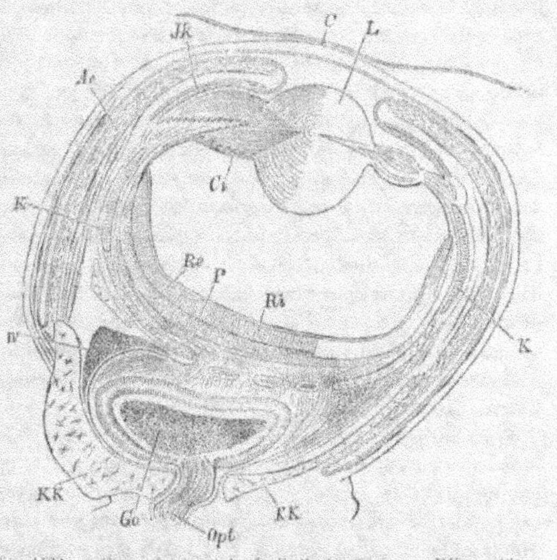

Céphalopodes. — Les yeux

Fig. 1462. — Coupe horizontale de l'œil de *Sepia*. — *KK*, cartilage céphalique; *C*, cornée; *L*, cristallin; *Ci*, corps ciliaire; *Jk*, cartilage de l'iris; *K*, cartilage du globe oculaire; *Ae*, couche argentine externe; *W*, corps blanc; *Opt*, nerf optique; *Go*, ganglion optique; *Re*, couche externe de la rétine; *P*, couche pigmentaire de la rétine (d'après Hensen).

des Céphalopodes (fig. 1462) se sont graduellement perfectionnés à partir des formes les plus anciennes, comme ceux des Gastéropodes, et leurs modifications successives concordent assez bien avec les modifications de l'organisation interne pour qu'elles puissent servir à indiquer les principales étapes de la phylogénie. Chez les *Nautilus*, l'œil est constitué par une chambre unique, communiquant directement avec l'extérieur, et il n'y a pas de cristallin. Chez les Dibranches, il existe toujours un cristallin qui divise la cavité oculaire en deux chambres : une postérieure complètement fermée, et une antérieure limitée en avant par un repli tégumentaire constituant une *cornée extérieure*; un autre repli plus profondément situé, immédiatement en avant du cristallin, forme un *iris* contractile dont la pupille demeure toujours ouverte. Dans un premier groupe de Décapodes comprenant des familles des OMMATOSTREPHIDÆ, ONYCHOTEUTHIDÆ et CRANCHIIDÆ, la cornée extérieure demeure ouverte à son centre; ce sont les OIGOPSIDA. Dans un autre groupe de Décapodes désignés sous le nom de MYOPSIDA et chez tous les Octopodes, la cornée extérieure se complète et les deux chambres de l'œil sont closes. Il existe encore chez les *Sepiola* un très petit pore cornéen. Déjà chez les Décapodes la cornée extérieure est suivie d'un troisième repli de la peau situé transversalement en arrière de l'œil. Ce repli se développe suffisamment chez les Octopodes pour constituer une paupière, capable, quand elle se contracte, de recouvrir l'œil tout entier. La partie externe de la chambre unique de l'œil du *Nautilus* constitue, en se fermant, la *cornée interne* ou *cornée* proprement dite. Le cristallin se développe sur les deux faces de cette cornée, qui le divise, par conséquent, en un segment externe et un segment interne, beaucoup plus développé et plus convexe que l'autre (fig. 1462, *L*); ce sont là de simples formations cuticulaires formées de lames superposées; en arrière du cristallin, la chambre postérieure de l'œil est remplie par une sorte d'*humeur vitrée*. La paroi de cette chambre est constituée par la *rétine* dont les cellules formant une couche unique, sont munies de bâtonnets dirigés vers la lumière. Mais les bâtonnets primitifs sont fusionnés par groupes de manière à constituer des *rhabdomes* dont chacun est en rapport avec au moins quatre cellules rétiniennes qui envoient des prolongements à son intérieur. Toute cellule rétinienne est elle-même en relation avec deux rhabdomes; une couche de cellules conjonctives constitue une membrane limitante. Les cellules rétiniennes sont pigmentées, et le pigment se déplace dans leur intérieur suivant qu'elles sont ou non illuminées; dans l'obscurité, les granulations pigmentaires s'amassent à leur base. Au-dessous de la rétine, le nerf optique, lui-même volumineux, s'épanouit en un gros ganglion.

Certains Céphalopodes possèdent des yeux thermoscopiques et des organes photogènes décrits p. 1975.

Système nerveux. — On peut, au point de vue physiologique, distinguer chez les Mollusques trois catégories de centres nerveux : 1° les *centres sensoriels*, constitués par une paire de masses ganglionnaires sus-œsophagiennes, souvent appelées *masses cérébroïdes*; 2° les *centres locomoteurs*, formant une paire sous-œsophagienne de *ganglions pédieux*, reliés entre eux et reliés aux masses cérébroïdes par des connectifs latéraux, de manière à constituer un collier œsophagien complet, le *collier antérieur* ou *collier pédieux*; 3° les *centres viscéraux*, formant aussi deux colliers, l'un antérieur qui innerve principalement la région buccale et peut être appelé *collier buccal* ou *stomato-gastrique*; l'autre, postérieur, qui innerve principalement le tronc et ses viscères et que l'on peut désigner, pour cette raison, sous le nom de *collier somatique*. Morphologiquement le *collier stomato-gastrique* correspond au système nerveux stomato-gastrique de Vers annelés; sur son trajet se trouvent ordinairement deux ganglions qui sont, chez les Gastéropodes, voisins du bulbe buccal et qui fournissent les nerfs principaux de toute la région exodermique, c'est-à-dire buccale, œsophagienne et stomacale du tube digestif; chez un certain nombre de Gastéropodes tectibranches

et nudibranches, des ganglions se développent, en outre, sur le trajet des nerfs stomacaux; il en est de même chez les Céphalopodes. Le *collier somatique* correspond
à la chaîne nerveuse ventrale des Polychètes; il comporte presque toujours, chez
les Gastéropodes, une première paire de ganglions, les *ganglions pleuraux*, reliés aux
ganglions pédieux par une paire de connectifs; le nombre des autres ganglions est
éminemment variable; en outre, chez les Gastéropodes prosobranches la chaîne a
subi une torsion particulière; cette torsion s'efface chez les Pulmonés et les Opisthobranches, en partie, par suite du raccourcissement de la chaîne; elle ne se produit pas chez les Lamellibranches, où il n'existe au maximum que deux paires
(Nuculidæ), et le plus souvent une seule paire de ganglions distincts, les ganglions

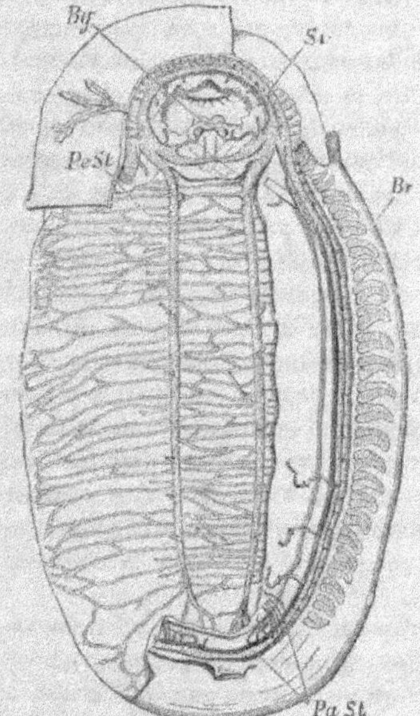

pleuraux cessant de se différencier. Les centres
nerveux forment chez les Céphalopodes un
anneau compact, au travers duquel passe l'œsophage et qui ne présente aucun signe de dissymétrie. Ces diverses parties ne se différencient que progressivement.

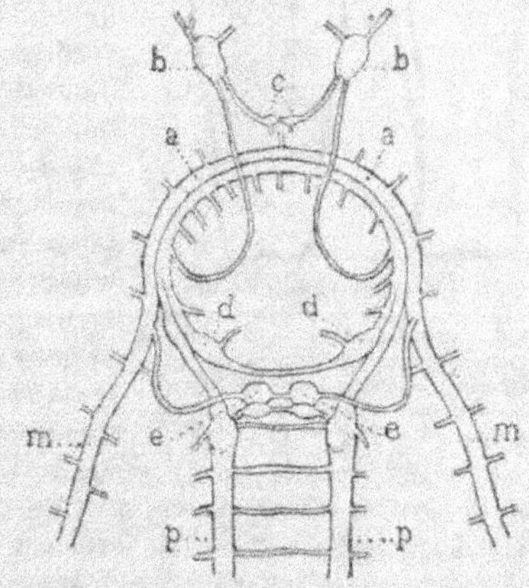

Fig. 1463. — Système nerveux de *Chiton*. —
Sr, arc cérébroïde; *Bg*, ganglion buccal;
PeSt, cordons pédieux; *Pa*, *St*, arc pédieux
palléal; *Br*, branchies (d'après Béla Haller).

Fig. 1464. — Portion antérieure du système nerveux d'un
Chiton. — *a*, arc cérébroïde; *b*, ganglions buccaux; *c*,
ganglion pharyngien postéro-supérieur; *d*, ganglion pharyngien antéro-inférieur; *e*, ganglion nerveux; *m*, arc
palléal; *p*, cordon pédieux (d'après von Jehring).

Amphineures. — Il n'y a chez le Chitonidæ ni ganglions cérébroïdes, ni ganglions viscéraux différenciés. On peut considérer le système nerveux de ces animaux
(fig. 1463 et 1464) comme constitué par un cordon ganglionnaire continu, bordant
le corps tout entier, en forme d'ellipse entièrement fermée, tout entière située
au-dessus du tube digestif, et rappelant ainsi la disposition déjà signalée chez les
Némertes. En avant, l'ellipse présente, à quelque distance de son sommet, un rétrécissement assez brusque; l'arc *Sr* antérieur à ce rétrécissement peut être consi-
comme correspondant aux *ganglions cérébroïdes* et à leur *commissure*; on peut
déré l'appeler *arc cérébroïde*; il innerve les palpes, les lèvres et la musculature de la

masse buccale. L'arc postérieur, de beaucoup le plus grand, peut recevoir le nom d'*arc palléal*; il innerve le manteau, les branchies et une partie des viscères; c'est une formation propre aux CHITONIDÆ et qui n'a chez les Gastéropodes que des équivalents accidentels. De la limite entre les deux arcs naissent : 1° une *commissure stomato-gastrique* munie de deux renflements ganglionnaires (fig. 1464, *d*), qui passe entre la masse buccale et l'œsophage; 2° une *commissure labiale* sous-œsophagienne (*b*), fournissant à son tour, en se redoublant, une petite commissure subradulaire portant aussi deux ganglions (*c*); 3° deux longs cordons ganglionnaires, les *cordons pédieux* (fig. 1463, *PéSt*), qui s'étendent sur toute la longueur du pied, sont reliés par de nombreuses et irrégulières commissures transversales, fréquemment anastomosées, et dont la commissure labiale n'est peut-être que la première; 4° une commissure plus large, qui relie spécialement l'une à l'autre les deux moitiés de l'arc viscéral, complétant ainsi le *collier somatique*, et présentant vers son milieu deux petits ganglions situés à la partie antérieure de l'estomac (*e*). Le système nerveux des APLACOPHORA (fig. 1465) ne diffère de celui des *Chiton* que par la présence de deux renflements cérébroïdes (*g*) sur l'arc antérieur, et de deux autres renflements au point de séparation des troncs latéraux et des troncs pédieux (*Neomenia*), à la naissance de ces derniers; par la présence d'un renflement sus-anal; par l'absence de commissure subradulaire et de commissure gastrique; par la fusion fréquente en arrière (*Chætoderma*, *Paramenia*) des cordons pédieux et latéraux qui d'ailleurs sont ordinairement réunis par de plus ou moins nombreuses commissures.

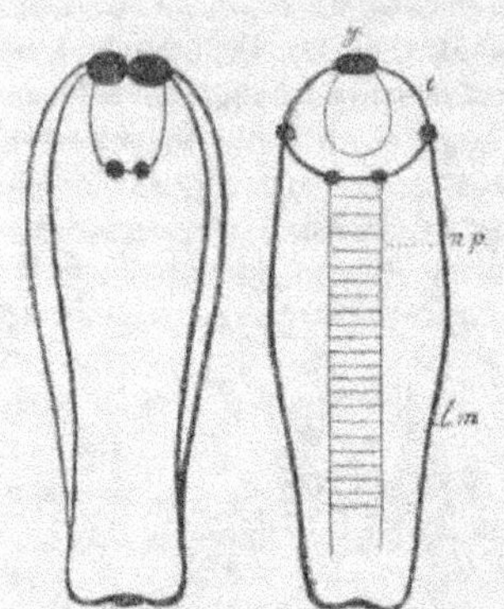

Fig. 1465. — Schémas du système nerveux d'Aplacophora. — 1, *Chætoderma nitidulum* (d'après Hubrecht). — 2, *Neomenia carinata* (d'après Graff). — *g*, ganglion cérébroïde; *c*, commissure sublinguale; *np*, cordon pédieux; *lm*, cordon palléal.

Gastéropodes. — Le système nerveux des Gastéropodes [1] subit une évolution remarquable à partir des Diotocardes, dont les premiers représentants comptent parmi les plus anciens des Mollusques, jusqu'aux Pulmonés et surtout aux Nudibranches qui en représentent la forme la plus concentrée. Chez les Diotocardes, les cellules nerveuses sont encore diffuses, comme chez les CHITONIDÆ, de sorte que les ganglions nerveux sont, en général, mal définis; les dispositions générales de ce système se laissent d'ailleurs assez facilement ramener à ce qu'on observe chez les AMPHINEURES. Les *ganglions cérébroïdes* (fig. 1466, *gc*) sont unis par une très longue commissure située en arrière des *lèvres*, à l'extrémité antérieure de la masse buccale. Ils

<hr>

[1] E. L. BOUVIER, *Système nerveux, morphologie générale et classification des Gastéropodes prosobranches*, Ann. des Sciences naturelles, 7ᵉ série, t. III. — Le travail de M. BOUVIER (1887), celui de mon frère, M. REMY PERRIER, sur le *rein des Gastéropodes prosobranches* (1889), celui de M. FÉLIX BERNARD sur les *organes palléaux* de mêmes animaux (1890), ont été entrepris à ma demande et sur mes indications, afin d'arriver à une classification phylogénique aussi naturelle que possible des Gastéropodes prosobranches, en prévision de l'installation des collections de Malacologie, dans les Nouvelles galeries du Muséum. Le travail de M. MÉNÉGAUX sur la *circulation des Lamellibranches marins* se rattache au même ensemble de recherches.

sont aplatis, triangulaires, et chacun se prolonge en avant, sous la masse buccale, en une longue et forte saillie ganglionnaire, la *saillie labiale*, reliée à celle du côté opposé par une *commissure labiale* située sous la masse buccale, en arrière des lèvres. Le collier buccal (*a*) se détache également de la saillie *labiale* par une sorte de long fer à cheval ganglionnaire qui représente d'abord les *ganglions buccaux*. Les nerfs du mufle et des lèvres naissent soit de la saillie des ganglions cérébroïdes, soit de la commissure cérébrale elle-même (*Haliotis*, *Parmophora*); deux connectifs

latéraux presque parallèles unissent les ganglions cérébroïdes aux *cordons pédieux*. Ces cordons occupent toute la longueur du pied et sont marqués d'un sillon longitudinal plus ou moins accusé qui a fait considérer chacun d'eux comme composé de deux cordons superposés, dont l'un innerverait plus spécialement le pied, l'autre l'épipodium (*Fissurella*, fig. 1466; *Parmophora*, *Haliotis*, fig. 1468); ce dernier correspondrait aux ganglions pleuraux. Ils sont unis entre eux, à l'origine, par un court connectif chargé de cellules, et reliés ensuite, comme les cordons pédieux des Amphineures, par des commissures transversales plus ou moins nombreuses qui donnent à l'ensemble un aspect scalariforme. La commissure viscérale (*ga*, *h*, *gb*) qui complète le collier somatique naît des cordons palléo-pédieux, au voisinage du point où ils se fusionnent. De ses deux connectifs d'origine, celui qui naît à gauche se dirige vers la droite, en passant au-dessous du tube digestif; celui qui naît à

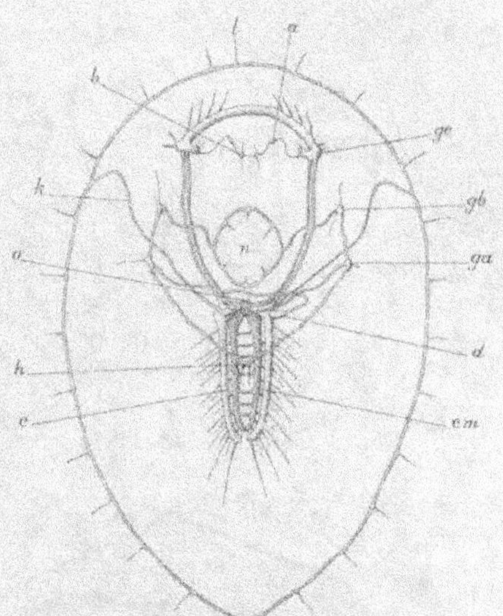

Fig. 1466. — Système nerveux de la *Fissurella reticulata*. — *a*, *b*, ganglions buccaux; *o*, otocystes; *e*, *cm*, centre pédieux avec commissures en échelle, théoriquement dédoublé en deux cordons pédieux proprement dits *cm* et deux cordons palléaux *c*; *d*, véritable ganglion pleural droit, uni au ganglion supra-intestinal, symétrique de *ga*; *ga*, ganglion sub-intestinal, uni au ganglion pleural gauche qui envoie un nerf *b* au cercle périphérique; *gb*, ganglion branchial; *h*, ganglion viscéral; *gl*, ganglions cérébroïdes; *l*, cercle palléal; *n*, cercle nerveux du trou apical du manteau (demi-schématique d'après Boutan).

droite se dirige vers la gauche en passant, au contraire, au-dessus du tube digestif; ces deux cordons se croisent ainsi, mais en passant à des niveaux différents; ils sont reliés l'un à l'autre par le sommet de l'anse somatique qui est en grande partie sus-intestinale. C'est exactement la figure qu'on obtiendrait si l'on supposait que l'anse somatique, d'abord symétrique et formant un demi-collier passant au-dessous de l'œsophage, avait été saisie au sommet, tirée d'abord à droite, puis rabattue au-dessus du tube digestif (fig. 1467). Cette disposition tordue de la commissure somatique est commune à presque tous les Prosobranches; c'est ce qu'on nomme la *chiastoneurie* et les Mollusques qui la présentent sont dits *chiastoneures*[1]. La branche

[1] Pour l'explication de cette disposition typique chez les Gastéropodes prosobranches, voir le développement p. 2071.

sous-intestinale et la branche sus-intestinale du collier somatique portent chacune, en général, un ganglion (*ga*); le sommet de l'anse est occupé également par une masse ganglionnaire fusiforme et diffuse (*h*). Le ganglion sus-intestinal existe toujours chez les Diotocardes; tantôt il est situé à la base de l'osphradie et uni à la commissure viscérale par un nerf spécial; tantôt (FISSURELLIDÆ) il se divise en deux parties, l'une (*gb*) située à la base de l'osphradie, l'autre (*ga*) sur la commissure; le ganglion sous-intestinal avorte en même temps que la branchie et l'osphradie topographiquement droites (TURBONIDÆ, TROCHIDÆ); sa place peut encore être marquée (TURBONIDÆ) par un fin nerf palléal droit, issu de la branche sous-intestinale. Chez les Diotocardes mononéphridés, ce système nerveux primitif présente déjà d'importantes modifications; les saillies labiales, encore longues et diffuses chez la *Nerita peloronta*, se réduisent peu à peu chez les *Neritina* et *Navicella* qui vivent dans les eaux douces, et ne sont plus chez les *Helicina*, toutes terrestres, que de petites masses arrondies, presque confondues avec les ganglions cérébroïdes; on trouve cependant encore une saillie labiale chez les plus primitifs des Ténioglosses, (*Cyclophorus, Paludina, Cyclostoma*, fig. 1469; *Bythinia, Ampullaria*);

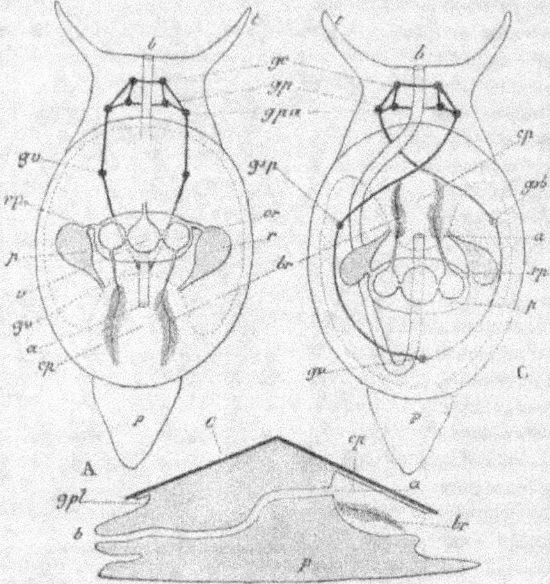

Fig. 1467. — Schéma de la disposition des organes principaux chez un Gastéropode ancestral hypothétique (AB) et chez un Prosobranche diotocarde homonéphridé primitif (C). — *C*, coquille; *t*, tentacules; *P*, pied; *gpl*, gouttière palléale; *cp*, cavité palléale; *br*, branchie; *b*, bouche; *a*, anus; *p*, péricarde; *v*, ventricule; *or*, oreillette; *r*, rein; *rp*, canal rénopéricardique; *gc*, ganglions cérébroïdes; *gp*, ganglion pédieux; *gpa*, ganglions pleuraux; *gv*, ganglions viscéraux; *gsp*, ganglion super-intestinal; *gsb*, ganglion sub-intestinal. Le cône formé par la coquille est ici représenté très aplati, mais il devait être au contraire primitivement très long; sans cela les phénomènes de rotation inverse décrits p. 2071 seraient inutiles (d'après Lang, complété par Remy Perrier).

chez les autres, cette saillie est complètement rentrée, pour ainsi dire, dans les ganglions cérébroïdes. Sur la commissure cérébro-pédieuse postérieure se caractérisent peu à peu, chez les Mononéphridés et les Hétérocardes, les *ganglions palléo-viscéraux* ou *ganglions pleuraux*; en même temps, chez les Hétérocardes, les anastomoses entre les centres pédieux se réduisent à deux, l'une antérieure, faible, l'autre postérieure, forte; en outre, cependant, les nerfs issus de ces cordons présentent entre eux de nombreuses et fines anastomoses. Chez les *Cyclophorus, Paludina*, fig. 1470; *Cypræa*,

ou les ganglions pleuraux s'isolent de plus en plus, les cordons pédieux subsistent encore avec des anastomoses nombreuses dans le premier genre et le
dernier, réduites à quatre dans le second. Mais peu à peu les cellules nerveuses
se ramassent, en quelque sorte, dans la région antérieure des cordons; elles
finissent par former deux ganglions qui, chez les formes inférieures, peuvent
encore se prolonger en arrière en formant chacun deux ganglions accessoires

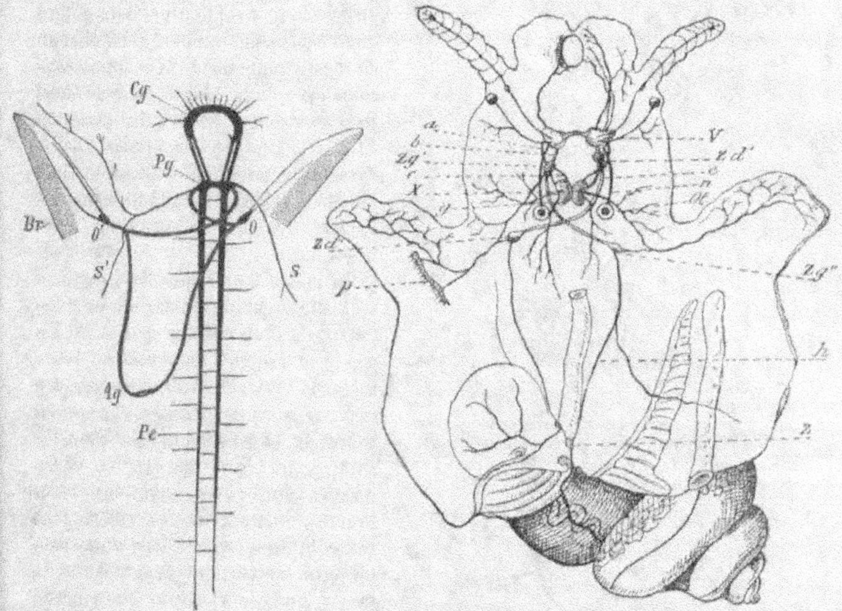

Fig. 1468. — Schéma du système nerveux de
l'*Haliotis*. — *Cg*, ganglions cérébroïdes;
Pg, ganglions pleuro-pédieux; *Ag*, ganglion
viscéral; *O*, *O'*, ganglions des branchies
et des osphradies; *Pe*, cordons ganglionnaires pédieux reliés par des anastomoses;
S, *S'*, nerfs palléaux; *Br*, branchies (d'après
Lacaze-Duthiers).

Fig. 1469. — Système nerveux dialyneure d'un Ténioglosse
rostrifère (*Cyclostoma elegans*). — *V*, ganglions cérébroïdes; *X*, ganglions pédieux; *Zg'* et *Zd'*, ganglions
pleuraux; *Zd''*, ganglion sus-intestinal; *Zg''*, ganglion
sous-intestinal; *a*, connectif cérébro-pédieux; *b*, connectif
cérébro-pleural; *x*, nerf acoustique; *gh*, commissure
viscérale; *Ot*, otocyste; *p*, osphradie (d'après Lacaze-
Duthiers).

(LITTORINIDÆ, fig. 1471; *Planaxis, Truncatella*) ou un seul (*Bythinia*); partout ailleurs
les ganglions pédieux sont simples et nettement délimités; par exception, les ganglions palléaux sont encore confondus avec eux chez les *Ampullaria*.

La masse ganglionnaire de la commissure labiale se divise de même en deux
ganglions qui sont encore diffus chez les *Nerita* et les *Patella*, mais qui se précisent de plus en plus des *Navicella*, aux *Neritina* et aux *Helicina*, où ils atteignent
le même degré de différenciation que chez les Monotocardes, dont quelques formes
(*Paludina, Ampullaria*) leur demeurent même inférieures sous ce rapport.

La masse ganglionnaire fusiforme qui occupe le sommet de l'anse somatique se
concentre en un ganglion unique chez le plus grand nombre des Monotocardes

ténioglosses; toutefois chez le *Cyclostoma elegans* ce ganglion unique peut se diviser en deux, et en trois chez la *Cypræa arabica*; le nombre deux devient constant chez les Semi-proboscidifères et chez les Sténoglosses; il est même porté à trois chez les *Conus*.

Le *ganglion super-intestinal* et le *ganglion sub-intestinal* sont d'abord placés, chez les Diotocardes, à la base des branchies et des osphradies, quand ces organes coexistent. Quand une des branchies disparaît, le ganglion persiste autant que l'osphradie; un nerf relie chacun de ces ganglions à la commissure somatique (fig. 1468). Mais le nerf se raccourcit bientôt; le ganglion situé à la base de l'osphradie gauche devient le ganglion super-intestinal des Monotocardes; le ganglion du côté opposé devient le ganglion sub-intestinal.

En même temps que les ganglions se distinguent des nerfs et se délimitent de plus en plus nettement les uns par rapport aux autres, leurs rapports se modifient. La commissure cérébroïde est très longue, et passe en avant de la masse buccale chez les Diotocardes, les Hétérocardes et les AMPULLARIDÆ; les ganglions cérébroïdes, rejetés sur les côtés, sont reliés inférieurement par une commissure labiale qui passe sous la masse buccale et porte deux petits ganglions chez les *Cyclophorus*. La commissure cérébroïde demeure très longue chez les *Janthina*, mais elle passe en arrière de la masse buccale et il n'y a plus de commissure labiale, bien qu'on retrouve encore cette commissure chez les *Paludina*, dont la commissure labiale est pourtant un peu moins longue. Aucun autre Prosobranche ne présente de commissure labiale; cette commissure persiste cependant chez la plupart des Opisthobranches (*commissures subcérébrale*), et chez un grand nombre de Pulmonés, sinon chez tous (*Achatina panthera, Bulimus Funki, Helix aspersa, Narica cambodgensis*), établissant ainsi une parenté entre ces animaux et les formes inférieures des Prosobranches. Chez ces derniers, à mesure qu'on s'élève dans la série, la commissure cérébroïde ne se réduit que progressivement; encore assez longue chez les *Littorina* (fig. 1471), *Cyclostoma* (fig. 1469), *Bythinia, Melanopsis,*

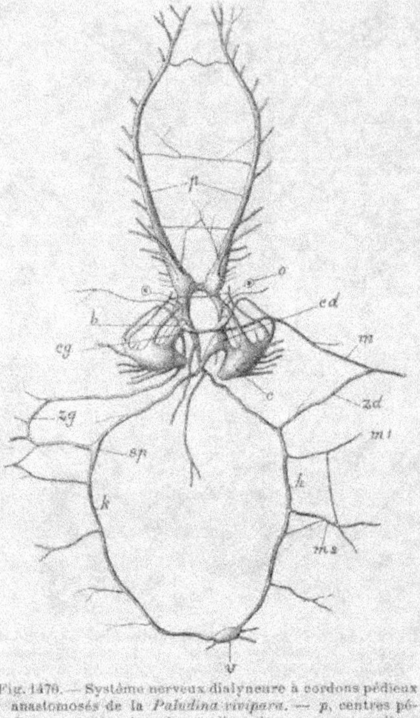

Fig. 1470. — Système nerveux dialyneure à cordons pédieux anastomosés de la *Paludina vivipara*. — *p*, centres pédieux; *o*, otocystes; *b*, ganglions buccaux; *c*, ganglions cérébroïdes qui ont été séparés l'un de l'autre et rabattus latéralement; *cd*, *cg*, ganglions pleuraux; *sp*, ganglion super-intestinal; *v*, ganglion viscéral; *h*, branche sub-intestinale de la commissure somatique; *k*, branche super-intestinale de la même commissure; *m, m'; m²*, nerfs palléaux; *zd, zg*, anastomose préparant la zygoneurie (d'après Bouvier).

Ceratoptilus, elle est déjà très raccourcie chez la plupart des MELANIIDÆ et CERITHIIDÆ; elle se raccourcit plus encore chez les autres Ténioglosses et les deux ganglions ne sont plus séparés que par un étranglement chez les Sténoglosses (fig. 1476).

Les connectifs cérébro-pédieux ou connectifs latéraux antérieurs se raccourcissent à peu près comme la commissure cérébroïde, mais plus lentement; très longs chez les Diotocardes, Hétérocardes, *Paludina*, *Ampullaria*, *Janthina*, ils s'amoindrissent chez les Ténioglosses supérieurs et sont réduits au minimum chez les *Pyrula*, NATICIDÆ, CALYPTRÆIDÆ et surtout les Sténoglosses, à l'exception des CONIDÆ, où par une singularité inexpliquée, ils deviennent très longs chez les *Conus*. Au contraire, les ganglions pleuraux se rapprochent de plus en plus des ganglions cérébroïdes; d'où résulte la formation d'un *connectif pleuro-pédieux* (fig. 1470, 1471, etc.), et d'un connectif *cérébro-pleural* distincts, ce dernier généralement court, comme si les ganglions cérébraux et pleuraux n'étaient que deux parties d'une même masse.

Cependant, des relations intéressantes s'établissent entre le *ganglion super-intestinal*, le *ganglion sub-intestinal* et les gan-

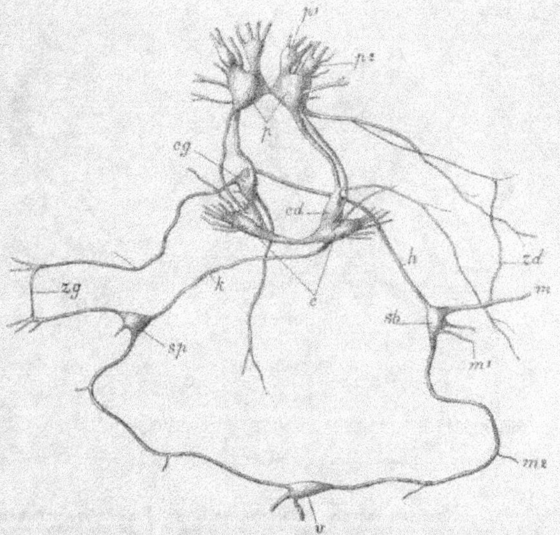

Fig. 1471. —{Système nerveux dialyneure à ganglions pédieux munis de ganglions accessoires de la *Littorina littorea*. — Mêmes lettres que dans la fig. 1470; en outre p_1, p_2, ganglions pédieux accessoires (d'après Bouvier).

glions pleuraux situés de leur côté. Les nerfs palléaux issus du ganglion palléal droit et du ganglion super-intestinal d'une part, ceux issus du ganglion palléal gauche et du ganglion sub-intestinal, d'autre part, innervant une même moitié du corps, les ramifications des branches nerveuses qu'ils émettent dans la même moitié du manteau arrivent nécessairement à se rencontrer; d'où la formation d'anastomoses entre les deux nerfs, dont une de chaque côté prend en général la prédominance (fig. 1471, *zg*, *zd*); on dit alors que le Mollusque est *dialyneure* (Diotocardes, Hétérocardes, presque tous les Ténioglosses rostrifères, les Proboscidifères holostomes); l'anastomose entre les deux nerfs est d'abord faible, longue et éloignée des ganglions (Diotocardes, Hétérocardes, *Littorina*, fig. 1471, *Cyclostoma*, fig. 1469); elle se rapproche des ganglions chez les *Paludina*, mais ici les deux nerfs palléaux droits arrivent directement au contact sans l'intervention d'une branche intermédiaire (fig. 1470, *zd*, *m*). Dans les familles des MELANIIDÆ, des CERITHIIDÆ et des CYPRÆIDÆ, le point du contact des nerfs palléaux droits, d'abord éloigné du ganglion sous-intestinal (*Melania*, *Faunus*, *Cerithium vulgatum*, fig. 1472; *C. mediterraneum*, *C. etrythronense*, *Vertagus lineatus*, *Cypræa arabica*), s'en rapproche énormément chez le *Potamides ebeninus* (fig. 1473) et le *Ceratoptilus lævis*, arrive à son contact chez la *Cerithidea obtusa* et finit enfin par y pénétrer (*Telescopium*, fig. 1474; *Pyrazus*, *Cypræa cereus*); le Mollusque est ainsi devenu *zygoneure*. La *zygoneurie* est la règle chez les *Cyclosurus*, Calyptræidæ, Turritellidæ, Xenophoridæ, fig. 1476; Struthiolaridæ, Chenopidæ, Strombidæ, les Proboscidifères siphonostomes et les Sténoglosses (fig. 1477); le plus souvent elle s'établit à droite seulement; mais elle peut aussi ne

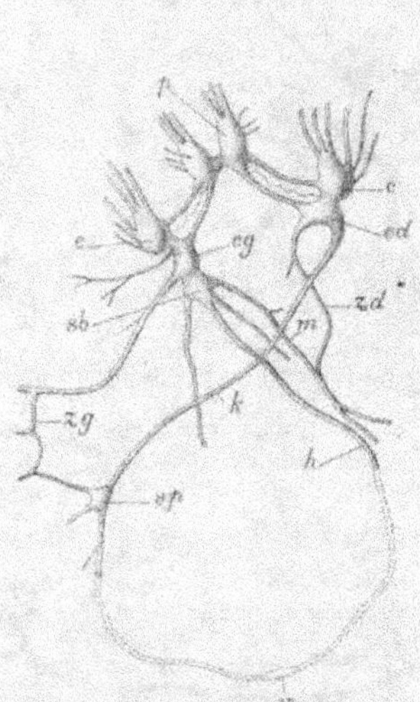

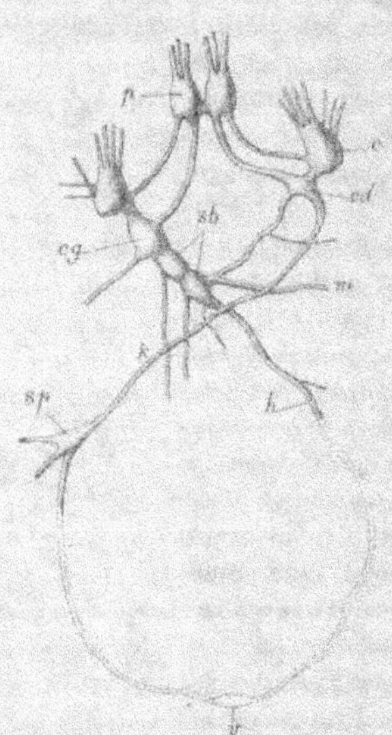

Fig. 1472. — Système nerveux dialyneure de *Cerithium vulgatum*. — Mêmes lettres: le nerf fournit la branche anastomotique *zd* de droite qui s'unit ici directement au nerf palléal de gauche *m*; les ganglions pleural gauche et sub-intestinal sont au contact (d'après Bouvier).

Fig. 1473. — Système nerveux presque zygoneure de *Potamides ebeninus*. — La jonction du nerf palléal droit issu de *cd* avec le nerf palléal gauche *m* issu de *sb* se fait presque au contact de ce dernier ganglion; mêmes lettres que dans la fig. 1470 (d'après Bouvier).

se réaliser qu'à gauche (Naticidæ) ou se produire des deux côtés à la fois (Ampullaridæ, Cypræidæ, Lamellaridæ). La rareté relative de la zygoneurie gauche tient à ce que le nerf palléal gauche antérieur se localise presque entièrement dans le manteau et le nerf postérieur dans la branchie; ces deux nerfs ont, par conséquent, contrairement à ce qui arrive à droite, deux champs de distribution bien distincts, ce qui rend leur anastomose plus rare. La formation de la zygoneurie est, à son tour, la préface d'autres phénomènes de condensation du système nerveux; très long chez les *Strombus* et les *Triton*, le connectif de la zygoneurie se raccourcit chez les *Dolium*, devient extrêmement court chez les *Pyrula*, *Turbinella*, *Voluta*, *Pleurotoma*, il en résulte que le ganglion sus-intestinal et le ganglion pleural droit se rapprochent peu à peu l'un de l'autre, arrivent à se toucher ou même à se confondre (Sténoglosses, fig. 1477).

La grande commissure somatique n'échappe pas plus aux modifications que les

autres. Chez les Diotocardes mononéphridés, sa branche super-intestinale et le ganglion super-intestinal lui-même disparaissent par résorption; tout le système se
raccourcit au point que les ganglions pédieux, les ganglions palléaux, le ganglion
subintestinal et un tout petit rudiment de ganglion viscéral forment un cercle de
faible diamètre où tous les ganglions, au nombre de cinq plus un rudiment, sont contigus. Tous les ganglions conservent les fonctions des ganglions pleuraux, subintestinal et viscéral des autres Diotocardes; ce type de système nerveux, très rap-

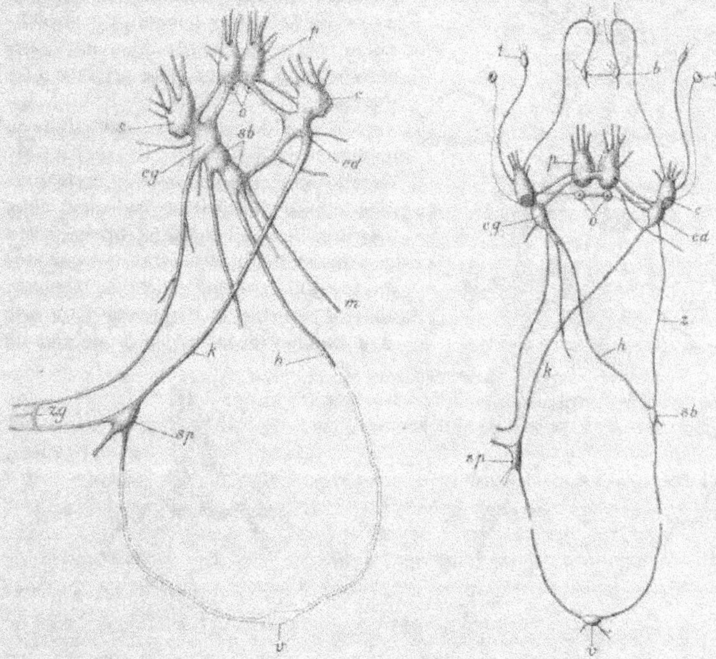

Fig. 1474. — Système nerveux zygoneure à droite de
Telescopium fuscum; les ganglions *cd*, *sb*, sont directement unis par une anastomose; mêmes lettres que
dans la figure 1470 (d'après Bouvier).

Fig. 1475. — Système nerveux zygoneure, à ganglion sub-intestinal écarté du ganglion pleural
gauche, de *Xenophorus Cavalieri*. — Mêmes
lettres que fig. 1470; *z*, connectif de la zygoneurie; *y*, yeux (d'après Bouvier).

proché encore du type chiastoneure dont il s'éloigne à peine chez les *Nerita*, est
dit *orthoneuroïde*.

Chacun des ganglions nerveux des Prosobranches a un champ de distribution
nettement déterminé. Les *ganglions cérébroïdes* innervent : 1° les organes de sensibilité spéciale, tentacules, yeux, otocystes; 2° les lèvres, le mufle ou la trompe, et
leurs muscles moteurs; 3° les parois du corps situées immédiatement à la base du
mufle; les nerfs de sensibilité spéciale naissent en général de la face externe des
ganglions. Quelques nerfs peuvent prendre leur origine sur le connectif cérébro-
pédieux : tel est le nerf nuchal des Buccins. Les gros cordons palléo-pédieux des
Diotocardes innervent à la fois le pied et le manteau, mais lorsque les ganglions

pleuraux se sont différenciés, l'innervation du pied est exclusivement réservée aux cordons ou aux ganglions pédieux, tandis que les ganglions pleuraux innervent essentiellement le manteau, le muscle collumellaire et, dans une mesure très variable avec les espèces, les parois du corps en arrière de la tête. Le ganglion sus-intestinal et le ganglion sous-intestinal partagent les fonctions des ganglions pleuraux antérieurs et symétriques; ils semblent même les accaparer lorsque, par la réalisation de la zygoneurie, l'un des nerfs antérieurs ou tous les deux arrivent à les traverser.

Chez les Diotocardes, la moitié droite du manteau reçoit ses nerfs les plus importants du ganglion du même côté, correspondant au sus-intestinal et seulement deux branches du ganglion gauche correspondant au sous-intestinal; il en est réciproquement de même de la moitié gauche du manteau. Mais la branchie et l'osphradie d'un côté sont toujours innervées par le ganglion du

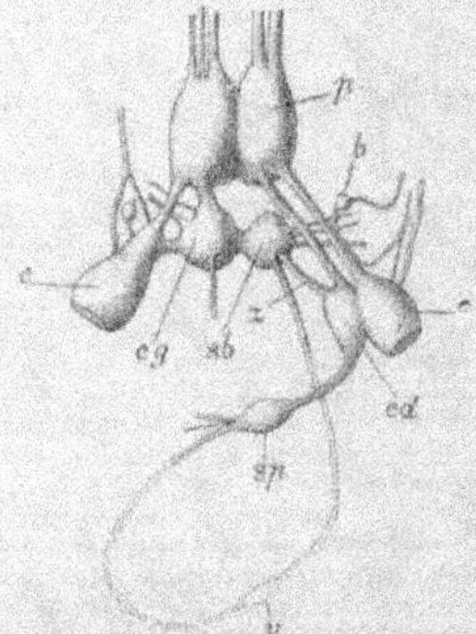

Fig. 1477. — Système nerveux zygoneure, condensé moyennement, de *Terebra dimidiata*; mêmes lettres que figure 1470 (d'après Bouvier).

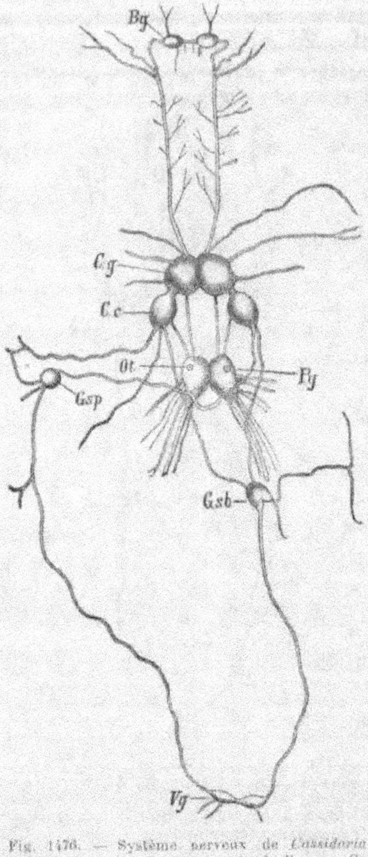

Fig. 1476. — Système nerveux de *Cassidaria* chiastoneure et zygoneure à droite. — *Cg*, ganglions cérébroïdes; *P'g*, ganglions pédieux; *Ot*, otocystes; *Pg*, ganglions pleuraux; *Bg*, ganglions buccaux; *Gsp*, ganglions super-intestinal dont un nerf s'anastomose avec un autre nerf issu du ganglion pleural gauche (commencement de la zygoneurie gauche); *Gsb*, ganglion sub-intestinal directement relié par un connectif au ganglion pleural droit (zygoneurie droite complète); *Vg*, ganglion viscéral; *Ot*, otocyste (d'après Bela Haller).

côté opposé; chez les Diotocardes où la branchie et l'osphradie droites font défaut (*Turbo, Trochus*), le ganglion sous-intestinal disparaît. Ce rapport croisé des ganglions et des branchies est strictement conservé chez les Monotocardes; mais en outre, à mesure qu'on s'élève dans ce groupe, le ganglion sub-intestinal, morphologiquement situé à gauche, tend de plus en plus à accaparer l'innervation de la moitié droite du manteau; le ganglion super-intestinal, morphologiquement situé à droite, tend de plus en plus à s'emparer exclusivement de l'innervation de la moitié gauche du manteau. De même que ce ganglion innerve la branchie gauche des *Haliotis*, il dessert la branchie unique bipectinée des *Trochus*, la branchie située à droite et l'osphradie bipectinée, située à gauche chez les *Ampullaria*, la branchie monopectinée et l'osphradie des Monotocardes; tous ces organes appartiennent donc morphologiquement au côté droit du corps; l'explication de ce déplacement singulier des appareils respiratoire et olfactif des Monotocardes est donnée p. 2071.

Les nerfs palléaux ne naissent pas seulement des ganglions; toute la portion de l'anse somatique comprise entre les ganglions super- et sub-intestinal émet des nerfs dont les plus rapprochés du ganglion super-intestinal se rendent en partie à la branchie, en partie au manteau, tandis que les plus rapprochés du ganglion sub-intestinal innervent la région droite des parois du manteau et les conduits situés dans cette moitié du corps.

Les nerfs qui naissent du sommet de l'anse somatique et des ganglions qui s'y trouvent se rendent aux viscères; on distingue surtout parmi eux un *nerf rectal* qui distribue aussi des rameaux aux conduits génitaux; un grand *nerf viscéral* qui plonge dans les viscères du tortillon, et un *nerf rénal* qui innerve souvent aussi le péricarde. Habituellement les oreillettes ou l'oreillette du cœur et son ventricule sont régis par des nerfs d'origine différente; les nerfs des oreillettes naissent chez les *Turbo* de la partie postérieure de la branche gauche de la commissure somatique; chez les *Triton* et les *Buccinum*, de la partie de la commissure comprise entre les deux ganglions viscéraux ou du plus petit d'entre eux; le nerf du ventricule des Buccins se détache du nerf rénal et il est probable qu'il en est de même chez le plus grand nombre des Prosobranches.

Les ganglions buccaux innervent la masse buccale et ses muscles intrinsèques, l'œsophage, les glandes salivaires et les glandes annexes de l'œsophage ainsi que l'aorte. Les racines du nerf buccal récurrent s'anastomosent chez quelque Sténoglosses (*Buccinum*, *Conus*) de manière à constituer une seconde commissure buccale. Les ganglions buccaux et le collier sur lequel ils sont placés constituent donc un véritable *stomato-gastrique*.

Chez les Pulmonés (fig. 1478 et 1479) et les Opisthobranches (fig. 1480) le collier somatique se raccourcit comme chez les Diotocardes mononéphridés, de manière à faire disparaître aussi tout croisement et toute torsion; mais les ganglions prennent en même temps des fonctions différentes de celles qu'ils remplissaient chez les Chiastoneures. Ces Mollusques sont dits *orthoneures* ou *euthyneures*. Le collier somatique des Pulmonés se compose de cinq ganglions, sauf chez les *Oncidium*, où il n'y en a que trois, par suite de la fusion des deux premières paires en une seule. De ces ganglions les deux premiers à droite et à gauche sont à peu près symétriques et correspondent, par leur position, aux ganglions palléaux des Prosobranches; mais ils en diffèrent absolument par leur fonction, car ils n'émettent jamais de nerfs; on peut les appeler *ganglions commissuraux*. Les ganglions qui forment la paire suivante, sont de dimension très différente; tous deux innervent le manteau et sont par conséquent des *ganglions palléaux*; celui de droite est beaucoup plus gros que celui de gauche et envoie un nerf à l'osphradie lorsque la coquille est dextre; c'est l'inverse quand la coquille est sénestre. Le ganglion impair placé entre les ganglions palléaux est très gros, il envoie en arrière tout un groupe de nerfs palléaux, respiratoires ou viscéraux, toujours dépourvus de ganglions. Il y a une opposition remarquable entre ce gros ganglion palléo-viscéral du système nerveux des Pulmonés et le très petit ganglion qui tient sa place chez les Néritidés; ce petit gan-

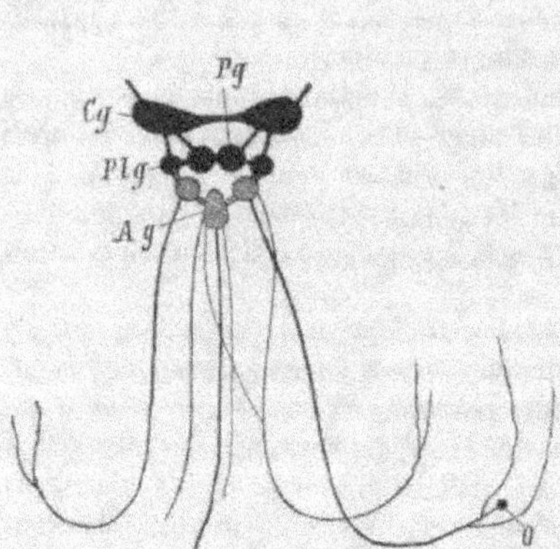

Fig. 1478. — Schéma du système nerveux de la *Limnæa stagnalis*. — *Cg*, ganglions cérébroïdes; *Pg*, ganglions pédieux; *Plg*, ganglion commissural; *Ag*, ganglion viscéral, placé entre les homologues de ganglions super-intestinal et sub-intestinal des Prosobranches; *O*, osphradie (d'après Lacaze-Duthiers).

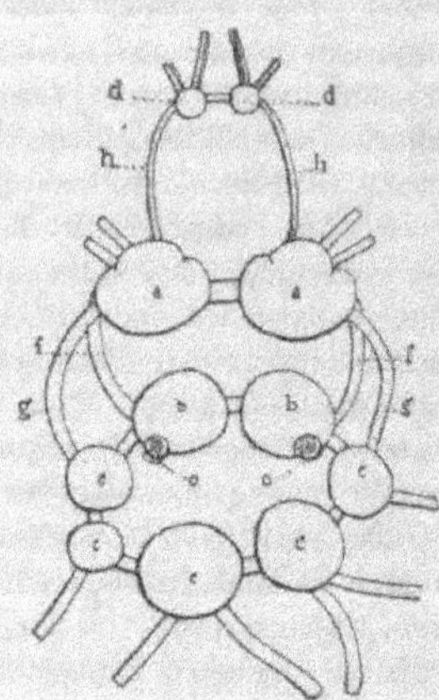

Fig. 1479. — Schéma du système nerveux d'un Pulmoné stylommatophore. — *a*, ganglions cérébroïdes; *b*, ganglions pédieux; *c*, ganglions viscéraux; *d*, ganglions buccaux; *f*, connectif cérébro-pédieux; *g*, connectifs cérébro-viscéraux; *h*, connectifs cérébro-buccaux; *o*, otocystes.

glion n'émet d'ailleurs qu'un seul nerf exclusivement viscéral et porteur lui-même d'un ganglion.

Par les ACTÆONIDÆ, ceux d'entre eux qui remontent à la plus haute antiquité, les Opisthobranches se rattachent étroitement aux Prosobranches et plus spécialement aux Diotocardes au point de vue du système nerveux. Les ACTÆONIDÆ sont effectivement chiastoneures [1]; seulement leur commissure somatique se rattache directement aux ganglions cérébroïdes qu'elle semble traverser pour aller rejoindre les centres locomoteurs par des connectifs indépendants des connectifs cérébro-pédieux; les ganglions palléaux super-intestinal, sub-intestinal et un ganglion viscéral unique subsistent avec leurs fonctions; les ganglions pédieux sont reliés l'un à l'autre par deux commissures (*C. pédieuse* et *parapédieuse*), signe de parenté avec les Diotocardes qu'on retrouve aussi chez les BULLIDÆ. Quoique détordue, la commissure somatique encore très longue des BULLIDÆ (fig. 1480 et 1481) présente une disposition qui rappelle encore sa torsion primitive; une de ses branches est nettement super-intestinale et porte le ganglion sub-intestinal habituel; l'autre, super-intestinale, porte encore chez les *Acera* un ganglion sub-intestinal, mais il n'y a plus chez les *Bulla* et *Scaphander* qu'un ganglion viscéral, parfois divisé, le *ganglion abdominal*; les ganglions pleuraux sont presque confondus avec les ganglions cérébroïdes;

[1] E. BOUVIER, *Sur l'organisation des Actæon.* — Comptes rendus de la Société de Biologie, 1892.

comme chez les ACTÆONIDÆ il existe pour l'osphradie un ganglion distinct (fig. 1480, *gs*) relié par un nerf au ganglion super-intestinal. Les deux commissures pédieuses subsistent chez les APLYSIIDÆ. Chez beaucoup d'autres Opisthobranches la commissure somatique ne porte plus qu'un seul ganglion soit par suite de la fusion du ganglion abdominal et du ganglion super-intestinal (PLEUROBRANCHIDÆ), soit par suite de la disparition de ce dernier ganglion et des organes qu'il innervait (*Tritonia*, *Tethys*, POLYCERIDÆ, *Glaucus*); enfin le ganglion, simple ganglion génital et qui avait jusque-là persisté, disparaît lui-même, et la commissure somatique est unie chez la plupart des Nudibranches; elle ne donne plus naissance qu'à un nerf viscéral asymétrique à droite. Les ganglions pédieux conservent d'ailleurs la double commissure qui les unit entre eux et le double connectif qui

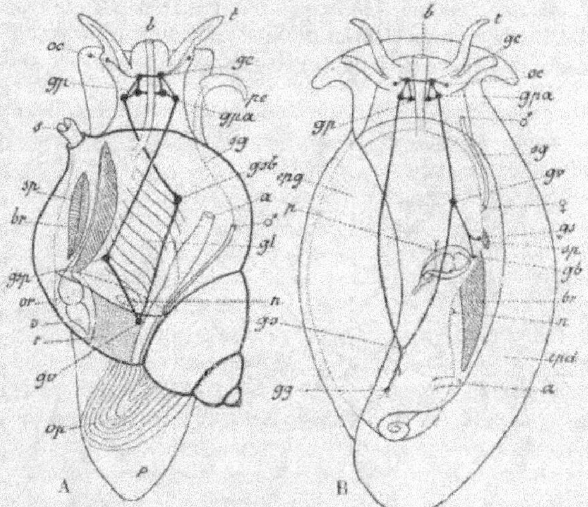

Fig. 1480. — A. Schéma d'un Prosobranche. — B. Schéma d'un Opisthobranche. — *b*, bouche; *t*, tentacules; *oe*, œil; *br*, branchie; *sp*, osphradie; *gs*, son ganglion; *gb*, ganglion branchial; *gg*, ganglion génital; *op*, opercule; *epd*, *epg*, lobes épipodiaux droit et gauche, ce dernier relevé dorsalement; *s*, siphon; *gl*, glande à mucus; *n*, orifice rénal; ♂, orifice mâle; ♀, orifice femelle; *sg*, sillon génital, où cheminent les spermatozoïdes; *pe*, pénis; *d*, anus; *or*, oreillette; *v*, ventricule du cœur; *p*, péricarde.

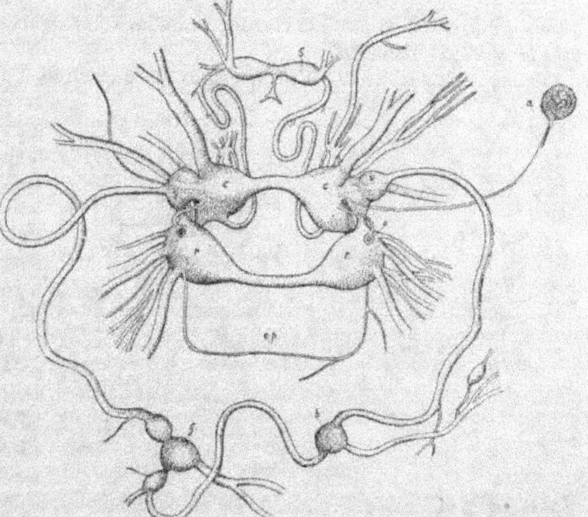

Fig. 1481. — Système nerveux de *Bulla (Haminea) hydatis*. — *c*, ganglions cérébroïdes; *r*, ganglions pédieux; *n*, ganglions pleuraux; *b*, ganglion branchial; *g*, ganglion abdominal; *cp*, commissure pédieuse; *s*, ganglions stomato-gastriques; *a*, œil; *o*, otocyste (d'après Vayssière).

les unit aux ganglions cérébroïdes (fig. 1482) ; mais ils se rapprochent de ceux-ci au point d'arriver graduellement presque au contact (*Tritonia*), de sorte que les doubles connectifs cérébro-pédieux se raccourcissent de plus en plus, tandis que la double commissure pédieuse s'allonge, et forme un double collier péri-intestinal, parallèlement auquel courent le collier somatique désormais sans ganglion, le collier stomato-gastrique qui porte toujours des ganglions buccaux et la commissure labiale (commissure cérébrale) héritée des Diotocardes. Cela fait un total de cinq colliers péri-œsophagiens presque superposés. Ces colliers se réduisent à trois chez les *Æolis*, où la fusion des ganglions pédieux avec les ganglions cérébroïdes est presque réalisée et où les commissures parapédieuse et buccale ne sont pas distinctes.

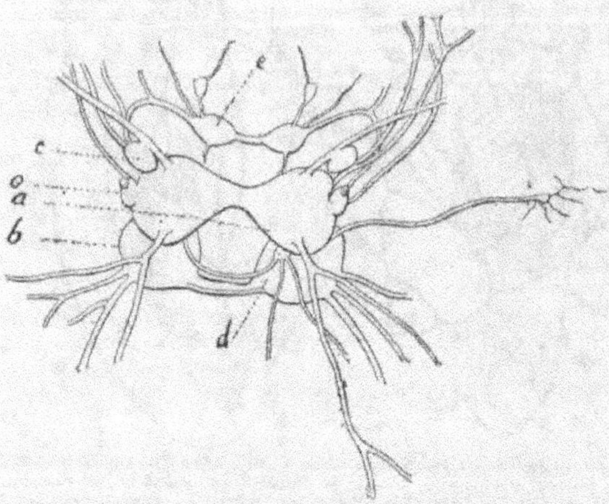

Fig. 1482. — Centres nerveux de la *Goniodoris nodosa*. — *a*, ganglions cérébroïdes ; *b*, ganglions pédieux ; *c*, renflements olfactifs ; *o*, renflements optiques ; *d*, ganglion viscéral ; *e*, ganglions buccaux (d'après Alder et Hancock).

Comme contre-partie de ces phénomènes de concentration des ganglions, il arrive assez fréquemment que les ganglions cérébroïdes se divisent en lobes plus ou moins nombreux (*Pleurobranchæa*, la plupart des Pulmonés). On reconnaît nettement, en effet, dans les ganglions cérébroïdes des Pulmonés (fig. 1483 et 1484) trois régions : un *pro-cérébron* désigné quelquefois improprement sous le nom de *lobule de la sensibilité spéciale* ; un *méso-cérébron*, dit aussi *lobule commissural*, et un *post-cérébron* divisé en deux lobules, le *lobule viscéral* et le *lobule pédieux* [1]. Du lobule pédieux part la commissure cérébro-pédieuse ; du lobule viscéral,

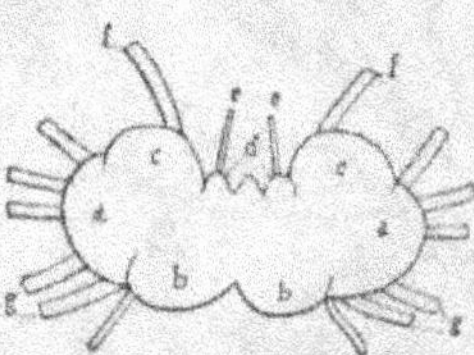

Fig. 1483. — Ganglions cérébroïdes d'un Pulmoné (*Orthalicus longus*), vus en dessous. — Mêmes lettres que pour l'*Eucalodium Ghiesbrechti*.

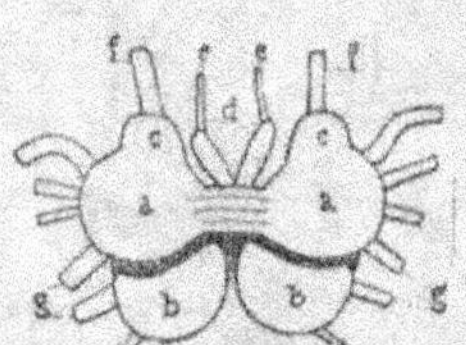

Fig. 1484. — Ganglions cérébroïdes de l'*Eucalodium Ghiesbrechti*, vus par leur face inférieure. — *a*, pro-cérébron ou lobe de la sensibilité spéciale ; *a*, méso-cérébron ou lobe commissural ; *b*, post-cérébron ou lobe vésico-pédieux ; *e*, nerfs pharyngiens ; *f*, nerfs tentaculaires supérieurs ; *g*, connectifs cérébro-pédieux (d'après Fischer et Crosse).

[1] B. DE NABIAS, *Recherches histologiques et organologiques sur les centres nerveux des Gastéropodes*, 1894.

la commissure cérébro-viscérale. Deux commissures distinctes unissent les ganglions pédieux comme s'ils étaient formés par la fusion de deux paires de ganglions ; ces ganglions sont même incomplètement divisés chez les *Limax* en lobules symétriques donnant respectivement naissance à autant de nerfs.

Les ganglions cérébroïdes donnent naissance à neuf paires de nerfs qui se rendent aux divers organes céphaliques et à l'otocyste. Bien que quelques-uns de ces nerfs (optique, olfactif, péritentaculaires) paraissent en rapport avec le pro-cérébron, aucun d'eux n'y prend réellement naissance. Les fibres des *nerfs optique* et *acoustique* dont les cellules d'origine sont situées dans l'œil et dans l'otocyste se terminent en Y dans le méso-cérébron, sans contracter d'union avec aucune autre cellule ; celle des nerfs *tentaculaire* ou *olfactif, péritentaculaires externe* et *interne, labiaux médian* et *externe* prennent naissance dans les cellules du lobule viscéral du post-cérébron. Les fibres du nerf olfactif s'entrecroisent avec celles du nerf labial médian qui se rend aux petits tentacules, dans une sorte de boutonnière que forme autour d'eux le réticulum nerveux dit substance ponctuée ; perpendiculairement à ces fibres passe dans la même boutonnière le faisceau commissural qui relie entre eux les deux ganglions cérébroïdes. A leur origine, les fibres olfactives croisent également celles du nerf gustatif qui contournent le faisceau commissural du lobule viscéral et pédieux pour venir émerger à la partie antéro-externe du lobule pédieux, en arrière du nerf du petit tentacule. De ce lobule naissent les fibres des *nerfs labial interne, stomato-gastrique* et *pénial* ; il est même possible que les fibres de ce dernier nerf se continuent jusqu'avec celles des connectifs cérébro-pédieux ou même des ganglions pédieux.

Dans les ganglions nerveux des Pulmonés on distingue deux sortes de cellules nerveuses : 1° des cellules ganglionnaires proprement dites, de taille variable, que l'on rencontre à la périphérie des centres sous-œsophagiens, des ganglions buccaux et du post-cérébron, et dont les plus volumineuses sont les plus externes ; — 2° de petites cellules, sensiblement de même taille, propres aux ganglions des quatre tentacules et au pro-cérébron où elles forment une agglomération très serrée qui rejette sur le côté, au contact du névrilemme, la fine trame nerveuse avec laquelle elle est en rapport. La plupart des cellules nerveuses des deux types sont unipolaires. Elles sont très symétriquement distribuées et paraissent en nombre constant dans les centres cérébroïdes de chaque espèce ; leur prolongement est de nature protoplasmique ; les fibrilles du protoplasme de la cellule convergent vers lui et deviennent parallèles, en y pénétrant. Le prolongement des cellules du premier type se divise à une distance variable de son origine ; sur toute sa longueur, des fibrilles se détachent, formant des rameaux accessoires de plus en plus fins ; il n'y a pas de prolongement de Deiters proprement dit. Le noyau des cellules ganglionnaires contient 11 à 13 bâtonnets qui représentent le nucléole. Les cellules nerveuses sont dépourvues de membrane d'enveloppe et plongées dans un réseau de névroglie qui ne forme jamais de tube complet autour des fibrilles. La substance centrale des ganglions est un réticulum de fibrilles (substance ponctuée de Leydig).

Scaphopodes. — Le système nerveux demeure absolument symétrique chez les Scaphopodes. Les ganglions cérébraux et les ganglions pleuraux sont encore accolés, mais nettement distincts ; de chaque côté, chacun d'eux donne naissance à un connectif ; mais bientôt les deux connectifs d'un même côté se réunissent en un cordon unique qui se rend aux ganglions pédieux, situés dans le pied. Les centres palléaux fournissent, en outre, un long connectif viscéral aboutissant à deux ganglions unis entre eux par une commissure qui passe en avant du rectum. Des centres cérébraux naît une commissure labiale, passant du côté ventral entre le bulbe buccal et l'œsophage, et portant, de chaque côté, deux ou trois ganglions symétriquement placés ; cette commissure innerve en outre un *organe subradulaire*, constitué par une saillie ciliée, située sur la face ventrale de la cavité buccale et à la base de laquelle est un petit ganglion.

Lamellibranches. — Le type du système nerveux des Scaphopodes est presque exactement conservé chez les Lamellibranches ; et c'est encore chez les SOLENOMYIDÆ et les NUCULIDÆ (fig. 1485) que les affinités avec les Scaphopodes et les Gastéropodes se précisent le mieux. Les ganglions cérébroïdes (*C*) et les ganglions pleuraux (*Pa*) y sont encore nettement séparés ; chacun d'eux émet un connectif qui se dirige vers le ganglion pédieux ; mais les connectifs d'un même côté ne tardent pas à se réunir en un connectif unique (*1*) qui demeure indivis jusqu'au ganglion pédieux. Ceux-ci sont situés, dans le pied, à une assez grande distance des ganglions cérébroïdes et toujours contigus l'un à l'autre. Le collier viscéral est très allongé ; il part des ganglions pleuraux et entoure la masse de viscères en demeurant assez superficiel et en passant en dedans des orifices rénaux. Il ne présente sur son trajet que deux ganglions, les *ganglions viscéraux*, assez éloignés l'un de l'autre et

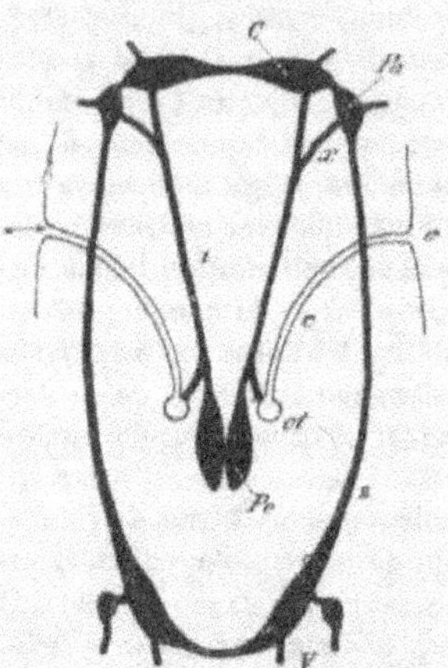

Fig. 1485. — Schéma du système nerveux des NUCULIDÆ. — *c*, ganglion cérébroïde ; *Pa*, ganglion palléal ; *Pé*, ganglion pédieux ; *V*, ganglions viscéraux ; *1*, connectif cérébro-pédieux soudé au connectif palléopédieux *x* ; *2*, connectif cérébro-viscéral ; *ot*, otocyste communiquant avec l'extérieur par un canal *c*, s'ouvrant en *o* (d'après Pelseneer).

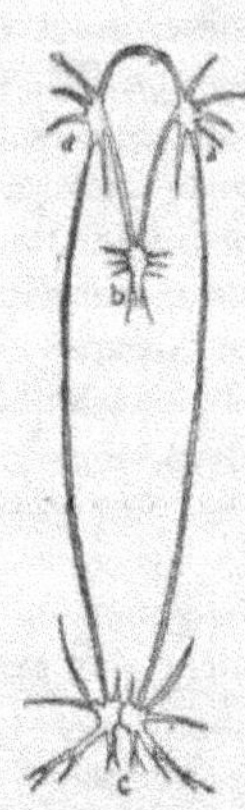

Fig. 1486. — Système nerveux d'*Anodonta*. — *a*, ganglions cérébroïdes ; *b*, ganglions pédieux ; *c*, ganglions palléobranchiaux.

situés un peu en avant du muscle adducteur postérieur ; à ces ganglions sont accolés deux ganglions plus petits d'où naissent les nerfs des osphradies. On ne trouve pas de stomato-gastrique différencié, mais il existe une commissure labiale. Les seules modifications importantes que subit chez les Lamellibranches ce système nerveux primitif consistent en ce que les ganglions cérébroïdes s'écartent partout ailleurs l'un de l'autre et se confondent, en même temps, chacun avec le ganglion pleural de son côté (fig. 1486) ; par cela même, il n'existe plus, de chaque côté, qu'un seul connectif cérébro-pédieux ; les deux ganglions cérébro-pleuraux se rapprochent l'un de l'autre et arrivent de nouveau au contact chez les *Venus* et les *Mactra*. Les ganglions pédieux s'amoindrissent (*Teredo*) et disparaissent (*Ostrea*) avec le pied ; les ganglions viscéraux, encore séparés chez les *Arca*, AVICULIDÆ, *Ostrea*, *Montacuta*, se rapprochent déjà chez certaines formes voisines de celles-ci (quelques

Arca, *Pectunculus*, TRIGONIIDÆ, *Modiolaria*, *Limopsis*, PECTINIDÆ) et demeurent réunis chez toutes les autres formes (fig. 1486, *c*. et 1487, *Vg*). Sauf chez les *Lima*, ils sont presque superficiels, simplement recouverts par l'épithélium et situés très rarement en avant du muscle adducteur postérieur (*Thracia*), presque toujours à sa face ventrale, quelquefois chez les formes à longs siphons, en arrière (PHOLADACEA).

Les ganglions cérébro-pleuraux innervent les palpes, l'adducteur antérieur, les otocystes par un nerf qui demeure en grande partie accolé au connectif cérébropédieux, les osphradies par des fibres qui demeurent dans le connectif pleuroviscéral; les ganglions pleuraux émettent en outre un nerf qui suit le bord du manteau et se continue sans interruption avec un autre nerf issu des ganglions viscéraux; ces deux nerfs forment ensemble un cordon marginal en demicercle, le *nerf circumpalléal*. Les ganglions viscéraux innervent l'adducteur postérieur, la partie postérieure du manteau, les siphons, les branchies et, par un nerf contournant l'adducteur postérieur, le cœur. Le connectif palléoviscéral envoie de petits filets nerveux au tube digestif.

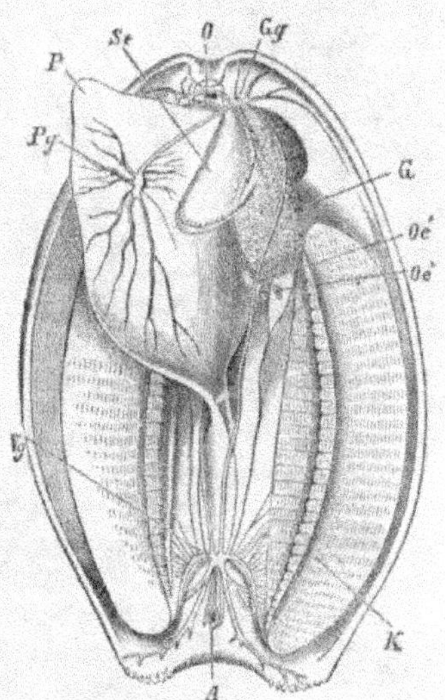

Fig. 1487. — Système nerveux d'*Anodonta*. — *O*, bouche; *A*, anus; *P*, pied; *Se*, lobes buccaux ou palpes; *Gg*, ganglions cérébroïdes; *Pg*, ganglions pédieux; *Vg*, ganglions viscéraux; *G*, glande génitale; *Oé*, orifice génital, *Oé*, orifice rénal (d'après Keber).

Céphalopodes. — Le système nerveux des Céphalopodes tétrabranches est manifestement construit sur le même type que celui des Gastéropodes, mais comme on pouvait s'y attendre, étant donnée la fusion du pied avec la région céphalique proprement dite et le raccourcissement du corps, qui n'a rien d'équivalent au tronc hélicoïdal des Gastéropodes, les centres nerveux sont concentrés dans la région céphalique. Les trois colliers nerveux *stomato-gastrique*, *pédieux* et *viscéral* sont nettement distincts chez les *Nautilus*. Tous trois sont rattachés aux *centres cérébroïdes* sus-œsophagiens qui donnent des nerfs aux lèvres, aux tentacules, aux yeux, aux otocystes et aux fossettes olfactives. Le *collier stomato-gastrique* est situé immédiatement en arrière du bulbe buccal, et porte de chaque côté un *ganglion pharyngien* latéral. Le *collier pédieux* qui vient ensuite innerve les appendices péribuccaux et l'entonnoir; sur l'un de ses nerfs latéraux se développe, chez les femelles, un ganglion spécial pour le lobe ventral inférieur. Le collier viscéral innerve le manteau et les viscères. Chez les Dibranches, les deux colliers pédieux et viscéral sont confondus (fig. 1488). Au contraire, en avant du cerveau proprement dit auquel elle est reliée par des connectifs grèles, on trouve une masse ganglionnaire qui en est très éloignée chez les *Ommatostrephes*, s'en rapproche chez les *Loligo* et les *Sepiola* et arrive tout à fait près d'eux chez les *Sepia* (*Spg*). De cette masse naissent la commissure stomato-gastrique et une paire de connectifs cérébro-pédieux. Sur la commissure stomato-gastrique se trouvent deux ganglions sous-œsophagiens d'où naissent les nerfs œsophagiens et stomacaux; sur ces derniers qui s'anastomosent, avec un nerf viscéral se développe un gros *ganglion stomacal*.

La masse nerveuse sous-œsophagienne est percée d'un trou par lequel passe une branche de l'aorte. Si l'on considère que chez les Pulmonés et la plupart des Opisthobranches, l'aorte passe entre les ganglions viscéraux et les ganglions pédieux, on peut admettre qu'il en est de même chez les Céphalopodes, orthoneures comme eux, et que, par conséquent, le trou de la masse nerveuse sous-œsophagienne est situé entre les centres pédieux et les centres viscéraux. Les centres pédieux sont divisés en deux masses ganglionnaires, l'une antérieure, dite *brachiale*, l'autre postérieure, à laquelle on réserve plus particulièrement le nom de *pédieuse*. Ces masses sont éloignées l'une de l'autre chez les *Ommatostrephes*, *Loligo*, *Sepiola*; ils se rapprochent chez les

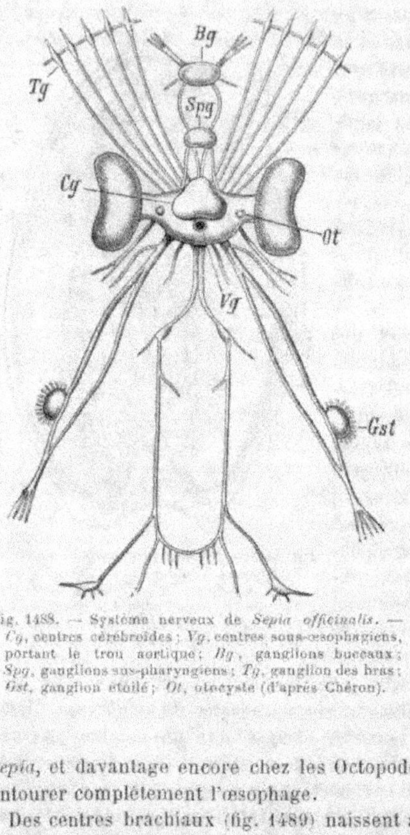

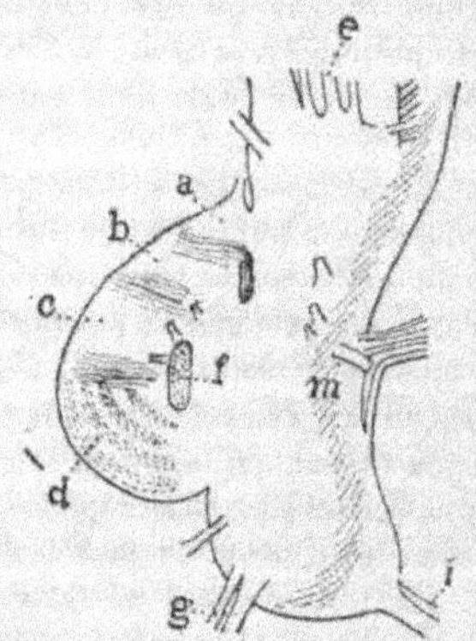

Fig. 1488. — Système nerveux de *Sepia officinalis*. — *Cg*, centres cérébroïdes; *Vg*, centres sous-œsophagiens, portant le trou aortique; *Bg*, ganglions buccaux; *Spg*, ganglions sus-pharyngiens; *Tg*, ganglion des bras; *Gst*, ganglion étoilé; *Ot*, otocyste (d'après Chéron).

Fig. 1489. — Centres nerveux de l'*Eledone moschata*, vue de profil. — *a*, *b*, *c*, bandes blanches transversales du centre cérébroïde; *d*, bandelettes grises du cervelet; *e*, nerf du ganglion en patte d'oie; *f*, coupe du nerf optique; *g*, nerf palléal; *i*, nerf postérieur de l'entonnoir; *m*, nerf acoustique (d'après Chéron).

Sepia, et davantage encore chez les Octopodes, où ils arrivent en même temps à entourer complètement l'œsophage.

Des centres brachiaux (fig. 1489) naissent autant de nerfs brachiaux qu'il y a de bras; ces nerfs s'anastomosent entre eux au moment d'entrer dans les bras. Les centres pédieux proprement dits innervent principalement l'entonnoir. Dans le collier viscéral on peut virtuellement distinguer des *centres pleuraux* situés sur les côtés, et des *centres viscéraux* proprement dits, situés ventralement. Les centres pleuraux fournissent, de chaque côté, un gros nerf palléal sur le trajet duquel se développe un gros ganglion, dit *ganglion étoilé* ou *ganglion en patte d'oie*, d'où partent des nerfs nombreux (*Gst*); ces ganglions sont réunis par une commissure supra-œsophagienne chez les *Ommatostrephes*, *Onychoteuthis*, *Enoploteuthis*, *Gonatus*, *Veranya*, *Tisanoteuthys* et *Loligo*. Le centre viscéral fournit un gros nerf impair qui ne tarde pas à se bifurquer; sa branche gauche émet le *nerf rectal*, puis va s'anastomoser avec la droite dans un *ganglion viscéral* asymétrique. A droite et à gauche ce ganglion fournit un *nerf branchial* qui se renfle en ganglion avant de pénétrer dans la branchie; de son bord postérieur naissent, en outre, plusieurs nerfs viscéraux dont un va se jeter dans le ganglion stomacal formé par le stomatogastrique.

Répartition des sexes; caractères sexuels extérieurs. — Les sexes sont généralement séparés chez les Mollusques. Toutefois l'hermaphrodisme apparait parmi les Amphineures, chez les Neomeniidæ; parmi les Gastéropodes, chez quelques formes isolées (*Marsenina*, *Valvata*, *Onchidiopsis*, *Entoconcha*), chez tous les Pulmonés et les Opisthobranches; parmi les Lamellibranches chez quelques espèces du genre *Ostrea* et chez la totalité des Anatinacea. L'hermaphrodisme, quand il existe, est toujours protandre, et nécessite une fécondation qui, par le fait de la protandrie, ne saurait être que rarement réciproque; ce sont même les Gastéropodes hermaphrodites qui paraissent le mieux pourvus au point de vue des organes copulateurs. On connait cependant quelques exemples de *Zonites cellarius* et de *Limnæa*, isolés dès leur naissance, et qui ont pondu des œufs aptes à se développer, soit qu'il y ait eu autofécondation, soit qu'il y ait eu parthénogénèse.

Les différences sexuelles des Prosobranches sont peu marquées : les mâles des Diotocardes, des *Littorina*, etc., ont une coquille un peu plus petite et plus élevée que les femelles; la forme de l'ouverture de la coquille est un peu différente chez la *Littorina obtusata*; l'opercule de certains *Cerithium*, les dents de la radule de quelques Nassidæ diffèrent dans les deux sexes, mais les mâles des Monotocardes sont surtout reconnaissables à leur *pénis*, appendice tégumentaire plus ou moins long, plus ou moins robuste, toujours incapable de s'invaginer. Cet organe fait défaut, ainsi que tout organe externe de copulation, chez les Diotocardes homo- et hétéro-néphridés. Il apparait chez les Neritidæ comme une dépendance de la région céphalique, car il est innervé par le ganglion cérébroïde droit. Cette connexion est conservée chez les Paludinidæ, où le pénis se confond avec le tentacule droit modifié (fig. 1490) et probablement chez les Calyptræidæ; mais il parait avoir une origine variable chez les autres Ténioglosses. Chez les Ampullariidæ, c'est une dépendance du manteau; il est, en effet, innervé par le nerf palléal droit; chez les Cyclostomidæ et probablement les *Bythinia*, c'est une émergence de la paroi du corps innervée par le ganglion sous-intestinal. Il manque chez les Melaniidæ, Cerithiidæ, Turritellidæ, Vermetidæ, Capulidæ, Hipponycidæ, Janthinidæ, Solariidæ; se développe à des degrés très différents chez les *Struthiolaria* et devient constant chez les Chenopidæ, la grande majorité des Ténioglosses (Cypræidæ, Strombidæ, Tritonidæ, etc.) et probablement tous les Sténoglosses. Assez souvent le pénis des Ténioglosses porte extérieurement une sorte de fouet ou flagellum (Littorininæ, sauf *Cremnocon-*

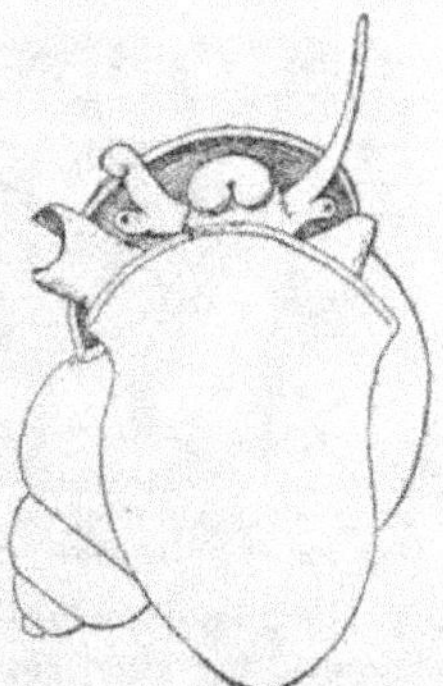

Fig. 1490. — *Paludina vivipara*; mâle vu en dessous, montrant ses lobes cervicaux et son tentacule droit, modifié pour l'accouplement (d'après Fischer).

chus, Hydrobia, Bythinia, Dolium, plusieurs Naticidæ et Lamellariidæ). La règle est que le pénis, souvent très volumineux, soit une formation pédieuse; il est, à la vérité, bien isolé de la sole pédieuse proprement dite, mais son nerf principal provient du ganglion pédieux droit. C'est aussi une formation pédieuse chez les Opisthobranches, où il est parfois muni d'un appendice (Monoculea) et de stylets chitineux; il n'existe qu'un seul stylet chez les *Doris,* les *Glaucus,* etc.; il y en a plusieurs chez divers Nudibranches. Le pénis des Pulmonés toujours invaginable est constamment, au contraire, une formation céphalique. Des glandes se développent sur le pénis des Littorinidæ, des *Cassis,* des Hétéropodes et des *Terebra.*

On n'a guère observé de différence sexuelle extérieure, parmi les Lamellibranches, que chez quelques *Unio* (*U. tumidus, U. batavus*), où la coquille des femelles est un peu plus large transversalement que celle des mâles; toutefois la couleur blanche de la glande mâle permet, en général, à l'époque de la reproduction, de distinguer les individus de ce sexe.

Au contraire, chez les Céphalopodes les caractères sexuels sont bien apparents, en raison de la modification que subissent, chez les mâles, un ou deux bras que l'on dit *hectocotylisés.* Les mâles peuvent aussi différer des femelles par des caractères plus généraux; ils sont plus élancés chez les *Loligo* et de beaucoup plus petits chez les *Argonauta.* En outre, dans ce dernier genre, si le mâle a un bras hectocotylisé

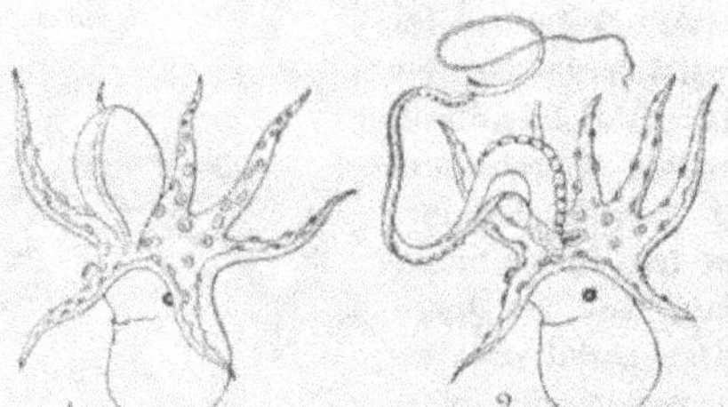

Fig. 1491. — Mâles d'*Argonauta* grossis deux fois environ et vus de côté; dans l'individu nº 1, l'hectocotyle est enfermé dans son sac; il est libre dans le nº 2 (d'après Müller).

Fig. 1492. — *Argonauta argo* femelle, très réduit, extrait de sa coquille et montrant ses bras véliformes étalés (d'après Verany).

(fig. 1491), les deux bras dorsaux de la femelle se dilatent, à leur extrémité, en larges palmures (fig. 1492) qui produisent ou soutiennent la *coquille nidamentaire* calcaire

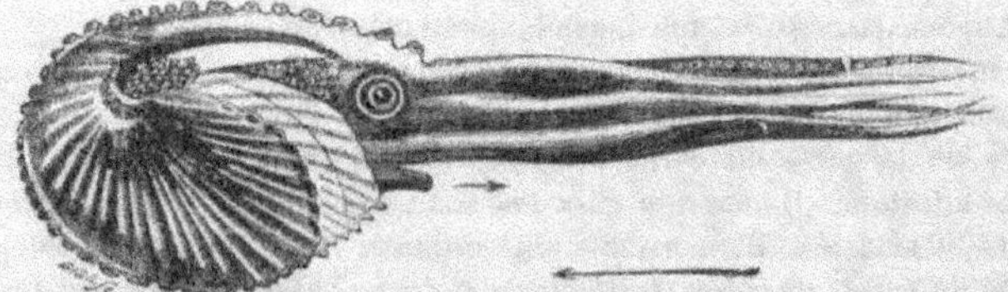

Fig. 1493. — *Argonauta argo* femelle, dans sa coquille et nageant (d'après Rang).

dont les animaux de ce sexe sont seuls pourvus (fig. 1493). Nous avons vu, chez les Gastéropodes, le pénis se former presque toujours aux dépens du complexe céphalopédieux; il en est de même chez les Céphalopodes, mais ici le pied s'étant subdivisé en un grand nombre de bras soudés à leur base avec la tête, il ne se différencie pas de pénis spécial et c'est l'une des parties résultant de la division du pied qui se modifie pour jouer le rôle d'organe copulateur. Chez les *Nautilus*, cette modification porte sur les quatre tentacules intérieurs ventraux de gauche qui

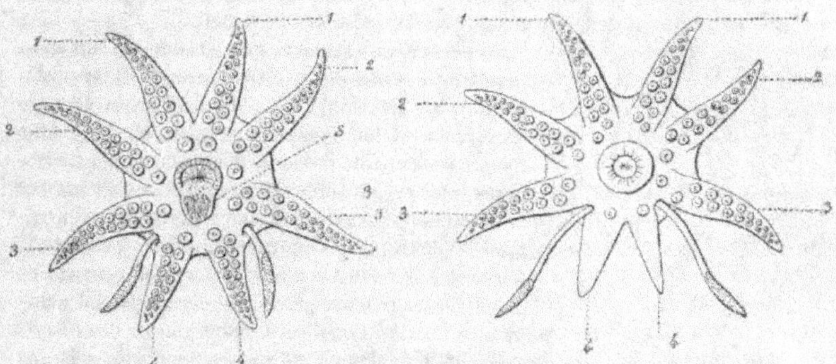

Fig. 1494. — *Idiosepion pygmæum*, femelle. — 1 à 4, les quatre paires de bras; *s*, spermatophores placés sur la face interne de la membrane buccale (d'après Steenstrup).

Fig. 1495. — *Idiosepion pygmæum* mâle avec les bras de la 4ᵉ paire hectocotylisés. Face antérieure des bras $\frac{F}{5}$. — 1, 1, bras de la 1ʳᵉ paire; 2, 2, bras de la 2ᵉ paire; 3, 3, bras de la 3ᵉ paire; 4, 4, bras de la 4ᵉ paire hectocotylisés (d'après Steenstrup).

s'unissent pour former un organe unique, le *spadice*, entouré d'une aire glandulaire. Chez les *Spirula* et *Idiosepion* (fig. 1494 et 1495), les deux bras de la 4ᵉ paire ou *bras ventraux* se réunissent dans une enveloppe commune pour former l'hectocotyle; ces deux bras se modifient aussi, mais inégalement, chez les *Rossia*, où ils demeurent séparés. Partout ailleurs la modification ne porte que sur un seul bras dont la position est variable; c'est le quatrième bras gauche qui est hectocotylisé chez les ŒGOPSIDÆ; le troisième chez les *Scæurgus* et les *Argonauta*; le troisième de droite chez les *Octopus*, *Eledon*, *Philonexis*, *Tremoctopus*; le deuxième chez les *Cirroteuthis*. La modification subie par le bras varie d'un genre à l'autre; le sommet du bras prend simplement la forme d'un cuilleron chez les *Enoploteuthis*, *Octopus*, *Eledon*; les ventouses disparaissent sur toute la longueur du bras chez les *Idiosepion* et les *Loliolus*, sur toute la longueur de celui de gauche et la moitié de celui de droite chez les *Rossia*, sur la base du bras seulement chez les *Sepia* (fig. 1496). Dans les familles des PHILONEXIDÆ et des ARGONAUTIDÆ, le bras hectocotylisé se détache spontanément et se régénère probablement ensuite. Il se développe à l'intérieur d'une capsule où on le trouve enroulé sur lui-même (fig. 1491 et 1497). Il est dépourvu

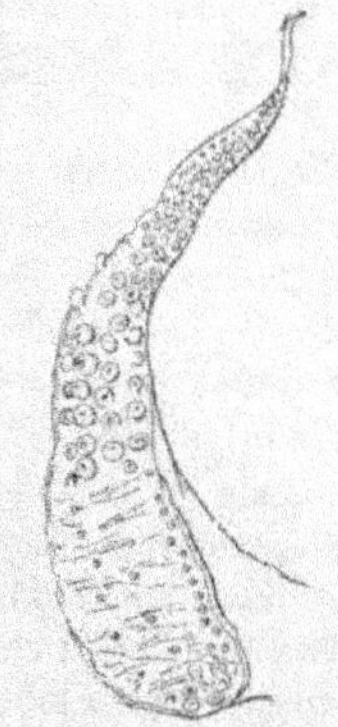

Fig. 1496. — Bras hectocotylisé de *Sepia officinalis* (d'après Keferstein).

de chromatophores. A l'époque de la maturité sexuelle, la capsule se rompt, le bras se déroule et la capsule demeure attachée à sa face dorsale où elle forme un *sac à spermatophores*. Le bras est, à sa base, rétréci en pédoncule; à son sommet, il se termine par une petite poche d'où se déroule un long filament au moment de l'accouplement [1]. Ces bras hectocotylisés transportent les spermatophores soit sur les lobes ventraux de la lèvre des femelles (*Idiosepion*, fig. 1494, *s*; *Sepia*, *Loligo*), soit dans les poches qui s'y trouvent, soit dans la cavité palléale. On trouve les hectocotyles caducs des *Philonexis* et des *Argonauta*, parfois au nombre de trois ou quatre, dans la cavité palléale des femelles.

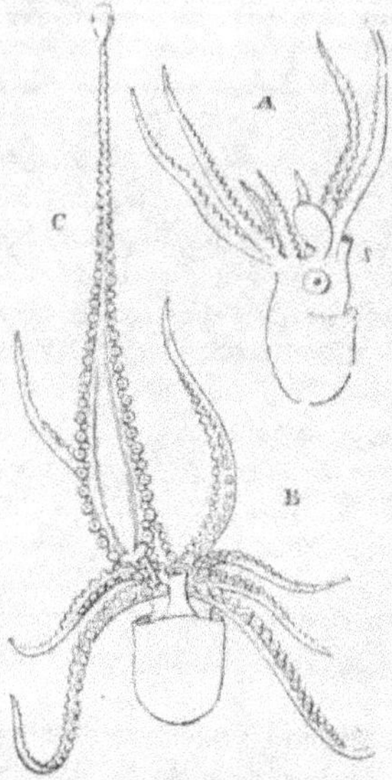

Structure et rapports des glandes génitales : conduits excréteurs. — *Amphineures*. — La glande génitale est semblable dans les deux sexes chez les CHITONIDÆ et les *Chætoderma* ; c'est un long tube impair, occupant presque toute la longueur du corps, marqué de sillons transverses et d'où partent latéralement, chez les CHITONIDÆ, deux tubes excréteurs symétriques, s'ouvrant au dehors entre deux branchies, un peu en avant des orifices rénaux; ils présentent sur leurs parois un élargissement glandulaire chez les femelles. Le tube génital des *Chætoderma* s'ouvre dans le péricarde. Les œufs sont des cellules de l'épithélium ovarien qui s'enfoncent au-dessous de leurs voisines, grandissent en les soulevant et s'entourent ainsi d'un follicule ; au moment de la ponte ces œufs sont enveloppés d'une coque épineuse ; ils sont conservés généralement entre le pied et le manteau. La glande génitale hermaphrodite des NEOMENIIDÆ est double, et chaque glande s'ouvre séparément dans la chambre excrétrice, d'où les produits génitaux sont chassés par les cils vibratiles dans les néphridies; les éléments mâles et femelles forment, dans chaque glande, deux bandes voisines, mais distinctes.

Gastéropodes. — Presque toujours, que le Gastéropode soit monoïque ou dioïque, la glande génitale est unique. C'est une glande en grappe, pourvue de nombreux acini, et qui peut former une masse unique ou se ramifier soit à la surface, soit à l'intérieur du foie. A proprement parler, c'est cette glande qui est elle-même unisexuée ou hermaphrodite. Dans les formes hermaphrodites qui ont conservé la disposition la plus archaïque, au moins en apparence, les éléments génitaux mâles et femelles se développent côte à côte (*Valvata*, la plupart des Pulmonés et des Tectibranches); chez les *Pleurobranchus* et la plupart des Nudibranches, la glande est divisée en lobes formés chacun d'une sorte de masse centrale, supportant une grappe d'acini sphéroïdaux; ces acini ne produisent que des œufs et la masse centrale dans laquelle ils s'ouvrent, des spermatozoïdes. Chez les Diotocardes homo- et hétéronéphridés la glande génitale, quel que soit son sexe, débouche dans la néphridie droite qui transporte ses éléments au dehors; il en est de même chez les

Fig. 1497. — *Octopus carena* mâle. A, le bras hectocotylisé est encore dans son sac ; *B*, le bras hectocotylisé *C* est complétement développé.

[1] Le bras isolé a été décrit par Cuvier comme un Trématode parasite, sous le nom d'*Hectocotylus* qui a été conservé pour désigner les bras modifiés d'une façon analogue.

Scaphopodes. Chez les Mononéphridés et les Monotocardes, elle a toujours un orifice extérieur particulier. Un conduit excréteur commence à s'accuser, mais demeure incomplétement fermé chez les MELANIIDÆ, CERITHIIDÆ, TURRITILELLIDÆ, VERMETIDÆ; il est dans presque tous les autres types parfaitement développé et, chez tous les Monotocardes à pénis nul ou rudimentaire, s'ouvre dans la cavité branchiale, à droite de l'intestin. Chez la très grande majorité des Ténioglosses pourvus d'un pénis, le spermiducte se continue jusqu'à l'extrémité de cet organe par une gouttière dont les bords peuvent se fermer plus ou moins complétement; mais le pénis lui-même est plein. Cette disposition est encore conservée chez quelques Sténoglosses (*Voluta, Lyria, Terebra, Harpa, Murex, Magilus*), mais chez les autres et même chez quelques Ténioglosses (*Pyrula*), la gouttière se ferme dans toute sa longueur et le pénis devient ainsi un organe creux.

Il est assez rare que chez les Gastéropodes dioïques, des organes accessoires accompagnent les conduits génitaux; des glandes se développent cependant sur la paroi même de l'ovaire, à sa partie inférieure, chez les *Fissurella*, ou sur l'oviducte; elles constituent une véritable glande de l'albumen chez les *Paludina, Ampullaria*, NATICIDÆ, LAMELLARIIDÆ, CALYPTRÆIDÆ, *Triton, Cassidium*. Les Mononéphridés, PALUDINIDÆ, CYCLOSTOMIDÆ présentent, sur l'oviducte, une poche copulatrice: les *Ampullaria* ont sur le canal déférent une vésicule séminale, et les Hétéropodes combinent respectivement dans les deux sexes, ces deux dispositions.

Lorsque la glande génitale est hermaphrodite, le conduit génital peut demeurer simple sur toute sa longueur et servir aussi bien à l'émission des œufs qu'à celle des spermatozoïdes; on dit alors qu'il est *monaule*; il contient généralement, dans ce cas, à son intérieur, un conduit longitudinal. Son orifice est situé du côté droit, près de l'ouverture de la cavité palléale, et une gouttière le relie au pénis, situé plus en avant (ASPIDOCEPHALA, ANASPIDEA, PTEROPODA).

La gouttière mâle se ferme assez souvent dans toute son étendue; le conduit génital est alors bifurqué à l'origine de la gouttière, il devient *diaule*. Une fente étroite ou un petit orifice placé au point de bifurcation, laisse alors filtrer, pour ainsi dire, les spermatozoïdes dans le canal mâle, et empêche de passer les œufs, qui continuent à cheminer dans l'autre branche du canal et sont émis au dehors. Il peut alors arriver que les orifices mâle et femelle soient distants l'un de l'autre (*Valvata*, la plupart des Basommatophores, *Vaginulus, Onchidium*), ou rapprochés (la plupart des Nudibranches), ou placés au fond d'une invagination tégumentaire, constituant une sorte de cloaque génital (*Siphonaria*, Stylommatophores, fig. 1500, *Go*).

Enfin le conduit femelle peut se bifurquer à son tour et présenter un canal et un orifice copulateurs, distincts du canal et de l'orifice de ponte; le conduit génital est alors *triaule* (*Zonites arborum*, NUDIBRANCHIATA HOLAGASTRÆA, et DENDROGASTRÆA AGNATHA).

Contrairement à ce qui a lieu chez les Gastéropodes unisexués, les conduits génitaux des Gastéropodes hermaphrodites sont accompagnés de nombreuses annexes. Très souvent près de l'orifice périphérique des conduits monaules ou de la branche femelle des conduits diaules se développe une *poche copulatrice* simple (fig. 1500, *Itz*) ou accompagnée d'une *branche accessoire* (fig. 1501, *i, h*). Près de cette poche, sur les conduits génitaux monaules apparaissent une glande *albuminipare* et une *glande muqueuse* ou *glande de la glaire* (fig. 1498 et 1499). Ces deux glandes se trouvent rapprochées sur la branche femelle des conduits génitaux diaules et triaules des Opisthobranches. Chez les Pulmonés, les deux glandes sont généralement distantes; la *glande albuminipare*, très volumineuse, est placée sur la partie hermaphrodite du canal; la glande de la glaire est située sur la partie femelle chez les Basommatophores, et toute cette région étant glandulaire chez les Stylommatophores, il n'y a plus de glande muqueuse nettement séparée (fig. 1500 et 1501). Dans ces derniers, la partie inférieure de cette même région est entourée d'un anneau glandulaire chez les *Zonites*, ou bien elle porte deux *vésicules multifides* plus ou moins divisées (fig. 1500, *D*; fig. 1501, *m*). Entre les deux une poche spéciale (fig. 1500, *L*; fig. 1501, *l*), volumineuse, sécrète un *dard* calcaire acéré (fig. 1502). Cette *poche du dard* se dévagine, au moment de l'accouplement, ainsi que tout le cloaque, dans lequel viennent s'ouvrir les conduits génitaux; chaque animal enfonce son dard dans le tégument de son conjoint, où il l'abandonne quand l'opération est terminée.

Fig. 1498. — Appareil reproducteur de *Limnæa stagnalis*. — *a*, glande hermaphrodite; *b*, son canal excréteur; *c*, glande de l'albumine; *d*, organe de la glaire; *i*, col de la poche copulatrice; *l*, poche copulatrice; *m*, orifice femelle; *ef*, canal déférent; *g*, pénis (d'après Baudelot).

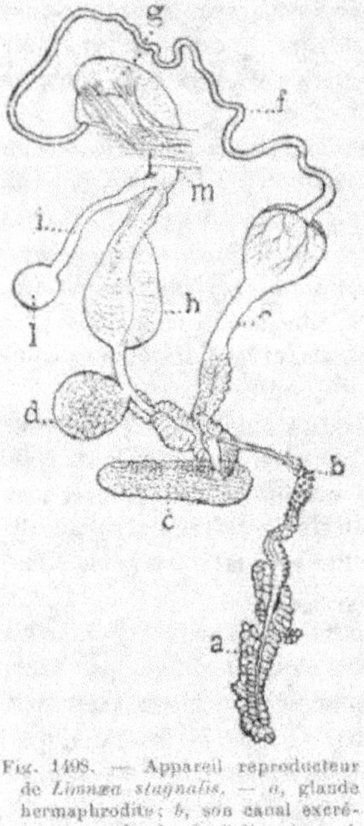

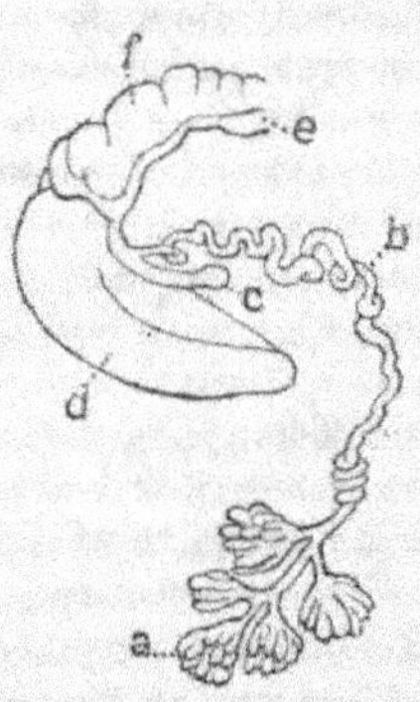

Fig. 1499. — Appareil reproducteur du *Bulimulus Delattrei*. — *a*, glande hermaphrodite; *b*, son canal excréteur; *c*, talon de l'organe de la glaire; *d*, glande de l'albumine; *e*, portion adhérente du canal déférent; *f*, matrice (d'après Crosse et Fischer).

La partie mâle du canal présente chez les Aspidocephala et les Elysiidæ une prostate assez allongée; tandis que le pénis des divers Stylommatophores (Helicidæ, fig. 1500, *Fl*, et 1401, *d*; etc.) se prolonge à l'intérieur du corps en un long cæcum creux, le *flagellum*.

Le sperme des Stylommatophores est, en général, enfermé au moment de son évacuation dans de minces étuis fermés à une extrémité, ouverts à l'autre; ces spermatophores ont été décrits sous le nom de *capreolus*; ils ont une forme très variée et peuvent présenter à leur surface des ornementations diverses. Le flagellum prend une part importante à la formation des *capreolus*, à laquelle contribuent aussi les parois du pénis [1].

Lamellibranches. — Chez les Lamellibranches, il existe une glande génitale indépendante de chaque côté du corps. Quand cette glande est hermaphrodite, l'hermaphrodisme peut se présenter sous trois aspects : 1° la glande est hermaphrodite dans toute son étendue, et ses acini produisent des œufs et des spermatozoïdes, soit simultanément, soit successivement (*Ostrea edulis*, *O. plicata*); — 2° la glande est

[1] J. Pérez, *Recherches sur la génération des Mollusques gastéropodes*. Mémoires de la Société des sciences physiques et naturelles de Bordeaux, 1873.

divisée en une région mâle généralement antérieure et une région femelle (*Pecten maximus, P. jacobæus, P. opercularis, P. glaber, P. irradians, Cyclas, Pisidium*); — 3° la glande unique de chaque côté est remplacée par deux glandes, l'une mâle, l'autre femelle (*Poromya*, ANATINACEA). Dans un même genre (*Ostrea, Pecten*) on peut trouver des espèces hermaphrodites, d'autres unisexuées (*Ostrea virginiana, Ostrea* ou *Gryphæa angulata, Pecten varius*), parfois dans une même espèce, généralement dioïque, certains individus sont hermaphrodites (UNIONIDÆ) ou inversement (*Pecten glaber*).

Les glandes génitales des Lamellibranches

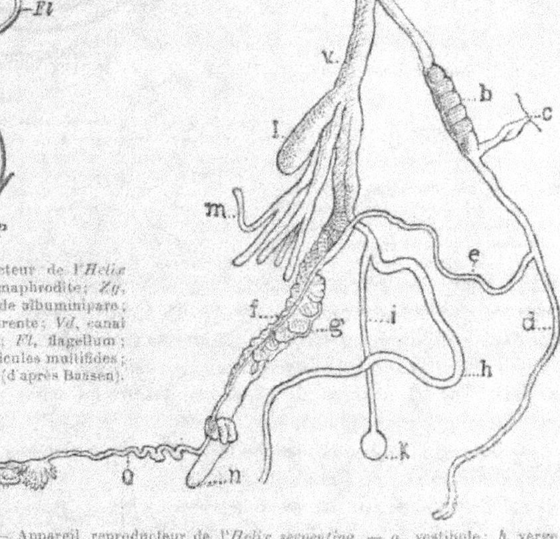

Fig. 1500. — Appareil reproducteur de l'*Helix pomatia*. — *Zd*, glande hermaphrodite; *Zg*, son canal excréteur; *Ed*, glande albuminipare; *Od*, oviducte et gouttière déférente; *Vd*, canal déférent; *P*, gaine du pénis; *Fl*, flagellum; *Rs*, réceptacle séminal; *D*, vésicules multifides; *L*, poche du dard; *Go*, vestibule (d'après Bassen).

Fig. 1501. — Appareil reproducteur de l'*Helix serpentina*. — *a*, vestibule; *b*, verge; *c*, son muscle rétracteur; *d*, flagellum; *e*, portion libre ou antérieure du canal déférent; *f*, portion adhérente du canal déférent; *g*, matrice; *h*, branche copulatrice; *i*, poche du dard; *m*, vésicules multifides; *n*, glande de l'albumine; *o*, canal excréteur de la glande hermaphrodite; *p*, glande hermaphrodite; *r*, vagin (d'après Wiegmann).

sont, en général, situées superficiellement en arrière de la masse viscérale, qu'elles peuvent recouvrir en partie; assez souvent elles pénètrent dans le pied; chez quelques LUCINIDÆ, mêlées aux acini hépatiques, elles peuvent faire saillie sous forme d'arborescences dans la cavité palléale; chez les ANOMIIDÆ, elles envahissent le lobe droit du manteau et les deux lobes chez les MYTILIDÆ. Elles sont formées de cæcums, souvent ramifiés (*Ostrea*). Dans les formes les plus archaïques (SOLENOMYIDÆ, NUCULIDÆ) le conduit excréteur de ces glandes débouche à l'intérieur des néphridies, près de leur orifice péricardique; dans les formes qui en sont graduellement dérivées, l'orifice génital s'éloigne peu à peu de l'orifice péricardique (PECTINIDÆ, fig. 1502; ANOMIIDÆ); il est, chez

les Arcidæ, tout près de l'orifice externe de la néphridie. Chez les *Mytilus*, l'orifice
rénal et l'orifice génital sont déjà distincts, mais situés sur une même papille; ils

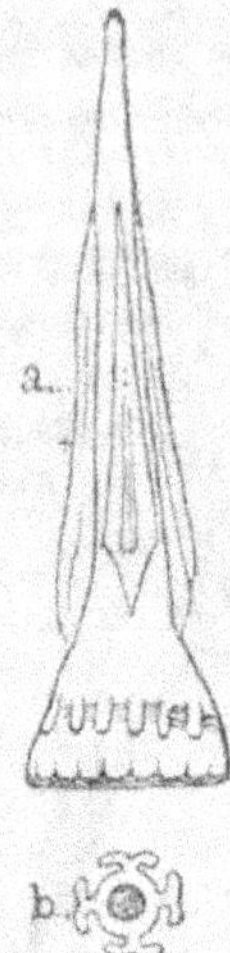

Fig. 1502. — Dard de l'*Helix verricu-
lata*. — *a*, le dard entier vu de profil;
b, coupe transversale à mi-hauteur
du dard (d'après Wiegmann).

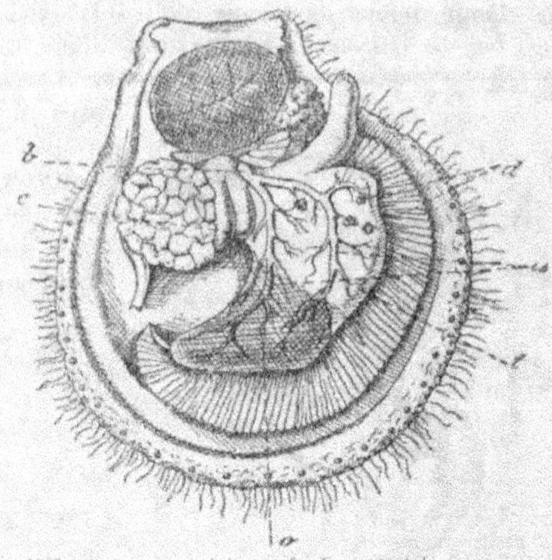

Fig. 1593. — Organes génitaux du *Pecten glaber*. — *a*, conduits
excréteurs du testicule et de l'ovaire; *d*, petits îlots de la
glande femelle au milieu de la glande mâle; *b*, orifice commun
aux organes des deux sexes, s'ouvrant dans la néphridie dont
l'orifice est en *C*; *o*, ovaire; *t*, testicules (d'après Lacaze-
Duthiers).

débouchent séparément au fond d'une sorte de cloaque
chez les *Ostrea*, quelques Lucinidæ, les *Cyclas*; enfin,
dans la règle, les deux orifices sont simplement voisins,
auprès et en dehors de la commissure viscérale (fig. 1487,
p. 2045). On n'a observé de glande accessoire du canal
excréteur que chez les *Cuspidaria* mâles.

Céphalopodes. — Les Céphalopodes n'ont qu'une glande
génitale impaire, qui fait saillie dans la
cavité excrétrice, sur sa paroi postérieure. Les éléments génitaux tombent
dans cette cavité; ils y sont repris par
des conduits génitaux, indépendants
de la glande qui partent de la paroi de
la chambre excrétrice et vont s'ouvrir
dans la cavité palléale. Ces conduits ont
dû être originairement au nombre de
deux; mais, chez les *Nautilus*, le conduit de gauche partant de la paroi du
corps, où il présente un orifice, se termine en cæcum avant d'atteindre la

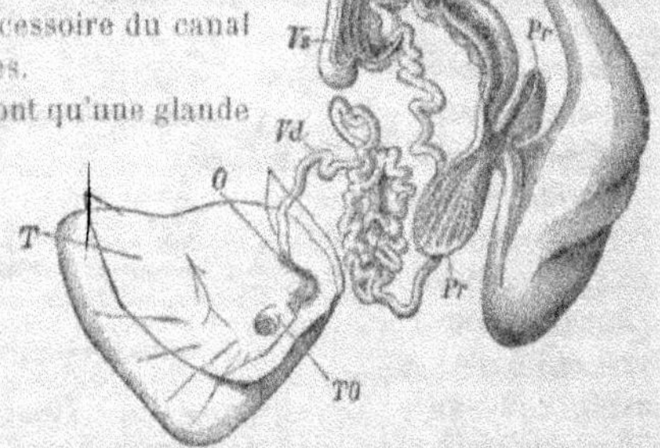

Fig. 1504. — Organes mâles de *Sepia officinalis*. — *T*, testicule avec un fragment de la paroi de la chambre excrétrice; *To*, orifice du testicule dans cette chambre; *Vd*,
canal déférent; *D*, orifice du canal déférent dans la
cavité viscérale; *Vs*, vésicule séminale; *Pr*, prostate;
Sp, poche de Needham; *Os*, ovaire génital (d'après
Duvernoy et Grobben).

chambre excrétrice; c'est au contraire ce conduit gauche qui a seul persisté chez les
mâles des Dibranches et la plupart des femelles; toutefois chez les *Sepia* et les *Philo-*

nexis, le spermiducte se bifurque après un certain trajet en deux tubes qui vont séparément s'ouvrir dans la chambre excrétrice et représentent peut-être les deux spermiductes primitifs, en partie fusionnés. Il existe deux oviductes chez les femelles des Œgopsida et des Octopoda, à l'exception de *Cirroteuthis*. Sur le trajet du spermiducte des mâles se trouve toujours une vésicule séminale, à laquelle s'ajoutent chez tous les Dibranches (fig. 1504) une *prostate* et une *poche à spermatophores*.

Sur le trajet des oviductes on n'observe qu'un élargissement glandulaire, situé à l'origine même de ces canaux chez les *Nautilus*, à mi-longueur chez les Octopoda, à l'extrémité périphérique chez les Decapoda. En revanche, sur la paroi du manteau chez les *Nautilus*, sur la paroi viscérale de la chambre palléale chez la plupart des Dibranches, se développent des *glandes nidamentaires*, symétriques, dont le canal excréteur, indépendant de l'oviducte, s'ouvre cependant à peu de distance de l'orifice de ce dernier (fig. 1505, *Nd*). Les *Sepia* possèdent une seconde paire de petites glandes nidamentaires (*Ad*) placées

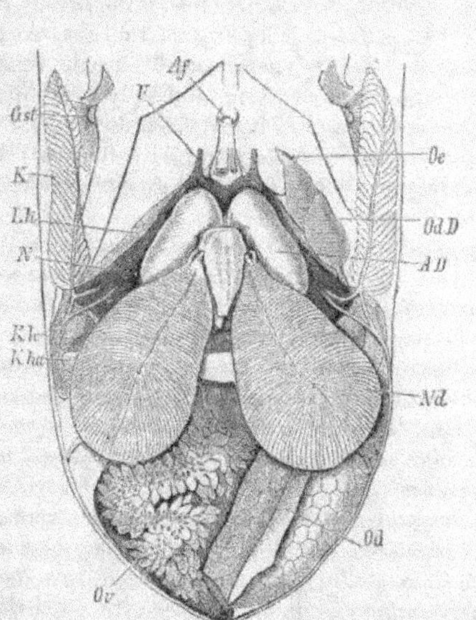

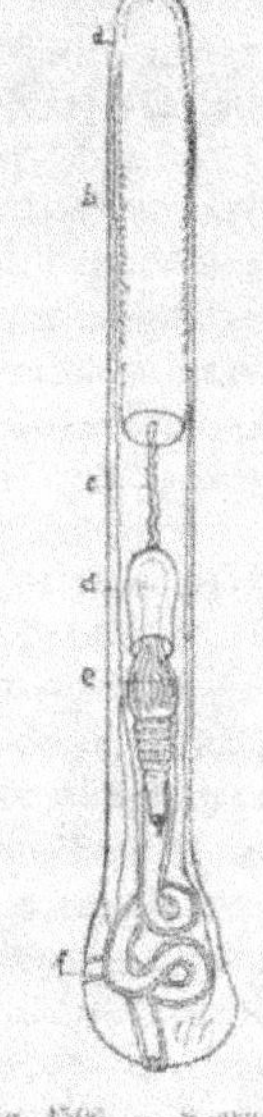

Fig. 1505. — Anatomie d'une *Sepia officinalis* femelle. — *Ov*, ovaire dans la capsule ovarienne ouverte ; *Od*, oviducte ; *Oe*, orifice de l'oviducte ; *Nd*, glandes nidamentaires ; *Ad*, glandes nidamentaires accessoires ; *N*, reins ; *U*, uretère ; *Lh*, canal de la cavité viscérale ; *Kh*, cœur branchial ; *Khæ*, glande péricardique ; *K*, branchies ; *At*, anus ; *Gst*, ganglion étoilé (d'après Grobben).

Fig. 1506. — Spermatophore de *Sepia officinalis*. — *a*, étui ; *b*, réservoir spermatique encore voilé ; *c*, connectif ; *d*, sac ; *e*, trompe ; *f*, canal spiral (d'après A. Lafont).

en avant des glandes principales, tandis que ces dernières font elles-mêmes défaut chez les *Enoploteuthis*, *Cranchia*, *Leachia* et chez les Octopodes. Les organes accessoires des conduits génitaux produisent les *spermatophores* chez les mâles, les enveloppes des œufs chez les femelles.

Le spermatophore des *Nautilus* est un simple tube enroulé sur lui-même, pouvan dépasser 30 centimètres de long; chez les Dibranches (fig. 1506), une partie du tube s'invagine dans l'autre; c'est au fond de la partie invaginée que sont contenus les spermatozoïdes; la région (*b*) où ils se trouvent contenus est assez large; elle est reliée à l'orifice d'invagination par une région plus grêle (*c*), souvent divisée en plusieurs régions secondaires et plus ou moins enroulée en hélice, le *connectif*. Quand le spermatophore est mûr, le connectif se dévagine et se détend, entraî-

nant à son intérieur le réservoir spermatique plus volumineux et qui le fait éclater;
le réservoir éclate ensuite à son tour, mettant les spermatozoïdes en liberté.

Les glandes génitales des Céphalopodes ne sont autre chose qu'une spécialisation
de l'épithélium de la chambre excrétrice. Les cellules destinées à devenir des œufs
grandissent et passent au-dessous de celles qui constituent l'épithélium proprement
dit, qu'elles soulèvent. De ces cellules sous-jacentes à l'épithélium, un certain nombre
seulement se transforment en ovules véritables; les autres se groupent autour
d'elles, et constituent à chaque ovule un *follicule* que recouvre l'épithélium cœlomatique soulevé. Les parois de ce follicule croissent beaucoup plus rapidement que
la surface de l'ovule; elles forment alors un grand nombre de plis qui pénètrent à
l'intérieur de celui-ci, et sécrètent le vitellus nutritif si extraordinairement abondant
de l'œuf des Céphalopodes. Par le vitellus nutritif, la vésicule germinative et une
portion du protoplasme sont rejetées à la périphérie de l'œuf, qu'ils ne quitteront pas
au moment du développement embryonnaire; de sorte que l'embryon se formera
excentriquement par rapport à son vitellus. Les œufs pondus sont revêtus d'un
chorium à micropyle.

Accouplement et ponte. — Les Mollusques dont les mâles sont dépourvus
d'organes de copulation (Gastéropodes diotocardes, Scaphopodes, Lamellibranches)
ne s'accouplent pas. Dans la plupart des Lamellibranches les œufs et les spermatozoïdes sont le plus souvent émis tout simplement dans le milieu ambiant et
livrés au hasard des rencontres (*Mytilus*, *Pecten*, *Ostrea* dioïques), mais la fécondation peut se produire dans la cavité palléale (*Cardium*, UNIONIDÆ) ou même dans
l'oviducte (*Ostrea edulis*). Chez les Gastéropodes pourvus d'un pénis il y a intromission du pénis du mâle ou de l'individu hermaphrodite qui joue le rôle de mâle
dans la poche copulatrice de la femelle, où le sperme est déposé soit libre, soit
contenu dans un spermatophore. Chez les Gastéropodes hermaphrodites à orifices
génitaux éloignés, l'accouplement est unilatéral, comme chez les dioïques; un seul
individu joue le rôle de mâle, il jouera plus tard le rôle de femelle vis-à-vis d'un
autre individu; quelquefois cependant toute une série d'individus se réunissent en
chaîne où chaque individu joue le rôle de mâle par rapport à l'un de ses deux
voisins, le rôle de femelle par rapport à l'autre (LIMNÆIDÆ, APLYSIIDÆ). Lorsque
les orifices génitaux sont confondus, comme chez les Pulmonés terrestres et beaucoup de Nudibranches, l'accouplement est réciproque; chaque individu joue simultanément le rôle de mâle et celui de femelle. La ponte a lieu de un (Nudibranches)
à quinze jours (quelques *Helix*) après l'accouplement. Les Céphalopodes s'accouplent, en général, bouche à bouche; le bras hectocotylisé dépose les spermatophores
soit au voisinage de la bouche (p. 2050), soit dans la cavité palléale des femelles.
Chez les ARGONAUTIDÆ et PHILONEXIDÆ, le bras hectocotylisé se détache, conserve
une certaine vitalité et pénètre, on ignore comment, dans la poche branchiale des
femelles où il demeure un certain temps.

Les Gastéropodes diotocardes n'expulsent pas toujours leurs œufs à l'état isolé;
ceux des *Fissurella* sont réunis dans une sorte de glaire; les *Nerita* fixent les leurs
sur la face externe de leur coquille. Les Monotocardes opèrent de façon très
variable. Les *Bythinia* et les *Valvata*, les Hétéropodes, les Pulmonés aquatiques,
les *Succinea* quand elles pondent dans l'eau, les Opisthobranches expulsent des
œufs agglutinés par une glaire et qui forment un ruban rectiligne (*Limnæa*) ou enroulé

d'une façon caractéristique pour chaque espèce (fig. 1505) ; les *Natica* agglutinent les leurs en un ruban plat et spiral avec du sable ; les Sténoglosses enferment plusieurs œufs ensemble dans une coque résistante, de forme également propre à chaque

Fig. 1507. — Ponte de *Doris Johnstoni* (d'après Alder et Hancock).

Fig. 1508. — Capsules nidamentaires de *Buccinum* fixées sur une huître. — *a*, capsule isolée montrant le trou par lequel l'embryon est sorti ; *b*, coquille du jeune mollusque à l'éclosion (d'après Fischer).

espèce ; ces coques sont accolées l'une à l'autre (*Buccinum*, fig. 1508), disposées en série linéaire (*Fusus*, *Pyrula*, fig. 1509) ou fixées côte à côte (*Murex*, *Nassa*, *Purpura*) ; les *Lamellaria* creusent une sorte de nid dans les Ascidies composées sur lesquelles elles vivent ; les Pulmonés terrestres pondent des œufs isolés enfermés dans une enveloppe membraneuse ou calcaire (*Bulimus*), et les œufs de certains Bulimes dépassent le volume de ceux d'un moineau. Certaines *Janthina* suspendent les leurs au-dessous de leur flotteur (fig. 1510) ; les *Vermetus* à la face intérieure de leur coquille (fig. 1511) ; les HIPPONYCIDÆ, CAPULIDÆ, *Calyptræa*, *Leptoconchus* sur diverses parties de leur propre corps ; enfin les jeunes se développent dans l'oviducte chez diverses *Paludina*, *Littorina*, *Melania*, *Janthina*, *Cymba*, *Entoconcha*, plusieurs *Clausilia*, *Pupa*, *Helix*, *Achatina*, *Vitrina*.

Un certain nombre de Lamellibranches couvent leurs œufs dans les espaces

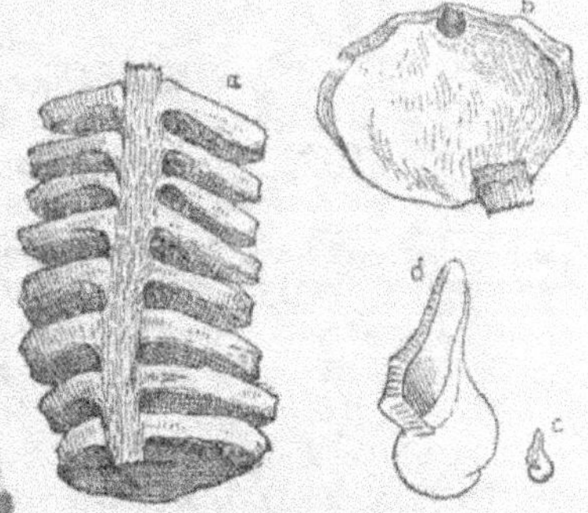

Fig. 1509. — Capsules nidamentaires de *Pyrula canaliculata*. — *a*, quelques capsules du ruban total ; *b*, capsule isolée avec le trou au sortir du genre animal ; *c*, coquille d'un jeune venant d'éclore ; *d*, la même grossi (collection du Muséum).

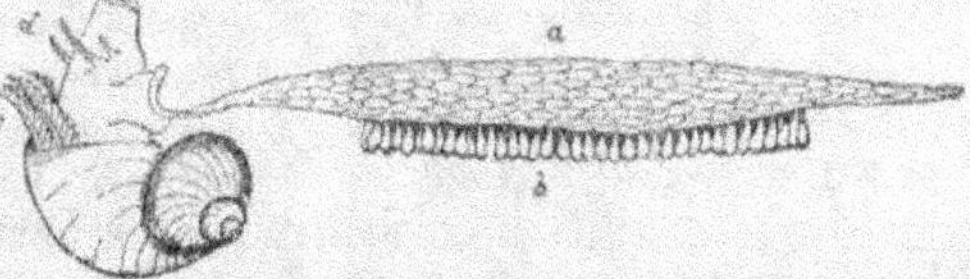

Fig. 1510. — *Janthina* avec son flotteur. — *a*, flotteur ; *b*, œuf ; *c*, lamelles saillantes de la branchie ; *d*, tentacules (d'après Quoy et Gaimard).

interfoliaires de leurs branchies, soit internes (CYCLADIDÆ), soit externes (UNIONIDÆ de l'ancien continent et de l'Amérique du Nord), soit même en dehors des branchies, immédiatement sous le manteau (*Ostrea edulis*). La coquille peut aussi se modifier pour constituer une cavité incubatrice (fig. 1512).

Parmi les Céphalopodes, les *Octopus* pondent des œufs isolés qu'ils ne quittent pas et s'enferment même quelquefois avec eux entre les valves de coquilles vides de Lamellibranches (*Octopus Digueti*, de Californie); les Seiches pondent de gros œufs fixés côte à côte à un support étranger (fig. 1513). Les ŒGOPSIDA enfer-

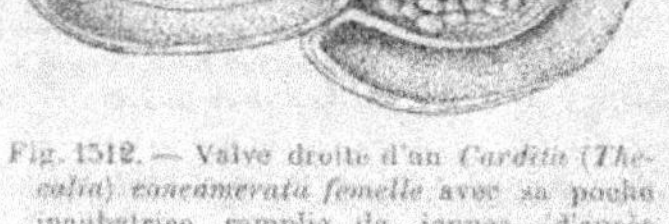

Fig. 1512. — Valve droite d'un *Carditia* (*The-calia*) *concamerata femelle* avec sa poche incubatrice remplie de jeunes (d'après Fischer).

Fig. 1513. — Ponte de Seiche.

Fig. 1511. — Coquille de *Vermetus triqueter* dont une moitié a été enlevée pour montrer les capsules ovigènes *a* fixés sur sa paroi; l'animal a été dégagé de sa coquille; *s*, muscle columellaire; *t*, tentacules céphaliques; *tp*, tentacules pédieux; *op*, opercule (d'après Lacaze-Duthiers).

ment les leurs dans un long cordon gélatineux; les *Loligo* et les *Sepiola* dans des masses gélatineuses ovoïdes contenant chacune un assez grand nombre d'œufs et fixées toutes ensemble par une de leurs extrémités (fig. 1512).

Développement. — Suivant le degré d'abondance du vitellus nutritif, la segmentation de l'œuf des Mollusques peut se présenter comme une segmentation complète et égale (*Chiton*, *Patella*, *Paludina*), complète et inégale (la très grande majorité des Mollusques), ou comme une segmentation partielle (fig. 231, fig. 153). Ce dernier mode est propre aux Céphalopodes. Quand la segmentation est complète et inégale, la grosse sphère peut demeurer un certain temps inactive, tandis que la petite sphère prolifère antérieurement, au pôle formatif de l'œuf (*Dentalium*, *Ostrea*, *Cyclas*, UNIONIDÆ); la segmentation de la grosse sphère commence seulement un peu plus tard; elle peut s'arrêter momentanément après une première bipartition (*Teredo*, fig. 1517, *a*), ou bien, ce qui est le cas le plus général, la petite et la

Fig. 1514. — Un paquet de cylindres ovigères de *Loligo vulgaris*, gr. nat. (Férussac et d'Orbigny).

grosse sphère se segmentent simultanément, celle-ci seulement plus lentement que celle-là, de sorte que le nombre des grosses cellules chargées de vitellus ou *macromères* est toujours moindre que celui des petites cellules exodermiques ou *micromères*. La différence est d'autant plus grande que non seulement les micromères se multiplient par la segmentation des micromères déjà existants, mais aussi par l'addi-

tion de micromères nouveaux qui, pendant un certain temps, continuent à se différencier aux dépens des macromères. Lorsque la segmentation est égale et, dans le
cas de segmentation inégale, lorsque la différence n'est pas trop grande entre les
dimensions des micromères et celles de macromères, la gastrule se forme par embolie
(*Chiton*, *Paludina*, fig. 1515 et 1516; HETEROPODA, NUDIBRANCHIATA, LIMACINIDÆ, Pul
monés, à l'exception des HELICIDÆ, *Dentalium*, *Ostrea*, UNIONIDÆ); dans le cas contraire la gastrulation a lieu par épibolie (*Vermetus*, *Janthina*, parmi les Ténioglosses,
Astyris, *Columbella*, *Fusus*, *Nassa*, *Purpura*, *Urosalpinx* et probablement la plupart des
Sténoglosses; *Acera*, *Aplysia*, THECOSOMATA, sauf les LIMACINIDÆ parmi les Opistho-

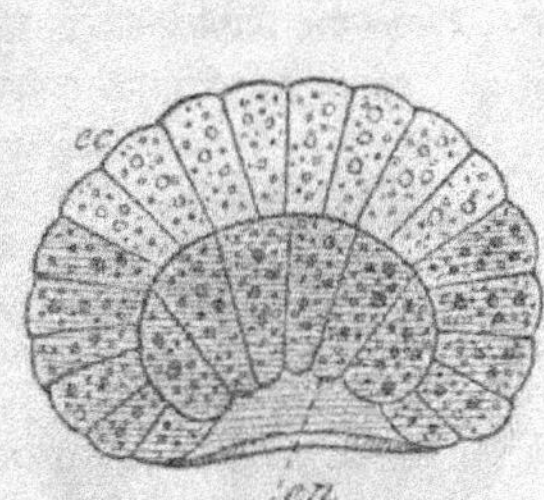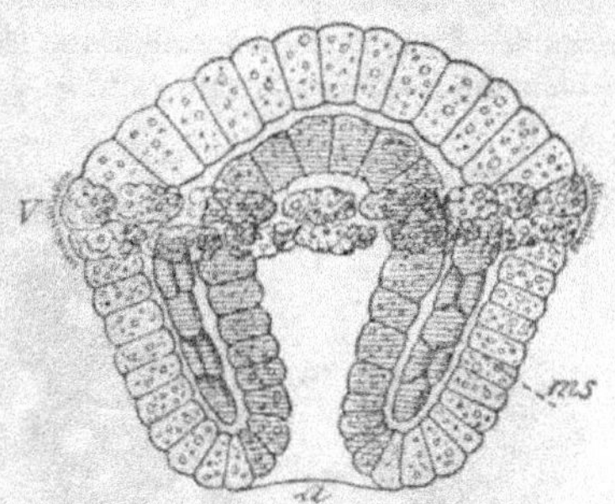

Fig. 1515. — *Gastrula de Paludina vivipara*. — *ec*, exoderme; *en*, entoderme (d'après Büts-chli).

Fig. 1516. — Trochosphère de *Paludina vivipara*. — *V*, ceinture ciliée; *a*, blastophore qui persistera pour former l'anus; *ms*, mésoderme (d'après Bütschli).

branches; *Modiolaria*, *Pecten* et vraisemblablement la plupart des Lamellibranches).
Lorsque la *gastrula* se forme par invagination, la cavité d'invagination demeure
quelquefois assez considérable (*Paludina*, *Ostrea*, UNIONIDÆ); elle peut être aussi très
restreinte (*Chiton*), ce qui est la règle lorsque la gastrulation a lieu par épibolie.

La forme de l'orifice d'invagination peut être une fente allongée, le long de la
ligne médiane ventrale dans le sens antéro-postérieur de l'embryon (*Patella*, *Bythinia*,
Limnæa, *Aplysia*, *Tergipes*, *Elysia*, *Cyclas*, etc.), ou bien un orifice postérieur, ovale,
précédé d'une sorte de sillon médian, représentant la fente blastoporique des formes
précédentes (*Paludina*), ou bien encore un orifice circulaire qui se déplace peu à
peu sur la ligne ventrale, en se rapprochant de l'extrémité antérieure, suivant ainsi
un chemin qui semble reproduire la direction de la fente blastoporique et du sillon
des cas précédents. Ce blastopore demeure ouvert, tout en se rétrécissant plus ou
moins chez les *Chiton*, *Paludina*, *Vermetus*, *Natica*, HETEROPODA, *Fusus* et autres
Prosobranches, *Dentalium*, *Ostrea*; il se ferme, au contraire, chez les *Neritina*,
Patella, *Bythinia*, *Nassa*, *Aplysia*, plusieurs PTEROPODA, NUDIBRANCHIATA, CYCLA-
DIDÆ, UNIONIDÆ, *Teredo*). Il est impossible de découvrir aucun lien entre ces
deux phénomènes et la position systématique des Mollusques qui présentent l'un
ou l'autre cas. Lorsque le blastopore demeure ouvert, ses bords s'invaginent, en
général, pour former l'œsophage de l'animal adulte, de sorte que la bouche définitive se forme au point même qu'occupait le blastopore, mais c'est tout le contraire
chez les *Paludina*, dont le blastopore devient l'anus. Lorsque le blastopore se ferme,
sa fermeture est le plus souvent de courte durée et la bouche définitive se reconstitue

au point même où il a disparu. En ce point, en effet, il se produit bientôt une invagination exodermique, le *stomodæum*, qui devient l'œsophage de l'adulte, lequel s'ouvre plus ou moins rapidement dans la cavité digestive primitive (fig. 1517, *b*). C'est seulement beaucoup plus tard qu'en un point de l'embryon situé sur la ligne médiane, dans la région postérieure et le plus souvent indiquée par deux cellules exodermiques plus grandes que leurs voisines, apparaît une nouvelle invagination exodermique, le *proctodæum*, destinée à former le rectum (fig. 1517, *c*).

Pendant que la gastrula se constitue et d'ordinaire avant la fermeture du blastopore, quelques-unes des cellules qui ont déjà pénétré à l'intérieur de la blastula et font, par conséquent, partie de l'entoderme se détachent au voisinage du blastopore; ce sont les initiales mésodermiques (*Chiton, Neritina, Patella, Paludina, Bythinia, Crepidula, Fulgur,* HETEROPODA, *Clione, Chromodoris, Planorbis,* fig. 1537, p. 2069;

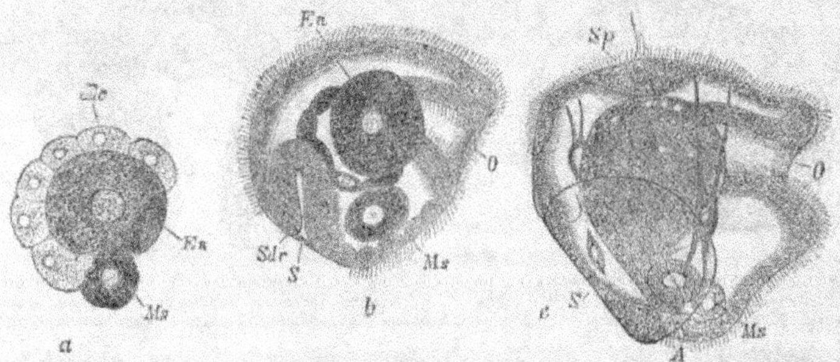

Fig. 1517. — Trois phases du développement du *Teredo*. — *a*, jeune embryon vu en coupe optique, montrant deux cellules entodermiques *En*, deux cellules mésodermiques *Ms*, et une couche de cellules exodermiques *Ec*; — *b*, embryon plus âgé, couvert de cils vibratiles, avec bouche *O*, estomac, intestin, invagination préconchylienne *Sdr* et rudiment de coquille *S*; — *c*, embryon encore plus âgé: *Sp*, plaque apicale; *A*, invagination anale (d'après Hatschek).

Limnæa, Dentalium, Pisidium, UNIONIDÆ, *Teredo*). On peut dire qu'en règle générale chez les Mollusques *les initiales mésodermiques sont d'origine entodermique;* mais on aurait tort d'attribuer à cette proposition une trop grande importance morphologique. La position même de ces initiales au voisinage du blastopore fait pressentir qu'il peut y avoir des cas douteux où les cellules mésodermiques se différencieraient avant de s'être caractérisées comme cellules entodermiques, et si leur différenciation était très précoce, il n'y aurait pas de raison pour qu'elles ne se différencient pas avant l'achèvement de l'épibolie, par exemple, aux dépens de cellules jusque-là considérées comme exodermiques; c'est déjà presque le cas chez les *Teredo* (fig. 1517, *a*). Par leurs divisions répétées, ces initiales forment un massif cellulaire dans lequel apparaîtront plus tard une ou deux cavités, qui formeront le cœlome ou cavité générale. C'est le type de cavité générale qui a été désigné sous le nom de *schizocèle*; mais l'étude du développement de la Paludine montre que le mode de formation de la cavité générale peut être tout autre, et que malgré l'importance qu'on a attachée à cette distinction un schizocèle peut se transformer en entérocèle. Si l'on suppose qu'au lieu de se différencier isolément et de passer aussitôt entre l'entoderme et l'exoderme, des cellules mésodermiques se différencient simultanément dans l'entoderme et passent ensemble entre les deux couches initiales, ces cellules formeront nécessairement un diverticule entodermique; c'est ce qui a lieu chez les Paludines où deux diverticules symétriques se forment ainsi sur l'entoderme, se pédiculisent, se détachent et forment finalement deux vésicules dont la cavité constitue d'emblée une cavité générale entérocœlienne (fig. 1518); c'est là un simple phénomène d'accélération embryogénique. Cette remarque est de nature à lever l'une des principales difficultés qui ont été soulevées relativement à la place des Brachiopodes et à celle des Entéropneustes parmi les Vers.

Pendant que les phénomènes de formation de l'entoderme et du mésoderme s'accomplissent, l'exoderme subit des modifications d'un haut intérêt. Deux rangées de cellules disposées en couronne dans un plan perpendiculaire au plan de symétrie de la fente

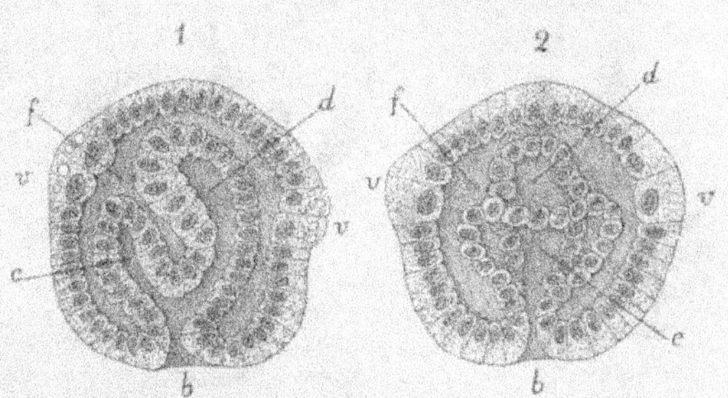

Fig. 1518. — Formation du mésoderme dans la *Paludina vivipara*. — 1, embryon vu de profil; 2, le même vu de face. — *b*, blastophore; *d*, cavité gastrique primitive, *c*, diverticules de l'entoderme destinés à former le mésoderme; *f*, cavité d'invagination; *v*, cellules de la ceinture ciliée (d'après Erlanger).

blastoporique se différencient des autres en prenant des dimensions plus grandes et en se couvrant de cils vibratiles (fig. 1516, V, et 1517, *v*); en même temps une plaque de cellules situées au pôle supérieur de l'embryon produisent aussi de longs cils, formant ainsi une sorte de *plaque apicale* (fig. 1517, *Sp*); parmi les cils de cette houppe il y en a un qui prédomine chez l'embryon chez les *Aplacophora*; ce cil persiste seul chez les *Patella* et les Lamellibranches. L'embryon prend ainsi les caractères d'une *trochosphère*; toutefois la trochosphère est ici altérée par la rapidité avec laquelle se développent, aux dépens des autres, les organes les plus caractéristiques des Mollusques: elle n'a pas d'anus et manque encore de néphridies; en revanche elle va acquérir un organe de natation, le *voile* ou *velum*, et un organe spécial, l'*invagination préconchylienne*, commune à tous les Mollusques et qui est la première indication du manteau et de la coquille.

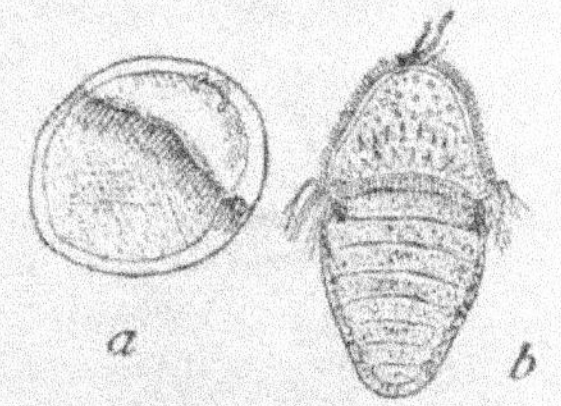

Fig. 1519. — *a*, trochosphère de *Chiton cinereus*, avant l'éclosion. — *b*, embryon plus âgé dont la face dorsale est déjà divisée en segments correspondant aux cérames (d'après Lovén).

Bientôt sur le dos de l'embryon trochosphérique des CHITONIDÆ, apparaissent sept sillons dans lesquels se forment les sept premières cérames (fig. 1519); la dernière n'apparaît que plus tard. Il se forme aussi chez les *Dondersia*, parmi les Aplacophores, sept plaques calcaires imbriquées, uniquement composées de spicules.

L'embryon des Dentales (fig. 1520) donne sur les affinités des Mollusques, en général, et sur l'origine de leur *velum* de précieuses indications. Après la formation de la première ceinture ciliée, il s'en forme au-dessous d'elle cinq autres, de sorte que l'embryon est tout à fait comparable à un embryon polytroque de Polychète (*Ophryotrocha*). De même l'apparition fréquente d'une plage ciliée à l'extrémité postérieure du corps des embryons de Lamellibranches fait penser aux larves télotroques (*Glochidium* des *Anodonta*). Les affinités des Mollusques avec les Vers annelés déjà indiquées par l'apparition de la trochosphère se trouvent ainsi précisées, et il est difficile d'échapper à cette conclusion que les Mollusques descendent des Vers métamérides et que plusieurs métamérides sont confondus dans leur corps. L'état polytroque n'est que transitoire chez les embryons des Dentales ; peu à peu, tandis que le corps s'allonge au-dessous de la dernière ceinture de cils, la région du corps occupée par les ceintures s'élargit ; celles-ci se rapprochent en même temps et toute cette région finit par former un disque

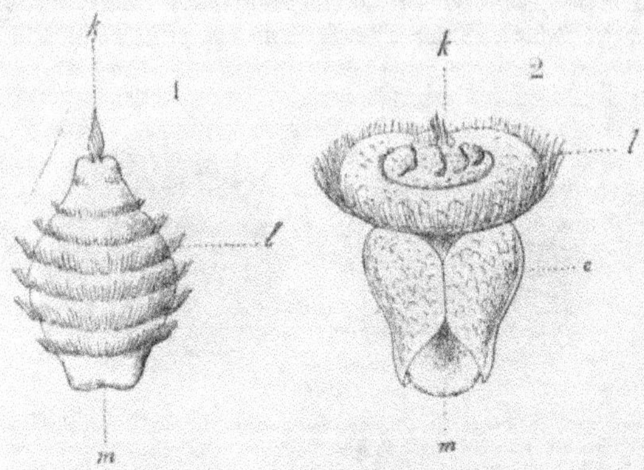

Fig. 1520. — 1, embryon polytroque de *Dentalium tarentinum*. — k, touffe antérieure de cils ; l, les six ceintures ciliées ; m, invagination préconchylienne. — 2, larve véligère de *Dentalium tarentinum* ; les ceintures ciliées se sont rapprochées et confondues en un disque cilié, le voile, l ; c, coquille ; m, orifice postérieur du manteau (d'après Lacaze-Duthiers).

cilié prébuccal ; c'est ce qu'on nomme le *voile* (fig. 1520, nº 2, l). La région prébuccale des Mollusques caractérisée par cet organe semble, d'après ce qui précède, devoir être considérée comme formée de plusieurs des métamérides de l'Annelé ancestral des Mollusques. Les embryons des Acéphales conservent un voile discoïde semblable à celui des Dentales ; mais, par accélération embryogénique, ce voile se forme d'emblée ; au centre du voile se trouve un flagellum unique. Chez les embryons de Gastéropodes le voile se divise généralement en deux ou trois lobes latéraux à bords ciliés (*Atlanta*, fig. 1523) ; ces lobes prennent un grand développement

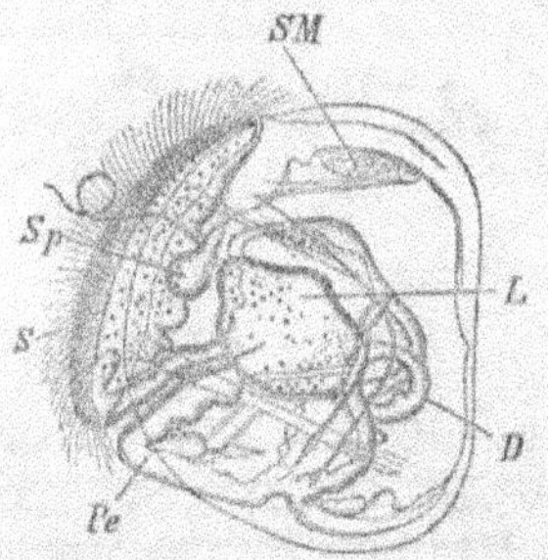

Fig. 1521. — Embryon de *Montacuta dentata*. — S, voile ; Sp, plaque apicale avec le flagellum ; D, intestin ; L, foie ; S, adducteur antérieur des valves ; Pe, pied (d'après Lovén).

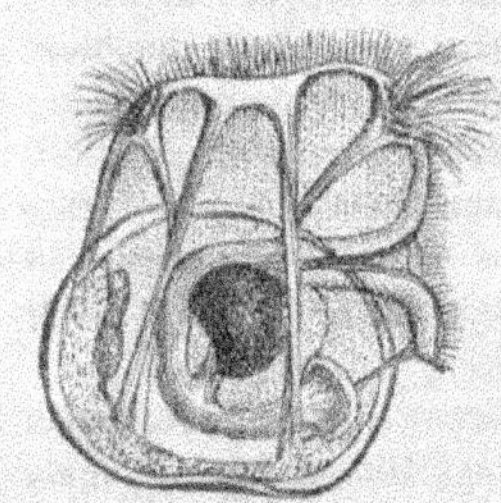

Fig. 1522. — Embryon de l'Huître (d'après Gerbe).

chez les larves pélagiques de Prosobranches (fig. 1524), dont quelques-unes ont été décrites comme genres distincts sous les noms de *Mac-Gillivraya* (fig. 1525), *Gadinia*, *Sinusigera* (fig. 1526), etc. Si les embryons dont la vie pélagique est de longue durée acquièrent un voile de grandes dimensions, par compensation les embryons qui se développent dans des cavités incubatrices, comme c'est le cas pour divers Prosobranches et beaucoup de Lamellibranches (CYCLADIDÆ, UNIONIDÆ, *Entoconcha*), ceux des Mollusques terrestres ou d'eau douce dont le développement

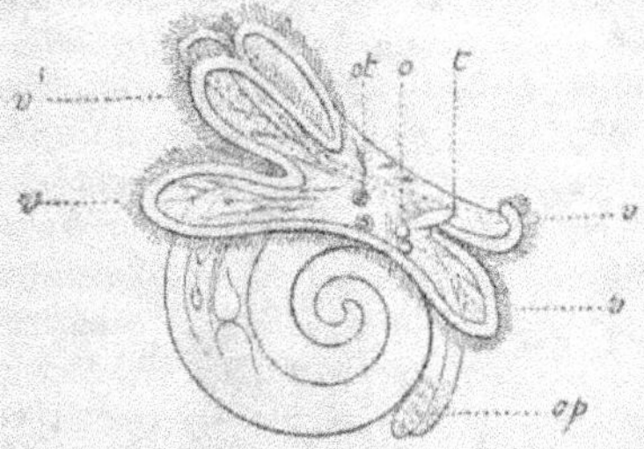

Fig. 1523. — Larve d'*Atlanta*. — *v, v'*, voile quadrilobé; *op*, lobe operculaire du pied; *t*, tentacule; *o*, œil; *ot*, otocyste (d'après Gegenbaur).

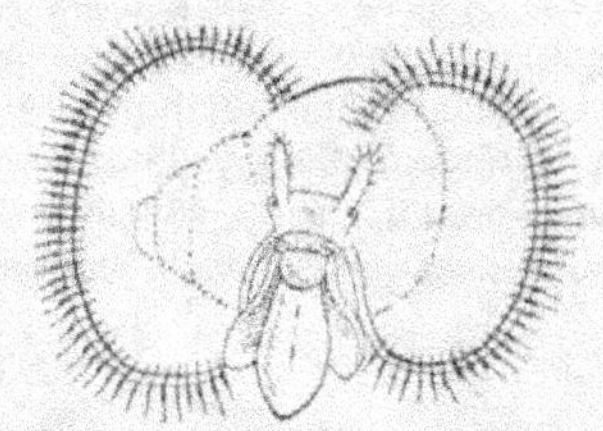

Fig. 1524. — Larve de *Bissoia*, dont le voile est encore très développé malgré les dimensions déjà atteintes par le pied muni d'un épipodium (d'après Lovén).

est toujours très accéléré, n'ont jamais qu'un voile rudimentaire ou nul (*Paludina*, etc.).

Parmi les Pulmonés, les seuls qui aient un voile bien développé sont les *Onchidium* et les *Gadinia*, genres tous deux marins.

Avant de se rencontrer au-dessous de la bouche, les bords du blastopore commencent déjà à s'épaissir, et de cet épaississement, d'abord pair, mais dont les deux moitiés ne tardent pas à se confondre, résulte le pied. Le pied, chez les embryons, commence toujours presque

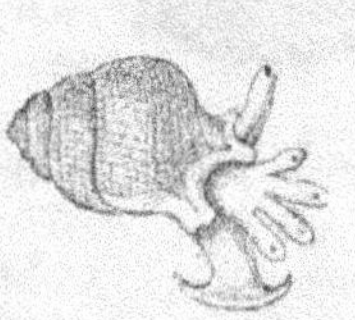

Fig. 1525. — *Margilli-rraya*, probablement forme larvaire du *Dolium*.

Fig. 1526. — *Sinusigera cancellata*, forme larvaire de certains CERITHIIDÆ (?).

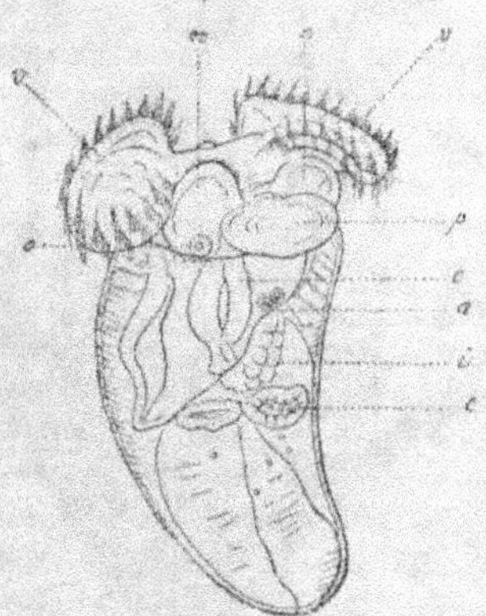

Fig. 1527. — *Cavolinia tridentata*. — *v*, voile; *p*, pied; *a*, parapodies; *o*, otocystes; *a*, anus; *e*, estomac; *o*, intestin; *c*, cœur (d'après Fol).

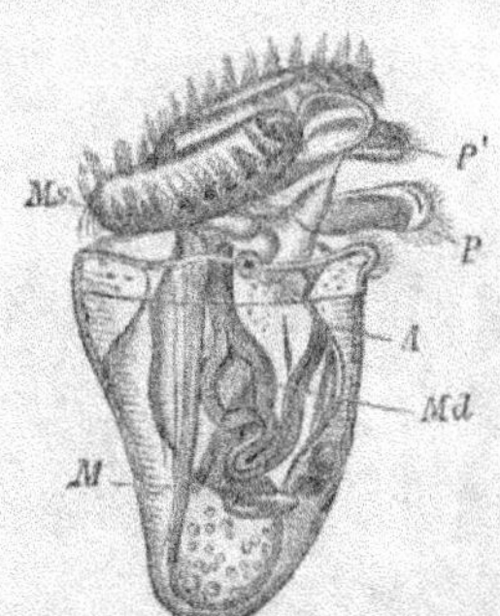

Fig. 1528. — Larve de *Cavolinia tridentata*. — *Mx*, voile buccal; *P*, pied; *P'*, parapodies ou nageoires; *A*, anus; *Md*, estomac; *M*, muscle rétracteur (d'après Fol).

immédiatement au-dessous de la bouche (fig. 1527, 1528, 1529, 1530), si bien qu'à pre-

mière vue, il paraît, dans certains cas, en continuité avec le voile (*Vermetus*) ; si l'on considère
que c'est toujours à sa surface que se forment les
otocystes directement innervés par le cerveau,
que les connectifs cérébro-pédieux impliquent à
leur tour une origine cérébrale des nerfs pédieux, dont les ganglions pédieux ne sont que des
organes adventifs, on est conduit à rattacher le
pied à la région céphalique du Mollusque adulte.

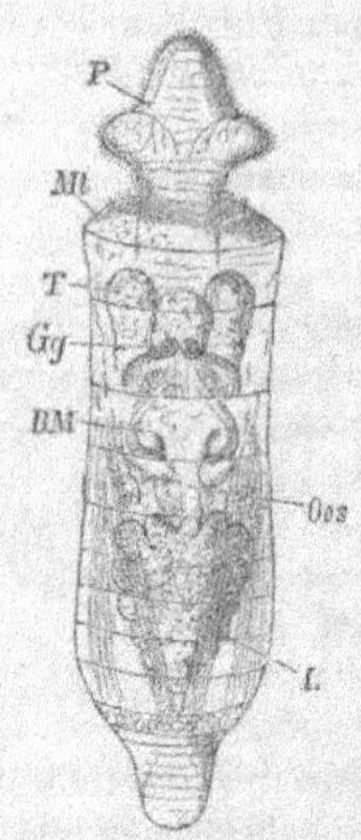

Fig. 1530. — Larve de *Dentalium tarentinum* âgée de 35 jours, vue par la face
dorsale. — *P*, pied ; *Mc*, bord libre du
manteau ; *T*, collerette de captacules ; *Gg*,
ganglions cérébroïdes ; *DM*, dilatation du
tube digestif ; *Oes*, œsophage ; *L*, foie
(d'après Lacaze-Duthiers).

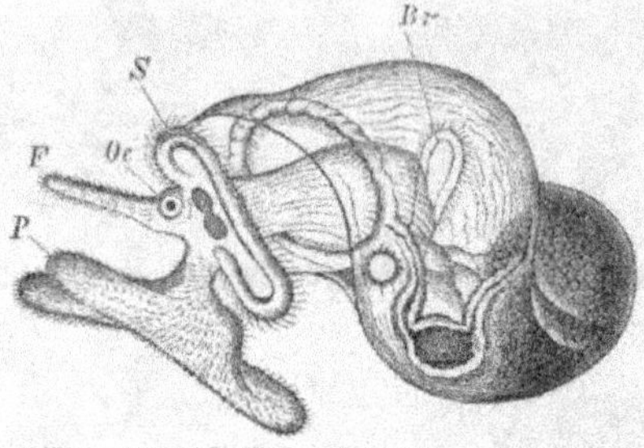

Fig. 1529. — Larve de *Vermetus triqueter*. — *S*, voile ; *Br*,
branchie ; *Oe*, œil ; *F*, tentacule céphalique ; *P*, pied (d'après
Lacaze-Duthiers).

A l'opposé du pied, plus exactement
du blastopore, se produit bien avant
l'apparition du *proctodœum* une invagination exodermique, commune
à tous les embryons de Mollusques ;
cette invagination est l'*invagination
préconchylienne* (fig. 1517, n° 2, S*dr*,
1531, *Sch*, et 1533, *c*) ; ses bords sont

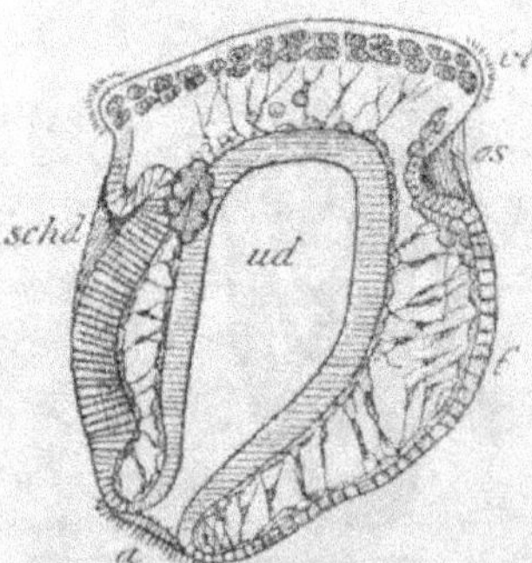

Fig. 1531. — Embryon de *Paludina vivipara*
vu de profil. — *a*, anus ; *ud*, cavité digestive primitive ; *os*, orifice buccal ; *ol*, voile ;
schd, invagination préconchylienne ; *f*, région qui formera le pied (d'après Bütschli).

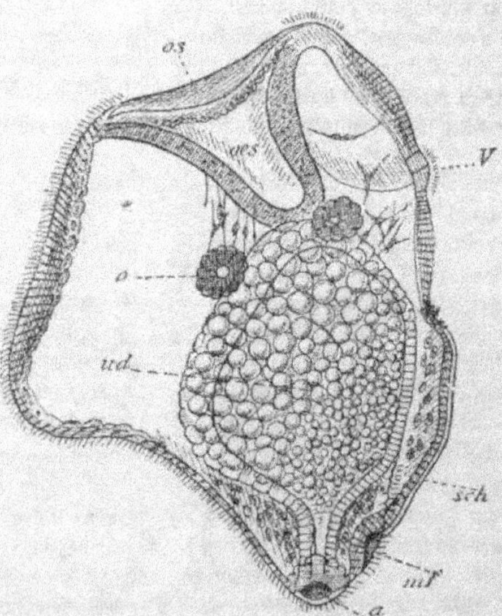

Fig. 1532. — Embryon plus âgé de *Paludina vivipara*. —
os, orifice buccal ; *œs*, œsophage ; *ud*, cavité digestive primitive ; *a*, anus ; *V*, voile ; *mf*, repli palléal ; *sck*, coquille ;
f, pied ; *o*, otocyste (d'après Bütschli).

entourés par un bourrelet qui n'est autre chose que le premier rudiment du manteau. L'invagination préconchylienne est, en somme, due à l'active prolifération des éléments anatomiques au point où elle se produit; elle est assez souvent représentée par un simple épaississement de l'exoderme; presque toujours elle se retourne au bout de peu de temps, et la coquille apparaît à sa surface ainsi dévaginée. L'invagination préconchylienne se comporte un peu autrement chez les Céphalopodes : chez les *Argonauta*, après s'être un moment caractérisée, elle disparaît purement et simplement; chez les Décapodes, l'invagination persiste plus longtemps que chez les autres Mollusques; son orifice se ferme, la poche ainsi constituée grandit avec le manteau, et c'est dans son intérieur et non plus à sa surface que se forme la coquille.

Comme celle des Gastéropodes, la coquille des Lamellibranches est d'abord une lamelle chitineuse continue. Cette lamelle se calcifie à droite et à gauche de la ligne médiane dorsale, formant ainsi les rudiments des valves, tandis que la portion non calcifiée devient le ligament. En même temps que se forme la coquille, sur la face dorsale du pied apparaît, chez les embryons des Gastéropodes, l'opercule qui vient clore la coquille embryonnaire lorsque le jeune animal se rétracte. Pendant la première partie de sa vie, celui-ci est essentiellement nageur; le pied est alors simplement un organe operculigère. Sa suface opposée à l'opercule est vibratile; de sorte que le pied contribue avec le voile à produire un courant alimentaire buccal. Pendant ce temps les tentacules et les yeux se sont formés sur le voile, et sur la face du pied tournée vers la bouche, face qui deviendra la sole de reptation, une invagination profonde est apparue, rudiment de la glande pédieuse principale. Chez les Lamellibranches, une invagination correspondante de la région postérieure du pied donne naissance à la glande byssogène qui se montre presque toujours, même chez les formes dépourvues de byssus à l'état adulte. Le byssus embryonnaire des *Cyclas* est utilisé pour attacher le jeune animal à la cavité incubatrice de la mère. A l'état embryonnaire, beaucoup de Lamellibranches ont des yeux.

L'exoderme est toujours le point de départ de la formation des organes des sens et des centres nerveux. Tous ces organes se forment le plus souvent comme de simples épaississements de cette couche embryonnaire, et il en est ainsi même pour des organes compliqués, comme les yeux marginaux des *Pecten* ; mais le procédé de l'invagination s'est aussi substitué assez souvent au procédé plus simple et plus primitif de la délamination. C'est ainsi, par exemple, que se forment presque toujours dans le champ du velum les ganglions cérébroïdes (*Vermetus*, PTEROPODA, STYLOMMATOPHORA [1], *Dentalium*, UNIONIDÆ). Les ganglions pédieux et même les ganglions viscéraux de ces dernières se forment également par ce procédé, ainsi que les yeux des *Paludina*, *Bythinia*, *Calyptræa*, *Nassa*, HETEROPODA, *Limnæa*, *Planorbis*, CEPHALOPODA. C'est le mode le plus général de formation des otocystes, qui conservent, comme on sait, chez les Lamellibranches archaïques, leur communication primitive avec l'extérieur, un reste de ce canal de communication persiste aussi chez les Céphalopodes.

Les branchies (fig. 1504) apparaissent de très bonne heure entre le pied et le

---

[1] ANNIE P. HENCHMAN, *The origin and development of the central nervoussystem in Limax maxima.* Bulletin of the Museum of comparative Zoology, t. XX, 1890.

manteau. Elles se montrent chez tous les Lamellibranches sous la forme d'une série de bourgeons isolés, symétriques, qui naissent successivement d'arrière en avant.

Le type filibranche paraît donc être un type branchial primitif. Chaque filament demeure un certain temps indépendant, grandit d'abord dans le sens dorso-ventral, puis se réfléchit; les liens qui l'uniront aux autres filaments ou à sa branche réfléchie n'apparaissent qu'ultérieurement. Les filaments de la lame interne précèdent ceux de la lame externe.

La face dorsale et la face ventrale de l'archentéron se différencient de bonne heure l'une de l'autre. Tandis que les cellules de la face ventrale demeurent bourrées de substances de réserve, celles de la face dorsale se multiplient et deviennent beaucoup plus petites, allongées et cylindriques. La plage ainsi différenciée tend à se dévier rapidement à gauche par suite de la torsion caractéristique du

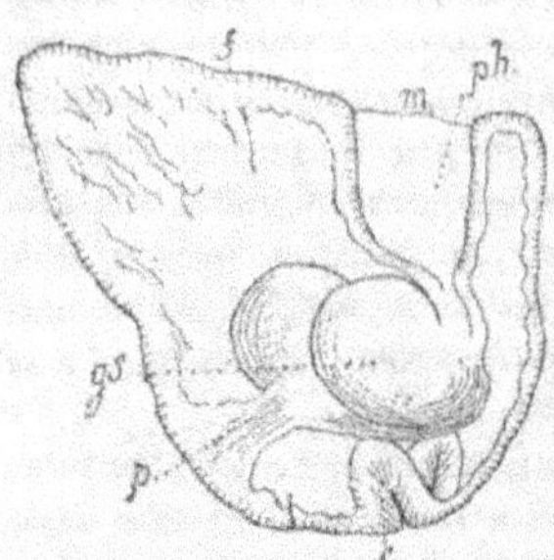

Fig. 1533. — Embryon de *Pisidium*. — *m*, bouche; *ph*, pharynx; *gs*, estomac avec deux lobes hépatiques; *p*, intestin; *c*, invagination préconchylienne (d'après Lankester).

Gastéropode, de sorte que sa ligne médiane dorsale est entraînée graduellement vers la gauche, la ligne médiane vers la droite. La région postérieure de l'intestin se caractérise la première, et l'œsophage ne tarde pas à s'ouvrir dans l'archentéron. Un peu plus tard, sur la région médiane de la face ventrale de ce dernier apparaissent des cellules colonnaires, semblables à celles de la face dorsale, de sorte que les cellules latérales gardent seules leurs caractères primitifs; ces cellules latérales ne sont autre chose que les premiers rudiments des deux lobes du foie. Ces deux lobes, d'abord symétriques (fig. 1533, 1534 et 1536), le demeurent chez les Lamellibranches; tandis que chez les Gastéropodes le

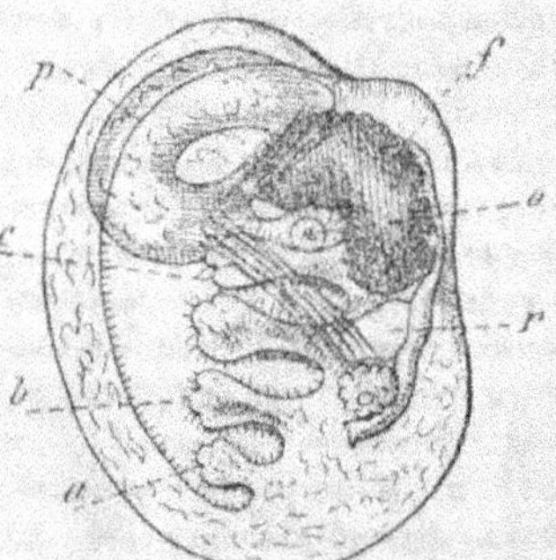

Fig. 1534. — Développement des branchies du *Mytilus edulis*: le jeune animal est vu du côté gauche. — *f*, foie; *p*, pied; *o*, otolithes; *r*, néphridie; *e*, *b*, *a*, filaments branchiaux en voie de formation (d'après Lacaze-Duthiers).

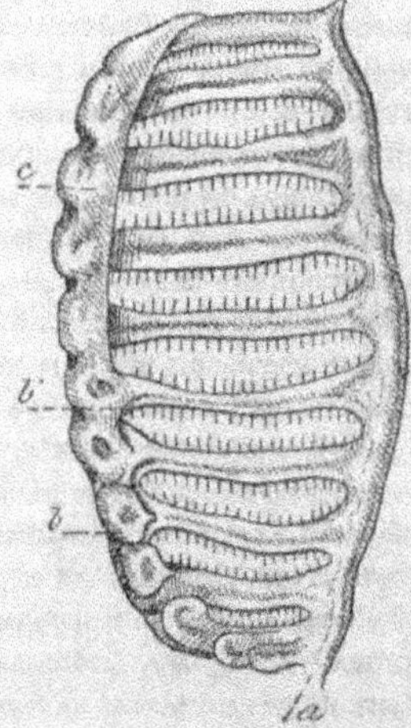

Fig. 1535. — Formation du feuillet réfléchi d'une branchie gauche. — *a*, filaments de nouvelle formation; *b*, point où les extrémités libres des filaments commencent à se souder; *b'*, point où leur soudure est complète; *c*, membrane réfléchie résultant de cette soudure (d'après Lacaze-Duthiers).

lobe gauche prend peu à peu l'avance sur le lobe droit, à l'inverse de ce qui se produit pour les deux rudiments tubulaires du péricarde, qui se tordent comme le rudiment intestinal, mais dont le droit devient plus volumineux que le gauche. Les diverses dispositions décrites page 1991 dérivent de ces deux lobules primitifs, dont le droit, après s'être momentanément bien caractérisé, peut disparaître entièrement (*Paludina*, *Rissoia*).

Chez les *Æolis*, il se constitue aussi deux lobes du foie; ces deux lobes deviennent rapidement inégaux, et le gauche fonctionne même, à l'exclusion de l'autre, comme une glande digestive, à épithélium cilié, à digestion intra-cellulaire. Mais les deux lobes demeurent fonctionnels; tous deux fournissent des diverticules presque symétriques aux papilles préanales du côté correspondant du corps; mais la partie postérieure du lobe gauche prend un développement exceptionnel, et fournit seule les diverticules des papilles post-anales (p. 1992 et fig. 1424, p. 1993).

Les modifications du mésoderme sont particulièrement intéressantes. Il remplit d'abord la région postérieure du corps, mais il est, nous l'avons vu, creusé d'une ou deux (*Chiton*, *Cyclas*) cavités symétriques; la région antérieure du corps ne contient d'abord aucun élément mésodermique; c'est exactement ce qu'on observe chez les Vers annelés où ces deux régions peuvent correspondre chacune à plusieurs mérides, mais constituent certainement au moins deux mérides séparés; on est donc amené à considérer le corps de Mollusques comme formé de deux mérides au moins, et l'embryogénie des Dentales nous a déjà montré que cette conclusion n'était, en effet, qu'un minimum. Ces deux mérides, ou, pour employer un terme plus général, ces deux *segments* du corps des Mollusques, seront plus tard difficilement reconnaissables, en raison du changement de position que leur imposera un phénomène de courbure ventrale commun à tous les Mollusques et dont il sera traité p. 2071. Ils auront d'ailleurs, au point de vue organogénique, un rôle tout différent. En même temps qu'il évolue dans la région postérieure du corps, le mésoderme donne naissance à de nombreux éléments qui s'isolent de sa masse, émigrent dans la région antérieure du corps pour en constituer le mésoderme, s'insinuent en outre dans tous les espaces demeurés vides, et y constitue un tissu conjonctif, plus ou moins lâche, qui demeure en continuité avec le tissu conjonctif céphalique. Désormais le corps du Mollusque comprend donc deux sortes de cavités sans communication entre elles; l'une toujours vide, comprise entre les deux couches (splanchnopleure et somatopleure) du mésoderme primitif et qu'on peut appeler *cavité intra-mésodermique*; l'autre, reste du blastocèle, plus ou moins bourrée d'un tissu embryonnaire aux dépens duquel se constitueront les muscles et le tissu conjonctif qu'on peut appeler *cavité extra-mésodermique*. Les espaces conservés dans le tissu conjonctif, plus ou moins spongieux, de la cavité extra-mésodermique, se régulariseront en partie, et sur les limites de ces régions régularisées les éléments conjonctifs pourront se disposer avec l'uniformité d'un épithélium; il se formera ainsi des organes à parois propres, qui, selon qu'ils auront la forme de canaux réguliers ou celle de sacs plus ou moins moulés sur les organes, seront des *vaisseaux* ou des *sinus*; les régions en continuité avec les précédentes où la disposition régulière du tissu conjonctif ne se sera pas réalisée, constitueront les *lacunes*. Il est probable que cette régularisation dans la disposition du tissu conjonctif, si elle n'est pas une reproduction héréditaire de l'appareil circulatoire des Vers annelés, a été primitivement provoquée par la direction constante ou tout au moins prédominante qu'ont suivie les courants sanguins dans l'embryon. Cette direction n'est pas seulement réglée par les battements du cœur; chez un très grand nombre d'embryons de Gastéropodes, les parois mêmes du corps se constituent en sinus réguliers, à contractions rythmiques, qui déterminent les mouvements du sang dans la cavité extra-mésodermique; ces sinus sont des formations embryonnaires d'importance exclusivement physiologique et peuvent se former en des points très différents : à la base du voile du côté dorsal, chez les Basommatophores; à l'extrémité postérieure du pied modifié des *Arion* et des *Limax*; le plus fréquemment, en avant de la cavité palléale, du côté ventral, entre le pied et l'anus. On observe un sinus en cette région chez presque tous les Gastéropodes marins prosobranches ou opisthobranches, et aussi chez les *Bythinia* et les *Helix*. Ce sinus suit la cavité palléale au cours du déplacement vers la droite qu'elle éprouve chez tous les Gastéropodes (p. 2072).

Il résulte de ce que nous venons de dire que l'appareil circulatoire tout entier est contenu dans la cavité extra-mésodermique, que la lumière de ses vaisseaux est en continuité absolue avec les espaces laissés libres dans cette cavité par la transformation des éléments mésodermiques migrateurs en tissu conjonctif ou tissu musculaire, par la pénétration dans cette cavité des délaminations ou invaginations exodermiques qui constituent l'épithélium sécréteur des glandes tégumentaires, œsophagienne et rectales, diverses parties des organes des sens et les ganglions nerveux, ou bien encore par les évaginations du tube digestif qui finissent par constituer les organes hépatiques. La cavité extra-mésodermique n'est donc autre chose que la chambre circulatoire définie, p. 2005; elle correspond au premier segment lui-même, polymérisé, nous l'avons vu, p. 2062, du corps des Mollusques; on peut désigner convenablement ce segment sous le nom de *segment circulatoire*.

Dans la région où la cavité extra-mésodermique est en contact avec la paroi externe de la cavité intra-mésodermique, cette paroi s'invagine, à un certain moment, en formant une gouttière longitudinale médiane, comme si elle avait été refoulée en ce point par le courant sanguin; la cavité extra-mésodermique empiète ainsi en quelque sorte sur le domaine de la cavité intra-mésodermique; les bords ventraux de la gouttière formée de la sorte se rapprochent, se soudent, la lame interne des bords ainsi repliés se sépare de la lame externe, et il se constitue un tube isolé, en continuité à ses deux extrémités avec les vaisseaux et qui n'est autre chose que le *cœur*. Le cœur arrive donc à être libre dans la cavité intra-mésodermique. La paroi du cœur est constituée essentiellement par des tissus appartenant au segment circulatoire, mais son mode même de formation implique qu'il est revêtu tout au moins d'une couche épithéliale appartenant au segment suivant; cet épithélium étant susceptible de proliférer, on comprend maintenant l'existence si fréquente d'organes glandulaires à la surface de l'organe central de la circulation. A l'état adulte, la cavité du segment circulatoire des Mollusques n'est jamais, quoi qu'on en ait dit, en communication avec l'extérieur. Il n'en est pas de même durant la période embryonnaire. Dans ce segment se forme, comme chez beaucoup de Vers annelés, une paire de *néphridies céphaliques* (fig. 1536 et 1537, *N*). Ces néphridies ont été observées dans les groupes de Gastéropodes les plus divers (*Paludina*, *Bythinia*, *Janthina*, Sténoglosses, Nudibranches, Pulmonés) et chez divers Lamellibranches (*Cyclas*, *Teredo*). Elles ont donc une incontestable importance morphologique. Au moins chez les Lamellibranches et les Pulmonés, elles ont la structure des néphridies des Vers annelés; ce sont des tubes repliés en U dont une branche ciliée s'ouvre par un entonnoir vibratile dans la cavité céphalo-pédieuse, tandis que l'autre s'ouvre au dehors dans la région de la nuque. Ces tubes coexistent un certain temps avec les tubes rénaux correspondant à la cavité intra-mésodermique, accusant ainsi le caractère métamérique du corps des Mollusques ; leur région moyenne renflée contient même des concrétions ; comme les reins céphaliques des Annelés, ils ne tardent pas à disparaître.

Les organes formés aux dépens des parois de la cavité intra-mésodermique, autrement dit aux dépens du mésoderme régulier du second segment du corps des Mollusques, sont ceux dont les produits, par leur nature même, doivent être portés au dehors : c'est-à-dire les *organes excréteurs permanents* et les *organes reproducteurs*; la cavité intra-mésodermique correspond, en effet, à ce que nous avons précédemment nommé la *chambre excrétrice*. Comme cela se produit chez les Vers annelés, les deux chambres mésodermiques d'abord constituées vers la face ventrale de l'animal grandissent latéralement et tendent à se rapprocher de la face dorsale, où elles finissent par se toucher, se confondre et se mettre en large communication l'une avec l'autre.

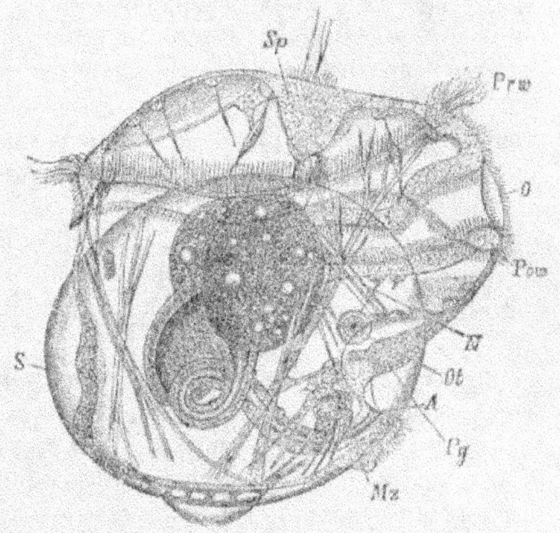

Fig. 1526. — Larve âgée de *Teredo*. — *O*, bouche ; *A* anus ; *Prw*, couronne prébuccale de cils ; *Pow*, couronne postbuccale ; *N*, néphridie céphalique ; *Ot*, otocyste ; *Pg*, ganglion pédieux ; *Mz*, cellules mésodermiques ; *Sp*, plaque apicale ; *S*, coquille (d'après Hatschek).

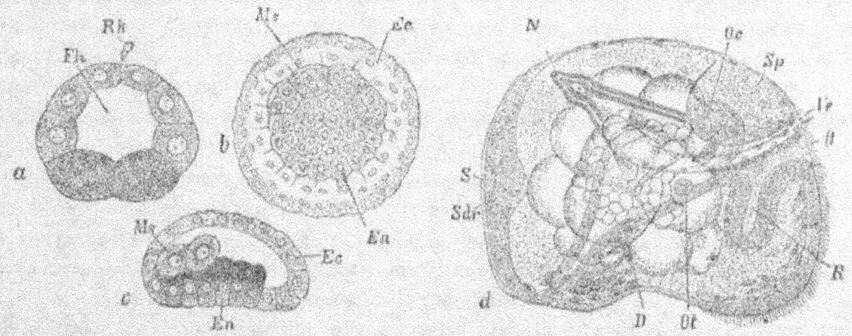

Fig. 1527. — Développement du *Planorbis*. — *a*, coupe optique d'un œuf divisé en vingt-quatre blastophères ; *Rk*, globules polaires ; *Fh*, cavité de segmentation ; — *b*, embryon avec quatre cellules mésodermiques vu par le pôle végétatif ; — *c*, coupe optique de cet embryon ; — *d*, embryon plus âgé ; *Sdr*, glande coquillière ; *L*, coquille ; *O*, bouche ; *D*, tube digestif ; *R*, radule ; *Sp*, plaque apicale ; *Oe*, œil ; *Ot*, otolithe ; *N*, rein primitif ; *Vr*, voile (d'après Rabl).

Le tube digestif traverse alors de part en part la cavité intra-mésodermique ; il est d'ailleurs complètement enveloppé par la lame interne du mésoderme, la splanchnopleure. Mais peu à peu la chambre excrétrice se trouve refoulée de toutes parts par la chambre circulatoire, les néphridies se forment à ses dépens ; les glandes génitales qui avaient proliféré à sa surface interne et qui demeurent encore à leur intérieur chez les Amphineures et les Céphalopodes s'isolent ; la chambre excrétrice perd donc peu à peu son importance première, et se réduit à un espace dans lequel viennent déboucher les glandes génitales, espaces que les organes rénaux mettent en communication avec l'extérieur. Par cette voie sont portés au dehors les produits des glandes formés à la surface de la chambre excrétrice et les produits génitaux préalablement diversés dans la chambre excrétrice elle-même (Amphineures, Céphalopodes) ; mais peu à peu l'orifice des canaux excréteurs des glandes génitales se rapproche de l'orifice interne des reins, se confond presque avec lui (Nuculidæ), finit par arriver à leur surface et dès lors peut se séparer avec le rein lui-même de la chambre excrétrice et former avec lui un organe indépendant ; c'est ce qui arrive pour le rein droit des Diotocardes qui perd sa communication avec la chambre excrétrice ou *péricarde*, et finit par n'être plus représenté que par la partie distale du canal excréteur des glandes génitales (Monotocardes).

L'appareil génital hermaphrodite des Opisthobranches et des Pulmonés apparaît sous la forme d'un bourgeon plein, situé chez les jeunes Pulmonés, avant l'éclosion, sur la paroi interne des téguments de la région nuchale, mais dont l'origine exacte et la composition initiale restent encore à déterminer[1]. Ce bourgeon devient claviforme et se pédonculise rapidement ; le point d'attache de son pédoncule marque la région où apparaîtra plus tard l'orifice commun de l'appareil génital chez les Helicidæ, l'orifice des conduits femelles chez les Limnæidæ. Le sommet de la massue génitale se cache parmi les lobes du foie ; c'est ce sommet qui deviendra plus tard le foyer de production des éléments sexuels. Au moment où le sommet du bourgeon a atteint la région du tortillon, on voit apparaître sur sa partie basilaire un autre bourgeon cellulaire, homogène, qui fournira les parties de l'appareil copulateur et qu'on peut appeler le *bourgeon pénial*. En même temps des éléments musculaires, tous orientés dans le sens de la longueur du bourgeon primitif, se différencient dans sa région inférieure, et cette différenciation se manifeste également bientôt à la base du bourgeon pénial. Elle se poursuit dans l'épaisseur de la région moyenne du bourgeon primitif, de manière à le diviser en trois cordons cellulaires pleins qui ne tardent pas à être isolés par deux fentes : l'une d'elles qui s'étend surtout vers le bas, la *fente utéro-déférente*, sépare les deux cordons qui deviendront respectivement l'oviducte et le canal déférent ; l'autre fente, ou *fente utéro-copulatrice*, sépare le futur oviducte de la poche copulatrice. Peu après, dans la région du bourgeon primitif que les fentes n'ont pas atteinte, deux nouvelles émergences constituent les rudiments de la glande de l'albumen et du diverticule, en même temps que le sommet du bourgeon devient mamelonné et prépare ainsi la constitution des follicules de la glande hermaphrodite. Alors apparaît, à la partie inférieure du bourgeon initial, le *bourgeon sagittal*, qui deviendra le sac du dard et qui est en rapport avec le rudiment de la poche copulatrice, comme le bourgeon pénial avec le rudiment du canal déférent. Toutes ces parties se creusent plus tard de cavités par écartement de leurs éléments ; les cavités apparaissent d'abord dans la région

---

[1] H. Rouzaud, *Recherches sur le développement des organes génitaux de quelques Gastéropodes hermaphrodites*, Montpellier, 1885.

des ébauches les plus voisines de leur insertion. Le muscle rétracteur du pénis apparaît au sommet libre du bourgeon pénial; la fente utéro-déférente pénètre peu à peu dans ce dernier, et le divise en deux parties entre lesquelles s'insère le muscle rétracteur du pénis; ces deux parties peuvent être nommées *région pénio-virgale et région pénio-déférente*; d'abord pleines, elles se creusent bientôt; la cavité qui apparaît dans la région pénio-virgale continue celle du vagin; elle détermine la formation de la papille virgale qui se creuse à son tour, en sens inverse, d'une cavité en communication avec celle de la région pénio-déférente. Le flagellum apparaît à la jonction du canal déférent et de la région pénio-déférente, dont la cavité semble se continuer à son intérieur; il demeure à l'état rudimentaire chez certains HELICIDÆ. Le pénis supplémentaire du *Bulimus detritus* est le résultat d'une simple scission du bourgeon pénial ordinaire; des divisions analogues pourront se produire sur le bourgeon sagittal, qui est également susceptible d'avortement. Une couronne de papilles apparues sur ce bourgeon est la première ébauche des vésicules multifides qui ne se groupent que plus tard en deux faisceaux; ces deux faisceaux peuvent se réduire à deux tubes simples par une modification ultérieure. Il semble résulter de ce mode de développement qu'une partie tout au moins des formes simples de l'appareil génital des Pulmonés sont, en réalité, des formes simplifiées, par suite sans doute d'une accélération dans le développement de la partie active de l'appareil. On remarquera que la fente utéro-déférente divise l'ébauche primitive en deux parties, l'une mâle, l'autre femelle, dans lesquelles se développent des organes correspondants; la poche copulatrice correspond au canal déférent, son diverticule au flagellum; le bourgeon sagittal est lui-même homologue du bourgeon pénial, et l'on peut admettre que l'appareil excréteur complexe de la glande hermaphrodite des Opisthobranches et des Pulmonés provient simplement du dédoublement de l'appareil excréteur d'une glande primitivement unisexuée. La séparation des sexes est, en effet, générale chez les Diotocardes, qui sont manifestement les plus anciens Gastéropodes, ceux dont les formes hermaphrodites ont ensuite dérivé.

Torsions des Gastéropodes. — Comme cela est fréquent chez les animaux qui vivent sédentairement dans des trous (Géphyriens inermes, *Phoronis*, *Halilophus*, *Rhabdopleura*), ou enfermés dans une enveloppe solide à un seul orifice (Bryozoaires), la bouche et l'anus des Mollusques sont rapprochés l'un de l'autre; cette disposition n'est pas primitive; elle est obtenue à l'aide d'une courbure vers la région ventrale qui s'accuse au cours du développement embryogénique chez tous les Mollusques, à l'exception peut-être des Amphineures. Cette courbure a pour conséquence de ramener en avant, du côté ventral, le bord postérieur et dorsal du manteau et de transformer le manteau tout entier en une sorte de bourse coiffant la région postérieure du corps; la coquille suit ce mouvement et passe de la forme d'un verre de montre à celle d'un dé à coudre. La cavité palléale s'accuse surtout sur la face ventrale où l'anus se trouve ramené; au devant d'elle se trouve le rudiment du pied, qui masquera d'autant plus son ouverture que le pied se développera davantage en arrière. Chez les Céphalopodes, dont le pied se développe, au contraire, en avant, son développement ne masque en rien l'ouverture de la cavité palléale; l'eau aérée arrive facilement aux branchies, la cavité palléale demeure du côté ventral; tous les organes qu'elle contient, et notamment les branchies, sont parfaitement symétriques. Si le corps s'allonge en arrière, l'animal le relève de façon à gêner le moins possible le fonctionnement des organes respiratoires et l'enroule en spirale vers le côté opposé à l'ouverture palléale, c'est-à-dire vers la face dorsale, laissant le tube digestif à l'extérieur (*Nautilus*); c'est ce qu'on nomme l'enroulement *exogastrique*; à ce mode d'enroulement peut se substituer l'enroulement *endogastrique* lorsque la coquille devient insignifiante (*Spirula*). Cet enroulement ne modifie en rien la symétrie intérieure de l'animal, et l'on s'explique ainsi que la chambre excrétrice ait gardé chez les Céphalopodes, malgré leur grande perfection organique, ses dispositions primitives. C'est aussi dans le sens exogastrique que s'enroule la coquille primitive des Gastéropodes (fig. 1542, n⁰ˢ 1 et 2). Ce mode d'enroulement demeure définitif chez les *Nautilus* où le pied ne s'allonge pas postérieurement [1]. Mais il en est tout autrement, *si la région postérieure du corps et le pied continuent à s'allonger ensemble en arrière;* l'ouverture de la chambre branchiale, saisie entre ces deux régions du corps, se trouve bientôt dans les plus mauvaises conditions pour fonctionner. L'animal remédie à cet état de chose en se tordant de droite à gauche, de manière que l'ouverture de la chambre branchiale soit graduellement amenée d'abord latéralement, puis en avant (fig. 1538) [2]. Cette torsion orientant en arrière le sommet primitivement antérieur de la spirale initiale, transforme son enroulement exogastrique en un enroulement endogastrique. D'ailleurs le sommet de la spirale ne reste pas dans le plan de symétrie de celle-ci; il

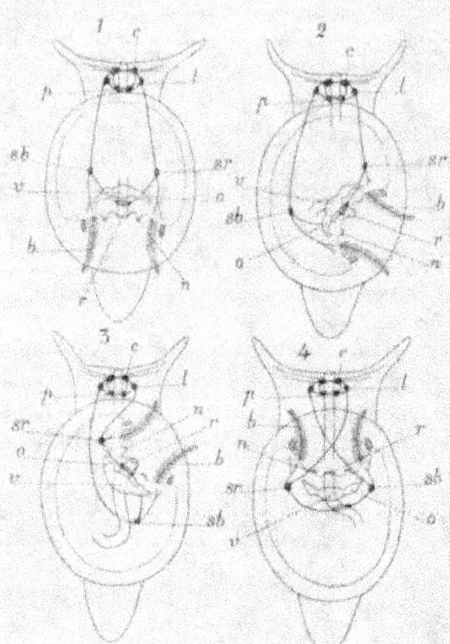

Fig. 1538. — Figures schématiques montrant les phases successives du mouvement de torsion inverse (mouvement en sens opposé à celui des aiguilles d'une montre) qui a amené la formation de la chiastoneurie chez les Prosobranches. — *I*, ganglions cérébroïdes; *l*, ganglions pleuraux; *p*, ganglions pédieux; *sb*, ganglion branchial primitivement gauche arrivant à être sub-intestinal; *sr*, ganglion branchial primitivement droit arrivant à être supra-intestinal; *b*, branchies accompagnées chacune d'une osphradie qui arrivent à changer leur position; o, oreillette; *v*, ventricule du cœur; *r*, rectum (d'après Lang).

fait, en général, peu à peu saillie à droite, et la spirale se transforme ainsi en une hélice dextrogyre; quelquefois d'ailleurs il fait saillie à gauche, l'hélice est lévogyre (*coquilles hyperstrophes*), mais ces particularités ne sauraient influer sur la position des organes; c'est ce que démontre la comparaison des AMPULLARIIDÆ

<hr>

[1] L. BOUTAN. *Recherches sur l'anatomie et le développement de la Fissurella.* Archives de Zoologie expérimentale, 2ᵉ série, vol. VIII bis, Suppl. 1886.

[2] Tout se passe comme si l'animal, stimulé par le besoin de respirer, contractait dissymétriquement ses muscles, en prenant sa sole pédieuse et sa région céphalique comme points d'appui, pour amener l'ouverture de sa chambre branchiale à la position la plus favorable. On remarquera avec quelle netteté la doctrine de Lamarck explique les phénomènes de torsion si singuliers au premier abord et la dissymétrie si accusée que présentent les Gastéropodes.

dextres et sénestres [1]. La rotation éprouvée par toute la région basilaire de l'hélice (fig. 1534) est *inverse*, c'est-à-dire qu'elle s'effectue de droite à gauche, en sens inverse des aiguilles d'une montre pour un observateur placé dans l'axe de rotation; sa valeur atteint et dépasse 180°. Un tel mouvement se produit réellement dans l'embryon (*Vermetus*) par une atrophie de la moitié gauche antérieure de l'animal dont la moitié droite est graduellement transportée à gauche; chez les Gastéropodes les moins modifiés (*Haliotis*), la branchie et le rein gauches sont, en effet, déjà réduits, mais transportés à droite; dans la règle ils avortent et l'animal n'a plus de fonctionnels qu'une branchie, une osphradie et un rein primitivement droits, topographiquement gauches chez l'adulte, après la rotation. Mais tous ces organes sont situés à sa gauche; seul l'orifice génital correspondant au rein gauche a persisté à droite de l'anus. Une autre conséquence de ce transfert, c'est que l'allongement relatif de la moitié droite de la commissure viscérale a permis au ganglion viscéral droit de suivre la branchie, et il a passé pour cela au-dessus du tube digestif, d'où la chiastoneurie.

Chez les Opisthobranches, la réduction de la portion du corps enroulée en hélice (fig. 1365, p. 1963; 1369, 1371, 1372 et 1433, p. 2000), l'exten-sion égale à celle du pied que prend la base du tronc, la réduc-tion de la cavité palléale qui amène les branchies à être presque superficielles permettent à celles-ci de fonctionner d'une fonc-tion normale sans nécessiter aucune torsion. Les règles de la symétrie bilatérale tendent à reprendre le dessus; la branchie revient à droite (*Pleurobranchea*), la commissure viscérale se détord et la chambre branchiale peut finalement être ramenée à la face ventrale du corps (Thécosomes droits). Ce mouve-ment de détorsion détermine l'enroulement autour du tube digestif du conduit génital qui est ramené à la face ventrale du corps.

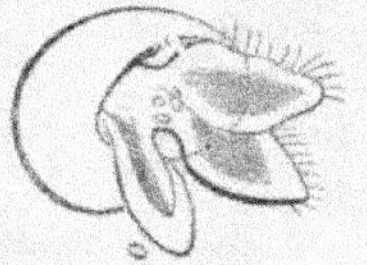

Fig. 1539. — Larve d'*Æo-lis.* — *o*, pied (d'après Alder et Hancock).

Métamorphose des larves de certains Gastéropodes. — Toutes les larves de Prosobranches et d'Opisthobranches, et, parmi les Pulmonés, celles des *Siphonaria*, *Gadinia* et AURICULIDÆ, ont une coquille enroulée et leur pied porte un opercule. Les larves des Opisthobranches nues ne diffèrent en rien, à ce moment, de celles des Gas-téropodes qui sont pourvus d'une coquille à l'état adulte (fig. 1539). Chez les Ptéro-podes gymnosomes et les Nudibranches, la perte de la coquille après la vie larvaire, la résorption de la partie enroulée du corps et l'apparition des caractères définitifs des Nudibranches, constituent une véritable métamorphose qui se réduit chez les Prosobranches, en général, à la résorption du voile. Au moment de l'éclosion les jeunes Nudibranches ont épuisé toutes leurs réserves; bientôt la coquille disparait, la masse viscérale cesse de faire saillie, l'animal dépourvu de tout appendice a l'aspect d'une petite Planaire (stade *planariforme*); les rhinophores apparaissent les premiers (*Æolis exigua*); vient ensuite une paire de papilles dorsales, située en avant de l'anus, et une seconde en arrière de cet orifice; les papilles nouvelles se forment successivement d'avant en arrière, à la fois entre la première paire de papilles et l'anus, et en arrière de la seconde paire. L'anus semble diviser le corps en deux régions, sur chacune desquelles les papilles poussent comme si ces régions étaient

---

[1] Chez les Pulmonés, l'interversion dans le sens de l'enroulement de la coquille est liée au contraire à une interversion de tous les organes; c'est probablement cette der-nière interversion qui est primitive et a entraîné l'autre.

deux zoïdes, distincts, se métaméridant indépendamment l'un de l'autre, à la façon

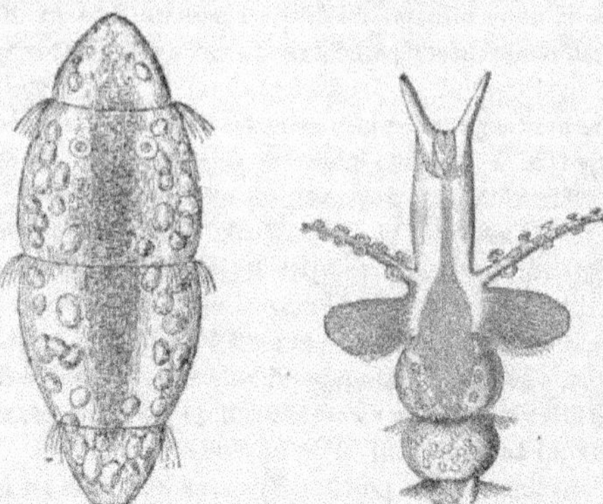

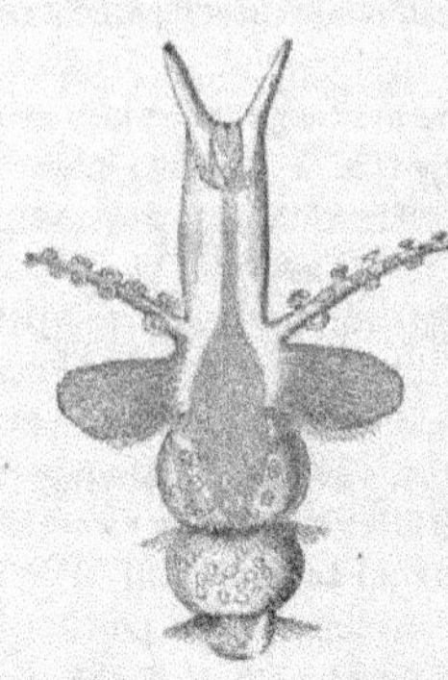

du céphalothorax et de l'abdomen de certains Crustacés
(p. 973). Une division métamérique analogue donne lieu
chez les Ptéropodes gymnosomes à l'apparition d'une
seconde forme larvaire, se
constituant avant le développement complet des nageoires
et qui est caractérisée par
l'apparition de trois ceintures
ciliées (fig. 1540 et 1541). Le
premier cercle est placé entre
les tentacules et le cerveau;
comme la bouche est déjà
terminale, il n'a rien à faire
avec la ceinture ciliée de la
trochosphère; il est, en général, formé de houppes de

Fig. 1540. — Jeune larve à trois ceintures ciliées de *Pneumoder-mon violaceum*; les pièces buc-cales sont rétractées; on voit les otocystes par transparence (d'après Gegenbaur).

Fig. 1541. — Larve âgée de *Pneu-modermon violaceum* (d'après Gegenbaur).

cils séparées les unes des autres; le second cercle est presque médian, le dernier

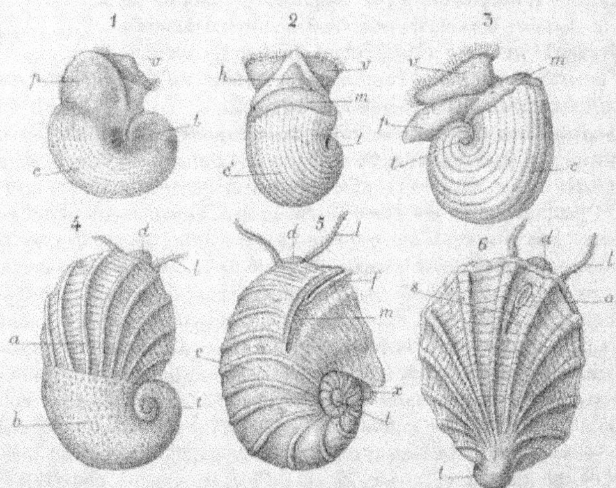

Fig. 1542. — Métamorphose de la *Fissurella reticulata*. 1 et 2, embryons vus de trois quarts et par la face ventrale durant la phase de l'enroulement exogastrique. — 3, embryon plus âgé ramené par la torsion de l'embryon vers la gauche à l'enroulement endogastrique. — 4, apparition de la coquille définitive. — a, coquille définitive; b, coquille larvaire. — 5, stade *Emarginula*. — 6, stade *Rimula*. — p, pied; v, voile; m, manteau; c, coquille; f, commencement de l'hélice; l, tentacules; d, mufle; f, fente de la coquille; o, orifice de la coquille rimuliforme; f, fente qui la suit; x, lobe operculigère (d'après Boutan).

se trouve un peu en avant de l'extrémité postérieure du corps; ces deux cercles ne disparaissent que très tard et le dernier persiste parfois définitivement. On ne voit pas encore comment rattacher ces dispositions à l'organisation métamérique primitive des Mollusques. On peut rapprocher ce phénomène d'apparition tardive des ceintures ciliées, des phénomènes analogues que présentent certains Polychètes (*Nerilla antennata*) où les ceintures ciliées ne se montrent aussi qu'à une période tardive du développement, comme des organes héréditaires qu'une adaptation embryonnaire particulière à fait momentanément disparaître [1].

Quelquefois la coquille, au lieu de disparaître, subit d'intéressantes modifications et revêt successivement les caractères de plusieurs genres. Chez les *Fissurella* (fig. 1542) la coquille exogyre (n°ˢ 1 et 2), dont l'apparition momentanée a, d'après ce que nous venons de dire, une importance primordiale, est ornementée d'arborescences irrégulières, lisses, disposées en lignes héliçoïdales; la torsion caractéristique des Gastéropodes la ramène à l'enroulement endogastrique (n° 3) et, à partir de ce moment, commence à se constituer une coquille ornée de côtes longitudinales, tout à fait différente d'aspect de la coquille primitive dont elle demeure d'ailleurs très nettement délimitée (n° 4); à mesure que cette coquille se développe, elle revêt successivement les caractères des genres *Emarginula* à fente marginale (n° 5), *Rimula* à trou latéral (n° 6), avant de revêtir ceux de *Fissurella* à trou apical. Pendant qu'elle évolue ainsi, le tortillon se réduit et la coquille restante est alors symétrique par rapport à un plan. Les *Lamellaria* ont de même tout d'abord des coquilles de *Calcarella* (fig. 1543) ou *Echinospira*. Très souvent d'ailleurs la coquille embryonnaire présente des caractères très spéciaux, différents de ceux des coquilles adultes et qu'il est possible de reconnaître par suite de la conservation fréquente chez celles-ci de la coquille embryonnaire qui constitue leur nucleus. Souvent aussi l'ouverture des jeunes coquilles est différente

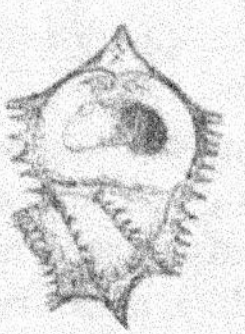
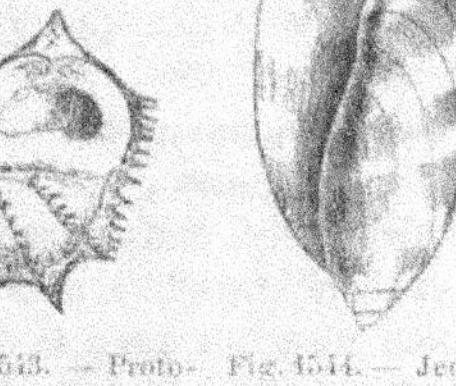

Fig. 1543. — Protoconque (*Calcarella*) de *Lamellaria* (d'après Souleyet).

Fig. 1544. — Jeune coquille de *Cypræa testudinaria*.

de celle de l'adulte; leur labre est généralement tranchant, alors même qu'il devra plus tard se recourber soit en dehors, soit en dedans (*Cypræa*, fig. 1544), ou qu'il présentera des ornementations diverses.

Métamorphose et migration des Unionidæ. — Par une exception unique jusqu'ici parmi les Lamellibranches, le développement des UNIONIDÆ s'accomplit en deux stades caractérisés chacun par une forme larvaire particulière; en outre la métamorphose se complique ici d'une migration. Les œufs pondus au printemps ou en été passent dans l'espace interfoliaire de la lame branchiale interne et de là dans celui de la lame externe, par l'extrémité postérieure de la branchie où ces deux espaces communiquent. Le développement s'accomplit d'une façon normale et aboutit à la formation d'une larve sans branchies dont la coquille bivalve, munie d'un puissant adducteur antérieur, présente un crochet saillant. Sur le bord ventral de chaque valve, au-dessus de l'invagination stomodéale, se dresse un long filament qui se prolonge jusqu'au muscle adducteur, et en fait plusieurs fois le tour; des fais-

---

[1] Sophie PEREYASLAWZEWA, *Mémoire sur l'organisation de la Nerilla antennata*. Ann. sc. nat., 3ᵉ série, t. I, 1896.

ceaux de soies irrégulièrement disposés en ceinture prébuccale, deux enfoncements symétriques placés un peu au-dessous du stomodœum et une plaque ciliée postérieure, achèvent de caractériser cet embryon désigné sous le nom de *Glochidium*.

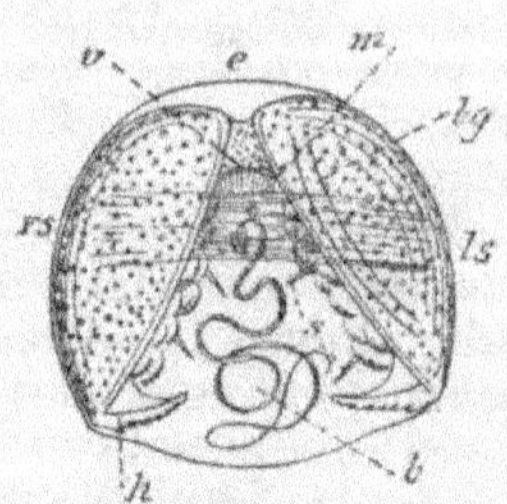

Fig. 1545. — *Glochidium*, larve d'Anodonte. — *b*, long filament caractéristique; *pg*, glande; *e*, coquille; *h*, ses crochets marginaux; *rs*, valve droite; *ls*, valve gauche; *m*, muscle postérieur des valves; *s*, soies; *v*, voile.

Les *Glochidium* (fig. 1545) hivernent dans les branchies de la mère. Au printemps ils s'échappent par l'orifice efférent, et nagent en faisant battre leurs valves, à la façon des Limes, jusqu'à ce qu'ils arrivent au contact des nageoires ou des branchies d'un poisson; ils s'y fixent alors et s'enkystent. Durant leur enkystement, ils acquièrent un pied, des otocystes, des branchies; l'invagination stomodéale s'ouvre dans la cavité archentérique; bien plus tard le proctodœum se constitue, tandis que les invaginations sous-buccales prennent part à la formation des tissus internes. Le bord du manteau se constitue à neuf; la plaque ciliée postérieure et le filament disparaissent; la forme des valves se modifie sans nécessiter un renouvellement de celles-ci. Au moment où il quitte son hôte, le jeune Mollusque n'a pas encore de lame branchiale externe; celle-ci n'apparaît que la troisième année et la maturité sexuelle au bout de cinq ans.

Développement des Céphalopodes. — En raison de l'énorme quantité de vitellus qu'ils contiennent, non seulement les œufs des Céphalopodes ne se segmentent que partiellement, mais encore le mode de formation des feuillets embryonnaires est notablement modifié, et la structure de l'embryon est elle-même altérée. La segmentation n'aboutit pas à la formation d'une *gastrula*, mais à celle d'une aire cellulaire exodermique, le *disque germinatif*, occupant le pôle aigu de l'œuf. Ce disque s'étend encore sur presque tout le pourtour du vitellus chez les Œgopsida [1]; il se réduit de plus en plus, proportionnellement au vitellus, des *Argonauta*, aux *Loligo* et aux *Sepia* (1546). Des bords du disque exodermique naît une couche cellulaire qui s'étend à la fois sous le disque et en dehors de lui, fournissant par la prolifération active de ses éléments de nombreux noyaux qui se répartissent autour de la masse vitelline et finissent par constituer autour d'elle une membrane continue. La partie de cette couche située au-dessous du disque germinatif constitue un *ento-mésoderme*. A sa partie postérieure il produit une sorte de gouttière ouverte du côté du vitellus [2] dont elle est séparée par la membrane périvitelline; cette gouttière est le premier rudiment de la région du tube digestif qui se transformera en estomac et en intestin. De chaque côté de cette cavité, à droite et à gauche, se développe une lame de cellules qui semble en continuité avec le mésoderme et qui formera, en se reployant, un diverticule hépatique. Les deux diverticules se fusionneront plus tard pour constituer le foie unique de l'adulte. Comme d'habitude, des invaginations exodermiques constituent l'œsophage et le rectum. La bouche se forme, en général, près du bord antérieur du disque germinatif. Sur celui-ci se différencient successivement, formant un corps

[1] GRENACHER, *Zur Entwickelung der Cephalopoden*, Zeitsch. f. w. Zoologie, t. XXXIV, 1874.
[2] L. VIALLETON, *Recherches sur les premières phases de développement de la Seiche*, Annales des sciences naturelles, 7e série, t. VI, 1888.

qui se développe de plus en plus à l'opposé du vitellus (fig. 1546) : 1° le manteau et à son centre l'invagination préconchylienne; 2° les bourgeons des branchies, et au-dessous d'eux deux replis postérieurs, qui demeurent séparés chez le Nautile, mais se fusionnent chez les autres Céphalopodes pour constituer l'entonnoir. Les bords latéraux et postérieurs du disque germinatif, en se découpant en huit (OCTOPODA) ou dix saillies (DECAPODA), donnent naissance aux rudiments des bras, tandis que le bord antérieur, sur lequel apparaissent latéralement les yeux, constitue la tête; celle-ci est peu à peu entourée par les bras, qui appartiennent d'ailleurs à la même région embryonnaire qu'elle-même. Les ganglions nerveux se forment isolément par prolifération de l'exoderme; le ganglion brachial se différencie seul aux dépens du ganglion pédieux correspondant. Les yeux et les otocystes sont d'abord de simples invaginations exodermiques; les otocystes, primitivement très écartés, se forment sur le pied et se rapprochent peu à peu vers la ligne médiane jusqu'au contact. Les autres organes se constituent aux dépens de ceux qui sont déjà formés suivant le type normal.

La tête du jeune animal avait d'abord sur le reste du corps un énorme prédominance, et, sur la tête, les yeux étaient eux-mêmes énormes; à mesure que le développement se poursuit, les proportions de ces diverses parties se rapprochent des proportions qu'elles devront avoir chez l'adulte; en même temps, la tête se sépare de plus en plus de la portion de la masse vitelline qui n'a pas été résorbée et qui

Fig. 1547. — Embryon de Seiche vu par la face dorsale peu avant l'éclosion. — *Ds*, sac vitellin (d'après Kölliker).

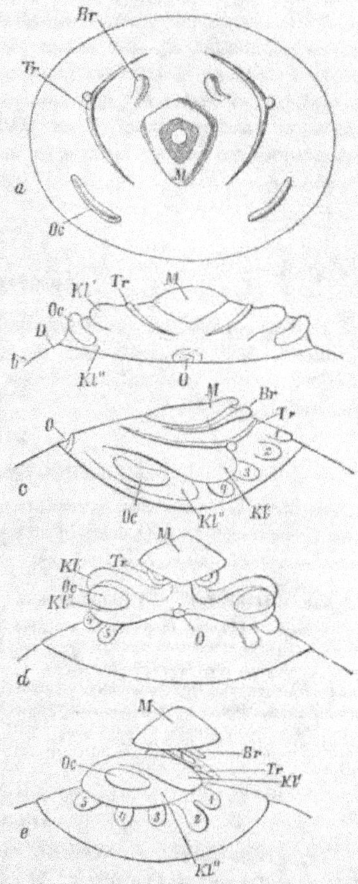

Fig. 1546. — Cinq phases du développement du *Sepia officinalis*. — *a*, disque germinatif vu en dessus; — *b, d*, deux embryons d'âge différent vus en avant; — *c, d*, embryons vus de profil. — *M*, manteau; *Oc*, œil; *Tr*, repli de l'entonnoir; *k, k', k"*, lobes céphaliques; *Br*, branchies; *O*, bouche; 1 à 5, bras (d'après Kölliker).

bientôt n'est plus extérieurement reliée au jeune animal que par une sorte de pédoncule; il se constitue ainsi un sac vitellin frontal (fig. 1547, *Ds*) qui s'étend jusqu'à l'estomac, avec lequel il demeure en contact sur une petite étendue de la ligne médiane, et qui est entièrement résorbé au moment de l'éclosion.

Durée de la vie des Mollusques. — La durée de la vie des Mollusques varie d'une espèce à l'autre. Beaucoup de Lamellibranches sont adultes au bout d'un an (*Mytilus*, *Teredo*); les CYCLADIDÆ, les Pulmonés, beaucoup de Nudibranches sont bisannuels; les *Paludina* vivent trois ou quatre ans. Adultes au bout de deux ans, les *Avicula* vivent ensuite un temps plus ou moins long; les Huîtres ne deviennent adultes qu'au bout de cinq ans et peuvent atteindre dix ans dans les parcs; les *Tridacna* vivent au moins aussi longtemps; des *Littorina littorea* ont vécu vingt ans en captivité, et c'est à cet âge seulement que les *Anodonta* atteignent leur taille maximum. La durée de la vie est évidemment très longue chez les Céphalopodes gigantesques qui ont été, à diverses reprises, capturés ou signalés dans les mers chaudes.

I. CLASSE [1]

AMPHINEURES

Corps symétrique, à bouche et anus aux deux extrémités opposées du corps; téguments palléaux contenant des spicules; point de coquille univalve ou bivalve. Orifices rénaux postérieurs. Souvent une sole ventrale de reptation. Une radule. Marins.

I. ORDRE

POLYPLACOPHORA

Une large sole ventrale, occupant toute la face inférieure du corps; un manteau recouvrant la face dorsale et portant huit plaques transversales cornéo-calcaires ou cérames. Des branchies entre le manteau et le pied.

FAM. **CHITONIDÆ**. — Famille unique.

Chiton, L. Cérames largement visibles. Sg. *Leptochiton*. Bords du manteau uniformément couverts d'épines. *L. marginatus*, Atl. Sg. *Callochiton*; des branchies seulement dans la région postérieure du corps. *C. lævis*, Atl., Médit. Sg. *Acanthochiton*. Sur les bords du manteau des faisceaux d'épines correspondant aux plaques dorsales. *A. fascicularis*, Atl., Médit. — *Chitonellus*, Lmk. Cérames peu visibles, pas toujours articulées, entre elles; pied étroit. *C. fasciatus*, Pacif. — *Cryptochiton*. Cérames entièrement cachées sous le manteau. *C. Stelleri*, golfe de Californie.

II. ORDRE

APLACOPHORA

Corps vermiforme, entièrement enveloppé par le manteau; pas de plaques dorsales; des spicules palléaux.

I. SOUS-ORDRE

NEOMENIATA

Un sillon ventral.

FAM. **NEOMENIIDÆ**. — Famille unique.

Neomenia, Tullb. Des branchies, pas de radule. *N. carinata*, Atl. N. — *Paramenia*, Pruv. Des branchies, une radule. *P. implexa*, Médit. — *Proneomenia*, Hubr. Pas de branchies; des papilles épithéliales enfermées dans la cuticule. *P. aglaopheniæ*, Marseille. —

---

[1] P. FISCHER, *Manuel de Conchyliologie*, 1887. — TRYON, *A Manual of Conchology*.

Ismenia, Pruv. Cuticule mince ; une éminence ventrale précloacale. *I. ichthyodes*, Médit. — *Lepidomenia*, Kaw. Mar. Cuticule mince ; radule volumineuse. *L. hystrix*, Médit. — *Dondersia*, Hubr. Cuticule mince ; radule rudimentaire ou nulle. *D. festiva*, Médit.

2. SOUS-ORDRE

CHÆTODERMATA

Pas de sillon ventral ; extrémité postérieure renflée en forme de cloche et contenant deux branchies feuilletées.

Fam. **CHÆTODERMIDÆ.** — Famille unique.

Chætoderma. Lov. Genre unique. *C. nitidulum*, Atl. N.

II. CLASSE

GASTÉROPODES

Mollusques le plus souvent dissymétriques, à coquille tubulaire ou patelliforme, quelquefois absente, univalve, le plus souvent susceptible d'être fermée par un opercule porté par l'extrémité postérieure du pied de l'animal. Tête bien caractérisée, tentaculifère; pied aplati, de manière à présenter une sole de reptation, parfois remplacée (HÉTÉROPODES) par une nageoire verticale, ou développant deux nageoires latérales. Une radule. Marins, lacustres ou terrestres.

I. ORDRE

PROSOBRANCHIA (PROSOBRANCHES)

Coquille généralement bien développée, le plus souvent operculée. Des branchies abritées dans une cavité branchiale dorsale bien caractérisée. Osphradie représentée par une saillie linéaire ou par un organe bipectiné. Oreillette du cœur placée en avant du ventricule. Système nerveux chiastoneure. Sexes séparés.

1. SOUS-ORDRE

DIOTOCARDES

Coquille souvent nacrée en dedans, quelquefois fendue ou percée de trous; operculée quand elle est tubulaire et hélicoïdale, ou inoperculée et alors plus ou moins aplatie et patelliforme. Radule pourvue de très nombreuses dents marginales (Rhipidoglosses). Branchies bipectinées, au nombre de deux chez les formes primitives. Cœur muni de deux oreillettes, à ventricule traversé par le rectum, sauf chez les formes terrestres. Un épipodium. Système nerveux chiastoneure ou orthoneuroïde; une commissure labiale. Coupe oculaire ouverte, mais à cavité remplie par un cristallin. Otocyste avec otoconie.

1. Section. *HOMONÉPHRIDES.* — Deux branchies. Deux reins, de structure semblables. Pas d'organe d'accouplement. Remontent à la période primaire.

Fam. **PLEUROTOMARIIDÆ.** — Coquille nacrée intérieurement, hélicoïdale ou turbinée, à labre fendu. Opercule corné. Manteau présentant une fente correspondant à celle de la coquille.

Pleurotomaria, Defrance. Coquille grande; assez épaisse; tentacules simples; épipodium frangé; remontent au cambrien; 4 espèces vivantes. *P. Quoyana*, Antilles. — *Scissurella*, d'Orb. Coquille petite, très mince, à fente quelquefois remplacée par un trou (*Schismope*); tentacules longs, pectinés; épipodium portant quatre longs appendices pectinés. *S. crispata*, Manche. *S. (Schismope) cingulata*, Médit.

Fam. **FISSURELLIDÆ**. — Coquille patelliforme, non nacrée, symétrique, ainsi que les branchies, avec une fente ou un trou qui peut occuper le bord ou le sommet de la coquille ou une position intermédiaire; portant l'impression d'un muscle adducteur en fer à cheval ouvert en avant. Point de palmettes céphaliques.

Emarginula, Lmk. Bord de la coquille fendu en avant, ou présentant vers le milieu de la génératrice antérieure un orifice oblitéré (*Rimula*); coquille conique incurvée en arrière à ouverture entièrement libre. *E. fissurata*, Manche, Océan. *E. (Nesta) candida*, mer Rouge. *E. (Rimula) exquisita*, Philippines. — *Scutum*, Montfort. Bord de la coquille simplement un peu sinueux en avant; sommet à peine saillant, postérieur un peu excentrique; ouverture libre, *S. australe*, Australie; *S. (Tugalia) osseum*, îles Fidji. — *Zidora*, Adams. Coquille fendue en avant; son ouverture fermée en arrière par une grande plaque calcaire, libre en avant. *Z. reticulata*, Antilles. — *Puncturella*, Lowe. Un foramen au voisinage du sommet de la coquille; un petit septum intérieur au niveau du foramen. *P. noachina*, Écosse; *P. (Cranopsis) asturiana*, golfe de Gascogne, 2000 m.; *P. (Fissurisepta) granulosa*, mers d'Europe. — *Fissurella*, Bruguière. Coquille à sommet dirigé en avant, tronqué et perforé, non recouverte par le manteau. *F. (Glyphis) græca*, toutes nos côtes; *F. (Macroschisma) maxima*, Philippines. — *Fissurellidea*, d'Orb. Perforation de la coquille très grande; manteau recouvrant presque toute la coquille. *F. hiantula*, Patagonie; *F. (Lucapina) crenulata*, Californie; *F. (Pupilia) aperta*, Patagonie.

2. Section. *HÉTÉRONÉPHRIDÉS*. — Coquille spiralée, nacrée intérieurement ou très lisse et porcelanée en dessus. Des palmettes céphaliques; des pédoncules oculaires et des tentacules. Branchie droite plus petite que la gauche ou nulle. Radule à neuf, onze, treize, rarement dix-neuf dents centrales. Les deux reins de structure très dissemblable. Corps toujours dissymétrique. Dialyneures. Pas de pénis.

Fam. **HALIOTIDÆ**. — Coquille nacrée, spirale, surbaissée, largement ouverte, sans opercule, présentant sur son dernier tour une série de trous. Manteau fendu au niveau des dernières perforations de la coquille. Deux branchies inégales.

Haliotis, Lamarck. Genre unique. (Sg. *Haliotis*, Lam., *Tinotis*, Adams, *Padollus*, Montf., *Sulculus*, Ad.) *H. tuberculata*, Manche, Atl. *H. lamellosa*, Médit.

Fam. **STOMATIDÆ**. — Coquille nacrée, sans perforation ni échancrure, auriforme et spirale ou patelliforme, quelquefois operculée; avec une impression musculaire en forme de croissant ouvert en avant. Une seule branchie.

Phaneta, Ad. Coquille épidermée, mince, trochiforme, à ouverture ample subsinueuse en avant. *P. Everetti*, Bornéo. — *Stomatia*, Helbling. Coquille auriforme et spirale à tours carénés ou tuberculeux en dehors, plissée à la suture; palmettes digitées, pied grand, suture en avant; épipodium frangé, aboutissant à droite à une sorte de siphon anal. *S. phymotis*, Java. — *Stomatella*, Lmk. *Stomatia* à coquille sillonnée spécialement, à tour convexe, operculée; palmettes triangulaires, pied court, *S. imbricata*, Océan Indien. — *Microtis*, Ad. *Stomatia*, à coquille présentant deux côtes spirales, tuberculeuse, à pied échancré en avant pour recevoir la tête. *M. tuberculata*. — *Gena*, Gray. *Stomatia* à coquille lisse ou finement striée, à spire excentrique non carénée, à membrane épipodiale appliquée sur la coquille; quelquefois deux siphons antérieurs. *G. lævis*, Tahiti. — *Broderipia*, Gray. Coquille patelliforme, nacrée. *B. rosea*, Pacifique.

Fam. **TROCHIDÆ**. — Coquille nacrée, conique, turbinée ou héliciforme, à ouverture formée en arrière par le premier tour de spire; opercule corné; circulaire, multispiré, à nucleus central. Palmettes simples ou digitées, quelquefois réunies à un voile céphalique; épipodium portant des cirres allongés. De 9 à 19 dents centrales, ordinairement 11, (Rc) à la radula.

Trochus, Rondelet. Coquille conique, à dernier tour caréné ou anguleux, à base presque plane avec un faux ombilic; columelle terminée par une saillie dentiforme; des cirres épipodiaux; pas de mâchoire. Rc = 6. 1. 6 ou 5. 1. 5. *T. niloticus*, Chine. — *Clanculus*, Montfort. *Trochus* à faux ombilic crénelé, à labre plissé en dedans; à tours ornés de cordons spiraux, granuleux, quatre paires de cirres épipodiaux; Rc = 6. 1. 6. *C. corallinus*, Médit. — *Elenchus*, Swainson, coquille allongée, lisse; trois paires de cirres épipodiaux; Rc = 5. 1. 6. *E. iris*, Nouvelle-Zélande. — *Monodonta*, Lmk., coquille épaisse, sillonnée spiralement; columelle tronquée, arquée, fortement dentée; labre sillonné ou denticulé intérieurement; quatre paires de cirres épipodiaux : Re = 6. 1. 6. *M. labia*, Afrique orientale. — *Trochopochlea*, Klein. *Monodonta* à trois paires de cirres épipodiaux, à columelle non tronquée, noduleuse. *T. lineata*, Manche, Océan. — *Photinula*, H et A. Adams, Coquille lisse, à zones ou lignes héliçoïdales; une callosité sur la région ombilicale; quatre paires de longs cirres épipodiaux. *P. tæniata*, Patagonie. — *Gaza*, Watson. Coquille héliciforme, à labre réfléchi, à région ombilicale cachée par une callosité nacrée. G. (*Callogaza*) *superba*, Antilles, prof. — *Neomphalius*, Fischer. *Monodonta* à coquille ombiliquée, ornée de côtes ou de séries héliçoïdales de granulations, avec une callosité autour de l'ombilic. *N. viridulus*, Antilles. *N. (Chlorostoma) argyrostomum. N. (Tegula) pellis serpentis*, côte O. de l'Amérique. — *Chrysostoma*, Swainson. Coquille épaisse, polie, à spire courte, à labre lisse intérieurement, à ombilic couvert par la callosité columellaire; Re = 5. 1. 5.; opercule paucispire. *C. paradoxum*, Oc. Indien. — *Umbonium*, Lmk. Coquille lenticulaire, émaillée extérieurement; un tubercule dentiforme à la base de la columelle; tentacules inégaux, le gauche borné au tentacule oculaire et à une sorte de siphon; des mâchoires; Re = 6. 1. 6. *U. vestiarium*, O. Indien. — *Livona*, Gray. Coquille turbinée, ombiliquée, solide, lisse, à région ombilicale calleuse; cirres épipodiaux très nombreux; des mâchoires; Re = 1 (9. 1. 9) 1. *L. pica*, Antilles. — *Gibbula*, Risso. Coquille conoïde ombiliquée, à tours convexes, renflés et souvent gibbeux près des sutures, spire peu élevée, columelle oblique, subsinueuse ou tuberculeuse; tentacules longs, annelés; trois paires de cirres épipodiaux; Re = 1 (5. 1. 5) 1. *G. magus*, toutes nos côtes. — *Steromphalus*, Leach. Ombilic étroit ou fermé; columelle non dentée à la base. *S. cinerarius*, Manche, Océan. — *Circulus*. Jeffreys. Coquille très déprimée, à cordons spiraux et costules; ombilic très large; ouverture subquadrangulaire. *C. striatus*, Océan, Médit. — *Eumargarita*, Fischer. Coquille conoïde ou subglobuleuse, ombiliquée, mince, unicolore; base aplatie; bord columellaire arqué; un voile frontal frangé, multilabié; tentacules frangés; de chaque côté, 5 à 7 cirres épipodiaux avec un tubercule ocelliforme à leur base; des mâchoires; Re = 1 (4 à 6. 1. 4 à 6) 1. *E. helicina*, mers arctiques. — *Valvatella*, Gray. Coquille jeune semblable à une *Eumargarita*, munie à l'état adulte d'une columelle large, aplatie, portant un tubercule dentiforme à surface granuleuse. *B. cuspira*, Antilles. — *Bathymophila*, Dall. Coquille conique; tours arrondis, recouverts d'un epiderme lamelleux; axe imperforé; opercule circulaire, corné, polygyré. *B. groenlandica*. — *Solariella*, Wood. Diffèrent des *Eumargarita* par leur coquille ornée de cordons héliçoïdaux tuberculeux; Re = 1 (3. 1. 3.) 1; 5 à 10 dents marginales très longues. *S. obscura*, mers arctiques. — *Zizyphinus*, Gray. Coquille conique, à spire aiguë, à tours à peine convexes, sans ombilic; columelle simple, subdentée ou subtronquée à la base; palmettes petites; 3 ou 4 paires de cirres épipodiaux; Re = 1 (5. 1. 5.) 1, la dent latérale très grande. *Z. conuloides*, Manche, Océan. — *Euchelus*, Philippi. Coquille conoïde ou turbinée, à tours convexes, ornée de cordons héliçoïdaux rugueux ou granuleux; columelle aiguë, droite, dentée à sa partie antérieure; labre épais, crenelé ou sillonné intérieurement; opercule paucispiré; quatre paires de cirres et de nombreux filaments épipodiaux; des mâchoires; Re = 5. 1. 5. *E. atratus*, O. Indien.

FAM. DELPHINULIDÆ. — Diffèrent des TROCHIDÆ par l'ouverture parfaitement circulaire de la coquille et l'absence de palmettes céphaliques.

Delphinula, Lmk. Tours d'hélice rudes, épineux, anguleux; opercule simplement corné; 5 paires de cirres épipodiaux. *D. laciniata*, Chine. — *Liotia*, Gray. Coquille blanche, ornée de côtes longitudinales ou treillissée; opercule perlé de calcaire; un lobe et trois cirres épipodiaux de chaque côté. *L. Peroni*, Chine.

FAM. CYCLOSTREMATIDÆ. — Coquille petite, non nacrée, à ouverture circulaire; opercule corné, multispiré, à nucleus central. Pas de palmettes céphaliques. 3 ou 4 paires de cirres épipodiaux; pied tronqué en avant et prolongé à chaque angle en un tentacule; Re = 1. 1. 1.

Cyclostrema, Marryat. Coquille à fortes côtes héliçoïdales; ouverture presque circulaire; ombilic profond. *C. serpuloides*, Océan, Médit. — *Tharsis*, Jeffr. *Cyclostrema* à coquille lisse, à ombilic fermé par un bourrelet calleux chez l'adulte. *T. romettensis*, Atl., Médit. — *Ganesa*, Jeffr. Coquille mince, naticiforme. *G. pruinosa*, Atl. prof. — *Tinostoma*, H. A. Adams. Coquille polie ou à stries héliçoïdales, à région ombilicale calleuse, à ouverture ovale, transverse. *T. politum*, Philippines.

Fam. **TURBINIDÆ**. — Coquille solide, ordinairement nacrée, lisse ou rugueuse, turbinée ou trochiforme; opercule calcaire. Semblables d'ailleurs aux Trochidæ.

Turbo, Linné. Coquille nacrée intérieurement, à ouverture circulaire, généralement prolongée en une languette. *T. sanguineus*, Médit., Océan ou sud de la Loire. — *Astralium*, Link. *Turbo* à péristome non continu, à tour parfois calcarifome. *A. rugosum*, Médit. — *Phasianella*, Lmk. Coquille sans nacre, polie, ornée de dessins variés et persistants; péristome non continu, ouverture ovale. *P. pullus*, *P. tenuis*, St-Vaast, Océan.

3. Section. *MONONÉPHRIDÉS*. — Coquille non nacrée, hélicoïde, souvent globuleuse, operculée. Pas de palmettes céphaliques; épipodium limité au lobe operculigère, dépourvu de cirres. Une seule branchie placée horizontalement, remplacée par un poumon chez les formes terrestres (Helicinidæ). Oreillette droite du cœur rudimentaire; ventricule traversé par le rectum (sauf chez les Helicinidæ); un seul rein; système nerveux othoneuroïde, quelquefois un pénis céphalique; anus à droite.

Fam. **NERITIDÆ**. — Coquille globuleuse, semi-globuleuse ou patelliforme; hélice courte, à ouverture semi-circulaire, à cloisons internes résorbées; région columellaire presque rectiligne, simple ou dentée; opercule calcaire, muni d'apophyses internes. Des pédoncules oculaires et des tentacules; une longue branchie, libre à son extrémité; système nerveux orthoneuroïde; Re = 1 (3. 1. 3) 1.

Nerita, Adanson. Labre généralement denticulé à l'intérieur; bord columellaire denté; marines. *N. lineata*, Saïgon; remonte dans les eaux douces. *N. ustulata*, Inde. — *Neritina*, Lmk. Coquille ovoïde, oblongue, labre lisse; bord columellaire assez convexe et finement crénelé; lacustres. *N. zigzag*, Philippines. — *Theodoxia*, Denis de Montfort. Coquille plate en avant, globuleuse en arrière; bord columellaire droit et lisse. *T. fluviatilis*, eaux douces, Fr. — *Smaragdia*, Issel. *Theodoxia* à columelle large, dilatée, à bord tranchant et denticulé. *S. viridis*, eaux saumâtres, Médit. — *Septaria*, Férussac. Coquille épidermée, lisse, patelliforme, à sommet postérieur; ouverture présentant en arrière un siphon, à bord antérieur rectiligne; à opercule beaucoup plus petit que l'ouverture de la coquille; une impression musculaire en fer à cheval, interrompue en arrière, sur la coquille. *S. porcellana*, Maurice, fluviatiles.

Fam. **NERITOPSIDÆ**. — Différent de Neritidæ par l'incomplète résorption des cloisons de la coquille et par leur radule : Re = 1 (2. 0. 2) 1. Opercule symétrique, avec une apophyse articulaire médiane.

Neritopsis, Grateloup. Seul genre vivant. *N. radula*, îles Sandwich.

Fam. **HYDROCENIDÆ**. — Coquille conique globuleuse, à tours convexes, hélice courte; opercule calcaire à stries concentriques au nucleus, muni d'une apophyse interne. Yeux à la base des tentacules; un poumon; cœur des Helicinidæ; Re = 1 (1. 1. 1) 1.

Hydrocena, Parreyss. Ouverture ovale, anguleuse en arrière; submarines. *H. cattaroensis*, Dalmatie. — *Georissa*, Blanford. Ouverture semi-circulaire; terrestre. *G. sarmita*, Inde, 4 000 pieds d'altitude.

Fam. **HELICINIDÆ**. — Coquille turbinée, héliciforme, globuleuse; hélice courte, à cloisons intérieures résorbées; ouverture semi-circulaire; opercule non spiral, strié concentriquement à la partie moyenne du bord columellaire. Yeux placés à la base externe des tentacules sur de faibles éminences; point de branchies; une poche pulmonaire à parois minces. Une seule oreillette au cœur; ventricule non traversé par le rectum. Re = 1 (3. 1. 3) 1; pas de mâchoire. Terrestres.

Helicina, Lmk. Coquille calleuse à la base, ainsi que la columelle; dents marginales de la radule bi- ou multicuspides, opercule corné. *H. (Alcadia) Brownei*, Jamaïque. — *Eutrochatella*, Fischer. Coquille à base non calleuse; dents marginales de la radule simples; opercule corné. *E. (Lucidella) aureola*, Jamaïque. — *Stoastoma*, C. B. Adams, *Helicina* ombiliquées, présentant une carène spirale autour de l'ombilic; opercule calcaire. *S. pisum*, Jamaïque. — *Bourciera*, L. Pfeiffer. *Helicina* à columelle dentée à la base; à opercule corné, spiral. *B. helicinæformis*, Équateur.

Fam. **PROSERPINIDÆ**. — Helicinidæ sans opercule, à coquille rotelliforme, mais présentant près de son ouverture, sur le labre ou le bord columellaire, des plis longitudinaux. Manteau réfléchi sur la coquille. Re = 1 (4. 1. 4) 1. Pulmonés. Terrestres.

Proserpina, Gray. Columelle unidentée, plusieurs lames sur le bord columellaire. *P. nitida*. — *Proserpinella*, Blandf. Une lamelle unique sur le bord columellaire. *P. Berendti*, Mexique. — *Cyane*, Ad. Columelle tronquée; pas de lames sur le labre. *C. blandiana*, Pérou oriental. — *Ceres*, Gray. Des lames pariétales, basales et columellaires. *C. eolina*, Mexique.

FAM. TITISCANIIDÆ. — Ni coquille, ni opercule; une branchie. Marins.

Titiscania, Bergh. Genre unique. *T. limacina*, Pacifique.

2. SOUS-ORDRE

HÉTÉROCARDES

Coquille patelliforme, non nacrée, sans opercule, avec une impression musculaire en fer à cheval ouvert en avant. Radule avec deux ou trois dents marginales seulement et une à cinq dents centrales (Docoglosses). Oreillette unique, mais munie d'une poche accessoire ne recevant pas de vaisseaux. Système nerveux chiastoneure, avec commissure labiale. Deux reins inégaux, mais de même structure. Coupe rétinienne ouverte, sans cristallin.

FAM. ACMÆIDÆ. — Sommet de la coquille plus ou moins élevé, antérieur; une branchie cervicale bipectinée, dirigée de gauche à droite, libre en grande partie, une mâchoire cornée; R = (2. 1. 0. 1) 2.

Acmæa, Eschscholz. — Pas de branchies marginales. *A. mitra*, mers boréales. *A. virginea*, toutes nos côtes. — *Scurria*, Gray. Des branchies marginales. *S. scurra*, c. o. d'Amérique, *S. (Lottia) gigantea*, Californie. — *Addisonia*, Dall.

FAM. PATELLIDÆ. — Sommet de la coquille toujours antérieur; point de branchie cervicale; des branchies marginales tout autour du corps; R = 3.1 (2. 0. 2) 1. 2.

Patella, Linné. Coquille conoïde, solide, striée en dessus. *P. vulgata*, Manche, Océan, *P. tarentina*, Médit. — *Helcyon*. Coquille légèrement courbe au sommet, assez mince, lisse, présentant des lignes rayonnantes ponctuées de bleu. *H. pellucidum*, Manche, Océan, sur les Laminaires.

FAM. LEPETIDÆ. — Pas de branchies du tout; pas d'yeux. R = 2. 0. 1. 0. 2.

Lepeta, Gray. Genre unique. *L. cæca*, Atlantique sept.

3. SOUS-ORDRE

MONOTOCARDES

Coquille presque toujours bien développée, héliçoïdale ou spirale, sans nacre; operculée. Une seule branchie généralement monopectinée; une seule osphradie. Une seule oreillette au cœur; rectum indépendant du ventricule; un seul rein. Système nerveux toujours chiastoneure, sans commissure labiale (sauf Ampullaria *et* Paludina*). Coupe rétinienne fermée, à grande cornée intérieure; otocystes ordinairement avec une seule otolithe (sauf* Ampullaria, Paludina, Valvata, Cyclophorus, Acicula, CERITHIIDÆ*). Organes génitaux ne s'ouvrant plus dans un rein; généralement un pénis chez les mâles.*

1. TÉNIOGLOSSES. — *Radule avec généralement trois dents médianes et de 0 à cinq, généralement deux marginales; parfois dépourvue de dent axiale et présentant alors de nombreuses dents marginales. Conduits salivaires assez longs, traversant les colliers nerveux, sauf chez les* CALYPTRÆIDÆ. *Ganglions buccaux toujours situés derrière la masse buccale, en contact avec elle et unis aux ganglions cérébroïdes par de longs connectifs buccaux.*

1. SECTION. HOLONÉPHRIDÉS. — *Rein simple ou bilobé, mais à lobes de même structure.*

A. Rostrifères platypodes. — *Mufle incapable de s'invaginer. Siphon nul ou peu développé. Osphradie filiforme, rarement bipectinée et alors peu volumineuse. Pénis situé à la base du tentacule droit. Rein généralement unilobé et muni d'un seul vaisseau afférent. Système nerveux dialyneure, passant exceptionnellement à la zygoneurie; commissure labiale pouvant persister encore, mais le plus souvent absente; quelques formes polyotolithées, le plus grand nombre monoötolithées. Ouverture de la coquille le plus souvent entière. Herbivores.*

1ᵉʳ Groupe. — *Centres pédieux en forme de cordons; d'ordinaire une saillie et une commissure labiales. Polyotolithés. Ouverture de la coquille entière.*

Fam. PALUDINIDÆ. — Coquille hélicoïdale à tours convexes; labre non sinueux; opercule corné à sommet sublatéral. Deux lobes cervicaux inégaux; une commissure labiale. Rein pourvu d'un uretère.

Paludina, Lmk. Pied médiocre; lobe cervical droit replié en gouttière. *P. communis,* eaux douces, Fr. — *Lioplax.* Troschel. Pied extrêmement grand, prolongé en avant de la tête; lobe cervical droit, étroit. *L. subcarinata,* Amér. du Nord.

Fam. CYCLOPHORIDÆ. — Coquille à ouverture arrondie; opercule circulaire. Tentacules effilés; mufle court; pied atténué en arrière, non divisé en deux moitiés par un sillon longitudinal; mâchoire guillochée; R = 2. 1. 1. 1. 2; un poumon. Terrestres.

Trib. POMATIASINÆ. Coquille conique, striée ou costulée longitudinalement; opercule cartilagineux, mince, multispiré, composé de deux lames cloisonnées intérieurement; dents latérale et marginale interne unicuspidées; marginale externe petite. — *Pomatias,* Studer. Seul genre indigène. *P. obscurum,* Fr. centrale et méridionale.

Trib. DIPLOMMATININÆ. Opercule mince, corné, paucispiré. — *Diplommatina,* Benson. Coquille petite, pupiforme à orifice à peu près circulaire; opercule cartilagineux; dents multicuspides. *D. folliculus,* Himalaya. — *Opisthostoma,* Blanford. Dernier tour de la coquille réfléchi sur le pénultième. *O. niligiricam,* Inde.

Trib. PUPININÆ. Coquille pupiforme à orifice souvent canaliculé; opercule corné ou calcaire, multispiré ou arctispiré. — *Pupina,* Vignaud. Coquille brillante, calleuse, à opercule membraneux, arctispiré, à nucleus central; souvent, avec un ou deux tubes respiratoires à l'orifice. *P. Vescoi,* Cochinchine. — *Hybocystis,* Benson. Coquille ovale, pupiforme, avant-dernier tour très grand, aplati à sa face ventrale; péristome double, réfléchi; opercule calcaire, multispiré, à nucleus central. *H. gravida,* Indo-Chine. — *Cataulus,* L. Pfeiffer. Coquille ombiliquée, pupiforme, à sommet aigu, a base entourée d'une carène étroite, dernier tour quelquefois détaché (*Tortulosa*); ouverture prolongée à sa base par l'orifice d'une rigole presque circulaire; opercule corné, aplati, multispiré, séparable en plusieurs lamelles. *C. pyramidatus,* Inde; *C. (Tortulosa) tortuosa,* Nicobar. — *Coptochilus,* Gould. *Cataulus* à ombilic petit, à péristome double, l'interne parfois subcanaliculé près de la base de la columelle, l'externe dilaté. *C. altus,* Bornéo. — *Megalomastoma,* Swainson. *Cataulus* à sommet tronqué. *M. antillarum,* des Antilles.

Trib. CYCLOPHORINÆ. Ouverture circulaire ou arrondie; opercule multispiré, à nucleus central. — *Alycæus,* Gray. Coquille ombiliquée à tours convexes, le dernier ventru, étranglé et tordu près de l'ouverture; péristome double; opercule concave en dehors, calcaire ou corné. *A. gibbus,* Inde. — *Craspedopoma,* L. Pf. Coquille subturbinée, à ombilic étroit, à dernier tour subcontracté en avant; péristome simple, recevant le bord interne de l'opercule; opercule corné, à lame externe plane, à lame interne concave, garnie, sur l'avant-dernier tour, d'un rebord circulaire. *C. lucidum,* Madère, Açores. — *Leptopoma,* Peiffer. Coquille mince, à ouverture arrondie, à ombilic étroit, à péristome réfléchi, rarement double; opercule corné, mince, aplati. *L. pellucidum,* Philippines. — *Lagochilus,* Blanf. *Leptopoma* à péristome incisé à son bord supérieur; une rainure longitudinale à la face supérieure de l'extrémité postérieure du pied. *L. tomatrema,* Indo-Chine. — *Cyclophorus,* Montf. Coquille ombiliquée, épidermée, à péristome continu; un opercule corné, aplati ou convexe en dehors. *C. involvulus,* Inde. — *Aperostoma,* Troschel. Coquille déprimée, largement ombiliquée, ouverture anguleuse postérieurement; opercule calcaire ou corné. *A. jamaicense.* Jamaïque. — *Cyathopoma,* Blf. Coquille ombiliquée, épidermée, petite; péristome réfléchi ou double; opercule formé de deux lamelles, l'interne cornée, l'externe testacée, avec une lame spirale élevée. *C. filocinotum,* Inde. — *Pterocyclus,* Benson. Coquille ombiliquée, déprimée, épidermée, à péristome double, l'interne échancré à son bord supérieur, l'externe dilaté supérieurement en une aile ou un rostre tectiforme; opercule corné, épais, concave intérieurement, convexe extérieurement à bord des tours avec une lamelle saillante. *P. anguliferus*, Asie mér. et or. — *Cyclotus*, Guild. *Pterocyclus* à opercule calcaire. *C. variegatus*, Asie mérid. — *Spiraculum*, Pearson. *Pterocyclus* avec un tube sutural. *S. hispidum*, Inde. — *Opisthoporus*, Benson. *Cyclotus* à tube sutural. *O. biciliatus*, Indo-Chine. — *Rhiostoma*, Bens. *Spiraculum* à dernier tour disjoint. *R. Hainesi*, Indo-Chine. — *Myxostoma*, Troschel. *Cyclophorus* à opercule biconcave. *M. breve*, Cochinchine. — *Cyclosurus*, Morelet. Coquille à spire réduite à trois tours, le reste déroulé en forme de corne; opercule plan-concave. *C. Mariei*, Mayotte.

> **Fam. AMPULLARIIDÆ.** — Coquille à tours convexes. Opercule simplement corné, ou parfois double d'une lame calcaire, à nucléus excentrique. Mufle divisé en deux appendices tentaculiformes; de longs tentacules; des yeux pédonculés; deux appendices cervicaux, celui de gauche transformé en un siphon à fente dorsale; cavité branchiale divisée par une cloison en deux compartiments : celui de droite logeant une grande branchie monopectinée; celui de gauche transformé en poumon et contenant l'osphradie. R = 2. 1. 1. 1. 2. Des eaux douces.

Ampullaria, Lmk. Siphon très long; opercule corné. *A. urceus*, Colombie. — *Pachylabra*, Swains. Siphon rudimentaire; opercule doublé d'une lame calcaire. *P. globosa*, Inde. — *Asolene*, d'Orb. *Pachylabra* sans siphon. *A. Platæ*, Amérique méridionale. — *Lanistes*, Montf. Coquille sénestre, ombiliquée, *L. Bolteniana*, Nil. — *Meladomus*, Sw. Coquille sénestre, allongée, sans ombilic. *M. olivacea*, Afrique équatoriale.

2ᵉ GROUPE. — *Centres cérébroïdes avec une saillie et probablement une commissure labiales; centres pédieux en forme de ganglions, souvent accompagnés de ganglions accessoires. Monotolithés.*

> **Fam. LITTORINIDÆ.** — Coquille turbinée, généralement colorée, à ouverture ovale arrondie; labre simple, aigu; opercule corné, spiral. Mufle court et large; yeux sur un petit tubercule à la base des tentacules; pénis en arrière du tentacule droit, pied tronqué en avant. R = 2. 1. 1. 1. 2.

Littorina, Fér. Coquille épaisse, turbinée, sans ombilic; bord de l'ouverture interrompu en arrière, opercule paucispire, à nucléus excentrique; lobe operculigère simple, *L. obtusa*, Manche, Océan, t. c.; *L. littorea*, Manche, Océan. — *Cremnoconchus*, Blf. *Littorina* d'eau douce, ombiliquée, ornée de côtes transverses. *C. syhadrensis*, Inde (chaîne des Ghates). — *Fossarina*, Adams et Angon. Coquille auriforme, à ouverture dilatée. *F. patula*, Australie. — *Tectarium*, Valenciennes. *Littorina* à coquille tuberculeuse ou épineuse, à spire aiguë, subconique; labre strié intérieurement, columelle subdentée à la base. *T. pagodus*, Zanzibar. — *Echinella*, Sw. Coquille granuleuse à spire pyramidale; base de la columelle pourvue d'une dent; opercule multispiré. *E. coronaria*, Philippines. — *Risella*, Gray. Coquille trochiforme, à base concave, à tours aplatis avec leur bord supérieur caréné ou prolongé en lame saillante; yeux pédonculés. *R. nana*, Tasmanie. — *Lacuna*, Turton. *Littorina* à columelle bordée en dehors par une rigole parallèle, aboutissant à l'ombilic; à lobe operculigère présentant en arrière deux appendices latéraux. *L. quadrifasciata*, *L. puteolus*, Manche, Océan.

> **Fam. FOSSARIDÆ.** — Coquille assez solide, blanche, à sillons ou côtes hélicoïdales. Opercule corné, à sommet excentrique. Tête avec un lobe frontal de chaque côté, en dedans des tentacules. Dents marginales de la radule simples, dent latérale crénelée.

Fossarus, Philippi. Hélice peu élevée. *F. costatus*, Océan, Médit. — *Iphitus*, Jeffr. Sommet de la coquille formé par une petite columelle multispirée. *I. tuberatus*, Atl.

> **Fam. ADEORBIIDÆ.** — Coquille uniforme, déprimée, ombiliquée, paucispirée; ouverture oblongue, oblique; columelle simple; labre aigu. Opercule paucispiré, corné.

Adeorbis, Woody. Coquille carénée à la périphérie, à ombilic simple, à dernier tour très grand, contigu au précédent. *A. subcarinatus*, Manche, Océan. — *Megalomphalus*, Brusina. *Adeorbis* à ombilic plissé. *M. azonus*, Médit. — *Stenotis*, A. Adams. Dernier tour disjoint. *S. laxata*, Japon. — *Trachysma*, Jeffr. Coquille globuleuse, finement décussée; à ombilic non caréné. *T. delicatum*, Norvége. — *Pseudorbis*, Monterosato. Des côtes héliçoïdales; ombilic presque clos. *P. granulum*, Médit.

Fam. **PLANAXIDÆ**. — Coquille petite, courte, ovale, conique, non variqueuse; columelle tronquée en avant; labre aigu. Tentacules subulés avec les yeux extérieurement à leur base; un très court siphon. Dent médiane de la radule centrale transverse; dent latérale semblable à celle de Cerithidæ; dents marginales tronquées et finement pectinées.

Planaxis, Lamk. Bord columellaire presque droit, tronqué en avant, calleux ou subtuberculeux en arrière. *P. sulcatus*, Inde. — *Plesiotrochus*, Fisch. Bord columellaire simple. *P. souverbyanus*, Nouvelle-Calédonie.

Fam. **CYCLOSTOMATIDÆ**. — Ouverture de la coquille arrondie, un peu anguleuse en arrière; péristome simple ou refléchi. Opercule le plus souvent calcaire, doublé d'une lame cartilagineuse, paucispiré, à nucleus un peu excentrique. Tentacules obtus ou renflés à leur extrémité, avec un renflement oculaire à leur base externe; pied divisé par un sillon médian longitudinal en deux moitiés qui agissent alternativement; mufle contribuant à la reptation; point de branchie; pas de mâchoires. R = 2. 1. 1. 1. 2; marginale externe très grande à bord finement pectiné. Terrestres; sous les pierres.

Cyclostoma, Draparnaud. Coquille turbinée, turriculée ou déprimée; péristome simple, continu; opercule calcaire à nucleus un peu excentrique; tentacules obtus; dent marginale externe simplement crénelée. *C. elegans*. Fr. — *Cyclotopsis*, Blanf. *Cyclostoma* à coquille largement ombiliquée, ornée de côtes héliçoïdales; opercule multispiré avec les bords des spires saillants. *C. semistriata*, Inde. — *Choanopoma*, L. Pfeiffer. Coquille à spire tronquée, à péristome refléchi, souvent double; opercule calcaire, convexe en dehors, arctispiré, à tours sublamelleux, à sommet subcentral; tentacules légèrement renflés à leur extrémité; dent centrale unicuspidée, dent marginale profondément incisée. *C. decussatum*, Antilles. — *Cistula*, Gray. *Choanopoma* à opercule cartilagineux ou avec une légère lame calcaire; dents centrales et latérales de la radule multiscupidées. *C. catenata*, Antilles. — *Tudora*, Gray. *Cistula* à opercule calcaire. *T. megachila*, Antilles. — *Omphalotropis*, L. Pf. Coquille étroitement ombiliquée, carénée autour de l'ombilic, à péristome disjoint; opercule corné; tentacules longs, cylindriques; pied allongé, atténué en arrière; radule de *Cistula*. *O. rubens*, Île de France. — *Hainesia*, L. Pfeiffer. Coquille épidermée, turriculée, à sommet aigu; opercule corné. *H. crocea*, Madagascar. — *Acroptychia*. C. et Fischer. Coquille épidermée, turbinée, à dernier tour portant plusieurs lames longitudinales costiformes, saillantes; opercule corné. *A. metableta*, Madagascar.

3ᵉ Groupe. — *Pas de saillie labiale; dialyneures. Osphradie filiforme. Monotolithes.*

Fam. **RISSOIDÆ**. — Coquille petite, turbinée, à ouverture ovale ou semi-lunaire, parfois subcanaliculée à la base; péristome continu. Opercule corné. Tentacules longs, subcylindriques; des mâchoires guillochées; dent centrale de la *radule* généralement échancrée de chaque côté à sa base; dents latérales finement crénelées. Des filaments épipodiaux. Se suspendent aux plantes marines par un filament muqueux sécrété par le pied.

Rissoïa, Freminville. Coquille médiocrement allongée; hélice haute, acuminée; test mince à côtes longitudinales et stries héliçoïdales; manteau fournissant un appendice tentaculiforme à droite ou des deux côtés; lobe operculigère avec une expansion de chaque côté et, en arrière, de un à trois appendices filiformes. *R. Guerini*, toutes nos côtes. — *Alvania*, Leach. Coquille courte, plus ou moins globuleuse; test solide, épais, treillissé; ouverture subarrondie, sillonnée intérieurement. *A. cancellata*, toutes nos côtes. — *Zippora*, Leach. Coquille assez petite, allongée, hélice très haute; test assez mince, orné de grosses côtes longitudinales, peu saillantes; columelle subdentée; péristome bien dilaté en dehors. *Z. auriscalpium*, Médit. — *Plagiostyla*, Fischer. Coquille lisse, turbinée, très ventrue, à dernier tour très grand, columelle oblique; labre simple. *P. asturiana*, côtes de Gascogne. — *Cingula*, Fleming. Coquille petite, turriculée, à sommet un peu obtus, pupoïde; test presque lisse; ouverture arrondie, péristome simple. *C. striata*, Manche, Océan. — *Scaliola*, Adams. Test agglutinant. *S. bella*, Pacif. — *Rissoina*, d'Orb. Coquille assez petite, turriculée, à sommet mamelonné; test costulé; ouverture avec un sinus supérieur et un canal obtus, inférieur; labre épaissi; opercule avec un appendice latéral au-dessous du nucleus. *R. Bruguieri*, Médit. — *Barleeia*, Clark. Coquille petite, lisse, turbinée, conique, à hélice haute, à sommet obtus, labre aigu; opercule corné, non spiral, à nucleus latéral; tentacules médiocres, obtus; lobe operculigère sans appendice; pied légèrement échancré en arrière. *B. rubra*, toutes nos côtes. — *Fenella*, Adams. — *Iravadia*, Blf. — *Putilla*, A. Adams. — *Litiopa*, Rang. Coquille petite, conoïdale; columelle tronquée à la base; opercule corné, spiral; un épipodium fournissant de chaque côté trois filaments cirriformes; lobe operculigère avec deux appendices postérieurs; pas de siphon; dent centrale de la radule sans denticulation basale. *L. bombyx*, Méditerranée? — *Alaba*, Ald. — *Diala*, A. Ad.

FAM. **HYDROBIIDÆ.** — Diffèrent de RISSOIDÆ par l'absence des appendices au lobe operculigère; pénis éloigné du tentacule droit; opercule quelquefois calcaire. Habitent les eaux douces et sortent même à l'air libre.

I. — Opercule corné, spiral.

TRIB. **BAÏCALINÆ.** Pied simple, pas de denticulations basales à la dent centrale de la radule; verge simple, coquille mince, épidermée, turriculée ou turbinée. — *Baïcalia*, v. Martens. Genre unique. Nombreuses formes qu'on peut répartir en sous-genres propres au lac Baïcal. *B. angarensis*, lac Baïcal.

TRIB. **POMATIOPSINÆ.** Comme BAÏCALINÆ, mais pied divisé et une denticulation basale de chaque côté de la dent centrale. — *Pomatiopsis*, Tryon. Coquille subombiliquée, conique, à hélice plus ou moins allongée; tours convexes, péristome réfléchi, *P. lapidaria*, Amérique du Nord.

TRIB. **HYDROBIINÆ.** Pied simple; une denticulation basale; verge bifide. — *Hydrobia*, Hartm. Coquille lisse, peu ou point ombiliquée, à sommet aigu, à dernier tour arrondi, à suture assez profonde, à bord columellaire non épaissi, labre aigu. *H. (Paludestrina) acuta*, eaux saumâtres de la Méditerranée; *H. (P.) Mabillei*, eaux saumâtres de la Manche. — *Peringia*, Paladilhe. Coquille conoïde à tours plats, le dernier subanguleux; suture linéaire; spires de l'opercule faiblement indiquées; son nucleus très excentrique. *P. ulvæ*, eaux saumâtres de la Manche. *P. Perrieriana*, la Teste de Buch. — *Bythinella*, Moquin-Tandon. Coquille très petite, ovoïde, plus ou moins allongée; sommet obtus, comme tronqué; péristome continu; opercule à rayons subspirescents, divergents. Eaux douces. *B. viridis*, N. et E. de la Fr. *B. brevis*, Fr. centrale et mérid. — *Paulia*, Bourguignat, coquille cylindrique, allongée ou oblongue; spire à peine atténuée; sommet obtus; opercule lisse, sans spire. *P. Berenguieri*, Avignon. — *Belgrandia*, Brgt. *Paulia* à dernier tour muni de gibbosités longitudinales, creuses à l'intérieur; opercule subspirescent. *B. gibba*, Fr. mérid. — *Paladilhia*, Brgt., coquille allongée, conique; labre très arqué, encoché dans le haut; péristome continu, aigu, évasé; base de l'ouverture projetée en avant. *P. pleurotoma*, Hérault. — *Lartetia*, Brgt. Coquille à spires allongées; péristome continu, libre, détaché; base de l'ouverture saillante; labre à forte courbure. *L. Rayi*, Seine. — *Moitessieria*, Brgt. Coquille très petite, cylindroïde, à sommet tronqué; péristome continu; sur le test, des fossettes mamelonnées au centre. *M. Simoniana*, Garonne. — *Lotholleria*, Brgt. Coquille en torse allongé, à tours convexes; à ouverture projetée en bec; à bord columellaire dilaté, subcanaliculé; opercule à spirale rudimentaire. *L. apocrypha*, Rhône. — *Pyrgula* Cristofori et Jan. Coquille sans ombilic, ou à ombilic étroit, allongée, turriculée; tours carénés, péristome continu; ouverture ovale; labre aigu. *P. bicarinata*, Dordogne. — *Emmericia* Brusina. Coquille subperforée, conoïdale, lisse, à hélice élevée en sommet déprimé; péristome continu; ouverture ovale, piriforme, anguleuse à sa partie supérieure; *E. patula*, Europe méridionale. — *Tricula*, Benson. — *Pseudamnicola*, Paulucci. Coquille turbinée, subglobuleuse, étroitement ombiliquée; sommet obtus; péristome continu, ouverture ovale, opercule avec rayons subspirescents. *P. luteliana*, conduites d'eau de Paris. *P. similis*, région médit. *Syrnolopsis*, E. Smith; lac Tanganyika. — *Tryonia*, Stps. Californie.

TRIB. **LITHOGLYPHINÆ.** Pied simple; plusieurs denticulations basales. — *Benedictia*, Dyb., *B. limnæoides*, lac Baïcal. — *Lithoglyphus*, Mühlfedt. Coquille imperforée, globuleuse, épaissie, spire courte; suture peu profonde; ouverture large, presque circulaire; labre simple; bord columellaire calleux. *L. fuscus*, Danube. — *Tanganyicia*, Crosse, T. *rufofilaris*, lac Tanganyika. — *Limnotrochus*, C. Smith. *L. Thomsoni*, lac Tanganyika. — *Jullienia*, G. et Fisch. *J. flava*, Cambodge. — *Pachydrobia*, Cr. et Fisch. *P. paradoxa*, Indo-Chine. — *Hemistomia* Cr. *H. caledonica*, Nouv.-Calédonie. — *Pomatopyrgus*, Stps. *P. corolla*, N^{lle}-Zélande. — *Littorinida*, Eyd. et Soul. *L. Gaudichaudi*, Guayaquil. — *Amnicola*, Gould et Hillemann. *Pseudamnicola*, à dent centrale présentant à sa base plusieurs échancrures; propres à l'Amérique du Nord. *A. limosa*, États-Unis. — *Fluminicola*, Stps. *F. Nuttaliana*, Am. N.

II. — *Opercule calcaire; pied simple; plusieurs denticulations à la base de la dent centrale de la radule.*

Trib. Bythininæ. Opercule concentrique; verge bifide. — *Bythinia*, Gray. Opercule entièrement concentrique. *B. tentaculata*, toutes nos eaux douces. — *Gabbia*, Tryon (*Digyreidum*, Letourneux). Opercule d'abord spiral, au centre, puis concentrique. *G. Bourguignati*, Perpignan.

Trib. Stenothyrinæ. Opercule entièrement spiral. — *Stenothyra*, Benson. Genre unique. *S. deltæ*, Inde.

Fam. **VALVATIDÆ.** — Coquille turbinée ou subdiscoïdale; péristome continu, ouverture circulaire. Opercule multispiré. Une branchie bipectinée, libre sur toute sa longueur et exsertile; un filament saillant à droite; verge libre, en avant du tentacule droit. Des mâchoires écailleuses; radule normale à dents finement denticulées. Hermaphrodites.

Valvata, O. F. Müller. Genre unique. *V. piscinalis*, toutes nos eaux douces.

Fam. **SKENEIIDÆ.** — Coquille petite, déprimée, largement ombiliquée; péristome continu; ouverture ovalaire. Opercule circulaire, à nucleus central. Mâchoire tuberculeuse; le reste comme *Hydrobiidæ*.

Skenia, Fleming. Genre unique *S. planorbis*, toutes nos côtes.

Fam. **JEFFREYSIIDÆ.** — Coquille lisse, diaphane, turbinée, ventrue, ombiliquée; hélice courte; sommet obtus; péristome continu, simple; ouverture ovalaire. Opercule presque semi-circulaire, avec une carène médiane, intérieure, perpendiculaire à son bord rectiligne. Mufle fendu en deux appendices tentaculiformes; yeux très en arrière de la base des tentacules; pied lancéolé. Mâchoires écailleuses; dent centrale de la radule petite; dents marginales parfois absentes.

Jeffreysia, Alder. Genre unique. *J. glabra* Manche, Océan.

Fam. **HOMALOGYRIDÆ.** — Coquille planorbiforme; opercule corné, à nucleus central. Pas de tentacules, yeux sessiles. R = 1. 1. 1; dent centrale avec une grande cuspide inclinée en arrière; les latérales rectangulaires, inclinées de dedans en dehors et d'avant en arrière.

Homalogyra, Jeffreys. Genre unique. *H. atoma*, toutes nos côtes.

Fam. **ACICULIDÆ.** — Coquille petite, subcylindrique, obtuse au sommet; péristome continu. Opercule corné; paucispiré. Tentacules divergents, pointus; mufle allongé, étroit, échancré à son extrémité; pied long, étroit, atténué en arrière; mâchoires écailleuses; radule des *Cyclostomidæ*. Polyotolithés; pulmonés; terrestres.

Acicula, Hartmann. Péristome épaissi, *A.* (*Acme*) *fusca*, Fr. — *Albertisia*, Isselle; péristome réfléchi. *A. punica*, Tunisie.

Fam. **TRUNCATELLIDÆ.** — Coquille plus ou moins allongée, subcylindrique, tronquée au sommet à l'état adulte; péristome continu, épais; ouverture ovale. Opercule paucispiré. Mufle très long, musculeux, annelé; tentacules écartés, triangulaires, courts; yeux en arrière des tentacules; une branchie monopectinée. Deux plaques buccales; radule normale.

Truncatella, Risso. Coquille luisante; péristome épais. (*T. truncatula*), *T. subcylindrica* sur les rivages marins, toutes nos côtes. — *Geomelania*, L. Pfeiffer. Coquille non luisante; péristome simple, réfléchi; terrestres. *G. Jamaicensis*, Antilles. — *Cecina*, Adams. Coquille épidermée; péristome peu épaissi; labre flexueux; tentacules lobiformes. *C. manchurica*, Mandchourie, sous les bois du littoral.

4e GROUPE. — *Coquille en cône, turbinée ou patelliforme. Osphradie bipectinée.*
Zygoneures.

FAM. **HIPPONYCIDÆ.** — Coquille conique; péristome simple. Pied peu musculaire,
sécrétant une plaque calcaire fixée aux corps étrangers et qui tient lieu d'opercule. Un
épipodium, à bord papilleux; mufle allongé divisé en deux lobes aigus; tentacules longs
avec les yeux à leur base; branchie profondément pectinée; un appendice spatuliforme
au-dessous du cou. Dents marginales de la radule étroites, courbes et pointues.

Mitrularia, Schumaker. Un appendice en forme de demi-cornet, ouvert en avant, à l'intérieur de la coquille. *M. Dilwynii*, Antilles. — *Hipponyx*, Defrance. Point de demi-cornet
à l'intérieur de la coquille. *H. antiquatus*, Antilles.

FAM. **CAPULIDÆ.** — Coquille patelliforme, à sommet plus ou moins enroulé, saillant
en arrière. Ni opercule, ni pièce operculiforme. Mufle allongé; tentacules écartés,
subulés; branchie formée de lames linéaires, étroites; une languette entre le
mufle et le pied. Sac viscéral non enroulé.

Capulus, Montfort. Coquille symétrique, des yeux pédonculés brièvement. *C. (Pileopsis)
hungaricus;* toutes nos côtes. — *Addisonia*, Dall. Coquille asymétrique; point d'yeux.
A. paradoxa, Atl. N. prof. 130 à 1000 m.

FAM. **CALYPTRÆIDÆ.** — Diffèrent des CAPULIDÆ par la présence d'une lame calcaire
enroulée en cornet plus ou moins complet à l'intérieur de la coquille, disposition
liée à l'enroulement de la masse viscérale. Deux lobes cervicaux au lieu de la
lamelle antérieure superpédieuse.

Calyptræa, Lmk. Coquille trochiforme, une lame spirale interne. *C. sinensis*, toutes nos
côtes. — *Crucibulum*, Schum. Coquille subspirale ou conique; une lame en forme de
cornet à son intérieur. *C. rude*, côte O. d'Amérique. — *Crepidula*, Lam. Coquille déprimée,
à sommet latéral; une cloison plane, horizontale à son intérieur. *C. unguiformis*, Médit.

5e GROUPE. — *Coquille hélicoïdale. Osphradie bipectinée; système nerveux*
zygoneure, sauf chez les MELANIIDÆ *et les* CERITHIIDÆ *primitives.*

FAM. **MELANIIDÆ.** — Coquille épidermée, à coloration plus ou moins foncée; turriculée, multispirée, à sommet souvent érodé; labre aigu, légèrement sinueux en
arrière, saillant dans la partie moyenne. Opercule paucispiré. Mufle large, échancré
en avant; tentacules subulés, écartés; yeux placés à leur base, pédonculés; pied
large et court, pourvu d'un sillon. Marginal en avant; manteau frangé; feuillets
branchiaux rigides. Vivipares, fluviatiles.

Melania, Lmk. Ouverture de la coquille dilatée en avant; opercule à nucleus excentrique. *M. (Amphimelania) Holandri*, Autriche. — *Claviger*, Haldeman. Ouverture canaliculée en avant; opercule à nucleus submarginal. *C. fuscus*, Afrique. — *Semisinus*,
Swainson. Coquille subulée, lisse ou striée; ouverture canaliculée, échancrée à sa base;
labre simple; columelle non calleuse; opercule à nucleus marginal. *S. lineolatus*, Antilles.
— *Faunus*, Montfort. Coquille subulée; ouverture fortement échancrée en avant; labre
épaissi, saillant près de sa partie moyenne, sinueux près de la suture; une fasciole basale;
columelle arquée, concave, épaissie, calleuse en arrière. *F. ater*, Ceylan. — *Melanopsis*,
Férussac père. *Faunus* à coquille ovale allongée, à labre aigu; à tentacules longs. *M. buc-
cinoidea*, Espagne. — *Typhobia*, E. Smith. *T. Horei*, lac Tanganyika. — *Paludomus*, Sws.
Coquille paludiniforme; ouverture anguleuse en arrière; columelle calleuse, faiblement
aplatie; opercule d'abord spiral, puis concentrique. *P. (Tanalia) aculeata*, Ceylan.

FAM. **PLEUROCERIDÆ.** — MELANIIDÆ ovipares, à manteau non frangé, et sans pénis.
Tous de l'Amérique du Nord, surtout du Tenessee et de l'Alabama.

Pleurocera, Rafinesque. — *Goniobasis*, Léa. — *Ancylotus*, Say. — *Gyrotoma*,
Shuttleworth.

FAM. **CERITHIIDÆ.** — Coquille hélicoïdale, conique, allongée, à tours nombreux,
aplatis, diversement ornementés; labre ordinairement évasé chez les adultes; ouverture relativement petite, canaliculée en avant. Opercule corné, à nucleus central

ou sublatéral. Mufle contractile, plus ou moins saillant; tentacules cylindriques, écartés à la base; yeux sessiles ou portés par des pédoncules accolés aux tentacules; pied allongé ou ovale, sécrétant des filaments muqueux suspenseurs; un court siphon palléal. Des mâchoires guillochées; radule parfois anormale (*Triforis*). Marins, littoraux.

Triforis, Desh. Coquille sénestre, petite, tuberculeuse; canal très court, recouvert en avant par le labre; tentacules réunis par une membrane ondulée; pied replié en avant; R = 4. 1. 1. 1. 4. *T. perversus*, toutes nos côtes. — *Fastigiella*, Reeve. Coquille ombiliquée, à tours convexes, ornés de stries hélicoïdales; ouverture ovale, prolongée en un canal court et tordu. *F. carinata*, Antilles. — *Cerithium*, Adanson. Coquille sans ombilic, solide; ouverture avec un canal antérieur court, oblique, bien marqué et un canal postérieur; columelle concave; lobe plus ou moins épaissi; opercule paucispiré; pied avec un sillon marginal, en avant; labre operculigère simple. *C. tuberculatum*, Médit. — *Bittium*, Leach. Coquille petite, à tours granuleux, irrégulièrement variqueux; canal antérieur court, à peine distinct, non courbé; columelle simple; labre souvent variqueux en dehors et dilaté; opercule à tours peu nombreux, à nucleus central; lobe operculigère formant de chaque côté un limbe ondulé, aliforme. *B. reticulatum*, Manche, Océan. *B. scabrum*, Médit. — *Potamides*, Brongniart. Coquille épidermée, sans ombilic, brune ou noirâtre, à sommet érodé; ouverture arrondie ou subquadrangulaire, à canal court; opercule à tours nombreux; des eaux saumâtres; nombreux sous-genres. *P. (Telescopium) fuscum*, Inde. — *Cerithiopsis*, Forbes et Hanley. Coquille petite, non ombiliquée, tuberculeuse, à dernier tour plus étroit que les autres; canal court, tronqué, presque étroit; opercule paucispiré; une rainure plantaire longitudinale au pied; lobe operculaire simple. *C. tubercularis*, toutes nos côtes.

Fam. **MODULIDÆ**. — Coquille à spire courte; ouverture entière; columelle terminée par une dent fortement tronquée; radule des CÉRITHIIDÆ; pas de siphon.

Modulus, Gray. Genre unique. *M. tectum*, Australie sept.

Fam. **TURRITELLIDÆ**. — Coquille allongée, imperforée, turriculée, à tours nombreux; ouverture petite, entière ou sectionnée à la base, non canaliculée. Opercule corné, orbiculaire, polygyré, à nucleus central. Rostre large; tentacules longs subulés, portant les yeux à leur base, du côté externe; pied court, tronqué et sillonné en avant; manteau frangé, avec indication plus ou moins nette du siphon. De 0 à 3 dents marginales à la radule.

Turritella, Lmk. Ouverture entière. *T. britannica*, Manche, Océan; *T. communis*, Médit., qqf. Océan. — *Mesalia*, Gray. Un canal rudimentaire en avant de l'ouverture. *M. (Tachyrhynchus) lactea*, mers boréales. — *Protoma*, Baird. Ouverture échancrée et canaliculée en avant; un bourrelet basal et une fasciole autour de l'échancrure; labre sinueux en arrière. *P. Knockeri*, côte occidentale d'Afrique. — *Mathilda*, Semper. Tours embryonnaires de la spire autrement orientés que les autres. *M. retusa*, côtes de Provence.

Fam. **CÆCIDÆ**. — Coquille petite, à nucleus enroulé, caduc ou persistant, puis cylindrique, arquée, déroulée; ouverture simple, circulaire. Opercule corné, multispiré. Mufle assez long dépassant le pied en avant; tentacules longs; yeux à leur base, sessiles; pied tronqué en avant.

Cæcum, Flem. Genre unique; plusieurs sous-genres. *C. trachæa*, Océan, Médit.; *C. (Brochina) glabrum*, Manche, Océan; *C. (Parastrophia) asturiana*, Golfe de Gascogne; *C. (Spirolidium) mediterraneum*, Médit.

Fam. **VERMETIDÆ**. — Coquille ordinairement fixée, irrégulière, à derniers tours déroulés; ouverture circulaire, entière ou fissurée. Opercule corné. Mufle et tentacules courts; pied petit, portant habituellement deux tentacules au-dessous de la bouche; deux mâchoires cornées; pas d'organe copulateur.

Vermetus, Adanson. Coquille sans fissure ni trous; opercule concave extérieurement; tentacules pédieux bien développés. *V. subcancellatus*, Médit. — *Tenagodes*, Guettard (*Siliquaria*, Brug.). Coquille fissurée latéralement jusqu'à l'ouverture ou présentant une ligne de trous; opercule à face externe en forme d'hélice conique saillante; tentacules pédieux rudimentaires. *T. anguinus*, Médit.

Fam. **JANTHINIDÆ**. — Coquille mince, fragile, turbinée; ouverture ovale ou subtétragone. Tentacules bifides; pas d'yeux; pied court, à épipodium sécrétant un flotteur formé de vésicules muqueuses, remplies d'air; feuillets branchiaux très longs, souvent saillants hors de la coquille. Deux mâchoires; radule formée d'un très grand nombre de crochets. Pélagiques; par troupes.

Janthina, Lmk. Coquille sans épiderme, à dernier tour violacé. *J. communis*, Fr. Atl. — *Recluzia*, Petit de la Saussaye. Coquille épidermée, blanchâtre. *R. Jehennii*.

Fam. **STRUTHIOLARIDÆ**. — Coquille bucciniforme; ouverture anguleuse, subcanaliculée en avant; labre sinueux. Opercule corné, onguiculé, à nucléus apical. Mufle allongé; tentacules grêles, assez courts. R = 5. 4. 1. 1. 5.

Struthiolaria, Lmk. Genre unique, *S. nodulosa*, Nouvelle-Zélande.

Fam. **NARICIDÆ**. — Coquille naticiforme, revêtue d'un épiderme velouté. Opercule corné. Mufle allongé; tentacules aplatis, lancéolés; pied profondément divisé en un propodium étroit, tronqué, allongé et un métapodium plus large, operculigère; un large voile épipodial de chaque côté du corps. Deux séries de dents à la radule.

Narica, Reclus. Seul genre vivant. *N. cancellata*. Pacifique.

Fam. **SEGUENZIIDÆ**. — Coquille trochiforme, à côtes hélicoïdales, légèrement nacrée; ouverture canaliculée en avant; labre sinueux en arrière. Opercule multispiré, à nucléus central. Dents marginales aiguës, simples.

Seguenzia, Jeffreys. Seul genre vivant, *S. monocingulata*, Atl. N. prof.

Fam. **APORRHAÏDÆ**. — Coquille turriculée; ouverture continuée en avant par un canal incomplet ou une rainure; labre dilaté, aliforme ou digité. Opercule subovalaire. Tentacules subulés. Dents marginales de la radule en forme de crochets longs et grêles.

Aporrhais, Dilwyn (*Chenopus*, Philippi). Seul genre vivant. *A. pes-pelecani*, Médit. *A. bilobatus*, Manche, Océan.

Fam. **XENOPHORIDÆ**. — Coquille trochiforme, carénée, agglutinante; labre simple, péristome non continu. Opercule corné; nucléus latéral. Mufle long, annelé; tentacules allongés, subulés; pied divisé en deux parties; l'antérieure munie d'un sillon transverse en avant, la postérieure operculigère. Radule peu différente de celle des *Aporrhais*.

Xenophora, Fischer. Seul genre vivant. *X. crispa*, Médit.

Fam. **STROMBIDÆ**. — Coquille solide, parfois très grande, à hélice médiocrement longue, mais multispirée; ouverture longue, canaliculée en avant et en arrière; columelle simple, calleuse; labre plus ou moins dilaté, ailé, simple ou digité, portant en avant une échancrure ou un sinus par lequel l'animal fait sortir sa tête. Opercule petit, corné, onguiculé, à nucléus apical. Mufle long, annelé, contractile; de longs pédoncules oculaires, desquels se détache en dedans un filament tentaculaire; pied étroit, comprimé, incapable de servir à la marche, divisé en deux parties, l'antérieure échancrée, pourvu d'un sillon marginal; la postérieure operculigère; manteau fournissant deux courts siphons, l'un antérieur, l'autre postérieur. Dents marginales de la radule falciformes, finement crénelées.

Strombus, Linné. Labre à bord épaissi, lobé, non digité en arrière; ouverture tronquée en avant. *S. pugilis*, Antilles. — *Pterocera*, Lmk. Labre très dilaté, digité. *P. lambis*, Chine. — *Rostellaria*, Lmk. Labre évasé, simple ou denté; sinus antérieur peu apparent; ouverture prolongée en avant en un long canal droit ou légèrement arqué. *R. curvirostris*, mer Rouge. — *Terebellum*, Klein. Coquille allongée, lisse, à spire courte; labre droit; ouverture longue, tronquée en avant. *T. subulatum*, Océan Indien.

B. Rostrifères hétéropodes. — *Ténioglosses rostrifères pélagiques, à viscères condensés en une masse généralement de faible volume, à tissus transparents; nageant le dos en bas, à l'aide de leur pied dont une partie, tout au moins le métapodium, est transformée en une nageoire verticale. Mufle non invaginable; pas de siphon; osphradie filiforme, ciliée; rein unilobe; pénis situé à droite, près de la masse viscérale. Commissure viscérale du système nerveux croisée.*

Fᴀᴍ. **ATLANTIDÆ**. — Une coquille enroulée en spirale, un opercule. Pied divisé en un propodium, un mésopodium portant une ventouse et un métapodium portant l'opercule ; une cavité branchiale.

Atlanta, Lesueur. Coquille comprimée, carénée ; à nucleus du côté droit ; opercule spiral, dextre comme la coquille. *A. Peroni*, Médit. ; Atl. mérid. — *Oxygyrus* Benson. Coquille nautiloïde, à dernier tour seul caréné, ombiliquée des deux côtés, sans nucleus visible ; opercule sans nucleus spiral. *O. Keraudreni*, Médit. ; Atl. S.

Fᴀᴍ. **CARINARIIDÆ**. — Une coquille mince, fragile, capuliforme à nucleus postérieur, dextre, hélicoïde ; ouverture large, ovalaire. Corps allongé, à tégument résistant, portant à son extrémité postérieure deux lames natatoires, l'une dorsale, l'autre ventrale. Des lamelles branchiales triangulaires nombreuses dépassant la coquille. Orifices génital et anal sur le côté droit du corps.

Carinaria, Lamk. Bord de l'ouverture simple. *C. mediterranea*, Médit. — *Cardiapoda*, d'Orb. Coquille très petite ; péristome dilaté, réfléchi en dehors, formant latéralement deux expansions triangulaires et embrassant en arrière la moitié de la spire. *C. placenta*, Atl.

Fᴀᴍ. **PTEROTRACHEIDÆ**. — Pas de coquille ; corps ressemblant d'ailleurs à celui des formes précédentes ; une ventouse pédieuse chez le mâle seulement.

Pterotrachea, Forskal. Des tentacules rudimentaires, masse viscérale non terminale ; corps terminé par une petite dilatation. *P. coronata*, Médit. — *Firoloidea*, Lesueur. Pas de tentacules ; masse viscérale terminale ; corps terminé par un filament. *F. Desmaresti*, Médit.

C. Proboscidifères holostomes. — *Une longue trompe entièrement invaginable (acrembolique) ; masse buccale extrêmement réduite. Siphon nul ou rudimentaire. Osphradie bipectinée. Pénis situé à droite. Rein bilobé, à lobes semblables. Dialyneures. Marins et carnassiers ou parasites.*

Fᴀᴍ. **SCALARIDÆ**. — Coquille allongée, polygyrée, à tours convexes, ombiliquée, mais à ombilic souvent recouvert et fermé ; ouverture entière, circulaire ou ovale. Opercule corné. Tentacules allongés ; pied dépassant la tête. Mâchoires ovales, denticulées sur leur bord ; dents de la radule très nombreuses dans une même rangée transversale, en épines. Polyotolithés.

Scalaria, Lmk. Coquille ornée de côtes longitudinales en forme de lamelles saillantes, à sommet légèrement infléchi ; tours très convexes ou même non contigus ; péristome épais et réfléchi, de même épaisseur sur la columelle et sur le labre ; nucleus de l'opercule presque central. *S. communis*, toutes nos côtes. — *Acirsa*, Mörch. Coquille mince à varices obsolètes ; péristome mince, aigu, à peine continu. *A. subdecussata*, Océan, Médit. — *Crosseia*, A. Adams. Coquille turbinée ; ouverture prolongée en avant en une languette canaliculée ; ombilic rétréci par un dépôt calleux. *C. miranda*, Japon. — *Eglisia*, Gray. Coquille sans ombilic, allongée, solide, sillonnée hélicoïdalement et portant des indications de varices longitudinales ; ouverture petite, orbiculaire ; bord columellaire anguleux en avant ; région ombilicale fermée par un funicule tordu. *E. spirata*, mers d'Europe ? *E. gracilis*, Gorée. — *Aclis*, Lovén. Coquille petite, ombiliquée, lisse ou ornée de côtes hélicoïdales ; sommet de l'hélice régulier ; péristome non continu ; labre mince, tranchant ; nucleus de l'opercule marginal ; un *mentum*. *A. nitidissima*, Océan ; Médit. — *Stilbe*, Jeffreys. Coquille lisse, brillante, à ouverture anguleuse en avant et en arrière ; labre aigu. *S. acuta*, Atl., prof.

Fᴀᴍ. **PYRAMIDELLIDÆ**. — Premiers tours du sommet de la spire autrement enroulés que les suivants ; ouverture entière. Tentacules aplatis, canaliculés à leur extrémité, en forme d'oreille d'âne ; mufle court ; un *mentum* élevé, réfléchi en dessus, entier ou divisé en avant, bien distinct de la sole ventrale à laquelle il est relié par une bride et placé *au-dessous* de l'orifice buccal. Point de radule.

Tʀɪʙ. Pʏʀᴀᴍɪᴅᴇʟʟɪɴᴀᴇ. Plusieurs plis à la columelle. — *Pyramidella*, Lmk. Genre unique ; nombreux sous-genres des mers chaudes. *P. dolabrata*, Antilles.

Tʀɪʙ. Pᴛʏᴄʜᴏsᴛᴏᴍᴀᴇ. (*Odostomia*, Fleming.) Une dent à la columelle. — *Pherusa*, Jeffreys. Test lisse, tours embryonnaires tordus, mais non renversés. *P. Gulsonæ*, côtes de Gascogne. — *Ondina*, de Folin. Test mince, avec quelque stries héliçoïdales; pli columellaire peu accusé. *O. sculpta*, Fr., Atl. — *Menestho*, Möller. Test cancellé; pli columellaire fort. *M. bulinea*, Fr., Médit. — *Ptychostomon*, Locard. Test lisse, pli columellaire bien accusé. *P. unidentatum*, Fr., Atl., Médit. — *Parthenina*, Bucquoy, Dautz. et Dolf. Test cancellé; pli columellaire faible. *P. interstincta*, toutes nos côtes.

Trib. TURBONILLINÆ. Columelle lisse. — *Eulimella*, Forbes. Coquille très allongée; test lisse et brillant. *E. commutata*, toutes nos côtes. — *Turbonilla*, Leach. Test orné de côtes longitudinales et parfois de stries décurrentes; parfois un léger pli à la columelle. *T. lactea*, toutes nos côtes.

Fam. EULIMIDÆ. — Coquille généralement allongée, subulée ou turriculée, luisante, polie, à hélice souvent inclinée en dehors; sommet régulièrement enroulé; labre simple; bord columellaire plus ou moins aplati. Opercule corné, paucispiré. Tentacules divergents, précédant les yeux; manteau formant un pli siphonal. Point de radule.

Hoploptcron, Fisch. Premier tour de la coquille avec un prolongement latéral aliforme. *H. Terquemi*, mers de Chine. — *Niso*, Risso. Coquille ombiliquée, polie, luisante, à dernier tour anguleux à la périphérie. *N. splendidula*, Pacif. — *Scalenostoma*, Deshayes. Coquille turriculée, à surface non émaillée; dernier tour caréné à la périphérie; labre profondément échancré en arrière, formant en avant un angle à sa jonction avec la suture. *S. carinatum*, île Bourbon. — *Eulima*, Risso. Coquille émaillée, brillante, souvent tordue, avec traces de varices d'un côté; sutures de la spire comblées; pas de repli céphalique couvrant la coquille. *E. polita*, toutes nos côtes. — *Stylifer*, Broderip. Coquille hyaline, mince, à dernier tour globuleux, couverte par un repli du tégument céphalique; pas d'opercule; parasites internes ou externes des Echinodermes. *S. astericola*, Océan Indien.

Fam. ENTOCONCHIDÆ. — Pas de coquille; corps vermiforme, entouré par un pseudopallium ne présentant qu'un orifice pour la sortie des produits génitaux. Tube digestif n'ayant plus qu'un orifice buccal.

Entocolax, Voigt. Dioïques, fixés par l'extrémité aborale. *E. Ludwigii*, parasite des Holothuries, mers boréales. — *Entoconcha*, Müller. Hermaphrodites, fixés par l'extrémité orale. *E. mirabilis*, parasite des Synaptes, Médit.

Fam. SOLARIIDÆ. — Coquille conoïde, parfois discoïdale, largement et profondément ombiliquée, à dernier tour peu dilaté. Tentacules fendus sur toute leur longueur. Mâchoires guillochées. Radule normale, mais avec dents latérales et marginales pectinées, ou formées de pointes séparées.

Torinia, Gray. Ombilic étroit; dernier tour de la coquille arrondi; opercule calcaire, conique, rappelant celui des *Tenagodes*; radule normale, à dent centrale petite; les autres déchiquetées, rappelant celles des CYPRÆIDÆ. *T. zanclea*, Médit., Madère. — *Solarium*, Lamk. Ombilic large; coquille anguleuse à la périphérie, à nucléus hétérostrophe; opercule corné, spiral, concave extérieurement; radule multidentée. *S. hybridum*, côtes de Gascogne, Médit.

D. Proboscidifères siphonostomes. — *Trompe longue, rétractile seulement à la base (pleurembolique); radule normale; un siphon bien développé. Osphradie bipectinée; pénis puissant, situé à droite. Rein bilobé, à lobes semblables. Zygoneures. Monotolithés. Coquille siphonostome. Tous marins et carnassiers; souvent de très grande taille.*

Fam. TRITONIDÆ. — Coquille solide, épidermée, pourvue de varices continues ou alternes, ne dépassant pas deux pour chaque tour d'hélice; labre épaissi; canal plus ou moins allongé, ouvert. Opercule corné, à nucléus spiral ou submarginal. Tentacules subulés avec les yeux à leur base, en dehors ou en arrière; pied court, obtus en arrière; siphon court. Mâchoire guillochée. Dents marginales de la radule falciformes, la première denticulée, la seconde lisse.

Triton, Montfort. Varices de l'hélice non continues d'un tour à l'autre; ouverture de forme régulière, formant en arrière un sinus, mais non un vrai canal; opercule lamelleux, à nucléus apical. *T. corrugatum*, Médit. *T. giganteum*, Médit. *T. cutaceum*, Fr., Atl., Médit. — *Persona*, Montf. *Triton* à ouverture étroite et grimaçante; columelle excavée, plissée en avant et en arrière, à callosité réfléchie à la face ventrale de la coquille. *P. anus*, mer Rouge. — *Ranella*, Lmk. Varices latérales et généralement continues; ouverture caniculée en arrière, columelle concave, ridée, crénelée. *R. marginata*, Afr. or.

Fam. **CASSIDIDÆ.** — Coquille ventrue, subglobuleuse, à spire assez courte; tours variqueux; ouverture ovale-allongée ou presque linéaire; labre réfléchi ou épaissi; bord columellaire plissé ou granuleux; canal court, recourbé. Opercule allongé, étroit, à nucleus placé vers le milieu du bord interne. Mâchoire et dents marginales comme Tritoniidæ.

Cassis, Klein. Coquille avec varices irrégulières; columelle calleuse, réfléchie en dehors; labre arrondi, réfléchi en dehors; canal très court, brusquement recourbé vers le dos. *C. saburon*, Médit. — *Cassidaria*, Lmk (*Morio*, Montfort). Coquille non variqueuse; bord columellaire plissé, réfléchi sur le canal; labre épaissi en dehors, tranchant à son extrémité; canal assez allongé, recourbé en arrière et ascendant. *C. rugosa*, Arcachon, Médit. — *Oniscia*, G. B. Sowerby. Tours rugueux; ouverture étroite linéaire, échancrée en avant; labre peu convexe, réfléchi en dehors, plissé intérieurement; columelle striée ou granuleuse. *O. oniscus*, Antilles.

Fam. **DOLIIDÆ.** — Diffèrent des Cassididæ par l'absence de varices à la coquille et d'opercule. Pied extrêmement large, débordant la coquille, tronqué et bordé en avant. Dents latérales et marginales de la radule lisses.

Dolium, d'Argenville. Coquille mince, à ouverture très large, à canal très court; à hélice courte mais bien nette. *D. galeatum*, Fr. Médit. — *Pyrula*, Lmk. Coquille très mince à ouverture ovale, à canal long, étroit, arqué; hélice très courte, à peine saillante. *P. ficus*, Mer Rouge.

2. Section. *ÉPINÉPHRIDÉS*[1]. — *Rein bilobé, à lobes de structure différente, libres ou intriqués l'un dans l'autre.*

Semi-proboscidifères. — *Mufle invaginable à partir de son extrémité libre, formant une trompe toujours courte; siphon nul ou représenté par un faible pli palléal; osphradie bipectinée. Pténoglosses ou ténioglosses. Dialyneures ou deux fois zygoneures. Monotolithes. Coquille holostome, souvent recouverte par le pied ou le manteau. Marins et carnassiers.*

Fam. **CHORISTIDÆ.** — Coquille héliciforme; péristome continu; ouverture ovale. Opercule court, paucispiré. Deux tentacules antérieurs courts, unis par un voile frontal; tentacules postérieurs simples, épais et coniques; deux tentacules pédieux; deux cirres en arrière et au-dessus de l'opercule. R = 3. 1. 1. 1. 3; dent médiane formée de trois parties.

Choristes, Carpenter. Seul genre vivant. *C. elegans*, côtes de la Nouvelle-Angleterre.

Fam. **NATICIDÆ.** — Coquille turbinée ou auriforme; columelle épaissie ou calleuse; labre aigu. Opercule ovalaire, paucispiré. Tentacules aigus ou triangulaires, écartés à la base; yeux souvent absents; pied très grand, débordant; propodium réfléchi en dessus en un *mentum* qui couvre la tête et le bord antérieur de la coquille. Mâchoires cornées, guillochées ou striées; radule ténioglosse normale, à dents latérales falciformes, lisses.

Natica, Adanson. Coquille globuleuse, épaisse, finement épidermée, porcelanée, plus ou moins ombiliquée; ouverture semi-circulaire. *N. catenata*, côtes de Fr. — *Neverita*, Risso. Coquille déprimée; ombilic rempli par un gros funicule. *N. Josephinia*, Médit. — *Ampullina*, Lmk. Ombilic sans funicule; région ombilicale limitée par une côte spirale; labre saillant à sa partie moyenne. *A. (Cernina) fluctuata*, Philippines. — *Amaura*, Möller. Coquille mince, sans ombilic. *A. candida*, mers arctiques. — *Sigaretus*, Lmk. Coquille auriforme, déprimée, striée hélicoïdalement; hélice très courte; opercule corné, prolongé au delà du nucleus. *S. haliotideus*, Antilles.

---

[1] Par la structure de leur rein, les Ténioglosses semi-proboscidifères se rapprochent manifestement des Sténoglosses; d'après les caractères du rein, on pourrait donc diviser les Prosobranches en deux séries, l'une à rein de structure uniforme, l'autre à rein divisé en deux lobes dissemblables; ces deux séries commenceraient toutes deux par des Ténioglosses à mufle rétractile, ou à trompe acrembolique, à coquille holostome et se termineraient par des formes à trompe pleurembolique et à coquille siphonostome; il y aurait ainsi entre ces deux séries un parallélisme plus grand qu'entre les deux groupes des Ténioglosses et des Sténoglosses.

Fam. **LAMELLARIIDÆ**. — Coquille mince, plus ou moins interne, à hélice courte, latérale, à ouverture très grande; parfois auriforme ou réduite à une simple lame. Pas d'opercule. Tentacules subulés, cylindriques; point de mentum céphalique. Des mâchoires; dents latérales de la radule denticulées; dents marginales falciformes et lisses ou absentes. Vivent d'Ascidies composées ou de Polypes.

Caledoniella, Souv. Coquille héliciforme, sans ombilic, à épiderme mince; à hélice très déprimée, sublatérale; labre droit et tranchant. *C. Montrouzieri*, Nouvelle-Calédonie. — *Marsenina*, Gray. Une petite partie de la coquille seule apparente; manteau avec une échancrure antérieure et une latérale gauche. *M. prodita*, mers boréales. — *Lamellaria*, Montagu. Manteau échancré en avant, recouvrant totalement la coquille qui est auriforme et spirale. *L. perspicua*, côtes de Fr. — *Velutina*, Flem. Coquille en grande partie externe, fragile, épidermée. *V. lævigata*, côtes de Fr. — *Oncidiopsis*, Beck. *Lamellaria* à manteau non échancré en avant; pied dépassant le manteau en avant et en arrière; coquille non spirale. *O. glacialis*, mers boréales.

Fam. **CYPRÆIDÆ**. — Coquille enroulée, émaillée; hélice très courte, cachée par le dernier tour ou empâtée par l'émail; ouverture étroite, arquée, généralement canaliculée à chaque extrémité; labre presque toujours infléchi. Tentacules portant les yeux sur une courte branche latérale; pied large, aplati, tronqué en avant, atténué en arrière; manteau couvrant la coquille de deux lobes tuberculeux ou portant des appendices simples ou ramifiés; siphon saillant, simple ou lacinié.

Erato, Risso. Ouverture non canaliculée en arrière; hélice bien distincte, conique. *E. lævis*, Océan, Médit. — *Cypræa*, L. Bord columellaire crénelé; hélice très courte, cachée; coquille généralement marquée de taches ou de dessins divers, colorée, lisse (*Cypræa*, *Aricia*), marquée d'un sillon longitudinal médian (*Pustularia*), sillonnée transversalement (*Cypræovula*, *Trivia*) ou treillissée (*Cyprædia*); dents marginales de la radule simples ou tridentées. Nombreux sous-genres. *C. (Trivia) europæa*, côtes de Fr.; *C. lucida*, côtes de Provence. — *Ovula*, Bruguières. Bord columellaire lisse; coquille blanche; dents marginales de la radule laciniées. *O. carnea*, Médit. — *Pedicularia*, Swainson. Coquille irrégulièrement enroulée, ouverture large, subcanaliculée en avant; labre sinueux; bord columellaire calleux; pied petit; manteau non réfléchi sur la coquille; dents marginales de la radule terminées par trois digitations; parasites des polypes. *P. sicula*, Médit.

II. *STÉNOGLOSSES*. — *Radule ne présentant pas plus de trois dents pour chaque rangée transversale. Une trompe rétractile, pleurembolique; un pénis; siphon palléal bien développé; osphradie large, bipectinée. Masse buccale très réduite; conduits salivaires ne traversant pas les colliers nerveux; souvent une glande spéciale impaire. Rein bilobé, à lobes de structure différente, juxtaposés ou intriqués. Système nerveux très concentré, zygoneure; ni commissure labiale, ni cordons nerveux scalariformes; ganglions buccaux au voisinage immédiat des ganglions cérébroïdes. Monotolithés. Coquille siphonostome. Marins et carnassiers.*

1. Section. *MÉRONÉPHRIDÉS*. — *Rein formé de deux lobes de structure dissemblable, simplement juxtaposés ou à peine intriqués, chacun d'eux occupant une surface considérable des parois de la chambre rénale.*

a. Rachioglosses. — *Dents de la radule en nombre impair (un ou trois).*

Fam. **VOLUTIDÆ**. — Coquille ovoïde, subcylindrique ou fusiforme; ouverture échancrée en avant; columelle terminée antérieurement en pointe saillante et portant des plis obliques qui diminuent de grandeur d'avant en arrière. Opercule souvent absent. Tête dilatée en avant et formant deux lobes arrondis sur lesquels sont placés les yeux, un peu en dedans les tentacules; pied grand, large. Siphon muni à sa base de deux appendices plus ou moins allongés, réfléchis en avant. R = 0 . 1 . 0.

Zidona, H. et A. Adams. Coquille lisse, à tours anguleux; hélice primitivement mamelonnée, recouverte ensuite d'un dépôt émaillé qui comble la suture et prolonge le sommet en forme de pointe; labre aigu; trois plis très obliques à la columelle; pas d'opercule; manteau réfléchi à gauche et couvrant une partie de la coquille. *Z. angulata*, Patagonie. — *Provocator*, Watson. Coquille lisse, fusiforme; hélice émaillée des *Zidona*; labre mince, sinueux, échancré en arrière; columelle portant deux plis très obliques. *P. pulcher*, Kerguelen. — *Wyrillea*. Coquille très grande, mince, ovale, cymbiforme; hélice élevée, scalariforme; sommet mamelonné, irrégulier; suture canaliculée; columelle sans plis, légèrement tordue, brusquement tronquée; pas d'opercules; aveugles. *V. alabastrina*, île Marion; un exemplaire unique dragué à 3000 m. — *Yetus*, Adanson (*Cymbium*, Klein). Coquille enroulée, ovale-oblongue, épidermée, à hélice très courte et converte par un dépôt calleux; labre simple aigu; bord columellaire concave, présentant trois ou quatre gros plis; pas d'opercule; animal trop grand pour se rétracter en entier dans sa coquille; vivipares. *Y. proboscidalis*, Sénégal. — *Voluta*, L. Coquille ovale-oblongue ou fusiforme, solide, épaisse, à sommet mamelonné; labre souvent épaissi; columelle plissée en avant et dans sa région moyenne; animal pouvant se rétracter entièrement dans sa coquille; ovipares. *V. (Amoria) undulata*, Nouvelle-Zélande. — *Volutilithes*, Swainson. Coquille ovale, fusiforme; hélice conique, à nucleus aigu et petit; tours costellés longitudinalement ou treillissés; plis columellaires nombreux, faibles et inégaux. *V. abyssicola*, seule espèce vivante, draguée au S. de l'Afrique. — *Volutolyria*, Crosse. Coquille épaisse, ovale, ornée de côtes longitudinales; hélice conique, à nucleus petit, cylindrique, régulier; ouverture étroite, allongée, à bords parallèles; sur la columelle quatre ou cinq grands plis transverses, entremêlés ou suivis de plis plus petits; labre épaissi antérieurement; un opercule corné, onguiculé. *V. musica*, Antilles. — *Lyria*, Gray. Coquille ovale-oblongue, fusiforme, solide; hélice élevée, portant sur ses tours des côtes longitudinales; ouverture étroite; columelle plissée dans toute sa longueur; plis intérieurs obliques; les postérieurs presque normaux à la direction de la columelle; un opercule corné, à nucleus passant avec l'âge de la position centrale à la position apicale. *L. nucleus*, Grand Océan. — *Enæta*, H. et A. Adams. Comme *Lyria*, mais trois plis seulement à la columelle et une dent obtuse en dedans du labre, vers le milieu de sa longueur. *E. harpa*, côte O. d'Amérique. — *Volutomitra*, Gray. Coquille étroite, fusiforme, amincie, lisse, épidermée; labre simple aigu; columelle portant quatre plis obliques; pas d'opercule. *V. grœnlandica*, mers arctiques.

    Fam. **DACTYLIDÆ** (Olivideæ, auct.). — Coquille épaisse, très lisse, porcelanée, subcylindrique ou fusiforme; ouverture oblongue, échancrée en avant; labre épais, mais simple, et non rebordé en dehors. Un large propodium triangulaire ou demi-circulaire qui dépasse la tête et est divisé en deux moitiés par un sillon dorsal longitudinal; métapodium moins large, embrassant latéralement la coquille. Manteau se prolongeant en deux appendices logés l'un dans l'échancrure antérieure, l'autre dans le sinus postérieur. Radule = 1. 1. 1.

Dactylus, Klein (*Oliva*, Brug.). *Hélice* assez courte; dernier tour recouvrant en partie tous les autres; columelle calleuse, plus ou moins plissée; labre épais; non réfléchi; un sinus continuant la suture à la partie postérieure de l'ouverture; pas d'opercule. *D. porphyrius*, Panama. — *Olivancillaria*, d'Orb. *Dactylus* à hélice assez longue, ouverture plus courte, à labre tranchant, canaliculé en arrière, columelle plissée, calleuse dans toute sa longueur; un petit opercule. *O. brasiliana*, Brésil. — *Olivella*, Swainson. *Olivancillaria* à spire pointue, à columelle calleuse seulement en arrière, plissée en avant; opercule bien développé. *O. biplicata*, sert de monnaie aux indigènes de Californie. — *Ancilla*, Lmk. *Olivella* à coquille luisante, polie, à suture souvent cachée par un dépôt d'émail, à labre présentant en avant une petite échancrure d'où part un sillon dorsal transverse placé au-dessus de l'échancrure siphonale; opercule ovale allongé. *A. mauriliana*, Océan Indien.

    Fam. **MARGINELLIDÆ**. — Coquille luisante, polie, émaillée; ouverture étroite; labre épaissi extérieurement; columelle plissée. Pas d'opercule. Pied grand, non réfléchi sur la coquille que le manteau recouvre presque entièrement; pas d'appendices à la base du siphon. R = 0. 1. 0.

Marginella, Lmk. Coquille luisante, ornée parfois de côtes longitudinales, sans échancrure postérieure, avec 3 ou 4 plis obliques à la columelle; labre et bord columellaire lisses. *M. miliaria*, Médit. — *Persicula*, Schumacher. Coquille rappelant celle des Cypræa; ouverture échancrée en avant et en arrière; une callosité sur la lèvre interne près de l'extrémité postérieure; un grand nombre de petits plis à la columelle. *P. (Gibberula) occulta*, Médit. — *Pachybatron*, Gaskoin. Comme *Persicula*, mais callosité columellaire largement réfléchie et plissée transversalement. *P. marginelloïdeum*, Antilles. — *Cystiscus*, Stps. Coquille petite, ovale, mince, lisse; hélice très courte, moins distincte; suture comblée par un dépôt vitreux; quatre plis dans la moitié antérieure du bord columellaire. *C. capensis*, Cap de Bonne-Espérance. — *Microvoluta*, Angas. Diffèrent des *Cystiscus* par leur hélice aussi longue que l'ouverture et l'absence d'échancrure antérieure; sommet papilleux; labre simple. *M. australis*, Australie.

b. TOXIGLOSSES. — *Radule ayant en général, pour formule, quand elle existe, 1. 0. 0. 0. 1; mais pouvant compléter son rachis. Une grosse glande à venin impaire, dont la sécrétion imprègne ces dents; sac lingual à parois minces.*

FAM. **CANCELLARIIDÆ.** — Coquille ovale, à spire courte; columelle calleuse, avec de très gros plis; labre plissé en dedans. Pas d'opercule. Yeux placés extérieurement à la base des tentacules. R = 1. 0. 1. Apparentées aux Ténioglosses.

Cancellaria, Lmk. Genre unique; nombreux sous-genres. *C. cancellata*, Médit.

FAM. **TEREBRIDÆ.** — Coquille subulée, dernier tour court; canal très court; columelle non plissée. Opercule corné, ovale, à nucleus apical. Yeux à l'extrémité des tentacules. R = 1. 0. 1.

Terebra, Adanson. Genre unique; plusieurs sous-genres. *T. maculata*, Moluques.

FAM. **CONIDÆ.** — Coquille conique ou fusiforme, à dernier tour très grand, recouvrant parfois les autres; ouverture étroite, à bords quelquefois parallèles, canaliculée en avant, légèrement sinuée ou plus ou moins échancrée près de la suture; columelle rarement plissée; labre simple, tranchant, généralement un opercule corné. Yeux sur le côté externe des tentacules.

Conus, L. Coquille conique, allongée, à hélice assez courte; à dernier tour très grand et enveloppant; labre simple, sans échancrures; R = 1. 0. 1. Nombreux sous-genres. *C. mediterraneus*, Médit. — *Genotia*, H. et A. Adams. Coquille mitriforme ou biconique, dernier tour non rétréci en avant et prolongé en un court canal; sinus labial peu profond, large; bords de l'ouverture parallèles. *G. mitræformis*, côte occidentale d'Afrique. — *Pusionella*. Gray. Coquille fusiforme, brillante, à hélice longue et aiguë; ouverture rétrécie en avant et terminée par un canal assez court, courbe, caréné extérieurement; labre entier. *P. nifat*, côte occid. d'Afrique. — *Columbarium*, v. Martens. Coquille fusiforme, carénée, épineuse; hélice conique, tours nombreux; le premier globuleux, le suivant caréné; canal très long, étroit; ouverture ovale, courte; sinus labial faible. *C. spinicinctum*, Panama. — *Clavatula*, Lmk. Coquille fusiforme, hélice saillante; tours épineux ou tuberculeux près de la suture; canal assez court; bord columellaire arqué, portant une callosité postérieure; labre largement échancré au-dessous de la couronne suturale; R = 1. 1. 1. *C. mitra*, côte occid. d'Afrique. — *Surcula*, H. et A. Adams. Coquille turriculée, fusiforme; dernier tour caréné, labre échancré au-dessus de la carène dans la dépression infra-suturale; R = 1. 0. 1. *S. nodifera*, Océan Indien. — *Pleurotoma*, Lmk. Coquille fusiforme, allongée; hélice haute, aiguë; tours arrondis, test costulé; labre mince, arqué, avec un sinus labial profond; canal long, droit; R = 1. 0. 1. *P. emarginata*, Médit. Atl. côtes de Fr. — *Hædropleura*, Monterosato. Coquille fusiforme, assez allongée; hélice haute, subaiguë; test épais, fortement costulé; labre bordé extérieurement; sinus labial très obtus; columelle simple; canal court, droit, tronqué. *H. septangularis*, côtes de Fr. — *Bela*, Leach. Coquille fusiforme, turriculée; hélice à tours très étagés; test costulé et strié; labre mince, sans sinus; columelle simple; canal extrêmement court, droit, tronqué; R = 1. 0. 1. *B. turriculata*, Manche, Atl. — *Raphitoma*, Bellardi. Coquille fusiforme, allongée, costulée longitudinalement; hélice haute, très aiguë; canal long, droit, étroit; labre légèrement sinueux en arrière; pas d'opercule; *R. stricta*, Manche, Océan; *R. lævigatum*. Médit. — *Mangelia*, Risso. Coquille fusiforme, courte, ornée de côtes longitudinales; tours de l'hélice étagés; labre variqueux, avec un sinus bien marqué; canal court, droit, tronqué; R = 1. 0. 1; pas d'opercule. *M. Vauquelini*, Médit.; *M. costata*, Manche, Atl. — *Borsonia*, Bell. Coquille fusiforme; hélice élevée; sinus labial arqué, peu profond, ouvert dans la dépression infrasuturale; canal bien marqué; columelle portant à sa partie moyenne, un ou deux plis saillants. *B. céroplasta*, zone abyssale, Antilles. — *Drillia*, Gray. Coquille turriculée; hélice élevée; dernier tour généralement plus court que la moitié de la longueur totale; bord columellaire épaissi, calleux en arrière; labre flexueux épais, avec un sinus postérieur, bien marqué et une sinuosité en avant; canal très court courbe; R = 1. (1. 1 1). 1. *D. (Spiratropis) carinata*, côtes de Norvège. — *Clathurella*, Carp. Coquille fusiforme; hélice assez haute, tours bien arrondis; test treillissé; ouverture ovale allongée; sinus labial variqueux; canal court, légèrement courbé, pas d'opercule. *C. purpura*, Manche, Atl.

C. Bucquoyi, Médit. — *Lachesis*, Risso. (*Donovania*, Bucq., Dautz., Dollf.) Coquille petite, étroitement fusiforme; sommet mamelonné; columelle lisse; labre non échancré en arrière, plissé en dedans; canal ouvert, très court; opercule à nucleus subapical. *D. minima*, Manche, Atl. — *Taranis*, Jeffreys. Coquille très petite; galbe un peu court; test treillissé; labre lisse en dedans, simple; canal très court, bien ouvert; columelle simple. *T. cirrata*, côtes de Provence.

2. Section. *PYCNONÉPHRIDES*. — *Lobe gauche du rein formé d'une lamelle marginale, bordant entièrement le rein et donnant naissance à d'autres lamelles secondaires pénétrant entre les lobules du lobe droit; absent chez les* Concholepadidæ.

FAM. **TURBINELLIDÆ**. — Coquille piriforme ou fusiforme, solide, munie d'un canal assez long; columelle plus ou moins épaissie, généralement plissée, opercule corné, ovale-unguiforme, à nucleus apical. Tête petite; tentacules convergents à la base, portant les yeux sur leur bord externe; R = 1. 1. 1. Dents pointues, peu nombreuses et habituellement très inégales.

Turbinella, Lmk. Des plis à la région moyenne de la columelle; dernier tour ventru, se continuant en un canal allongé, labre arqué, *T. pirum*, coquille sacrée de l'Inde. — *Cynodonta*, Schumacher. Des plis dans la région moyenne de la columelle, coquille épineuse, à siphon court, labre non arqué. *C. cornigera*, Moluques. — *Tudicla*, Bolten. Columelle plissée antérieurement; canal très long, presque long. *T. spirillus*. Oc. Indien. — *Strepsidura*, Swains. Deux plis columellaires antérieurs; canal court, courbé en dehors. *S. (Melapium) lineatum*. Oc. Ind. — *Fulgur*, Montf. Un seul pli columellaire antérieur. *F. carica*, côte E. Am. N. — *Melongena*, Schum. Columelle non plissée; canal court. *M. (Pugilina) paradisiaca*, Oc. Ind. — *Semifusus*, Swains. Columelle lisse; canal antérieur long et étroit; ouverture canaliculée en arrière. *S. colosseus*, Oc. Ind. — *Ptychatractus*, Stps. Columelle faiblement plissée en avant; hélice élevée; coquille sillonnée transversalement. *P. ligatus*. C. E. Amér. du N. — *Meyeria*, Dunk. et Metzg. Columelle et hélice de même; coquille plissée longitudinalement. *M. pusilla*, Atl. N.

FAM. **FASCIOLARIDÆ**. — Coquille fusiforme, allongée; hélice longue, conique; canal long; labre simple. Opercule corné, ovale, à sommet aigu, à nucleus apical. Yeux placés en dehors et à la base des tentacules. Radule trisériée, à dents latérales très larges, denticulées.

Fusus, Klein. Coquille réticulée, allongée, fusiforme, sans ombilic; hélice à tours nombreux; ouverture ovale, prolongée en avant par un canal étroit, non fermé; labre arqué; columelle lisse. *F. pulchellus*, *F. syracusanus*, Médit. — *Clavella*, Sw. Différent des *Fusus* par leur labre épaissi en arrière et rejoignant obliquement le bord columellaire, lui-même épaissi de manière à former un péristome continu. *C. serotina*, Polynésie. — *Fasciolaria*, Lmk. Labre sillonné intérieurement, columelle concave, plissée en avant. *F. lignaria*, Médit. — *Latirus*, Montf. Labre crénelé; columelle droite, plissée en avant. *L. filosus*, Cap Vert. — *Chascax*, Watson. Un large ombilic; columelle lisse. *C. maderensis*, Madère.

FAM. **MITRIDÆ**. — Coquille fusiforme ou ovale, solide; hélice généralement aiguë; ouverture allongée, échancrée en avant; labre simple; columelle portant plusieurs plis dont la taille augmente d'avant en arrière, contrairement à ceux des Volutidæ. Pas d'opercule. Tentacules subulés, grêles, rapprochés à leur base, portant les yeux sur leur longueur; pied étroit, tronqué en avant, à angles latéraux aigus, atténué en arrière; siphon assez long; trompe excessivement longue. R = 0. 1. 0. ou 1. 1. 1.

Mitra, Lmk. Columelle plissée en arrière; labre non sillonné à l'intérieur; R = 1. 1. 1. *M. lutescens*, Médit.; *M. aquitanica*, côtes de Gascogne. — *Turricula*. Labre sillonné à l'intérieur. *T. (Mitrolumna) olidiformis*, Médit. — *Cylindromitra*, Fischer. Columelle plissée en avant; labre crénelé R = 0. 1. 0. *C. crenulata*, Chine. — *Imbricaria*, Schumacher. Columelle plissée dans la région moyenne; labre crénelé; R = 1. 1. 1. *I. conica*, Tahiti.

FAM. **HARPIDÆ**. — Coquille ventrue, costulée longitudinalement; ouverture échancrée en avant; labre non réfléchi, légèrement sinueux en arrière; columelle sans plis. Pied étranglé à sa partie antérieure. R = 0. 1. 0.

Harpa, Rumphius. Genre unique. *H. ventricosa* Ile Maurice.

FAM. BUCCINIDÆ. — Coquille ovale-oblongue ou fusiforme, sans ombilic, canaliculée, à canal court, tronqué; columelle tordue, opercule corné. Pied assez grand, tronqué en avant; siphon allongé; verge très grande, courbée. R = 1. 1. 1; dents pluricuspidées.

TRIB. CHRYSODOMINÆ. Coquille fusiforme; de 2 à 4 cuspides aux dents latérales de la radule; opercule unguiforme, à nucleus apical. — *Chrysodomus*, Swainson. *C. despecta*, circumpolaire. — *Neptunia*, H. et A. Adams. Coquille grande; hélice haute; test orné de cordons décurrents; canal peu allongé, ouvert; labre simple; lisse en dedans, ainsi que la columelle. *N. antiqua*, Manche, Médit. — *Siphonalia*, A. Adams. *Chrysodomus* à labre sillonné intérieurement. *S. dilatata*, mers australes.

TRIB. LIOMESINÆ. Coquille imperforée, plus ou moins globuleuse, conoïde, à ouverture large; columelle légèrement sinueuse; labre simple, non sillonné intérieurement; canal court, largement ouvert; dents latérales unicuspidées; même opercule. — *Liomesus*, Stps. Coquille striée transversalement; hélice courte, dernier tour ventru; *L. Dalei*, mers arctiques et boréales.

TRIB. BUCCININÆ. Même coquille. Opercule à nucleus plus ou moins éloigné du sommet; dents latérales à 3 ou 4 cuspides. — *Buccinum*, Linné. Genre unique; nombreux sous-genres. *B. undatum*, Manche, Atl.

TRIB. PISANINÆ. Coquille bucciniforme ou fusiforme. Opercule ovale, piriforme, à nucleus apical; dents latérales tricuspidées. — *Cominella*, Gray. Coquille tachetée; partie postérieure de l'ouverture contractée; opercule ovalaire, à sommet subapical. *C. porcata*, mers australes. — *Cyllene*, Gray. Hélice aiguë, suture déprimée; dernier tour grand; ouverture prolongée en arrière et formant une échancrure suturale; labre épaissi, variqueux extérieurement, sillonné intérieurement; columelle légèrement plissée en avant. *C. Oweni*, Afrique orientale. — *Tritonidea*, Swainson. Comme *Cyllene*, mais labre sinueux en arrière où il forme un canal plus ou moins évident. *T. undosa*, Philippines. — *Pisania*, Bivona. *Tritonidea* de forme plus allongée, à columelle plissée en avant et dentée en arrière, canal large et court; test strié, non costulé. *P. maculosa*, Médit. — *Pollia*, Gray. *Pisania* à test strié et costulé longitudinalement; pas de pli columellaire en avant. *P. Orbignyi*, Médit. — *Euthria*, Gray. *Pollia* allongées à test presque lisse, à canal assez long, courbe, oblique. *E. major*, Médit. — *Metula*, H et A. Adams. Coquille mitriforme, finement treillissée; hélice aiguë, élevée; ouverture étroite; labre épaissi extérieurement, crénelé intérieurement; columelle simple, canal très court. *M. clathrata*, cap de Bonne Espérance.

TRIB. PHOTINÆ. — Coquille bucciniforme ou tritoniforme. Opercule ovale, à nucleus apical. Dents latérales bicuspidées. Yeux placés vers le milieu de la longueur des tentacules. — *Engina*, Gray. Coquille à côtes noduleuses; labre épaissi, denticulé intérieurement, canaliculé en arrière; bord columellaire plissé en avant, canal extrêmement court. *E. turbinella*, Antilles. — *Phos*, Montf. Coquille à côtes longitudinales et stries transversales; labre sillonné intérieurement, un peu échancré en avant; canal très court; un peu tordu en dehors. *P. senticosus*, N. Australie. — *Hindsia*, H et A. Adams. Coquille treillissée; un long canal antérieur; columelle ridée et plissée avec un tubercule dentiforme postérieur. *H. nivea*.

TRIB. DIPSACCINÆ. — Coquille bucciniforme; opercule ovale, à nucleus apical. Dents latérales bicuspidées. Yeux placés à la base des tentacules. — *Dipsaccus*, Klein (*Eburna*, Lmk). Coquille ombiliquée, épidermée, polie; spire aiguë, turriculée, suture plus ou moins canaliculée; ouverture sinueuse en arrière; labre simple; columelle concave avec un tentacule postérieur et une callosité. *D. spiratus*, Ceylan. — *Macron*, H et A. Adams. Point d'ombilic; un sillon dorsal aboutissant à une petite dent antérieure du labre. *M. Kelleti*, Californie.

TRIB. PSEUDOLIVINÆ. Coquille bucciniforme; opercule à nucleus latéral. — *Pseudoliva*, Swainson. Coquille solide, subglobuleuse, à spire courte et tours renflés; bord columellaire très calleux postérieurement; sillon et dent labiale des *Macron*. *P. plumbea*, le Cap.

FAM. NASSIDÆ. — Coquille bucciniforme, à canal court; columelle calleuse, tronquée obliquement et plissée en avant. Opercule corné, petit, onguiculé, souvent denté sur ses bords. Tentacules longs, portant les yeux en dehors et à leur base; pied grand, souvent terminé par des appendices déliés. Radule trisériée, à dent centrale denticulée, à dents latérales bicuspidées, avec denticulations intermédiaires.

Nassa, Lmk. Coquille solide, fusiforme, ventrue; hélice assez haute; dernier tour gros; test costulé; labre denticulé en dedans, callosité peu épaisse. *N. (Ilinia) reticulata*, toutes les côtes de Fr. — *Sphæronassa*, Locard. Coquille ovoïde, ventrue; hélice médiocre; dernier tour très grand, très ventru; test lisse; labre plissé en dedans; callosité assez épaisse, *S. (Nassa) mutabilis*, Médit. — *Neritula*, Adams. Coquille semi-orbiculée, oblique, très fortement déprimée; test libre; hélice presque nulle; ouverture très oblique; labre lisse; callosité très épaisse, *N. nana*, Médit. — *Amycla*, H et A. Adams. Coquille fusiforme, un peu allongée; hélice assez haute; test à peu près lisse; ouverture ovalaire; labre plissé en dedans; callosité peu développée; columelle faiblement plissée en avant. *A. corniculata*, Atl. Médit. — *Canidia*, H. et A. Adams. *Nassa* des eaux douces de l'Inde et des îles de la Sonde, à labre simple, à columelle non calleuse, *C. Jullieni*, Indo-Chine. — *Dorsanum*, Gray. Coquille lisse, polie, allongée, turriculée, non épidermée; labre simple, faiblement sillonné à l'intérieur; columelle concave, lisse, tronquée et plissée en avant, à callosité très faible, à peine réfléchie; opercule entier. *D. politum*, Sénégal. — *Buccinanops*, d'Orb. Coquille ovale ou turriculée, polie, luisante; hélice aiguë; suture comblée par un dépôt émaillé; labre aigu simple; columelle concave, à extrémité antérieure dirigée en dedans, à callosité large; épaisse en arrière; opercule denticulé; pied pouvant se dilater énormément en absorbant de l'eau; aveugles. *B. semiplicatum*, Afrique australe. — *Truncaria*, Adams et Reeve. Coquille oblongue, épaisse, accuminée; suture canaliculée, ouverture subéchancrée en arrière, columelle arquée, abruptement tronquée en avant avec un pli antérieur. *T. filosa*, mers de Chine.

FAM. **COLUMBELLIDÆ**. — Coquille de petite taille, imperforée, subovale, conique ou fusiforme; ouverture généralement étroite; canal très court; labre presque toujours épaissi, sillonné intérieurement, opercule corné. Dent centrale de la radule inerme; dents latérales versatiles, tricuspidées à leur extrémité. Pied acuminé en arrière.

Columbella, Lmk. Genre unique; nombreux sous-genres. *C. procera*, *C. (Atilia) minor*; *C. (Mitrella) scripta*, Médit.

FAM. **MURICIDÆ**. — Coquille moyenne, parfois petite (sur nos côtes), turbinée, canaliculée, subombiliquée; test épineux ou rugueux; canal allongé, presque fermé; columelle réfléchi. Opercule corné, à nucleus apical. R = 1. 1. 1; dent centrale tricuspide; latérales simples. Tentacules subulés, portant les yeux extérieurement à leur base; pied médiocre, tronqué en avant.

Typhis, Montfort. Coquille petite, hélice assez haute; test avec des varices lamelleuses; ouverture circulaire, canal fermé. *T. Sowerbyi*, Médit. — *Murex*, L. Hélice médiocre; des côtes longitudinales ou des varices plus ou moins épineuses; ouverture elliptique, prolongée par un canal droit, assez long, presque fermé. *M. (Bolinus) brandaris*, Médit.

FAM. **PURPURIDÆ**. — Coquille grande ou moyenne, turbinée, imperforée, canaliculée; hélice courte, dernier tour très grand; ouverture large; bord columellaire réfléchi, opercule à nucleus latéral. Dent centrale de la radule présentant, outre ses trois cuspides, des denticulations latérales.

Ocinebra, Leach. Coquille muriciforme, variqueuse; labre plissé, épaissi intérieurement; ouverture ovale; canal médiocrement long, fermé ou à peu près. *O. erinaceus*; *O. (Ocinebrina) aciculata*, Manche, Atl. — *Hadriania*, Bucq. Dautz. Dollf. Coquille fusiforme, hélice conique; tours anguleux, ornés de côtes longitudinales variqueuses, nombreuses; canal long, fermé en avant. *H. craticulata*, Médit. — *Urosalpinx*, Stps. Coquille fusiforme, allongée, striée hélicoïdalement, avec côtes longitudinales nombreuses; canal court, légèrement fléchi, ouvert; ouverture ovale; labre denté intérieurement. *U. cinereus*, N. Amér. — *Pseudomurex*, Monteros. Pas de varices; des côtes plus ou moins marquées; partie supérieure des tours ornée d'écailles triangulaires saillantes; ouverture ovale allongée; labre ondulé; canal court, ouvert. *P. laceratus*, Médit. — *Eupleura* H. et A. Adams. Coquille solide, portant deux varices sur chaque tour; ouverture ovale; canal long, étroit en partie fermé. *E. caudata*. Am. N. Atl. — *Rapana*, Schumach. Coquille ventrue, subglobuleuse, plus ou moins nettement ombiliquée, à saillie ombilicale ridée, ainsi que la surface de la coquille; hélice assez courte, subdéprimée; ouverture ample; canal ouvert, légèrement courbé, labre ondulé, sillonné intérieurement; bord columellaire réfléchi. *R. bulbosa*, Chine, *R. (Latiaxis) Mawæ*, Chine. — *Purpura*, Brug. Coquille tuberculeuse, striée ou lamelleuse, mais non variqueuse; hélice peu allongée, dernier tour très grand; bord columellaire aplati, réfléchi; ouverture ovale, large, obliquement échancrée en avant, plus ou moins canaliculée en arrière. *P. lapillina*, Manche, Atl. — *Pentadactylus*, Klein (*Ricinula*,

Lmk). Coquille épaisse, tuberculeuse ou épineuse; hélice très courte; ouverture oblongue, échancrée en avant, canaliculée en arrière; bord columellaire épais, portant plusieurs plis transverses; labre épais, denticulé ou digité intérieurement. *P. arachnoides*, Chine.

FAM. **HALIIDÆ**. — Coquille ovale, oblongue, ventrue, mince, fragile, luisante; hélice obtuse; ouverture ovale; columelle tronquée en avant; labre simple, légèrement arqué, sinueux. Pas d'opercule. R = 1. 1. 1.

Halia, Risso. Genre unique. *H. priamus*, côtes du Portugal.

FAM. **CORALLIOPHILIDÆ**. — Coquille irrégulière, rugueuse ou lamelleuse; hélice courte; ouverture terminée par un sinus plus ou moins marqué, souvent déformée, prolongée par un tube ou même fermée. Opercule de *Purpura* ou nul. Pied court, doublé en avant; trompe protractile; pas de radule. Vivent dans les Madrépores.

Coralliophila, H. et A. Adams. Coquille irrégulière, purpuriforme; hélice courte; ouverture ample; canal court ou même presque fermé; labre simple; columelle largement réfléchie, aplatie ou excavée, calleuse, portant une saillie dentiforme en avant; opercule de *Purpura*. *C. alucoides*, côtes de Gascogne, Médit. *C. Fritschi*, Afrique. — *Rapa*, Klein. Coquille piriforme, globuleuse, mince, à surface striée transversalement; hélice courte, obtuse; ouverture ovale, allongée, continuée par un canal ouvert, plus ou moins long; bord columellaire réfléchi, cachant l'ombilic; labre ondulé; opercule mince, corné, à nucleus reporté assez en avant. *R. papyracea*, Pacif. — *Leptoconchus*, Ruppell. Coquille globuleuse, sans ombilic, mince, à hélice courte; ouverture grande, subovale, terminée en avant par une sinuosité, mais non échancrée; columelle saillante; labre mince; pas d'opercule. *L. striatus*, mer Rouge. — *Magilus*, Montf. Coquille très épaisse, blanche, tubuleuse, contournée; les trois ou quatre premiers tours enroulés, remplie d'un dépôt calcaire, très dense; dernier tour déroulé, sinueux, creux; ouverture ovale, circulaire, avec un sinus antérieur anguleux, correspondant à une carène qui a pour origine le sinus des jeunes coquilles; surface marquée de lamelles d'accroissement; opercule très petit, à nucleus latéral. *M. antiquus*, mer Rouge. — *Rhizochilus*, Steenstrup. Coquille adherente à des Polypiers ou à d'autres coquilles, à l'état adulte; libre et semblable à une *Purpura*, à l'état jeune; bords de l'ouverture embrassant les corps étrangers, de sorte que la coquille est close; canal prolongé par un tube calcaire irrégulier; pas d'opercule. *R. antipathicus*, sur les Antipathes.

FAM. **CONCHOLEPADIDÆ**. — Coquille ovale, à surface rugueuse; hélice excessivement courte, non saillante; ouverture très simple, légèrement échancrée en avant, non sillonnée en arrière; labre arqué, crénelé, subdenté près de l'échancrure antérieure; bord columellaire aplati, très dilaté; bord postérieur arqué et dépassant le sommet, opercule oblong, à nucleus médio-latéral. Lobe gauche du rein complètement avorté.

Concholepas, d'Argenville. Genre unique. *C. peruviana*, du Pérou à la Patagonie.

II. ORDRE

PULMONATA (PULMONÉS) [1]

Coquille le plus souvent bien développée, presque toujours sans opercule. Cavité palléale transformée en poche respiratoire, s'ouvrant au dehors par un orifice étroit; pas de branchie; osphradie absente ou représentée par un ou plusieurs sacs ciliés, placés à l'orifice de la cavité respiratoire. Oreillette du cœur généralement placée en avant du ventricule. Système nerveux euthyneure. Hermaphrodites. — Vivent presque tous dans les eaux douces ou sur le sol.

1. SOUS-ORDRE

BASOMMATOPHORA

Tentacules non rétractiles; yeux placés à la base et un peu en dedans des tentacules. Une osphradie sacciforme chez les formes aquatiques.

[1] ARNOULD LOCARD, *Les coquilles terrestres de France*, 1894. — ID., *Les coquilles des eaux douces et saumâtres*, 1893.

Fam. **AMPHIBOLIDÆ**. — Coquille hélicoïdale, ombiliquée, à hélice peu saillante, operculée. Tête formant un large disque aplati, légèrement échancré en avant; yeux sur de petites éminences à peine distinctes, de chaque côté du mufle. Orifices pulmonaire et génital à droite. R = *n*. 2. 1. 2. *n*. Littoraux.

Amphibola, Schum. Columelle calleuse; labre sinué en arrière. *A. nux-avellana*, Nouvelle-Zélande. — *Ampullarina*, Sow. Coquille mince, columelle sans callosité; labre sans sinus. *A. fragilis*, Australie.

Fam. **AURICULIDÆ**. — Coquille ovale allongée, à ouverture souvent dentée, à columelle plissée; cloisons intérieures presque toujours résorbées, sauf celle de l'avant-dernier tour. Un opercule chez les larves seulement. R = *n*. 1. *n*.

Pedipes, Adams. Cloisons internes non résorbées; coquille sans ombilic, solide, striée hélicoïdalement, à tours peu nombreux; un pli pariétal très fort, lamelleux, prolongé à l'intérieur et deux dents sur le bord columellaire; labre aigu avec une callosité interne dentée; pied divisé transversalement en deux parties qui s'avancent alternativement. *P. afer*, côtes du Sénégal. — *Melampus*, Montf. Coquille glandiforme; hélice courte; dernier tour très grand; ouverture étroite; columelle plissée; labre aigu, intérieurement garni de plis transverses; pied divisé transversalement, bifide en arrière. *M. (Detracia) singulatus*, mer des Antilles. — *Leuconia*, Gray. Coquille mince, hélice conique; columelle tordue en avant, portant un pli; péristome sans dents; pied simple en arrière, divisé durant la marche. *L. bidentata*, mers d'Europe. — *Blauneria*, Shuttl. Coquille sénestre, oblongue, turriculée, mince; un pli unique, au voisinage de la columelle; péristome droit. *B. heteroclita*, Antilles. — *Auricula*, Lmk. Coquille oblongue, à épiderme brunâtre; spire conoïdale, assez courte; dernier tour grand, arrondi en avant; ouverture longitudinale; bord columellaire portant généralement deux plis, le postérieur presque longitudinal, l'antérieur terminant la columelle; péristome épaissi en dedans, mais non denté; pied non divisé transversalement. *A. Midæ*, Inde. — *Alexia*, Leach. Différent des *Auricula* par leur coquille plus mince, leur labre moins épaissi et leur pli columellaire obliquement ascendant; jeunes coquilles avec une couronne de poils au voisinage de la suture. *A. myosotis*, côtes de Fr. — *Marinula*, King. Coquille assez solide, lisse; hélice conique; ouverture ample; bord columellaire aplati, dilaté, portant trois plis obliquement ascendants, le postérieur très grand; péristome simple, aigu. *M. pepita*, Pacif. — *Tralia*, Gray. *Melampus* à labre épaissi intérieurement, sinueux à sa partie supérieure, portant un pli intérieur; trois plis columellaires. *T. pusilla*, Antilles. — *Plecotrema*, H. et A. Adams. Coquille petite, solide, ovale, sillonnée transversalement; ouverture contractée, deux plis au bord columellaire, l'antérieur bifide; deux ou trois tubercules au péristome, qui est épaissi. *P. typica*, O. Indien. — *Cassidula*, Féruss. Coquille épaisse, ombiliquée, à dernier tour très grand, rétréci en avant; ouverture étroite, sinueuse, à paroi dentée; columelle fortement plissée; péristome épais, légèrement réfléchi, intérieurement calleux; pied bifide en arrière. *C. auris-felis*, côtes du Pacifique. — *Scarabus*, Montfort. Coquille ovale, déprimée à spire aiguë; tours portant de chaque côté une varice; ouverture rétrécie; trois gros plis dentiformes à la paroi columellaire, l'antérieur tordu; péristome réfléchi, présentant intérieurement des dents qui alternent avec celles de la columelle. *S. plicatus*, Ceylan; terrestres, sur les littoraux. — *Cœlostele*, Benson. Coquille allongée; bord columellaire épaissi, avec un pli spiral oblique; péristome mince, droit. *C. scalaris*, Inde. — *Carychium*, O. F. Müller. Coquille très petite, pupiforme, mince, hyaline; ouverture subovale; une ou deux dents sur le bord columellaire; péristome légèrement réfléchi, à bords réunis par une callosité; labre subvertical et souvent muni d'une dent. *C. minimum*, terrestre, Fr.

Fam. **OTINIDÆ**. — Coquille externe, auriforme ou cupuliforme. Organisation des AURICULIDÆ.

Otina, Gray. Animal ne pouvant rentrer entièrement dans sa coquille; marins. *O. Turtoni (O. otis)*, Manche, Atl. — *Camptonyx*, Benson. Animal pouvant rentrer dans sa coquille, dont le sommet est à droite; une côte longitudinale à droite; terrestres. *C. Theobaldi*, Inde.

Fam. **SIPHONARIIDÆ**. — Coquille patelliforme; impression de l'adducteur de la coquille interrompue par un sinus latéral correspondant à l'orifice pulmonaire.

très épaissi intérieurement, à columelle encore moins tronquée ; pied sans pore muqueux. *C. subcylindrica*, Fr. — *Azeca*, Leach. *Cionella* à ouverture rétrécie par de nombreuses dents ou lamelles, à columelle non tronquée. *A. tridens*, Fr. N. E. et C. — *Stenogyra*, Shuttleworth. Coquille dextre, imperforée, cylindrique. à tours très nombreux, le dernier beaucoup plus petit que le reste de la coquille ; péristome simple ; mâchoire plissée verticalement, mince ; coquille adulte tronquée, S. (*Rumina*) *decollata*, Fr. mérid.

Fam. **BULIMULIDÆ**. — Mâchoire mince, formée de plis imbriqués en dehors, tantôt verticaux, tantôt symétriquement inclinés des deux côtés de l'axe de la mâchoire. Radule à dents médianes un peu plus petites que les latérales, irrégulièrement tricuspides ; les marginales à quatre ou trois cuspides.

Bulimulus, Leach. Coquille allongée, ouverture ovale ; péristome mince ; columelle épaissie ou subplissée ; nombreux sous-genres. *B. exilis*, Amér. — *Amphibulimus*, Montf. Coquille assez grande pour loger l'animal, imperforée, ventrue, rugueuse, paucispirée ; dernier tour très grand, anguleux ; spire saillante ; ouverture oblique, columelle cachée ; labre épaissi ; mâchoire à plis obliques. *A. patula*, Antilles. — *Pellicula*, Fischer. Coquille ventrue, occupant seulement la région moyenne de l'animal, paucispirée, à ouverture très ample, à columelle légèrement épaissie et prolongée en une lamelle plus ou moins saillante, mâchoire à plis obliques. *P. appendiculata*, Guadeloupe. — *Peltella*, Webb et van Ben. Coquille auriforme, cachée par le manteau, trop petite pour loger l'animal, *P. palliolum*. Porto Rico.

Fam. **CYLINDRELLIDÆ**. — Coquille turriculée, polygyrée, à dernier tour plus ou moins détaché. Mâchoire à plis symétriquement inclinés par rapport à l'axe de la mâchoire. Radule étroite, à dents centrales très petites, à dents latérales à cuspides interne et moyenne soudées en une seule très large ; dents marginales plus petites ou même rudimentaires. Tentacules inférieurs petits ou même nuls. Toutes américaines.

Cylindrella, Pfeff. Péristome continu. *C. costata*, Amérique. — *Lia*, Albers. Péristome non continu ; sommet tronqué. *L. Maugeri*, Antilles. — *Macroceramus*, Guild. Péristome non continu ; sommet entier ; un ombilic en forme de fente ; *M. signatus*. Antilles. — *Pineria*, Pœy. Péristome et sommet de *Macroceramus* ; pas d'ombilic ; tentacules inférieurs nuls. *P. terebra*, Cuba.

Fam. **ORTHALICIDÆ**. — Coquille assez allongée, hélicoïdale. Mâchoire épaisse, solide, à plis obliques, symétriques par rapport à une pièce médiane triangulaire. Dents de la radule en rangées obliques. Toutes américaines.

Orthalicus, Beck. Genre unique. *O. gallina-sultana*, Panama.

Fam. **PUPIDÆ**. — Coquille multispirée, allongée ; ouverture petite, souvent rétrécie par des dents ou des lamelles internes. Mâchoire lisse ou finement striée, parfois surmontée d'un appendice supérieur. Toutes les dents disposées en séries perpendiculaires à l'axe de la radule ; dents centrales et latérales semblables, tricuspides ; latérales courtes transverses, denticulées. Canal déférent sans vésicules multifides.

Clausilia, Drap. Coquille sénestre, fusiforme, allongée ; tours continus ; ombilic en forme de fente ; ouverture petite, dentée, avec un sinus postérieur ; péristome continu, bordé ; columelle oblique, garnie de lamelles spirales et donnant insertion au pédicule d'une plaque mobile (*clausilium*) qui obture le dernier tour. Très nombreux sous-genres ; 700 espèces. *C. bidens*, Fr. mérid. *C. obtusa*, Fr. sept. et or. — *Nenia*, Bourg. (H et A. Adams?). *Clausilia* à dernier tour disjoint, contracté. *N. Milne Edwardsi*, Basses-Pyrénées. — *Balea*, Prideaux (*Balia*, Leach). *Clausilia* sans plis, ni clausilium. *B. perversa*, Fr. — *Perrieria*, Tapparone Canefri. *Balea* sans ombilic, à sommet tronqué, à péristome continu mais non détaché ; columelle tordue, tronquée à la base. *P. clausiliæformis*, Nouvelle-Guinée. — *Cœliaxis*, H. Adams et Angas. Coquille dextre, profondément ombiliquée, turriculée, costulée, à spire tronquée ; ouverture rhomboïdale avec lamelle pariétale saillante, lamelle columellaire non visible à l'extérieur ; un pli subcolumellaire ; péristome simple, continu, détaché. *C. exigua*, îles Salomon. — *Eucalodium*, Crosse et Fischer. Coquille allongée, multispirée, à sommet caduc, à dernier tour brièvement détaché ; péristome continu, légèrement réfléchi ; un pli columellaire se prolongeant en dedans ; mâchoires à fines stries longitudinales. *E. Liebmanni*, Mexique. — *Holospira*, V. Martens. Coquille blanche, pupiforme, multispirée, à sommet persistant ; une fente ombilicale; ouverture arrondie; columelle formant un axe creux; péristome continu. *H. Pfeifferi*, Mexique, sur les cactus. — *Strophia*, Albers. Coquille subperforée, cylindrique ou ovale-oblongue, multispirée, costulée longitudinalement; columelle formant un axe creux, plissée; une dent profonde à l'ouverture; bords du péristome reliés par une callosité. *S. uva*, Antilles. — *Megaspira*, Lea. Coquille cylindrique, très allongée, multispirée, à sommet obtus; ouverture semi-ovalaire; péristome discontinu, réfléchi; des lamelles dentiformes s'enroulant sur la columelle. *M. elatior*, Brésil. — *Vertigo*, Müller. Coquille très petite, dextre ou senestre, à hélice acuminée, obtuse; tours d'hélice peu nombreux, convexes; ouverture semi-ovale, resserrée par des dents nombreuses; fente ombilicale profonde; pas de tentacules inférieurs. *V. antivertigo*, Fr. — *Zospeum*, Bourg. Coquille de *Vertigo*; mais ouverture en croissant; une ou deux dents pariétales; un pli columellaire; quatre tentacules sans yeux; radule de *Carychium*. *Z. spelæum*, cavernes de la Carniole. — *Pupa*, Drap. Coquille dextre, ovalaire ou cylindroïde-allongée; ombilic en forme de fente; columelle héligoïdale, simple; ouverture subanguleuse en bas, dentée ou plissée; péristome dilaté, à extrémités réunies par une callosité, plus ou moins réfléchi et bordé; tentacules inférieurs très courts; aulaeognathes; dents marginales très courtes. *P. avenacea*, Fr., *P. granum*, Fr. mérid. — *Orcula*, Hold. *Pupa* courtes, à ouverture arrondie, à péristome interrompu. *O. doliolum*, Fr. — *Coryna*, Westerlund. *Pupa* cylindriques, à sommet arrondi, à péristome continu et peu plissé. *C. biplicata*, Lyon. — *Pagodina*, Stabile. *Pupa* courtes, ovoïdes, costulées, sans dent à l'ouverture, à dernier tour remontant. *P. pagodula*, Fr. centr., orient et mérid. — *Pupilla*, Leach. *Pupa* très petites, à ombilic ouvert, à péristome interrompu, épaissi, souvent lisse. *P. umbilicata*, *P. muscorum*, Fr. — *Isthmia*, Gray. Coquille de *Pupa* à ouverture sans dents; animal de *Vertigo*. *I. muscorum*, Fr. — *Buliminus*, Ehrb. Coquille ombiliquée, ovale-conique, à ouverture n'atteignant pas la moitié de la longueur totale, simple; péristome bordé; columelle simple, étroite; mâchoire arquée, portant de fines stries longitudinales, parallèles. *B. labrosus*, Arabie. — *Chondrus*, Cuvier. *Buliminus* à ouverture dentée. *C. tridens*, Fr. — *Odontostomus*, Beck. Coquille ombiliquée, allongée, fusiforme, à tours nombreux, le dernier scrobiculé; péristome réfléchi; ouverture dentée; animal et radule de *Bulimus*, mais mâchoire lisse. *O. clausus*, Brésil. — *Boysia*, Pfeiffer. Coquille mince, globuleuse, à fente ombilicale arquée; hélice conoïdale, obtuse; dernier tour ascendant, appliqué contre le pénultième; ouverture oblique, sans dents, non détachée; péristome réfléchi. *B. Bensoni*, Bengale. — *Hypselostoma*, Benson. Coquille conoïde, profondément ombiliquée, à dernier tour détaché, contourné; ouverture presque perpendiculaire à l'axe de l'hélice, péristome réfléchi. *H. tubiferum*, Inde. — *Anostoma*, Fischer de Waldheim. Coquille orbiculaire, à hélice convexe; ouverture renversée sur l'hélice, dentée; péristome épaissi, réfléchi. *A. ringens*. Amér. mérid.

Fam. **HELICIDÆ**. — Radule composée de séries transversales, rectilignes de dents; dents centrale et latérales de même grandeur, tri- ou bicuspides, à cuspide interne souvent obsolète.

Trib. Helicinæ. Dents marginales bi- ou tricuspides, à cuspide interne obsolète; les externes très courtes. — *Rhodea*, H. et A. Adams. Coquille cylindracée, striée, multispirée, à sommet obtus; dernier tour beaucoup plus petit que l'hélice, fortement caréné; ouverture triangulaire; péristome continu, chez les adultes légèrement réfléchi. *R. gigantea*, Nouvelle-Grenade. — *Berendtia*, Crosse et Ficher. Coquille turriculée, à sommet obtus, multispirée; dernier tour détaché en avant, descendant; une fente ombilicale; ouverture semi-circulaire, sans plis ni lamelles; péristome réfléchi; columelle droite. *B. Taylori*, Basse Californie. — *Bulimus*, Scop. Coquille oblongue, solide, sans ombilic, à péristome épais, dilaté, réfléchi; mâchoire épaisse, à fortes côtes parallèles. *B. oblongus*, Am. mér. — *Helix*, L. Coquille assez grande pour loger l'animal, dextre, solide, globuleuse ou déprimée, à hélice courte chez les espèces indigènes; canal déférent accompagné de vésicules multifides; près de 4000 espèces de forme très variable dans toutes les régions du Globe; près de 500 espèces nominales en France seulement. *H. (Patula) rotundata*, Fr.; *H. (Punctum) pymæa*, Fr.; *H. (Helicella) ericetorum*, Fr.; *H. (Xerophila) arenosa*, Saint-Vaast, Tatihou, Fr.; *H. (Cochlea) aspersa*, Fr. cent. et mérid. — *Leucochroa*, Beck. Coquille globuleuse, assez grosse, très épaisse, blanchâtre; ombilic petit. *L. candidissima*, Fr. mérid. — *Tropidocochlis*, Loc. Ombiliquées; tours carénés; columelle formant un cône creux; hélice conique. *T. elegans*, Fr. mér. — *Cochlicella*, Risso. *Helix* à coquille turriculée, allongée, polygyrée; columelle torse, formant un canal étroit. *C. acuta*, Saint-Vaast, Tatihou, tr. c. — *Xanthonyx*, Cr. et F. Coquille mince, fragile, paucispirée, recouverte sur ses bords par le manteau, ne pouvant loger l'animal; un appendice en forme de corne sur l'extrémité postérieure du corps; mâchoire à fortes côtes, *X. Sumichrasti*, Brésil. — *Binneya*, F. G. Cooper. *B. notabilis*, Californie. — *Cryptostracon*, Binney. Coquille interne; mâchoire à côtes, pas de pore caudal. *C. Gabbi*, Costa Rica. — *Oopelta*, Mörch. Mâchoire lisse; pas de coquille ni de pore muqueux. *O. nigropunctata*, Guinée.

Trib. ARIONINÆ. Cuspide médiane de la dent centrale longue; cuspide interne des dents marginales étroite et longue; pas de vésicules multifides. — *Hemphillia*, Binney et Bland. Coquille unguiforme, en partie externe; pore muqueux surmonté d'un appendice conique; mâchoire forte, à côtes longitudinales. *H. glandulosa*, Orégon. — *Ariolimax*, Mörch. Coquille interne; appendice conique rudimentaire. *A. columbianus*, Colombie. — *Geomalacus*, Allm. Coquille interne; pore caudal peu développé. *G. maculosus*, N. de l'Espagne; Irlande. (Acclimaté.) — *Anadenus*, Heynemann. Coquille interne; pas de pore caudal. *A. giganteus*, Himalaya. — *Arion*, Fr. Coquille remplacée par des granulations calcaires; un pore caudal. *E. empiricorum*, Fr. (Limace rouge). — *Philomycus*, Fér. Bouclier recouvrant la surface du corps; pas de coquille; oxygnathes, *P. caroliniensis*, Am. N.

Fam. LIMACIDÆ. — Oxygnathes. Dents marginales de la radule lisses ou bicuspides, longues, étroites, pointues.

Zonites, Montf. Coquille largement ombiliquée, à quatre ou cinq tours déprimés; test opaque, strié, ouverture subarrondie; épiphragme membraneux; un pore muqueux caudal. *Z. algirus*, Fr., Médit. — *Hyalinia*, Agassiz. *Zonites* à test corné, brillant, à épiphragme peu développé; pore muqueux presque nul. *H. lucida*, Fr. centr. et mérid. — *Arnouldia*, Burg. Petites *Hyalinia*, sans ombilic, ni épiphragme. *A. fulva*, Fr. sept. et cent. — *Ariophanta*, des Moulins. *Zonites* à manteau prolongé en un lobe cervical, pouvant porter deux appendices capables de se rabattre sur la coquille. *A. lævipes*, Malabar. — *Vitrinoconus*, Semper. *Ariophanta*, sans pore caudal. *V. cyathus*, Philippines. — *Vitrina*, Drap. Coquille très mince, transparente, à spire courte, incapable de contenir l'animal; de chaque côté du manteau un lobe spatuliforme; pied sans pore muqueux. *V. diaphana*, Fr. sept. *V. pellucida*, Fr. sept et centr. *V. major*, Fr. mér. — *Helicarion*, Fér. *Vitrina*, à pied tronqué en arrière, avec un pore muqueux et un appendice. *H. Freycineti*, Australie. — *Vitrinopsis*, Semper. *Vitrina* à coquille protégée par deux lobes du manteau. *V. tuberculata*, Philippines. — *Mariælla*, Gray. Coquille interne, épaisse, épidermée en dessus, blanche en dessous, à spire courte, légèrement proéminente; pied tronqué en arrière avec un pore muqueux. *M. Dussumieri*, Seychelles. — *Parmacella*, Cuvier. Coquille interne, à nucleus spiral, en forme de lame, placée dans la partie postérieure du bouclier; ce dernier très grand, central, libre sur une grande partie de son pourtour. *P. Gervaisi*, la Crau. — *Parmarion*, Fischer. Coquille interne, mince, ovalaire, légèrement bombée; couverte d'un épiderme lisse qui la déborde sur les côtés et en arrière, et enveloppe la masse viscérale; bouclier étalé en avant en un lobe libre et présentant une ouverture dorsale; un pore muqueux postérieur. *P. problematicus*, Ceylan. — *Urocyclus*, Gray. *Parmarion* à queue carénée, avec un orifice palléal postérieur. *U. Kirkii*, Afrique. *Limax*, L. Coquille interne, aplatie, non spirale; bouclier antérieur; pas de pore muqueux caudal. *L. agrestis* (Limace grise), Fr. *L. (Amalia) Sowerbyi*, Fr., à queue carénée.

Fam. SELENETIDÆ. — Mâchoire sans côte verticale; dents de la radule disposées en rangées arquées; dent centrale courte, rudimentaire; latérales et marginales étroites, aiguës, unicuspidées. Pieds sans pore muqueux. Carnassiers.

Selenites, F. Coquille hélicoïde, de quatre ou cinq tours, ombiliquée. *S. concavus*. Am. N. — *Plutonia*, Stabile. Coquille interne, oblongue, aplatie, terminée par un rudiment de spire; bouclier médian. *P. atlantica*, Açores. — *Trigonochlamys*, Böttger. Quatre sillons longitudinaux sur la face dorsale; bouclier petit; pas de coquille. *T. imitatrix*, Caucase. — *Pseudomilax*, Böttger. *Trigonochlamys* à bouclier libre en avant. *P. Lederi*, Caucase.

Fam. TESTACELLIDÆ. — SELENITIDÆ sans mâchoire. Carnassiers.

Gibbus, Montf. Coquille variant de la forme cylindrique à la forme comprimée; multispirée; longuement ombiliquée; péristome renversé; extrémités du péristome réunies par une callosité. *G. (Ennea) bicolor*, Asie, Antilles. — *Streptostele*, Dohrn. Coquille turriculée, hyaline, subvariqueuse; columelle tordue, formant un angle avec le labre, à sa jonction; labre épais. *S. lotophagus*, île du Prince. — *Pseudosubulina*, Strebel et Pfeiffer. *Streptostele* à columelle tronquée, à péristome simple. *P. chiapensis*, Mexique. — *Glandina*, Schumach. Coquille fusiforme, acuminée, à 6 ou 8 tours; columelle arquée, brusquement tronquée en avant; péristome simple et droit; deux palpes labiaux outre les quatre tentacules. *G. (Polyetia), algira*, Eur. mérid. — *Streptostylus*, Shuttleworth. *Glandina* à columelle tordue, à peine tronquée, portant sur toute sa longueur intérieurement une lamelle élevée. *S. ligulatus*, Mexique. — *Rhytida*, Albers. Coquille assez mince, striée ou rugueuse, avec hélice de quatre ou cinq tours peu convexes, formant un ombilic en entonnoir; ouverture oblongue, parfois dentée ou lamellée; pied ne s'appliquant sur le sol que par quelques points de sa surface; point de dent centrale à la radule. *R. inæqualis*, Nouv.-Calédonie. *Diplomphalus*, Cr. et F. *Rhytida* à coquille spirale, biconcave. *D. Montrouzieri*, Nouv.-Calédonie. — *Paryphanta*, Albers. Coquille ombiliquée, revêtue d'un épiderme coriace qui se prolonge au delà du bord droit; tours convexes; péristome simple, aigu. *P. Busbyi*, Australie. — *Ærope*, Albers. Coquille mince, globuleuse, ventrue, paucispirée, à ombilic petit, en partie recouvert par le bord columellaire; péristome simple; sac lingual énorme. *Æ. caffra*, Afrique australe. — *Guestieria*, Cr. Coquille très mince, déprimée, spirale, à dernier tour masquant complètement tous les autres. *G. Pausiana*, Pérou. — *Daudebardia*, Hart. Coquille fragile, auriforme, aplatie; hélice de deux ou trois tours, à ombilic peu marqué, placée à la partie postérieure du corps de l'animal, qui ne peut s'y abriter entièrement; deux sillons longitudinaux dorsaux rapprochés et deux latéraux. *D. rufa*, Alsace. — *Testacella*, Cuv. Coquille petite, auriforme, paucispirée, formant un onglet à la partie postérieure de l'animal; pas de sillons dorsaux médians rapprochés; nocturnes; vivent de Lombrics. *T. haliotidea*, Fr. — *Chlamydophorus*, Bin. Coquille interne, en plaque hexagonale. *C. Gibbonsi*, Afr. mérid.

B. Ditremata. — Orifices mâle et femelle plus ou moins éloignés. Oreillette du cœur en arrière du ventricule.

Fam. **ONCIDIIDÆ.** — Pas de coquille. Deux tentacules oculifères au sommet et deux grands palpes labiaux. Orifice mâle derrière le tentacule droit; orifice respiratoire, anus et orifice femelle à la partie postérieure du corps. Une mâchoire; dents de la radule formant des rangées d'abord obliques, puis transversales. Marins.

Oncidiella, Gray. Manteau verruqueux, à bords découpés. *O. celtica*, Roscoff. — *Oncidium*, Buchanan. Manteau verruqueux à bords non découpés. *O. typhæ*, embouch. du Gange. — *Peronia*, Bl. Manteau portant des tubercules ocellifères et des appendices rameux. *P. tongana*, sur les récifs madréporiques.

Fam. **VAGINULIDÆ.** — Pas de coquille. Manteau confondu avec l'enveloppe générale du corps. Quatre tentacules, les inférieurs bifides. Orifice génital mâle derrière le tentacule droit inférieur; orifice femelle vers le milieu du côté droit du corps. Une mâchoire plissée longitudinalement; dent centrale de la radule petite; dents latérales tricuspides; marginales unicuspides. Terrestres.

Vaginula, Fér. Anus postérieur. *V. luzonica*, Philippines. — *Atopos*, Simroth. Anus voisin de l'orifice femelle. *A. Semperi*, Mindanao.

III. ORDRE

OPISTHOBRANCHIA [1]

Coquille parfois bien développée, très souvent réduite ou nulle. Branchies libres, tout au plus recouvertes par un rebord du manteau. Oreillette du cœur placée en arrière du ventricule. Commissure nerveuse viscérale non croisée. Hermaphrodites. Marins. Se rattachent aux Monotocardes inférieurs.

[1] L. VAYSSIÈRE, *Recherches zoologiques et anatomiques sur les Mollusques opisthobranches du golfe de Marseille*, 1re partie, 1885; 2e partie, 1888. Annales du Musée d'histoire naturelle de Marseille. — P. PELSENEER, *Recherches sur divers Opisthobranches*, Mémoires couronnés de l'Académie de Bruxelles, 1893.

1. SOUS-ORDRE

TECTIBRANCHIATA

*Une branchie latérale d'apparence pectinée, protégée par un repli du manteau;
une osphradie; le plus souvent une coquille; presque toujours pas d'opercule.*

A. Aspidocephala. — *Coquille presque toujours bien développée. Tentacules soudés,
formant à la face dorsale de la tête un disque fouisseur, plus ou moins développé et portant
les yeux. Pied développé latéralement en lames membraneuses (parapodies), le plus souvent
rabattues sur la coquille. Estomac pourvu de plaques masticatrices. Commissure viscérale
longue.*

Fam. **ACTÆONIDÆ.** — Coquille, externe, enroulée, épaisse, ovoïde, ou conique, à
tours assez nombreux, ouverture entière. Un opercule. Disque céphalique bifide
en arrière; parapodies peu développées. Radule multisériée; ganglions central et
pleural fusionnés. Géologiquement les plus anciens des Opisthobranches (*Actæonina*,
du Carbonifère).

Actæon, Montf. Genre unique. *A. tornatilis*, côtes de Fr.

Fam. **TORNATINIDÆ.** — Coquille externe, cylindrique ou fusiforme, pouvant contenir tout l'animal. Disque céphalique divisé en arrière en deux lobes tentaculiformes, triangulaires ou arrondis. Pas de radule. Gésier armé de trois plaques
cornées, elliptiques, tuberculeuses.

Tornatina, A. Ad. Coquille plus ou moins cylindrique, blanche, à sommet papilleux,
hétérostrophe; suture profondément canaliculée, ouverture étroite, allongée; columelle
plissée. *T. (Utriculus) obtusa*, Atl. *T. (Colephysis) truncatula*, Eur. — *Volvula*, A. Ad. Coquille
enroulée, rostrée à ses deux extrémités, à hélice cachée; ouverture étroite, linéaire,
occupant toute la longueur de la coquille; labre tentaculaire arrondi. *V. acuminata*, Fr.

Fam. **RINGICULIDÆ.** — Coquille courte, ventrue; hélice conique, aiguë; ouverture
étroite, à bords plissés; péristome épais, réfléchi en dehors. Disque céphalique
formant en arrière une sorte de siphon; radule paucisériée.

Ringicula, Deshayes. Seul genre vivant. *R. auriculata*, côtes de Gascogne et Médit.

Fam. **SCAPHANDRIDÆ.** — Coquille externe, partiellement enroulée, à hélice non
visible. Disque céphalique échancré en arrière ou simplement tronqué; parapodies
bien développées. R = n. 1. 1. 1. n ou 0. 1. 1, 1. 0; dents latérales de la radule
courbées en crochet.

Amphisphyra, Lovén. Coquille pouvant loger tout l'animal, mince, ventrue, subombiliquée, à sommet légèrement concave, à ouverture dilatée en avant; labre mince; columelle réfléchie; disque céphalique court, échancré en avant, prolongé en arrière en deux
tentacules triangulaires; pied bifurqué en arrière; radule trisériée; pas de lames chitineuses dans l'estomac. *A. hyalina*, Manche, Atl. — *Cylichna*, Lovén. Coquille pouvant
loger l'animal, blanche, à ouverture étroite, élargie en avant; un pli à la columelle; disque
céphalique tronqué ou anguleux en arrière; radule multisériée. *C. obtusa*, Manche, Atl.
— *Atys*, Montf. Coquille logeant l'animal, assez solide, épidermée, blanche ou translucide,
globuleuse, ornée de stries hélicoïdales; ouverture en croissant, bord columellaire tordu et
plissé en avant, un petit ombilic; disque céphalique tronqué en avant, divisé en arrière
en deux appendice aigus. *A. naucum*. Pacifique. — *Smaragdinella*, Ad. Coquille jaune ou
verte, à ouverture très large, à bord columellaire muni d'un appendice hélicoïdal, saillant; disque céphalique légèrement échancré en arrière; parapodies longues, réfléchies
sur la coquille; des pièces solides dans l'estomac. *S. (Nana) algira*, côtes d'Algérie. —
Scaphander, Montf. Coquille ne pouvant loger l'animal, épidermée, striée hélicoïdalement; ouverture ample, dilatée en avant, de la longueur de la coquille; pas de columelle,
disque céphalique subquadrangulaire; yeux non visibles; parapodies grandes, relevées
sur la coquille. *S. lignarius*, côtes de Fr.

Fam. **BULLIDÆ.** — Coquille externe, globuleuse, enroulée, à hélice déprimée ou peu
saillante. Disque céphalique divisé en arrière; parapodies bien développées; dents
latérales et marginales en crochet; les premières à bord pectiné.

Bulla, Klein. Coquille assez solide, lisse, tachetée; ouverture aussi longue que le dernier tour, rétrécie en arrière, à bord interne calleux; R = 1. 2. 1. 2. 1; parapodies courtes; pied non prolongé en arrière. *B. ampulla*, Atlantique. — *Cylindrobulla*, Fisch. Coquille cylindrique, mince; hélice très courte; bord columellaire prolongé en arrière et recouvrant le spire; bord externe s'appliquant sur la région columellaire et ne laissant de passage libre qu'en avant. *C. Beaui*, Antilles. — *Volvatella*, Pease. Coquille mince; dernier tour embrassant, formant un appendice rétréci et canaliculé en arrière. *V. piriformis*, Grand Océan. — *Acera*, O. F. Mull. Coquille trop petite pour l'animal, mince, globuleuse, à hélice tronquée, à ouverture rétrécie en arrière; bord externe disjoint à la suture; columelle aiguë; disque céphalique long et étroit; parapodies se recouvrant sur le dos; un appendice palléal postérieur; douze à quatorze plaques gastriques. *A. bullata*, Fr.

Fam. **APLUSTRIDÆ**. — Coquille en grande partie externe, ornée de lignes colorées héliçoïdales; hélice saillante, courte, obtuse; ouverture assez large. Animal s'étalant largement hors de la coquille; disque céphalique très large, quadritentaculé, prolongé en arrière en deux lobes recouvrant la coquille; pied brusquement dilaté en avant.

Aplustrum, Schum. Coquille lisse, canaliculée en avant. *A. aplustre*, île Bourbon. — *Bullina*, Fer. Coquille striée, canaliculée en avant. *B. undata*, Japon. — *Hydatina*, Schum. Coquille lisse, entière en avant. *H. physis*, Maurice.

Fam. **PHILINIDÆ**. — Coquille recouverte entièrement par le manteau, mince, n'abritant qu'une partie des viscères. Pas de tentacules. R = n. 1.0. 1. n; dent latérale en crochet arqué.

Philine, Ascanius. Coquille à peine enroulée, à ouverture très ample; manteau légèrement échancré à son bord postérieur; parapodies ne se joignant pas sur le dos. *P. aperta*, Fr. — *Chelinodura*, A. Ad. Bord droit de la coquille terminé en arrière par une pointe aiguë, bord postérieur échancré; manteau prolongé en arrière en de longs appendices; parapodies élargies en avant. *C. hirundinina*, île de Fr. — *Phanerophthalmus*, A. Ad. Labre prolongé en pointe en arrière; hélice réduite à son sommet; parapodies larges, repliées sur le dos, mais ne se recouvrant pas. *P. luteus*, Nouvelle-Guinée. — *Cryptophthalmus*, Ehrb. *Phanerophthalmus* à parapodies se recouvrant sur le dos. *C. olivaceus*, mer Rouge. — *Gastropteron*, Meck. Coquille très petite, nautiloïde; parapodies étendues latéralement en forme de nageoire. *G. Meckelii*, Marseille.

Fam. **DORIDIIDÆ**. — PHILINIDÆ sans mâchoires, ni radule. Manteau bilobé en arrière; le lobe gauche prolongé par un filament; parapodies relevées sur le dos, peu développées.

Doridium, Mukl. Genre unique. *D. membranaceum*, Médit.

Fam. **RUNCINIDÆ**. — Pas de coquille; bouclier céphalique et manteau continu; quatre plaques stomacales.

Runcina, Forbes (*Pelta*, Qfg.). Genre unique. *R. Hancocki*, côtes de Fr.

B. Anaspidea. — *Pas de disque céphalique; ordinairement quatre tentacules; des parapodies relevées sur la coquille, mais pouvant quelquefois se rabattre à la volonté de l'animal et servir à la natation. Coquille peu développée.*

Fam. **OXYNOEIDÆ**. — Coquille externe, semblable à celle de BULLIDÆ. Tête portant deux ou quatre tentacules; pied long; parapodies bien développées; pas de mandibules. Radule unisériée.

Oxynoe, Raf. (*Lophocercus*, Krohn). Une seule paire de tentacules; parapodies rabattues sur la coquille, soudées entre elles en arrière. *O. Sieboldii*, Médit. — *Lobiger*, Krohn. Deux paires de tentacules; parapodies formant de chaque côté deux larges ailes étalées, à bord festonné. *L. Philippii*, Médit.

Fam. **APLYSIIDÆ**. — Coquille interne, le plus souvent réduite à une lame calcaire, à peine concave. Deux paires de tentacules auriformes; yeux sessiles; parapodies bien développées; une branchie monopectinée, arquée, sous le manteau. Anus dorsal, débouchant dans un petit siphon placé à l'extrémité postérieure du manteau; orifice mâle au voisinage du tentacule droit; orifice femelle près du manteau. Des mâchoires; radule, multisériée, à dent centrale bien développée.

Dolabella, Lmk. Coquille épaisse, recourbée en griffe obtuse; tentacules antérieurs plissés, auriformes; parapodies courtes, non natatoires; manteau laissant apercevoir la coquille par un orifice central; corps renflé et tronqué en arrière. *D. Rumphii*, I. Maurice. — *Dolabrifer*, Gray. Diffèrent des *Dolabella* par l'absence de troncature postérieure; coquille non courbée en griffe; *D. Cuvieri*, Philippines. — *Aplysia*, L. Coquille mince, quadrilatère, non courbée en griffe; tentacules antérieurs larges, charnus; parapodies grandes, recouvrant sur le dos, natatoires; pas d'orifice palléal. *A. depilans*, côtes de Fr. — *Aplysiella*, Fisch. Parapodies non natatoires, soudées sur la plus grande partie de leur longueur. *A. petalifera*, Médit. — *Notarchus*, Cuv. Coquille spirale très petite; parapodies courtes, se rejoignant sur la ligne médiane, mais en ménageant une fente pour le passage de la branchie; pied aigu en arrière, étroit. *N. punctatus*, Médit. — *Phyllaplysia*, Fisch. Corps très aplati; tentacules et rhinophores tubuleux, fendus latéralement; lèvres avec des appendices tentaculiformes; parapodies réduites à deux lobes dorsaux; pied très large, ovale. *P. Lafonti*, Arcachon.

C. Pteropoda. — *Partie médiane du pied très réduite; parapodies grandes, plus ou moins rapprochées de l'extrémité antérieure du corps, servant à la natation. Animaux pélagiques.*

Fam. **LIMACINIDÆ**. — Coquille hélicoïdale, sénestre. Un opercule à spire sénestre. Une cavité palléale dorsale.

Spirialis. Eydoux et Souleyet. Coquille multispirée, transparente; ouverture ovale, anguleuse, prolongée à la base; columelle réfléchie; tête en forme de trompe, à tentacules symétriques. S. (*Peracle*) *physoides*, mers d'Europe. — *Limacina*, Cuvier. Coquille globuleuse, à hélice courte, largement ombiliquée; tête très réduite, à tentacule droit, plus grand que le gauche; nageoires larges, échancrées à leur bord ventral. *L. helicina*, Atl. sept. — *Agadina*, Gould. Coquille spirale, ombiliquée; ouverture dilatée en capuchon. *A. cucullata*. Mers arctiques. — *Valvatella*, Mirch. Coquille ombiliquée sur ses deux faces, à ouverture semi-circulaire. *V. imitans*, Antilles. — *Protomedea*, Costa. Coquille globuleuse, ombiliquée, à hélice peu saillante ou enfoncée; labre rostré à sa partie moyenne. *P. rostralis*, toutes les mers.

Fam. **CAVOLINIDÆ**. — Coquille non enroulée, symétrique. Pas d'opercule. Cavité branchiale ventrale; nageoires lobées ou entaillées.

Styliola, Lesueur. Coquille cylindrique à ouverture oblique, rostrée à extrémité postérieure légèrement renflée; *S. subulata*, Médit. — *Creseis*, Rang. Coquille en cône très aigu; *C. acicula*, forme des bancs immenses, Atl., Médit. — *Cuvieria*, Rang. Coquille adulte en forme de dé à coudre, légèrement rétrécie vers le premier tiers de sa longueur; sommet conique chez les jeunes, caduc; *C. columnella*, toutes les mers. — *Hyalocylix*, Fol. Coquille conique, sillonnée transversalement, à sommet pointu; plan de l'ouverture perpendiculaire à l'axe de la coquille. *H. striata*, Atl. Médit. — *Cleodora*, Péron et Lesueur (*Clio*, Brown). Coquille en forme de pyramide triangulaire, à faces légèrement courbées, à arêtes latérales souvent prolongées en pointe. *C. cuspidata*, Atl. — *Balantium*, Leach. *Cleodora* sans carène dorsale à la coquille. *B. inflatum*, Atl. — *Pleuropus*, Eschsh. Diffèrent des *Cleodora* par la présence d'appendices du manteau qui sortent de chaque côté de la coquille. *P. pellucidus*, mers chaudes et tempérées. — *Cavolinia*, Giœni. (*Hyalæa*, Lmk.) Coquille large, terminée en arrière par trois pointes, bombée dorsalement, fendue latéralement pour livrer passage à deux appendices du manteau, *C. tridentata*, toutes les mers. — *Diacria*, Gray. *Cavolinia* à fentes latérales se prolongeant jusqu'à l'ouverture. *D. trispinosa*, toutes les mers.

Fam. **CYMBULIIDÆ**. — Coquille nulle ou remplacée, chez l'adulte, par une pseudoconque sous-épithéliale, formée par le tissu conjonctif; ouverture palléale ventrale.

Cymbulia, Péron et Lesueur. Une pseudoconque cartilagineuse. *C. proboscidea*, Médit. — *Tiedemannia*, Delle Chiaje. Pseudoconque remplacée par une simple poche couvrant les viscères. *T. neapolitana*, Médit. — *Cymbuliopsis*, Pelseneer. — *Corolla*, Dall. Viscères formant une masse sphéroïdale suspendue au-dessous du disque formé par les nageoires. *C. spectabilis*, Pacif. N. — *Gleba*, Forskal. — *Desmopherus*, Chun.

Fam. **NOTOBRANCHÆIDÆ**. — Corps comprimé en arrière, portant postérieurement des branchies disposées sur trois rangées, deux latérales, une dorsale; la dorsale frangée. Lobes antérieur et postérieur du pied longs et étroits.

Notobranchæa, Pels. Genre unique. *N. Mac-Donaldi*, L, N. 38° 10', Long. 0. 74° 15'.

Fam. **EURYBIIDÆ**. — Tête distincte, rétractile; manteau de consistance cartilagineuse; animal court, globuleux; pas de coquille; parapodies en arrière de la tête.

Eurybia, Rang. Nageoires en forme de raquette, échancrées à leur extrémité. *E. Gaudichaudi*, Pacifique. — *Psyche*, Rang. (*Halopsyche*, Bronn.) Extrémité des nageoires arrondies; manteau peu consistant. *P. globulosa*, Terre-Neuve.

Fam. **CLIONOPSIDÆ**. — Mufle très long; pas de ventouse ni d'appendices buccaux; une branchie terminale quadrirayonnée; une ceinture ciliée postérieure.

Clionopsis, Troschel. Genre unique. *C. Kohnii*, Médit.

Fam. **PNEUMODERMIDÆ**. — Ni manteau, ni coquille; des ventouses sur le mufle ou sur les lobes tentaculiformes.

Dexiobranchæa, Boas. Ventouses éparses; pas de branchies terminales. *D. simplex*, Pacifique. — *Pneumodermon*, Cuv. Ventouses réunies sur deux lobes; une branchie terminale quadrirayonnée. *P. mediterraneum*, Médit. — *Spongiobranchia*, d'Orb. Lobes ne portant que six ventouses; branchies formant postérieurement un anneau spongieux. *S. australis*, Atl. mér.

Fam. **CLIONIDÆ**. — Bouche entourée de deux ou trois paires d'appendices coniques, couverts de petites ventouses rétractiles; pas de branchies.

Clione, O. F. Muller. Deux paires de tentacules, les postérieurs oculifères. *C. limacina*, Atl. sept. — *Cliodita*, Q. et G. Pas de tentacules, *C. filiformis*, le Cap.

D. Notaspidea. — *Tête très courte; tentacules auriformes; région dorsale protégée par un large manteau; branchie grande, monopectinée. Coquille discoïdale, externe, interne ou nulle.*

Fam. **UMBRELLIDÆ**. — Coquille externe. Pas de mandibules.

Tylodina, Rafinesque. Animal pouvant s'abriter entièrement sous sa coquille, allongé. *T. punctulata*, Médit. — *Umbrella*, Lmk. Animal beaucoup plus grand que sa coquille, orbiculaire. *U. mediterranea*, Méditerranée.

Fam. **PLEUROBRANCHIDÆ**. — Coquille interne ou nulle. Des mandibules; tentacules antérieurs formant un voile frontal.

Pleurobranchus, Cuvier. Deux tours de spire marqués sur la coquille; manteau couvrant toute la face dorsale. *P. plumula*, Atl. — *Pleurobranchæa*, Meckel. Voile frontal à extrémité triangulaire; pied dépassant de beaucoup le manteau; pas de coquille. *P. Meckeli*, Médit. — *Neda*, H. et A. Adams. *Pleurobranchæa* à voile frontal semi-lunaire. *P. luniceps*, Médit.

2. SOUS-ORDRE

NUDIBRANCHIATA

Pas de coquille, ni de branchie pectinée unilatérale, ni d'osphradie. Système nerveux très concentré.

A. Dexioprocta. — *Anus situé sur le côté droit du corps. Conduit génital généralement diaule; orifices mâle et femelle contigus.*

I. HOLOGASTRÆA. — *Foie non ramifié, presque entièrement contenu dans la masse viscérale; branchies disposées en deux rangées symétriques ou nulles, le corps étant alors lui-même comprimé en feuille.*

Fam. **TRITONIIDÆ**. — Tentacules formant un voile frontal; branchies ramifiées; des mâchoires; radule multisériée.

Tritonia, Cuv. Estomac sans lames cornées. *T. Hombergi*, Manche, Atl. — *Marionia*, Vayssière. Estomac pourvu de lames cornées. *M. blainvillea*, Médit.

Fam. **TETHYIDÆ**. — Tête entourée d'un voile en forme d'entonnoir; papilles dorsales larges foliacées, caduques (prétendu *Phænicurus*). Pas de radule.

Melibe, Rang. Disque céphalique en capuchon, non frangé; de nombreux filaments péristomiaux; pied étroit; des mâchoires, *M. leonina*, Pacifique. — *Tethys*, L. Disque céphalique largement étalé, frangé sur ses bords; pied large; pas de mandibules. *T. leporina*, Médit.

Fam. **SCYLLÆIDÆ**. — Tentacules nuls; corps comprimé, portant de chaque côté deux larges appendices foliacés, munis à leur face interne d'arbuscules branchiaux; pied allongé, étroit, en forme de gouttière. Des mâchoires; une radule multisériée; des lames stomacales.

Scyllæa, L. Genre unique. *S. pelagica*, Atl., sur les Sargasses flottantes.

Fam. **PHYLLIRHOIDÆ**. — Corps comprimé latéralement, foliacé, transparent; un mufle portant deux rhinophores pointus; ni branchies, ni pied. Pélagiques.

Phillirhoë, Péron et Lesueur. Extrémité postérieure du corps tronquée; un sac rénal; des yeux. *P. bucephalum*, Médit. — *Acura*, H. et A. Ad. Extrémité postérieure du corps pointue; pas de sac rénal; pas d'yeux, *A. pelagica*, Atl. S.

II. *DENDROGASTRÆA. — Foie ramifié se prolongeant sous les téguments et jusque dans les appendices dorsaux* (Phlébentérés, de Qfg.). *Des mâchoires.*

Fam. **DENDRONOTIDÆ**. — Appendices branchiaux ramifiés, disposés sur deux lignes symétriques.

Dendronotus, Alder et Hancock. Pas de tentacules, rhinophores allongés, perfoliés, rétractiles dans une gaine à bord découpé; branchies arborescentes; radule multisériée. *D. arborescens*, Manche, Atl. — *Hero*, Lovén. Tentacules très grands, recourbés; rhinophores simples, sans gaine; branchies ombelliformes; radule trisériée. *H. formosa*, Atl. N. — *Lomanotus*, Verany. Rhinophores des *Dendronotus*; bord palléal papilligère ou foliacé; radule sans dent centrale. *L. marmoratus*, Atl. N.

Fam. **BORNELLIDÆ**. — Deux rangées symétriques d'appendices dorsaux, à la base desquels sont des branchies ramifiées; radule multisériée.

Bornella, Gray. Genre unique. *B. digitata*, détroit de la Sonde.

Fam. **GLAUCIDÆ**. — Quatre tentacules; trois paires de lobes latéraux digités, servant à la fois à la respiration et à la natation; radule unisériée.

Glaucus, Forster. Genre unique. *G. atlanticus*, Atl., Médit. Vit de Vélelles et de Porpites.

Fam. **DOTOIDÆ**. Rhinophores protégés par des gaines infundibuliformes; papilles dorsales claviformes, sans bourses cnidophores, disposées en deux rangées symétriques; radule unisériée.

Doto, Oken. Papilles dorsales tuberculeuses, *D. coronata*, Atl., Médit. — *Gellina*, Gray. Papilles dorsales lisses. *G. affinis*, côtes de Fr. — *Heromorpha*, Bergh. *H. antillensis.* — *Cœcinella*, Bergh. Philippines.

Fam. **ÆOLIDIDÆ**. — Rhinophores non rétractiles; des appendices dorsaux cylindriques ou fusiformes, contenant chacun à leur extrémité une bourse cnidophore. Appareil gastro-hépatique avec un diverticule médian postérieur. Radule uni- ou trisériée.

Embletonia, Ald. et H. Tentacules en forme de lobes aplatis; rhinophores simples; appendices dorsaux en une ou plusieurs séries de chaque côté; radule unisériée. *E. pulchra*, mers d'Europe. — *Æolis*, Cuv. Tentacules très allongés, cylindriques; pied souvent divisé en avant en deux lobes tentaculiformes; anus antéro-latéral. Sg. *Flabellina*, Cuv. Rhinophores perfoliés, appendices dorsaux pédonculés; radule trisériée. *F. affinis*, Médit. Sg. *Facelina*, Ald. et H. Rhinophores perfoliés; appendices dorsaux fasciculés;

radule unisériée. *F. coronata*, mers d'Europe. Sg. *Cratena*, Berg. *Facelina* à rhinophores simples. *C. viridis*, mers d'Europe. Sg. *Coryphella*. Rhinophores simples; pied simplement anguleux en avant; appendices dorsaux fasciculés; radule trisériée. *C. Landsburgi*. Europe. Sg. *Goniæolis*, M. Sars. Rhinophores très grands; angles antérieurs du pied obtus; appendices dorsaux petits, coniques; les latéraux non fasciculés; radule trisériée. *G. typica*, Norv. Sg. *Amphorina*, de Qfg. *Goniæolis* à appendices dorsaux fusiformes, renflés; à dent centrale denticulée. *A. picta*, mers d'Europe; Sg. *Æolidia*, Cuv. Rhinophores simples; appendices dorsaux comprimés; radule unisériée; bord inférieur des dents pectiné. *Æ. papillosa*, mers d'Europe. Sg. *Favorinus*, Gray. Rhinophores renflés à leur extremité; appendices dorsaux aplatis, fasciculés. *F. albus*, mers d'Europe. Sg. *Tergipes*, Cuv. Rhinophores simples; appendices dorsaux renflés, en deux rangées symétriques. *T. despecta*, mers d'Europe.

> Fam. **FIONIDÆ**. — Diffèrent de Æolidiæ par l'absence de bourses cnidophores au sommet des appendices dorsaux et parce que toutes les ramifications hépatiques s'ouvrent dans deux canaux latéraux.

Fiona, Hanc. et Embleton. Genre unique. *F. marina*, Atl., Médit.

> Fam. **PLEUROPHYLLIDIIDÆ**. — Un bouclier tentaculaire sur la tête. Face dorsale couverte d'un manteau à bords libres, séparés du pied par une gouttière; rhinophores petits entre le bouclier et le manteau; radule multisériée.

Pleurophillidia, Meckel. Des branchies entre le manteau et le pied. *P. lineata*, Médit., Atl. — *Dermatobranchus*, v. Hasselt. Pas de branchies. *D. ornatus*, O. Indien.

B. Mesoprocta. — *Anus dorsal, ordinairement situé sur la ligne médiane.*

1. *HOLOGASTRÆA*. — *Presque toujours des spicules dans le manteau. Foie non ramifié dans les téguments. Conduit génital triauté.*

1. **Anthobranchiata**. — *Des appendices branchiaux, ramifiés, disposés autour de l'anus en cercle plus ou moins complet.*

> Fam. **HETERODORIDÆ**. — Rhinophores perfoliés, rétractiles; manteau papilleux avec une crête médiane; pas de branchies anales; radule large, sans dent médiane à dents latérales et marginales toutes en crochet.

Heterodoris, Verrill. Genre unique. *H. robusta*, côte E. Amér.

> Fam. **POLYCERIDÆ**. — Un voile frontal; rhinophores presque toujours perfoliés; branchies non rétractiles. Radule généralement sans dent centrale.

Goniodoris, Forbes. Manteau se continuant en un repli au-dessus du voile frontal, sans appendices; rhinophores non rétractiles; couronne branchiale complète. *G. castanea*, Saint-Vaast. — *Doridunculus*, Sars. Trois plumes branchiales seulement. *D. echinulatus*, Lofoden. *Alagema*, Gray. Quatre plumes branchiales. *A. carinata*, Nouvelle-Zélande. — *Acanthodoris*, Gray. Tête véliforme; rhinophores rétractiles dans une cavité à bords lobés; branchies tripinnées. *A. pilosa*, Atl. N. — *Lamellidoris*, Ald. et Hanc. Cavités des rhinophores à bords entiers; plumes branchiales simplement pinnées, disposées en fer à cheval; une dent radulaire centrale. *L. bilamellata*, Atl. N., St-V. — *Adalaria*, Bergh. *Lamellidoris*, ayant plusieurs dents marginales, au lieu d'une, à la radule. *A. proxima*, Atl. N. — *Aciodoris*, Bergh. *A. lutescens*, Pacifique. — *Calycidoris*, Abrah. *Lamellidoris* à branchies rétractiles. *C. Guntheri*, Pacifique. — *Idalia*, Lck. Corps court et large; manteau peu étendu, bordé d'appendices filiformes très longs; rhinophores et branchies de *Goniodoris*; R = 1. 1. 0. 1. 1. *I. elegans*, mers d'Europe. — *Ancula*. Lovén. Voile frontal nul; bords du manteau marqués seulement par une série de filaments latéraux; rhinophores lamelleux, pourvus à leur base d'appendices filiformes; trois plumes branchiales. R = 1. 1. 0. 1. 1; armature labiale formée par un anneau épineux. *A. cristata*, m. d'Eur. — *Drepania*, Lafont. *Ancula* à un seul filament à la base des rhinophores, à angles antérieurs des pieds tentaculiformes, à deux mandibules crénelées. *D. fusca*, g. de Gascogne, Médit. — *Thecacera*, Flem. Très allongées; rhinophores lamelleux, rétractiles dans de grandes poches largement ouvertes; pas de tentacules buccaux; manteau indistinct; une ou plusieurs paires d'appendices palléaux auprès ou en arrière des branchies; mâchoires cornées latérales; radule formée de petites marginales lamelleuses et de deux paires de latérales unciniformes.

C. pennigera, m. d'Eur., St-V. — *Crimora*, Ald. et Hancock. Des tentacules buccaux tuberculiformes, ou des rhinophores rétractiles; un voile palléal céphalique avec appendices
branchus; radule à marginales en crochet, à 1re latérale grande et biscupide. *C. papillata*,
mers d'Europe. — *Polycera*, Cow. Tentacules lobiformes; rhinophores lamelleux, non
rétractiles; un limbe frontal digité; de cinq à sept plumes branchiales simples; de un
à trois appendices latéraux du manteau; des mâchoires; radule de *Thecacera*. *P. quadrili-
neata*, m. d'Eur., St-V. — *Palio*, Gray. *Polycera* à limbe frontal tuberculeux, à plumes
branchiales bi- ou tripennées. *P. Lessoni*, Atl. N. — *Æthedoris*, Abr. *Æ. indica*, mers de
l'Inde. — *Kalinga*, Ald. et Hanck. *K. ornata*, Coromandel. — *Plocamophorus*, Lck. Tentacules falciformes, déprimés; rhinophores rétractiles; voile frontal semi-circulaire, pourvu
d'appendices rameux; corps allongé en une queue portant une crête longitudinale; deux ou
trois appendices latéraux; trois plumes branchiales. *P. ocellatus*, Madère. — *Euplocamus*,
Phil. De simples plis tentaculaires; rhinophores rétractiles; bords frontal et latéraux du
manteau portant des appendices arborescents; cinq plumes branchiales foliacées; lames
labiales triangulaires, formées de bâtonnets; radule à trois latérales et plusieurs marginales. *E. croceus*, Médit. — *Triopa*, Johnst. Tentacules courts, obtus; rhinophores rétractiles,
lamelleux; manteau cachant la tête en avant, portant sur les bords antérieurs et latéraux
des appendices tentaculiformes; trois plumes branchiales. *T. clavigera*, Manche, St-V.
— *Issa*, Bergh. *Triopa* à tentacules auriformes, à gaines des rhinophores caliciformes,
obliques. *I. lacera*, mers du Nord. — *Trevelyana*. Kelaart. Pacifique. — *Ægyrus*, Lovén.
Corps tuberculeux, avec une ride verruqueuse de chaque côté; tentacules obsolètes;
rhinophores simples, logés dans des gaines saillantes, lobées; plumes branchiales tripinnées; une grande mâchoire supérieure; radule à dents latérales et marginales en
crochets simples. *Æ. punctilucens*, Manche, St-V., Médit. — *Triopella*, G.-O. Sars. Tentacules
obsolètes; rhinophores rétractiles, lamelleux; manteau bien développé, prolongé en deux
lobes postérieurs; deux crêtes longitudinales dorsales, comprises entre deux séries d'appendices tuberculeux; radule d'*Ægyrus*. *T. incisa*. Atl. N.

> **Fam. DORIDIDÆ.** — Tentacules peu développés; rhinophores perfoliés, rétractiles;
> plumes branchiales rétractiles. Pas de mandibules, mais cuticule labiale épaisse et
> inerme, ou garnie soit de bâtonnets, soit de crochets. Radule multisériée, à dents
> en crochets.

Hexabranchus, Ehrb. Couronne complète de six plumes branchiales, rétractiles chacune
dans une cavité spéciale. *H. marginatus*, Inde. — *Heptabranchus*, Ad. Sept plumes branchiales séparément rétractiles, rangées en demi-cercle. *H. Brunetti*, Chine. — *Doris*, L.
Branchies en couronne complète, rétractiles dans une cavité commune; manteau couvrant la tête et le pied. Nombreux sous-genres. *D. tuberculata*, Atl. — *Chromodoris*, Différent des *Doris* par leur pied qui dépasse beaucoup le manteau en arrière : *C. elegans*, mers
d'Europe. — *Ceratosoma*, A. Ad. Corps comprimé, avec une énorme corne dorsale en
arrière de la couronne branchiale. *C. cornigerum*, Nlle Calédonie.

> **Fam. DORIDOPSIDÆ.** — *Doridinæ* sans mâchoire, ni radule; un pharynx suceur. *Dori-
> dopsis*, Ald. et H. Genre unique. *D. limbata*, Médit.

> 2. **Inferobranchiata.** — *Manteau bien développé; branchies placées latéralement entre le
> pied et le manteau.*

> **Fam. HYPOBRANCHLÆIDÆ.** — Deux tentacules; notœum échancré en arrière; deux
> branchies séparées, placées à la partie postérieure du corps; des mâchoires; une
> radule multisériée.

Hypobranchiæa, A. Ad. *H. fusca*, mer des Sargasses. — *Corambe*, Bergh. *H. testudinaria*,
bassin d'Arcachon. — *Doridella*, Verrill. *D. obscura*, New Haven. — Il est probable que
ces trois genres sont identiques.

> **Fam. PHYLLIDIDÆ.** — Ni mâchoires, ni radule; orifice buccal petit; bulbe pharyngien
> suceur, entouré par une masse glanduleuse; branchies formant un cercle complet
> autour du corps.

Phyllidia, Cuv. Anus dorsal; dos présentant des côtes longitudinales; tentacules
séparés. *P. varicosa*, Pacifique. — *Phyllidiopsis*, Bergh, *Phyllidia* à tentacules connés.
P. cardinalis. Pacifique. — *Phyllidiella*, Bergh. Des tentacules dorsaux disposés en quinconce. *P. pustulosa*, Pacifique. — *Fryeria*, Gray, *Phyllidia* dont l'anus s'ouvre entre le
dos et le pied. *F. pustulosa*, mer Rouge.

II. *DENDROGASTRÆA.* — *Foie ramifié.*

1. **Gnathophora.** — *Des mâchoires.*

FAM. **PROCTONOTIDÆ.** — Tentacules petits ou nuls; rhinophores non rétractiles; appendices dorsaux sans bourses cnidophores, disposés tout autour du manteau; radule multisériée; anus dorsal. Conduit génital diaule.

Janus, Verany. Rhinophores perfoliés, unis par une crête arquée. *J. cristatus*, mers d'Europe. — *Proctonotus*, Ald. et H. Rhinophores perfoliés, indépendants. *P. mucroniferus*, mers d'Europe.

2. **Agnatha.** — *Point de mâchoires. Conduit génital triaule.*

FAM. **ELYSIIDÆ.** — Pas d'appendices dorsaux; téguments dorsaux formant deux expansions latérales relevées comme les parapodies des *Aplysiidæ*; radule unisériée; anus latéral.

Elysia, Risso. Expansions tégumentaires à peine plissées sur les bords, discontinues derrière la tête; anus antéro-latéral. *E. viridis*, côtes de Fr. — *Thuridilla*, Bergh. *Elysia* à anus médian postérieur. *T. splendida*. Médit. — *Tridachia*, Desh. Expansions tégumentaires à bords plissés, continues derrière la tête. *T. Schrammi*, Guadeloupe. — *Placobranchus*, van Hasselt. Expansions tégumentaires aussi longues que le corps. *P. ocellatus*, Pacifique. — *Diplopelycia*, Mörch. Gélatineuses, comprimées, dépourvues de pied; tentacules très grands, flabelliformes; replis tégumentaires n'atteignant pas la tête. *D. trigonura*, Nice, pélagique.

FAM. **LIMAPONTIIDÆ.** — Ni appendices dorsaux, ni replis latéraux. Anus médian dorsal.

Limapontia, Johnst. Tête dilatée, tronquée en avant; pas de tentacules. *L. nigra*, mers d'Europe. — *Actæonia*, de Qfg. Tête échancrée en avant; deux courts tentacules coniques. *A. corrugata*, mers d'Europe. — *Cenia*, Ald et H. Deux tentacules cylindriques; tête subanguleuse. *C. Coksi*, mers d'Europe.

FAM. **HERMÆIDÆ.** — Des appendices dorsaux, sans cnidophores. Anus généralement dorsal.

Hermæa, Lovén. Appendices linéaires. *H. dendritica*, Médit. Atl. — *Phyllobranchus*, Ald et H. Appendices foliacés; pied entier. *P. prasinus*, Médit. — *Cyerce*, Bergh. Pied biparti transversalement. *C. elegans*, Pacif. — *Caliphylla*, Costa. Pied entier; anus latéro-dorsal. *C. mediterranea*. — *Stiliger*, Ehr. Appendices ovoïdes; rhinophores simples. *S. vericulosus*, Médit. — *Ercolania*, Trinchese. *Stiliger* à rhinophores légèrement canaliculés, *E. Pancerii*, Médit. — *Alderia*, Allm. Pas de rhinophores; appendices linéaires ou elliptiques en séries transverses; deux canaux gastro-hépatiques. *A. modesta*, Atl. Fr.[1]

III. CLASSE

SCAPHOPODES (SOLÉNOCONQUES)

Mollusques symétriques à coquille tubulaire, non enroulée, mais légèrement incurvée, ouverte aux deux bouts. Pas d'opercule. Tête indistincte; bouche entourée de palpes foliacés. Pied cylindrique, sans surface plantaire et sans nageoires. Une radule. Marins.

FAM. **DENTALIIDÆ.** — Famille unique.

Dentalium, L. Pied court, trilobé, orifice postérieur de la coquille entier (*Dentalium*, S. S), présentant intérieurement un petit tube accessoire (*Antale*) ou coupé du côté convexe d'une entaille tantôt courte (*Entalis*), tantôt longue (*Fissidentalium*, à coquille striée longitudinalement. *Fustiaria* à coquille lisse ou annelée). *D. elephantinum*, mer Rouge; *D. (Antale) tarentinum*, Médit., Atl.; *D. (Entalis) entalis*, côtes de F.; *D. (Fissidentalium) ergasticum*, Atl. prof.; *D. (Fustiaria) politum*, mer des Indes. — *Pulsellum*, Stoliczka.

---

[1] La *Rhodope Veranyi* Kölliker, dont on avait fait un Nudibranche dégradé, est un Turbellarié (TRINCHESE, *Nuove osservationi sulla Rhodope Veranyi*, Köll. Rendic. Acad. Sc. fis. math. Napoli, 2ᵉ série, vol. I).

Pied très allongé, terminé par un disque à surface convexe, surmonté d'un appendice tentaculiforme ; coquille de *Dentalium*. *S. lofotense*, Atl. N. — *Siphonodentalium*, M. Sars. Pied
allongé, terminé par un disque concave, sans tentacule ; orifice postérieur de la coquille
lobé. *S. vitreum*, Atl. N. — *Dischides*, Jeffreys. Pied étroit, cylindrique ; orifice postérieur de
la coquille bilobé par deux profondes entailles. *D. bifissus*, mers d'Europe. — *Gadila*, Gray.
Pied sans disque terminal ; coquille renflée à sa partie moyenne ; orifice postérieur
simple, entier. *G. clavata*, O. Indien. — *Loxoporus*, Jeffr. Coquille de *Gadila* ; animal de
Siphonadentalium. *L. subfusiformis*, Atl. N. — *Cadulus*, Philippi. *Gadila* courts, à orifice
postérieur crénelé. *C. ovulum*. Atl. prof.

IV. CLASSE

LAMELLIBRANCHES (ACÉPHALES, PÉLÉCYPODES)

*Mollusques symétriques, à coquille bivalve. Tête indistincte ; bouche comprise
entre deux palpes labiaux transverses. Pied généralement comprimé et en
forme de hache, à tranchant dirigé en avant ; quelquefois muni d'une surface
plantaire, vermiforme, rudimentaire ou absent. Animaux généralement fouisseurs, s'enfonçant, la bouche en bas, dans le sable ou dans la vase ; rarement
perforant les roches calcaires ou le bois ; quelquefois fixés. Tous aquatiques
et la plupart marins.*

I. ORDRE

CRYPTODONTA (PALÆOCONCHA)

*Coquille mince, à impressions musculaires égales, à ligne palléale peu mar-
quée. Ligament externe. Charnière dépourvue de dents proprement dites. Pied
présentant une surface plantaire frangée sur son pourtour. Appareil byssogène
peu développé ; en dehors de chaque branchie, une glande hypobranchiale dans
le manteau. De chaque côté une branchie bipectinée, l'une des rangées de filaments branchiaux dirigée dorsalement, l'autre ventralement ; lobes du manteau
soudés sur une grande partie de leur longueur, formant postérieurement une sorte
de siphon unique. Cavité œsophagienne avec deux sacs glandulaires latéraux ;
oreillettes du cœur musculeuses ; ventricule traversé par le rectum ; une seule
aorte antérieure, reins simples, indépendants, entièrement glandulaires. Sexes
séparés ; glandes génitales débouchant dans les reins à leur extrémité intérieure.*

Nombreuses familles à l'époque primaire.

Fam. SOLENOMYIDÆ. — Famille unique vivante.
Solenomya, Lmk. Seul genre vivant. *S. togata*, Médit.

II. ORDRE

TAXODONTA

Un large plateau cardinal, présentant des dents nombreuses et alignées.

1. SOUS-ORDRE

FOLIOBRANCHIA

*De chaque côté, une seule branchie bipectinée, à filaments tous transversaux.
Cœur non traversé par le rectum. En général deux siphons accolés ; le reste
comme* SOLENOMYIDÆ.

Fam. NUCULIDÆ. — Coquille souvent nacrée, équivalve, ovale ou allongée, épidermée ;
pas d'area ; charnière pliodonte. Palpes labiaux énormes, munis d'un appendice pos-

térieur contourné; filaments branchiaux tous orientés transversalement. Remontent à l'époque silurienne.

Nucula, Lmk. Coquille nacrée, à bord postérieur très court; crochets inclinés en arrière; fossette du ligament interne, triangulaire; pas de siphons ni de byssus. *N. nucleus*, St-Vaast, Médit. — *Leda*, Schüm. Coquille épaisse, plus ou moins rostrée en arrière; crochets rapprochés, un peu tournés en arrière; surface sillonnée concentriquement ou obliquement avec une carène postérieure décroissante; ligament interne; deux petits siphons accolés et deux lobes du manteau simulant un troisième siphon; pas de byssus. *L. commutata*, Atl. Médit. — *Yoldia*, Möller. Coquille comprimée, allongée, rostrée et légèrement bâillante en arrière, lisse ou à ornements obliques; un ligament interne et un petit ligament externe; deux siphons grêles, assez allongés, accolés l'un à l'autre. *Y. arctica*, mers arctiques. — *Malletia*, des Moulins. *Yoldia* à coquille bâillante en avant et en arrière; pas de fossette ligamentaire interne. *M. chilensis.* — *Pseudomalletia*, Fischer. *Malletia* à siphons libres. *M. obtusa*, Atl. abyss.

<h3 style="text-align:center">2. SOUS-ORDRE</h3>

FILIBRANCHIA

Branchies formées chacune de deux séries de longs filaments dirigés ventralement, réfléchis et pourvus seulement de jonctions interfilamentaires ciliées.

FAM. **ARCIDÆ**. — Ligament isolé sur un aire externe ou logé dans une fossette; pas de nacre. Animaux symétriques; manteau largement ouvert; muscles adducteurs antérieur et postérieur bien développés; deux aortes; orifices génitaux et rénaux distincts.

Arca, L. Coquille généralement équivalve, épaisse, subrhomboïdale, costulée ou treillissée, revêtue d'un épiderme poilu; charnière droite: sommets saillants séparés par une area losangique, portant plusieurs rainures ligamentaires; pied coudé, byssifère; cœur à deux oreillettes et souvent deux ventricules. *A. Noe*, Médit., St-Vaast. — *Scaphula*, Benson. Coquille mince à épiderme lisse: des eaux douces. *S. scaphula*, du Gange et de ses affluents. — *Pectunculus*, Lmk. Coquille équivalve, solide, suborbiculaire, à épiderme velouté; bord cardinal arqué; sommets peu saillants, légèrement courbés l'un vers l'autre; area ligamentaire portant des sillons divergents; dents s'oblitérant au centre avec l'âge; pied pouvant prendre dans la marche une forme discoïdale; pas de byssus; cœur traversé par le rectum. *P. glycimeris*. Atl., Médit. — *Limopsis*, Sars. Coquille ovale-arrondie, à épiderme poilu; area étroite; une fossette sur les crochets pour le ligament élastique; organisation des *Pectunculus*; un byssus réduit. *L. aurita*, Atl. — *Cyrilla*, Adams. Coquille très petite, ovale ou subtrigone, à côté antérieur court et tronqué; bord cardinal arqué, à six dents divergentes. *C. sulcata*, Japon.

<h3 style="text-align:center">III. ORDRE</h3>

SCHIZODONTA

Coquille nacrée, pourvue de deux ou trois dents fortes, divergentes à partir du crochet, souvent sillonnées. Organisation des ARCIDÆ; *cœur traversé par le rectum; pied grand géniculé, sans byssus, formant un disque plantaire aigu en avant, avec un sillon médian; manteau ouvert.*

FAM. **TRIGONIIDÆ**. — Seule famille vivante.

Trigonia, Bergh. Seul genre vivant. *T. pectinata*, Australie.

<h3 style="text-align:center">IV. ORDRE</h3>

ANISOMYARIA

Branchies lisses ou plissées, formées de chaque côté de deux séries de filaments branchiaux tous dirigés d'abord dorso-ventralement, puis se réfléchissant et pouvant présenter soit des jonctions ciliaires, soit des jonctions interfoliaires conjonctives ou vasculaires, mais ne formant pas une véritable lamelle. Pas de

*siphons. Impressions musculaires des adducteurs très inégales; l'antérieure
souvent absente. Glandes génitales débouchant dans les reins ou très près de leur
ouverture.*

1. SOUS-ORDRE

HETEROMYARIA (AVICULACEA)

*Coquille équivalve ou faiblement inéquivalve, très inéquilatérale, nacrée.
Muscle antérieur reporté sous la charnière, parfois absent. Marins. Remontent
au silurien.*

FAM. **AVICULIDÆ**. — Ligne cardinale droite, longue; région cardinale prolongée en
deux ailes généralement inégales; l'aile antérieure de la valve droite ordinairement
échancrée par un sinus byssal; charnière présentant un petit nombre de dents assez
faibles, allongées ou sans dents; impression de l'adducteur antérieur du pied visible
sous les crochets; branchies plissées; filaments branchiaux à jonctions interfoliaires
conjonctives ou vasculaires. Généralement presque monomyaires.

TRIB. **AVICULINÆ**. Coquille à peu près équivalve; dents nulles ou très faiblement développées; ailes distinctes, l'antérieure parfois rudimentaire; cœur accolé à la face ventrale
de l'intestin. — *Avicula*, Klein. Coquille oblique par rapport à la ligne cardinale; aile postérieure plus longue que l'antérieure, limitée par une sinuosité; une ou deux dents
cardinales et une latérale lamelliforme; sommets peu saillants; aire cardinale striée en
travers, petite; ligament élastique logé dans une fossette oblique, en arrière des crochets;
pied allongé, linguiforme, byssus bien développé. *A. tarentina*, côtes de Fr. — *Mele-
agrina*, Lmk. Coquille moins oblique que celle des *Avicula*; valves épaisses, presque égales,
brillamment nacrée; aile postérieure courte, non séparée par un sinus; dents de la charnière obsolètes chez les adultes. *M. margaritifera* (Huître perlière), Pacifique. *M. radiata*,
Pacifique, Méditerranée, golfe de Gabès, originaire de la mer Rouge et venue par le
canal de Suez. — *Malleus*, Lmk. Limbe de la coquille étroit, allongé, ondulé, écailleux,
presque normal à la région cardinale qui est rectiligne et très développée de manière
que l'ensemble de la coquille présente l'aspect d'un marteau; couche nacrée peu développée; pas de dents à la charnière; une fossette ligamentaire sous les crochets. *M. vulgaris*, Pacifique.

TRIB. **VULSELLINÆ**. Pas d'ailes caractérisées; pas d'échancrure byssale; pas de dents à
la charnière; ligament logé dans une fossette triangulaire oblique. Bords du manteau
frangés de tentacules; échancrant une aire ligamentaire très développée; pas de byssus.
— *Vulsella*, Lmk. Genre unique. *V. lingulata*, mer Rouge.

TRIB. **PERNINÆ**. Ligament logé dans des fossettes multiples. — *Crenatula*, Lmk.
Coquille subéquivalve, aplatie, feuilletée, mince, un peu irrégulière, sans échancrure
byssale; crénelures ligamentaires en forme de croissant; byssus nul ou peu développé;
vivent dans les éponges. *C. viridis*, mer Rouge. — *Perna*, Brug. Coquille presque équivalve,
inéquilatérale, subquadrangulaire ou en forme de marteau; aile postérieure très grande;
l'antérieure peu développée; une échancrure byssale au-dessous d'elle; fossettes
ligamentaires rectangulaires; un byssus bien développé. *P. ephippium*, Antilles.

TRIB. **PINNINÆ**. Coquille sans ailes, presque triangulaire, à crochet terminal, bâillante;
charnière sans dents, ligament linéaire, allongé; un petit adducteur antérieur; un
byssus soyeux, textile; cœur traversé par le rectum. — *Pinna*. L. Genre unique. *P. nobilis*,
Médit., jusqu'à 70 centimètres de long; *P. truncata*, côtes de Fr.

FAM. **MYTILIDÆ**. — Coquille équivalve, non ailée, ovale ou triangulaire, légèrement
bâillante du côté ventral, à charnière courte, sans dents, ou présentant seulement
quelques dents cardinales; ligament linéaire, marginal ou placé dans une fossette
oblique. Deux adducteurs des valves; l'antérieur petit. Un siphon anal toujours
distinct, siphon branchial souvent mal limité. Des filaments branchiaux longs et
réfléchis, unis seulement par des cils (Filibranches).

TRIB. **MYTILINÆ**. Siphon branchial ouvert en avant; marins. — *Mytilus*, L. Coquille
équivalve, épidermée, triangulaire, à crochet terminal; impression de l'adducteur
antérieur sous les crochets; pied allongé, linguiforme; byssus bien développé; palpes
allongés, libres. *M. edulis*, côtes de Fr. — *Stavelia*, Gray. Coquille inéquivalve, tordue.

S. tortus, Philippines. — *Septifer*, Réclus. *Mytilus* à test marqué de stries rayonnantes, avec un septum sous les crochets; quelques crénulations dentiformes sur le bord cardinal. *S. bilocularis*, Pacifique. — *Modiola*, Lmk. Coquille oblongue, renflée en avant, à crochets antérieurs, mais non terminaux. *M. barbata*, côtes de Fr. — *Lithodomus*, Cuv. Coquille subcylindrique, arrondie en avant, à épiderme brillant; crochet antérieur, peu saillant, non terminal. *L. lithophagus*, Médit.; perforent les coraux et les roches calcaires; phosphorescent. — *Idas*, Jeffreys. Coquille mince, nacrée, rhomboïdale; bord cardinal presque droit, finement denticulé; surface très finement treillissée. *I. argenteus*, Atl. prof. — *Crenella*, Brown. Coquille petite, rhomboïdale, à costulations rayonnantes et stries concentriques; sommet très antérieur; bord cardinal crénelé; une dent crénelée; pied terminé par un disque; un seul filament pour byssus. *C. rhombea*, côtes de Fr. — *Hochstetteria*, Velain. *H. aviculoïdes*, îles Saint-Paul et Amsterdam. — *Dacrydium*, Törell. Coquille petite, quadrangulaire, allongée, à crochet occupant l'un des sommets du plus petit côté du quadrilatère; deux dents finement crénelées; ligament interne. *D. vitreum*, Manche, Atl. — *Modiolaria*, Buk. Coquille assez petite, quadrangulaire, renflée, inéquilatérale, crochet à l'une des extrémités du plus petit côté du quadrilatère; région médiane du test lisse; le reste costulé; bord cardinal obtusément crénelé; siphon anal et pied très longs. *M. marmorata*, côtes de Fr.

Trib. Modiolarcinæ. Orifice branchial fermé en avant. — *Modiolarca*, Gray. Coquille quadrangulaire à bord ventral sinueux; deux très petites dents obliques sur chaque valve; marins. *M. trapezina*, dét. Magellan. — *Byssanodonta*, d'Orb. *Modiolarca* fluviatiles. *B. paranensis*, Am. mérid.

Trib. Dreissensinæ. Forme des *Mytilus*; un siphon anal et un siphon branchial assez longs et séparés; eulamellibranches; fluviatiles. — *Dreissensia*, v. Bened. Genre unique. *D. polymorpha*, commun dans les conduites d'eau de Paris.

2. SOUS-ORDRE

MONOMYARIA ISODONTA (PECTINACEA)

Un seul muscle adducteur à l'état adulte; charnière isodonte, au moins dans le jeune âge; ligament interne; test non nacré. Branchies libres; byssus nul ou peu développé; généralement des yeux palléaux; une duplicature du bord palléal repliée intérieurement; pas de siphons.

Fam. **PECTINIDÆ**. — Coquille subéquivalve ou équivalve, rarement adhérente, auriculée; un ligament épidermique le long du bord dorsal des valves; ligament élastique interne, inséré dans une fossette médiane, étroite; quelques dents divergentes, en forme de lamelle à la charnière. Pied allongé, linguiforme, byssifère. Yeux palléaux bien développés.

Pecten, Lmk. Coquille suborbiculaire, close, libre, sans sinus du byssus; ornée de côtes rayonnantes; valve droite convexe, renflée au sommet; valve gauche aplatie; auricules presque égales. *P. maximus*, *P. jacobæus*, côtes de Fr. — *Amussium*, Klein. Coquille presque orbiculaire, légèrement bâillante en avant et en arrière, subéquivalve; auricules petites, égales; valves lisses extérieurement. *A. lucidum*, Atl. prof. — *Chlamys*, Bolten. Equivalves; valves plus hautes que longues; auricules antérieures plus développées que les postérieures; la droite avec un sinus byssal, à bord ventral denticulé. *C. varius*, côtes de Fr. — *Semipecten*, Ad. et Reeve. Une auricule antérieure seulement; valve droite aplatie, avec un sinus byssal profond. *S. forbesianius*, I. Soulou. — *Hinnites*, Defrance. Valve droite de l'adulte convexe, soudée aux rochers; valve gauche aplatie, libre; area souvent développée en un talon qui porte le ligament. *H. sinuosus*, côtes d'Angleterre. — *Pedum*, Brug. Coquille mince, comprimée, subtrigone à auricules peu distinctes; area ligamentaire triangulaire, très développée; valve droite plus profonde que la gauche, avec une forte échancrure byssale. *P. spondyloides*.

Fam. **LIMIDÆ**. — Coquille équivalve ou subéquivalve, auriculée, blanche, à côtes rayonnantes; crochets aigus, droits, laissant à découvert une partie de l'area et de la fosse ligamentaire; dents très petites ou nulles. Tentacules palléaux très longs; yeux peu développés. Généralement un byssus dont l'animal utilise parfois les filaments pour se faire un nid.

Lima, Brug. Pas de dents à la charnière. *L. hians*, côtes de Fr. — *Limea*, Bronn. Charnière avec plusieurs denticules disposés sur une ligne courbe. *L. Sarsi*, mers d'Europe.

FAM. **SPONDYLIDÆ**. — Valve droite adhérente et plus grande que la gauche; pas de sinus byssal, ni de byssus; ligament élastique interne, dans une fossette dorso-ventrale; deux dents cardinales sur chaque valve, solidement engrenées dans l'autre. Pied large, court, terminé par une excavation plissée (cornet).

Plicatula, Lmk. Pas d'auricules; valve droite directement fixée; deux dents cardinales à la valve droite, une à la gauche. *P. cristata*, Antilles. — *Spondylus*, L. Des auricules, à côtes rayonnantes, garnies d'épines ou d'expansions foliacées par lesquelles la valve droite est fixée; deux dents cardinales à chaque valve. *S. gæderopus*, Médit.

3. SOUS-ORDRE

MONOMYARIA DYSODONTA (OSTREACEA)

Coquilles fixées, tres inéquivalves; sans dents à la charnière; ligament interne. Un seul adducteur.

FAM. **OSTREIDÆ**. — Test lamelleux, non nacré; valve gauche plus creuse que la droite, fixée. Ni pied, ni byssus; branchies des AVICULIDÆ.

Ostrea, L. Valves d'égale longueur; bord de la valve droite non denté. *O. edulis*, côtes de Fr. — *Gryphæa*, Lmk. Valve gauche plus longue que la droite, à crochet plus ou moins incurvé. *G. angulata*, côtes de Fr. (Huître de Portugal).

FAM. **ANOMIIDÆ**. — Coquille lamelleuse, nacrée, fixée par un byssus calcifié qui traverse la valve droite. Pied petit, terminé par une cavité infundibuliforme; branchies des ARCIDÆ.

Anomia, L. Coquille prenant la forme des corps sur lesquels elle s'attache; valve gauche convexe, entière, portant quatre impressions musculaires; la droite operculiforme, perforée par le byssus *A. ephippium*, côtes de Fr. — *Placunanomia*, Brader, *Anomia* ne présentant que deux impressions musculaires à la valve gauche. *P. macrochisma*, mers d'Europe, Californie. — *Placuna*, Brug. Coquille mince, translucide, discoïdale, libre, reposant sur la valve droite qui porte deux crêtes ligamentaires divergentes. *P. placenta*, Australie N.

V. ORDRE

HEMIBRANCHIA

Branchies à lame interne dirigée ventralement (descendante), à lame externe dirigée dorsalement (ascendante), et généralement dépourvues de feuillet réfléchi, parfois transformées en une lame musculaire fenestrée. Coquille souvent nacrée.

1. Septibranchia. — *Branchies ayant la forme d'un septum musculaire s'étendant de l'adducteur antérieur à la séparation des deux siphons, entourant le pied et percé d'orifices symétriques. Coquille inéquivalve.*

FAM. **POROMYIDÆ**. — Coquille nacrée intérieurement; à dents peu développées ou nulles. Siphons courts; pied allongé; palpes bien développés; plusieurs groupes de lamelles séparées sur chaque moitié du septum. Hermaphrodites.

Poromya, Forbes. Sommets saillants; à droite une forte dent cardinale échancrée, suivie d'une fosse du cartilage; à gauche, une petite cardinale triangulaire, une fosse du cartilage et une latérale postérieure. *P. granulata*, Médit. — *Silenia*, Smith. Pas de dents, ni de cartilage interne; ligament externe marginal. *S. Sarsi*, abyssal.

FAM. **CUSPIDARIIDÆ**. — Coquille non nacrée, rostrée; un cartilage interne et un osselet sur chaque valve. Siphons réunis en grande partie; pied long, flexible, étroit; palpes peu développés. Unisexuées.

Cuspidaria, Nardo. Genre unique. *C. cuspidata*, golfe de Gascogne, Médit.

2. **Anatinacea**. — *Coquille mince, blanche, généralement nacrée à l'intérieur et revêtue d'une couche externe finement granuleuse; charnière desmodonte ou édentée; un ligament interne portant souvent un osselet calcaire (lithodesme). Orifices des siphons distincts; pied assez petit, byssifère ou sillonné. Branchies normales. Hermaphrodites; ovaires et testicules à orifices séparés.*

Fam. **LYONSIIDÆ**. — Valve gauche plus grande que la droite; sommet médiocrement saillant; test mince, à fines stries rayonnantes; pas de dents; un sinus palléal. Siphons courts; pied byssifère.

Lyonsia, Turton. Seul genre vivant, *L. norvegica*, St-Vaast.

Fam. **ANATINIDÆ**. — Coquille mince, blanche, épidermée, pas toujours nacrée; bord postérieur du cuilleron du cartilage détaché ou soudé à la ligne cardinale, qui est soutenue par une ou deux lames de renforcement. Siphons longs; un quatrième orifice palléal entre eux et l'orifice pédieux; pied grêle avec un orifice byssal, mais sans byssus.

Anatina, Lmk. Coquille nacrée, équivalve ou à peu près, oblongue, ventrue, tronquée et bâillante en arrière; sommets dirigés un peu en arrière et fissurés; deux lames de renforcement partant du cuilleron; un osselet calcaire tricuspide. *A. subrostrata*, Inde. — *Cochlodesma*, Couthouy. Coquille inéquivalve, légèrement bâillante en avant et en arrière; cuilleron saillant, adhérent à une callosité du bord cardinal postérieur; une lame de renforcement obtuse; pas d'osselet. *C. prætenuis*, Manche, Atl. — *Thracia*, Leach. Valve droite plus grande que la gauche, bâillante en arrière; cuilleron très oblique, soudé postérieurement au bord cardinal; pas de nacre; un osselet en croissant. *T. papyracea*, côtes de Fr. St-Vaast. — *Tyleria*, H. et A. Ad. Coquille équivalve, presque membraneuse; une série de petites loges sur le bord dorsal antérieur. *T. fragilis*, Mazatlan. — *Alicia*, Angers. Inéquivalves, inéquilatérales; une côte marginale antérieure et une callosité droite reçue dans une cavité gauche; un grand osselet triangulaire. *A. angustata*, Australie. — *Astenothærus*, Carp. Coquille inéquivalve, tronquée et légèrement bâillante en arrière; ni dents, ni fossettes, ni ligament externe; un osselet cruciforme. *A. villosior*, *California*. — *Bushia*, Dall. Test porcelané, clos; un ligament externe, un osselet en forme d'U. *B. elegans*, Antilles.

Fam. **PANDORIDÆ**. — Coquille inéquivalve; charnière formée de crêtes lamelliformes, les unes représentant les dents, les autres des lames de renforcement. Siphons courts, frangés; pied allongé, non byssifère.

Pandora, Brug. Coquille libre, comprimée, rostrée postérieurement, légèrement bâillante en avant; valve droite plate, valve gauche convexe. *P. inæquivalvis*, côtes de Fr. — *Myodora*, Gray. Coquille libre, comprimée; valve droite plus convexe que la gauche. *M. brevis*, Nouvelle-Galles du Sud. — *Myochama*, Stutch. Coquille fixée par la valve droite, qui est aplatie. *M. anomioïdes*, Australie.

Fam. **CHAMOSTREIDÆ**. — Coquille fixée par la valve droite convexe; valve gauche plate, pourvue d'une grande dent cardinale correspondant à une fossette de la valve droite; branchie profondément plissée.

Chamostrea, de Roissy. Genre unique, *C. albida*, Australie.

Fam. **VERTICORDIIDÆ**. — Coquille à sommets saillants, plus ou moins détachés, courbes; une dent cardinale à droite, un épaississement correspondant à gauche; sinus palléal petit ou nul; siphons très courts; pied petit, sillonné, non byssifère.

Verticordia, Wood. Coquille cordiforme, épaisse, close, à côtes rayonnantes. *V. Deshayesiana*, Ant. — *Mytilimeria*, Conrad. Coquille inéquilatérale, fragile, ovale, bâillante en arrière; pas de dents; un faible sinus palléal. *M. Nuttali*, Californie. — *Lyonsiella*, M. Sars. Valve droite plus grande que la gauche; coquille mince, pellucide, à stries rayonnantes, un peu bâillante en arrière; valve droite sans dents, valve gauche un peu épaissie sous les crochets. *L. abyssicola*, Atl. N.

Fam. **PHOLADOMYIDÆ**. — Coquille équivalve, intérieurement nacrée, inéquilatérale, renflée, très mince, à côtes rayonnantes; sans dents; ligament externe. Siphons très longs, réunis jusqu'à leur extrémité; un petit orifice entre eux et l'orifice pédieux; pied petit, muni d'un petit appendice bifurqué.

Pholadomya, Sow. Seul genre vivant. *P. candida*, Antilles.

Fam. CLAVAGELLIDÆ. — Test nacré, composé de deux valves et d'un tube plus ou moins long auquel elles peuvent adhérer. Fente pédieuse petite; siphons soudés; pied rudimentaire non byssifère.

Clavagella, Lmk. Valve gauche soudée au tube. *C. balanorum*, Médit. — *Brechites*, Guettard (*Aspergillum*, Lmk). Les deux valves soudées au tube. *B. vaginiferus*, mer Rouge.

3. **Tellinacea.** — *Coquille libre, non nacrée; charnière hétérodonte. Siphons complètement séparés.*

Fam. TELLINIDÆ. — Coquille comprimée, ordinairement close, à bords lisses, munie en arrière d'un pli oblique décurrent; deux dents cardinales au plus sur chaque valve, accompagnées ou non de dents latérales; ligament externe. Siphons très allongés; branchies lisses, petites, réunies en arrière; palpes énormes; pied grand, comprimé, avec un orifice, mais pas de byssus.

Tellina, L. Valves légèrement inégales et un peu tordues postérieurement; sur chacune, deux dents cardinales, une latérale antérieure et une postérieure, généralement effacée à gauche; siphons inégaux. *T. (Donacilla) donacina*, *T. (Angulus) fabula*, Manche, Atl., *T. (Gastrana) compressa*, Médit.; *T. (Peronæa) planata*, Médit.; *T. (Arcopagia) crassa*, Manche, Atl. — *Gastrana*, Schum. Coquille subtrigone, ou irrégulière, renflée, légèrement bâillante aux extrémités, portant des côtes lamelleuses; deux dents cardinales égales et très divergentes à droite, très inégales à gauche où l'antérieure est bifide. *G. fragilis*, Atl. Médit.; *G. (Macoma) baltica*, côtes de Fr. *G. (Capsa) lacunosa*.

Fam. SCROBICULARIIDÆ. — TELLINIDÆ à dents cardinales faibles, à deux cartilages, l'interne logé dans une fossette.

Scrobicularia, Schum. Une dent cardinale à droite; deux à gauche; pas de dents latérales. *S. piperata*, côtes de Fr. — *Syndesmya*, Réclus. A droite, deux petites cardinales entre deux latérales lamelliformes; à gauche, une cardinale et un rudiment de latérale postérieure. *S. alba*, Manche, Atl. — *Theora*, H. et A. Ad. Pas de dents cardinales; dents latérales assez écartées. *E. lata*, Phil. — *Endopleura*, A. Ad. *Theora* avec une petite dent cardinale. *E. lubrica*, Philippines. — *Souleyetia*, Réclus. Pas de dents. *S. Moulinsi*, Bornéo. — *Montrouzieria*, Sow. A droite, deux cardinales et une latérale postérieure, à gauche: une cardinale et une latérale postérieure. *M. clathrata*, Nouvelle-Calédonie. — *Cumingia*, Sow. Une cardinale et deux latérales sur chaque valve. *C. lamellosa*, Antilles. — *Semele*, Schum. Deux cardinales et deux latérales sur chaque valve. *S. reticulata*, Antilles.

VI. ORDRE

EULAMELLIBRANCHIA

Coquille presque jamais nacrée, équivalve dans les formes libres, inéquivalve dans les formes fixées; dents de la charnière divisées en dents cardinales, dont le nombre ne dépasse pas trois, et en dents latérales, au plus au nombre de deux, de chaque côté de la même valve. Deux muscles rétracteurs sensiblement égaux; une ou plusieurs sutures palléales; bord postérieur du manteau formant le plus souvent deux siphons plus ou moins allongés; orifices génitaux et orifices rénaux indépendants. Branchies ayant des jonctions interfilamentaires et interfoliaires toutes vasculaires, les dernières formant, dans l'intérieur des lames, des conduits afférents; pas de lame branchiale ascendante.

I. SOUS-ORDRE

INTEGROPALLIALIA

Orifices afférent et efférent rarement prolongés en siphon; le dernier souvent incomplet.

*A. — Pied souvent byssifère, parfois avec une sole ventrale, le plus souvent sécuriforme.
De chaque côté une branchie, formée de deux lames branchiales, chacune avec un feuillet
dorso-ventral, pouvant se réfléchir, l'interne intérieurement, l'externe extérieurement, et
prenant ainsi une direction ventro-dorsale.*

Fam. **CYPRINIDÆ.** — Crochets saillants, souvent enroulés, prosogyres; 2-3 dents cardinales; 1-2 dents latérales antérieures; 1-2 dents postérieures, fortes; ligament externe bien développé; intégropalléales. Orifices siphonaux sessiles, mais complets, frangés; palpes labiaux grands, triangulaires; branchies inégales; pied sillonné.

Cyprina, Lmk. Coquille subarrondie, assez convexe; épiderme épais; pas de lunule; deux dents cardinales; une lamelle latérale antérieure et une postérieure à chaque valve; pied assez long et coudé; deux sutures palléales. *C. islandica*, Manche, Atl. — *Isocardia*, Klein. Coquille cordiforme, renflée; crochets très saillants, incurvés; lunule incomplète; deux dents cardinales par valve, la postérieure lamelliforme; une lamelle latérale postérieure; pied sécuriforme, creusé d'un large sillon peu profond; une cavité du byssus. *I. cor*, côtes de Fr. — *Libitina*, Schum. Coquille quadrangulaire, renflée; crochets subterminaux, antérieurs, déprimés; sur chaque valve trois dents cardinales divergentes, une forte dent latérale postérieure à droite et deux à gauche; un byssus; branchies profondément plissées, inégales. *L. oblonga*, Pacif. — *Coralliophaga*, de Bl. (*Cypricardia*, Lmk.). Coquille irrégulière, parfois modioliforme, mince, très inéquilatérale, bâillant postérieurement; sommets peu saillants; sur chaque valve, deux dents cardinales très obliques et une dent latérale postérieure, lamelliforme; une des dents cardinales bifide; un sinus palléal large, mais peu profond, correspondant à deux courts siphons; dans les trous de Mollusques perforants. *C. lithophagella*, Médit. — *Basterotia*, C. Mayer. Coquille inéquilatérale, bâillante en avant et en arrière; crochets prosogyres; une dent cardinale saillante subulée, ascendante sur chaque valve, *B. quadrata*, mer Rouge.

Fam. **CYRENIDÆ.** — Coquille équivalve close, épidermée, triangulaire ou ovale arrondie, presque équilatérale; deux ou trois dents cardinales et des dents latérales antérieures et postérieures; ligament externe (sauf *Rangia*), sur une nymphe saillante. Un ou deux siphons; deux lames branchiales, réunies en arrière, l'externe plus courte et appendiculée; pied sécuriforme. Fluviatiles, hermaphrodites, incubateurs.

Cyrena, Lmk. Coquille épaisse; trois dents cardinales; à droite : deux courtes dents latérales antérieures et deux postérieures, lisses; à gauche : une latérale antérieure et une postérieure; ligne palléale entière ou faiblement sinuée; siphons très courts. (Sg. *Leptosiphon*, *Egeta*.) *C. sinuosa*, Ceylan. — *Corbicula*, Megerle. *Cyrena* à dents cardinales striées, à dents latérales allongées. *C. consobrina*, canal d'Alexandrie. — *Sphærium*, Scop. Coquille mince, ovale, ventrue, à crochets un peu inclinés en avant, à côté antérieur un peu plus court que le postérieur; à droite : une dent cardinale souvent trifide, deux latérales en avant, deux en arrière, comprimées et écartées; à gauche : deux cardinales, une latérale antérieure, deux postérieures; siphons médiocres, unis à la base, pied linguiforme. *S. corneum*, Fr. rivières. — *Pisidium*, Pfeif. Coquille petite, à crochets un peu inclinés en arrière, à bord antérieur plus long que le postérieur; deux dents cardinales de chaque côté; deux latérales en avant et en arrière à droite, une seule à gauche; un siphon anal seulement. *P. pusillum*, Fr. — *Galatea*, Brug. À droite : trois dents cardinales sillonnées; une latérale antérieure et une postérieure; à gauche : trois cardinales, une latérale antérieure, la postérieure faible ou nulle; un sinus palléal; siphons allongés presque égaux. *G. radiata*, fleuves de Guinée. — *Fischeria*, Bern. Cardinales antérieure et postérieure de droite rudimentaires, les latérales faibles; à gauche : deux cardinales, pas de latérales. *F. Delesserti*, fleuves de Guinée. — *Rangia*, des Moulins. *Cyrena* à cartilage interne. *R. cyrenoïdes*, Floride.

Fam. **ASTARTIDÆ.** — Coquille épaisse, trigone ou ovalaire, épidermée; lunule plus ou moins marquée; ligament externe; charnière épaisse; deux ou trois dents cardinales sur chaque valve; les latérales rudimentaires ou nulles; pas de sinus palléal. Un siphon anal très court; orifice branchial non séparé de la fente pédieuse, branchies inégales, réunies en arrière; pied allongé, atténué à son extrémité, pointu. Marins.

Astarte, Sow. Coquille ornée de sillons ou de stries concentriques; trois dents cardinales sur chaque valve; l'antérieure de gauche, la postérieure de droite rudimentaires ainsi que les latérales. *A. sulcata*, côtes de Fr. — *Parastarte*, Conrad. Coquille luisante extérieurement; une cardinale à droite; deux à gauche; un petit sinus palléal. *P. triquetra*, Floride. — *Woodia*, Desh. Petites *Parastate* sans sinus palléal. *W. digitaria*, Médit.

FAM. **CARDITIDÆ**. — Coquille cordiforme, ovale ou allongée dans la direction ano-buccale, à côtes rayonnantes; charnière épaisse, portant une ou deux dents cardinales obliques et parfois une ou deux dents latérales; pas de sinus palléal. Orifice anal seul séparé de la fente pédieuse; pied byssifère ou muni d'un sillon à sa face inférieure; branchies inégales; palpes courts.

Venericardia, Lmk. A droite : une dent latérale antérieure courte, rudimendaire, deux cardinales obliques; à gauche : deux cardinales divergentes et une latérale postérieure lamelliforme, marginale; pied non byssifère, *V. prolongata*, Médit. — *Cardita*, Brug. A droite : une latérale antérieure très faible et deux cardinales postérieures lamelliformes, très longues, parallèles; à gauche, une courte cardinale antérieure, une longue postérieure; une latérale postérieure faible; pied avec un byssus formé de filaments soyeux et fins. *C. antiquata*, Médit. — *Thecalia*, H. et A. Ad. Bord ventral des valves invaginé et communiquant avec une loge cupuliforme dans laquelle sont placés les embryons. *T. concamerata*, le Cap. — *Carditella*, E. Smith. Une dent cardinale, à droite; deux à gauche; une latérale antérieure et une postérieure sur chaque valve. *C. pallida*, Patagonie. — *Carditopsis*. E. Smith. Pas de ligament externe; une dent cardinale en avant de la fosse du cartilage; deux en arrière; les deux latérales faibles, *C. flabellum*, Chili. — *Milneria*, Dall. Une dent cardinale en V renversé à droite; deux divergentes à gauche; pas de latérales; dimorphisme sexuel très accusé; coquille mâle petite, non bâillante; femelle avec une invagination de bas en haut, constituant un marsupium en forme de coupole. *M. minima*, Californie, sur les *Haliotis*.

FAM. **CRASSATELLIDÆ**. — Coquille épaisse; lunule distincte; ligament logé dans une fossette interne; deux dents cardinales et deux latérales à chaque valve. Pied canaliculé, pas d'orifice branchial, ni quelquefois d'orifice anal délimité.

Crassatella, Lmk. Genre unique. *C. pulchra*, Philippines.

FAM. **KELLYELLIDÆ**. — Très petites coquilles équivalves, ovales ou suborbiculaires, closes; une dent latérale antérieure, une ou deux cardinales; pas de sinus palléal. Manteau ouvert; un siphon anal seulement.

Kellyella, M. Sars. Deux cardinales; pied fort, géniculé. *K. miliaris*, Médit. *K. abyssicola*, Atl. prof. — *Turtonia*, Forbes et Hanley. Une seule cardinale à droite; une latérale postérieure à chaque valve; un byssus fin et résistant. *T. minuta*. Atl. N.

FAM. **ERYCINIDÆ**. — Coquille petite, mince, close; bord cardinal échancré et interrompu sous les crochets; de une à trois dents cardinales; ligament externe faible; ligament interne bien développé, dans une rainure oblique. Lobes du manteau soudés avec trois ouvertures palléales, une *antérieure* remplaçant l'ouverture *branchiale*, une moyenne pédieuse et une postérieure portée à l'extrémité d'un siphon anal. Incubateurs et marins.

Erycina, Lmk. Fossiles de l'éocène parisien. — *Kellia*, Turton. A droite, une dent cardinale antérieure, une postérieure divergente et une latérale postérieure écartée; à gauche, deux cardinales antérieures rapprochées, une postérieure et une latérale postérieure; pied long, linguiforme, canaliculé, byssifère; un siphon branchial *antérieur* à l'ouverture pédieuse. *K. suborbicularis*, Médit., Atl. — *Bornia*, Phil. *Kellia* avec trois dents cardinales à gauche et point de latérale droite. *B. complanata*, Médit. — *Pseudopythina*, Fisch. *Kellya* sans dents latérales. *P. Mac Andrewi*, golfe de Gascogne. — *Pythina*, Hinds. Dent cardinale moyenne sur une valve, petite ou double (*Myllita*), nulle ou petite sur l'autre; fossette ligamentaire linéaire; un petit sinus palléal. *P. Deshayesiana*, Philippines. — *Montacuta*, Turton. Côté antérieur de la coquille plus long que l'autre; à chaque valve, deux cardinales lamelliformes divergentes, comprenant entre elles l'échancrure; ligament interne, globuleux, pied long, sillonné, byssifère; un seul orifice siphonal. *M. bidentata*, Manche, Atl. — *Scacchia*, Phil. Coquille mince, à bord antérieur plus long que le postérieur; une ou deux petites dents cardinales et des latérales obsolètes, pliciformes; pied pédiculé; deux ligaments, l'interne dans une fossette oblongue; un seul siphon. *S. elliptica*, Médit.

— *Lasæa*, Leach. Coquille de même forme; sur chaque valve une grande cardinale antérieure, une très petite moyenne; une postérieure, suivie d'une latérale; un siphon prépédieux et un siphon anal court; pied linguiforme, byssifère. *L. rubra*, côtes de Fr. — *Lepton*, Turton. Coquille presque équilatérale, quadrangulaire; une dent cardinale antérieure à la fossette ligamentaire; une latérale antérieure et une postérieure; manteau frangé, dépassant la coquille; un siphon anal seulement; une sole pédieuse. *L. sulcatum*, Médit. Atl.

Fam. GALEOMMIDÆ. — Coquille mince, bâillante; cartilage interne, inséré dans une fossette médiane ou oblique; manteau réfléchi sur la coquille avec un orifice prépédieux; un orifice pédieux et un siphon postérieur; pied sillonné, byssifère.

Galeomma, Turton. Pas de dents. *G. Turtoni*, Médit., Atl. — *Scintilla*, Desh. Deux dents cardinales à chaque valve; l'antérieure de droite et la postérieure de gauche bifides; pied propre à la reptation. *S. vitrea*, Pacif. — *Sportella*, Desh. Deux dents cardinales simples à chaque valve. *S. recondita*, Eur. — *Hindsiella*, Stoliczka. Bord ventral de la coquille échancré; une dent cardinale à droite; deux à gauche. *H. Jeffreysiana*, Eur.

Fam. CHLAMYDOCONCHIDÆ. — GALEOMMIDÆ à coquille cachée; pas de byssus.

Ephippodonta, Tate. Coquille épineuse; deux dents à chaque valve; deux lames branchiales, *E. Mac Dongalli*. Australie. — *Entovalea*, Voeltzkow. Une ventouse pédieuse; incubateurs. *E. mirabilis*. Zanzibar; parasite des Synaptes. — *Chlamydoconcha*, Dall. Coquille linéaire; pas de muscles adducteurs; libres. *C. Orcutti*, Californie. — *Scioberetia*, F. Bernard. Coquille à côtes, sans dents; une seule lame branchiale soudée par un bord au manteau, par l'autre au corps. *S. australis*, incubateurs, dans les ambulacres d'un *Schizaster* du Cap Horn.

Fam. UNIONIDÆ. — Coquille équivalve, couverte d'un épais épiderme, *nacrée* intérieurement, bord des valves lisse; pas de sinus palléal; ligament externe, grand, saillant. Pied sécuriforme, grand, sans byssus; siphon anal, court, seul constant. Fluviatiles. Se rattachent aux CARDITIDÆ par les CARDINIIDÆ marines, remontant au silurien.

Trib. UNIONINÆ. Orifice branchial non séparé de la fente pédieuse. — *Unio*, Philips. Coquille lisse, plissée ou tuberculeuse, à crochets antérieurs; à droite : deux dents latérales antérieures et une longue postérieure; à gauche : une dent latérale antérieure, une cardinale et deux latérales postérieures, lamelliformes; 230 *formes* françaises. Sg. *Limnium*, Oken. Valves symétriques, sans soudure dorsale à l'état jeune. *L. pictorum*, Fr. Sg. *Megaptera*, Rafinesque. Valves soudées à l'état jeune par un prolongement aliforme de leur bord dorsal. *M. alata*, Amér. Sg. *Arconaia*, Conr. *Megaptera* à coquille tordue. *A. contorta*, Asie orientale. Sg. *Margaritana*, Schum. Coquille régulière; à droite : une dent latérale antérieure, la postérieure obsolète; à gauche : une dent latérale antérieure, une cardinale sillonnée; produisent des perles. *M. elongata*, Fr. — *Monocondylæa*, d'Orb. Un tubercule dentiforme sur chaque valve, celui de droite postérieur à l'autre. *M. paraguayana*, Am. mérid. — *Pseudodon*, Gould. *Monocondylæa* à tubercule dentiforme droit antérieur au gauche. *P. salweianus*, Malaisie. — *Anodonta*, Lmk. Coquille mince, grande, une lame latérale postérieure constituant toute la charnière. Plus de 250 formes françaises de l'*A. cygnea* et de l'*A. anatina* [1]. — *Pseudanodonta*, Bourg. Une indication de dent latérale antérieure. *P. occidentalis*, Fr. — *Dipsas*, Leach. *Anodonta* symphynotes. *D. plicatus*, Asie orientale. — *Pteranodon*, Fisch. *Dipsas* sans dents. *P. magnificus*. Chine. — *Solenaia*, Conrad. *Anodonta* à coquille imitant celle des *Solen*. *S. emarginata*, Chine. — *Mycetopus* d'Orb. *Solenaia*, sans dents. *M. soleniformis*, Am. mér.

Trib. MUTELINÆ. Deux siphons bien constitués. — *Mutela*, Scop. Coquille ovale ou allongée, un peu bâillante en avant; ligne cardinale longue, droite, simple, crénelée ou dentée. *M. exotica*, Afr. centr. — *Hyria*, Lmk. Coquille symphynote, triangulaire; côté antérieur rostré, côté postérieur ailé; bord cardinal rectiligne; des dents, dont une seule sillonnée sur chaque valve. *H. syrmatophora*, Amér. mér. — *Castalia*, Lmk. Valves libres, renflées, subtriangulaires; ligne cardinale arquée; toutes les dents de gauche sillonnées. *C. ambigua*, Amér. mér. — *Leila*, Gray. Pas de dents. *L. blainvilliana*, Amér. mér.

Fam. ÆTHERIIDÆ. — Coquille irrégulière, lamelleuse, libre ou fixée, sans dents. Orifice anal du manteau seul délimité; pas de pied. Fluviatiles.

[1] G. COUTAGNE, *Recherches sur le polymorphisme des Mollusques de France*, 1895.

Ætheria, **Lmk.** Coquille boursoufflée, fixée par l'une quelconque de ses valves, qui est plus aplatie que l'autre; deux impressions musculaires. *Æ. semilunata*, Nil, au-dessus de la première cataracte. — *Mulleria*, Fér. *Ætheria* à une seule impression musculaire, à valve fixée prolongée en talon. *M. lobata*, Rio Magdalena. — *Bartlettia*, A. Ad. *Ætheria* libres à valves égales, *B. stefanensis*, Amazone.

> **Fam. CARDIIDÆ.** — Coquille équivalve, non nacrée, avec côtes rayonnantes plus ou moins développées; une ou deux dents cardinales sur chaque valve, accompagnées ou non de latérales; bord interne des valves denté ou ondulé. Deux siphons ordinairement très courts, mais pouvant se développer beaucoup; branchies très plissées; pied grand, géniculé.

Cardium, L. Coquille à sommets saillants, enroulés, légèrement prosogyres; à droite : une ou deux dents cardinales, une latérale antérieure et une postérieure; manteau frangé, siphons courts, réunis à la base, papilleux; l'anal avec une petite valvule conique, pied avec une rainure ou un orifice. *C. tuberculatum*, côtes de Fr. *C. edule*, Manche, Atl. (*Coque* des Normands.) — *Adacna*, Erichn. Coquille fragile, bâillante en arrière; dents nulles ou peu développées, sauf les latérales de la valve droite; un sinus palléal; siphons très longs. *A. edentula*, Caspienne.

> **Fam. TRIDACNIDÆ.** — Coquille équivalve, épaisse, parfois gigantesque, tronquée; bords ondulés ou dentés; une dent cardinale et une ou deux latérales postérieures sur chaque valve; une seule impression musculaire; pas de sinus palléal, mais orifices afférent et efférent bien délimités et très écartés; pied petit avec un byssus solide. Se relient aux *Cardium* par les *Lithocardium* et *Byssocardium*; vivent surtout dans les bancs de coraux.

Tridacna, Brug. Coquille bâillante en avant, laissant un large orifice pour le passage du byssus. *T. squamosa*, Bombay. *T. gigas*, ou *Bénitier*, la coquille atteint 1 m. 20 de diamètre. — *Hippopus*, Lmk. *Tridacna* à coquille close, à byssus rudimentaire ou nul. *H. maculatus*, Australie sept.

> **Fam. CHAMIDE.** — Coquille irrégulière, inéquivalve, fixée; les deux crochets enroulés; l'une des valves (α) avec une ou deux dents cardinales; l'autre (β) avec deux dents cardinales, séparées par une fossette; parfois des lames spéciales pour l'insertion des muscles adducteurs (lames myophores). Lobes du manteau réunis par un rideau avec deux ou plusieurs rangs de filaments tentaculaires; orifices afférent et efférent très écartés; branchies profondément plissées; pied petit; pas de traces d'appareil byssogène.

Chama, L. Seul genre actuel; fixés par la valve α. *C. gryphoïdes*, Médit.

Les CHAMIDÆ paraissent avoir été le point de départ d'une nombreuse série de Lamellibranches aberrants, tous fossiles de la période secondaire qui a abouti aux RUDISTES.

B. — Pied allongé, vermiforme, à extrémité claviforme, glanduleuse. Souvent une seule lame branchiale de chaque côté; en général, pas de byssus ni d'appareil byssogène.

> **Fam. CYRENELLIDÆ.** — Coquille mince, épidermée; trois dents cardinales à droite et deux à gauche. Siphons assez allongés; pied allongé, claviforme; de chaque côté deux branchies inégales, réunies en arrière.

Cyrenella, Desh. Genre unique. *C. Dupontiæ*, fleuves du Sénégal.

> **Fam. UNGULINIDÆ.** — Coquille équivalve, un peu inéquilatérale, à sillons concentriques; pas de dents latérales; de zéro à deux dents cardinales; ligament au moins en partie externe; un seul orifice siphonal; deux branchies inégales, réunies en arrière, l'externe appendiculée; pied vermiforme. Marins.

Ungulina, Daudin. Coquille épaisse, irrégulière; à chaque valve, deux dents cardinales; l'antérieure de gauche et la postérieure de droite bifides; ligament presque complètement interne, allongé, oblique. *U. oblonga*, Afr. occ. — *Axinopsis*, G. O. Sars. Coquille mince; à droite : une dent cardinale obtuse, sous le crochet; à gauche une dent un peu antérieure au crochet, *A. orbicularis*, Atl. N. — *Axinus*, Sow. Petits; coquille mince; pas de dents à la charnière; *A. flexuosus*, Manche, Atl. — *Diplodonta*, Bronn. *Ungulina* à coquille régulière, blanche; à ligament externe, submarginal, assez long. *D. rotundata*, Manche, Atl.

Fam. **LUCINIDÆ**. — Coquille orbiculaire ou elliptique, close, généralement blanche; en général, sur chaque valve, deux dents cardinales et deux latérales, écartées; ligament marginal subinterne, ou interne; pas de sinus palléal. Orifices afférent et efférent bien délimités; de chaque côté, une seule lame branchiale à feuillet réfléchi aussi grand que le feuillet direct.

Lucina, Brug. Ligament marginal, plus ou moins interne; coquille arrondie; dents de la charnière souvent avortées; impression de l'adducteur antérieur simplement tangente à la ligne palléale. *L. leucoma*, côtes de Fr. — *Corbis*, Cuv., *Lucina* ovales, à ligament placé sur une nymphe à dents bien développées; impression de l'adducteur antérieur entamant la ligne palléale. *C. elegans*, Chine.

2. SOUS-ORDRE

SINUPALLIALIA

Siphons bien développés, déterminant la formation d'un sinus palléal plus ou moins profond. Vivent sédentaires, dans des trous d'où sortent seuls les siphons. Marins.

1. **Veneracea**. — *Siphons entièrement ou presque entièrement séparés. Pas de ligament interne; coquille le plus souvent close.*

Fam. **DONACIDÆ**. — Coquille équivalve, close, solide, plus ou moins triangulaire; une ou deux dents cardinales sur chaque valve; ligament externe, court. Siphons séparés; pas de byssus; branchies lisses.

Hemidonax, Mörch. Ligne palléale entière; à droite : deux latérales antérieures, deux cardinales et deux latérales postérieure; à gauche : une latérale antérieure, deux cardinales et une latérale postérieure. *H. donaciformis*, Pacif. — *Donax*, L. Côté antérieur de la coquille plus long que le postérieur, qui est tronqué; à droite : une dent latérale antérieure, lamelliforme; deux cardinales, la postérieure bifide; une latérale postérieure courte; à gauche : une latérale antérieure droite, deux ou trois cardinales, une latérale postérieure, *D. anatinus*, Manche, Atl.; *D. truncatulus*, Medit. — *Iphigenia*, Schum. (*Capsia*, Lamk), *Donax* sans dents latérales. *I. brasiliensis*.

Fam. **VENERIDÆ**. — Coquille régulière, libre, équivalve, solide; trois dents cardinales. Siphons libres ou seulement réunis à leur base; pied comprimé, rarement byssifère; branchies faiblement plissées.

Trib. TAPÉTINÆ. Pas de dents latérales à la coquille; un byssus. — *Venerupis*, Lmk. Coquille ornée de lamelles concentriques et de stries rayonnantes, souvent irrégulière, à sommet antérieur, un peu inéquivalve. *V. irus*, côtes de Fr. — *Tapes*, Még. Coquille régulière, simplement marquée de sillons concentriques; sommets un peu antérieurs. *T. decussatus*, côtes de Fr.

Trib. VENERINÆ. Pas de byssus; au plus une dent latérale antérieure faible sur chaque valve. — *Lucinopsis*, Forbes et Hanl. Coquille globuleuse, mince, striée concentriquement; à gauche : trois dents cardinales divergentes, la centrale bifide; à droite : deux, la postérieure bifide, une dent latérale intérieure, rudimentaire sur chaque valve. *L. undata*, côtes de Fr. — *Clementia*, Gray. Trois dents cardinales; la postérieure de droite, les deux postérieures de gauche bifides; sinus palléal profond; ligament enfoncé. *C. papyracea*, Australie. — *Venus*, L. Trois dents cardinales, souvent bifides; sinus palléal peu profond; ligament externe sans lunule. *V. ventricosa, verrucosa*, côtes de Fr.; *V. (Ortygia) gallina*, Medit.

Trib. MERETRICINÆ. Dents latérales bien marquées. — *Dosinia*, Scopoli. Coquille orbiculaire, comprimée, à crochets tournés en avant; une lunule; à droite : deux dents latérales rudimentaires; à gauche : une forte latérale; bord des valves lisses; siphons très longs. *D. lupinus*, Medit.; *D. lincta*, Manche, Atl. — *Meroë*, Schum. A droite : deux dents latérales inégales, écartées; à gauche : une latérale marginale; ligament immergé dans la cavité de l'area postérieure; bord interne des valves denticulé. *M. picta*, Chine. — *Meretrix*, Lmk. (*Cytherea*. Lmk) *Meroë* à ligament interne, à bord interne lisse. *M. chione*, côtes de Fr.

Fam. **PETRICOLIDÆ**. — VENERIDÆ perforantes. Coquille ovale, un peu bâillante en arrière.

Petricola, Lmk. Surface des valves ornée de côtes rayonnantes; coquille ovale ou allongée, souvent irrégulière ou tordue. *P. lithophaga*, côtes de Fr. — *Naranio*, Gray. Coquille très inéquilatérale; à stries divergentes croisées. *N. divaricata*, O. Indien, dans les coraux.

Fam. **GLAUCOMYIDÆ**. — Coquille allongée, mince, épidermée; trois dents cardinales et pas de latérales sur chaque valve. Siphons très longs, réunis. Fluviatiles ou saumâtres, enfouis dans la vase.

Glaucomya, Bronn. Genre unique. *G. sinensis*, embouchures des rivières de Chine.

Fam. **PSAMMOBIIDÆ**. — Coquille colorée, équivalve, ovale ou allongée, un peu saillante à ses extrémités; deux dents cardinales sur chaque valve; pas de latérales; ligament externe, sur des nymphes saillantes. Siphons très longs, séparés; pied sécuriforme, pointu, non byssifère; branchies très plissées. Fouisseurs.

Psammobia, Lmk. Coquille allongée, subéquilatérale, légèrement bâillante, arrondie en avant, tronquée en arrière, lisse ou striée; à droite : les deux dents bifides; à gauche : la dent antérieure bifide, la postérieure appliquée sur la nymphe. *P. vespertina*, côtes de Fr. — *Solenotellina*. Blv. Coquille inéquilatérale, à côté antérieur plus court; dents cardinales petites; ligament court, très épais. *S. diphos*, Inde. — *Sanguinolaria*, Lmk. *Psammobia*, plus larges en avant qu'en arrière, à deux dents cardinales petites, l'antérieure gauche et la postérieure droite bifides. *S. sanguinolenta*, Antilles. — *Asaphis*, Modeer. *Sanguinolaria* à côtes rayonnantes. *A. deflorata*, Australie sept. — *Elizia*, Gray. Deux dents cardinales à droite, trois à gauche; la postérieure droite, la médiane gauche bifides. *E. orbiculata*, Malaisie.

Fam. **SOLENIDÆ**. — Coquille très allongée, plus ou moins bâillante en avant et en arrière, épidermée à sommets non saillants; impressions des adducteurs très éloignées; pas de dents latérales. Siphons courts; pied très grand, très puissant, cylindrique, sans trace d'appareil byssogène; branchies étroites, prolongées dans le siphon branchial, très plissées.

Solenocurtus, Blv. Coquille arrondie aux extrémités; sommets submédians; siphons grands, incomplètement rétractiles entre les valves, soudés sur la plus grande partie de leur longueur. *S. strigillatus*, Médit. — *Pharella*, Gray. Coquille subcylindrique, allongée dans le sens bucco-anal, arrondie aux extrémités; sommets subantérieurs, non contigus; deux dents cardinales minces et rapprochées à droite, trois à gauche. *P. javanica*, estuaires de l'Océan Indien. — *Pharus*, Leach. (*Ceratisolen*, Fr. et H.) Coquille mince, comprimée, subéquilatérale; à droite, deux dents cardinales; à gauche, trois; les postérieures de chaque côté très obliques; une courte lame de renfoncement normale à la charnière portant des crochets, à l'intérieur des valves. *P. legumen*, côtes de Fr. — *Cultellus*, Schum. Coquille comprimée, très allongée, arrondie aux deux extrémités, à côté antérieur très court; à droite, deux dents cardinales, l'antérieure verticale; à gauche, trois, divergentes; la médiane bifide. *C. lacteus*, Tranquebar. — *Ensiculus*, H. Ad. *Cultellus* avec une lame de renforcement oblique en avant de l'impression de l'adducteur antérieur. *E. pellucidus*, St-Vaast. — *Siliqua*, Megerle. Coquille oblongue, légèrement arquée, à côté antérieur court; deux dents cardinales à droite, trois à gauche; deux lames internes de renfoncement dont l'une va transversalement de la charnière au bord ventral. *S. radiata*, Chine. — *Ensis*, Schum. Coquille très allongée, étroite, légèrement arquée, à sommets subterminaux; à droite : une dent cardinale antérieure verticale, et une postérieure, lamelliforme, horizontale; à gauche : deux verticales et une postérieure, lamelliforme, horizontale, parfois double. *E. siliqua*, côtes de Fr. — *Solen*, L. Coquille allongée, étroite, à sommets terminaux; une dent cardinale sur chaque valve. *S. vagina*, côtes de Fr.

2. **Myacea**. — *Siphons soudés sur presque toute leur longueur (sauf chez les* MESODESMIDÆ); *un ligament interne contenu dans une fossette ou un cuilleron; ces deux ordres de caractères habituellement réunis, pouvant être séparés; au moins un ligament externe; coquille souvent bâillante.*

Fam. **MESODESMIDÆ**. — Coquille équivalve, solide, épidermée, close, à crochets opisthogyres; une dent cardinale en avant du cuilleron ligamentaire et quelquefois une en arrière. Siphons entièrement séparés; pied grand, triangulaire sans byssus; branchies lisses.

Mesodesma, Desh. Coquille petite, ovale transverse, dent cardinale bifide; une latérale antérieure et une postérieure double à droite, simple à gauche. *M. cornewm*, côtes de Fr. — *Ervilia*, Turton. Cuilleron ligamentaire compris entre deux dents cardinales. *E. castanea*, Manche, Atl.

Fam. **MACTRIDÆ**. — Diffèrent de MESODESMIDÆ par leurs siphons soudés, plus ou moins protégés par une gaîne épidermique. Un ligament externe outre l'interne.

Mactra, L. Coquille lisse ou striée concentriquement, triangulaire, subéquilatérale, plus ou moins renflée; sommets un peu prosogyres; area postérieure marquée; une dent cardinale en V renversé, en avant du cuilleron; dents latérales antérieures et postérieures bien développées, doubles à droite, simple à gauche; une lame calcaire entre les deux ligaments; branchies lisses. *M. stultorum*, côtes de Fr. — *Harvella*, Gray. Coquille mince, à côtes concentriques; dents cardinales minces, les latérales très rapprochées des cardinales, une lame calcaire entre les deux ligaments. *H. elegans*, Floride; *H. (Standella) striatella*, Sénégal. — *Raëta*, Gray. Coquille un peu bâillante en arrière; dent cardinale forte; latérale postérieure petite; pas de lame calcaire entre les deux ligaments. *R. canaliculata; R. (Cypricia) analina*, Caroline du Sud. — *Eastonia*, Gray. Coquille à côtes rayonnantes, équilatérale; dent cardinale très comprimée; latérale antérieure verticale, postérieure oblique; pas de lame calcaire entre les ligaments. *E. rugosa*, côtes de Portugal et d'Algérie. *E. (Merope) ægyptiaca*. — *Heterocardia*, Desh. Coquille striée, concentriquement bâillante en arrière; à droite : une dent latérale antérieure lamelliforme et une cardinale presque confondues; une fossette cardinale, un large cuilleron du cartilage et deux latérales postérieures; à gauche, une latérale postérieure en moins. *H. gibbosula*, Philippines. — *Vanganella*, Gray. Coquille allongée; côté antérieur rostré, côté postérieur court et arrondi; dents cardinales lambdiformes; latérales postérieures courtes; deux lames de renfoncement internes, divergentes, partant des crochets. *V. Taylori*, Nouv.-Zélande. — *Lutraria*, Lmk. Coquille grande, oblongue, bâillante à ses deux extrémités, striée concentriquement; sommet plus ou moins antérieur; à chaque valve, une dent latérale en V renversé; une dent latérale postérieure droite et une antérieure gauche. *L. elliptica*, côtes de Fr. — *Anatinella*, Gr. Sowerby. *Lutraria* sans latérales, à coquille subnacrée, à ligne palléale entière. *A. candida*, Nouv.-Calédonie. — *Cardilia*, Desh. Coquille cordiforme; charnière normale; une nymphe pour le ligament externe; une lame myophore pour l'adducteur postérieur; pas de sinus palléal. *C. semisulcata*, Nouv.-Calédonie.

Fam. **MYIDÆ**. — Coquille inéquivalve, épaisse, un cuilleron spatuliforme, bien développé et portant le cartilage ligamentaire au moins sur la valve gauche. Siphons réunis sur presque toute leur longueur; leur ensemble entouré d'un cercle de tentacules près de l'extrémité libre; siphon anal garni d'une valvule tubuleuse; pied sillonné, quelquefois byssifère; branchies plissées.

Trib. MYINÆ. Coquille bâillante au moins en arrière; presque équivalve. — *Tugonia*, Gray. Coquille tronquée et largement bâillante en arrière, marquée de stries rayonnantes; un cuilleron sur chaque valve et, sur la valve gauche, un appendice dentiforme, correspondant à un enfoncement sur la droite. *T. anatina*, Afr. occ. — *Mya*, L. Coquille bâillante aux deux extrémités; valve gauche un peu plus petite que la droite; une petite dent cardinale, à gauche un large cuilleron; pas de byssus. *M. arenaria*, Atl., Manche. — *Sphenia*, Turton. Petites *Mya* à byssus, à bord antérieur court, vivent dans les trous de rochers. *S. Binghami*, côtes de Fr.

Trib. CORBULINÆ. Coquille close, nettement inéquivalve. — *Corbula*, Brug. Coquille en triangle presque équilatéral à valve droite, beaucoup plus grande et plus profonde que la gauche; à droite, une fossette du cartilage comprise entre deux dents cardinales; à gauche, une fossette du cartilage, un large cuilleron et une dent cardinale postérieure. *C. gibba*, côtes de Fr. — *Corbulomya*, Nyst. Coquille petite, ovalaire allongée; à droite, une dent cardinale antérieure à la fosse ligamentaire, dont le bord postérieur est dentiforme; à gauche, un rudiment de cardinale antérieure, une fosse profonde et une cardinale postérieure spatuliforme. *C. mediterranea*.

Fam. **GLYCYMERIDÆ**. Coquille à valves presque égales, bâillante à ses deux extrémités; dents de la charnière faibles ou nulles; ligament externe sur une nymphe saillante; pas de ligament interne. Siphons soudés et épidermés.

Glycymeris, Klein (*Panopea*, Ménard). Coquille grande, striée concentriquement, à sommet presque médian; une dent cardinale proéminente sur chaque valve. *G. norvegica*, côtes de Fr. — *Saxicava*, Fleur. de Bell. Coquille polymorphe, irrégulière, inéquilatérale, à sommet antérieur; animal perforant, ou libre et byssifère; impression palléale interrompue, sinueuse. *S. rugosa*, côte de Fr. *S. (Saxicavella) plicata*, côtes de Fr. *S. (Panomya) norvegica*, mers arctiques. — *Cyrtodaria*, Daud. Coquille équivalve, épaisse, allongée, à côté antérieur beaucoup plus long que le postérieur, bâillante à ses deux extrémités, sans dents. *C. siliqua*, mers arctiques.

FAM. **GASTROCHÆNIDÆ**. — Coquille équivalve, à bord antérieur court, bâillante en haut et en avant; pas de dents à la charnière; ligament externe; animal perforant, revêtant assez souvent son trou d'un tube calcaire adventif. Branchies très plissées.

Gastrochæna, Spg. Tube adventif absent ou adhérent; bord ventral parfois légèrement sinueux. *G. dubia*, côtes de Fr. — *Fistulana*, Brug. Tube adventif constant, libre, avec une chambre pour la coquille et une pour les siphons séparées par un diaphragme; bord antérieur de la coquille denticulé; bord ventral excavé, sinueux. *F. mumia*. Inde.

3. **Pholadacea**. — *Siphons soudés sur presque toute leur longueur; pas de ligament; charnière sans dents, à bord extroversé sur les crochets; une apophyse interne saillante partant du bord de la charnière. Animaux fouisseurs, perforant ordinairement la pierre ou le bois. Branchies très plissées.*

FAM. **PHOLADIDÆ**. — Coquille équivalve, plus ou moins bâillante, blanche, striée ou épineuse en avant; région dorsale protégée par une ou plusieurs pièces calcaires accessoires.

Pholas, Lister. Coquille grande, cylindrique, logeant difficilement l'animal, ne présentant d'autre complication qu'une ou plusieurs plaques dorsales. P. *(Phragmopholas) dactylus*, côtes de Fr.; P. *(Holopholas) candida*, côtes de Fr. — *Talona*, Gray. *Pholas* à deux pièces dorsales symétriques et un appendice postérieur cornéo-calcaire en forme de calice (Siphonoplaxe). *T. explanata*, côte occ. d'Afrique. — *Pholadidea*, Goodall. Coquille fermée en avant, chez les adultes, par un callum calcaire, extérieurement marquée d'un sillon allant de la charnière au bord ventral de la coquille; deux pièces dorsales symétarques antérieures (prosoplaxes), quelques autres rudimentaires (mésoplaxes et métaplaxes); un siphonoplaxe. *P. papyracea*, Manche, Atl. — *Jouannetia*, des Moulins. Coquille globuleuse, close; valve droite en partie recouverte par le callum débordant et la valve gauche et munie postérieurement d'un prolongement rostriforme; un sillon longitudinal sur la face externe. *J. Cumingi*. — *Navea*, Gray (*Xylophaga*, Turton). Coquille mince, globuleuse, bâillante en avant; plusieurs area séparées par des sillons de la face externe; l'antérieure et l'antéro-moyenne avec des stries épineuse et discordantes; un tube calcaire adhérent; coquille sécuriforme avec un aileron remplaçant le manche de la hache. *X. dorsalis*, Manche, Atl. — *Martesia*, Leach. Coquille cunéiforme, fermée en avant par un callum chez les adultes, présentant un sillon umbono-ventral; aire antérieure striée et denticulée; un protoplaxe, large et ovale; mésoplaxe quelquefois absent; métaplaxe allongé; hypoplaxe formé de deux pièces symétriques; pas de siphonoplaxes; vivent dans le bois flotté. *M. striata*, Antilles; *M. rivicola*, eaux douces.

FAM. **TEREDINIDÆ**. — Coquille petite, logée au fond d'un tube calcaire adventif, libre, divisée en plusieurs aires dont les moyennes forment un grand cuilleron très saillant par rapport aux aires antérieure et postérieure; pas de plaques calcaires dorsales accessoires; siphon portant des appendices calcaires allongés (*palettes* ou *calamules*). Cœur non traversé par le rectum. Perforent le bois.

Teredo. Sellius. Genre unique *T. navalis*; côtes de Fr.; *T. (Xylothrya) bipinnata*, côtes de Fr.

V. CLASSE

CÉPHALOPODES

Mollusques symétriques, à tête entourée d'appendices d'origine pédieuse, ordinairement en forme de bras ou de tentacules; cavité palléale ventrale, fermée en arrière, précédée d'un entonnoir dont le tube est dirigé en avant et dont le bord postérieur s'engage sous son bord antérieur. Sexes séparés. Rarement une véritable coquille.

I. SOUS-CLASSE

TÉTRABRANCHES

Une coquille spirale, externe, nacrée intérieurement et cloisonnée; cloisons traversées par un siphon médian qui se termine sur la paroi même de la dernière loge. De nombreux tentacules céphaliques, disposés en quatre groupes labiaux et deux groupes brachiaux; deux tentacules modifiés formant un capuchon operculaire; deux paires de tentacules oculaires. Entonnoir fendu en dessous. Chambre oculaire communiquant avec l'extérieur; pas de cristallin. Quatre branchies; quatre reins, sans orifices péricardiques. Péricarde s'ouvrant directement au dehors. Cartilages céphaliques exclusivement ventraux.

FAM. NAUTILIDÆ. — Seule famille vivante.

Nautilus, L. Seul genre vivant. *N. pompilius*, Pacifique.

Les paléontologistes rapportent à cette sous-classe de nombreuses formes fossiles de la période primaire dont la structure devait être assez différente de celle des NAUTILIDÆ actuels, si l'on en juge par la structure de leur siphon; ces fossiles se répartissent en plusieurs familles : ORTHOCERATIDÆ, ASCOCERATIDÆ, NOTHOCERATIDÆ.

II. SOUS-CLASSE

DIBRANCHES

Coquille interne, au moins en grande partie chez les formes actuelles; spirale et cloisonnée, réduite à une plaque calcaire, à une lame cartilagineuse ou nulle. Dix ou seulement huit tentacules garnis de ventouses et non rétractiles. Entonnoir non fendu. Chambre oculaire fermée; un cristallin. Deux branchies; deux reins à orifice péricardique. Cartilage céphalique traversé par l'œsophage et protégeant tous les centres nerveux.

1. ORDRE

AMMONEA

Nombreuses formes fossiles de la période secondaire à coquille probablement externe, dont les cloisons se rattachaient à la coquille par des sutures pasillées; ces formes se rattachaient aux NAUTILIDÆ primaires, les SPIRULIDÆ en seraient les descendants dégénérés.

2. ORDRE

DECAPODA

Quatre paires de bras courts; entre les 3° et 4° paires d'un bras, une paire de bras plus longs, plus ou moins rétractiles dans une poche et ne portant généralement de ventouses qu'à leur extrémité. Ventouses soutenues par un cercle corné ou portant un crochet chitineux. Une coquille interne, spirale et cloisonnée intérieurement, ou lamelleuse et calcaire ou simple, en forme de plume cartilagineuse. Des nageoires latérales; des glandes indamentaires. Cœur contenu dans le cœlome.

1. SOUS-ORDRE

SPIRULEA

Une véritable coquille avec cloisons internes et siphon.

Fam. **SPIRULIDÆ**. — Coquille nacrée, en grande partie interne, spirale, enroulée du côté ventral, à tours peu nombreux et détachés, cloisonnée intérieurement. Siphon ventral, se terminant en cæcum dans la première loge et relié à sa paroi par un ligament (prosiphon). Corps terminé par deux nageoires constituant une sorte de disque adhésif; six rangées de ventouses sur chaque bras; bras de la 4ᵉ paire hectocotylisés.

Spirula, Lmk. Genre unique. *S. Peronii*, Pacifique.

Les Belosepiidæ, Belopteridæ et Belemnitidæ de la période secondaire rattachent les Spirulidæ aux Sepiidæ, mais ont complètement disparu.

2. SOUS-ORDRE

MYOPSIDA

Coquille représentée soit par un bouclier calcaire lamelleux, soit par une simple lame cartilagineuse. Cornée fermée. Oviducte droit absent.

Fam. **SEPIIDÆ**. Coquille remplacée par un bouclier calcaire interne. Corps aplati, bordé par une étroite nageoire interrompue seulement à l'extrémité postérieure.

Sepia, Lmk. Bouclier entièrement calcifié, terminé par un rostre plus ou moins développé; plusieurs rangs de ventouses sur les bras. *S. officinalis*, côtes de Fr. — *Sepiella*, Gray. Extrémité postérieure du bouclier dilatée, cartilagineuse, sans rostre; un grand pore à l'extrémité postérieure du corps entre les deux nageoires. *S. ornata*, côte occidentale d'Afrique. — *Hemisepion*, Steenstrup. Bouclier mince, sans dépôts calcaires à la face ventrale de sa région antérieure; deux rangs de ventouses seulement sur les bras. *H. typicum*, L. Cap.

Fam. **LOLIGINIDÆ**. — Bouclier cartilagineux, de la longueur du dos, ayant la forme d'une plume d'oie. Corps allongé en forme de cornet; en arrière, des nageoires s'étendant sur plus de la moitié de la longueur du corps.

Sepioteuthis, Bl. Nageoires de la longueur du sac, formant ensemble un losange ou une ellipse. *S. sepioidea*, O. Indien. — *Loligo*, Lmk. Nageoires triangulaires, plus courtes que les sac, figurant par leur ensemble un losange, séparées en avant. *L. vulgaris*, toutes nos mers. — *Loliguncula*, Steenstrup. Nageoires courtes, formant ensemble une ellipse. *L. brevis*, côte est d'Amér. — *Loliolus*, St. Nageoires larges, unies en arrière. *L. affinis*, Pacifique. — *Teuthis*, Gray. Nageoires réunies antérieurement sur le milieu du dos; corps terminé par une pointe aiguë. *T. media*, mer d'Europe.

Fam. **SEPIADARIIDÆ**. — Pas de lame dorsale; nageoires latérales n'occupant pas toute la longueur du corps, mais nettement distinctes; bras gauche de la 4ᵉ paire seul hectolysé.

Sepiadarium, St. Corps court; nageoires courtes, très rapprochées postérieurement. *S. Kochii*, Pacifique. — *Sepioloidea*, d'Orb. Corps court; nageoires atteignant presque la longueur du sac; une palmure entre les bras. *S. lineolata*, Australie.

Fam. **IDIOSEPIIDÆ**. — Pas de lame dorsale; nageoires rudimentaires; les deux bras de la 4ᵉ paire (ventraux) hectocotylisés.

Idiosepion, Steenstrup. Genre unique. *I. pygmæum*, O. Indien.

Fam. **SEPIOLIDÆ**. — Corps court, nageoires arrondies, placées à mi-longueur du corps; bras de la 1ʳᵉ paire (dorsaux) hectocotylisés chez les mâles. Lame dorsale de la moitié de la longueur du corps, parfois nulle.

Sepiola, Rondelet. Aucune démarcation entre la tête et le corps du côté dorsal; premier bras gauche seul hectocotylisé. *S. Rondeleti*, Atl., Médit. — *Rossia*, Gray. Un repli dorsal entre la tête et le corps; 1ᵉʳ bras gauche et région moyenne du 1ᵉʳ bras droit hectocotylysés. *R. sepiola*, Médit. — *Stololeuthis*, Ver. Nageoires presque aussi longues que le corps; bras sessiles courts, réunis par une membrane; bras tentaculaires plus longs que le corps; pas de *gladius*. *S. leucoptera*, Pacif. — *Inioteuthis*, Ver. Bras latéraux les plus longs; les supérieurs les plus courts; présentant entre leurs ventouses une saillie tubulaire longitudinale capable de se rompre; bras tentaculaires non renflés au sommet longs et grêles. *I. japonica*, Japon.

3. SOUS-ORDRE

OÏGOPSIDA

Yeux à cornée ouverte. Deux oviductes.

Fam. **OMMATOSTREPHIDÆ**. — Bouclier cartilagineux, étroit, allongé, lancéolé, terminé à son extrémité postérieure par un cône creux. Corps allongé. Cupules des bras soutenues par des cercles cornés, denticulés; nageoires terminales, rhomboïdales.

Ommatostrephes, d'Orb. Bras latéraux dilatés en nageoire; massues des bras tentaculaires pouvant s'unir solidement l'une à l'autre par des cupules et des tubercules correspondants et portant en outre quatre séries terminales de cupules. *O. sagittatus*, Médit. Atl. — *Hyaloteuthys*, Gray. *Ommatostrephes* à corps diaphane. *H. pelagicus*. — *Dosidicus*, St. *Ommatostrephes*, à ventouses pédonculées et à cône terminal du bouclier presque plein. *D. Eschrichti*, mers australes. — *Todarodes*, St. *Ommatostrephes* sans nageoires brachiales ni appareil de connexion aux massues. *T. todarus*, Médit., Atl. — *Illex*, St. *Todarodes* à huit séries terminales de cupules sur les massues des bras tentaculaires. *I. Coindeti*, Médit. — *Mouchezia*. Velain. Bras sessiles courts, tronqués; massue des bras tentaculaires avec quatre rangées terminales et six rangées basilaires de cupules. *Sancti-Pauli*, île Saint-Paul; 1 m. 15 de long. — *Architeuthis*, St. Corps renflé dans sa région moyenne; bras tentaculaires très longs; sur toute leur longueur des appareils d'adhésion équidistants, formés chacun d'une cupule et d'un tubercule; massue terminale avec des tubercules et des ventouses s'engrenant réciproquement d'une massue à l'autre. *A. princeps*, Terre-Neuve, Atl. N. jusqu'à 12 m. de long. — *Ctenopteryx*, Appelöf. Nageoires soutenues par des nervures qui se prolongent en filament au delà de leur bord. *C. fimbriatus*. — *Chaunoteuthis*, Appelöf. *C. mollis*.

Fam. **THYSANOTEUTHIDÆ**. — Bouclier dorsal corné, en forme de fer de lance. Corps allongé; nageoires de la longueur du corps. Bras sessile portant des rangées alternantes de cupules et de cirres.

Thysanoteuthis, Troschel. Genre unique. *T. rhombus*, Messine.

Fam. **ONICHOTEUTHIDÆ**. — Corps allongé; nageoires formant ensemble un losange; bras de l'une ou l'autre catégorie armés de griffes. Une valvule à l'entonnoir.

Onychoteuthis, Lichtenstein. Des griffes sur la massue des bras tentaculaires seulement. *O. Lichtensteini*, Médit. — *Lestoteuthis*, Verril. Bras sessiles supérieurs garnis de crochets; bras inférieurs, de ventouses; quelques crochets sur les massues des bras tentaculaires. *L. kamtschatica*, Kouriles. — *Abralia*, Gray. Des crochets à la base des bras sessiles, des ventouses à leur extrémité; quelques crochets sur les massues de bras tentaculaires. *A. polyonyx*, Médit. — *Enoploteuthis*, d'Orb. Bras sessiles armés de crochets; des crochets et des ventouses sur les massues des bras tentaculaires. *E. Oweni*, Médit. *E. unguiculata*, de taille gigantesque. — *Veranya*, Krohn. Une double rangée de petites cupules à crochet à l'extrémité des bras sessiles; bras tentaculaires très courts, à massue très petite; nageoires presque aussi longues que le sac. *V. sicula*, Médit. — *Gonatus*, Gray. Cercle corné des ventouses médianes des bras sessiles prolongé en crochet; des crochets à la base, des ventouses à l'extrémité des massues des bras tentaculaires. *G. amœnus*, Groenland. — *Cucioteuthis*. Steenstr. Des crochets sur deux rangées aux bras sessiles : d'énormes crochets à la spatule des bras tentaculaires. *C. unguiculatus*, de grande taille. Des fragments seuls connus. Dans un cachalot des Açores.

Fam. **LEPIDOTEUTIDÆ**. — Corps couvert de papilles serrées, régulièrement disposées et simulant des écailles de Reptiles.

Lepidoteuthis, Joubin. Genre unique. *L. Grimaldii*, dans l'estomac d'un cachalot pris aux Açores.

Fam. **CHIROTEUTHIDÆ**. — Corps étroit, tête allongée; bras tentaculaires très longs, non rétractiles; bras sessiles, médiocrement allongés, munis de cupules denticulées; un appareil de résistance sur les bords correspondant de l'entonnoir et du manteau.

Chiroteuthis, d'Orb. Bras sessiles réunis par une palmure basilaire, inégaux, à deux rangées de cupules longuement pédonculées; bras tentaculaires extraordinairement longs, avec de petites ventouses sur toute leur longueur; nageoires terminales, arrondies. *C. Bonplandi*, Médit., Atl. — *Histioteuthis*, d'Orb. Corps court, conique; tête plus large que lui; les trois paires supérieures de bras antérieurement unis par une palmure; nageoires terminales arrondies, échancrées en avant et en arrière; entonnoir sans valvule. *H. Ruppelli*, Médit. — *Calliteuthis*, Verr. Corps court, conique; bras libres; entonnoir muni d'une valvule. *C. reversa*, Nouvelle-Angleterre.

Fam. **CRANCHIDÆ**. — Bouclier dorsal grêle, étroit, lancéolé; une bride musculaire entre la tête et le corps; bras sessiles très courts; bras tentaculaires allongés et effilés.

Trib. CRANCHIINÆ. — Yeux gros, saillants, sessiles, occupant toute la surface céphalique. Une valvule dans l'entonnoir. — *Cranchia*, Leach. Corps bursiforme, volumineux; tête très petite; nageoires petites, terminales, unies postérieurement entre elles, échancrées en arrière. *C. maculata*, Atl. — *Owenia*, Prosch. *Cranchia* à nageoires lancéolées. *O. megalops*.

Trib. LOLIGOPSINÆ. — Yeux subpédonculés, point de valvule dans l'entonnoir. — *Loligopsis*, Lmk. Tête de même largeur que le corps; yeux saillants très grands; bras tentaculaires dépassant peu la longueur des autres avec des cupules sur toute leur longueur; cupules lisses. *L. pavo*, Sandy bay. — *Phasmatopsis*, de Rochbrune Grands *Loligopsis* à tête moins large que le corps, à cupules des bras sessiles sur deux rangs irréguliers et armées de dents aiguës et robustes. *P. cymoclypsis*, Madère. — *Dyctydiopsis*, Rochbr. *Phasmatopsis* à tête dilatée latéralement, à cupules irrégulièrement distribuées. *D. ellipsoptera*, Atl. N. — *Doratopsis*, Rochbr. Nageoires terminales cordiformes; un cou; bras très inégaux; les tentaculaires très allongées. *D. vermicularis*, Messine. — *Zygænopsis*, Rochbr. Corps trapus à nageoires terminales bilobées en avant, trilobées en arrière; yeux pédonculés; bras sessiles très courts à cupules alternes; bras tentaculaires très longs. *Z. zygæna*, Messine. — *Entomopsis*, Rochbr. Corps court, à nageoires triangulaires, plus larges que longues; un cou étroit; bras sessiles courts; bras tentaculaires assez longs, robustes, en massue. *E. Clouei*, Atl. — *Pyrgopsis*, Rochbr. Corps en cornet très aigu; nageoires triangulaires, à base postérieure; pas de cou; un rostre portant les bras; bras tentaculaires de longueur moyenne, claviformes. *P. rhynchophorus*, Le Cap. — *Perothis*, Rochbr. Corps brusquement terminé en pointe; nageoires rhomboïdales; bras sessiles et tentaculaires semblables. *P. Dussumieri*, Le Cap.

3. ORDRE

OCTOPODA

Corps bursiforme, court. Huit bras seulement, portant des ventouses sans cercle corné. Entonnoir sans valvule. Bouclier interne nul ou rudimentaire.

Fam. **CIRROTEUTHIDÆ**. — Deux nageoires transversales; bras unis par une large membrane et portant une rangée de petites ventouses et deux paires de rangées de cirres de chaque côté.

Cirroteuthis, Escher. Nageoires oblongues, obtuses; palmure atteignant presque l'extrémité des bras. *C. Mülleri*, Grœnl. — *Stauroteuthis*, Verr. Nageoires triangulaires; palmure s'arrêtant loin de l'extrémité des bras. *S. syrtensis*, Nouvelle-Angleterre.

Fam. **ELEDONIDÆ**. — Pas de nageoires; une seule rangée de ventouses sur les bras.

Eledona, Leach. Pas de ventouses accessoires; consistance assez ferme. *E. moschata*. Médit. *E. (Hoylea) sepioidea*, au large de Cherbourg. — *Bolitæna*, St. Des ventouses accessoires sur les bras; consistance molle, *B. sp.*

Fam. **OCTOPIDÆ**. — Pas de nageoires. Bras unis par une palmure plus ou moins allongée et portant deux ou trois rangées de ventouses; deux courts stylets cartilagineux dans le manteau.

Octopus, Lmk. Bras longs, inégaux; palmure basilaire; 3ᵉ bras droit hectocotylisé, *O. vulgaris*, côtes de Fr. — *Cistopus*, Gray. Palmure complète, formant une crête latérale; des pores aquifères alternant avec les bras, *C. indicus*. — *Scœurgus*, Trosch. *Octopus* à 3ᵉ bras gauche hectocotylisé. *S. titanotus*, Médit. — *Amphioctopus*, Fisch. Corps bordé d'une membrane qui n'atteint pas son extrémité postérieure. *A. membranaceus*, Pacifique. — *Pinnoctopus*, d'Orb. *Amphioctopus* à membranes latérales s'unissant à l'extrémité postérieure du corps. *P. cordiformis*, Nouvelle-Zélande. — *Pteroctopus*, Fischer. Pas de membrane latérale; palmure complète. *P. tetracirrus*, Médit. — *Alloposus*, Verril. *Pteroctopus* avec une bande dorsale et deux commissures latérales entre la tête et le manteau. *A. mollis*, Nouvelle-Angleterre. — *Tritaxeopus*, Owen. Trois rangs de ventouses sur les bras. *T. cornutus*, Australie.

FАМ. **TREMOCTOPIDÆ**. — Des pores aquifères près de la tête ou de l'entonnoir. A la base de l'entonnoir deux boutons cartilagineux reçus dans deux rainures du bord palléal. 3ᵉ bras droit hectocotylisé ou autotome.

Parasira, St. Deux pores aquifères à la base de l'entonnoir; bras libres. *P. carena*, Médit. — *Tremoctopus*, Delle Chiaje (*Pilonexis*, d'Orb). Quatre pores aquifères céphaliques; les deux premières paires de bras unies par une palmure chez les femelles. *T. violaceus*, Médit.

FАМ. **ARGONAUTIDÆ**. — Deux ouvertures aquifères à l'angle postérieur de l'œil; ventouses pédonculées; mâles petits, à 3ᵉ bras gauche hectocotylisé et autotome; bras de la 1ʳᵉ paire des femelles dilatés en une membrane véliforme qui maintient une conque nidamentaire calcaire, rappelant les coquilles spirales des Gasteropodes.

Argonauta, L. Genre unique, *Ar. argo*, Médit.

TABLE DES MATIÈRES

DU QUATRIÈME FASCICULE

Coulommiers. — Imp. PAUL BRODARD.

TRAITÉ

DE

ZOOLOGIE

FASCICULE V

Le **TRAITÉ DE ZOOLOGIE** est publié en 2 volumes :

La *première partie* forme 3 fascicules gr. in-8 qui ont été publiés successivement et peuvent être achetés séparément :

Fascicule I. — **Zoologie générale**, avec 458 figures. . . . . 12 fr.

— II. — **Protozoaires et Phytozoaires**, avec 243 figures . . . . 10 fr.

— III. — **Arthropodes**, avec 278 figures. . . . . 8 fr.

Elle est également vendue brochée en 1 volume (1344 pages et 980 fig.). 30 fr.

La *seconde partie* est également publiée en 3 fascicules gr. in-8, dont deux sont actuellement publiés et peuvent être achetés séparément :

Fascicule IV. — **Vers, Mollusques**, avec 566 figures. . . . . 16 fr.

— V. — **Amphioxus, Tuniciers**, avec 97 figures. . . . . . . 6 fr.

— VI. — **Vertébrés, Table générale**. (Ce fascicule est actuellement sous presse.)

Mai 1899.

Coulommiers. — Imp. PAUL BRODARD. — 468-98.